我国近海海洋综合调查与评价专项成果

中国近海海洋
——海洋底质

石学法　主编

海洋出版社

2012年·北京

图书在版编目(CIP)数据

中国近海海洋——海洋底质/石学法主编.—北京:海洋出版社,2012.9
ISBN 978-7-5027-8352-5

Ⅰ.①中… Ⅱ.①石… Ⅲ.①近海-海洋底质-中国 Ⅳ.①P736.12

中国版本图书馆CIP数据核字(2012)第219328号

责任编辑:方 菁
责任印制:赵麟苏
海洋出版社 出版发行
http://www.oceanpress.com.cn
北京市海淀区大慧寺路8号 邮编:100081
北京画中画印刷有限公司印刷 新华书店北京发行所经销
2012年9月第1版 2012年9月第1次印刷
开本:889mm×1194mm 1/16 印张:36
字数:900千字 定价:128.00元
发行部:62132549 邮购部:68038093 总编室:62114335

《中国近海海洋》系列专著编著指导委员会
组成名单

本册编委会名单

主　编　石学法

副主编　刘焱光　李西双　姚政权

编著者　石学法　刘焱光　李西双　刘升发　李传顺　王昆山　乔淑卿
　　　　姚政权　李小艳　吴永华　许　江　殷汝广　陈　坚　初凤友
　　　　蓝东兆　胡利民　陈金霞　王国庆　陈志华　胡　毅　胡宁静
　　　　石丰登　方习生　杨　刚　朱志伟　王　昕　葛淑兰　刘建兴
　　　　王珊珊　徐勇航　杨海丽

总前言

2003年，党中央、国务院批准实施“我国近海海洋综合调查与评价”专项（简称“908专项”），这是我国海洋事业发展史上一件具有里程碑意义的大事，受到各方高度重视。2004年3月，国家海洋局会同国家发展与改革委员会、财政部等部门正式组成专项领导小组，由此，拉开了新中国成立以来规模最大的我国近海海洋综合调查与评价的序幕。

20世纪，我国系列海洋综合调查和专题调查为海洋事业发展奠定了科学基础。50年代末开展的“全国海洋普查”，是新中国第一次比较全面的海洋综合调查；70年代末，“科学春天”到来的时候，海洋界提出了“查清中国海、进军三大洋、登上南极洲”的战略口号；80年代，我国开展了“全国海岸带和海涂资源综合调查”，“全国海岛资源综合调查”，“大洋多金属资源勘查”，登上了南极；90年代，开展了“我国专属经济区和大陆架勘测研究”和“全国第二次污染基线调查”等，为改革开放和新时代海洋经济建设提供了有力的科学支撑。

跨入21世纪，国家的经济社会发展也进入了攻坚阶段。在党中央、国务院号召“实施海洋开发”的战略部署下，“908专项”任务得以全面实施，专项调查的范围包括我国内水、领海和领海以外部分管辖海域，其目的是要查清我国近海海洋基本状况，为国家决策服务，为经济建设服务，为海洋管理服务。本次调查的项目设置齐全，除了基础海洋学外，还涉及海岸带、海岛、灾害、能源、海水利用以及沿海经济与人文社会状况等的调查；调查采用的手段成熟先进，充分运用了我国已具备的多种高新技术调查手段，如卫星遥感、航空遥感、锚系浮标、潜标、船载声学探测系统、多波束勘测系统、地球物理勘测系统与双频定位系统相结合的技术等。

“908专项”创造了我国海洋调查史上新的辉煌，是新中国成立以来规模最大、历时最长、涉及部门最广的一次综合性海洋调查。这次大规模调查历时8年，涉及150多个调查单位，调查人员万余人次，动用大小船只500余艘，航次千余次，海上作业时间累计17 000多天，航程

200 多万千米，完成了水体调查面积 102.5 万平方千米，海底调查面积 64 万平方千米，海域海岛海岸带遥感调查面积 151.9 万平方千米，获取了实时、连续、大范围、高精度的物理海洋与海洋气象、海洋底质、海洋地球物理、海底地形地貌、海洋生物与生态、海洋化学、海洋光学特性与遥感、海岛海岸带遥感与实地调查等海量的基础数据；调查并统计了海域使用现状、沿海社会经济、海洋灾害、海水资源、海洋可再生能源等基本状况。

“908 专项”谱写了中国海洋科技工作者认知海洋的新篇章。在充分利用“908 专项”综合调查数据资料、开展综合研究的基础上，编写完成了《中国近海海洋》系列专著，其中，按学科领域编写了 15 部专著，包括物理海洋与海洋气象、海洋生物与生态、海洋化学、海洋光学特性与遥感、海洋底质、海洋地球物理、海底地形地貌、海岛海岸带遥感影像处理与解译、海域使用现状与趋势、海洋灾害、沿海社会经济、海洋可再生能源、海水资源开发利用、海岛和海岸带等学科；按照沿海行政区域划分编写了 11 部专著，包括辽宁省、河北省、天津市、山东省、江苏省、浙江省、上海市、福建省、广东省、广西壮族自治区和海南省的海洋环境资源基本现状。

《中国近海海洋》系列专著是“908 专项”的重要成果之一，是广大海洋科技工作者辛勤劳作的结晶，内容充实，科学性强，填补了我国近海综合性专著的空白，极大地增进了对我国近海海洋的认知，它们将为我国海洋开发管理、海洋环境保护和沿海地区经济社会可持续发展等提供科学依据。

系列专著是 11 个沿海省（自治区、直辖市）海洋与渔业厅（局）、国家海洋信息中心、国家海洋环境监测中心、国家海洋环境预报中心、国家卫星海洋应用中心、国家海洋技术中心、国家海洋局第一海洋研究所、国家海洋局第二海洋研究所、国家海洋局第三海洋研究所、国家海洋局天津海水淡化与综合利用研究所等牵头编著单位的共同努力和广大科技人员积极参与的成果，同时得到了相关部门、单位及其有关人员的大力支持，在此对他们一并表示衷心的感谢和敬意。专著不足之处，恳请斧正。

《中国近海海洋》系列专著编著指导委员会

前 言
Foreword

中国近海位于西太平洋边缘，包括渤海、黄海、东海和南海四大海区，从北到南横跨22个纬度带。中国近海不仅蕴藏着丰富的能源和矿产资源，而且发育了独特的地质现象，记录了丰富的大陆边缘演化和环境气候演变信息，是进行海陆对比和沉积过程研究的理想场所。

中国近海沉积地质学的研究始于20世纪50年代，从那时至今，我国实施了多次大规模近海科学考察计划和多项海洋调查研究专项，而海洋沉积几乎每次都是调查研究的重要内容。20世纪80年代以来，我国又在四大海区实施了多项海洋沉积学国际合作项目和国家自然科学基金项目。基于这些研究，发表了大量论文，编制和出版了一批图件和专著。迄今为止，出版的多部关于中国近海四大海区的区域海洋地质学著作都包括有关海洋沉积的内容。近年来，何起祥等（2006）编著了《中国海洋沉积地质学》一书，对中国海洋沉积学的研究成果进行了总结。应该说，上述著作比较系统地总结了中国近海沉积的基本特征，并探讨了沉积作用过程和成因机制，反映了截止20世纪末期的资料和研究成果。

进入21世纪，我国实施了“我国近海海洋综合调查与评价”重大海洋专项（简称“908专项”，2004—2011），其主要目的是针对海洋资源最为集中、开发效益最大、海陆相互作用最为强烈的近海，运用最新的科技手段进行系统的调查研究，查明我国近海海洋环境的基本状况，全面更新基础资料和图件，深化对海洋环境要素的时空分布、变化规律、形成机制等方面的认识，为海洋资源的合理开发利用、海洋环境保护、海洋防灾减灾以及海洋国防建设提供科学数据。海洋底质调查（包括沉积物、悬浮体和浅地层剖面调查）是“908专项”的重要调查研究内容，其调查比例尺之大，调查精度之高，样品采集之密，资料之丰富都是史无前例的。以沉积物调查为例，在中国近海57.6万平方千米的调查区内，28.4万平方千米达到了1:10万调查比例尺，29.2万平方千米达到了1:25万比例尺，7.4万平方千米达到了1:5万调查比例尺。“908专项”调查共完成沉积物表层采样21 768站次，柱状样1 254站，悬浮体调查15 220站次，浅地层测线75 318.5千米。“908专项”调查发现了大量新的地质现象，积累了丰富的资料，可以说开启了中国近海陆架沉积地质研究的新阶段，因此有必要在这些新资料的基础上对中国近海沉积特征和演变规律进行总结。为了反映“908专项”海洋沉积和浅地层调查研究成果，“我国近海海洋底质调查研究”（908－ZC－I－05）课题组编纂了本专著。有关中国近海悬浮体的调查研究成果另有专著总结。

本书是在“908专项”《我国近海海洋底质调查研究》（海洋沉积和浅地层部分）报告的基础上，结合科技部基础性工作专项项目“我国近海及邻近海域地质地球物理图集编制（2008FY220300）”以及其他相关专项和项目的研究成果编写而成。本书力求比较准确地给出中国近海沉积地质的基本数据，比较精细地描述中国近海沉积特征，并对近海沉积作用过程、机制和控制因素进行了初步探讨，提出了对中国近海沉积地质的某些新认识。

全书共分6篇35章，由石学法主持编写。本书执笔人为石学法、刘焱光、李西双、刘升发、李传顺、王昆山、乔淑卿、姚政权、李小艳、吴永华、许江、殷汝广、陈坚、初凤友、蓝东兆、胡利民、陈金霞、王国庆、陈志华、胡 毅、胡宁静、石丰登、方习生、杨刚、朱志伟、王昕、葛淑兰、刘建兴、王珊珊、徐勇航、杨海丽等。各章执笔人如下：

第1篇. 第1章：石学法、殷汝广；第2章：姚政权、石学法；

第2篇. 第3章：姚政权、乔淑卿；第4章：乔淑卿、刘焱光；第5章：王昆山、乔淑卿、李传顺、方习生；第6章：胡利民、胡宁静；第7章：李小艳；第8章：石学法、乔淑卿；第9章：李西双、刘焱光、杨刚；第10章：乔淑卿、陈金霞、姚政权。

第3篇. 第11章：刘升发；第12章：刘升发、刘焱光、朱志伟；第13章：王昆山、刘升发、石学法；第14章：刘升发；第15章：吴永华；第16章：石学法、刘升发、陈志华；第17章：李西双；第18章：刘建兴、葛淑兰、石丰登、石学法。

第4篇. 第19章：刘升发；第20章：刘升发、刘焱光、朱志伟；第21章：王昆山、刘升发；第22章：刘升发；第23章：吴永华；第24章：刘升发、王昕、王国庆、石学法；第25章：李西双、刘焱光、杨刚；第26章：刘升发、石学法。

第5篇. 第27章：李传顺；第28章：李传顺、刘焱光、朱志伟；第29章：王昆山、李传顺；第30章：李传顺；第31章：李小艳；第32章：李传顺、许江；第33章：许江、胡毅；第34章：初凤友、陈坚、李小艳、蓝东兆、王珊珊、徐勇航、杨海丽。

第 6 篇. 第 35 章：石学法、姚政权、刘升发、王昆山、李传顺、吴永华、乔淑卿、李小艳、李西双。

第 1 篇统稿人为石学法、姚政权；第 2 篇统稿人为姚政权、乔淑卿；第 3 篇统稿人为石学法、王昆山、刘升发；第 4 篇统稿人为刘升发、石学法、刘焱光；第 5 篇统稿人为李传顺、李小艳。参加全书统稿的人员有石学法、刘升发、姚政权、李传顺、王昆山、刘焱光、乔淑卿、吴永华。全书最后由石学法、姚政权汇总、修改。

本书是集体研究的成果，在编写过程中参考和使用了“908 专项”23 个底质调查区块的沉积物资料和 30 个浅地层调查区块的资料，在此谨向上述研究报告的编写人、资料采集人表示衷心的感谢。吴世迎研究员审阅了书稿并提出了宝贵的修改意见，王春娟、于永贵、徐涛玉、曹鹏等为本书的制图和数据处理提供了帮助，曹鹏整理编排了全书的参考文献。

本书的编写得到了国家海洋局科技司和“908 专项”办公室的大力支持。“908 专项”办公室孙煜华研究员为本书的编写做了大量协调工作，在此一并致谢。

由于著者水平所限，对“908 专项”资料与历史调查资料数据的分析整合研究尚不够深入，因此本书可能存在着很多不足乃至错误。应该特别说明的是，本书使用的各海区黏土矿物的测试分析结果还存在一定问题，仅供参考，因为不同单位黏土矿物的测试数据差别很大，难以同化处理，而且与目前已经发表的有关中国近海的黏土矿物数据可对比性也比较差，该问题需要进一步深入研究。

需要说明的是，本书主要是基于“908 专项”获得的数据资料来反映中国近海沉积的基本特征和新发现、新认识，仅仅是一个阶段性的成果。对“908 专项”调查资料的深入分析研究需要一个较长的阶段，有许多问题需要进一步研究。希望本书的出版能为同行的研究提供新的视角和新的资料，进而促进中国近海沉积地质学研究的深入。

石学法

2012 年

CONTENTS

目次

中国近海海洋——海洋底质

第1篇 绪 论

第2篇 渤海沉积

第3篇 黄海沉积

第 4 篇　东海陆架沉积

第5篇 南海北部沉积

第6篇 结 论

第1篇　绪　论

第1章 绪 论

中国近海位于西太平洋边缘，从渤海、黄海经东海到南海，横跨22个纬度带。中国近海大陆海岸线长18 000 km，岛屿海岸线长14 000 km；根据《联合国海洋法公约》的规定和我国的一贯主张，可划归我国管辖的海域面积约300×10^4 km^2，既有宽阔的陆架浅海，又有陆坡和深海盆，本书研究的范围主要是我国的浅海陆架区。

本章首先简要介绍国际上近海底质调查研究动态与趋势，然后回顾我国近海底质调查研究简史，最后介绍“908专项”近海底质调查研究情况。

1.1 国外近海底质调查研究动态与趋势

近海海域作为地球系统中连接大陆和大洋的重要一环，一直是众多大型国际科学计划的主要研究对象。国际地圈－生物圈计划（IGBP）相关子计划通过对海洋沉积的详细研究，在解释和理解调节全球系统的物理、化学和生物过程的相互作用机理，探讨它们在系统中的变化及其对人类活动的影响等方面取得了丰硕成果（IGBP directory，1998）。目前，IGBP Ⅱ（2004以来）在前期成果的基础上，提出了与社会活动密切相关的生物地球化学过程、地球科学与其他学科间的交叉、地区尺度上的集成研究等三大焦点问题。如海岸带海陆相互作用研究计划（IGBP/LOICZ Ⅱ）主要针对人类活动对流域和近海的影响、用地和用海对海岸带和近海的影响、近海和海岸带物质的输运机制和地球系统不稳定性及资源管理问题进行综合研究（IGBP report，No. 25，1993）；过去全球变化研究计划（IGBP/PAGES Ⅱ）中南北半球的古环境演化对比（PANESH）、国际海洋全球变化研究（IMAGES）与气候变化和可预报性研究计划（PAGES/CLIVAR）联合计划等也将在近海海域利用多种气候变化的替代指标，开展十年至百年尺度的气候不稳定性研究（IGBP report，No. 23，1992）。另外，全球海洋通量联合研究（JGOFS）、国际海洋碳协调计划（IOCCP）等大型国际合作研究计划也都在近海和边缘海海域大空间尺度和各种时间尺度的物质循环和通量以及海洋过程方面开展了研究（IGBP report，No. 23，1992）。

在本世纪开始实施的“源”到“汇”计划（Source to Sink）中，亚洲大陆边缘因巨量河流物质输入而备受重视（Driscoll & Nittrouer，2002）。2002年3月，日本结合国际大陆边缘计划（InterMargins）提出了“亚洲三角洲：演变与近代变化”计划。2002年11月在由JOI/USSSP发起的AGU会议上，对东亚大陆边缘气候－构造相互作用、陆地－海洋气候变化、大型河流的物质通量以及印度和亚洲板块碰撞后亚洲构造活动对西太平洋板块的影响进行了讨论。大洋钻探计划（IODP）也给予东亚大陆边缘系统中物质的源－汇过程足够的重视。2002年11月，IODP过渡期科学指导和评估小组（ISSEP）第三次会议认为：“源到汇：大陆边缘的沉积作用”是IODP一个重要的研究方向，系统地研究从源到汇过程，选择典型的研究区域将是这一主题的关键，并明确指出中国大陆边缘将是沉积扩散系统重要的研究靶区之一。

国际地质对比计划（IGCP）针对各种地质问题在全球范围内成立了若干个工作组，其中研究领域涉及近海海底环境演化的工作组有：亚太季风区大河三角洲形成演化研究的 IGCP－475 工作组、晚新生代东亚及边缘海的季风演化与构造－气候联系研究的 IGCP－476 工作组、第四纪陆海相互作用研究的 IGCP－495 工作组、进行与海平面变化相关的海岸带脆弱性研究的 IGCP－515 工作组等。

美国等一些发达国家在海洋科学长期规划中，也把包括近海在内的边缘海的形成和演化作为基本内容之一。如美国开展的全国海岸和海洋地质计划、加拿大的海底资源填图计划（SEAMAP），这些计划主要是为了满足国家需求，通过描述海洋和海岸地质体系，了解该体系的基本地质过程，建立预测模式，为公众提供海洋和海岸地质信息和综合性认识。在进行海底基础调查的基础上，美国、俄罗斯、英国、法国、德国、日本和加拿大等国，都已完成或接近完成本土沿岸陆架区的中、大比例尺海洋区域调查与研究工作，并编制了相关的海洋图件和图集。

美国航空航天局（NASA）于2000年发布的《地球科学事业战略计划（Earth Science Enterprise，ESE）》，提出了地球科学发展的5个方向和目标：①全球地球系统正在发生怎样的变化？②地球系统的主要驱动力是什么？③地球系统如何响应自然和人为引起的变化？④地球系统的变化对人类文明的后果是什么？⑤如何更好地预测地球系统未来的变化？在这个计划中，与人类活动密切相关的近海底质是重要的研究对象。

总体看来，目前国际上对近海底质调查研究的主要趋势是：研究尺度表现为空间上的大比例尺和时间上的高分辨率，研究目的是为了满足海岸带及近海管理（可持续发展）需求，研究目标是认识近海体系的基本地质过程、建立预测模式，研究成果主要是编制大比例尺图件及图集。

1.2　中国近海底质调查研究简史

1.2.1　渤海沉积研究概况

自20世纪50年代以来，我国开始了对渤海的系统调查与研究。1958年由国家科委海洋组海洋普查办公室主持在渤海开展了全面的综合调查，这是我国有史以来具有开创性的普查工作。自此以后，人们才开始对渤海的自然地理特征、海底地形、底质变化、岸线变迁、海洋沉积、水文变化、水化学特征、生物群落及其组合变化等有了比较全面的了解。在此次调查资料的基础上，秦蕴珊和廖先贵于1962年发表了《渤海湾沉积作用的初步探讨》一文，随后秦蕴珊于1963年首次利用中国自己的底质调查资料，编绘了我国近海陆架底质类型图，并对底质分布规律进行了更全面、更系统的解释，奠定了我国近海地质沉积研究的基础（秦蕴珊，1963）；王颖于1964年对渤海湾西部贝壳堤与古海岸线问题作了系统的描述，使人们对渤海的地质作用有了概括性的认识。

进入20世纪70年代以来，在莱州湾、渤海湾和辽东湾平原区，分别开展了大范围的深井钻探工作，井深均在500米左右，为开展第四纪地层的研究创造了条件。中国科学院、地质矿产部、同济大学等单位在本区都作了大量的微体古生物分析、古地磁研究、碳－14测年以及沉积岩心的系统描述等工作，为渤海地区的第四纪地层划分与对比，第四纪海侵和海退过程、古海岸线变迁、海面变动、气候变化等一系列古地理问题的研究，提供了丰富的生物地层和年代地层资料。

20 世纪 80 年代以来，陈丽蓉等对渤海沉积物的矿物组合和分布特征进行了系统研究，发表了多篇论文（陈丽蓉等，1980，1981，1986，1989）。何良彪（1984）、赵全基（1987）通过对渤海表层样的黏土矿物分析，探讨了渤海黏土矿物分布特征及影响因素。施建堂（1987）通过对渤海湾西部海区的表层样、柱状样的粒度、重矿物及黏土矿物分析，讨论了本海区的现代沉积特征。刘振夏等（1994）对渤海东部全新世潮流沉积体系进行了详细的研究。林晓彤等（2003）对黄河物源碎屑沉积物的重矿物特征进行了研究，雷坤等（2006）探讨了渤海湾西岸潮间带的粒度分布特征和沉积作用；刘建国（2007）通过对渤海泥质区不同位置岩心的粒度、矿物、化学元素等方面的分析，对全新世渤海泥质区中沉积物物质组成特征、物质来源、形成历史及其环境响应进行了探讨。

1.2.2 黄海沉积研究概况

早在 20 世纪 50 年代，许多学者就对黄海陆架沉积开展了研究。Shepard 等（1949），Niino 和 Emery（1961）等人编撰了《中国近海底质类型图》，发现黄海以及整个中国海陆架沉积普遍存在着外粗内细的“异常”现象，并把外陆架粗粒沉积解释为晚更新世低海平面时期的残留沉积。秦蕴珊于 1963 年首次编绘了包括黄海在内的中国近海陆架底质类型图，并对黄海沉积分布规律进行了更全面、系统的解释，奠定了黄海陆架沉积研究的基础。

20 世纪 80 年代以来，随着海洋地质工作的广泛开展，黄海成为我国海洋地质研究的重要海域。在陆架沉积特征、沉积环境与物质来源、古环境演化以及海平面变化等诸多方面取得了十分瞩目的成就。刘振夏（1982）、王振宇（1982）、杨子赓（1985）等研究了黄海陆架沉积物的分布规律和沉积特征等；廖先贵（1980）、赵一阳（1983）和栾作峰（1985）等对黄海陆架沉积物的地球化学特征做了分析；王琦（1981）、陈丽蓉（1985）等从矿物学角度对黄海陆架的沉积物进行了研究。之后陆续出版了有关黄海的专著，如：《黄海晚第四纪沉积》（刘敏厚等，1987）、《黄海地质》（秦蕴珊等，1989）、《南黄海第四纪层型地层对比》（郑光膺，1989）、《黄海第四纪地质》（郑光膺，1991），这些成果对黄海陆架的沉积环境，沉积物特征和来源等进行了详细分析，建立了黄海陆架沉积模式，确立了黄海第四纪地层层序，论述了黄海第四纪环境与气候演变规律及海陆对比，恢复了黄海第四纪以来的海陆变迁历史。

在黄海第四纪地层研究方面，已通过钻孔将地质年代延伸到 1.7 Ma，建立了包括 8 个海进层的“南黄海海进模式”；提出了以黄海 QC2 孔、QC1 孔为代表的我国近海第四纪层型地层的建议（郑光膺等，1989，1991）；并通过与临近海区的对比建立了我国第四纪地层系统，可以在西太平洋边缘海区进行广泛的对比。对该区晚第四纪的古气候演变研究表明，早更新世早期黄海地区气候寒冷，到早更新世晚期气候已变得非常温暖湿润；而中更新世该区气候又转为干旱，到晚更新世则进入一个大的寒冷期（许东禹等，1997）。全新世早期气候仍较寒冷，到全新世中期开始转暖（郑光膺等，1991）。杨子赓（1993）通过 QC2 孔的研究识别出了新仙女木变冷事件在黄海的记录，探讨了南黄海第四纪的轨道事件与非轨道事件，分析了该区冰消期以来的突变事件。孟广兰等（1998）研究了南黄海陆架区 15 ka 以来的古气候事件和古环境演变。Oh 等（1996）、Chang 等（1996）以及 Cang 等（1997）重建了 13000 a B. P. 以来黄海古岸线变迁。李绍全等（1998）利用南黄海东侧陆架上两个钻孔岩心的沉积层序和年代序列，结合该区的浅地层剖面资料，分析了冰消期以来南黄海的海侵进程和环境演化。刘健等（1999）、李铁刚等（2000）则侧重探讨了黄海暖流的形成。李铁刚等（2000）的研究初步认为黄海暖流以及与其相伴生的南黄海东部冷水体形成于距今 6400 年前，距今约 4200 年以来，黄海暖流显著增强，一直达到现代最为强盛的状态（李铁刚等，2000）。

在海洋微体古生物研究方面，黄海是我国开展研究较早，基础较好的海区。最早郑执中、郑守仪（1960，1962）对黄海浮游有孔虫作了分类和生态方面的研究；何炎等（1965 ）对江苏东部第四纪的有孔虫做了描述和研究。20 世纪 70 年代以来，许多学者对黄海表层沉积物中微体古生物的分布特征和规律进行了深入的研究，特别是对柱样中孢粉和藻类的详细分析取得了重要成果（刘敏厚等，1987；中国科学院海洋研究所，1982）。汪品先等（1980）对黄海沉积物中的有孔虫、介形虫做了详尽的研究。

潮流沙脊和三角洲沉积是黄海近岸沉积的一个重要特点，对此众多学者研究了晚第四纪以来黄海这一沉积的形成模式和演化。李绍全等（1997）讨论了南黄海东侧陆架冰消期以来的沉积特征：在冰消期海侵的初期，海水对南黄海东侧陆架早期沉积物的侵蚀和改造形成了滞留砂砾层、席状砂和潮流沙脊；随着海面的上升和海侵范围的扩大，黄海暖流形成并由于它的驱动在北部形成潮上带 - 潮坪 - 浅海沉积序列；中全新世后，强潮流作用在北部陆架形成潮流沙脊，在江华湾形成潮控三角洲。南黄海东侧陆架上的现代海洋沉积物大致以 35°40′ N 为界，以南为泥质沉积区和残留沙脊分布区，以北为现代潮流沙脊分布区和潮控三角洲发育区（李绍全等，1994）。杨子赓等（2001）把南黄海的沙脊演化划分为 3 期：早期 12 ka ~ 9 ka，依据是新仙女木期（YD）的海平面波动，以黄海东侧的古潮流沙脊为代表；中期 6. 3 ka ~4 ka，包括了中全新世高温期气候突然衰退事件（MHCR）的海平面波动，以南黄海中部 QC2 孔揭露的埋藏潮流沙脊为代表；晚期为 2 ka 至今的海平面缓慢波动，以现代苏北岸外辐射潮流沙脊为代表。李凡等（1998）在黄海中部 70 ~80 m 的深水区发现了埋藏古三角洲堆积体，分析结果表明：该区域是距今 27 ka 左右的黄河河口三角洲，说明晚更新世末期黄河已经流入黄海陆架区，水深 70 ~80 m 附近曾经发育一期古海岸线。黄海陆架泥质沉积是黄海环流系统作用下的一个独特沉积体，对此，申顺喜等（1993）建立了“冷涡—通道沉积”模式，并在黄海陆架上以黄海暖流为主导，把黄海陆架分为冷涡及通道沉积，以及黄海暖流东西两侧各属一方的陆架沉积。黄慧珍等（1996）的研究表明：该泥质沉积是在冷涡这种特殊的低能、还原环境中沉积的。黄海中部的泥质沉积物是在气旋型涡旋环境生成的，而济州岛西北部反气旋型涡旋沉积，则是在更加复杂的情况下形成的，即在以反气旋型环流为主的双环结构下形成，气旋型涡旋和反气旋型涡旋沉积共同形成了黄海中部泥质沉积体系（石学法等，2001）。孙效功等（2000）利用遥感手段，对黄海悬浮体输运进行研究；魏建伟等（2001）对南黄海黏土矿物分布规律进行了研究；1998 年韩国仁荷大学校、韩国海洋科学技术研究所和中国科学院海洋研究所共同编纂出版了《黄海海洋图集》。

在黄海陆架的沉积作用和沉积模式研究方面，以秦蕴珊和赵松龄（1995）为代表提出了“陆架沙漠化”假说，关于末次冰期气候干旱的论断得到了大多数人的公认，但对“沙漠化”却存在较大争议。

1.2.3 东海沉积研究概况

东海调查最早始于20世纪初期，当时主要进行了简单的水深测量和底质研究，东海的系统调查是在20世纪50年代以后逐步展开的。

50年代后期至60年代中期，我国主要开展了东海海底地形、海岸与陆架海底地貌、河口演变与第四纪以来海岸变迁及陆架形成历史的研究；中国科学院海洋研究所等单位较详细地研究了东海沉积物的分布规律、沉积成岩作用及沉积矿产分布特征（罗钰如等，1985）。60年代后期至70年代前期，我国台湾开展了台湾海峡及其周边地区的含油气盆地的地质地球物理综合调查；从70年代开始我国地质矿产部门在东海陆架盆地，进行了以寻找油气等矿产资源为目的的地质地球物理综合调查研究。70年代后期，东海地质调查研究逐步深入，国家海洋局第一海洋研究所和第二海洋研究所等单位在汇总调查研究成果的基础上较系统地研究了东海的地形、地貌、沉积、地球物理场及地质构造基本特征。此外在本阶段，在亚洲近海矿产资源联合勘测协调委员会（CCOP）的协调下，日本、韩国、美国、我国台湾等国家和地区也开展了一系列东海的地质学研究，先后发表了许多研究论文。

为开展东海海岸带和油气资源的开发利用，20世纪80年代我国对东海主要开展了以海岸带和海涂资源以及油气资源为目标的专题调查工作，同时展开了相应的国际合作研究，产生了一系列基础性成果。

1984—1989年，出版了大量关于东海地质研究的成果。中国科学院海洋研究所出版了1:100万《渤、黄、东海地形图》、1:300万《东海及邻近大洋地形图》和《东海及邻近大洋地势图》；中国科学院海洋研究所与东海水产研究所合作编绘了《闽中、闽东渔场海底地形图》(1:50万)、《台湾海峡及其附近地形图》(1:75万)、《台湾海峡及其附近底质图》(1:16.5万)。1985年，地质部第二海洋地质调查大队编绘出版了1:100万《东海海底地形图》和《东海海底地貌图》。国家海洋局第二海洋研究所1987年编绘出版了1:100万《东海海底地形图》、《东海海底地貌图》、《东海沉积物类型图》；上海海洋地质调查局编绘出版了1:100万《东海海底地形图》、《东海海底地貌图》，以及1:50万《上海幅海底沉积物类型图》、《宁波幅海底沉积物类型图》和《温州幅海底沉积物类型图》。1990年国家海洋局出版了《渤海、黄海、东海海洋图集—地质地球物理分册》，其中包括东海1:500万的地形图、地貌图、底质类型图、重力与磁力异常图和构造分区图。同期中国地质科学院出版了1:250万《中华人民共和国及毗邻海区第四纪地质图》（杨文鹤，1994）。

20世纪80年代，中国科学院海洋研究所出版了《黄东海地质》和《黄、东海地质构造》；秦蕴珊等（1987）主编出版了《东海地质》，该专著全面系统地阐述了东海沉积物特征、沉积动力作用及其演化规律。华东师范大学出版了《长江河口动力过程及地貌演变》。

20世纪90年代以来，随着调查手段的数字化和精度的提高，海洋调查进入了一个新阶段。1992—1995年，国家海洋局、中国科学院、教育部等单位合作开展了东海陆架边缘和冲绳海槽海域的海底地形、地貌、底质、地球物理综合调查，编绘了1:100万地形图、地貌图、底质类型图、地球物理图和区域构造图等基础图件。1997—2001年，我国实施了管辖海域国家海洋勘测专项，开展了东海北部、东海外陆架、冲绳海槽区域的多波束海底地形全覆盖测量、海底地貌、底质、地球物理补充调查。

在此期间，国内有关单位进行了东海专属经济区和大陆架矿产资源评价、东海陆架河流三角洲体系和沉积结构及分布研究、冲绳海槽构造特征和火山活动研究、冲绳海槽海底岩石类型和热液活动的研究。

1.2.4 南海沉积研究概况

为查明南海海洋地质特征，自50年代起，我国和周边国家对南海开展了区域性海洋普查工作，实施了一些大型的海洋调查项目。

1958—1960年，国家科委组织中国科学院、水产部等10个部门和沿海地区所属研究所、高等院校共60多个单位联合开展了全国海洋综合调查，对南海进行了地形、地貌、底质、地球物理等调查研究，编绘了海洋地形、地貌、底质图，编写了调查研究报告，并于1964年出版了《全国海洋综合调查报告》（10册）、《全国海洋综合调查资料》（10册）和《全国海洋综合调查图集》（14册）。这是我国首次组织的大型海洋调查，标志着我国海洋调查研究的开始。

1971—1978年，广州海洋地质调查局（原地矿部第二海洋地质调查大队）对南海北部内陆架进行了海洋地质-地球物理综合调查，确定和发现了珠江口、琼东南及台湾浅滩南等盆地和凹陷。1976年，广州海洋地质调查局编写了《南海北部海洋地质初查报告》，对南海北部的区域地质构造、地层沉积特征及含油气远景做了全面论述。

从1979年开始，开展了为期7年的全国海岸带与海涂资源综合调查，出版《广东省海岸带和海涂资源综合调查研究》以及相关图集。1989—1995年的全国海岛资源综合调查与开发试验，对大于500 m^2 的海岛及其周边海域进行了调查，在广东和海南开展了相应的岸滩和海域底质调查工作。1985—1990年，开展了南海中北部海洋综合调查，开展了包括地质、地球物理、水文、化学和生物等专业的综合海洋调查工作，出版了《南海中北部海洋调查综合图集》等成果。

20世纪90年代，在地质矿产部和联合国教科文组织的联合资助下，广州海洋地质调查局在南海北部海域开展了工程地质环境调查，出版了《南海北部陆架工程地质条件与海底稳定性评价》。1996年为了编制《中国海湾志》，调查研究了北部湾沿岸及湛江湾等重要海湾的沉积物粒度、矿物、古生物、地球化学等的特征与分布规律。1997—2000年全国第二次海洋污染基线调查，将珠江口和北部湾作为重点调查海区，开展了底质等相关调查。

1999—2003年实施的国家海洋勘测专项，对南海大陆架和专属经济区开展了包括底质在内的地质地球物理补充调查，编制了底质类型等相关图集和调查研究报告。2003—2006年国家海洋局组织实施了外大陆架调查研究专项，对南海中北部外大陆架开展了系统的底质调查研究。2002—2006年实施的“西北太平洋海洋环境调查与研究”专项，对南海北部和东部部分地区开展了底质调查工作。

此外，近20年来随着海洋开发工作的逐步开展，还开展了一系列的国际合作研究。1997年8月，由汪品先提出的ODP第484号建议书“东亚季风历史在南海的记录及其全球气候影响”获得ODP学术委员会通过，1998年，我国正式加入ODP计划。1999年2—4月，ODP184航次启动，该航次取得了东亚和西太平洋地区最完整的连续剖面和32 Ma以来的沉积记录，大大促进了我国南海沉积学和古海洋学的研究。

出版的与南海地质相关的专著主要有：《华南沿海第四纪地质》（中国科学院南海海洋研

究所，1978）、《南海地质构造与陆缘扩张》（1988）、《华南沿海区域断裂构造分析》、《华南沿海地质灾害》、《华南海岸和南海诸岛地貌与环境》、《华南沿海和近海现代沉积》、《广东海岛地貌和第四纪地质》、《珠江河口演变》、《台湾海峡西部石油地质地球物理调查研究》、《台湾海峡西部地质、地球物理和地球化学综合调查研究》、《南海及邻区现代构造应力场与形成演化》、《南海新构造与地壳稳定性》、《南海海区综合调查研究报告》（一）和（二）、《南海礁区现代造礁珊瑚类骨骼细结构的研究》、《南海中、北部沉积图集》、《南海中、北部沉积物中的放射虫》、《曾母暗沙－中国南疆综合调查研究报告》、《南沙群岛及其邻近海区综合调查研究报告》、《南沙群岛及其邻近海区地质地球物理与油气资源》、《南沙群岛及其邻近海区第四纪沉积地质学》、《南沙群岛及邻近海区晚第四纪的微体生物与环境》、《南沙群岛海区晚第四纪古海洋学研究》、《南沙群岛及其邻近海域铀钍沉积特征和年代研究》、《南沙群岛及其邻近海区沉积图集》、《南沙群岛珊瑚礁区现代沉积元素分布图集》、《南沙群岛珊瑚礁地貌研究》和《南沙群岛自然地理》等一系列专题报告和图集。2002年由中国科学院南海海洋研究所编著出版的《南海地质》一书内容涉及面较广，包括南海地形、沉积、地层、地球物理场、地质构造、地震活动和区域稳定性、海岸带第四纪地质与地貌、珊瑚礁和矿产资源等。2009年汪品先等编著出版了《The South China Sea Paleoceanography and sedimentology》，对南海的沉积历史及古海洋学研究成果进行了系统的总结。

1.2.5 中国近海浅地层研究概况

随着高分辨率浅地层剖面仪引入我国海洋地质研究中，从20世纪90年代至今的20多年里，国内不同的科研单位先后在中国陆架区开展了浅地层剖面调查，特别是1995—2000年和2005—2010年期间的国家海洋专项调查，获得了数万千米的高分辨率浅地层剖面资料，为该区沉积地质学、第四纪环境演变、全球海平面变化的区域响应、短期气候变化事件以及沉积物从“源”到“汇”过程的研究奠定了基础。

层序地层学是在地震地层学的基础上发展而来的，最早应用于北美被动陆缘盆地的油气分析中，并很快发展为近代地学领域中重要的理论方法。由于其基本思想与地质背景、规模大小和演化时间长短无关，因此层序地层学理论得到迅速的发展。根据层序地层学原理和概念，一个沉积层序代表了一次全球海平面变化周期内的沉积。根据海平面变化的周期不同，可将一个变化周期内形成的层序进行级别划分，Vial等（1991）划分出6个级别的层序（表1.1）。

表1.1 层序级别划分

级别	延续时间/Ma	级别	延续时间/Ma
1	>50	4	0.08～0.5
2	3～50	5	0.03～0.08
3	0.5～3	6	0.01～0.03

资料来源：Vial et al.，1991

层序地层学除了在油气勘探中应用广泛外，20世纪90年代以来在晚第四纪海洋地质研究中也有应用和理论方面的探讨（Posamentier et al.，1992；Hernandez-Molina et al.，1994；Robert et al.，1996）。晚第四纪地层和古环境演化的研究表明，中国东部陆架区环境演变同样受全球海平面变化的控制（Qin et al.，1990；杨子赓等，1989；Berne et al.，2002；唐宝根等，2004；赵月霞等，2003）。近年来，已有多位海洋地质工作者利用层序地层学的概念和理论来探讨中国东部近海晚第四纪环境演变以及该区在全球海平面变化下的沉积响应（覃建雄，1998；李西双，2003；金仙梅等，2003；杨子赓等，2004；刘勇，2005；Liu et al.，2004，2007）。

约距今23 ka～19 ka全球出现冰盛期，海平面下降到最低点，中国东部近海古海岸线大约退至－130 m以下（朱永其等，1979；彭阜南等，1984；Wang，1999），除冲绳海槽外，中国东部近海陆架均出露成陆，广泛发育湖泊、河流，甚至风尘等陆相沉积，海洋沉积作用只发育于陆架边缘。随着气候的回暖，海平面开始逐渐上升，开始了海进过程，这一过程在中国东部广泛的陆架上形成了明显的沉积记录，如古滨岸沉积、海侵边界层、海侵砂沉积、古潮流沙脊沉积以及高海面前泥质沉积（金仙梅等，2003；杨子赓等，2004；刘勇，2005）。约7 ka B. P. 中国东部陆架区进入高海面时期，现代环流基本形成，奠定了现代陆架沉积的基础。

中国近海陆架区的沉积就是上述不同海平面阶段沉积的叠置，多年来积累的高分辨率浅地层剖面提供的清晰地层结构资料可以使我们利用层序地层学的概念和理论去探讨中国东部近海冰消期以来地层格架，进而了解该区对全球海平面变化的响应，也有助于促进对陆源物质从“源”到“汇”过程的了解。

总的来看，我国的海洋底质调查与研究先后经历了从调查到研究、从近岸到浅海再到深海、从晚第四纪到晚新生代、从低分辨率到高分辨率、从定性到定量等几个阶段的发展。虽有大量的科学积累并取得了很大的成绩，但与国际上的前沿研究还是有着不小的差距。

1.3　“908专项”底质调查研究概况

“908专项”是针对海洋资源最为集中、开发效益最大、海陆相互作用最为强烈的近海作为主要的调查研究对象，旨在运用最新的调查研究技术，查明我国近海海洋环境的基本状况，全面更新基础数据和图件，深化对海洋环境要素的时空分布、变化规律、形成机制等方面的科学认识，为海洋资源合理开发利用、海洋环境保护、海洋防灾减灾以及海上国防建设提供科学数据。近海底质和浅地层剖面调查是“908专项”的主要调查内容之一，旨在通过对海底沉积物、悬浮体和浅地层剖面进行详细的调查研究，查明中国近海海底沉积物的来源、类型、分布特征和物理力学特征，浅地层结构特征，水体中悬浮颗粒的浓度、粒级分布以及它们与水深之间的关系等。

“908专项”是迄今为止对我国近海底质调查研究最为精细的一个专项。底质调查任务包括23个任务单元，调查区域北起辽东湾，南至海南岛中国近海区域，区域覆盖图如图1.1所示。参加调查的单位有国家海洋局第一海洋研究所、第二海洋研究所、第三海洋研究所、北海分局、南海分局、东海分局，国家海洋环境监测中心和中国科学院海洋研究所等8家单位，底质调查任务总共执行了53个航次，动用船只28艘，该调查共完成沉积物表层采样21 768站次，柱状采样1 254站次，悬浮体调查15 220站次。

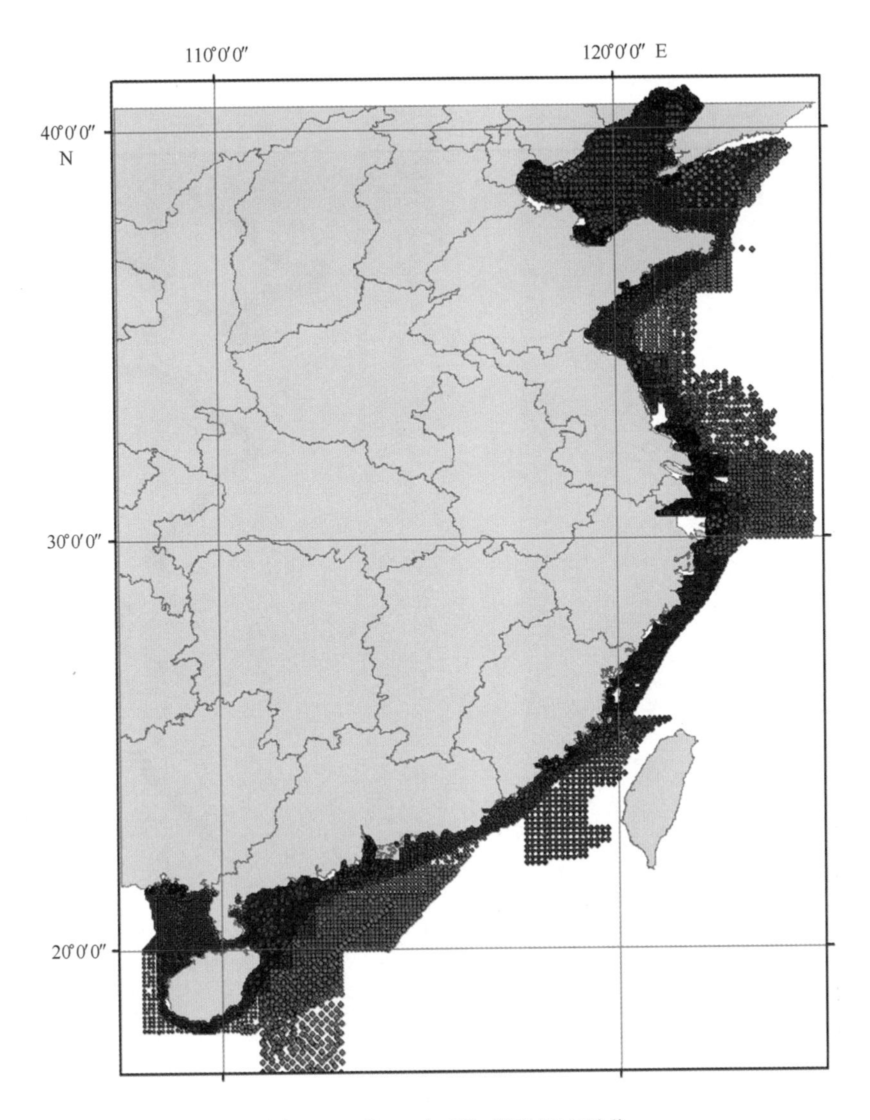

图 1.1 “908 专项”底质调查站位

“908 专项”浅地层剖面调查共进行了 30 个区块，基本覆盖中国近海（图 1.2），参加调查单位包括国家海洋局第一海洋研究所、第二海洋研究所、第三海洋研究所、北海分局、东海分局、南海分局，国家海洋环境监测中心，中国科学院海洋研究所、中国科学院南海海洋研究所和中国海洋大学共 10 家单位。任务执行期限从 2005 年开始至 2010 年，共执行了 54 个航次，完成浅地层测线共计 75 318.5 km。

在上述底质和浅地层调查基础上，“908 专项”之“我国近海海洋底质调查研究（908 - ZC - Ⅰ - 05）”课题组对所获资料数据进行了综合分析研究，最终完成了《中国近海海洋底质调查研究报告》、《中国近海海洋底质调查研究数据集》、《中国近海海洋底质图集》和《中国近海海洋底质分布图》。本专著在上述报告和图集的基础上，对调查数据进行重新分析、制图及归纳和总结。

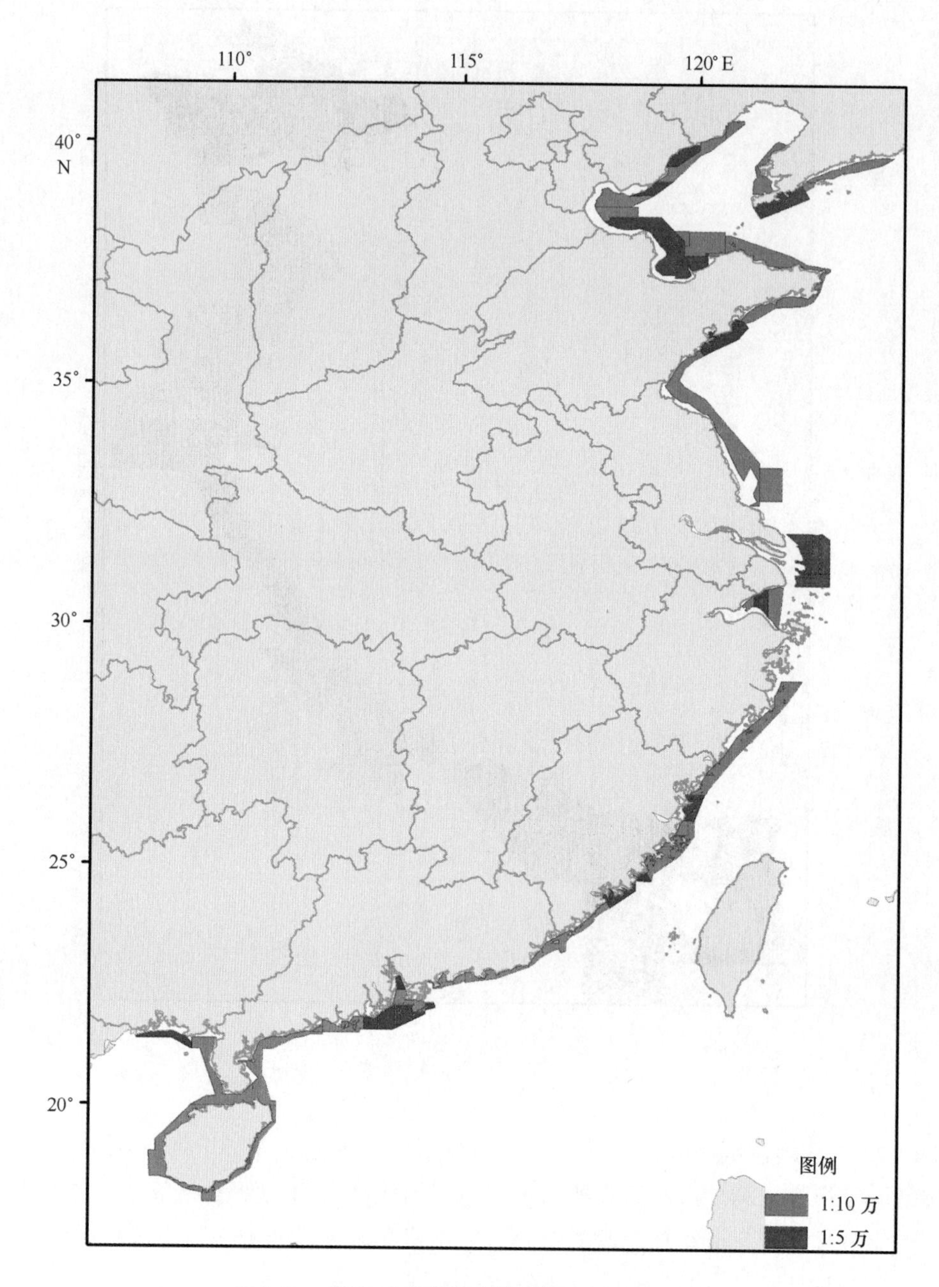

图 1.2 “908 专项”浅剖与侧扫调查区块位置

第2章　沉积物实验测试与数据分析

对“908专项”获得的沉积物样品进行了一系列测试分析，包括粒度测试、矿物鉴定、地球化学分析、微体古生物鉴定、沉积速率测试等。本章主要对实验测试及数据分析方法做简要介绍。

2.1　沉积物粒度分析

2.1.1　激光粒度分析法

（1）取样

取样之前首先将待测样品混合均匀。

（2）去除有机质

用过量的过氧化氢（H_2O_2）溶液溶解。在装有样品的烧杯中加入30%的过氧化氢少许，稍后会产生大量气泡，待气泡不再产生时，再加少量过氧化氢，没有气泡产生即说明有机质已全部氧化，若有气泡产生则还需重复上述步骤，至不再起泡为止。

（3）去除钙质胶结物和生物壳体（$CaCO_3$）

加入0.25 N盐酸于经过以上步骤处理后的样品中，会产生大量气泡，待气泡不再产生时，再加少量盐酸，没有气泡产生即说明钙胶结物已全部溶解，有气泡产生则还需重复上述步骤，至不再起泡为止。

（4）洗盐

对经过（2）和（3）两步处理过的样品，采用静置法进行洗盐，用于稀释的水为蒸馏水或者去离子水。静置法为样品中加入蒸馏水或者去离子水，用玻璃棒搅拌后静置24 h，然后将杯中上层清液吸去，再加入蒸馏水，用玻璃棒搅拌，再静置24 h，并用pH试纸测试烧杯内液体的酸度，直至中性为止。

（5）样品分散

在烧杯中加入数滴0.5 N的六偏磷酸钠，用玻璃棒搅拌或超声波振荡使样品充分分散，然后上机测试

2.1.2　数据处理

目前计算粒度参数如平均粒径、分选系数、偏度和峰态，普遍应用两种方法：一是物理意义明确、精确度很高、广泛应用的Fork-Ward图解法；二是应用方便、便于比较的矩法（McManus，1988）。这两种方法所获取的平均粒径和分选系数基本相同，偏度值相差较大（但仍存在显著相关性），而峰态值不能相互转换。相比较而言，矩法反映了样品的总体特

征，计算方法比较精确，但目前对分选好与差、偏度和峰态的描述目前没有统一的标准（贾建军等，2002）。本书粒度参数计算全部采用矩法，而分选系数、偏度和峰态的定性描述还是沿用矩法粒度参数中的术语。粒级标准统一使用尤登－温德华氏等比制值 Φ 粒级标准，分别计算各沉积物样品砂、粉砂和黏土粒级的相对含量，采用谢帕德和福克两种定名方法对沉积物进行定名。用矩法计算粒度统计参数的公式如下所示：

平均粒径（Mean）： $$\bar{X} = \frac{1}{100}\sum_{i=1}^{n} f_i X_i$$

分选系数（Sorting）： $$\sigma = \sqrt{\frac{1}{100}\sum_{i=1}^{n}(X_i - \bar{X})^2 f_i}$$

偏度（Skewness）： $$S_k = \sqrt[3]{\frac{1}{100}\sum_{1}^{n} f_i (M_i - \bar{X})^3}$$

峰态（Kurtosis）： $$K_u = \sqrt[4]{\frac{1}{100}\sum_{1}^{n} f_i (M_i - \bar{X})^4}$$

其中，M_i 为第 i 粒级的粒径，f_i 为第 i 粒级的频率（以百分含量表示）。

2.2 沉积物碎屑矿物鉴定

2.2.1 矿物分离

称取原始沉积物的湿重（精度 0.1g）并测体积、烘干后称取干重，由沉积物中直接冲洗鉴定用样，再称重，制备鉴定样。样品分离方法如下。

（1）样品分离采用重液法或淘洗盘法，重液分离使用相对密度为 2.89 的三溴甲烷（$CHBr_3$）。

（2）如果矿物颗粒表面带有铁质或黏土质薄膜时，将样品盛入三角烧杯中，加入草酸钠溶液［P（$Na_2C_2O_4$）＝2 g/dm^3］煮沸 1 h。

2.2.2 碎屑矿物鉴定

（1）样品量小于 0.4 g，全样观察鉴定，超过 0.4 g，用四分法或条带分段法缩分；

（2）对矿物定名并描述矿物的颜色、光泽、结晶程度、大小、形态、结构构造、透明度、磨圆度、包裹体和风化程度等；

（3）鉴定时主要采用双目实体镜，同时结合油浸法，或者 X 射线能谱分析和电子探针等辅助方法。

2.2.3 数据处理

中国近海表层沉积物中细砂含量较高，粗砂含量相对较低，故对表层沉积物碎屑矿物鉴定主要选择 0.125～0.063 mm 粒级，基本可以满足矿物的定性和定量鉴定。定量计算中统计的碎屑矿物颗粒数不少于 300 颗，因矿物含量在不同海区变化较大，采用普通的数值等间隔方法进行编图会出现“圈圈状”现象，所以借鉴前人编图方法，含量分布等值线图按照百分频率进行多级划分，由此可以有效同化数据，保持每一级含量划分的站位数大致相同（分布面积大致一致），可以消除部分异常值所产生的极度曲线变化，多级划分可明确表明矿物分布特征。划分原则：全部数据按含量从低至高统计累积频率（剔除零值的有效数据），以10%为间隔，即最小值，10%，20%，30%，40%，50%，60%，70%，80%，90%，最大值，分出10个区间等级，求得各级的含量范围并作图。在不同海区除最小值和最大值有变化外，其他含量等级数值保持一致（低含量数值太小时，删除部分等级含量），保证了不同海区碎屑矿物含量分布的衔接性。

2.3 沉积物黏土矿物测试

2.3.1 黏土矿物提取与制片

黏土粒级的矿物主要由伊利石、高岭石、绿泥石及蒙皂石四种黏土矿物和少量混层矿物（蒙皂石－伊利石的不规则混层）及石英、长石、方解石等非黏土矿物碎屑组成。黏土矿物鉴定粒级小于0.002 mm，样品前处理方法如下：

（1）称取沉积物样50～100 g，去有机质、碳酸盐和铁氧化物（氢氧化物），加纯水和六偏磷酸钠洗涤搅拌成1000 cm^3 的悬浮液，按斯托克斯沉降定律，用吸管吸取所需粒级，重复多次，至获得5～7 g干黏土为止。

（2）分析样品在50℃以下烘箱内蒸干

一批分析样品作X射线衍射分析时，处理制成三种不同的定向片（1，2和3），晾干后置于干燥器中备测。三种不同的定向片分别为：①每个样品各取35～40 mg，用镁－甘油饱和处理或乙二醇饱和处理，制成定向片；②选择分析样品数的10%，各取35～40 mg，制成自然定向片；③再选分析样品数的10%，各取35～40 mg，加热到450℃恒温2 h，制成定向片。

2.3.2 黏土矿物半定量分析

（1）黏土矿物半定量计量用Bicaye（1965）方法，即选用乙二醇饱和片或镁－甘油饱和片图谱上蒙皂石（1.7 nm）、伊利石（1.0 nm）、绿泥石（0.7 nm）＋高岭石（0.7 nm）4种矿物的三个特征衍射峰的峰面积作为基础数据进行计算。峰面积计算方法为衍射峰高乘以半峰宽；

（2）权因子确定，蒙皂石重量因子为1，伊利石重量因子为4，绿泥石＋高岭石重量因子为2，高岭石与绿泥石的含量比例以25°（2θ）左右0.35 nm Å附近的衍射峰高比值求得；

（3）计算式为：

$$A = A_1 + 4A_2 + 2A_3$$

$$W_1 = A_1/A \times 100\%$$

$$W_2 = 4A_2/A \times 100\%$$

$$W_3 = 2A_3/A \times 1/(k+1) \times 100\% \quad W_4 = 2A_3/A \times k/(k+1) \times 100\%$$

式中：A_1 为蒙皂石峰（1.7 nm）面积；A_2 为伊利石峰（1.0 nm）面积；A_3 为高岭石＋绿泥石峰（0.7 nm）面积；K 为高岭石峰与绿泥石峰高（0.35 nm）之比；W_1 为蒙皂石矿物百分含量（%）；W_2 为伊利石矿物百分含量（%）；W_3 为绿泥石矿物百分含量（%）；W_4 为高岭石矿物百分含量（%）。

2.4 沉积物地球化学成分测试

2.4.1 常、微量元素测试

2.4.1.1 样品制备与测试

(1) 将样品放入烘箱中于105℃烘干4 h后，将样品取出，放入干燥器中放冷40 min左右；

(2) 称取0.050 0 g±0.000 5 g样品于坩埚中，用少量的水润湿后，加入1 mL硝酸，3 mL氢氟酸，拧紧盖子；

(3) 把坩埚置于170℃的电热板上加热48 h后，把坩埚取下冷却至室温。打开盖子，把坩埚放到电热板上，加入1 mL高氯酸，把温度调至200℃，加热蒸干溶液，直至白烟冒尽；

(4) 关闭电热板，冷却至室温，加入1∶1的硝酸5 mL浸取，拧紧盖子。把坩埚置于120℃的电热板上加热4 h后，把坩埚取下冷却至室温；

(5) 用水冲洗坩埚，转移至25 mL聚乙烯比色管中，定容至刻度，摇匀；

(6) 上机测定。

2.4.1.2 数据处理

常量元素含量结果以质量分数W_b表示，数值以百分含量（%）计，公式如下：

$$W_b = (\rho_i - \rho_0) \times V \times 10^{-6} \times 1/m \times 100$$

微量元素结果数值以微克每克（μg/g）计，计算公式如下：

$$W_b = (\rho_i - \rho_0) \times V \times 1/m$$

式中：ρ_i为试样溶液中各成分质量浓度的数值，单位为微克每毫升（μg/mL）；ρ_i为空白溶液中各成分质量浓度的数值，单位为微克每毫升（μg/mL）；V为试样溶液体积的数值，单位为毫升（mL）：m为试样质量的数值，单位为克（g）。

2.4.2 有机碳、氮测试

2.4.2.1 样品制备与测试

(1) 沉积物样品经干燥，研成粉末后，定量称取10～20 mg用CHN元素分析仪测定总碳（TC）的含量。

(2) 视样品中有机碳含量，称取同一样品50～100 mg（W_0）于20 mL玻璃瓶中（玻璃瓶称重，定量至0.1 mg），向玻璃瓶中加入过量的（≥2 mL）1 N HCl，将此酸化样品置于超声波水浴中振荡5 min后取出，然后在烘箱50℃条件下干燥过夜。

(3) 干燥样品取出后，放置在空气中至少24 h，待其重量达到平衡后称重并减去玻璃瓶重以获得待测样品的最终质量（W_f），然后将样品研磨均质化，称取定量样品用CHN元素分析仪测定。

2.4.2.2 数据处理

有机碳质量分数计算公式为：

$$\omega_{(Corg)} = (C_{org}/M_1) \times (W_f/W_o) \times 100$$

式中：$\omega_{(Corg)}$为样品中有机碳的质量分数，单位为%；C_{org}为测定的有机碳含量，单位为mg；M_1为进样样品的质量，单位为mg；W_f为处理后的样品最终质量，单位为mg。

全氮质量分数计算公式为：

$$\omega_{(TN)} = (TN/M_1) \times (W_f/W_o) \times 100$$

式中：$\omega_{(TN)}$为样品中全氮的质量分数，单位为%；TN为测定的全氮含量，单位为mg；M_1为进样样品的质量，单位为mg；W_f为处理后的样品最终质量，单位为mg；W_o为样品的初始质量，单位为mg。

碳酸盐质量分数计算公式为：

$$\omega(CaCO_3) = (TC - C_{org}) \times 8.33/W_f \times 100$$

式中：$\omega_{(CaCO_3)}$为样品中碳酸盐（以$CaCO_3$计）的质量分数，单位为%；C_{org}为测定的有机碳含量，单位为mg；TC为测定的总碳含量，单位为mg；W_f为处理后的样品最终质量，单位为mg。

2.5 沉积物微体古生物鉴定

2.5.1 有孔虫的分离与鉴定

沉积物有孔虫分离与鉴定步骤如下：

（1）取适量沉积物样品在60℃温度下干燥，用自来水浸泡2~3 d（对于难分散的样品加入数滴H_2O_2）。

（2）用250目的标准铜筛冲洗样品，冲洗剩下的砂样放在烘箱中低温（<60℃）烘干并称重。

（3）取大于0.154 mm的粗组分进行底栖有孔虫的鉴定与定量统计，并计算有孔虫丰度、各属种百分含量、简单分异度及复合分异度H（s）。

（4）对于部分有孔虫含量丰富的沉积物样品，先采取缩分法进行缩分，一般缩分至样品中有孔虫个数不少于100枚。有孔虫鉴定与统计壳体数在100枚以上，不足100枚的则全样统计。

（5）有孔虫鉴定标准与计算方法主要参考何炎等（1965）；郑守仪等（1979）和汪品先等（1980，1988）相关文献。

2.5.2 孢粉分离与鉴定

沉积物孢粉分离与鉴定步骤如下：

（1）把样品放入烧杯中，放在恒温为60℃烘箱中干燥，取出样品并放入玛瑙捻钵中碎样，使样品成粉状以利于反应。

（2）样品称重：把50 mL的塑料离心管置于电子天平上，加入2g左右的干燥样品，准确称取样品的重量（0.01%的精度），然后加入一粒石松孢子药片。

（3）去除钙质胶结物和生物壳体（$CaCO_3$）：向塑料离心管中加入10 mL HCl（10%），用塑料棒搅拌均匀，等到没有CO_2气泡生成。

（4）洗酸：加去离子水45 mL，搅拌均匀后，放入离心机离心5 min（5 000 r/min）。离心完成后，倒掉上部液体。离心两遍。

（5）去除有机质，保证孢粉纹饰清楚：向塑料离心管中加入15 mL KOH（15%），用塑料棒搅拌均匀，放入热水浴锅中加热（95℃，15 min）。

（6）除碱：加去离子水到离心管刻度的40 mL，用塑料棒搅拌均匀，放入离心机离心5 min（5 000 r/min），倒掉上部液体。加5 mL HCl（10%）后，再加去离子水到离心管刻度的40 mL，离心5 min（5 000 r/min），倒掉上部液体。

（7）去除硅质：在通风柜中，加入20 mL的HF（48%），在通风柜中放置一夜。

（8）洗酸：加去离子水离心两次，分别把上部酸液倒入专用的回收容器中。

（9）震荡过筛：把沉淀物细心移入相同编号的15 mL塑料离心管中，将样品分别放在微型振荡器上分散，然后加去离子水，用10 m的滤网过滤到新的相同编号的15 mL试管中，加去离子水，离心5 min（5 000 r/min），倒掉上部的液体。

（10）制片：加5 mL（1∶1）甘油－水混合液，搅拌均匀，离心5 min（6 000 r/min），倒掉上部的液体。开口倒置，空干。待制片用。

（11）鉴定：采用Olympus型显微镜进行鉴定分析。孢粉化石统计时，放大倍数选用300倍；观察孢粉化石微结构放大倍数选用600倍；油浸镜选用1 000倍以上；每个样品鉴定200粒左右。

2.6 沉积柱样沉积速率测定

在百年尺度的沉积物计年方法中，主要有^{210}Pb测年、^{137}Cs测年和沉积纹理计年。陆架区海洋沉积物中^{210}Pb主要来源于三方面：大气沉降，河流、海滨外水域的输入和母体^{226}Ra的衰变。^{210}Pb计年的基本假设是：①沉积物作为一个封闭系统，与^{210}Pb输送和衰变有关的沉积作用具有稳定条件。②^{210}Pb在水体中具有较短的滞留时间，即进入水体的^{210}Pb能够有效的转移到沉积物中去。③在沉积物中积蓄的^{210}Pb不发生沉积后迁移作用。④沉积物中非过剩^{210}Pb应与母体^{226}Ra保持平衡状态。^{137}Cs作为一种人工核素，由于核试验被释放到自然界中，由于具有50年的时标性，故被广泛应用于现代沉积物测年的研究。^{137}Cs具有最大检出深度对应1955年时标（Milan et al.，1995）、最大峰值检出深度对应1963年时标、最后一个峰值检出深度对应1986年时标，有些地方还具有1973年峰值的特征（Mishra et al.，1975；Jha et al.，2003）。

2.6.1 ^{210}Pb测年法

^{210}Pb数据计算沉积速率时，选择恒定初始浓度模式法，即假设沉积物中初始的放射性活度为一常量值，则根据放射性衰变方程，t时间对应的放射性活度N_t（Bq/g）可表示为：

$$N_t = N_0 e^{-\lambda t}$$

式中：N_0 为初始放射性活度，λ 为^{210}Pb 的衰变常数，取 $0.031a^{-1}$。
对于某一沉积速率 S（cm/a），埋藏深度 H（cm）处对应的时间 t 可表示为：

$$t = H/S$$

则得到：

$$N_H = N_0 e^{(-\lambda H/S)}$$

式中：N_H 为 H 深度处的放射性活度。此方程表示^{210}Pb 放射性活度的自然对数值与深度之间存在着线性关系，记两者间的线性系数为 k，则有：

$$k = -\lambda/S$$

即：$S = -0.031/k$。

在实际计算时，以深度 H 为自变量轴，以 N_H 为因变量进行投图，对所得的散点图进行线性拟合，拟合出的直线的斜率值即为上式中的 k 值，代入上式即可得相应的沉积速率。

2.6.2 ^{137}Cs 测年法

对于^{137}Cs 数据，^{137}Cs 在地层中的理想分布模式应为：在地层中被首次检出的层位对应于 1954，最大峰值对应于 1963 年的大规模核试验，次级峰值对应于 1986 年切尔诺贝利核事故。根据^{137}Cs 值计算沉积速率的公式为：

$$S = H/(A1 - A2)$$

式中：S 为沉积速率，H 为时标层位深度或两时标层位间的深度差，$A1$ 为样品测量年份或某时标年份，$A2$ 为早于 $A1$ 的某时标年份。

本次研究假设其最大检出深度对应 1955 年时标，由此得到相应的沉积物速率为：

$$S = H/(Y - 1955)$$

H 为对应于^{137}Cs 检出深度，Y 为取样年代。

第 2 篇　渤海沉积

第3章 渤海概况

3.1 地理位置与海底地形

渤海位于37° 07′—41°00′N，117°35′—121°10′E之间，大部分被辽宁、河北、山东和天津四省市包围，是我国东部一个三面被陆地环绕的内海，仅在东面以狭窄的渤海海峡与黄海相通（图3.1，秦蕴珊等，1985）。从地形轮廓来看，渤海如同北黄海伸入内陆的一个大海湾，主要由辽东湾、渤海湾、莱州湾、中央盆地和渤海海峡五个部分组成（图3.1）。辽东湾顶至莱州湾顶距离约为480 km，渤海湾顶至渤海海峡的庙岛群岛距离约为300 km，海域总面积约为77 000 km^2（许东禹等，1997）。渤海海底地形总体上表现为从辽东湾、渤海湾和莱州湾三个海湾向渤海中央盆地及渤海海峡方向倾斜，坡度较为平缓，平均坡度0.13‰，是中国四大海域中坡度最小的海区。渤海水深较浅，平均水深只有约18 m，水深在10 m以内的海域占了整个渤海的26%左右，最深处位于渤海海峡北部的老铁山水道，约为84 m。在黄河、海河、辽河和滦河等河口地区，由于河流从陆地带来大量陆源物质在该区沉积，因而水深较浅。

辽东湾位于渤海湾北部，是渤海最大的海湾，海湾形似倒“U”字，呈NNE向延伸，湾口以大清河口与辽宁老铁山连线为界。辽东湾是渤海地形最复杂的地区，海底地形明显受海湾形态以及陆地地形特征影响，如陆地平原区附近海域，海底地形平坦，而山地附近的海域，海底地形有明显的起伏。湾内大部分海域地形平坦，由湾顶向湾口水深逐渐加深，平均坡度0.2‰。湾内大部分水深小于30 m，最大水深达60多米。海湾内地形变化最大的地方位于辽东湾的东南部——著名的辽东浅滩，浅滩为大范围的波状起伏地形，即潮流沙脊群，为辽东湾一种独特的地形形态。渤海湾、莱州湾及渤海中央盆地地形比较简单。渤海湾位于渤海西部，海湾最大水深39 m，平均水深约为20 m，海底地形平均坡度0.2‰。莱州湾位于渤海南部，由南向渤海中央盆地倾斜，海底地形简单，平均坡度0.19‰。在莱州湾东岸出现一段不太明显的水下岸坡，其他岸段基本没有岸坡地形，沿海平原和海底平原呈平缓过渡。从海岸到渤中盆地，水深加大到20－26 m，坡度极缓（许东禹等，1997）。在渤海湾与莱州湾之间为黄河三角洲，三角洲等深线向海凸出，前缘斜坡坡折接近12 m等深线，平均坡度0.9‰。渤海中央盆地位于3个海湾和渤海海峡之间，属于浅海堆积平原，水深20～28 m，海底地形平坦。

渤海海峡位于辽东老铁山－山东蓬莱之间，长约115 km，庙岛群岛呈NE向排列横亘于海峡中，由20多个岛礁组成，像栅栏般把海峡分割成若干水道。较大的水道有6条，由北而南分别为老铁山水道、大小钦水道、北砣矶水道、南砣矶水道、长山水道和登州水道。这些水道和岛礁构成了沟脊相间的崎岖地形。老铁山水道最大，宽约40 km，海底有南北两个冲刷槽，北槽大而浅，50 m等深线呈新月形；南槽小而深，最深达84 m（耿秀山，1983）。南

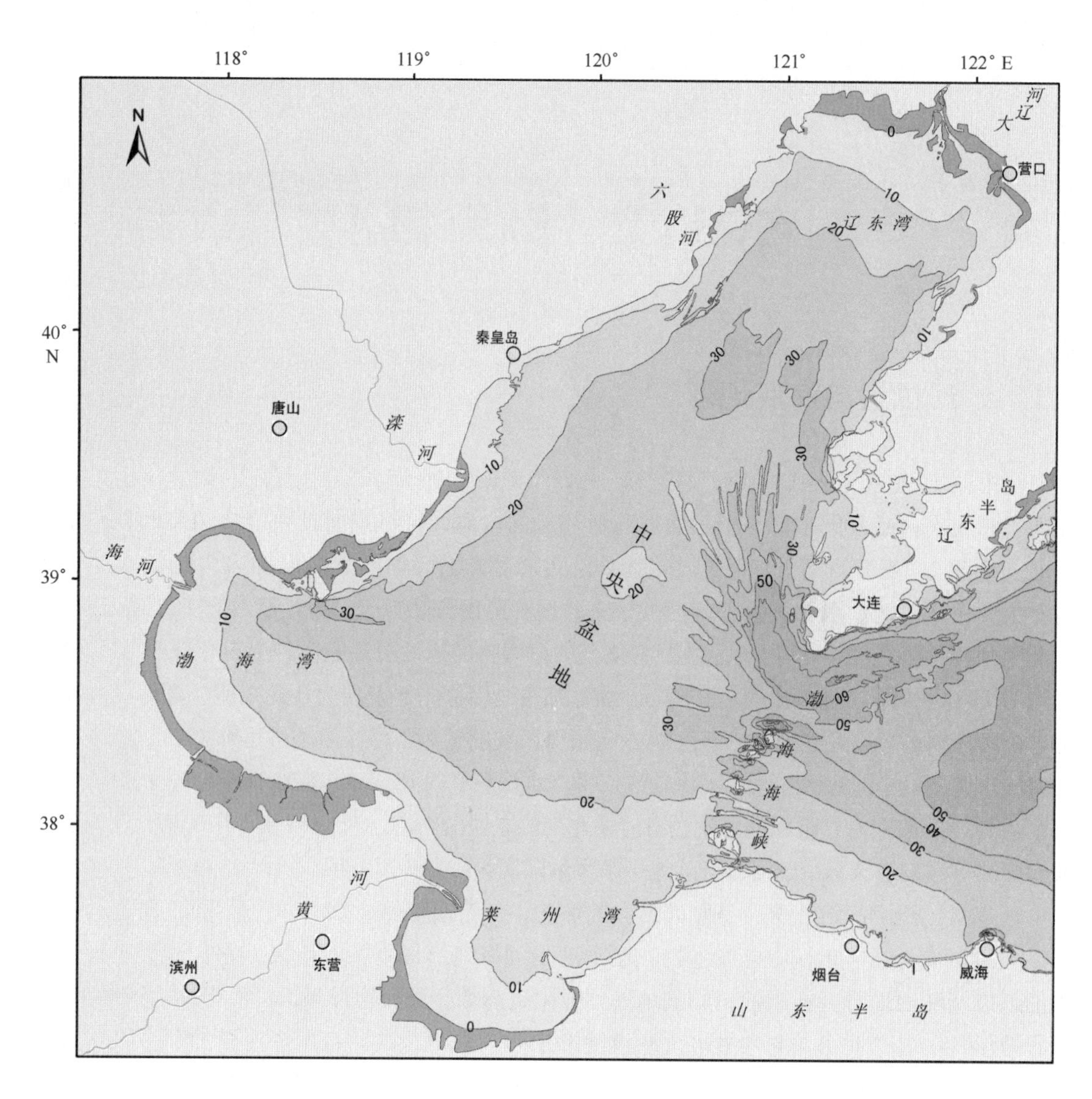

图 3.1　渤海地理位置和地形

（图中实线为水深线，单位为 m；资料来源：陈义兰等，2013）

部 5 个水道规模较小，大者宽达 18 km，小者宽达 7 km，水深一般在 20 - 45 m（许东禹等，1997）。

3.2　海洋水文特征

渤海三面环陆，仅通过南北宽约 109 km 的渤海海峡与黄海相通，是一个典型深入陆地的内海。加之渤海平均水深只有 18 m，且有“超浅海”之说，因此，其水文要素极易受陆地气候及径流等影响。特别是黄河以其独特的入海水沙特性和变化给渤海环境带来了许多独有的现象和问题。

渤海的水温和盐度既有显著的局地特征，也具有明显的季节变化（冯士筰等，2007）。冬季水温很低，尤以辽东湾为甚；渤海中部至渤海海峡附近，水温约 1℃ ~2℃；3 个海湾顶部水温均低于0℃。受寒流影响，冬季渤海常常出现结冰现象，冰情严重的年份，海冰几乎可覆盖渤海绝大部分海域。冬半年，约从10月至翌年4月，在强的对流混合作用下，水温铅直分布极为均匀。夏季，渤海表层水温约为24℃～26℃，浅水区和岸边水温较高。自春至夏，除近岸浅水区外，渤海水温分布的突出特点是出现温跃层，并于6—8月进入强盛期。渤海的盐度，年平均仅30.0，渤海海峡至渤海东部略高，平均可达31.0，而近岸水域只有26.0左右。特别在夏季入海径流增大之时，河口附近大片海域表层盐度常常低于24.0；在辽东湾顶可低于20.0；黄河冲淡水影响可波及渤海中部。渤海盐度的铅直分布与水温一样：冬季铅直分布均匀；而夏季，上下均匀层之间存在跃层。近年来，渤海区的水文气象状况发生了明显变化，即气温升高，降水减少，水温和盐度皆升高，有的变化幅度相当大，对渤海生态环境可能有显著影响。

海域水动力主要包括潮汐、波浪和海流等。渤海大部分海域为不正规半日潮，只有秦皇岛和老黄河口附近为正规全日潮，而其外围10 km左右环状区域为不正规全日潮。渤海潮差多为2～3 m；沿岸平均潮差以秦皇岛附近最小，约为0.5 m，最大潮差在辽东湾顶，营口可达5.4 m，渤海湾顶次之，塘沽可达5.1 m；渤海海峡平均为2 m左右。渤海潮流也以半日潮为主，流速一般为0.5～2.0 m/s，最强潮流出现在老铁山水道附近，可达1.5～2.0 m/s，辽东湾次之，为1.0 m/s左右，莱州湾则仅有0.5 m/s左右。渤海以风浪为主，冬季最盛，1月平均波高为1.1～1.7 m，寒潮侵袭时可达3.5～6.0 m。夏秋之间，偶有大于6.0 m的台风浪。海浪以渤海海峡和海域中部为最大，辽东湾和渤海湾较小。海上实际观测到的海流一般包括潮流和余流两部分，渤海实测流中主要成分是潮流，分离后的余流相对较弱，因此相应的环流也较微弱，有时环流还不很稳定。近期的研究表明：在辽东湾，海水基本上是作顺时针方向的流动。渤海湾的环流相对复杂些，呈现北部为逆时针向，南部为顺时针向的双环流动结构。莱州湾的环流相对简单些，湾内仅存在一个顺时针的环流（赵保仁等，1995）。

3.3 渤海周边主要河流概况

流入渤海的较大河流主要包括黄河、海河、辽河和滦河（图3.1）。黄河是我国第二大河，发源于青藏高原地区，流经黄土高原、华北平原后流入渤海。黄河的年平均径流量为$423\times10^8\ m^3$，水量以2月最枯，8月最丰。黄河又以高含沙量著称于世，平均年输沙量为1 006 Mt。其中7—10月径流量和输沙量分别占全年的60%和80%，从而造成岸线平均每年造陆约23 km^2。然而由于近年来黄河来水来沙的变化，如1996—2000年的年均入海水沙量为1950—1960年期间的1/10左右，可能导致黄河河口区由淤积转变为蚀退（冯士筰等，2007）。海河是华北平原上最大的河流，主要由南运河、子牙河、大清河、永定河及北运河五大支流汇合而成。河长1 090 km，流域面积264 617 km^2。平均年径流量为$226\times10^8\ m^3$，平均年输沙量为$6\ 000\times10^4$ t以上，主要集中在8月（苏纪兰等，2005）。辽河为辽宁省第一大河，全长1 396 km，流域面积为219 000 km^2。平均径流量为$8.7\times10^8\ m^3$，平均年输沙量184.9×10^8 t（中国海洋志，2003）。滦河发源于巴延图古尔山，流经内蒙古高原，在滦县流出山区进入华北平原后流入渤海。全长877 km，流域面积44 954 km^2。平均年径流量为$45.6\times10^8\ m^3$，径流主要集中在6—9月，占全年径流量的3/4左右。平均年输沙量为$2\ 270\times10^4$ t。滦河输沙量主要集中在7月（苏纪兰等，2005）。

3.4　渤海盆地构造特征

渤海盆地是中国大陆东部规模最大的一个新生代裂陷盆地，总体呈中部膨大且稍歪斜的“N”字形，沿NE向展布（徐杰等，2004；图3.2）。渤海湾盆地四周被深大断裂带所限。东有郯庐断裂带，西有紫荆关及太行山东麓断裂带，北为昌黎－宝坻断裂带，南为广饶－齐河断裂带，这些深大断裂带把整个渤海湾盆地区分割成许多大小不等的断块。渤海盆地构造经历了古近纪断陷（裂陷）和新近纪以来的坳陷（后裂陷）两个主要演化阶段。古近纪时盆地区在NW—SE向水平拉张力的作用下，沿一些NNE—NEE向的区域性中生代平移断裂。同时还形成一系列新的断裂，相继控制60多个互不相连的断陷盆地（凹陷），其中绝大多数为单侧断陷（半地堑）。它们往往成带（群）分布而构成一个古近纪的坳陷，如黄骅、渤中、济阳等坳陷，其间常以隆起相隔，如埕宁、沧县隆起等（图3.2），从而形成多凹多凸、多坳多隆的复式盆－岭构造系统。自新近纪起渤海盆地整体下沉，在古近纪盆－岭构造之上叠置发育了统一的大型坳陷盆地（徐杰等，2004）。

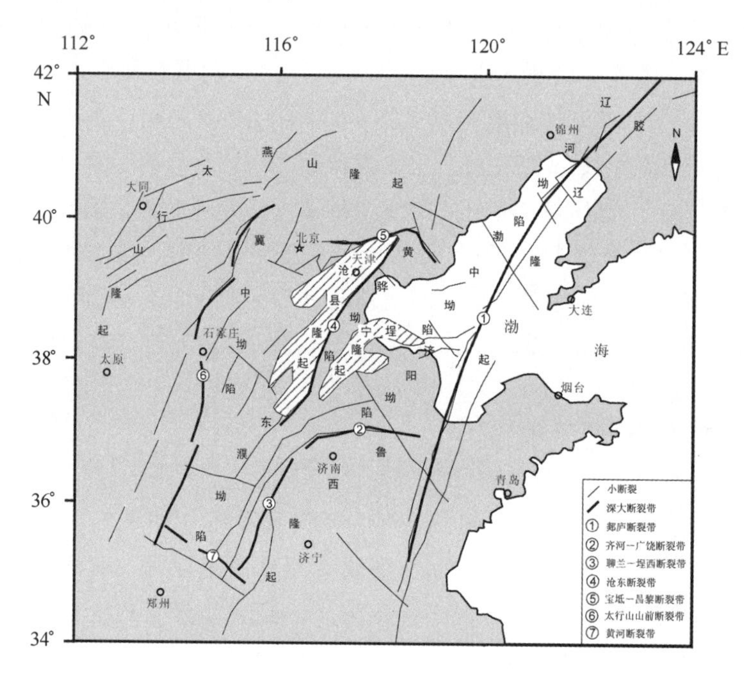

图3.2　渤海盆地大地构造

资料来源：Zhang et al.，2007

第4章 渤海沉积物分布

渤海是我国唯一的内海，是我国海洋生物和油气资源的主要产区之一，黄河的注入使渤海的沉积物输运过程、动力特征和环境演化更具特色。依据“908专项”底质调查的成果，对渤海沉积物粒度分布、沉积物类型以及沉积物输运趋势等进行了详细研究。

4.1 数据来源

渤海表层沉积物分布特征的研究采用了“908专项”底质调查共计3 810个站位的沉积物粒度分析数据，具体采样位置见图4.1。

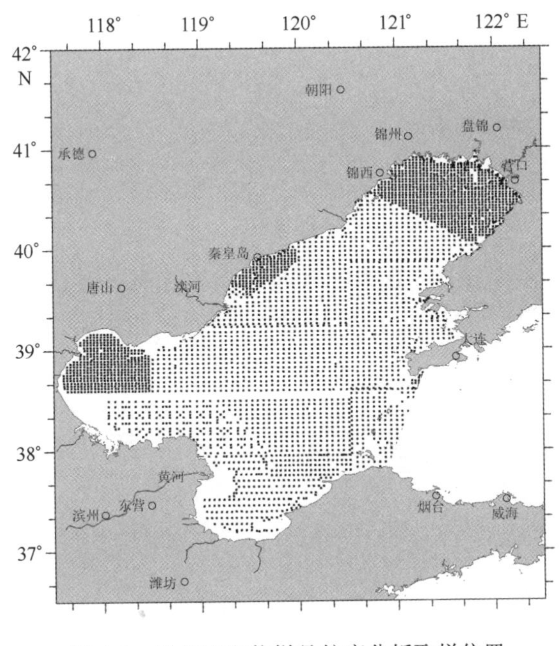

图4.1 渤海沉积物样品粒度分析取样位置

4.2 表层沉积物不同粒级分布特征

4.2.1 砾粒级组分的分布特征

渤海沉积物砾粒级组分含量变化较大，从0.0%～100%不等，绝大部分区域不含有砾粒级组分。即使含有砾粒级组分的站位，其含量一般在50%以下，大部分在20%以下。含砾表层沉积物在渤海的分布范围十分有限，主要分布在渤海海峡，特别是老铁山水道附近海域，少量分布在辽东湾近岸（图4.2）。

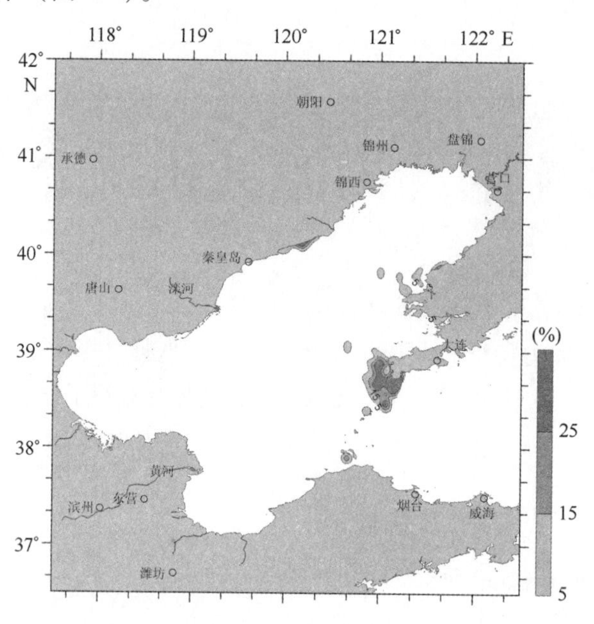

图4.2　渤海表层沉积物砾粒级组分分布

4.2.2　砂粒级组分的分布特征

砂粒级组分在渤海含量变化较大，从0.0%～100%不等，大部分站位砂粒级含量在50%以下。从图4.3可以看出，渤海砂粒级组分集中分布在辽东湾、辽东浅滩和渤中浅滩。滦河口外邻近海域、黄河三角洲北部近岸区域、莱州湾南部和靠近三山岛附近的东部也有少量分布，砂粒级含量在50%以上。其他区域如渤海湾、莱州湾靠近黄河三角洲海域、渤海湾西部呈条带状伸向辽东湾的大片海域，辽东湾北部、莱州湾北部和渤海海峡的南部砂粒级组分含

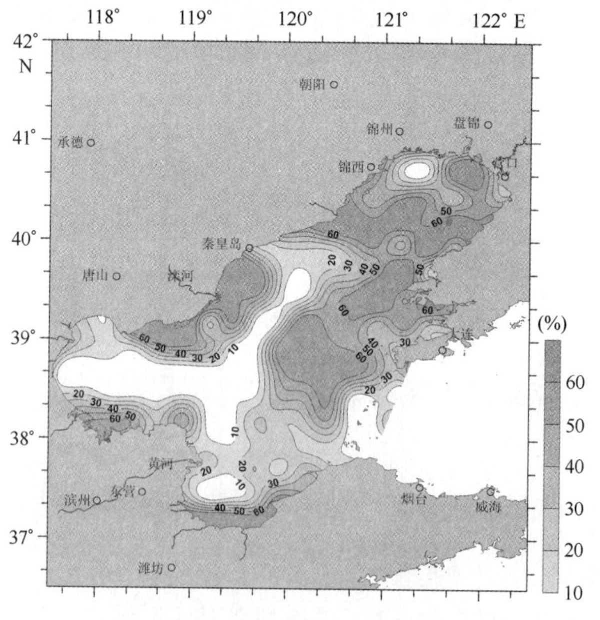

图4.3　渤海表层沉积物砂粒级组分分布

量较低，在 20% 以下。

4.2.3 粉砂粒级组分的分布特征

粉砂粒级组分含量在渤海沉积物中变化于 0.0% ~100% 之间，但大部分站位其含量介于 50% ~80% 之间。从图 4.4 可以看出，渤海粉砂粒级组分主要分布在砂粒级含量 20% 以下的区域，例如渤海湾、莱州湾靠近黄河三角洲海域、渤海湾西部呈条带状伸向辽东湾的大片海域，辽东湾北部、莱州湾北部和渤海海峡的南部，粉砂含量在 50% 以上；砂粒级组分含量比较高的辽东湾、辽东浅滩、渤中浅滩和滦河口外邻近海域等，粉砂粒级组分含量较低，在 50% 以下。

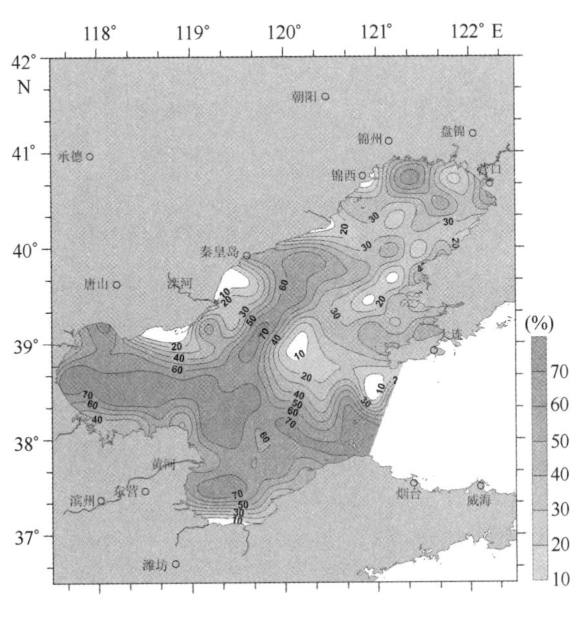

图 4.4 渤海表层沉积物粉砂粒级组分分布

4.2.4 黏土粒级组分的分布特征

黏土粒级组分含量在渤海沉积物中变化于 0.0% ~100% 之间，但绝大部分站位其含量介于 0.0% ~30% 之间。黏土粒级组分主要分布在渤海湾西部，呈条带状伸向辽东湾的大片海域和黄河口邻近的莱州湾西部和北部部分海域，含量在 20% 以上；在辽东湾北部也有零星分布，大部分含量在 15% 以上；黄河三角洲北部、莱州湾东部和东南部、庙岛群岛附近、渤中浅滩、辽东浅滩、辽东湾和滦河口外等海域黏土含量较低，一般在 15% 以下（图 4.5）。

4.3 表层沉积物粒度参数分布特征

4.3.1 平均粒径（Mz）的分布特征

渤海沉积物平均粒径变化范围为 −2.5 ~10.9Φ，平均值为 5.14Φ（图 4.6）。平均粒径主要集中在 4 ~8Φ 之间（0.004 ~0.063 mm）。这类沉积物广泛分布在莱州湾、渤海湾和辽东湾

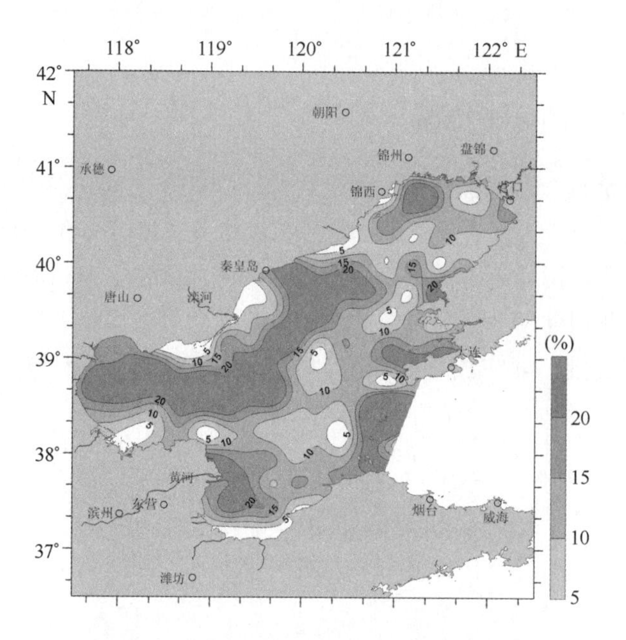

图 4.5　渤海表层沉积物黏土粒级组分分布

北部与西南部（秦皇岛、葫芦岛和营口邻近海域）、中央海盆东部以及渤海海峡的南部。其次是平均粒径在 0 ~4Φ 之间（0.063 ~1 mm）的沉积物，主要分布在滦河和六股河口外、渤海海峡北部以及邻近的渤中浅滩和辽东浅滩附近海域。平均粒径大于 8Φ（ <0.004 mm）和小于 -1Φ（ >2 mm）的沉积物只零星出现黄河三角洲北部离岸和老铁山水道附近。

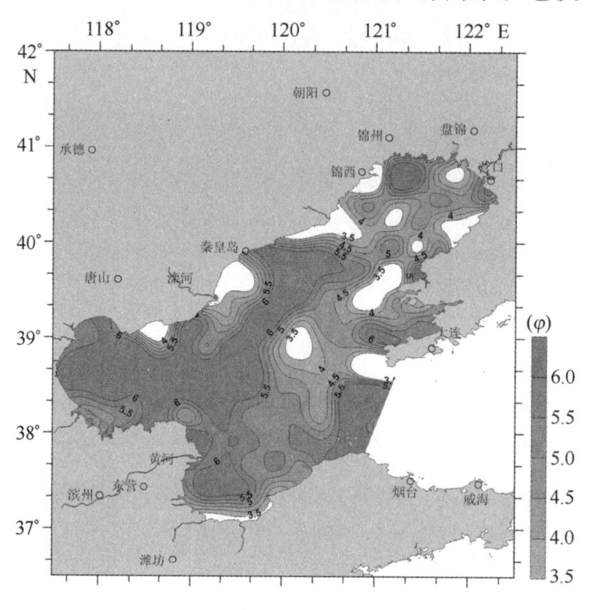

图 4.6　渤海表层沉积物平均粒径分布

从图 4.7 可以看出，平均粒径与砂粒级组分含量则呈现明显的负相关性，相关系数为 0.8（4.7a）。沉积物平均粒径与粉砂和黏土的相关性较高，为明显的正相关，相关系数在 0.7 左右（4.7b 和 4.7c）。

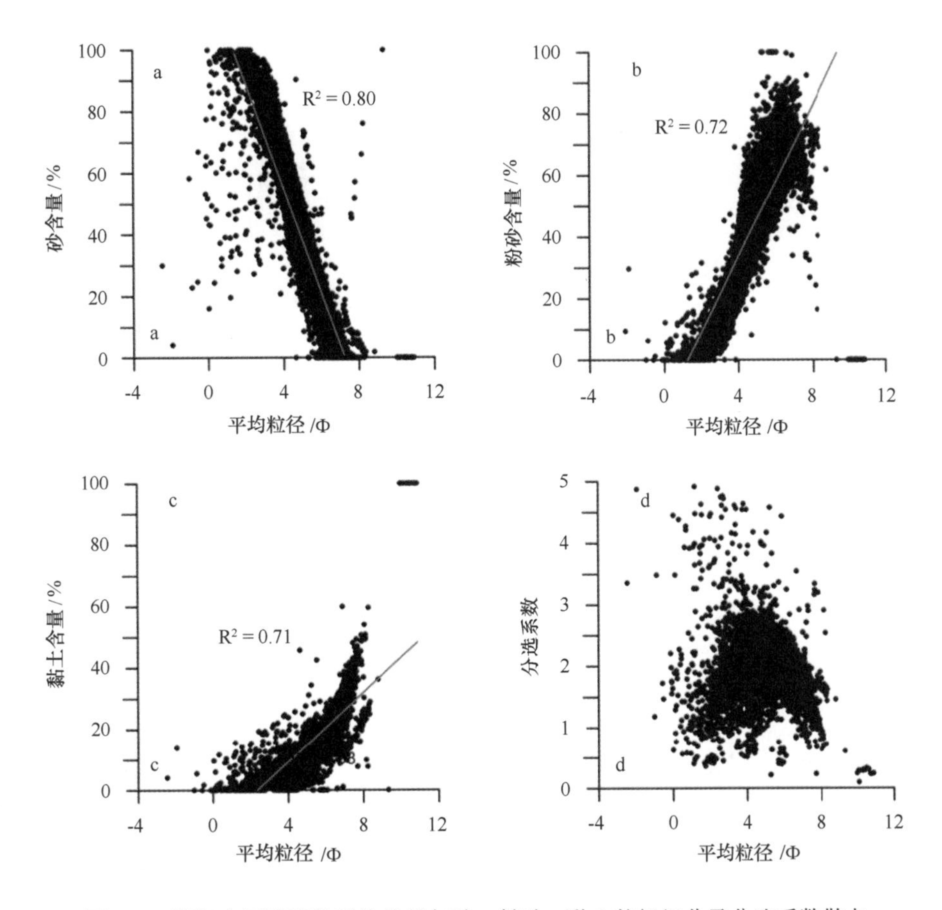

图 4.7　渤海表层沉积物平均粒径与砂、粉砂、黏土粒级组分及分选系数散点

4.3.2　分选系数（σ）的分布特征

分选系数反映的是沉积物颗粒大小的均匀性，常常用作沉积环境指标，但是一般研究者只给出了相对值。例如，通常最差的分选系数是代表冲积扇和冰碛物等粗粒沉积物；海滩卵石较河流卵石分选要好。对现代沉积环境而言，滨岸沙比水下沙、潮间坪和河流沙分选更好，风成沙丘分选最好。另外，分选系数或者标准差对其他粒度参数作散点图，能够较好地区分各种沉积环境。

渤海表层沉积物分选系数变化范围为 0.1 ~ 4.9，平均值为 1.89，分选性大致为较差至差。分选系数与平均粒径的关系如图 4.7d 所示。粒径值小于 5.5Φ 时，粒径值与分选系数值为正相关。粒径值 Φ 越大，沉积物颗粒越细，则分选系数越大，分选性越差；粒径值大于 5.5Φ 时，粒径值与分选系数值为负相关。粒径值越大，沉积物颗粒越细，则分选系数越小，分选性越好。因此，从其区域分布特征来看（图 4.8），渤海老铁山水道附近，分选系数大于 4，分选极差；绝大部分的区域分选系数在 1 ~ 4 之间，分选差，其中细粒级沉积区如渤海湾、莱州湾北部和渤海湾西部呈条带状伸向辽东湾的大片海域，沉积物分选性比粗粒级沉积区如滦河口外、渤中浅滩和辽东浅滩等好；只有黄河三角洲北部和滦河口外零星区域的沉积物分选呈中等。

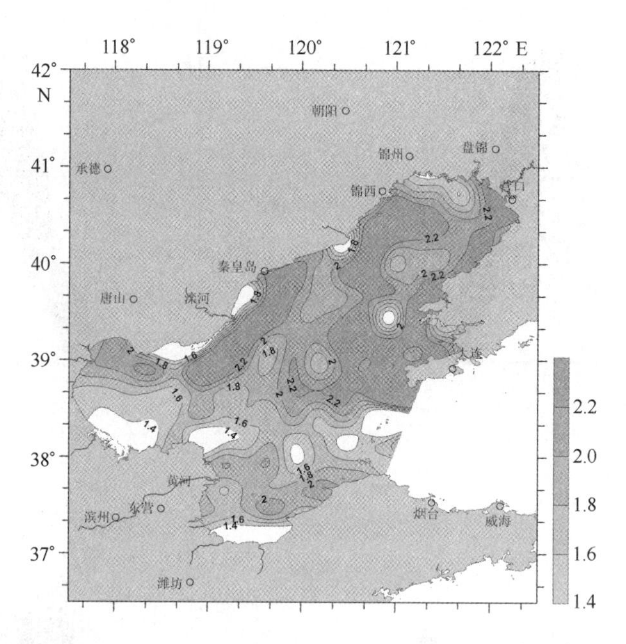

图 4.8 渤海表层沉积物分选系数分布

4.3.3 偏度（Sk）的分布特征

偏度可判别粒级分布的对称性，并表明平均值与中位数的相对位置。如为负偏，即平均值将向中位数的较粗方向移动，粒度集中于细端部分；正偏即平均值向中位数的较细方向移动，粒度集中在粗端部分。研究偏度对了解沉积物的成因有一定的作用。一般来说，海滩沙多为负偏，而沙丘及风坪沙则多为正偏。

渤海沉积物偏度变化范围为 -3.87 ~ 4.7，平均值为 1.22。从其区域分布特征来看（图 4.9），渤海绝大部分的区域沉积物偏度为正偏，只有渤海湾西部呈条带状伸向辽东湾的部分

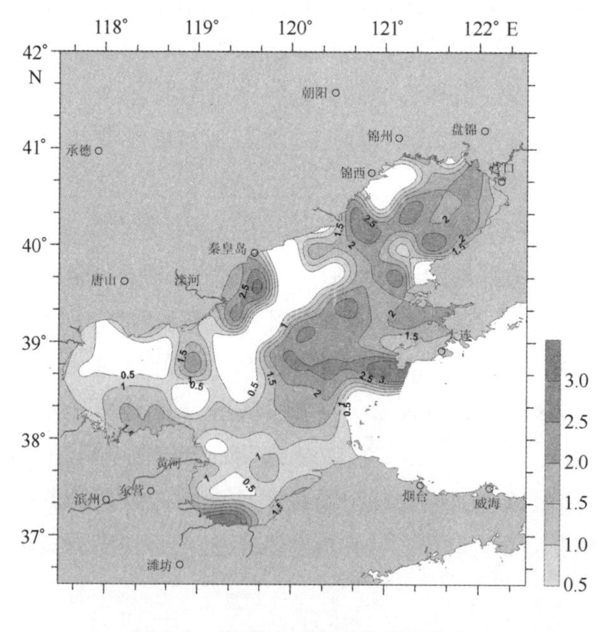

图 4.9 渤海表层沉积物偏度分布

海域为负偏，这与渤海沉积物平均粒径的分布趋势大体一致。

4.3.4 峰态（Kg）的分布特征

大多数峰态是度量粒度分布的中部和尾部展形之比，通俗地说，就是衡量分布曲线的峰凸程度。峰态研究是发现双峰曲线的重要线索。如果Kg值很低或非常低时，说明该沉积物是未经改造就进入新环境，而新环境对它的改造又不明显，代表几个物质直接混合而成，其分布曲线可能是宽峰或鞍状分布，或者多峰曲线。渤海沉积物峰态值变化于0.5～26.52之间，平均值为2.7。从图4.10来看，其平面的分布特征分异性比较明显，细粒级沉积区的沉积物峰态为宽，砂质沉积物大部分为非常宽和很宽。

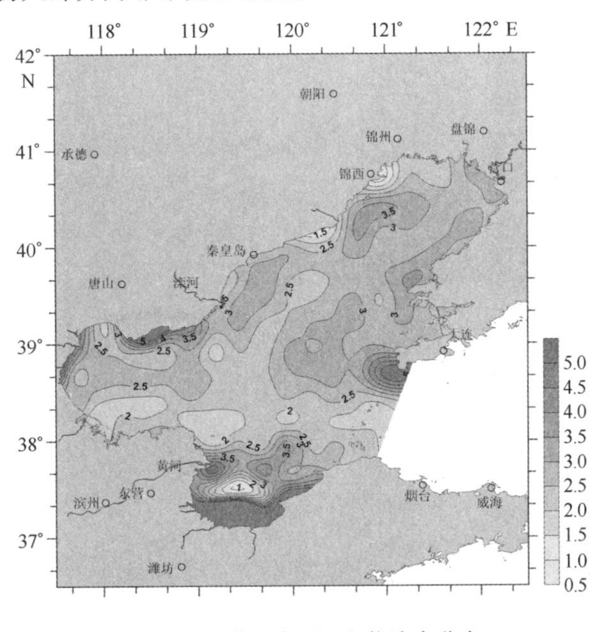

图4.10 渤海表层沉积物峰态分布

4.4 渤海表层沉积物类型及其分布规律

4.4.1 表层沉积物的类型

渤海沉积物粒度分类命名仍采用谢帕德三角图分类方案，但同时也给出了福克分类方案命名结果做参考。采用谢帕德分类方案，可将渤海表层沉积物划分为：粉砂（T）、粉砂质砾石（TG）、粉砂质砂（TS）、粉砂质黏土（TY）、含砾粉砂［（G）T］、含砾粉砂质砂［（G）TS］、含砾粉砂质黏土［（G）TY］、含砾砂［（G）S］、含砾砂－粉砂－黏土［（G）S－T－Y］、含砾砂质粉砂［（G）ST］、含砾黏土质粉砂［（G）YT］、含砾黏土质砂［（G）YS］、砾（G）、砾砂（GS）、砂（S）、砂－粉砂－黏土（S－T－Y）、砂砾（SG）、砂质粉砂（ST）、黏土（Y）、黏土质粉砂（YT）和黏土质砂（YS）等21种类型，以砂、粉砂质砂、粉砂、砂质粉砂和黏土质粉砂分布范围最广（图4.11）。渤海表层沉积物分布特征（谢帕德分类）见图4.12。

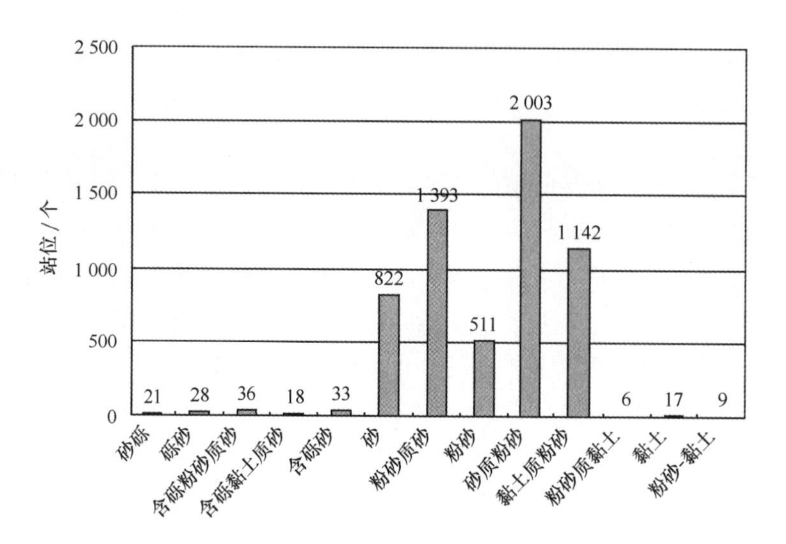

图 4.11　渤海表层沉积物类型频率统计

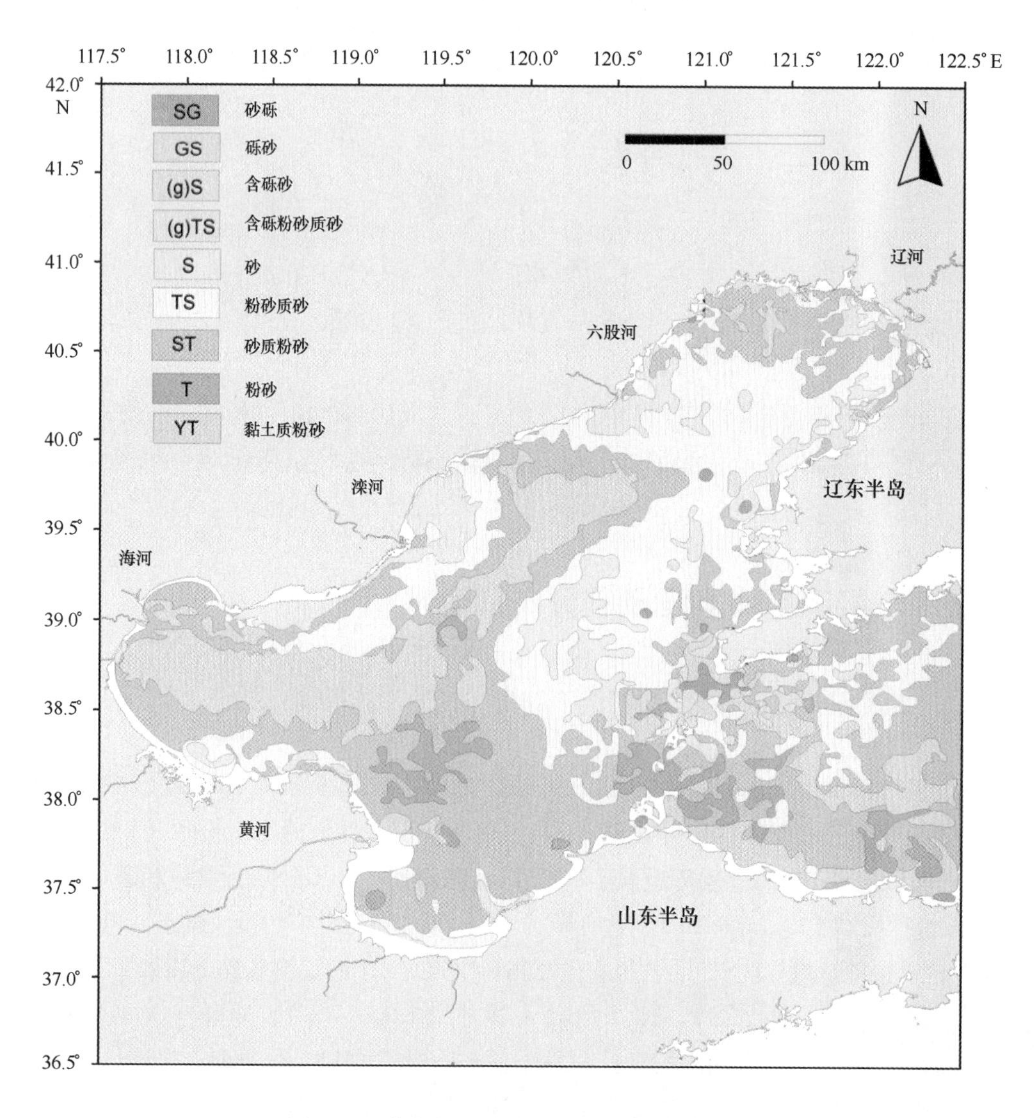

图 4.12　渤海表层沉积物分布（谢帕德分类）

采用福克分类方案，渤海表层沉积物则可划分为：粉砂质砂（zS）、砂质粉砂（sZ）、粉砂（Z）、砂（S）、泥（M）、砂质泥（sM）、砾质泥质砂（gmS）、砂质砾（sG）、含砾砂[（g）S]、砾质砂（gS）、泥质砂（mS）、含砾泥质砂[（g）mS]、含砾泥[（g）M]、砾质泥（gM）、泥质砂质砾（msG）、砾（G）和黏土（m）等17种类型。渤海广泛分布着砂、粉砂质砂、砂质粉砂、粉砂和泥，少量分布着泥质砂质砾、砾质砂、砾质泥质砂、砾质泥、泥质砂和砂质泥，零星见砾、砂质砾、含砾砂、含砾泥质砂、含砾泥和黏土。渤海表层沉积物分布特征（福克分类）见图4.13。

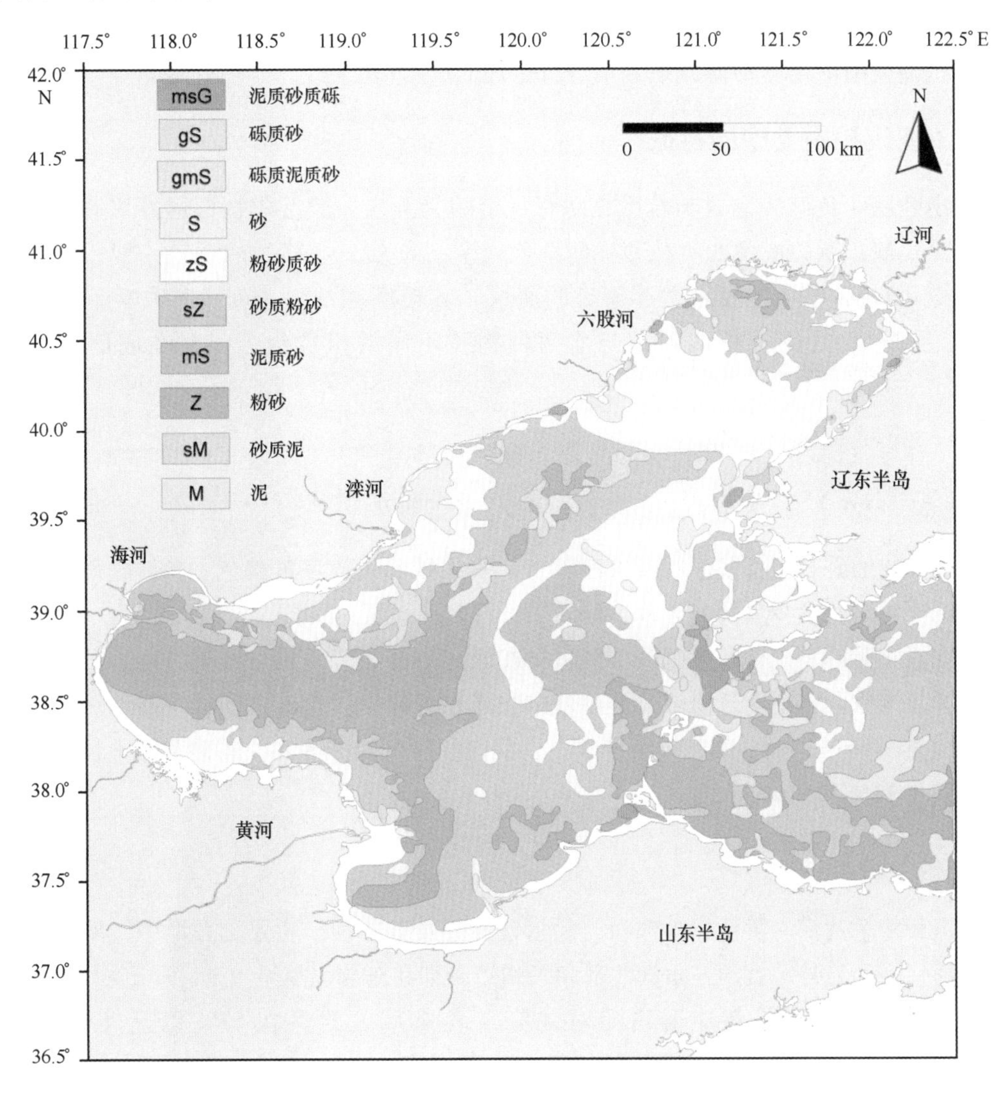

图4.13 渤海表层沉积物分布（福克分类）

砂质砾、泥质砂质砾、砾质砂和砾质泥质砂等含砾沉积物的分布范围十分有限，主要分布在渤海海峡北部，即老铁山水道附近海域，辽东湾近岸也零星出现。砂、粉砂质砂和泥质砂等粗粒级沉积物的分布，主要集中在辽东湾、渤中浅滩、辽东浅滩和滦河外近岸海域，黄河三角洲北部、莱州湾南部以及庙岛群岛附近也少量出现。其中砂集中分布在滦河口外近岸区域，辽东湾近岸、渤中浅滩和辽东浅滩少量出现，黄河三角洲北部和莱州湾三山岛附近零星出现；粉砂质砂类沉积物在渤海的分布范围较广，辽东湾、滦河口外、辽东浅滩以及黄河三角洲北部、莱州湾南部等均有分布；泥质砂的分布范围较集中，绝大部分分布在渤中浅滩附近海域，滦河口外和辽东湾只是零星出现。砂质粉砂和粉砂是渤海分布最广的沉积物，其中砂质粉砂广泛分布于辽东湾北部、渤海湾北部、黄河三角洲北部离岸区域、渤海湾东部以及北部、金州湾和普兰店湾以及渤海湾西部呈条带状伸向辽东湾的海域。粉砂则集中分布在黄河三角洲南部离岸海域、渤海湾以及渤海湾西部呈条带状伸向辽东湾的海域（条带内为粉砂，外层分布着砂质粉砂）和渤海海峡南部。砂质泥、泥和黏土等主要分布在渤海湾西部呈条带状伸向辽东湾的海域，零星出现在辽东湾和渤海海峡等。下面对沉积物类型依据谢帕德分类方案进行描述。

4.4.2 主要沉积物类型的特征

沉积物搬运（负载）方式与粒度之间有一定的关系，一般沉积物搬运方式有三种，悬移或者悬浮负载，跃移或跳跃负载和底面推移或牵引负载。悬移质的颗粒一般很细，约在 0.1 mm（3 Φ），跃移质主要指靠近河床的底层，其粒度在 0.15 mm（2.7 Φ）~1.0 mm（0 Φ）或更细些，底部推移质则是与前两种物质不同的粗粒组分，贴在底面上滑动或滚动。

4.4.2.1 *砂砾（SG）、砾砂（GS）、含砾粉砂质砂 [（G）TS]、含砾黏土质砂 [（G）YS] 和含砾砂（（G）S）等含砾沉积物*

渤海沉积物的砾石大都呈滚圆或次滚圆状，其中砂砾一般呈黄褐色，颗粒松散，成分为石英砂岩、千枚岩，含少量贝壳碎片，砾砂中砾石多呈半磨圆状，含少量贝壳。

整体来看，砂砾和砾砂等含砾表层沉积物在渤海的分布范围十分有限，主要分布在渤海海峡，尤其是老铁山水道附近海域，少量分布在辽东湾近岸。含砾沉积物中砂粒级组分占绝对优势，含量在55%以上。砾粒级组分次之，平均含量在23%左右。粉砂和黏土粒级的含量较低，分别为12%和9%左右。

4.4.2.2 *砂（S）*

砂质沉积物呈黄褐－黄色，松散状，偶尔含贝壳及其碎片。主要分布渤中浅滩、辽东湾近岸和滦河口外。另外，黄河三角洲北部和莱州湾南部和东部也零星出现砂质沉积。

砂质沉积物中，砂粒级组分占绝对优势（表 4.1），含量在 87% 以上（75.55% ~ 100%），平均含量为 87.67%；粉砂粒级组分含量较低，变化于 24.19% 以内，平均值为 9.38%；黏土粒级组分含量不足 5%，平均含量为 2.87%；砾粒级组分的含量则更低，平均值仅为 0.07%。砂质沉积物平均粒径为 0 ~ 9.34Φ，平均值为 2.66Φ，属细砂；分选系数为 0.36 ~ 3.99，平均值为 1.57，表明分选差；偏度为 −3.42 ~ 4.21，平均值为 1.94，大致属于极正偏度，粒度仍多集中在粗端部分（即以砂粒级组分为主）；峰态为 0.48 ~ 19.42，平均值为 3.01，大致呈现为非常宽峰态。

表 4.1　渤海表层沉积物粒度特征

沉积物类型	砾粒级组分含量/（%）	砂粒级组分含量/（%）	粉砂粒级组分含量/（%）	黏土粒级含量/（%）	平均粒径/（φ）	分选系数/（Φ）	偏度	峰态
砾等	5.10	4.07	0.00	0.00	-2.46	0.91	-3.87	0.54
	100.00	93.50	54.69	34.45	6.64	4.92	4.75	7.16
	23.26	55.86	12.08	9.27	2.01	3.08	1.59	3.84
砂	0.00	75.05	0.00	0.00	0.00	0.36	-3.42	0.48
	4.92	100.00	24.19	21.51	9.34	3.99	4.21	19.42
	0.07	87.67	9.38	2.87	2.66	1.57	1.94	3.01
粉砂质砂	0.00	40.10	15.09	0.00	1.20	0.52	-0.84	0.71
	4.60	74.94	48.59	22.06	8.15	3.38	3.35	18.24
	0.02	59.22	31.08	9.68	4.20	2.18	2.08	3.09
砂质粉砂	0.00	0.14	38.46	0.00	3.56	0.52	-2.74	0.77
	3.50	49.90	74.99	25.00	8.33	3.31	2.78	12.45
	0.01	24.16	59.57	16.26	5.63	1.97	1.12	2.59
粉砂	0.00	0.00	75.00	0.00	4.82	0.22	-1.00	1.41
	0.00	22.38	100.00	24.91	7.97	1.83	1.84	6.01
	0.00	3.06	79.70	17.24	6.38	1.47	0.57	2.17
砂 - 粉砂 - 黏土	0.00	25.10	25.19	25.12	5.35	2.38	-1.46	0.59
	4.60	33.86	48.70	42.50	6.21	3.83	0.89	2.97
	1.02	27.78	42.52	28.76	5.89	2.87	-0.33	2.17
黏土质粉砂	0.00	0.00	41.86	25.01	4.63	0.64	-1.90	0.62
	0.00	24.90	74.98	49.89	8.80	2.98	2.19	4.52
	0.00	4.10	65.45	30.45	7.00	1.68	0.12	2.42
黏土	0.00	0.00	0.00	99.95	10.00	0.10	-1.40	2.16
	0.00	0.00	0.05	100.01	10.89	0.33	0.58	3.55
	0.00	0.00	0.00	100.00	10.44	0.27	-0.06	2.69

注：每一栏第一行为最小值，第二行为最大值，第三行为平均值.

4.4.2.3　*粉砂质砂（TS）*

粉砂质砂为粗细沉积物间的一种过渡类型，以黄褐色 - 青灰色为主。粉砂质砂与砂分布特征类似，只是分布范围更广。粉砂质砂集中分布在辽东湾、辽东浅滩和渤中浅滩，在滦河口外邻近海域、黄河三角洲北部近岸区域和莱州湾南部和靠近三山岛附近的东部也有少量分布。

粉砂质砂的粒度组分特征是：砂粒级组分含量介于 40.10% ~ 74.94% 之间，平均值为 59.22%；其次为粉砂粒级，一般为 15.09% ~ 48.59%，平均值为 31.08%；黏土粒级组分含量低，低于 22.06%，平均值为 9.68%；粉砂质砂沉积中也含有极少的砾粒级组分，平均值仅为 0.02%。粉砂质砂的平均粒径为 1.2 ~ 8.15 Φ，平均值为 4.2 Φ，属极细砂 - 粗粉砂；分选系数为 0.52 ~ 3.38，平均值为 2.18，分选性差；偏度值为 -0.84 ~ 3.35，平均值为

2.08；峰态值为0.71~18.24，平均值为3.09。

4.4.2.4 砂质粉砂（ST）

砂质粉砂呈灰、青灰或褐灰色，分布范围较广，在渤海主要集中分布在莱州湾北部、渤海湾北部、黄河三角洲及邻近的莱州湾。另外，在渤海湾至辽东湾的条带状分布的外围、辽东浅滩以及渤海海峡也有零星出现。

砂质粉砂的粒度组成以粉砂粒级组分为主，含量在38.46%~74.99%之间，平均值为59.57%。砂粒级组分含量次之，变化范围为0.14%~49.9%，平均值为24.16%；黏土粒级组分含量为0.00%~25.00%，平均值为16.26%。另外，还有极少量砾粒级组分，平均含量仅为0.01%。

砂质粉砂的平均粒径为3.56~8.33 Φ，平均值为5.63Φ，多属中至粗粉砂的范畴；分选系数为0.52~3.31，平均值为1.97，分选较差；偏度值为-2.74~2.78，平均值为1.12；峰态为0.77~12.45，平均值为2.59。

4.4.2.5 粉砂（T）

粉砂主要呈青灰、浅灰或灰黄色，只在黄河口周围、莱州湾外和辽东湾北部近岸有零星分布。

粉砂的粒度组成以粉砂粒级组分为主，含量为75.00%~100.00%，平均值高达79.70%。此外，黏土粒级组分含量也较高，变化范围为0.00%~24.91%，平均值为17.24%，而砂粒级组分含量则很低，大部分站位低于10%，平均值仅3.06%，变化幅度为0.00%~22.38%。粉砂的平均粒径为4.82~7.97Φ，平均值为6.38Φ，属中-细粉砂；分选系数为0.22~1.83，平均值为1.47，分选性比砂质粉砂好，比砂和粉砂质砂沉积物要差；偏度值为-1.00~1.84，平均值为0.57；峰态为1.41~6.01，平均值为2.17。

4.4.2.6 黏土质粉砂（YT）、黏土（Y）

黏土质粉砂和黏土是粒度较细的沉积物，颜色以灰色和灰褐色为主，有时呈灰黄色，软塑至流塑状。主要分布在渤海湾、莱州湾靠近黄河三角洲海域、渤海湾西部呈条带状伸向辽东湾的大片海域，辽东湾北部、莱州湾北部和渤海海峡的北部也有分布。

黏土质粉砂以粉砂粒级组分为主，含量为41.86%~74.98%，平均值为65.45%。黏土粒级组分含量平均值达到30.45%，变化范围为25.01%~49.89%，而砂粒级组分含量则很低，含量变化于0.00%~24.90%，平均值只有4.10%。

黏土质粉砂的平均粒径为4.63~8.80Φ，平均值为7.00Φ，属中-极细粉砂；分选系数为0.64~2.98，平均值为1.68；偏度值为-1.9~2.19，平均值为0.12；峰态为0.62~4.52，平均值为2.42。

砂-粉砂-黏土沉积物在渤海分布范围非常少，只在渤海海峡老铁山水道、辽东湾北部和渤海湾西部呈条带状伸向辽东湾的北部海域零星出现。

4.5　海底底质类型的分区特征

渤海海区主要包括辽东湾、渤海湾、莱州湾、渤海中央海盆和渤海海峡5个区域，区内的水下地形和地貌特征、水深、水文动力条件和物质来源决定了该区的沉积物格局。渤海沉积物主要来自周边的河流入海物质、外海进入和大气沉降物质（秦蕴珊等，1985）。其中河流入海物质对渤海沉积物的贡献量大，可达99%以上，并以黄河、辽河、滦河等入海沉积物为主。

根据渤海的沉积物类型分布特征，结合该区域水动力条件及地形、地貌特征，将渤海底质沉积物大体划分为水下三角洲（三角洲前缘、前三角洲、三角洲侧缘）沉积区、泥质沉积区、砂质沉积区和浅海陆架沉积区（图4.14）。

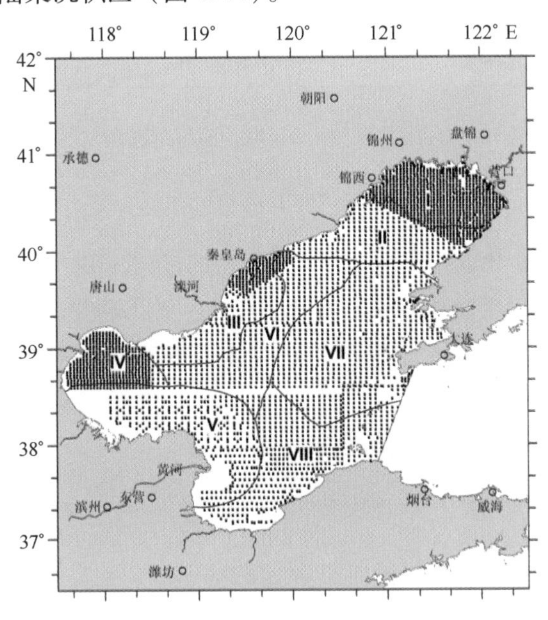

图4.14　渤海沉积类型分区

注：I 辽河水下三角洲；II 六股河水下三角洲；III 滦河口－曹妃甸沉积区（滦河水下三角洲）；IV 渤海湾三角洲平原沉积区（海河水下三角洲）；V 黄河水下三角洲；VI 泥质沉积区；VII 砂质沉积区；VIII 陆架浅海沉积区

4.5.1　水下三角洲沉积区

当河流输入海洋、湖泊或者潟湖沉积物超过受水盆地重新分配的过程时，形成的不连续突起为三角洲（Elliott，1986）。本质上，三角洲就是河流携带物质在河口附近位置沉积造成岸线推进，形成的进积或者海退沉积体系（Boyd et al.，1992；Dalrymple et al.，1992）。三角洲沉积体系简单可以划分为：水下三角洲和陆上三角洲。其中低潮线以上为陆上部分，以下为水下部分。陆上三角洲又分为上三角洲平原和下三角洲平原；水下三角洲分为三角洲前缘和前三角洲（图4.15；Wright，1982；Hori & Saito，2005）。

世界大河三角洲多位于以沉降为主的区域，这为三角洲的沉积提供了空间（Saito，2005）。Stanley等（1994）提出在全新世大约距今8 500～6 500 a间，海平面上升速率减缓导

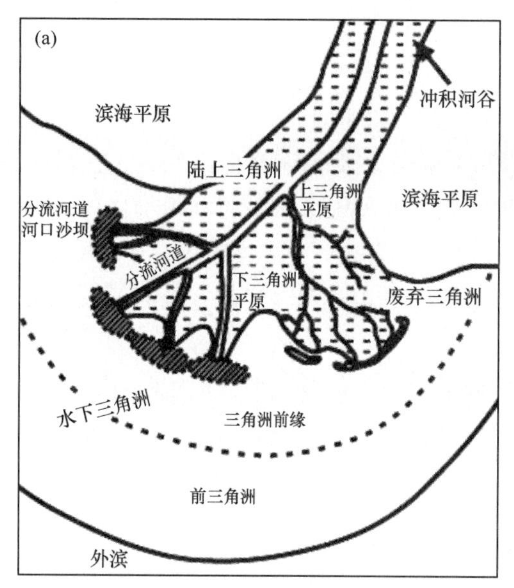

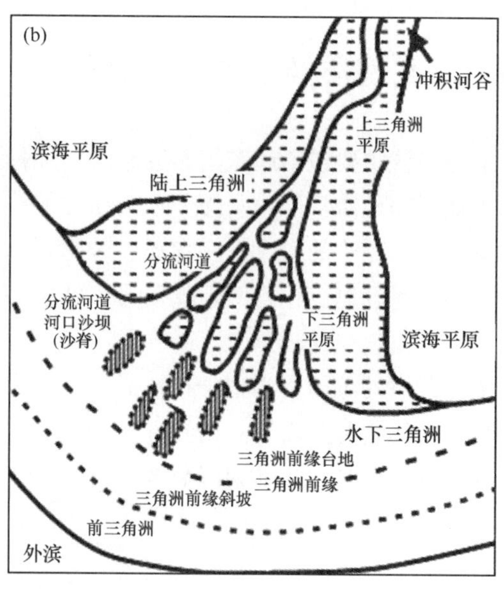

图 4.15　三角洲沉积环境的划分（a）河控型三角洲和（b）潮控型三角洲

资料来源：Hori & Saito，2005

致了世界范围内三角洲沉积体系的形成。渤海是中国最浅的陆架内海，晚第四纪以来，由于气候和海平面变化的影响，海水在渤海大范围进退，广阔的海区交替性地被淹没或暴露，形成复杂的沉积环境。末次冰期之后，大约距今 8 500 a 海水入侵渤海，并在大约距今 6 000 a，渤海的海侵范围达到最盛时期。而后，世界气候趋向稳定，继之略有变冷，形成了局部的海退，有利于渤海内三角洲的形成（秦蕴珊等，1985）。

4.5.1.1　渤海湾三角洲平原（全新世黄河三角洲）

黄河三角洲的形成和发展不仅与黄河流域沉积物分布（主要是中游的黄土高原）、地形、气候特征和受水盆（渤海或者黄海）形状、地质构造有关，还与黄河下游河道变迁、入海水沙的数量、粒径以及速度等有关（叶青超，1982；Xue，1993）。首先，全新世以来黄河入海水沙发生了很大的变化。Ren 和 Zhu（1994）利用黄土高原农耕和放牧情况、文献资料和目前海河、滦河现状，估算了 10 000 ~ 2 500 a B. P.，2 500 ~ 1 000 a B. P. 和 1 000 a B. P. 以来黄河输沙量变化，提出在公元前 200 年左右，黄河入海水沙的增加主要是黄土高原地区森林砍伐造成的。Saito 等（2001）则在假定华北平原面积为（8 × 110）m^2，全新世以来黄河沉积物厚20 m，在沉积物干密度为 1.2 g/cm^3 的基础上，提出 6 000 a 前黄河在三门峡的输沙量只为现在的 17% ~ 19%。

总之，在大约 6 000 a B. P.，全新世海侵到达其西边界，构造背景和海平面相对稳定，黄河贯通入海，这为黄河三角洲的形成提供了必要条件。薛春汀（1989，1993）总结了全新世以来黄河三角洲的演变，西部以冰消期海侵为界；南部边界根据历史文献和沉积特征确定；北部边界根据地形推测，认为是黄河下游河道和分流河道的频繁摆动导致了三角洲的迁移。薛春汀和成国栋（1989）对渤海沿岸贝壳堤分布以及古河道等的研究表明，6 000 a B. P. 以来黄河河道频繁摆动，在黄、渤海沿岸堆积了一系列黄河三角洲沉积体（图 4.16）。

由此看来，早期黄河三角洲沉积在渤海湾附近海域基本荡然无存，经过后期的改造基本

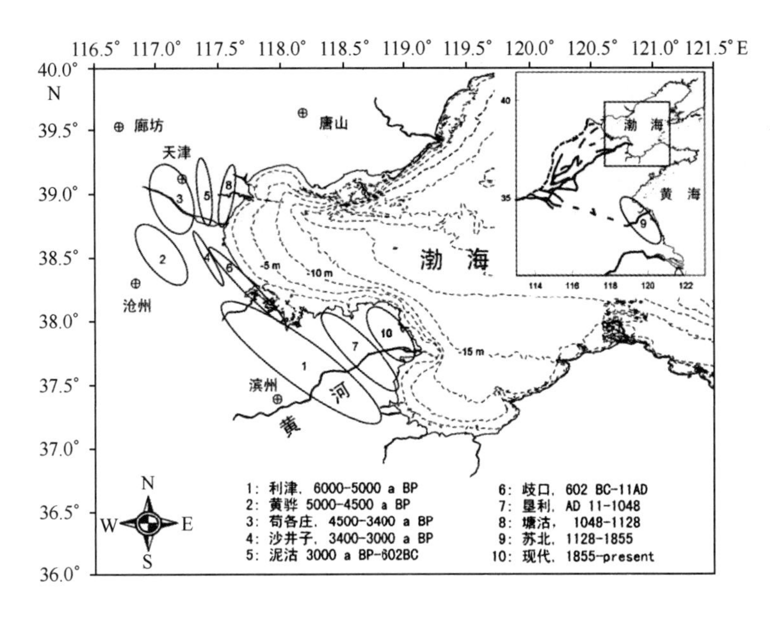

图4.16 全新世黄河三角洲的分布和年龄

资料来源：薛春汀和成国栋，1989

成为“涡旋泥质沉积区”或者“沿岸流泥质沉积区”（刘锡清，1996；李广雪等，2005）。也有学者将渤海湾近岸处沉积称为“渤海湾三角洲平原”（国家海洋环境监测中心，2009）。

4.5.1.2 现代黄河三角洲

现代黄河三角洲是指1855年（清咸丰五年）8月黄河在现今河南兰考的铜瓦厢决口夺大清河入渤海，在山东北部形成的三角洲。现代黄河三角洲陆上部分以山东垦利县宁海为顶点，北起套儿河口（徒骇河）、南到淄脉沟口面积约5 400 km^2 的三角洲体系（其中1938年7月至1947年3月黄河从郑州花园口入徐怀故道从江苏岸入海），南、北分别与渤海湾、莱州湾相邻（尹延鸿等，2004）（图4.17）。三角洲平原地势低平，自西南向东北倾斜，海拔高程1～7 m，自然比降1/8 000～1/2 000。

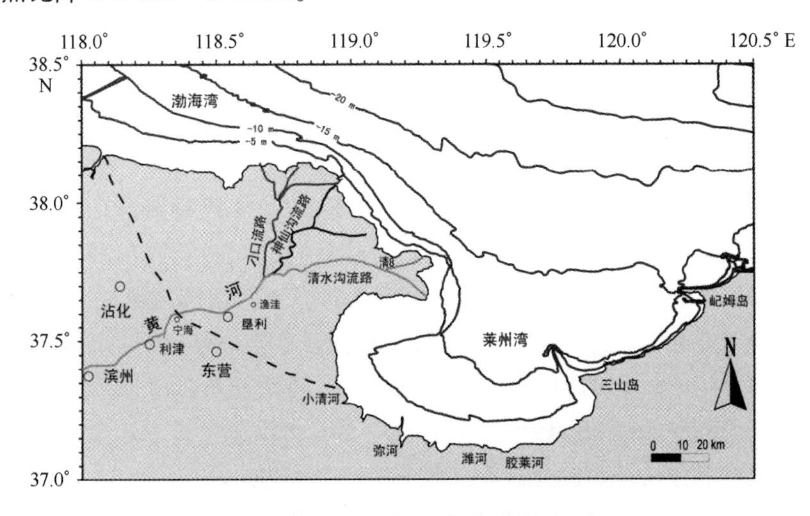

图4.17 现代黄河三角洲位置

自 1855 年以来现代黄河三角洲分流河道多次改道，黄河每次在三角洲顶点附近发生改道的分流河道系统称为该时期的流路。在流路活动期内，分流河道每年都发生决口、摆动，但都是在三角洲顶点以下或口门附近发生。在顶点附近两次改道之间形成的堆积体，包括陆上三角洲和水下三角洲，称作三角洲叶瓣，现代黄河三角洲由多个这样的叶瓣体组成。自 1855 年以来，现代黄河三角洲共形成 8 个叶瓣体（图 4.18），1976 年以前形成 7 个叶瓣，总计注入渤海 112 a，平均每个叶瓣活动期为 16 a。

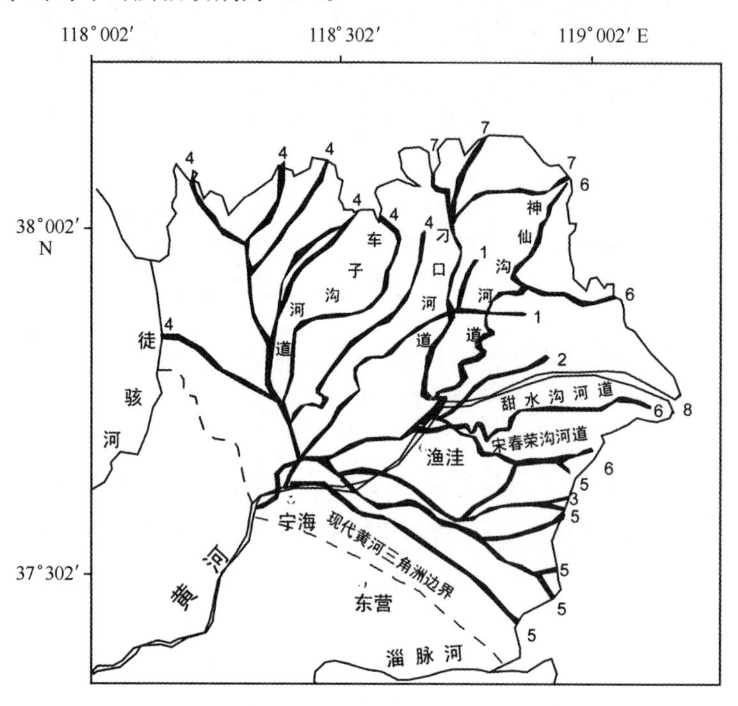

图 4.18 现代黄河三角洲略图及流路划分

注：1. 1855 年 5 月至 1889 年 3 月夺大清河入海；2. 1889 年 3 月至 1897 年 5 月由毛丝坨向东入海；3. 1897 年 5 月至 1904 年 6 月由朱家坨丝网坨向东偏南入海；4. 1904 年 6 月至 1929 年 8 月；5. 1929 年 8 月至 1934 年 8 月由宋春荣沟青坨子入海；6. 1934 年 8 月至 1938 年和 1947 年至 1964 年 1 月；7. 1964 年 1 月至 1976 年 5 月由刁口河入海；8. 1976 年 5 月至今由清水沟入海

资料来源：庞家珍和司书亨，1979

因此，现代黄河三角洲分为废弃黄河水下三角洲和现行黄河水下三角洲，其中现行黄河水下三角洲又分为河口沙坝、三角洲前缘和前三角洲。

（1）废弃黄河水下三角洲。废弃黄河水下三角洲主要位于现行黄河三角洲的北部，38°N 以北、水深 20 m 以内的海域。自 1976 年黄河改道由现代黄河三角洲南部入海以来，该废弃黄河水下三角洲经历了复杂的改造过程。整个废弃黄河水下三角洲区域自 1976 年以来缺少泥沙供应，并且该地区存在 M_2 无潮点，潮流强，使得近岸区域处于强烈侵蚀状态，离岸区域则出现淤积。近岸 15 m 水深以内区域经过重新改造，侵蚀严重区侵蚀厚度超过 10 m 以上，底质沉积物主要为粗粒级的砂和粉砂质砂。离岸区主要淤积近岸区重新搬运来的细颗粒沉积物，主要成分为粉砂和黏土质粉砂。

（2）三角洲前缘。黄河三角洲前缘位于河口前方水深 0 ~ 12 m 处，其中水深 0 ~ 7 m 处为河口沙坝，水深 7 ~ 12 m 处为远端沙坝。在 0 ~ 2 m 水深范围内，坡度非常平缓，2 ~ 12 m 水深范围内，坡度变陡，为0.2°~0.3°（成国栋，1991）。本次研究使用资料只是覆盖了黄河三角洲前缘远端沙坝的部分区域，沉积物多为粗粒级的粉砂质砂和砂质粉砂。受黄河径流和潮流的共同影响，该区沉积动力相对较强，沉积物较粗。

（3）前三角洲。前三角洲位于三角洲前缘外水深20 m以内，大部分区域在12~17 m水深范围内。黄河前三角洲表层沉积物较细，沉积物组成较为单一，多为黏土质粉砂。动力环境较为稳定。

4.5.1.3 滦河水下三角洲

滦河发源于内蒙古高原，经燕山流乐亭县境入海，全长877 km，流域面积44 900 km^2。由于燕山山地沙源丰富，滦河含沙量大，成一条多沙河流，年平均径流量为45.42×10^8 m^3，悬移质输沙量为$2\ 670\times10^4$ t。年内输沙不均，6—8月输沙占全年总量的63.5%以上，以中细砂为主，其他组分较少（秦蕴珊等，1985）。

早在全新世期间滦河入海并形成了曹妃甸沙岛、月坨、石臼坨和打网岗等沙坝。1915年渤海大海啸期间，滦河冲决八爷铺砂丘形成以莲花池村为顶点的现代滦河三角洲堆积体。根据历史资料记载，滦河最早由滦河岔、甜水河、二节岔道入海，形成了大片的陆地。大致于1939年前，滦河主要在甜水河入海，废弃后西南汊道成为主行水道。至1952年，河口北移2.5 km，至老河底入海，1958年又返回西南汊道。1959年，六角儿汊道为主行水道，尔后再度返回西南汊道。20世纪60年代初，改由东北汊道入海，西南汊道逐渐被废弃。1979年，洪水改道在破船门附近入海，东北河西南两汊道均处于废弃过程中（图4.19）（刘福寿，1993）。

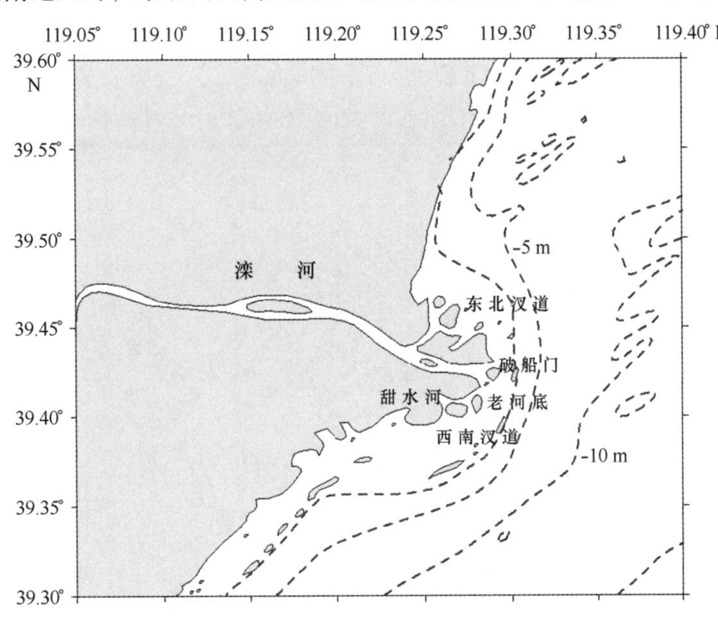

图4.19 现代滦河三角洲位置

现代滦河三角洲面积较小，为70 km^2。滦河口是一弱潮汐河口，平均潮差只有1 m，平均波高也在1 m左右。滦河径流和输沙的强烈季节变化导致作用于三角洲的营力也具有明显的季节变化。洪水季节，以径流作用为主，表现为三角洲向前推进；枯水季节，以波浪作用为主，表现为三角洲前缘被改造，形成沙坝－潟湖系列。在径流和海洋动力作用下，滦河口发育了典型的波控扇形滦河三角洲（刘振夏，1989；刘福寿，1993）。

滦河三角洲前缘主要位于从高潮线至现代滦河入海口 6 ~ 7 m 水深处，向入海口两侧延伸水深减至 4 m 左右。三角洲前缘的物质来自滦河，以细砂和粉砂为主。前三角洲外缘在 10 ~ 12 m 作用的等深线附近。沉积物是灰黑或灰褐色的黏土质粉砂、粉砂质黏土，含较多的植物根茎残体，局部发生炭化，有机质丰富。分布在现代河口两侧约 6 m 水深以外处，沉积物由中砂和中细砂组成，砂质纯净均匀，砂粒磨圆度极好，刘振夏（1989）提出该部分沉积可能为冰期末海平面上升时的海滩砂。

4.5.1.4　辽河水下三角洲

辽河是辽宁省第一大河，全长 1 396 km，其下游分两股入海，一是经双台子河从盘山入海；二是从营口入海。辽河多年平均径流量为 52.5×10^8 m^3，多年平均入海河量为 $1\ 002.1 \times 10^4$ t。辽河河口平均潮差为 2.7 m，属中等潮差的河口。辽河三角洲范围东起盖州市大清河口，西至锦州市小凌河口。辽河三角洲主要是双台子河、大辽河、大凌河和小凌河等河流作用下共同加积形成的。双台子河口潮流沉积是辽河三角洲的沉积主体（《中国海湾志》编纂委员会，1998）。

辽河水下三角洲主要接受大辽河、双台子河及大凌河提供的陆源物质，分别向西南和东南扩散。本区沿岸河流输入泥沙均以黏土质粉砂、粉砂质黏土等细粒物质为主，表层细粒沉积物多以浅黄色、黄褐色和灰褐色出现。目前辽河水下三角洲大致延伸到 20 m 等深线。在大辽河口两侧有东滩、西滩、双台子河口外有盖洲滩（图 4.20）。它们自东向西沿海排列，并与海岸呈高角度展布。双台子河口及大辽河口海底呈指状或齿状多级冲刷槽的普遍分布。冲刷槽组成物质主要为砂、细砂等粗粒沉积物（《中国海湾志》编纂委员会，1998）。

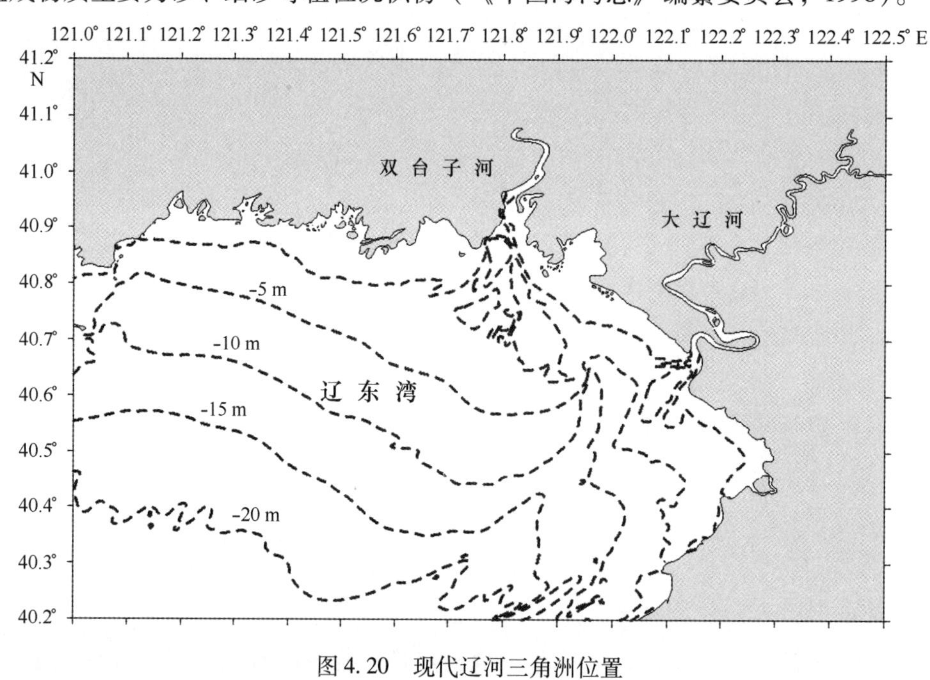

图 4.20　现代辽河三角洲位置

4.5.1.5　海河水下三角洲

在近3 000年前的一段时期内，天津附近的海河水下三角洲形成，但由于黄河几次改道天津附近入海，则又使海河水系几遭改造。直到公元581—681年间，海河水下三角洲再度形成，这时的海岸线已发展到军粮城附近。1048—1128年，黄河又3次改道天津附近并在天津海河由渤海湾西北岸边入海。在此期间，黄河含沙量特别大，造成河口三角洲以1 km/3 a的造陆速度向外海延伸，最后形成了现在的塘沽区。现代塘沽海岸线以及海河口也就此形成（邢焕政，2003）。

海河入海径流为60.2×10^8 m^3，年平均入海沙量仅为11.9×10^4 t。受气候和地理的影响，径流和输沙年际变化很大。海河径流输入的泥沙颗粒很细，中值粒径大都在5～20 μm之间。海河口潮汐属不规则半日潮，平均潮差2.43 m。在海河口形成的同时，口门附近形成了对称扇形的河口泥沙三角洲。本章的研究结果只是看出靠近海河口沉积物粒度都为细粒级的黏土质粉砂或者粉砂，无法划分出三角洲沉积环境分区。这一方面可能是近年来海河流域水资源开发迅速增加，入海径流量和入海沙量急剧减少。目前平水年和枯水年，海河水下入海水量已近枯竭。与此同时，海岸波浪侵蚀和潮流携带进入河口的泥沙量要大得多。风浪不断将底质和沿岸泥沙掀起，又由潮流等搬运改造。

4.5.1.6　六股河水下三角洲

六股河发源于松岭山脉，主流长158 km，多年平均径流量为5.93×10^8 m^3，输沙量为97.56×10^4 t。沿途有7/10的流程为低山丘陵区，坡降大，植物覆盖程度差，水土流失严重，尤其是洪水季节，携带大量沙石入海。六股河口外发育规模不大的水下三角洲，其面积约为150～200 km^2。基本由河口浅滩、浅水洼地河水下砂堤组成。呈扇形的河口浅滩，基本分布在零米等深线的范围内，退大潮时可暴露在外。在河口南侧2 km处，分布着浅水洼地，洼地呈窄条状与岸平行分布。陡坡和洼地沉积物为细砂和细粉砂。上述地形外侧，由六股河口向南至狗河口一带，发育着数条水下砂堤，水深变化范围为8～18 m（符文侠等，1985）。

4.5.2　渤海泥质沉积区（渤海中部平原）

黄河口外向东和东北方向，大致被一条带状分布的细粒级沉积物覆盖，主要为黏土质粉砂。这块区域为渤海的平均粒径最小和分选最好的沉积区，平均粒径基本在6.5 Φ以上，分选系数小于1.8，在此称为渤海泥质沉积区。该泥质区基本围绕着黄河三角洲（除废弃黄河水下三角洲外），并连接着渤海湾内细粒级沉积区，呈条带状NE方向延伸，水深基本在25 m以内区域。

4.5.3　渤海砂质沉积区

渤海东部潮流地貌主要包括老铁山水道冲刷槽、辽东浅滩潮流沙脊和渤中浅滩潮流沙席三部分组成（图4.21）。老铁山水道位于渤海海峡北部老铁山岬和北黄城岛之间，基本在50 m水深以深的范围内，沉积物主要为含有砾石的粗粒级沉积，并含有贝壳。在老铁山水道的西端向N—NNW为一片脊槽相间起伏的浅滩地形，称为辽东浅滩。沉积物主要为粉砂质砂，中间分布少量的砂和砂质粉砂，水深基本在20～25 m。从地形图上看，各沙脊形似伸开

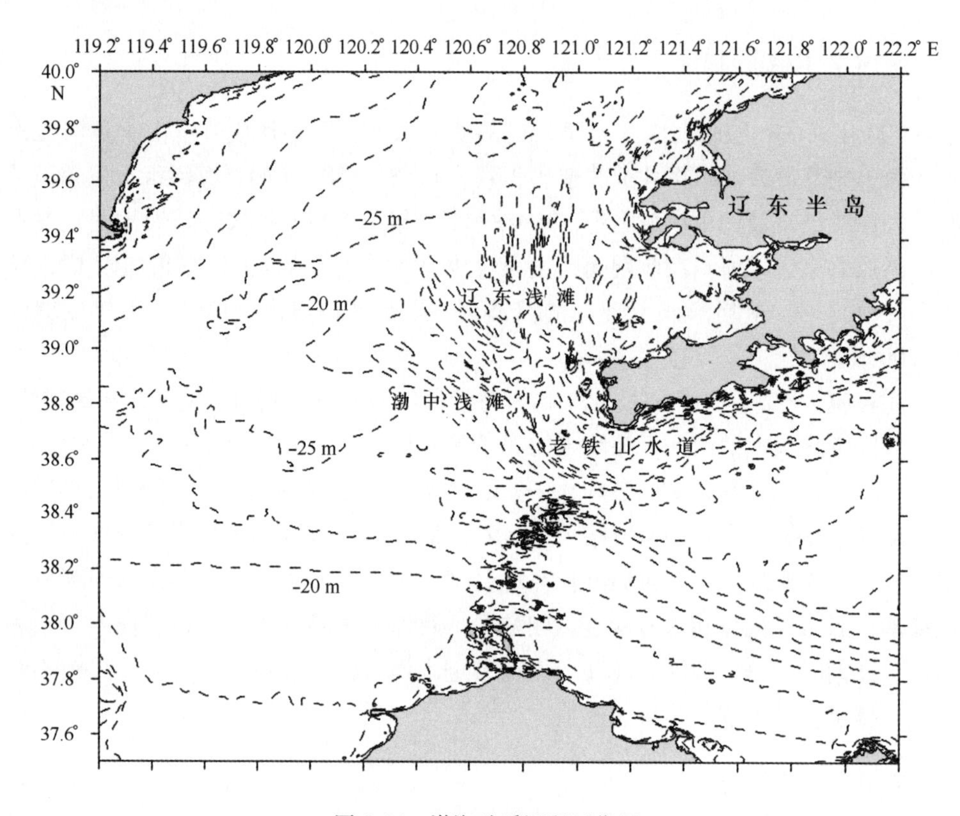

图 4.21　渤海砂质沉积区位置

的手指，自 E—W 方向排列。在老铁山水道之西北，辽东浅滩的西南为一片由砂和部分粉砂质砂组成的浅滩，称为渤中浅滩，水深亦在 20～25 m 之间，其中中部水深较浅，在 20 m 以内。

渤海砂质沉积区沉积物主要为平均粒径小于 5Φ、偏态为正偏的粗粒级沉积物。相比较广泛分布的细粒级沉积物，粗粒级沉积物分选更差，分选系数大部分大于 2。

另外，在辽东湾中部分布一粗粒级沉积区，水深在 15～30 m，沉积物类型主要为粉砂质砂，含有少量的砂和零星的砂质粉砂。平均粒径小于 5 Φ，分选差，分选系数大部分大于 2。目前对该区域沉积作用的研究较少，其物质来源，形成机制等方面的工作还有待于进一步开展。

4.5.4　陆架浅海沉积区

庙岛群岛附近，即渤海海峡南部和莱州湾北部海域，沉积物来源和水动力环境比较复杂，沉积物主要来自黄河和邻近的海岸侵蚀，主要受到沿岸流和潮流的影响，为渤海与黄海物质交换的出口通道。沉积物主要为细粒级的黏土质粉砂和粉砂，但也不乏粗粒级的粉砂质砂。该区平均粒径在 7～8 Φ 之间，分选差，分选系数一般小于 2。

第5章 渤海矿物特征与组合

在渤海海底沉积物中的轻矿物主要由石英、斜长石、钾长石、方解石、白云母和绿泥石组成。其中方解石－斜长石组合高含量区主要位于海区南部，向北逐渐降低，主要来源区为黄河。钾长石的分布情况与斜长石和方解石恰恰相反，高含量区主要分布于辽东湾北部、长兴岛至海峡北部的沿岸地带，低含量区（<10%）主要位于渤海湾、莱州湾。所以钾长石的含量从南向北由低变高，它的主要来源为辽河。石英的含量在渤海海区分布较为均匀，含量一般在30%～40%之间（秦蕴珊等，1985）。重矿物在渤海分布的总趋势是北部高于南部，其高、中含量区一般呈N—S向条带状分布于渤海W—E向两侧近岸海域。重矿物主要以普通角闪石、绿帘石、钛铁矿为主，余者为石榴子石、锆石、榍石等（秦蕴珊等，1985）。

渤海海底沉积物中主要的黏土矿物有伊利石、绿泥石、高岭石和蒙脱石。伊利石是渤海黏土矿物组分中含量最高的一种。绿泥石在渤海的分布特征为渤海湾和莱州湾高于辽东湾。高岭石在渤海也有分布，但含量不多。蒙脱石在渤海沉积物中的含量较低，其中高含量区主要分布在黄河口附近（秦蕴珊等，1985）。董太禄等（1995）对渤海南部现代沉积特征进行了研究，认为该区主要为陆源碎屑沉积，长石含量平均为45.3%，石英为25.9%。根据矿物组成的差异，大致可分为六个区：近代黄河三角洲沉积区、渤海湾及东部浅海沉积区、莱州湾东部海湾沉积区、滦河口—曹妃甸沿岸沉积区、渤海海峡西部—渤海中部潮流沉积区和辽东湾西部浅海沉积区。

5.1 数据来源

渤海表层沉积物中细砂含量较高，粗砂含量相对较低，故对表层沉积物碎屑矿物鉴定主要选择0.125～0.063 mm粒级，基本可以满足矿物的定性和定量鉴定，定量计算中统计的碎屑矿物颗粒数不少于300颗，渤海沉积物重矿物站位数1 475，轻矿物站位数1 610（图5.1）。黏土矿物测试分析粒级为0.002 mm以下，站位数为1 652。

5.2 碎屑矿物特征及组合

渤海碎屑矿物特征变化较为明显，重矿物以普通角闪石、绿帘石和云母为主，特征矿物为石榴子石。普通角闪石在局部海区为浅绿色、碎片多、表面模糊，有风化现象，多在河口区富集，绿帘石在莱州湾东部靠近岛屿的沉积物中出现新鲜颗粒，云母在渤海中部分布广泛且富集，石榴子石等极稳定矿物组合含量分布出现南北分带性。

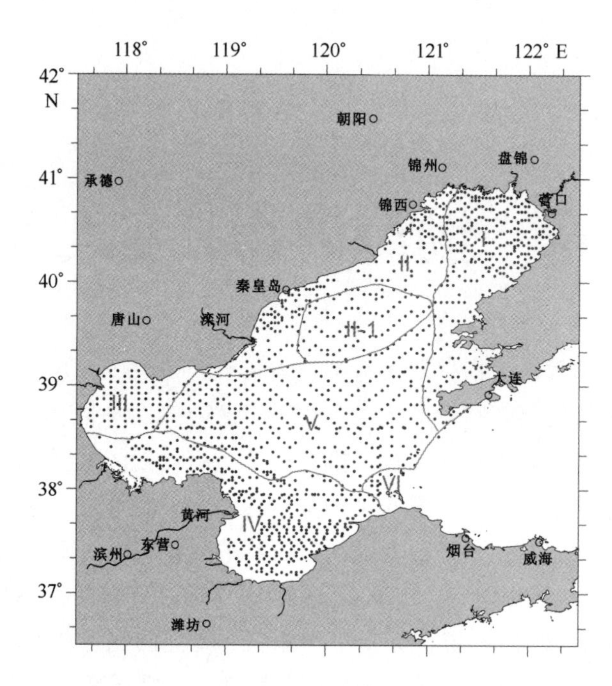

图 5.1　渤海表层沉积物碎屑矿物分析站位及矿物组合分区

（Ⅰ：辽东湾东部矿物区；Ⅱ：渤海西北部矿物区；Ⅲ：渤海湾西部矿物区；
Ⅳ：渤海南部矿物区；Ⅴ：渤海中部矿物区；Ⅵ. 渤海东部矿物区）

5.2.1　碎屑矿物组成及含量分布

在渤海表层沉积物中共鉴定出重矿物 56 种，其中含量较高的矿物（平均含量大于 10%）为普通角闪石、绿帘石；分布普遍的矿物（平均含量大于 1%）包括黑云母、白云母、水黑云母、石榴子石、褐铁矿、钛铁矿、绿泥石、绢云母、磁铁矿、普通辉石、透闪石、榍石、黝帘石、赤铁矿；含量较低的矿物（平均含量小于 1%）包括阳起石、自生黄铁矿、白钛石、磷灰石、电气石、透辉石、锆石、自生重晶石、紫苏辉石、金红石、锐钛矿、褐帘石、红柱石、蓝闪石、十字石、硬绿泥石、萤石、蓝晶石、矽线石、球霰石、黄铁矿、菱铁矿、独居石、金云母、白榴石、自生磁黄铁矿、硅灰石、铬铁矿、胶磷矿、软锰矿、直闪石、玄武闪石、锡石、符山石、霓辉石、棕闪石、海绿石、黄玉、顽火辉石、磷钇矿，样品中含有少量或微量的风化碎屑、岩屑、风化云母、宇宙尘等。鉴定出轻矿物 12 种，主要为斜长石、石英、钾长石，分布普遍的矿物有白云母、黑云母、绿泥石、方解石、绢云母、水黑云母、海绿石、火山玻璃、石墨。样品中还含有一定量的岩屑、碳酸岩、生物碎屑、风化云母、有机质、锰结核与有机质的黏结颗粒以及风化碎屑等。各碎屑矿物颗粒百分含量及特征值统计见表 5.1。矿物特征和分布描述如下。

表 5.1　碎屑矿物颗粒百分含量及特征值统计　　单位：%

矿物	非零数据	最小值	最大值	平均值	标准偏差	方差	偏度	峰度
普通角闪石	1 472	0.3	78.3	37.0	17.20	295.94	−0.05	−0.46
绿帘石	1 451	0.3	56.1	16.7	8.95	80.17	0.61	0.39
云母	1 256	0.1	95.7	11.9	17.51	306.48	2.36	5.63

续表

矿物	非零数据	最小值	最大值	平均值	标准偏差	方差	偏度	峰度
金属矿物	1 471	0.2	78.7	9.9	8.88	78.83	2.58	11.12
极稳定矿物组合	1 413	0.2	50.6	6.2	6.20	38.44	1.84	4.37
普通辉石	1 326	0.1	27.8	2.6	2.75	7.54	3.11	15.64
自生黄铁矿	405	0.1	64.1	2.5	6.58	43.31	5.64	38.26
石榴子石	1 334	0.1	44	4.6	5.39	29.02	1.88	4.28
榍石	1 301	0.1	15.3	1.2	1.13	1.29	4.06	35.61
锆石	648	0.1	8.1	0.6	0.79	0.62	4.90	32.76
紫苏辉石	590	0	5	0.4	0.67	0.45	3.24	13.61
变质矿物	465	0.1	3.9	0.3	0.28	0.08	6.06	61.51
赤、褐铁矿	1 458	0	47.8	3.6	4.68	21.88	3.10	15.27
磁铁矿	1 471	0	42.2	1.8	4.02	16.17	5.58	40.43
钛铁矿	1 472	0	52.1	4.4	5.87	34.42	2.31	7.80
电气石	1 311	0	5.5	0.4	0.52	0.28	2.79	13.04
氧化铁矿物/稳定铁矿物	1 256	0	73.3	2.6	6.31	39.81	4.94	32.82
极稳定矿物/普通角闪石+绿帘石	1 111	0	28	0.4	1.53	2.33	13.35	202.98
普通角闪石/绿帘石	1 440	0.1	219	4.2	10.35	107.10	11.52	184.61
金属矿物/普通角闪石+绿帘石	1 231	0	19.5	0.3	0.61	0.37	25.94	813.82
云母/优势粒状矿物之和	732	0.1	11.6	0.4	0.57	0.32	11.19	208.06
石英	1 610	1.3	68.3	33.5	11.71	137.23	-0.14	-0.27
长石	1 610	1.3	83.8	49.8	14.44	208.39	-0.90	0.87
石英/长石	1 610	0.1	5.2	0.8	0.45	0.20	2.14	10.44
云母	1 402	0.1	90.6	7.4	14.62	213.60	3.23	11.11
海绿石	228	0.1	6.06	0.5	0.76	0.58	4.19	22.61
绿泥石	1 208	0.1	34.9	2.0	4.14	17.16	4.21	21.18
碳酸盐矿物（生物）	1 258	0.1	75	4.9	8.12	65.86	3.50	16.29

普通角闪石。普通角闪石多以绿色、浅绿的碎粒、薄的长柱状出现，有磨蚀，平均含量为37%，变化范围为0.3%~78.3%。源岩多为酸性岩浆岩、中性和基性岩浆岩，易风化蚀变为绿帘石，物源指示性较好。普通角闪石整体分布趋势是渤海北部、西部含量高，南部含量低。特别是在辽东湾东部、渤海中部、渤海湾海河入海口附近、莱州湾刁龙嘴附近出现高含量，莱州湾、庙岛群岛西部海区出现低含量，其分布趋势体现了河流输入、近岸岩石剥蚀以及黄河物质扩散的影响（图5.2）。

绿帘石。绿帘石呈黄绿色和次棱角状，半透明，以颗粒为主，有风化，多为辉石和闪石类蚀变，在屺姆岛附近海区部分颗粒新鲜，离物源较近（王昆山等，2010）。绿帘石平均含量为16.7%，变化范围为0.3%－56.1%，总体分布趋势是近岸含量高，渤海中部含量低。绿帘石高含量主要分布在莱州湾南部、渤海湾西部、辽东湾西部以及北部近岸区，低含量出现在渤海湾中部（图5.3）。

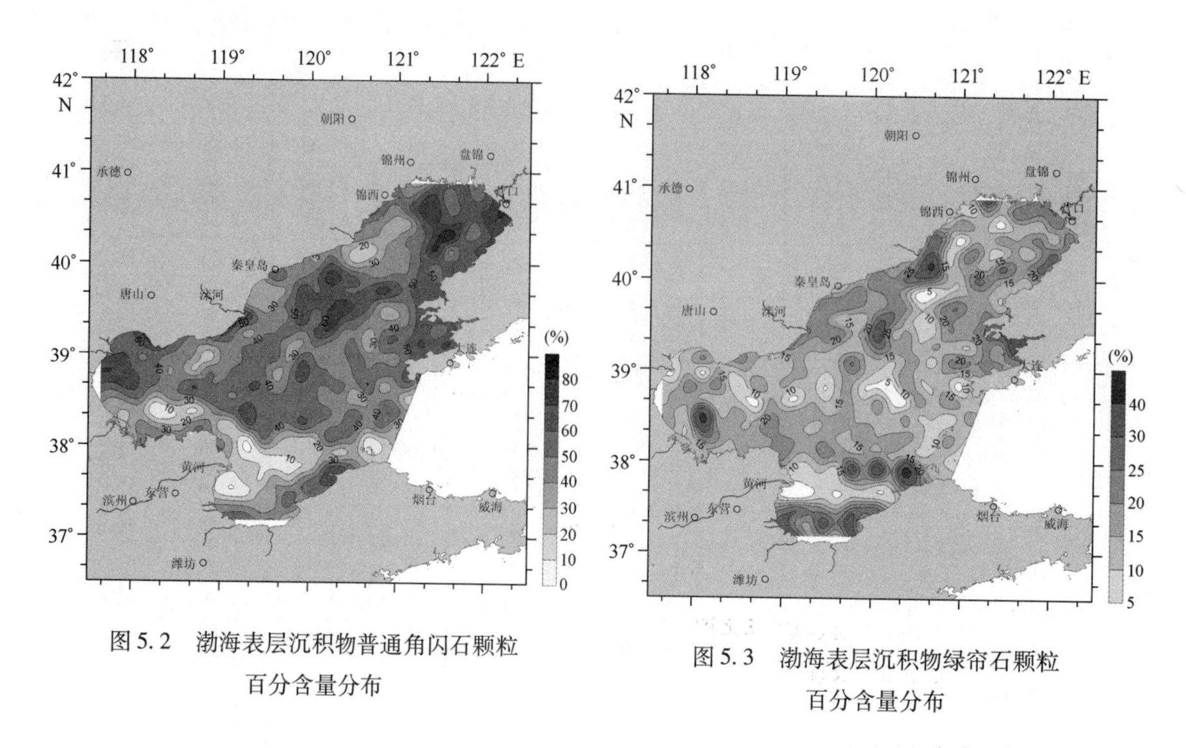

图 5.2　渤海表层沉积物普通角闪石颗粒百分含量分布

图 5.3　渤海表层沉积物绿帘石颗粒百分含量分布

云母类（重矿物）。云母类矿物包括黑云母、白云母、水黑云母和绢云母，以黑云母和白云母为主，多为薄片状，易遭受风化。云母类分布广泛，部分站位含量极高，为黄河三角洲沉积物重矿物中的第一优势矿物（王昆山等，2010；林晓彤等，2003），平均含量为11.9%，最大值为95.7%，这与黄河物质输入扩散密切相关。渤海沉积物中云母类的含量为中国海区沉积物中含量最高值。云母类整体分布趋势为辽东湾西部、渤海湾东部以及庙岛群岛西部出现高含量，低含量主要出现在老黄河口以及现代黄河口之外的海区，其分布体现了沉积物的扩散趋势：辽东湾沉积物向南扩散、莱州湾物质向北扩散、渤海物质向北黄海扩散（图 5.4）。

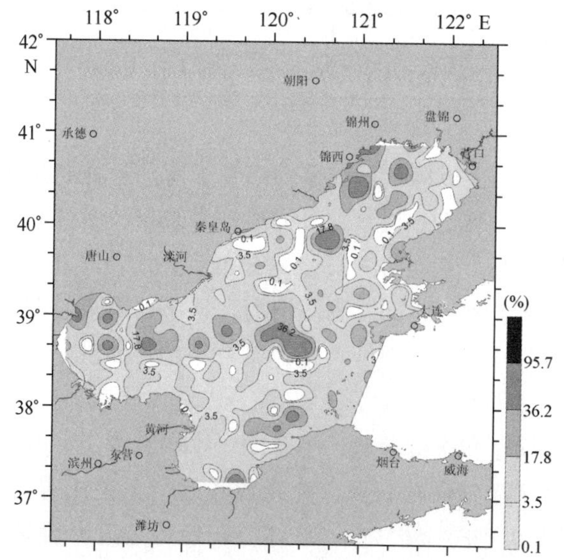

图 5.4　渤海表层沉积物云母类（重矿物）颗粒百分含量分布

金属矿物类。金属矿物包括氧化铁矿物和稳定铁矿物。氧化铁矿物为赤铁矿和褐铁矿，二者都为铁的氧化物，平均值为3.6%，最大值为47.8%（表5.1）。赤铁矿，黑色、暗黑色，多为颗粒状；褐铁矿，隐晶质矿物，通常呈现钟乳状、块状等，半金属光泽，褐黑色、棕黄色、褐色。赤铁矿和褐铁矿含量较高表明沉积环境倾向于氧化环境。稳定铁矿物为钛铁矿和磁铁矿，多为粒状，不规则粒状等形态，亮黑色，强金属光泽，次棱角状居多，在海区多有磨蚀。磁铁矿平均含量为1.8%，最大值为42.2%，钛铁矿平均含量为4.4%，最大值为52.1%。金属矿物类高含量区主要出现在辽东湾西部、大连东部海区；渤海中部、莱州湾多为低含量区，其分布大致以近岸含量高、中部含量低为特点（图5.5）。

极稳定矿物组合。极稳定矿物组合包括石榴子石、锆石、榍石、金红石、电气石，其中石榴子石是渤海沉积物中的特征矿物，分带性明显。极稳定矿物的平均含量为6.2%，最大值为50.6%（表5.1），其分布明显呈南北分带，北部含量高，多在5%以上，南部特别是莱州湾、渤海湾南部（老黄河口物质沉积）为低含量区（图5.6）。石榴子石平均含量为4.6%，最大值为44%，其含量分布特点与极稳定矿物组合分布相似，南北分带性明显，莱州湾内向北含量逐渐增加（图5.7）。

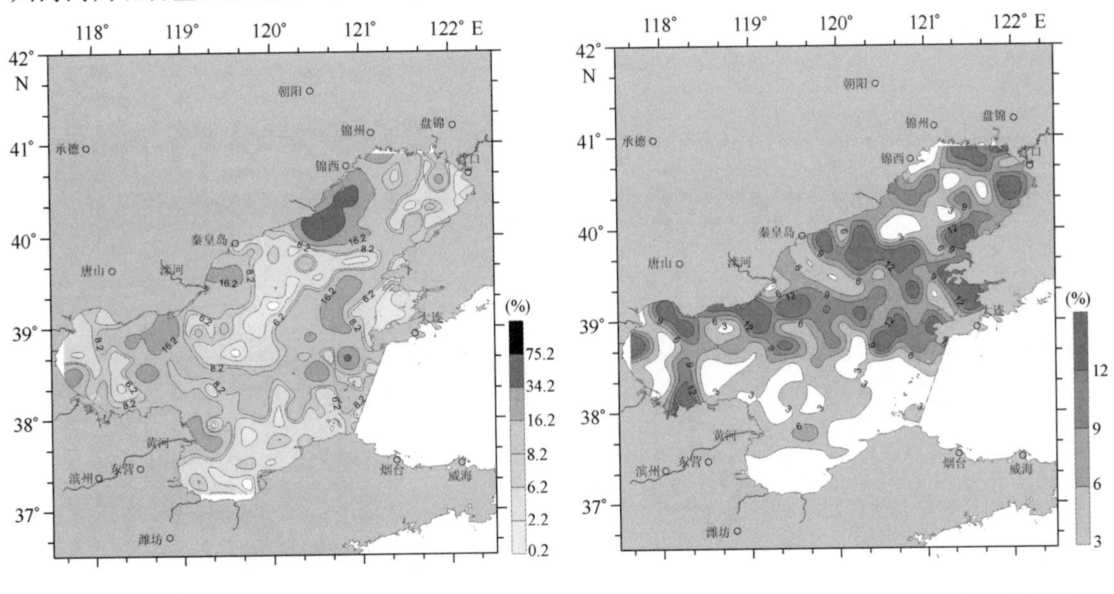

图5.5 渤海表层沉积物金属矿物颗粒百分含量分布

图5.6 渤海表层沉积物极稳定矿物组合颗粒百分含量分布

自生黄铁矿。自生黄铁矿多在生物壳内生成，壳体多破碎，形状多样，以圆球状为主，平均含量为2.5%，最大值为64.1%（表5.1）。自生黄铁矿高含量区主要以珠状出现在渤海中北部，莱州湾南部也出现一高含量区，在全区总体来说含量低，大部分呈零星出现（图5.8）。

石英。石英在碎屑沉积物中广泛分布，形态以粒状、次棱角、次圆状为主，有磨蚀。平均含量为33.5%，变化范围在1.3% –68.3%之间（表5.1）。石英含量整体分布趋势为E—W向条带状分布，渤海中部含量高，近岸含量低。另外在山东半岛西部海区、滦河入海口沉积物中含量也较高（图5.9）。

长石。长石包括钾长石和斜长石，在渤海沉积物中分布广泛，为轻矿物中的优势矿物。钾长石多为红色、褐色、浅褐色，粒状，硬度较大；斜长石，体视镜下呈现淡黄、灰白、灰绿等色，粒状为主，表面混浊，光泽暗淡，有磨蚀。长石平均含量为49.8%，变化范围在1.3% -83.8%之间（表5.1）。高含量分布在渤海北部近岸，特别是海河、滦河、大凌河以及辽河等入海区，而黄河沉积物中长石的含量相对较低，南北分异明显（图5.10）。

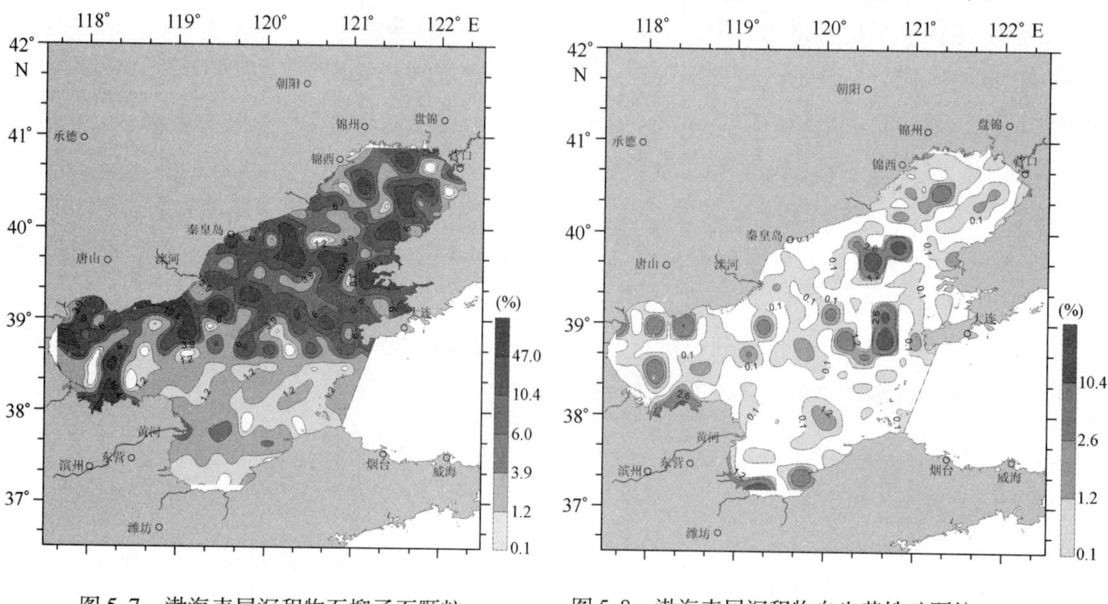

图5.7　渤海表层沉积物石榴子石颗粒百分含量分布

图5.8　渤海表层沉积物自生黄铁矿颗粒百分含量分布

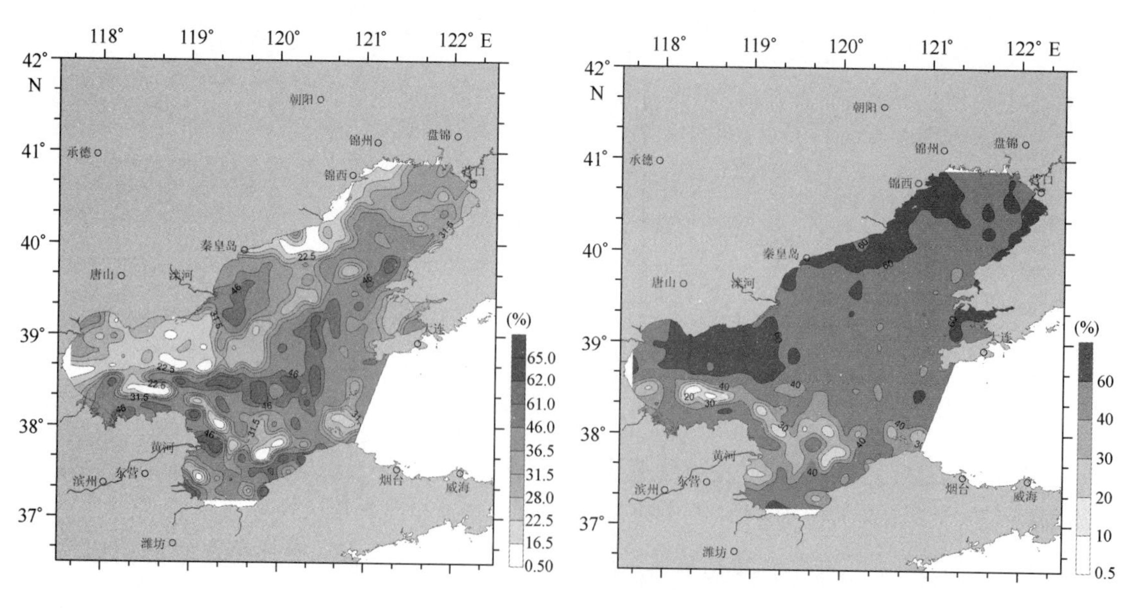

图5.9　渤海表层沉积物石英颗粒百分含量分布

图5.10　渤海表层沉积物长石颗粒百分含量分布

云母类（轻矿物）。此类矿物在轻矿物中分布广泛，含量较高，平均含量为7.4%，变化范围在0.4% -90.6%之间。云母类（轻矿物）整体分带趋势明显：高含量区主要分布在黄河物质影响范围内，特别是黄河口附近，呈现出沿山东半岛沿岸向黄海输送的趋势（图

5.11)，渤海北部沉积物中云母类（轻矿物）含量较低。

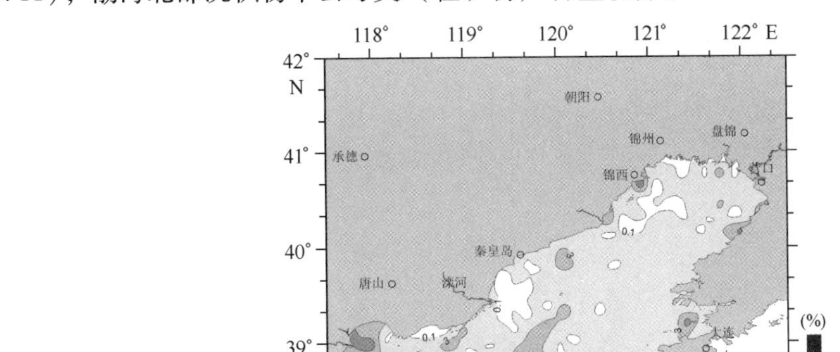

图5.11 渤海表层沉积物云母类（轻矿物）颗粒百分含量分布

5.2.2 碎屑矿物参数的比值分布特征

合适的矿物参数比值分布可以反映物质来源和沉积环境。选择密度较大的金属矿物和极稳定矿物组合，与物质来源关系密切的稳定性较低且含量较高的普通角闪石和绿帘石等比值，以及片状矿物与优势粒状矿物的比值来判断渤海物质来源的变化。

金属矿物/（普通角闪石+绿帘石）比值。由于金属矿物稳定性较高，对指示沉积物原始组成表现较好，而普通角闪石稳定性较低，易风化为绿帘石，所以金属矿物与普通角闪石、绿帘石之和的比值可以指示沉积物成熟度以及物质输送的变化。从图5.12可以看出，渤海近岸出现高比值区，尤其在现代黄河口东部、六股河东部、滦河和蓟运河入海区域以及庙岛群岛附近该比值大于0.3，这些区域为河流物质输入和岛屿剥蚀物质输入明显的区域。

极稳定矿物组合/普通角闪石比值。极稳定矿物的分布可指示海区沉积物的成熟度，它与普通角闪石的比值表示物质来源输入以及沉积区风化程度的变化。渤海极稳定矿物组合/普通角闪石比值的平均值为0.4，最大值为28，高比值区主要出现在渤海南部，特别是黄河物质输入影响范围之内。需要指出的是，在高比值区又可区分为意义不同的两个区：东营北部海区沉积物主要为剥蚀来源，河流物质输入较少，沉积物成熟度较高，沉积环境倾向于氧化，而黄河口东部海区则细粒沉积物输入较多，碎屑矿物粒级之内的物质输入少，造成沉积中抗风化程度高的矿物含量高，但沉积物成熟度不高（图5.13）。

云母类（重矿物）/优势粒状矿物比值。云母类为片状矿物，比重较小，较其他粒状重矿物更易于扩散，它与优势粒状矿物（普通角闪石、绿帘石、极稳定矿物组合、金属矿物、普通辉石）的比值分布可以指示沉积物物质来源及其扩散趋势，高比值区主要分布在黄河口东部、六股河和大凌河入海口之间海区以及渤海的中东部（图5.14），这表明入海沉积物有向渤海中东部输送的趋势，并通过渤海海峡向黄海运移。

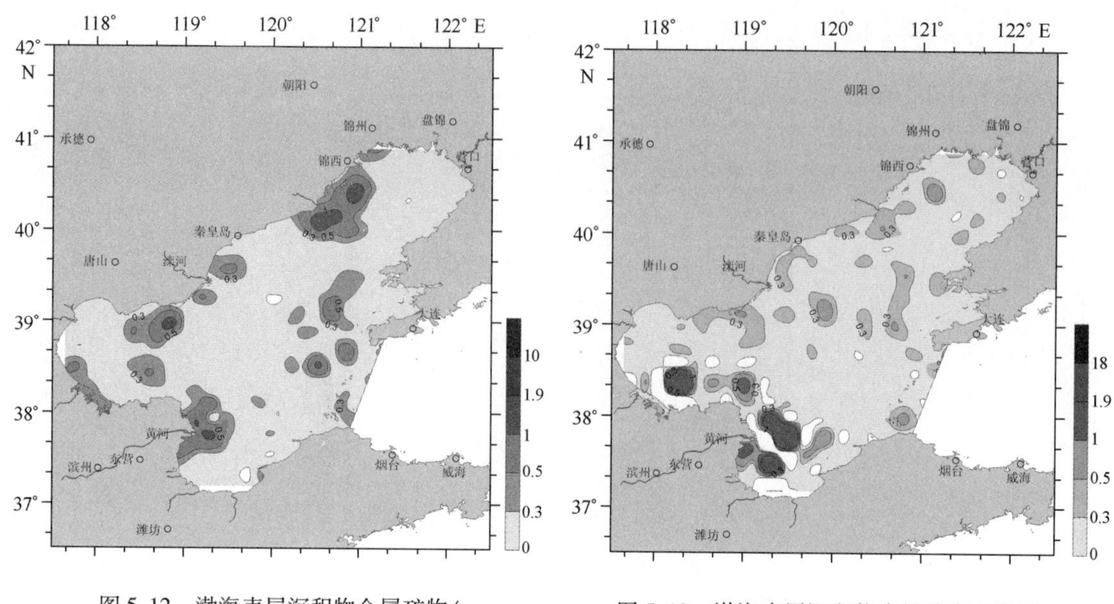

图 5.12　渤海表层沉积物金属矿物/（普通角闪石 + 绿帘石）比值分布

图 5.13　渤海表层沉积物中极稳定矿物组合/普通角闪石的比值分布

石英/长石比值。石英为稳定的抗风化能力强的矿物，长石主要为钾长石和斜长石，抗风化能力较弱，二者的比值分布可以反映物质来源与沉积物成熟度的信息。在渤海沉积物中，该比值的平均值为 0.8，最大值为 5.2，这说明渤海沉积物富含长石，成熟度总体上很低。石英/长石高比值区主要分布在渤海的南部，大部分为黄河物质影响范围，包括莱州湾等海区；低比值区主要分布在辽东湾和渤海湾北部（图 5.15）

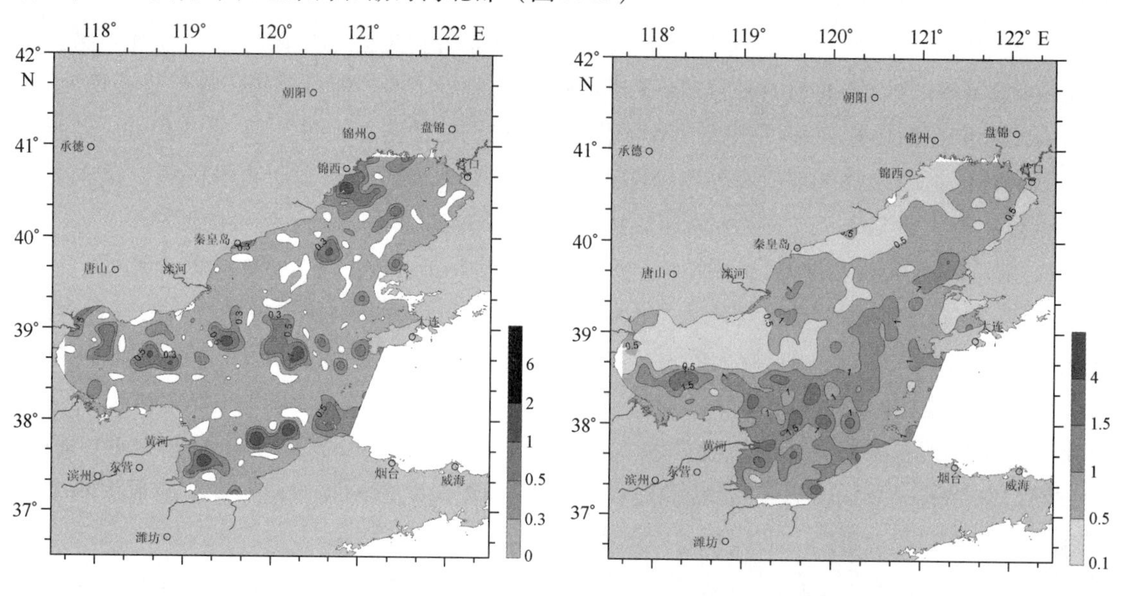

图 5.14　渤海表层沉积物中云母类（重矿物）/粒状矿物之和比值分布

图 5.15　渤海表层沉积物中石英/长石的比值分布

比重较大且较为稳定的钛铁矿和磁铁矿与风化蚀变而来的铁氧化矿物褐铁矿、赤铁矿的含量大致具有此消彼长的对应关系，氧化铁矿物的含量高，表明沉积区倾向于氧化，水动力较弱，而稳定的铁矿物含量较高则表明沉积区域水动力较强，分选较好。

氧化铁矿物/稳定铁矿物比值。该比值平均值为2.6，最大值为73.3（表5.1）。南北分带性明显：高比值主要分布在黄骅港到黄河口沿岸海区，近岸比值高；而低比值主要出现在渤海北部。从图5.16中比值线为1的分布来看，氧化铁矿物含量远远高于稳定铁矿物的含量，这可能与黄河物质多来源于黄土有关。黄骅港到黄河口沿岸海区比值较高，可能与沉积区的侵蚀有关。

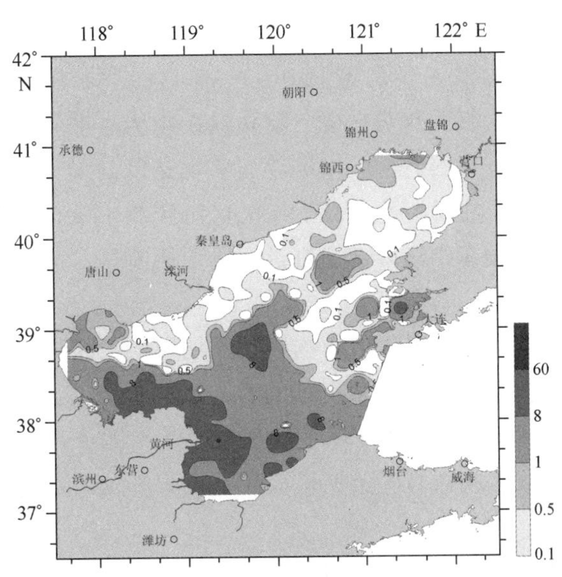

图5.16 渤海表层沉积物中氧化铁矿物/稳定铁矿物的比值分布

5.2.3 碎屑矿物组合分区

在渤海沉积物中，普通角闪石、绿帘石、云母类、金属矿物、极稳定矿物、石英和长石占碎屑矿物总含量的85%以上，对物质来源和沉积环境有较好的反映。我们选择这7个参数进行Q型聚类分析，共划分出6个矿物组合分区（图5.1），各组合分区矿物种类和含量变化明显，与底质沉积物类型、物质来源和沉积环境密切相关。

Ⅰ区：辽东湾东部矿物区。呈近S—N向条带状分布，重矿物以普通角闪石、绿帘石为优势矿物，石榴子石为特征矿物。钛铁矿和磁铁矿的含量相对较高，金属矿物、云母的含量很低，受辽东半岛西部近岸物质影响较大，辽河物质对其北部沉积物矿物组成有影响。轻矿物以长石、石英为主，云母的含量较低。本区的矿物组合为普通角闪石－绿帘石－长石－石英，特征矿物为石榴子石。沉积物物质来源主要为辽东半岛近岸物质以及辽河物质输入，沉积物具有向南运移的趋势，沉积环境呈现弱氧化。

Ⅱ区：渤海西北部矿物区。该区中部又可分出一亚区，近S—N向沿岸分布，重矿物以绿帘石、普通角闪石为优势矿物，稳定的铁矿物（钛铁矿和磁铁矿）含量较高，为本区的特征矿物。云母的含量较低，具有向渤海中部扩散的趋势，极稳定矿物组合含量中等，锆石、榍石在本区零星出现，含量低。轻矿物以长石和石英为主，长石的含量向渤海中部递减，云母含量较低。本区受渤海西北部河流输入物质影响较大，在大凌河、六股河以及滦河入海口处形成明显的矿物含量分带，如长石、绿帘石、石榴子石等，稳定铁矿物含量高于氧化铁矿物，沉积环境为弱氧化。

Ⅲ区：渤海湾西部矿物区。该区受海河物质影响，重矿物以普通角闪石、绿帘石为优势矿物，特征矿物为石榴子石和榍石。极稳定矿物含量较高，钛铁矿、磁铁矿在本区含量较高，氧化铁矿物含量较低。轻矿物以长石、石英为主，云母的分布是南部高北部低。本区的碎屑矿物分布特征表明海河、蓟运河物质是控制矿物组成的主要因素，但影响范围有限，向外部扩散趋势不明显，而南部受黄河物质影响较大，本区为弱氧化环境。

Ⅳ区：渤海南部矿物区。受黄河和莱州湾周边其他河流输入物质以及周边岛屿风化产物的影响明显（陈丽蓉等，1980；王昆山等，2010）。本区碎屑矿物分布极具物源特性，重矿物以云母、绿帘石、普通角闪石为优势矿物，氧化铁矿物为本区特征矿物，极稳定矿物含量较低。轻矿物以云母、石英和长石为主。本区碎屑矿物是以云母为主，且含量具有向外部逐渐增加并向东部运移的趋势，在黄骅至东营近岸海区沉积物中氧化铁含量高，沉积物侵蚀严重，沉积环境为氧化环境。山东半岛西部出现近岸物质影响区，表现为重矿物含量高，绿帘石新鲜。

Ⅴ区：渤海中部矿物区。主要受周边矿物区物质的影响，云母含量较高，为物质扩散沉积区，本区矿物分布指示沉积物具有向东运移的趋势。重矿物以云母、普通角闪石、绿帘石为优势矿物，一些稳定的重矿物如石榴子石、金属矿物等含量中等，轻矿物以石英和长石为主，石英的含量在本区较高。本区自生黄铁矿以局部富集方式出现，沉积环境较为稳定的弱还原环境。

Ⅵ区：渤海东部矿物区。该区为渤海物质向黄海运移的通道，主要在本区南部向外扩散，北部矿物组成受辽东半岛南部近岸物质影响较大。重矿物以云母、普通角闪石和绿帘石为优势矿物，石榴子石、金属矿物在近辽东半岛海区沉积物中含量较高，氧化铁矿物在矿物区南部沿岸含量较高。轻矿物以长石、石英、云母为主，长石的含量较高，分布在本区的中部，云母具有沿山东半岛向东运移的趋势。在渤海海峡沉积物中局部出现自生黄铁矿，北部沉积环境为弱氧化局部弱还原，南部为弱氧化环境。

5.2.4 物质来源

碎屑矿物的分布及组合分区特征表现了渤海碎屑矿物物质来源及其运移方向两大特征。物源主要为河流输入和沿岸物质输入或剥蚀，主要为辽河、大凌河、六股河、滦河、蓟运河、海河、黄河以及莱州湾南部河流沉积物输入，影响范围最大的是黄河，其次为辽河、大凌河、滦河，其他河流只影响了入海口附近沉积。另一物质来源为近岸物质输入或剥蚀，主要发生在辽东半岛的东部和西部、山东半岛西部。物质运移方向总体上表现为通过渤海周边河流及沿岸剥蚀输入到海区中的物质具有自西向东运移的趋势，特别是在渤海中部，细粒及片状矿物向此汇集及扩散，并通过渤海海峡靠近山东半岛一侧沉积物向东南运移。

Ⅰ区受辽河及辽东半岛西部沿岸物质影响较大，特征是长石、钛铁矿、磁铁矿以及石榴子石的含量高，以物理风化为主，不稳定的矿物含量较高，较明显地体现了物源的矿物组成。

Ⅱ区受渤海西岸的河流大凌河、六股河及滦河的物质输入影响，其物质具有向东南运移的趋势，主要表现在长石、普通角闪石的分布上，但这些河流的优势及特征矿物组成不同，但都具有向渤海中部扩散的趋势。

Ⅲ区矿物组成受蓟运河和海河的影响，二者之中海河的影响相对较大，表现在优势重矿物如普通角闪石的分布上。本区河流物质影响范围较为有限，部分细粒及片状矿物可能来源于老黄河物质的扩散。

Ⅳ区主要受控于黄河物质的影响，现代黄河物质富含云母，云母含量分布趋势代表了黄河物质的扩散方向，但在不同区域表现不同，黄骅至东营海区一带沉积物受侵蚀较为突出（氧化铁矿物/稳定铁矿物的比值非常高、极稳定矿物含量高），片状矿物的扩散主要是沉积物的再悬浮作用，而在莱州湾西部则是现代黄河物质输入的扩散。山东半岛西部沿岸物质或岛屿剥蚀产物对临近海区沉积物矿物组成具有一定的控制作用，莱州湾南部沉积物组成受小清河、胶莱河的物质输入影响，范围有限。

Ⅴ区为混合矿物区，受到其他矿物区的物质输入和扩散影响，主要为细粒和片状矿物，碎屑矿物分布表明本区沉积物具有自西向东运移的趋势。

Ⅵ区为渤海沉积物向黄海运移的通道，北部矿物组成受辽东半岛南部近岸物质影响较大，由氧化铁矿物的分布来看，南部沉积物可能受到侵蚀。

5.3 黏土矿物特征及组合

黏土矿物主要包括高岭石族、绿泥石族、伊利石族和蒙皂石族等，是海洋环境中广泛分布的矿物。黏土矿物是在地表的化学风化作用中形成并与沉积物同时沉积的，但在沉积作用和埋藏过程中随着温度、湿度等环境因素的变化而可能转变，并且沉积物中通常还包含自生黏土矿物（陈涛等，2003）。黏土矿物对地质环境的变化反应敏感，沉积物中黏土矿物特征被广泛用于探讨物质来源、判断沉积环境以及季风变化（Biscaye，1965；Petschik et al.，1996；Médard et al.，2000；Pratima et al.，2003；Liu et al.，2003；Fagel et al.，2003）。

5.3.1 黏土矿物组成与分布

渤海黏土矿物分析站位见图5.17，总体上看，渤海沉积物中伊利石族矿物为优势矿物，平均含量达到70%以上；绿泥石和高岭石族次之，平均含量分别达到12%和10%；蒙皂石族

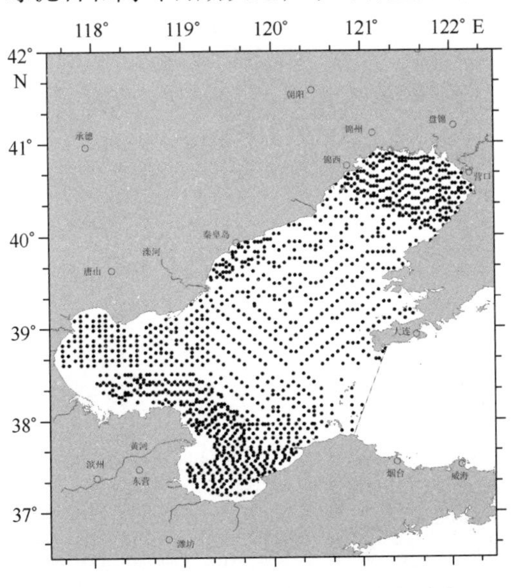

图5.17 渤海沉积物黏土矿物分析站位

含量最低，平均含量为9%（表5.2）。下面简述渤海4种主要黏土矿物的基本特征。

表5.2　渤海表层沉积物黏土矿物百分含量统计

单位:%

项目	蒙皂石	伊利石	高岭石	绿泥石
平均值	9	70	10	12
最小值	0	40	0	3
最大值	21	90	36	49

5.3.1.1　蒙皂石

蒙皂石可以由火山物质风化而成，也可以是非火山成因的。就物理性质而言，蒙皂石矿物是黏土矿物中比较细小的矿物，较容易随水搬运；从化学性质上来看，蒙皂石矿物是不稳定矿相，一定条件下可以转变为伊利石和海绿石。蒙皂石是渤海特别是黄河三角洲沉积的标志性黏土矿物。在渤海蒙皂石含量最高可达21%，最低为0，平均值为9%（表5.2和图5.18）。蒙皂石的含量特征总体上表现为南高北低，高于10%的高值区集中在黄河三角洲及邻近的莱州湾和渤海湾，并一直延伸到渤中浅滩和渤海海峡北部，辽东湾也出现小范围的高值区；低于8%的低值区主要集中在滦河口外北部、辽东湾北部区域，尤其是滦河口外北部附近海域，出现渤海蒙皂石含量最低值。其中，在黄河三角洲附近，表层沉积物中蒙皂石都在12%以上，部分区域蒙皂石含量在14%以上。并且出现由黄河三角洲向海方向逐渐减少的趋势（乔淑卿等，2010a）。

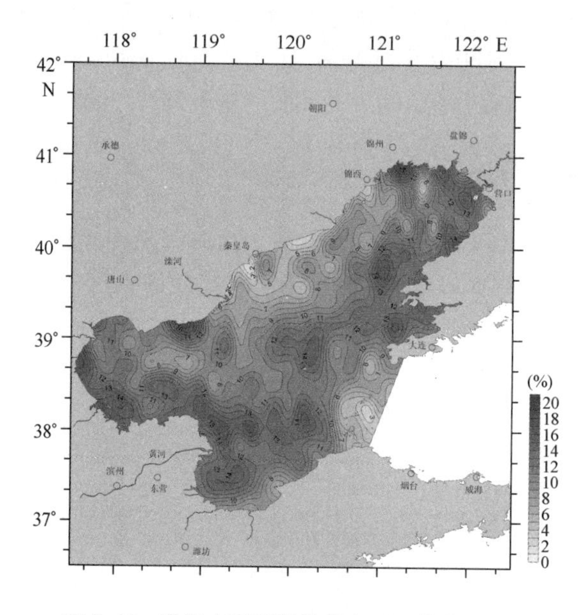

图5.18　渤海表层沉积物蒙皂石百分含量分布

5.3.1.2　伊利石

伊利石并不是一种单独的矿物，它是碎屑沉积物中可作为黏土矿物组分的云母族矿物的总称。伊利石是黏土矿物中最稳定的矿物之一，无论在中国近海还是世界大洋，伊利石矿物都在组成上占优势，是一种最常见的黏土矿物。中国近海的伊利石可以是现代陆源物质，也可以是低海面时期的陆源物质供应而至今仍未被覆盖，或是由蒙皂石矿物转变而来的物相。

渤海伊利石的含量绝大部分在62%以上，变化范围是40%～90%，平均值为70%。从图5.19可以看出，伊利石含量变化趋势和蒙皂石的相反，在渤海基本为北高南低的趋势。高含量区分布在滦河口外，尤其辽东湾、滦河口北部出现高值区，伊利石含量在76%以上。黄河三角洲及邻近的莱州湾为含量中值区，含量基本在65%以下。并且，具有随着远离黄河三角洲岸线有升高的趋势，黄河口区域伊利石含量低于60%。

5.3.1.3 高岭石

高岭石是强烈的化学风化作用的产物。高岭石矿物的分布与陆源物质关系密切，并且高岭石矿物的分布与陆上气候环境有关，一般温带高岭石含量相对较低，热带和亚热带地区高岭石的含量则较高。渤海沉积物高岭石的含量范围是0%～36%，平均值为10%。从图5.20可以看出，高岭石高值区集中在现代黄河三角洲东部和南部，在滦河口外及其东部海域也存在高值区，高岭石含量在12%以上。高岭石明显的低值区出现在渤海湾及辽东湾东南部海域，含量基本在8%以下。其中渤海海峡沉积物中高岭石的含量出现全区最低值，一般在6%以下。在黄河水下三角洲区域，高岭石含量有随着远离黄河口呈现降低的趋势。高含量区主要集中在现代河口两侧，含量在14%以上。

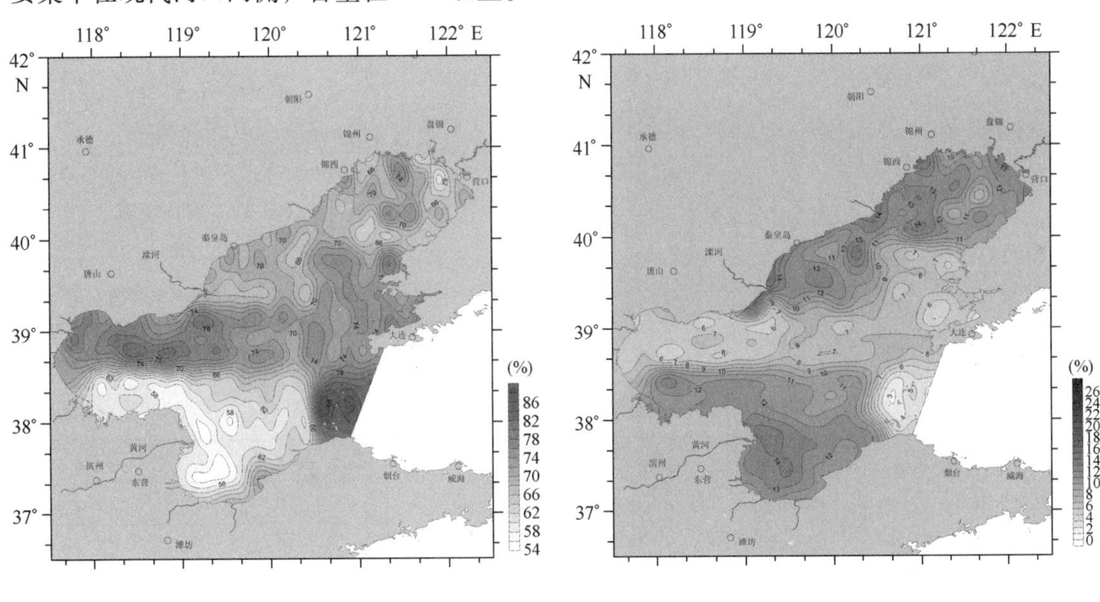

图5.19 渤海表层沉积物伊利石百分含量分布

图5.20 渤海表层沉积物高岭石百分含量分布

5.3.1.4 绿泥石

绿泥石在海洋沉积物中多是陆上寒冷、干燥、机械风化作用强烈环境供应的物质。渤海表层沉积物中绿泥石的含量范围是3%～49%，平均值为12%。从图5.21可以看出，高值区集中在黄河三角洲及邻近的渤海湾和莱州湾等大片海域，含量基本在14%以上。其中，在黄河三角洲近岸区域，绿泥石含量可以高达16%以上，为渤海最高值区。低值区出现在渤海湾、辽东浅海和渤中浅滩以及辽东湾北部和渤海海峡，含量在8%以下。在黄河三角洲区域，随着远离黄河口沉积物中绿泥石含量有降低的趋势。

5.3.2 黏土矿物组合分区

以4种黏土矿物的含量为参数，采用SPSS软件进行Q型聚类分析。结果表明渤海可明显划分为4个黏土矿物组合区（图5.22），分别为围绕现代黄河三角洲的近岸区以及莱州湾附近的毗邻区（Ⅰ区）、辽东湾北部和滦河北部大片海域（Ⅱ区）、渤海海峡南部区域（Ⅲ区）和渤海湾北部至滦河口西南区域（Ⅳ区）。各区黏土矿物含量的变化特征汇见表5.3。

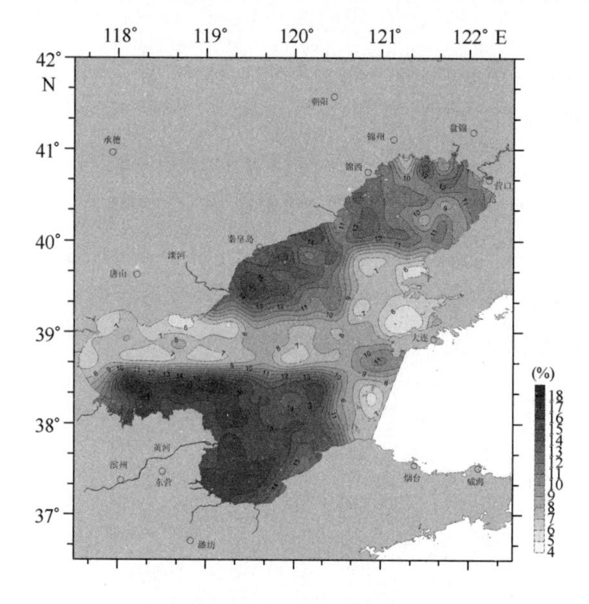

图5.21 渤海表层沉积物绿泥石百分含量分布

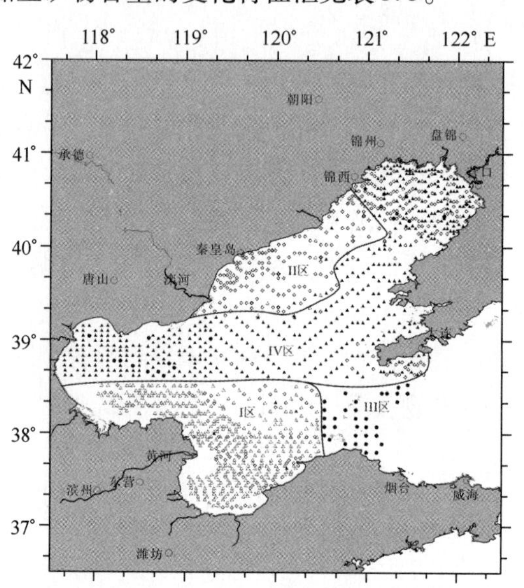

图5.22 渤海黏土矿物组成特征分区
（Ⅰ区：现代黄河三角洲近岸区以及莱州湾毗邻区；Ⅱ区：辽东湾北部和滦河北部大片海域；Ⅲ区：渤海海峡南部区；Ⅳ区：渤海湾北部至滦河口西南区）

表5.3 渤海表层沉积物黏土矿物分区百分含量 单位:%

分区	站位数	统计方法	蒙皂石	伊利石	高岭石	绿泥石
Ⅰ区	447	最小值	9	43	10	12
		最大值	18	66	19	21
		平均值	13	59	12	16
Ⅱ区	768	最小值	0	40	1	3
		最大值	12	80	36	49
		平均值	6	68	12	14
Ⅲ区	47	最小值	7	57	2	8
		最大值	26	74	10	14
		平均值	16	66	6	11
Ⅳ区	390	最小值	0	71	0	5
		最大值	13	90	8	14
		平均值	6	81	3	9

从表5.3可以看出，Ⅰ区黏土矿物中蒙皂石、伊利石、高岭石和绿泥石含量平均值分别在13%、59%、12%和16%，伊利石最高，其他3种黏土矿物含量均值都在12%～16%之间。与其他区相比较，Ⅰ区蒙皂石含量为渤海最高，伊利石含量为渤海最低，高岭石和绿泥石为渤海最高。Ⅱ区蒙皂石、伊利石、高岭石和绿泥石含量平均值分别在6%、68%、12%和14%。与其他分区相比较，本区蒙皂石含量最低，伊利石含量中等，高岭石和绿泥石较高。Ⅲ区沉积物中伊利石含量比Ⅰ区高，平均值为66%，蒙皂石含量与Ⅰ区和Ⅱ区相似，平均值为16%，高岭石和绿泥石含量中等，平均含量均为6%和11%。Ⅳ区伊利石含量为渤海最高值区，平均值高达81%，高岭石含量为全区最低值区，平均值仅为3%。蒙皂石和绿泥石含量也较低，平均值分别为6%与9%。

5.3.3　黏土矿物分布特征及控制因素

整个渤海黏土矿物的组合基本一致，这是因为输入海域的物质来源于同一气候带。不过由于物质在地域、岩性等方面的差别，造成黏土矿物含量比率等方面的差异。

纵观渤海黏土矿物分布，发现其控制因素虽复杂，但起主导作用的主要有下列两个方面：物质来源和水动力因素。

Ⅰ区黏土矿物基本反映了黄河物质的特点。学者们早期对黄河黏土矿物组合特征、结晶形态和化学成分的研究表明，黄河源沉积物中黏土矿物成分以伊利石为主，含量在63.6%左右，其次为蒙皂石（14.1%），绿泥石（12.5%）和高岭石（9.7%）。黄河伊利石富钾，蒙皂石富钙，绿泥石属于富镁绿泥石（Xu，1983；Milliman et al.，1985；Ren & Shi，1986；杨作升，1988；范德江等，2001；Yang et al.，2003）。从Ⅰ区蒙皂石含量分布特征来看，随着距黄河口距离的增大，表层沉积物中蒙皂石含量总体上逐渐降低。这说明，越远离黄河口位置，表层沉积物受黄河入海泥沙的影响越弱。蒙皂石矿物是黏土矿物中比较细小的矿物，较容易随水搬运（李国刚，1990）。现行黄河三角洲南部和北部以及邻近莱州湾北部蒙皂石含量高达13%以上，而莱州湾中部和北部，虽然沉积物受黄河入海泥沙的控制，但是也受到莱州湾东部沿岸河流输入以及其他物质来源的影响，蒙皂石含量较上述区域有所降低，但还是要比莱州湾南部和东部蒙皂石的含量高。这说明莱州湾东部和南部沉积物主要受到来自沿岸小清河、弥河、潍河等河流输入以及沿岸冲刷物质的影响。高岭石和绿泥石在Ⅰ区的分布特征与蒙皂石类似，随着距离河口距离的增加，含量逐渐降低。

Ⅰ区伊利石含量变化特征与蒙皂石相反，随着与黄河口距离的增加，伊利石的含量逐渐增加。Ⅱ区可能受大凌河、双台子河和辽河入海物质的影响。Ⅲ区沉积物中黏土矿物可能受到外海物质以及陆源混合物质的影响。Ⅳ区黏土矿物基本反映了滦河、海河及沿岸物质的特点，在滦河沉积物中蒙皂石、伊利石、高岭石和绿泥石含量依次为63%、27%、10%和5%，而海河沉积物中这四种黏土矿物的百分含量分别为35%、52%。8%和5%（刘建国，2007）。

黏土矿物的分布与沉积物类型也有一定的关系，在同一来源的沉积物中，蒙皂石的含量在细粒级沉积物中比粗粒级沉积物中高。这种现象在黄河口附近表现的比较明显，在河口两侧和莱州湾北部，蒙皂石的含量较高，细颗粒物质含量也较高。造成这种现象的主要原因是水动力作用，即水动力作用强，沉积物粗；水动力作用弱，沉积物细。而蒙皂石是这4种黏土矿物中粒度最小的，也就易在水动力作用弱的海域沉积。

第6章　渤海沉积地球化学特征

沉积物中化学元素的组成和来源与物质来源有密切的关系，同时又受到沉积环境的制约。因此，物源和沉积环境是控制和影响海底沉积物地球化学特征的重要因素。研究底质沉积物的地球化学特征，有助于了解化学元素在沉积物中的分布、运移和富集规律，赋存状态、物质来源以及沉积－成岩作用机制。

渤海为中国内海，常年有黄河、海河、滦河、辽河等注入大量泥沙，陆海相互作用强烈；环渤海经济圈的快速发展，导致向渤海输入的污染物增加，渤海的污染状况日渐引起人们的关注。陆海相互作用和人类排放都会在底质沉积物的化学组成中得到体现。因此，渤海表层沉积物地球化学的研究，不仅可以丰富该区陆海相互作用理论，还有助于认识人类活动对近海特别是半封闭陆架海的影响，为渤海的可持续开发利用提供一定的理论依据。

6.1　数据来源

对“908专项”底质调查共1 345个表层沉积物样品进行地球化学特征分析，基本覆盖了整个渤海海域。具体站位见图6.1。

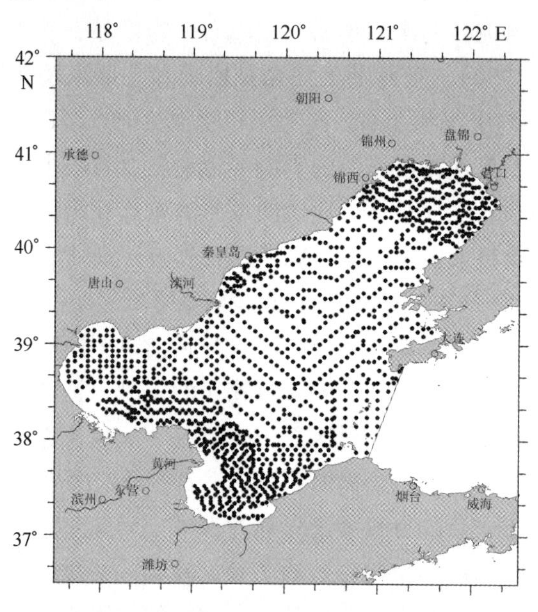

图6.1　渤海表层沉积物元素分析站位分布

6.2 表层沉积物元素地球化学特征

6.2.1 常量元素分布特征

6.2.1.1 常量元素丰度特征

对渤海沉积物进行了 SiO_2、Al_2O_3、TFe_2O_3（全铁）、MgO、CaO、K_2O、Na_2O、MnO、TiO_2、P_2O_5 等指标的分析。结果表明：渤海表层沉积物地球化学组分以 SiO_2 和 Al_2O_3 为主，最高值分别为87.72%和16.82%（表6.1）；CaO 和 Fe_2O_3 含量分别为4.24%和4.29%；而 Na_2O、K_2O、MgO 等氧化物的含量变化相当接近，为2.51%，2.79%和2.07%；TiO_2、P_2O_5 和 MnO 含量较少（<1%）。

表6.1 渤海表层沉积物常量组分含量统计　　单位：%

常量组分	SiO_2	Na_2O	K_2O	MgO	CaO	Al_2O_3	TFe_2O_3	TiO_2	MnO	P_2O_5
最小值	34.77	0.87	1.28	0.23	0.44	4.69	0.50	0.06	0.02	0.03
最大值	87.72	5.06	4.92	3.78	23.87	16.82	10.12	0.88	0.57	0.54
平均值	61.97	2.51	2.79	2.07	4.24	12.35	4.29	0.51	0.09	0.18
标准偏差	9.16	0.55	0.34	0.78	2.49	1.93	1.25	0.15	0.04	0.13

6.2.1.2 常量元素的空间分布特征

根据表层沉积物常量元素含量编制了渤海表层沉积物 SiO_2、Al_2O_3、TFe_2O_3、MgO、CaO、K_2O、Na_2O、MnO、TiO_2、P_2O_5 等值线图，现将各常量元素的区域分布规律分述如下。

SiO_2 为渤海底质沉积物的主要地球化学组分，其含量变化于34.77%~87.72%之间，平均值为61.97%（图6.2和表6.1）。从区域分布特征上看，SiO_2 含量由渤海西侧向东侧逐渐升高，最高值部分出现在滦河口附近，平均 SiO_2 含量超过了75%，这可能跟本区处于滦河河口位置，沉积动力环境不稳定，底质沉积物粒度偏粗有关。研究表明，本区也是渤海整个地区内粒度较粗的地区之一，以中砂和粗砂为主；另一方面，这也可能跟流域因素有关。已有研究表明，由于滦河源于山区，每年汛期由径流输入了较多的砂质沉积，而枯水期输沙量极少，大量粗粒物质在汛期入海后由于动能的骤然减弱，从而导致在河口地区堆积了大量粗颗粒物质（秦蕴珊等，1985），使得本区的 SiO_2 含量最高。除了滦河河口区外，在渤海东部—辽东浅滩和辽东湾顶部的近岸区，SiO_2 含量也明显偏高。考虑到渤海东部地区沉积动力环境复杂，受黄海暖流的影响，本区潮余流较强，以直线式的强潮流动力环境为主要特征（Zhu等，2000），底质则多以砂质沉积为主，故 SiO_2 含量较高。相对而言，在以细颗粒为主要沉积的渤海西部，包括渤海湾、莱州湾及中部泥质区，由于水动力较弱，加之黄河入海物质的粒度相对较细，从而使得这些地区的 SiO_2 含量偏低（范德江等，2001）。因此，沉积物动力环境和流域物源供应是本区 SiO_2 空间分布主要控制因素。

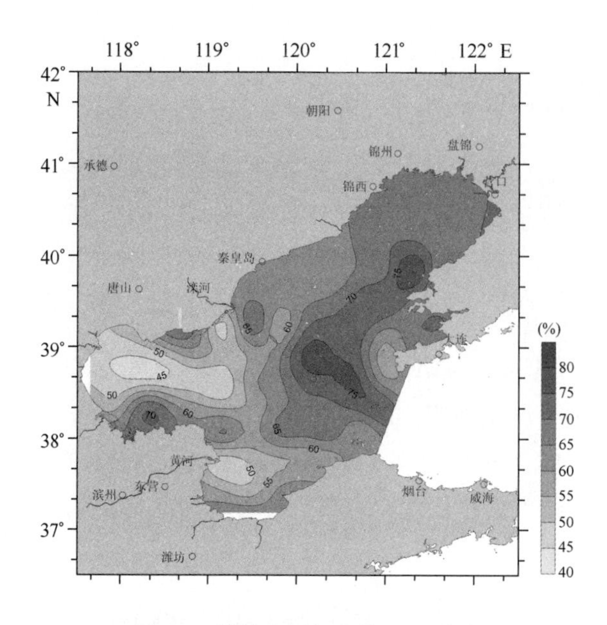

图 6.2　渤海表层沉积物 SiO_2 分布

Na_2O 属于含量较少的常量组分（氧化物），其含量变化于 0.87% ~5.06% 之间，平均值为 2.51%（图 6.3 和表 6.1）。该组分在整个渤海地区的北部和南部近岸区偏高，含量大于 2%；在渤海湾以及大连沿岸较低（<2%）。通过与 SiO_2 分布比较，在渤海东部粗颗粒沉积区（包括大连沿岸地区）具有较低的 Na_2O 含量，而在西部的细颗粒泥质区范围内，则同样表现为低值，只是在中部泥质区的南北两端含量略高。这与受沉积物粒度分选影响明显的 SiO_2 分布具有一定的差别。

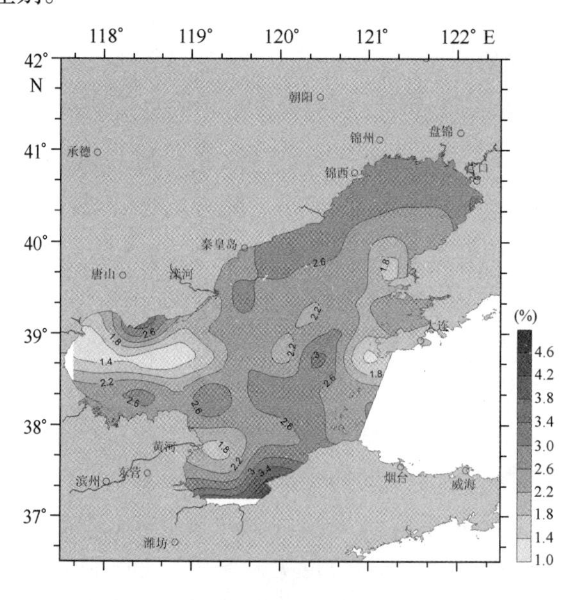

图 6.3　渤海表层沉积物 Na_2O 分布

K_2O 和 MgO 含量的空间分布相对而言非常均匀，标准偏差仅为 0.37% 和 0.78%。整体来说，K_2O 在渤海北部地区高于南部地区，北部辽东湾西侧的含量最高，一般高于 3%。南部地区的含量普遍较低，其含量低值区位于渤海湾南部、莱州湾南部、庙岛群岛西侧等山东半岛近岸地区及大连附近的老铁山水道地区（图6.4）。而MgO的空间分布明显呈现出西高东低的特点，高值区主要分布在渤海湾、莱州湾，尤其是黄河口及邻近地区，一般含量高于3%。低值区除了整个东部地区普遍较低外，在滦河口地区也明显偏低，一般低于0.8%，这在一定程度上表现出可能受到沉积物粒度控制的影响，其分布特征整体上类似于SiO_2的分布特点（图6.5）。

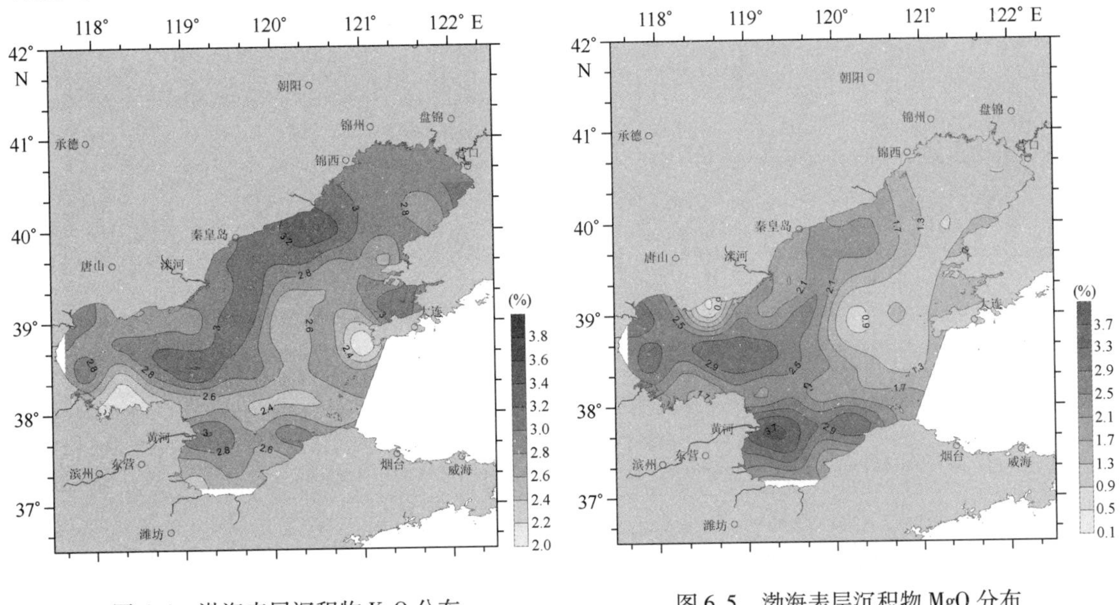

图6.4 渤海表层沉积物K_2O分布

图6.5 渤海表层沉积物MgO分布

Al_2O_3含量变化于4.69%～16.82%之间，平均含量为12.35%。从区域分布上看，高值区见于渤海中部、西部等区域，它们的含量都在12%以上；而在辽东潮流砂脊、滦河口、曹妃甸等处出现低值区，含量在11%以下。该分布主要受到沉积物粒级的控制，细颗粒沉积物含量高，而砂粒级沉积物含量偏低（图6.6）。铝主要赋存于黏土矿物晶格中，在表生地球化学作用中比较稳定，不易活化迁移，Al_2O_3的高值分布与细颗粒的粉砂、黏土沉积物分布相一致，常随沉积物粒径变小而含量增高，分布特点与MgO、K_2O具有一定的相似性，与SiO_2则正好相反。沉积物中SiO_2与Al_2O_3的平面分布特征对于陆源碎屑沉积环境有较好的指示意义。

TFe_2O_3含量在本区内变化于0.50%～10.12%之间，平均含量为4.29%，其分布趋势与Al_2O_3的分布相近，其高值区主要位于研究区的中部、渤海湾、莱州湾等处，而在辽东潮流砂脊、滦河口、曹妃甸等处为低值区（图6.7），表现出明显的粒度控制律。铁与铝在水溶液中主要以黏土吸附或水合氢氧化物胶体方式迁移，两者在沉积物形成过程中具有相近的迁移、富集规律。铁的富集除了与黏土矿物、铁的氧化物—氢氧化物等有关外，还可能与沉积区的氧化—还原特性相关，迁移过程中的氧化—还原作用同样能够造成铁的贫化与富集。由于受黄河陆源输入的影响，径流中含铁的胶体和金属离子在河口咸、淡水混合的环境中由絮凝作用沉淀而下来，从而在河口地区明显偏高。

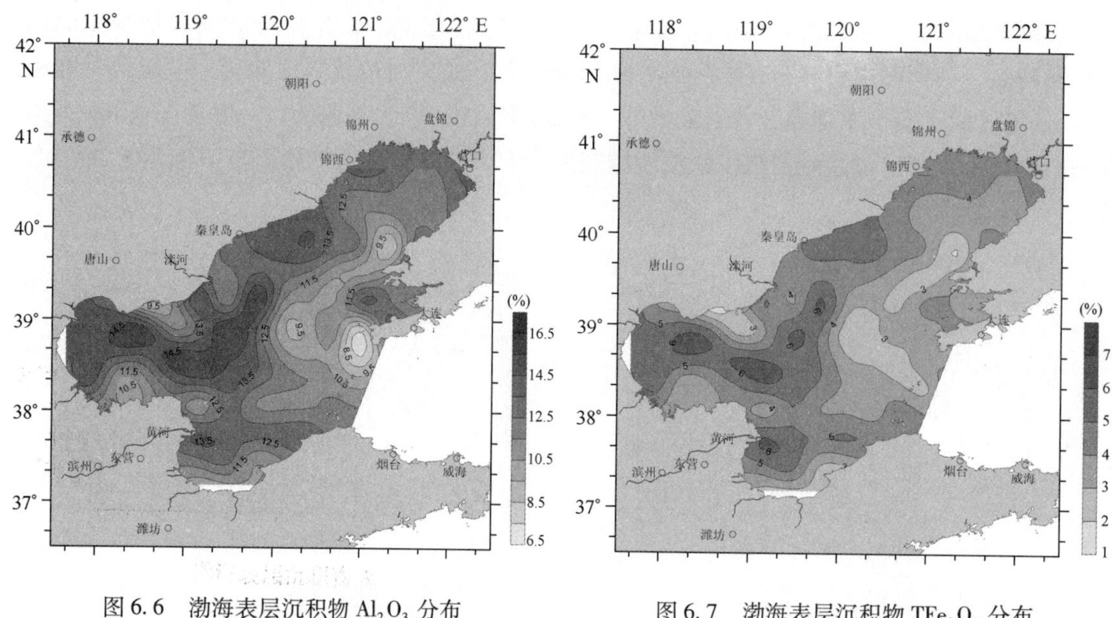

图 6.6　渤海表层沉积物 Al_2O_3 分布

图 6.7　渤海表层沉积物 TFe_2O_3 分布

MnO 的含量在本区沉积物中偏低，小于 1.0%，介于 0.02% ~0.57% 之间，平均含量为 0.09%。MnO 在渤海海域含量变化较大，高值区主要位于测区的中部、渤海湾和莱州湾等处，而在辽东潮流砂脊、滦河口、曹妃甸等处为低值区，表现出明显的粒度控制律，与 Fe_2O_3 含量的分布有较好的对应性。锰和铁一样，属于典型的变价元素，锰价态的变化受到沉积环境 pH 及 Eh 值支配，Mn^{2+} 转化成 Mn^{4+} 是锰最重要的地球化学行为，锰在沉积过程中主要形成氧化物、氢氧化物和碳酸盐矿物。此外，MnO 除了在中西部的细颗粒沉积区表现出富集的趋势外，在大连附近海区和庙岛群岛附近海区也存在明显的富集中心（图 6.8），这可能跟人类活动的影响有关。

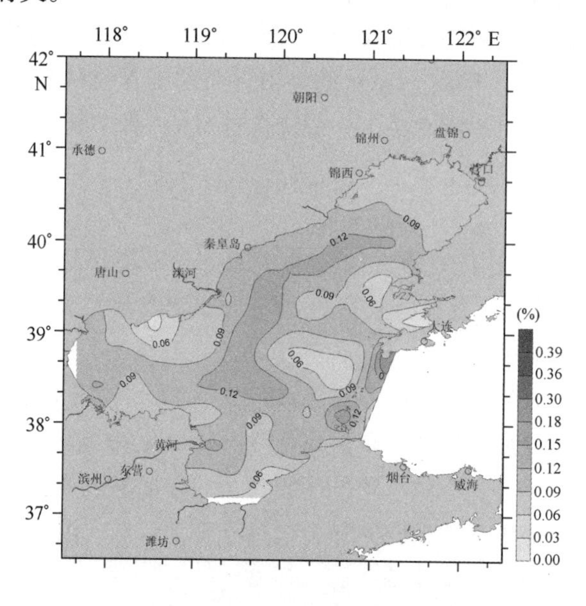

图 6.8　渤海表层沉积物 MnO 分布

TiO_2 在渤海海域含量变化较大，介于0.06%～0.88%之间，平均含量为0.51%，相对MnO而言，其空间分布特征则较为均匀，高值区主要在渤海湾和渤海中部泥质区内，在辽东湾顶部的近岸区也有一高值沉积中心；而在其他海区含量分布则较为均匀，含量普遍较低（图6.9）。钛在表生沉积作用中稳定，属于惰性元素，难以形成可溶性化合物迁移，主要以碎屑悬浮形式被搬运入海而沉积。

P_2O_5 在渤海海域含量较低，变化于0.03%～0.54%之间，平均值为0.18%，总体上在西部渤海湾、中部泥质区和莱州湾内的含量较高，在东部辽东潮流砂脊、滦河口、曹妃甸等处为低值区，表现出一定的粒度控制性（图6.10）。而在高值区内，又表现为在渤海湾和莱州湾内的 P_2O_5 含量明显偏高，这可能跟黄海等河流的陆源输入有直接的关系。磷主要呈磷酸根 $(PO_4)^{3-}$ 形式在自然界中存在，最常见的含磷矿物是磷灰石，在表生风化作用中磷从矿物或从农田土壤中淋滤析出后以溶液或悬浮物形式被搬运入海，此外海底沉积物中磷的分布还会受到生物作用控制。

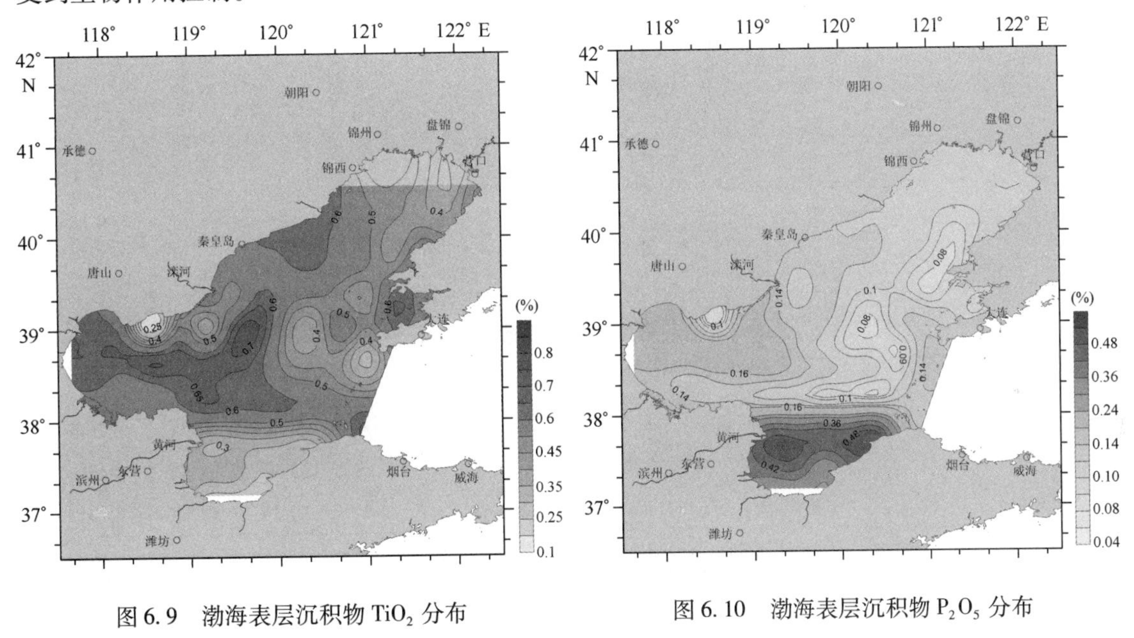

图6.9　渤海表层沉积物 TiO_2 分布

图6.10　渤海表层沉积物 P_2O_5 分布

CaO作为海洋沉积物中的重要组分，含量变化范围为0.44%～23.87%，平均值为4.24%（表6.1），总体呈现出南高北低的趋势（图6.11）。CaO高值区主要分布在渤海湾和莱州湾内，具有向外海逐渐降低的趋势，这与黄河源沉积物具有较高的碳酸钙含量一致（乔淑卿等，2010a）；除渤海湾和莱州湾两个高值区外，在东部的大连沿岸地区还有一高值中心，含量一般大于5%，这与该处海洋钙质生物碎片的局部富集和碳酸盐矿物的影响有关，表明该组分主要受到沉积物来源、海洋钙质生物的共同控制。

6.2.2　微量元素含量及其空间分布特征

6.2.2.1　微量元素丰度特征

对微量元素Cr、Cu、Pb、Zn、Ba、Sr、Zr、V、Co、Ni的含量变化范围、平均值和变异系数等进行了统计分析（表6.2）。结果表明：不同元素的含量变化较大，其中Ba、Sr、Zr的含量较高，平均含量分别为564.81 μg/g，213.88 μg/g和219.25 μg/g，其中Zr元素在不同站位间的含量变化范围最大，相对标准偏差达48%。其他微量元素Cu、Pb、Zn、V、Co、Ni和Cr的含量则处于同一数量级范围内，分别为21.96 μg/g，24.21 μg/g，68.63 μg/g，72.15 μg/g，68.63 μg/g，11.58 μg/g，28.56 μg/g，和54.24 μg/g。

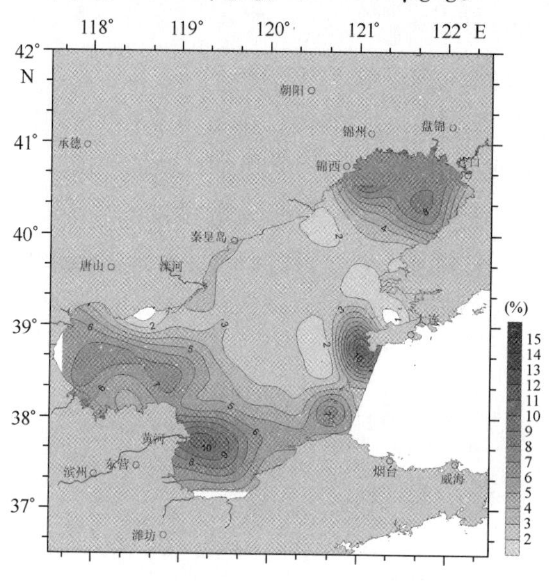

图6.11　渤海表层沉积物CaO分布

表6.2　渤海表层沉积物微量组分含量统计　　单位：μg/g

微量组分	Cu	Pb	Ba	Sr	V	Zn	Co	Ni	Cr	Zr
最小值	0.40	6.82	55.40	98.80	3.09	8.80	1.00	3.30	4.30	50.40
最大值	53.80	60.20	2 182.32	693.20	140.70	261.00	39.40	53.96	93.56	844.00
平均值	21.96	24.21	564.81	213.88	72.15	68.63	11.58	28.56	54.24	219.25
变异系数	39%	25%	29%	23%	27%	38%	37%	37%	37%	48%

6.2.2.2　微量元素的空间分布特征

根据不同站位表层沉积物微量元素含量的变化特征，对渤海区域内表层沉积物Cu、Pb、Zn、Sr、Ba、Cr、Co、Ni、V、Zr这几类微量元素的区域分布进行了详细讨论，并探讨不同元素之间的差别和可能的控制因素。

（1）Cu，Pb，Zn，Cr属于重金属元素，它们是反映底质环境质量的重要指标。如图6.12至图6.15所示，这几种重金属含量都在同一数量级范围内，Cu，Zn和Cr的分布特征比较相近，主要表现在渤海湾和中部泥质区含量相对较高；相比之下，铅的空间分布相对比较均匀，其变异系数仅为25%。作为典型的亲硫元素，它们在渤海中的分布趋势非常相似，高值区主要分布在渤海湾、莱州湾和中部泥质区，而在东部地区的含量普遍偏低，这与前面常量组分中的受粒度控制较为明显的TOC，Fe_2O_3的空间分布有较好的一致性，表明细颗粒物质对于这些微量元素的吸附作用是导致它们富集的主要原因。Cu，Zn，Cr在辽东湾的北部近岸区还表现出明显的高值区域（如局部铬含量大于70 μg/g），反映了重金属污染相对较重，这可能因为辽河流经的区域是东北传统的重工业基地，流域内的工业生产活动不可避免的对河口地区带来一定程度的污染，因此在辽东湾北部及大连湾等近岸区出现的高值区域也可能与人类活动有一定的关系。而铅在此区域的含量则较为平均，没有明显的富集现象（图6.12至图6.15）。

研究表明：铅主要以硫化物方铅矿形式存在，表生过程中铅的迁移能力较小，只有少量的铅呈溶解态被带入海洋，在还原条件下生成硫化物沉淀，或为黏土和有机质吸附，铅的分布与渤海海域金属类矿物的分布关系密切。铜在表生作用中以无机或有机络合物、吸附悬浮、甚至可溶的离子形式被搬运，在沉积作用中主要以硫化物存在，或为有机物、黏土和胶体吸

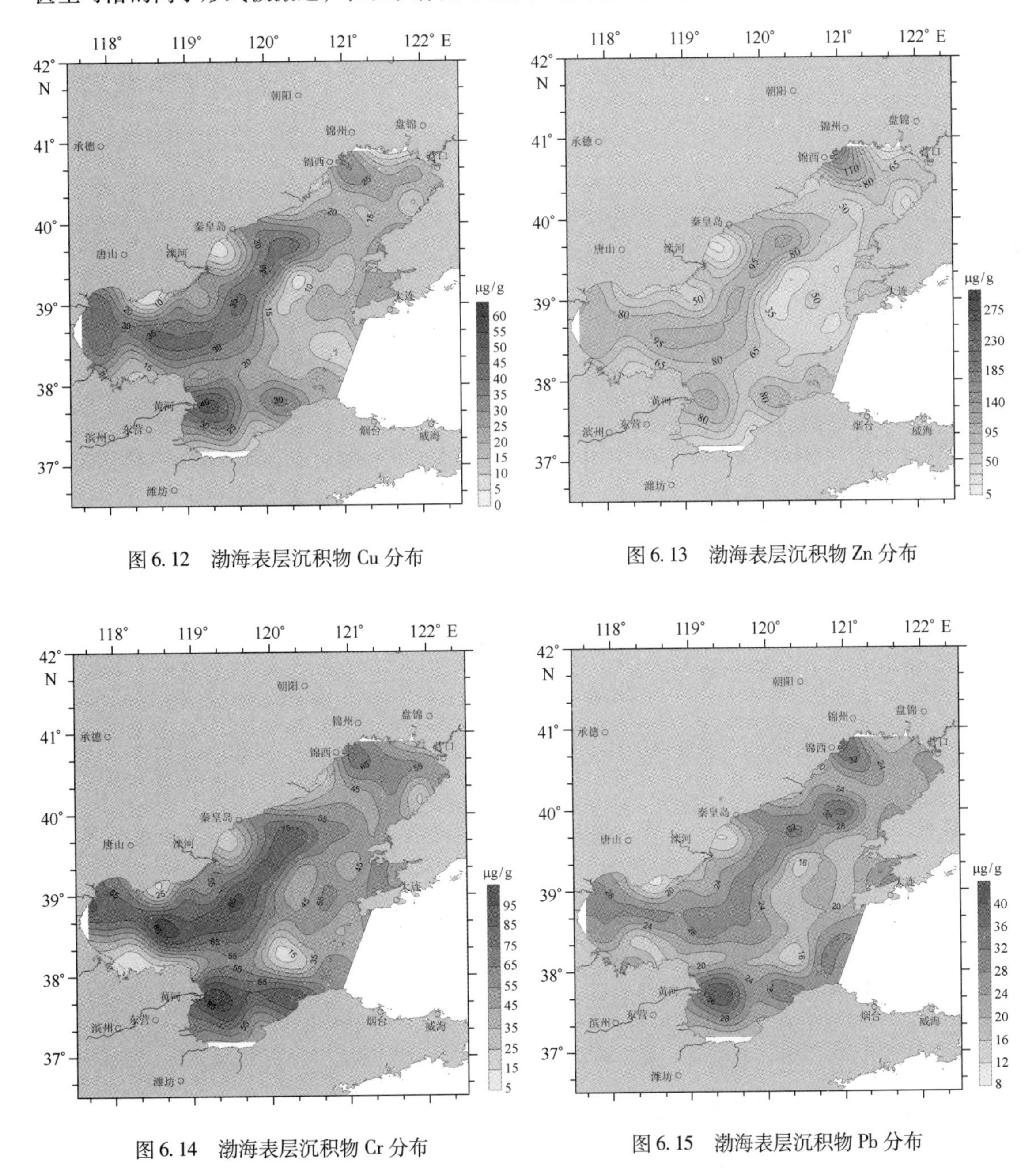

图6.12　渤海表层沉积物Cu分布

图6.13　渤海表层沉积物Zn分布

图6.14　渤海表层沉积物Cr分布

图6.15　渤海表层沉积物Pb分布

附；锌常以类质同象形式存在于铁镁硅酸盐矿物和铁的氧化物中，可富集成矿（闪锌矿），岩石风化后部分锌进入溶液，迁移过程中可被黏土矿物、铁锰氧化物、有机物等吸附，常在细颗粒的黏土沉积物中富集。

（2）Ni、V、Co 属于铁族元素，它们的分布趋势与 Fe_2O_3 类似，高值区主要出现在渤海湾和渤海中部泥质区内，低值区则主要出现在辽东浅滩和渤海海峡等沉积物粒度较粗的地区（图 6.16 至图 6.18），这跟河口地区强烈的絮凝—吸附—沉积过程有直接的关系。其中镍和钴的最高值都出现在渤海湾，最高值含量分别为 53.9 μg/g 和 39.4 μg/g。镍在渤海湾内的空间分布特征表现出由海河口向外呈放射状分布，这可能跟海河流域是京津唐经济区、农业、工业和城市活动的排污等因素造成海河污染严重有关。已有研究表明，海河口水体和沉积物中存在 Ni，Cr，Zn 等超标污染的现象，这与海河流域及河口区主要存在的电镀电子、化工、制药等行业产生的污染物排放有关（孟伟等，2004）。

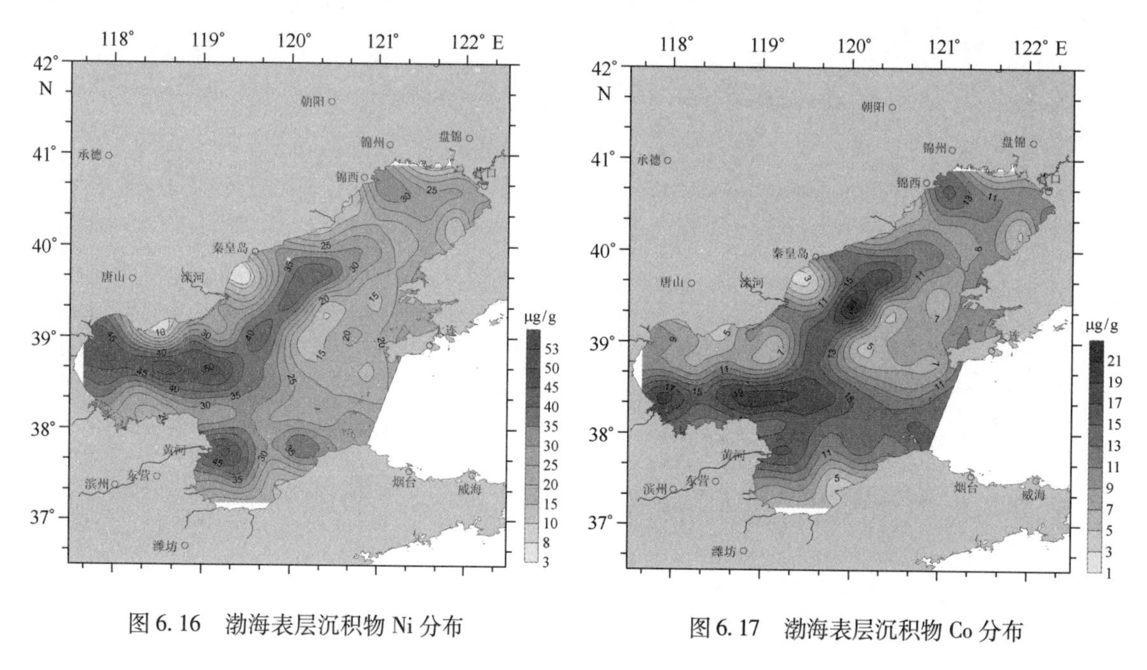

图 6.16　渤海表层沉积物 Ni 分布

图 6.17　渤海表层沉积物 Co 分布

（3）Zr 在渤海海域的含量较高，平均含量约为 219.25 μg/g。Zr 的空间分布特征不均匀，变异系数达 48%，高值区主要出现在辽东湾、普兰店湾和莱州湾中东部区域（三山岛）（高值区含量大于 300 μg/g）（图 6.19）。锆在表生地球化学作用中稳定性较高，常被黏土吸附，但其空间分布特征并不与黏土矿物吸附作用影响明显的 Fe_2O_3、Al_2O_3 和重金属等组分的空间分布特征相一致，这可能跟不同区域沉积物的物质来源的差异有关。

（4）Ba 在渤海沉积物中同样具有较高的含量，平均含量约为 5 64.81 μg/g，其空间分布具有明显的北高南低的特征。即总体上可分为北部高值区和南部低值区，Ba 在不同区域内表现出较好的空间一致性，空间分布较为均匀。在北部高值区，相对较高的钡主要出现在曹妃甸和大连外侧的辽东潮流砂脊区，最高可达 2 000 μg/g；而在渤海南部，大部分地区钡含量低于 400 μg/g，只在莱州湾东部地区出现局部的富集（图 6.20）。

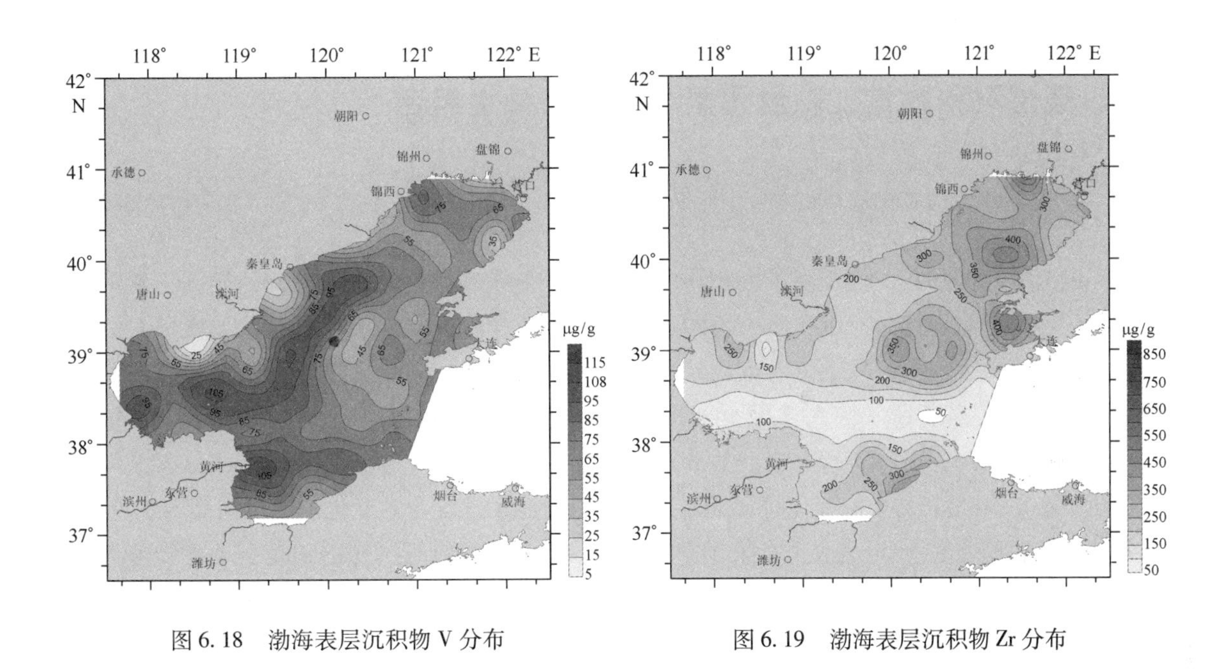

图6.18 渤海表层沉积物V分布

图6.19 渤海表层沉积物Zr分布

（5）渤海沉积物Sr的含量较高，平均含量为213.88 μg/g，大部分站位Sr的含量在200～300 μg/g之间。高值区主要集中在辽东湾西侧近岸区域和大连周边海域。值得注意的是，在渤海南部，即渤海湾和莱州湾的大部分地区锶的含量也相对较高（＞200 μg/g）（图6.21），这可能跟黄河物质在海区的输入扩散有一定的关系。研究表明：受中游黄土物质的影响，黄河沉积物中锶含量相对偏高（杨守业等，2003）。另一方面，本区锶含量的最高值出现在大连周边海区和辽东湾西侧近岸，该区沉积物粒度较粗，富含生物碎屑，因此，生物碎屑碳酸盐的贡献对本区锶的局部富集也起到了重要作用。这与沉积物中常量组分CaO的空间分布特征一致，反映了黄河入海物质和海洋生物碳酸盐的共同影响。

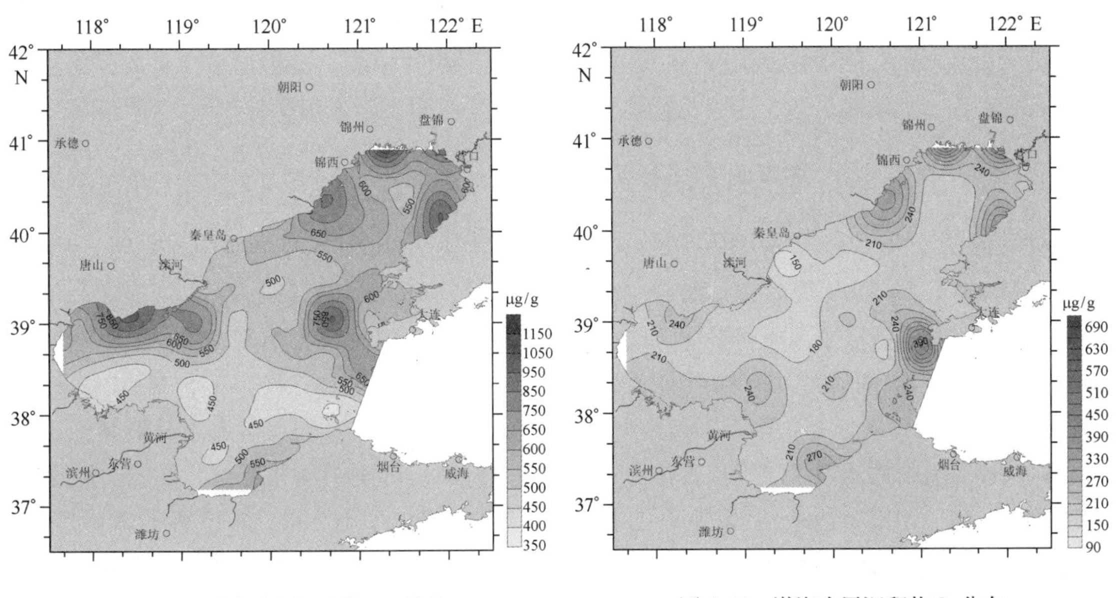

图6.20 渤海表层沉积物Ba分布

图6.21 渤海表层沉积物Sr分布

6.3 表层沉积物常、微量元素相关性与共生组合

6.3.1 元素相关性分析

不同元素之间的相关性反映了沉积物中各组分分布和地球化学行为之间的异同，常常含有物源的相关信息，通过对沉积物中不同元素的相关性分析，有助于了解控制元素分布的主要因素。对渤海表层沉积物中常、微量元素进行 Pearson 相关分析，相关系数经双尾显著性检验，结果如表 6.3 所示。绝大多数元素与 SiO_2 呈负相关，如 Al_2O_3，Fe_2O_3、MgO、MnO、TiO_2、Co、Cr、Cu、Ni、V、Zn 等。由于 SiO_2 作为沉积物中占主导地位的化学成分，平均含量达 61.9%，因此其含量的变化将影响着沉积物中其他元素含量的变化。根据前面 SiO_2 的空间分布特征，高含量 SiO_2 一般多富集于砂质沉积物中，而粗粒级沉积物正是石英矿物富集的主要场所。Al_2O_3 作为大陆风化产物，在地壳中较稳定，是表层沉积物中的重要组分，易于在细颗粒沉积组分中富集，是黏土矿物的主要组分。

由表 6.3 可以看出，Fe_2O_3、MgO、MnO、TiO_2、Co、Cr、Cu、Ni、V、Zn 与 Al_2O_3 之间呈现正相关关系，其中 Fe_2O_3、MgO 和 Al_2O_3 之间的相关系数达 0.8 以上，它们均容易富集于黏土粒级组分中，反映出明显的元素粒度控制律，即绝大多数元素的含量随沉积物的粒度变细而升高（赵一阳，1983）。另一方面，沉积物中 Sr、CaO、Ba，Zr 与 Al_2O_3 基本上不具有相关性（相关系数小于 0.5），反映了这些元素不受沉积物粒度的影响。本区沉积物中 Sr、CaO 的高值区主要分布在外海和渤海南部受黄河物质输入影响明显的地区，局部受海洋生物碳酸盐沉积的影响；Zr 在陆源碎屑沉积中，主要以重矿物锆石的形式存在，多富集于粉砂中，Ba 主要是以重晶石为主要载体，在本区的空间赋存特征既没有“亲黏土性”，又不受黄河物质输入的影响，仅在局部出现富集，生物成因也不明显，这可能与元素本身的性质有关。

V、Cu、Co、Ni、Pb、Zn、Cr 等微量组分与 SiO_2 显著负相关，而与 Al_2O_3 呈正相关，该类微量元素主要赋存于细粒级沉积物中，它与细粒级沉积物中黏土矿物含量高有关。黏土矿物比表面积大，吸附能力强，这些元素容易被黏土矿物吸附而随着细颗粒物质共同沉积。

6.3.2 常、微量元素共生组合—R 型聚类分析

对渤海表层沉积物中 10 种常量元素 Al_2O_3、SiO_2、CaO、K_2O、TiO_2、Fe_2O_3、MgO、Na_2O、MnO、P_2O_5 和 10 种微量元素 Co、Cr、Cu、Pb、Ni、Sr、Ba、V、Zn、Zr 等进行了 R 型聚类分析，聚类方法采用类间平均链锁法，距离测量使用相关系数距离方法，聚类结果如图 6.22 所示。若取阈值为 20，则可将聚类结果初步分为 2 个类型，聚类 1 包括 Al_2O_3、V、Co、Cu、CaO、Fe_2O_3、Zn、Pb、P_2O_5、Ni、MnO 等 14 种元素，它们大多属于易被黏土、有机质、胶体等吸附搬运的亲碎屑元素，受陆源物质（CaO）影响明显并遵循元素的“粒度控制规律”（赵一阳等，1983）。聚类 2 包括 SiO_2、Na_2O、K_2O、Sr、Ba、Zr 6 种元素：其中，SiO_2、Na_2O，主要代表硅质沉积；Sr、Ba 属于亲生物元素，沉积规律受到生物贝壳碎片、钙质生物沉积的控制；Zr 则主要跟自身形成的重矿物（锆石）类型有关。

表 6.3　渤海表层沉积物常、微量元素相关性分析

元素	SiO_2	Na_2O	K_2O	MgO	CaO	Al_2O_3	Fe_2O_3	TiO_2	MnO	P_2O_5	Cu	Pb	Ba	Sr	V	Zn	Co	Ni	Cr	Zr
SiO_2	1.00	0.39	-0.04	-0.90	-0.73	-0.70	-0.78	-0.25	-0.38	-0.52	-0.32	-0.21	0.24	0.00	-0.50	-0.19	-0.34	-0.25	-0.31	0.05
Na_2O		1.00	0.21	-0.27	-0.37	-0.08	-0.25	-0.07	-0.10	-0.02	-0.09	0.01	0.03	0.22	-0.04	0.11	-0.02	-0.11	-0.06	0.13
K_2O			1.00	-0.06	-0.32	0.47	0.23	0.22	0.14	-0.25	0.09	0.21	0.30	0.20	-0.09	0.16	-0.03	-0.04	0.08	0.28
MgO				1.00	0.64	0.73	0.84	0.24	0.38	0.65	0.40	0.25	-0.37	-0.11	0.63	0.26	0.44	0.34	0.35	-0.12
CaO					1.00	0.16	0.39	-0.14	0.24	0.56	0.16	0.05	-0.27	0.08	0.36	0.00	0.25	0.18	0.10	-0.21
Al_2O_3						1.00	0.89	0.64	0.43	0.15	0.46	0.35	-0.11	0.00	0.50	0.45	0.49	0.34	0.33	-0.01
Fe_2O_3							1.00	0.61	0.56	0.28	0.50	0.36	-0.23	-0.12	0.59	0.46	0.56	0.40	0.35	-0.08
TiO_2								1.00	0.33	-0.43	0.32	0.17	-0.04	-0.06	0.29	0.45	0.51	0.24	0.07	-0.06
MnO									1.00	0.06	0.36	0.33	-0.07	-0.02	0.33	0.27	0.40	0.33	0.20	-0.16
P_2O_5										1.00	0.11	0.16	-0.29	-0.04	0.36	-0.02	-0.03	0.13	0.38	0.15
Cu											1.00	0.72	-0.23	-0.21	0.84	0.83	0.71	0.93	0.68	-0.22
Pb												1.00	0.06	-0.03	0.57	0.69	0.41	0.64	0.52	0.05
Ba													1.00	0.45	-0.41	-0.18	-0.32	-0.24	-0.16	0.17
Sr														1.00	-0.21	-0.14	-0.15	-0.24	-0.23	0.07
V															1.00	0.72	0.78	0.82	0.63	-0.17
Zn																1.00	0.66	0.76	0.56	-0.11
Co																	1.00	0.64	0.27	-0.42
Ni																		1.00	0.68	-0.28
Cr																			1.00	0.22
Zr																				1.00

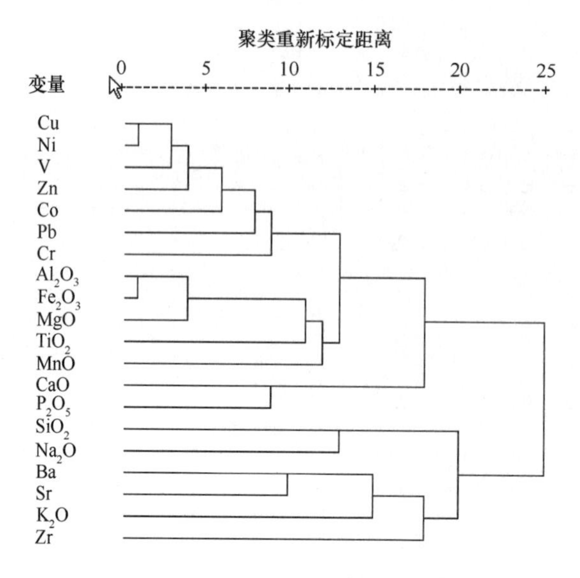

图 6.22 渤海表层沉积物常、微量元素 R 型聚类分析

6.4 沉积物元素地球化学分区及其控制因素

根据沉积物中主要的常、微量元素指标，对渤海表层沉积物进行 Q 型聚类分析，得到了渤海地区的地球化学分区，结果如图 6.23 所示。其中，Ⅰ区主要分布在莱州湾和渤海湾北部，该区沉积物粒度较细，以泥质粉砂和粉砂质泥为主。常量元素 CaO、MgO 含量较高，受河流输入陆源物质影响明显。从常量元素 CaO 分布也可以看出，黄河入海物质主要分布在黄河三角洲到莱州湾中部海域。本区沉积物中微量元素如 Pb，Cr，Ni 等的含量也较高，尤其是在海河口及其邻近的渤海湾地区，这主要是由于受海河等河流输入和渤海湾相对封闭的地理环境，导致了渤海湾重金属污染程度较为严重（李淑媛等，1995；陈江麟等，2004；孟伟等，2004）；而黄河口及其邻近的莱州湾地区重金属等微量元素富集则主要可能与细颗粒沉积物的吸附作用有关。调查表明，在黄河口两侧，即清水沟口门十几千米外至莱州湾中部主要为细粒级沉积物，平均粒径小于 11.3 μm。这表明该区表层沉积物中大部分元素的富集主要受河流输入和沉积物粒度组成的影响。

Ⅱ区主要分布在渤海中部泥质区，大致呈一条带状向辽东湾方向延伸，该区沉积动力环境较弱，沉积物粒度较细，以砂质泥和粉砂质泥为主。本区沉积物中 Al_2O_3、V、Co、Cu、Fe_2O_3、Zn、TOC、Pb、P_2O_5、Ni、MnO 等主要的常、微量组分的含量都较高，受细颗粒沉积物吸附的作用明显，因此，本区沉积物的元素地球化学性质具有明显的粒度分异作用。通过对沉积物粒径特征和输运趋势的研究，本区是渤海的现代沉积中心，渤海细粒级沉积物有向该沉积物中心汇聚的趋势，是细颗粒物的主要“汇”（乔淑卿等，2010b）。而在辽东湾的顶部出现相应元素高值区则可能主要是由于沿岸河流输入（如小凌河）造成的在河口附近由于絮凝沉降而导致的局部富集。

Ⅲ区主要分布在大连周边海域，空间范围较为局限，是 CaO、Sr、Ba 的高值区，这跟本区较强的动力环境下粗粒沉积物以及生物碎屑的发育有关。Ⅳ区主要对应于滦河口、六股河

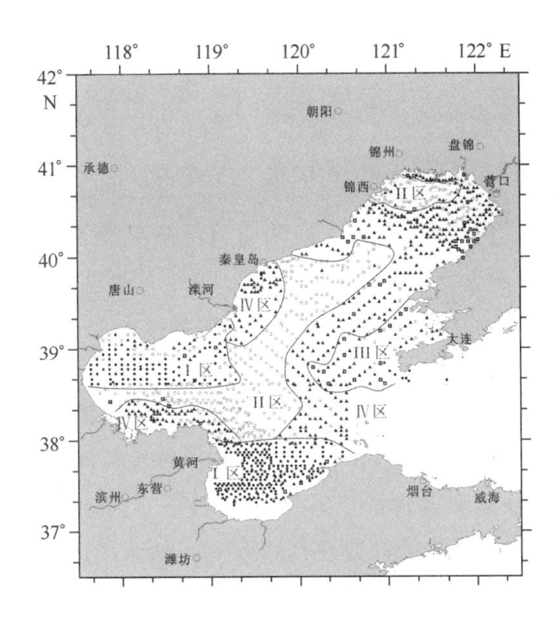

图6.23 渤海表层沉积物沉积地球化学分区

（Ⅰ区：莱州湾和渤海湾北部区；Ⅱ区：渤海中部泥质 区；

Ⅲ区：大连周边海域；Ⅳ区：河口区及辽东浅滩区）

口及辽东浅滩潮流砂脊区，水动力条件较强，对应于细砂粒级的高含量区，沉积物粒度偏粗，主要表现为SiO_2、Zr的高值区，主要源自于滦河等河流的沿岸冲刷和辽东浅滩的残留沉积。事实上，不同河流流经不同的母岩区，滦河作为山区河流，水势湍急，搬运能力较强，可将比重较大的重矿物（如锆石）等搬运入海。由于入海径流动能的骤然减小，在河口地区沉积了大量粗粒物质，表现出较高的重矿物含量（秦蕴珊等，1985）。此外，在渤海湾南部局部地区（黄河三角洲顶端废弃的黄河口周边海域），水动力作用较强，沉积物粒度偏粗，SiO_2含量较高，表现出明显的粒度控制规律。因此，本区主要体现了河流输入（北部河流为主）、残留沉积和沉积物粒度控制的综合影响。

综上所述，渤海沉积物地球化学特征和分区结果表明，渤海表层沉积物中元素地球化学性质具有明显的粒度分异作用，而在渤海湾、黄河口及其邻近的莱州湾地区以及辽东湾西部的滦河口外等局部地区还不同程度受到河流入海物质的明显影响。不同区域之间的沉积地球化学过程有所区别，其控制性影响因素是本区的沉积水动力条件和沉积物物源贡献，即沉积水动力环境和河流入海物质是形成本区沉积地球化学分区的关键因素。

6.5 渤海沉积物重金属元素环境地球化学特征

近海沉积物是海洋环境中重金属元素的主要汇。由于沉积水动力条件和生物地球化学过程的影响，由各种途径进入水体的重金属元素经絮凝、沉降、矿化等过程，最终进入沉积物（刘芳文等，2002；孟诩等，2003；Nobi et al.，2010）。沉积物中的重金属元素还可以通过再悬浮作用再次进入上覆水体，进而影响海域水体质量（陈江麟等，2004；Jesus et al.，2010）。研究重金属元素在沉积物中的含量分布和沉积地球化学特征，不仅可以揭示重金属元素在河口地区迁移富集的规律，还可以更加深刻地认识海洋环境中重金属的污染程度，客观评价沉积物重金属环境质量，为社会经济可持续发展和海洋环境保护提供重要依据（刘成等，2003）。

6.5.1 沉积物中重金属元素的含量与分布

渤海沉积物中的重金属含量与相应的沉积物质量标准见表6.4。结合前面重金属元素的平面分布图可以看出，重金属元素Cu、Zn、Cr、V、Co、Ni的空间分布趋势呈现出西高东低的特点，渤海湾、辽东湾北部和渤海中部泥质区存在明显的高值区。如：Zn的平均含量为68.63 μg/g，在渤海湾、辽东湾和中部泥质区的含量则介于80～150 μg/g之间，最高值出现在辽东湾北部靠近锦州市的近海地区（最高值为261 μg/g）。Pb的空间分布特点稍有不同，整体分布比较均匀（介于20～30 μg/g），仅在辽东湾顶部和黄河口附近表现出明显的高值区（>30 μg/g）。本区沉积物中重金属含量与国内其他河口—近海地区的重金属含量相当（如泉州湾地区，李云海等，2010），低于长江口及其邻近海区和珠江口地区（盛菊江等，2008；刘芳文等，2002），本区沉积物中Cu、Pb、Zn的含量与美国Egypt湾（Osher et al.，2006）沉积物中重金属含量相当（除Cr外）。与国内外沉积物质量标准比较发现，渤海表层沉积物中大部分重金属元素的平均含量低于我国沉积物Ⅰ类标准和国际上广泛采用的基于生物效应数据库的ERL－ERM沉积物质量标准（Long et al.，1995，1998）；说明渤海沉积物中重金属整体生态风险较小；但是；由于渤海不同地区沉积物类型差异较大，在细颗粒沉积区和近岸河口区往往对应于高值区，沉积物中重金属含量的最高值超过了相应的质量标准ERL（如：Cu、Zn、Cr、Ni等），表明在局部有可能产生负面的生物效应。

表6.4 渤海表层沉积物中重金属元素的含量与比较 单位：μg/g

元素	渤海			泉州湾[a]	长江口－近海[b]	珠江口[c]	埃及湾	CSQS[1]	ASQS[2]	
	最小值	最大值	平均值						ERL	ERM
Cu	0.40	53.80	21.96	30.86	37.68	39.40	12.20	35	34	270
Pb	6.82	60.20	24.21	50.30	36.86	53.30	27.00	60	46.7	218
Zn	8.80	261.00	68.63	111.60	98.65	130.40	71.90	150	150	410
Cr	4.30	93.56	54.24	47.66	97.80	86.30	0.39	80	81	370
V	3.09	140.70	72.15	–	–	103.80	–	–	–	–
Co	1.00	39.40	11.58	–	–	13.60	–	–	–	–
Ni	3.30	53.96	28.56	52.20	–	33.30	–	–	20.9	52

资料来源：a 李云海等，2010；b 盛菊江等，2008；c 刘芳文等，2002；d Osher et al.，2006；CSQS[1]：中国海洋沉积物质量标准；ASQS[2]：美国海洋沉积物质量标准（ERL，ERM分别指效应浓度低值和效应浓度高值）.

6.5.2 沉积物中重金属来源分析

沉积物中重金属元素含量及其之间的关系具有相对的稳定性，当沉积物来源相同或相似时，其间的重金属元素之间具有显著的相关性。通过重金属元素之间及其与沉积特征的相关分析，可以确定重金属的来源及其在沉积物中含量变化的控制因素。同时，不同站位之间，重金属元素的相关性显著与否，反映了各站位沉积环境的相似性和受人为影响程度的强弱。本章首先采用数理统计软件SPSS13.0进行了重金属间的Person相关分析，同时为了了解重金属的来源及其影响因素，同时分析了重金属与 Al_2O_3、Fe_2O_3 和 OC（有机碳）之间的相关性（表 6.5）。

Al_2O_3 是大陆风化产物，在地壳中较稳定，多数学者认为铝从大陆到海洋是一个相对稳定的元素，并将其作为海洋中陆源成分的指标；而铝又是黏土矿物的主要成分之一，易受细颗粒沉积物的吸附，沉积物颗粒越细，铝含量越高。Fe_2O_3 具有与 Al_2O_3 相似的地球化学特性。同时，沉积物中有机质的含量也跟沉积物细颗粒物质的吸附作用有直接关系，细颗粒物质沉积区沉积环境偏还原，有利于沉积有机质的保存，因而也表现出有机碳的高值区。从表 6.5 可以看出，Cu、Zn、Cr、V、Co、Ni 之间具有显著的正相关性，表明渤海表层沉积物中这几种重金属可能有着共同的来源和控制因素。重金属元素与常量组分 Al_2O_3、Fe_2O_3 的相关关系显著，说明这些元素与黏土组分关系密切；而重金属元素与 MnO 的相关关系并不显著，结合前面 MnO 的空间分布趋势发现，在大连外海—辽东湾南部的砂质沉积区出现 MnO 的高值区，这一现象在国外研究中也有发现，推测可能与砂质沉积物表面的锰氧化物帽有关（Shrader et al.，1977；Rubio et al.，2000）。相关性分析显示重金属元素满足"粒度控制律"（赵一阳，1983），表明它们受自然作用的影响更为显著；但是，在近岸河口高值区（如海河口、辽河口），河流输入与流域工农业生产和人类活动的影响也不可忽视。

表 6.5　重金属元素与主量元素含量间的相关性分析

元素	Cu	Pb	Zn	Cr	V	Co	Ni	Al_2O_3	Fe_2O_3	MnO	OC
Cu	1.00	**0.72**	**0.83**	**0.68**	**0.84**	**0.70**	**0.93**	**0.89**	**0.94**	0.53	**0.67**
Pb		1.00	**0.69**	0.52	0.57	0.41	**0.64**	**0.65**	**0.67**	0.49	0.44
Zn			1.00	0.55	**0.72**	**0.65**	**0.76**	**0.80**	**0.82**	0.41	0.57
Cr				1.00	**0.63**	0.26	**0.68**	**0.61**	**0.66**	0.30	0.45
V					1.00	**0.78**	**0.82**	**0.77**	**0.91**	0.52	**0.67**
Co						1.00	**0.63**	**0.67**	**0.74**	0.50	0.59
Ni							1.00	**0.87**	**0.94**	0.48	0.61
Al_2O_3								1.00	**0.89**	0.43	**0.63**
Fe_2O_3									1.00	0.56	**0.67**
MnO										1.00	0.40
OC											1.00

海洋沉积物中元素含量变化的控制因素较多，单一元素的含量变化具有多解性，然而一定的元素组合却具有成因专属性，因此具有物源或沉积环境的指示意义。对沉积物中的主要重金属元素和常量组分进行了主成分分析（PCA），经方差最大正交旋转，可得到 2 个主成分因子，反映了方差贡献的 77%，能够反映大部分的数据信息，结果如图 6.24 所示。第一主成分的贡献率为 69%，特点表现为因子变量在 Cr、Cu、Pb、Zn、Al_2O_3、Fe_2O_3 的浓度上具有较高的正载荷。由前面的相关分析可知，这些组分均与沉积物粒度分布具有很好的一致性，主要以吸附态存在。由于 Al_2O_3 是陆地岩石和土壤风化产物硅酸盐矿物的主要组分，是海洋沉积物陆源成分的指标，表明这些元素主要来自陆源贡献，在海洋环境中受沉积动力环境制约，通过胶体和矿物颗粒的吸附进行运移和埋藏（Gribbs et al.，1994）。第二主成分的贡献率仅为 8%，主要表现为 MnO，Co 和 TOC 具有较高的正载荷，这说明除了沉积物粒度的制约，特殊

物源的贡献（如粗粒砂质沉积物表面的锰氧化物帽）和海洋初级生产力也对其有一定的影响。

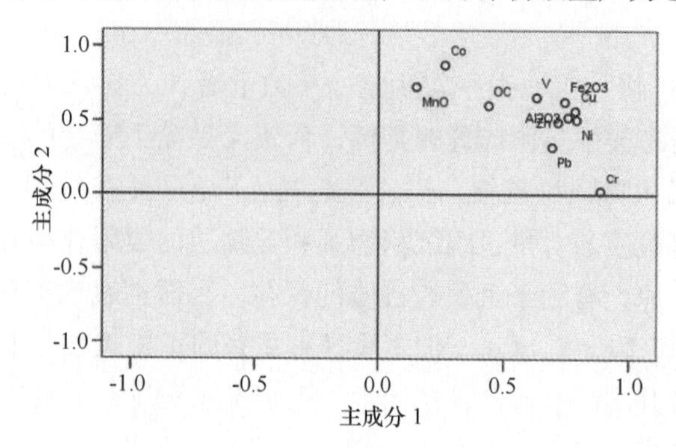

图 6.24　渤海表层沉积物重金属元素主成分分析载荷图

以上分析表明，细颗粒沉积物是重金属元素在海洋沉积物中主要的赋存载体，它们可能来自岩石风化和侵蚀等自然作用，也可能受到了不同程度人类活动的影响。为进一步甄别金属元素的来源和富集状况，以 Al 为归一化元素，计算了本区沉积物中典型重金属元素（Cu，Pb，Zn）的富集因子（EF），这可以减小由于自然过程引起的沉积物中重金属含量的波动，了解人为活动对重金属污染程度的贡献（刘素美和张经，1998）。计算公式按照 EF =（metal/Al）sample/（metal/Al）background（Nemr et al.，2006）。其中，铝采用渤海表层沉积物背景值（秦蕴珊等，1985）；Cu、Pb、Zn 采用渤海表层沉积物背景值（李淑媛等，1995），结果如图 6.25 所示。据 Sutherland 等（2000）的研究，EF < 2，表示无富集至轻度富集；2 < EF < 5 表示中等富集；5 < EF < 20 表示显著富集，EF > 20 表示高度富集。本书计算的 EF 采用了研究区沉积物背景值，降低了因区域背景值差异对结果的影响，因而 EF < 1.5 可认为是不富集或轻度富集（Roussiez et al.，2006；胡宁静等，2010）。由此可推断，本区 Cu、Zn 的平均富集系数≈1，接近当地的自然本底，无明显富集，仅在局部地区 EF > 1（如海河口地区）；而 Pb 的富集系数整体大于 1.5，为中度富集。

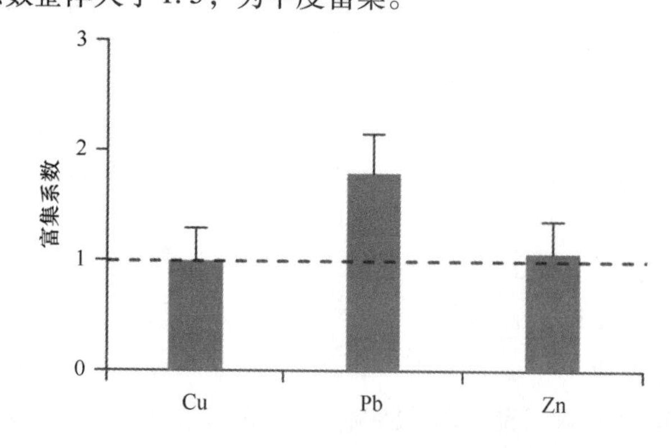

图 6.25　渤海表层沉积物典型重金属元素（Cu，Pb，Zn）的富集系数

6.5.3　沉积物中重金属污染环境质量评价

我们采用瑞典学者 Hakanson 提出的“潜在生态风险指数法”对重金属进行环境质量评价（Hakanson，1980），该方法主要是通过测定沉积物中典型污染物（如重金属元素）含量进行

计算。可以将重金属的含量、环境效应、生态效应与毒理学联系在一起，采用具有可比的等价属性指数方法进行评价，该方法在我国的应用较为广泛（李云海等，2010；王蓓等，2008；周秀艳等，2004；刘芳文等，2002）。其计算公式如下：

$$C_f^i = C^i / C_n^i$$

$$E_r^i = T_r^i \times C_f^i$$

$$RI = \sum E_r^i = \sum T_r^i \times C_f^i$$

式中：C_f^i 为某一污染物的污染指数；C^i 为表层沉积物中重金属含量实测值；C_n^i 为计算所需的参照值，本章采用冯慕华等（2003）研究采用的渤海辽东湾沉积物背景值（该值以中国海域沉积物重金属背景值为依据，参考了相关底质评价标准，如全国海岸带和海涂资源综合调查简明规程）；T_r^i 为重金属 i 的毒性系数，它主要反映重金属的毒性水平和生物对重金属的敏感程度，有关典型重金属的毒性系数见表6.6；E_r^i 为单个重金属的潜在生态风险系数；RI 为表层沉积物潜在生态风险指数。

表6.6　重金属参照值（C_n^i）和毒性系数（T_r^i）

重金属	Cu	Pb	Zn	Cr
C_n^i（$\times 10^{-6}$）	25	30	80	60
T_r^i	5	5	1	2

沉积物中重金属生态危害程度的划分标准为：$E_r^i < 40$ 或 $RI < 135$ 为生态轻微危害，$40 \leqslant E_r^i < 80$ 或 $135 \leqslant RI \leqslant 265$ 为中等生态危害，$80 \leqslant E_r^i < 160$ 或 $265 \leqslant RI < 525$ 为强生态危害，$160 \leqslant E_r^i < 320$ 或 $RI \geqslant 525$ 为生态危害很强，$E_r^i \geqslant 320$ 为生态危害极强（Hakanson，1980）。

由表层沉积物重金属污染系数和潜在生态风险指标可以看出（表6.7），本区典型重金属元素Cu，Pb，Zn，Cr的污染系数相对较低，整体表现为低污染，但是在最高值区部分重金属（如Cu，Zn，Cr）表现为中等污染，而Pb的最高值区（$C_f^i = 3.26$）为较高污染程度。从单个重金属潜在生态风险系数分析，沉积物中重金属对水域具有轻微生态风险，4种重金属元素的潜在生态风险系数 E_r^i 均远小于40，属于低潜在生态风险，其风险系数由小到大依次为：Zn、Cr、Pb、Cu。

表6.7　渤海表层沉积物重金属元素污染系数及生态风险评价

重金属	污染系数（C_f^i）				潜在生态风险系数（E_f^i）			
	Cu	Pb	Zn	Cr	Cu	Pb	Zn	Cr
最小值	0.02	0.23	0.11	0.07	0.08	1.14	0.11	0.14
最高值	2.15	2.01	3.26	1.56	10.76	10.03	3.26	3.12
平均值	0.88	0.81	0.86	0.90	4.39	4.04	0.86	1.81

6.6　渤海沉积物中持久性有机污染物的环境地球化学研究

作为持久性有机污染物的有机氯农药（OCPs），广泛分布于多介质环境中，并具有急性或慢性的致毒/致死、致畸和致突变的“三致效应”。由于这类污染物在环境中具有高毒性、持久性、生物累积和生物放大等作用，在世界范围内引起了人们的广泛关注（Zhang et al.，2002；Wan et al.，2005）。海洋沉积物不仅仅是这类有机污染物的一个重要“汇”（Yang et al.，2005a），由于沉积物再悬浮的作用，沉积物中的污染物可以再次释放到上覆水体中，从而使沉积物又成为二次的污染源（Wu et al.，1999；Liu et al.，2008）。

渤海南部周围的地区，特别是注入渤海湾的海河流域的下游地区，历史上曾是中国最大的有机氯农药的生产基地，特别是DDTs和HCHs等广泛使用的杀虫剂。海河作为流入渤海的一条重要河流，其干流流经天津和塘沽等地区，接受了大量的工业污水和生活污水，流域水环境污染程度较高（Tao et al.，2007）。其下游地区分布着一些大型的DDT和HCH的生产企业（如大沽化工厂和天津化工厂），直接导致了这一区域沉积物中OCPs残留量较高。

我们在渤海南部地区选择了55个表层沉积物样品（图6.26），进行了以DDT和HCH为主的有机氯农药分析，以期进一步认识渤海近期这些持久性有机污染物的分布、来源和潜在生态风险。

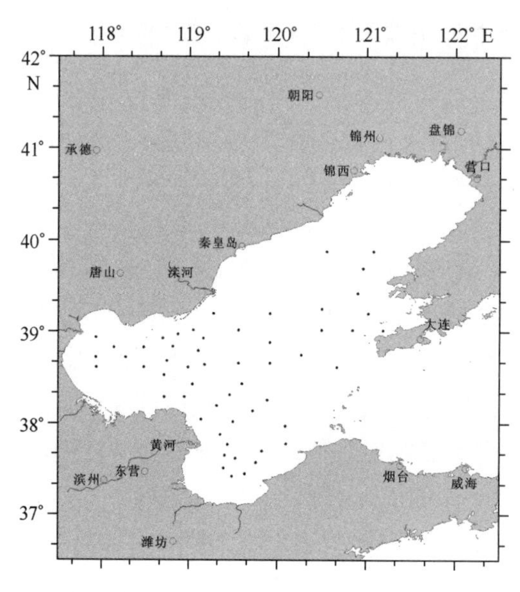

图6.26 渤海表层沉积物有机氯农药（OCPs）采样站位

6.6.1 渤海表层沉积物中有机氯农药的含量与分布

图6.27显示了不同OCPs化合物浓度的最小值、最大值、中值、以及25%和75%百分位的数值的分布。本区表层沉积物中总OCPs农药（DDTs，HCHs，HCB，heptachlor，chlordanes，α-endosulfan，β-endosulfan和endosulfan sulfate）的浓度介于0.95～7.88 ng/g，平均值为（3.45±1.57）ng/g（干重）。其中，OCPs的最大值出现在靠近海河口附近；最小值OCPs出现在位于辽东湾口外的中东部海区。研究发现：渤海表层沉积物中TOC的空间分布受沉积物的粒度影响明显，表明沉积动力环境对于该区沉积有机质的空间积累和分布有着明显的制约作用（Hu et al.，2009）。沉积物中的OCPs和TOC具有一定的正相关关系（$r=0.6$，$P<0.01$），意味着沉积物有机质对于OCPs分布的潜在影响。

由表6.8可得，本区表层沉积物中的总OCPs与其他河流—近海环境中的OCPs含量具有

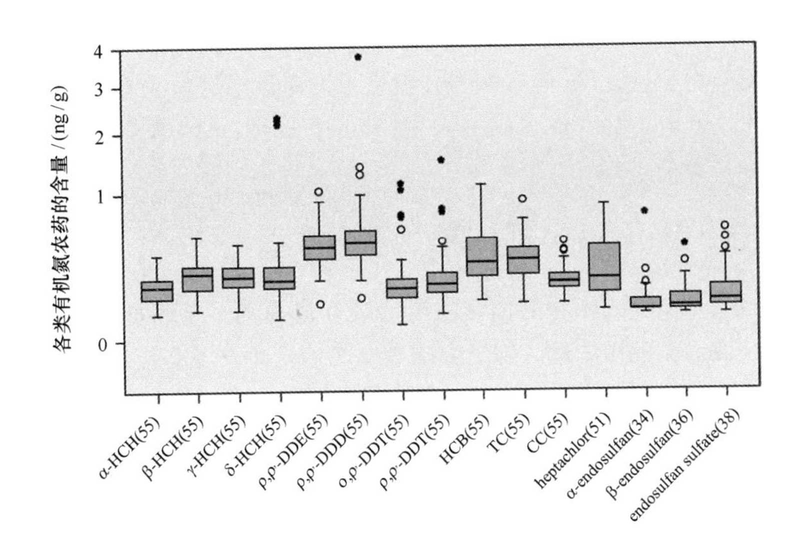

图 6.27 渤海不同有机氯农药化合物的箱式分布

一定的可比性。DDTs（p，p'－DDT，o，p'－DDT，p，p'－DDD 以及 p，p'－DDE）和 HCHs（α-HCH，β-HCH，γ-HCH，δ-HCH）两大类化合物是本区最重要的两类化合物，分别占到了总 OCP 含量的 38% 和 24%，说明这两类农药是沉积物中最为主要的两种有机氯农药。整个海区 DDTs 的浓度为 0.24～5.67 ng/g，平均含量为（1.36 ±0.93）ng/g，与国内的其他近海沿岸的沉积物中 DDTs 具有可比性，如珠江口、东海、丹水溪河口等；国外具有可比性的地区包括日本的 Osaka 湾、韩国的 Kyeonggi 湾、新加坡的沿岸地区以及波罗的海的北部地区（表 6.8）。

表 6.8 渤海表层沉积物 HCHs 和 DDTs 的浓度及与其他地区的比较 单位：ng/g

区域	HCHs	DDTs	文献来源
渤海	0.2～3.6（0.8）	0.24～5.7（1.4）	本书
长江口	0.5～17.5（6.0）	0.9～33.1（8.2）	Liu et al.（2008）
珠江口	0.08～1.38（0.36）	0.04～2.48（0.87）	Chen et al.（2006）
东海	<0.05～1.45（0.76）	<0.06～6.04（3.05）	Yang et al.（2005a）
海河	1.88～18.76（7.33）	0.32～80.18（15.94）	Yang et al.（2005b）
丹水溪	0.28～0.69（0.46）	0.25～4.63（1.61）	Hung et al.（2007）
日本 Osaka 湾	4.5～6.2	2.5～11.9	Iwata et al.（1994）
印度 Mandovi 河口	3.8	73	Iwata et al.（1994）
越南沿岸	n. d. ～1.00	0.31～274	Hong et al.（2008）
新加坡近岸区	3.4～46.1	2.2～11.9	Wurl & Obbard（2005）
韩国 Kyeonggi 湾	0.15～1.2（0.44）	0.046～4.2（0.70）	Lee et al.（2001）
美国 Casco 湾	<0.25～0.48	<0.25～20	Lee et al.（2001）
波罗的海东北部	5～7	1.9～6.9	Strandberg et al.（1998）

HCHs 的浓度范围介于 0.16～3.17 ng/g，平均含量为（0.83 ±0.57）ng/g。除了污染程

度相对较高的长江口和海河等地区外，该区沉积物中HCHs与表6.8中的大部分地区沉积物中HCHs的含量具有可比性。Liu等（2006）报道了渤海近岸区域采自于1998年的表层沉积物样品中DDTs的浓度为0.26～12.14 ng/g。总体来说，本工作中类似地区沉积物中的DDTs的含量较之前的研究略有下降。

6.6.2 渤海层沉积物中DDTs和HCHs的空间分布

如图6.28所示，DDTs的相对高值区主要出现在渤海湾、莱州湾的近岸区和辽东湾内。在过去的几十年，渤海湾的沿岸地区曾是中国重要的农药生产基地。由于农业上长期大量的使用，海河流域的土壤和沉积物中的DDTs的污染情况严重（Yang et al.，2005b；Tao et al.，2008）。与沿岸地区的站位相比较，渤海中部地区的大部分站位的DDTs的含量偏低，小于2 ng/g。渤海东部地区，尤其是在辽东浅滩的附近，DDTs的含量更低，小于1 ng/g，这跟该区的水动力环境较强而导致的沉积物粒度较粗（粗砂为主）有关。而HCHs的空间分布特征与DDTs并不相同，如图6.29所示：HCHs的高值区主要集中在海河口及其邻近的渤海湾地区，HCHs总体呈现出由西向东逐渐减小，直观显现出海河输出对渤海湾及其邻近海域HCHs污染的影响程度和范围。与DDT类化合物相比，HCHs类化合物具有较低的脂溶性、较高的蒸汽压和水溶性（Lee et al.，2001），因此更容易通过河流的输运从农田土壤进入海洋环境中。这可能是导致本区不同类型OCPs化合物分布的重要原因；另一方面，过去几十年间，不同化合物的生产和使用量的不同也可能有一定的影响（Fu et al.，2003）。

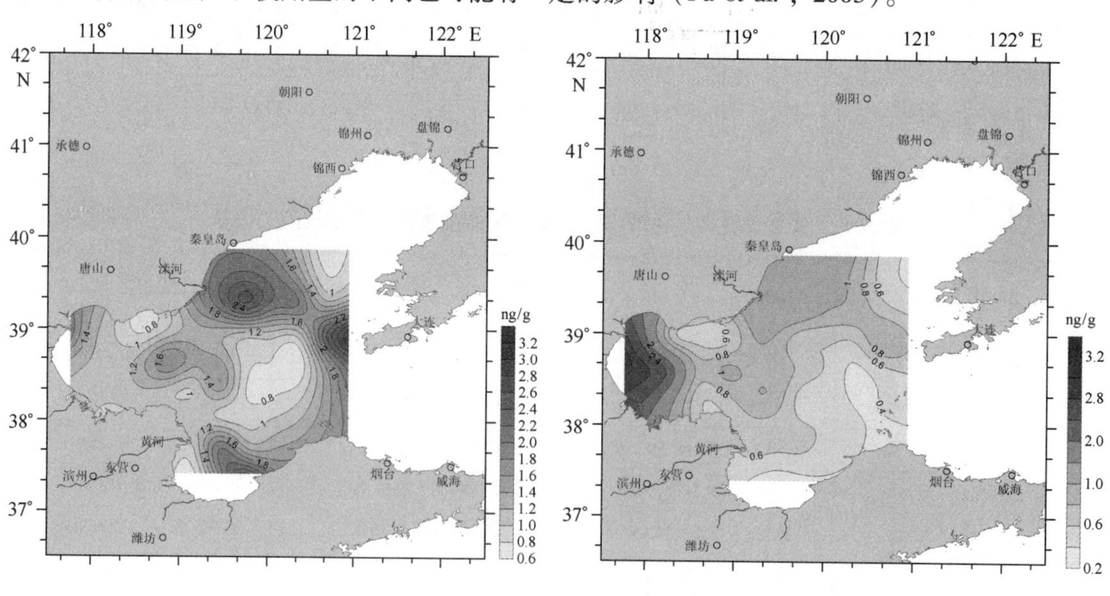

图6.28 表层沉积物中DDTs的空间分布特征

图6.29 表层沉积物中HCHs的空间分布特征

在海河的下游地区分布着一些重要的DDT和HCH的化工厂，如天津化工厂和大沽化工厂，尤其是大沽化工厂，历史上曾是我国最大的HCH生产厂。尽管HCH和DDT的生产在1983年已经被官方正式禁止，大沽化工厂在2000年之前一直继续生产和使用着工业HCH和林丹（γ-HCH）（Tao et al.，2008）。由于农业上长时间尺度的生产和使用HCH类农药的化合物，使得海河表层沉积物和海河流域范围内土壤中的HCHs的污染程度较高（Yang et al.，2005b；Tao et al.，2008）。因此，通过已有的研究结果和本章研究中HCH同系物的组成成分特征可得，海河口附近的沉积物中高浓度的HCHs化合物主要来自于周边高浓度HCHs化合物残留的土壤和农业地区，此外，考虑到海河不同河段沉积物中HCH同系物组成成分的差别（Yang et al.，2005b），以及渤海湾周边存在的大型化工厂，来自于化工厂的工业废水的影响也不可忽视。

对比渤海湾和莱州湾HCHs的分布特征发现，在莱州湾的黄河口附近海域表层沉积物中的HCH浓度明显偏低（图6.29）。这可能主要与两方面的因素有关：一方面，渤海湾周围地区的工业化、城市化水平较高，北京、天津等大城市也位于海河的下游，大量的工业和生活污水的排放对渤海湾河口及近岸水体环境有着直接的影响。研究表明：环渤海湾主要河口水域内典型污染物大多来源于近岸区域工业等污水的排放及农药的使用（孟伟等，2004）。而莱州湾周围地区工业化水平较低，城市规模较小，虽然黄河在这里进入渤海，但是由于黄河下游的河道高于周围的地区，形成了举世闻名的“地上河”，因此，来自周边农田土壤中的HCHs不易迁移到河流的干流中，也就是说通过河流输送的方式进入到莱州湾的污染物相对较少。此外，黄河输送的大量泥沙主要来自于上游和中游污染相对较小的地区，伴随着河流入海的这些泥沙主要沉积在河口—近岸的沉积物中，这在一定程度上也对河口地区的污染物起到一定的稀释作用。另一方面，莱州湾海区的水动力条件比相对封闭的渤海湾更强，沉积物粒度较粗，沉积物的再悬浮作用也不利于有机污染物在表层沉积物中保存。而HCHs相对于其他类别的农药更加活泼，也不利于在水动力较强的地区赋存。因此，莱州湾地区HCHs浓度相对较低。

6.6.3　沉积物中HCHs和DDTs的组成成分特征

本工作检测的沉积物中HCHs四种异构体－α-HCH，β-HCH，γ-HCH，δ-HCH分别占到总HCHs浓度的18.5%，26.5%，26.1%和29.0%。作为广谱杀虫剂的工业HCHs通常主要含有55%～80%的α-HCH，5%～14%的β-HCH，8%～15%的γ-HCH和2%～16%的δ-HCH（Lee et al.，2001）。本工作检测到的沉积物中HCH四种异构体的组成比例与原始成分构成发生了明显的变化，这主要跟不同异构体的物理化学性质的差别有关。其中β-HCH的比例相对较高，这与其他地区沉积物中HCH的特征相似，主要原因是由于β-HCH结构中所有氯原子都处在碳架的平面内，使得其相对其他异构体来说，物理性质更加稳定，水溶性和挥发性较低，更不易生物降解（Willett et al.，1998），随着工业HCH禁用时间的延长，其在环境中相对含量逐渐增高。α-HCH和γ-HCH相对于β-HCH，具有较高的蒸汽压而更加容易挥发，因此更容易在沉积物中流失。同时，研究也发现α-HCH和γ-HCH在较老的沉积物中也能够转变成β-HCH（Walker et al.，1999）。本区沉积物中δ-HCH的比例最高，这一现象在其他地区沉积物中也有所报道，例如长江口的表层沉积物（9%～89.4%）（Liu et al.，2008），德国中部的农业土壤中（Manz et al.，2001）。一般来说，δ-HCH在HCH各异构体中具有最长的半衰期（Satpathy et al.，1997）。

DDT及其同系物（DDE、DDD）直接的组成特征能够用来进行来源的辨别及其在水体环境中的最终归宿（Lee et al.，2001；Tao et al.，2007）。DDTs在自然环境中随环境的不同而生成不同产物。在厌氧条件下，DDT通过还原过程生成DDD，在氧化条件下，DDT主要降解为DDE。因此，如果存在着持续的DDT输入，则DDT的相对含量就会维持在一个较高的水平，如果没有新鲜的DDT输入，则DDT的相对含量就会不断降低，而相应的降解产物含量就会不断升高。发达国家由于DDT禁止使用的时间早，经历的降解时间长，因此沉积物中多以较高含量的DDE为主，其（DDE + DDD）/DDT的比值基本都在10以上（Hitch et al.，1992；Zhang et al.，2002）。在中国的一些湖泊地区，（DDE + DDD）/DDT的比值参数也被用来指示新的DDT类农药的不断输入（Peng et al.，2005）。在本章中，如图2.85所示，（DDD + DDE）/DDTs基本上都大于1，说明沉积物中DDTs的降解程度较高。尽管DDT的使用在1983年已经被官方禁止，然而农业活动中DDT的施用直到2000年才停止（Tao et al.，2007）；另一方面，三氯杀螨醇作为以DDT为主要中间体的混合物产物仍然被允许和广泛的使用在农业活动中（Liu et al.，2008）。已有研究报道，三氯杀螨醇的生产和使用是海河流域DDT新输入的重要来源（Wan et al.，2005）；而对于渤海湾内沉积物中的DDT输入则主要与化工厂的生产和使用DDT有关。在本研究中，尽管在多数站位样品中，母体DDT经历了较为长期的降解，而渤海湾沿岸地区近期新输入的DDT则主要与农业活动中三氯杀螨醇的使用以及化工厂的生产和使用有关。此外，在一些靠近港口码头区域的站位，如靠近莱州湾莱州港的近岸区及位于大连附近的旅顺渔港的附近，DDT的含量都比较高，这可能跟附近船舶使用的混有DDT的渔船防锈漆有关。事实上，近些年DDT作为船舶防锈材料的一种重要的添加剂在中国因其廉价高效、持久性强而仍然被广泛使用（Hong et al.，2008）。中国每年约有250 t的DDT用于生产防污漆，到目前为止，已约有5 000 t DDT从渔船释放到了环境中。

而由DDE/DDD的比值可知（图6.30），DDTs的降解环境在不同区域也有所不同，较为氧化的环境主要集中在东部砂质区和黄河口附近，这可能主要是与沉积物的类型有一定的关系。在中部泥质区，沉积物颗粒较细，有机质含量高，海底沉积环境较为还原，而在东部砂质区，受潮流的强烈冲刷作用（Zhu & Chang，2000），海底沉积环境较为氧化；此外，在黄河口附近的区域，由于沉积物主要来自流域贡献，黄土的含量较高，而黄土中碳酸盐含量高（Bigot et al.，1989），加之河口区水动力条件较强，故海底沉积环境也以氧化为主。

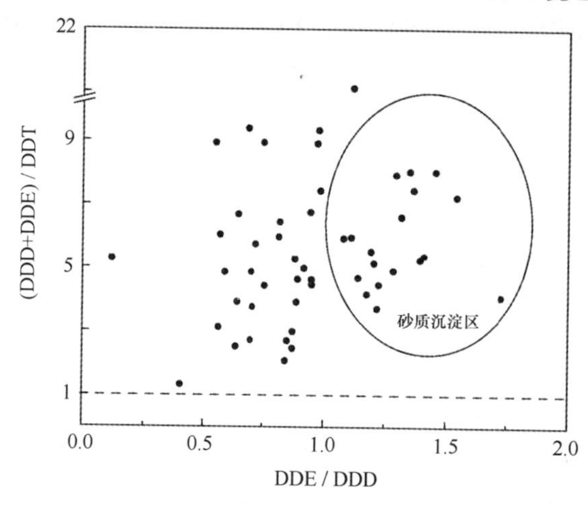

图6.30　沉积物样品中（DDD + DDE）/DDT与DDE/DDD的关系

6.6.4　主成分分析（PCA）

为了进一步研究不同类别农药之间的相互关系及其来源，对沉积物中所有的OCP化合物及TOC进行主成分分析，根据特征值大于1的原则，共得出5个主成分因子，共能解释总数据方差的77%（表6.9）。

表6.9 前五个主成分因子的相关关系与方差贡献

Variable	PC 1	PC 2	PC 3	PC 4	PC 5
α-HCH α-六六六	0.931	0.022	0.132	0.110	-0.071
β-HCH β-六六六	0.912	0.054	0.059	0.155	0.132
γ-HCH γ-六六六（林丹）	0.636	0.097	0.371	0.296	0.072
δ-HCH δ-六六六	0.063	0.032	0.053	0.104	0.905
p，*p*′-DDE	0.658	0.420	0.306	0.056	0.035
p，*p*′-DDD	-0.035	0.863	-0.058	-0.140	0.130
o，*p*′-DDT	0.068	0.827	0.141	0.241	-0.047
p，*p*′-DDT	0.142	0.861	-0.010	0.323	-0.011
HCB 六氯苯	0.637	-0.049	-0.057	0.125	0.558
Heptachlor 七氯	0.075	-0.017	0.810	0.062	-0.201
trans-Chlordane 反式康丹	0.531	0.040	0.730	-0.059	0.220
cis-Chlordane 顺式康丹	0.334	0.142	0.690	0.168	0.382
α-Endosulfan α-硫丹	0.125	0.113	0.134	0.761	0.013
β-Endosulfan β-硫丹	0.186	0.648	0.080	0.513	-0.057
Endosulfan-Sulfate 硫丹硫酸盐	0.010	0.208	-0.032	0.751	0.184
TOC 有机碳	0.842	0.071	0.230	-0.143	0.081
Eigenvalue 特征值	6.737	3.461	1.708	1.337	1.169
Percentage of variance/（%）（方差贡献）	35.460	18.216	8.988	7.036	6.154
Cumulative percentage/（%）（累计方差贡献）	35.460	53.676	62.664	69.700	75.854

本书重点选取前三种主成分因子，共解释了总数据变量的65%，并利用方差最大正交因子旋转法进行了因子旋转（图6.31）。因子1解释了总变量的36%，该因子与*p*，*p*′-DDE、HCB、α-HCH、β-HCH、γ-HCH（林丹）及TOC具有较高的正相关性。已有研究表明，HCB通常是由生产林丹的无效体作为原料进行生产和加工的，因此HCB这类农药成分中的常常混有林丹（Barber et al.，2005）。因子1中HCB和HCH这类化合物出现在一组，表明了这些化合物在一定程度上存在共同的来源。由于1983年后控制HCH的生产和使用，林丹的无效体产量大量减少，全国只有大沽化工厂1家企业继续生产HCB，1988年后的累计生产量为79 278 t，其中78 323 t用于生产五氯酚钠和五氯酚，占生产总量的98.8%，其余部分主要用于生产烟花礼炮类产品。2000年以后生产量逐年降低，2004年完全停止生产。另一方面，*p*，*p*′-DDE和β-HCH相对于其他同系列的化合物更加稳定；而γ-HCH在微生物细菌的作用下也可以降解并易转化为α-HCH（Liu et al.，2008）。此外，如表6.9所示，TOC在因子1上也具有较高的因子载荷，而且TOC与出现在因子1中的这一组化合物的相关性较高（如：与*p*，*p*′-DDE的相关系数为0.7，$P<0.01$），表明这些早期输入的有机氯农药化合物的分布除了受到输入来源的影响外，在二次搬运、沉积的作用下，也受到了沉积物中有机质分布的影响（Hung et al.，2007；Hong et al.，2008）。因此，因子1主要代表了较早输入的农药残留，而且这些早期输入农药在海洋环境中已发生明显的降解。

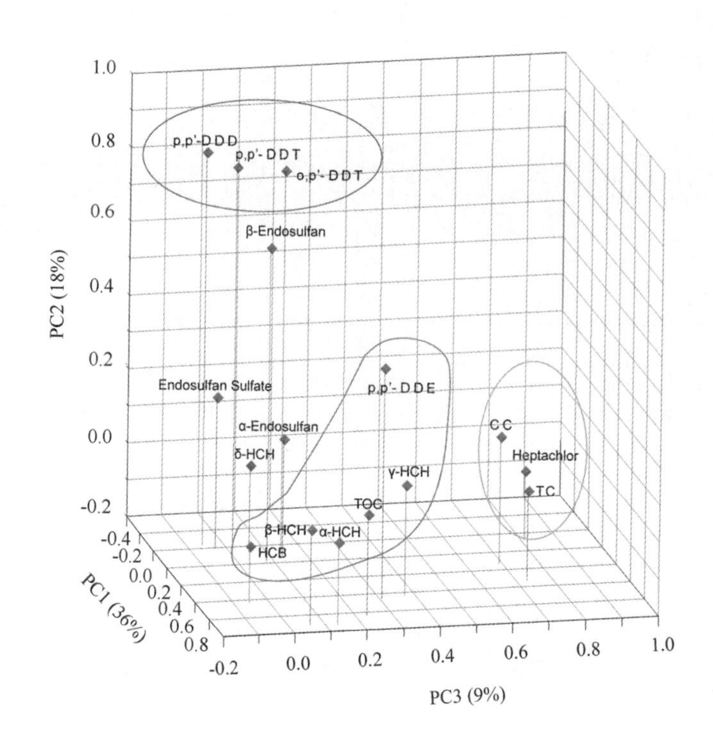

图6.31　有机氯农药目标化合物的主成分分析载荷

因子2解释了总变量的18%，并以p，p′-DDD、o，p′-DDT和p，p′-DDT为代表性污染物。p，p′-DDD和DDT类化合物的共同出现表明本区这些化合物的高检出率，尤其是在近岸地区。如前面所述，近期新的DDT输入主要与农业活动（如三氯杀螨醇），化工厂废水的排放和防污油漆的使用（靠近港口和码头的区域）。在这些近岸区，由于受到封闭或半封闭的影响，海底沉积环境多以还原为主，较早或近期输入的DDT化合物在此环境下更容易降解为DDD，从而导致因子2中DDD和DDT类化合物的共同出现。Wan等（2005）也报道了渤海湾沉积物中DDD的含量要高于DDE。因此，因子2主要反映了近岸区域早期和近期输入的DDT及其降解产物的赋存状况。

因子3只解释了总数据方差的9%，与之主要相关的有机氯农药类化合物为顺式氯丹（TC）、反式氯丹（CC）和七氯（heptachlor），表明这些化合物可能有着共同的输入来源。氯丹作为一种广谱杀虫剂类农药，近年来主要用于建筑物白蚁的防治，预计年使用量大约在200 t左右（Xu et al.，2004）。工业生产的氯丹的主要成分为TC（13%），CC（11%），heptachlor（5%）and *trans*-nonachlor（5%）（Bidleman et al.，2002）。已有研究表明，在我国其他一些地区的大气和土壤环境中也检测到了较高含量的氯丹类农药（Li et al.，2008；Li et al.，2006；Xu et al.，2004）。由TC/CC的比值（1.78），说明沉积物中氯丹主要来源于新的氯丹工业品的使用（Bidleman et al.，2002）。因此，因子3主要代表了研究区内氯丹类化合物的污染状况。

6.6.5　有机氯农药的潜在生态风险评价

如表6.10所示，应用两种沉积物质量风险评价标准，即加拿大和美国佛罗里达州的海洋和河口沉积物化学品评价标准（CCME，2002；Long et al.，1998；Long & Macdonald，

1995)，对本区沉积物中有机氯农药可能的生态风险进行了评价。结果表明，共有 4 个站位沉积物样品中的 DDT（*o*，*p*′-DDT 和 *p*，*p*′-DDT）的浓度超过风险评价的低值（effect range low，ERL，生物效应几率小于 10%），有 1 个站位沉积物样品中的 *p*，*p*′-DDD 的浓度也高于生态风险评价的低值（ERL）。同时，在这些特殊站位样品中的特定化合物的浓度也超过了阈值效应影响浓度值（Threshold effect level，TEL），但却明显低于生态风险评价的高值（effects rang-median，ERM，生物效应几率大于 50%）或可能效应影响浓度值（probable effect level，PEL）。在渤海湾内的近岸区局部站位林丹的浓度超过了 TEL 值，但却低于 PEL 值。总体来说，本区绝大多数样品站位中的 DDT，*p*，*p*′-DDD 和林丹的含量低于可能造成严重生态影响的标准值。对于 chlordanes 和 DDT 类化合物，尽管其含量都没有超过 ERM 或 PEL 的标准浓度值，但分别有 20% 和 36% 的样品中该类化合物的浓度超过了其生态风险评价低值（ERL），这意味着在这些站位沉积物样品中的 DDTs 和氯丹可能对其周边的底栖生物造成较大的生态风险。因此，DDT 和 chlordanes 两类化合物在本区具有较高生态影响，尤其是在渤海湾等近岸区域；而其他有机氯农药类的化合物在本区表层沉积物中带来生态效应影响的可能性较低。

表 6.10　渤海表层沉积物中主要 OCPs 化合物的生态风险评价

有机氯农药	范围	ER－L[a]	高于 ER－L /（%）[e]	ER－M[b]	高于 ER－M /（%）[e]	TEL[c]	高于 TEL /（%）[e]	PEL[d]	高于 PEL /（%）[e]
o，*p*′-DDT 和 *p*，*p*′-DDT	0.08～2.62	1	7	7	0	1.19	7	4.77	0
p，*p*′-DDE	0.06～1.03	2.2	0	27	0	2.07	0	374	0
p，*p*′-DDD	0.08～3.72	2	2	20	0	1.22	5	7.81	0
DDTs 总量	0.24～5.67	1.58	20	46.1	0	3.89	4	51.7	0
γ-六六六（林丹）	0.04～0.42	–	–	–	–	0.32	11	0.99	0
Chlordanes[f]	0.13～1.05	0.5	36	6	0	2.26	0	4.79	0

[a] 生物效应几率小于 10%；[b] 生物效应几率大于 50%；[c] 阈值效应影响浓度；[d] 可能效应影响浓度值；[e] 超过相应标准的样品百分比；[f] 顺式氯丹和反式氯丹.

第7章　渤海微体古生物特征

有孔虫是世界微体古生物各门类中研究最详、最久的一个门类，在海洋地质、石油勘探等方面有重要的意义。随着古地理、古气候研究的需要，对于世界现代有孔虫的生态分布也已积累了丰富的资料。海洋沉积物中的有孔虫分布特征为研究海流分布和海洋沉积环境演化提供了可靠材料。近年来，对渤海的渤海湾、辽东湾、莱州湾等的有孔虫分布规律研究有较多报道（李全兴等，1990；林防等，2005；王飞飞等，2009；李小艳等，2010）。

7.1　数据来源

本次研究是在“908专项”各区块调查研究的基础上，将位于渤海海区表层沉积物中的底栖有孔虫数据进行整合并编图，揭示渤海海区的底栖有孔虫在表层沉积物中的分布特征和规律。共鉴定分析样品1 438站，具体采样位置见图7.1。

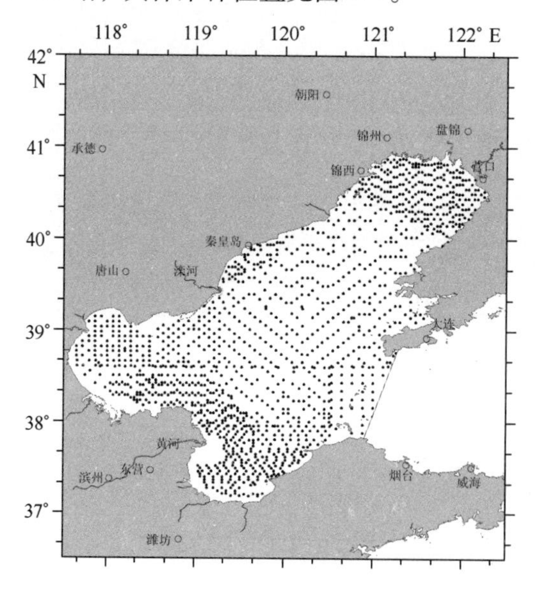

图7.1　渤海表层沉积物底栖有孔虫分析站位

7.2　底栖有孔虫分布特征

本次共鉴定出底栖有孔虫85属249种，浮游有孔虫2种。底栖有孔虫中，百分含量大于10%的优势种有 *Ammonia beccarii* vars.（毕克卷转虫变种），*Ammonia annectens*（同现卷转虫），*Cribrononion subincertum*（亚易变筛九字虫），*Elphidium advenum*（异地希望虫），*Protel-*

phidium tuberculatum（具瘤先希望虫），*Quinqueloculina seminula*（半缺五玦虫），*Quinqueloculina lamarckiana*（拉马克五玦虫），*Buccella frigida*（冷水面颊虫），*Elphidium magellanicum*（缝裂希望虫），*Ammonia compressiuscula*（压扁卷转虫），*Quinqueloculina akneriana*（阿卡尼五玦虫）；含量为10% ~5%的常见种有 *Elphidium asiaticum*（亚洲希望虫），*Ammonia ketienziensis*（结缘寺卷转虫），*Ammonia convexidosa*（凸背卷转虫），*Cribrononion poeyanum*（波伊艾筛九字虫），*Triloculina rotunda*（浑圆三玦虫）；百分含量为5% ~1%的少见种有 *Pseudononionella variabilis*（多变假小九字虫），*Hanzawaia mantaensis*（曼顿半泽虫），*Florilus atlanticus*（大西洋花朵虫），*Quinqueloculina seminulangulata*（角半缺五玦虫），*Quinqueloculina* cf. *tropicalis*（热带五玦虫相似种），*Spiroloculina guppyi*（古匹抱环虫），*Ammobaculites agglutinans*（胶结砂杆虫），*Brizalina striatula*（条纹判草虫），*Schackoinella globosa*（球室刺房虫），*Sigmoilopsis asperula*（粗糙类曲形虫），*Spiroloculina communis*（普通抱环虫），*Triloculina tricarinata*（三棱三玦虫），*Textularia sagittula*（叶状串珠虫），*Bulimina aculeata*（棘刺小泡虫），*Bulimina marginata*（具缘小泡虫），*Florilus decorus*（优美花朵虫），*Fissurina lucida*（明亮缝口虫），*Eggerella advena*（异地伊格尔虫），*Nonionella jacksonensis*（杰克逊小九字虫），*Nonionella opima*（丰满小九字虫），*Pararotalia nipponica*（日本仿轮虫），*Pseudoeponides japonicus*（日本假上穹虫），含量小于1%的罕见种有 *Ammonia maruhasii*（丸桥卷转虫），*Bolivina cochei*（科楔箭头虫），*Cribrononion vitreum*（透明筛九字虫），*Elphidium hispidulum*（茸毛希望虫），*Buliminella elegantissima*（最美微泡虫），*Lagena spicata*（尖底瓶虫），*Guttulina lactea*（肠状小滴虫），*Pseudogyroidina sinensis*（中华假圆旋虫），*Trochammina squamata*（磷状砂轮虫），*Ammonia confertitesta*（厚壁卷转虫），*Ammonia dominicana*（元形卷转虫），*Ammonia globosa*（球室卷转虫），*Ammonia facetanom*（精美卷转虫），*Arenoparella asiatica*（亚洲砂壁虫），*Amphicoryna proxima*（亲近双棒虫），*Amphicoryna scalaris*（梯形双棒虫），*Bolivina robusta*（模糊箭头虫），*Beeclla tunicata*（覆盖面颊虫），*Beeclla inculta*（粗糙面颊虫），*Cancris auriculus*（耳状脓疱虫），*Cassidulina carinata silvesri*（具棱小盔虫），*Cavarotalia annectens*（同现孔轮虫），*Chilostomella oolina*（卵形唇口虫），*Cibicides lobatulus*（瓣状面包虫），*Cibicides mollis*（软面包虫），*Dentalina communis*（普通齿形虫），*Dentalina decepta*（隐纹齿形虫），*Dentalina extensa*（伸长齿形虫），*Edentostomina*（注意无齿虫），*Elphidium margaritaceum*（珍珠希望虫），*Elphidium simplex*（简单希望虫），*Elphidium subcrispum*（亚卷曲希望虫），*Elphidium subcrispum*（亚波纹希望虫），*Epistominella nipponica*（日本小上口虫），*Epistominellla naraensis*（奈良小上口虫），*Esosyrinx curta*（短小内管虫），*Fissurina aradasii*（瓜子缝口虫），*Fissurina crebra*（常见缝口虫），*Fissurina cucurbitasema*（葫芦缝口虫），*Fissurina cucurbitasema bispinata*（双刺葫芦缝口虫），*Fissurina laevigata*（光滑缝口虫），*Fissurina valida*（坚强缝口虫），*Florilus limbatostriatus*（嵌线花朵虫），*Fursenkaina pauciloculata*（少室富尔先科虫），*Gavelinopsis praegeri*（秀丽脐塞虫），*Glanduina laevigata*（光滑橡果虫），*Guembelitria vivans*（现生金伯尔虫），*Guttulina kishinouyi*（棱野小滴虫），*Guttulina pacifica*（太平洋小滴虫），*Hanzawaia nipponica*（日本半泽虫），*Haplophragmoides canariensis*（卡纳利拟单栏虫），*Hopkinsina pacifica*（太平洋霍氏虫），*Jadammina macrescens*（雅得虫），*Labrospira* sp.（唇圈虫未定种），*Lagena clavata*（棒形瓶虫），*Lagena costata*（肋纹瓶虫），*Lagena distoma*（双口瓶虫），*Lagena distoma*（扭转瓶虫），*Lagena doveyensis*（短肋瓶虫），*Lagena elongata*（纵长瓶虫），*Lagena hispida*（茸刺瓶

虫），*Lagena pliocenica*（上新瓶虫），*Lagena purlucida*（透明瓶虫），*Lagena substriata*（亚线纹瓶虫），*Lagena wiesneri*（维氏瓶虫），*Lenticulina iotus*（微细透镜虫），*Marginulina* sp.（边缘虫未定种），*Massilina secans*（包裹块心虫），*Miliamina* sp.（砂粟虫未定种），*Nodosaria* sp.（节房虫未定种），*Nonion belriodgense*（贝尔岭九字虫），*Nonion glabrum*（光滑九字虫），*Nonionella stella*（星小九字虫），*Nonionella atlantica*（大西洋小九字虫），*Proelphidium compressum*（压扁先希望虫），*Proelphidium granosum*（光滑先希望虫），*Proteonina atlantica*（大西洋原始虫），*Pseudoeponides anderseni*（安德森假穹背虫），*Pyrulina oregonensis*（俄勒冈小梨虫），*Quinqueloculina subarenaria*（半砂五块虫），*Rectobolivina raphana*（萝卜直箭头虫），*Rectoelphidiella lepida*（精美直小希望虫），*Reophax curtus*（短串珠虫），*Rosalina bradyi*（布拉德玫瑰虫），*Rosalina vilardeboana*（清晰玫瑰虫），*Sigmoilina tenuis*（窄室曲形虫），*Sigmoilopsis schlumbergeri*（施吕贝格类曲形虫），*Simogilopsis asperula*（粗糙类曲形虫），*Siohotextularia wairoana*（整齐管串珠虫），*Spiroloculina bohaiensis*（渤海抱环虫），*Spiroloculina indion*（印度抱环虫），*Stainforthia complana*（扁形斯氏虫），*Stomoloculina multangula*（多角口室虫），*Textularia conica*（圆锥串珠虫），*Textularia pseudocarinata*（假棱串珠虫），*Textularia sagittula*（箭形串珠虫），*Uvigerina schencki*（申克葡萄虫），*Uvigerina canariensis*（卡纳利葡萄虫）等。

鉴定出的浮游有孔虫种为 *Globigerina bulloides*（泡抱球虫）和 *Globigerinoides ruber*（红拟抱球虫）。

7.2.1 底栖有孔虫丰度和分异度

渤海海区表层沉积物中的底栖有孔虫丰度分布见图 7.2，本次计算的丰度单位为枚/g（干样），其中最小丰度值为 0，最大丰度为 1 753 枚/g，出现在渤海莱州湾东部海域。从图 7.2 中可以看出，整个海域底栖有孔虫丰度高值主要分布在辽东湾的北部和莱州湾的东部，底栖有孔虫丰度值大于 100 枚/g 干样。底栖有孔虫低值区分布在滦河入海口和黄河入海口周围区域，丰度值基本上小于 5 枚/g 干样，从河流入海口往外，底栖有孔虫丰度值又逐渐升高。

渤海表层沉积物中的底栖有孔虫简单分异度分布见图 7.3 所示。简单分异度最小值为 0，最大值为 44。从图 7.3 中可以看出，简单分异度的高值位于辽东湾、渤海湾以及莱州湾的外海区域，低值区位于滦河和黄河河口影响的海域。

7.2.2 底栖有孔虫主要属种分布特征

在本次统计数据时，只选择鉴定底栖有孔虫总个数大于 50 枚的站位进行计算，并选用这些站位鉴定数据做了主要属种百分含量分布图。下面选了在大多数表层沉积物中出现的 7 个重要属种分别进行描述。

（1）*Ammonia beccarii* vars. 为世界上分布最广的广盐滨岸种，是我国内陆架及其以浅的各种半咸水体中的优势成分，该种为典型的浅水型底栖有孔虫。在渤海海域为最常见属种之一，不同水深区域均有出现，其最低百分含量为 0，最高为 84.09%，平均含量为 9.48%。从图 7.4 中可以看出，高含量区基本上位于渤海辽东湾东北部边缘、黄河入海口附近和渤海湾的西部，向深水区含量逐渐降低，低值区位于渤海中部海区。

（2）*Buccella frigida* 为一冷水、较冷水指示种。其最低百分含量为0，最高为70.63%，平均含量为6.3%，*Buccella frigida* 主要分布在渤海的中北部，在辽东湾中部及大连市外围区域有两个高值区（图7.5）。

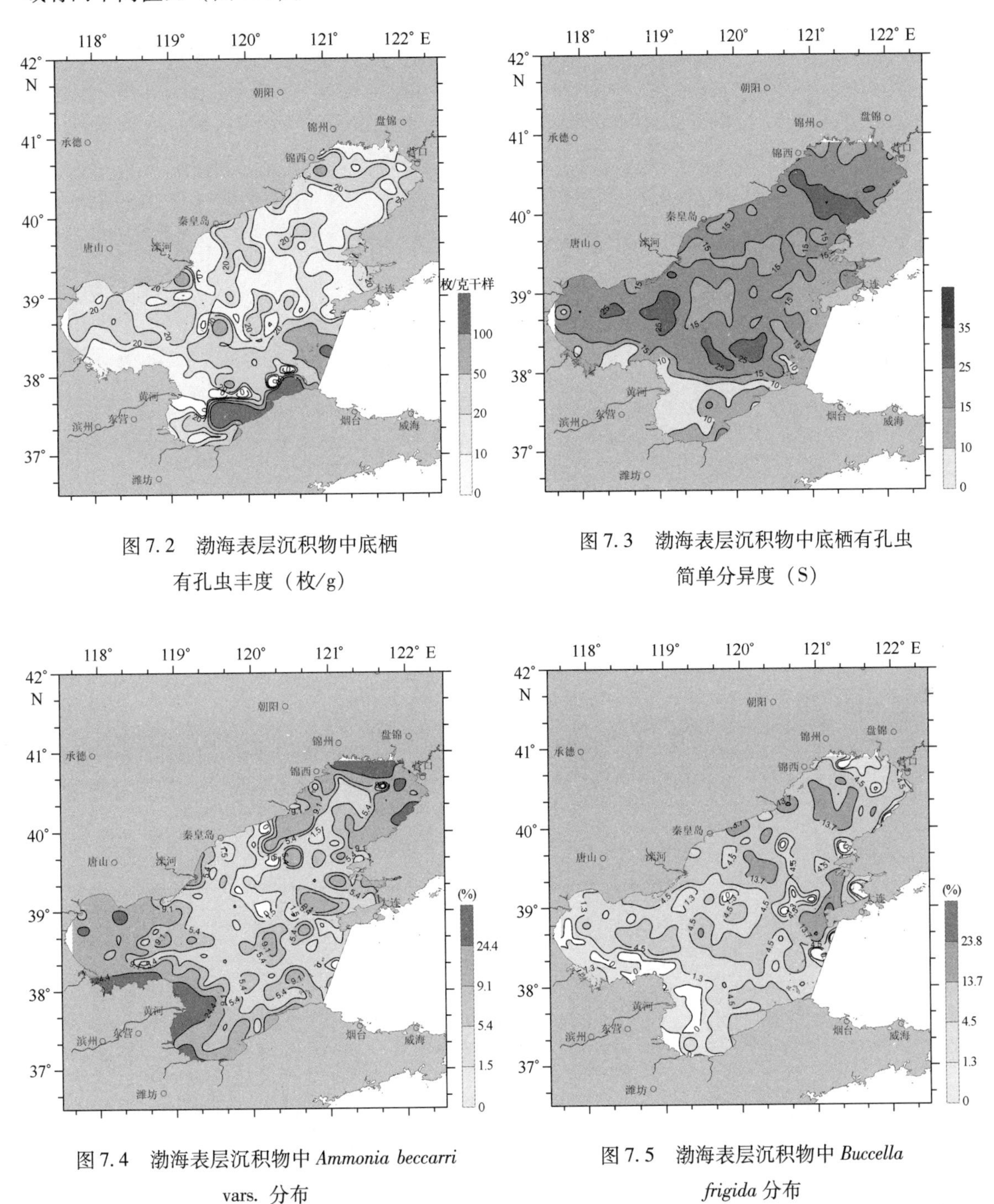

图7.2　渤海表层沉积物中底栖有孔虫丰度（枚/g）

图7.3　渤海表层沉积物中底栖有孔虫简单分异度（S）

图7.4　渤海表层沉积物中 *Ammonia beccarri* vars. 分布

图7.5　渤海表层沉积物中 *Buccella frigida* 分布

（3）*Cribrononion subincertum*　在表层沉积物中占底栖有孔虫百分含量最低为0，最高为71.80%，平均含量为8.44%，其低值区位于渤海北部和南部，高值区位于渤海中部和西部（图7.6）。

（4）*Elphidium advenum*　该种为渤海海域最常见属种之一，在渤海海域不同水深均有出现。*Elphidium advenum* 为典型的内陆架种，在表层沉积物中底栖有孔虫中的含量变化范围为0% ~53.07%，平均含量为4.72%，从图7.7上可见，其高含量区分布在辽东湾、莱州湾和渤海中部的部分区域。

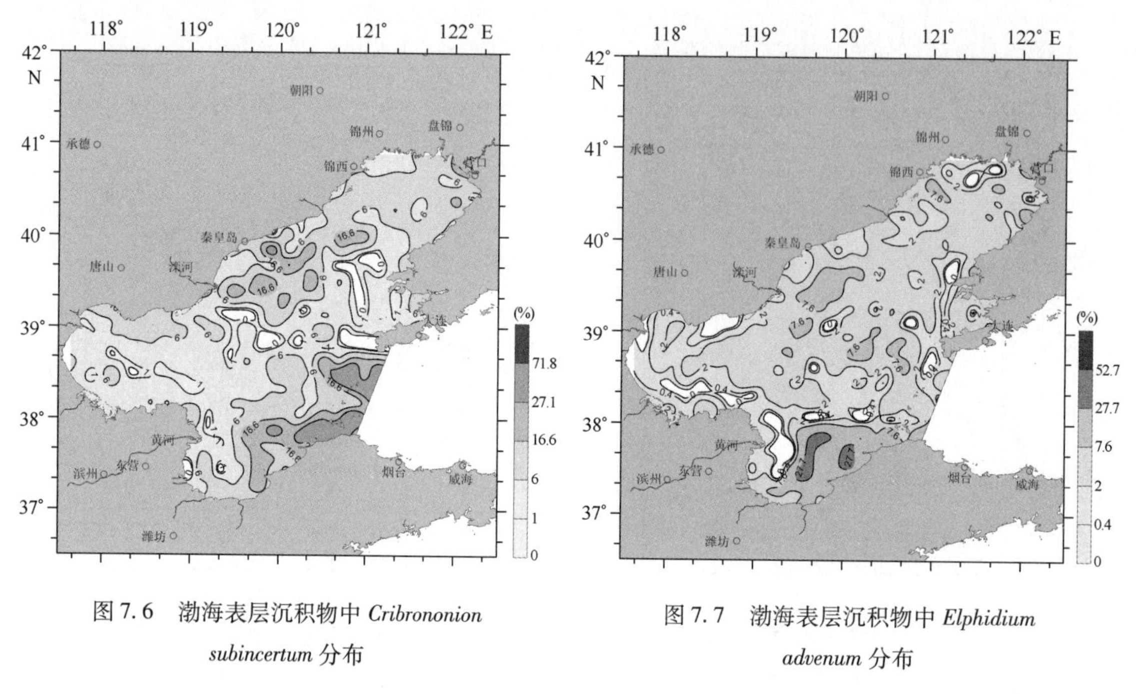

图7.6　渤海表层沉积物中 *Cribrononion subincertum* 分布

图7.7　渤海表层沉积物中 *Elphidium advenum* 分布

（5）*Elphidium magellanicum* 在表层沉积物中占底栖有孔虫全群百分含量最低为0，最高为70.50%，平均含量为7.90%，其低值区位于渤海中部和南部，高值区位于渤海北部和西北部边缘海域（图7.8）。

（6）*Protelphidium tuberculatum*　在表层沉积物底栖有孔虫中的百分含量最低为0，最高为78.76%，平均含量为18.86%，其低含量区分布于渤海北部，高含量区位于渤海中部和中南部部分区域（图7.9）。

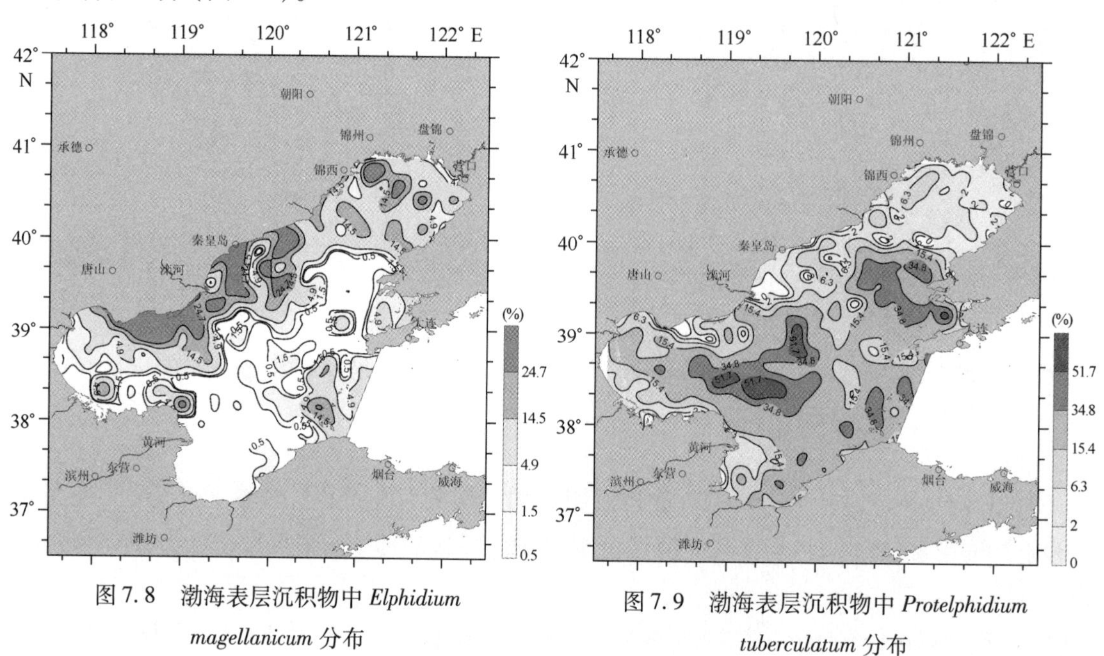

图7.8　渤海表层沉积物中 *Elphidium magellanicum* 分布

图7.9　渤海表层沉积物中 *Protelphidium tuberculatum* 分布

（7）*Quinqueloculina lamarckiana*　在表层沉积物中底栖有孔虫全群的百分含量最低为 0，最高为 85.77%，平均百分含量为 3.59%，其高值区分布于莱州湾和渤海湾，而低值区则分布于渤海的中部区域（图 7.10）。

（8）*Quinqueloculina akneriana*　在表层沉积物中占底栖有孔虫全群的百分含量最低为 0，最高为 75.49%，平均百分含量为 4.50%，其中高值区分布于莱州湾、渤海湾以及辽东湾的部分区域（图 7.11）。

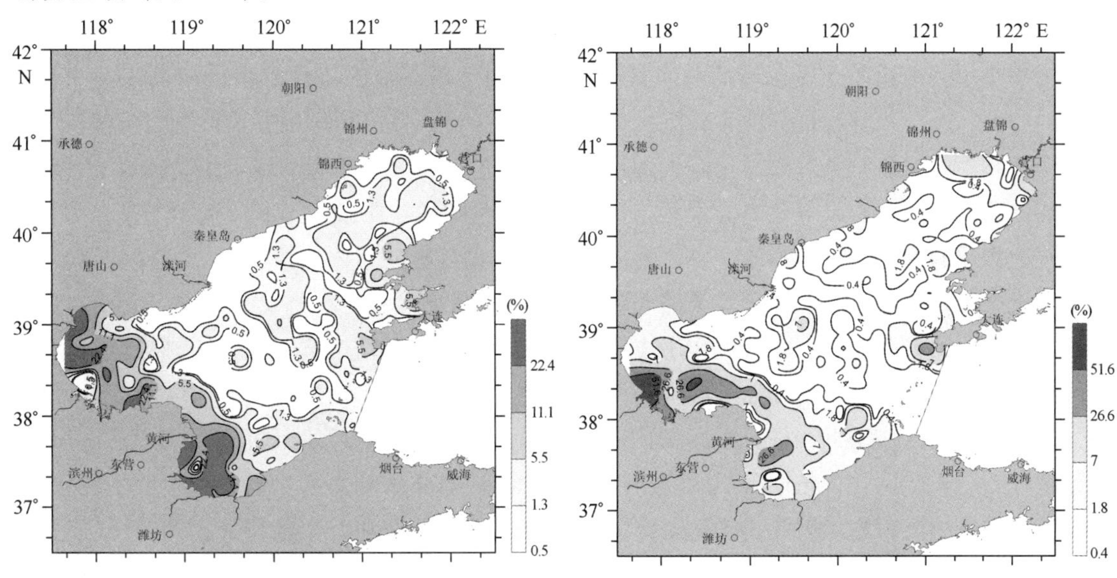

图 7.10　渤海表层沉积物中 *Quinqueloculia lamarckiana* 分布

图 7.11　渤海表层沉积物中 *Quinqueloculina akneriana* 分布

第8章　渤海沉积作用和沉积环境

沉积作用是被运动介质搬运的物质到达适宜的场所后，由于条件发生改变而发生沉淀、堆积的过程。按沉积环境可分为大陆沉积与海洋沉积两类；按沉积作用方式可分为机械沉积、化学沉积和生物沉积三类。海洋是巨大的汇水盆地，是最终的沉积场所，海洋沉积物主要来自大陆、河流、冰川和风等营力的搬运，每年将数百亿吨的物质搬运到海洋沉积下来。另外，海洋侵蚀作用的产物、火山物质、宇宙物质等也是海洋沉积的重要组成部分。海洋的沉积作用可以进一步划分为滨海、浅海、半深海和深海沉积几个环境分区。

渤海为中国唯一的内海，沉积作用主要发生在滨海和浅海两个沉积环境。来自渤海周边的河流入海物质、外海进入和大气沉降物质进入渤海，在海洋水动力（浪、流、潮等）及物理化学和生物条件作用下，进行搬运、扩散、分解，并在适宜的环境下沉积，构成海底沉积物类型分布图式。同时，先期沉积的物质还将经受各种海洋水动力和物理、化学、生物作用的再造形成新的沉积物。因此，渤海海洋沉积物类型及其分布和沉积物特征，乃是漫长沉积作用的地质记录。

8.1　沉积速率

8.1.1　数据来源

本节包括“908专项”调查取样的^{210}Pb和^{137}Cs数据共41组（^{210}Pb柱样29组，^{210}Pb、^{137}Cs柱样12组），具体采样位置信息见图8.1及表8.1。

表8.1　渤海沉积站位信息和沉积速率

站位	东经/（°）	北纬/（°）	^{210}Pb沉积速率/（cm/a）	^{137}Cs沉积速率/（cm/a）
BH－264	119.32265	38.14543	100～200年沉积了70 cm	0.92
BH－239	118.91026	38.32195	100～200年沉积了75 cm	1.63
CJ06－67	119.61509	37.88410	100～200年沉积了78 cm	1
CJ06－98	119.38765	37.81984	无法估算沉积速率	无法计算
CJ06－130	119.40983	37.76499	无法估算沉积速率	无法计算
CJ06－898	119.80803	37.79713	0.37	0.31
CJ06－435	119.52347	37.50472	1.57	0.48
BH－186	118.22476	38.67576	无法估算沉积速率	检测值为零
BH－195	119.45558	38.67726	无法估算沉积速率	0.29
CJ04－153	118.410482	38.278831	0.54	未测

续表

站位	东经/（°）	北纬/（°）	^{210}Pb 沉积速率/（cm/a）	^{137}Cs 沉积速率/（cm/a）
CJ04－157	118.410344	38.387976	1.17	未测
CJ04－386	118.929891	38.278809	4.31	未测
CJ04－479	119.102981	38.169471	1.99	2.72
CJ04－649	119.449262	38.169453	0.6	未测
CJ04－736	118.200258	38.587701	0.69	未测
CJ04－786	119.354334	38.587704	0.72	未测
CJ04－974	120.220186	38.587685	0.36	0.23
CJ04－1055	120.508694	38.224285	0.33	未测
CJ01－A1－314	121.4285833	40.55108333	0.56	未测
CJ01－B－122	120.0155556	39.34555556	0.46	未测
CJ01－A2－149	119.9443889	39.95725	无法估算沉积速率	未测
CJ01－A1－668	121.8541667	40.33472222	无法估算沉积速率	未测
CJ02－127	119.79134	38.957842	0.44	0.74
CJ02－785	121.42739	38.733054	0.37	未测
CJ02－521	120.95243	39.766283	无法估算沉积速率	未测
CJ02－A435	118.030335	38.5976548	无法估算沉积速率	未测
CJ02－B178	119.26876	38.5975801	无法估算沉积速率	未测
CJ05－39	121.016724	36.282605	0.17	未测
CJ05－508	121.455546	36.163568	0.28	未测
CJ05－1073	121.876676	35.838332	0.44	未测
CJ05－1199	122.898544	37.692951	无法估算沉积速率	未测
CJ05－13	121.351649	38.488704	0.18	未测
CJ05－306	121.166769	37.875903	无法估算沉积速率	未测
CJ05－314	121.166845	38.241241	无法估算沉积速率	未测

8.1.2 现代沉积速率的分布与变化

^{210}Pb 法沉积速率的测定结果表明，由于沉积环境的差异，渤海不同海区现代沉积速率变化较大。现将不同海区的典型柱样的沉积速率进行简单介绍。

8.1.2.1 废弃黄河三角洲

现代黄河三角洲北部处在海洋环境的改造中，岸滩遭受冲刷的泥沙向外海运移，并在深水部位沉积。由于各期河口三角洲废弃时间长短不一及现代环境的差异，不同地段具有不同的沉积速率，总体低于 5 cm/a，大部分站位小于 2 cm/a。

（1）车子沟河道外对应海域，水深 11.9 m 的 CJ04－153 站为 0.54 cm/a，水深为 15.1 m 的 CJ04－157 站为 1.17 cm/a。

（2）刁口流路外对应海域，水深 18.6 m 的 CJ04－386 站为 4.31 cm/a，水深 19.3 m 的 BH－239 站在近 100～200 a 的时间内沉积了 75 cm，沉积速率大约为 0.75～0.38 cm/a（^{137}Cs

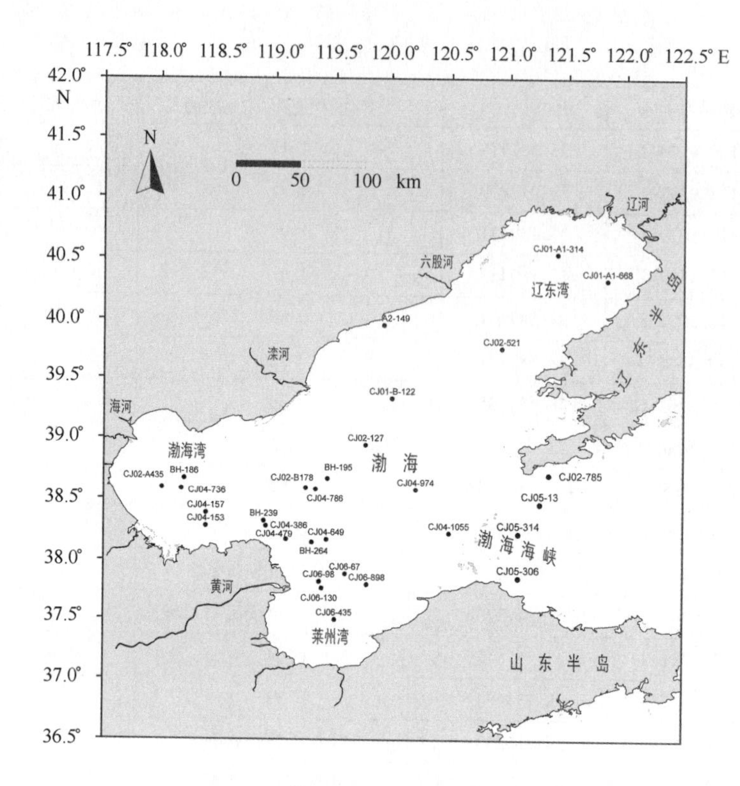

图 8.1 ^{210}Pb 和^{137}Cs 测试取样站位

显示沉积速率为 1.63 cm/a)。

(3) 神仙沟外对应海域，水深 16.2 m 的 CJ04－479 站为 1.99 cm/a (^{137}Cs 显示沉积速率为 2.72 cm/a)，水深为 20.1 m 的 BH－264 站在近 100～200 年的时间内沉积了 70 cm，沉积速率大约为 0.7～0.35 cm/a (^{137}Cs 显示沉积速率为 0.92 cm/a)，水深为 31.5 m 的 CJ04－649 站为 0.6 cm/a。

8.1.2.2 现行河口外海域

现行河口为清水沟流路，位于黄河三角洲的南部，黄河入海泥沙主要在近岸堆积。这期间河口向东南海区以供沙为主，而向北供沙减少。水下三角洲沉积厚度等厚线呈椭圆形分布于近岸浅水区，水下三角洲沉积体椭圆长轴与黄河口外潮流长轴一致，中心最大厚度 12 m 以上（李广雪和薛春汀，1993）。自 1996 年以来，黄河自清 8 分汊入海，与此相对应的是该流路外发生了快速沉积。该区域具体的沉积速率如下：

(1) 清 8 分汊近岸海域，水深 14.8 m 的 CJ06－98 站位于三角洲前缘区。由于该处沉积物的快速沉积和改造作用，无法得出该处的沉积速率（图 8.2）；水深 18.0 m 的 CJ06－67 站基本处于前三角洲或者三角洲前缘与前三角洲交界区域，从^{137}Cs 测试数据来看，沉积速率为 1.0 cm/a，却无法从^{210}Pb 测试数据来计算出沉积速率（图 8.3）。

(2) 清水沟主流路和清 8 分汊之间外部海域水深 14 m 的 CJ06－130 站与 CJ06－98 站类似，位于三角洲前缘区，无法估算沉积速率。水深 17.6 m 的 CJ06－898 站位于前三角洲区，^{210}Pb 数据计算出的沉积速率为 0.37 cm/a (^{137}Cs 计算出沉积速率为 0.31 cm/a)。水深 14.6 m 的 CJ06－435 站位于黄河三角洲东南部，位于前三角洲边缘区，^{137}Cs 计算出沉积速率

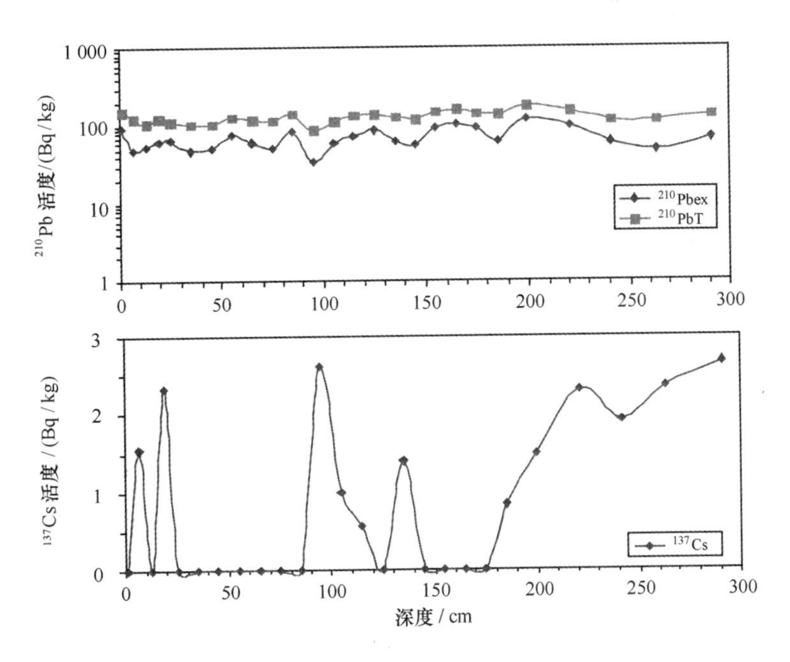

图8.2 CJ06-98站^{210}Pb和^{137}Cs测试数据

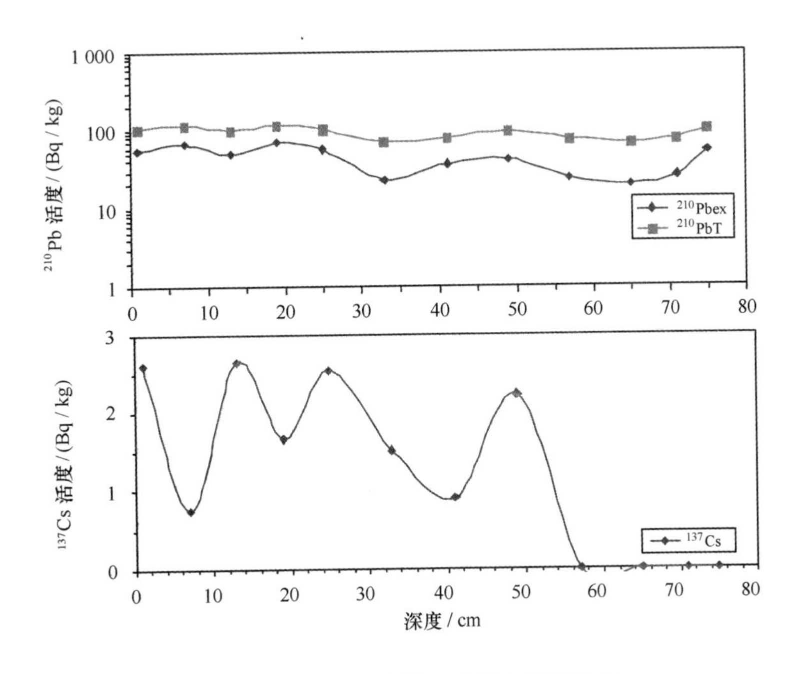

图8.3 CJ06-67站^{210}Pb和^{137}Cs测试数据

为0.48 cm/a。与CJ06-67类似，却无法从^{210}Pb测试数据来计算出沉积速率。

可以看出在三角洲前缘区，^{210}Pb和^{137}Cs方法不太适用。在前三角洲区域，沉积速率基本小于0.5 cm/a。

8.1.2.3 渤海湾三角洲平原（全新世黄河三角洲）

水深10.0 m的CJ02-A435站，^{210}Pb活度随着深度的变化不是理想的衰减曲线，沉积速率可大致计算为0.62 cm/a（图8.4）。水深15.1 m的CJ04-736站沉积物速率为0.69 cm/a。

水深 18.6 m 的 BH186 站，无论^{210}Pb 和^{137}Cs 数据都无法计算出沉积速率（图 8.5）。

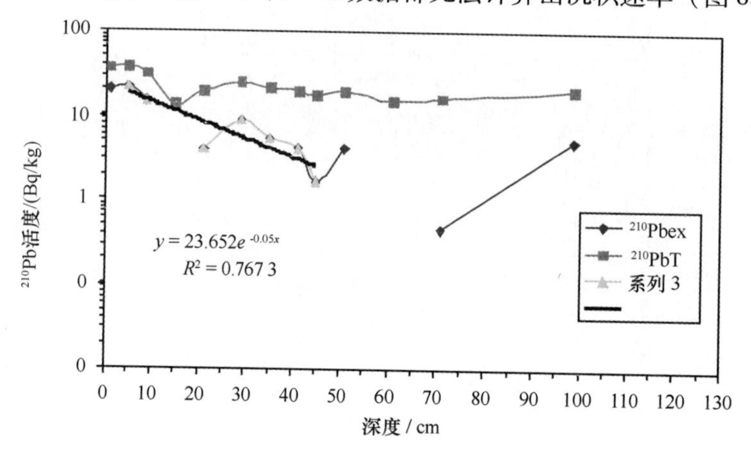

图 8.4　CJ02 - A435 站^{210}Pb 测试数据

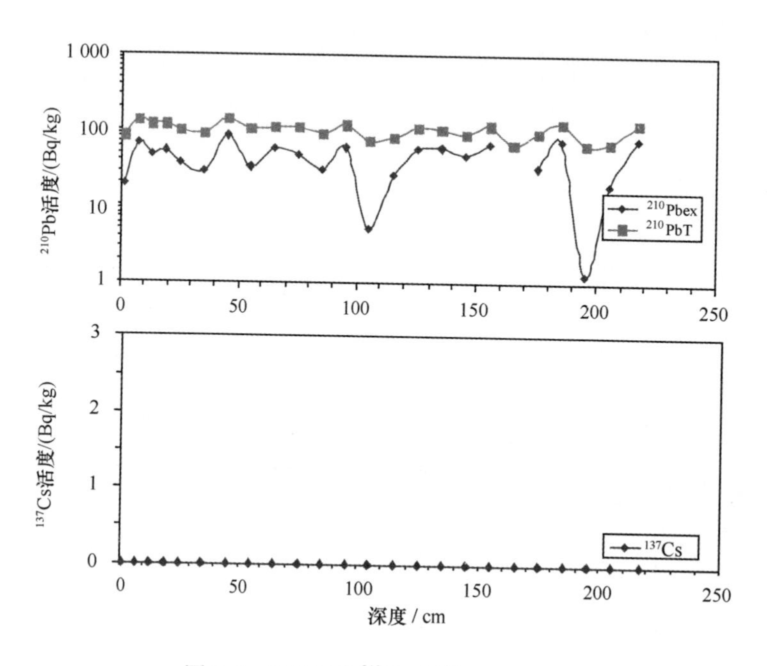

图 8.5　BH186 站^{210}Pb 和^{137}Cs 测试数据

8.1.2.4　辽河三角洲

水深 12 m 的 CJ01 - A1 - 314 站位于辽河三角洲中部，沉积速率为 0.56 cm/a。位于东部、水深 14 m 的 CJ01 - A1 - 668 站，无法进行沉积速率的估算。在整个岩心中^{210}Pb 剩余活度没有呈现明显的指数衰减变化规律。

8.1.2.5　渤海泥质沉积区

渤海泥质沉积区主要为黏土质粉砂沉积物。泥质区内部各区域沉积速率也不尽相同，基本小于 1.0 cm/a。

CJ02 - B178 站^{210}Pb 活度随着深度变化的衰减曲线与 CJ02 - A435 类似，沉积速率为 0.53

cm/a（图 8.6）。水深 25.9 m 的 CJ04－786 站沉积速率为 0.72 cm/a（图 8.7）。水深 27.3 m 的 BH－195 站，^{210}pb 数据部理想，无法依据此计算沉积速率。通过^{137}Cs 数据，得出该点沉积速率为 0.29 cm/a（图 8.8）。CJ02－127 站沉积速率为 0.86 cm/a（^{137}Cs 测试数据计算出沉积速率为 0.74 cm/a）（图 8.9）。CJ01－B122 站沉积速率为 0.46 cm/a。

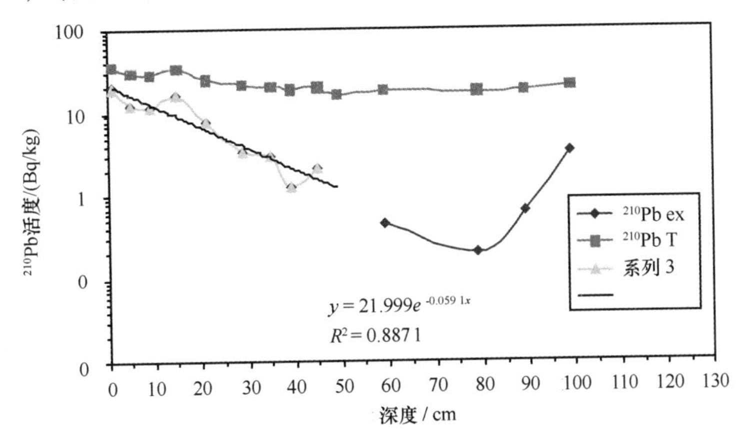

图 8.6　CJ02－B178 站^{210}Pb 和测试数据

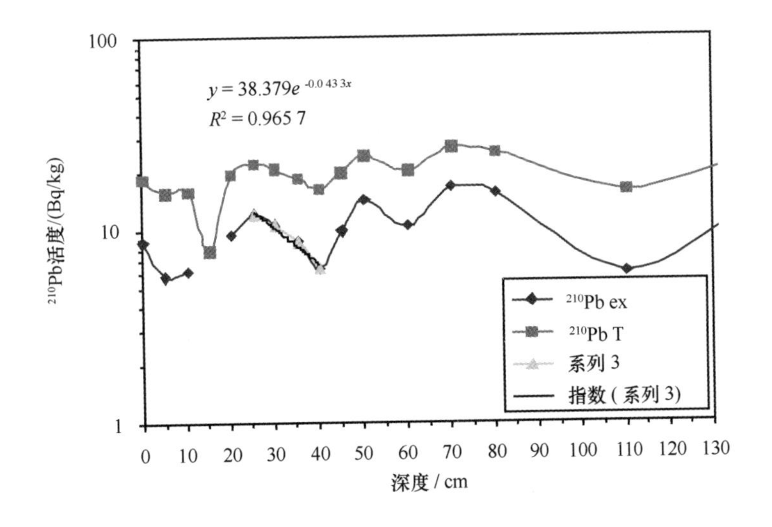

图 8.7　CJ04－786 站^{210}Pb 测试数据

8.1.2.6　*砂质沉积区*

水深 27.8 m 的 CJ04－974 站位于渤中浅滩南部，沉积速率为 0.36 cm/a（^{137}Cs 数据显示沉积速率约为 0.29 cm/a）。

CJ02－521 站基本位于辽东浅滩与辽东湾中部粗粒级沉积的交接处，根据所测的^{210}Pb，无法计算该处沉积速率（图 8.10）。

渤海海峡附近莱州湾东北部水深 24.8 m 的 CJ04－1055 站沉积速率为 0.33 cm/a。水深 19.3 m 的 CJ05－306 站，近 100～200 a 沉积了 50 cm，沉积速率在 0.25～0.5 cm/a 之间。水深 31.4 m 的 CJ05－314 站，无法估算沉积速率。水深 51.6 m 的 CJ05－13 站，沉积速率在

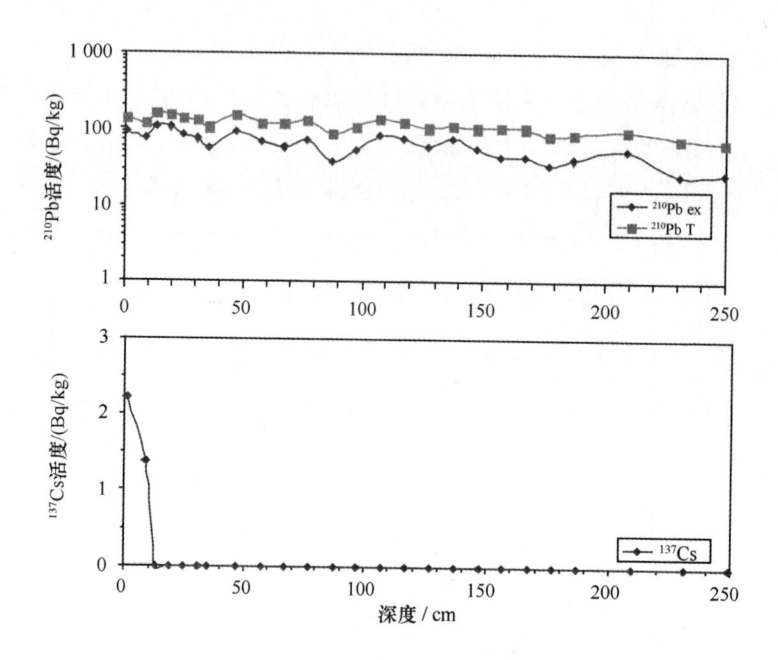

图 8.8　BH－195 站^{210}Pb 和^{137}Cs 测试数据

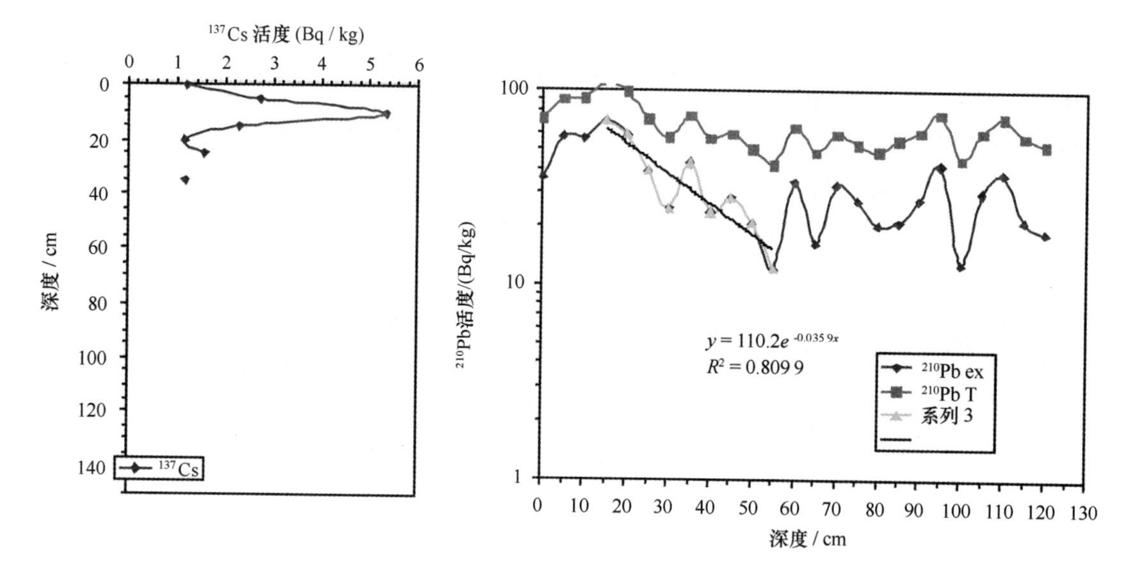

图 8.9　CJ02－127 站^{137}Cs 和^{210}Pb 测试数据

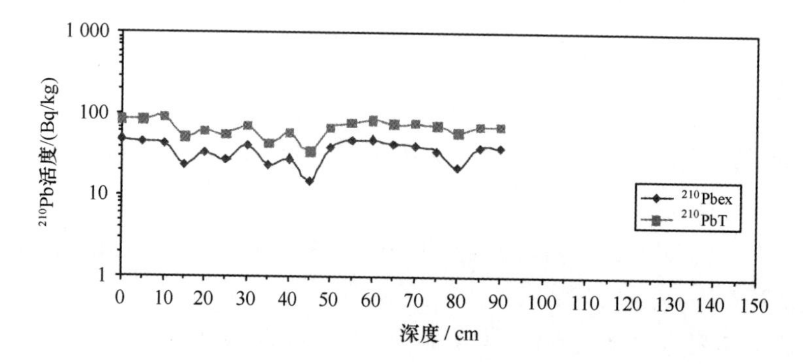

图 8.10　CJ02－521 站^{210}Pb 活度垂向变化

0.18 cm/a 左右。位于老铁山水道东侧的 CJ02－785 站，沉积速率为 0.37 cm/a。

根据本次研究结果分析可知，渤海高沉积速率区为黄河三角洲区域，沉积速率可以高达 4.0 cm/a 以上；渤海湾、辽东湾和渤海泥质区沉积速率居中，约在 0.5 cm/a；相比较而言，砂质沉积区如渤中浅滩、渤海海峡北部沉积速率相对较低，基本在 0.4 cm/a 以下。特别需要指出的是，^{210}Pb 和 ^{137}Cs 方法在黄河三角洲快速沉积区和水动力较强的区域不能得到很好的应用。

8.2 渤海表层沉积物输运趋势

应用 Gao-Collins（1992）粒径趋势分析方法研究了渤海海域表层沉积物样的净输运趋势。研究区内样点精度大体为 0.15°×0.20°，具体采样位置见图 8.11。

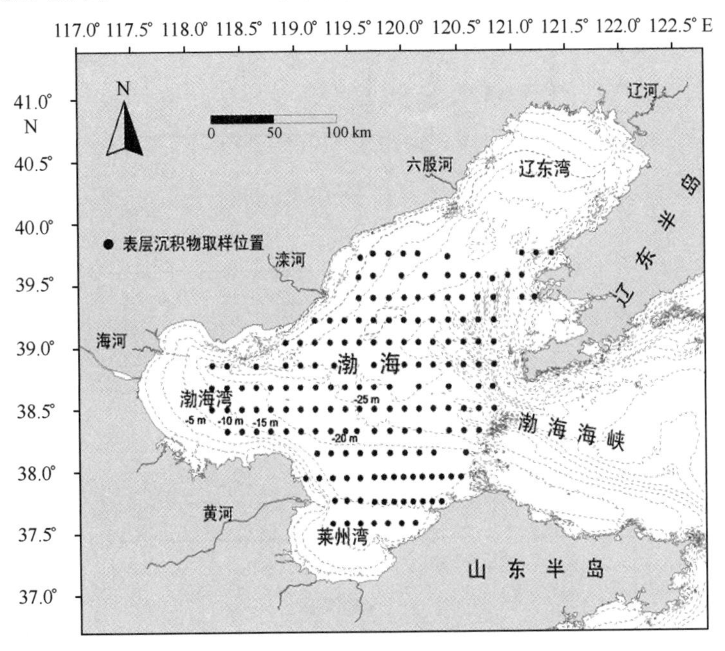

图 8.11 渤海区域粒径趋势分析表层沉积物样品取样位置

在表层沉积物采样间距的分析方法上，使用了地统计法中的半方差分析。即对于平均粒径、分选系数和偏态等参数，构造以下函数（Poizot et al.，2006；高抒，2009）：

$$\gamma_h = \frac{1}{2N_h} \times \sum_{i=1}^{N_h} (Z_i - Z_{i+h})^2$$

式中：h 为采样间距，N_h 是样品的个数；Z_i 为原点处的参数值，Z_{i+h} 为 h 之外站位的参数值，γ_h 为半方差值。以半方差 γ_h 为纵坐标，采样间隔 h 为横坐标作图，得到半方差图。在半方差图上，当 h 增大到某一定值时，γ_h 达到一个相对稳定的常数（基台值），此时的 h 值即可定义为合适的采样间距。针对 γ_h 可能具有各方向异性的特征，本章对0°、45°、90°和135°个方向进行了计算。粒径趋势分析所用软件为 Poizot（2008）基于 Gao-Collins（1992）方法所编制的程序。

8.2.1 粒径趋势的结果

通过对平均粒径、分选系数和偏态等参数的半方差分析，发现0°、45°、90°和135°方向上变程和基台值相近，这说明这些参数分维空间变化不大。所以不再分别讨论各参数不同方向的变化。从图8.12可以看出，当采样间距为0.6（大地坐标中任何两点之间的欧氏距离）左右时，半方差值达到一个相对稳定的常数，所以本章取0.6为特征距离（D_{er}）。

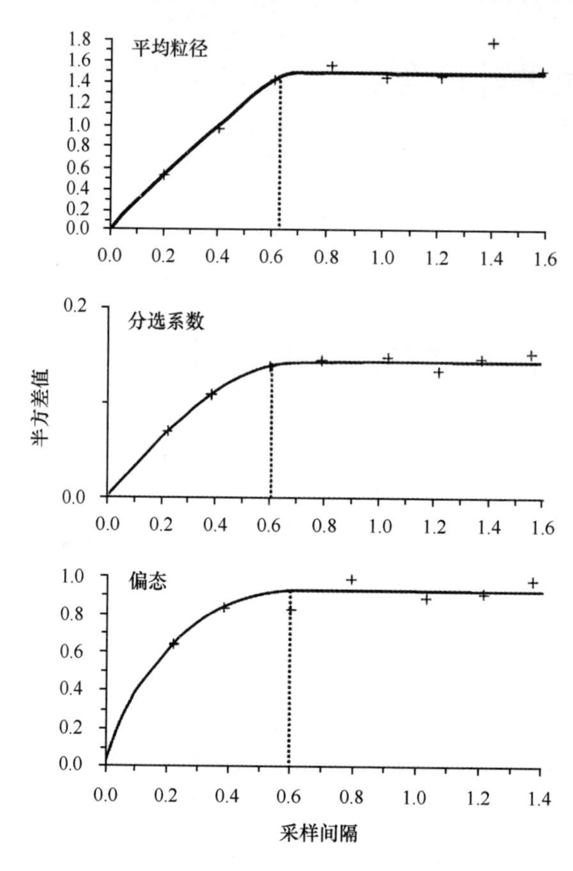

图8.12 渤海表层沉积物平均粒径、分选系数和偏态半方差

利用粒径趋势分析方法对区内沉积物净输运趋势进行研究，这在渤海区域是初次尝试。为了进行比较，本书也选取了经验特征距离值，即略大于采样网格间距的$\sqrt{2}$倍的0.3、0.4和0.5，以求获得研究区合理的沉积物净输运趋势（贾建军等，2004）。本节分别对特征距离（D_{er}）取0.3、0.4、0.5和0.6等情况下进行了沉积物粒径趋势矢量的计算，具体沉积物净输运矢量分布图见图8.13。

当特征距离取0.3、0.4、0.5和0.6时，渤海沉积物输运格局大体一致。从图8.13可以看出，渤海底质沉积物呈现向渤海泥质区输运的趋势，即渤海沉积物有以渤海中央海盆西部为中心汇聚的趋势。现行黄河口以北，沉积物主要向N、NW方向输运；滦河口外沉积物主要向S、SE方向细粒级沉积区运移；辽东和渤中浅滩附近沉积物主要向渤海细粒级沉积区输运。不同的特征距离取值，沉积物粒径趋势反映的渤海沉积物输运格局也出现了几点明显的差异。①随着特征距离的增大，现行黄河口以南，沉积物向E、SE方向运移的趋势减弱，逐

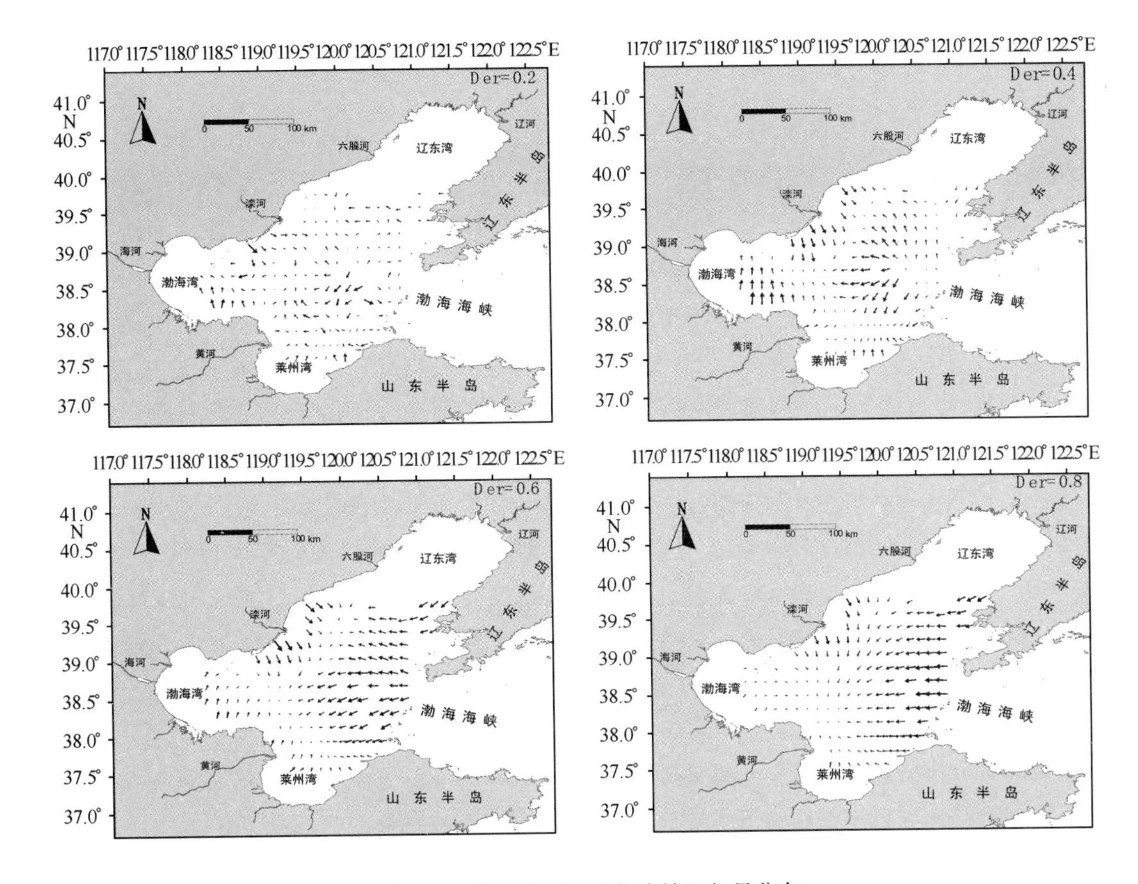

图8.13　渤海表层沉积物净输运矢量分布

渐转变为向N、NE方向运移的趋势；②辽东和渤中浅滩附近沉积物向渤海泥质区输运的趋势增强。

从图8.13还可以看出，当特征距离取0.2时，由于比较距离等于或者小于采样的间距，对于绝大多数样品点而言，参与比较和矢量合成的相邻点太少，并在部分站位为“零值”。粒径趋势矢量仅显示出黄河口北部沉积物向渤海湾和滦河口外渤海泥质区运移的趋势，而不能反映其他区域沉积物输运趋势的方向。

当特征距离为0.4时，粒径趋势图已经能较好地反映出渤海沉积物的净输运格局。从图8.13可以明显看出，渤海底质沉积物向渤海泥质区输运的趋势，即渤海沉积物有以渤海中央海盆西部为中心汇聚的趋势。现行黄河口以南，河口区沉积物主要向E、SE方向输运，而黄河口以北，沉积物主要向N、NW方向输运；滦河口外沉积物主要向S、SE方向细粒级沉积区运移；辽东和渤中浅滩附近沉积物大体以120.6°E、38.7°N为中心呈舌状向渤海输运。

取特征距离为0.6时，渤海沉积物输运格局与特征距离为0.4时大体一致，也出现了两点明显的差异。①现行黄河口以南，沉积物也出现向N、NE方向运移的趋势；②辽东和渤中浅滩附近沉积物向渤海泥质区输运的趋势增强。

当取特征距离等于或者大于0.8时，此时的粒径趋势矢量则显示出渤海沉积物向黄河三角洲东北部汇聚的输运格局。

8.2.2 渤海表层沉积物的输运趋势

渤海是一个典型的半封闭浅海，仅以渤海海峡与黄海相通，其沉积物主要来自周边的河流入海物质、外海进入和大气沉降物质（秦蕴珊等，1985）。其中河流入海物质对渤海沉积物的贡献量大，每年约为 13×10^8 t，约占90%，并以黄河、辽河、滦河等为主。河流入海物质绝大部分都沉积在河口三角洲区域（秦蕴珊等，1985；乔淑卿等，2010b）。入海河流泥沙中细粒级部分直接或者通过底质再悬浮的方式被搬运、沉积在渤海泥质沉积区，造成渤海泥质区沉积速率相对较低，西南部低于0.2 cm/a，东北部也仅在0.5 cm/a左右（董太禄，1996）。而且，渤海泥质区西南部和中部受黄河物质的影响较强，而北部沉积物在化学成分上与黄河入海物质有一定差异（刘建国等，2007）。

除了受物质来源，即沉积物颗粒的大小和比重等因素的影响外，渤海表层沉积物的分布和输运还与该区域的动力因素有关（秦蕴珊等，1985；秦蕴珊和廖先贵，1962）。在浅海（如渤海）中，虽然动力因素包括海流、波浪和温盐结构等，但是潮流是渤海非线性动力学系统中永久性主导作用的运动（冯士筰等，2007）。渤海的潮流以半日潮流为主，流速一般在0.5～1.0 m/s之间，最强的潮流出现于老铁山水道附近，高达1.5～2.0 m/s，辽东湾次之，约为1.0 m/s，莱州湾则仅为0.5 m/s左右（冯士筰等，1999）。

粒径趋势分析的结果显示，当特征距离（Der）取0.4时，现行河口北侧有向N和NE方向输运的趋势，而河口南侧底质沉积物有向南输运的趋势。并且，随着特征距离的增加，黄河口沉积物输运向南的趋势减弱。拉格朗日余流数值模拟的结果显示，黄河口北部以S、SE向为主，而河口南侧以N、NE向流动为主（Wei et al.，2004；Mao et al.，2008）。采用HAMSOM模型显示出渤海环流的季节性变化，其中冬季莱州湾内的涡旋为逆时针的，黄河口附近流向南；夏季莱州湾内的涡流为顺时针的，黄河口附近流向北（Hainbucher，et al.，2004）。比较最近黄河口沉积物输运的研究结果可以发现，现代黄河入海物质在河口附近主要向S、SE方向搬运（中国海湾志编纂委员会，1998；孙效功等，1993；Qiao et al.，2010）。这说明特征距离的选择影响渤海粒径趋势的结果，而特征距离在采样间距 $\sqrt{2}$ 倍以上，即取0.3、0.4左右时，渤海底质沉积物输运趋势能够得到较好的揭示（贾建军等，2004）（图8.14）。

8.3 渤海现代沉积环境和沉积特征

根据各类型沉积物特征、分布状况和沉积环境的差异，渤海大致可分为7个主要沉积区，即：Ⅰ.现代黄河三角洲沉积区；Ⅱ.渤海湾三角洲平原沉积区（海河三角洲沉积区）；Ⅲ.滦河口－曹妃甸沉积区（滦河三角洲沉积区）；Ⅳ.泥质沉积区；Ⅴ.辽河三角洲沉积区；Ⅵ.渤海砂质沉积区和Ⅶ.陆架浅海沉积区。其中现代黄河三角洲沉积区按近代黄河三角洲的发育与变迁进一步划分为黄河现代河口三角洲沉积和黄河废弃河口三角洲沉积。砂质沉积区又可以划分为渤中浅滩沉积区、辽东浅滩沉积区、老铁山水道沉积区和辽东湾中部沉积区等。下面将对各沉积区，即不同的沉积环境中沉积物的粒度、矿物和地化等特征进行简要总结。

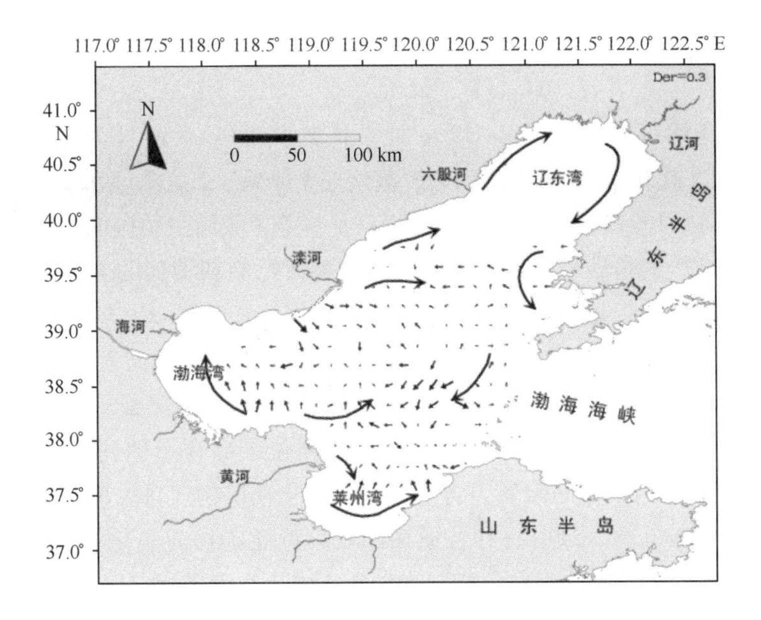

图8.14 渤海环流分布

资料来源：Hainbucher, et al. , 2004；Wei et al. , 2004；Mao et al. , 2008

8.3.1 现代黄河三角洲

8.3.1.1 废弃黄河水下三角洲

废弃黄河水下三角洲主要位于现行黄河三角洲的北部，38°N以北、水深20 m以浅的海域。自1976年黄河改道由现代黄河三角洲南部入海以来，该废弃黄河水下三角洲经历了复杂的改造过程。整个废弃黄河水下三角洲区域自1976年以来缺少泥沙供应，并且该地区存在M_2无潮点，潮流强，使得近岸区域处于强烈侵蚀状态，离岸区域则出现淤积。近岸15 m水深以浅区域经过重新改造，侵蚀严重区侵蚀厚度超过10 m以上，底质沉积物主要为粗粒级的砂和粉砂质砂。离岸区主要淤积近岸区重新搬运来的细颗粒沉积物，主要为粉砂和黏土质粉砂。相应的，受粒度的控制作用，废弃黄河水下三角洲近岸区域富集SiO_2，而大部分常、微量元素在该区域较低。离岸区沉积物粒度比较细，该区域则富集大部分的常、微量元素。废弃黄河水下三角洲近岸区域重矿物重量含量为全区最低，仅为0.46%，优势矿物为普通角闪石、云母类、氧化铁矿物以及绿帘石，极稳定矿物含量较高，稳定铁矿物含量较低，几乎不含自生黄铁矿。矿物特征表明本区沉积物可能为改道前的黄河物质，沉积环境为氧化环境。离岸区重矿物组成与现行黄河口相近，呈条带状分布。重矿物含量较高，优势重矿物为云母、普通角闪石，云母含量在全区最高，绿帘石含量为全区最低，自生黄铁矿和氧化铁矿物含量较高。矿物成熟度低。

从黏土矿物的分布来看，废弃黄河水下三角洲主要是黄河改道前入海物质，蒙皂石含量在13%以上。但是，该区域C/N值都在8以下，说明废弃黄河水下三角洲物质虽然来自黄河，但已经经过了明显的改造过程，黄河入海物质的有些特征已经消失。

8.3.1.2 三角洲前缘

三角洲前缘位于河口前方水深0～12 m处，其中水深0～7 m处为河口沙坝，水深7～12 m处为远端沙坝。在0～2 m水深范围内，坡度非常平缓；2～12 m水深间，坡度变陡，为0.2°～0.3°（成国栋，1991）。本书使用的资料只是覆盖了黄河三角洲前缘远端沙坝的部分区域，沉积物多为粗粒级的粉砂质砂和砂质粉砂。受黄河径流和潮流的共同影响，该区沉积动力相对较强，沉积物较粗。相对来说，三角洲前缘区域沉积物较富集绝大部分的常、微量元素。只有在沉积物粒度比较粗的河口沙坝区，SiO_2含量较高，其他元素含量相对较低。

三角洲前缘重矿物含量为全区最高，黑云母、白云母以及水黑云母等的含量在全区非常高，平均为59.8%，占总体站位的一半以上，单个站位最高含量达到99%，。普通角闪石、绿帘石的含量分别为11.0%和11.4%，含量较低，氧化铁矿物、自生黄铁矿的含量在本区较高。本区优势矿物为云母类、绿帘石和普通角闪石，特征矿物为氧化铁矿物和自生黄铁矿。本区为黄河物质输入通道，多为细粒沉积、水动力不强，在远离河口区自生黄铁矿出现富集，黄河物质中携带有较高含量氧化铁矿物，云母含量高，钛铁矿和磁铁矿含量极低，这些矿物分布特征表明本区沉积物分选较好，粒级倾向于细粒，而极稳定矿物组合含量很低，表明沉积物成熟度低。

三角洲前缘区的黏土矿物组合明显受黄河入海物质的控制，表现在蒙皂石含量较高，一般在13%以上。并且，在围绕黄河三角洲南部的外围邻近海域C/N值较高，在12以上。这说明现行黄河三角洲附近沉积物为相对新鲜的黄河入海物质，其高蒙皂石、碳酸盐、云母和陆源等沉积物特征基本改变不大（乔淑卿等，2010b；王昆山等，2010）。

8.3.1.3 前三角洲

前三角洲位于黄河三角洲前缘之外，水深在20 m以内，大部分区域在12～17 m水深的范围内。前三角洲表层沉积物较细，沉积物组成较为单一，多为黏土质粉砂。动力环境较为稳定。沉积物粒度较细，造成该区域沉积中多数常、微量元素含量相对较高，而SiO_2的含量相对较低。重矿物组合特征与三角洲前缘区一样，黑云母、白云母以及水黑云母等的含量在全区非常高。但是随着距离河口位置的加大，黏土矿物中蒙皂石的含量较三角洲前缘区有所降低。

8.3.1.4 黄河入海泥沙的扩散和运移

早期研究表明，在黄河口门附近，泥沙主要向E及NE方向运移，并最终向NE方向进入渤海中部地区（杨作升等，1985；Hu et al.，1998）。同时，也有学者提出黄河泥沙入海后主要向SE方向淤积，其中细颗粒部分大部分最终转向N偏E方向扩散到外海（臧启运等，1996；中国海湾志编纂委员会，1991；黄海军和樊辉，2004）。Jiang等（1997）则认为黄河口外悬浮体，一部分向北进入渤海湾，另外一部分则进入莱州湾并沿莱州湾东北沿岸进入渤海海峡。

结果显示，夏季高浓度的黄河入海悬浮体主要集中在距河口35 km的范围。现行流路清8口外存在高浓度的悬浮体，显然是黄河入海泥质直接输入的结果。但是，黄河口两侧高浓度的悬浮体并不与清8河口外高浓度的悬浮体连接，这说明河口两侧的高浓度的悬浮体除了受黄河入海泥沙的直接影响外，还受泥沙再悬浮的影响。与早期黄河口及邻近海域悬浮浓度的结果相比较，本研究区尤其是黄河口两侧悬浮体浓度明显降低（Zhang et al.，1998；中国海湾志编纂委员会，1998），这可能主要与黄河入海水沙急剧减少有关。近年来，黄河入海水沙和河口海域水动力条件发生了很大变化。受人类活动的影响，在过去的半个多世纪中，黄河年均入海水沙急剧减少，其中黄河入海径流量从1950—1959年的48×10^{9} m^{3}/a减少到2000—2005年的12.2×10^{9} m^{3}/a（Wang et al.，2006；黄河水资源公报，2000—2005）。另外，本次研究区的水深基本大于5 m，远离河口区，这也是造成悬浮体浓度较低的一个原因。

除受黄河入海水沙的影响，研究区悬浮体的分布和运移主要受潮流和余流控制。黄河自1976年5月人工改道从清水沟流路入海，三角洲岸线年平均向海推进0.08～0.30 km（中国海湾志编纂委员会，1998）。受黄河三角洲岸线外伸的影响，在黄河口两侧出现了一对显著的岬角漩涡对，黄河口南侧为顺时针环流系统、黄河口北侧为逆时针环流系统（黄大吉和苏纪兰，2002）。黄河泥沙入海后，由于地形和潮流的影响，使得黄河入海挟沙水流流势减弱，大部分的泥沙沉积在河口及其附近（Wiseman et al.，1986；臧启运等，1996）。流出河口的泥沙被沿岸的往复潮流挟带，沿平行岸线方向南北往复运动，并被位于河口两侧的涡旋捕获，这是造成了黄河口近岸悬浮体浓度，尤其是黄河口两侧水体浊度和悬浮体浓度较高的主要原因。同时，平行岸线的往复潮流，限制了黄河入海泥质向海方向的扩散，这是造成黄河口外邻近浅海海域悬浮体浓度很低的主要原因。

从悬浮体浓度、水体浊度和盐度等的分布特征来看，洪水季节黄河入海物质主要向S、SE方向传输，其次是向N和NE向传输。同时，本研究数据显示黄河入海泥沙南去进入莱州湾后，最终可能在莱州湾中部向NE方向进入渤海中部地区，而不是如以前所认识的沿莱州湾顶部向E运移进入北黄海。

8.3.2 渤海湾三角洲平原

渤海湾是相当典型的“U”字形海湾，有黄河、滦河和海河等河流注入，现代沉积作用进行得十分迅速，因而对海底地形的改造作用也很剧烈。湾内水深基本在20 m以内，只有在渤海湾北部靠近曹妃甸区域，水深可达30 m。

渤海湾北部近岸沉积物为砂质粉砂，靠近曹妃甸区域则出现较多的粉砂质砂和砂。其中较粗的砂和粉砂质砂的延伸方向与海岸线平行，沿北岸向西至湾顶东端即行尖灭。北部近岸沉积物平均粒径基本小于6Φ，分选差，分选系数基本大于1.6。南部近岸更粗，为粉砂质砂和砂质粉砂，平均粒径也基本小于6Φ，但是分选性较北部沿岸粗粒级沉积物好，分选系数基本低于1.5。湾中间的则主要为细粒级的黏土质粉砂，平均粒径在6Φ以上，大部分在7Φ以上。分选差，分选性介于北岸和南岸沉积物之间，分选系数在1.5～1.6之间。

碎屑矿物分析结果显示，重矿物中普通角闪石以湾顶呈舌状向湾外减少，高值区颗粒含量可达50%以上。湾北部曹妃甸海域和湾南部废黄河三角洲区域，普通角闪石颗粒含量基本低于20%。轻矿物中石英在南岸较高，含量在20%以上，北部近岸基本低于15%。而长石的分布则不同，南部长石含量基本在50%以上，而北部近岸在30%以下。根据碎屑矿物的分布，该区可以划分为曹妃甸区域的北部区、海河和蓟运河附近的湾顶区以及废黄河三角洲部分的南岸区。黏土矿物的分布也显示了三个亚区的不同，例如湾南部以低蒙皂石、高伊利石、高高岭石和高绿泥石为特征。

早期研究表明渤海湾的物质主要来自黄河、滦河和海河等输运物质，沉积物分布主要是机械分异的结果（秦蕴珊和廖先贵，1962）。方解石是黄河沉积物的特征矿物，云母和磷灰石是主要矿物，角闪石－黑云母－绿帘石为黄河重矿物的主要特征组合。滦河主要的物质来源为滦河中游山区花岗岩与变质岩的蚀源区，主要重矿物组合为磁铁矿、钛铁矿、辉石、石榴石、榍石和锆石等（张义丰等，1983；林承坤，1984，1988；孙白云，1990）。研究结果发现，湾顶受海河和蓟运河物质的影响，但是其影响范围有限，向外部扩散的趋势不明显。北部近岸受滦河的影响，南部则受到黄河物质的影响较大。

8.3.3 滦河口－曹妃甸沉积区（滦河三角洲沉积区）

滦河口－曹妃甸沿岸沉积区分布范围基本在曹妃甸到秦皇岛水深 23 m 左右的范围内，表层沉积物主要为砂和粉砂质砂，还有少量的砂质粉砂。大体上的分布特征为沉积物呈条带状，基本平行海岸分布，粉砂质砂主要分布在砂和砂质粉砂外围。从曹妃甸到秦皇岛平行海岸，砂含量逐渐增加，砂质粉砂含量逐渐减少。滦河口以东基本以砂和粉砂质砂为主，以西以粉砂质砂和砂质粉砂为主。

从碎屑矿物的分布来看，滦河口以东至秦皇岛，普通角闪石含量在 30% 以下，河口区含量较高，河口以西曹妃甸区域与河口以东类似。轻矿物中长石颗粒百分含量分布特征与普通角闪石相近，而石英的分布特征则基本与此相反，河口区石英颗粒含量在 30% 以上，河口以东略低，河口以西含量基本在 20% 以下。

8.3.4 泥质沉积区

黄河口外向 E、NE 方向，大致被一条带状分布的细粒级沉积物覆盖，主要为黏土质粉砂，水深范围基本在 25 m 以浅的区域。细粒级沉积物外围主要为砂质粉砂与渤海砂质沉积区分开。

泥质区重矿物的含量比砂质沉积区、滦河三角洲和六股河三角洲地区要低，含量一般在 5% 以下。重矿物以普通角闪石为主，绿帘石次之。普通角闪石的含量变化比较大，在黄口区域低于 10%，秦皇岛外围海域最高，可达 50% 以上。总体上，泥质区南部重矿物含量低、普通角闪石含量在 35% 左右，较泥质区北部低。稳定矿物如石榴石含量一般在 1% 以下，也较泥质区北部低。因此，推测该区域为混合物源，南部受黄河和沿岸冲刷物质的影响较大，泥质区北部则受到滦河和辽东浅滩等物质的影响。

8.3.5 辽河三角洲沉积区

辽河三角洲区域沉积物比较复杂，以砂质粉砂为主，黏土质粉砂、粉砂质砂和砂次之。沉积物分选差，分选系数基本在 2 以下，其中近零米线附近粉砂质砂和砂沉积物的分选性较砂质粉砂略好。

从碎屑矿物的分布来看，该区域的特征是长石、钛铁矿、磁铁矿以及石榴石的含量高，物理风化为主，不稳定的矿物含量较高。本区的物质来源主要为辽河，大凌河的输入物质也起到了一定的作用。

8.3.6 砂质沉积区

渤海砂质沉积区主要包括辽东浅滩、渤中浅滩和老铁山水道附近。老铁山水道附近主要为含砾沉积物，分选性差或者极差，分选系数基本在2.5以上。渤中浅滩和辽东浅滩沉积物以砂和粉砂质砂为主，其中渤中浅滩20 m水深以浅区域沉积物较粗，主要为砂。粗粒级沉积物分选更差，分选系数大部分大于2。

渤海砂质沉积区重矿物含量较高，如石榴石，而普通角闪石和绿帘石等不稳定矿物的含量在渤海属于低值区。

8.3.7 陆架浅海沉积区

从黏土矿物和碎屑矿物组成上来看，粒度组成不均一：莱州湾南部和靠近庙岛群岛附近粒度较粗，而莱州湾东北部表层沉积物粒度较细，碎屑矿物组成也存在差异，该区属于黄河及山东半岛沿岸侵蚀物质、沉积动力较为复杂。

8.4 渤海沉积模式

沉积模式是对沉积环境或者沉积体系的总结，可用于与其他沉积环境或者体系的对比。运用沉积模式可以指导未来的发现、评价已有概念的准确性，当然也可以在数据不足的情况下对地质状况进行预测。模式的创立主要通过以下几种方式：实验、模拟、理论、现代和古代实地复杂发现的简化。

本节渤海沉积模式主要基于沉积体的空间形态、岩性组合、沉积结构、动力状况和构造背景等要素，结合已经发表的文献，主要论述三角洲、砂质沉积和泥质沉积等的沉积模式。

8.4.1 黄河三角洲沉积模式

黄河携带巨量泥沙物质进入渤海后，由于水流展宽和潮流的顶托作用，流速迅速降低。黄河携带的泥沙物质卸载，在极浅水区形成席状浅滩，不断淤积增高形成河口砂坝。水下分流河道两侧发育天然堤和决口扇，河口区不断向海方向推进造陆。由于分流河道淤积快，纵比降减缓，经常发生迁移和改道，使得三角洲前缘没有形成指状砂坝。潮流和海流将细粒物质向河口两侧搬运，形成分流河道间沉积。波浪、潮汐把入海物质中的悬浮物质搬运至前三角洲沉积下来，受潮流和海流作用方向影响，前三角洲沉积厚度较小。三角洲平原可以分为上、下两部分：上三角洲平原主要是分流河道和分流河道间沉积。分流河道间有盐碱滩、沼泽、湖泊和风成沉积等类型，其中分流河道和盐碱滩沉积构成黄河三角洲平原的主要部分；下三角洲平原包括水下分流河道、水下天然堤和决口扇、分流间湾等。三角洲前缘黄河冲淡水与海水混合形成河口砂席和河口砂坝。这部分反映出黄河与渤海相互作用的特点，其中以水下分流河道、分流间湾和河口砂坝为最主要特点。黄河三角洲快速向海方向推进，黄河尾闾河道淤积很快，决口改道频繁，不能形成鸟足状三角洲。前三角洲沉积厚度小，分布广，生物扰动强，正常细粒沉积物中夹粗粒事件性风暴沉积。总体上黄河三角洲属于高建设性河控三角洲，具有典型的进积型沉积层序，但由于黄河尾闾河道游荡不定，以及河口区波浪作用的影响，未能形成典型的指状砂坝。

目前对黄河三角洲沉积模式的研究，多集中于渤海西南岸的现代黄河三角洲和黄海西侧的苏北黄河三角洲。苏北黄河三角洲形成于1194—1855年间，主要通过河流泥沙纵向主流堆积、横向决口分流堆积和沿海泥沙的扩散沉积等方式来完成（叶青超，1986）。该三角洲在1194—1578年间造陆速率在5 km^2/a左右，到1494—1855年间该三角洲造陆速率上升至约20 km^2/a（李元芳，1991；张忍顺，1984；许炯心，2001）。1855年后三角洲的演化主要表现为水下三角洲的冲蚀和三角洲岸线的夷平，河口沙嘴以每年大约1 km的速度后退。到20世纪60年代前后，后退速度降为85cm/a左右，同时河口沙嘴和拦门沙被逐渐夷平（张忍顺，1984）。渤海现代黄河三角洲形成于1855年以来，与苏北黄河三角洲的发育过程不同，它是由不同时期三角洲叶瓣相互套叠而形成（叶青超，1982）。1855年以来，黄河在渤海西岸决口改道50余次，每一次河道的摆动，都会形成一个三角洲叶瓣。每个三角洲叶瓣的发育过程都与分流河道的演变相对应，以现代黄河三角洲北部的刁口三角洲叶瓣为例。在行水期间（1964年1月至1976年5月），该三角洲叶瓣处于快速堆积期，三角洲岸线平均向海推进15 km，年造陆面积为27.83 km^2，且形成2个沉积中心，最大厚度超过14 m；1976年以后黄河主流转为现代黄河三角洲南部的清水沟流路，三角洲叶瓣进入被冲刷夷平期，最大侵蚀厚度达8 m。至1992年，该三角洲叶瓣已经失去了水下三角洲的地貌特征（Li et al.，2000；任于灿和周永青，1994）。通过对现代黄河三角洲发育过程的分析，叶青超（1982）提出现代黄河三角洲发育存在着“大循环”和“小循环”的模式。即一般将三角洲岸线在同一水平下的沙嘴延伸、河流改道称为小循环，历时7 a左右。将整个三角洲岸线从一个水平推进到另一个水平的过程，称为大循环。完成一次大的循环，大约历时半个世纪。Xue（1993）综合古代和现代黄河三角洲的分布，提出黄河三角洲不同时期分流河道摆动形成三角洲叶瓣，主流（下游）河道侧向摆动形成亚三角洲（超级叶瓣），这些亚三角洲套叠而形成黄河三角洲复合体。即黄河主流和分流河道的双重摆动，形成了黄河三角洲（图8.15）。

8.4.2 砂质沉积区沉积模式

中国近海陆架十分辽阔，砂质沉积是陆架最重要的底质类型之一。陆架沙的成因，是陆架沉积模式的重要组成部分。到目前为止对于陆架沙的沉积模式主要有3种观点，分别为残留沉积模式、沙漠化成因模式和潮流沉积模式。渤海砂质沉积主要分布在滨岸带如滦河口至秦皇岛、辽东浅滩和渤海海峡北部等。

20世纪50年代埃默里提出“残留沉积”的定义：残留沉积是很久以前与环境平衡下来的沉积物，后来环境改变了，即使未被后来的沉积物覆盖，但与环境已经不平衡了。60年代初秦蕴珊首次应用这一概念建立了中国陆架沉积物分布模式（秦蕴珊，1963）。早期我国学术界对陆架残留沉积形成这样一种限定：末次冰期低海平面时形成的、滨岸相的、砂质的高能环境产物。经过多年调查研究，发现残留沉积有末次冰期形成的，也有冰后期海侵过程中形成的；残留沉积滨岸相的较多，但也有陆相的冲积、洪积、湖沼沉积和风积，甚至还有海相的潮流沉积；成分上以砂为主，也有粉砂质黏土和黏土等；残留沉积所处的现代环境差异很大，水动力状况有强有弱，但有一个共同特点就是水动力与物质供应配合上，使海底几乎不发生现代沉积作用或者还存在一定的侵蚀作用（刘锡清，1996）。《渤海地质》中提到渤海海底的残留沉积主要在辽东浅滩至渤海海峡北部老铁山水道附近。此外，在滦河口、六股河口及辽东湾中部也有局部出露。早期研究结果表明辽东浅滩上的砂为黄褐色，松散无黏性，

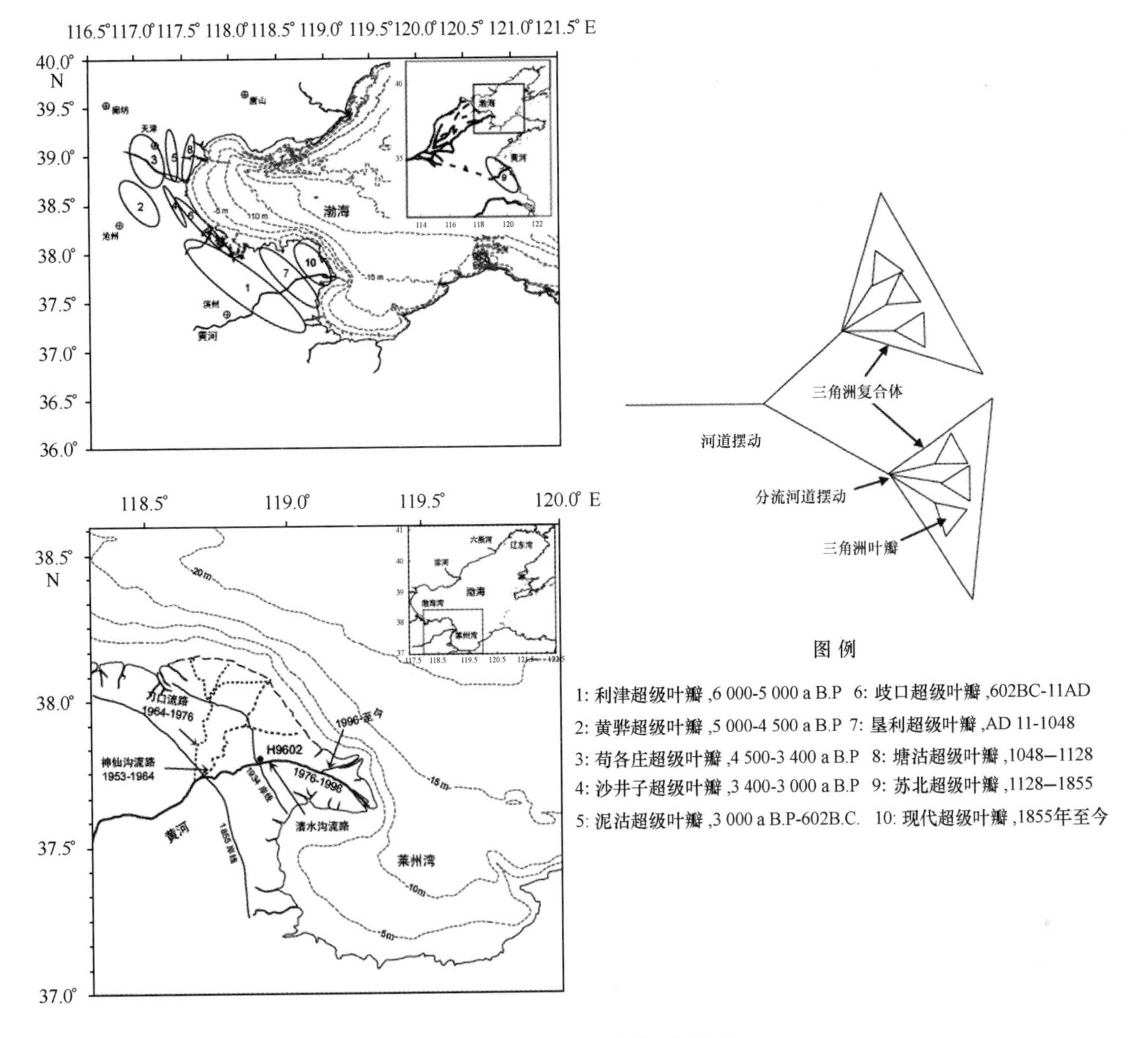

图 8.15　黄河三角洲沉积模式

修改自 Xue，1993

砂粒有暗褐色铁质污染，圆度多为 2～3 级。砂中也见有海底冲刷作用下形成的泥砾。辽东浅滩上大片砂质沉积物很可能属更新世末期或全新世初期低海面时期的滨海沉积。

20 世纪 70 年代 D. J. P. Swift 等对残留沉积概念提出批评，主要指出很多原来认定的残留沉积已遭到潮流和风暴的强烈改造，和现代环境平衡了。因此已不再属于残留沉积。某些地区因改造程度不同，而被称为“准残留沉积”。如渤海的辽东浅滩含大量滨岸带软体动物化石，考虑到该沉积区已遭潮流、波浪强烈改造，成为“物质是老的、结构是新的”沉积体，所以应属现代沉积（刘锡清，1987，1997）。

秦蕴珊和赵松龄（1991）提出晚更新世陆架沙漠化成因模式，认为当今陆架上之所以出现如此巨大的砂质堆积，包括残留沙和潮流沙区，都是由末次冰期沙漠体演化而来的。这个新的“陆架沙漠化”假说，由于缺乏真正的沙漠（风沙）沉积证据，未能被大多数人接受。但对于末此冰期盛冰期的干冷气候环境，仍得到多数人认同。

20 世纪 80 年代以来，刘振夏等对潮流沙脊进行了较多的研究。90 年代中法科学家联合对渤海东部潮流沉积进行了研究，提出渤海东部发育的典型潮流动力地貌体系主要由老铁山水道冲刷槽、辽东浅滩沙脊和渤中浅滩沙席组成。其中老铁山水道冲刷槽为潮流侵蚀区，辽东浅滩沙脊和渤中浅滩沙席为潮流沉积区。浅滩物质来自老铁山水道，由潮流携带入渤海，在浅滩处堆积。辽东浅滩和渤中浅滩全新世最厚海相层分别为 26 m 和 20 m，均为渤海中除黄河口外全新世沉积最厚和沉积速率最快的海区（刘振夏等，1994）。ESR 石英砂测年表明，看起来年轻的沙脊，却具有较老的年龄（ >2.5 ka B. P. ）。说明了这些物质为被侵蚀的老铁山水道沉积物，辽东浅滩和渤中沙席为现代潮流沉积。

8.4.3 泥质沉积区沉积模式

目前中国东部陆架泥质沉积区主要包括：现代黄河口、苏北老黄河口和长江口外泥质区，山东半岛东部沿岸、浙闽沿岸和黄海东部泥质区，黄海中部、济州岛西南和北黄海泥质区。泥质沉积可分为水下三角洲沉积、沿岸流沉积、小环流沉积和外陆架泥质沉积等。这些泥质沉积的形成和演化，与陆源物质输入、全球气候和海洋环境变化密切相关。一般，泥质沉积区潮流和波浪动力因素一般较弱，沉积速率较高，沉积物沉积连续，记录了物源区和沉积区的环境变迁过程。因此，不管从现代沉积作用角度，还是从海洋环境演变的地质记录方面，这些泥质沉积都是进行海洋沉积学研究的理想场所。另外，这些细颗粒物质沉积是污染物和营养盐的重要载体，对泥质区现代沉积动力以及物质组成的研究，有助于了解中国近海的生态环境以及人类活动对其的影响。

Hu（1984）发现黄海和东海泥质区与上升流的分布具有一致性，提出“凡有上升流的地方，海底沉积物必为软泥”的观点。自此，对泥质区的研究拉开了序幕，有关中国东部陆架泥质沉积的研究开始受到关注。现代黄河口、老黄河口和长江口外泥质沉积均为大河口外泥质沉积，这是毫无争议的。而对山东半岛东部沿岸、北黄海、浙闽沿岸、济州岛西南、南黄海中部和东部以及渤海中部泥质沉积区的物质来源和沉积模式的研究，目前还存在诸多推定。

石学法等（2002）总结早期研究成果，提出北黄海西部、南黄海中部和济州岛西南泥质沉积为气旋型涡旋泥质沉积，南黄海东部泥质沉积则属于反气旋型涡旋泥沉积的沉积模式，并对这几个沉积体系形成的动力过程以及沉积物特征进行了总结。但是，Zhu 和 Chang（2000）利用三维物质输送模型对中国东部陆架海悬浮体物质的搬运进行了模拟，发现潮流是控制砂质、泥质和砂 - 泥混合沉积的主要因素，提出冷涡流的存在不是泥质沉积的必要条件。Liu 等（2007）就根据浅地层剖面和钻孔岩性、测年以及微体古生物等资料，提出山东半岛东岸泥质沉积是渤海东部潮流沉积体系的远端部分，而不是在此之前研究者所认为的水下三角洲系统。另外，Yanagi 等（1996）通过分析 1995 年现场观测资料，发现济州岛西南泥质区上层水体存在逆时针环流，而下层水体为顺时针环流，并提出该处的泥质沉积的形成和与此环流无关。

1985 年出版的《渤海地质》提出渤海泥质沉积为现代陆源碎屑沉积，是近代沿岸河流的输入物或海岸冲蚀物。刘锡清（1990，1997）提出渤海泥质沉积为小环流泥质沉积（范围包括渤海湾及渤中泥质沉积区）。赵保仁等（1995）提出该泥质区的形成主要与渤海环流输送有关，即黄河入海物质在环流的作用下主要向西（渤海湾南部）和向北（至秦皇岛近海）输送，而不是主要向莱州湾和渤海海峡方向输送。早期对于这片分布于渤海从黄河口到秦皇岛的一条带状泥质区沉积物特征、环境演化的研究较少，近几年来则刚刚开始（刘建国等，2007；Liu et al. , 2008；乔淑卿等，2010）。目前对该泥质沉积区的研究发现：泥质区西南部和中部形成于约 6 000 a B. P. ，黄河物质影响较强，主要是在潮余流的作用下搬运后沉积下来。北部泥自早全新世之前便已形成，且主要沉积于高海面之前，受滦河物质作用相对较强。粒度趋势分析结果显示，渤海细粒级沉积物沉积区，即渤海湾中部、东部向辽东湾方向呈条带状延伸的砂质泥和粉砂沉积区是渤海的现代沉积中心，渤海细粒级沉积物有向该沉积中心汇聚的趋势。除了入海河流的影响外，渤海的这种底质沉积物分布特征和沉积物输运趋势主要受渤海潮流和环流的控制。但是由于缺乏现代水动力和现场观测数据，该泥质区是否为典型的环流沉积还有待于进一步的研究。

综上所述，本节仅对渤海典型沉积环境如黄河三角洲沉积、砂质沉积区和泥质沉积区的沉积模式进行了简要的总结。目前由于缺乏系统的观测资料，对于辽河三角洲、滦河三角洲等相对小河流三角洲以及辽东湾中部砂质沉积区、渤海泥质沉积的沉积模式还有待于深入的研究。

第9章　渤海海域浅地层层序

9.1　末次冰消期以来渤海近岸层序地层特征

渤海晚更新世以来的沉积受全球海平面升降变化的控制，但同时，在河流入海的区域，如黄河、海河、滦河、辽河等，大量的沉积物质随河流入海堆积，这里的沉积层序更容易受到沉积物质供应量的影响。对渤海晚更新世沉积厚度的研究表明，构造沉降对渤海沉积层序也有重要的影响（李西双等，2010）；此外，渤海东部发育的潮流沉积（沙席和沙脊）（刘振夏等，1994）以及西部的泥质沉积（刘建国等，2007）还显示了潮流对沉积分布的影响。

李广雪等（2005）、刘勇（2005）根据中国东部陆架末次海侵进程，认为Lambeck（2001）曲线在中国东部陆架具有相当好的代表性（图9.1）。

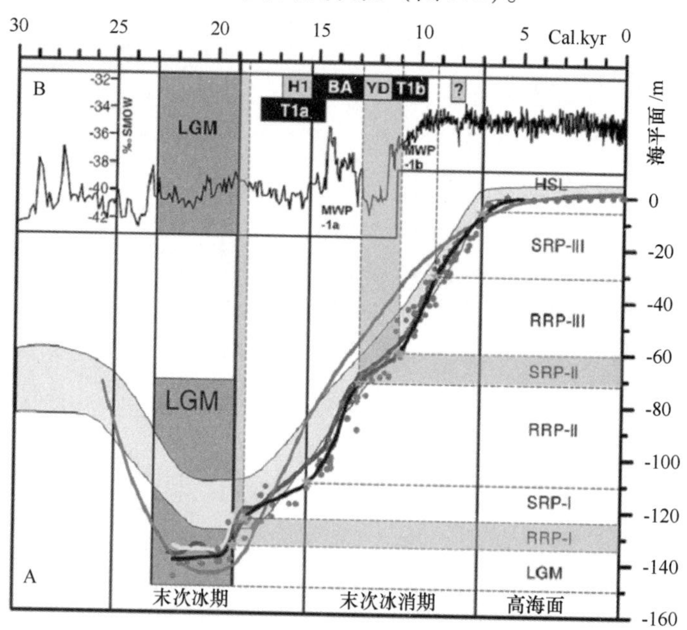

图9.1　Lambeck（2001）汇总的全球海面变化曲线（黑色曲线）
HSL：高海面时期；RRP：海平面快速上升期；SRP：海平面慢速上升期
资料来源：刘勇，2005

由图9.1可以看出：20 ka B. P. 左右，中国东部陆架处于最低海平面时期，自此随着气候的变暖，海平面开始迅速上升，虽然也有小的波动，但一直到8 ka～7 ka B. P. 海平面一直保持着快速上升的趋势。渤海的钻孔测线资料显示，海水真正进入渤海的时间应该在9 ka B. P. 左右，而到达最高海平面的时间大约在7 ka B. P. ，随后海平面一直处于小的波动。7 ka

B. P. 至现今这段时期，海岸线的变迁主要受到海平面的波动、近岸沉积物质供应共同作用，最明显的例子就是 1855 年以来，黄河三角洲向海方向推进距离超过了 40 km。

本章将“908 专项”在渤海海域进行的浅地层进行综合研究，测线分布见图 9. 2。由于沉积环境有较大的差异，将渤海划分为两个区域进行研究：（Ⅰ）辽东湾和（Ⅱ）渤海湾 - 黄河三角洲区。

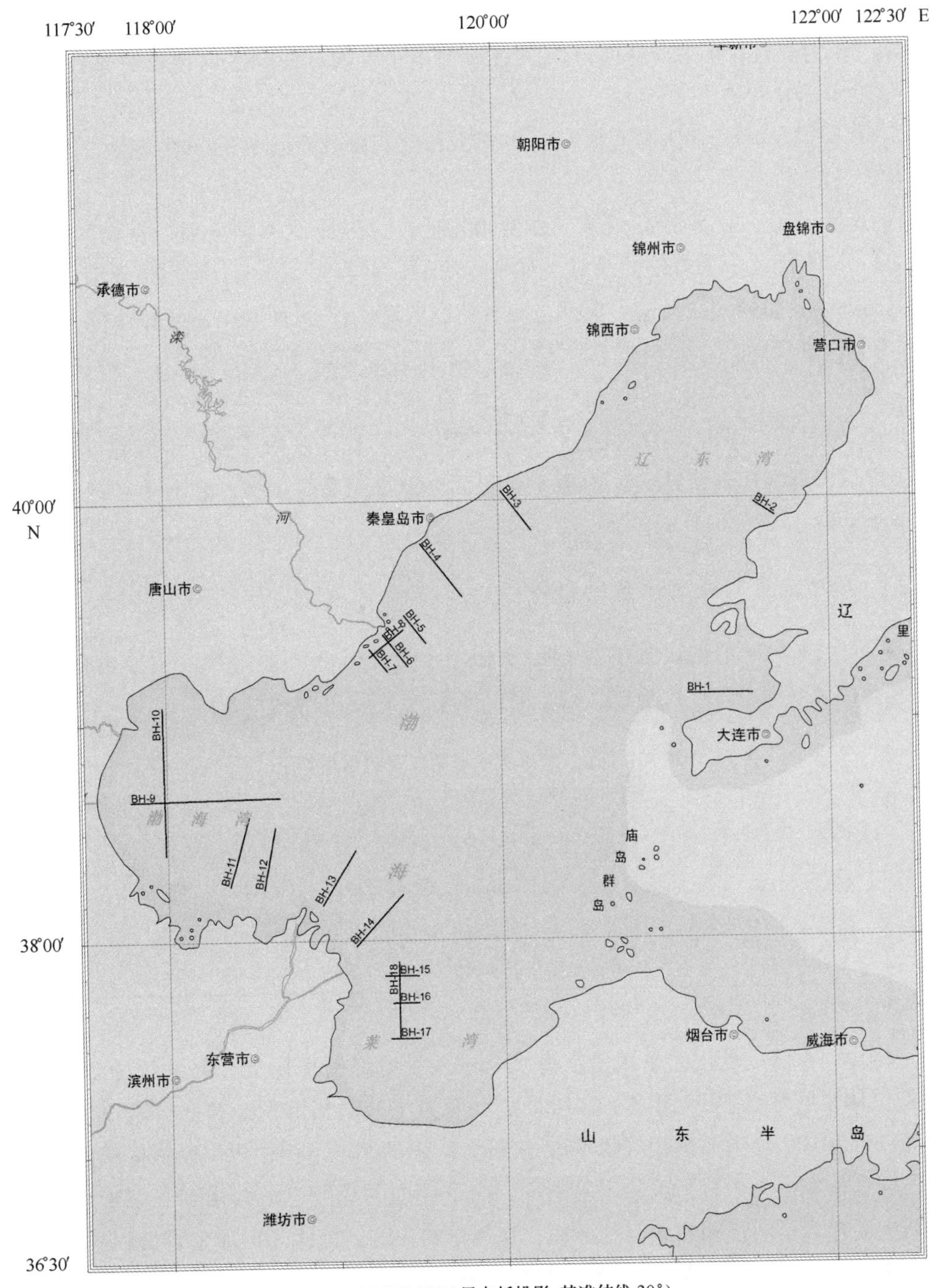

图 9. 2　渤海海域浅地层调查测线分布

9.1.1 辽东湾

辽东湾周边有辽河、滦河、六股河等河流，但输沙量都不大，东西两侧均存在着沿岸流。

9.1.1.1 主要声学反射界面及其地质属性

总的来说，辽东湾海域浅地层剖面上可以识别出 3 个主要声学反射面，自上而下分别为 SB，TS 和 Rg。其中，SB 为海底面，TS 为区域性不整合面，在全区内比较明显且都有分布，Rg 界面仅近岸部分可见。

（1）SB 反射面。SB 面为海底面，由于海水和沉积物具有较大的物性差异，因此在剖面上非常容易识别。

（2）TS 反射面。TS 面具有低频、强振幅特征，为区域性不整合面，在全区广泛分布。在渤海大部分 TS 面之上为规则的反射（如平行反射，前积反射等）；而在该界面之下则为杂乱反射，局部为典型的埋藏河道。根据与海域钻孔的对比，TS 面与全新世以来海相沉积的底界一致，其上沉积物的^{14}C 年龄通常不超过 9 ka B. P.，其下沉积物的^{14}C 年龄通常大于 10 ka B. P.。

（3）Rg 反射面。通常具有较大的起伏和低频特征。在辽东湾东侧近岸海域，部分浅层地震剖面还可以识别出基岩顶界反射面 Rg。该界面之下呈无反射结构，之上为平行反射、前积反射成杂乱反射。

9.1.1.2 层序地层划分及体系域分析

辽东湾海域末次冰消期以来的沉积层序相当于 1 个 6 级 I 型层序，主要由低位体系域（LST）和高位体系域（HST）组成，缺少海侵体系域（TST）（表 9.1）。

表 9.1 辽东湾末次冰消期以来的层序特征

声学界面	体系域	层序	沉积相	发育时代
SB - - - - -	HST	6 级 I 型层序 - Sq1	三角洲，滨 - 浅海相，潮流沉积	7 ka B. P. ~0
TS - - - - -	LST		河流相、湖沼相沉积以及可能的洪积或冲积相	20 ~9 ka B. P.

（1）低位体系域。低位体系域是在海水未进入渤海之前形成的，时间约为 20 ka ~9 ka B. P.。低位体系域对应于 TS 面之下的以杂乱反射为主的陆相沉积，其底界难以识别；杂乱反射中间局部发育古河道充填相（BCF），表现为清晰的凹形下侵边界以及强振幅的杂乱反射相充填，河道的宽度由数百米到数千米不等，向下侵蚀的深度也由数米到二三十米不等。低位体系域主要包含了河流相和湖沼相沉积，在近岸的丘陵或山区还可能发育洪积或冲积相。

（2）海侵体系域。本区缺失 MFS 面和海侵体系域。

（3）高位体系域。位于 TS 面之上。在 7 ka B. P. 时，海平面达到最高点后开始处于小幅度的波动，现代潮流体系域也开始逐渐形成，在不同的区域潮流、海平面和沉积物供应形成了不同的平衡体系，分别形成三角洲相、浅海相和潮流沉积，构成了渤海高位体系域。辽东湾海域的高位体系域主要包含了近岸的、具有平行或低角度前积反射层理的滨－浅海相、前积反射层理的潮流沉积以及三角洲相（滦河三角洲和六股河三角洲，辽河三角洲区未有测线覆盖）。滦河和六股河的输沙量较少，同时入海口区存在较强的沿岸流系和潮汐，因此形成的三角洲以潮控类型为主，河口外侧海域沙脊、沙坝发育。在辽东湾的东侧，现代潮流沙脊、沙席沉积是典型的高位体系沉积。

9.1.1.3 典型浅地层剖面分析

总体上，辽东湾沿岸沉积物供应较少，潮流是控制沉积的主要因素，全新世沉积厚度较小。滦河的平均年输沙量约为 2.21×10^7 t（岳保静等，2010），在渤海周边仅次于黄河。下面将通过8条典型剖面来了解辽东湾末次冰消期以来的层序特征。

（1）剖面BH－1（图9.3）。剖面位于金州湾内，可以清晰地识别出SB、TS和Rg三个主要反射面。高位体系域厚度达15 m，近岸为具有前积反射的浅海相沉积，西侧为潮流沉积，底部与TS面呈上超接触关系。TS面之上、Rg面之上的末次冰消期陆相沉积表现为杂乱反射相特征，厚度变化较大。剖面还显示了2处模糊声学反射相，应是浅层气存在的指示。

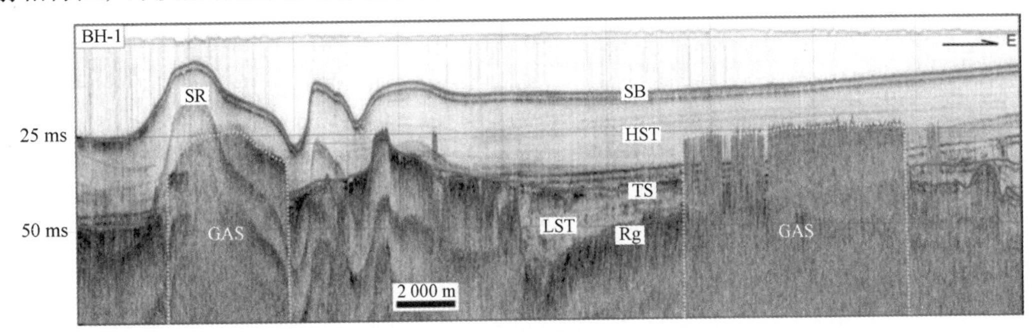

图9.3 典型浅地层剖面（BH－1）

主要反射界面：BS－海底面，TS－全新世海相沉积底界，Rg－基岩顶面；沉积体/体系域：SR－沙脊，HST－高位体系域，LST－低位体系域；特殊反射现象：GAS－浅层气（下同）

（2）剖面BH－2（图9.4）。受潮流冲刷的影响，全新世沉积厚度较薄（小于5 m），TS面和Rg比较明显，但MFS面无法识别。近岸处基岩裸露海底，中部发育潮流沉积，总体上厚度由岸向外减薄。全新世沉积之下发育2处埋藏古河道（BCF），河道内为具有杂乱反射和发散反射相的沉积物充填；另外，近岸的晚更新世沉积呈发散状反射，随着基岩面埋深向海迅速变大，沉积厚度也迅速增大。

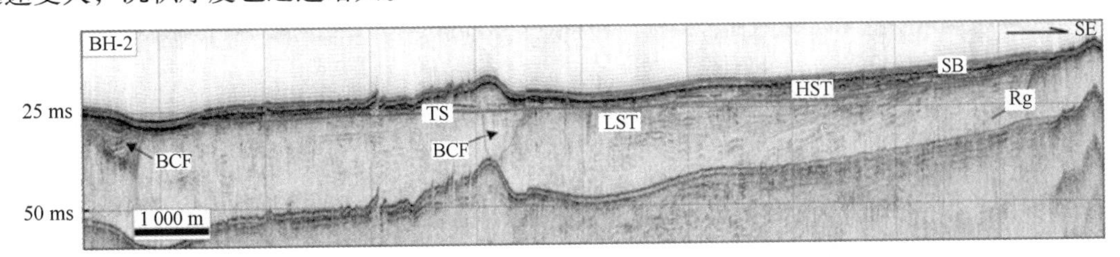

图9.4 典型浅地层剖面（BH－2）

特殊反射现象：BCF：埋藏河道/下切谷（下同）

（3）剖面 BH－3（图9.5）。剖面位于六股河口南部海域，全新世沉积表现为半透明状反射相，呈楔形披盖在更新世沉积之上，厚度由近岸的 1 m 向外逐渐增大到 8 m，其内部未识别出 MFS 面。近岸处全新世沉积之下为杂乱相的末次冰消期的陆相沉积，局部可见起伏不平的剥蚀面。

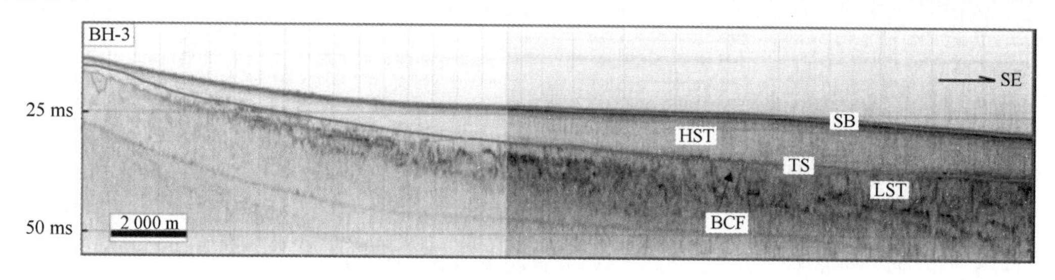

图 9.5　典型浅地层剖面（BH－3）

（4）剖面 BH－4（图9.6）。剖面位于滦河河口北部海域，受现代海流冲刷的影响，全新世较薄或缺失，剖面揭示的最大厚度不超过 3 m。剖面上未识别出 MFS 面，局部发育末次埋藏古河道。

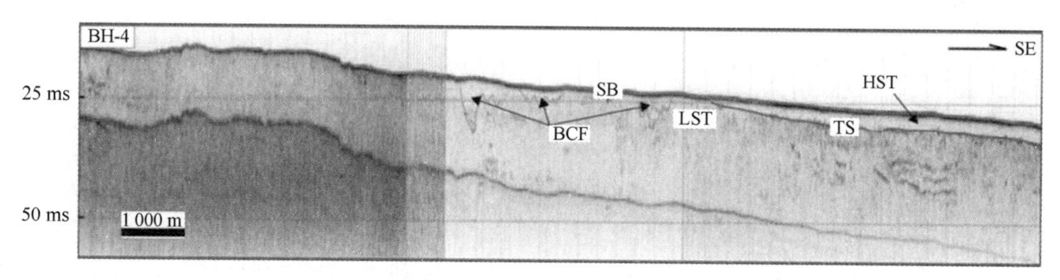

图 9.6　典型浅地层剖面（BH－4）

（5）剖面 BH－5（图9.7）。剖面与水深等值线近似垂直。整个剖面可以划分为三段：近岸全新世沉积物主要为滦河水下三角洲沉积，厚度只有 1～3 m；中间段缺失全新世沉积，主要为侵蚀沟槽和残留沉积构成的脊；西段晚更新世沉积之上又开始覆盖了 1～3 m 的全新世沉积物。残留脊下见埋藏谷/河道。

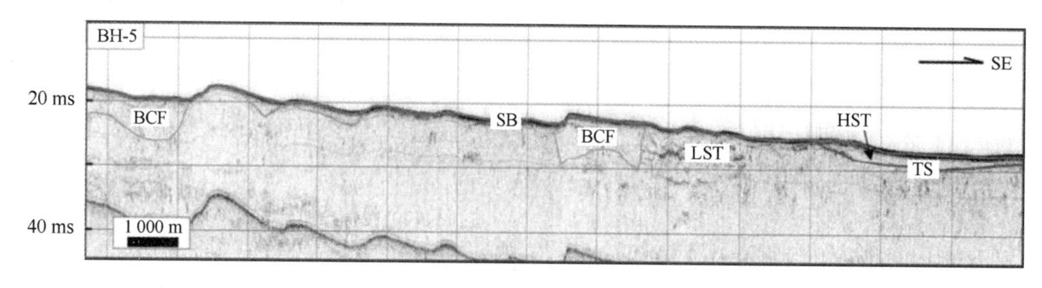

图 9.7　典型浅地层剖面（BH－5）

LH－D 滦河三角洲

（6）剖面 BH－6（图 9.8）。剖面的特征与 BH－5 相似，但在残留脊下未见埋藏谷/河道。

（7）剖面 BH－7（图9.9）。剖面与水深等值线近似垂直。滦河水下三角洲呈楔形覆盖在

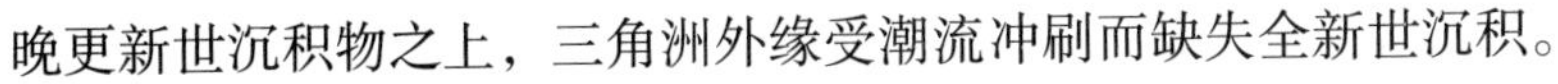
晚更新世沉积物之上，三角洲外缘受潮流冲刷而缺失全新世沉积。

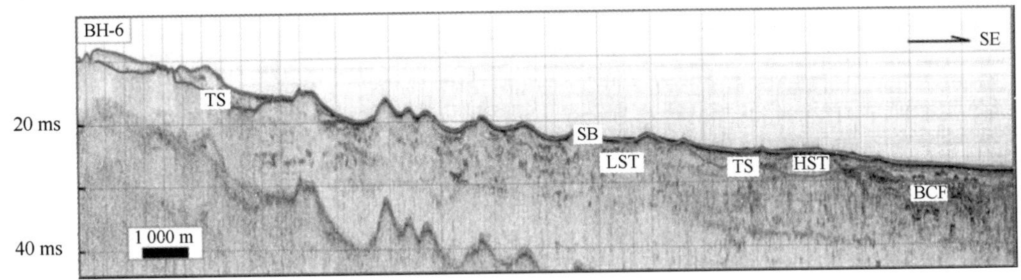

图9.8　典型浅地层剖面（BH－6）

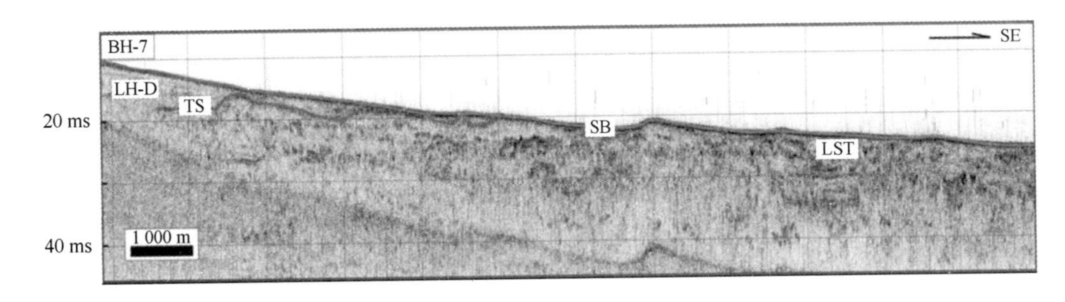

图9.9　典型浅地层剖面（BH－7）

（8）剖面BH－8（图9.10）。该剖面横切滦河三角洲。滦河三角洲薄薄的沉积披盖在晚更新世陆相沉积之上，南部TS面与全新世沉积呈上超接触，北部由于剖面资料较差，TS面不能识别。

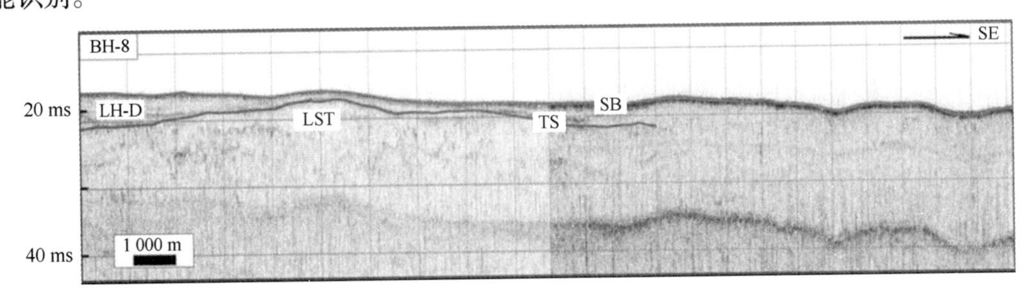

图9.10　典型浅地层剖面（BH－8）

9.1.2　渤海湾—黄河三角洲区

渤海湾—黄河三角洲区是渤海主要的沉积区，区内主要入海河流除黄河外还有蓟运河和海河，但二者的泥沙输送量远小于黄河。历史上，黄河曾多次改道入渤海湾，并形成三角洲沉积（图9.11）；此外渤海海流，特别是夏季环流也将滦河入海沉积物输送到渤海湾并沉积下来（秦蕴珊等，1985）。现代的黄河三角洲是1855年以来黄河入渤海形成的。黄河三角洲属于河控三角洲类型，黄河巨大的输沙量，加上黄河改道频繁，大部分沉积物在河口区沉积下来，部分被带到北黄海并沉积下来（Liu et al.，2004；Yang & Liu，2007）。

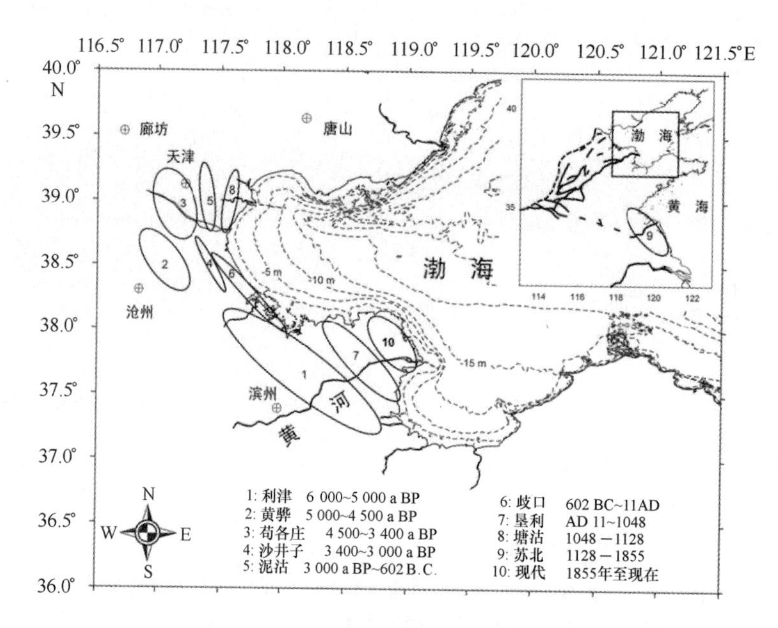

图 9.11　全新世三角洲的分布和年龄

资料来源：Xue，1993

9.1.2.1　主要声学反射界面及其地质属性

总的来说，渤海湾—黄河三角洲区海域浅地层剖面上可以识别出 5 个主要声学反射面，自上而下分别为 SB，DB，MFS，TS，Rg。上述界面只有 SB 和 TS 在全区内比较明显且全区分布，其余界面仅局部可见。

各声学反射面的特征如下：

（1）SB 反射面。SB 面为海底面，由于海水和沉积物具有较大的物性差异，因此在剖面上非常容易识别。

（2）DB 反射面。该界面只在现代黄河三角洲区分布，为 1855 年至现今黄河三角洲沉积的底界面，该界面连续性好，由岸向海方向呈稍倾斜状态。根据海域有限的钻孔资料，DB 界面的标高在 -18 ~ -15 m（Liu et al.，2009），并在现代三角洲前缘顶端（水深也大致在 -15 m 左右）尖灭，与海底面重合。DB 界面之上的现代三角洲沉积呈楔状，内部表现为前积反射结构；界面之下为平行反射或小角度的前积反射。

（3）MFS 反射面。MFS 是全新世沉积内的最大海侵面，在黄河三角洲沉积区 MFS 反射面分布广泛，连续性好，界面之上为平行反射或小角度前积反射，呈弱振幅特征，厚度只有几米，界面之下为平行反射，并且向岸方向上超。

（4）TS 反射面。TS 面具有低频、强振幅特征，为区域性不整合面，在全区广泛分布。大部分 TS 面之上为规则的反射（如平行反射，前积反射等）；而在该界面之下则为杂乱反射，局部为典型的埋藏河道，部分区域 TS 面之下为强振幅、低频特征的平行反射，其厚度通常小于 5 m，推测为含有机质较多的泥炭层。根据与海域钻孔的对比，TS 面与全新世以来海相沉积的底界一致，其上沉积物的 ^{14}C 年龄通常不超过 9 ka B. P.，其下沉积物的 ^{14}C 年龄通常大于 10 ka B. P.（图 9.12）。

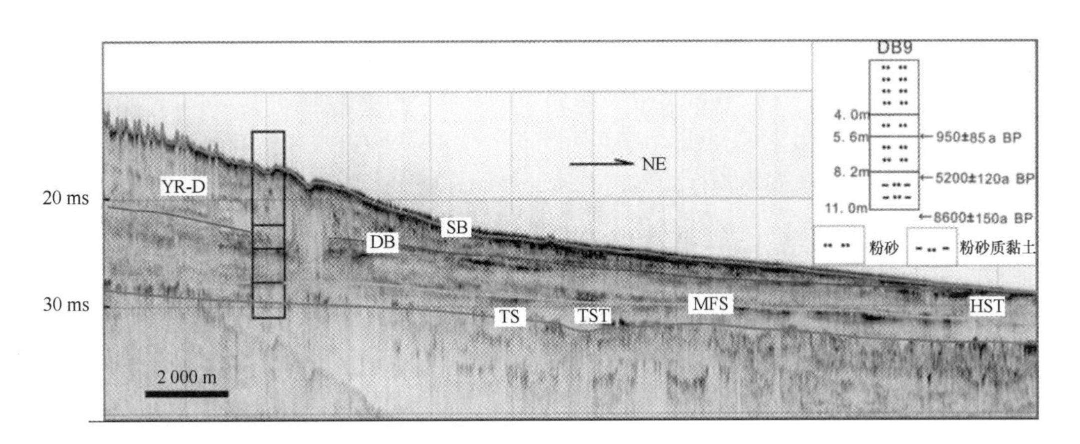

图9.12　浅地层剖面AZ47与DB9孔对比

YR-D：现代黄河三角洲（下同）

9.1.2.2　层序地层划分及体系域分析

渤海湾—黄河三角洲海域末次冰消期以来的沉积地层为一个6级Ⅰ型层序，由低位体系域、海侵体系域和高位体系域组成（表9.2）。

表9.2　末次冰消期以来渤海层序地层

声学界面	体系域	层序	沉积相	发育时代
SB－－－－－ DB－－－－－	高位体系域	6级Ⅰ型层序－Sq1	三角洲，浅海相，潮流沉积	7 ka B. P. ~0
MFS－－－－	海侵体系域		滨－浅海相	8.5 ka~7 ka B. P.
TS－－－－－	低位体系域		湖－沼相，河流相	20 ka~8.5 ka B. P.

（1）低位体系域。低位体系域形成的时间约为20 ka~9 ka B. P.，主要对应于TS面之下的以杂乱反射为主的陆相沉积，其底界难以识别。低位体系域主要包含陆相河流沉积以及湖泊沼泽沉积，对应于3种常见的地震相。

平行强反射地震相（LWD）：分布广泛但不连续，其厚度较小不均一。海域钻孔的资料表明，位于TS面之下的平行强反射地震相所对应的沉积层中富含有机质或泥炭，为海水尚未到达前渤海海域局部发育的湖沼相沉积。^{14}C测年结果表明（庄振业等，1999；刘升发等，2006；商志文等，2010），湖沼相沉积的年龄在9 ka~11 ka B. P. 之间。

古河道充填相（BCF）：在TS面或LMD之下，浅地层剖面上显示识别出末次冰期的埋藏古河道及其充填沉积，在地震相上主要表现为清晰的凹形下侵边界以及杂乱反射相充填。河道的宽度由数百米到数千米不等，向下侵蚀的深度也由数米到二三十米不等。

杂乱相：是主要的地震相，上述两种地震相LWD和BCF主要以镶嵌的方式存在于杂乱相中。在浅地层声学剖面中，杂乱反射层通常认为是典型的陆相（河流、湖泊等）沉积。区内大部浅地层剖面未探测到杂乱相反射层的底界。根据海域的钻孔测年资料，渤海全新统之下的杂乱相反射层的年代通常大于11 ka B. P.。

现代黄河三角洲为1855年以来黄河入渤海后形成的，顶界为现代海底面（SB），底界为反射面（DB）。总体上，现代黄河三角洲表现为具有楔状外形的低角度前积反射相，振幅较弱，其内部还可以划分出2～3个更小的具有楔状外形的前积反射体（图9.13）。根据陆域钻孔的研究，现代黄河三角洲在渔洼的厚度基本为0 m，这里与1855年海岸线基本吻合，从渔洼向海方向厚度逐渐增加，然后从现代岸线向外又逐渐减小，剖面上呈透镜状，平面上呈扇形，现代三角洲的最外缘大致位于15 m等深线处。

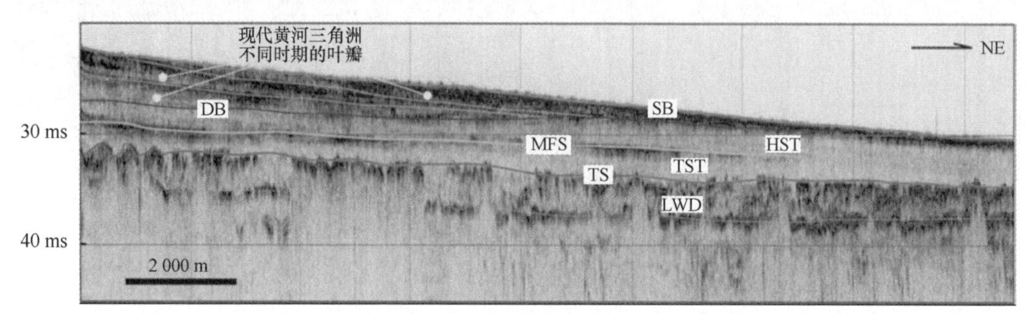

图9.13 现代黄河三角洲内部不同反射体代表了不同时期形成的叶瓣

DB：为现代三角洲的底界

（2）海侵体系域。位于TS面和MFS面之间，形成于9 ka～7 ka B. P. 。区内海侵体系域的厚度较小，主要表现为向海微微倾斜的前积反射或平行反射，振幅较弱，可见到与底界面TS的下超关系海侵体系域主要由滨浅海相沉积构成。部分剖面缺失海侵体系域。

（3）高位体系域。位于MFS面之上或TS面之上，形成于7 ka～0 ka B. P. 。渤海海平面和其他海域基本一致，大约在7 ka B. P. 到达最高海平面，现代潮流体系域也是在最高海平面时期开始稳定。因此，沉积物供应和潮流体系共同控制了高位体系域中沉积相及其分布。总的来说，区内高位沉积主要包括现代三角洲沉积，近岸的、具有平行或低角度前积反射层理的滨－浅海相以及具有前积反射的潮流沉积，其厚度超过10 m，由岸向海变薄，沉积物主要源于黄河带来的陆源物质以及自北向南的沿岸流带至该区的沉积物质。

（4）现代黄河三角洲沉积。已有的研究表明，现代黄河三角洲是黄河尾闾先后以宁海和渔洼为顶点摆动而形成的叶瓣叠置而成的，每一次摆动（改道）则相应地形成一个对应的叶瓣（图9.14）。但是，在改道次数和叶瓣个数的划分上不同学者有不同的观点。高善明等（1989）认为黄河三角洲由7个亚三角洲（叶瓣）组成；成国栋（1991）、叶青超（1986）等则认为有10个叶瓣；庞家珍（1979）、薛春汀等（1994）则划分出8个叶瓣。

对于黄河三角洲单个叶瓣的结构特征，根据对清水沟叶瓣（1976年至现今）的研究，成国栋等（1991）认为黄河三角洲的每个叶瓣包含有6个沉积类型，从河口向外依次为河流沉积、河口沙席、河口沙坝、远端沙坝沉积、三角洲侧缘（烂泥湾）沉积和前三角洲沉积（图9.15和图9.16）。

根据陆域三角洲沉积地质的研究，我们认为小的前积反射体是黄河尾闾摆动形成的三角洲叶瓣的前三角洲、远端沙坝或三角洲侧缘沉积部分。在不同位置的浅地层剖面上，垂向上可能叠置2～3个这样的反射单元。

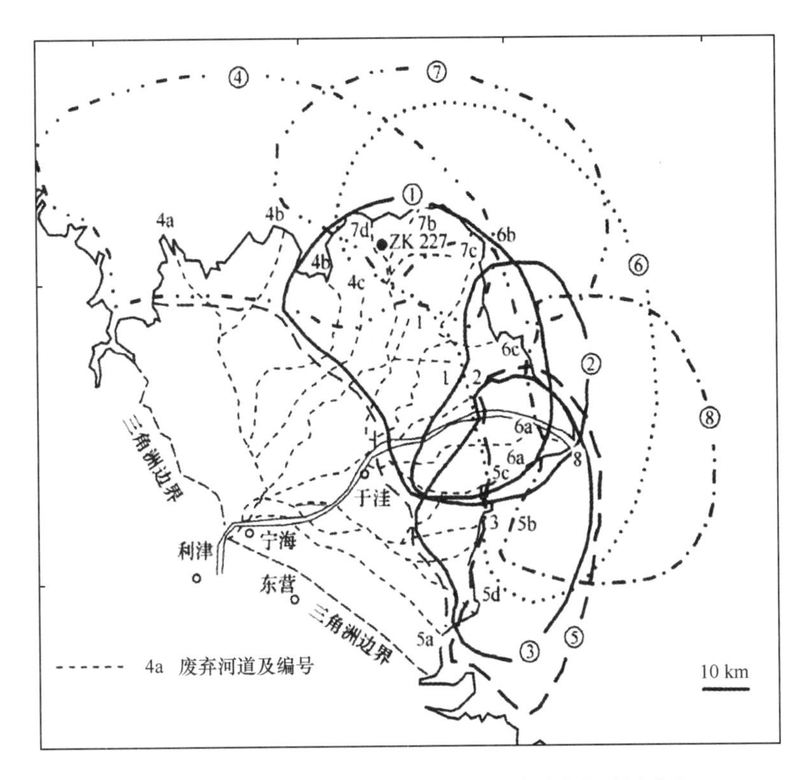

图 9.14 现代黄河三角洲不同时期改道形成的叶瓣分布

分流河道时间顺序以阿拉伯数字表示，其后的英文字母表示一个叶瓣内分流河道活动的先后顺序. 1. 1855—1889 年;2. 1889—1897 年; 3. 1897—1904 年; 4a - c 1904—1929 年; 4a. 1904—1917 年; 4b. 1917—1926 年; 4c. 1926—1929 年; 5a - d 1929—1934; 6a - c 1934—1964 年（1938 年 7 月至 1947 年 3 月黄河未注入渤海）; 6a. 1934—1953 年; 6b. 1934—1960 年; 6c. 1960—1964 年; 7a - d. 1964—1976 年; 7a. 1964—1966 年，处于漫流和频繁改道状态，未标明具体位置; 7b. 1967—1972 年; 7c. 1972—1974 年; 7d. 1974—1976 年; 8. 1976 年至今; 叶瓣的水下三角洲序列：①1855—1889 年，②1889—1897 年，③1897—1904 年，④1904—1929 年，⑤1929—1934 年，⑥1934—1964 年（1938 年 7 月至 1947 年 3 月黄河未注入渤海），⑦1964—1976 年，⑧1976 年至今

资料来源：薛春汀等，2009

9.1.2.3 典型浅地层剖面分析

下面将通过 10 条典型剖面来了解渤海湾—黄河三角洲海域末次冰消期以来的层序特征。

（1）剖面 BH - 9（图 9.17）。剖面位于渤海湾中部，呈 EW 向，剖面的穿透深度超过 50 m。剖面显示，全新世沉积近岸表现为前积反射结构，厚度超过 10 m，向外逐渐减薄，可识别出 MFS 面。海平面快速上升时期形成的高位体系，呈楔形沉积在 TS 面之上。在 TS 面之下，靠近岸发育湖沼相沉积（LWD），厚度 0 ~ 3 m；剖面东段发育埋藏古河道（BCF），杂乱充填。在末次冰期杂乱陆相沉积之下，同样显示了一套平行弱反射相沉积层，为献县海侵（秦蕴珊等，1985）形成的海相沉积层。剖面揭示了更新世地层中多个断层的存在，断层性质为正断层。

（2）剖面 BH - 10（图 9.18）。剖面位于渤海湾中部，呈 NS 向。渤海湾内获得的浅地层剖面的穿透深度大都超过了 50 m，因此 揭示了较多的地层信息。剖面显示，渤海湾全新世沉

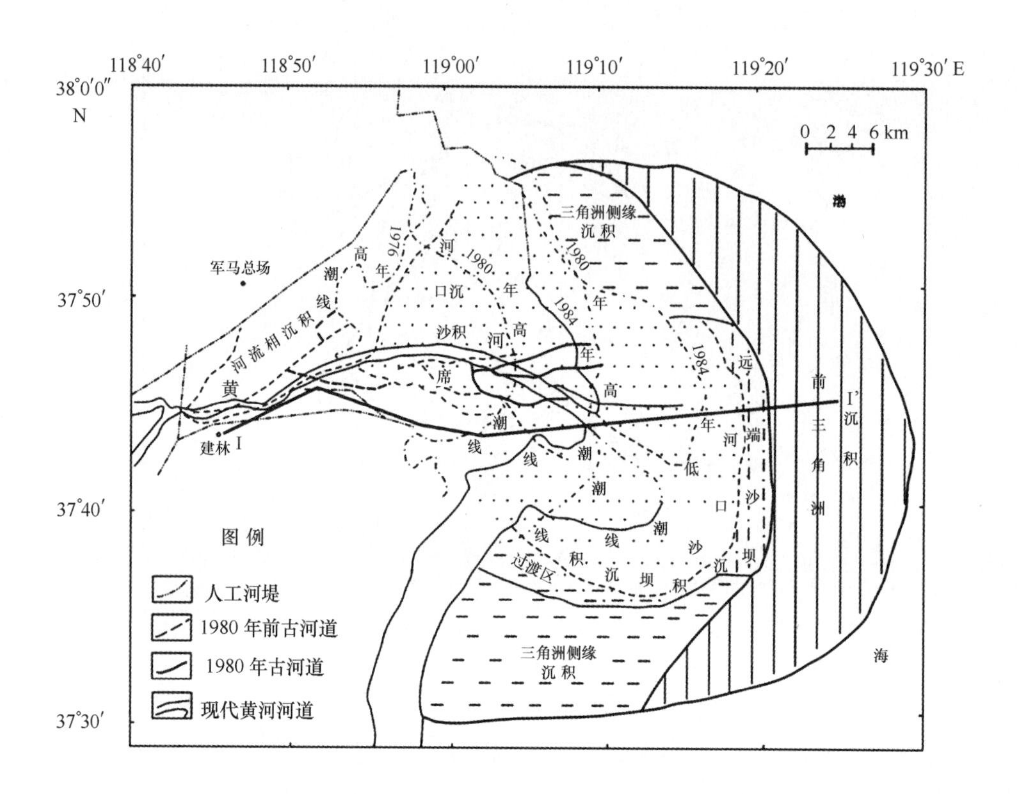

图 9.15　黄河三角洲生长叶瓣（清水沟叶瓣）沉积类型

资料来源：成国栋等，1991

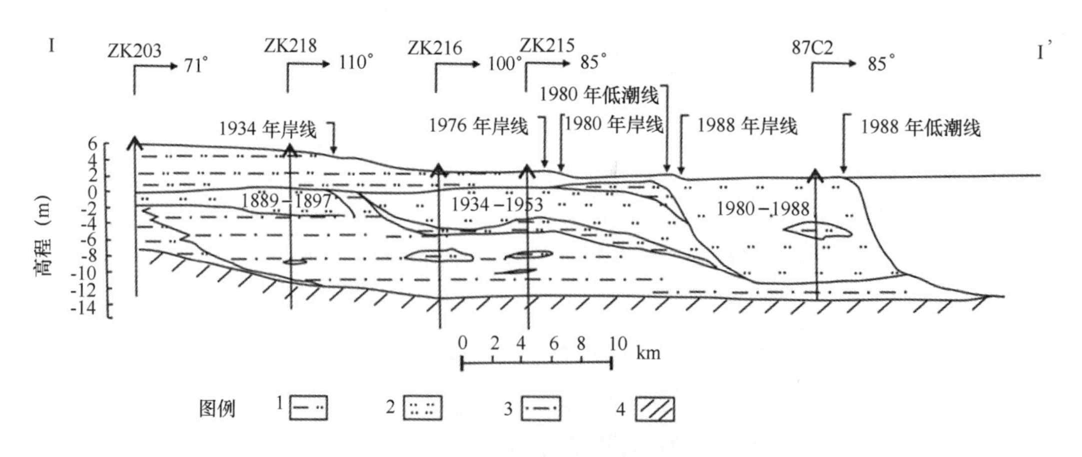

图 9.16　黄河三角洲纵剖面（剖面位置见图 9.15）

1. 河流沉积（黏土质粉砂）；2. 河口沙体（包括沙席、沙坝和远端沙坝）沉积（粉砂）；3. 三角洲侧缘－前三角洲沉积（粉砂质黏土及黏土质粉砂）；4. 浅海沉积（粉砂质黏土）

资料来源：成国栋等，1991

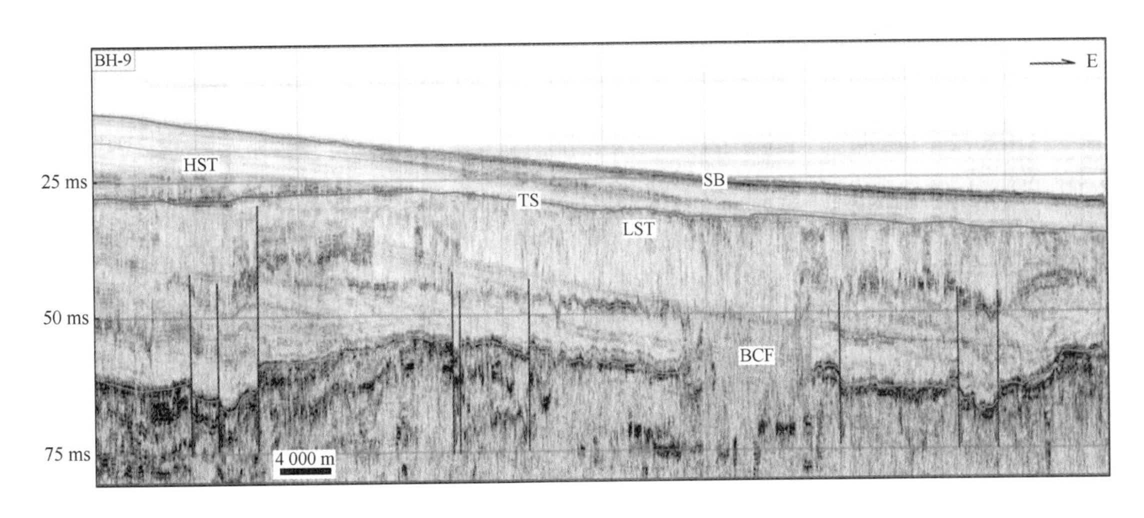

图 9.17　典型浅地层剖面（BH－9）

积厚度超过 10 m，内部的 MFS 面较为清晰；在南端，高海面时期形成的高位体系，都具有向北微微倾斜的前积反射结构；而在北端，则表现出倾向相反（向南倾斜）的前积结构，但向北倾斜的沉积层分布要大于向南倾斜的沉积层；上述结构可能代表了不同的沉积物源，北端沉积物可能主要来自于滦河，而南端可能来自海河以及历史时期改道的黄河。在 TS 面之下，局部发育小规模的湖沼相沉积（LWD）以及埋藏古河道（BCF）。在末次冰期杂乱陆相沉积之下，剖面还揭示了一套平行弱反射相沉积层，可能代表了献县海侵（秦蕴珊等，1985）形成的海相沉积层。值得注意的是，剖面揭示了更新世地层中存在大量浅部断层，断层性质为正断层。

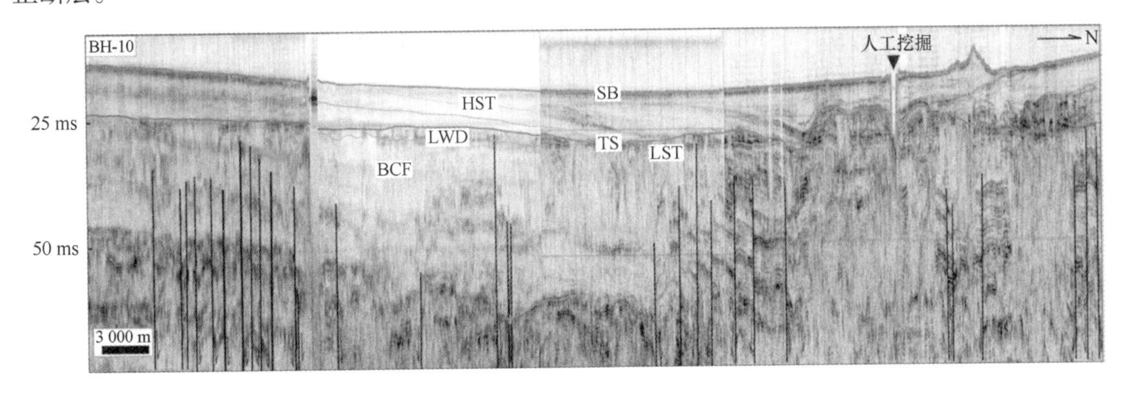

图 9.18　典型浅地层剖面（BH－10）

（3）剖面 BH－12（图 9.19）。剖面位于黄河三角洲北部海域。现代三角洲位于 DB 面之上；三角洲的沉积基底为全新世以来浅海相沉积，内部可识别出 MFS 面，MFS 面之上为高海面时期的浅海相，而 MFS 与 TS 之间为海平面快速上升时期形成的浅海相沉积；TS 面之下局部发育湖沼相沉积（LWD）和埋藏古河道（BCF）。在现代三角洲沉积内部存在 3 个向海倾斜的楔状沉积单元，内部呈低角度前积反射。根据陆域黄河 1855 年以来尾闾摆动形成三角洲叶瓣研究（庞家珍，1979；成国栋等，1991；薛春汀等，2009），我们认为最下部的楔状沉积体为 1904—1929 年时期的水下三角洲沉积，其上覆盖了 1934—1964 年时期的水下三角洲沉积，后者的最外侧边缘更偏向北；最上部的楔状体为1964—1976年时期的水下三角洲沉积。

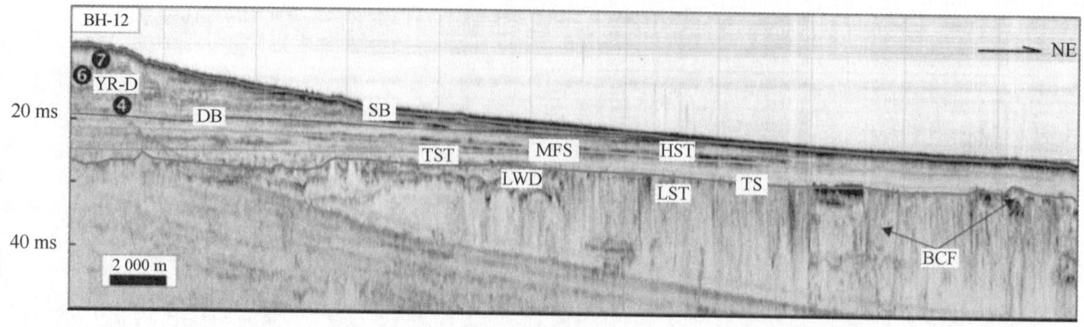

图9.19　典型浅地层剖面（BH－12）

④，⑥，⑦为现代黄河三角洲不同时期叶瓣编号，顺序见图9.14（下同）

（4）剖面BH－13（图9.20）。剖面位于黄河三角洲北部最顶端海域。现代三角洲位于DB面之上；三角洲沉积底部的海相地层内可识别出MFS面，TS面之下发育湖沼相沉积（LWD）。现代三角洲沉积内存在2个向海倾斜的楔状沉积单元，内部呈低角度前积反射。推测下部的楔状沉积体为1934—1964年时期的水下三角洲沉积，其上覆盖了1964—1976年时期的水下三角洲沉积，前者的最外侧边缘更偏向北，但厚度小于后者。

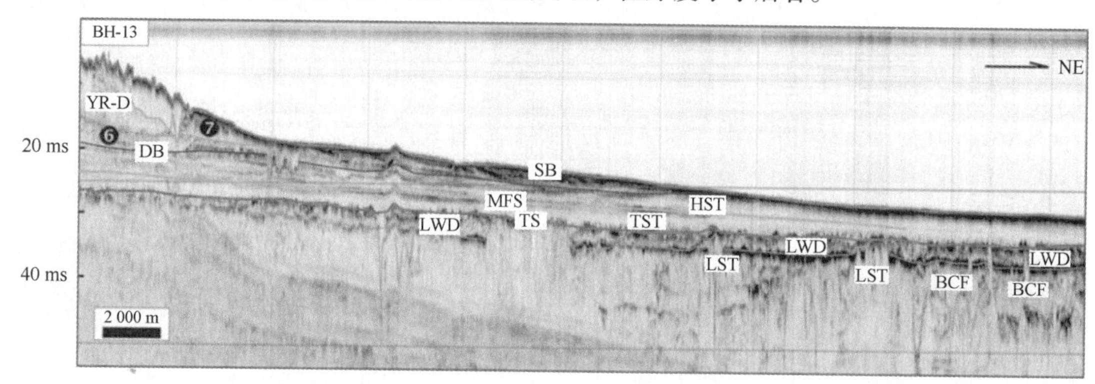

图9.20　典型浅地层剖面（BH－13）

（5）剖面BH－14（图9.21）。剖面位于现今黄河入海口北部海域。现代三角洲位于DB面之上；三角洲沉积底部的海相地层内可识别出MFS面，TS面之下发育湖沼相沉积（LWD）和埋藏古河道（BCF）。在现代三角洲沉积底界之上存在3个向海倾斜的、依次超覆楔状沉积单元，内部呈低角度前积反射。其中最下部的楔状沉积体为1934—1964年时期的水下三角洲沉积，其上覆盖了1964—1976年时期的水下三角洲沉积，最上部的楔状体为1976年至现今时期的水下三角洲沉积。

（6）剖面BH－16（图9.22）。剖面位于现今黄河入海口外侧海域。现代三角洲位于DB面之上；三角洲的沉积基底为全新世以来浅海相沉积，内部无法识别出MFS面；TS面之下局部发育湖沼相沉积（LWD）。在现代三角洲沉积底界之上存在3个向海倾斜的楔状沉积单元。其中最下部的楔状沉积体为1929—1934年时期的水下三角洲沉积，其上覆盖了1934—1964年时期的水下三角洲沉积，最上部的楔状体为1976年至现今时期的水下三角洲沉积，1934—

1964年时期的水下三角洲分布最为广泛。

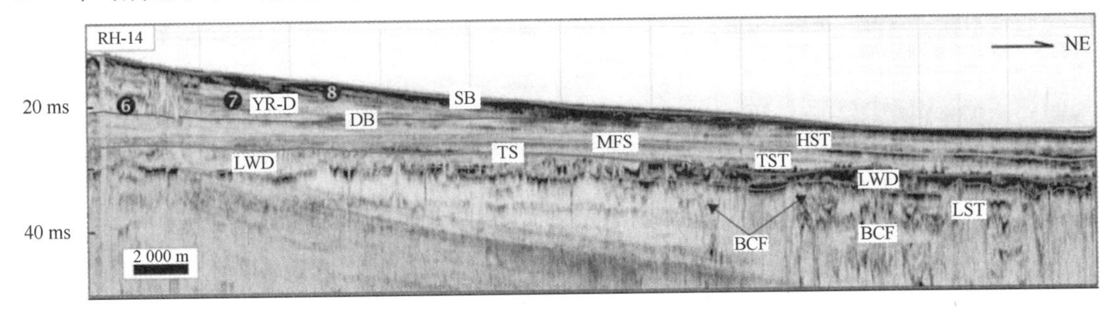

图9.21　典型浅地层剖面（BH－14）

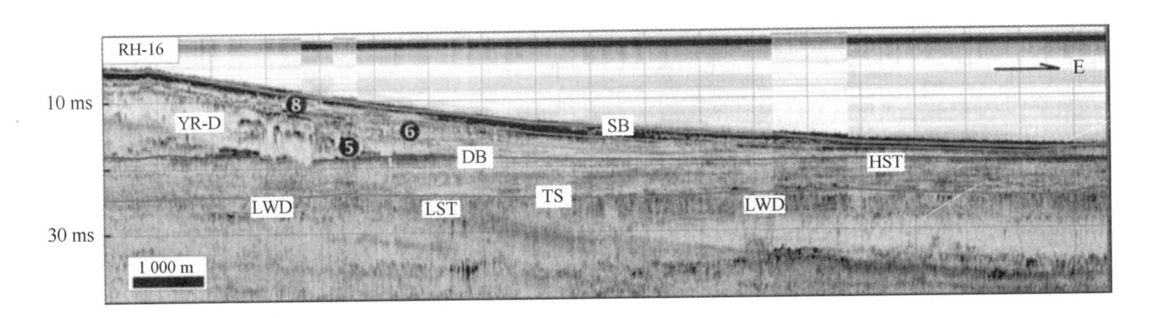

图9.22　典型浅地层剖面（BH－16）

（7）剖面BH－17（图9.23）。剖面位于现今黄河入海口南部海域。现代三角洲位于DB面之上；三角洲的沉积基底为全新世以来浅海相沉积，内部可识别出MFS面，MFS面之上为高海面时期的浅海相，而MFS与TS之间为海平面快速上升时期形成的浅海相沉积。在现代三角洲沉积底界之上存在2个向海倾斜的楔状沉积单元，内部呈低角度前积反射。其中最下部的楔状沉积体为1934—1964年时期的水下三角洲沉积，其上覆盖了现今水下三角洲的侧缘－前三角洲沉积。

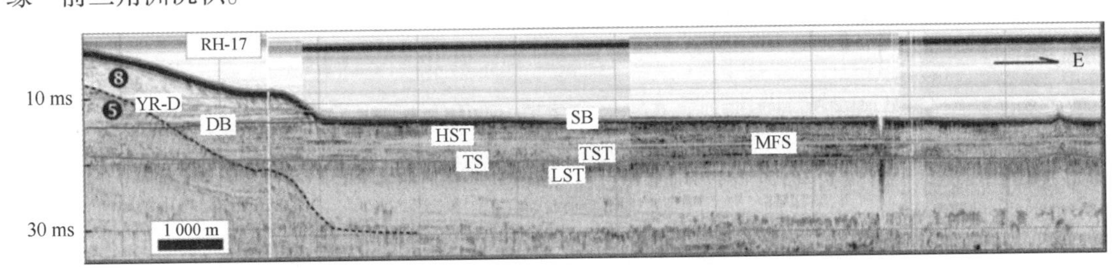

图9.23　地层剖面（BH－17）

（8）剖面BH－18（图9.24）。剖面位于现今黄河入海口外侧海域，与三角洲向海推进方向垂直。现代三角洲位于DB面之上；三角洲的沉积基底为全新世以来浅海相沉积，内部无法识别出MFS面；TS面之下局部发育湖沼相沉积（LWD）。在现代三角洲沉积底界之上存在3个向北倾斜的楔状沉积单元，内部呈极低角度的前积反射。其中最下部的楔状沉积体为1929—1934年时期的水下三角洲沉积，其上覆盖了1934—1964年时期的水下三角洲沉积，最上部的楔状体为1976年至现今时期的水下三角洲沉积，1934—1964年时期的水下三角洲分布最为广泛。

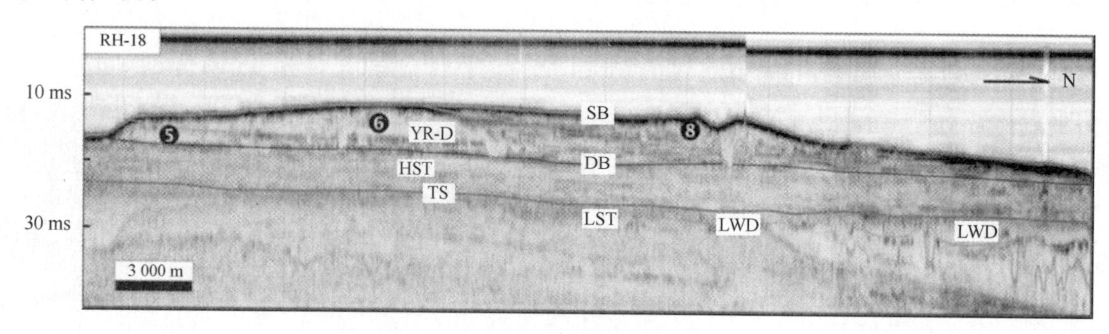

图 9.24 地层剖面（BH－18）

9.2 渤海全新世海相沉积厚度分布

如图 9.25 所示，总体上渤海全新世海相沉积厚度在 0～16 m 范围内变化，最大厚度位于渤中的潮流沉积区，等值线趋势显示这里是一个近似椭圆状的潮流沉积体。辽东湾内缺少数据；滦河口外沉积厚度较小，与这里强烈的潮流冲刷有密切关系；渤海湾内厚度在 4～12 m 内变化，近岸厚度大，等值线与岸线近似平行；现代黄河三角洲沉积区最大厚度方向与现今黄河入海口方向基本一致，厚度变化在 8～12 m。

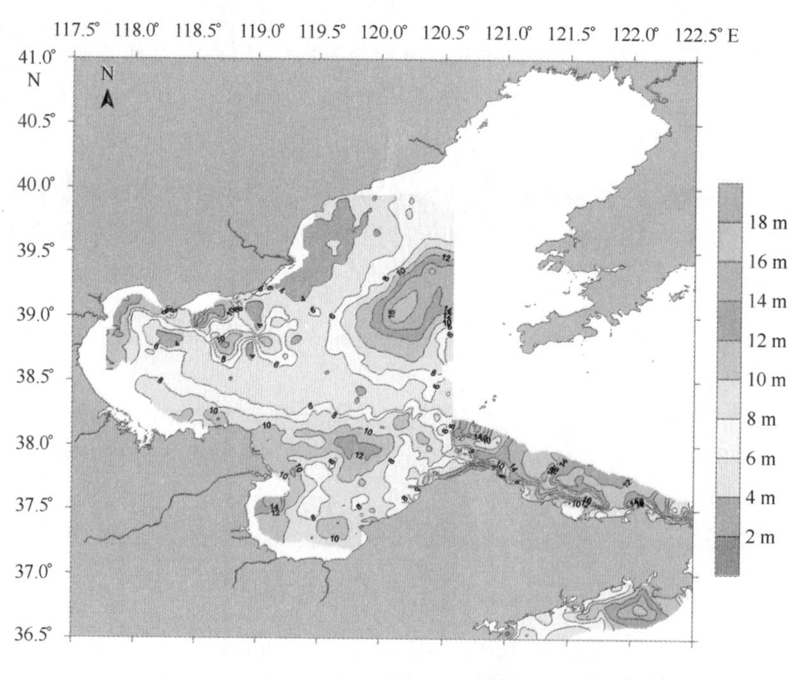

图 9.25 渤海全新世海相沉积厚度等值线（TST＋HST）

第10章　渤海全新世以来古环境与古气候演化

过去2.6 Ma以来，深海底栖有孔虫δ^{18}O值持续增大，表明全球气候持续变冷（Mix et al.，1995；Shackleton et al.，1995），呈现冰期－间冰期旋回波动的特征，导致海平面波动。深海沉积氧同位素研究重建了第四纪以来全球气候变化和海平面波动历史（Chappell & Shackleton，1986；Shackleton，1987），海平面变化在沿海平原沉积物中会留下海进和海退记录。

渤海由于水深较浅且渤海西部广大平原区海拔较低，渤海及西部平原作为一个整体受第四纪海平面变化影响强烈：在间冰期海平面上升时期，该区因海水入侵形成海相沉积；在冰期海平面下降期以河湖相沉积为主，该区沉积物记录了海侵和海退变化历史。同时，沉积地层中包含了大量的沉积环境特征和演化过程信息，对其进行研究对了解渤海沉积作用和古地理环境变迁具有重要意义，而且也可以为研究全球变化提供重要信息。全新世期间，黄河由渤海入海，黄河携带的大量细粒物质在渤海湾形成大片泥质区，该泥质区不但沉积连续性好、沉积速率高（李凤业，2002），更是蕴含着黄河入海和其后变迁等多方面的信息。但是受各种条件的限制，到目前为止，渤海地区高分辨率古环境研究仍然非常薄弱，对于黄河变迁的认识更是存在颇多争议（薛春汀，2004，2008；Saito，2000，2001）。

10.1　数据来源

本章将以“908专项”调查取自渤海西部的BH－264孔和BH－239孔（图10.1）进行沉积学和古生物学研究，对全新世以来渤海地区的沉积环境演化历史进行恢复。在对渤海周边地区全新世植被进行恢复的基础上，对该区古环境演化特征及其可能影响因素进行探讨。

渤海由于水深较浅，沉积物中有孔虫含量较少，因此测年时选取的是底栖有孔虫混合种洁净壳体，测试工作在美国Woods Hole海洋研究所AMS年代测试中心完成。测试结果显示BH264柱状样的年代数据没有发现倒转现象（表10.1）。将原始数据利用CALIB5.0.2程序（Stuiver et al.，1998）校准到日历年龄，该海区35 a的大气和海水之间^{14}C年代差将由该程序自动减去。对年代控制点内的年代序列采用逐次线性插值法，控制点外侧年代序列采用线性外推方式解决。通过校正，发现BH－264和BH－239孔均为全新世以来的沉积。

表 10.1 BH-239、BH-264 孔 AMS¹⁴C 年代数据

实验室编号	测试深度/cm	测试材料	AMS^{14}C 年龄/a B. P.（1σ）	校正日历年/a B. P.
BH-239-123	245	底栖有孔虫混合种	4 640+35	4 826
BH-264-56	111	底栖有孔虫混合种	4 650+35	4 836
BH-264-115	229	底栖有孔虫混合种	7 430+50	7 860

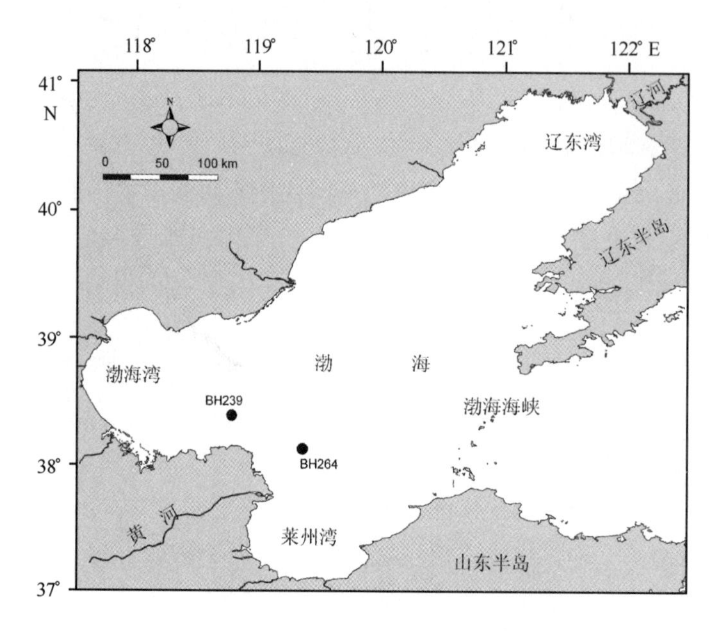

图 10.1 BH-239 和 BH-264 钻孔位置

10.2 全新世以来海平面变化和黄河河道摆动的沉积记录

在末次冰盛期，当时的海平面位于现在海平面之下 120~130 m，渤海完全出露成陆地（Yang & Lin，1993）。大约在 8 ka B. P.，古海岸线到达渤海现在的海岸位置。此后，在 6 ka~7 ka B. P. 形成全新世最大海侵。相应地，研究区沉积环境经历了河流-湖泊相到潮坪-河口及浅海或者三角洲相（秦蕴珊等，1985）。虽然到目前为止黄河三角洲具体何时形成还不清楚，但是 1855 年以来黄河河道变迁的历史还是很清楚的。

第四纪以来渤海沉积物厚度在 400 m 以上（秦蕴珊等，1985）。渤海的平均水深只有 18 m，黄河口外的沉积层序主要受渤海海平面变化和来自黄河输入物质的影响。由图 10.2 和图 10.3 可见，在 BH-239 孔 283~292 cm 处发现泥炭层，结合测年结果，说明在 8 000 a~1 000 a B. P. 期间，渤海处于河流或者湖泊或者近岸沼泽沉积环境（秦蕴珊等，1985；Xue，1993）。从两岩心沉积特征可以看出，这段沉积属于近岸河口沉积，对应全新世早期的近岸沉积（秦蕴珊等，1985）。渤海全新世的海侵开始于 8 500 a B. P. 左右。相应的，西太平洋海平面在 9 800 a~9 000 a B. P. 从 -36 m 上升至 -16 m（Liu et al.，2004）。BH-239 和 BH-264 岩心（水深分别为 19.3 m 和 20.1 m）被海水淹没，从河流或者湖泊环境转变为近岸海洋环境（图 10.2 和图 10.3）。

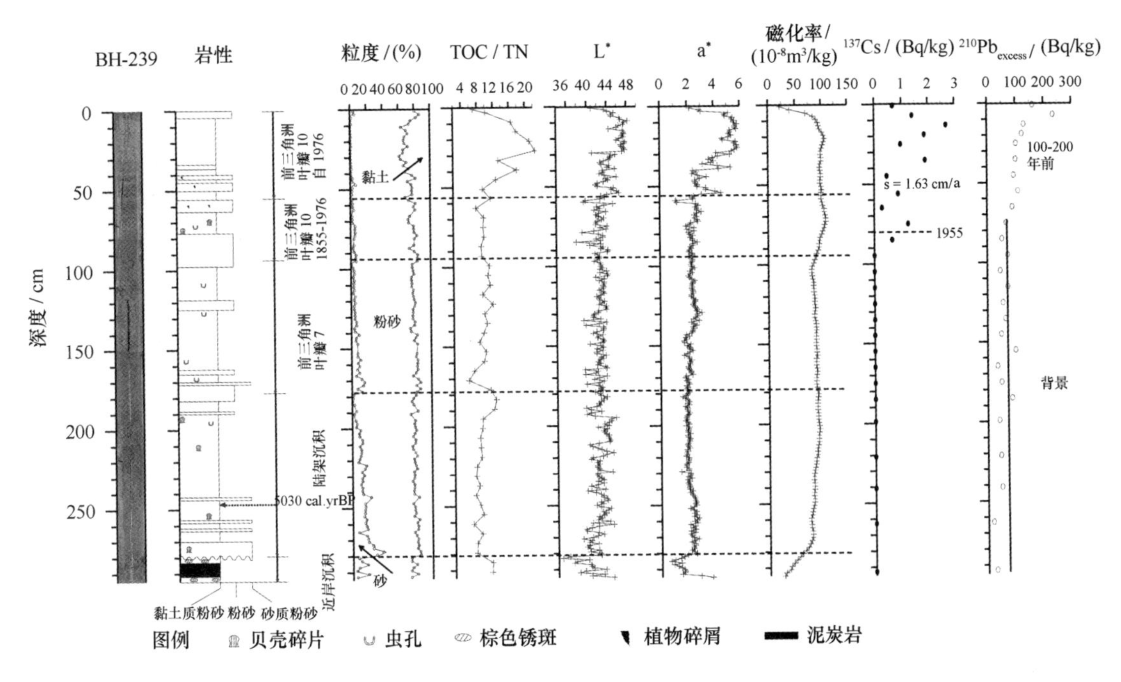

图10.2　BH－239柱样综合信息

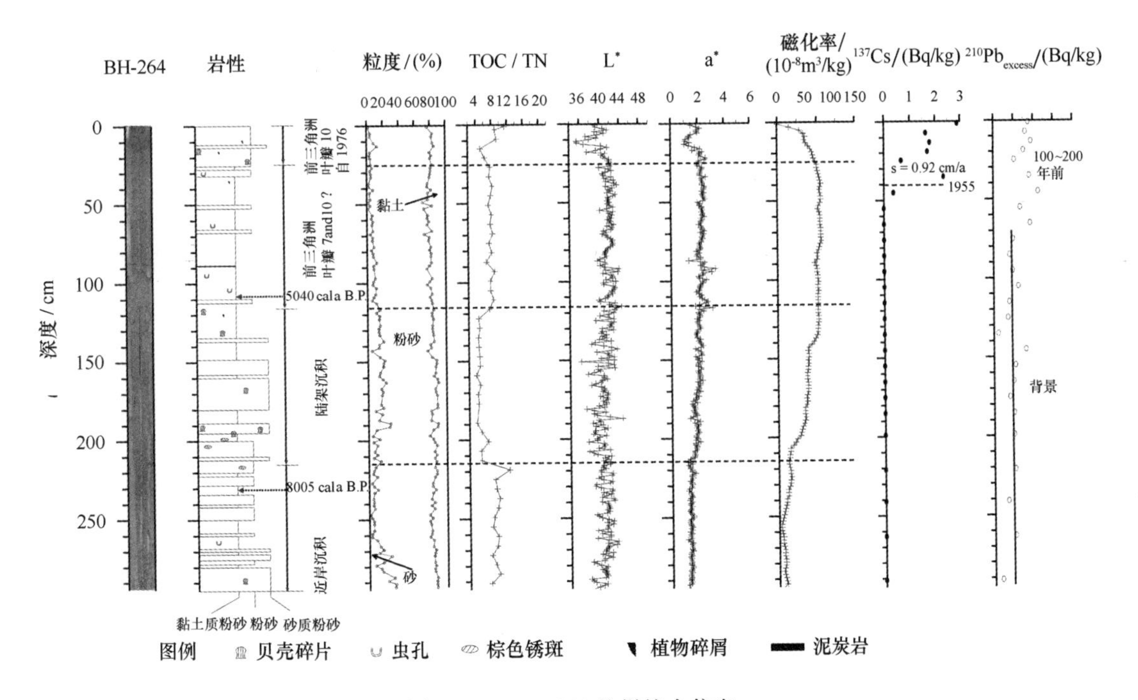

图10.3　BH－264柱样综合信息

BH－264底部向上部分的沉积物具有低TOC/TN（变化范围4～6）、粒度粗、贝壳丰富，并且沉积速率低（0.4 mm/a）的特点。在BH－239岩心中泥炭层之上有一侵蚀界面，这些特征都说明近岸沉积之后，海平面快速上升。相应地，研究区在早全新世到中全新世经历了从近岸到陆架环境的过程。

根据贝壳堤和三角洲遗留特征，渤海西岸在全新世高海平面以来共识别出9个三角洲复合体。黄河河道的突然变化在早期研究的H9602孔中被识别出，叶瓣10（厚度约17.5 m）

直接覆盖在叶瓣7（厚度约4 m）之上（Saito et al.，2000）。黄河河道的突然变化同样被记录在BH-239和BH-264岩心中。从^{137}Cs和^{210}Pb年代数据可以看出，BH-239岩心95 cm处出现突然变化，应该对应于1855年黄河改道由渤海入海。

自1855年黄河入渤海以来，大的河道改道就达10余次以上。尤其是1976年期间，黄河从现代黄河三角洲北部（刁口流路）改道到东部（清水沟流路）入海。改道之后，刁口流路河口附近经历了严重的海岸侵蚀，海岸大约侵蚀了10 km（Wang et al.，2006；Chu et al.，2006）。大量被侵蚀的物质被重新分配和搬运到离岸区域。

从BH-239柱样沉积特征可以看出（图10.2），上部55 cm，尤其是6~40 cm处，沉积物以高黏土含量、高TOC/TN值、高L^*和a^*值为特征。其中TOC/TN最高可以达16，并且颜色更接近红色，说明有黄河物质的介入。并且，根据^{137}Cs年代，55 cm对应的年代为1976年，说明大量的近岸物质被侵蚀搬运到离岸区域。

从黄委会历年的测试数据也可以看出（图10.4），废弃黄河水下三角洲近岸区域在1976年之后一直处于侵蚀状态，而离岸区域处于轻微的淤积状态。经详细分析可进一步发现，废弃黄河水下三角洲并不是一直处于侵蚀或者淤积，1976年之后经历了复杂的沉积再悬浮、搬运和沉积的过程。BH-239孔在1976年、1986年、1996年和2004年的水深分别为19.0 m、19.2 m、18.3 m和18.7 m。可以看出，从1976—1986年的10年期间，由于黄河改道、入海泥沙供应量减少，废弃黄河水下三角洲侵蚀严重。近岸区遭受严重侵蚀，而离岸区在1986—2004年接收了大量细颗粒物质。

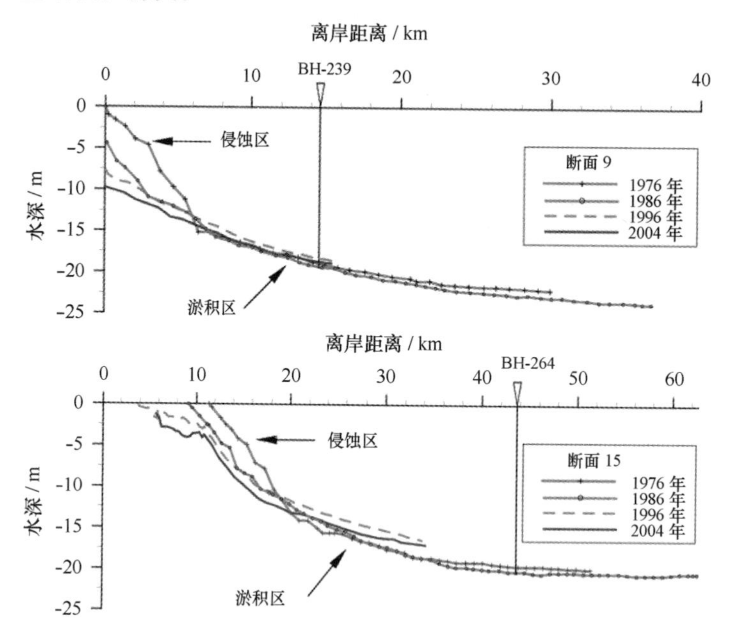

图10.4　典型剖面测深（1976—2004年）

10.3　渤海地区全新世孢粉序列及古环境和古气候演化

BH-264孔用于孢粉分析的样品，按10 cm间隔采取，共获样品30份。岩心中孢粉含量丰富，每份样品统计的孢粉数目从298~500粒不等，共鉴定74类不同孢粉类型。其中木本植物花粉以松属和落叶栎属为主，草本植物花粉以藜科、菊属、蒿属为多，另外还见少量杉科、柏科、桦木属、槭树科、胡桃属、枫杨属、榆科、栗属、无患子科、桑科、金楼梅科、爵床科、麻黄科、茜草科、唐松草属、旋花科、大戟科、唇形科、玄参科、伞形科、禾本科、莎草科和香蒲科等类型花粉和一些孢子。

依据主要孢粉类型变化特征结合年代地层，从下到上可将孢粉谱划分为5个孢粉组合带（图10.5）。现将各孢粉组合带特征简述如下。

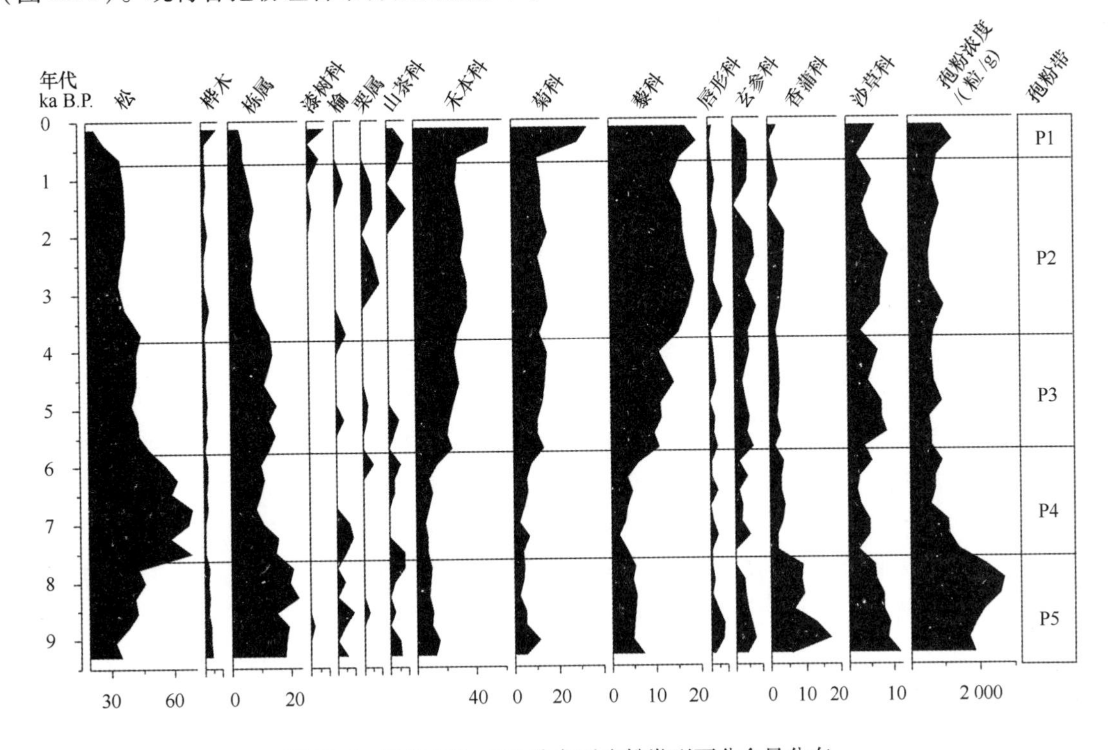

图10.5 渤海BH-264孔主要孢粉类型百分含量分布

P1带，深度14 cm-表层，0.6 ka B. P. -现今。松属、落叶栎属等花粉含量均极低，草本植物花粉在此段达到全剖面最高峰，以蒿属为主（可达25.3%），其次是藜科（可达19.4%）、菊属等。

P2带，深度85~14 cm，3.7 ka~0.6 ka B. P.。松属（34.5%~37.7%）、落叶栎属（平均值为7.3%）花粉含量明显升高，栗属出现频率增加；草本植物藜科（13.5%~18.7%）、蒿属（平均值为9.9%）、菊属花粉明显降低。

P3带，深度149~85 cm，5.8 ka~3.7 ka B. P.。松属（40.2%~47.9%）和落叶栎属花粉（平均值为13.7%）含量不同程度的增加，桦木属变化不明显，其他常绿阔叶和落叶阔叶乔木花粉零星出现；草本植物花粉中藜科（9.6%~15.2%）降低最为明显，莎草科（2.8%~8.5%）和蒿属（平均值为9.2%）、菊属亦有不同程度的降低。

P4带，深度219~149 cm，7.6 ka~5.8 ka B. P.。松属花粉百分含量明显上升（55.6%~68.5%），落叶栎属（平均值为11.7%）、桦木属、胡桃科、山茶科等花粉含量则有所下降；草本植物花粉与P3带相比明显下降，其中莎草科花粉含量降至1.8%~5.3%，菊属、蒿属和藜科均不足6%。此带中孢粉浓度和淡水水生植物香蒲科花粉含量亦明显降低。

P5带，深度286~219 cm，9.5 ka~7.6 ka B. P.。见有少量罗汉松科和北方针叶乔木云杉属和冷杉属花粉。松属（31.8% ~45.5%）、落叶栎属（平均值为19.2%）花粉含量高，桦木属、桤木属、胡桃科、榆科、柳属、桑科、山茶科、楝科等花粉亦频繁出现；草本植物花粉莎草科含量丰富（5.8% ~11.4%），菊属、蒿属和藜科含量较低，均不超过10%；孢粉浓度（1 700 ~2 700 粒/g）和淡水水生植物香蒲科花粉含量（6% ~16.8%）为整个岩心最高值。此外，P5带内孢粉还存在波动，其中前期（P5 -1 亚带，9.5 ka ~8.8 ka B. P.）与后期（P5 -1 亚带，8.8 ka ~7.6 ka BP）相比，松属花粉含量及孢粉浓度要低一些，但是草本植被特别是莎草科、香蒲科等含量更丰富。

BH -264 孔的木本植物花粉记录中，松属和落叶阔叶树种落叶栎属占有重要的地位，孙湘君（1996）认为在7月均温20 ~30℃和年均降水量400 ~1 000 mm的环境下，松属花粉含量对温度反应敏感，即花粉含量受温度控制，随着温度的升高其丰度增加。现代观测资料显示，渤海地区7月均温21 ~27℃，年降雨量500 ~900 mm（梁军，2006），所以渤海地区松属树种的兴衰可能与温度关系比较密切。因此我们将以松属、落叶栎属结合其他常绿阔叶和落叶阔叶木本植被的兴衰来反演渤海地区9.5 ka来温度的波动。BH -264 孔中还出现了大量草本植物花粉，其中尤以旱生草本植物藜科、蒿属和菊属最为重要，此类植被的多寡与有效湿度间关系密切。此外，海洋沉积物中的孢粉主要通过风和地表径流由陆地传播而来，沉积物中不同类型孢粉含量的高低还与它们的传播能力有关，全新世期间海平面的波动、黄河三角洲的发育导致取样点离岸距离的改变亦会影响BH -264 孔中孢粉含量的变化。

早全新世（9.5 ka ~7.6 ka B. P.）BH -264 孔孢粉组合中松属含量较丰富，落叶阔叶树种落叶栎属含量为整个岩心的最高值，其他常绿阔叶和落叶阔叶树种如桦木属、桤木属、胡桃科、榆科、桑科、山茶科、楝科等亦频繁出现；草本植物以莎草科为主，并且出现了大量水生植物香蒲，旱生草本藜科、蒿属和菊属含量极低。显示此时渤海地区气候温暖湿润，在陆缘海滨地带出现大量沼泽湿地，上面生长着莎草和香蒲等植被，在周围的山地、丘陵和平原地区植被以松属和落叶栎属为主，并伴生着桦木属、榆科、桑科等树种。此外，这一期次的前期（9.5 ka ~8.8 ka B. P.）与后期（8.8 ka ~7.6 ka B. P.）相比，莎草科和水生植物香蒲科含量更丰富。岩性特征亦显示8.8 ka B. P. 前后岩性发生了明显改变，这之前沉积物主要为砂质粉砂，这之后沉积物明显变细，以粉砂为主。BH -264 孔 8.8 ka B. P. 前后岩性和孢粉特征的变化可能与此时海平面的上升导致沉积环境的改变有关。Liu等（2004）认为中国边缘海冰后期海侵分阶段进行，长期的缓慢海侵过程（2 ~8 mm/a）中穿插着几个快速的海侵事件（约80 mm/a），11.6 ka B. P. 时海平面从 -58 m快速升至 -43 m，导致北黄海短时间内被海水覆盖，并且海水开始进入渤海，在随后的1.8 ka间海平面几乎没有变化（从 -42 m升至 -38 m），9.8 ka B. P. 时海平面又开始快速上升，800 a内由 -36 m上升至 -16 m（平均约25 mm/a）。BH -264 孔水深20.1 m，依据海平面变化曲线推测，9.5 ka B. P. 时海侵尚未到达该孔，该孔位置此时可能尚处于河口相，当早全新世快速海侵结束时，该孔水深4 m，因此，早全新世海平面的快速上升可能是导致该孔沉积环境变化的主要原因。取自现代黄河三角洲上的H9602孔的孢粉和岩性资料显示9.0 ka B. P. 左右海水入侵，H9602孔沉积环境发生明显改变，由河口相转为前三角洲/浅海相（Yi et al.，2003）；同样位于现代黄河三角洲上的Z218孔的岩性、有孔虫和介形虫等数据亦显示8.8 ka B. P. 左右海平面上升，导致沉积环境由早先的河流湖泊相转变为潮坪相，沉积物粒度变细，主要沉积粉砂和黏土质粉砂（薛春汀，2008）。考虑到测年误差的影响，本章结论与这些结果基本一致。

7.6 ka～5.8 ka B. P. 间，BH－264 孔中除了松属花粉含量明显增加外，其他类型花粉含量均呈下降趋势，如阔叶树种落叶栎属、草本植物莎草科、水生植物香蒲科含量均明显减少，藜科、蒿属和菊属花粉含量更是降为 9.5 ka 来的最低值。上文已介绍渤海地区松属树种的兴衰与温度间关系密切，7.6 ka～5.8 ka B. P. 间松属花粉含量的显著增加一定程度上可能暗示着此时气候变得更加温暖。此外，8.0 ka～7.0 ka B. P. 间又有一次快速的海平面上升事件，使得岸线向西推进 200 km（Liu et al.，2004），7 ka B. P. 左右达最高海面，可能比现今海平面还要高 2～3 m（Xiang et al.，2008）。BH－264 孔中 7.6 ka～5.8 ka B. P. 间孢粉组合的变化可能还与此时海平面的上升，调查点离岸距离的增大有关。根据孢粉飞翔距离的研究得出，不同类型孢粉传播的距离不同，松树的花粉由于比重较轻，且具有两个气囊，传播距离最远，阔叶树花粉次之，草本花粉传播距离最小，水生植物孢粉仅降落于生长处（王开发等，1987），所以 7.6 ka～5.8 ka B. P. 间当海平面达全新世最高时，调查点离岸距离亦达全新世最大，导致适于长距离搬运的松属花粉含量增加，相对的阔叶树花粉含量降低，草本植物和水生植物花粉含量更是降为全新世期间的最低值。

BH－264 孔中 7.6 ka～5.8 ka B. P. 间这一温暖湿润期在时间上可能对应着全新世最佳期。关于全新世最佳期，在中国不同地区其起止时间存在着差异。为了对这一现象进行合理的解释，An 等（2000）将最佳期定义为有效湿度最大时期，他认为全新世期间受太阳辐射量和季风雨锋的影响，中国不同地区全新世最大降雨量的开始时间是不一致的，从而导致中国不同地区全新世最佳期起止时间的不一致性，在中国东北部最佳期处于 10 ka～8 ka B. P.，中国中北部位于 10 ka～7 ka B. P. 间，长江中下游地区位于 7 ka～5 ka B. P.，中国南部最佳期则处于 3 ka B. P. 左右。但是近年来很多资料所得出的最佳期的起止时间与 An 等（2000）的观点间存在着矛盾。如 Chen 等（2003）认为蒙古地区全新世最佳期开始于 7 ka B. P. 左右，此时温度升高，降雨量增加，同时伴随着更高的蒸发量，导致蒙古地区最佳期时有效湿度反而降低；巴谢黄土磁化率曲线显示 9.7 ka～5.3 ka B. P. 为一湿润期（An et al.，1993）；江西大湖地区的孢粉资料显示 9 ka～6 ka B. P. 为全新世有效湿度最大时期，可能对应着全新世最佳期（Zhou et al.，2004）。由此可见，在中国有关全新世最佳期的起止时间、变化特征及其可能影响机制非常复杂，要想对此进行合理解释，还需得在更多区域进行更加深入的研究。

5.8 ka B. P. 以后，BH－264 孔中草本植物花粉含量显著增加，并以旱生草本藜科、蒿属和菊属为主，与此相对应的，松属花粉含量逐步降低，落叶栎属花粉含量在 5.8 ka～3.7 ka B. P. 间相对上一阶段虽有所升高，但变化幅度并不太明显，3.7 ka B. P. 以后，落叶栎属含量达整个岩心的最低值。5.8 ka B. P. 以后孢粉的这一变化特征可能是由中－晚全新世太阳辐射量逐步减少，温度和降雨量逐步降低所引起的。

渤海及沿岸地区属于暖温带季风气候，冬季寒冷而干燥，夏季高温而多雨，年降雨量大部分集中在夏季。文中将 BH－264 孔中旱生草本植物藜科花粉百分含量与董哥洞石笋 $\delta^{18}O$ 记录（Dykoski et al.，2005）进行对比（图 10.6），结果显示 9.5 ka 以来 BH－264 孔旱生草本植物花粉百分含量变化特征与董哥洞石笋 $\delta^{18}O$ 曲线间存在着很好对应性。特别是中－晚全新世以来，董哥洞石笋记录显示中－晚全新世夏季风强度存在着几次突然减弱期，第一次季风突然减弱期开始于（5 650 ± 70） a B. P.，此时非洲地区有效湿度突然降低，湿润期结束（5 490 ± 190） a B. P.；第二次季风强度突然减弱期发生于（3 550 ± 59） a B. P.，此时北大

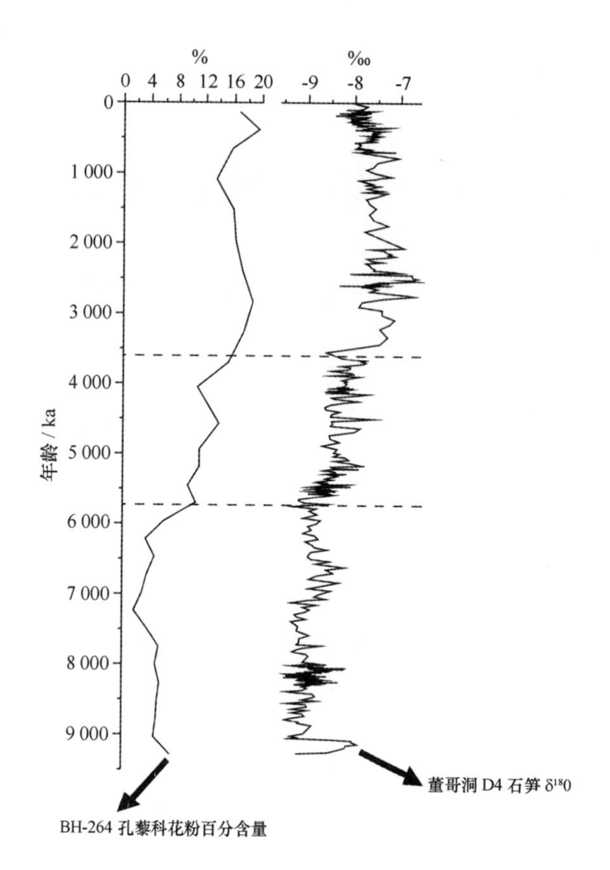

图 10.6　全新世季风降雨的海洋和陆地记录

（董哥洞 D4 石笋的 $\delta^{18}O$ 记录引自 Dykoski et al.，2005）

西洋 Cariaco 盆地钛含量突然减少，ITCZ 南移（Haug et al.，2001）。在误差允许范围内，我们发现董哥洞石笋所记录的中－晚全新世夏季风强度的两次突然减弱期正好对应着 BH－264 孔旱生草本植物含量的两次突然增加期，这也进一步印证了 5.8 ka B.P. 以后 BH－264 孔旱生草本植物花粉含量的增加与此时渤海地区夏季风的减弱，降雨量的减少密切相关。

海洋沉积物中草本植物含量的高低受离岸距离的远近影响很大。5.8 ka B.P. 以来，海平面变化幅度不大（徐方建等，2009），据此来看，5.8 ka B.P. 之后 BH－264 孔离岸仍然较远，此时，降雨量减少虽然有利于旱生草本植物生长，但是较远的距离却不利于草本植物花粉传播到取样点，那么，5.8 ka B.P. 之后 BH－264 孔中出现的大量旱生草本植物花粉又是如何传播而来的呢？研究认为 7 ka B.P. 以后黄河从渤海入海（Liu et al.，2004；Xiang et al.，2008），6 ka B.P. 以后海面基本上保持稳定状态，河口处有足够数量的沉积物堆积，形成连续的黄河三角洲（薛春汀等，2004），黄河三角洲的形成，使得 BH－264 孔离岸距离减小，从而使得草本植物花粉易于传播到该处沉积。

第3篇　黄海沉积

第11章 黄海概况

11.1 地理位置与海底地形

黄海位于中国大陆和朝鲜半岛之间，是一个半封闭性的浅海。其北接辽东半岛，东临朝鲜半岛西岸，西北经渤海海峡与渤海相通，西界为山东半岛和苏北平原，南面以长江口北角启东嘴与济州岛西南端连线为界并与东海相连。通常以山东半岛的成山角与朝鲜半岛的长山串间的连线为界，将黄海分为北黄海和南黄海两部分。黄海南北长870 km，东西宽约556 km，最窄处为193 km，总面积为380 000 km^2，其中北黄海面积为71 000 km^2，南黄海面积为309 000 km^2。在辽东半岛境内从鸭绿江口向西到皮口一带发育了砂质海岸，大连、旅顺、老铁山一带为基岩海岸。山东半岛基本上是基岩海岸，但在许多大小不等的海湾或沙坝、潟湖、沙嘴发育的地区，则形成了砂质海岸。从连云港向南到长江口为平直的砂质海岸。在朝鲜半岛境内，从鸭绿江口往东，向南至南浦一带，主要发育砂质海岸，而在一些海湾内则形成泥质海岸和淤泥质海岸（秦蕴珊等，1989）。

黄海为近NS向的浅海盆地。黄海海底地形由北、东、西三面向中部及东南部平缓倾斜，平均坡度0.39‰。黄海大部分地区水深在60 m以内（图11.1），平均水深44 m，靠近济州岛方向，水深增大至90～100 m，最大水深可达140 m。黄海沿岸水下沟脊发育，中部浅海平原广阔，平均水深38 m，最大深度80 m。南黄海平均水深46 m，中部偏东有一条由SE向N的水深达60～80 m的浅槽，纵贯整个南黄海，通常称其为“黄海槽”。“黄海槽”纵贯SN，并且北浅南深，黄海槽偏向朝鲜半岛一侧，所以南黄海地形东西不对称，东陡西缓。南黄海可分为6个地形单元：黄海槽谷地、南黄海中部平原、鲁南岸坡及海州湾阶地平原、苏北岸外舌状地形体系、朝鲜半岛岸外台地和济州岛西部沙脊地形（许东禹等，1997）。

11.2 入海河流及流系格局

黄海的入海河流主要有鸭绿江、灌河和汉江等。鸭绿江为中朝两国界河，全长790 km，流域面积约61 889 km^2，在我国丹东市与朝鲜新义州市之间注入北黄海，平均年径流量为289.47 $\times 10^8$ m^3，平均年输沙量为113 $\times 10^4$ t；灌河全长74.5 km，流域面积约640 km^2，在江苏省灌云县注入南黄海，平均年径流量约15 $\times 10^8$ m^3，平均年输沙量约为70 $\times 10^4$ t；汉江全长约417 km，流域面积约34 000 km^2，在韩国京畿道注入南黄海，年平均流量约190 $\times 10^8$ m^3，平均年输沙量约为1 840 $\times 10^4$ t（刘忠臣等，2005）。

黄海流系主要由黄海暖流和黄海沿岸流组成（图11.1）。源自黑潮的对马暖流在济州岛东南分为两支，其主流流入日本海，而分支转向NW，在济州岛西南插入南黄海而北上，称

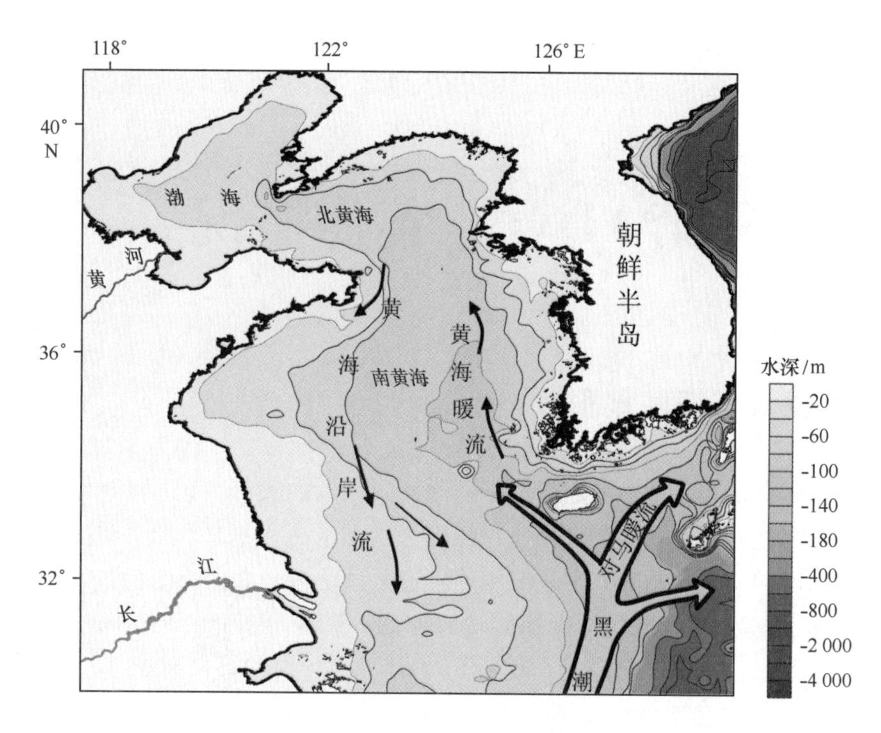

图 11.1　黄海位置、地形及流系示意图
（流系参考苏纪兰，2001）

之为黄海暖流。黄海暖流沿黄海东部北上，到北黄海延伸成为黄海暖流余脉，并以微弱的势力向西进入渤海。黄海暖流具有高温、高盐的特征，也具有明显的季节变化，呈现冬强夏弱的变化特征，在冬季最显著，最远可到达渤海，而且北风越大暖流越明显。黄海暖流及其余脉与终年南下的黄海沿岸流构成了黄海气旋式环流，通常称之为黄海环流（刘忠臣等，2005）。黄海暖流及其运行路线对于黄海的水交换以及整个黄海陆架的沉积环境起着至关重要的作用。

黄海沿岸流包括辽南沿岸流、黄海西岸沿岸流和朝鲜半岛西部沿岸流。辽南沿岸流主要由鸭绿江的冲淡水形成，其沿辽东半岛海岸流向渤海海峡北部。黄海西岸沿岸流是一支沿山东和江苏沿岸向南流动的冲淡水，起自渤海湾，沿着山东半岛北岸流动，绕过成山角后向 S 和 SW 方向流动，至长江口以北转向 SE，其中一部分加入黄海暖流，与黄海暖流形成气旋式环流；另一部分越过长江口以北浅滩进入东海。受地形和大陆径流的影响，黄海沿岸流有较大的地区性变化。朝鲜半岛西部沿岸流主要由大同江、汉江等入海的径流组成，冬季到初春沿朝鲜半岛西侧 40 ~ 50 m 等深线南下，至 34°N 附近沿海洋锋北缘向 E 或 SE 流入济州海峡（刘忠臣等，2005）。

11.3　构造特征

地理上，南、北黄海以山东半岛的成山头角与朝鲜白翎岛连线为界；在构造上可能以胶南五莲—荣成断裂及其向海域延伸部分为界，分属于扬子地台和中朝地台的东延部分（李廷栋等，2002）。新生代以来板块间强烈的相互作用，形成了一系列 NE—SW 向的隆起与沉降构造带（刘光鼎等，1992），造成了非常鲜明的构造地形（图 11.2），地层发育及其分布都与地质构造演化密切相关，地层以中、新生界为主。岩浆岩和断裂构造在本区都多期发育，大都受控于构造运动及地壳演化，地势反差巨大，形态类型丰富。黄海地区在新生代经历过 2 次近 N—S 向的缩短与挤压（ 135 Ma ~ 52 Ma，23 Ma ~ 0.78 Ma）和 2 次近 W—E 向的缩短与挤压（52 Ma ~23 Ma，0.78 Ma –），在白垩纪 – 古新世形成断陷盆地的雏形，始新世 – 渐新世（华北期，52 Ma ~ 23 Ma）是黄海地区板内断陷盆地形成的关键时期，沉积盆地大体上仍继承了白垩纪盆地的范围，形成了北黄海盆地、南黄海的北部盆地与南部盆地（万天丰等，2009）。三大盆地总体呈 NE 向雁行斜列，单个盆地 NEE 向延伸，盆地内主构造线呈 NEE 走向，北黄海盆地的基底是前寒武纪地层，南黄海北部盆地基底是古生代至早中生代的海相地层，南黄海南部盆地基底为晚中生代地层（李乃胜，1995）。黄海区域大地构造单元划分见图 11.2，块带纵横成为环黄海区域地质主要格局，中部造山带是划分块带最主要的地质标志，造山带南侧南黄海北部盆地，晚终生大地层较为广泛分布，沉积相序的下旋回有可能近似北黄海盆地长山组，上旋回类同南黄海南部盆地泰州组和浦口组（张训华等，2008）。

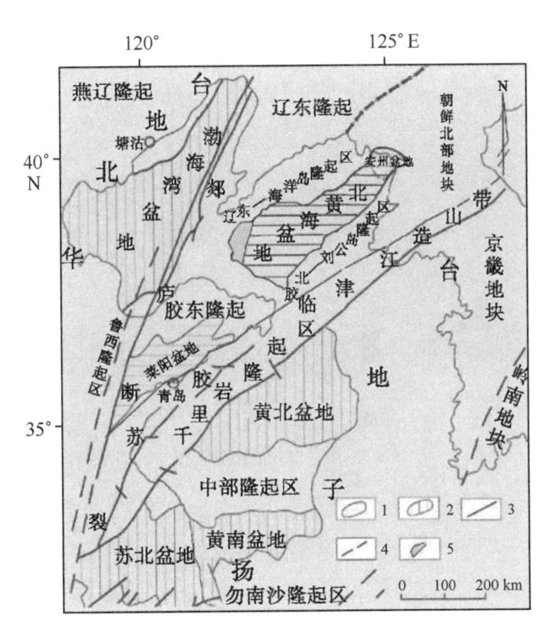

图 11.2　黄海盆地大地构造划分

资料来源：王立飞等，2012

第12章　黄海沉积物分布

12.1　数据来源

本章通过对“908专项”底质调查共计5 673个黄海沉积物样品的研究（图12.1），结合地质背景，阐明了黄海区沉积物分布类型、沉积动力特征、物质来源和运移规律。

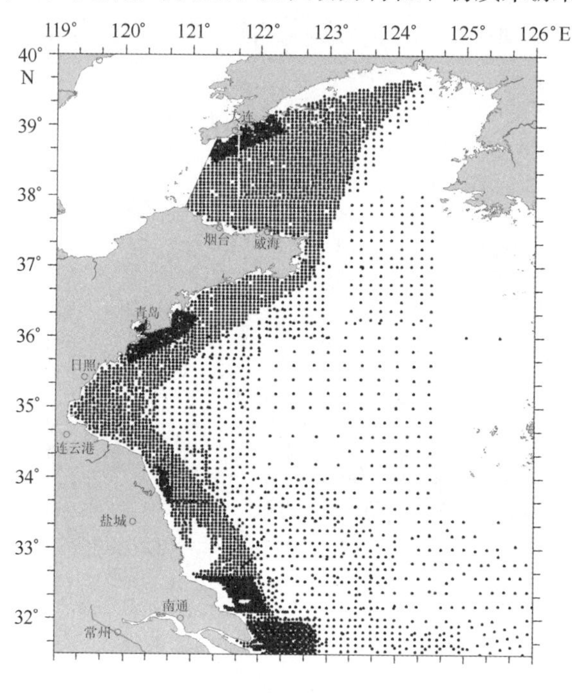

图12.1　黄海表层沉积物粒度测试取样位置

12.2　表层沉积物不同粒级分布特征

黄海沉积物颗粒按粒径大小主要可分为砾（-8～-1 Φ，256～2 mm）、砂（-1～4 Φ，2～0.063 mm）、粉砂（4～8 Φ，0.063～0.004 mm）和黏土（>8 Φ，≤0.004 mm）4个粒级组分，其中以后3种为主。

12.2.1　砂粒级组分的分布特征

砂粒级组分主要由细砂和极细砂组成，含量变化较大：在山东半岛周边的近岸一直向南延伸到南黄海中部的区域，砂粒级含量较低，一般小于10%，局部的泥质区最低含量为0；

在废黄河口和射阳河之间的近岸区域砂粒级含量也较低，平均小于20%；而在北黄海东部近朝鲜半岛一侧和南部长江口外侧海区砂粒级含量可以达到60%，局部的砂质区可以达到90%；在海州湾中部和苏北浅滩外侧海区，出现砂粒级含量的高值区（图12.2）。

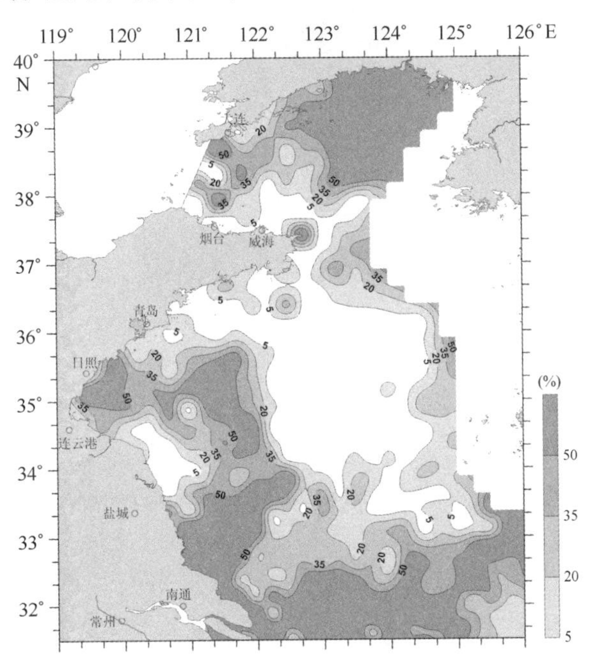

图12.2　黄海表层沉积物砂粒级组分分布

砂粒级含量可以指示相应区域沉积动力条件的强弱，在水动力条件较强的海区，砂粒级的含量较高；而在沉积动力条件较弱的海区，砂粒级的含量相应较低。北黄海砂粒级含量的分布特征是整体上由西向东增加；而南黄海中部的沉积中心砂粒级含量由里向外逐渐增高，这种分布趋势与其相应的低能以及气旋型沉积环境有关（石学法等，2001）。

12.2.2　粉砂粒级组分的分布特征

粉砂粒级的百分含量变化较为剧烈（图12.3），其范围大多在20%~70%之间，反映了黄海沉积物主要为细粒的特点。粉砂粒级含量大于60%的区域主要位于山东半岛周边区域，可能指示了沿岸流对沉积物的输运特征；粉砂粒级含量介于40%~60%之间的沉积物主要分布在南黄海北部和中部的广大地区；而粉砂粒级含量小于20%的低值区则主要分布在北黄海的东部近韩国一侧、南部长江口外侧、海州湾中部和苏北浅滩外侧海区，恰对应于砂粒级含量高值区。

12.2.3　黏土粒级组分的分布特征

黏土粒级含量可以指示低能沉积环境：黄海沉积物中黏土含量中高值区（>40%）主要分布在南黄海中部地区和东南部靠近济州岛的区域，指示其所代表的泥质低能沉积区；黏土含量小于15%的低值区则主要分布在东部近朝鲜半岛一侧及南部长江口外侧，另外在海州湾中部和苏北浅滩外也相应地出现了黏土含量的低值区（图12.4），这些区水动力较强。

黏土粒级和砂粒级含量呈反相关关系：当黏土粒级的含量高时，砂粒级含量就低；相反

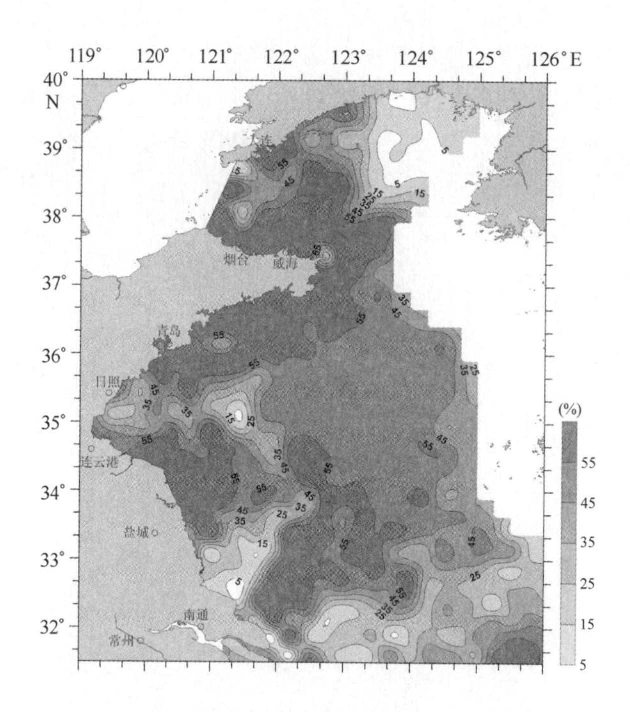

图 12.3 黄海表层沉积物粉砂粒级组分分布

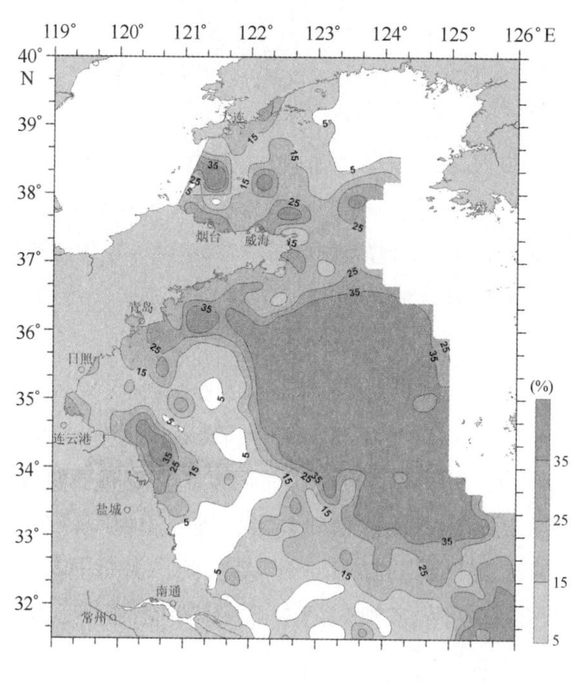

图 12.4 黄海表层沉积物黏土粒级组分分布

地，当砂粒级含量高时，黏土粒级的含量就相应地低。它们含量相对变化可以用来指示沉积环境动力条件的强弱程度。在南黄海中部地区，黏土粒级的含量由四周向中心呈明显的增加趋势，约在（123.40°E，35.10°N）达到最高值。由四周向中心，该区主要受反时针气旋式的冷水团低能环境控制（石学法等，2001）。

12.3 表层沉积物的粒度参数特征

12.3.1 平均粒径（Mz）分布特征

根据沉积物样品平均粒径的大小，编制了黄海表层沉积物的平均粒径等值线图（图12.5），在此基础上，将其进一步划分为三个区。

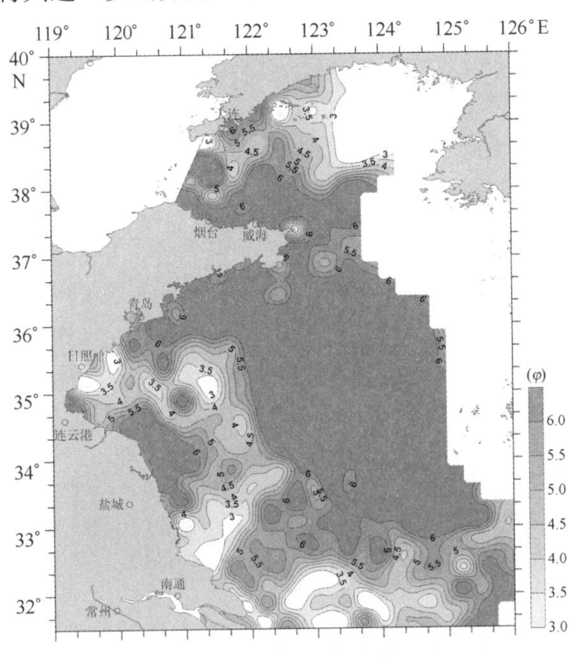

图12.5 黄海表层沉积物平均粒径分布

（1）高值区（Mz >7Φ），主要分布在南黄海的中部，与南黄海中部冷水团的反时针气旋型涡旋位置和范围相对应。高值区代表着以细粒的黏土质沉积物为主和以分选性良好为特征的沉积类型，反映了冷水团和涡旋的低能、还原的沉积环境。另外需要注意的是，南黄海中部地区（泥质区）为高平均粒径区，由中心（123.5°E，35.5°N）向四周平均粒径呈明显的降低趋势，这同样从另一个角度证明了该海区的反时针涡旋的存在。

（2）中值区（4Φ < Mz < 7Φ），分布在低值区和高值区之间的区域。所处海区受各种动力因素影响，又有现代和古代沉积物的混杂分布，因此该区沉积物表现出的粒度特征最为复杂。总体上，以分选差为特征，这是由于多种沉积物类型相互影响和相互混杂造成的。

（3）低值区（Mz <4Φ），主要分布于近岸地区，包括海洲湾、苏北辐射沙洲、长江口附近海域及附近陆架、辽东半岛周边、朝鲜半岛附近。很明显，该区受到大陆河流和沿岸流的强烈作用，水动力条件强较，而且陆源物质对其影响巨大。因此，平均粒径低值区的沉积物以粗颗粒、分选好为特征，反映了其形成时所经受的动荡水动力环境的长期筛选、搬运和沉积作用。

12.3.2 分选系数（σ）分布特征

根据福克—沃德（1957）和弗里德曼（1962）对分选系数（σ）的分级标准，黄海沉积物分选系数σ值在大部分区域大于1，属于分选较差的范围。但考虑到σ值用弗里德曼的分级标准，更能反映沉积物分选好坏的变化。因此，我们采用了费里德曼的分级标准，编制了分选系数（σ）的区域分布图（图12.6）。在此基础上，将本研究区划分为三个区：

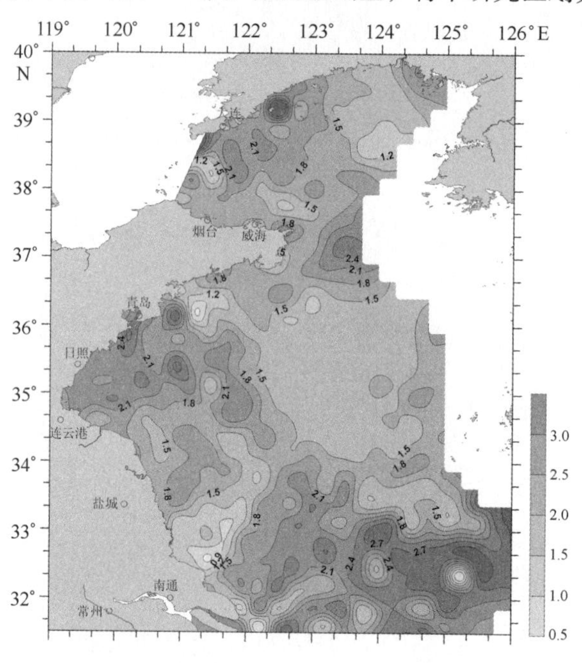

图12.6　黄海表层沉积物分选系数分布

（1）低值区（σ<1.6）。包括南黄海辐射沙脊区、南黄海中部及靠近朝鲜半岛附近海域，南黄海中部海域分选系数小于1.5，分选相对较好，这和南黄海中部地区的冷水团或“冷涡”有着成因上的联系。

（2）中值区（1.6<σ<1.8）。该区域位于细粒的黏土质沉积区和粗粒的砂质沉积区之间，分选较差，主要分布在北黄海山东半岛周围海域、海州湾外围海域及长江口地区。其分布范围与该区砂、粉砂和黏土沉积物的过渡区具有可比性。该区的分选系数较差，主要是由复杂的水动力环境和物质来源所致，造成本区不同的沉积物类型混合，如混合类型（砂－粉砂－黏土）和黏土质细砂广泛分布。

（3）高值区（σ>1.8）。包括辽东湾附近海域、海洲湾附近海域、长江口附近（33.5°N以南）及相邻陆架地区，局部海区可达到2.5以上，分选差。这种粒度参数特征与河口、湾口入海物质控制因素的多元化有密切关系。分选系数的好坏受到诸如水动力条件、物质来源、物源的远近以及生物和化学等多种因素的影响。在中、北部的黏土沉积区，分选系数由中心向四周呈明显的增加趋势，而其周围过渡地区的混合类型（砂－粉砂－黏土）和细砂区的分选系数大多都大于2.0，这表明黏土区中心的分选性相对最好，而越往外分选性越差。

12.3.3　偏度（Sk）的分布特征

在获得研究海区表层沉积物的偏度（Sk）数据的基础上，编制了黄海表层沉积物偏度的等值线图（图12.7）。根据福克—沃德的分级标准，本区的偏度可以分为三个区。

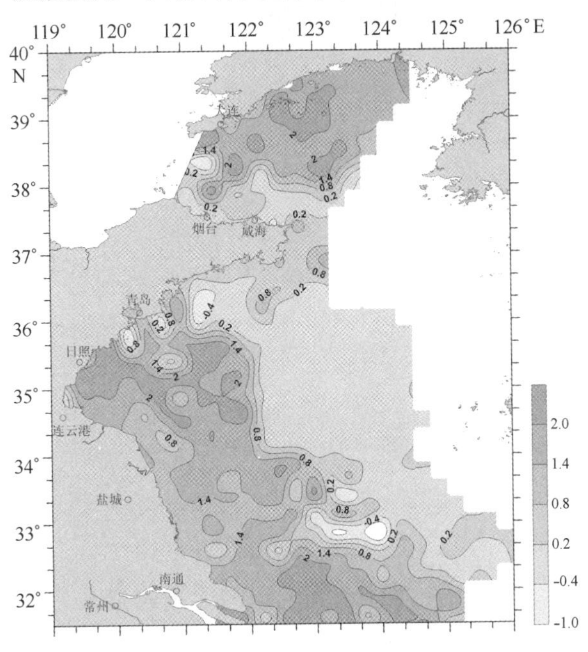

图12.7　黄海表层沉积物偏度分布

（1）低值区（Sk<0）。主要分布在南黄海的中、东部海区，在空间上和南黄海中部的泥质区有着密切的联系，并沿SE方向一直向济州岛延伸，据此推测其与经过该区的黄海暖流之间有成因上的联系：由于黄海暖流的强大作用，使其两端的南黄海中部泥质区和济州岛西南部泥质区的细颗粒物质混合到该区中，从而造成此区沉积物的粒度集中在细端部分这一现象。

（2）中值区（0<Sk<1）。在区内该类沉积物主要分布在山东半岛周边及黄海中部除泥质区外的大片海域，在空间上与沿岸流有着密切的联系，大致指示了现代黄河入海物质的输运路径。

（3）高值区（Sk>1）。主要分布在北黄海38°N以北区域和南黄海西部近岸区域，这表明物质来源对偏度的控制作用：北黄海偏度高值区大致与非黄河物质控制区相对应，而南部高值区则可能指示了废黄河水下三角洲物质和长江携带物质的影响，造成该区内沉积物的粒度集中在粗粒端这一现象。

12.3.4　峰态（Kg）的分布特征

黄海表层沉积物峰态（Kg）空间分布见图12.8。根据福克-沃德的分级标准，将黄海沉积物的峰态分为宽峰态、中等峰态和窄峰态3种类型。

（1）宽峰态（Kg<1）。宽峰态沉积物在区内主要分布在123°E以东的海区，分布范围与呈负偏态（<0）的区域较为相似，可能说明在黄海暖流经过的海区，样品的粒度特征表现为宽峰态和负偏度。

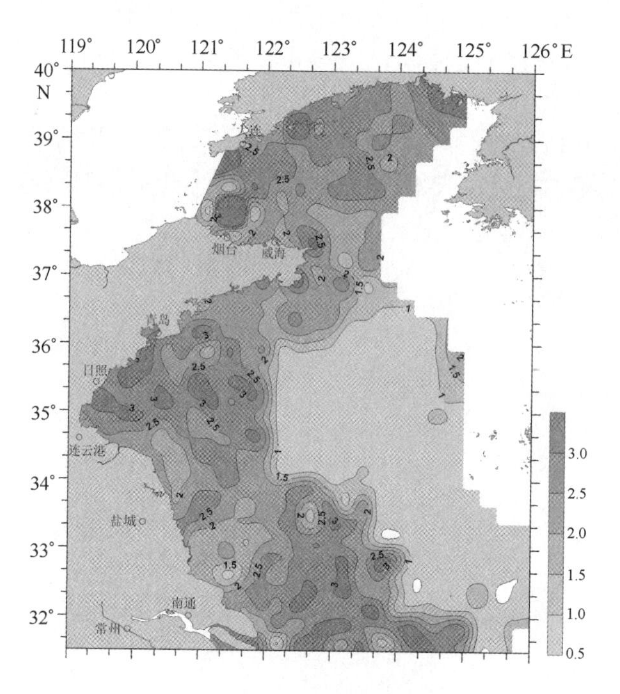

图 12.8　黄海表层沉积物峰态分布

(2) 中等峰态 (1 < Kg < 2)。在区内该类沉积物含量较少，主要分布在黄海海域中部，为过渡区。

(3) 窄峰态 (Kg > 2)。很窄峰态的沉积物主要分布在 123°E 以西的广大区域，值得注意的是，窄峰态沉积物中砂质组分在沉积物中占有绝对优势，这主要是由砂粒级组分沉积时本身的水动力特性所决定的。

从上述沉积物粒度参数分布图中可以得出颗粒粒度与分选性有如下关系，即细砂比粗砂、粉砂和黏土的分选要好，这主要因为细砂是最活跃的组分。当流水起动能力减小时，粗颗粒最先沉积；当粉砂和黏土等悬浮载荷与细砂一起搬运时，随着流水的起动能力和迁移能力进一步降低，它们会同时沉积，而粉砂和黏土这样的细粒物质一旦沉积下来，便很难再呈悬浮状态搬运；但细砂颗粒较容易再次进行搬运，从而发生进一步的分选，因此砂质沉积物的分选和峰态都要比细颗粒的沉积物要好，表现为窄峰态、分选好的特征。而黏土质沉积物的分选性和峰态就相对较差，整体上以中等峰态、分选较差为特征。

12.4　表层沉积物类型及其分布规律

依据谢帕德三角图分类方案，将黄海沉积物进行了分类，并编制了沉积物类型分布图 (图 12.9)。从图 12.9 中可以看出，黄海主要沉积物类型及分布规律如下。

12.4.1　砂 (S)

黄海的砂质沉积物主要包括含钙质结核砂和砂，砂主要分布在以下 3 个区域：①黄海东部靠近朝鲜半岛一侧的海域；②南部的长江口外部海域；③南黄海辐射沙脊区及废黄河三角洲外侧海域。南黄海辐射沙脊区东南区域的砂质沉积一般含泥少、分选较好，但有时混有砾

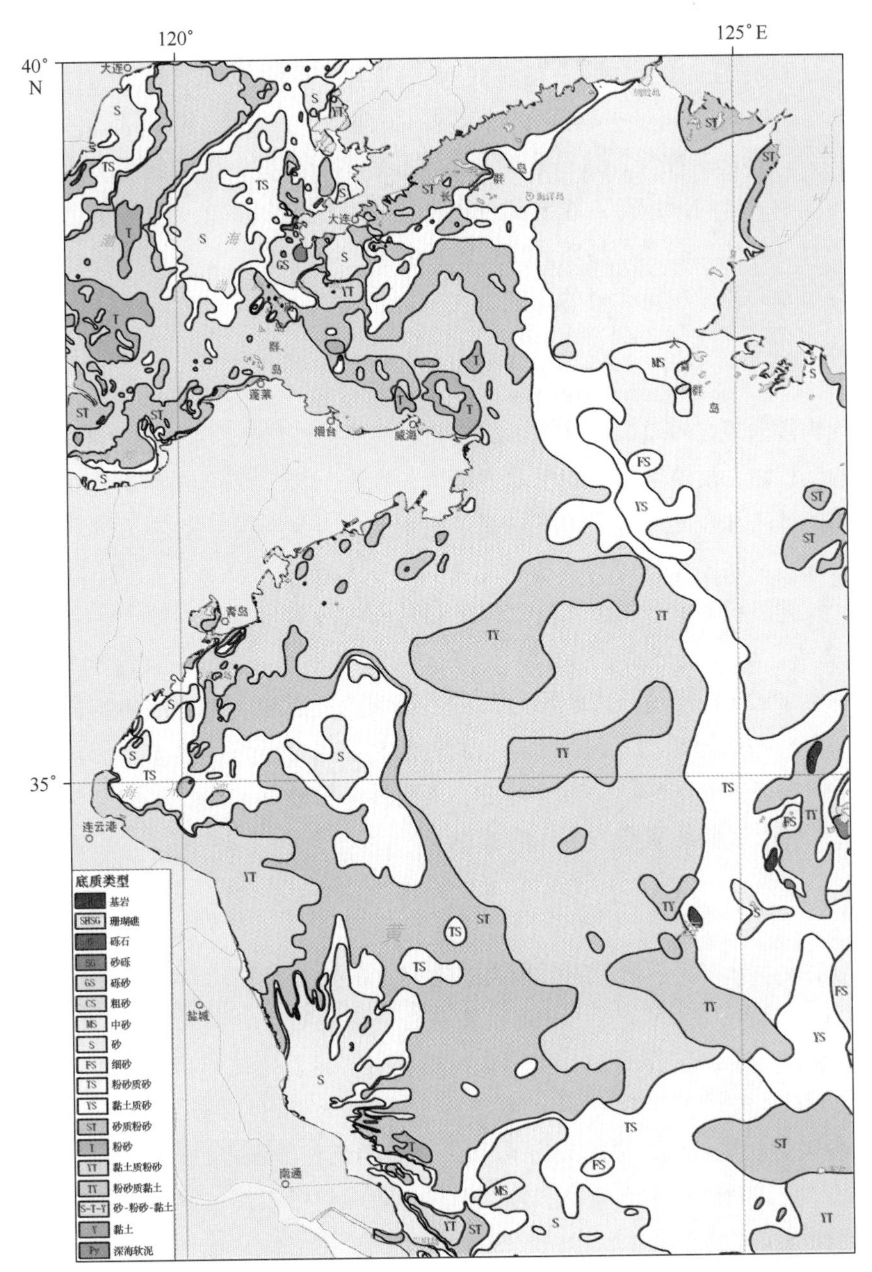

1:3 100 000（墨卡托投影 基准纬线 32°）

图 12.9　黄海沉积物类型（谢帕德分类）

石，常见有软体动物遗壳。该类沉积物的粒度组分特征是：粒度组分中砂粒级占绝对优势，且主要为细砂和极细砂，砂粒级的含量多在 90% 以上，平均含量为 89.05%。平均粒径为 2.55Φ，平均分选系数为 1.35，分选较差；平均偏度值为 1.62，属于极正偏。粒度多集中在粗端部分（以砂组分为主），平均峰态为 2.36，呈现很窄峰态。

12.4.2　粉砂质砂（TS）和砂质粉砂（ST）

粉砂质砂和砂质粉砂主要呈条带状和斑块状分布在砂质区的外侧和泥质区内，二者呈渐变关系。主要分布在以下 4 个区域：①黄海东部大黑山岛附近的条带状海域；②南部的长江口外部海域；③南黄海辐射沙脊区外侧海域斑状残留砂席的周围海区；④黄海北部靠近长山群岛的海域。粉砂质砂以砂为主，含量多在50%以上（平均为57.5%）；其次为粉砂粒级，含量一般在20%～40%之间（平均值为33.47%），略大于黏土粒级（平均值8.75%）。其平均粒径为3.92Φ；分选系数为2.11，表明此类沉积物的分选差；平均偏度值为2.05，属于极正偏，粉砂质砂中的砂粒级组分占主要部分；平均峰态值为2.92，为很窄峰态，沉积物中砂占有绝对的优势。砂质粉砂和粉砂质砂所反映的沉积环境相似，二者定名的不同只是由于沉积物主要组分中砂和粉砂相对含量的差别。

12.4.3 砂－粉砂－黏土（S－T－Y）

该类沉积物常出现在砂质沉积物的一侧或粗、细两类沉积物之间，呈不规则环带状分布。这种混合型的沉积物，反映了较强的水动力环境，在海州湾东北部有零星分布。沉积物的粒度组成在不同的海区和在同一海区的不同部位差别较大，此类沉积物多为褐灰色和灰色，含水量大，有黏性，含软体动物碎屑，所含生物种类类似于砂质沉积物，有时也含钙质结核，但数量不多。该类沉积物中砂粒级、粉砂粒级和黏土粒级的含量较为接近，其中砂组分的平均含量为36.20%，粉砂组分的平均含量为33.31%，黏土组分的平均含量为30.64%。沉积物的平均粒径为5.92Φ；平均分选系数为2.32，说明此类混合类型的沉积物分选差；平均偏度值为0.53，其分布视海域的不同而不同：调查区北部混合型沉积物大多为正偏，南部海区多为负偏；平均峰态值为0.57，呈现宽峰态，表明砂、粉砂和黏土在此类混合型沉积物中大致均匀混合，从而形成鞍状宽峰。

12.4.4 黏土质粉砂（YT）

该沉积物是黄海分布面积最广的沉积类型之一，主要分布在山东半岛近岸海域、废黄河口以南海域和以123.4°E，35.1°N为中心的南黄海中部泥质区。表层常含有2～3 cm厚的半流动状黄褐色软泥（也称“浮泥”），下部常见黑色富有机质斑块或条纹。黏土质粉砂中以粉砂粒级为主，其含量可达40.00%～70.00%；其次为黏土粒级，其含量为20.00%～50.00%；砂粒级的含量最低，平均只有4.46%。此类沉积物的平均粒径为6.77 Φ，平均分选系数为1.71，分选较差；平均偏度值为0.01，为近对称形态；平均峰态值为0.81，为较宽的峰态，表明此类沉积物中虽然以粉砂粒级为主，但黏土粒级含量也相对较高，故曲线呈现出较宽的峰态。

12.4.5 粉砂质黏土（TY）

粉砂质黏土以黏土粒级和粉砂粒级为主，主要分布在以123.4°E，35.1°N为中心的南黄海中部泥质区。该类沉积物手感软，砂质感较弱，在黄海北部多呈黄褐色至黄灰色，南部多为黄灰色至深灰色，其上部2～3 cm呈半流动状，向下渐有可塑性。沉积物中常有生物活动痕迹及生物活动形成的泥质团块。从沉积物类型分布图上可以看出，粉砂质黏土的分布范围大致与南黄海中部冷水团区吻合，那里为上升流区，水平流速小，有利于细粒物质沉积；而黏土质粉砂的分布范围则相对较广，既有分布于调查区中部的泥质沉积区的，也有分布于粗粒沉积物向泥质沉积物过渡区的。

粉砂质黏土中砂粒级含量一般小于1.00%，而黏土粒级的含量变化范围47.59%～

55.90%，平均值为51.94%；粉砂粒级的含量一般为44.02%~49.95%，平均值为47.99%。该类沉积物的平均粒径为8.05 Φ，平均分选系数为1.32，分选较差；平均偏度值为-0.06，为近对称分布；平均峰态值为0.76，为宽峰态，说明沉积物中黏土组分占优势，粉砂组分的含量也接近黏土质组分，因此曲线呈现出宽的峰态。

12.4.6　黏土质砂（YS）

也称泥质砂，主要呈条带状分布在南黄海泥质区东北部，在长江口向外海域也有零星分布。颜色为褐灰色或灰色，有明显砂质感，性质接近于砂质类型。该类型沉积物以砂粒级为主，含量介于43.30%~67.40%之间，平均值为54.18%；其次是黏土粒级，含量介于20.00%~37.60%之间，平均值为27.45%；粉砂粒级含量小于20.00%。平均粒径为5.51 Φ，平均分选系数为2.88，分选差。

12.4.7　砾（G）

含砾沉积物主要分布在南黄海青岛-日照沿岸、海州湾30 m水深海域以及大黑山群岛的东南区域。

第13章　黄海矿物特征与组合

13.1　数据来源

黄海沉积物矿物研究应用资料如下：重矿物有效站位数为1 669站，其中收集数据站位403站，轻矿物站位数1 400站，碎屑矿物数据分布站位见图13.1。黏土矿物站位数为1 273站。

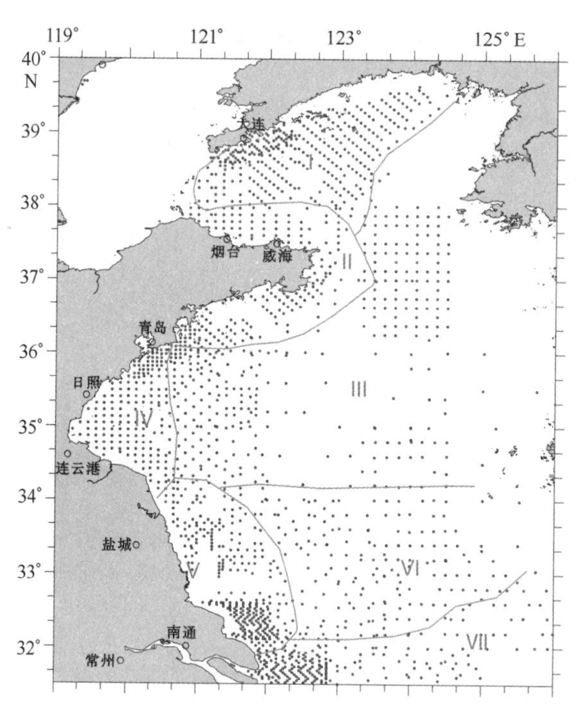

图13.1　黄海表层沉积物碎屑矿物分析站位及矿物组合分区

（Ⅰ：北黄海北部矿物区；Ⅱ：山东半岛近岸矿物区；Ⅲ：黄海中部矿物区；Ⅳ：海州湾矿物区；Ⅴ：苏北浅滩矿物区；Ⅵ：南黄海南部矿物区；Ⅶ：东海北部矿物区）

13.2　碎屑矿物特征及组合

黄海碎屑矿物分布表现出受三大沉积环境控制的特点，包括北黄海北部近岸区、南黄海中部泥质区和苏北浅滩潮流沙脊区。北黄海北部富集斜长石，多普通角闪石、绿帘石，稳定铁矿物含量高，表现出沉积环境以物理风化为主的特点；南黄海泥质区富集自生黄铁矿，碎屑矿物颗粒细小，多呈片状出现，表现为还原环境；苏北浅滩沉积物中富集普通角闪石、锆石和石榴子石、榍石等，稳定重矿物含量高，云母含量低，表现出水动力强、呈现弱氧化的沉积环境特点。黄海重矿物以普通角闪石、绿帘石、云母和金属矿物为主（平均含量大于10%）（表13.1），特征矿物为钛铁矿、石榴子石、自生黄铁矿。其中普通角闪石在局部海区为绿色且表面有磨蚀，多为短柱状和长柱状，主要在胶州湾外部、苏北浅滩富集，绿帘石在海州湾外部出现高含量区，云母的含量分布体现了物质扩散趋势：从北黄海经成山角东部海区向南黄海扩散，高含量区出现在靠近大陆一侧，分带性明显，特别是苏北浅滩东部的高含量区可能是黄海沿岸流与长江冲淡水相互作用的区域。金属矿物（包括钛铁矿）和自生黄铁矿的含量分布出现区域分布以及整体不均匀的特点。轻矿物中石英主要富集在南黄海陆架中部，沉积物成熟度较高。

表13.1　碎屑矿物颗粒含量基本统计　　单位：%

矿物	非零数据/个	最小值	最大值	平均值	标准偏差	方差	偏度	峰度
普通角闪石	1 661	0.3	75.9	34.9	12.6	158.2	−0.3	0.1
绿帘石	1 579	0.2	66.7	17.6	9.8	96.1	0.8	0.9
云母	1 352	0.2	100.1	10.6	16.2	262.5	2.6	7.5
金属矿物	1 654	0.3	80	10.2	8.3	69.5	2.3	8.4
极稳定矿物组合	1413	0.1	45.5	4.4	4.7	22.5	2.9	13.1
钛铁矿	1 206	0.1	28.7	4.4	4.6	21.5	2.0	5.1
石榴子石	1 292	0.1	47	3.8	6.3	39.1	3.4	14.1
赤、褐铁矿	1 266	0	45.9	3.6	4.4	19.1	4.3	27.5
自生黄铁矿	737	0.1	92.3	3.4	8.9	79.7	5.9	44.0
普通辉石	1 281	0.1	50	3.3	3.7	13.9	3.7	26.4
磁铁矿	853	0.2	18.3	1.8	2.0	4.0	2.9	12.3
榍石	1 125	0.1	9.2	1.4	1.3	1.8	1.8	4.2
电气石	1 118	0	44.7	1.2	3.5	12.6	6.3	52.9
锆石	692	0.1	13	1.0	1.3	1.8	3.7	18.4
变质矿物	616	0.1	3	0.5	0.4	0.2	2.0	5.7
紫苏辉石	1 074	0	7.5	0.3	0.7	0.5	4.6	30.0
氧化铁矿物/稳定铁矿物	1 153	0	35.7	1.7	3.4	11.6	5.3	37.2
极稳定矿物/普通角闪石与绿帘石之和	988	0	20	0.3	0.8	0.6	18.7	450.5
普通角闪石/绿帘石	1 568	0.1	245	4.1	11.3	128.7	12.9	213.4
金属矿物/普通角闪石与绿帘石之和	1 495	0.1	8	0.3	0.4	0.1	9.5	160.9
云母/优势粒状矿物之和	704	0.1	4.7	0.4	0.5	0.2	3.4	18.9
长石	1 399	2.3	87	46.3	17.1	292.7	−0.4	−0.3
石英	1 400	1.6	87.3	37.1	14.2	200.4	0.7	0.6
绿泥石	1 315	0.1	49.3	6.0	7.1	50.9	2.4	7.7
云母	1 154	0.1	65.6	4.7	8.2	67.2	3.9	17.6
海绿石	657	0.08	31.67	2.2	3.3	10.9	4.2	24.6
碳酸盐矿物（生物）	498	0.2	93.5	1.6	4.4	19.4	18.6	385.6
石英/长石	1 399	0.1	33.3	1.3	2.3	5.5	6.0	49.9

13.2.1 碎屑矿物组成及含量分布

在黄海共鉴定出重矿物57种，含量较高的矿物（平均含量大于10%）有普通角闪石、绿帘石、斜黝帘石，分布普遍的矿物（平均含量大于1%）包括黑云母、白云母、石榴子石、水黑云母、褐铁矿、钛铁矿、绿泥石、阳起石、透闪石、赤铁矿、普通辉石、榍石、绢云母、磁铁矿，含量较低的矿物（平均含量小于1%）包括自生黄铁矿、白钛石、磷灰石、透辉石、锆石、电气石、紫苏辉石、菱镁矿、金红石、萤石、褐帘石、十字石、海绿石、蓝闪石、蓝晶石、红柱石、锐钛矿、硬绿泥石、矽线石、胶磷矿、菱铁矿、霓辉石、金云母、黄铁矿、锡石、霓石、玄武闪石、白榴石、独居石、符山石、软锰矿、硅灰石、磷钇矿、自生磁黄铁矿、棕闪石、蔷薇辉石、球霰石、直闪石、顽火辉石、磁黄铁矿，样品中含有少量或微量的岩屑、风化碎屑、风化云母、宇宙尘、磁性小球等。在黄海鉴定出轻矿物12种，包括石英、斜长石、钾长石、绿泥石、白云母、黑云母、海绿石、方解石、绢云母、水黑云母、石墨、火山玻璃等，样品中有一定含量的岩屑、少量的碳酸岩、风化云母、生物碎屑、风化碎屑、有机质、锰结核与有机质的黏结颗粒。各矿物颗粒百分含量及特征比值见表13.1。下面对矿物特征和分布进行描述。

普通角闪石。黄海角闪石多呈绿色、浅绿、深褐色，大多为短柱、粒状，有磨蚀，平均含量34.9%，变化范围0.3%~75.9%（表13.1）。普通角闪石总体分布趋势是近岸含量高，在海区中部为中等含量，向深水区含量逐渐降低。高含量区主要有四处，即长山群岛附近海区、山东半岛东部海区、青岛东部海区以及苏北浅滩海区（图13.2）。

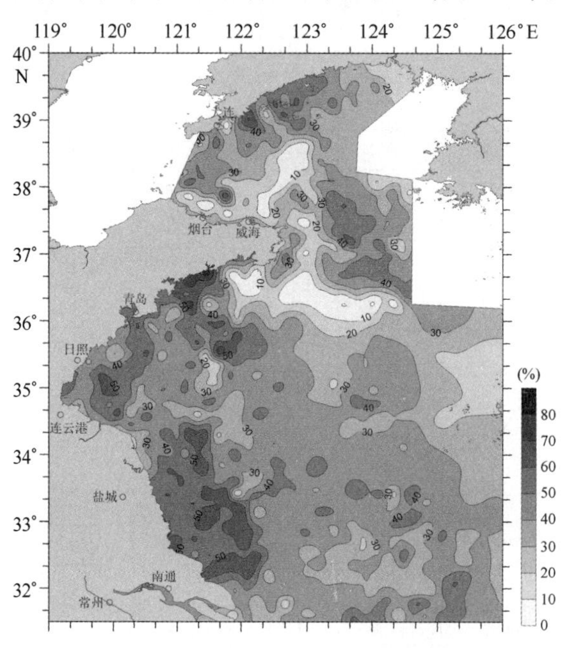

图13.2 黄海表层沉积物普通角闪石颗粒百分含量分布

绿帘石：绿帘石多呈黄绿色、次棱角状，半透明，颗粒为主，有风化，多为辉石和闪石类蚀变，为重矿物中的优势矿物，平均含量17.6%，变化范围0.2%~66.7%（表13.1）。总体分布趋势与普通角闪石相近，只是在苏北浅滩沉积物中普通角闪石含量高而绿帘石的含量中等，在北黄海北部绿帘石高含量区大面积分布，由青岛到海州湾外部绿帘石含量较高，南黄海南部绿帘石含量较低（图13.3）。

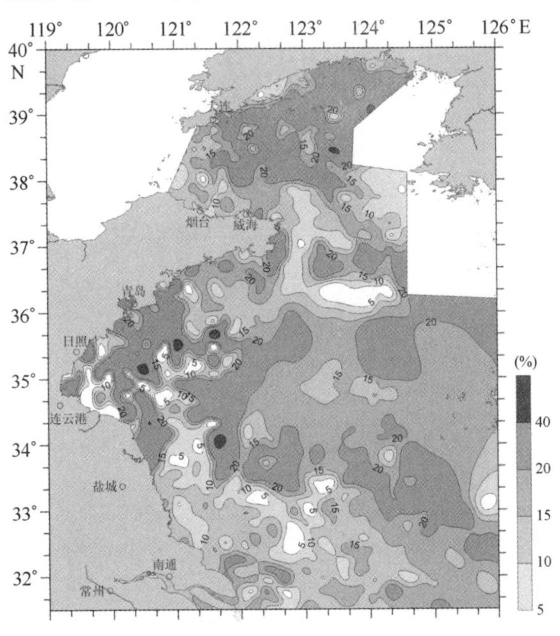

图13.3 黄海表层沉积物绿帘石颗粒百分含量分布

云母类（重矿物），云母类包括黑云母、白云母和水黑云母、绢云母。以黑云母、白云母为主，多为薄片状，有风化现象。云母类分布广泛，平均含量10.2%，最大值100%。整体分布趋势是近岸含量较高，在苏北浅滩以及长江口北支含量高，陆架中部含量中等，向海含量变低，从黄海的云母分布来看，具有向北黄海物质扩散趋势，但到南黄海苏北浅滩处为最大，可能此处既有黄河来源物质也有长江来源物质，为二者物质共同沉积区（图13.4）。

金属矿物：金属矿物包括氧化铁矿物和稳定铁矿物。赤铁矿和褐铁矿的平均含量为

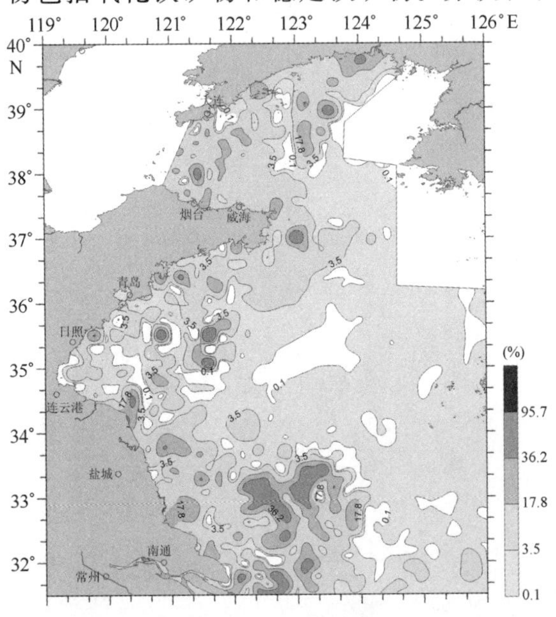

图13.4 黄海表层沉积物云母类（重矿物）颗粒百分含量分布

3.6%，最大值45.9%；磁铁矿平均含量1.8%，最大值18.3%；钛铁矿平均含量4.4%，最大值28.7%（表13.1）。金属矿物的平均含量为10.2%，远高于渤海沉积物中的平均含量，高含量区主要出现在大连湾、长江口北支，中含量作为背景值分布全区（图13.5）。

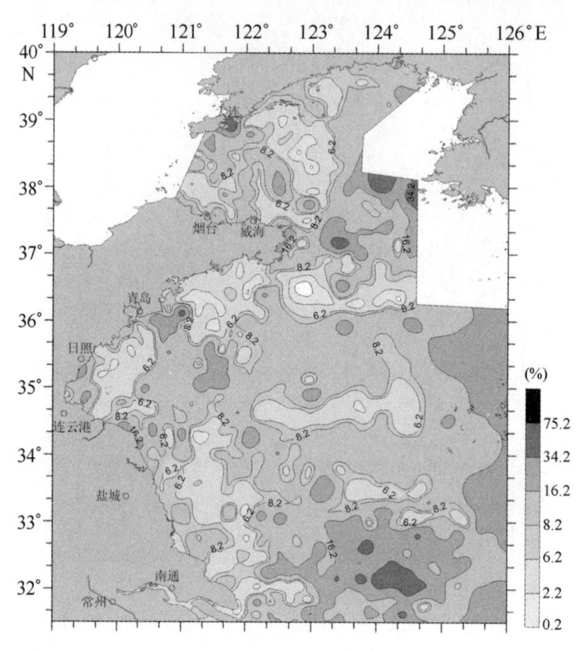

图13.5 黄海表层沉积物金属矿物颗粒百分含量分布

极稳定矿物组合。极稳定矿物包括石榴子石、锆石、榍石、金红石、电气石，其中石榴子石是黄海沉积物中的特征矿物，分带明显。极稳定矿物的平均含量为4.4%，最大值45.5%，近岸含量高，特别是在江苏沿岸沉积物中，陆架中部含量中等，近似出现N—S向条带状分布(图13.6)，东部含量略高。从石榴子石和锆石的分布来看，二者对其分布影响较大，石榴子石在深水区域含量较高，而锆石是在近岸含量较高，特别是在苏北浅滩处含量最高。

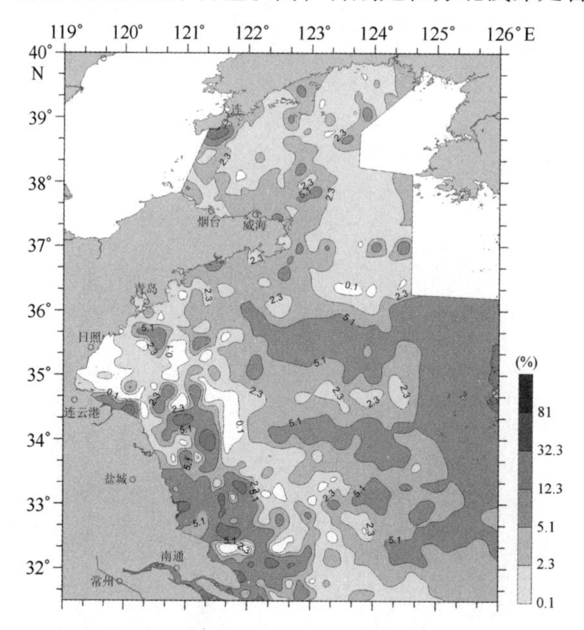

图13.6 黄海表层沉积物极稳定矿物组合颗粒百分含量分布

自生黄铁矿：自生黄铁矿平均含量3.4%，最大值92.3%（表13.1）。高含量主要以珠状出现在北黄海北部和南黄海中部，在海州湾、长江口北支附近出现零星较高的含量区（图13.7）。

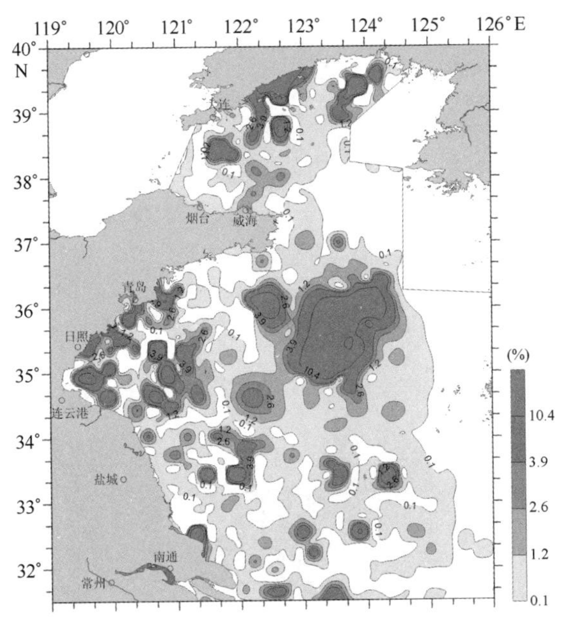

图13.7　黄海表层沉积物自生黄铁矿颗粒百分含量分布

普通辉石。普通辉石多为浅绿色颗粒状，颜色斑驳表面多磨蚀。平均含量3.3%，最高为50%。其分布趋势与绿帘石极为相近，高含量分布在北黄海北部和海州湾东部，苏北浅滩东部则为低含量区（图13.8）。

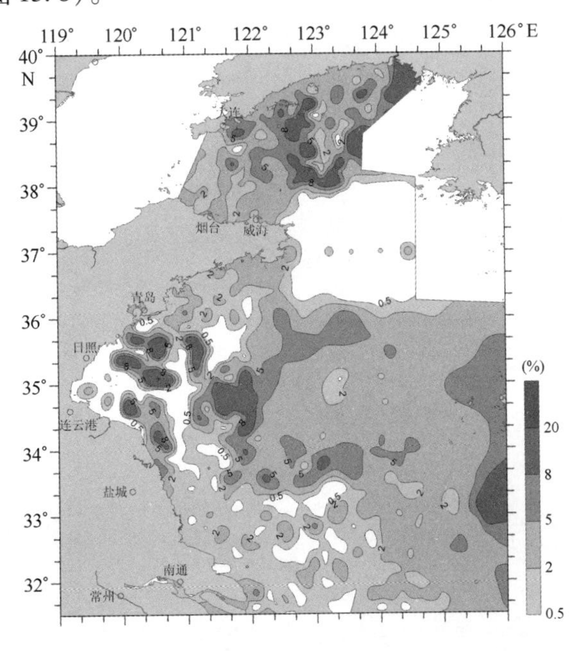

图13.8　黄海表层沉积物普通辉石颗粒百分含量分布

石英：石英以粒状、次棱角、次圆状为主，有磨蚀。平均含量 37.1%，变化范围在 1.6% ~87.3%之间，平均含量低于长石。整体分布趋势为 N—S 分带，北黄海的沉积物中含量低，而在苏北浅滩东部的南黄海含量高，表明南黄海南部沉积物成熟度高于北黄海（图 13.9）。

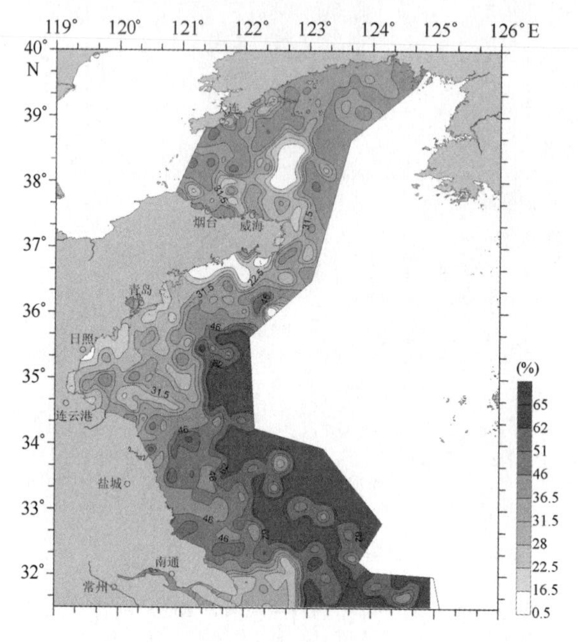

图 13.9　黄海表层沉积物石英颗粒百分含量分布

长石。长石包括钾长石和斜长石，钾长石多为红色、褐色和浅褐色，粒状，硬度较大；斜长石多为淡黄、灰白和灰绿色，以粒状为主，表面混浊，光泽暗淡，有磨蚀。平均含量 46.3%，变化范围在 2.3% ~87%之间。高含量区分布在北黄海和海州湾内，靠近东海陆架含量很低，长石的高含量指示沉积物的近源沉积和源区以物理风化作用为主（图 13.10）。

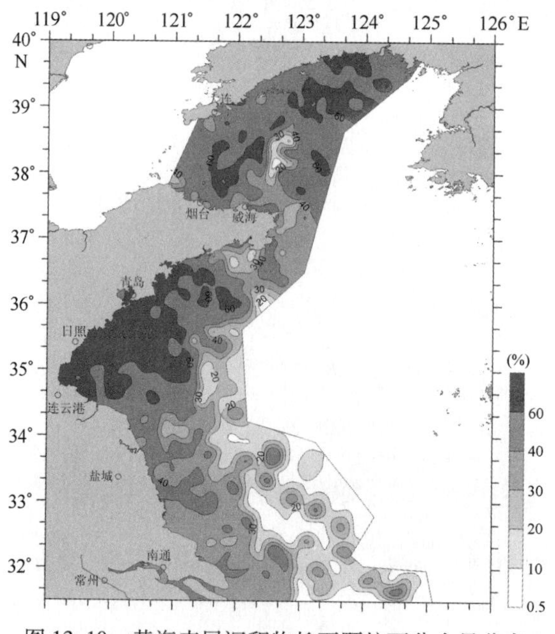

图 13.10　黄海表层沉积物长石颗粒百分含量分布

云母类（轻矿物）。此类矿物平均含量为4.7%，变化范围在0.1%～65.6%之间。主要体现了黄河来源物质的扩散趋势。从莱州湾经渤海海峡沿山东半岛进入南黄海，到海州湾云母类含量减少，至苏北浅滩处含量增加，在长江口北支东部海区沉积物中含量中等（图13.11），黄海北部沉积物中云母含量较低。

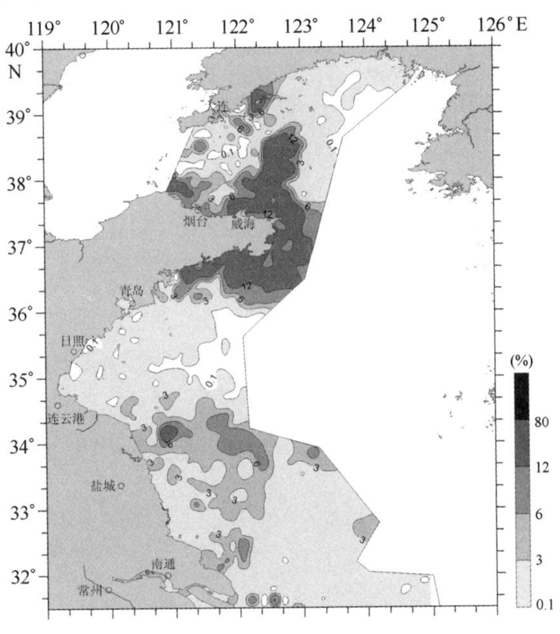

图13.11　黄海表层沉积物云母类（轻矿物）颗粒百分含量分布

13.2.2　碎屑矿物比值参数分布特征

金属矿物/（普通角闪石+绿帘石）比值。从图13.12可以看出，全区比值分布较为均一，较高的比值出现在北黄海中部和南黄海南部，近岸沉积物中没有出现异常。该比值分布

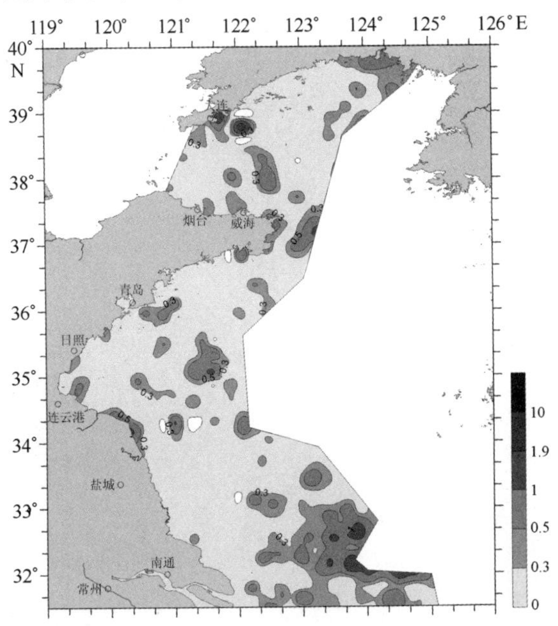

图13.12　黄海表层沉积物金属矿物/（普通角闪石+绿帘石）比值分布

表明黄海沉积物物质来源比较单一，除黄河物源外，近岸河流输入物质对黄海大部分沉积物组成影响较小。

极稳定矿物组合/普通角闪石比值。该比值平均值为0.3，最大值20，高比值主要出现在山东半岛东部近海，为黄河物质向南输送的通道区，山东半岛剥蚀产物是本区极稳定矿物组合的主要来源（图13.13）。

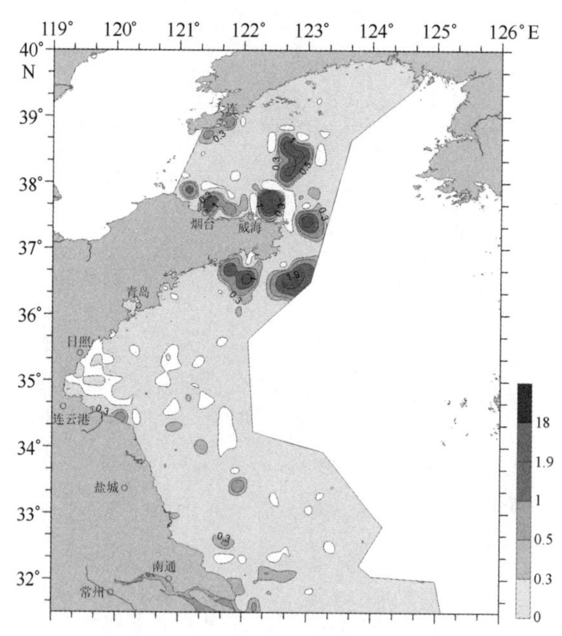

图13.13　黄海表层沉积物极稳定矿物组合/普通角闪石分布

云母类（重矿物）/优势粒状矿物比值。高比值出现在山东半岛沿岸、苏北浅滩东部，与云母的高含量区一致（图13.14），这表明入海沉积物具有向黄海中部和南部输送的趋势，在苏北浅滩东部受到多物源的影响。

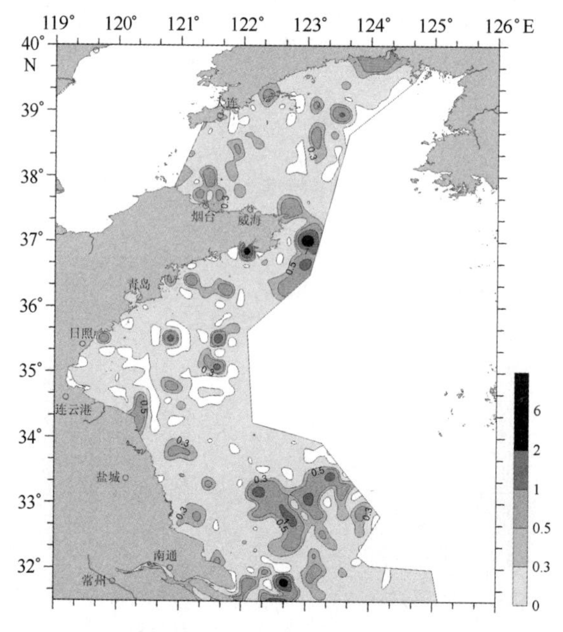

图13.14　黄海表层沉积物云母类（重矿物）/粒状矿物分布

石英/长石比值。平均值为1.3，最大值33.3，该比值表明石英含量在黄海较高，明显高于渤海，沉积物的成熟度总体上较高。该比值呈明显的分带，北低南高，西低东高，高比值主要分布南黄海中部，在苏北浅滩外部为最高，沉积物成熟度高（图13.15）。

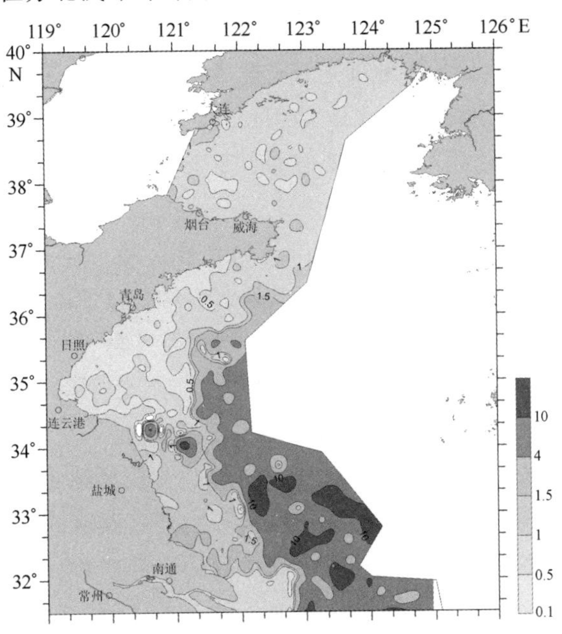

图13.15　黄海表层沉积物中石英/长石分布

氧化铁矿物/稳定铁矿物比值。平均值为1.7，最大值为35.7（表13.1），平均值低于渤海。该值南北分带性明显，高比值主要分布在山东近岸，南黄海比值较低，表明黄海沉积物中褐铁矿含量相对较高（图13.16）。

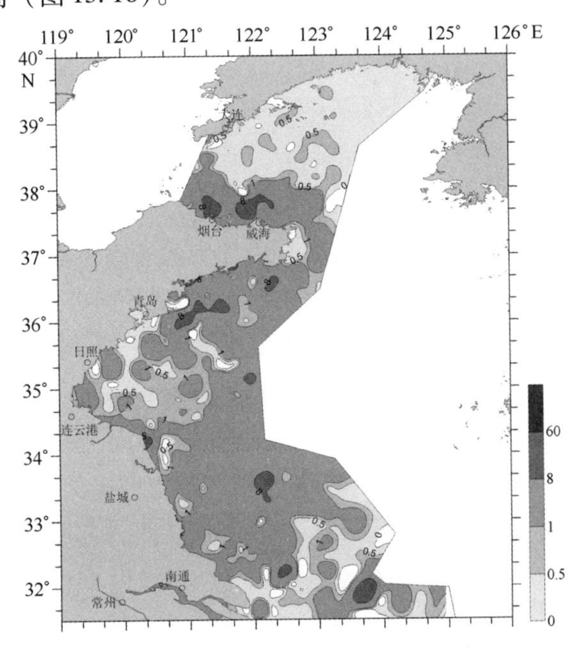

图13.16　黄海表层沉积物氧化铁矿物/稳定铁矿物的比值分布

13.2.3 碎屑矿物组合分区

结合碎屑矿物含量分布特征及矿物比值分布，在黄海划分出7个碎屑矿物组合分区（图13.1），每个分区的矿物种类和含量变化明显，与底质沉积物类型、物质来源和沉积环境密切相关。

Ⅰ区：北黄海北部矿物区。本区北部受辽东半岛南部近岸沉积影响较大，矿物区南部受黄河物质影响较大。重矿物以普通角闪石、绿帘石、云母为优势矿物，特征矿物为普通辉石、自生黄铁矿，普通辉石在本区大面积出现高含量区，自生黄铁矿在本区中部富集。极稳定矿物石榴子石、榍石等含量较低，金属矿物含量较低，氧化铁含量更低。自生黄铁矿的富集与氧化铁/稳定铁矿物比值的低分布表明本区为弱还原沉积环境。轻矿物以长石、石英为主，长石含量高而云母含量较低，且含量具有渐变的趋势，表明本区北部受黄河物质影响较弱。

Ⅱ区：山东半岛近岸矿物区。本区为黄河细粒物质通过渤海海峡向黄海输送物质的通道，主要特征为片状矿物含量高，且氧化铁/稳定铁矿物比值高，表明有物质输入且为侵蚀状态，自生黄铁矿的含量低。轻矿物中以石英、长石为主，云母含量高。山东半岛河流沉积物输入对本区矿物组成影响较小，黄河物质输入为主要的物质来源。为弱氧化-氧化的沉积环境。

Ⅲ区：黄海中部矿物区。本区主要包括两种沉积类型：北部的较粗粒沉积以及南黄海中部的泥质沉积。北部沉积区以普通角闪石、金属矿物为优势矿物，稳定矿物石榴子石的含量高，沉积环境为弱氧化环境。南部海区存在著名的黄海冷水团，由于这一特殊的海洋环流的长期作用，这里形成了大面积的粉砂质黏土沉积，泥质沉积区中普通角闪石、绿帘石含量中等，粗粒物质输入较少，自生黄铁矿富集，沉积环境为弱还原环境。石英的含量有自泥质中心向外逐渐增加的趋势，表明沉积物的成熟度逐渐增加，长石的含量在本区较低；本区的物质来源主要为黄河物质的扩散，粗粒物质输入较少。

Ⅳ区：海州湾矿物区。本区的物质来源主要为老黄河物质以及经山东半岛沿岸输送过来的细粒物质，表现为普通角闪石、绿帘石、金属矿物在近岸局部富集，片状矿物具有向南扩散的趋势；氧化铁与稳定铁矿物比值较高，沉积环境为弱氧化。长石的含量较高，极稳定矿物含量低，这些特征表明本区沉积物成熟度较低。

Ⅴ区：苏北浅滩矿物区。本区中普通角闪石、氧化铁含量较高，片状矿物含量高，表明本区沉积物为侵蚀状态，且有物质输入。极稳定矿物包括锆石的含量较高，石英含量高，局部出现自生黄铁矿，本区沉积物成熟度较高，且局部为弱还原环境。物质来源主要为黄河物质，从矿物含量分布趋势上分析，南部有部分长江物质扩散到本区。

Ⅵ区：南黄海南部矿物区。其影响范围具有逐渐向北扩大的趋势，因为在济州岛附近出现较多与此区矿物组合类型一致的样品，可见其纵向的影响范围广阔。本区很多样品与东海北部陆架沉积物样品矿物组合具有较大的相似性，可以推断出水动力和海底风化作用对此区沉积物重矿物的影响具有趋同效应，即相近海区沉积物中的重矿物成分最终分布趋向一致（王昆山等，2003）。本区金属矿物含量较高，氧化铁矿物相对较低，片状矿物、石英、稳定矿物如石榴子石、锆石向外含量逐渐增加，沉积物成熟度逐渐增高。矿物含量分布表明长江冲淡水所携带的物质对本区矿物组成具有一定的影响。

Ⅶ区：东海北部矿物区。为黄海和东海的共同矿物区，本区碎屑矿物以普通角闪石、绿帘石为主，金属矿物、片状矿物含量较高，石英、长石含量中等，极稳定矿物如石榴子石、榍石等向海含量逐渐增加，矿物分布特征指示了长江物质向海输送的趋势。本区优势矿物与特征矿物组合与长江源物质（富普通角闪石、金属矿物，以榍石为特征矿物）一致，说明物质来源主要为长江源。轻矿物组合特征表明该区受现代长江沉积物的影响最大（王昆山等，2001）。

13.3　黏土矿物特征及组合

13.3.1　黏土矿物组成及分布

黄海表层沉积物黏土矿物站位分布见图13.17。沉积物黏土矿物中伊利石含量最高，其次为绿泥石和高岭石，蒙皂石含量最低（表13.2）。

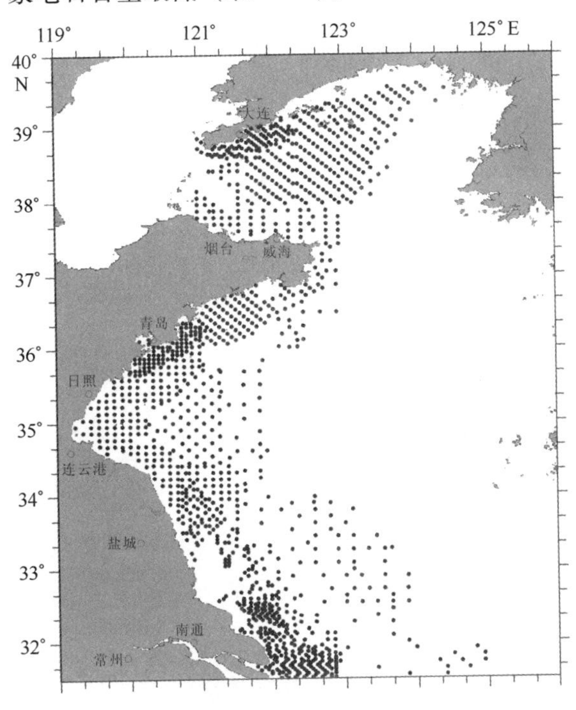

图13.17　黄海表层沉积物黏土矿物站位分布

表13.2　黄海表层沉积物黏土矿物百分含量统计　　单位:%

项目	蒙皂石	伊利石	高岭石	绿泥石
平均值	14	62	9	15
最高值	45	81	44	58
最低值	0	23	0	4

13.3.1.1　蒙皂石

蒙皂石含量的分布特征总体上可以分为两个区域（图13.18）。废黄河口以北海域，表层沉积物中蒙皂石含量都在10%以上，其中出现的数个高值中心蒙皂石含量可达20%以上，尤其在北黄海西部，为高值区；废黄河口以南海域，蒙皂石含量较低且分布较为均匀，一般都在5%以下，为低值区。

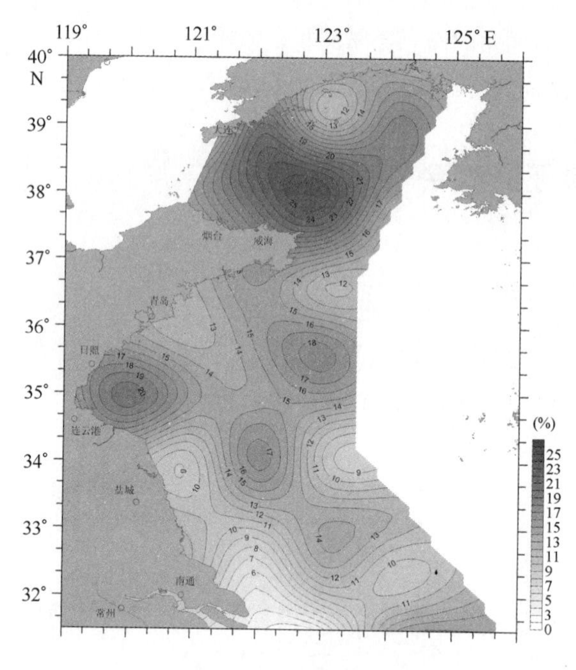

图 13.18　黄海表层沉积物蒙皂石百分含量分布

13.3.1.2　*伊利石*

伊利石为黄海含量最高的黏土矿物，其含量最高可达 81%，最低可至 23%，平均值为 62%（表 13.2）。伊利石含量的平面分布总体上较为均匀，多数站位沉积物中伊利石含量都在 50%～70% 之间；北黄海北部及南黄海青岛周边海域出现多个斑块状的伊利石低值区，含量在 45% 以下（图 13.19）。

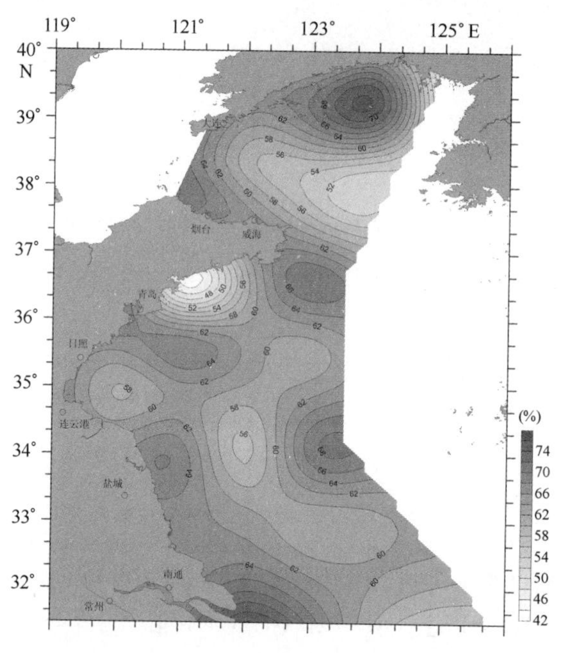

图 13.19　黄海表层沉积物伊利石百分含量分布

13.3.1.3　高岭石

高岭石含量最高可达44%，最低可至0%，平均值为9%（表13.2）。黄海陆架区沉积物中高岭石含量的空间分布大致可以分为两个区：废黄河口以北海域为高岭石的低值区，其含量基本在8%以下，尤其是在北黄海北部，高岭石含量不超过5.0%；废黄河口以南海域高岭石含量则相对较高，基本在8%以上，其高值中心向北一直延伸到青岛周边海域，而南部的长江口北支周边海域，高岭石含量也可达到15%以上（图13.20）。

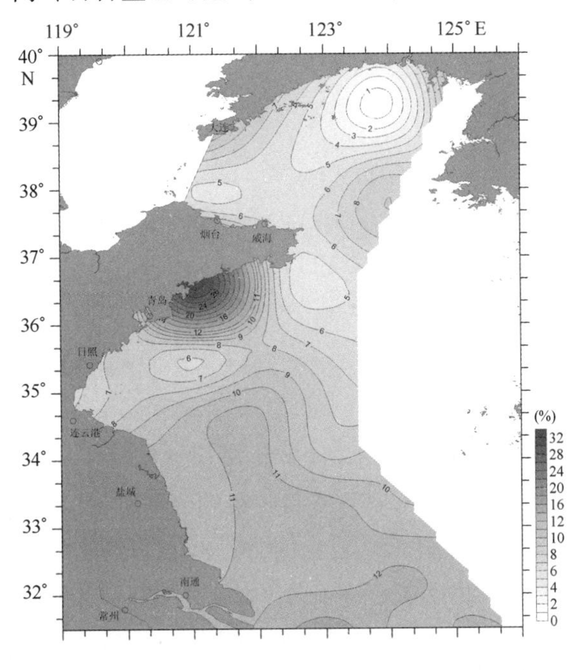

图13.20　黄海表层沉积物高岭石百分含量分布

13.3.1.4　绿泥石

绿泥石含量空间分布变化不大，基本介于10%~20%之间，高值出现在北黄海北岸，最高可至58%，最低值出现在长江口北支周边海域，最低可至4%，另外山东半岛周边也出现斑块状绿泥石的低值区（图13.21）。

13.3.2　黏土矿物分区及其物源指示意义

黏土矿物大多数是母岩风化产物，而由胶体SiO_2及Al_2O_3直接形成的自生黏土矿物及由火山灰蚀变产生的是比较少见的（曾允季等，1986）。一般认为控制沉积物组成的因素主要包括：源岩（流域岩石组成）、构造及气候影响的化学风化与物理风化、水动力作用、沉积盆地地形、沉积环境、沉积介质的物理化学性质、成岩及变质作用等。伊利石主要为长石的风化产物，而长石既是重要的造岩矿物又是各大岩类中普遍存在的矿物。因此，作为陆源物质的伊利石在沉积物中占主要地位。高岭石和绿泥石也是入海陆源细粒物质的主要矿物成分。一般认为，绿泥石的主要母岩是变质岩，主要形成于以物理风化为主的高纬度地区。高岭石则多形成于低纬度地区的温暖潮湿环境中，风化产物或者原地残积下来，或者经过搬运而沉

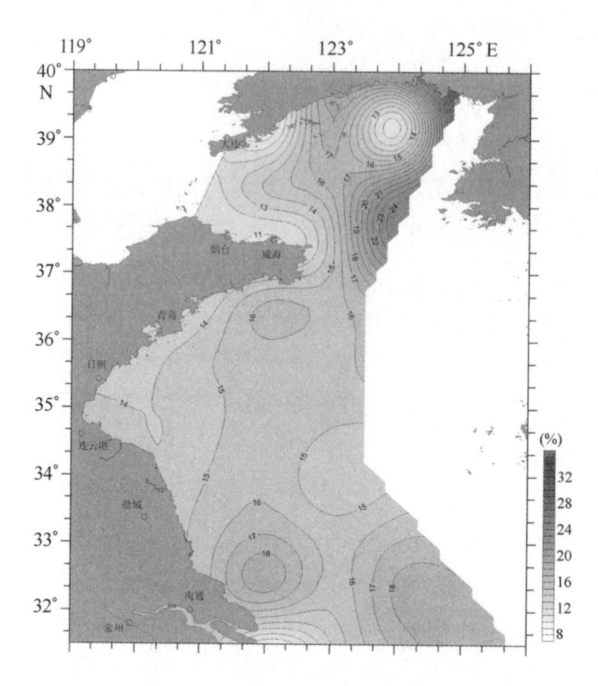

图 13.21　黄海表层沉积物绿泥石百分含量分布

积于其他区域。当陆源黏土矿物被搬运到了海洋，沉积下来时，其化学性质仍保持入海前的特征（程捷等，2003）。因此海洋沉积物中黏土矿物的分布特征主要受物源、海区的沉积环境（水动力、沉积地球化学、海底的地质地貌特征）和矿物本身的矿物学特征控制（方习生等，2007）。如长江沉积物以伊利石含量高（约 70%）、蒙皂石含量低（约 5% ~7%）、伊利石与蒙皂石比值大于 8 为特征；黄河型沉积物则以伊利石含量低（约 60%）、蒙皂石含量高（约 15%）、伊利石与蒙皂石比值小于 6 为特征（范德江等，2001）。这表明长江与黄河黏土矿物的物源区气候环境不同，黏土矿物含量及其组合特征记录了源区母岩的性质和环境，即侵蚀区的环境。

绘制了伊利石/蒙皂石等值线图（图 13.22），黄海大部分站位伊利石/蒙皂石比值小于 6，平均为 5.7，可能暗示长江沉积物影响有限，而黄河（包括老黄河）沉积物则在很大程度上影响研究区的沉积作用。在空间分布上，黄海研究区域大致可以分为两个区，Ⅰ区覆盖了黄海北部 80% 以上的区域，伊利石/蒙皂石小于 6.5；Ⅱ区仅限于长江口北侧的区域，伊利石/蒙皂石基本大于 7.5。

黄海黏土矿物主要为陆源物质，系通过周围径流搬运而来。根据前人的研究，黄海西部有两大明显物质来源：由沿岸流携带而来的现代黄河物质与苏北老黄河口堆积体受侵蚀再搬运而来的物质和长江向东偏北方向运移进入南黄海中部的物质（秦蕴珊，1986）。为阐明黏土矿物组合特征及其物源指示意义，将该区站位黏土矿物数据投在 ISKc 图上（图 13.23），参考范德江等划分长江与黄河河流沉积物黏土矿物组合在 ISKc 图上的分布区间，结果显示Ⅰ区的站位位于黄河来源区域，指示了黄河物质对黄海陆架区的控制作用，大量的黄河入海物质由渤海进入北黄海，在山东半岛沿岸流的作用下绕过成山头继续南下在南黄海区域沉积。南黄海为典型的半封闭陆架海，其黏土矿物的特征及其分布除受陆源区的母岩类型和气候环境影响外，还受搬运过程以及沉积区的沉积水动力条件控制，其环流系统为包括黑潮系统及

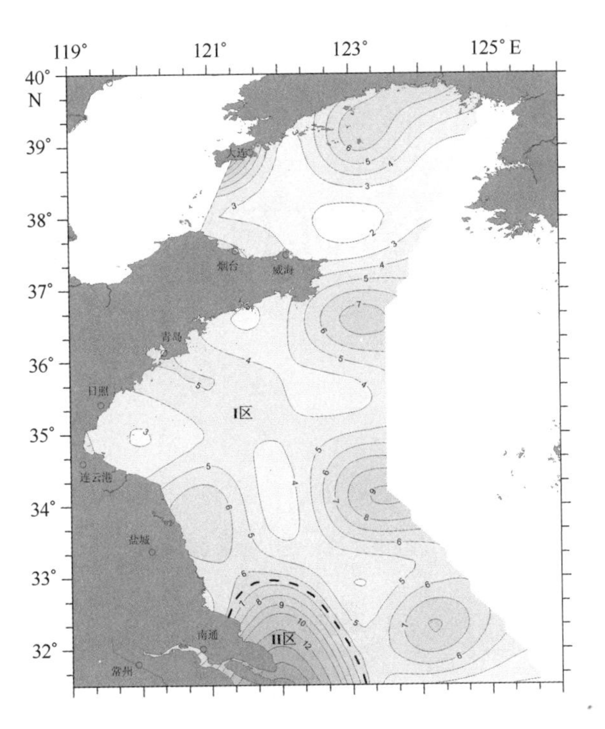

图 13.22　黄海表层沉积物伊利石/蒙皂石等值线

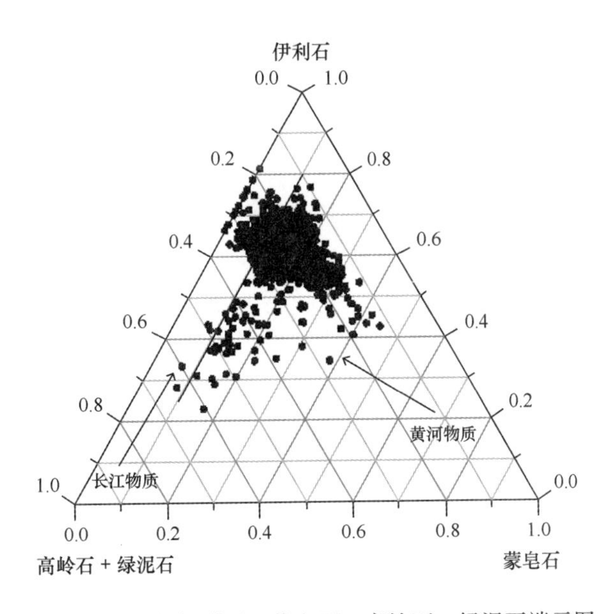

图 13.23　黄海表层沉积物伊利石 - 蒙皂石 - 高岭石 + 绿泥石端元图（ISKc 图）

沿岸流系统的气旋式环流系统，黑潮的分支之一黄海暖流对南黄海的影响较大。从黄海蒙皂石和伊利石空间分布（图 13.18 和图 13.19）可以看出，在黄海暖流向西南的分支运移过程中，水深逐渐变浅，其携带的来自黄河的黏土物质逐渐沉积，形成南黄海中部蒙皂石高含量的分布，而伊利石含量相对较低。另外值得一提的是，该区内伊利石/蒙皂石比值分布并不均匀，推测其物源并不完全单一，其中山东半岛南岸就可能受残留沉积物的影响（秦蕴珊等，1989）；Ⅱ区的站位则位于长江来源区域，可能主要指示了长江冲淡水输运的陆源物质向长江口北支周边小规模的运移。

第14章　黄海沉积地球化学特征

14.1　数据来源

本章旨在通过对黄海陆架区1 414站表层沉积物样品地球化学特征的系统研究（图14.1），阐述其化学成分含量变化及分布特征、物质来源以及沉积环境和沉积作用等问题。

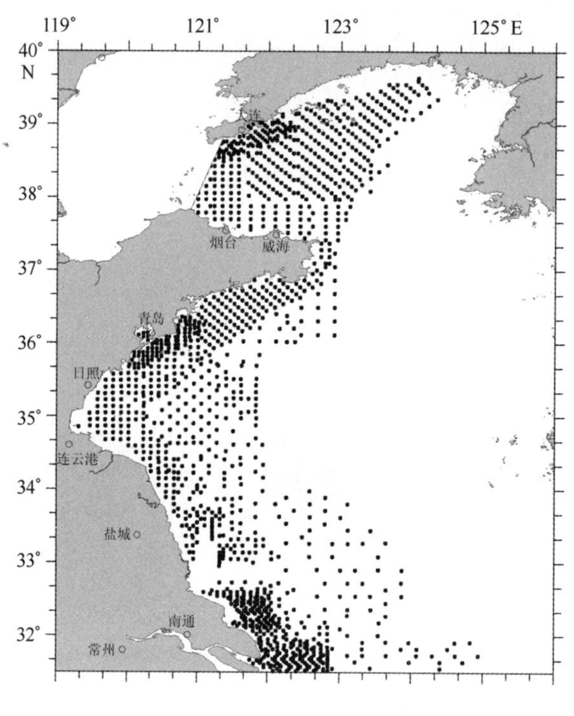

图14.1　黄海表层沉积物元素分析站位

14.2　常量元素分布特征

黄海表层沉积物常量元素测试结果如表14.1所示。表层沉积物常量元素以SiO_2和Al_2O_3为主，平均值分别为64.57%和11.85%，TFe_2O_3、MgO、CaO、Na_2O、K_2O和TiO_2的平均含量分别为4.38%、1.96%、4.37%、2.49%、2.64%和0.58%，P_2O_5和MnO含量最低，其平均值只有0.13%和0.12%。

表 14.1 常量元素地球化学测试值统计*

单位:%

元素	所有类型沉积物		砂		粉砂质砂		砂质粉砂		粉砂		黏土质粉砂	
SiO_2	29.16	64.57	37.18	72.55	39.58	68.22	33.71	65.00	54.36	65.33	39.34	61.62
	79.50		79.50		75.52		76.98		74.48		75.32	
Al_2O_3	4.89	11.85	5.78	10.33	8.00	11.15	7.72	11.80	9.36	12.18	7.80	13.19
	17.57		15.11		15.32		15.72		16.04		17.57	
TFe_2O_3	1.08	4.38	1.08	3.36	2.29	3.75	2.51	4.34	2.74	4.25	2.62	5.07
	11.34		9.15		7.31		7.87		6.29		10.98	
MgO	0.32	1.96	0.32	1.35	0.94	1.70	0.86	1.99	1.02	2.02	0.98	2.26
	3.47		2.70		2.78		2.78		2.89		3.47	
CaO	0.69	4.37	0.69	2.73	1.05	3.81	1.06	4.13	1.50	3.92	1.06	3.90
	26.22		20.58		22.58		25.67		12.32		16.96	
Na_2O	1.16	2.49	1.16	2.46	1.76	2.53	1.43	2.41	1.33	2.60	1.64	2.51
	5.22		5.22		5.13		4.62		3.13		4.57	
K_2O	1.05	2.64	1.42	2.70	1.64	2.52	1.54	2.49	2.04	2.68	1.59	2.81
	4.51		3.79		3.49		3.62		3.14		3.85	
TiO_2	0.12	0.58	0.12	0.48	0.24	0.54	0.19	0.62	0.40	0.60	0.33	0.63
	3.05		1.29		1.54		1.77		0.81		3.05	
P_2O_5	0.03	0.13	0.03	0.11	0.04	0.12	0.04	0.13	0.10	0.14	0.05	0.14
	0.29		0.28		0.27		0.23		0.20		0.29	
MnO	0.02	0.12	0.02	0.09	0.03	0.08	0.03	0.08	0.05	0.10	0.04	0.12
	8.60		2.87		1.05		1.23		0.54		0.95	

* 每种元素左边一列上面一行为最小值，下面为最大值，右边一列为平均值.

黄海表层沉积物中常量元素的含量与沉积物类型及沉积物平均粒径有着密切的关系。为确定表层沉积物中常量元素氧化物的含量与沉积物类型的关系，将5种主要类型沉积物的常量元素含量平均值与总沉积物平均值的比值［Mean（s）/Mean（t）］按元素投到图上（图14.2）。由图14.2可以看出，砂质粉砂、粉砂和黏土质粉砂中各常量元素平均值与总平均值均十分相似，多数元素Mean（s）/Mean（t）的比值在1以上，表现出元素的“粒度控制律”效应。粉砂质砂的变化趋势与砂质沉积物较为相似，只是K_2O在砂质沉积物中的含量明显高于总平均值，而在粉砂质砂中相对亏损。从图14.2中还可以看出，元素在不同类型沉积物中的分布大致有如下不同的变化趋势：SiO_2的含量依砂→粉砂质砂→砂质粉砂、粉砂→黏土质粉砂的次序依次降低，Al_2O_3、MgO、TFe_2O_3、P_2O_5、K_2O、TiO_2的含量依次增高，CaO和MnO的变化趋势略有差别，Na_2O在5种类型沉积物中含量变化不大，而TiO_2、P_2O_5和MnO含量则与沉积物类型没有明显的相关性。

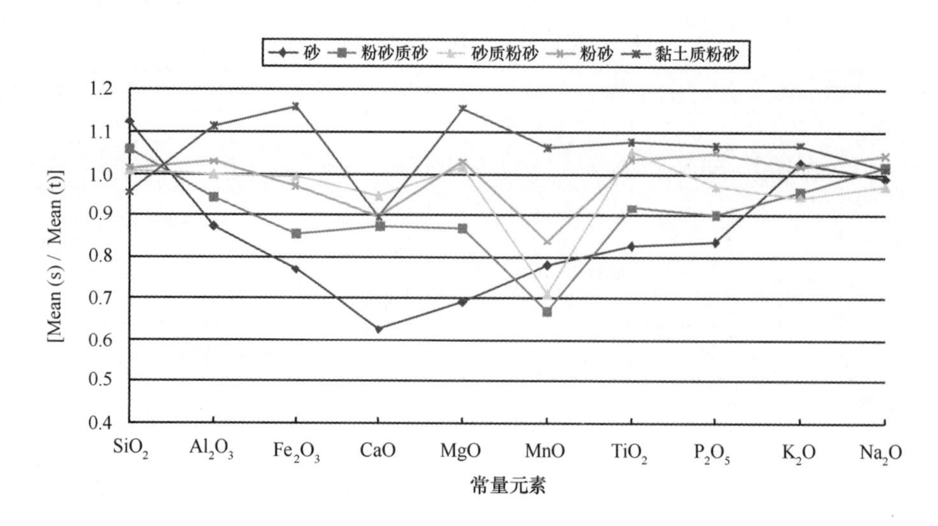

图 14.2　常量元素含量随沉积物类型的变化趋势

这一变化的趋势与各元素对应于沉积物平均粒径的趋势比较一致。在常量元素与平均粒径的关系图上可看出（图 14.3）：SiO_2、Na_2O 的含量与平均粒径值（Φ）成反比，亦即沉积物粒度越细，则元素的含量越低；Al_2O_3、TFe_2O_3、MgO、CaO、K_2O、TiO_2、P_2O_5 的含量与平均粒径值（Φ）成正比，即沉积物粒度越细，则元素的含量越高；MnO 的含量则与平均粒径值关系不大。

根据表层沉积物常量元素含量编制了黄海表层沉积物 SiO_2、Al_2O_3、TFe_2O_3、MgO、CaO、K_2O、Na_2O、MnO、TiO_2、P_2O_5 的含量等值线图，现将各常量元素的区域分布规律描述如下。

（1）SiO_2。硅是地壳中许多岩石和矿物的主要元素，分布极广，按元素的地壳含量，仅次于氧，居第二位。由于硅是典型的亲氧元素，因此地壳中的硅主要是以硅酸盐矿物以及氧化物的形式分布，硅的这些地球化学特征同样也反映在南黄海沉积物中，由于硅是沉积物中的主元素，它的含量与分布等特征对沉积物中其他元素均起着举足轻重的作用（赵一阳等 1994）。

SiO_2 为黄海表层沉积物的主要地球化学组分，其含量变化于 29.16% ~79.50% 之间，主要集中于 55.0% ~70.0% 之间，平均值为 64.57%（表 14.1 和图 14.4）。从区域分布特征来看，其含量南北两端高而中部海域低（图 14.4）。SiO_2 含量的高值区主要分布在南部的长江水下三角洲—南黄海中部海域以及北黄海西北部接近于西朝鲜湾周边的海域，一般高于 65.00%；而中部的海州湾周边海域 SiO_2 含量基本低于 50.00%。SiO_2 主要富集于中粗粒沉积组分中，因此与沉积物粒度的平均粒径值呈负相关。

（2）Al_2O_3。铝和硅一样是地壳中许多岩石和矿物的主要组成元素，按元素的地壳丰度，仅次于硅居第三位。铝主要以铝硅酸盐矿物和氧化物的形式存在，按重量计铝硅酸盐矿物占全部含铝矿物的 99% 以上，在风化作用下均可转化为含铝的黏土矿物，只有微量的铝进入溶液，由于黏土矿物能显著吸附各种金属离子，因而在海洋化学中起重要的作用（赵一阳，1994）。Al_2O_3 含量在黄海表层沉积物中变化于 4.89% ~17.57% 之间，主要集中于 9.00% ~15.00% 之间，平均值为 11.85%（表 14.1 和图 14.5）。铝元素主要以铝硅酸盐的形式赋存于细粒的黏土粒级组分中，其区域分布特征与 SiO_2 相反，在山东半岛周边的近岸海域 Al_2O_3 含量较高，一般在 11.00% 以上，可能指示了现代黄河入海物质的输运路径；南黄海大部分海

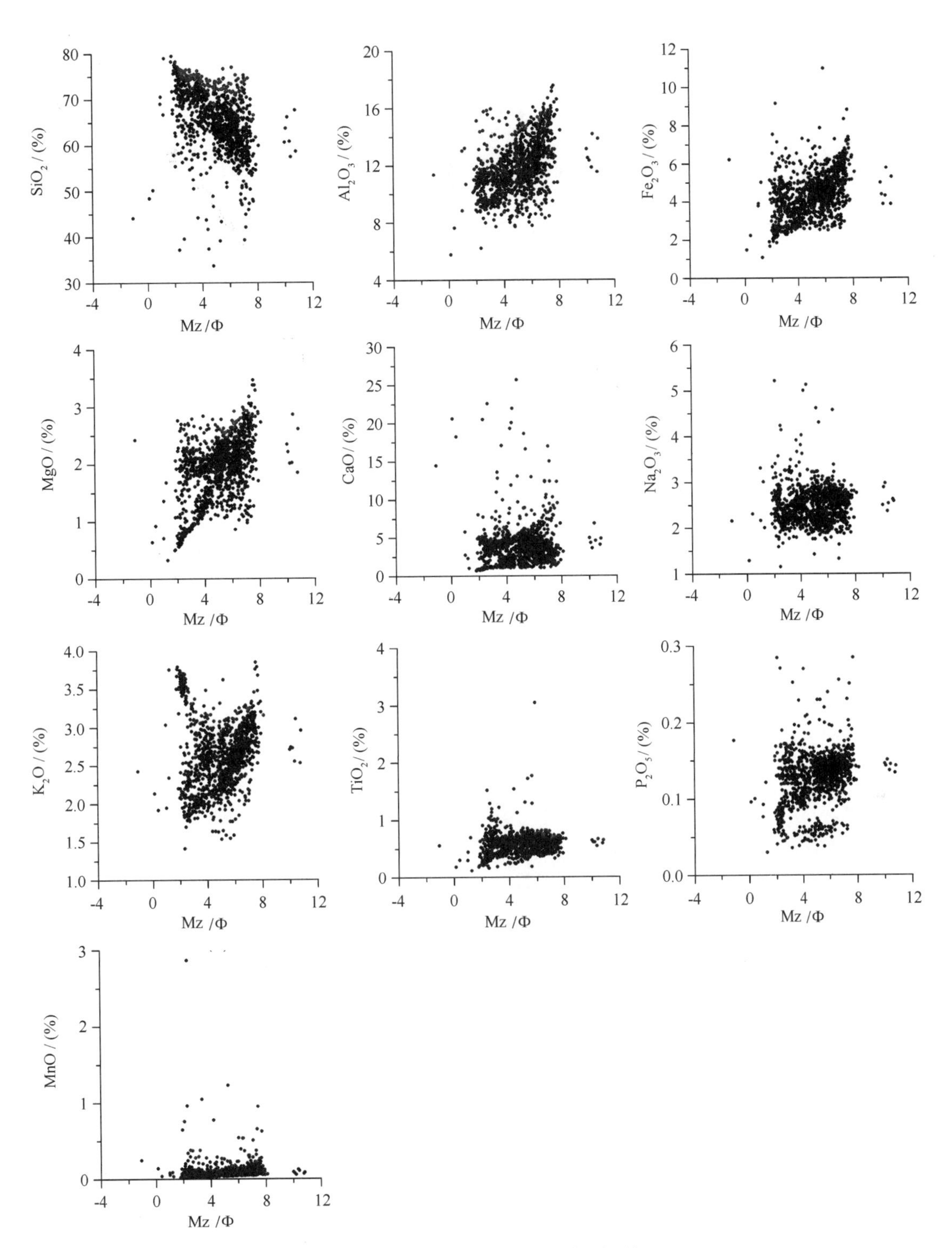

图 14.3 常量元素与平均粒径相关图解

域，Al_2O_3 含量相对较低，基本在9.00% ~11.00%之间。

（3）TFe_2O_3。铁的地壳丰度次于铝，居第四位，具有明显的变价特性，外界的环境变化对铁的影响很大，在还原条件和酸性环境中铁呈亚铁形态存在，在氧化和碱性环境中呈高价铁存在，地表水中的铁常以胶体、悬浮物或者溶液的形式向海洋搬运，入海后由于淡水和海水的混合，导致物理化学因素的突变，在河口絮凝或者共沉淀下来，从而常形成铁的一些富集。

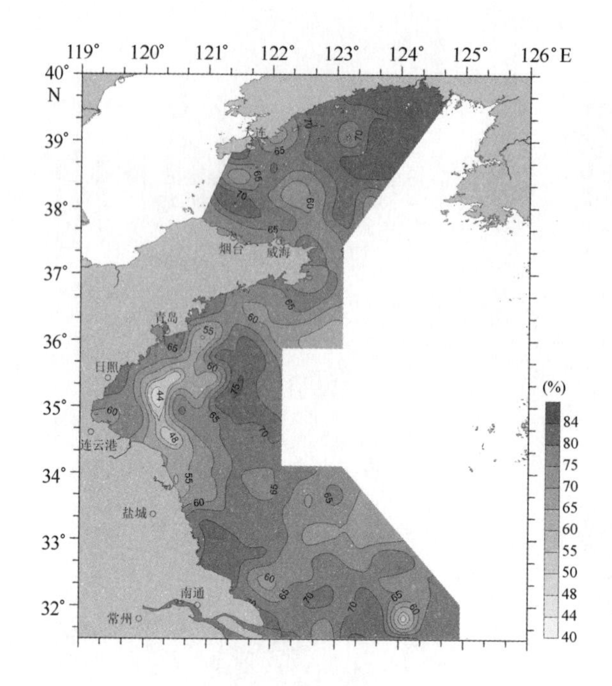

图 14.4　黄海表层沉积物 SiO_2 分布

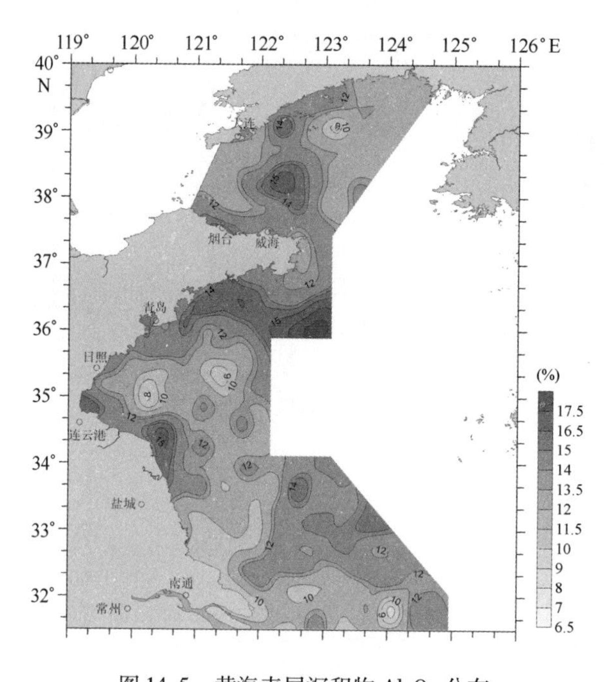

图 14.5　黄海表层沉积物 Al_2O_3 分布

黄海沉积物 TFe_2O_3 含量变化于 1.08% ~11.34% 之间，主要集中于 3.50% ~5.50% 之间，平均值为 4.38%（表 14.1 和图 14.6）。TFe_2O_3 空间分布与 Al_2O_3 相似，在近岸海域，TFe_2O_3 含量均相对较高，在 5.00% 以上（图 14.6）。沉积物中的铁元素一方面由河流中含铁的胶体和金属离子在河口咸、淡水混合的环境中由絮凝作用沉淀下来；另一方面也来源于陆源碎屑矿物，如褐铁矿和赤铁矿等是较为常见的富铁矿物。而南黄海陆架中部和北黄海东部海区，TFe_2O_3 含量则较低，基本在 3.50% 以下。

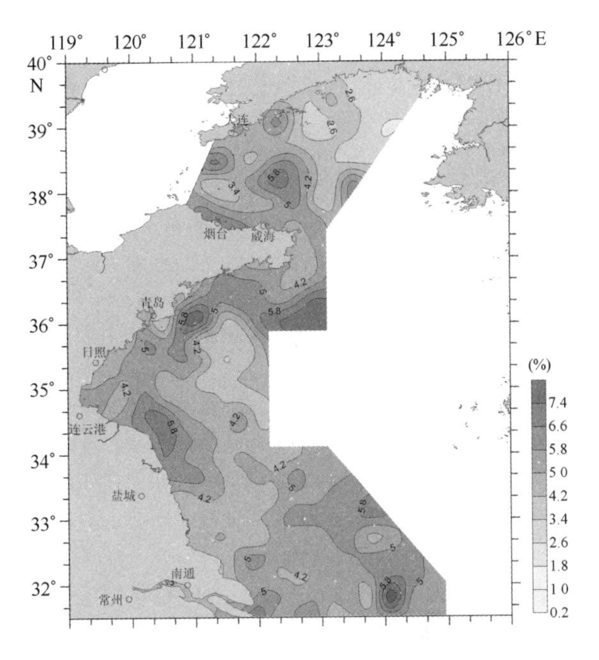

图 14.6 黄海表层沉积物 TFe_2O_3 分布

（4）CaO。钙也是地壳中的主元素之一，居第五位，在自然界中含钙物质甚多。而钙容易风化，并迁移到水溶液中，在海水中钙同样以常量元素存在，为一些海洋生物提供钙质来源，同时这些生物富集海水中的钙，最终沉积下来，成为沉积物的一个来源，在海洋中钙可与一些元素搭配来指示物质来源与环境变化，因此其在海洋中起着重要的地球化学作用。

黄海表层沉积物中 CaO 含量变化范围为 0.69% ~26.22%，集中分布于 4.00% ~10.00% 之间，平均值为 4.37%（表 14.1 和图 14.7）。高值区出现在南黄海的海州湾区域，其含量基本在 10.00% 以上，可能主要受废黄河物质的控制；而在北黄海东部海域 CaO 含量较低，尤其是北部近岸海域，CaO 含量基本低于 1.50%。

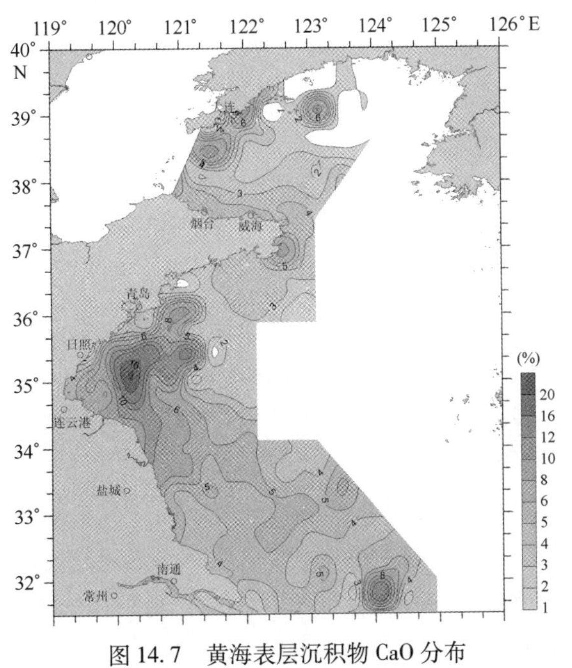

图 14.7 黄海表层沉积物 CaO 分布

（5）MgO。镁在海洋中含量极高，由于其具有较强的迁移能力，在海水中大量存在，其含量仅次于钠；海底沉积物中的镁主要以碎屑形式（镁硅酸盐）存在。MgO 含量在黄海表层沉积物中变化于 0.32% ~3.47% 之间，主要集中于 1.50% ~2.60% 之间，平均值为 1.96%（表 14.1 和图 14.8）。高值区出现在南黄海近岸一带及北黄海南部海域，低值区则出现在北黄海东部靠近西朝鲜湾的区域，MgO 含量基本在 1.00% 以下。

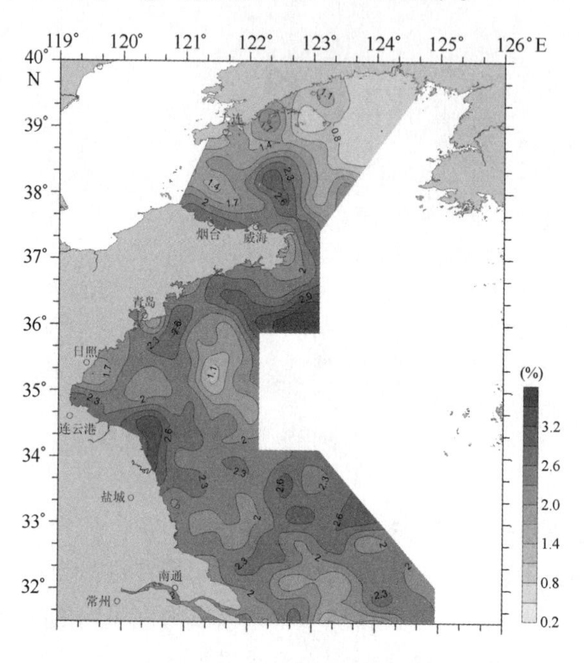

图 14.8　黄海表层沉积物 MgO 分布

（6）MnO。锰是过渡元素，是典型的变价元素，化合价为 +7、+6、+4、+3 与 +2，其中自然界中以 Mn^{2+} 与 Mn^{4+} 最为重要，其价态受 pH 与 Eh 支配，在还原环境和酸性介质中为 Mn^{2+}，而在氧化环境中则以 Mn^{4+} 的形式沉淀，其化学性质与变化与 Fe 元素格外相似，在沉积过程中主要形成氧化物、氢氧化物和碳酸盐矿物，海洋沉积物中的锰主要为碎屑锰与自生锰，一般高值区都是由于二者叠加作用而成。MnO 含量较低，变化于 0.02% ~8.60% 之间，平均值为 0.12%。北黄海整体上 MnO 含量低，含量基本在 0.05% 以下（表 14.1 和图 14.9）；而南黄海 MnO 含量相对较高，尤其是成山角至海州湾近岸一带，另外一个 MnO 高值区出现在南部长江三角洲外边缘周边海域。

（7）TiO_2。钛属于稀有金属，地壳中的含量占第九位，为 0.45%，具有强烈的亲氧性，可形成多种氧化物和含氧酸岩。其化学性质比较稳定，可形成稳定化合物，而且氧化物只在酸性条件下稳定，自然界中水一般呈中性或者偏弱碱性，海水呈弱碱性，因而其在海水中含量极低，在水溶液中的迁移似乎微不足道。钛基本上以碎屑悬浮的形式被搬运入海沉积下来，主要是陆源碎屑成因或者火山成因。

黄海表层沉积物 TiO_2 含量变化于 0.12% ~3.05% 间，平均值为 0.58%（表 14.1 和图 14.10）。TiO_2 空间分布较为均匀，基本在 0.40% ~0.50% 之间，仅在南黄海南部和北黄海东北部出现两个小范围的低值区，TiO_2 含量低于 0.35%；另外 TiO_2 空间分布表现出自岸向海逐渐降低的趋势，可能指示了陆源物质的扩散趋势。

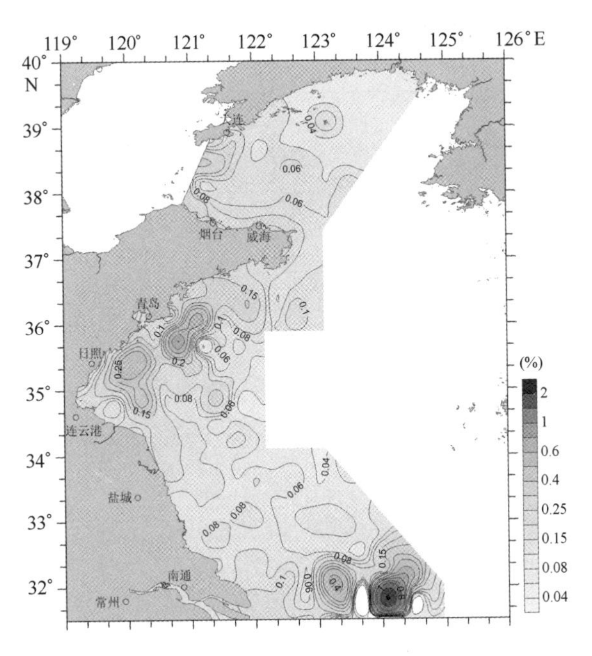

图 14.9　黄海表层沉积物 MnO 分布

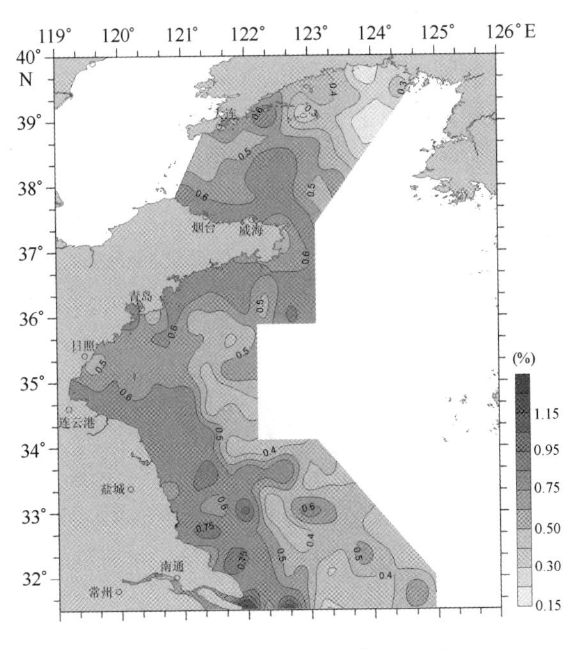

图 14.10　黄海表层沉积物 TiO_2 分布

（8）P_2O_5。磷是典型的非金属元素，在自然界中化学性质比较活泼，一般呈化合物的形式存在，如磷酸根，在基性或者超基性岩中含量较高。大多数磷化物以溶液或者悬浮物的形式由河流带入海洋。在海洋中，磷也是生物新陈代谢不可缺少的营养元素。沉积物中磷主要有两种来源：一种是陆源碎屑中的磷；一种是海洋自生成因的磷。这两种来源可以形成高磷酸盐沉积区。黄海表层沉积物中 P_2O_5 含量变化于 0.03% ~ 0.29% 之间，平均值为 0.13%（表 14.1 和图 14.11）。南黄海 P_2O_5 空间分布表现出自西部近岸向东部水深较大海域逐渐降低的趋势，而北黄海则表现出在南部近岸向东北逐渐降低的趋势，这种分布特征可能指示了河流携带的含磷陆源物质向外海的输运路径。

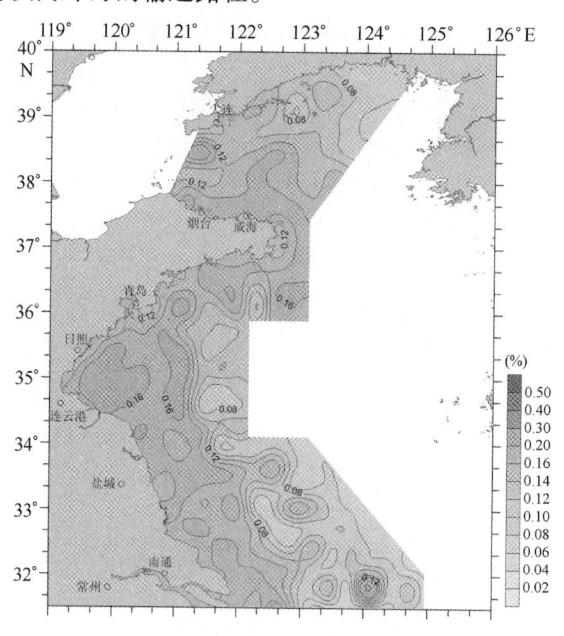

图 14.11　黄海表层沉积物 P_2O_5 分布

（9）K_2O。钾元素是碱土金属，具有典型的亲石性，在自然界中一般以硅酸盐、硫酸盐及卤化物等形式存在，海洋沉积物中则主要是以硅酸盐的形式存在。黄海陆架区 K_2O 含量变化于 1.05% ~4.51% 之间，主要分布在 2.00% ~3.50% 范围内，平均值为 2.64%（表 14.1 和图 14.12）。K_2O 含量空间分布大致呈北高南低的趋势，高值区出现在北黄海靠近西朝鲜湾周边海域，含量在 3.5% 以上（图 14.12），低值区则出现在长江三角洲北支及南黄海辐射沙脊区，其含量基本在 2.5% 以下。

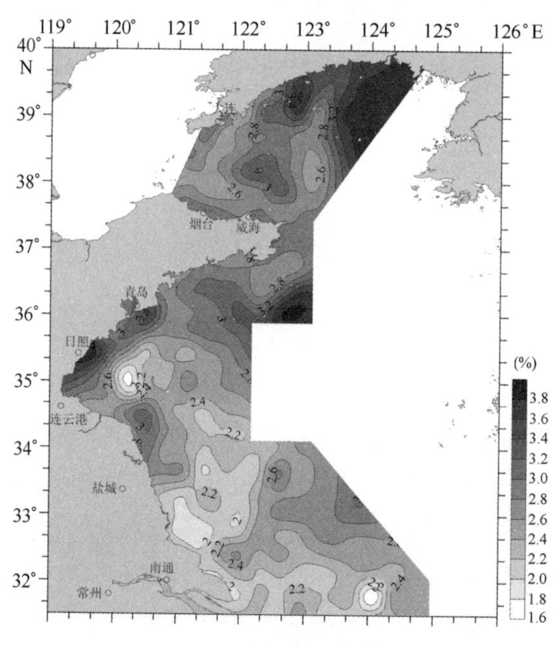

图 14.12　黄海表层沉积物 K_2O 分布

(10) Na_2O。钠元素是碱土金属，具有典型的亲石性，自然界中一般以硅酸盐、硫酸盐及卤化物等形式存在，海洋沉积物中则主要是以硅酸盐与氯化物的形式存在。由于其化学性质比较活泼，钠盐易溶解于水溶液，因而岩石中的钠易随河流进入海洋，海水的显著特征是富钠。一般来说地壳中的钠含量要远高于海洋中钠含量，主要是海洋中钠也容易进入海水，使得海水中钠富集，沉积物或者岩石中的钠迁移。黄海表层沉积物中 Na_2O 含量变化于 1.16% ~5.22%，主要集中于2.00% ~3.00%之间，平均值为2.49%（表14.1和图14.13），海州湾以南海域 Na_2O 含量相对较高，而其北部则较低。

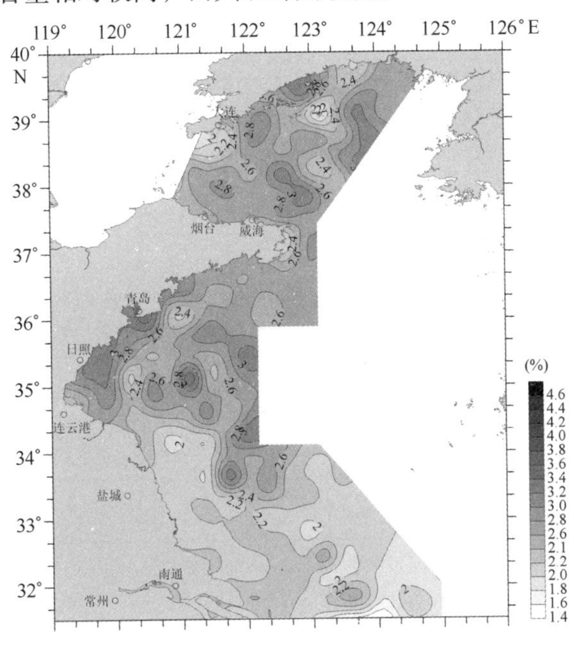

图14.13 黄海表层沉积物 Na_2O 分布

14.3 微量元素分布特征

黄海表层沉积物中微量元素含量的统计特征列入表14.2。同样，把5种主要类型沉积物微量元素含量平均值与总沉积物平均值的比值［Mean（s）/Mean（t）］按元素投点，得到图14.14。

由图14.14中可以看出，微量元素的分布同样也与沉积物类型有一定的关系。砂质沉积物和粉砂质砂中微量元素组分低于平均值，而砂质粉砂中微量元素含量接近于平均值，但砂、粉砂质砂、砂质粉砂沉积物中Zr元素的含量则明显高于平均值。粉砂和黏土质粉砂沉积物中各微量元素的含量变化趋势较为一致，黏土质粉砂中除了Sr和Zr元素，相对总沉积物平均值要富集。按砂、粉砂质砂→砂质粉砂、粉砂→黏土质粉砂的次序，Co、Cr、Ni、Pb、V、Zn的含量依次增高，而Sr、Zr的含量大致依次降低。这一变化趋势同样反映的是微量元素与粒度之间的相关关系。由图14.15可以看出，Ba、Co、Cu、Ni、Pb、V等元素与沉积物平均粒径（Φ）之间均成较明显的正相关关系，即沉积物粒度越细，则元素的含量越高；而Sr、Zr与平均粒径略呈的负相关，亦即沉积物粒度越细，则元素的含量越低。

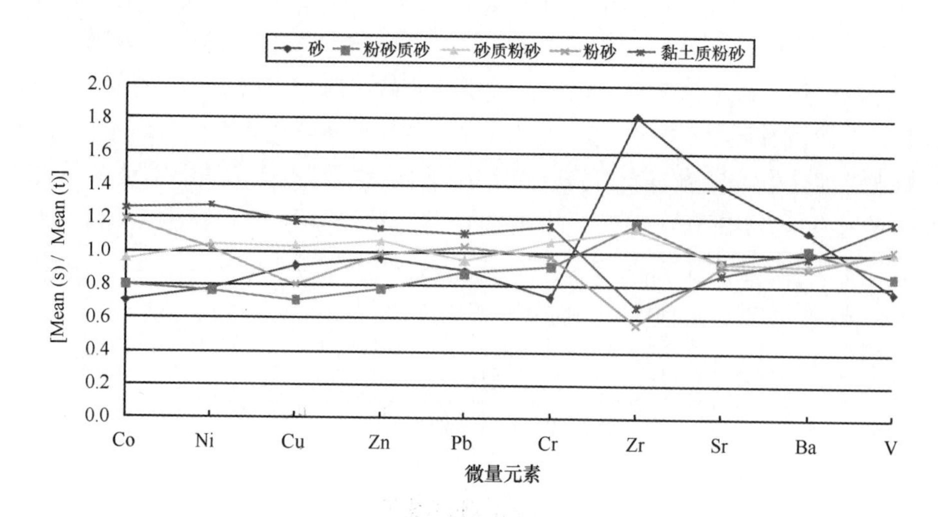

图 14.14　微量元素含量随沉积物类型的变化趋势

表 14.2　微量元素地球化学测试值统计*

元素	所有类型沉积物		砂		粉砂质砂		砂质粉砂		粉砂		黏土质粉砂	
Ba	162.60 2 233.00	504.68	267.30 1 199.50	566.57	305.40 1 262.66	513.91	299.27 1 363.00	463.05	354.00 989.00	457.91	256.35 2 217.00	492.68
Co	1.37 53.19	12.17	1.37 52.74	8.57	4.70 22.16	9.72	6.00 20.43	11.65	7.69 21.99	14.50	7.00 53.19	15.28
Cr	7.30 241.00	59.19	7.30 133.80	43.28	28.44 135.00	53.99	29.84 145.00	62.75	35.34 112.90	57.05	31.02 241.00	68.43
Cu	0.00 516.90	21.57	0.00 325.18	19.77	0.00 63.40	15.29	0.00 516.90	22.32	4.46 36.95	17.23	3.00 60.40	25.37
Ni	1.19 523.70	28.07	1.19 183.39	21.81	8.57 40.20	21.54	11.80 453.79	29.09	14.43 49.98	28.62	14.40 523.70	35.81
Pb	4.08 87.10	25.46	6.04 82.00	22.65	9.96 87.10	22.19	4.08 66.16	24.02	17.92 41.11	26.35	6.85 57.58	28.39
Sr	91.56 3 955.36	226.13	150.00 3 955.36	317.18	138.00 602.63	213.01	125.37 2 833.16	211.93	140.57 436.69	206.92	91.56 435.00	195.46
V	11.90 203.00	73.70	11.90 124.70	56.02	32.00 129.00	63.58	25.00 152.00	74.43	46.82 107.10	75.33	46.06 203.00	87.09
Zn	15.59 1 209.41	68.19	15.59 679.22	65.58	32.16 113.00	52.95	24.04 1 209.41	72.23	36.27 181.10	67.10	39.26 176.30	77.89
Zr	35.29 4 079.14	201.39	53.36 4 079.14	366.61	47.10 702.90	235.85	53.30 3 610.47	229.58	58.38 278.12	113.67	54.16 591.00	134.82

* 每种元素左边一列上面一行为最小值，下面一行为最大值，右边一列为平均值.

根据表层沉积物微量元素含量编制了黄海陆架区 Cu、Pb、Zn、Sr、Ba、Cr、Co、Ni、V、Zr 等微量元素的区域分布等值线图（图 14.16 至图 14.25）。

（1）Ni、Co、Cr、V 这 4 个元素为铁族元素，都为高价元素，在自然界中主要以铁的类

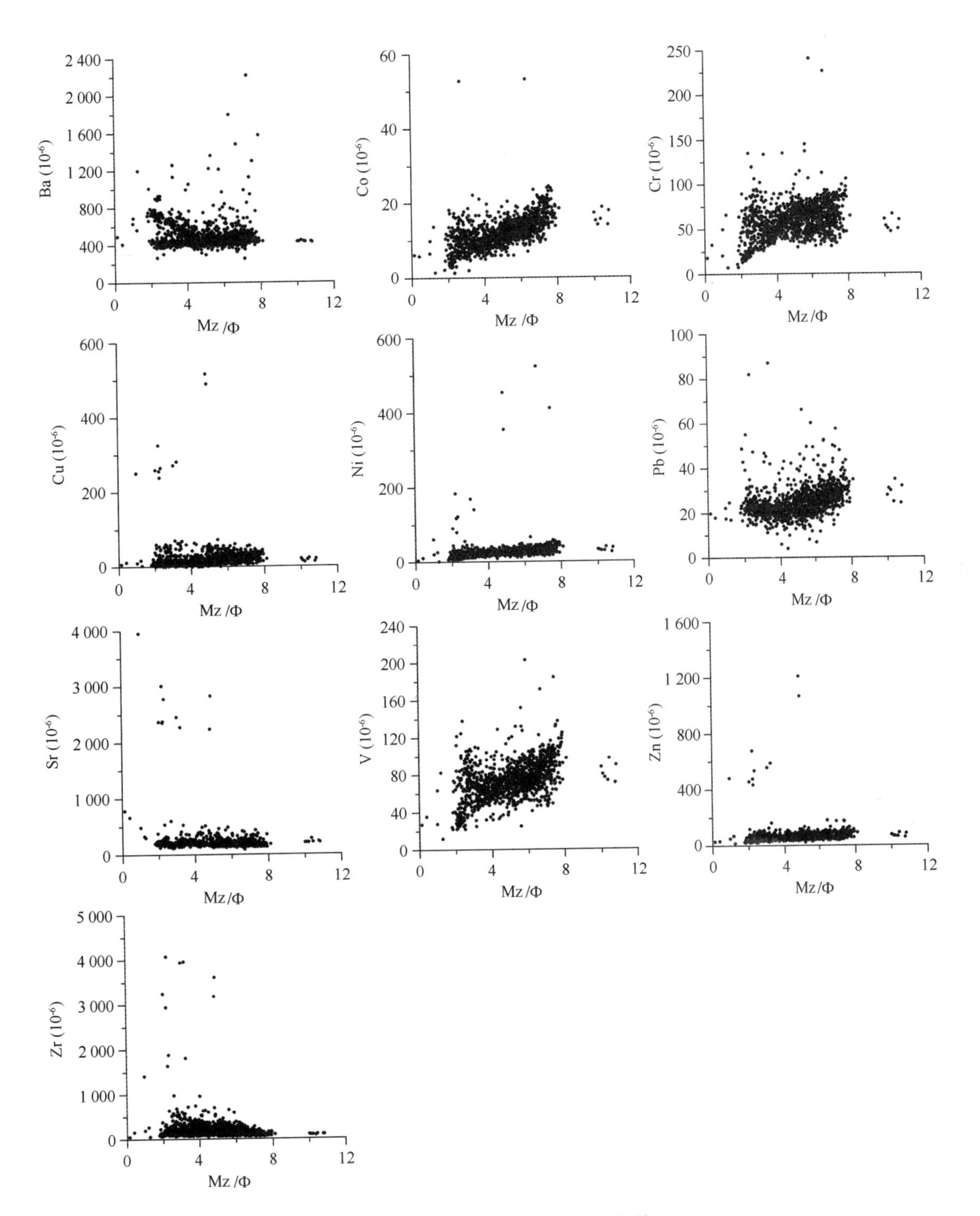

图 14.15　微量元素与平均粒径相关

质同象的形式存在，在海洋中，由于其化合价较高，常为黏土吸附沉积到沉积物中，海水中这些元素相对亏损，沉积物中则相对富集。黄海表层沉积物中 Ni、Co、Cr、V 平均含量分别为 28.07 μg/g、12.17 μg/g、59.19 μg/g 和 73.70 μg/g，其空间分布较为相似，高值区大致出现在山东半岛周边海域、废黄河口周边海域及南部的长江三角洲北支周边海域，而北黄海靠近西朝鲜湾周边海域这 4 种微量元素的含量则相对较低（图 14.16 至图 14.19）。

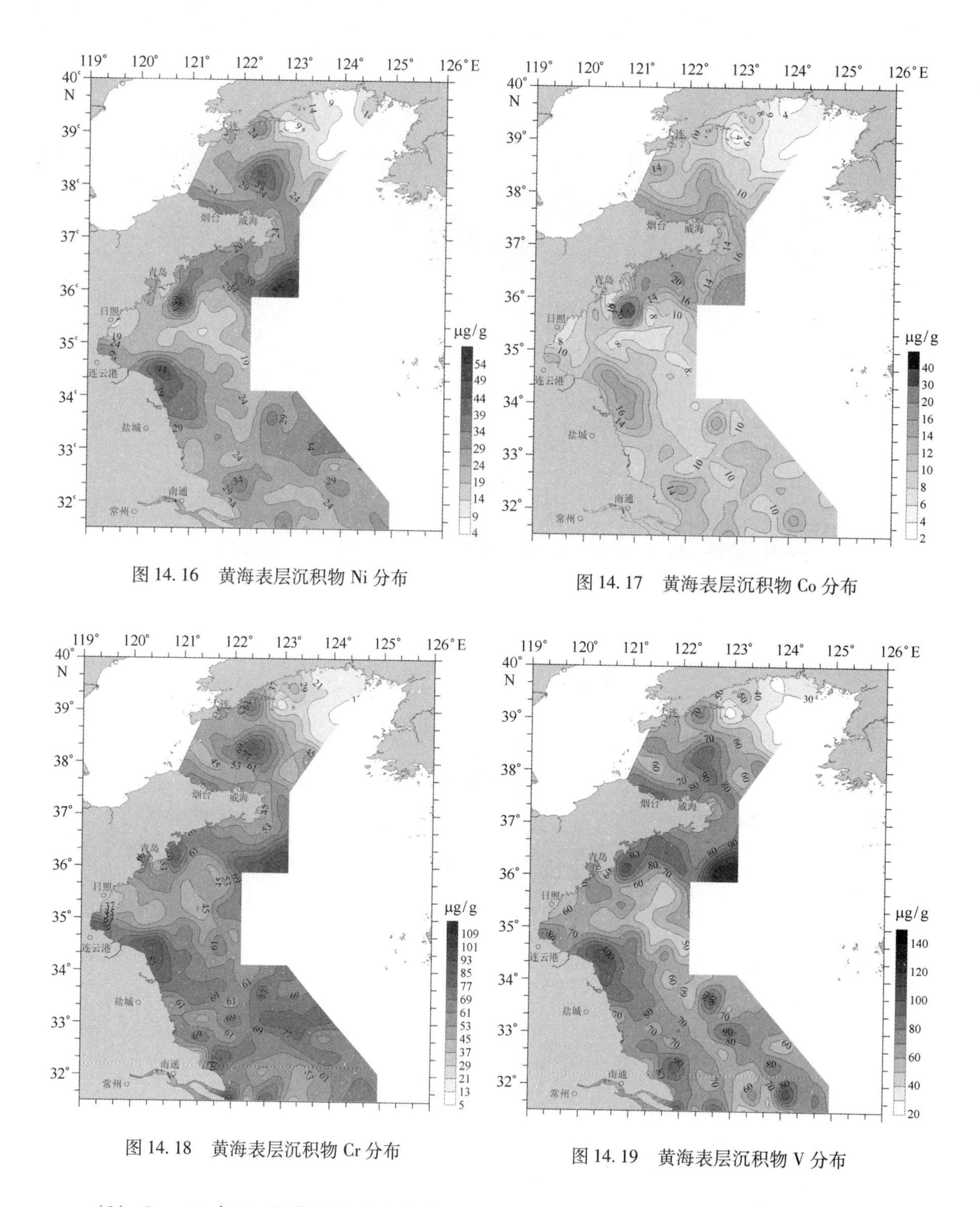

图 14.16 黄海表层沉积物 Ni 分布

图 14.17 黄海表层沉积物 Co 分布

图 14.18 黄海表层沉积物 Cr 分布

图 14.19 黄海表层沉积物 V 分布

（2）Cu、Pb 与 Zn 为典型的亲硫元素，在自然界中多以 +2 价形式存在，能够形成独立的矿物。在海洋沉积物中多以类质同象或者吸附态的形式存在，由于化合价为 +2 价，具有较强的吸附性，常被沉积物颗粒所吸附，在海底中富集下来，造成海水中含量亏损。

黄海表层沉积物中 Cu 平均含量分别为 21.57 μg/g，其空间分布变化较大，长江口北支、废黄河口及北黄海北部的长山列岛周边海域含量较高，而东部水深较大区域含量则相对较低，另外一个明显的低值中心出现在渤海海峡（图 14.20）。

黄海表层沉积物中 Pb 含量主要分布于 20.00 ~ 40.00 μg/g 之间。空间分异特征明显，山东半岛周边近岸区域 Pb 含量明显偏高，尤其是海州湾至青岛周边海域，最高可达 87.10 μg/g，而其他区域则相对较低（图 14.21）。

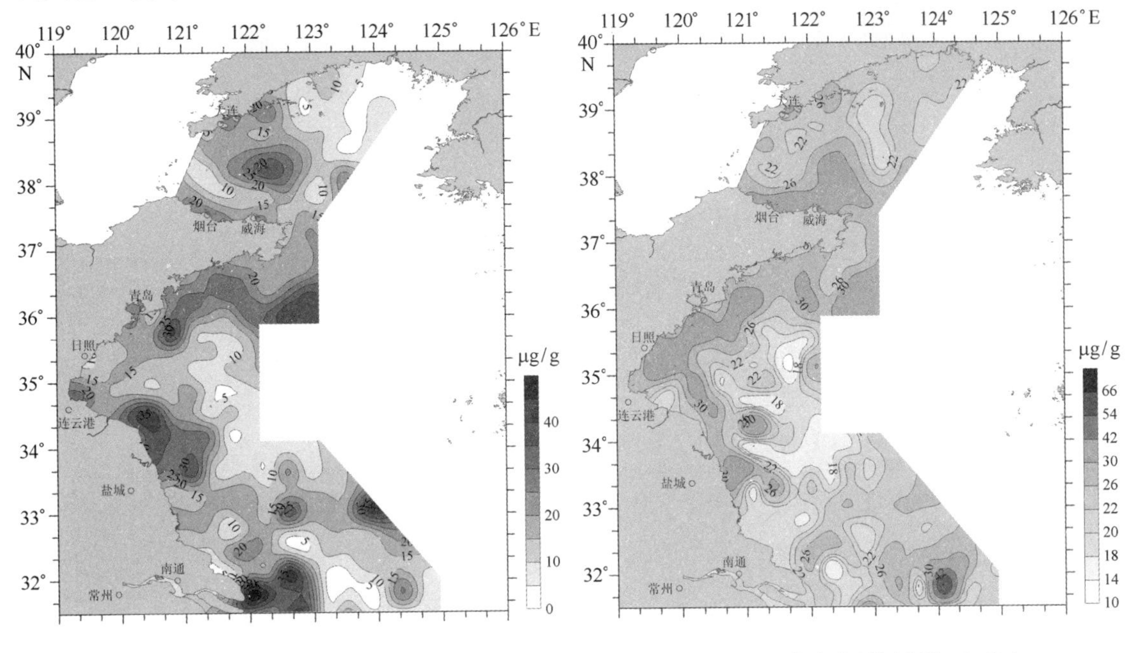

图 14.20　黄海表层沉积物 Cu 分布

图 14.21　黄海表层沉积物 Pb 分布

黄海表层沉积物中 Zn 含量变化较大，介于 15.59 ~ 1 209.41 μg/g 之间，平均值为 68.19 μg/g。在空间分布上，海州湾以南海域 Zn 含量空间分布较为均匀，而海州湾以北海域则波动较大，出现多个斑块状的高值和低值中心（图 14.22）。

（3）Zr 为典型的亲石元素，在自然界中多呈 +2、+4 与 +5 价，并多以硅酸盐形式存在，其化学性质比较稳定，主要为陆源物质搬运到海洋中。海洋中 Zr 具有高的化合价，容易为沉积物颗粒吸附到沉积物中，造成海水中含量低，沉积物中相对富集。它们主要以吸附态和碎屑颗粒两种形式存在。黄海表层沉积物中 Zr 元素平面分布变化较大，主要变化范围介于 35.29 ~ 4 079.14 μg/g，平均值为 201.39 μg/g，最高值出现在北黄海北部的长山列岛周边海域，而山东半岛周边及长江口以北海域 Zr 元素含量则较低（图 14.23）。

（4）Sr、Ba 为碱土金属元素，在海洋沉积物中分布比较广泛，是除了常量元素之外含量最高的两种微量元素。Sr 的离子参数接近 Ca 和 K，容易替换矿物中的这些元素，以类质同象的形式存在；Ba 与 K 相似，容易替代 K，在海水中由于存在大量的硫酸根，容易生成硫酸钡沉淀，同时也容易为沉积物所吸附，因此海水中钡含量极低，在沉积物中则相对富集。

黄海表层沉积物中 Sr 空间分布大致表现出含量由近岸向外海逐渐减小，最高值出现在北黄海北部，可达 3 955.36 μg/g，而在北黄海中部则出现一低值中心（图 14.24）。

Ba 的含量相对较高，变化于 162.60 ~ 2 233.00 μg/g 之间，多集中在 400.00 ~ 800.00 μg/g 之间，平均值为 504.68 μg/g。Ba 元素含量空间上表现出北高南低的趋势，北黄海北岸含量基本在 500 μg/g 以上，而海州湾以南海域则在 400 μg/g 以下（图 14.25）。

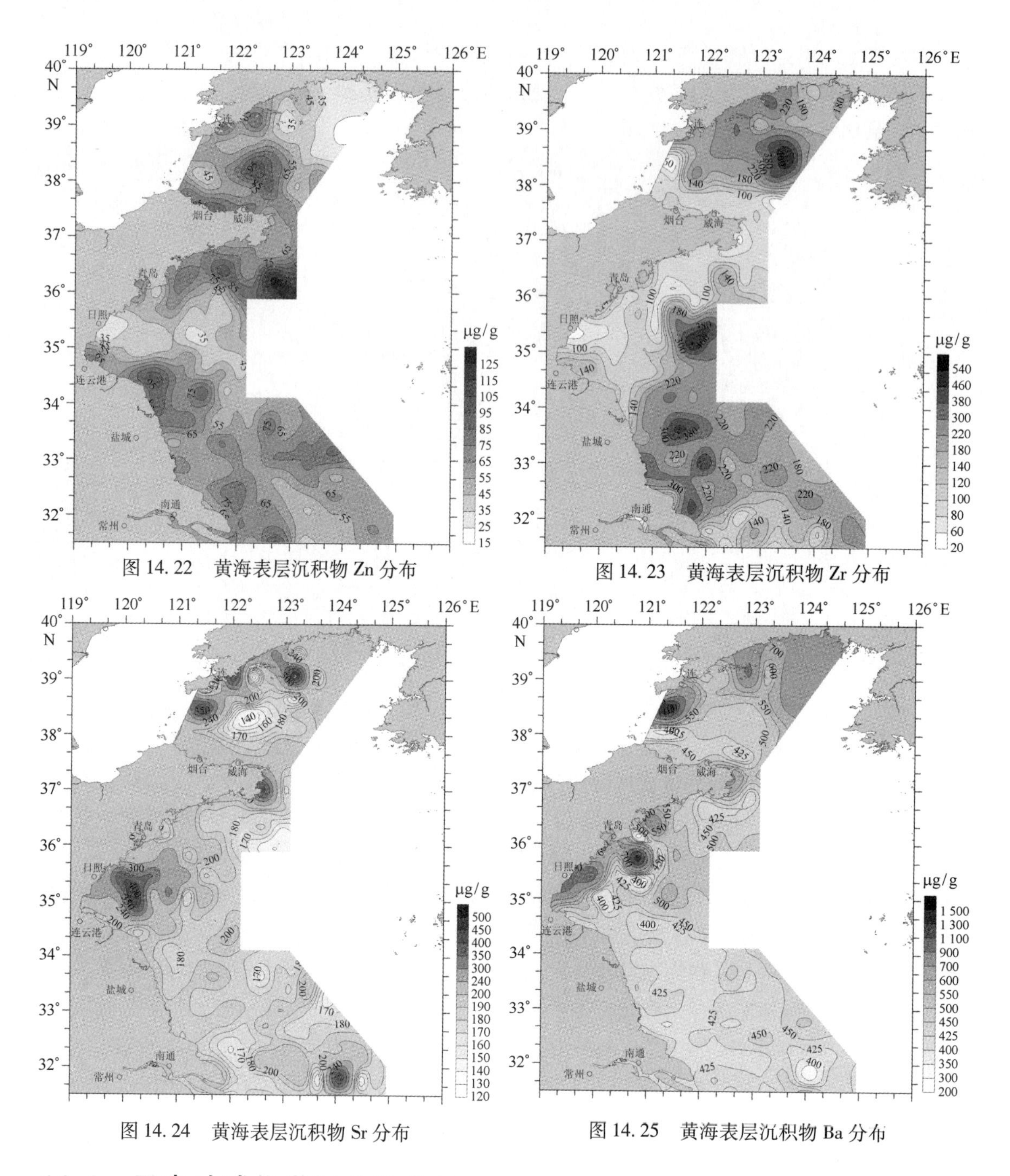

图 14.22　黄海表层沉积物 Zn 分布

图 14.23　黄海表层沉积物 Zr 分布

图 14.24　黄海表层沉积物 Sr 分布

图 14.25　黄海表层沉积物 Ba 分布

14.4　元素地球化学相关性分析

陆源碎屑物质中所含的许多元素在母岩风化过程中就常共生或伴生在一起，经风化、搬运并共同沉积，因此，表层沉积物中的惰性元素（如亲石元素、高场强元素）势必保存了母岩的地球化学特性，存在着一定的相关关系。而以离子形式搬运的元素，在形成胶体沉淀时，往往会吸附与其具有相似地球化学行为的其他元素离子共同沉淀，也会致使沉积物中某些元素的强相关性（秦蕴珊等，1982，1987）。

在本研究中，常、微量元素间的相关性用 Pearson 相关系数进行度量，所计算的结果再经双尾显著性检验，其结果如表 14.3 所示。

表 14.3 黄海陆架常、微量元素相关系数

元素	SiO_2	Al_2O_3	Fe_2O_3	CaO	MgO	MnO	TiO_2	P_2O_5	K_2O	Na_2O	Co	Ni	Cu	Zn	Pb	Cr	Zr	Sr	Ba	V
SiO_2	1	-.66**	-.79**	-.33**	-.85**	-.09	-.25**	-.30**	-.44**	.23**	-.54**	-.22**	-.54**	-.66**	-.37**	-.60**	-.29**	.27**	.08	-.67**
Al_2O_3		1	.57**	-.40**	.83**	-.02	.13*	.09	.81**	.29**	.60**	.28**	.39**	.68**	.40**	.45**	.02	-.51**	-.16*	.53**
Fe_2O_3			1	.08	.75**	.25**	.52**	.42**	.33**	-.22**	.60**	.25**	.60**	.67**	.37**	.76**	.26**	-.28**	.000	.80**
CaO				1	-.01	.15*	-.04	.17**	-.41**	-.62**	-.03	-.09	-.01	-.16**	-.041	-.03	.15*	.46**	.13*	.02
MgO					1	.01	.29**	.23**	.57**	-.03	.61**	.25**	.53**	.73**	.41**	.65**	.18**	-.50**	-.24**	.69**
MnO						1	-.01	.34**	.01	-.10	.42**	.08	.12	.02	.17**	-.06	-.26**	.24**	.21**	.20**
TiO_2							1	.42**	-.12*	-.15*	.25**	.08	.37**	.40**	.09	.79**	.55**	-.25**	-.26**	.66**
P_2O_5								1	.06	-.06	.54**	.37**	.28**	.35**	.28**	.22**	-.01	.12*	.17**	.61**
K_2O									1	.43**	.52**	.20**	.15*	.46**	.42**	.13*	-.29**	-.24**	.13*	.28**
Na_2O										1	.03	-.01	-.19**	.02	.13*	-.21**	-.34**	-.07	-.01	-.20**
Co											1	.33**	.32**	.55**	.39**	.28**	-.24**	-.15*	.01	.71**
Ni												1	.29**	.24**	.13*	.19**	-.01	-.15*	-.04	.53**
Cu													1	.58**	.14*	.55**	.24**	-.40**	-.24**	.56**
Zn														1	.35**	.62**	.21**	-.44**	-.14*	.69**
Pb															1	.17**	.01	-.08	.02	.29**
Cr																1	.65**	-.47**	-.26**	.75**
Zr																	1	-.36**	-.27**	.31**
Sr																		1	.61**	-.33**
Ba																			1	-.12*
V																				1

注：* 代表在 0.05 的显著性水平上相关性明显（双尾检验）；** 代表 0.01 的显著性水平上相关性明显（双尾检验）.

SiO_2 是表层沉积物中占主导的地球化学组分，其含量的变化直接影响到其他元素的含量。从表 14.3 可以看出，SiO_2 与绝大部分的常、微量元素均呈负相关，也即是所谓 Si 的“稀释剂”作用（赵一阳等，1994）。

Al_2O_3 也是表层沉积物中的重要组分，与 SiO_2 多互成消长，相关性系数为 -0.66。同时，SiO_2 是砂的特征元素，其含量随粒度变细而降低；而 Al 是泥（黏土）的特征元素，其含量随粒度变细而升高，因此，两者必然存在着负相关关系。表 14.3 还显示，Fe_2O_3、MgO、TiO_2、K_2O、Na_2O、Co、Ni、Cu、Zn、Pb、Cr、V 与 Al_2O_3 之间呈现正相关关系。其中与 Fe_2O_3、MgO、K_2O、Co、Zn、V 的相关系数均在 0.50 以上，甚至高达 0.80 以上，而且这几类元素彼此之间也存在着较强的相关关系。对比这几类元素与平均粒径的关系，可以看出，这几类元素均富集于黏土粒级组分中，因此，彼此之间的相关关系首先反映的应该是这些元素的亲黏土性。Ba 和 Sr 呈明显的正相关（相关系数为 0.61），显示了两者同为生源要素的特征。

14.5 元素地球化学控制因素分析

影响陆架区常、微量元素分布的主要因素，一是沉积物来源；二是该区域的水动力条件。黄海沉积物的最主要来源是黄河等河流挟带的入海物质。另外，侵蚀海岸来沙、火山来源及自生组分也对该区域沉积物有一定的贡献，但其数量和河流输沙相比甚微（孟宪伟等，2001）。

物源是控制沉积物地球化学组成的主要因素之一，CaO 富集通常被认为是黄河物质的主要特征之一（赵一阳等，1994；陈志华，2000）；现代黄河物质受潮流和沿岸流作用沿山东半岛一侧进入南黄海，由于沉积环境发生变化（如海域变得开阔，水深加大，黄海沿岸流与黄海暖流发生较强的对流混合作用），大部分在成山头附近水下台地迅速沉积下来，其余则继续向南或东南扩散。因此，山东半岛近岸 CaO 含量相对较高可能主要受现代黄河物质输入的控制。SiO_2 在长江口周边海域出现多个高值中心，可能主要受长江源粗颗粒物质高硅酸盐的影响（刘升发等，2010）。

另外，粒度是影响沉积物的地球化学组成的重要因素（赵一阳等，2004；王国庆等，2007）。在长江口以北周边海域，SiO_2 和 Zr 含量较高，该高值区沉积物主要以粗颗粒的粉砂质砂和砂为主。在山东半岛近岸及废黄河口周边区域，Al_2O_3、TFe_2O_3、MgO、K_2O、Co、V 和 Pb 含量较高。尤其是在山东半岛近岸，这些元素含量为最高值区。由粒度分析结果可知，该区域主要为细粒级沉积物，平均粒径小于 11.00 μm，这表明表层沉积物中大部分元素含量还受沉积物粒度组成的影响。前已述及，黄海陆架区内的常、微量元素含量对沉积物粒度有着比较敏感的反映，Al、Fe、K、Cu、Ni 等元素与黏土粒级组分有明显的正相关，而 Si 元素的高含量区则出现在粗粒的砂、粉砂质砂沉积区。通过对元素含量与砂、粉砂、黏土粒级组分的相关分析，发现常、微量元素与黏土粒级组分的相关性与其对平均粒径的相关性基本一致，可见黏土粒级组分对元素的含量有着决定性的影响。这可能说明黄海陆架区内元素的浓集与细粒黏土矿物的吸附作用有较大的关系。

沉积物中矿物是常、微量元素的直接载体，其种类及其组成比例直接影响到元素的含量。在黄海陆架区内，黏土矿物含量高的地区，如山东半岛周边细颗物沉积区，与黏土矿物相关的Al、K、Cu、Co、Cr等的含量就相对增高；在发现富Zr矿物锆石的站位，Zr的含量也相应地增高；在轻矿物组成以石英为主时，SiO_2含量就相对增高，而以方解石为主时，则Ca与Sr的含量较高。

对于亲生物成因的Ba与Sr元素而言，其富集受生物沉积作用支配。在生物碳酸盐介壳相对富集的地区，如东部水深较大的区域，Ba与Sr的含量就高。此外，水动力条件、物理化学条件及水深地形等因素亦在元素的富集、迁移等地球化学过程中都会产生不同程度的影响。

第15章　黄海微体古生物特征

15.1　数据来源

共分析表层沉积物样品1 430个，站位分布如图15.1所示。由于研究样品中以底栖有孔虫为主，浮游有孔虫不论属种还是数量都较少，所以仅对底栖有孔虫进行了鉴定统计。属种命名主要依据汪品先等（1988）的分类及命名方案，同时参考了何炎等（1965）、郑守仪等（1975）和汪品先等（1980a，b）的相关文献，共鉴定200多种。

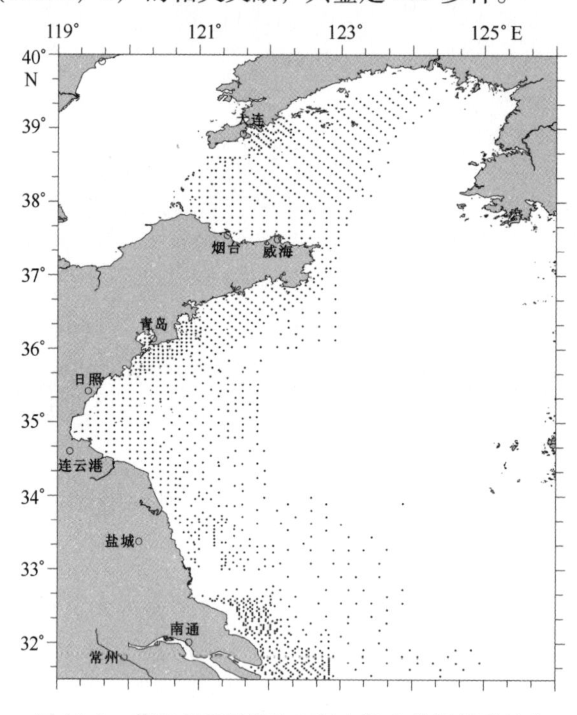

图15.1　黄海表层沉积物底栖有孔虫分析样品站位

15.2　底栖有孔虫分布特征

15.2.1　全群分布特征

黄海底栖有孔虫丰度（枚/g）变化较大（图15.2），在近岸浅水区以及受河流影响区丰度普遍较低，尤其在研究区东北角的西朝鲜湾有孔虫丰度最低，多数站位为0，另外在西南部废黄河水下三角洲以及灌河口等近岸区域，底栖有孔虫丰度普遍小于25枚/g。在其他区域，底栖有孔虫丰度相对较高，一般高于 50 枚/g。研究区底栖有孔虫平均丰度约为 70 枚/g，最高丰度大于 1 000 枚/g。整体上，北黄海底栖有孔虫丰度要小于南黄海。

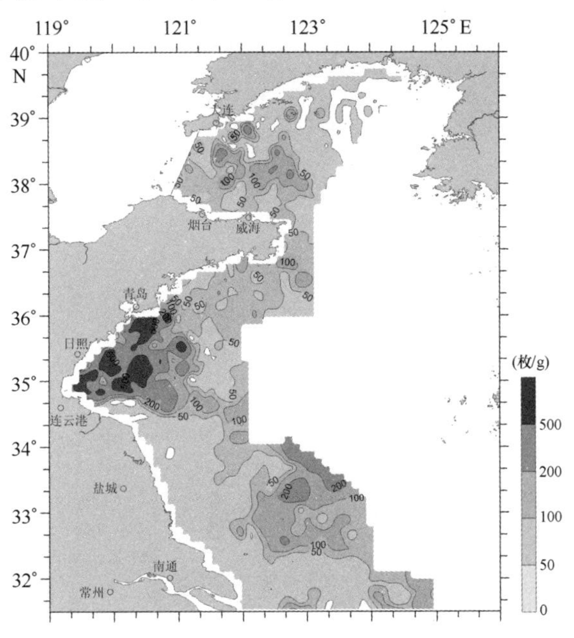

图 15.2　黄海表层沉积物中底栖有孔虫丰度（枚/g）

分异度是对样品中研究对象多样性的描述，通过对表层样品中底栖有孔虫简单分异度 S（样品中有孔虫种的个数）（图 15.3）和复合分异度 H（S）（图 15.4）的分析表明，与丰度分布趋势及范围相对应，北黄海 S 和 H（S）普遍比南黄海要低，近岸浅水区比远岸深水区要低，尤其在北黄海东北角 S 和 H（S）均为 0，而在南黄海东南部 S 和 H（S）则分别达到了最高值 50 和 3 以上。上述特征反映了底栖有孔虫分异度受水深、盐度、水温等因素的影

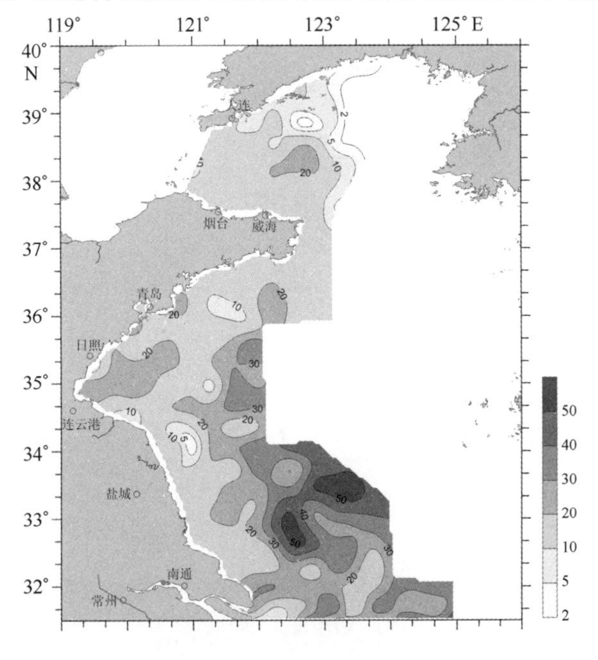

图 15.3　黄海表层沉积物底栖有孔虫简单分异度 S

响，当水深较浅、水体受沿岸水影响明显时，底栖有孔虫种类减少，分异度降低，相反，则分异度增高。

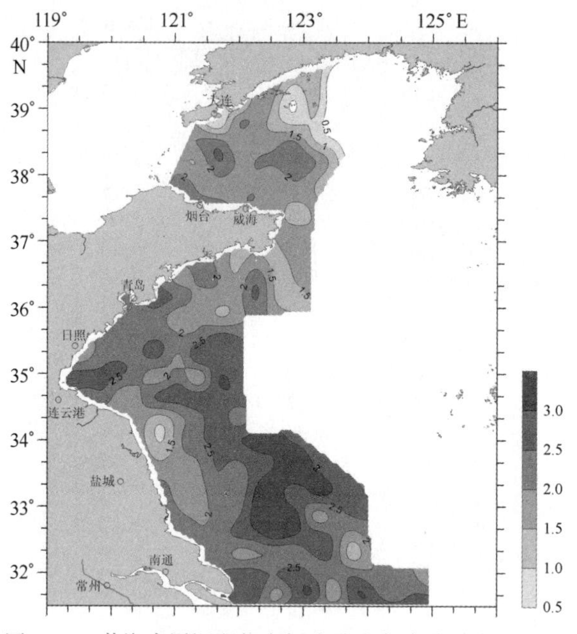

图 15.4　黄海表层沉积物底栖有孔虫复合分异度 H（S）

15.2.2　三类底栖有孔虫分布特征

根据有孔虫壳壁成分及结构的不同一般把有孔虫分为假几丁质壳、胶结质壳、瓷质壳和玻璃质壳 4 种，一般常见的底栖有孔虫为后 3 种。

按上述分类方法，通过分析 3 种底栖有孔虫的组成显示：除少数分异度不高的站位外，玻璃质壳体在 3 种壳体中占绝大多数，其平均含量占底栖有孔虫总数的 82.6%（图 15.5）；胶结质壳含量次之，平均含量为 10.8%（图 15.6）；瓷质壳含量最低，平均为 6.6%（图 15.7）。

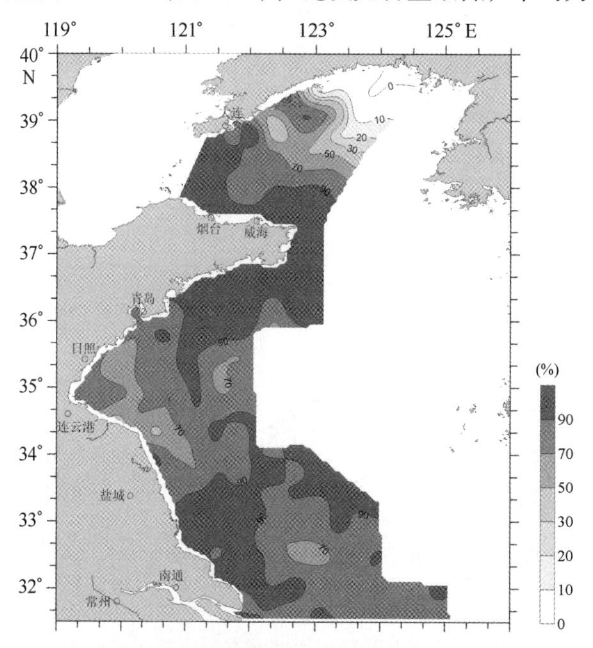

图 15.5　黄海表层沉积物中玻璃质壳底栖有孔虫占全群的比例（%）

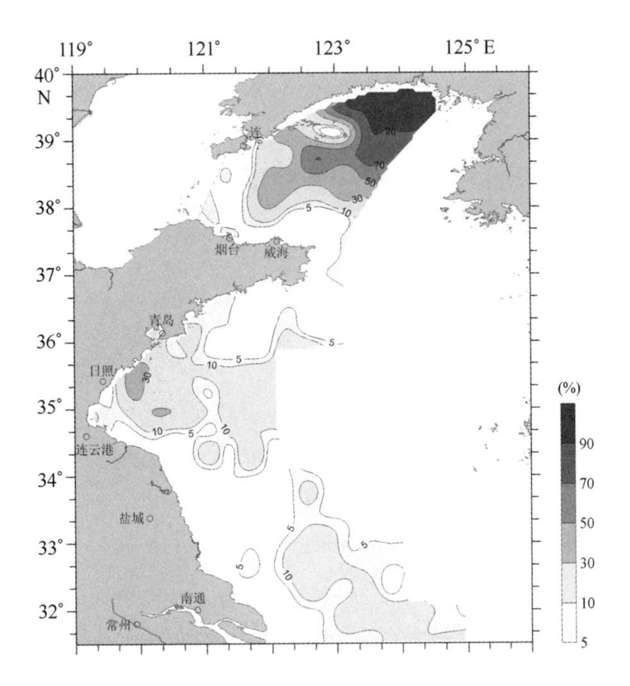

图 15.6　黄海表层沉积物胶结壳底栖有孔虫占全群的比例（%）

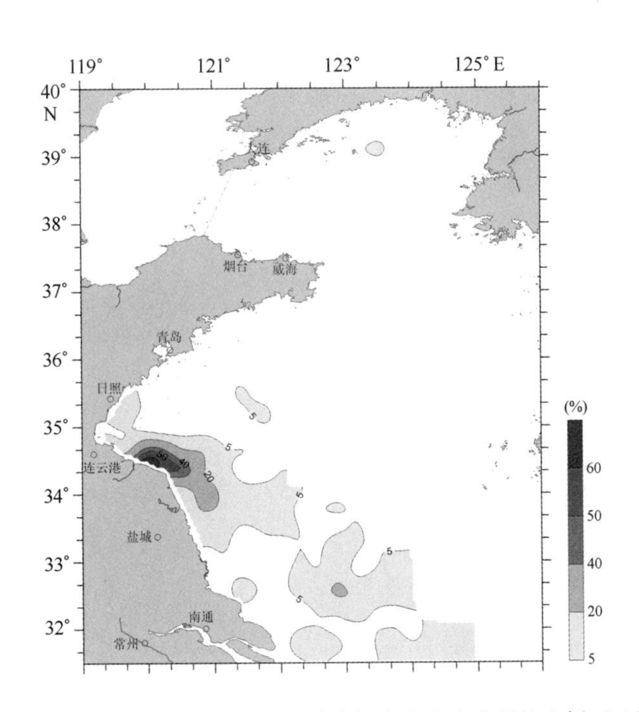

图 15.7　黄海表层沉积物瓷质壳底栖有孔虫占全群的比例（%）

一般认为，胶结质壳底栖有孔虫多分布于潮上带、低盐潟湖，或者高纬度冷水环境以及水深大于碳酸盐补偿深度（CCD）的海域；瓷质壳一般分布于高盐潟湖环境；正常浅海中都以玻璃质壳为主（汪品先等，1988）。本次研究样品大部分位于黄海近岸浅水区域，海水盐度偏低或接近正常，以玻璃质壳为主。从平面分布来看，除北黄海东北角外，玻璃质壳底栖有孔虫含量整体上都很高，另外在南黄海南部随着水深增大有减小的趋势。胶结质壳与玻璃质壳含量相反，整体相对含量较低，但在北黄海东北角含量很高，最高含量在部分站位达到

90%以上，另外在研究区中部及南部东侧深水区胶结壳含量也相对较高。瓷质壳底栖有孔虫平均含量略低于胶结质壳有孔虫，主要分布于黄海南部，尤其在废黄河水下三角洲区域含量最高。以往研究表明，在陆架浅海范围内，胶结壳相对于底栖有孔虫全群的比例随着粗粒沉积物含量的增高而增高（汪品先等，1988），这与本次研究结果总体一致，如胶结质壳相对高含量区主要为砂质沉积区，其沉积物平均粒径Φ值普遍小于4（图12.6），而在其他区域则相对含量较低。

15.2.3 优势种分布特征

本次研究共发现底栖有孔虫属种200多种，其中优势种有 *Ammonia beccarii* var.、*Ammonia compressiuscula*、*Ammonia pauciloculata*、*Cavarotalia annectens*、*Buccella frigida*、*Eggerella advena*、*Preteonina atlantica*、*Elphidium magellanicum*、*Ammonia maruhasii*、*Protelphidium tuberculatum*、*Elphidium advenum*、*Bulimina marginata*、*Brizalina striatula*、*Bolivina robusta*、*Ammonia ketienziensis*、*Ammonia convexidorsa*、*Ammobaculides formosensis*、*Textularia foliacea*、*Nonion akitaense*、*Astrononion tasmanensis*、*Florilus decorus*、*Cribrononion subincertum*、*Hanzawaia nipponica*、*Florilus* cf. *atlanticus*、*Quinqueloculina seminula*、*Nonionella opima*、*Quinqueloculina lamarckiana*、*Sigmoilopsis asperula*、*Epistominella naraensis*、*Cribrononion vitreum*、*Triloculina tricarinata*、*Spiroloculina communis* 和 *Lagena spicata* 等。上述底栖有孔虫优势种占底栖有孔虫种群的80%以上，部分优势种占底栖有孔虫总群的比例见图15.8至图15.16。

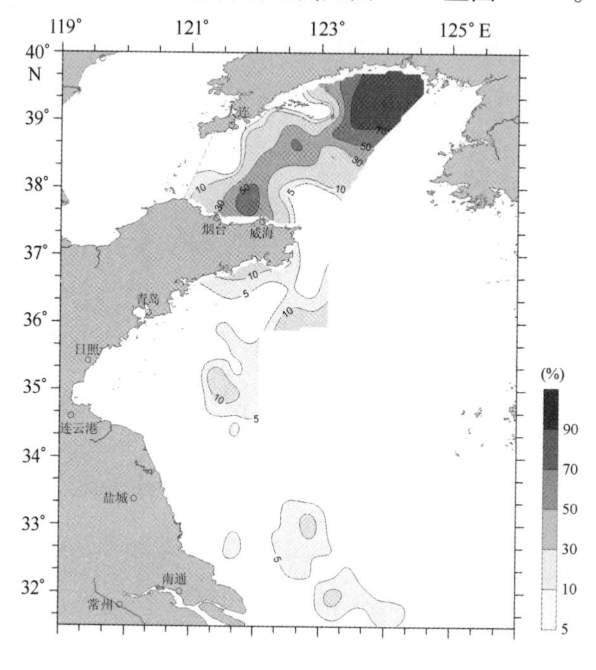

图15.8 黄海表层沉积物 *Eggerella advena* 分布

Eggerella advena 主要分布在北黄海，相对含量在大部分海域超过了10%，尤其在北黄海东北角含量最高，最高含量超过80%。在南黄海该种仅分布于水深较大的东部区域，最高含量仅为10%左右（图15.8）。*Preteonina atlantica* 主要分布于北黄海西南部和南黄海西北部，即高含量区域主要位于山东半岛周围，该种最高含量为40%左右（图15.9）。*Buccella frigida*

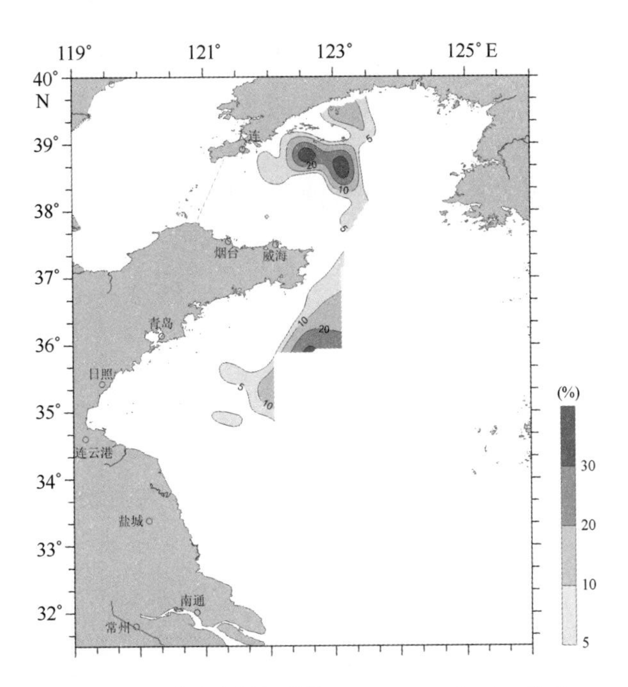

图15.9　黄海表层沉积物 *Preteonina atlantica* 分布

分布范围与 *Preteonina atlantica* 相似，在北黄海最高含量约为40%，而在南黄海的最高含量仅为10%左右，且分布范围相对较小（图15.10）。*Protelphidium tuberculatum* 分布特征也类似于 *Preteonina atlantica*，最高含量在北黄海和南黄海均超过了40%（图15.11）。*Ammonia compressiuscula* 主要分布于南黄海，尤其在海州湾和南黄海东南部水深较大区域，最高含量超过40%（图15.12）。*Elphidium advenum* 在北黄海东北部含量低于2%，其他大部分海域在2%～5%之间，在山东半岛近岸含量相对较高，部分站位含量超过了20%（图15.13）。*As-*

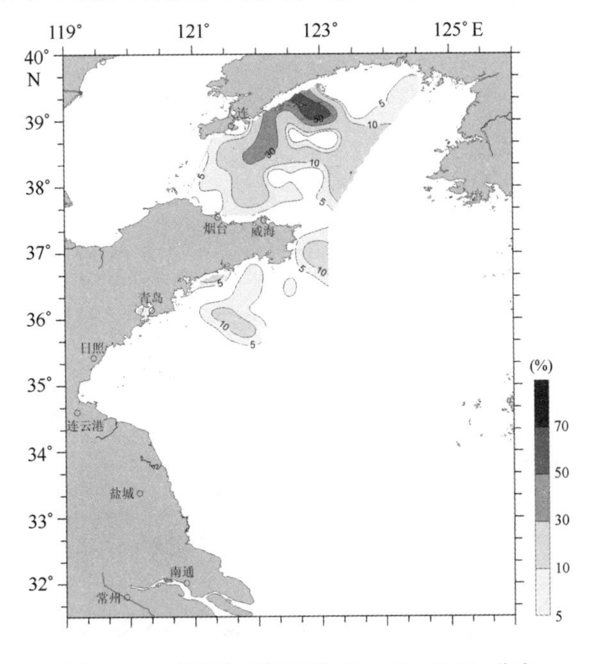

图15.10　黄海表层沉积物 *Buccella frigida* 分布

trononion tasmanensis 主要分布于北黄海中部和南黄海东南部，其中在北黄海最高含量为10%左右，分布范围小，而在南黄海分布范围较大，且最高含量超过20%（图15.14）。*Bolivina robusta* 仅分布于南黄海，含量相对较低，最高含量10%左右（图15.15）。*Ammonia beccarii* var. 主要分布于南黄海，尤其在长江口及废黄河三角洲浅水区域含量最高，基本上在10%以上，最高含量达到50%以上（图15.16）。

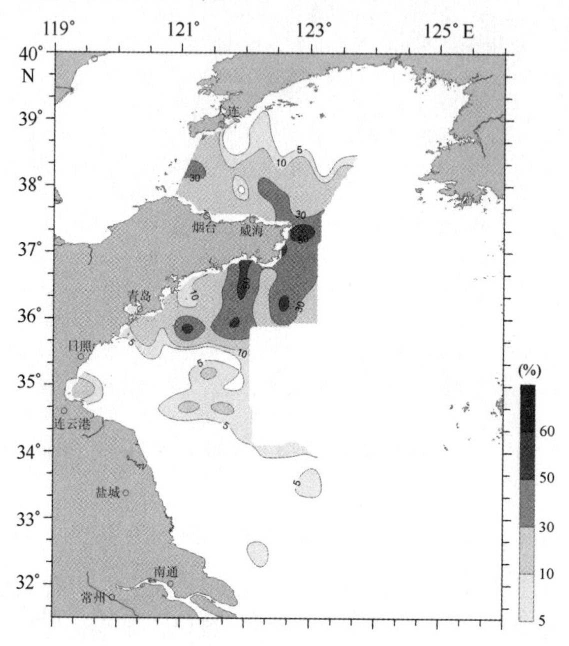

图15.11　黄海表层沉积物 *Protelphidium tuberculatum* 分布

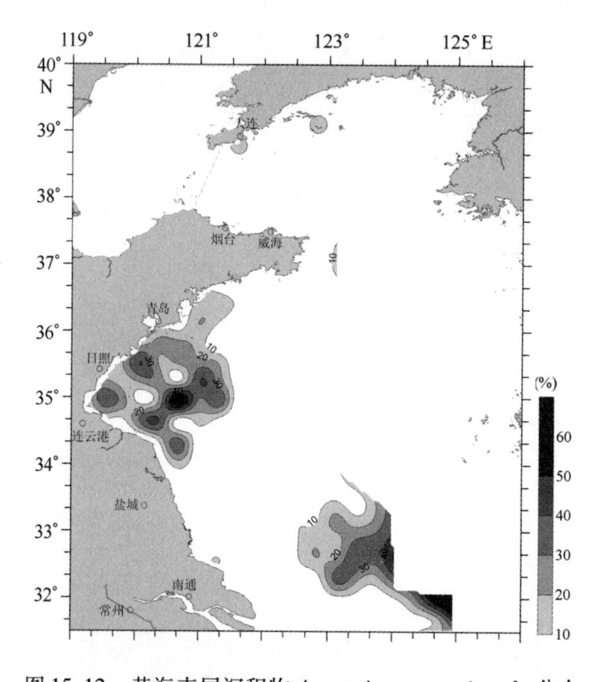

图15.12　黄海表层沉积物 *Ammonia compressiuscula* 分布

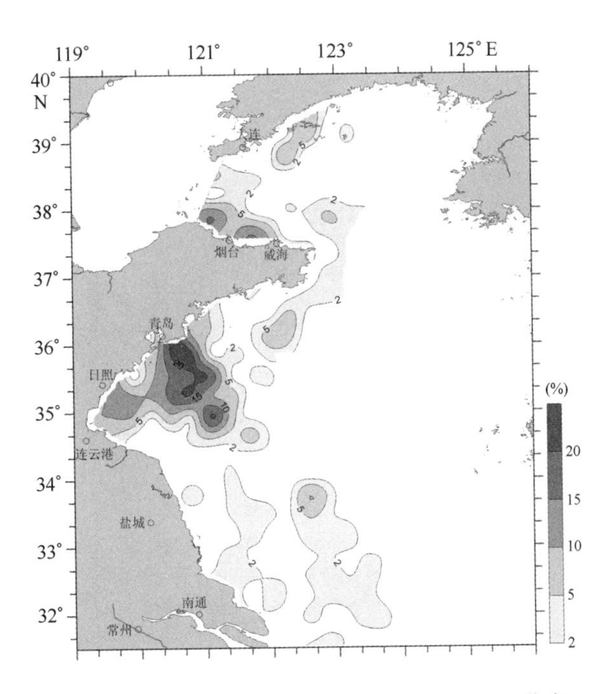

图 15.13　黄海表层沉积物 *Elphidium advenum* 分布

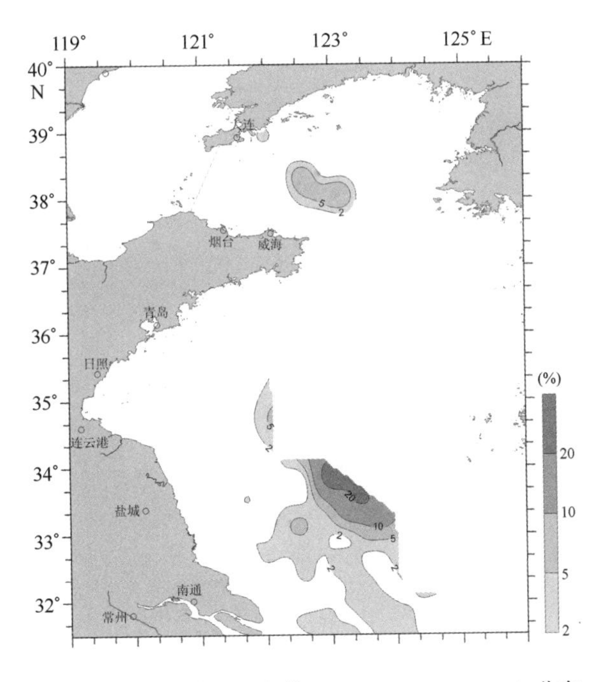

图 15.14　黄海表层沉积物 *Astrononion tasmanensis* 分布

通过对底栖有孔虫全群优势种的分析，参照前人研究成果（汪品先等，1980a，1980b；刘敏厚等，1987），可以将底栖有孔虫分布划分为 4 个组合（图 15.17）。组合Ⅰ位于北黄海东北角，有孔虫丰度最低，以胶结壳有孔虫 *Eggerella advena* 和 *Preteonina atlantica* 为主；组合Ⅱ位于北黄海西南部和南黄海西北部，即大体位于 121°E 以东的山东半岛周围海域，该组合中有孔虫丰度较高，以 *Buccella frigida* 等冷水种为代表；组合Ⅲ主要位于南黄海水深大于 25 m 而小于 50 m 的近岸区，以 *Ammonia compressiuscula* 和 *Elphidium advenum* 为主要代表种；

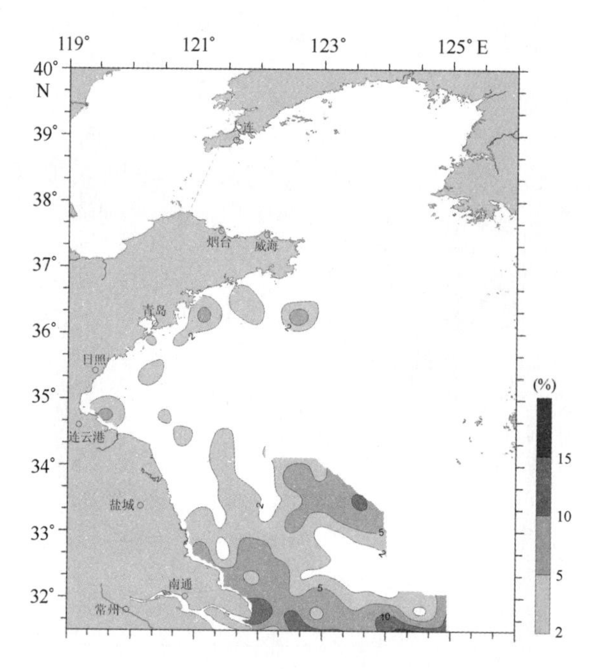

图 15.15　黄海表层沉积物 *Bolivina robusta* 分布

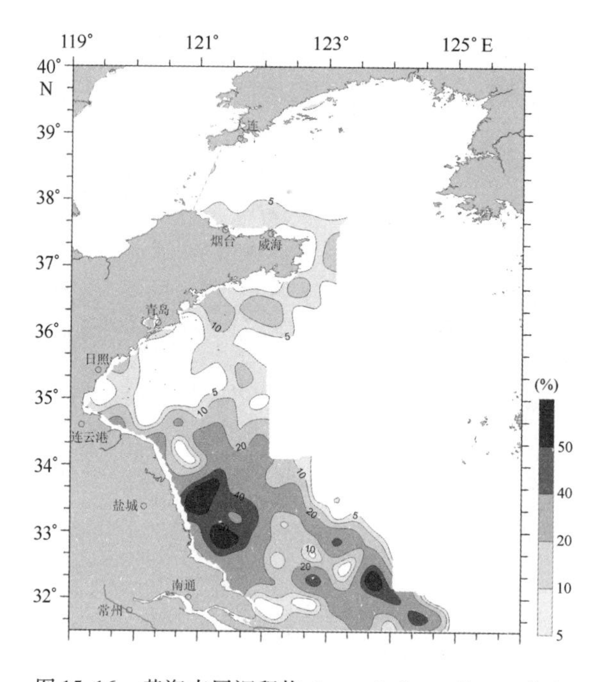

图 15.16　黄海表层沉积物 *Ammonia beccarii* var. 分布

组合Ⅳ主要位于从长江口到废黄海口水深小于 25 m 的区域，有孔虫主要以 *Ammonia beccarii* var. 为主。

组合Ⅰ以胶结壳 *Eggerella advena* 和 *Preteonina atlantica* 为主，有孔虫丰度较低，基本上都小于 100 枚/g，同时有孔虫简单分异 S 和复合分异度 H（S）都最低，甚至有大量站位没有底栖有孔虫发现。分析发现，该组合位于西朝鲜湾的潮流沙脊区，沉积物主要为粗颗粒砂，所以该组合可能主要受到沉积物粒度的控制与影响（汪品先等，1980b；孙荣涛等，2009），因

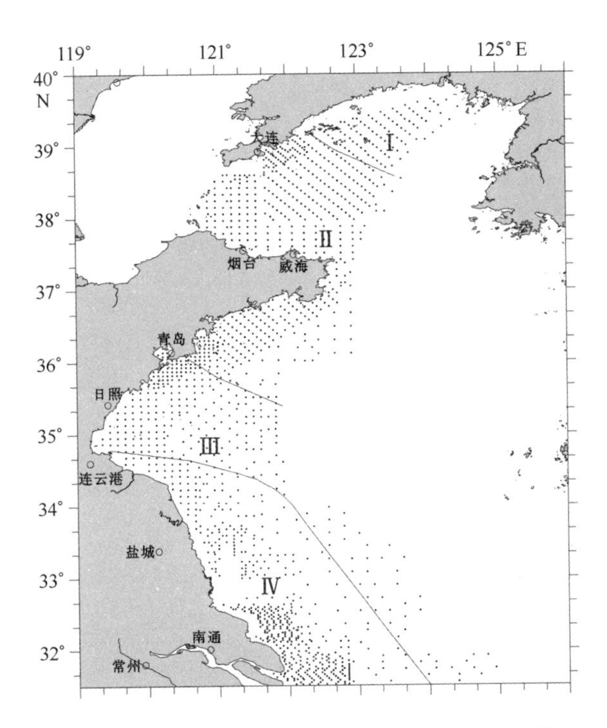

图 15.17 表层沉积物 黄海底栖有孔虫组合分布特征

为胶结壳有孔虫主要富集于较粗的沉积物中（汪品先等，1988）。

组合Ⅱ有孔虫丰度较高，主要以 *Buccella frigida*、*Protelphidium tuberculatum*、*Eggerella advena* 等冷水种为代表。该组合主要位于北黄海底层冷水团以及黄海沿岸流的影响范围之内，所以其冷水组合特征则反映了冷水团及沿岸流对底栖有孔虫分布的控制作用。

组合Ⅲ以 *Ammonia compressiuscula* 和 *Elphidium advenum* 为主要代表种，同时还有较多的 *Preteonina atlantica*、*Elphidium magellanicum*、*Protelphidium tuberculatum*、*Bulimina marginata* 等，该组合可能主要受到水深的影响，属于内陆架浅水有孔虫组合。在该组合分布区东南角，*Astrononion tasmanensis* 等中陆架属种增多，显示了底栖有孔虫由内陆架组合向中陆架组合的转变。

组合Ⅳ主要位于从长江口到废黄河三角洲水深小于 25 m 的区域，有孔虫主要以 *Ammonia beccarii* var. 为主，同时还有较多的 *Ammonia pauciloculata*、*Brizalina striatula* 等。该组合有孔虫主要以滨岸广盐种为主，反映了由于沿岸河流淡水的注入，海水盐度较低。

15.3 黄海现代沉积环境分析

黄海底栖有孔虫的分布主要受海水盐度、水温、水深以及底质类型等因素的影响。总体上，在近岸水深较浅、水体受沿岸水影响明显的区域，底栖有孔虫分异度及丰度都比较低；反之，随着水深变深，底栖有孔虫的分异度和丰度都相应增大。

玻璃质壳底栖有孔虫主要分布于近岸浅水区；胶结壳底栖有孔虫主要分布于沉积物粒度较粗的区域；瓷质壳则在废黄河三角洲沉积中含量较高。

根据对全区主要底栖有孔虫含量变化的分析，本区 4 个底栖有孔虫组合分别反映了不同的沉积环境。位于北黄海东北角，以胶结质壳有孔虫为主的组合Ⅰ可能主要反映了较强的水动力作用，沉积物颗粒较粗；位于北黄海西南部和南黄海西北部，以 *Buccella frigida* 等冷水种为代表的组合Ⅱ主要反映了北黄海底层冷水团以及黄海沿岸流冷水的影响作用；组合Ⅲ位于南黄海水深大于25 m而小于50 m的内陆架区，以 *Ammonia compressiuscula* 和 *Elphidium advenum* 为主要代表，该组合可能主要反映了水深的控制作用；组合Ⅳ位于从长江口到废黄河三角洲且水深小于25 m的近岸区，主要以 *Ammonia beccarii* var. 等为代表，该组合主要反映了受河流冲淡水等影响的滨岸浅水环境。

第16章　黄海沉积作用和沉积环境

黄海位于中国大陆与朝鲜半岛之间，是一个典型的半封闭型陆架海。黄海沉积物主要来自中国大陆，部分来自朝鲜半岛，其沉积作用和沉积环境受到海洋动力作用的制约，在世界同类陆架海中具有独特的沉积特征。黄海具有复杂的海洋动力系统，包括风、浪、环流系统（黄海暖流、沿岸流、冷水团）和潮流，这一系统特别是环流系统对于入海物质的搬运、扩散和沉积海底沉积物的侵蚀和改造，都有着直接的控制作用（Hu，1984）。南黄海现代的沉积环境十分复杂，在各种动力的综合作用下，形成了多种海底沉积物（图16.1），它们记录了南黄海陆架复杂的沉积动力特征及由此而导致的沉积环境的变化。本章在“908专项”沉积物调查资料的基础上，广泛收集了历史调查样品和资料，经过综合分析，阐述了黄海的沉积作用和沉积环境。

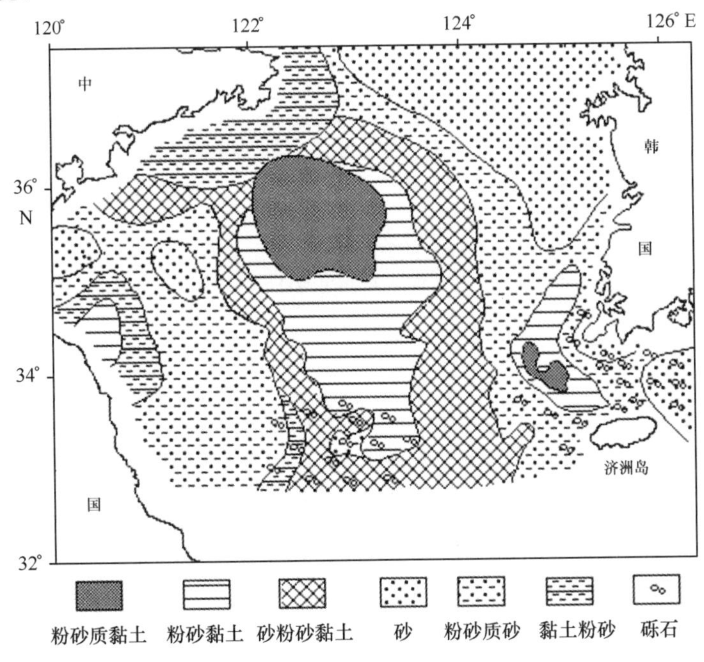

图16.1　南黄海沉积类型分布

资料来源：石学法等，2001

16.1　陆架低能沉积环境及其沉积体系

南黄海陆架环境可划分为低能（弱动力）沉积环境和高能（强动力）环境。低能环境又可进一步区分为气旋型和反气旋型涡旋环境，高能环境发生沉积和侵蚀两种作用。不同的环境发育了各自特征的沉积体系。

16.1.1 陆架低能沉积环境特征

陆架区一般水深较浅，潮汐、波浪、海流的活动较强，因此是水动力比较活跃的地区。然而南黄海陆架在海洋中尺度涡旋区形成了特殊的沉积动力的低能环境。粒度分析资料显示，南黄海中部有一个细粒的粉砂质黏土沉积区，该区沉积物主要由细粒物质组成，平均粒径为 8.7 Φ，黏土组分的含量往往大于 70%，呈斑块状分布，与黄海冷水团中心区对应，向外沉积物的粒径不断增大（图 16.1 和图 16.2），表明该区处于低能环境，即南黄海冷水团环流区环境（石学法等，2001）。在济州岛西南和西北也存在低能沉积环境。

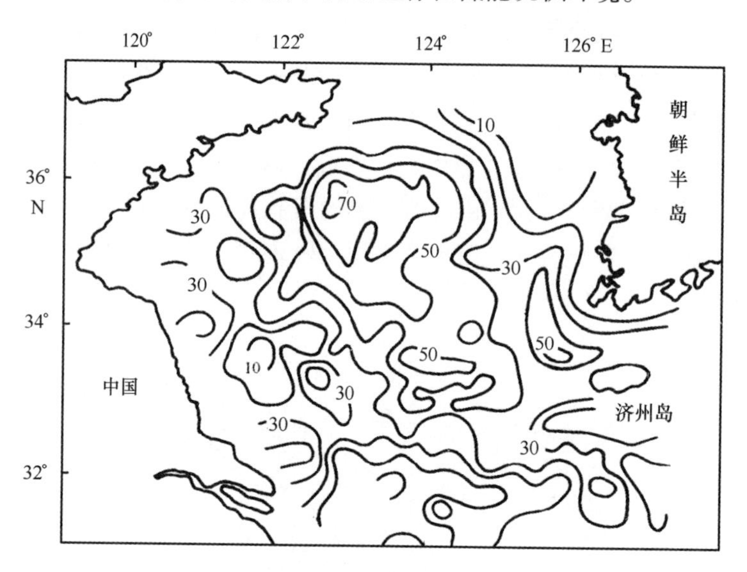

图 16.2 南黄海表层沉积物黏土组分含量

资料来源：石学法等，2001

黄海暖流具有较高的水温（Hu，1984），从南向北将黄海分成东西两部分，与东西两侧的黄海沿岸流和朝鲜沿岸流相互作用，在暖流的西侧常形成气旋型涡旋（冷涡）（逆时针向），其环流体系较为庞大，特别是南黄海中部的冷水团环流体系。该冷水团呈气旋型环流形式，边缘的水平流速约为 5 cm/s，与深海底层流及水团的实测流速相似，显示了一个较弱的水动力环境。此外，南黄海潮流场数值模拟的分布趋势进一步表明，冷水团环流区是弱潮流区（董礼先等，1989），只能影响细粒（ >4Φ）悬浮物质。在黄海暖流的东侧与朝鲜沿岸流则形成反气旋型涡旋环流（顺时针向），在济州岛西北部海域的反气旋涡旋便是一个垂向双环结构，它的下部为气旋型环流，中心区域海水的上层为下降流，而下层为上升流，上层强于下层，其性质与黄海冷水团的垂向双环结构有明显差异（苏纪兰等，1995）。它所分布的范围较小，其动力强于气旋型涡旋环境的动力。

根据多年积累的海洋水文学数据，气旋型涡旋（冷涡）环境底层水的年平均水温小于 8℃（24 年平均值）（Ky et al.，1993），底质沉积物的实测 Eh 平均值为 −30 ~ −150 MV（申顺喜等，2000），表明该动力区为还原环境。而济州岛西北部的反气旋涡旋沉积物的特征还不清楚，需进一步了解。

16.1.2 泥质沉积体系及形成的动力过程

南黄海陆架低能沉积环境在涡旋的长期活动下，形成了粉砂质黏土相的细粒沉积，发育了泥质沉积体系。由于涡旋性质的不同，特别是气旋型涡旋和反气旋型涡旋性质的差别，它们所形成的沉积物也有所区别。

16.1.2.1 气旋型涡旋泥质沉积（冷涡沉积）

在南黄海中部、济州岛西南以及北黄海西部的3个泥质沉积区属于气旋型涡旋泥质沉积（冷涡沉积），它们分别对应了3个气旋型涡旋（冷涡）。气旋型涡旋泥质沉积分布面积较大，构成了泥质沉积体系的主要部分。其中南黄海中部泥质沉积面积最大，泥质中心厚度不足3 m，沉积物平均粒径8.5 Φ，颜色为灰绿色，含丰富的黄铁矿，成分均一，结构无变化，含水量一般大于60%，底部沉积物^{14}C年龄约为5 550年（刘敏厚等，1987）。

Hu（1984）从动力学的角度对济州岛西南海域，坡度较大的海底泥质沉积物进行了研究，指出该泥质沉积的产生，主要是“气旋型涡旋的存在起了决定性的作用”，并通过实测海流，计算了各层海水的平均水平散度，证实该气旋型涡旋中心区以50 m层为界，以上为辐散区，以下为辐聚区。近底层的悬浮物质随海水向涡旋中心输送，不断堆积于海底形成了泥质沉积。

16.1.2.2 反气旋型涡旋泥质沉积

反气旋型涡旋沉积在黄海东南部呈小的斑块状分布，其规模远不能与气旋型涡旋泥质沉积相比。济州岛西北海域的是较大的一个（图16.1），该泥质沉积厚度约13.5～20 m，颜色为深灰色，沉积物以细粒的黏土为主，平均粒径为6～7Φ，含有较多的生物状自生黄铁矿。此外，该泥质沉积物的含水量较高，达50.3%（水/湿样，下同），结构均匀，质地软，具有声学透明层的特征（Ky et al.，1993；Cho et al.，1997）。根据有关钻孔（YSDP102）样品的^{14}C年龄推算该泥斑沉积底部（13.5 m）的年龄距今约5 689年（刘健等，1999）。申顺喜等（2000）的研究发现，济州岛西北海域泥质沉积下面还发育一层泥质沉积，该泥质沉积的分布面积远大于上层，因此在反气旋型涡旋沉积未能覆盖的地区便直接出露于海底。该泥质沉积物形成时的沉积动力与现代沉积动力条件有一定的差别，即它并非现在沉积动力环境的产物，而是现在沉积动力环境以前的某个时期沉积的，其后在现代水动力环境的作用下，不断被冲刷侵蚀，细粒物质一再被悬浮和搬运，本身受到明显的改造。

南黄海东南部（济州岛西北部）反气旋型涡旋沉积是在以反气旋型环流为主的双环结构下形成的。由于海水上层的反气旋型涡旋具有高压涡的性质，在它的控制下，迫使周围海水中的悬浮沉积物，包括浮游生物在上层海水中不断向涡旋的中心区辐聚，并在下降流的作用下向底层输送，下层海水虽有上升流活动，但因其能量远小于上层的下降流，因此，悬浮的沉积物逐渐沉积于海底，形成了约20 m的厚层沉积（Ky et al.，1993），体现了反气旋型涡旋环境的沉积动力强于气旋型涡旋环境的动力特征。

16.1.2.3 气旋型涡旋沉积与反气旋型涡旋沉积比较

气旋型涡旋与反气旋型涡旋沉积的特征的相似之处在于，其成分主要是由黏土矿物组成，自生黄铁矿丰富，沉积体都呈近圆形分布，沉积物结构均匀、含水量高等。它们之间的差别主要表现在沉积厚度、沉积物粒度以及沉积速率等方面。以南黄海中部气旋型涡旋沉积和东南部的反气旋型涡旋泥质沉积为代表进行比较，可以看出前者的沉积动力较弱，沉积环境还原性较强，形成的沉积物更细，黄铁矿含量很高，沉积速率和沉积厚度也较小，分布范围较大；而后者具有较强的沉积动力，沉积环境还原性较弱，沉积物的粒度较粗，黄铁矿含量较低，沉积速率较大，沉积厚度也较大，分布范围较小（表 16.1）。气旋型涡旋和反气旋型涡旋动力性质的差别，决定了沉积环境的区别，进而控制了所形成沉积物的差别。

表 16.1　气旋型涡旋泥质沉积与反气旋型涡旋泥质沉积特征对比

沉积类型	平均粒径/Φ	中心厚度/m	黄铁矿颗粒/（%）	环流特征	底部水温/℃	Eh/MV
气旋型泥质沉积（南黄海中部）	8.5	2.8	>80	气旋型	<8	-15～-90
气旋型泥质沉积（济州岛西南）	8	3	>80	气旋型	6～8	
反气旋型泥质沉积（济州岛西北）	6～7	13.5	<5	反气旋型		

16.1.2.4　气旋型涡旋沉积与反气旋型涡旋沉积模式

通过上述研究，可将气旋型涡旋沉积与反气旋型涡旋沉积总结为如下模式（图 16.3）。

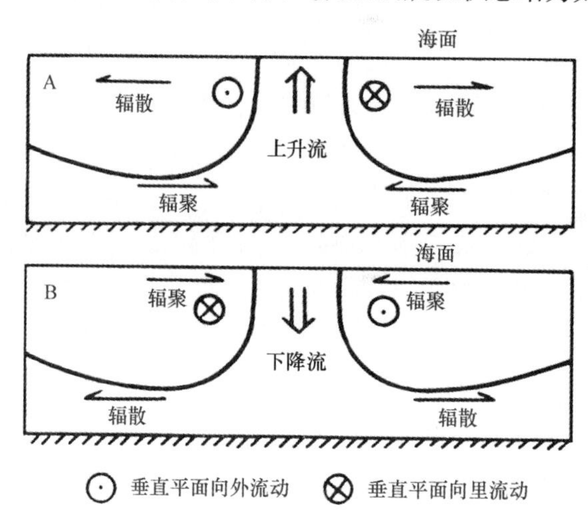

图 16.3　气旋型涡旋沉积与反气旋型涡旋沉积模式
资料来源：石学法等，2001

16.2　陆架高能环境及其沉积体系

16.2.1　南黄海陆架高能环境特征

黄海的东部、南部及苏北浅滩外海等地区常年存在较强的潮流，另外波浪、沿岸流及风暴潮的活动也十分强烈（Lee，1989；董礼先等，1989），这些地区广泛分布砂质沉积，是高能环境区。根据 M_2 分潮模拟计算的结果显示，上述砂质沉积区，是细粒物质的侵蚀区（董礼先等，1989）。在强流、风暴潮、波浪以及陆架锋的综合作用下，海底沉积物的细粒组分，如黏土和细粉砂等不断被搬运到其他地区，即海底表层的沉积物不断被侵蚀、重新组合，形成了以砂为主的粗粒沉积，反映出高能侵蚀区的特征，表明了底质沉积物的分布规律与沉积动力的一致性。在苏北浅滩附近表层沉积物中还含有大量第三纪砂岩砾石（孙嘉诗等，1987；申顺喜等，1995），它们的风化产物有可能成为苏北浅滩周围海域的重要物质来源地。

16.2.2　高能环境沉积体系及物质特征

（1）高能环境沉积体系，南黄海表层沉积物粒度组成的分布规律表明，由中部的浅海粉砂质黏土相沉积分布区向外粒度逐渐变粗（图16.2），分布着黏土质粉砂、粉砂、细砂等不同类型的沉积物，显然它们是沉积动力不断增强的产物。与高能动力区相对应，在黄海的东部、南部及苏北浅滩外海等地区发育了砂质沉积，形成了砂质沉积体系（图16.1和图16.4），外围细砂含量最高的区域，乃是高能侵蚀区。高能环境区侵蚀掉的细粒物质一部分被搬运到低能环境区沉积下来。

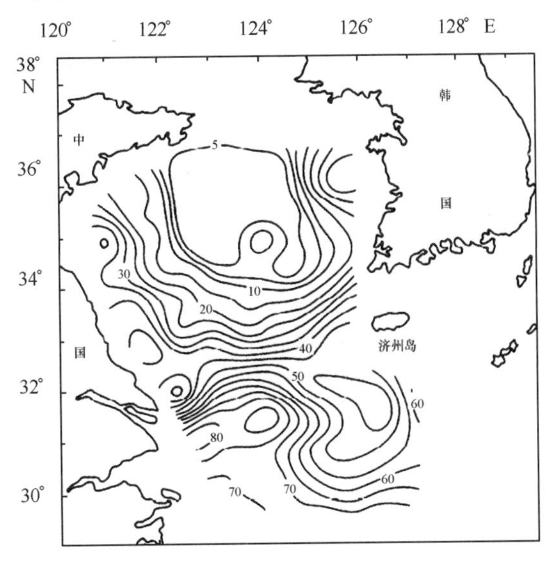

图16.4　南黄海表层沉积物砂组分百分含量

（2）高能环境悬浮体特征，南黄海海水中悬浮体的实测资料存在一个十分特殊的问题，即海水中悬浮体的总量大大超过河流入海物质的总量（秦蕴珊等，1989），因此可以认为，南黄海的悬浮物质相当一部分来自海底沉积物本身。卫星遥感资料也表明，南黄海的侵蚀区海水悬浮体含量高于周围地区（平仲良等，1993），尤其在底层海水中含量更高。此外在苏北浅滩海域通常为100～500 mg/L，显然这与海底的侵蚀，特别是大风浪的作用密切相关。其中非可燃组分高达70%～90%，表明这些悬浮物质不是海水中的有机生物（Lee，1989；Milliman et al.，1986）。可见，上述海域是南黄海最活跃的侵蚀区之一，同时，作为物质来源区，它对南黄海及东海北部的沉积作用是不可忽视的。

（3）砂岩砾石的特征及其形成环境，海上拖网调查，获得大量砂岩砾石，分布范围在33°20′—32°30′N，122°30′—124°30′E之间，总面积达 1×10^4 km²，据不完全统计已有300多个测站采获砾石样品（孙嘉诗等，1987；申顺喜等，1995）。表面有大量生物孔洞，砾石中普遍含有海绿石及海相含大量有孔虫、介形虫和双壳类动物等化石。从沉积动力学的角度来看，无论是砂岩砾石的粒径之大还是它们分布的密集程度，砂岩砾石代表了一个独特的沉积动力环境，即陆架侵蚀环境。

16.3　北黄海物质来源与沉积模式

习惯上以山东半岛的成山角至朝鲜的长山串角之间的连线为界，将黄海划分为北黄海和南黄海两部分。北黄海是现代黄河沉积物向外海扩散的通道，也是黄海暖流进入渤海的通道所在（Liu et al.，1998），水动力条件复杂，物质来源多样（王伟等，2009）。近年来，许多研究者运用多种方法研究了该区域的沉积物组成及其物质来源。秦蕴珊等（1986）认为黄河物质进入渤海后经渤海海峡进入北黄海，在沿岸流的作用下，在山东半岛北岸沉积，其特征是富含 $CaCO_3$与片状矿物（陈丽蓉，1989）。Lee 等（1989）认为黄海暖流和北上的长江冲淡水限制了黄河物质向东运移。程鹏的计算结果表明，北黄海西部沉积物有向北黄海中部汇集的趋势（程鹏等，2000），而蒋东辉（2001）认为北黄海西部沉积物净输运趋势形成一个反时针方向的旋涡。齐君等（2004）和林承坤（1992）的研究结果表明，北黄海中部的细颗粒沉积明显受到了长江物质的影响。Liu 等（2004，2007）利用浅层地震剖面及其他资料分别探讨了北黄海黄河水下三角洲和山东半岛东部水下斜坡沉积体的形成过程。

本节主要根据粒度组成结合水动力格局探讨北黄海沉积模式。已有研究表明影响北黄海沉积模式的主要因素是物源、地形和水动力条件（王伟等，2009）。从黄海不同粒级沉积物空间分布图（图 12.2 至图 12.4）可以看出，在北黄海西南部，粉砂组分和黏土组分含量高，而且各有一个向北延伸的趋势，在这两类细颗粒沉积物的北部为一近圆形的区域，该区域内沉积物粒度较粗，砂含量增大，这明显不同于周边海域沉积物组成。从分布趋势看上述细颗粒沉积物分布来自 SW 和 SE 方向，中间的粗颗粒区应该来自北部。沉积物粒度的这种分布格局与山东半岛北部沿岸流是密切相关的。携带大量细颗粒物质的沿岸流沿山东半岛向东运移，遭遇经渤海海峡进入渤海的黄海水体后，分布一支向北偏东方向的流系，携带的细颗粒物质沉积下来，形成了向北突出的泥质区，粒径趋势分析结果也表明山东半岛北岸沉积物受到黄海水体的定托作用（程鹏等，2000）。沿岸流继续向前，细颗粒物质在烟台——威海以北的弱流区沉积下来（董礼先等，1989），至成山角与北上的水体交汇，主体部分向南流入南黄海，在成山角以东形成厚层楔状沉积（Liu et al.，2004），而部分物质因受阻减速沉积下来形成了狭长的粉砂底质区（孔祥淮等，2006），并在北上潮流的影响下向北扩散，最后在北黄海中部沉积下来。由频率分布曲线（图 16.5）可以看出北黄海西南部细颗粒沉积物为多物源沉积，其物源由山东半岛沿岸流携带而来的渤海物质和近岸侵蚀物，也可能由北上水体携带而来的南黄海物质以及强潮流侵蚀的残留沉积物（王伟等，2009）。

在 123°E 以东海域，沉积物主要以粗颗粒的砂为主，而且与西部较细颗粒沉积物有明显的 S—N 向边界，董礼先等（1989）的计算结果表明，在 M_2 潮流的作用下，北黄海东部粒径为 0.25 mm 的 0.063 mm 沉积物向鸭绿江口—大孤山一线运移，124°E 以西区域运移方向为 S—N 向。王伟等（2009）研究了北黄海北部长山列岛附近沉积物粒度组成，结果显示，该区域内沉积物中砾石的磨圆度较差，搬运距离不远，应为近源沉积物，而在东部海区，则是

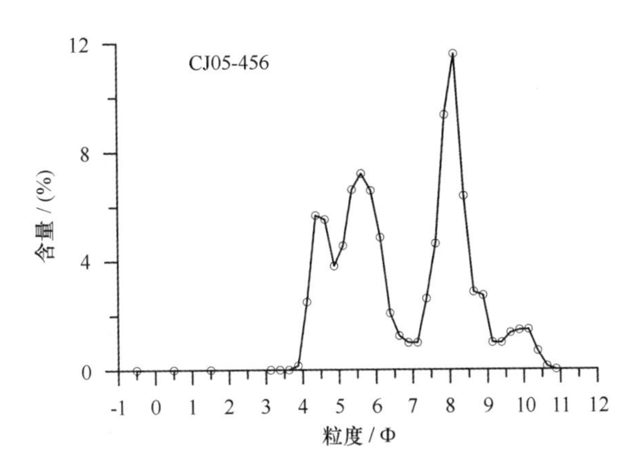

图16.5　北黄海典型表层沉积物频率分布曲线

强潮流场改造来自于沿岸流以及全新世海侵前残留的物质。而在鸭绿江入海口周边，受其携带陆源物质的控制作用明显，受入海淡水自东向西沿辽南沿岸运动的影响（高建华等，2003），较粗颗粒沉积物也有向西延伸的趋势。

由沉积物粒度平面分布特征可以看出，从南黄海进入渤海的水体限制了山东半岛沿岸流所携带细粒物质向东和东北方向的扩散，Lee等（1989）认为那是黄海暖流造成的，而Sternberg等（1985）的夏季调查表明，研究区的泥沙启动主要是潮流引起的，蒋东辉（2001）的计算结果也显示研究区中部大潮低潮后，悬沙浓度呈S—N向条带状分布，并由东向西递减。相对于流速较低的黄海暖流，潮流对沉积物的搬运能力更强一些。因此，不能认为仅是黄海暖流影响了研究区沉积物分布，M_2潮流也起了重要作用，甚至是主要作用（王伟等，2009）。

程鹏等（2000）对北黄海粒径趋势分析结果显示，整个研究区域的沉积物净输运趋势很有规律，南部的海底沉积物净输运方向向东，同时，还有强烈的向东北（北黄海中部地区）的输运趋势。西部的沉积物向东南输运，汇入南侧沉积后转而向东。北部沉积物向南输运，西北部沉积物向东南输运，这样总体上呈向北黄海中部汇聚的趋势（图16.6）。“粒度趋势分析”得出研究区南部沉积物具有向东净输运的趋势，这与以往的研究相符合。渤海海峡区的环流结构的基本特征是“北进南出”，即黄海暖流及辽南沿岸流从海峡北部进入渤海，分别形成各自的环流后，再由海峡南部流向黄海。流出的水体便携带黄河入海泥沙进入北黄海，在沿岸流的作用下，在山东半岛北岸沿途沉积（秦蕴珊等，1986）。元素地球化学结果表明，以高CaO为特征的黄河源物质主要分布于山东半岛周边，这与北黄海中北部差异性显著，指示了物源对沉积模式的控制作用，而黄河物质呈沿岸条带状分布则主要是沿岸流作用的结果。悬浮体通量的观测结果（Martin et al.，1993）进一步证实了这一结论。

沉积物净输运趋势还显示出一个明显特征是，沉积物有以北黄海为中心汇聚的趋势。北黄海中部为一冷水团控制的弱流区，根据北黄海的环流格局和水交换特征（图16.7），北进的黄海暖流、辽南沿岸流及南出的山东沿岸流与中部冷水团进行水交换，向冷水团中心，流速逐渐减弱，沿岸流和黄海暖流所携带的沉积物也逐步沉积，粒径逐渐变细，在北黄海中部形成泥质沉积。这一特征在平均粒径分布图上也有清楚的表现。

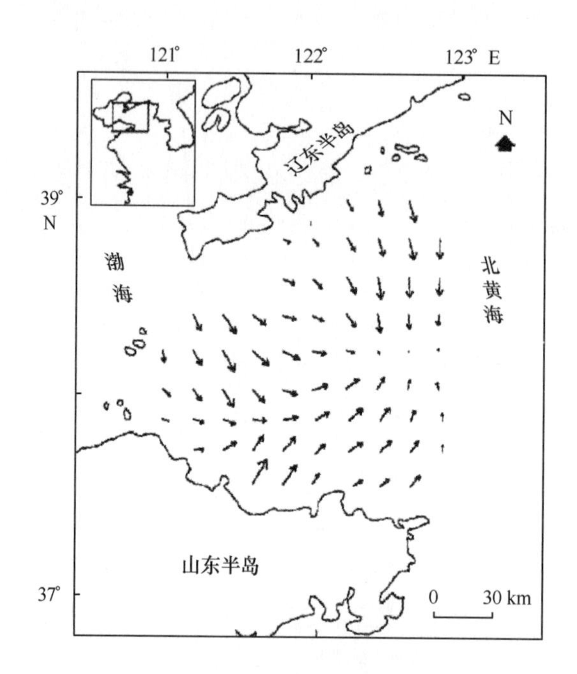

图 16.6　北黄海底质沉积物净输运矢量分布

资料来源：程鹏等，2000

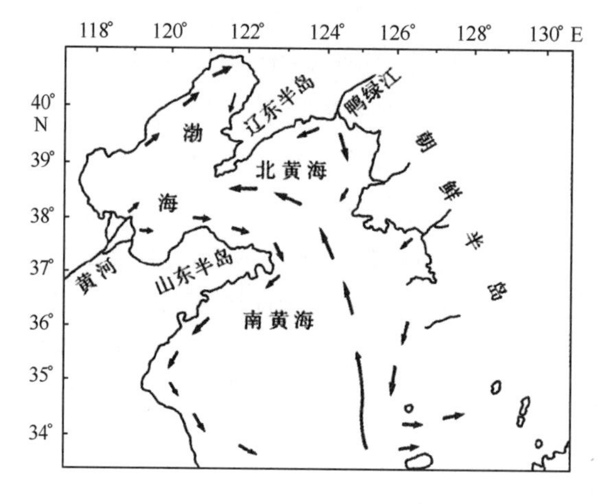

图 16.7　北黄海流系分布

资料来源：Yang et al.，2003

16.4　南黄海物质来源与沉积模式

南黄海沉积物物源及其沉积模式分析研究已做过大量工作（石学法等，2001；蓝先洪等，2005）。王颖等（1998）和张家强等（1998）对潮流沙脊沉积特点和水动力的研究，认为潮流沙脊的物质来源主要受古长江—现代长江流域的影响，黄河物质主要在全新世最大海侵以来对其北部产生影响。申顺喜（1993）认为南黄海中部泥质沉积和济州岛西部泥质沉积之间有通道，泥质沉积物质来源主要是全新世最大海侵以来对海底第三纪砂岩风化产物的侵蚀、搬运和再沉积，而不是黄河或长江物质。秦蕴珊等（1989）发现晚更新世低海面时期在南黄海西部存在埋藏古河道，分布在水深40～80 m，根据古河道的地理位置和沉积物中富含 $CaCO_3$，认为是古黄河河道，并向S及SE方向延伸，在济州岛南水深68～115 m处也发现了古黄河河道；杨子赓（1994）通过对南黄海西部岩心沉积物粒度、浅层剖面和矿物组合研究认为黄河对南黄海陆架的作用仅限于全新世近2 000多年来，而长江则从早更新世到现代一直在对南黄海陆架起作用，古长江三角洲位于南黄海陆架中部；许东禹等（1997）也认为在南黄海存在古黄河—古长江联合三角洲是不可能的，因为根据现今的勘测资料并没有发现大型三角洲；李凡等（1998）根据浅层剖面、重矿物资料认为在南黄海中部存在古黄河三角洲，说明在晚更新世低海面时黄河入海口在南黄海中部陆架深水区；杨守业等（1999）研究苏北滨海平原全新世沉积物源认为全新世早期黄河并不直接由苏北入海，最近2 000多年才为苏北滨海平原提供了大量泥沙。

黏土矿物的类型和共生组合特点指示了南黄海沉积物主要来自于周边黄河、长江水系等携带的大量陆源物质和邻近海域沉积物的再作用。杨作升（1988）根据黄河、长江黏土矿物含量差异特征和化学元素组合对东海北部陆架沉积物的来源和分区进行了研究。研究认为，海域外陆架沉积物泥质部分主要属黄河型，长江入海沉积物的影响仅限制在长江口外123°E以西的海域。魏建伟等（2002）分析了南黄海88个表层沉积物样品的黏土矿物含量及组合特征后编制了黏土矿物分布图，发现南黄海中部泥质沉积可分为南北两个部分，并依据地理位置及各种黏土矿物含量与黄河、长江沉积物黏土矿物含量特征的关系将南黄海泥质区划为以黄河（包括老黄河）物质为主的北部和“多源”混合沉积而成的中部和南部。

利用地球化学方法判断黄海物源，主要是利用沉积物的常量元素、微量元素及稳定同位素，与邻区或者黄河、长江的地球化学特征对比，然后判断物质来源。赵一阳等（1994）认为黄海化学元素在区域分布上既有相似之处，也有独特之点，自然形成一定的组合，构成一定的地球化学区，初步认为黄海西部为黄河源，中部及东部主要为长江源，还有韩国海区影响。赵一阳等（1991）在北黄海、海阳（山东半岛）以东、废黄河口及南黄海中部的泥质区取样，测定了元素含量。以Ca、Sr、Ti、Rb为指标，把南黄海中部泥与其他三个海底泥有效地区分开来。明显受黄河影响的泥质区中Mn/ Fe、Ca/ Ti、Sr/ Rb和Ca/ K值比较高。而长江沉积物，则Fe、Ti、Rb的含量高。郭志刚（2000）研究认为济州岛西南泥质区主要元素的含量分布模式除Ca元素以外与黄河沉积物元素含量的分布模式（Al、Ca、Fe、Na、K和Mg）一致。Ca的含量较低，可能说明该区沉积物地球化学性质除与黄河源沉积物表现出强的亲缘性外，还与生物源甚至其他源沉积物有一定的关系。

蓝先洪等（2000，2002）分析了南黄海中部泥质区柱状样岩心地球化学特征，发现微量元素Ni、Co、Cu、Pb和稀土元素的富集因子EF都较小，反映出该区域的物源主要为陆源，且该富集因子小于长江沉积物和深海黏土的富集因子而与黄河沉积物的相似，表明本区物质来源与黄河的物质有更密切的联系，只有西南、东南部受长江物质和韩国海区影响。蔡德陵等（2001）从悬浮体碳同位素组成分析认为，陆源物质向南黄海中部深水区的输送过程中底层起着比表层更为重要的作用，黄海环流是决定南黄海沉积物搬运格局的一个重要控制因素。由沉积有机质的碳同位素信号证实，山东水下三角洲高沉积速率沉积物的主要物质来源是现代黄河物质，在南黄河深水区的陆源沉积物主要来源废黄河和现代黄河物质，现代长江物质所占的比例相对较少，来自朝鲜半岛的陆源物质其数量和影响范围都是有限的。

为此，本章试图在建立黄河、长江和朝鲜半岛（锦江）的沉积物标准端元和南黄海表层沉积物地球化学分析的基础上，通过引入逐步判别分析方法，对南黄海表层沉积物进行物源的定量判别。

16.4.1 逐步判别分析方法简介

物质来源判别的实质是在确定端元统计特征的基础上，划定研究对象的归属（孟宪伟等，2000）。在判别分析中，人们往往希望用尽可能多的变量去构造判别函数，因为变量越多，包含判别分类的信息就越多。但另一方面，随着变量的增加，彼此线性相关的变量数目相应增加，这样反而会减弱判别效果（於崇文等，1980）。因此，在可供选择的变量中，仅选用判别能力较强的变量，而剔除那些不太重要或能被其他变量替代的变量。逐步判别分析是从判别模型没有变量开始，通过若干次对模型的检验，将模型外的对模型判别能力贡献最大的变量引入到模型中，同时把不适合再留在模型中的变量剔除，直到模型中的所有变量都符合引入模型的判据，模型外的变量都不符合进入模型的判据时，结束变量的逐步选择过程。

在确定有效变量的基础上，构造出 Fisher（费雪）线性判别函数。对于三端元物质来源的判别来说，只需计算出 3 个判别函数，就可以确定某一样品的归属。

16.4.2 构造线性判别函数

根据前述逐步判别分析原理，以 12 个黄河流域样品、10 个长江流域样品、1 个韩国锦江河口样品及 4 个韩国西海岸沉积物样品为标准端元样本（由于韩国西海岸样品测试指标不全，分析中被自动剔除，最终的朝鲜半岛物质的有效样本仅剩余 1 个锦江河口平均值），以 $F\alpha=1.5$ 作为模型中变量选入和剔除的临界值，从 20 个自变量中（SiO_2、Al_2O_3、MgO、CaO、Na_2O、K_2O、Fe_2O_3、Ti、Mn、P、Cu、V、Zn、Ba、Cr、Co、Ni、Pb、Sr、$CaCO_3$）最终确定 8 个参与三端元成分判别的有效变量为：MgO、Na_2O、K_2O、V、Ba、Ni、Sr、$CaCO_3$。利用这 8 个变量，构造出三个线性判别函数如下：

$$Y_1 = -128.207 + 0.556MgO + 14.245Na_2O + 18.223K_2O - 0.17V + 0.172Ba + 1.434Ni + 0.259Sr + 0.666CaCO_3 \quad (1)$$

$$Y_2 = -99.852 + 0.515MgO + 11.425Na_2O + 10.561K_2O + 0.017V + 0.162Ba + 1.097Ni + 0.254Sr - 0.0505CaCO_3 \quad (2)$$

$$Y_3 = -169.66 - 1.13MgO + 8.356Na_2O + 27.569K_2O - 0.325V + 0.195Ba + 1.806Ni + 0.366Sr + 0.31CaCO_3 \quad (3)$$

从上述公式可以看出，区分黄河和长江物质的几个最常用的地球化学指标如 $CaCO_3$、Sr、MgO、Na_2O 等（赵一阳等，1991）基本包含在判别函数中，一些用来区分南黄海西部物质和东部物质的有效参数如 K_2O、V、Ba、Ni 等（陈志华等，2000）亦包含在判别公式中，判别公式的有效变量基本涵盖了用于区分黄河、长江和朝鲜半岛物质的最有效的元素地球化学指标，表明判别函数的建立具有很好的地质意义。

16.4.3 南黄海表层沉积物物源判别及分区

将上述判别式（1）至式（3）应用到南黄海 66 个站位的表层沉积物样品上（图 16.8），计算出每个样品相应的 Y1、Y2 和 Y3 值，根据贝叶斯准则，比较 Y1、Y2 和 Y3 的大小（图

16.9)，判定每个样品的归属，其结果见表16.2。

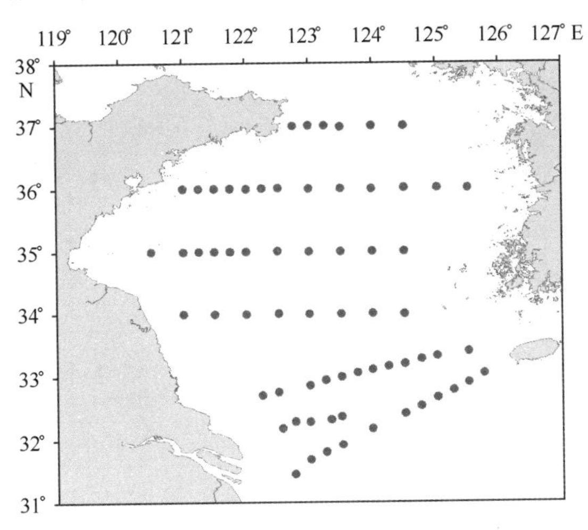

图16.8　南黄海物源判别站位分布

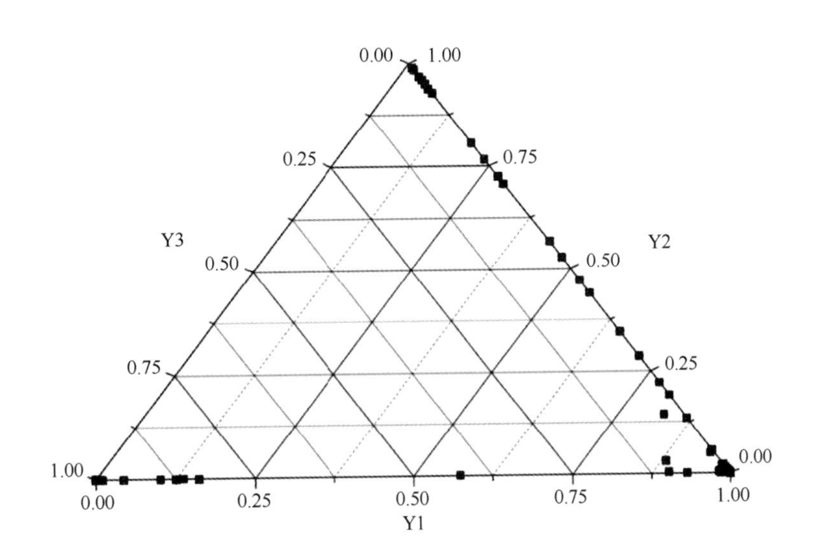

图16.9　南黄海表层沉积物判别函数的得分三角图

表16.2　南黄海表层沉积物的物源判别属性

样号	判别函数得分			物源属性	样号	判别函数得分			物源属性
	Y1	Y2	Y3			Y1	Y2	Y3	
A1	0.978 46	0.021 48	0.000 06	1	D4	0.471 96	0.528 04	0.000 01	2
A2	0.992 06	0.005 70	0.002 24	1	D5	0.808 36	0.191 63	0.000 01	1
A3	0.995 19	0.004 71	0.000 11	1	D6	0.990 79	0.008 75	0.000 46	1
A4	0.990 51	0.00770	0.001 79	1	D7	0.992 12	0.006 01	0.001 87	1
A5	0.125 78	0.000 08	0.874 15	3	D8	0.899 75	0.004 59	0.095 66	1
A6	0.000 00	0.000 00	1.000 00	3	E1	0.528 52	0.471 48	0.000 00	1
B1	0.987 70	0.001 16	0.011 14	1	E2	0.061 58	0.938 42	0.000 00	2

续表

样号	判别函数得分			物源属性	样号	判别函数得分			物源属性
	Y1	Y2	Y3			Y1	Y2	Y3	
B2	0.980 14	0.006 82	0.013 05	1	E3	0.050 92	0.949 08	0.000 00	2
B3	0.985 04	0.002 52	0.012 45	1	E4	0.713 68	0.286 27	0.000 05	1
B4	0.932 04	0.001 05	0.066 92	1	E5	0.276 40	0.723 60	0.000 00	2
B5	0.998 90	0.000 64	0.000 46	1	E6	0.655 08	0.344 87	0.000 05	1
B6	0.999 75	0.000 12	0.000 13	1	E7	0.865 35	0.134 54	0.000 11	1
B7	0.999 63	0.000 30	0.000 07	1	E8	0.981 21	0.003 89	0.014 90	1
B8	0.99815	0.001 82	0.000 03	1	E9	0.100 94	0.000 03	0.899 03	3
B9	0.997 70	0.002 29	0.000 01	1	E10	0.573 04	0.001 16	0.425 80	1
B10	0.996 83	0.003 17	0.000 00	1	E11	0.000 19	0.000 00	0.999 81	3
B11	0.994 42	0.005 32	0.000 25	1	E12	0.003 40	0.000 00	0.996 60	3
B12	0.010 91	0.000 00	0.989 09	3	F1	0.194 23	0.805 73	0.000 04	2
B13	0.000 00	0.000 00	1.000 00	3	F2	0.294 39	0.705 60	0.000 01	2
C1	0.999 85	0.000 01	0.000 14	1	F3	0.016 02	0.983 98	0.000 00	2
C2	0.978 38	0.019 06	0.002 55	1	F4	0.560 04	0.439 96	0.000 00	1
C3	0.944 29	0.049 57	0.006 14	1	F5	0.433 92	0.566 08	0.000 00	2
C4	0.778 26	0.221 60	0.000 14	1	F6	0.235 17	0.764 83	0.000 00	2
C5	0.943 63	0.056 30	0.000 07	1	F7	0.984 02	0.015 02	0.000 96	1
C6	0.995 96	0.004 03	0.000 01	1	F8	0.983 82	0.014 22	0.001 96	1
C7	0.996 98	0.003 02	0.000 00	1	F9	0.043 46	0.000 05	0.956 50	3
C8	0.995 90	0.004 09	0.000 00	1	F10	0.008 94	0.000 00	0.991 06	3
C9	0.993 21	0.002 81	0.003 98	1	F11	0.000 02	0.000 00	0.999 98	3
C10	0.997 76	0.002 16	0.000 08	1	Q1	0.072 92	0.927 08	0.000 00	2
C11	0.161 30	0.000 11	0.838 59	3	Q2	0.032 37	0.967 63	0.000 00	2
D1	0.995 33	0.004 66	0.000 01	1	Q3	0.010 50	0.989 50	0.000 00	2
D2	0.999 93	0.000 02	0.000 05	1	Q4	0.011 88	0.988 12	0.000 00	2
D3	0.041 04	0.958 96	0.000 00	2	Q5	0.016 28	0.983 72	0.000 00	2

注：1 代表黄河源；2 代表长江源；3 代表朝鲜半岛源.

根据表 16.2 中各表层沉积物的判别属性，绘制出南黄海表层沉积物的物源分区（图 16.10）。从图 16.10 中可以看出，黄河源沉积物分布十分广泛，从山东半岛的成山头附近海域到长江口的广大西部海区、济州岛西南海域均有分布。受海洋环流的影响，济州岛西南 124°—125°E 之间的区域可能是连接黄海物质和东海外陆架沉积物的主要通道。长江源物质的分布十分有限，主要局限在长江口东北和苏北浅滩的南部，但向北可以扩散到 34°N；长江物质的向北和向东扩散主要与长江冲淡水和北上的台湾暖流有关（杨作升等，1983；朱建荣等，1998）。

从判别函数的得分和判别函数的得分三角图来看，南黄海东部物质（黄海槽）和黄河源、长江源物质的差异很明显，与后者只存在个别过渡类型，但黄河源和长江源沉积之间出现很多的过渡型沉积，该特征预示着研究区东部物质可能并不代表一个特殊的物源区，而反映了一种特殊的沉积环境。准确识别南黄海东部物质的来源，还有待收集更多的有关朝鲜半岛河流包括汉江、大同江、锦江以及中朝界河鸭绿江沉积物的地球化学资料，按一定的网格获取黄海槽以东海底沉积物的地球化学数据。

现代黄河注入渤海后，因河口区径流动能的突然减弱和水介质条件的改变，约70%的泥沙沉积在河口三角洲及近河口浅海区，其余向外扩散。在沿岸流和潮流作用下，黄河泥沙进入黄海，一部分在山东半岛北岸近海和北黄海中部气旋型涡流区发生沉积，其余的绕过成山头进入南黄海。进入南黄海的现代黄河物质由于沉积环境发生变化，大部分在成山头附近水下台地迅速沉积下来，少量继续向南或东南方向扩散，扩散范围东部大致以黄海槽或黄海暖流为界，南部近岸带大致到达32°N左右，外海区可以到济州岛西南泥质区（图16.10）。因河流物质成分受地带性的生物气候和河流地球化学环境制约，进入南黄海河流携带黏土矿物、元素地球化学组合特征的差异，造成了南黄海黏土矿物、元素组合明显分区，表层沉积物中的蒙皂石、绿泥石和方解石含量、CaO和$CaCO_3$含量、Sr/Ba比值等明显“西高东低”，在古黄河三角洲沉积物扩散范围则呈“北高南低”，说明现代黄河物质自成山头进入南黄海后，在复杂动力条件下分别向南、向东搬运和扩散。因此，北黄海中部、成山头以南及南黄海中部泥质沉积主要为现代黄河物质。

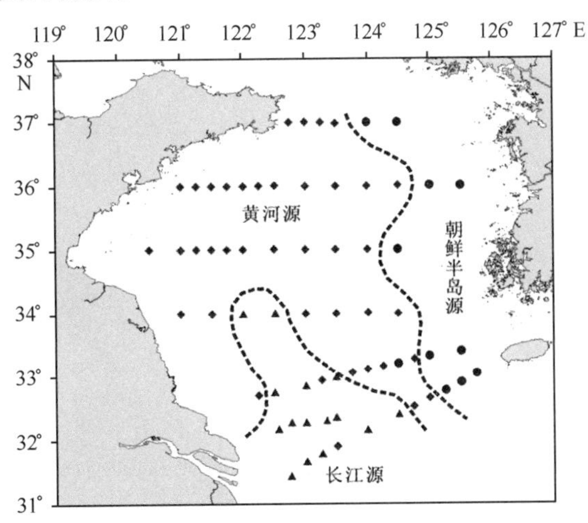

图16.10　南黄海表层沉积物的物源分区

1194—1855年黄河从苏北注入南黄海，使苏北浅滩古黄河三角洲及古黄河与古长江联合三角洲沉积表现出明显的黄河特征，沉积物以富碳酸盐、CaO、Sr为特征，Mn、Ba异常等反映其曾为河口环境，局部地区Cu、Zn、Pb异常反映该地区人为污染厉害。此外，由于黄海沿岸流和潮流等影响，该区沉积物侵蚀与改造强烈，表层沉积物粒度变化较大，各主要元素和微量元素的变化亦较大。现在苏北古黄河三角洲受潮流和沿岸流侵蚀强烈，这些物质先在沿岸流作用下向SE方向搬运，随后在长江口附近受到台湾暖流和长江冲淡水的顶托作用改向东搬运，最终在济州岛西南气旋型涡旋区沉降下来。

长江物质控制区位于长江口以东，在南黄海中部有向北延伸的趋势。沉积物以细砂为主，分选性好；沉积物中Pb、TiO_2的含量远远高于其黄河丰度而接近于长江丰度，显示南黄海南端32°E以南区段沉积物中有大量长江源沉积物成分。该海区水动力条件复杂，受长江径流、黄海西部沿岸流、台湾暖流、特别是潮流影响。矿物组合为相对不稳定的斜长石和方解石，黏土矿物以伊利石/蒙皂石比值大于8为特征，说明长江对南黄海南部的物质来源起很大的作用，长江冲淡水对长江物质的运移方向起主要作用。而长江物质的影响则从重矿物组合特征、黏土矿物组合特征、地球化学方面相互证实了对南黄海32°N以南，东达125°E海域的影响（蓝先洪等，2005）。

朝鲜半岛物质控制区主要位于南黄海125°E以东海域，沉积物中K、Ba含量较高，Na/K、Sr/Ba比值极低，贫$CaCO_3$、CaO及Al、Fe、Mg、Na、Ti、V、Cr、Co、Ni、Cu等元素，沉积物明显受来自朝鲜半岛物质的影响（Yeong et al.，1999）；黏土矿物以绿泥石较高为典型特征，反映了朝鲜半岛上锦江和英山江物质的影响（Chough，1985）。南黄海东部泥质区$CaCO_3$、Sr含量较低、Rb含量偏高，反映了现代黄河物质和废黄河口受侵蚀的物质未能扩散搬运到南黄海的东部泥质区；南黄海东部泥质区Ti含量与南黄海中、西部相比相对偏高，反映了长江物质对南黄海东部泥质区有某些贡献。黄海槽沉积区与黄海暖流路径基本一致，沉积物以黏土质粉砂或砂质粉砂为主，实际上应为介于黄海槽沉积与中部泥质区沉积之间的过度类型，贫$CaCO_3$、CaO、Sr，其他化学元素含量中等，富Ba、Na/K比值较低，受黄海暖流或东部朝鲜半岛物质的影响较大，南黄海东部包含部分被海水侵蚀的朝鲜半岛沿岸基岩和海底基岩及黑潮物质（蓝先洪等，2005）。

第17章 黄海海域浅地层层序

17.1 黄海浅地层层序研究概况

黄海陆架第四纪调查与研究开始于20世纪50年代，80年代以前主要集中于海域浅表层沉积物类型、矿物和地化等内容，80年代后期则逐渐开始讨论区域陆架沉积对全球海平面变化的响应以及沉积物的搬运过程和机制，而在这一过程中，高分辨率浅地层剖面资料和钻孔资料起到了关键的作用。从80年代至今的30多年中，国内有关单位依托国家调查专项、国际合作项目等，在黄海（特别是南黄海）中部及其西部获得了3万余千米的浅地层剖面和多个钻孔。浅地层调查主要包括：

（1）中国科学院海洋研究所利用国际合作和国家自然基金项目在黄海获得了约5 000 km的浅地层剖面；

（2）“八五”期间我国开展了大陆架及邻近海域勘查和资源远景评价研究，在南黄海陆架获得了近3 000 km的浅地层剖面；

（3）“九五”期间我国在中国东部陆架开展了地质地球物理补充调查，在南黄海陆架获得了约3 000 km的浅地层剖面；

（4）“十五”至“十一五”期间国土资源部开展了我国近海1/100万幅的海域地质编图，在黄海获得了约8 000 km的浅地层剖面资料；

（5）“908专项”在黄海设计并完成了4个区块共计超过8 000 km的浅地层剖面；

（6）中国海洋大学和北卡莱罗纳州立大学合作在黄海泥质区获得了近1 000 km的浅地层剖面。

借助于上述资料，我国学者在黄海陆架晚更新世－全新世沉积地层划分与沉积环境（杨子赓和林和茂，1989，1996；郑光膺，1989；赵月霞，2003a，2003b；刘勇，2005）、埋藏古河道和三角洲（杨子赓等，1994；李凡等，1998；陶倩倩等，2009）、海平面变化下的沉积响应（李绍全等，1998；赵月霞，2003；李广雪等，2009）以及黄海几个典型泥质区（杨子赓等，1998；刘健等，2003；王桂芝等，2003；刘健等，2004；刘勇等，2005；王利波等，2009；孙荣涛等，2010）等方面开展了卓有成效的研究工作。

而在黄海海槽的东部，相关的工作则主要由韩国海洋地质学家完成，如Jin（2002）将黄海东部晚更新世－全新世沉积划分出5个高频层序，认为强的潮流作用在海侵过程中发挥了重要作用；Chough（2002）通过大量高分辨率浅地层剖面总结出10种声学反射类型，认为这些声学类型的分布模式反映了全新世海侵及高水位时沉积过程与沉积物的扩散系统；Jin和Chough（2001）利用浅地层剖面和YSDP104岩心详细讨论了南黄海东部济州岛西北潮流沙脊及沙席的成因，认为它们形成于末次冰盛期以前；Jin和Chough（1998）将济州岛西北部泥质沉积区划分出两个不同海平面上升阶段形成的地层。

上述研究成果为黄海末次冰消期以来的沉积体系研究、层序地层划分以及讨论海平面变化下的沉积响应奠定了基础。“908 专项”设计并完成了 4 个区块的浅地层剖面调查（QC11 ~ QC14），共获得了 8 000 余千米的浅地层剖面资料（图 17.1），本章就是基于这些资料来讨论、分析黄海西岸区域的末次冰消期以来的层序地层特征。

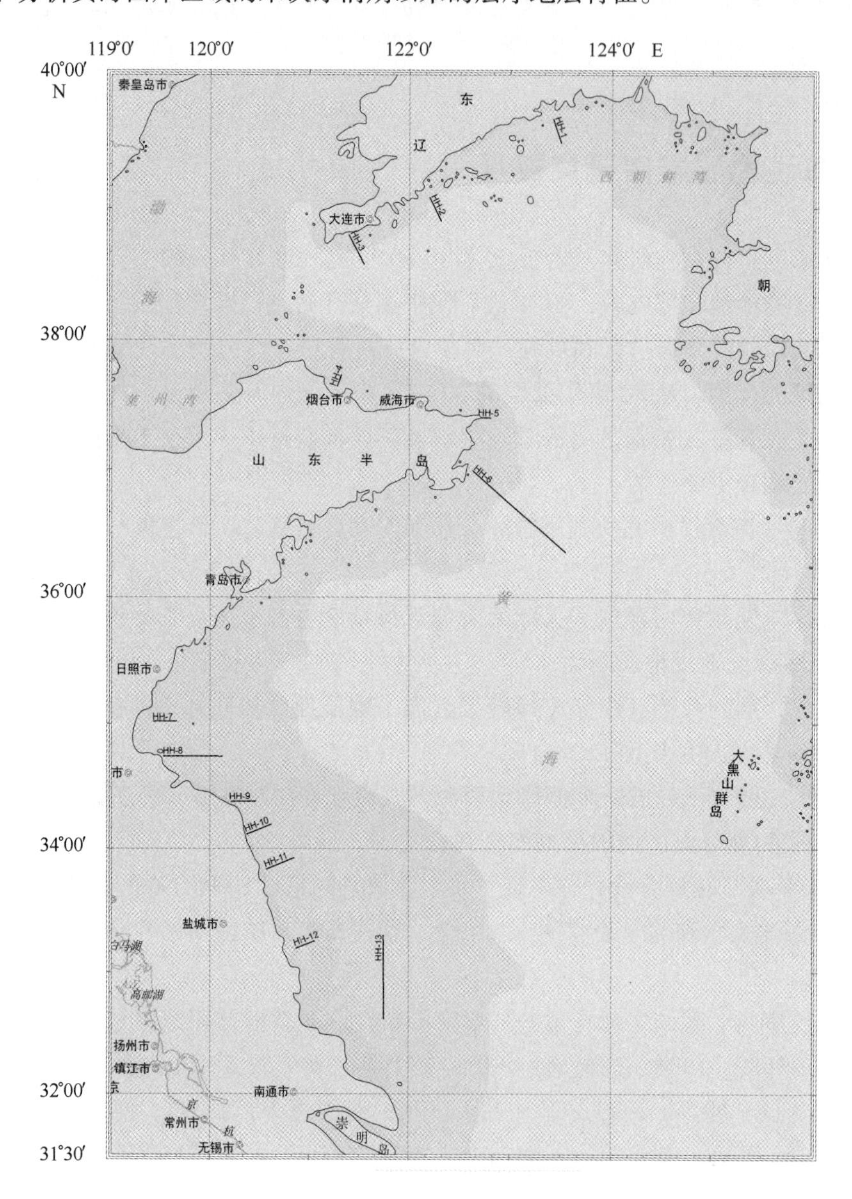

图 17.1　黄海浅地层剖面测线位置

17.2　末次冰消期以来黄海（西岸）近岸层序地层特征

前已叙及，Lambeck2001 曲线在中国东部陆架具有较好的代表性和适用性（李广雪等，2009）。20 ka B. P. 时中国东部陆架的海平面位于 – 130 m 左右。在黄海海域，随着气候的变暖，海平面开始上升，约在15 ka～13 ka B. P. 时，海水开始由黄海槽进入黄海，岸线移动的平均速率约为245 m/a（刘勇，2005），至13 ka B. P. 时海面已上升至－70 m附近。约13 ka～11 ka B. P. 时期，海面在该时期末上升到－60 m左右。10 ka B. P. 之后，海平面开始快速的上升，9 ka B. P. 时海面上升至－27 m，随后7 ka B. P. 到达最高位置，海洋环流体系基本形成，7 ka B. P. 至现今海平面一直处于微小的波动中。由于地形的原因，黄海达到最高海面的时间较渤海早。

由于不同区域沉积环境具有较大的差异，因此在层序发育上也有很大的差异。我们将黄海分为3个区域来分别讨论末次冰消期以来的层序地层特征，包括（Ⅰ）辽东半岛东岸近海、（Ⅱ）山东半岛近岸海域和（Ⅲ）江苏近岸海域。

17.2.1　辽东半岛东岸近海

辽东半岛东岸近海位于北黄海的北部海域，鸭绿江河口的西侧，沿岸无较大河流入北黄海。因此，在沉积物供应方面，除了鸭绿江的陆源物质外，近岸基本上是规模较小的河流物质；另一方面，北黄海海域有黄海暖流（冬季）、沿岸流、辽东沿岸流和中部的深层密度环流（夏季）（苏纪兰和袁业立，2005），这些海流和环流的存在对沉积物质的扩散和分布起着重要的作用。

17.2.1.1　主要声学反射界面及其地质属性

总的来说，辽东半岛东部近岸海域浅地层剖面上可以识别出4个主要声学反射面，自上而下分别为SB，MFS，TS，Rg。

（1）SB反射面。SB面为海底面，由于海水和沉积物具有较大的物性差异，因此在剖面上非常容易识别。

（2）MFS反射面。MFS面在冲刷区（庄河以西近海区域）不明显或难以识别，但在堆积区（鸭绿江河口西－庄河附近海域）可识别出，表现为低频中等强度的反射同相轴，其上部沉积表现为高角度半透明状前积反射层。推测MFS为高海面时期沉积的底界即最大海泛面。

（3）TS反射面。TS面具有低频、强振幅特征，为区域性不整合面，在全区广泛分布。TS面之上为规则的反射（如平行反射，前积反射等）；而在该界面之下则为杂乱反射，局部为典型的埋藏河道，表现为杂乱相充填特征。根据与海域已有浅地层剖面资料，认为TS面与全新世以来海相沉积的底界一致。

（4）Rg反射面。通常具有较大的起伏和低频特征，在近岸海域多数剖面可以识别出来。Rg界面之下呈无反射结构。

17.2.1.2　层序地层划分及体系域分析

本区末次冰消期以来的沉积可划分为一个6级Ⅰ型层序，组成层序的体系域则主要由低位体系域、海侵体系域和高位体系域组成（表17.1）。

表 17.1 辽东半岛东岸近海末次冰消期以来的层序特征

声学界面	体系域	层序	沉积相	发育时代
SB - - - -	高位体系域	6 级 I 型层序 - Sq1	滨 - 浅海相，潮流沉积	7 ka B. P. ~0
MFS - - -	海侵体系域		浅海相	9 ka ~7 ka B. P.
TS - - - -	低位体系域		河流相、冲积 - 洪积相	20 ka ~9 ka B. P.

（1）低位体系域。顶界面为 TS 反射面，底界面不容易识别。总体上海水进入黄海海域的时间约为 15 ka ~13 ka B. P. ，但在本区，浅地层剖面显示 TS 面的埋深约为 -30 m，因此我们推断实际上海水真正到达本区的时间应为 9 ka B. P. ，和渤海海域基本相似。低位体系域是末次冰消期以来海水到达本区之前形成，时间约为 20 ka ~9 ka B. P. ，主要有河流相以及冲积、洪积相组成，这些陆相沉积在浅地层剖面上均表现为杂乱反射相特征，弱振幅特征。

（2）海侵体系域。海侵体系域是海水开始进入本区后海平面快速上升阶段形成的，位于 TS 面和 MFS 面之间，形成时间为 9 ka ~7 ka B. P. 。海侵体系域主要由滨海 - 浅海相组成，浅地层剖面上主要表现为平行 - 前积反射相，中等强度振幅。总体上滨海 - 浅海相厚度由近岸向海方向逐渐增大，此外，由于现代海流的冲刷，越向渤海海峡方向越不容易识别出海侵体系域。

（3）高位体系域。高位体系域是海面处于高位时期形成的，位于 MFS 面之上，形成时间为 7 ka ~0 ka B. P. ，包括滨 - 浅海相沉积和潮流沉积，表现为高频、低振幅的平行或前积反射相。总体上，高位体系域沉积厚度变化表现为"北厚南薄"特征，由岸向海方向厚度具有"薄—厚—薄"的变化特征。上述特征表明，本区高位体系域沉积主要是由北向南的辽东沿岸流携带的、鸭绿江河口的沉积物质堆积而成的。

17. 2. 1. 3 典型浅地层剖面分析

下面将通过 3 条典型的剖面来说明辽东半岛东岸近海海域末次冰消期以来的层序特征。

（1）剖面 HH -1（图 17. 2）。剖面位于东港附近海域，可以清晰识别出 MFS、TS 和 Rg 3 个主要反射面。MFS 面之上为高位体系域沉积，厚度由西侧的 6 m 向东减小为 2 m，呈楔形，

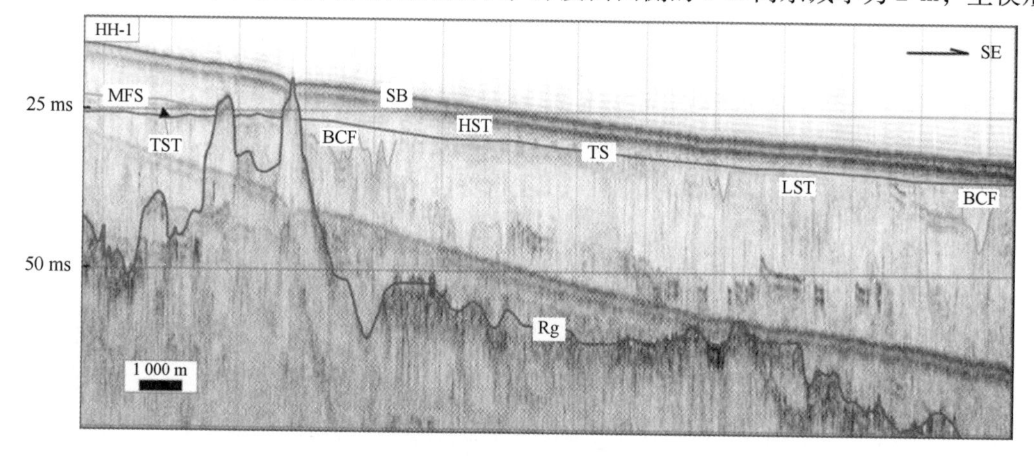

图 17. 2 典型浅地层剖面（HH -1）

表现为微微向东倾斜的前积反射，弱振幅特征；MFS 和 TS 面之间的海平面快速上升时期形成的沉积，总体上厚度较小，呈楔形，西厚东薄；剖面东侧在 TS 面之下可见到埋藏河道充填（BCF）。Rg 面之上的末次冰期陆相沉积表现为杂乱反射相特征。

（2）剖面 HH－2（图 17.3）。剖面位于獐子岛西侧海域，可以清晰地识别出 MFS、TS 和 Rg 3 个主要反射面。位于 MFS 面之上的高位体系域主要由透镜状泥质沉积构成，泥质沉积的最大厚度约为 16 m，内部为高角度前积反射结构；MFS 和 TS 面之间的海平面快速上升时期海侵总体上厚度变化不大，约 3 m，为中等振幅的平行反射。在 TS 面之下为杂乱相的末次冰期陆相沉积，杂乱相之下的弱振幅的平行反射可能代表了早期的海相沉积。剖面中部位置显示了 1 条正断层的存在，断层两侧地震相具有较大的差异。

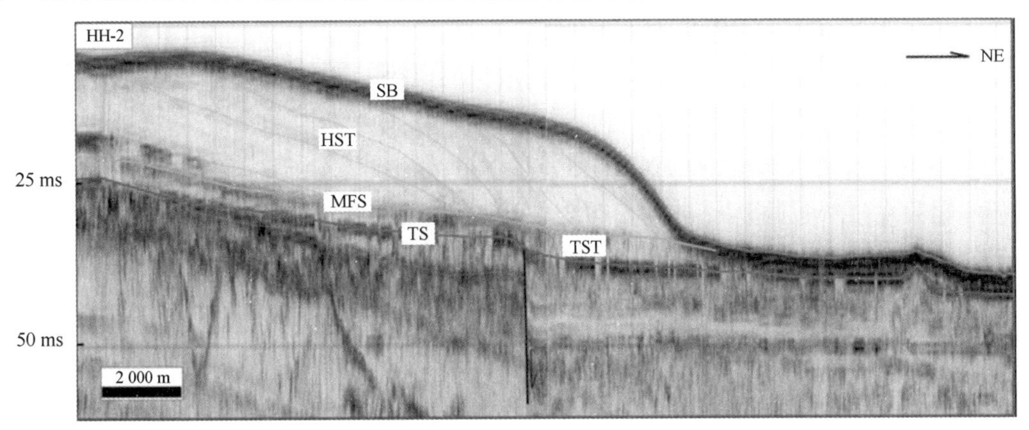

图 17.3　典型浅地层剖面（HH－2）

（3）剖面 HH－3（图 17.4）。剖面位于大连市南侧海域，由于受到潮流强烈的冲刷，全新世海相沉积较薄或缺失，可以识别的反射面主要有 TS 和 Rg，在二者之间还有多个次级反射面。TS 面之上主要发育沙脊等，剖面南端出现沉积缺失。在近岸附近，基岩埋深较浅，向外迅速变大。在剖面中部可识别出 4 组浅部断层，均为正断层。

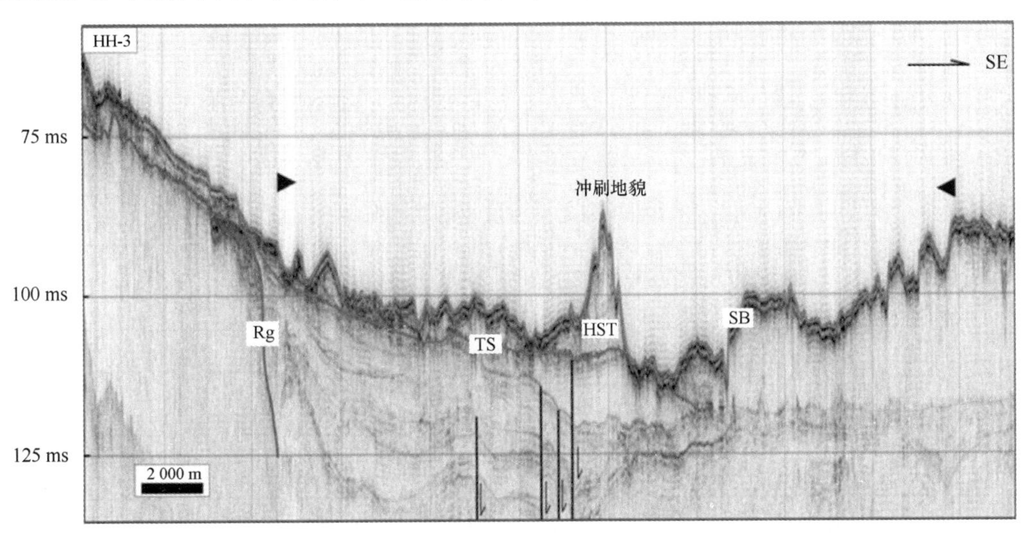

图 17.4　典型浅地层剖面（HH－3）

17.2.2 山东半岛近岸海区

山东半岛沿岸亦无较大的河流流入黄海，该区沉积物质部分来自沿岸的小型河流，主要来自高海面时期的沿岸流携带的部分黄河的物质，形成了细粒沉积物组成的远端沉积（Liu et al.，2002，2004；Yang & Liu，2007）。海流（主要是自北向南的沿岸流）对该区现代沉积依然有着重要的影响。

17.2.2.1 主要声学反射界面及其地质属性

本区域浅地层剖面上可以识别出 5 个主要声学反射面，自上而下分别为 SB，S1，MFS，TS，Rg，其中 Rg 只在近岸的部分剖面上出现。

（1）SB 反射面。SB 面为海底面，由于海水和沉积物具有较大的物性差异，因此在剖面上非常容易识别。

（2）S1 反射面。S1 反射面具有低频、强振幅的特征，在烟台－威海近海发育，其上部为中等振幅的平行或角度极小的前积反射相，下部为弱振幅的平行反射相。推测 S1 反射面为全新世高海面时期最后一次波动形成，时间约为 3 ka～2.5 ka B. P.。

（3）MFS 反射面。MFS 面为最大海泛面，时间约为 7 ka B. P.，表现为低频中等强度的反射同相轴，在全区大部都可以识别。该反射面上部为半透明状平行反射相（山东半岛北侧海域）和高角度前积反射相（半岛东侧海域）。

（4）TS 反射面。TS 面具有低频、强振幅特征，为区域性不整合面，在全区广泛分布。TS 面之上为规则的反射（如平行反射，前积反射等）；而在该界面之下则为杂乱反射，局部为典型的埋藏河道（BCF）以及强振幅平行反射。本区的钻孔资料表明，TS 面与全新世以来海相沉积的底界一致。

（5）Rg 反射面。通常具有较大的起伏和低频特征，在近岸海域部分剖面可以识别。Rg 界面之下呈无反射结构。

17.2.2.2 层序地层划分及体系域分析

根据层序地层学的概念和原理，将该区末次冰消期以来的沉积划分为一个 6 级 Ⅰ 型层序，组成层序的体系域主要有低位体系域、海侵体系域和高位体系域（表 17.2）。

表 17.2 山东半岛近海末次冰消期以来层序特征

声学界面	体系域	层序	沉积相	发育时代
SB －－－－	高位体系域	6 级 Ⅰ 型层序－Sq1	滨－浅海相，水下三角洲	3 ka～0 ka B. P.
S1 －－－－			滨－浅海相，水下三角洲	7 ka～3 ka B. P.
MFS －－－	海侵体系域		滨－浅海相	（11－9）ka～7 ka B. P.
TS －－－－	低位体系域		湖沼相，河流相，冲积相，洪积相	20～（11－9）ka B. P.

（1）低位体系域

在本区，TS 面埋深在－70～－30 m 之间，不考虑构造沉降因素，海水进入本区的时间基本上在11.5 ka~9 ka B.P.之间。结合陆地全新世沉积特征，我们认为本区近海低位体系域包括了低海面时期的河流相、冲积扇、洪积扇以及湖沼相等，其中浅地层剖面上埋藏古河道充填（BCF）和富含有机质的湖沼相（LMD）比较容易识别，而其他陆相沉积基本上都表现为弱振幅的杂乱反射。

（2）海侵体系域

海侵体系域是海水开始进入渤海后海平面快速上升阶段形成的，在本区的形成时间为11.5-9 ka~7 ka B.P.。海侵体系域主要由滨海-浅海相组成，浅地层剖面上主要表现为平行反射相，与TS面呈上超接触。总体上滨海-浅海相厚度由近岸向海方向逐渐增大。

（3）高位体系域

中国东部海平面达到最高时的时间为7 ka B.P.，此后进入微小的波动时期。在该时期，近海发育了滨-浅海相，在半岛东侧近岸高位沉积表现为向海方向倾斜的低角度前积反射，向东逐渐变薄直至缺失，继续向外则出现该区最为显著的沉积，即山东半岛外侧的所谓的“泥楔”或“水下三角洲”（Alexander et al.，1991；Liu et al.，2002，2004；Yang & Liu，2007）。该沉积体平面上呈弯月形，浅地层剖面揭示其最大厚度位于山东半岛荣成的石岛镇外侧海域，中心厚度超过40 m，并向东西两侧逐渐减薄消失，向南北两端也逐渐减薄，最南端位于南黄海中部（Yang & Liu，2007）。对于该沉积体的形成，Liu等（2004）认为是黄河物质在该区形成的两期水下三角洲（分别与下部的近端前积相和上部的远端前积相对应），远端前积相是高海面时期黄河物质有沿岸流携带在此堆积形成的；而对于下部的近端前积相则提出了黄河在渤海海峡入海的设想。然而，上述观点还有待于测年数据的支持，而且从部分剖面来看，近端和远端前积相并没有明显的分界面。对于该沉积体还有待于更深入的研究。

烟台-威海附近海域的浅地层剖面还揭示了高海面时期海平面波动形成的S1反射面，其上部的海相沉积代表了3 ka~0 ka B.P.形成的浅海相沉积，可能是沿岸流携带的以黄河为主的沉积物质在此沉积形成的。

17.2.2.3　典型浅地层剖面分析

下面将通过3条典型的剖面来了解山东半岛近海海域末次冰消期以来的层序特征。

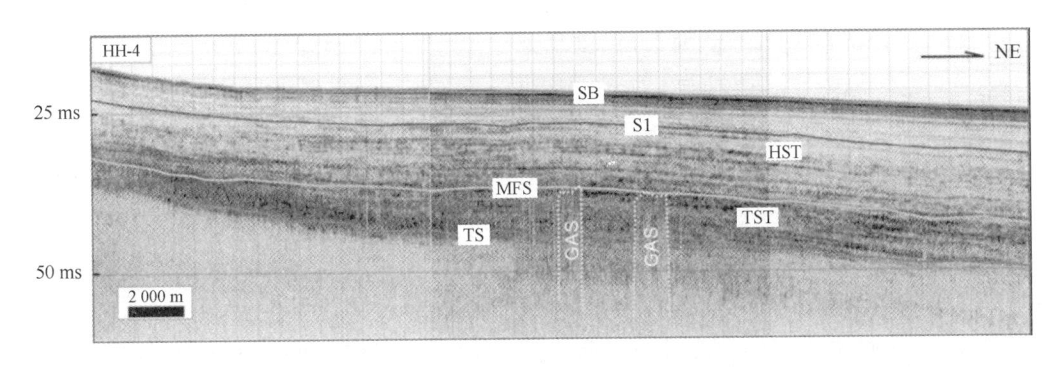

图17.5　典型浅地层剖面（HH-4）

（1）剖面HH-4（图17.5）。剖面位于烟台外侧海域，可以清晰识别出S1、MFS和TS三个主要反射面。S1面上部的现代海相表现为平行反射结构特征，厚度由近岸向外海微微增大；MFS 面和 S1 面之间的海相沉积层表现为弱振幅平行反射，厚度变化稳定；海平面快速上升时期形成的海侵层厚度由近岸的 4 m 向外增加到 8 m，与 TS 面呈上超接触。

（2）剖面 HH-5（图 17.6）。剖面位于成山头近岸，可以识别出 MFS、TS 和 Rg 3 个主要反射面。剖面中间为沿岸流冲刷形成的冲蚀沟，西侧在基岩之上有薄薄的现代沉积；东侧则为山东半岛外侧“泥楔”的一部分，MFS 面之上为高角度前积反射，快速海侵形成的沉积层表现为平行反射。

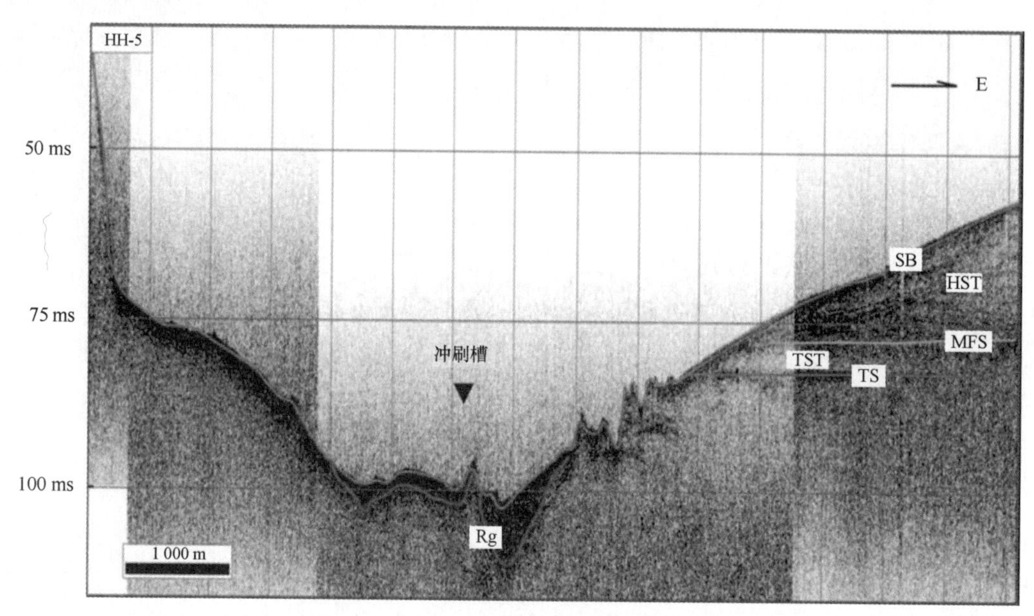

图 17.6 典型浅地层剖面（HH-5）

（3）剖面 HH-6（图 17.7）。剖面位于石岛镇外侧海域，横切山东半岛外侧泥楔，由 Yang 等（2007）采集。剖面上可以识别出 MFS 和 TS 两个主要界面，显示沉积体具有“Ω”型横剖面特征，最大厚度约 40 m，向两侧减薄；东西两侧前积层理的倾向相反，中部发育“气帘”式反射，为浅层气。高位体系域下方的海侵层由岸向海逐渐减薄，具有半透明声学反射相。CC02 孔岩心的测年结果表明（Yang & Liu，2007），MFS 面附近的 ASM^{14}C 年龄为 5.72 ka B. P.，TS 面附近的年龄为 12.9 ka B. P.。

17.2.3 江苏近岸海域

江苏近岸海流比较单一，无论夏季还是冬季表现为自北向南的沿岸流（《中国海洋地理》，1996），在研究区范围内流幅较宽，流速较小；就季节变化来说是冬强夏弱，冬季最大可达 44 cm/s，夏季一般不超过 20 cm/s。区内主要的入海河流为淮河。黄河是影响南黄海沉积的另一河流，仅在 1128—1855 年，就曾多次流入南黄海，不但使苏北海岸向外推进，也为建造南黄海陆架提供了大量的物质来源。另外，一些学者认为江苏弶港外侧的放射状潮流沙脊与长江有着密切的联系（陈报章等，1995；王颖等，1998；张家强等，1999；赵娟等，2004），而且在更新世近岸海域地层中也识别出多期次的埋藏三角洲（赵月霞，2003；陶倩倩等，2009），这表明长江亦对该区提供了大量沉积物质。

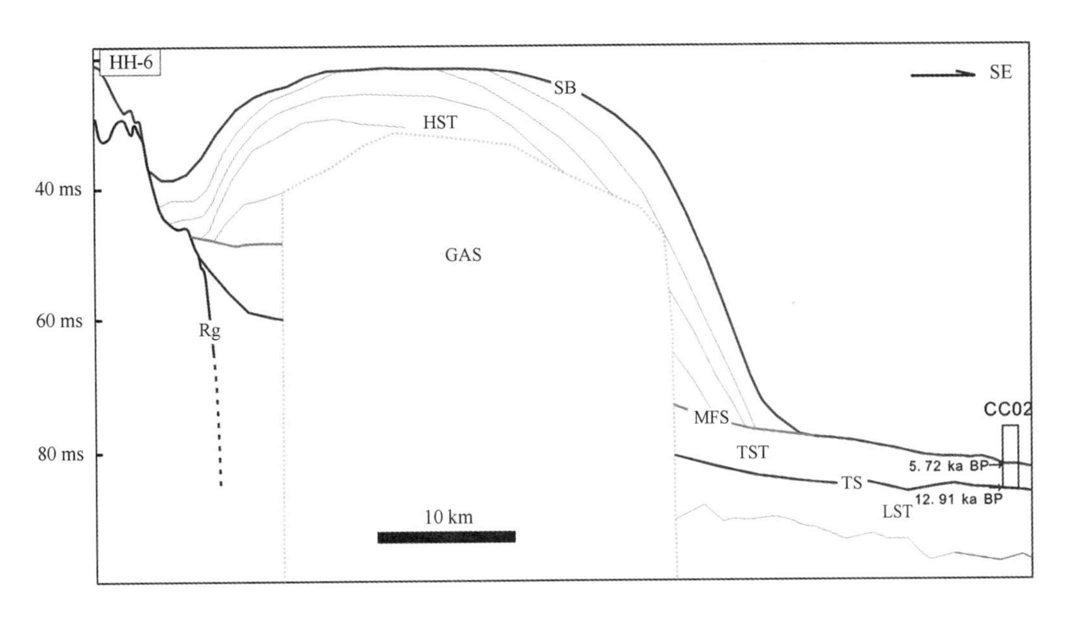

图 17.7 典型浅地层剖面（HH－6）

17.2.3.1 主要声学反射界面及其地质属性

本区域浅地层剖面上可以识别出 3 个主要声学反射面，自上而下分别为 SB、S1 和 TS，其中 SB 是海底面，TS 为全新世海相沉积底界，S1 在老黄河三角洲海域出现，为三角洲的底界。

（1）SB 反射面。该界面为海底反射界面，反射能量强，连续性好，是海底地层与海水之间的分界面，其起伏形态反映了海底地形的变化。

（2）S1 反射面。S1 反射面具有低频、强振幅特征，在老黄河三角洲区可以识别，其上部为弱振幅的小角度前积反射相，下部为强振幅－低频平行反射相。S1 反射面为黄河 1855 年之前在此形成的三角洲沉积的底界。

（3）TS 反射面。TS 面具有低频、强振幅特征，局部起伏不平，为区域性不整合面，在全区广泛分布，但在沙脊区受剖面穿透深度影响，TS 面无法识别。TS 面之上为规则的反射（如平行反射，前积反射等）；而在该界面之下则为杂乱反射，局部为典型的埋藏河道（BCF）以及强振幅平行反射。TS 面与全新世以来海相沉积的底界一致。

17.2.3.2 层序地层划分及体系域分析

该区末次冰消期以来的沉积划分为一个 6 级Ⅰ型层序，组成层序的体系域主要有低位体系域和高位体系域（表 17.3），缺失 MFS 面和海侵体系域。

表 17.3 江苏近岸海域末次冰消期以来层序特征

声学界面	体系域	层序	沉积相	发育时代
SB － － － － S1 － － － － TS － － － －	高位体系域	6 级Ⅰ型层序－Sq1	三角洲	7 ka B. P. ~0
			滨浅海相、潮流沉积	
	低位体系域		河流相、湖－沼相	20 ka ~9 ka B. P.

（1）低位体系域。在本区，TS面埋深约－40～－30 m，不考虑构造沉降因素，海水进入本区的时间基本上在11.0 ka～9 ka B. P. 之间。根据TS面之下的杂乱反射相以及局部的埋藏河道充填，结合陆地全新世沉积特征，我们认为本区低位体系域包括了低海面时期的河流相和湖沼相等。

（2）海侵体系域。本区缺失MFS面和海侵体系域。

（3）高位体系域。本区的高位体系域是在7 ka BP最大海平面之后形成的。TS面之上的地震反射相主要有平行反射相、前积反射相等，根据周边环境可解译出滨浅海、三角洲以及潮流沙脊等沉积。三角洲沉积主要是老黄河入黄海时期形成，潮流沙脊主要分布于江苏弶港外，呈放射状。高位体系域主要包括上述沉积体系。

17.2.3.3　典型浅地层剖面分析

下面将通过6条典型的剖面来了解山东半岛近海海域末次冰消期以来的层序特征。

（1）剖面HH－7（图17.8）。剖面位于海州湾海域，只能识别出海底面和TS。受潮流的冲刷，海底面起伏不平，近岸处全新世以来海相沉积的厚度约15 m，向外厚度逐渐增加，内部反射结构特征不清楚。TS面之下低位沉积的反射特征亦不清楚。

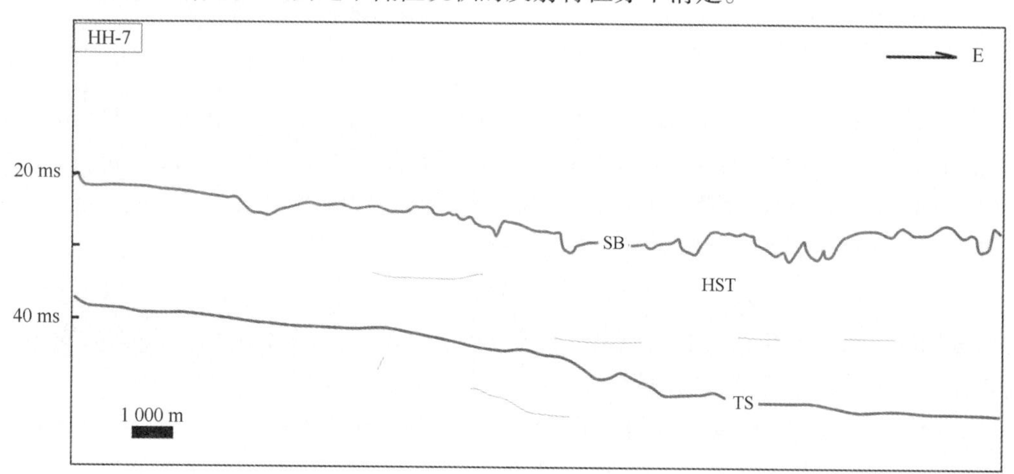

图17.8　典型浅地层剖面（HH－7）

（2）剖面HH－8（图17.9）。剖面位于连云港外侧海域，可识别出海底面和TS反射面。近岸处TS面之上海相沉积呈楔状，内部为半透明反射结构。向东TS面之上沉积表现为向海倾斜的前积反射，低频强振幅；最东段海底之下亦为低角度前积反射，但倾向向西，覆盖在倾向向东的前积反射之下。上述表明两个倾向不同的前积层形成于不同的时代。TS面之下低位沉积的反射特征亦不清楚，但局部可见埋藏河道/谷，内部为强振幅平行反射结构或杂乱反射结构。

（3）剖面HH－9（图17.10）。剖面位于废弃的黄河口外侧海域，可识别出TS和S1反射面。S1反射面之上为老黄河水下三角洲，厚度0～12 m，最前端水深约15 m，见侵蚀形成的海底冲沟。TS面之上、S1面之下发育一套平行－小角度前积反射层，厚度8～10 m，强振幅；近岸处见浅层气，呈气帘式反射特征。TS面之下的低位沉积主要表现为杂乱反射，可见多处埋藏古河道，宽度数百米不等，下切深度约8 m。

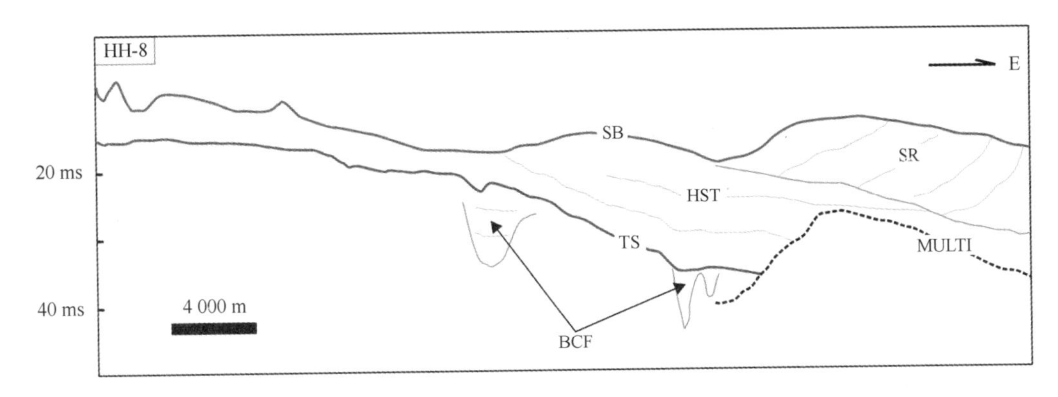

图17.9　典型浅地层剖面（HH－8）

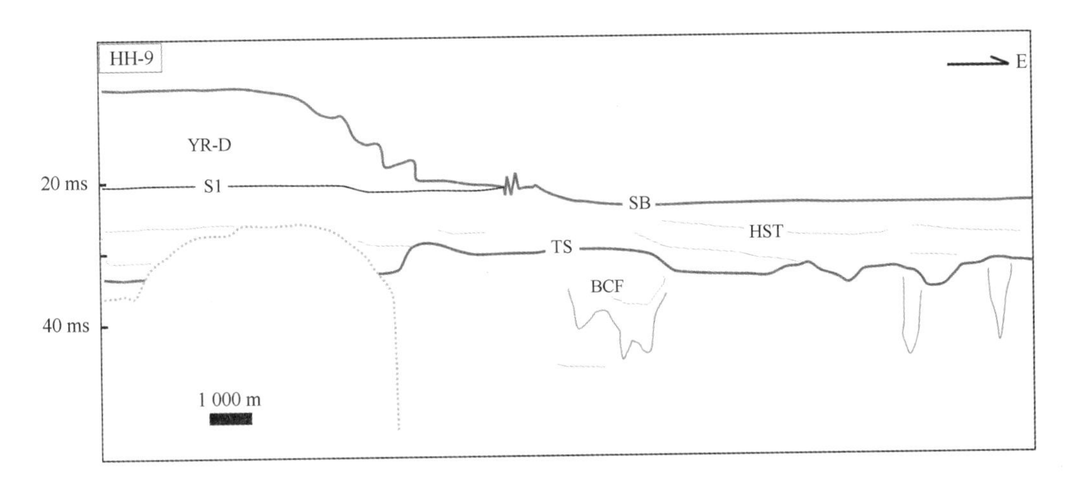

图17.10　典型浅地层剖面（HH－9）

（4）剖面HH－10（图17.11）。剖面位于废弃的黄河口外侧海域，可识别出TS和S1反射面。S1反射面之上为老黄河水下三角洲，厚度0～8 m，最前端水深约15 m。TS面之下、S1面之下发育一套平行－小角度前积反射层，厚度约10 m，强振幅；在剖面中部和东部可见浅层气，呈气帘式反射特征。TS面之下的低位沉积主要表现为杂乱反射，可见埋藏谷，内部为平行反射结构。

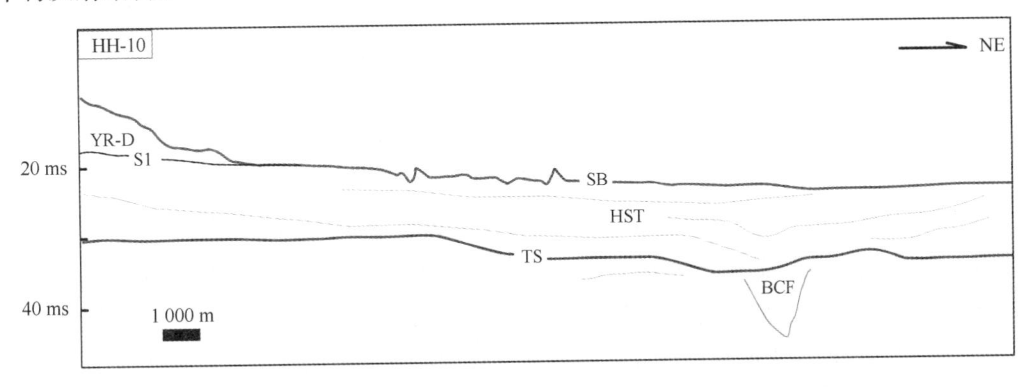

图17.11　典型浅地层剖面（HH－10）

（5）剖面 HH－11（图 17. 12）。剖面位于射阳河口外侧海域，可识别出 TS 和 S1 反射面。S1 反射面之上为射阳河水下三角洲，厚度 0～4 m，最前端水深约 15 m，可见冲刷沟。TS 面之下、S1 面之下发育一套强振幅平行反射层，厚度约 15 m。TS 面之下的低位沉积反射结构不详。

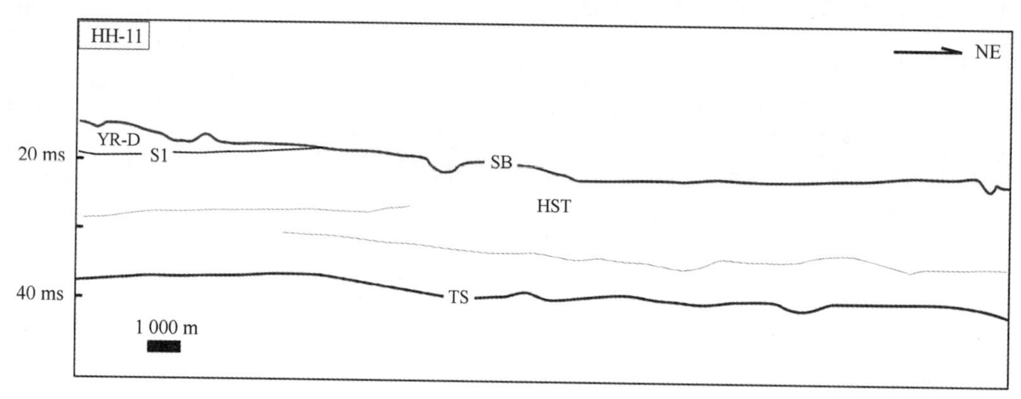

图 17. 12　典型浅地层剖面（HH－11）

（6）剖面 HH－12（图 17. 13）。剖面位于放射状潮流沙脊北部。剖面上仅可识别出海底面，其下反射结构和界面均不详。剖面显示该区沙脊与沟槽相间的地貌特征，最东侧为小阴沙，中间为瓢儿沙，最外侧为三丫子沙。

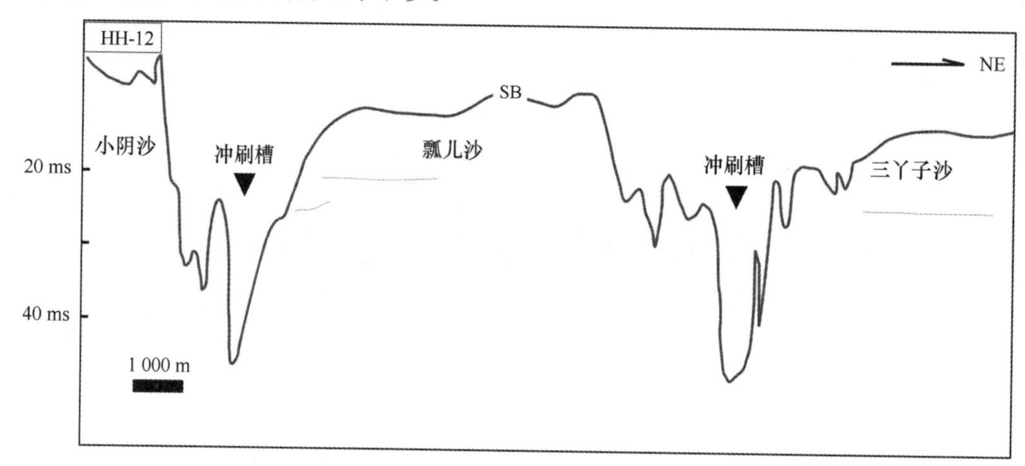

图 17. 13　典型浅地层剖面（HH－12）

17. 2. 3. 4　黄海全新世海相沉积厚度分布

如图 17. 14 所示，总体上黄海近岸全新世海相沉积厚度在 0～20 m 范围内变化；山东半岛北部近岸区厚度较大，这与全新世以来黄河带来的大量物质有关；山东半岛南侧近岸海域厚度较薄，与这里缺少沉积物质密切相关；在海州湾及以南海域，全新世海相沉积厚度总体上在 10 m 左右，等值线无明显的规律，与黄河和长江在此区域提供的大量物质有关。

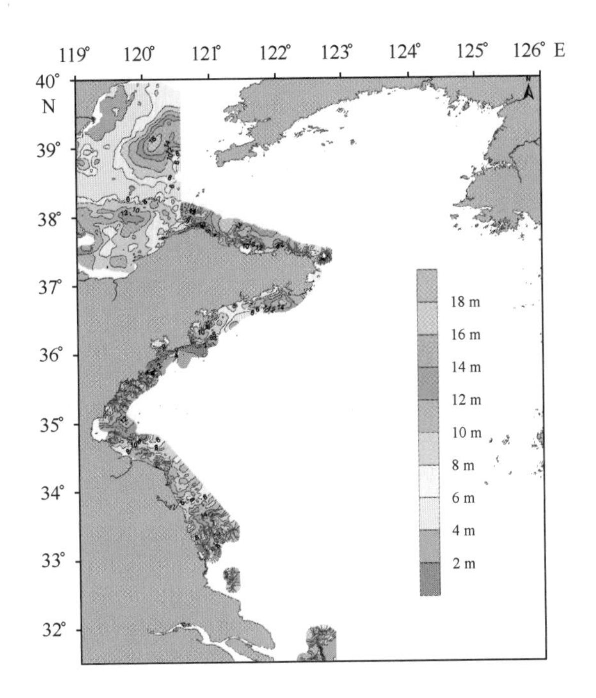

图 17.14 黄海全新世海相沉积厚度等值线图（TST + HST）

第18章 黄海全新世以来古环境演化

黄海作为冰后期海侵形成的典型陆架海，近几十年以来一直是研究全新世气候波动的热点地区，为此不同学者曾从不同的角度对黄海进行了全新世环境演化的研究，并取得了一系列认识。

18.1 南黄海中部泥质区全新世年代框架与地磁极性漂移

近几十年来随着古地磁测试技术的不断提高，布容正极性时中的短期极性事件和漂移在世界各地各种类型的沉积物和熔岩流中已陆续发现了10个以上（Langereis et al.，1997）。这些短期极性事件和漂移，作为进一步划分和对比地层，特别是晚更新世以来地层的标志日益受到广大学者的关注。但由于这些事件和漂移持续的时间较短（一般为10^3量级）（马醒华等，1994），多数地层记录不到这些短期事件和漂移，这就导致了对这些事件和漂移是否具有全球性，甚至其是否真正存在仍有较大的争议。

哥德堡事件（或漂移）作为发生在全新世初期的一次反极性漂移，最初是由Morner等（1974）于20世纪70年代初期在瑞典发现的，之后又进行了详细的研究。但是随后一些学者在对法国Haute Loire湖相沉积岩心、黑海沉积岩心以及考古材料的研究中，均未发现该事件的记录，因此，该事件的存在受到了怀疑（朱日祥等，1992；Verosub & Banerjee，1977）。

中国学者在对不同地区的沉积物的磁性地层学的研究中，也发现了可能的哥德堡事件的记录，如赵松龄等（1981）对黄、东海沿岸沉积物的研究；朱日祥等（1992）对江苏省建湖县庆丰剖面的研究；马醒华等（1994）对江苏省高淳县固城湖沉积物岩心的研究；李华梅等（1993）对南海南部海域钻孔岩心的研究；王保贵等（1996）对东南极普里兹湾柱样的研究以及葛淑兰等（2008）对东海北部外陆架的研究。这些研究所揭示的可能的哥德堡反极性漂移的开始时间从14 000 a B. P. 到9 000 a B. P. 前后不等，持续时间都在1 000 a左右。

南黄海中部泥质区（图18.1）沉积物以粒度较细（以粉砂和黏土为主）和全新世以来较高的沉积速率（据NHH01孔测年数据推算全新世以来的平均沉积速率大于45 cm/ka）以及相对稳定的沉积环境为特征，这为记录这一时期的短期极性漂移创造了有利的条件。

18.1.1 数据来源

对“908专项”在南黄海获得的钻取深度为125.7 m的钻孔NHH01（123.2174°E，35.2156°N）进行了研究，岩心长度为115.1 m，平均取心率为91%。钻孔的具体位置见图18.1。钻孔岩心粒度均较细，以黏土与粉砂为主，只在部分层位可见细－粗砂沉积（图18.2）。在此选取岩心上部5.70 m作为研究对象。NHH01两个AMS^{14}C年龄值分别位于钻孔的4.59 m和5.69 m处（表18.1），由美国伍兹霍尔海洋研究所测试。

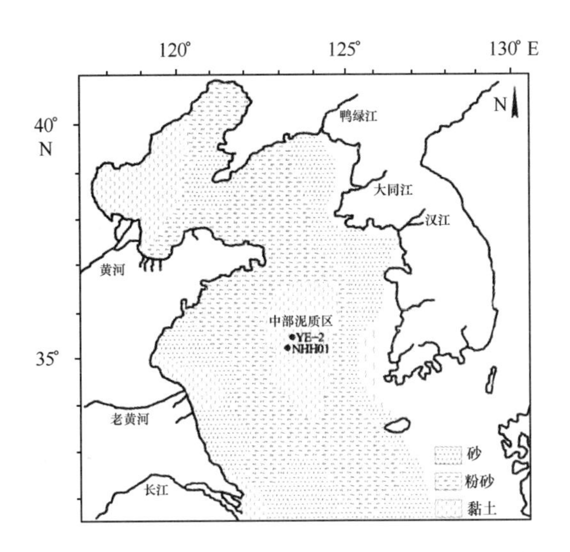

图 18.1　NHH01 和 YE－2 钻孔位置及黄海与东海表层沉积物分布

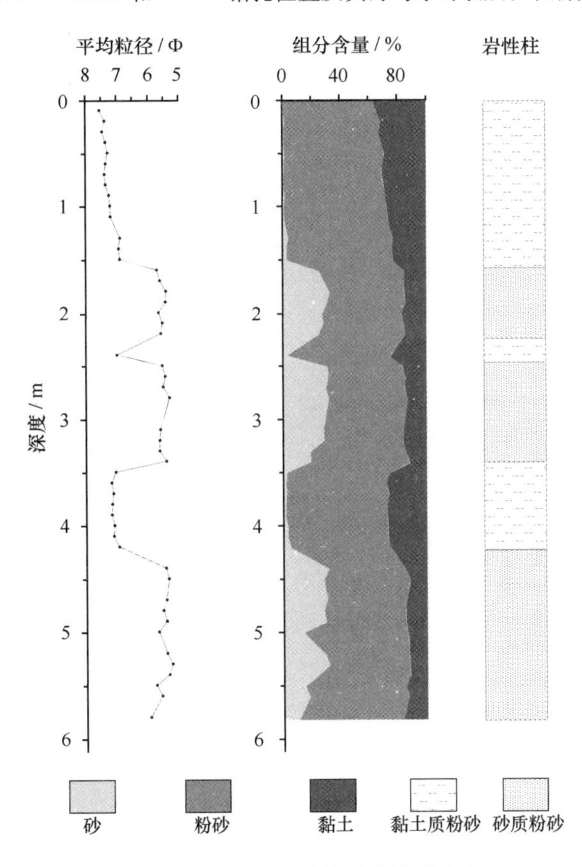

图 18.2　NHH01 孔岩性随深度的变化

表 18.1　NHH01 孔 AMS ^{14}C 测年数据

样品编号	深度/m	测年材料	AMS ^{14}C 年龄 /（a B. P.）	日历年龄 /（a B. P.）	校正误差范围 /a
NHH01－5－41	4.59	底栖有孔虫混合种	9 230＋55	10 200	10 133，10 325
NHH01－6－51	5.69	底栖有孔虫混合种	11 850＋65	13 500	13 262，13 672

用2 cm×2 cm×150 cm的“U”形槽对样品进行连续取样。采用2G760型低温超导磁力仪以2 cm为测量间隔对样品进行了系统交变退磁和剩磁测量。退磁场为0~80 mT，对于别样品最高退磁场为90 mT或100 mT，其中0~30 mT以5 mT为测量步长，30 mT以后以10 mT为测量步长。采用Kirsvink主向量分析法对实验结果进行逐个分析以得到磁倾角和倾角误差。所得结果中只有退磁曲线清晰且明显趋向原点（图18.3）并且最大角偏差（MAD）小于20°的数据才被利用（对于反向样品只有MAD<5°的数据才被利用）。样品的中值退磁场（MDF，f_{md}）均在30~50 mT之间变化，多数为30 mT，表明沉积物的主要载磁矿物为低矫顽力的磁铁矿。

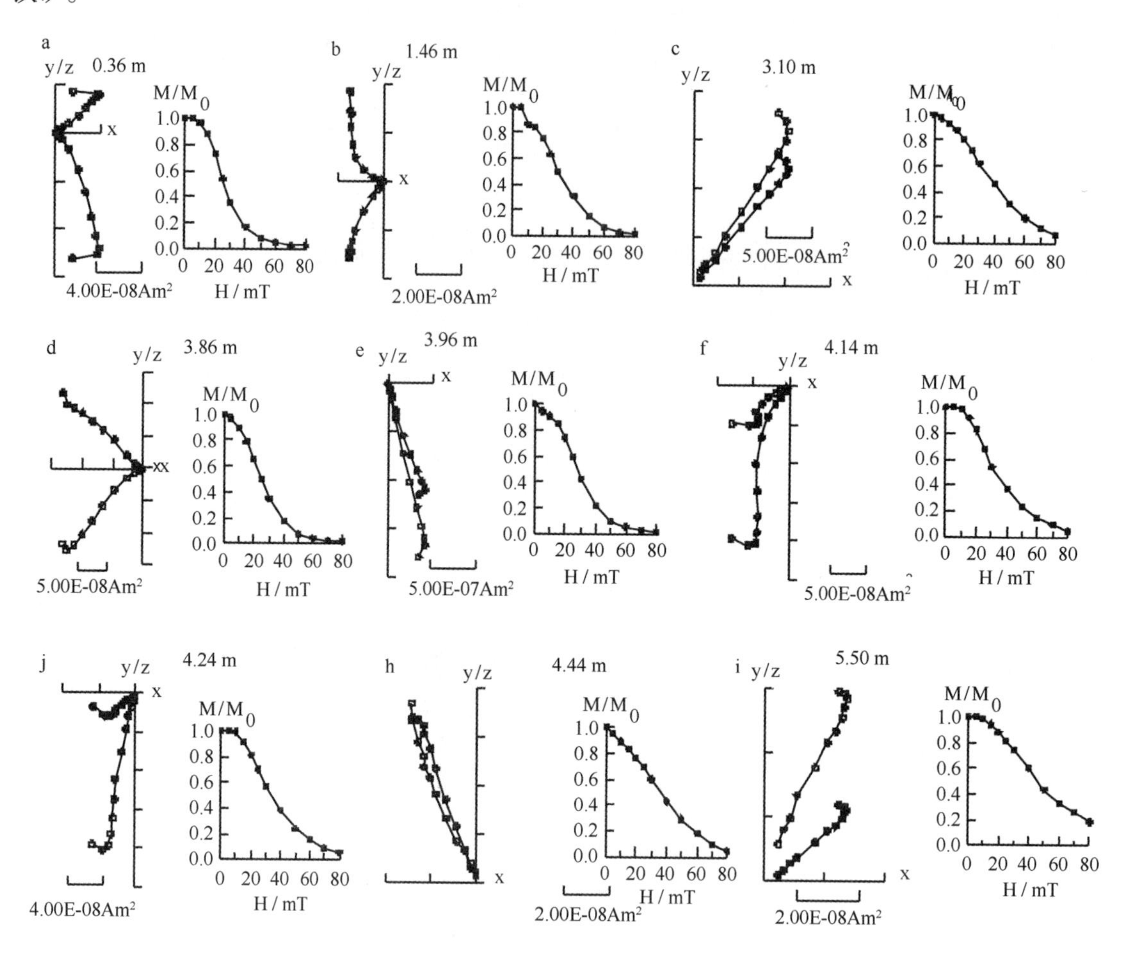

图18.3　NHH01不同深度样品对应的正交投影图（左）和剩磁衰减图（右）

（实心为水平面投影，空心为垂直面投影）

根据上述判断原则，将分析后得到的倾角绘制成图（图18.4），可以看出有两处（Ex1，Ex2）地磁倾角出现反转，其对应的深度范围分别为：1.44~1.50 m和3.84~4.26 m。

18.1.2　极性漂移的判断

对于Ex1，其对应的岩心长度只有8 cm，由于该岩心目前还未获得该层段的年龄，因此我们参考距离该孔很近的YE-2孔（王利波等，2009；Xiang et al.，2008），YE-2孔推算的该时期平均沉积速率为60 cm/ka，如果我们按照此沉积速率推算，则该漂移持续时间仅为100

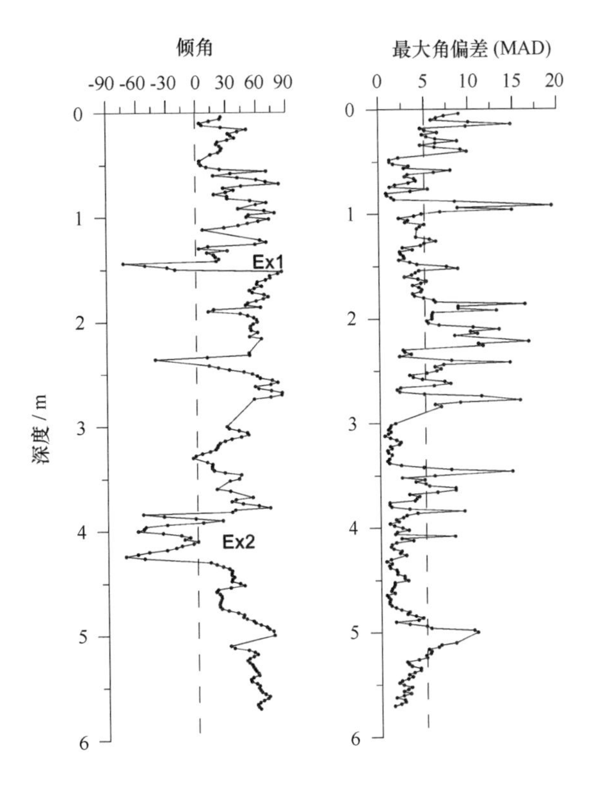

图 18.4　NHH01 孔倾角和最大角偏差随深度的变化

多年。如果按照该孔给出的年龄模式（见后）计算，则该漂移发生的时间约为 3 300 a B. P.，持续时间约为 200 a。与之相近的漂移记录也有过相关的报道（周墨清等，1990；李培英等，1999），因此其可能是斯特罗漂移在该沉积物中的记录。但结合图 18.2 可以看到，Ex1 出现的位置对应的沉积物粒度的突变位置，说明这一时期环境可能发生突变或者沉积物发生过垮塌，因此 Ex1 是否是一次真正的极性漂移的记录还需要进一步的验证。

对于 Ex2 是我们本次研究的重点。与上述倾角反向段的岩心长度相比，该反向段所对应的岩心长度达 42 cm（4. 26 ~ 3. 84 m）。结合图 18. 2 可以看出其对应的岩心粒度很细，退磁曲线清晰趋向原点［图 18. 3（d）–（j）］，而且其反向倾角与相邻的上下部正向倾角接近对趾（图 18. 4），虽然中间有个别倾角接近于零甚至为小的正向倾角，但其相对于与 Ex2 相邻的上下的倾角值变化都大于 45°，另外其对应的岩心未见明显的扰动现象（图 18. 5）。

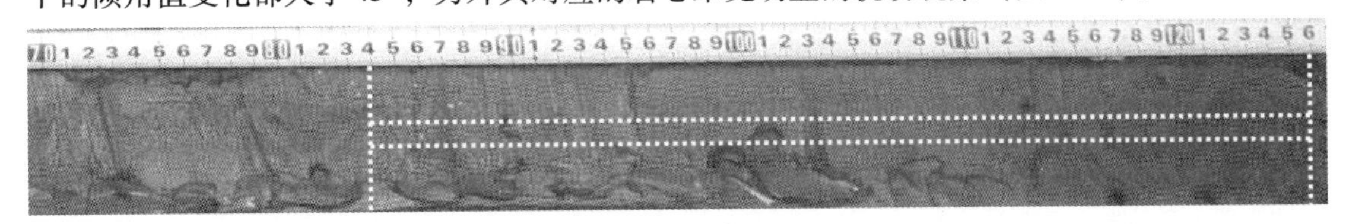

图 18. 5　Ex2 对应的岩心照片

（两竖线之间为 Ex2 出现的范围，图 18. 3 中的 3. 86 m 对应图中 86 cm，依此类推；边部黄色物质为打钻时混入的泥浆，古地磁取样为图中标出的正中间位置）

为了更进一步判断 Ex2 是否为一次真实地磁场漂移的记录还是岩心受扰动所致，我们在岩心的 3. 80 ~ 4. 30 m 等间距用 2 cm × 2 cm × 2 cm 的无磁性塑料小方盒取得 10 个样品，并利用 KLY－4s 旋转卡帕桥进行磁化率各向异性（AMS）测试。由于钻孔取心时未定向，因此我们在这里只对 K_{min}轴即最小轴进行立体投影，虽然岩心未定向，但是我们仍可以用磁化率各向异性参数线理（L）和面理（F）的关系来反映磁化率椭球体的形状，以此来判断 Ex2 对应的沉积物是否受到过扰动（图 18.6）。测试结果表明 10 个样品的 Inc－K_{min}除了 1 个小于 50°外，其余均大于 70°，平均值为 74°，同时 F－L 的值均落在下半区（图 18.6b）即沉积物磁化率椭球体呈扁平状，这就表明 Ex2 所对应的沉积物是由正常沉积作用形成的，沉积后基本未受到滑塌作用和其他后期物理扰动影响。这就进一步证明 Ex2 应该是一次真实的极性漂移的记录。

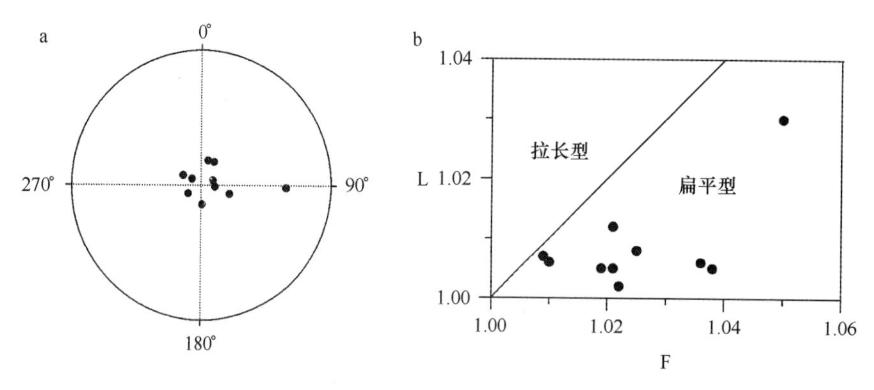

图 18.6　Ex2 对应的沉积物的磁化率各向异性

a. 磁化率椭球体最小轴 K_{min}的立体投影图；b. 磁线理（L）和磁面理（F）的关系

18.1.3　Ex2 年代的确定

对于 Ex2 漂移年代的确定是一个难点，因为目前 NHH01 的两个年龄值分别位于钻孔的 4.59 m 和 5.69 m 处（表 18.1），4.59 m 以上到目前为止还没有其他测年数据，因此对于该漂移的起止年限我们只能根据已有的年龄数据结合岩心特征以及关于该海区已有的地质资料进行合理的线性外推。

根据表 18.1 给出的日历年龄，可以得出 NHH01 钻孔在 13 500～10 200 a B. P. 之间的沉积速率为 33 cm/ka，其在 10 200 a B. P. 以来的平均沉积速率为 45 cm/ka。若根据 33 cm/ka 的沉积速率线性外推可以得到 Ex2 的年限为 9 200～8 000 a B. P.；若根据 45 cm/ka 的平均沉积速率线性外推可以得到 Ex2 的年限为 9 470～8 540 a B. P.（图 18.7）。

根据已有的资料表明南黄海在 10 000 a B. P. 以来的沉积环境为海相环境，较以前更加稳定，因此我们认为 9 470～8 540 a B. P. 可能会更加接近 Ex2 真实的年限。根据以上得出的 Ex2 的年限，我们认为其可能是哥德堡极性漂移在该沉积物中的记录。

18.1.4　哥德堡极性漂移

Morner 等（1974）认为，哥德堡极性漂移在距今 12 350 a 的 Fjaras 冷期和 Bolling 暖期交界时结束，其持续时间和漂移形态并不确定：一种认为该漂移为 1 000～2 000 a 较长时间的稳定/不稳定反极性期，另一种认为是短期的（＜100 a）磁极性倒转和随后千年尺度的不稳定期。从 NHH01 所揭示的 Ex2 的形态来看，似乎更支持后一种说法，当然这仅仅是一孔之

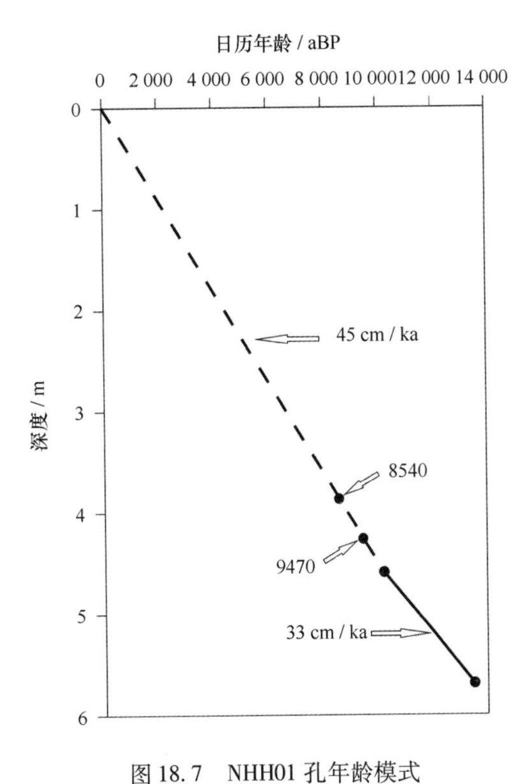

图 18.7　NHH01 孔年龄模式

（黑色圆为表1中的两个日历年龄，灰色圆为外推的年龄，对应于 Ex2 的年限）

见，并不能最终确定哥德堡极性漂移的形态。

早期的很多海洋钻孔普遍揭示在全新世开始的时候存在磁极性漂移（周墨清等，1990；秦蕴珊等，1989），但是由于早期使用的测试仪器的分辨率较低，加之传统的^{14}C 测年技术的误差较大，不仅难以判断该漂移本身是否真实，而且其年限之间也存在较大差异。关于哥德堡极性漂移，近几十年以来国内不同学者在不同的地区都曾有过报道，如赵松龄等（1981）在20世纪80年代初对黄、东海沉积岩心的古地磁研究时曾在浙江以东东海区 Dc1 孔中发现起始年龄大于（11 510 ± 570）a B. P. 的一次漂移，在江苏盐城孔及连云港孔也有类似的发现（表 18.2）；张宗祜（1983）在对黄土高原中几个剖面的地层研究时，曾于山西平凉剖面发现了一次短期漂移，推断其年限为 10 000 ~ 8 000 a B. P.，认为其为哥德堡漂移的记录；陈俊仁（1988）在对雷州半岛田洋火山湖盆地磁性地层学研究时，曾在钻孔岩心中发现了 8 个负极性带，并根据^{14}C 测年推断第二负极性带的年龄为 13 000 ~ 12 000 a B. P.，认为其相当于哥德堡事件；朱日祥等（1993）在90年代初对北京房山坟庄剖面的古地磁研究时，也曾发现了两次可能的漂移，根据当时的泥炭/淤泥的^{14}C 测年推断其年龄分别为 5 050 ~ 4 780 a B. P. 和 14 000 ~ 13 700 a B. P.，认为后者记录了哥德堡漂移（表 18.2）。

表 18.2　哥德堡极性漂移在不同地点的部分记录

地点/样品	年龄/a B. P.	测年材料/方法	资料来源
浙江以东东海区 DC1 孔	>11 510 +570	^{14}C	赵松龄等，1981
江苏盐城孔	>10 800 +140	^{14}C	
江苏连云港孔	?	?	

续表

地点/样品	年龄/a B. P.	测年材料/方法	资料来源
山西平凉剖面	10 000 – 8 000	?	张宗祜，1983
雷州半岛田洋孔	13 000 – 12 000	^{14}C	陈俊仁，1988
江苏建湖庆丰剖面	11 060 – 10 760	泥炭质淤泥及黏土/ ^{14}C	朱日祥等，1992
北京房山坟庄剖面	14 000 – 13 700	泥炭及淤泥/ ^{14}C	朱日祥等，1993
江苏固城湖岩心	10 307 – 9 727	^{14}C	马醒华等，1994
东南极普里兹湾柱样	9 980 – 8 880	^{14}C	王保贵等，1996
冲绳海槽岩心	12 911 – 11 953	浮游有孔虫壳体/ AMS ^{14}C	李培英等，1999
东海北部外陆架	12 681 – 10 206	底栖有孔虫混合种/ AMS ^{14}C	葛淑兰等，2008

从表 18.2 中可以看出，不同地点所得到的年龄相差较大，我们认为这一方面可能是由于采用不同材料进行测年的误差所导致的，另外也可能是由于取样时样品的扰动程度不同，还有可能是不同地区记录地磁场的局部差异性。总体来看，这些漂移发生的时间都在 12 000 a B. P. 左右波动，持续的时间都在 1 000 a 左右，这和 NHH01 所记录的漂移持续时间相吻合。

为什么在多数钻孔中缺失的极性漂移能够在钻孔中得到记录？研究表明，NHH01 孔位于黄海深海槽，水深大于 70 m。末次盛冰期结束以后，迅速被海水淹没，稳定地接受大量粉砂和黏土等细粒沉积，沉积速率大（孟广兰等，1998；秦蕴珊等，1989）。同时沉积层序和沉积组构未遭受后续的破坏（AMS ^{14}C 测年结果未颠倒以及较好的磁组构分析结果），所以记录了这一持续时间较短的磁极性漂移。因此较高的沉积速率和相对稳定的沉积环境是记录短期极性漂移的必要条件。

18.2 南黄海大西洋期以来的孢粉组合及其古环境意义

南黄海处于暖温带与亚热带的过渡地带上，冬季盛行偏北风，夏季盛行偏南风，春、秋为过渡季节，具有明显的季风气候特点。南黄海特殊的地理位置，导致其沿岸生长的植被既有北方类型，亦有南方成分。据其地理分布大致可分为 5 个植被区（吴征镒，1980）。包括：①苏北沿海盐生草甸植被区：组成有藜科的盐蒿、碱蓬等，虽然面积不大，但因距离本区甚近，与研究区沉积的孢粉关系密切；②江淮丘陵落叶栎类、苦槠、马尾松林植被区：典型植被以壳斗科的落叶树种为主，并含少量常绿阔叶树的混交林，植被组成成分明显反映亚热带与暖温带过渡性特征；③浙皖山区青冈栎、苦槠林植被区：属于中亚热带气候，地带性植被为常绿阔叶林，有时伴有喜温的落叶树种枫香；④胶东、苏北丘陵赤松、麻栎林植被区：为暖温带落叶阔叶林，主要有赤松、麻栎及榆、枫杨等；⑤平原地区栽培植物、水生植物区：主要栽培作物有水稻、小麦以及油菜等。在河湖边缘水生植被繁盛，主要有眼子菜、香蒲、莲、慈菇等。由于植物花粉个体小、质量轻、产量大等特点，它易于通过风扬起而传播，被水流携带搬运，被昆虫采集带走（王开发和王宪曾，1983）。上述各种植物的花粉均有可能以不同途径与不同数量传播至本区域。

18.2.1　数据来源

CJ08－185柱样位于南黄海南部（122°21.8′E，33°4.695′N），水深27 m（图18.8），柱长158 cm。岩性特征如下：0～42 cm为黏土质粉砂；44～87 cm之间沉积物逐渐由黏土质粉砂、粉砂过渡到砂质粉砂；87 cm以下为粉砂质砂。分样时采用2 cm取样间距，然后以6 cm间隔取样分析，共取得孢粉样品27个。为获得该柱样的年龄，挑选2个层位的无破损、无污染、新鲜的卷卷虫混合种壳体送往北京大学考古文博学院加速器质谱实验室做AMS^{14}C测年，然后经过Calib5.0.1程序将常规年龄校正为日历年龄（表18.3）。

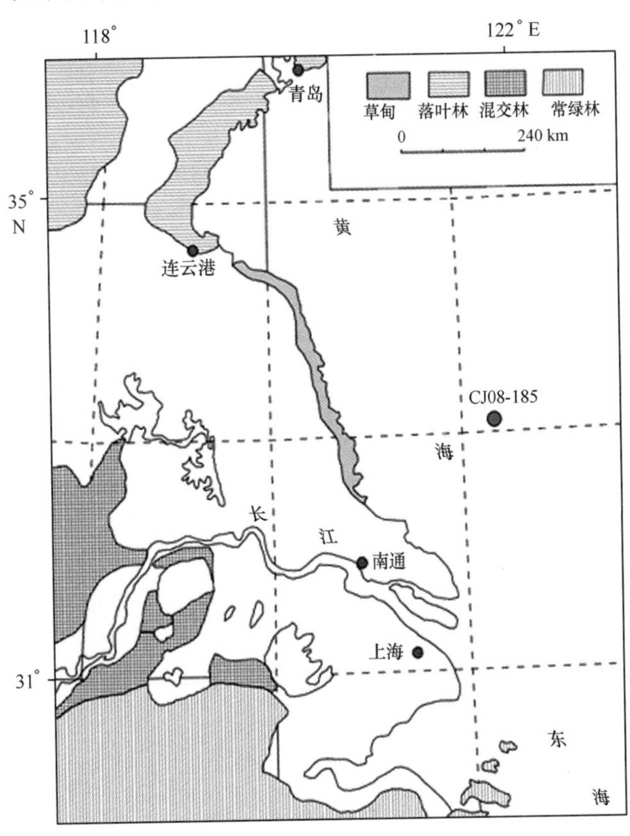

图18.8　研究区沿岸植被及CJ08－185钻孔位置

表18.3　CJ08－185柱样测年数据

样品编号	深度/cm	测年材料	常规年龄/a	误差	日历年龄/（a B.P.）
185－21	42	卷卷虫混合种	2 565	+30	2 453
185－59	118	卷卷虫混合种	5 810	+45	6 498

18.2.2　孢粉组合特征

根据所见孢粉成分变化特征，并结合AMS^{14}C测年数据，本柱样从下至上可划分出3个孢粉组合带（图18.9）。

1带（158～92 cm）：以*Quercus*（evergreen）-*Quercus*（deciduous）-*Pinus*-*Artemisia*－*Polyp*-

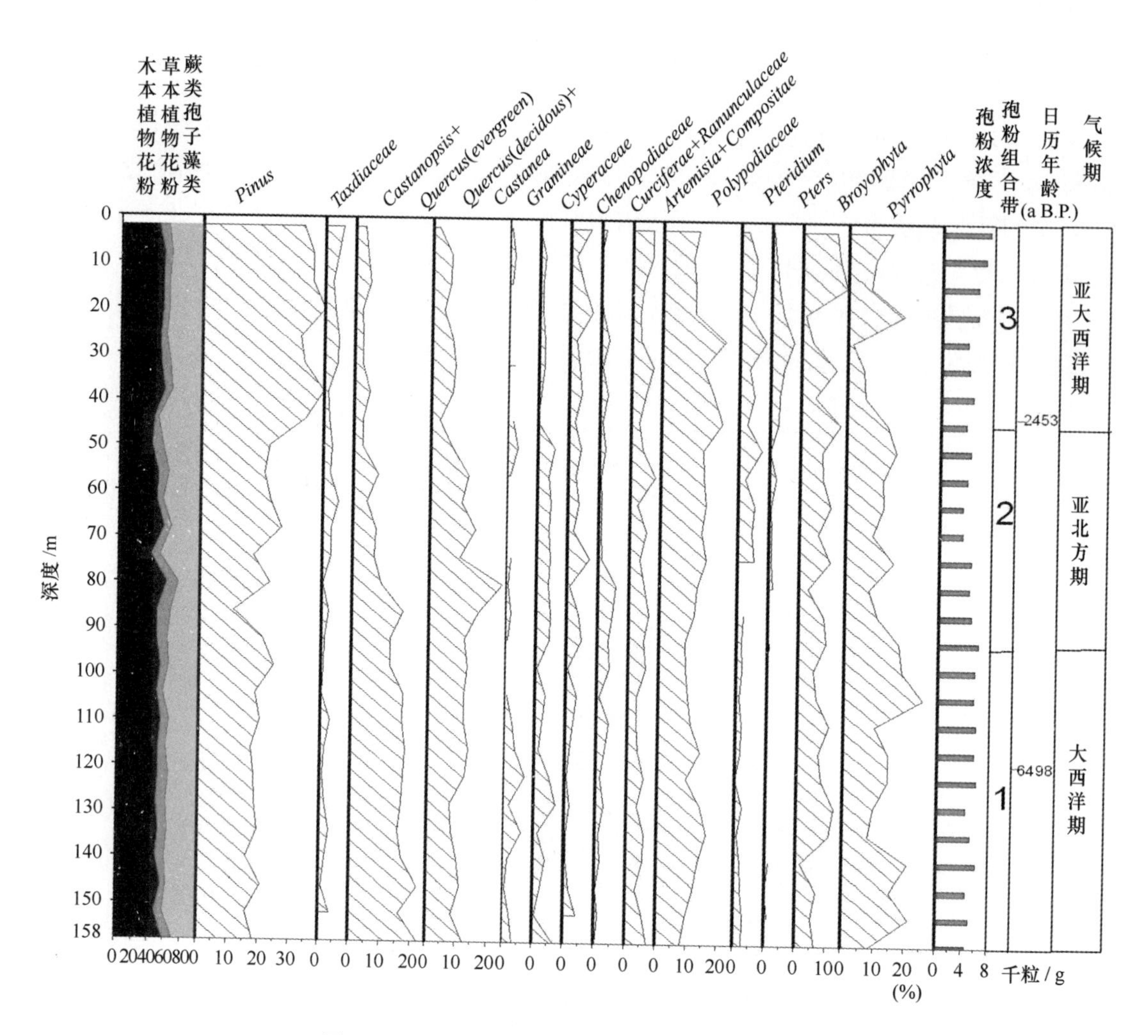

图 18.9　CJ08 - 185 柱样孢粉组合带及地层划分

odiaceae-Pyrrophyta 为主孢粉带。

本带木本植物花粉数量占首位，为总数的 48% ~ 58.4%，蕨类孢子其次，为 28.4% ~ 42.9%，草本植物花粉较少，为 6.5% ~ 13.9%。木本植物花粉中，数量较多的是常绿栎类、落叶栎类、松属，还见一些杉科、栗属、榆属、朴属、枫杨属、枫香属、木犀属等花粉；草本植物花粉总量较少，其中数量稍多的有蒿属、禾本科等，另见少量莎草科、十字花科、藜科、香蒲属花粉；蕨类孢子中，数量最多的是水龙骨科，还有相当数量的苔藓孢子，并见少量蕨属、凤尾蕨属、紫萁属、里白属、槐叶萍属孢子。藻类中甲藻数量较多，偶见环纹藻、双星藻。在 118 cm 处 AMS^{14}C 测年为 6 498 a BP。

2 带（92 ~ 44 cm）：以 *Quercus*（deciduous）-*Pinus-Quercus*（evergreen）-*Artemisia-Polypodiaceae-Pyrrophyta* 为主孢粉带。

本组合中还是木本植物花粉数量居多，为总数的 40.1% ~ 59.6%，蕨类孢子其次，为 34.5% ~ 48.2%，草本植物花粉为 8.3% ~ 17.5%。木本植物花粉中数量较多的是落叶栎类、松属、常绿栎类、还见一些杉科、栗属、榆属、桤木属、朴属、枫香属、木犀属、木兰属花粉，偶见大戟属、胡颓子属花粉；草本植物花粉中数量稍多的有蒿属、藜科、莎草科，还见少量香蒲属、十字花科、毛茛科花粉；蕨类孢子中，水龙骨科数量最多，还见相当数量的蕨属、凤尾蕨属、苔藓孢子，并见少量紫萁属、里白属、槐叶萍属等孢子。藻类中刺甲藻、多刺甲藻有一定数量，偶见环纹藻、双星藻。

3带（44～1 cm）：以 *Pinus-Quercus*（deciduous）-*Quercus*（evergreen）-*Atemisia-Chenopodiaceae-Polypodiaceae-Broyophyta* 为主孢粉带。

本组合中木本植物花粉和蕨类孢子藻类数量相近，分别为39.8%～54.4%和35.4%～52%，草本植物花粉数量较少，为6.0%～13.6%。木本植物花粉中，数量最多的是松属，其次是落叶栎类、常绿栎类、还有一定量的杉科花粉，并见少量铁杉属、枫属、木兰属、木犀属花粉，偶见柳属、榆属、桤木属、鹅耳枥属、枫杨属、椒属等花粉；草本植物花粉中，数量稍多的是蒿属、藜科，还见一些禾本科、香蒲属、十字花科、百合科、菊科等花粉；蕨类孢子中，水龙骨科数量较多，还见相当数量的蕨属、凤尾蕨属、苔藓孢子，另有少量槐叶萍属、紫萁属、石松属、海金砂属等孢子，藻类中见有一定数量甲藻，偶见环纹藻、双星藻。在42 cm处AMS^{14}C测年为2 453 a B. P.。

18.2.3 孢粉组合反映的古植被和古气候演化

一定的孢粉组合有其相应的植物群（王开发和徐馨，1988），植物群的变化可以反映古气候环境的演变。要研究南黄海陆缘区域性植被与古气候变化，则应选择一个能稳定接收区域性花粉沉积的地区。CJ08－185柱样位于浅海区，结合本柱样的AMS^{14}C测年资料和布列特－色尔南德尔气候地层分期可知，该柱样为全新世大西洋期以来的沉积。此时陆架浅海已形成（孟广兰等，1998），黄河（约8 500 a）已向北注入渤海（薛春汀等，2004），虽在1128－1855年间从苏北短暂入海，但总体来说，其沉积环境较为稳定，为区域性花粉沉积提供了理想的场所。前人曾对南黄海近岸浅海区表层沉积物和陆架钻孔进行了一系列的孢粉学研究，认为黄海浅海陆架区的孢粉组合基本能够反映其沿岸植被的情况（李旭和衡平，1990）。相应地，取自于南黄海浅海陆架区的CJ08－185柱样，可以作为研究南黄海陆架区古环境演化的良好材料；其中沉积的孢粉记录，是重建其陆缘区的古植被面貌主要手段。根据以上所划分的3个孢粉组合带，可以恢复南黄海陆缘地区3个古植被和古环境演替阶段。

第1阶段（8449～4919 a B. P.）：以常绿栎类、落叶栎类、松为主的常绿阔叶、落叶阔叶、针叶混交林

该组合中出现常绿阔叶的青冈栎、栲、冬青、杨梅、木犀等花粉，麻栎、槲栎、榆、椴、栗、朴、枫杨、枫香等落叶树花粉；还有有常绿的松花粉。反映当时陆缘植被中主要建群种有青冈栎、麻栎、槲栎、榆，栗、松，并杂有枫香、枫杨、杨梅、栲、椴、冬青、铁杉等，林下生长有百合科，并且还出现水龙骨、凤尾蕨等蕨类植物，在阴暗潮湿的地方生长着苔藓。林中出现少量亚热带成分，如青冈栎、栲、枫香等，查阅现代植被资料（吴征镒，1980），当时南黄海南部陆缘生长着类似于目前苏南一带的植被。根据图18.9孢粉浓度曲线推测分析，此时森林茂密，花粉产量高，并且这一时期属于全新世的大西洋期，其温暖湿润的气候非常适宜植被的生长。在海滨地带，还生长着以蒿、藜为主的喜盐草本植被带。此外，该时期还位于全新世最高海平面阶段，海生藻类勃发，譬如海生的甲藻类。

第2阶段（4919～2552 a B. P.）：以阔叶树为主的针、阔叶混交林－草原

与前一阶段相比，常绿阔叶树花粉大为减少；落叶阔叶树花粉在这一阶段早期出现增加，

达到峰值后，含量逐渐减少；松属花粉持续增加，并在末期成为最主要成分。草本花粉和孢子各有增加，植被发展进入新的阶段。此时陆缘植被中的常绿阔叶树逐渐退出本区而南移，在本阶段末期仅在阳坡低谷处尚有少量残存，针叶树的松成为乔木层中的最主要成分，落叶阔叶栎类迅速成为森林的主要建群种。林间尚杂生榆、椴、栗、木犀、桦以及枫杨等，林下的草本植物又出现水龙骨科、蕨属、百合科等，苔藓依然在阴暗潮湿的地方生长着。该阶段属于亚北方期，气候温暖略干。海平面开始回落，海滨平原扩大，以蒿、藜科为主的海滨草本植被有所发展。由于气候转干，造成这一阶段植被覆盖面较前一阶段有所减少。

第3阶段（2552～53 a B. P.）：含常绿阔叶树的针、阔叶混交林－草原

该组合中明显的特征是松属花粉明显增多，水龙骨科、蕨属以及凤尾蕨属孢子在这一时期也达到最大值。造成这一现象主要系人类活动影响较大所致。由于人类开荒面积不断的扩大，较高海拔阔叶林植被遭受破坏，形成以生命力强的次生松为主的植被（李珍等，2001）。同时由于阔叶植被被破坏后，有利于蕨类孢子的传播，这也是孢子含量增加的主要原因（李旭和衡平，1990）。沿着海岸线的狭长地带，仍生长着以蒿、藜、莎草科为主植被。本阶段进入亚大西洋期，气候温和湿润。

第 4 篇　东海陆架沉积

第19章　东海概况

19.1　地理位置与海底地形

东海是由中国大陆、中国台湾岛、朝鲜半岛、日本九州和琉球群岛所围绕的一个边缘海，由于位于中国大陆之东，故称为东海。在中国古代曾将其称为东大洋，后来统一改称东海。东海西北接黄海；东北以朝鲜济州岛东段至日本九州长崎半岛的野姆崎角一线与朝鲜海峡相连；东靠日本九州、琉球群岛及我国台湾省；西接上海市和浙江、福建两省（从长江口北岸到广东的南澳岛一带）；南以福建省与广东省交界处的南澳岛和台湾省南端的鹅銮鼻的东线为界。东北至西南长约1 300 km，东西宽约740 km，总面积752 000 km^2。平均水深370 m，最大水深2 322 m（图19.1），总体积约为398 200 km^3。东海与太平洋及邻近海域间有许多海峡相通，南面以台湾海峡与南海连接；东部以琉球诸水道与太平洋沟通；东北方向经朝鲜海峡与日本海相通（秦蕴珊等，1987）。

东海的西北部由于受长江—黄河古三角洲沉积体系的影响，使整个海底地形显示为西北水深较浅，向东部和东南部逐渐加深，大约在水深150 m附近，坡度突然加大而进入冲绳海槽，迅速转变为半深海沉积环境（图19.1）。根据东海形态特征，自岸向海划分为内陆架区（水深60 m以内）、外陆架区（水深60～200 m）和冲绳海槽（水深大于200 m）。

在东海内陆架区，长江三角洲的发育和形成是最重要的地质事件。长江每年向东海输送高达5×10^8 t的泥沙，大部分构成现代长江三角洲。从长江口向东到水深5～10 m以内为水下三角洲前缘沉积，主要以粉砂、砂质粉砂、粉砂质砂沉积为主，三角洲前缘向外到40～50 m等深线之间为以泥质沉积为主的前三角洲沉积。部分长江细颗粒物质则为冬季沿岸流所携带，顺闽浙沿岸向南输送，并通过台湾海峡，其末端可到达南海海域。

水深60～200 m之间的外陆架区，因陆源物质供应贫乏，大部分地区仍保留着晚更新世末期留下来的形态特征和沉积特征。

东海东部冲绳海槽深水区，沿陆架外缘呈NE—SW向延伸，从陆架外缘水深200 m处向东南倾至槽底。海槽是向东突出的弯月形，槽底东北高，西南低，并由东北面向西南缓倾斜，北部水深在500～1 000 m之间，中部水深在1 000～1 800 m之间，南部水深在1 000～2 300 m之间。

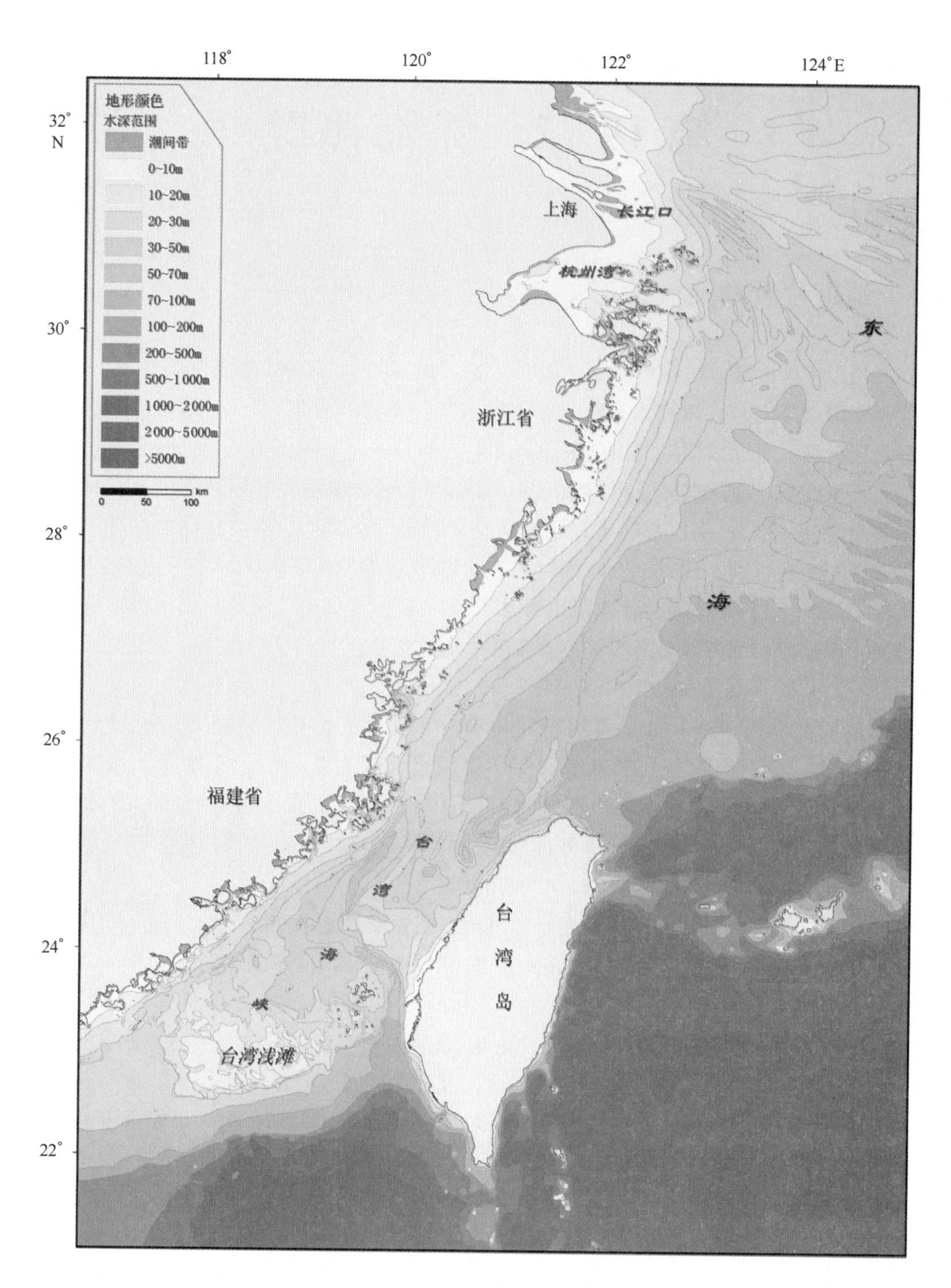

图 19.1　东海位置与地形和地貌

资料来源：我国近海海底地形地貌调查研究报告．蔡峰，等．2011

19.2　流系格局

流系格局对于海洋沉积物的搬运和沉积起着十分重要的作用，它控制着沉积物的空间分布及其沉积模式。东海流系大致以台湾岛北端和济州岛的连线为界，分为东西两部分，东侧为黑潮主干及其分支，西侧为台湾暖流和沿岸流（图 19.2）。黑潮终年往北，是东海的最强流，台湾暖流是次强流，大致沿闽浙海岸由南往北，是影响和控制整个东海环流的两大主要流系。在黑潮和台湾暖流之间为流速较弱、流向偏东北的弱流区，夏、冬季都是如此，在此区以北，黄海低盐水向东南扩展，在济州岛西南形成一个气旋式/半气旋式小环流。除了东海沿岸流流向有显著的季节性变化外，东海主要流型夏、冬两半年颇为相似，大部分区域的海流呈以东北为主要流向的带状分布。

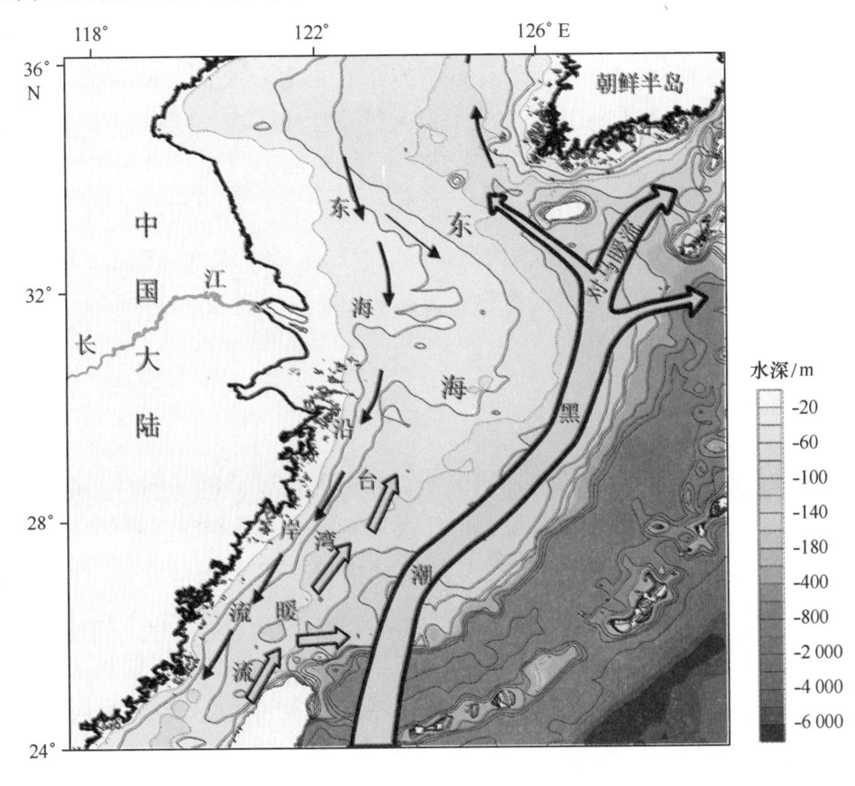

图 19.2　东海主要流系分布（流系参考苏纪兰，2001）

黑潮是一支高温、高盐的流系，因而也称“黑潮暖流”，夏季表层最高水温达 30 ℃，次表层的最高盐度达 35，黑潮的厚度约为 800 ~ 1 000 m。黑潮为北太平洋副热带环流中的重要流系，整个东海及其相邻海域的水文状况都受到黑潮及其变异的控制，它甚至对这一海区的气候变迁也有重要影响。黑潮流经东海几乎占据了纬度 10°（20°—30° N）和经度 10°（120°—130°E）。在东海中部黑潮表层最大流速为 45 ~ 150 cm/s，平均为 97 cm/s。在夏季，黑潮从苏澳—与那国岛断面进入东海后，一般西侧流速为 80 cm/s，东侧达 45 cm/s。估计黑潮在整个流程中的最大流速变化在 100 ~ 250 cm/s 之间。

台湾暖流是闽浙近海海流的主干，它是形成闽浙沿岸上升流的主要动力因子（胡敦欣，

1980)。台湾暖流除冬季其表层可能受偏北风的影响而流向偏南外，其余各层流向变化不大，流向几乎终年一致地沿等深线流向东北，近底层更为明显。夏季在西南风的作用下，海水离岸输送，闽浙沿岸上升流得到加强。夏季台湾暖流表层水的前缘可达31°N，但赵保仁(1982)指出，台湾暖流前缘混合水可以从底层穿过长江冲淡水到达32°N以北的苏北沿岸。方国洪和朱耀华(1994)认为海底地形对台湾暖流有诱导作用，使之沿等深线运动并在长江口发生弯曲，其流向与等深线趋向一致，等深线密集处往往流速较大，β效应使之流速增强，流幅变窄。台湾暖流的流速一般为15～20 cm/s，当到达长江冲淡水远岸段时，逐渐减弱为10～20 cm/s。

闽浙沿岸流来自江苏、浙江、福建的沿岸水，这些水大部分是起源于长江和钱塘江等河流的淡水，是中国东南沿海的主要水体。这个水体的特点是盐度特别低，水温年变幅大，水色混浊，与黑潮形成明显的边界。在边界处，一般沿岸低盐水浮于上部，外海高盐水从底层切入。闽浙沿岸流路径的一个重要特点是随季节而变，而黄海沿岸流则是终年向南。夏季，东南季风盛行时，浙江沿岸水、长江及钱塘江淡水汇合一起形成长江冲淡水，从长江口直指东北方向，冲淡水舌轴与流轴相一致，冲淡水带有射流性质。在长江口一带，平均流速为25 cm/s，最大流速可达100 cm/s，在舟山一带，流速为19 cm/s。冬季，偏北季风盛行，长江径流量减小，长江冲淡水作为东海沿岸流的一部分向南运移，沿岸流幅变窄至30 n mile，流速减弱至10～15 cm/s。春季为转变期，长江口外已有少量沿岸水流向东北，但长江口以南的沿岸水仍流向南方，但流幅略加宽，流速也明显减弱，平均流速仅为9 cm/s。

19.3 构造特征

东海处于西太平洋边缘海构造活动带的中部，北部通过朝鲜海峡与日本海相连，南部以台湾海峡与南海相接，东南毗邻菲律宾海，是环太平洋构造活动带的重要部分。

东海总体处于李四光提出的东亚第二沉降带之内，其主要构造是沿NE方向分布的3个隆起和3个沉陷带(图19.3)。该区的西侧是浙闽隆起带，南部起于福建，向北东延伸到朝鲜半岛；其东侧邻接东海陆架沉陷带，也就是东海陆架盆地，它是该海区中的主要储油区，并占据了东海陆架的大部分。东海的第二条隆起带是位于陆架东缘的钓鱼岛隆褶带，再往东是该区的第二沉降带，最东侧的隆起是琉球岛弧区，最外侧的凹陷是琉球海沟沉降带。在所有这些隆起和沉降带中，构造走向均以NE向为主。在钓鱼岛隆褶带以东，这些NE向的构造被一些NW向的断裂切穿，形成了从东海陆架到琉球海沟东西分带、南北分块的地质格局。

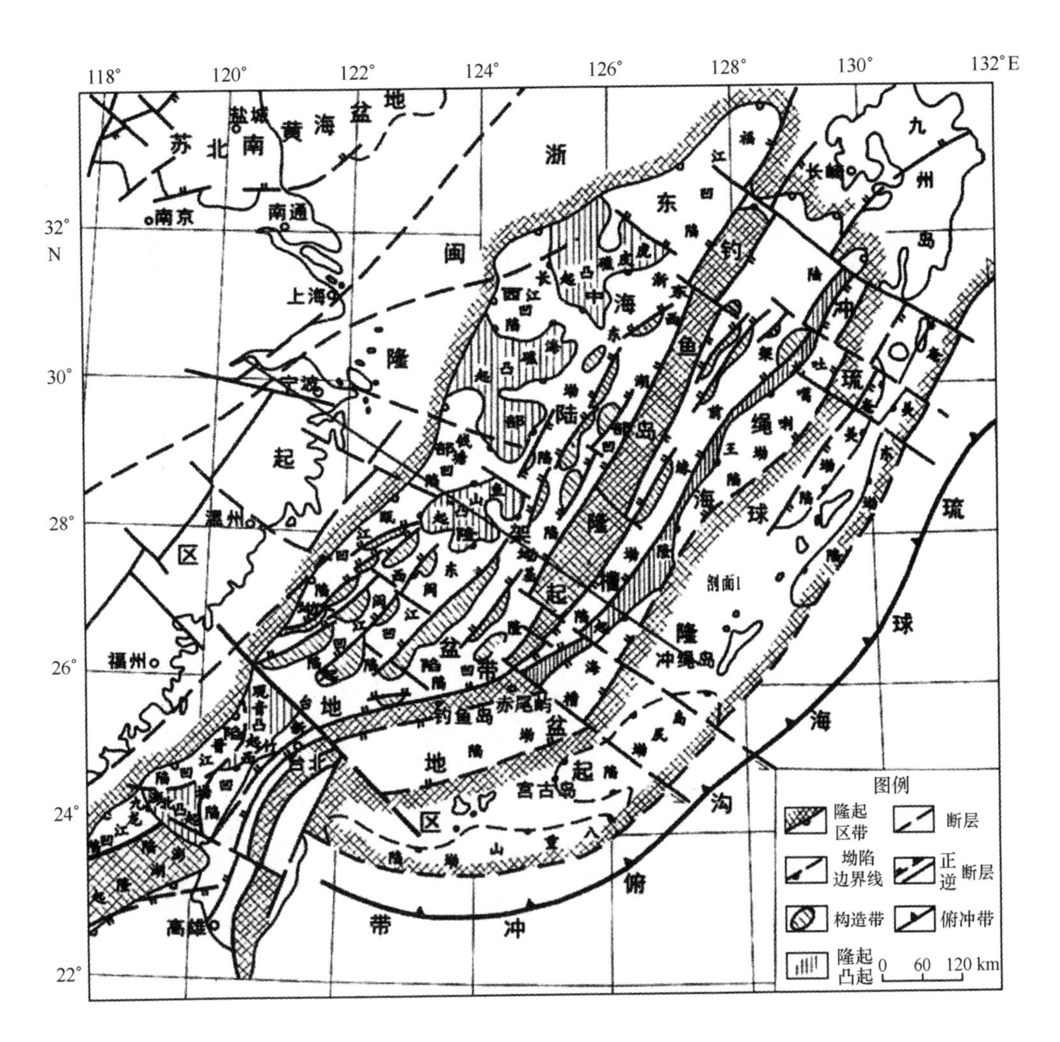

图 19.3 东海构造分区略图

资料来源：杨文达等，2010

第 20 章　东海陆架沉积物分布

20.1　数据来源

自 20 世纪 90 年代初开始，我国开展的各类海洋专项调查课题在东海陆架和冲绳海槽累计获得了 8025 个表层沉积物样品，其站位如图 20.1 所示。

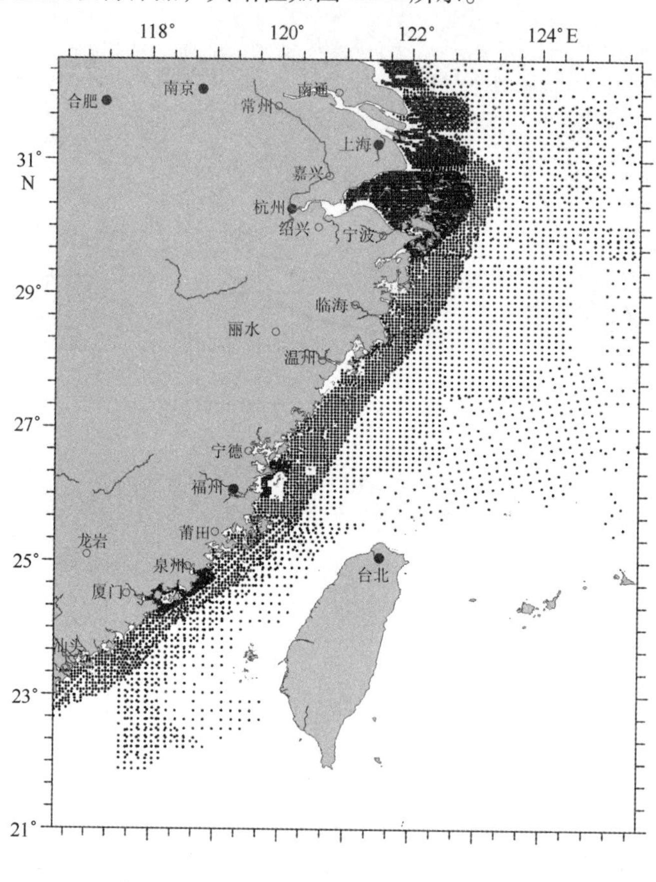

图 20.1　东海陆架表层沉积物粒度分析站位

20.2　表层沉积物不同粒级分布特征

20.2.1　砂粒级组分的分布特征

由沉积物砂粒级百分含量分布图（图 20.2）可知，在东海近岸内陆架区以及冲绳海槽和陆坡区，砂粒级组分含量低。而在大部分中、外陆架和台湾海峡北部，砂粒级组分很高，是表层沉积物中的优势粒级。

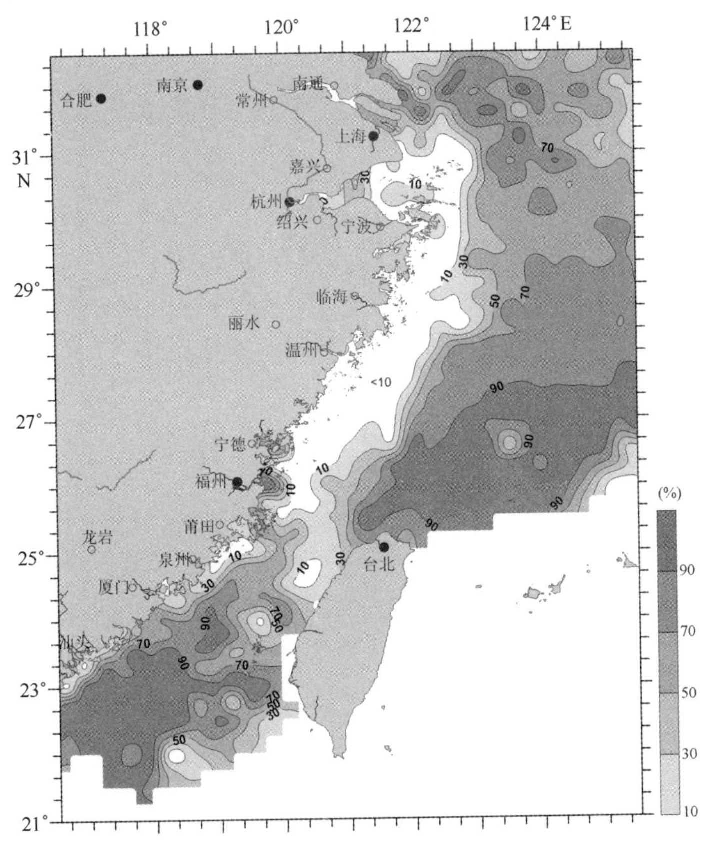

图 20.2 东海陆架表层沉积物砂粒级组分分布

在杭州湾及其外侧、浙闽岸外沿岸流控制区，砂粒级组分含量普遍在10%以下。该区基本位于黏土质粉砂、粉砂质黏土等细粒沉积分布区。由此向东，砂组分含量从10%急剧增至50%甚至更高，砂粒级组分含量等值线相对密集，该带状区域大体对应砂－粉砂－黏土、砂质粉砂或粉砂质砂等过渡类型沉积。东海陆架中部、南部的广大区域，表层沉积物中砂含量普遍较高，多在60%以上。该高砂组分含量区存在南北差异：大致以30°N为界，北部砂含量相对低，约在50%～80%之间，特别是在济州岛西南涡旋泥质沉积区，砂粒级含量较低；南部较高，基本都在80%以上。东海近海向东南大约水深200 m以外的陆架坡折处，砂组分含量等值线相对密集，含量从70%～80%迅速下降到10%以下，表明这一地区是陆架与陆坡、海槽环境的过渡地带。由此向东是砂组分含量低的海槽，砂含量基本都在10%以下。

20.2.2 粉砂粒级组分的分布特征

图20.3为东海沉积物粉砂粒级组分百分含量的分布图，在东海近岸内陆架区、冲绳海槽和陆坡区，粉砂粒级组分含量很高。而在外陆架，粉砂粒级组分在表层沉积物中的含量较低。

表层沉积物中粉砂含量最高的区域是杭州湾及其外侧、浙闽海岸外沿岸流控制区，这一

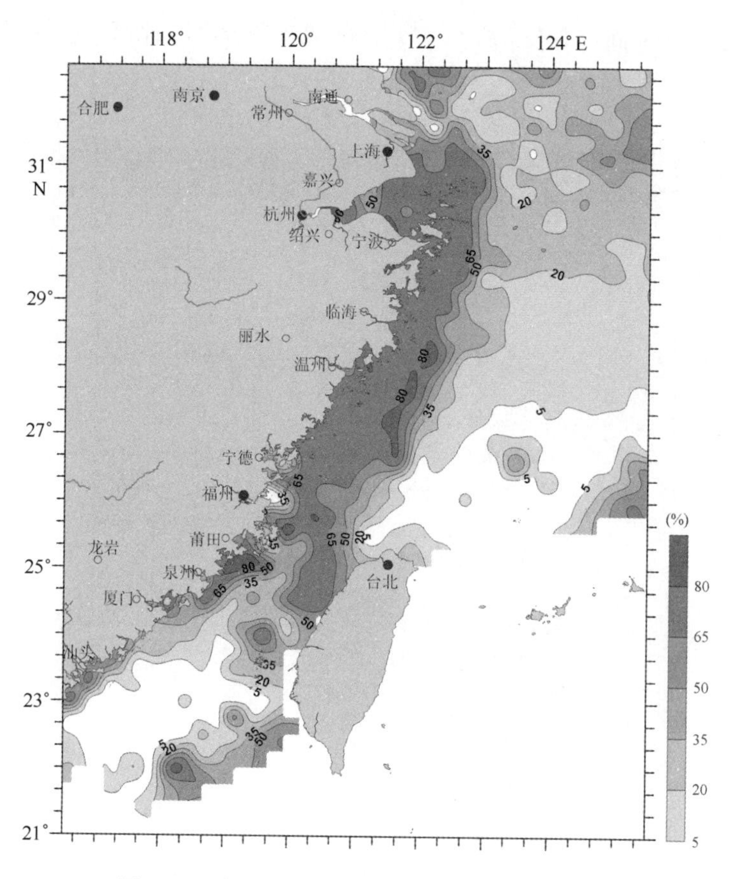

图 20.3　东海陆架表层沉积物粉砂粒级组分分布

地区粉砂组分含量基本都在 35% 以上。粉砂组分含量等值线大体呈 NNE—SSW 走向，从 65% ~70% 降低至 35% 或更低。大约在 123°E 处开始向东直到陆架坡折处，也即属于东海中、外陆架的部分，是粉砂含量低值区，大多不超过 20%。该低粉砂组分含量区存在南北差异：大致以 30°N 为界，北部粉砂含量相对高，约在 10% ~30% 之间；南部较低，基本都在 10% 以下。

20.2.3　黏土粒级组分的分布特征

与粉砂粒级组分含量分布规律相似，黏土粒级组分在东海内陆架以及冲绳海槽沉积物中的含量较高（图 20.4），而在中、外陆架的含量很低。

在杭州湾以南的近岸浅水区、济州岛西南以及黄海和东海交界处，表层沉积物中黏土粒级组分含量明显高于周边海区，黏土组分含量普遍在 30% 以上，最高甚至超过 55%。以这些高值区为中心，黏土含量等值线向周边大体呈同心环状延展，含量逐渐减小至 10% 或更低。东海外陆架和台湾海峡为黏土含量低值区，其含量多在 10% 以下。特别是在 28°N 以南，集中分布着一块黏土含量极低的区域，其含量多在 5% 以下。在冲绳海槽内，黏土组分含量的分布呈现南、北高中间低的特点，可能与中部火山沉积作用强烈有关。

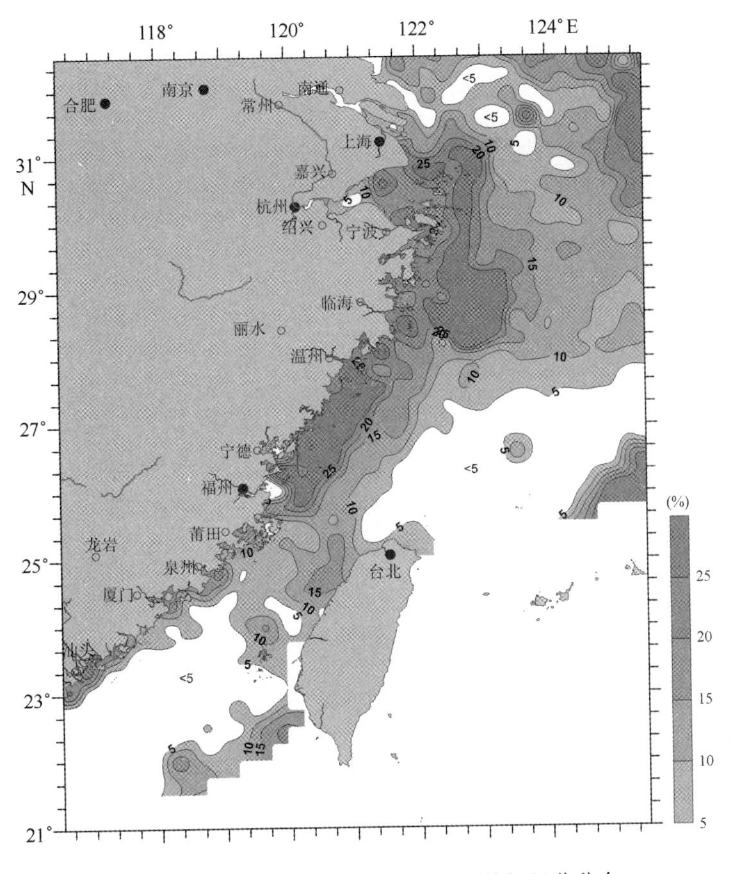

图20.4 东海陆架表层沉积物黏土粒级组分分布

20.3 表层沉积物粒度参数分布特征

20.3.1 平均粒径（Mz）的分布特征

与沉积物粒度组成和沉积物类型特征（在陆架上为“近岸细、远岸粗”）相对应，东海表层沉积物的平均粒径也呈现出“近岸高值，远岸低值”的规律（图20.5）。大致可以按照5Φ等值线为界，将东海分为近岸浅水区（内陆架）（“近岸高值”）和外陆架区（“远岸低值”）。在近岸浅水区，平均粒径值较高（>5Φ）的范围集中，尤其是长江以南海域。在外陆架平均粒径值很低（<4Φ）。

20.3.2 分选系数（σ）的分布特征

东海表层沉积物分选系数变化范围为-1.56~4.64，平均值为1.89，分选性大致为较差至差。从其区域分布特征来看（图20.6），主要存在两个低分选系数区和一个高分选系数区。低分选系数分别集中在厦门-汕头沿海（分选系数小于1.5）和浙闽岸以东、台湾以北的海域（分选系数小于1）。其余海域分选系数普遍较大，数值集中于2~3之间，沉积物分选较差。

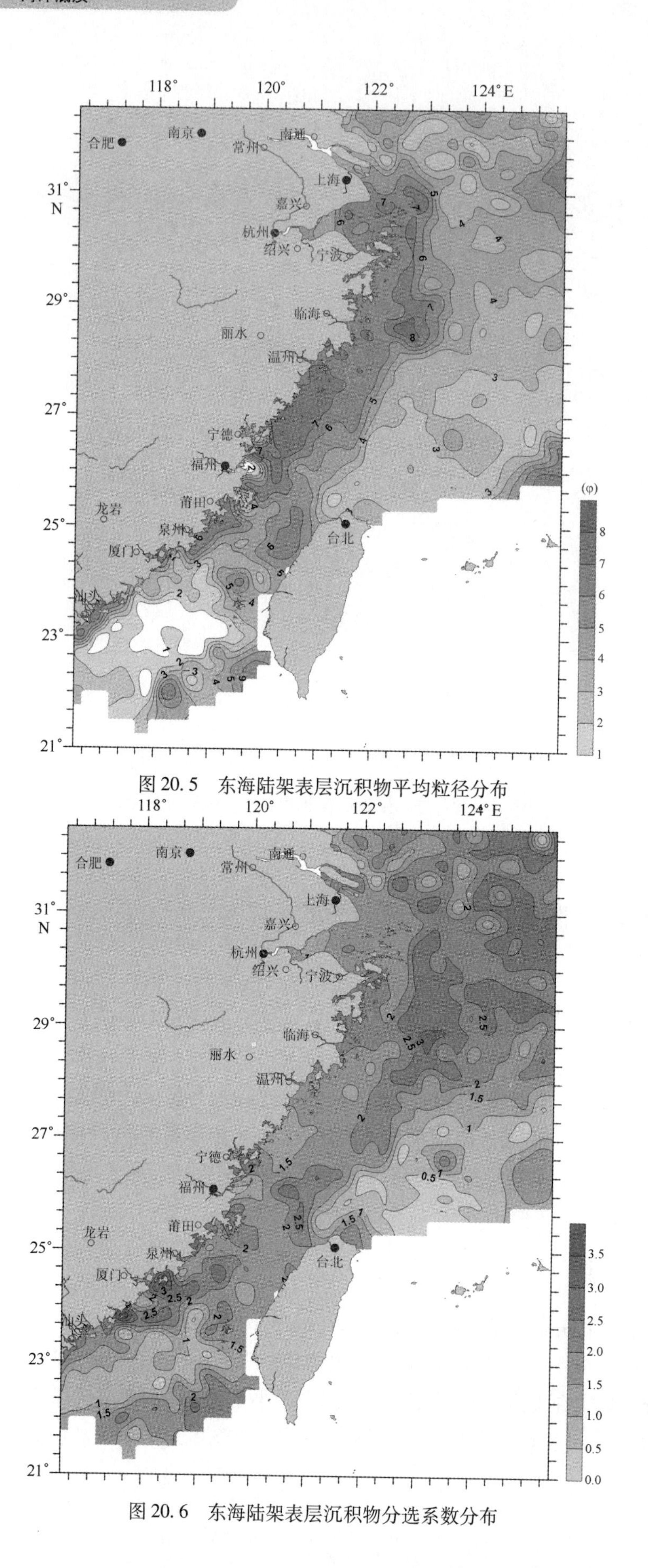

图 20.5　东海陆架表层沉积物平均粒径分布

图 20.6　东海陆架表层沉积物分选系数分布

20.3.3　偏度（Sk）的分布特征

东海海域偏度变化范围为 -3.69 ~ 3.8，平均值为 0.97。从其区域分布特征来看（图 20.7），东海绝大部分区域的沉积物偏度为正偏，其中沉积物偏度最大集中在杭州湾及其外侧较小范围的海域。在该区域，沉积物偏度值基本都在 2 以上。在福建和厦门沿海有零星海域沉积物的偏度值也较高。

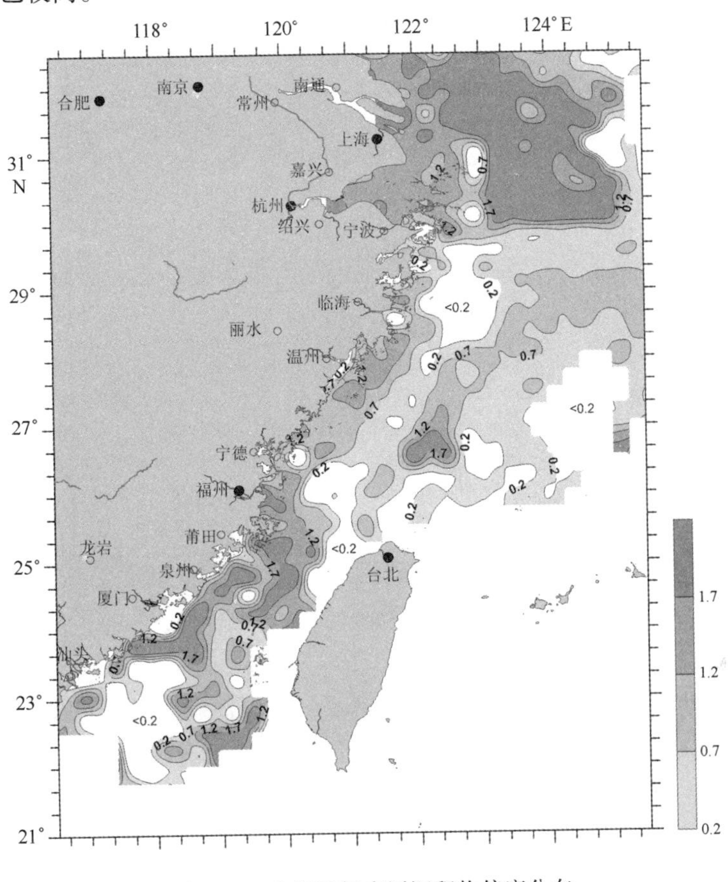

图 20.7　东海陆架表层沉积物偏度分布

20.3.4　峰态（Kg）的分布特征

东海沉积物峰态值变化于 -0.45 ~ 20.0 之间，平均值为 2.41。从图 20.8 来看，其平面的分布特征分异性比较明显，细粒沉积区的沉积物峰态较窄，粗粒沉积物峰态较宽。与分选系数分布特征相似，低峰态值分别集中在厦门 - 汕头沿海和浙闽岸以东和台湾以北的海域。

20.4　东海陆架表层沉积物类型及其分布规律

有关东海的沉积物类型及其分布特征的研究多年来一直是沉积作用和沉积过程研究的重点。早在 1949 年 Shepard、Emery 和 Gould 就根据海图资料编撰了中国近海底质类型图。1961 年 Niino 和 Emery 又利用这些图件，将其中五幅重新编撰成两幅，即东海和南海底质类型图。他们结合近千个专门采集的样品资料，阐述了中国近海陆架底质分布规律。该底质类型图除

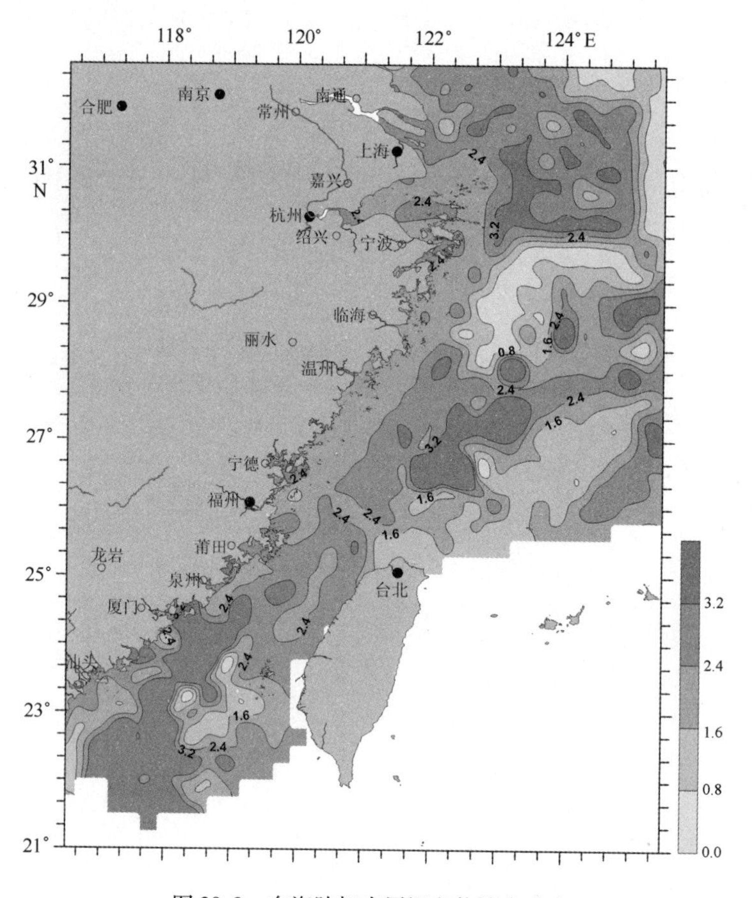

图 20.8　东海陆架表层沉积物峰态分布

了海底基岩和珊瑚礁外，将碎屑沉积物划分为砾石、砂、泥砂、淤泥 4 种。

1963 年秦蕴珊以“全国海洋普查”资料为基础，并结合其他资料，编纂了中国第一幅近海陆架底质类型图。该图显示在东海除浙江近海外的广阔地区均为细砂所覆盖，其沉积物的空间分布形态实际上是南黄海和南海的延续。该图将中国近海陆架沉积划分为两个不同时期的两种成因类型，即分布在陆架内部的、主要为河流搬运入海的现代细粒沉积物和陆架外部被海水淹没的早期滨岸细砂沉积，并用海平面变化、沿岸流和黑潮暖流水系格局来解释两种沉积物的分布特征。这些论述，进一步确立了我国陆架沉积研究的理论基础。

从 1982—1984 年开始，重点对东海的两个关键海区—长江三角洲和冲绳海槽进行了调查研究，随后有关东海各方面的研究论文和专著相继问世，为东海沉积学和古海洋学的深入研究奠定了基础。

1996 年国家专项“我国专属经济区和大陆架勘测”完成了我国管辖海域多波束海底地形勘测和海洋生物资源、海洋地质地球物理、海洋环境补充调查，进行了综合研究和资源、环境评价，并绘制了新的沉积类型图。

从 20 世纪 90 年代至今，大量的调查结果表明，东海陆架表层沉积物的基本分布格局是在砂质沉积区的背景上分布着两大块泥质沉积区——济州岛西南泥质沉积区和近岸泥质沉积区，其中近岸泥质区又可分为长江口泥质区和东海内陆架泥质区两个亚区，两个亚区之间以粉砂沉积区相分隔（郭志刚等，2003）。郭志刚等进一步详细研究了东海内陆架泥质区的粒度组成，表明该区沉积物中细粒级部分（<0.063 mm）在总粒级沉积物中的含量高达

99.28%，而小于0.032 mm粒级在细粒级沉积物（<0.063 mm）中的比重在85%以上，其中小于0.016 mm和小于0.008 mm粒级分别占总细粒级沉积物量的60%和47.85%（郭志刚等，2002）。

20.4.1　表层沉积物的类型

根据“908专项”底质调查研究成果，结合前人调查资料，可将东海的表层沉积物分布概略表示（图20.9）（谢帕德分类）。东海陆架区表层沉积物的类型主要有粗砂（MS）、中砂（MS）、细砂（FS）、粉砂质砂（TS）、黏土质砂（YS）、砂质粉砂（ST）、砂-粉砂-黏土（S-T-Y）、粉砂（T）、黏土质粉砂（YT）、粉砂质黏土（TY）共10种类型，它们以陆源碎屑组分为主，生物源和火山来源物质的含量较低。冲绳海槽表层沉积物的组分也以陆源碎

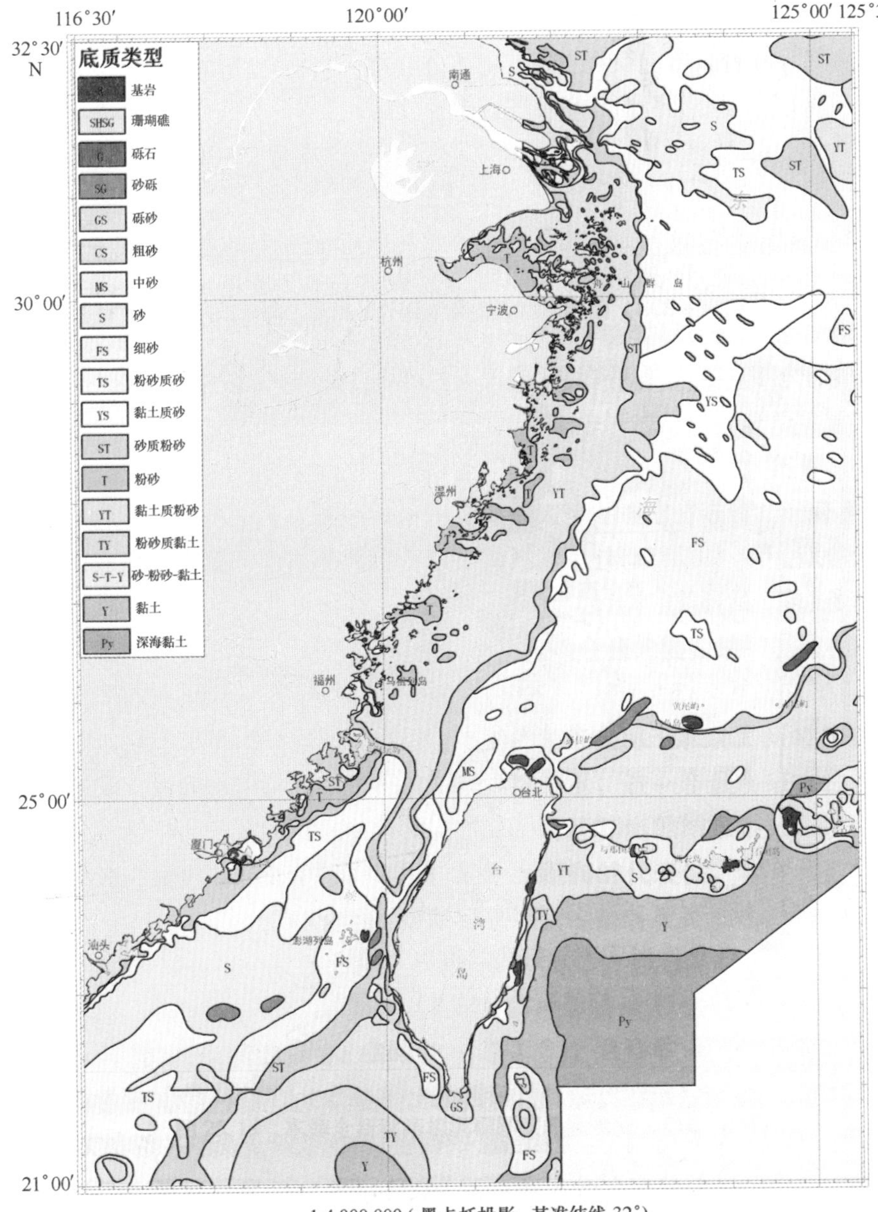

图20.9　东海沉积物类型（谢帕德分类）

屑为主，但其颗粒更细，以黏土和深海黏土为主，生物源（主要为有孔虫壳体）组分和火山源组分较陆架区有较大增加，$CaCO_3$含量几乎全部大于10%（最高可达70%）。另外在台湾海峡、台湾周边及冲绳海槽东坡，还有大量的砾石、基岩或岩块等特殊沉积物出现。

20.4.2 主要沉积物类型的特征

20.4.2.1 *砂质沉积物*

东海的砂质沉积物包括粗砂（CS）、中砂（MS）、细砂（FS）等类型，细砂是东海陆架砂质沉积物的主要类型，在苏北辐射沙洲区、长江口北支口外及河口沙坝沉积区、长江口外的东海陆架沉积区、东海外陆架、台湾海峡中部、济州岛东南以及琉球群岛周边地区都有广泛分布。粗砂和中砂主要分布在台湾海峡南部，在近岸和岛屿边缘和东海外陆架南部边缘零星出现。砾石一般伴随着砂质沉积物出现，主要分布在台湾海峡南部和外陆架东南缘。陆架边缘的砂质沉积物往往含有大量的完整贝壳或生物碎屑。

20.4.2.2 *粉砂质砂*（TS）、*黏土质砂*（YS）*和砂质粉砂*（ST）

该类沉积物一般呈条带状和斑块状分布在砂质和泥质沉积之间或内部，三者往往伴生出现，呈递变关系。主要呈条带状出现在31.5°N以南长江口和杭州湾东侧50 m等深线以外海域、东海外陆架细砂沉积与浙闽沿岸泥质带之间、济州岛南侧泥质沉积周围、冲绳海槽西部陆坡。黏土质砂的分布有限，常呈斑块状出现于粉砂质砂分布区的边缘。

20.4.2.3 *砂-粉砂-黏土*（S-T-Y）

砂-粉砂-黏土多分布在东海陆架区砂质沉积物的西侧或粗细两类沉积物之间，呈不规则的条带或环带状分布。如长江口外围、浙闽沿岸、台湾岛西南部及济州岛以南海区，代表了一种水动力动荡多变的环境。

20.4.2.4 *黏土质粉砂*（YT）*和粉砂质黏土*（TY）

这两种沉积物在东海陆架区的分布范围较小，仅在浙闽岸外沿岸流控制区和虎皮礁东侧小环流区分布，但在冲绳海槽半深海地区却占据了几乎整个海槽槽底和西部陆坡的下部。根据“我国专属经济区及大陆架”调查资料，在冲绳海槽中这两种沉积物中钙质生物碎屑含量一般小于25%，局部大于25%，槽底和靠近西部槽坡的站位火山碎屑含量一般小于10%，靠近基岩出露区和海槽东坡上的站位则大于25%，最高可达96%。

20.4.2.5 *其他沉积物*

粉砂（T）类沉积物的分布范围非常有限，主要出现在泥质海岸的潮间带、河口地区，分布的面积较小，多呈条带状。在琉球岛弧的岛屿和岛礁周边还有一些有孔虫软泥、有孔虫砂、生物礁屑砾、有孔虫软泥等高生物源组分（有孔虫等生物组分含量一般都大于25%）的沉积物出现。黏土（Y）沉积物主要分布在台湾岛的东北及东南深水区域，在西部及北部主要与黏土质粉砂（YT）沉积相邻。此外，在台湾岛西南方向远离近岸的深水区域也可见到黏土沉积零星分布。深海黏土（Py）沉积物在东海近海主要分布在台湾岛东南部的深水区。

第21章　东海陆架矿物特征与组合

21.1　数据来源

本章中东海沉积物重矿物有效站位数为1 945站，其中收集数据502站；轻矿物站位数为1 673。碎屑矿物站位分布见图21.1。黏土矿物站位数为1 554。

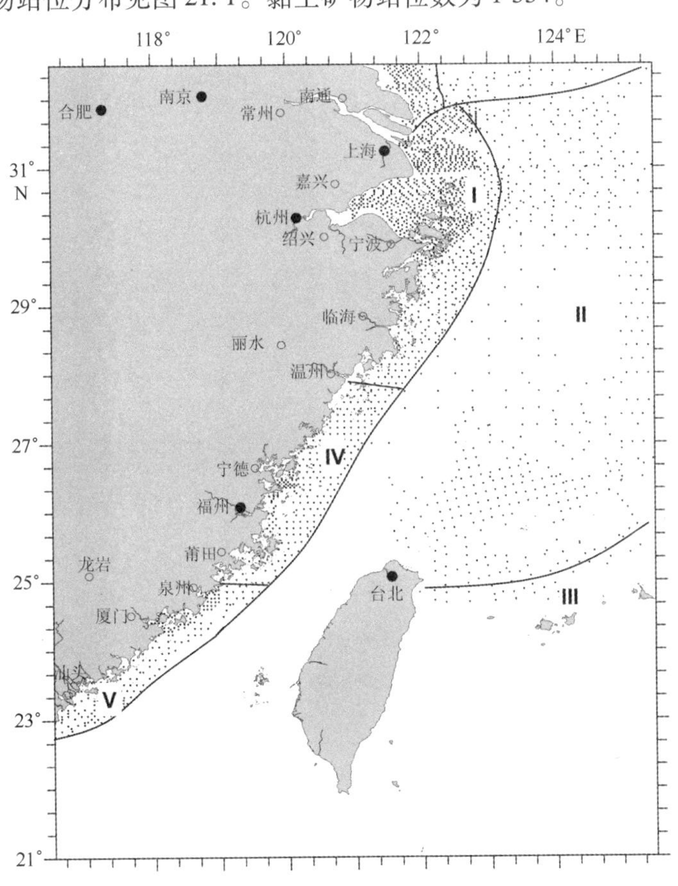

图21.1　东海陆架表层沉积物碎屑矿物分析站位及组合分区

（I区：长江口和杭州湾矿物区；II区：东海外陆架区矿物区；III区：台湾东北部海区矿物区；IV区：闽浙沿岸带泥质区矿物区；V区：闽江口以南近岸矿物区）

21.2　碎屑矿物特征及组合

东海碎屑矿物特征变化较为明显，主要体现了长江物质输入与大陆近岸沉积的影响。长江物质从河口输出，向陆架扩散，沿岸向南主要为细粒的物质，东海外陆架沉积物碎屑矿物组成与长江口碎屑组成具有同源性。闽江口以南海区沉积物中以稳定的铁矿物含量高为特点，而闽江口以北为典型的浙闽沿岸泥质沉积。重矿物以普通角闪石、绿帘石为主（平均含量大于10%）（表21.1），特征重矿物为钛铁矿和锆石。普通角闪石在局部海区为绿色，表面有磨蚀，多为短柱状、长柱状，主要在杭州湾、东海陆架富集，绿帘石在闽江口南部近岸内陆架北部区域及东海外陆架出现高含量区，钛铁矿主要出现在闽江入海以南海区沉积物中，锆石在东海的含量很高，分布广泛。轻矿物中的石英在浙闽沿岸泥质沉积区含量较低，在整个东海其他区域含量普遍较高，长石的高含量出现在长江口、杭州湾、浙闽沿岸带等近岸沉积区内。

表21.1　东海碎屑矿物颗粒百分含量基本参数

单位:%

矿物名称	非零数据	最小值	最大值	平均值	标准偏差	方差	偏度	峰度
普通角闪石	1923	0.2	72.1	35.1	13.8	190.9	-0.5	-0.3
绿帘石	1880	0.1	93.5	17.2	11.4	129.5	1.1	1.7
金属矿物	1918	0.2	98.2	14.9	15.8	248.2	2.3	5.9
云母	1226	0.1	97.3	10.8	17.7	311.6	2.6	6.8
极稳定矿物组合	1881	0.1	62.5	8.8	10.0	100.0	1.7	2.7
钛铁矿	1294	0	57.7	6.8	9.4	88.6	2.3	5.5
赤、褐铁矿	1442	0	72.7	6.5	7.0	48.8	3.2	15.7
电气石	1401	0	55	3.9	6.2	39.0	2.6	9.6
普通辉石	1486	0.1	93.8	3.9	6.8	46.8	5.0	38.9
自生黄铁矿	585	0.1	98	3.6	11.0	120.2	5.8	37.5
锆石	1406	0	39	3.5	5.2	27.2	2.2	5.7
石榴子石	1463	0.1	31.7	3.0	4.4	19.7	2.9	10.3
磁铁矿	1302	0	66.8	2.9	7.1	50.3	5.2	33.6
榍石	1287	0	13	1.1	1.3	1.6	2.9	13.5
变质矿物	766	0	12	0.7	1.2	1.3	4.8	29.2
紫苏辉石	968	0	8.7	0.1	0.5	0.2	12.6	193.0
氧化铁矿物/稳定铁矿物	1248	0	154.3	4.6	10.6	111.8	6.3	58.2
极稳定矿物/普通角闪石	1312	0	29	0.6	1.8	3.1	12.0	167.9
普通角闪石/绿帘石	1852	0.1	481	5.6	17.5	305.8	14.4	321.2
金属矿物/普通角闪石+绿帘石	1753	0.1	75.6	0.6	3.0	9.2	17.7	361.9
云母/优势粒状矿物	592	0.1	43.1	0.6	2.3	5.5	12.6	197.3
石英	1673	0.7	84.3	46.7	16.8	283.1	0.0	-0.8
长石	1670	0.3	71.7	29.1	15.5	241.1	-0.3	-0.8
绿泥石	1383	0.1	92.7	7.9	13.0	170.1	3.5	15.0
云母	1614	0.2	95	5.4	7.6	57.6	5.9	52.3
碳酸盐矿物（生物）	1218	0.2	46	2.9	3.4	11.9	4.9	43.5
海绿石	701	0.08	15	1.8	2.3	5.4	2.3	6.3
石英/长石	1670	0.1	281	5.7	15.3	234.4	8.9	120.9

21.2.1　碎屑矿物组成及含量分布

东海表层沉积物中共鉴定出重矿物67种，含量较高的重矿物（平均含量大于10%）为普通角闪石、绿帘石，分布普遍的矿物（平均含量1%～10%）包括钛铁矿、褐铁矿、赤铁矿、辉钼矿、毒砂、普通辉石、白云母、斜黝帘石、黑云母、白钛石、电气石、磁铁矿、锆石、阳起石、自生黄铁矿、黄铁矿、透闪石、萤石、绿泥石、绢云母、水黑云母、石榴子石、锐钛矿；含量较低的矿物包括榍石、金红石、黝帘石、磷灰石、球霰石、紫苏辉石、透辉石、红柱石、自生菱铁矿、独居石、斜方辉石、金云母、褐帘石、十字石、菱铁矿、磷钇矿、蓝闪石、矽线石、蓝晶石、胶磷矿、海绿石、红锆石、尖晶石、顽火辉石、棕闪石、红帘石、水锆石、钍石、自然铜、自生重晶石、硅灰石、锡石、板钛矿、直闪石、符山石、黄玉、浊沸石、重晶石、硅线石、刚玉、蛇纹石、自然铅。样品中含有少量或微量的岩屑、风化云母、风化碎屑、宇宙尘、铁锰质小球、磁性小球、渣状铁、鱼牙等。鉴定出轻矿物14种，包括石英、斜长石、钾长石、绿泥石、绢云母、白云母、海绿石、黑云母、白云石、文石、水黑云母、石墨、方解石、蛋白石。样品中还含有一定量的岩屑、风化碎屑、生物壳、风化云母、有机质、空心宇宙尘等。各矿物颗粒百分含量基本统计见表21.1。主要矿物特征如下。

普通角闪石。普通角闪石多以绿色、浅绿、深褐色出现，多为短柱、粒状，有磨蚀，在浙闽沿岸带沉积物中多为绿色、碎片状；普通角闪石平均含量35.1%，变化范围0.2%～72.1%（表21.1），高含量主要出现在长江物质影响的长江口、杭州湾东部以及外陆架，在外陆架中部其含量具有向南逐渐增加的趋势，另外在苏北地区含量也较高。普通角闪石及其他重矿物的含量分布表明，东海陆架沉积物与长江口物质具有同源性（图21.2）。

绿帘石。绿帘石呈黄绿色、次棱角状，半透明，颗粒状为主，发生风化，多为辉石和闪石类蚀变而成，为重矿物中的优势矿物；平均含量17.2%，变化范围0.1%～63.5%，高含量区出现在外陆架外部，靠近冲绳海槽，另外在闽江口以南部分海区含量也较高。绿帘石总体分布趋势是靠近中国大陆含量低，向外含量高（图21.3）。

云母类（重矿物）。此类矿物包括黑云母、白云母和水黑云母、绢云母，以黑云母、白云母为主，多为薄片状，有风化。该类矿物平均含量10.8%，最大值97.3%，整体分布趋势为靠近中国大陆含量高，具有沿岸含量高的特征；东海北部近岸含量高，南部近岸含量低，体现了长江源物质自北向南的输送特点（图21.4）。

金属类矿物。金属类矿物包括氧化铁矿物和稳定铁矿物，氧化铁矿物包括赤铁矿和褐铁矿，赤铁矿为黑色、暗黑色的铁氧化物，多为颗粒状；褐铁矿，隐晶质矿物，通常呈现钟乳状、块状等，半金属光泽，褐黑色、棕黄色、褐色。氧化铁矿物平均含量6.5%，最大含量72.7%（表21.1）。稳定铁矿物包括钛铁矿和磁铁矿，多为粒状，不规则粒状等形态，亮黑色，强金属光泽，次棱角状居多，在海区多有磨蚀。磁铁矿平均含量2.9%，最大值66.8%；钛铁矿平均含量6.8%，最大值57.7%。金属类矿物的平均含量为14.9%，最大含量为98.2%，高含量区主要有三处：长江口东北海区、闽江口以南近岸、台湾岛东北海区（图21.5）。陆架大部分布中含量，从氧化铁与稳定铁矿物的比值来看（图21.18），稳定铁矿物主要在闽江口以南为高含量区；以长江口为中心的东部海区、浙闽沿岸带则分布氧化铁矿物的高含量区，物质来源和海区沉积物风化强度对金属类矿物的分布起控制作用。

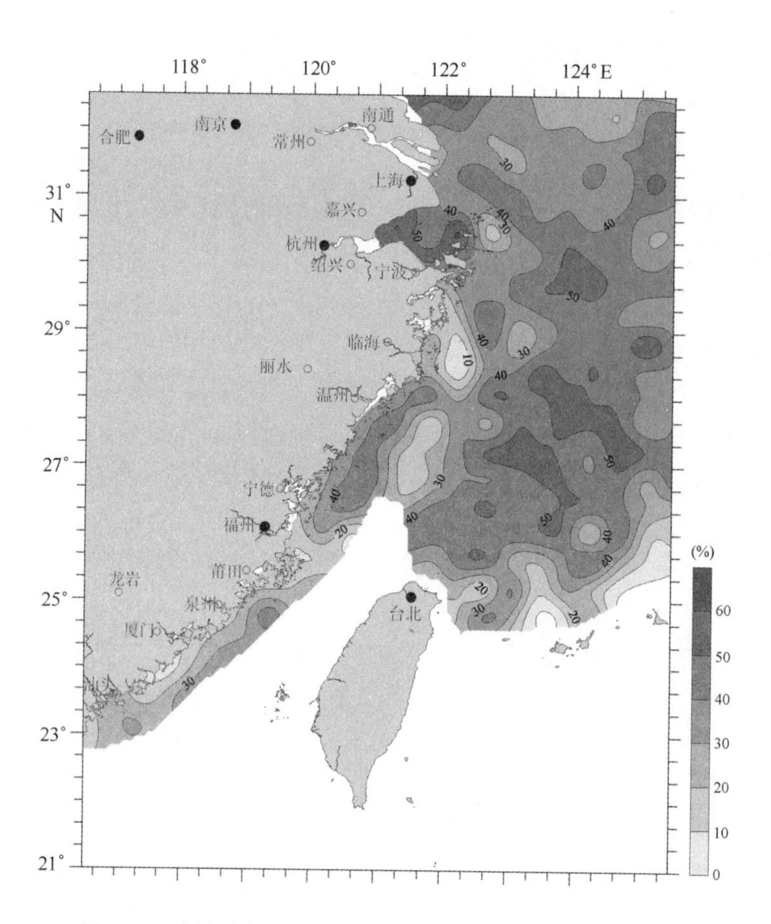

图 21.2　东海陆架表层沉积物普通角闪石颗粒百分含量分布

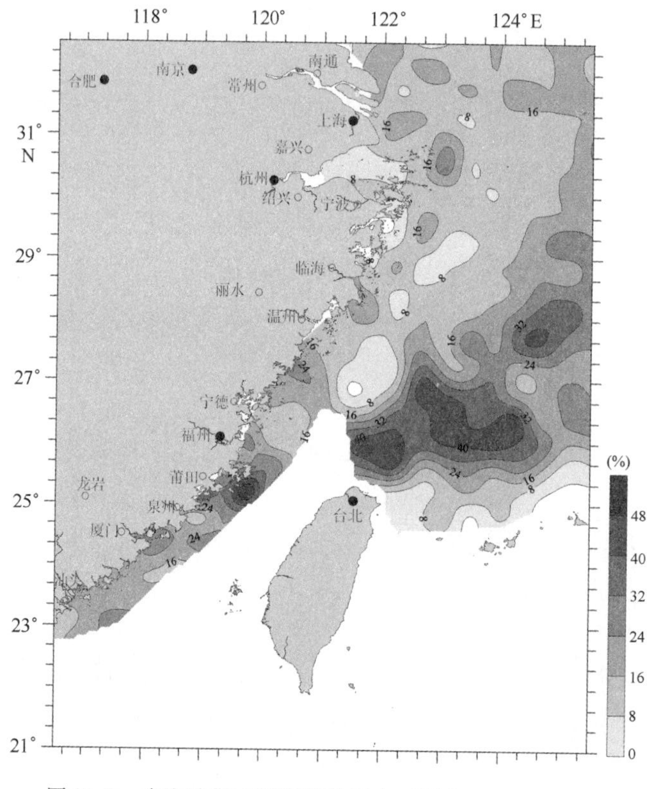

图 21.3　东海陆架表层沉积物绿帘石颗粒百分含量分布

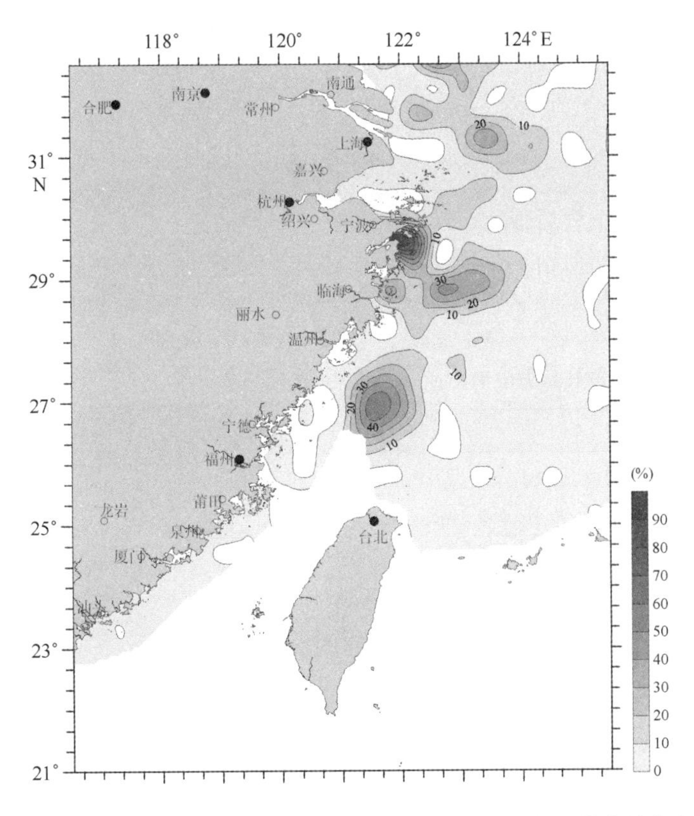

图 21.4　东海陆架表层沉积物云母类（重矿物）颗粒百分含量分布

极稳定矿物组合。极稳定矿物组合包括石榴子石、锆石、榍石、金红石、电气石，平均含量为 8.8%，最高含量为 62.5%，锆石、石榴子石含量控制了极稳定矿物组合的分布，其分布明显为近岸含量高：近岸区的长江口、杭州湾以及闽江口区出现高含量，而外陆架地区则含量较低（图 21.6）。石榴子石在闽江口南部含量很高（图 21.7），锆石在东海近岸沉积物中的含量很高（图 21.8）。

自生黄铁矿。自生黄铁矿多为生物壳内生成，壳体多破碎，圆球状为主，平均含量 3.9%，最高含量 98%；自生黄铁矿高含量区主要出现在台湾岛的东北、洞头列岛的东部海区，其他海区则含量分布较低（图 21.9）。

普通辉石。普通辉石多为浅绿色颗粒状，颜色斑驳表面多磨蚀，抗风化能力弱，易蚀变成绿帘石；平均含量 3.9%，最高含量为 93.8%，高含量区主要出现在长江口东部、浙闽沿岸带以及台湾岛东北部靠近冲绳海槽区，其他海区沉积物中普通辉石的含量较低（图 21.10）。

石英。石英形态以粒状、次棱角、次圆状为主，有磨蚀。平均含量 46.7%，变化范围在 0.7% ~84.3% 之间，平均含量高于长石。石英整体分布趋势为东海北部、闽江口南部含量高，浙闽沿岸带泥质区中含量低（图 21.11）。

长石。长石包括钾长石和斜长石，钾长石多为红色、褐色、浅褐色，粒状，硬度较大；斜长石在体视镜下呈现淡黄、灰白、灰绿等色，粒状为主，表面混浊，光泽暗淡，有磨蚀。长石在东海分布广泛，平均含量 29.1%，变化范围在 0.3% ~71.7% 之间，高含量区出现在东海北部，南部含量低，东海陆架外部含量较低，其分布体现了长江源物质输送和扩散的特点（图 21.12）。

云母类（轻矿物）。该类矿物在轻矿物中分布广泛，含量较高，平均含量 5.4%，变化范

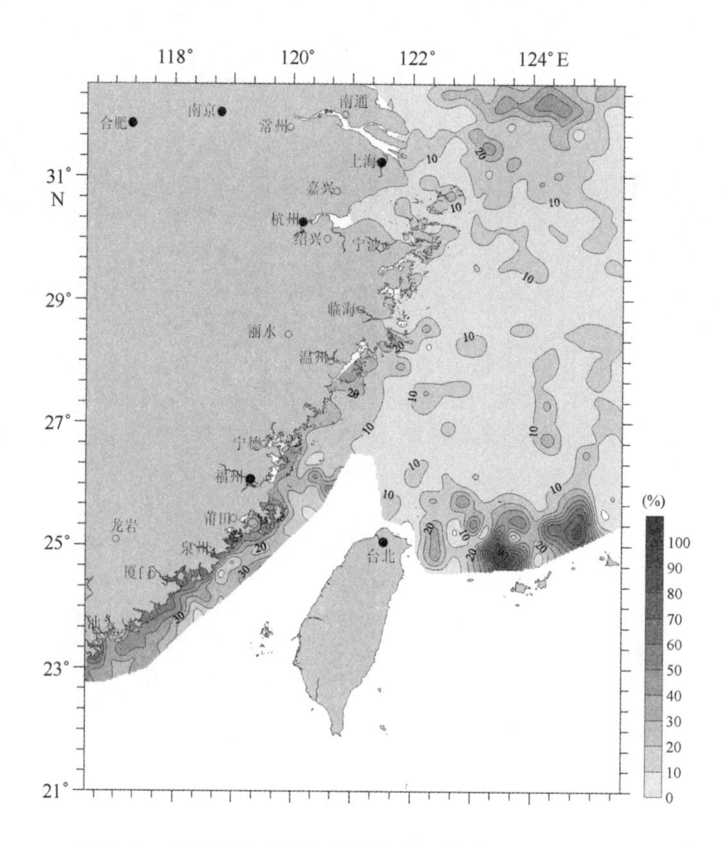

图 21.5　东海陆架表层沉积物金属矿物颗粒百分含量分布

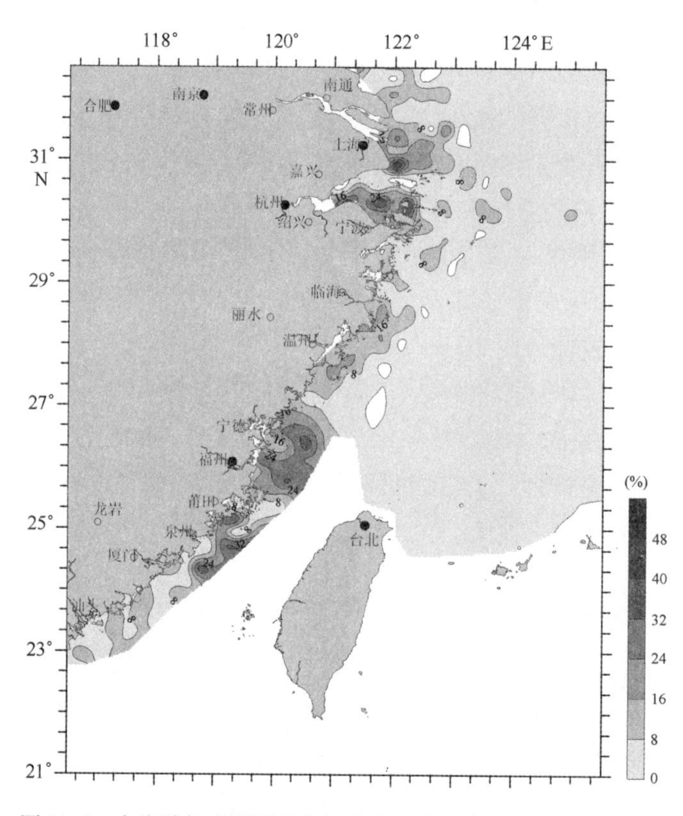

图 21.6　东海陆架表层沉积物极稳定矿物组合颗粒百分含量分布

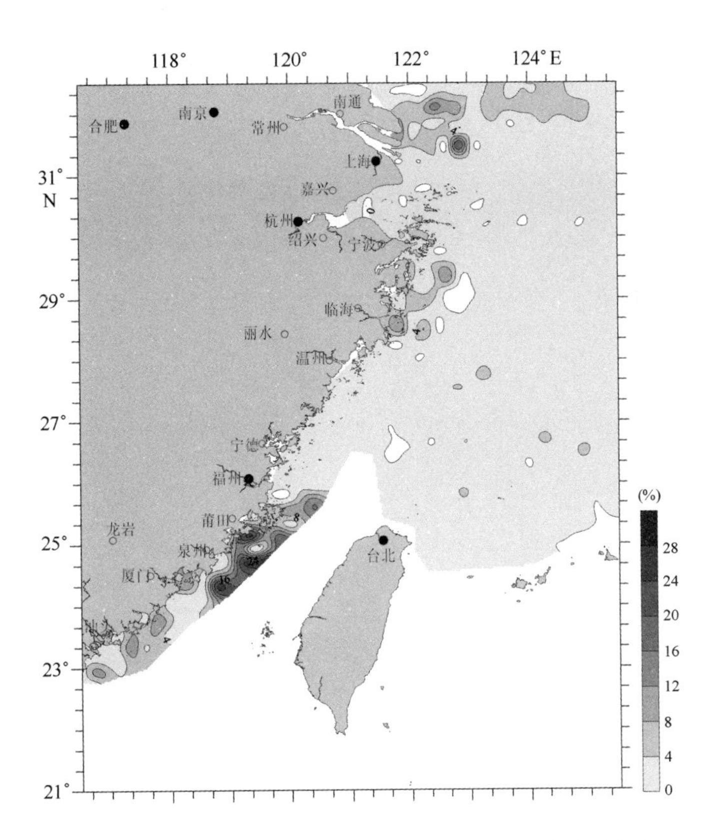

图 21.7 东海陆架表层沉积物石榴子石颗粒百分含量分布

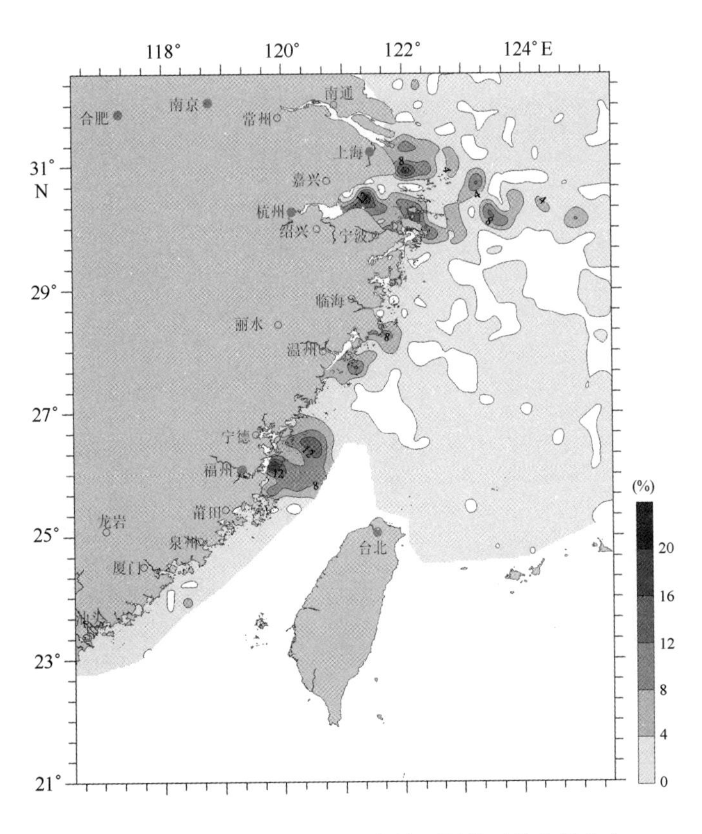

图 21.8 东海陆架表层沉积物锆石颗粒百分含量分布

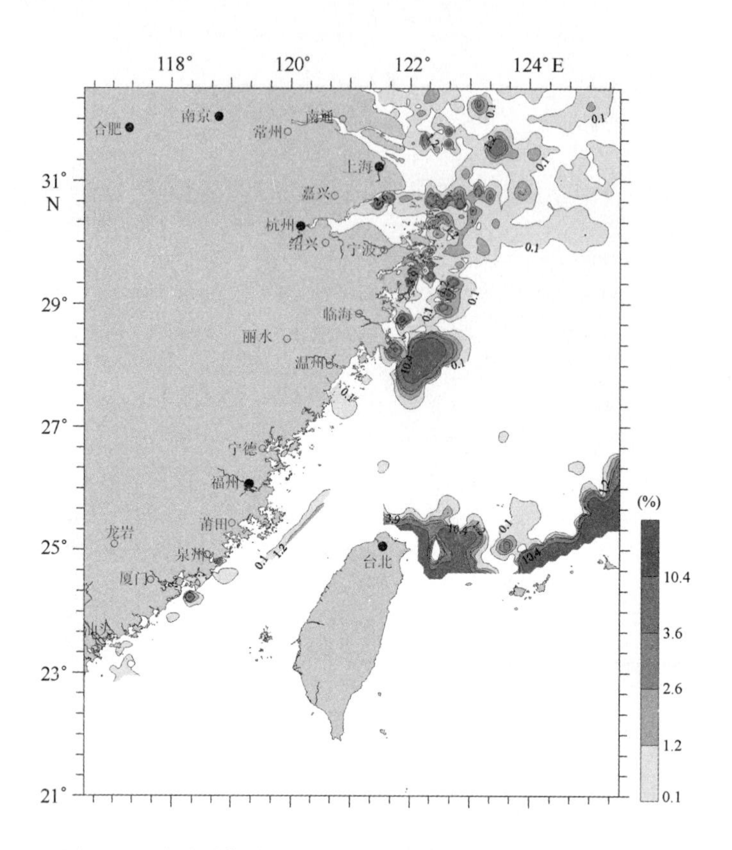

图 21.9　东海陆架表层沉积物自生黄铁矿颗粒百分含量分布

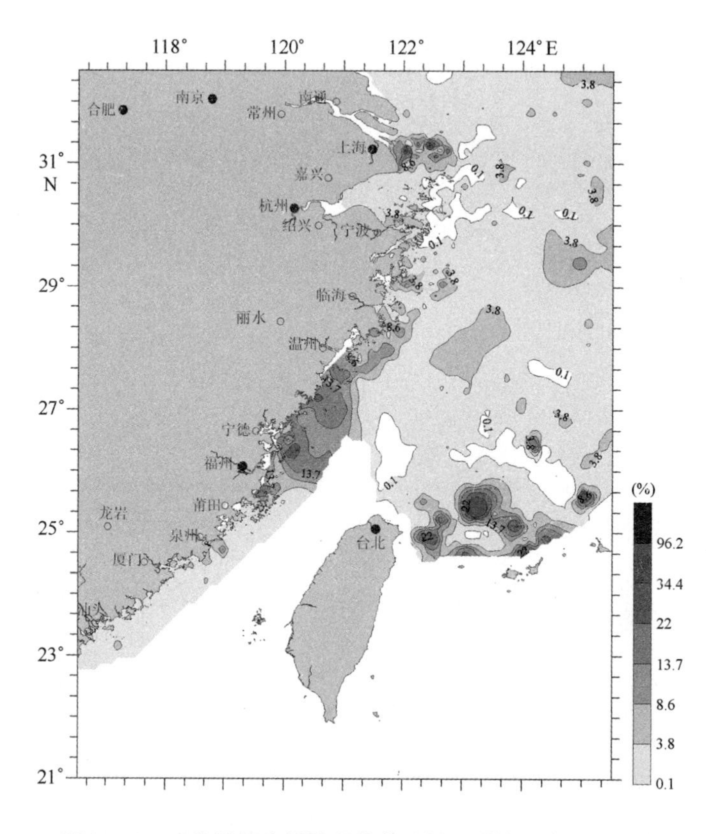

图 21.10　东海陆架表层沉积物普通辉石颗粒百分含量分布

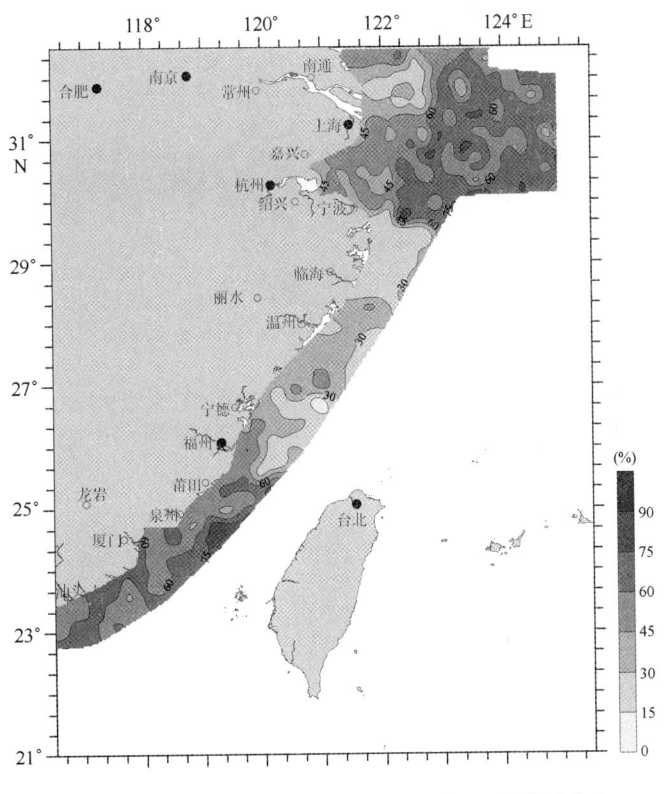

图 21.11 东海陆架表层沉积物石英颗粒百分含量分布

围在0.2%~95%之间；高含量区分布在东海近岸，尤其是长江口南部和闽江口南部，向海方向含量逐渐减少（图21.13）。

21.2.2 碎屑矿物比值参数分布特征

21.2.2.1 反映物质来源的参数比值

金属矿物/（普通角闪石+绿帘石）比值。从图21.14可以看出，高比值出现在台湾岛东北部海区、闽江口南部近岸海区、长江口东北部海区，岛屿冲蚀产物以及近岸来源可能是控制其高比值变化的重要因素。

极稳定矿物组合/普通角闪石比值。该比值平均值为0.6，最大值29；高比值主要分布在长江口、台州列岛到洞头列岛之间、闽江口附近及其南部近岸，东海外陆架为低比值区（图21.15）。

云母类（重矿物）/优势粒状矿物比值。高比值主要分布在闽江口以北的浙闽沿岸带（图21.16），这表明长江入海物质具有向南扩散的趋势。

石英/长石的比值。该比值平均值为5.7，最大值为281，表明石英在东海沉积物中含量高，明显高于渤海、黄海，沉积物的成熟度高。浙闽沿岸带分布低比值区，沉积物成熟度较低，碎屑粒级沉积物输入较少（图21.17）。

21.2.2.2 反映沉积环境的参数比值

氧化铁矿物/稳定铁矿物比值。该比值平均为4.6，最大值为154.3（表21.1），平均值

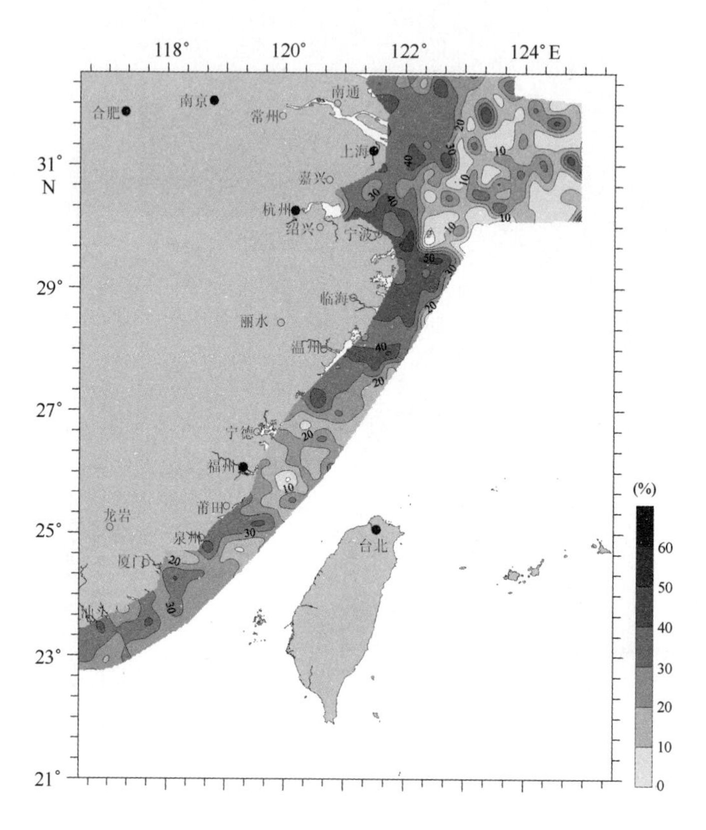

图 21.12　东海陆架表层沉积物长石颗粒百分含量分布

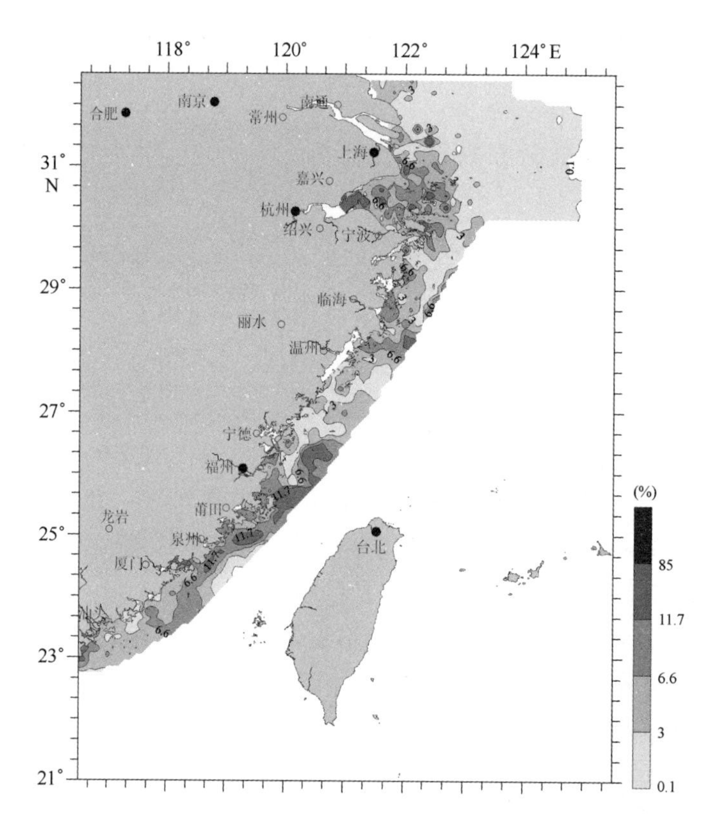

图 21.13　东海陆架表层沉积物云母类（轻矿物）颗粒百分含量分布

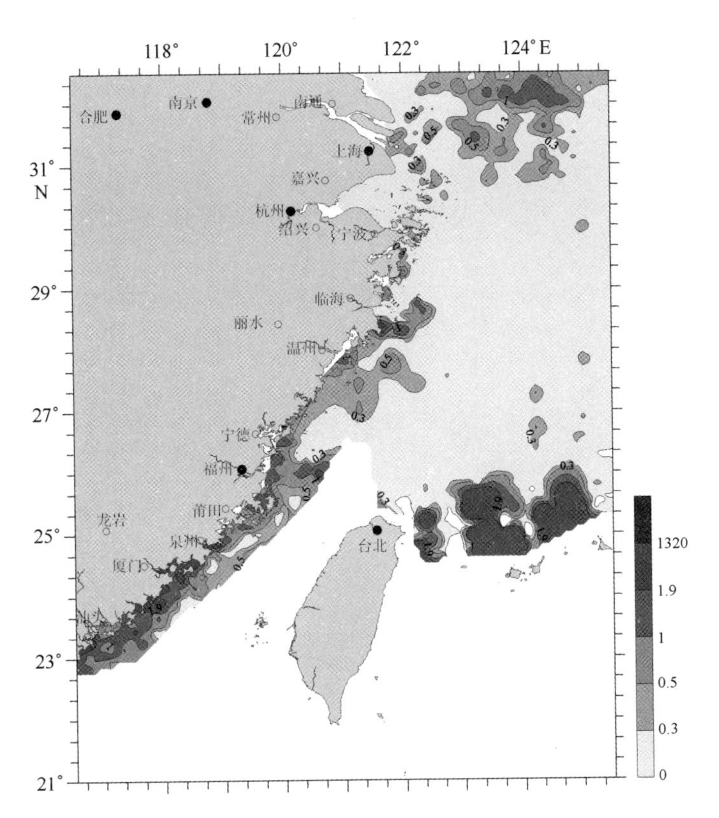

图 21.14　东海陆架表层沉积物金属矿物/（普通角闪石＋绿帘石）比值分布

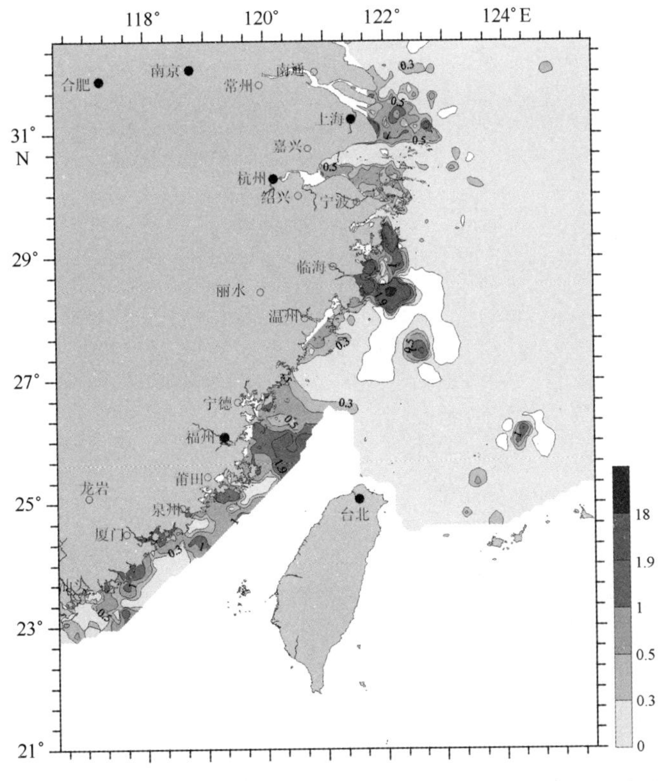

图 21.15　东海陆架表层沉积物极稳定矿物组合/普通角闪石比值分布

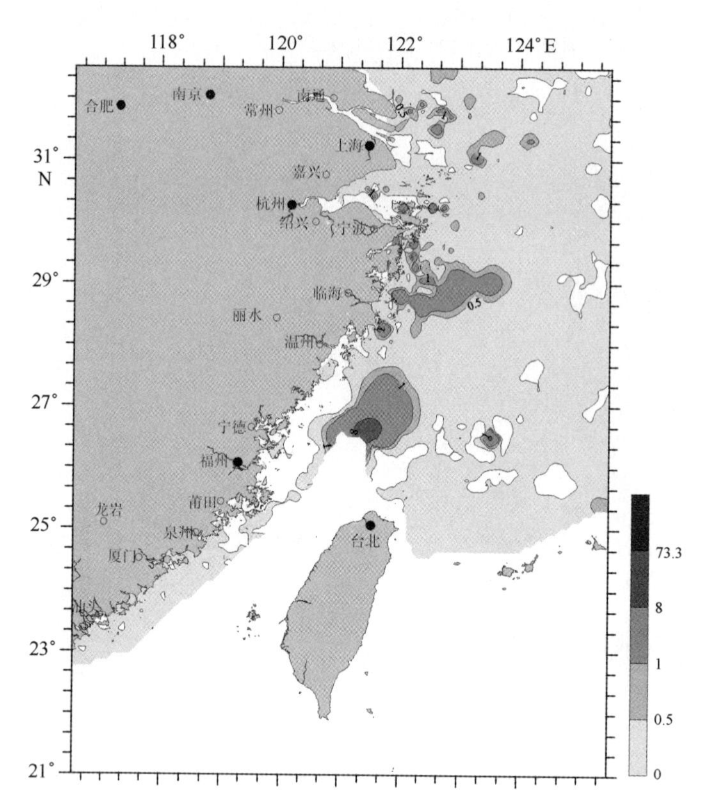

图 21.16 东海陆架表层沉积物云母类（重矿物）/粒状矿物比值分布

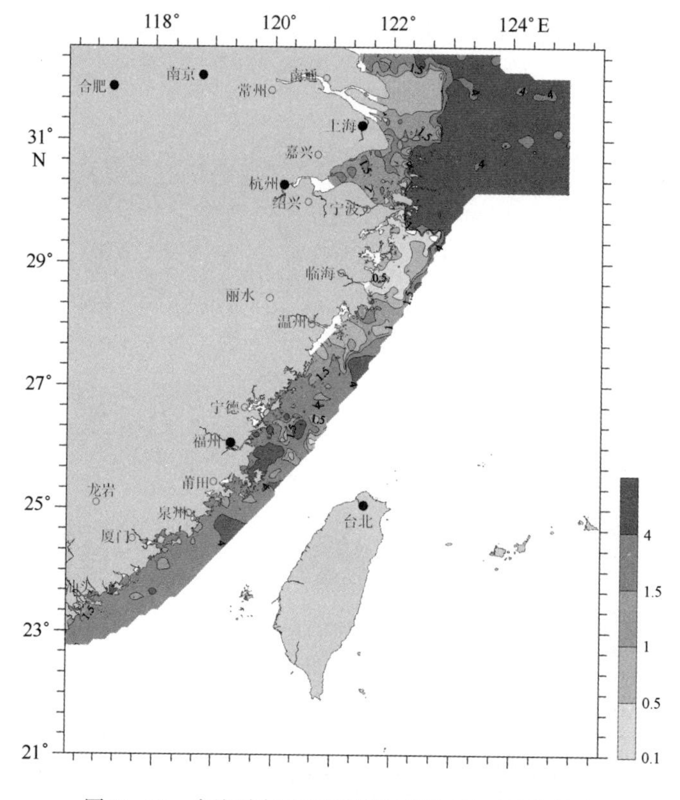

图 21.17 东海陆架表层沉积物石英/长石比值分布

低于渤海。高比值区出现在近岸，特别是在长江口到闽江口一线比值较高，氧化铁矿物含量高，这表明东海沉积物中铁矿物含量相对较高，化学风化作用强于黄海和渤海（图21.18）。

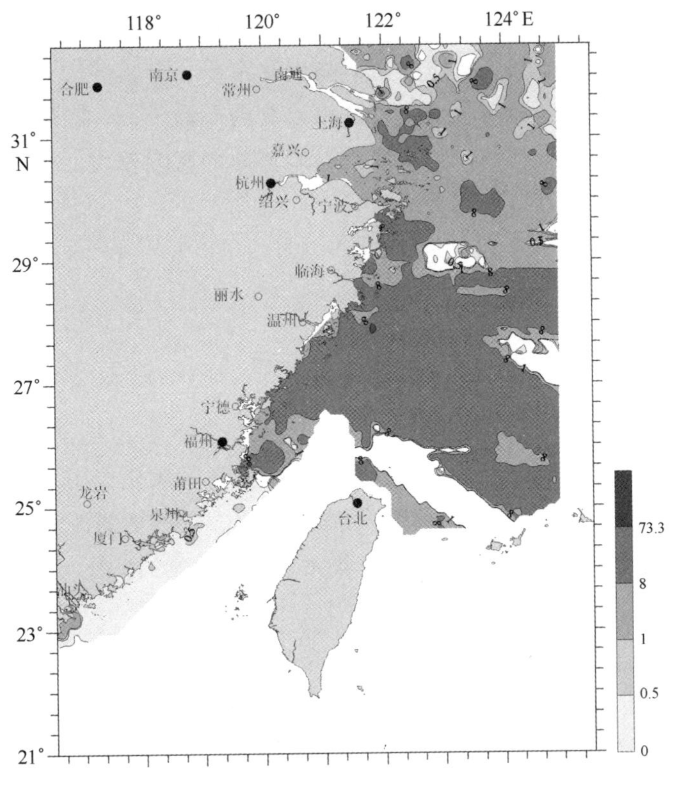

图21.18 东海陆架表层沉积物氧化铁矿物/稳定铁矿物比值分布

21.2.3 碎屑矿物组合分区

结合碎屑矿物含量分布特征及特征矿物比值分布，在东海近海区划分出5个碎屑矿物组合分区（图21.1）。各区内矿物种类和含量变化明显，反映了物质来源和沉积环境特征。

Ⅰ区：长江口和杭州湾矿物区。从整个东海区域上来说，长江口和杭州湾的碎屑矿物分布特征较为相近，特别是杭州湾北部受长江源物质影响明显。该区重矿物以普通角闪石、绿帘石、云母为优势矿物，以锆石、石榴子石为特征矿物，氧化铁矿物含量较高；轻矿物石英的含量在本区最高，为优势轻矿物，长石含量中等，为东海相对含量较高的区域。本区沉积物来源主要为长江物质。

Ⅱ区：东海外陆架区矿物区。以前的研究结果表明：东海外陆架沉积物碎屑矿物组成与长江三角洲前缘沉积物中的碎屑组成相近，东海陆架沉积物与长江口沉积具有同源性（王昆山等，2003，2007）。该区自生黄铁矿的含量较低，优势矿物普通角闪石含量高，其蚀变矿物绿帘石的含量也很高，表明陆架区的沉积环境为氧化环境。

Ⅲ区：台湾东北部海区矿物区。本区优势重矿物为金属矿物、普通角闪石、绿帘石，特征矿物为锆石。金属矿物中稳定铁矿物和氧化铁矿物相对含量变化不大，其比值较小。自生黄铁矿的含量较高，出现两处高含量区。从本区的紫苏辉石含量较低来看，来自于冲绳海槽的物质较少。该区物质可能来源于台湾岛，沉积环境倾向于还原环境。

Ⅳ区：闽浙沿岸带泥质区矿物区。本区半数站位沉积物中重矿物含量很低，重矿物主要以云母为主，为长江口及沿岸河流中比重较小的物质扩散区。轻矿物以石英为主，石英多为细粒，多碎片状。在其北部分布一自生黄铁矿的高含量区。

Ⅴ区：闽江口以南近岸矿物区。该区重矿物以绿帘石、金属矿物为优势矿物，稳定铁矿物含量很高，氧化铁矿物含量相对较低，特征重矿物为石榴子石，轻矿物中石英、云母含量较高。从矿物分布来看，本区碎屑矿物组成受沿岸物质的影响较大，且矿物成熟度较高，水动力较强。

21.3 黏土矿物特征及组合

21.3.1 黏土矿物组成及分布

东海陆架区位于中纬度地带，属于亚热带气候区，化学风化作用不太充分，黏土矿物停留在脱钾阶段，因此在各类黏土矿物中伊利石含量最高，其次为绿泥石和高岭石，蒙皂石含量最低。研究站位见图21.19。下面简述这4类主要黏土矿物的特征。

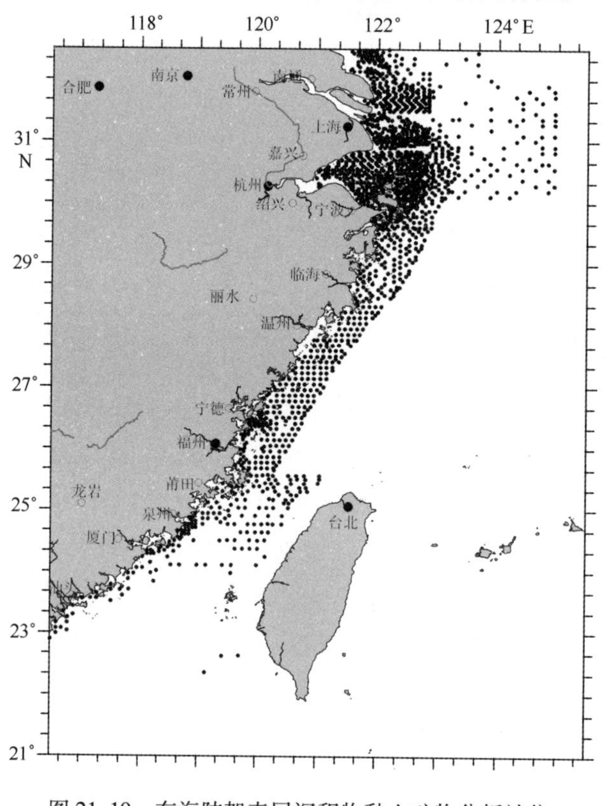

图21.19　东海陆架表层沉积物黏土矿物分析站位

21.3.1.1 蒙皂石

东海陆架沉积物中蒙皂石含量平均值为5.6%，最低为0，个别站位最高可达25.1%（表21.2）。蒙皂石含量分布特征总体上可以分为3个区域（图21.20）：在长江三角洲北部及东部，表层沉积物中蒙皂石含量一般在10.0%左右，属含量比较高的区；在30.0°—25.5°N之间的东海内陆架主体部分（闽浙沿岸带），蒙皂石含量较低，一般在都在4.0%以下，为东海蒙皂石含量低值区；在25.5°N以南的台湾海峡海域，蒙皂石含量最高，含量基本上在12.0%以上。

表21.2　东海陆架区黏土矿物统计　　单位:%

项目	蒙皂石	伊利石	高岭石	绿泥石
平均值	5.6	62.9	13.6	17.9
最高值	25.1	78.3	46.2	29.2
最低值	0	26.6	6.3	3.7

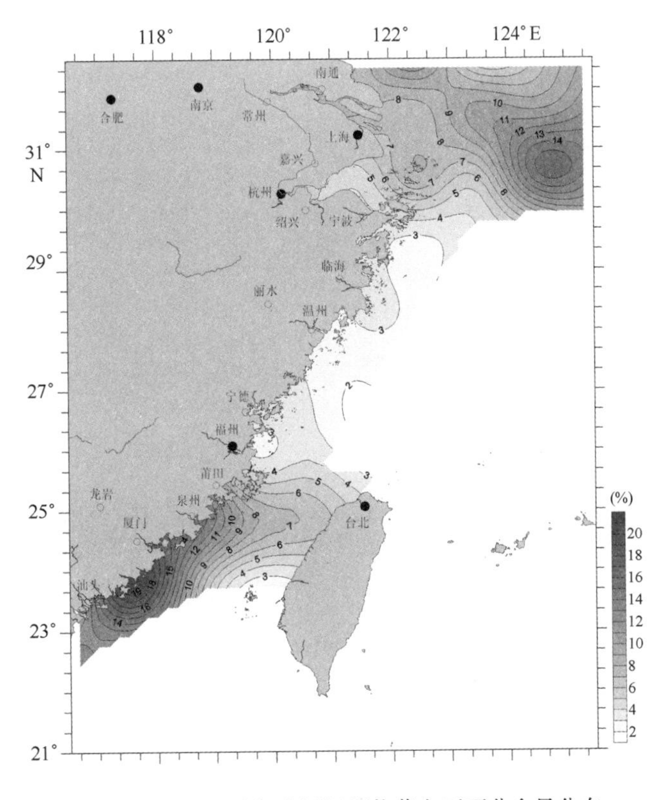

图21.20　东海陆架表层沉积物蒙皂石百分含量分布

21.3.1.2　*伊利石*

伊利石为东海含量最高的黏土矿物，其含量最高可达78.3%，最低为26.6%，平均值为62.9%（表21.2）。伊利石含量的分布特征总体为由北向南逐渐减少，在长江三角洲北部及东部，表层沉积物中伊利石含量都在60.0%以上；中部闽浙沿岸一带，伊利石含量变化不大，基本上在60%～65%之间；南部台湾海峡区域伊利石含量相对较低，一般都在50.0%以下（图21.21）。

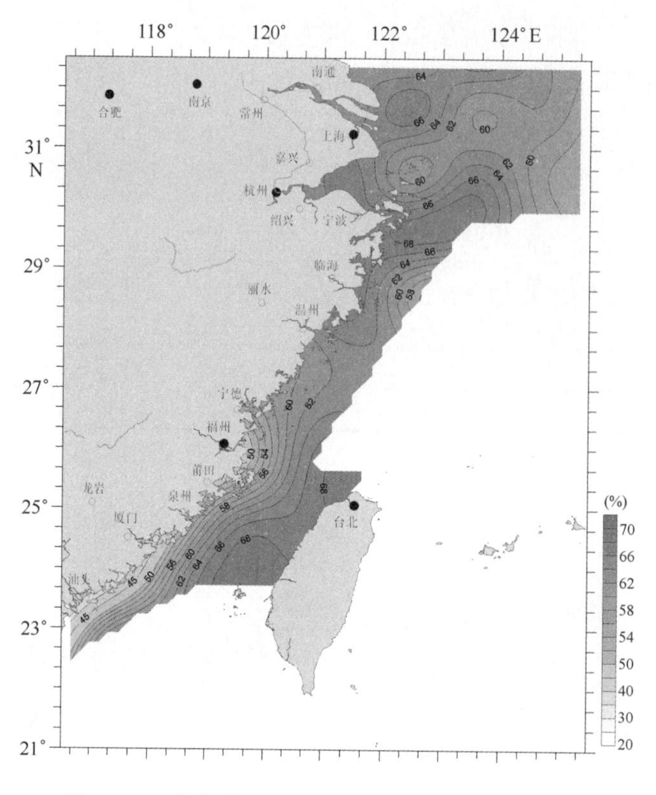

图 21.21　东海陆架表层沉积物伊利石百分含量分布

21.3.1.3　高岭石

在东海陆架高岭石含量最高可达 46.2%，最低为 6.3%，平均值为 13.6%（表 21.2）。东海陆架区沉积物中高岭石含量分布较为均匀，基本上在 15.0% ~20.0% 之间；其中在杭州湾湾口以东区域，出现一低值区，高岭石含量在 8.00% 以下；在台湾海峡南端，高岭石出现最高值，含量在 40% 以上（图 21.22）。

21.3.1.4　绿泥石

东海陆架绿泥石含量空间分布变化较大，最高可达 29.2%，出现在闽浙沿岸带；最低可至 3.7%，出现在长江口北支周边海域（表 21.2 和图 21.23）。

21.3.2　黏土矿物分区

黏土矿物大多数是母岩风化产物。风化产物或者原地残积下来，或者经过搬运而沉积于其他区域。当陆源黏土矿物被搬运到海洋沉积下来时，其化学性质仍保持入海前的特征（程捷等，2003）。因此海洋沉积物中黏土矿物的分布特征主要受物源、海区的沉积环境（水动力、沉积地球化学、海底的地质地貌特征）和矿物本身的矿物学特征控制（方习生等，2007）。如长江沉积物以伊利石含量高（约 70%）、蒙皂石含量低（约 5% ~7%）、伊利石与蒙皂石比值大于 8 为特征；黄河型沉积物则以伊利石含量低（约 60%）、蒙皂石含量高（约 15%）、伊利石与蒙皂石比值小于 6 为特征（范德江等，2001）。

伊利石/蒙皂石比值可以较好反映黏土矿物分区和组合特征。我们作了伊利石/蒙皂石等

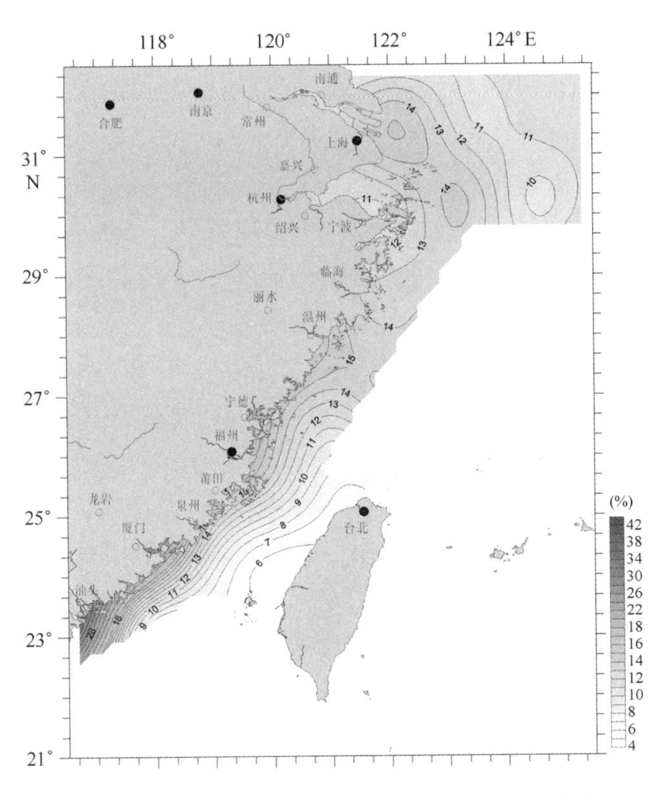

图 21.22　东海陆架表层沉积物高岭石百分含量分布

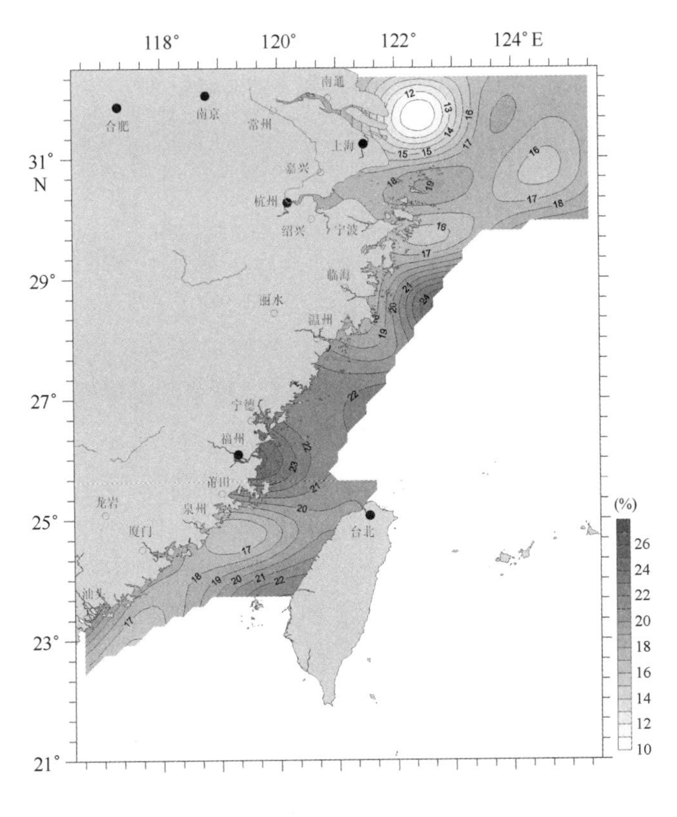

图 21.23　东海陆架表层沉积物绿泥石百分含量分布

值线图，将东海陆架黏土矿物大致分为Ⅰ、Ⅱ、Ⅲ 3 个区，分别位于长江口及其周边区域、东海内陆架区域和台湾海峡区域（图 21.24）。

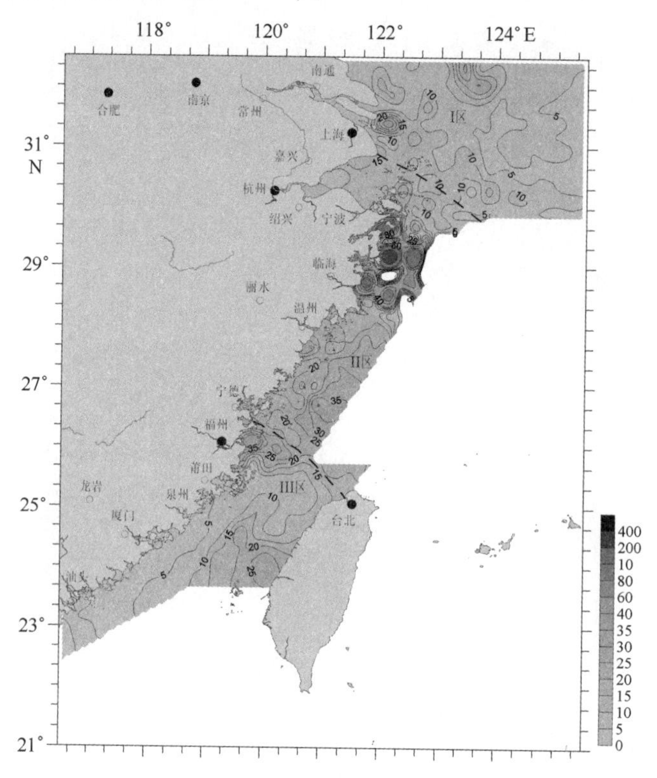

图 21.24　东海陆架表层沉积物伊利石/蒙皂石比值分布

（I 区：长江口及其周边区域；II 区：浙闽泥质区及邻近海域；III 区：台湾海峡区域）

（1）Ⅰ区：长江口及其周边区域。以往的研究表明长江入海物质控制着整个现代长江水下三角洲沉积物的组成，而黄河物质也可能对该区有一定的贡献（范德江等，2001）。为阐述东海黏土矿物组合特征及其环境指示意义，将该区黏土矿物数据投在 ISKc 图上（图 21.25）。参考范德江等（2001）划分长江与黄河沉积物黏土矿物组合在 ISKc 图上的分布区间，该区大约有 20% 的站位位于黄河源物质区域，其他 80% 的站位均位于长江源物质区域。为进一步研究该区不同黏土矿物组合的空间分布特征，绘制了更详细的长江口及周边海域伊利石/蒙皂石比值等值线图（图 21.26），可见伊利石/蒙皂石比值小于 6 的沉积物站位基本位于该区的北部及东部水深大于 50 m 的区域，而其他区域伊利石/蒙皂石比值则较高，在长江口南支及其邻近的杭州湾，比值一般在 15 以上。由此推断，长江口及其周边海域沉积物中的黏土矿物主要来自长江携带的陆源物质，它们在长江冲淡水及沿岸流的作用下在河口及其南部堆积，而长江三角洲北部除受长江物质影响外，苏北沿岸流携带的黄河物质也有一定的贡献。

（2）Ⅱ区：浙闽泥质区及邻近海域。该区主要为闽浙泥质沉积区，沉积物主要由细颗粒沉积物组成。关于其沉积物来源，前人进行了较多的研究，基本认为是以长江等河流输运的陆源碎屑沉积为主（肖尚斌等，2005，2009；石学法等，2011），而陆源物质在经由闽浙沿岸流的远距离搬运而沉积到东海内陆架区域的过程中，沉积物中黏土矿物组合特征则表现出与长江口黏土矿物不尽相同。该区表层沉积物黏土矿物组合特点表现为伊利石含量最高，蒙

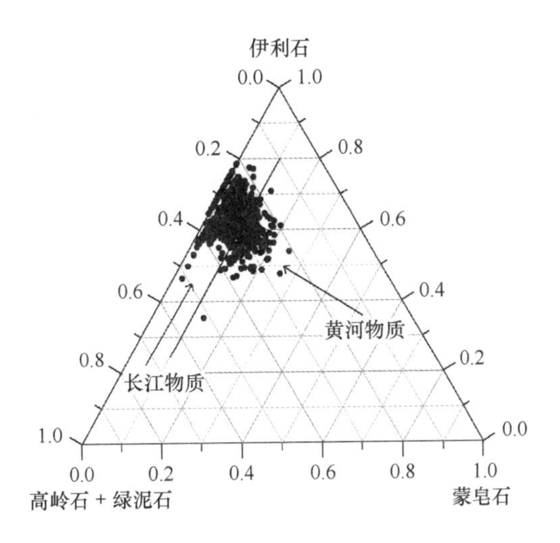

图21.25 长江口及其周边区域沉积物伊利石-蒙皂石-高岭石+绿泥石端元图

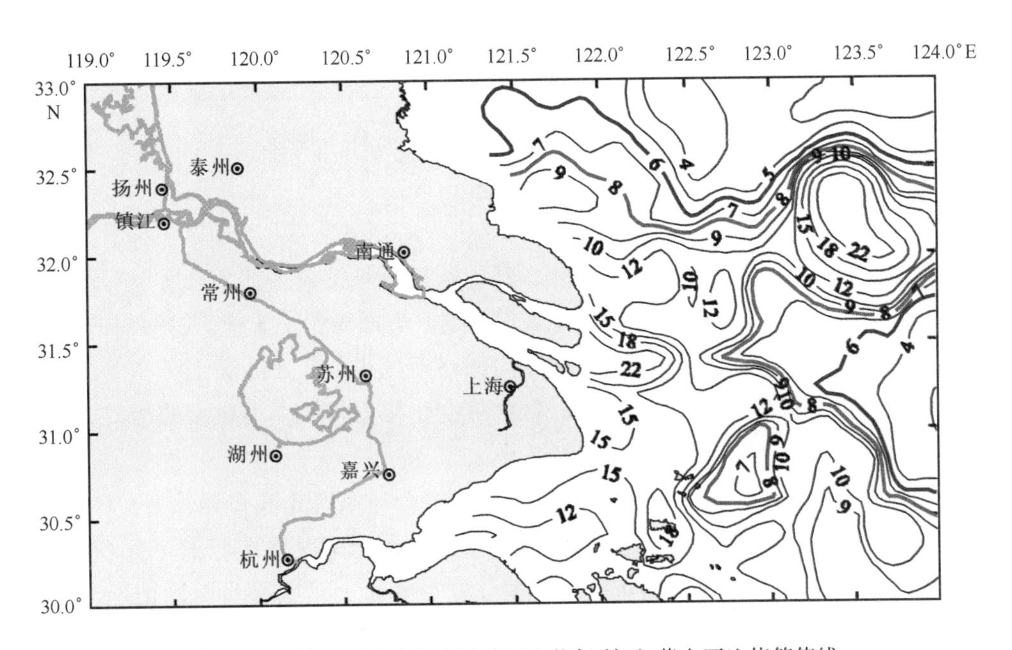

图21.26 长江口及其周边区域沉积物伊利石/蒙皂石比值等值线

皂石含量最低，绿泥石含量高于高岭石，伊利石含量的变化对其他3种矿物的含量变化起控制作用。为明确不同站位间黏土矿物组合关系的区别，以4种黏土矿物的含量为参数，采用SPSS软件进行Q型聚类分析。由分析结果可知，该区可明显划分为两个亚区（图21.27），Ⅰ亚区覆盖了东海的大部分站位（95%的站位），Ⅱ亚区内站位很少，仅包括5%的站位，主要集中在闽江口外区域。在相对含量上，Ⅰ亚区内黏土矿物组合以相对高的伊利石、绿泥石、蒙皂石含量，低的高岭石含量为主要特征，Ⅱ区内站位黏土矿物组合则与Ⅰ区相反（石学法等，2011）。

沉积物中黏土矿物的组合特征也可以反映沉积环境特征，Ⅰ亚区沉积物主要为闽浙冬季沿岸流驱动下进入东海内陆架的长江物质，4类黏土矿物在平行于海岸线方向上分布均匀，反映了沉积物来源和沉积环境稳定；而在垂直于海岸线方向上，高岭石、绿泥石和蒙皂石含

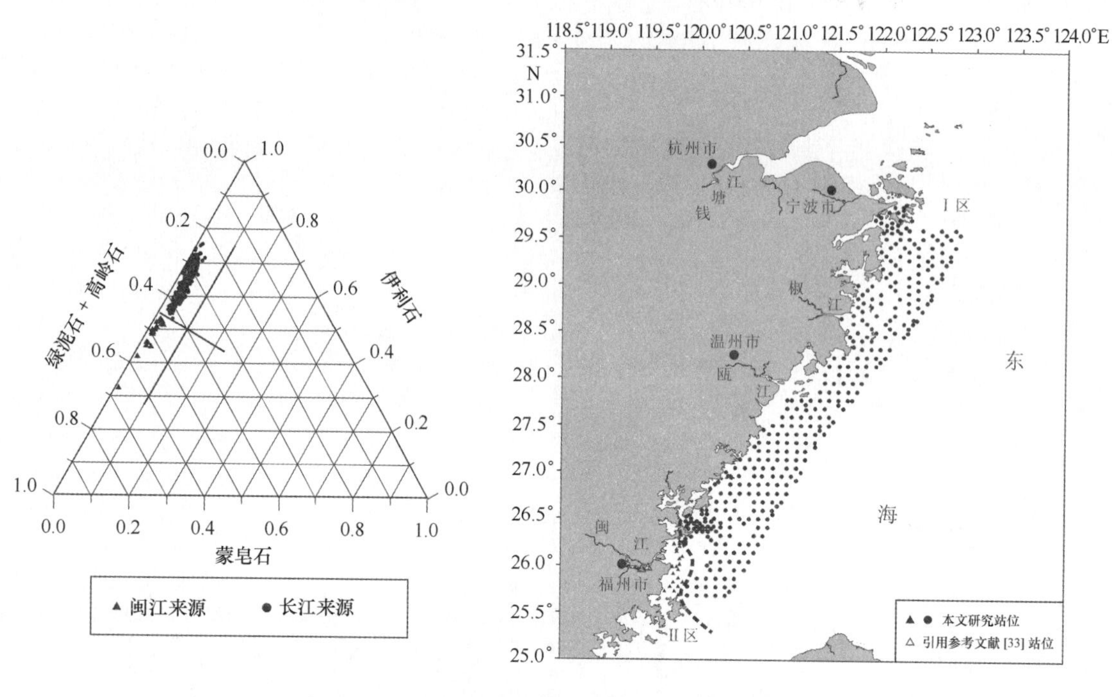

图 21.27 东海内陆架区域沉积物黏土矿物组合分区
资料来源：石学法等，2011

量大致有随着离岸距离的增大而减小的趋势，其中蒙皂石颗粒最为细小，所以对水动力条件的反应最为敏感，其空间分布特征也更具代表性，这一方面表明了3种矿物明显的陆源效应；另一方面也指示了闽浙沿岸流搬运能力向海方向的逐渐减小。Ⅱ亚区黏土矿物等值线分布表现为以河口为起点，向口门外散射的趋势，且含量变化幅度较大，为典型的河口沉积作用所致，随着离河口距离的增大，其作用力逐渐减小。

（3）Ⅲ区：台湾海峡区域。台湾海峡黏土矿物组合与东海北部差异较大，伊利石/蒙皂石比值小于6.5，该区黏土矿物的空间分布可能主要由于其物质来源的不同所致，Xu等（2009）研究了台湾河流及台湾海峡沉积物的黏土矿物组成，认为来自台湾山地型河流的沉积物，尤其是台湾最大的河流——浊水溪可能是台湾海峡黏土矿物的重要来源，大量的台湾河流沉积物在台湾暖流和东海沿岸流的作用下堆积到台湾海峡区域。

第22章 东海陆架沉积地球化学特征

22.1 数据来源

本章通过对“908专项”所取的1 686站表层沉积物的测试分析，对东海陆架区表层沉积物地球化学特征进行了系统研究，阐述了其化学成分含量变化及分布特征、物质来源以及沉积环境和沉积作用特征。分析站位见图22.1。

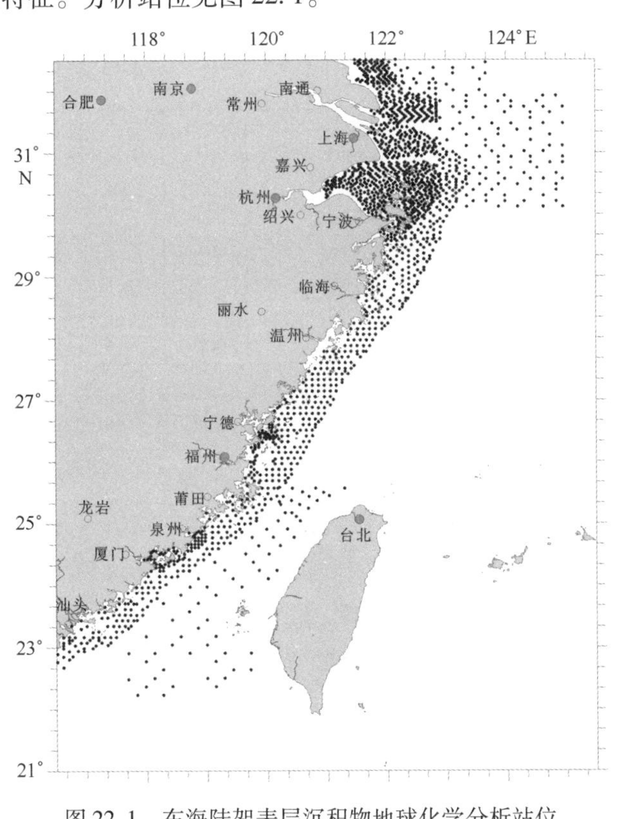

图22.1 东海陆架表层沉积物地球化学分析站位

22.2 常量元素分布特征

东海陆架区表层沉积物常量元素测试结果见表22.1。区内表层沉积物常量元素以SiO_2和Al_2O_3为主，其平均值分别为62.45%和12.62%，TFe_2O_3、MgO、CaO、Na_2O、K_2O和TiO_2的平均含量分别为5.12%、2.27%、4.34%、1.89%、2.54%和0.67%，P_2O_5和MnO含量最低，其平均值只有0.12%和0.09%。

表 22.1　东海陆架表层沉积物常量元素地球化学含量*　　单位:%

元素	所有类型沉积物		砂		粉砂质砂		砂质粉砂		粉砂		黏土质粉砂	
SiO_2	37.18	62.45	37.18	74.29	50.04	66.51	50.86	64.06	53.08	59.40	48.59	57.53
	94.78		94.78		84.48		76.66		69.50		74.07	
Al_2O_3	1.01	12.62	1.01	8.10	4.66	11.03	7.75	11.98	6.44	13.87	7.80	14.56
	22.27		17.75		15.75		18.65		17.74		22.27	
TFe_2O_3	0.32	5.12	0.32	3.40	1.55	4.30	2.20	4.68	3.52	5.58	3.26	5.97
	15.44		9.15		7.31		7.87		6.99		10.98	
MgO	0.11	2.27	0.02	1.51	0.64	1.99	1.10	2.14	1.25	2.41	1.08	2.62
	3.48		3.48		2.98		3.04		3.12		3.27	
CaO	0.14	4.34	0.14	3.62	0.68	4.58	1.05	4.28	1.72	3.82	0.60	4.08
	20.48		20.48		10.41		12.26		5.66		10.60	
Na_2O	0.22	1.89	0.22	1.70	0.61	2.00	1.05	2.00	1.05	1.82	0.78	1.86
	4.03		3.57		4.03		2.78		2.36		2.68	
K_2O	0.52	2.54	0.52	2.06	1.64	2.32	1.54	2.40	1.95	2.67	1.59	2.80
	3.28		3.27		3.26		3.07		3.11		3.28	
TiO_2	0.08	0.67	0.03	0.48	0.26	0.52	0.19	0.63	0.46	0.74	0.37	0.70
	64.00		2.15		1.54		1.77		0.91		3.05	
P_2O_5	0.01	0.12	0.01	0.10	0.04	0.10	0.04	0.12	0.06	0.13	0.05	0.12
	0.31		0.31		0.27		0.23		0.17		0.24	
MnO	0.02	0.09	0.02	0.11	0.03	0.07	0.04	0.08	0.06	0.10	0.05	0.10
	2.87		2.87		0.45		0.22		0.15		0.54	

* 每种元素氧化物左边一列上面一行为含量最小值，下面为最大值，右边一列为平均值.

东海陆架区内常量元素的含量与沉积物类型及沉积物平均粒径有着密切的关系。为确定表层沉积物中常量元素氧化物的含量与沉积物类型的关系，将五种主要类型沉积物的常量元素含量平均值与所有类型沉积物平均值（简称总平均值）的比值［Mean（s）/Mean（t)］按元素作图（图 22.2)。由图 22.2 可以看出，粉砂和黏土质粉砂中各常量元素平均值与总平均值均十分相似，Mean（s）/Mean（t）的比值在 1 附近小幅度变化，其原因是东海陆架区沉积物类型以较细颗粒的粉砂和黏土质粉砂为主。粉砂质砂的变化趋势与砂质沉积物较为一致，只是 MnO 在砂质沉积物中的含量明显高于总平均值，而在粉砂质砂中相对亏损。砂质粉砂相对于总沉积物平均值来说，富集 SiO_2，而其他常量元素则呈不同程度亏损。从图 22.2 中还可以看出，元素在不同类型沉积物中的分布大致有几种不同的变化趋势：SiO_2的含量按照砂、粉砂质砂→砂质粉砂→粉砂→黏土质粉砂的次序依次降低，Al_2O_3、MgO、TFe_2O_3、K_2O 的含量依次增高，CaO、Na_2O、TiO_2、P_2O_5和 MnO 的变化趋势略有差别，Na_2O 在 5 种类型沉积物中含量变化趋势恰好相反，而 CaO 在不同类型沉积物含量变化不大，TiO_2、P_2O_5和 MnO 含量与沉积物类型没有明显的相关性。

这一变化趋势与各元素对应于沉积物平均粒径的趋势比较一致。在常量元素与平均粒径的关系图上可看出（图 22.3)：SiO_2、Na_2O 的含量与平均粒径（Φ）成反比，亦即沉积物粒度越细，则元素的含量越低；Al_2O_3、TFe_2O_3、MgO、CaO、K_2O、TiO_2的含量与平均粒径值

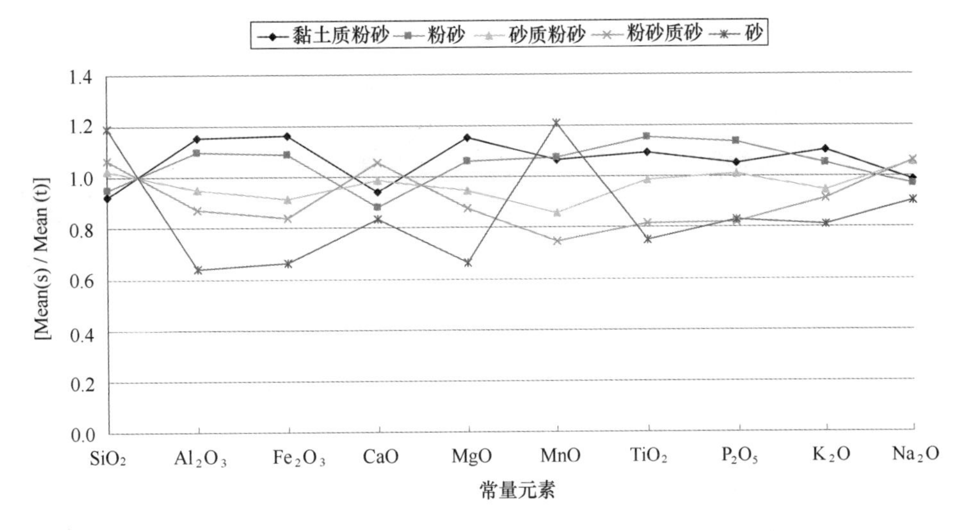

图22.2 东海陆架常量元素含量随沉积物类型的变化趋势

(Φ)成正比，即沉积物粒度越细，则元素的含量越高；MnO、P_2O_5的含量则与平均粒径值关系不大。

根据表层沉积物常量元素含量编制了东海陆架区内表层沉积物SiO_2、Al_2O_3、TFe_2O_3、MgO、CaO、K_2O、Na_2O、MnO、TiO_2、P_2O的含量等值线图，现将各常量元素的区域分布规律描述如下。

(1) SiO_2。SiO_2为东海陆架区底质沉积物的主要地球化学组分，其含量变化在37.18% - 94.78%之间，主要集中于55.0% ~65.0%，平均值为62.45%（表22.1和图22.4）。从区域分布特征来看，SiO_2含量的高值区主要分布在长江水下三角洲北支及近岸区域和台湾海峡南部，一般高于65.00%，而东海内陆架海域SiO_2含量基本低于50.00%（图22.4）。SiO_2主要富集于中粗粒沉积组分中，因此与沉积物粒度的平均粒径值呈负相关。

(2) Al_2O_3。Al_2O_3含量在东海陆架区内变化于1.01% ~22.27%之间，主要集中于11.00% ~14.00%之间，平均值为12.62%（表22.1和图22.5）。铝元素主要以铝硅酸盐的形式赋存于细粒的黏土粒级组分中，其区域分布特征与SiO_2相反，在杭州湾湾口及其以南的东海内陆架泥质区Al_2O_3含量较高，一般在15.00%以上（图22.5），可能指示了长江入海物质的输运路径；在长江水下三角洲北支向东海中、外陆架延伸海域，Al_2O_3含量较低，基本在11.00%以下；而在台湾海峡南部Al_2O_3含量最低，这是由于沉积物主要为粗颗粒的缘故。

(3) TFe_2O_3。TFe_2O_3含量在东海陆架区内变化于0.32% ~15.44%之间，主要集中于4.00% ~5.50%之间，平均值为5.12%（表22.1和图22.6）。在近岸海域，TFe_2O_3含量均相对较高，在5.00%以上（图22.6）。东海陆架沉积物中的铁元素一方面系长江等河流中含铁的胶体和金属离子在河口咸、淡水混合的环境中由絮凝作用沉淀下来；另一方面也来源于陆源碎屑矿物，如褐铁矿和赤铁矿等在本区是较为常见的富铁矿物。而东海陆架区中、外陆架海域，TFe_2O_3含量则较低，基本在4.00%以下。

(4) CaO。东海陆架区CaO含量变化范围为0.14% ~20.48%，主要集中分布于4.00% ~10.00%之间，平均值为4.34%（表22.1和图22.7）。CaO含量高值区出现在杭州湾外海域，其含量一般在10.00%以上，可能主要受控于生源要素的控制；而在近岸海域CaO含量较低，

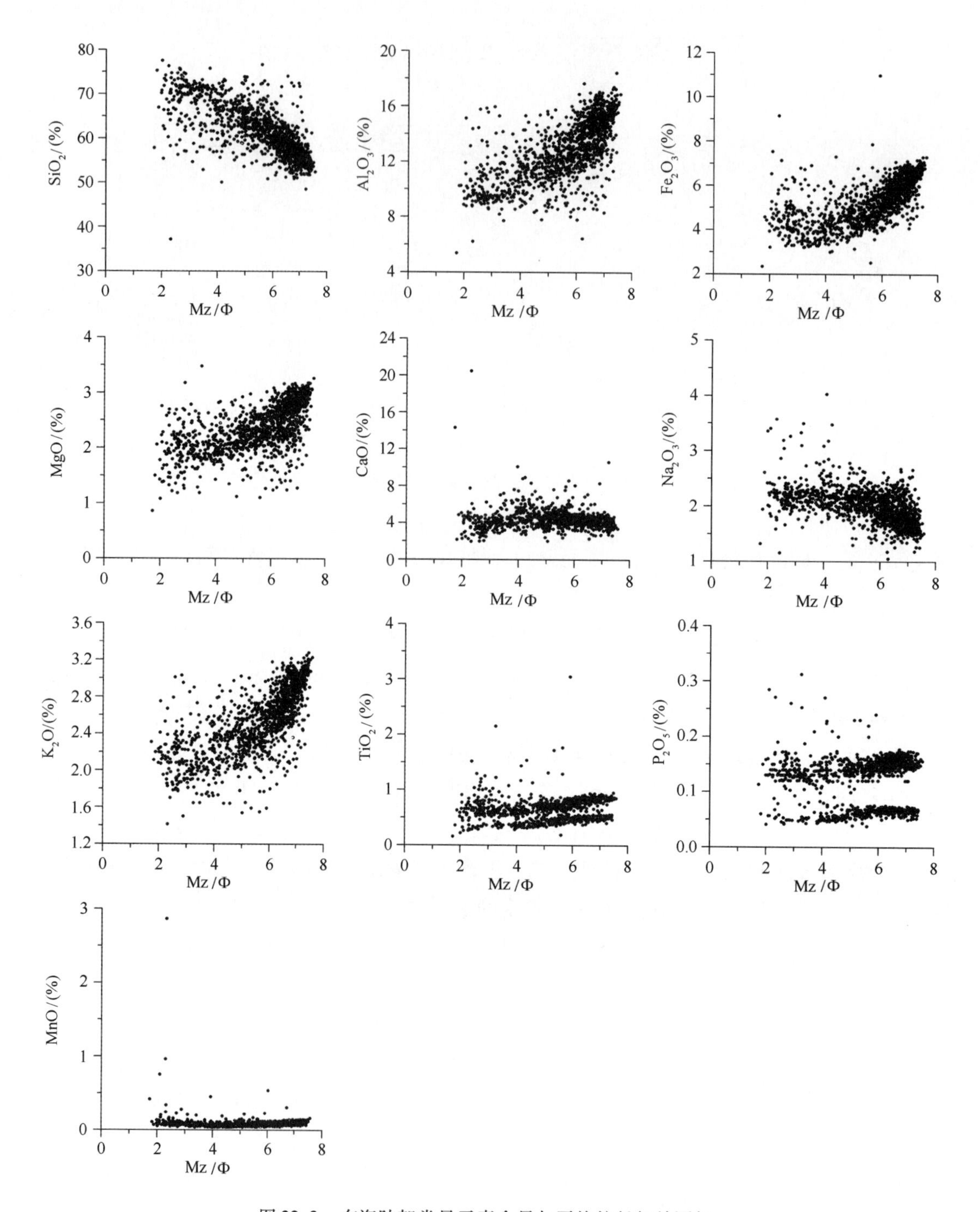

图 22.3　东海陆架常量元素含量与平均粒径相关图解

尤其是闽江口以南海域，CaO 含量基本低于 3.50%。

（5）MgO。MgO 含量在东海陆架区内变化于 0.11%～3.48%之间，主要集中于 2.00%～2.40%之间，平均值为 2.27%（表 22.1 和图 22.8）。MgO 高含量区出现在东海陆架中部近岸一带，低值区则出现在东海东部水深较大海域及南部台湾海峡区域，MgO 含量基本在 1.50%以下（图 22.8）。

（6）MnO。MnO 含量在东海陆架区内总体较低，变化于 0.02%～2.87%之间，平均值为

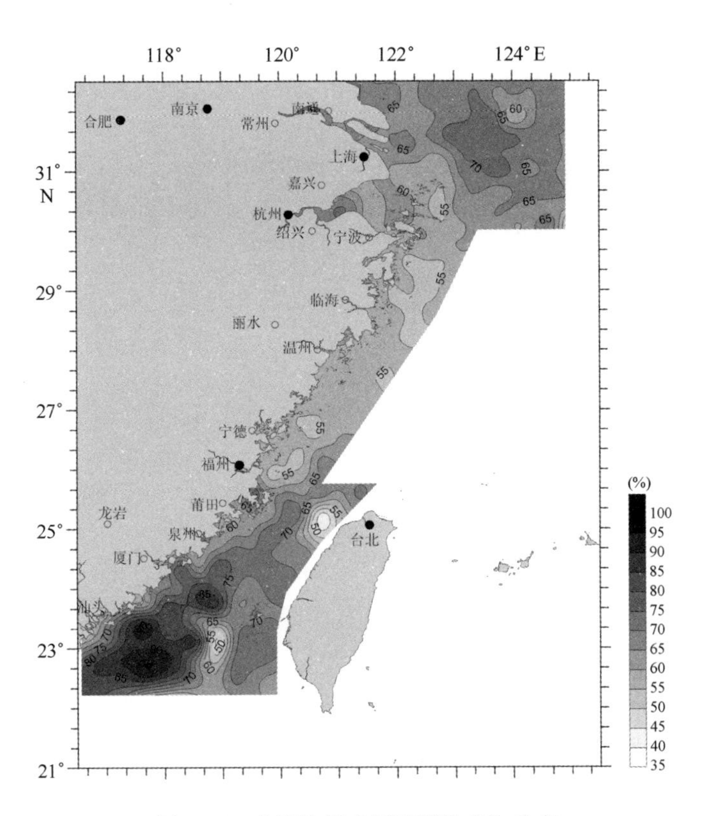

图 22.4　东海陆架表层沉积物 SiO_2 分布

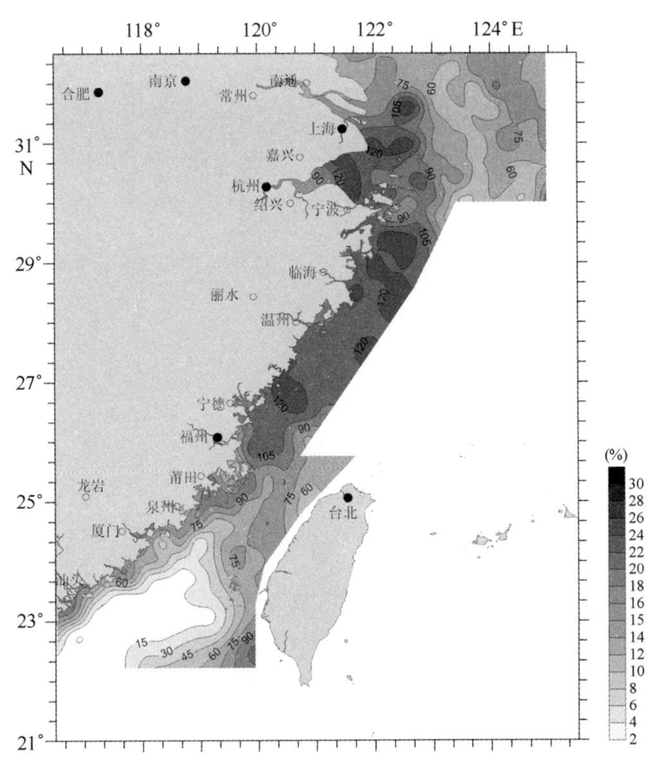

图 22.5　东海陆架表层沉积物 Al_2O_3 分布

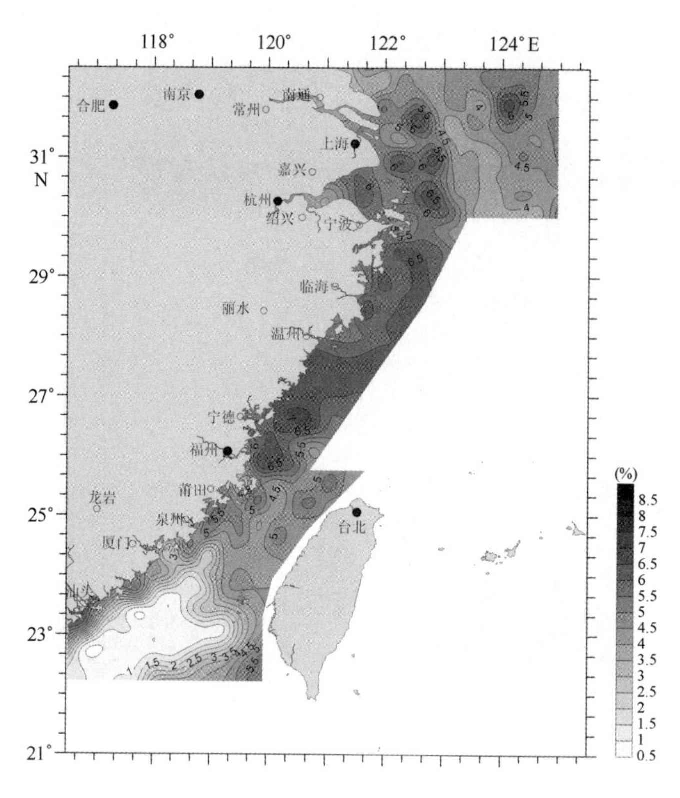

图 22.6 东海陆架表层沉积物 TFe_2O_3分布

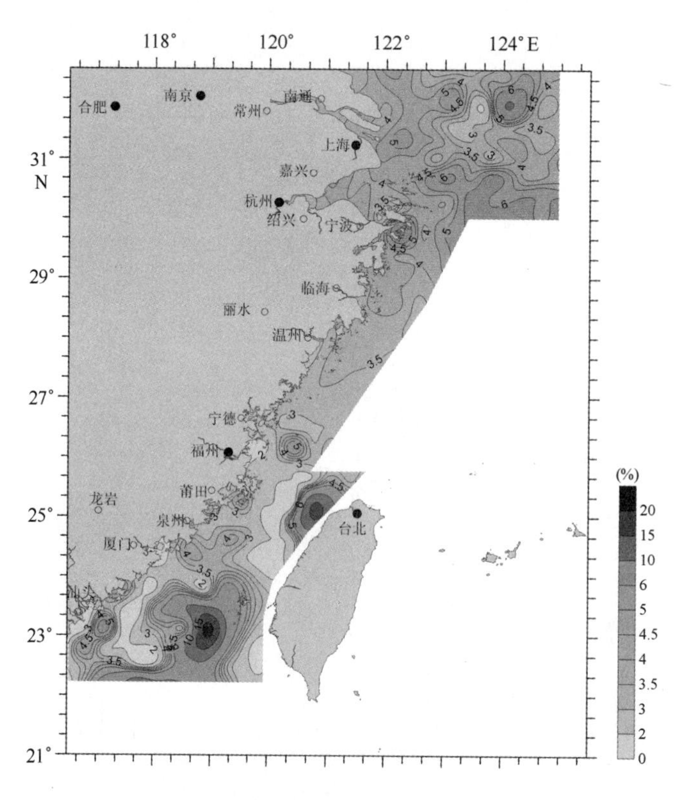

图 22.7 东海陆架表层沉积物 CaO 分布

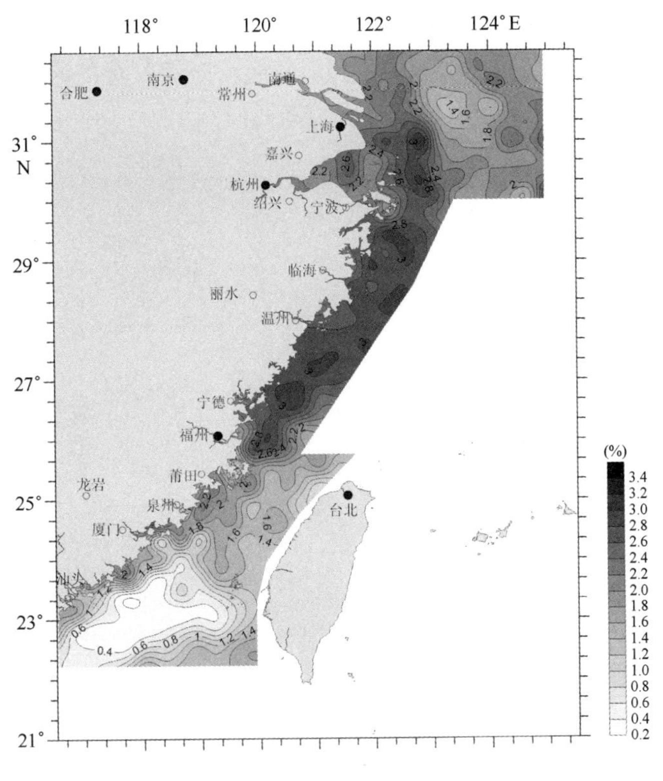

图 22.8　东海陆架表层沉积物 MgO 分布

0.09%。从区域上看，在台湾海峡和长江三角洲南支海域 MnO 含量较低，含量基本在 0.60% 以下，而在东海陆架区其他海域 MnO 含量在 0.60% 以上（图 22.9）。

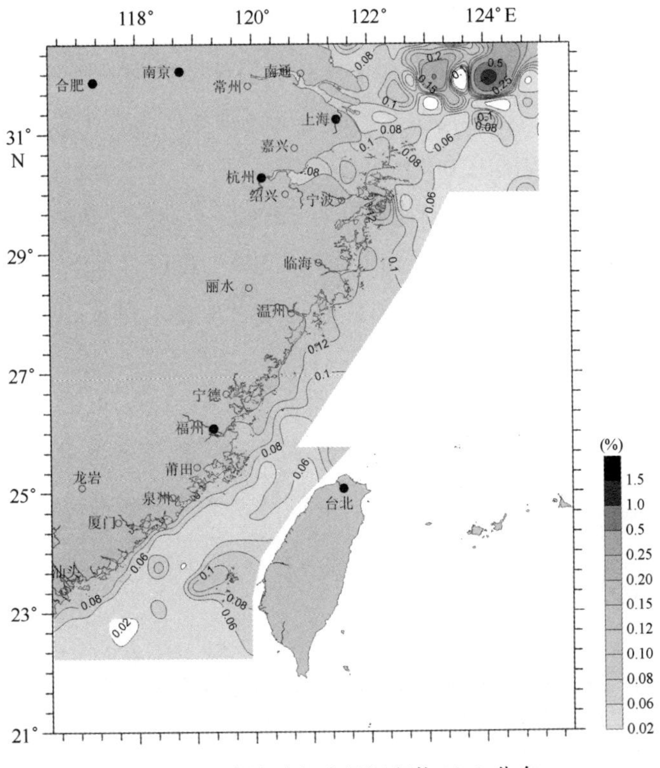

图 22.9　东海陆架表层沉积物 MnO 分布

（7）TiO_2。东海陆架区 TiO_2 含量变化于 0.03% ~3.05% 间，平均值为 0.64%（表 22.1 和图 22.10）。总体趋势表现为近岸海域含量相对较高，由陆向海含量逐渐降低。TiO_2 含量最低区位于东海内陆架最南端的泥质中心区（台湾岛西南）。

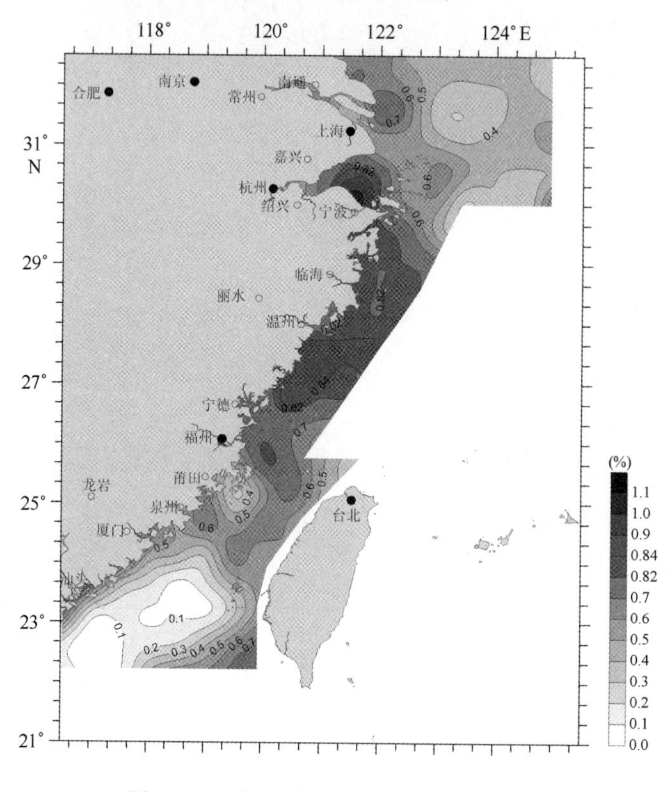

图 22.10　东海陆架表层沉积物 TiO_2 分布

（8）P_2O_5。东海陆架区 P_2O_5 含量变化于 0.01% ~0.31% 间，平均值为 0.12%（表 22.1 和图 22.11）。在长江口北支、杭州湾及其湾口南岸区域 P_2O_5 含量出现两个高值中心，其他区域 P_2O_5 含量分布较为均匀，基本在 0.14% 以下。

（9）K_2O。东海陆架区 K_2O 含量变化于 0.52% ~3.28% 之间，主要分布在 2.10% ~2.90% 范围内，平均值为 2.54%（表 22.1 和图 22.12）。K_2O 含量空间分布与 MgO 相似，高值区出现在近岸一带，含量在 2.5% 以上，低值区则出现在东海东部水深较大海域和台湾海峡南部海域，其含量基本在 2.3% 以下（图 22.12）。

（10）Na_2O。东海陆架区沉积物中 Na_2O 含量变化于 0.22% ~4.03%，主要集中于 1.80% ~2.80% 之间，平均值为 1.89%（表 22.1 和图 22.13）。低值区出现在台湾海峡南部，其含量在 1.00% 以下，而其他区域 Na_2O 含量较高，分布均匀（图 22.13）。

22.3　微量元素分布特征

表 22.2 列出了东海陆架区内微量元素含量的统计特征值。与常量元素的研究相似，把各类型沉积物微量元素含量平均值与总沉积物平均值的比值［Mean（s）/Mean（t）］按元素作图，得到图 22.14。

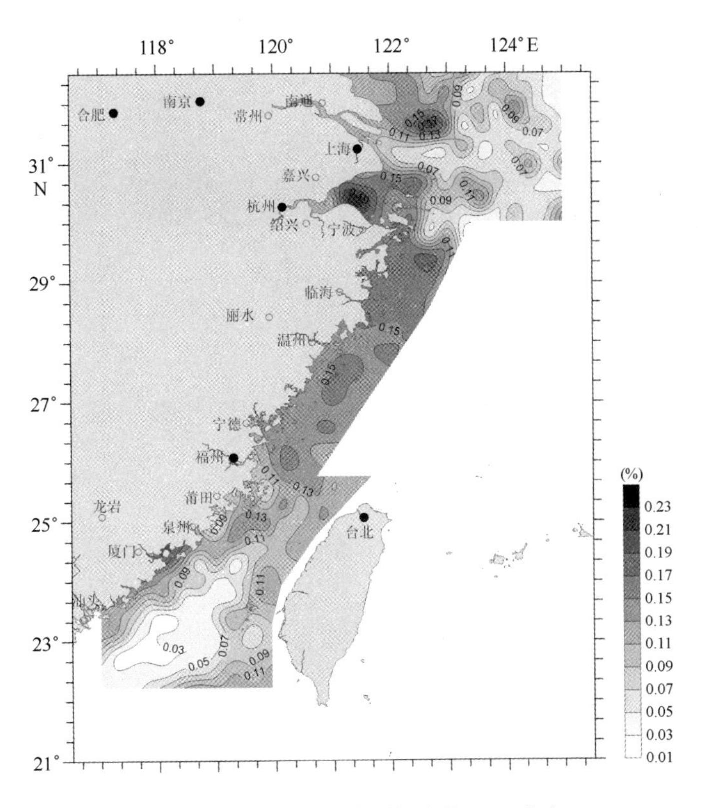

图 22.11 东海陆架表层沉积物 P_2O_5 分布

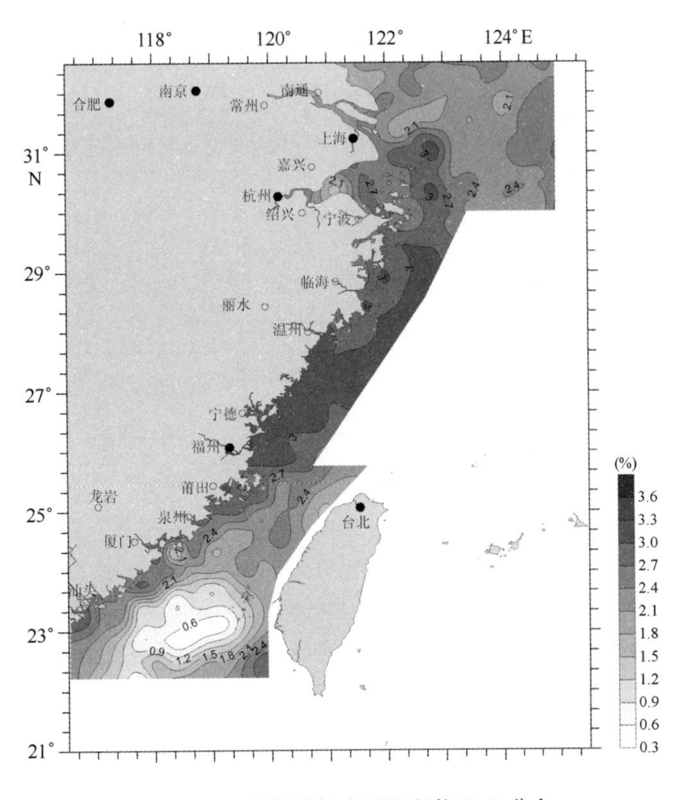

图 22.12 东海陆架表层沉积物 K_2O 分布

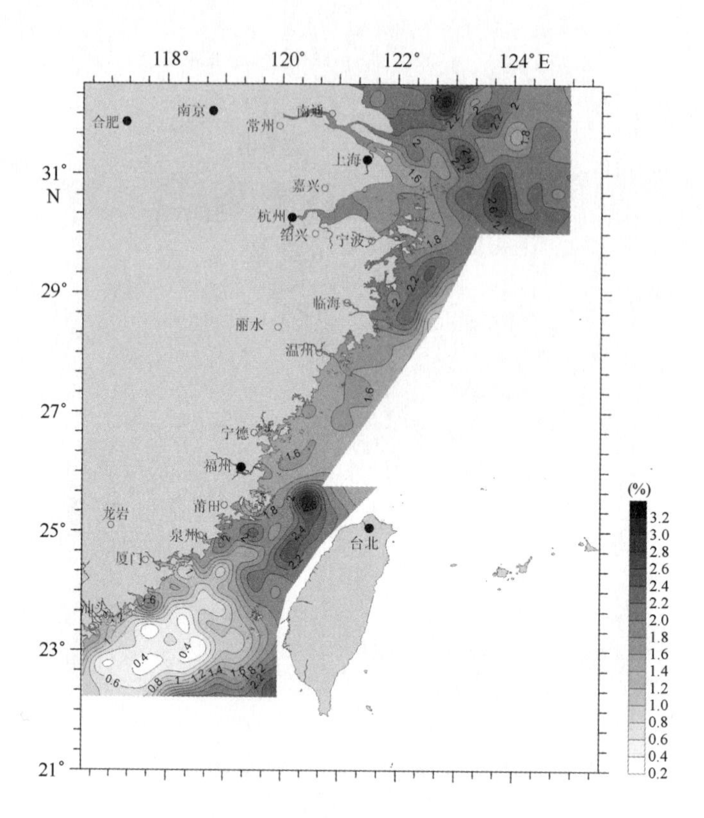

图 22.13　东海陆架表层沉积物 Na_2O 分布

表 22.2　东海陆架微量元素地球化学测试值统计*　　单位：μg/g

元素	所有类型沉积物		砂		粉砂质砂		砂质粉砂		粉砂		黏土质粉砂	
Ba	64. 00	416. 32	64. 00	367. 84	213. 00	401. 27	289. 00	414. 64	293. 39	424. 80	314. 92	435. 66
	570. 00		552. 00		490. 90		555. 00		477. 00		570. 00	
Co	1. 00	14. 11	1. 80	9. 01	3. 40	11. 51	6. 00	12. 66	11. 09	16. 05	7. 00	16. 69
	52. 74		52. 74		19. 24		19. 40		21. 52		22. 17	
Cr	4. 00	73. 49	4. 060	47. 93	15. 10	63. 16	39. 00	69. 43	61. 93	80. 48	40. 90	84. 90
	241. 00		150. 91		135. 00		145. 00		104. 00		241. 00	
Cu	0. 00	25. 54	0. 00	8. 83	0. 00	14. 88	0. 00	21. 58	7. 31	30. 07	3. 00	33. 01
	72. 10		29. 79		63. 40		72. 10		50. 01		60. 40	
Ni	4. 10	33. 43	4. 20	19. 15	8. 57	25. 54	11. 80	29. 25	26. 19	39. 05	14. 40	41. 30
	61. 96		55. 21		40. 20		49. 40		51. 49		61. 96	
Pb	0. 00	26. 59	4. 62	22. 07	3. 15	22. 58	0. 00	23. 49	0. 00	27. 80	0. 00	30. 40
	164. 00		82. 00		51. 30		63. 80		77. 30		164. 00	
Sr	29. 50	164. 65	29. 50	185. 90	138. 00	196. 59	89. 60	176. 17	97. 20	144. 33	62. 80	146. 61
	913. 70		680. 40		320. 00		913. 70		189. 91		436. 00	
V	5. 00	91. 37	5. 40	57. 62	23. 00	70. 65	83. 27	83. 27	72. 00	106. 84	62. 80	108. 38
	280. 80		142. 00		148. 00		152. 00		150. 00		203. 00	
Zn	5. 60	84. 81	5. 60	47. 54	26. 60	63. 90	31. 00	75. 99	57. 72	100. 28	49. 00	102. 62
	431. 00		96. 80		113. 00		230. 83		274. 00		431. 00	
Zr	25. 00	217. 96	25. 00	250. 01	47. 10	250. 42	53. 30	254. 69	151. 00	208. 68	63. 40	196. 53
	2 359. 46		2 359. 46		1 693. 32		893. 00		320. 00		591. 00	

*每种元素左边一列上面一行为含量最小值，下面一行为最大值，右边一列为平均值.

由图22.14中可以看出，微量元素的分布同样与沉积物类型有关。砂质沉积物、粉砂质砂和砂质粉砂中微量元素组分低于平均值，但砂、粉砂质砂、砂质粉砂沉积物中Zr元素的含量略高于平均值，其他元素明显低于总平均值。粉砂和黏土质粉砂沉积物中各微量元素的含量变化趋势基本一致，除了Sr和Zr元素外，相对总沉积物平均值要富集。按砂、粉砂质砂→砂质粉砂、粉砂→黏土质粉砂的次序，Ba、Co、Cr、Cu、Ni、Pb、V、Zn的含量依次增高，而Sr、Zr的含量大致依次降低。这一变化趋势同样反映的是微量元素与粒度之间的相关关系。由图22.15可以看出，Ba、Co、Cr、Cu、Ni、Pb、V、Zn与沉积物平均粒径（Φ）之间均呈较明显的正相关关系，即沉积物粒度越细，则元素的含量越高；而Sr、Zr与平均粒径值呈较明显的负相关，亦即沉积物粒度越细，则元素的含量越低。

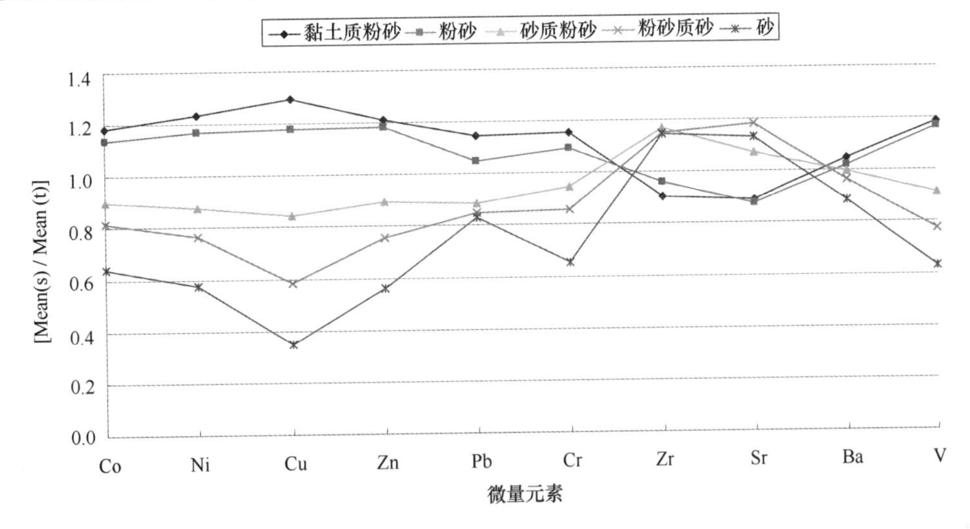

图22.14　东海陆架微量元素含量随沉积物类型的变化趋势

根据表层沉积物微量元素含量编制了东海陆架区内Cu、Pb、Zn、Sr、Ba、Cr、Co、Ni、V、Zr等微量元素的区域分布等值线图。

（1）Ni、Co、Cr、V。东海陆架区Ni、Co、Cr、V平均含量分别为33.43 μg/g、14.11 μg/g、73.49 μg/g和91.37 μg/g，其空间分布较为相似，高含量区均出现在长江口及其以南的东海内陆架海域，而台湾海峡南部和123°E以东海域含量则相对较低（图22.16至图22.19）。

（2）Cu、Pb、Zn。东海陆架区Cu平均含量为25.54 μg/g，其空间分区明显，长江口及其以南的东海内陆架海域含量较高，而台湾海峡南部和123°E以东海域含量则相对较低（图22.20）。东海陆架区Pb含量变化较为复杂，主要分布于20.00 μg/g－40.00 μg/g之间。空间分布上，东海内陆架泥质区为高含量区，尤其是南部闽江口海域，最高可达164.00 μg/g，在长江口南北两侧也出现两个高值区，而其他海域Pb含量基本在20.00 μg/g以下（图22.21）。与Pb相似，东海陆架区Zn含量变化较大，介于5.60～431.00 μg/g之间，平均值为84.81 μg/g。空间分布上，长江口南支到闽江口范围为高含量区，含量基本在100.00 μg/g以上；123°E以东和台湾海峡为低含量区，而后者还表现出自陆向海含量逐渐降低的趋势（图22.22）。

（3）Zr。东海陆架区Zr元素平面分布相对均匀，主要变化范围介于150.00～250.00 μg/g，最高值出现在杭州湾内的钱塘江河口海域（图22.23）。

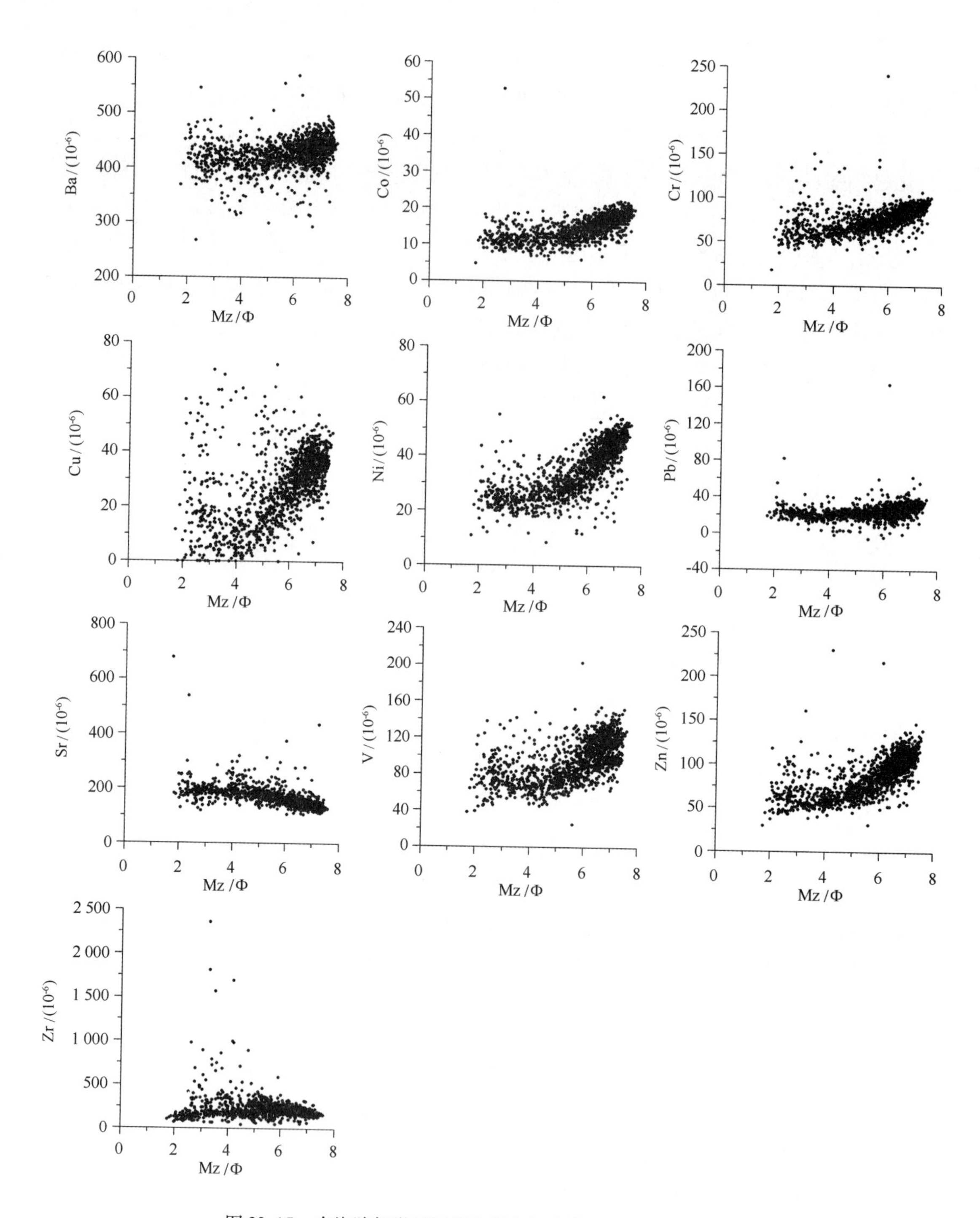

图 22.15　东海陆架微量元素含量与沉积物平均粒径相关图解

（4）Sr 和 Ba。东海陆架区 Sr 空间分布的一个主要特征是其含量由近岸向外海逐渐增大，最高值出现在 123°E 以东和台湾海峡中部海域，可达 913.70 μg/g，而在内陆架海域 Sr 含量基本在 200 μg/g 以下（图 22.24）。

东海陆架区 Ba 的含量相对较高，变化于 64.00～570.00 μg/g 之间，多集中在 400.00～500.00 μg/g 之间，平均值为 416.32 μg/g。Ba 含量高值区域出现在东海陆架区中部的内陆架泥质沉积区，而其他区域 Ba 含量较低，尤其以台湾海峡南部出现最低值（图 22.25）。

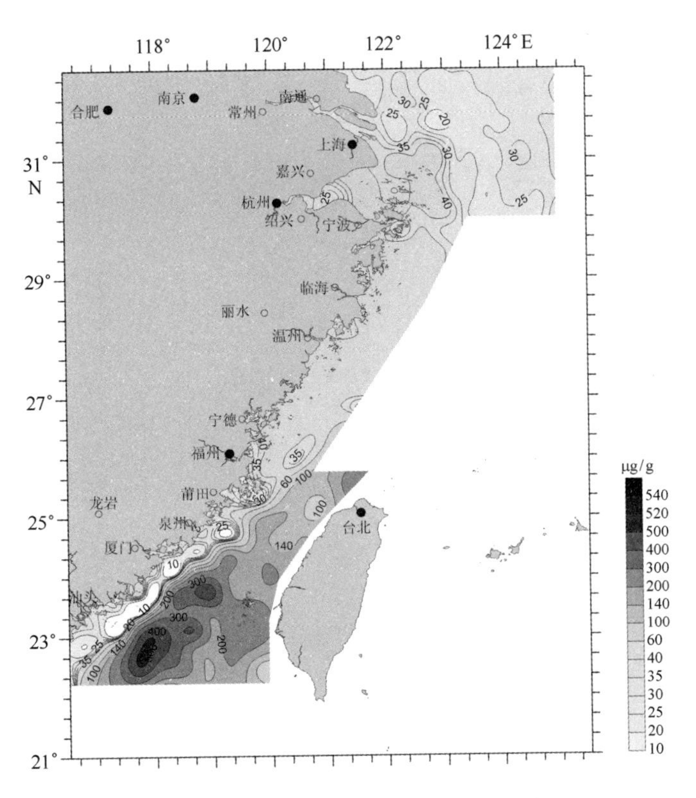

图 22.16　东海陆架表层沉积物 Ni 分布

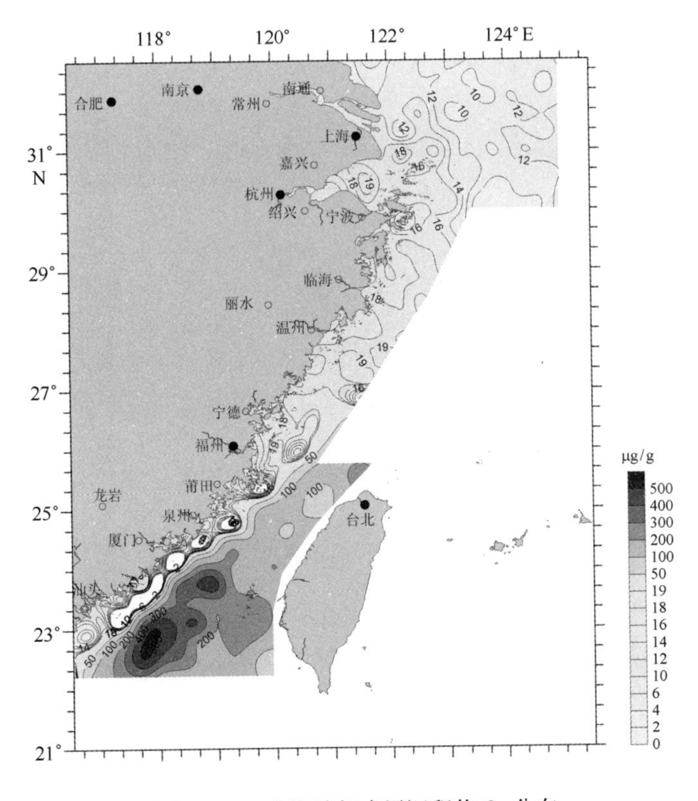

图 22.17　东海陆架表层沉积物 Co 分布

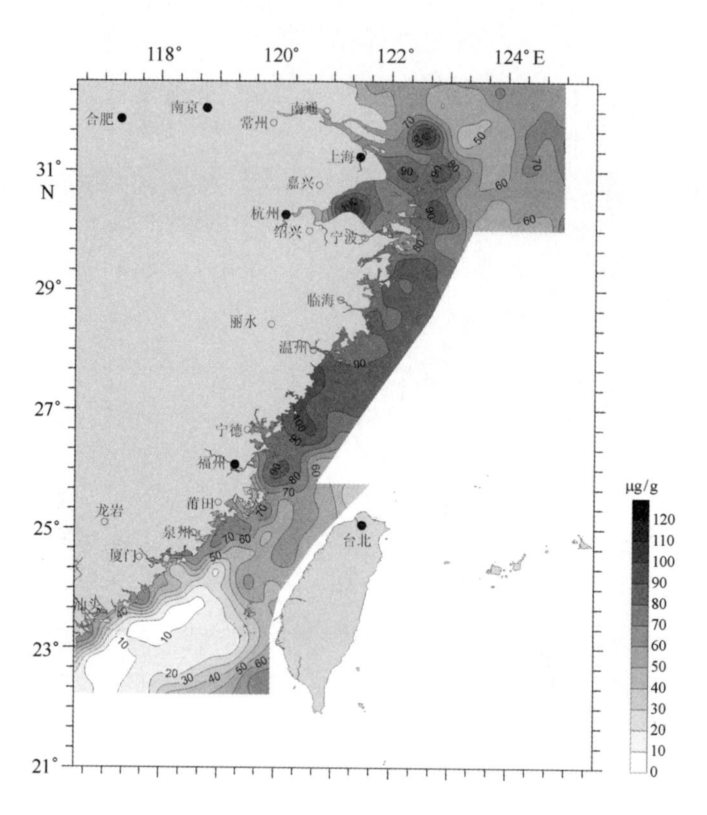

图 22.18　东海陆架表层沉积物 Cr 分布

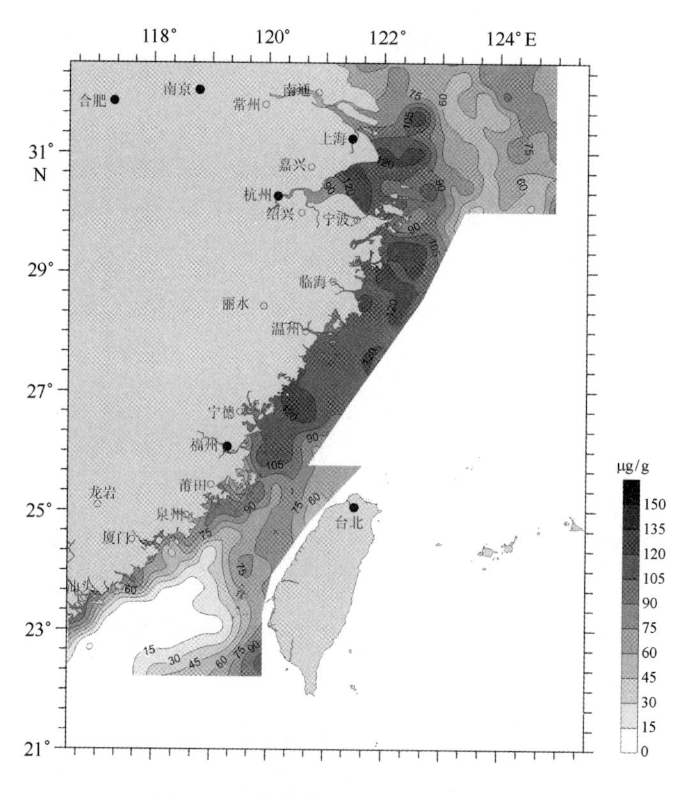

图 22.19　东海陆架表层沉积物 V 分布

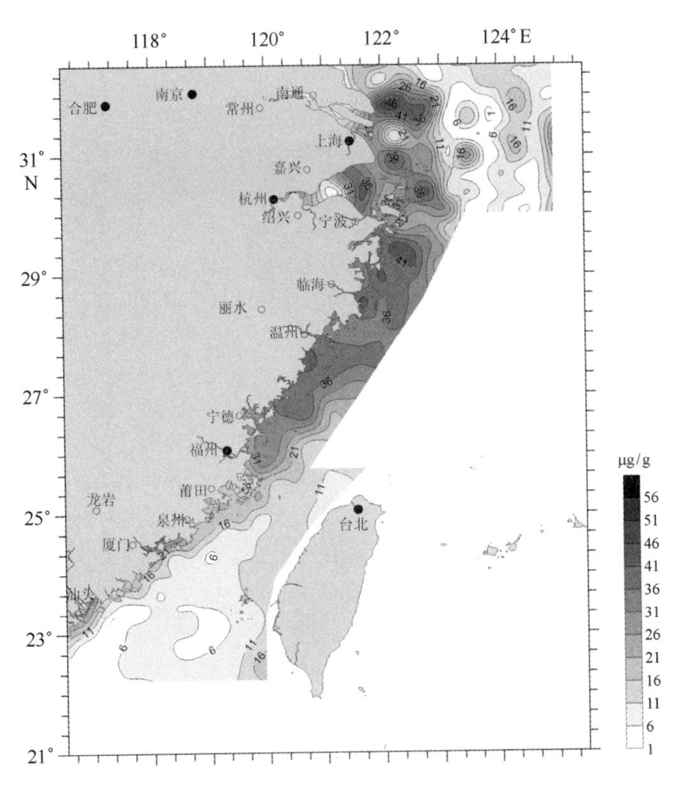

图 22.20 东海陆架表层沉积物 Cu 分布

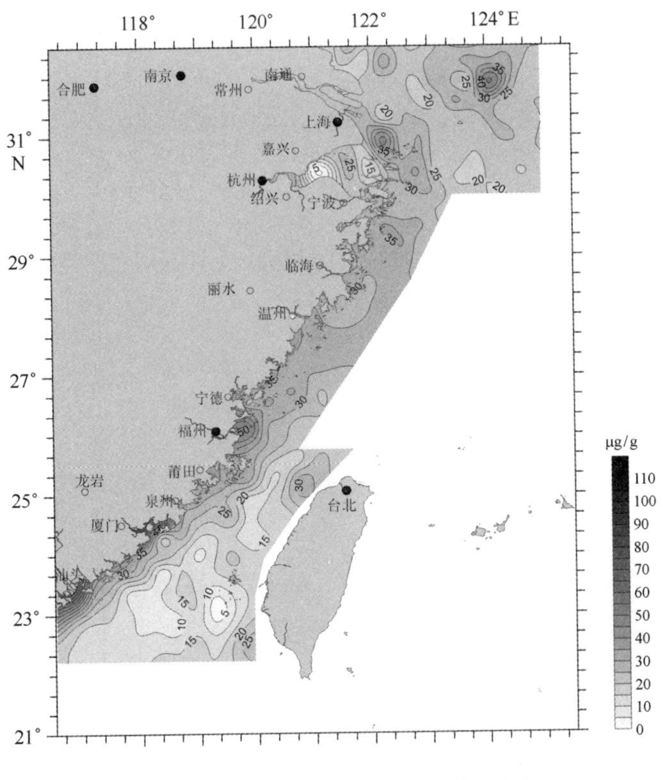

图 22.21 东海陆架表层沉积物 Pb 分布

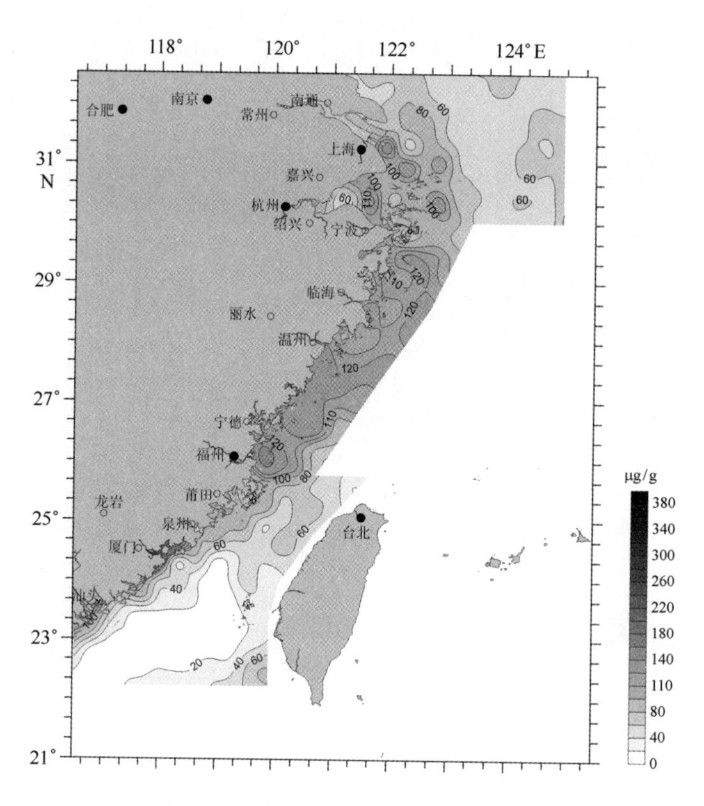

图 22. 22　东海陆架表层沉积物 Zn 分布

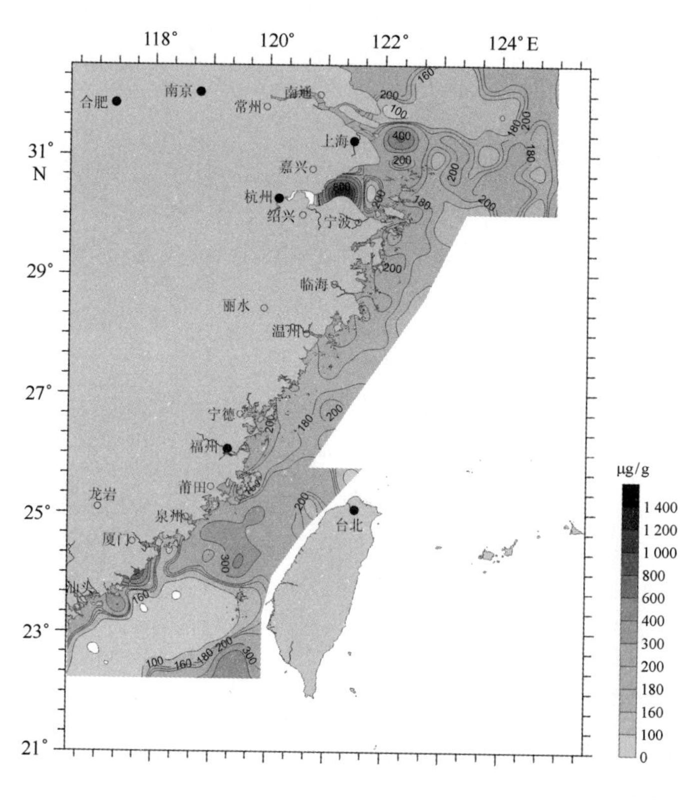

图 22. 23　东海陆架表层沉积物 Zr 分布

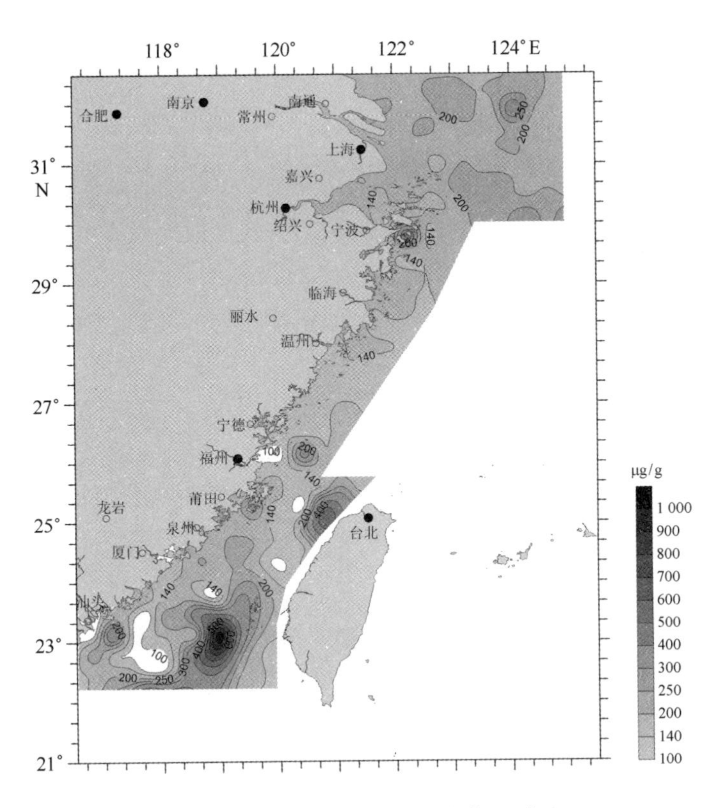

图22.24　东海陆架表层沉积物Sr分布

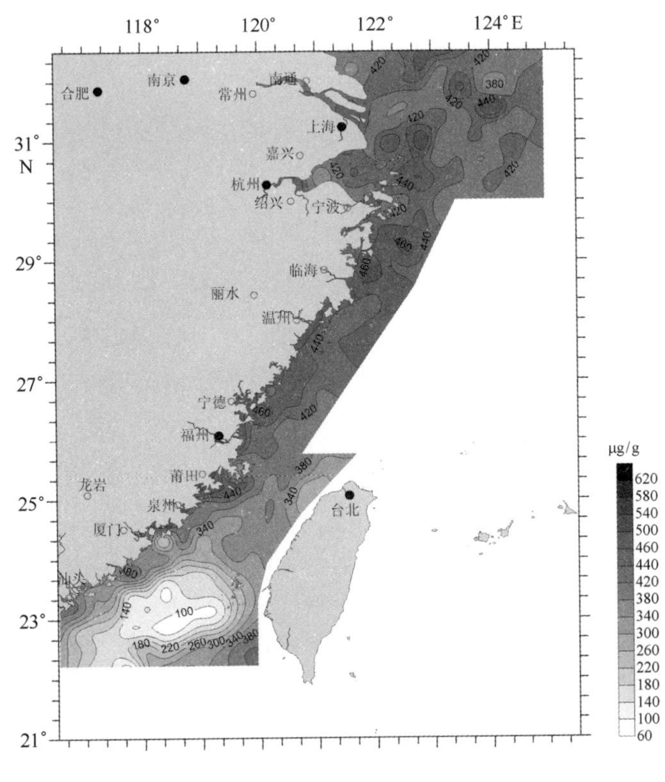

图22.25　东海陆架表层沉积物Ba分布

22.4 元素地球化学相关性分析

陆源碎屑物质中所含的许多元素在母岩风化过程中常共生或伴生在一起，经风化、搬运、再共同沉积于海洋沉积物中，因此，海洋表层沉积物中的惰性元素（如亲石元素、高场强元素）势必保存了母岩的地球化学特性，存在着一定的相关关系。而以离子形式搬运的元素，在形成胶体沉淀时，往往会吸附与其具有相似地球化学行为的其他元素离子共同沉淀，也会致使沉积物中某些元素的强相关性（秦蕴珊等，1987；王国庆等，2007a）。

将常、微量元素间的相关性用 Pearson 相关系数进行度量，所计算的结果再经双尾显著性检验，其结果见表 22.3。

SiO_2是东海表层沉积物中占主导的地球化学元素组分，其含量的变化直接影响到其他元素的含量。从表 22.3 可以看出，SiO_2与绝大部分的常、微量元素均呈负相关，也即是所谓 Si 的“稀释剂”作用（赵一阳等，1994）。

Al_2O_3也是表层沉积物中的重要组分，与 SiO_2的含量多互成消长关系。同时，SiO_2是砂的特征元素，其含量随粒度变细而降低，而 Al 是泥（黏土）的特征元素，其含量随粒度变细而升高，因此两者之间必然存在着负相关关系。表 21.3 还显示，Fe_2O_3、MgO、K_2O、Cu、Ba、V、Zn、Co、Ni、Cr 与 Al_2O_3之间呈现正相关关系，其中 Al_2O_3与 Fe_2O_3、MgO、K_2O、Cr、V、Co、Ni 的相关系数均在 0.50 以上，甚至高达 0.80 以上，而且这几类元素彼此之间也存在着较强的相关关系。对比这几类元素与平均粒径的关系，可以看出它们均富集于黏土粒级组分中，因此这些元素彼此之间的相关关系首先反映的应该是这些元素的亲黏土性。

总体看来，绝大多数的元素与沉积物平均粒径相关，即与沉积物的粒度组成相关。只有 P_2O_5和 MnO 与平均粒径的相关性不明显。

22.5 元素地球化学控制因素分析

影响东海陆架区常、微量元素分布的主要因素是沉积物来源和区域的水动力条件。该区域沉积物的最主要来源是长江等河流携带的入海物质。另外，侵蚀海岸来沙、火山来源及自生组分也对该区沉积物有一定的贡献，但其数量和河流输沙相比甚微（孟宪伟等，2001）。

物源是控制沉积物地球化学组成的主要因素之一，由常、微量元素空间分布图可知，SiO_2主要富集于长江口周边海域，受长江源粗颗粒物质高硅酸盐的影响（刘升发等，2010）；Al_2O_3的高值区分布于杭州湾及其以南的闽浙沿岸一带，该区北临长江入海口，大量的长江源细颗粒物质在闽浙沿岸流的作用下向南运移（Liu et al.，2007；肖尚斌等，2009），在台湾暖流的顶托及岛屿的阻隔下，杭州湾北岸接受了大量的长江物质；而 MnO、Sr、Ba 等在中外陆架的高值区可能指示了火山来源及生物来源的控制作用。

另外，粒度是影响沉积物地球化学组成的另一个重要因素（赵一阳等，2004；王国庆等，2007）。在东海中、外陆架区，SiO_2、Zr、和 Sr 含量较高，该高值区主要由残留沉积物组成，粒度研究结果表明，其沉积物以粗颗粒的粉砂质砂和砂为主。在东海内陆架沉积区，Al_2O_3、TFe_2O_3、MgO、K_2O、Ba、Cu、Ni、V、Cr 和 Pb 含量较高，尤其是在东海内陆架泥质区，这些元素含量为该区最高值。由粒度研究结果可知，该区域主要为细粒级沉积物，平均粒径小

表 22.3　东海陆架表层沉积物常、微量元素相关性分析

元素	SiO_2	Al_2O_3	Fe_2O_3	CaO	MgO	MnO	TiO_2	P_2O_5	K_2O	Na_2O	Co	Ni	Cu	Zn	Cr	Zr	Sr	Ba	V
SiO_2	1	-0.29	-0.29	-0.69	-0.35	-0.20	0.02	-0.11	-0.23	-0.08	-0.21	-0.41	-0.24	-0.42	-0.21	0.17	-0.34	-0.04	-0.27
Al_2O_3		1	0.83	-0.42	0.89	-0.01	0.02	-0.06	0.90	-0.23	0.66	0.62	0.49	0.32	0.57	-0.04	-0.41	0.12	0.50
Fe_2O_3			1	-0.40	0.84	0.18	0.04	0.13	0.74	-0.37	0.76	0.67	0.63	0.39	0.71	-0.01	-0.41	0.09	0.66
CaO				1	-0.30	0.14	-0.06	0.05	-0.45	0.27	-0.35	-0.13	-0.21	0.10	-0.27	-0.14	0.65	-0.04	-0.21
MgO					1	0.02	0.02	0.06	0.75	-0.25	0.65	0.61	0.50	0.35	0.65	0.07	-0.36	0.10	0.56
MnO						1	0.01	0.28	-0.03	0.10	0.07	0.01	0.02	-0.03	-0.02	-0.05	0.12	-0.04	0.06
TiO_2							1	0.10	0.02	-0.01	0.04	0.01	0.02	-0.00	0.04	0.03	-0.04	0.00	0.06
P_2O_5								1	-0.07	0.19	0.15	0.08	0.22	0.16	0.13	0.18	0.09	-0.01	0.32
K_2O									1	-0.16	0.60	0.59	0.42	0.36	0.46	-0.14	-0.37	0.15	0.44
Na_2O										1	-0.48	-0.43	-0.41	-0.24	-0.40	-0.04	0.39	-0.04	-0.42
Co											1	0.81	0.68	0.51	0.72	0.02	-0.53	0.15	0.78
Ni												1	0.70	0.71	0.73	-0.09	-0.34	0.20	0.79
Cu													1	0.56	0.58	-0.15	-0.34	0.14	0.68
Zn														1	0.52	-0.15	-0.09	0.19	0.61
Cr															1	0.30	-0.47	0.14	0.80
Zr																1	-0.19	-0.04	0.15
Sr																	1	-0.16	-0.40
Ba																		1	0.14
V																			1

于 11.00 μm。这表明表层沉积物中大部分元素含量还受沉积物粒度组成的影响，即受该区域水动力条件的控制。前已述及，东海陆架区内的常、微量元素含量对沉积物粒度有着比较敏感的反映，Al、Fe、K、Cu、Ni 等元素与黏土粒级组分呈明显的正相关，而 Si 元素的高含量区则出现在粗粒的砂、粉砂质砂沉积区。通过对元素含量与砂、粉砂、黏土粒级组分的相关分析，发现常、微量元素与黏土粒级组分的相关性与其对平均粒径的相关性基本一致，可见黏土粒级组分对元素的含量有着决定性的影响。这可能说明东海陆架区内元素的富集与细粒黏土矿物的吸附作用有较大的关系。

沉积物中的矿物是常、微量元素的直接载体，其种类及其组成比例直接影响到元素的含量。在东海陆架区内，黏土矿物含量高的地区，如东海内陆架泥质区，与黏土矿物相关的 Al、K、Cu、Co、Cr 等的含量就相对增高；在富 Zr 矿物锆石的沉积物中，Zr 的含量也相应增高；在轻矿物组成以石英为主时，SiO_2 含量就相对增高，而以方解石为主时，Ca 与 Sr 的含量就较高。

对于亲生物成因的 Ba 与 Sr 元素而言，其富集受生物沉积作用支配。在生物碳酸盐介壳相对富集的地区，如冲绳海槽周边区域，Ba 与 Sr 的含量就高。此外，水动力条件、物理化学条件及水深地形等因素亦在元素的富集、迁移等地球化学过程中会产生不同程度的影响。

22.6 元素地球化学的环境指示意义

元素地球化学是研究沉积物物质组成的重要指标之一，其在地层中的分布与环境和气候变化密切相关。气候和环境的变迁直接影响到沉积物中地球化学元素的富集、迁移和沉积状态，因此不同的元素及其组合（比值）特征反映不同的环境条件和变迁，是气候地质事件内在成因和环境信息的综合体现和良好标志（颜文等，2002；赵宏樵等，2008）。

已有研究表明，东海陆架区域沉积物主要是来自长江等河流的悬浮体输送而沉积（孙效功等，2000；肖尚斌等，2004，2005；Liu et al.，2007；石学法等，2011），这与该海区现代悬浮体分布和水动力格局基本一致（郭志刚等，1999）。因此，该区沉积物中地球化学元素的分布受风化作用的控制尤为显著，其强度主要受温度和降雨量影响，作为流入东海最大河流的长江，其流域的风化作用以化学风化为主（杨守业等，1999）。沉积物中的 Al_2O_3/Na_2O、Na_2O/K_2O、MgO/K_2O、CaO/K_2O、CaO/MgO、化学蚀变指数（$CIA = [Al_2O_3/(Al_2O_3 + CaO^* + Na_2O + K_2O)] \times 100$）及化学风化指数（$CIW = [Al_2O_3/(Al_2O_3 + CaO^* + Na_2O)] \times 100$）等比值经常被用作化学风化强弱的指标（Nesbitt et al.，1996；文启忠等，1996；Delaney et al.，1993；Chen，1996；Nyakairu et al.，2000；Young et al.，2001），原因在于化学风化时 Na、Ca 最易迁移、淋失，Mg 在强烈化学风化时也易活动，而 K、Al 及 Fe 元素则多保存在风化形成的黏土中而产生聚集，这些参数的共同运用可很好地反映化学风化情况。另外，已有研究表明珊瑚、珊瑚礁岩、黄土以及深海沉积物等介质中 Mn 含量与古气候的旋回存在密切的内在关系，Mn 含量高对应于温湿气候期，含量低对应于干冷气候期（Shen et al.，1991；阎军等，1991；郭丽芬等，1993）。

基于上述讨论，可认为东海陆架区元素地球化学性质的不同导致其对气候和环境变化响应的差异。考虑到沉积物粒度组成对元素含量的影响以及元素之间的稀释效应，一般不采用单个元素含量指示沉积环境的变化，而使用几种元素含量的比值。虽然海洋生物沉积在一定程度上影响到该区的沉积作用，但整体上仍以陆源碎屑沉积为主（刘升发等，2010）。从东海陆架区沉积物化学蚀变指数（CIA）空间分布图（图22.26）可以看出，东海陆架区大致可以分为3个区：Ⅰ区位于长江水下三角洲东北侧，以CIA<64为特征，指示了化学风化作用相对较弱，这可能与由北输运而来的黄河物质有关，其风化作用主要以物理风化为主，化学风化指数较低；Ⅱ区位于长江口南支到台湾海峡中部之间的区域，以CIA>64为特征，结合现代水动力格局，推断该区主要为长江物质控制区；Ⅲ区位于台湾海峡中部以南的海域，CIA值介于55~62之间，指示了其物源区气候条件明显不同于长江源区，其沉积物可能主要来自台湾山地型河流沉积物或南海输运而来的物质。

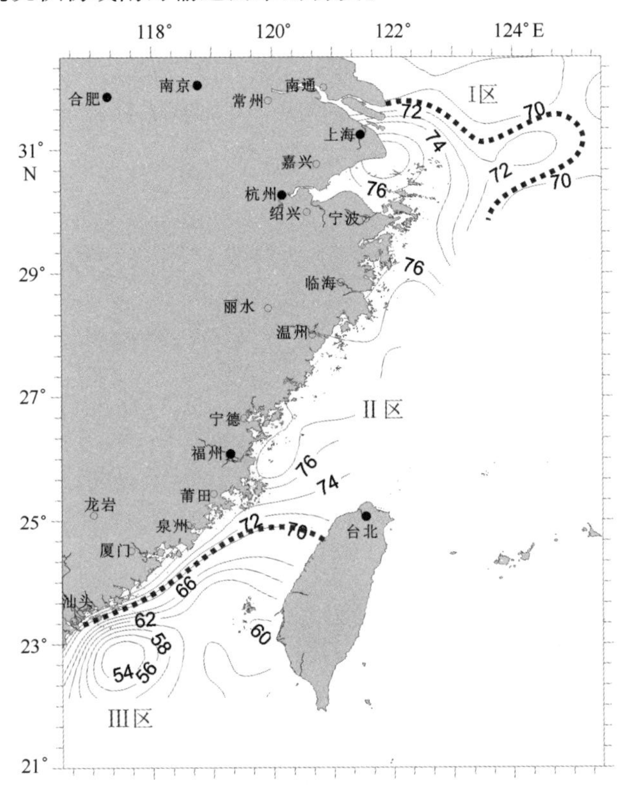

图22.26　东海陆架区沉积物CIA空间分布及地球化学分区

（Ⅰ区：长江水下三角洲东北侧；Ⅱ区：长江口南支至台湾海峡中部；Ⅲ区：台湾海峡中部以南）

第23章　东海陆架微体古生物特征

23.1　数据来源

本章利用“908专项”在东海所获取的1 186个表层沉积物样品进行了有孔虫分析（图23.1），由于样品中以底栖有孔虫为主，浮游有孔虫不论属种还是数量都很少，所以本章仅对底栖有孔虫分布特征进行了分析讨论。

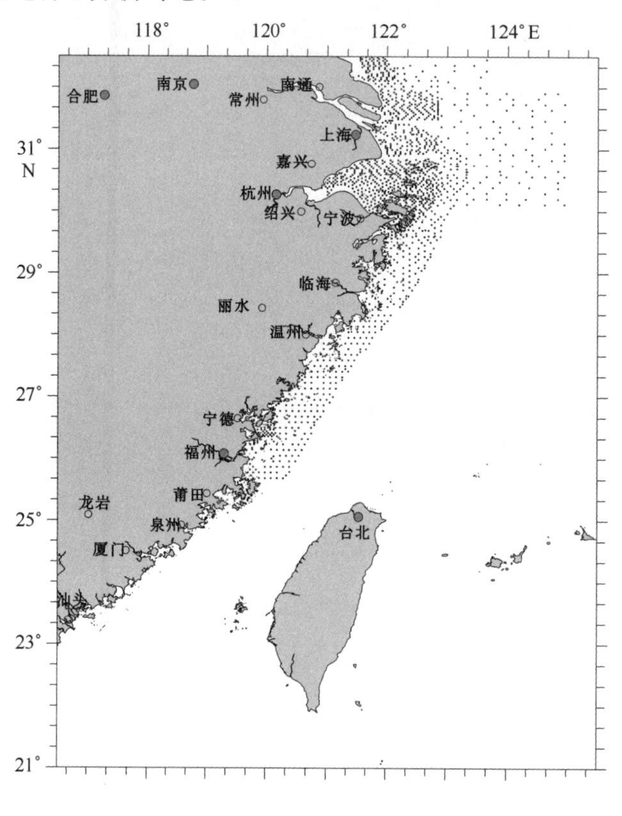

图23.1　东海陆架表层沉积物底栖有孔虫分析站位

23.2　底栖有孔虫分布特征

23.2.1　底栖有孔虫丰度和分异度

东海底栖有孔虫丰度变化与水深变化密切相关，在内陆架浅水区丰度普遍较低，随着水深的加大，丰度相应增高。如图23.2所示，在水深小于40～50 m的内陆架浅水区，底栖有孔虫丰度普遍小于100枚/g，而在长江口东南部水深较大区域，底栖有孔虫的丰度显著增加，部分站位丰度达到1 000枚/g以上。另外在东海东南区域底栖有孔虫丰度也相对较高，不少站位大于100枚/g，该区域除了受水深增大的影响之外，可能还受到台湾暖流的影响，所以使底栖有孔虫丰度相应增大。

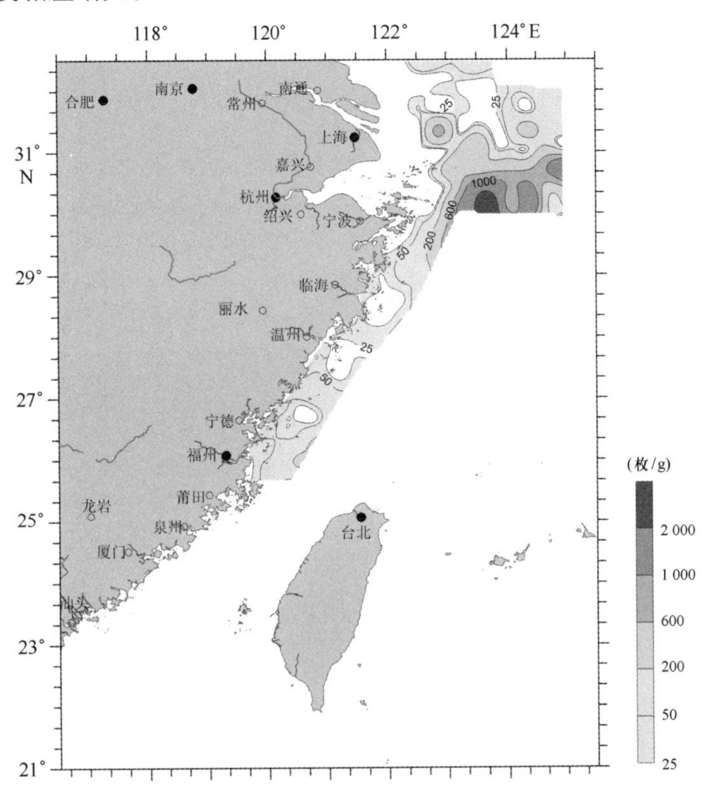

图23.2　东海陆架表层沉积物底栖有孔虫丰度（枚/g）

通过对东海陆架区表层沉积物中底栖有孔虫简单分异度S（图23.3）和复合分异度H（S）（图23.4）的分析可以看出，与丰度分布趋势及范围相对应，在东海内陆架近岸浅水区S和H（S）都相对较低，而在东部深水区则明显增高。上述分布趋势反映了底栖有孔虫分布明显受水深、水温、盐度等因素的影响。当水深较小、水体受沿岸水影响显著时，底栖有孔虫种类减少，丰度降低；反之，随着水深增大，淡水影响减小，而且在部分区域可能受到台湾暖流的影响时，分异度则明显增大。

23.2.2　三类底栖有孔虫分布特征

根据有孔虫壳壁成分及结构的不同，一般把有孔虫分为假几丁质壳、胶结质壳、瓷质壳和玻璃质壳4种，一般常见的底栖有孔虫为后3种。

按上述分类方法对东海陆架区的3种底栖有孔虫的含量进行了计算，结果表明：玻璃质壳体在3种壳体中占绝大多数，其平均含量占底栖有孔虫总数的83%（图23.5）；瓷质壳含量次之，平均含量为9%（图23.6）；胶结质壳含量最低，平均为8%（图23.7）。

胶结质壳底栖有孔虫多分布于潮上带、低盐潟湖，或者分布于高纬度冷水环境以及水深

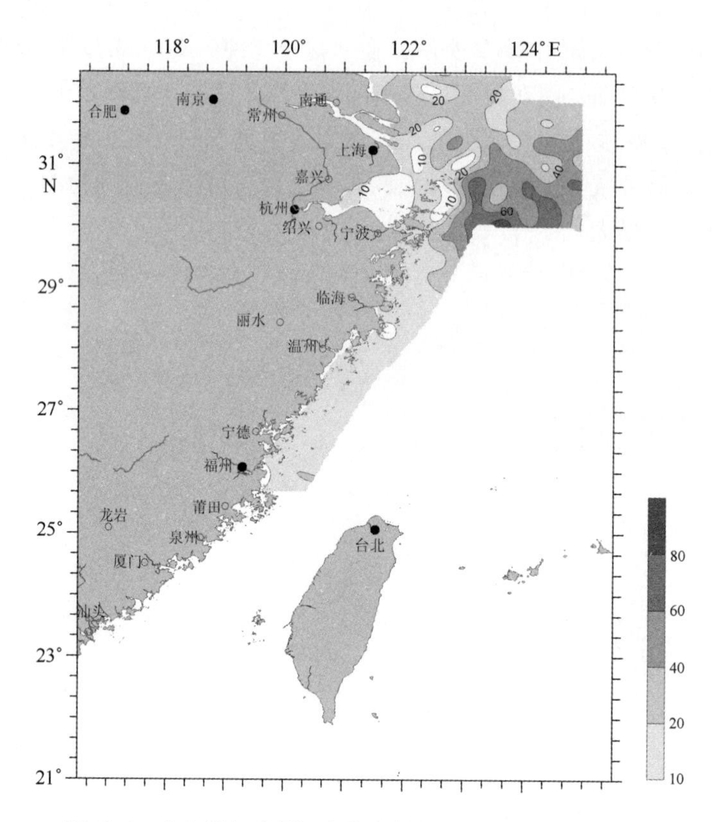

图 23.3 东海陆架表层沉积物底栖有孔虫简单分异度（S）

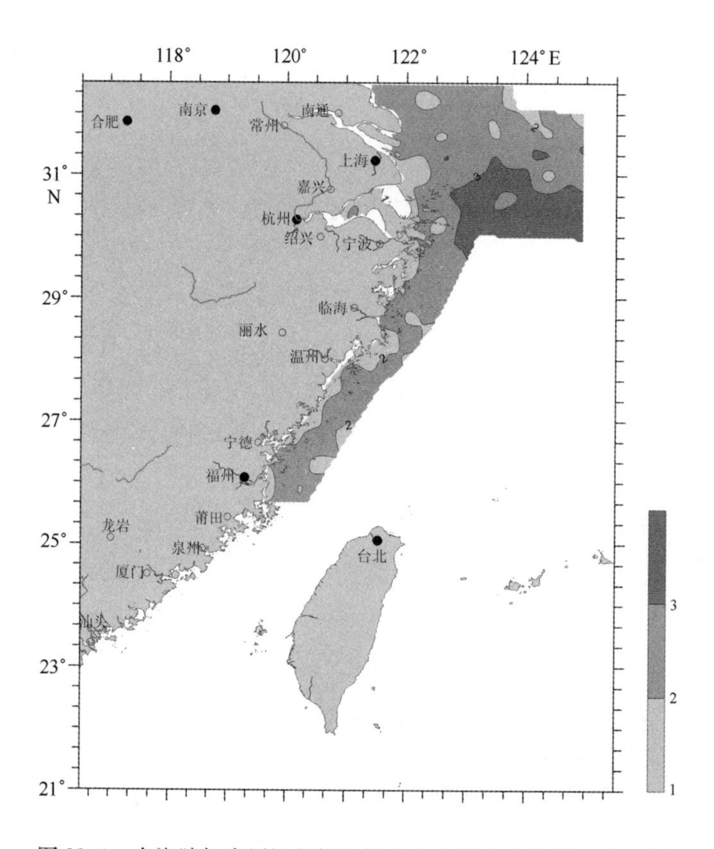

图 23.4 东海陆架表层沉积物底栖有孔虫复合分异度（H（S））

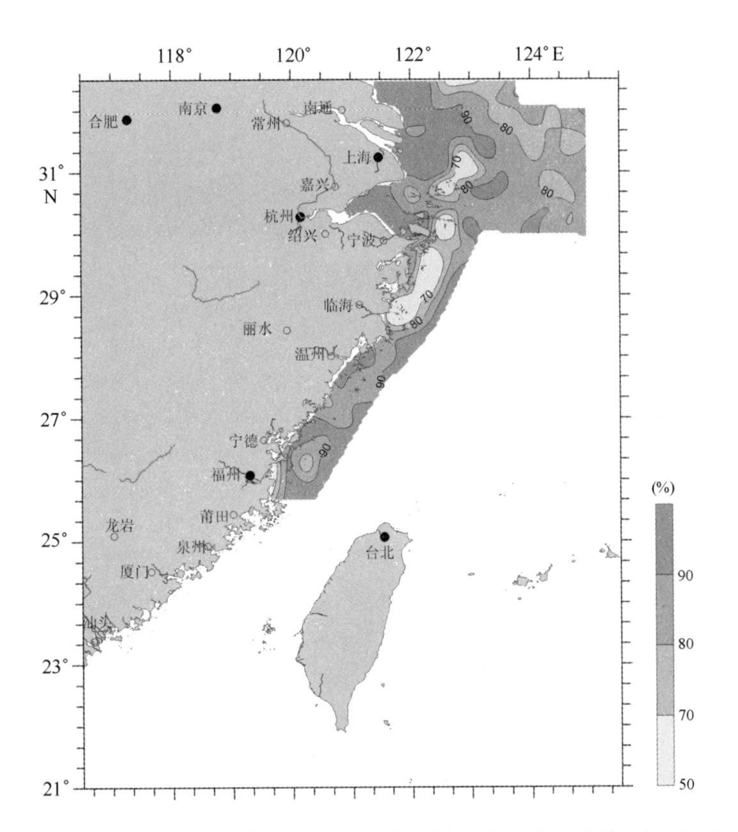

图 23.5　东海陆架表层沉积物玻璃质壳底栖有孔虫占全群的比例（%）

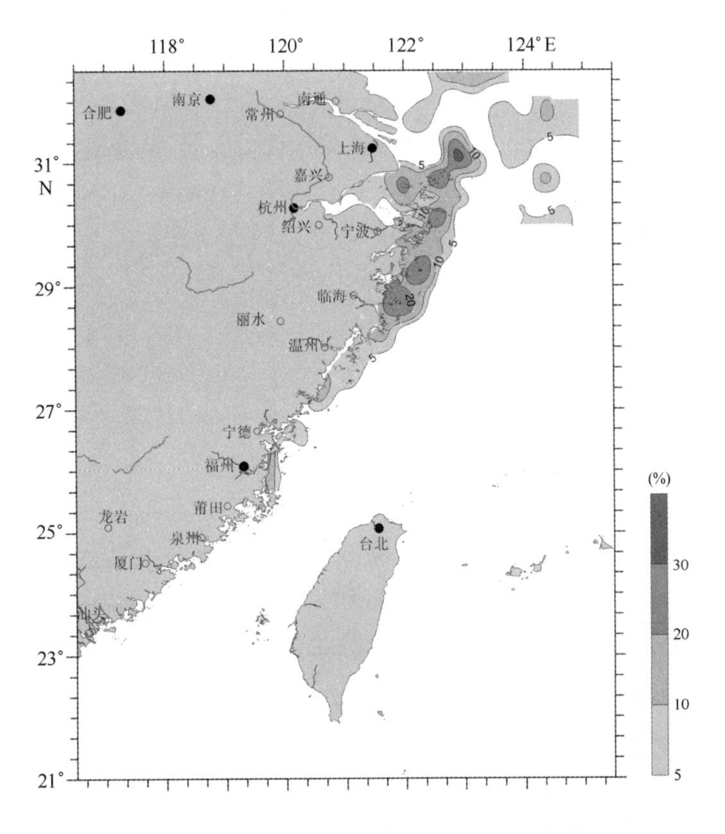

图 23.6　东海陆架表层沉积物瓷质壳底栖有孔虫占全群的比例（%）

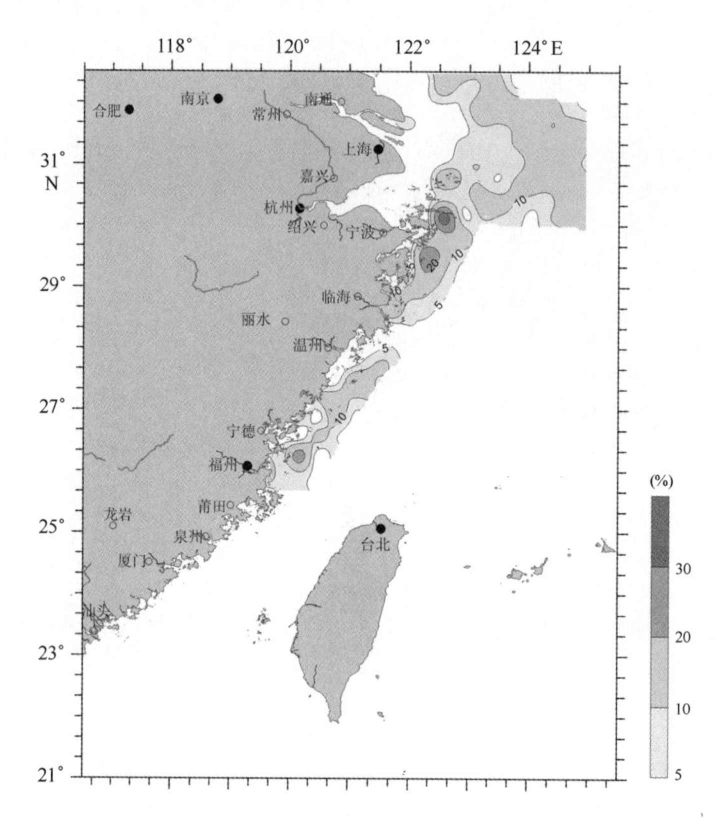

图 23.7　东海陆架表层沉积物胶结质壳底栖有孔虫占全群的比例（%）

大于碳酸盐补偿深度（CCD）的海域；瓷质壳一般分布于高盐潟湖环境；正常浅海中都以玻璃质壳为主（汪品先等，1988）。沉积物样品主要位于东海内陆架和部分中陆架，海水盐度正常或接近正常，所以以玻璃质壳为主。另外，瓷质壳分布呈现由近岸浅水区向中陆架逐渐减少的趋势，这与前人研究结果一致。另外，研究表明，在陆架浅海范围内，胶结壳相对于底栖有孔虫全群的比例随着粗粒沉积物含量的增高而增高（汪品先等，1988），东海陆架区内胶结壳高含量区域与粉砂含量较高区域也基本一致。

23.2.3　优势种分布特征

共发现底栖有孔虫属种200余种，其中优势种有 *Ammonia beccarii* var.、*Ammonia compressiuscula*、*Ammonia maruhasii*、*Ammonia pauciloculata*、*Cavarotalia annectens*、*Elphidium magellanicum*、*Florilus* cf. *atlanticus*、*Protelphidium tuberculatum*、*Ammobaculides formosensis*、*Textularia foliacea*、*Sigmoilopsis asperula*、*Epistominella naraensis*、*Hanzawaia nipponica*、*Elphidium advenum*、*Nonionella jacksonensis*、*Nonionella opima*、*Nonion akitaense*、*Florilus decorus*、*Quinqueloculina lamarckiana*、*Cribrononion subincertum*、*Cribrononion vitreum*、*Triloculina tricarinata*、*Triloculina trigonula*、*Spiroloculina communis*、*Quinqueloculina seminula*、*Lagena spicata*、*Bulimina marginata*、*Brizalina striatula*、*Bolivina robusta*、*Heterolepa dutemplei*、*Pseudonia indopacifica* 以及 *Bigenerina nodosaria* 等。上述底栖有孔虫占底栖有孔虫总种群的80%以上，部分优势种占底栖有孔虫总群的比例分别见图23.8至图23.15。

通过对底栖有孔虫全群优势种的分析，可以将底栖有孔虫分布划分为两个组合：组合Ⅰ

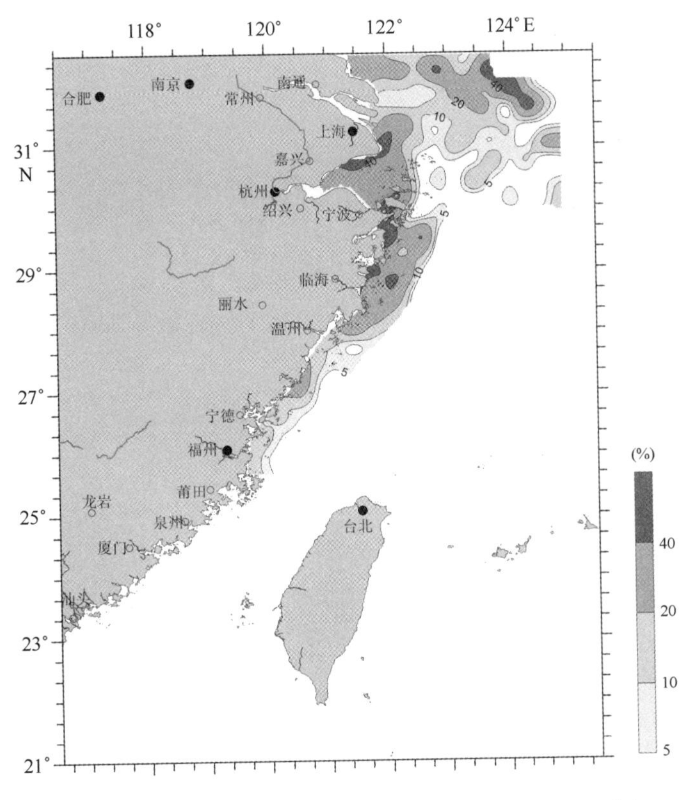

图 23.8　东海陆架表层沉积物中 *Ammonia beccarii* var. 分布

为受沿岸水影响强烈、水深小于 40 m 的内陆架底栖有孔虫组合，组合Ⅱ为水深大于 40 m 的中陆架组合（图 23.16）。

内陆架底栖有孔虫组合Ⅰ大约分布于 40 m 等深线以西的浅水区，主要以 *Ammonia beccarii* var.、*Elphidium advenum*、*Ammonia maruhasii*、*Ammonia pauciloculata*、*Cribrononion vitreum* 等种为主，其多数玻璃质壳体细小，壳壁薄而透明。

中陆架底栖有孔虫组合Ⅱ分布于 40 m 等深线以东区域，主要以 *Ammonia compressiuscula*、*Bulimina marginata*、*Bolivina robusta*、*Hanzawaia nipponica*、*Sigmoilopsis asperula*、*Heterolepa dutemplei*、*Pseudonia indopacifica* 及 *Bigenerina nodosaria* 等为主。

23.3　现代沉积环境分析

研究区主要位于受长江冲淡水和闽浙沿岸流影响的东海内陆架，其东部为受淡水影响较弱的中陆架。浮游有孔虫含量整体上很低，没有进行定量统计。底栖有孔虫含量较高，在平面分布上，随水深增大底栖有孔虫丰度显著增高，种类增多，分异度增大。

底栖有孔虫主要以玻璃质壳为主，胶结壳和瓷质壳含量较低。玻璃质壳相对百分含量随水深变化不大；胶结壳相对含量的变化除了受海水盐度、水温及水深的影响外，还受到表层沉积物粒度的影响，在粉砂等较粗沉积物中相对含量较高；瓷质壳在内陆架近岸处相对含量较高，随水深变大含量减小。

根据主要底栖有孔虫含量变化分析发现，与前人（汪品先等，1988）研究结果相似，研

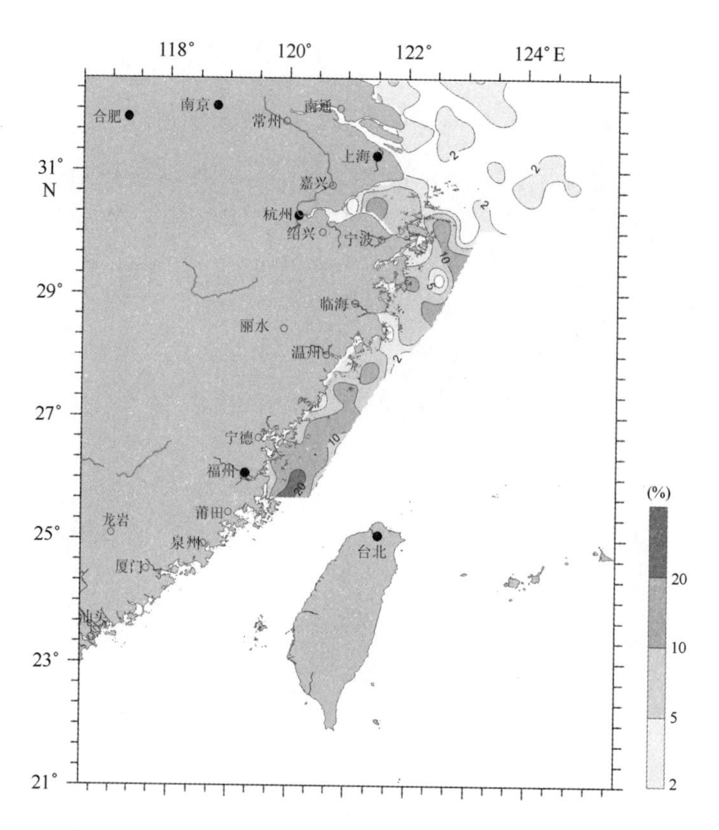

图 23.9　东海陆架表层沉积物中 *Elphidium advenum* 分布

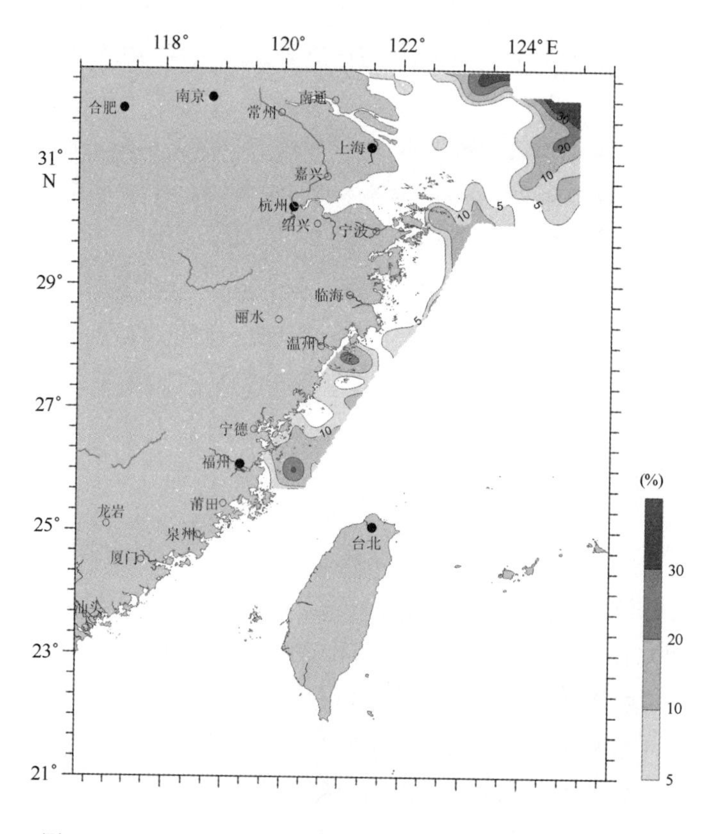

图 23.10　东海陆架表层沉积物中 *Ammonia compressiuscula* 分布

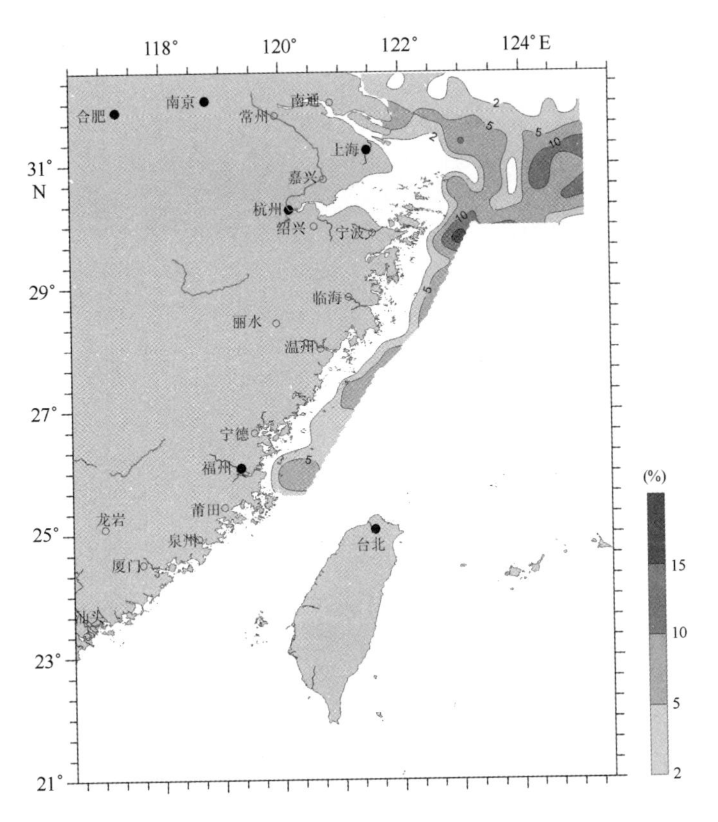

图23.11　东海陆架表层沉积物中 *Bulimina marginata* 分布

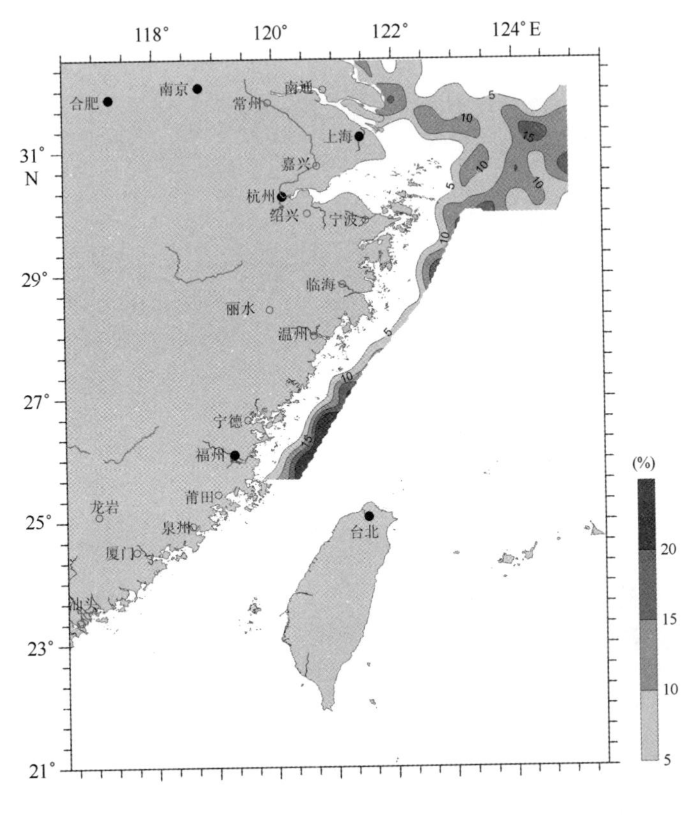

图23.12　东海陆架表层沉积物中 *Bolivina robusta* 分布

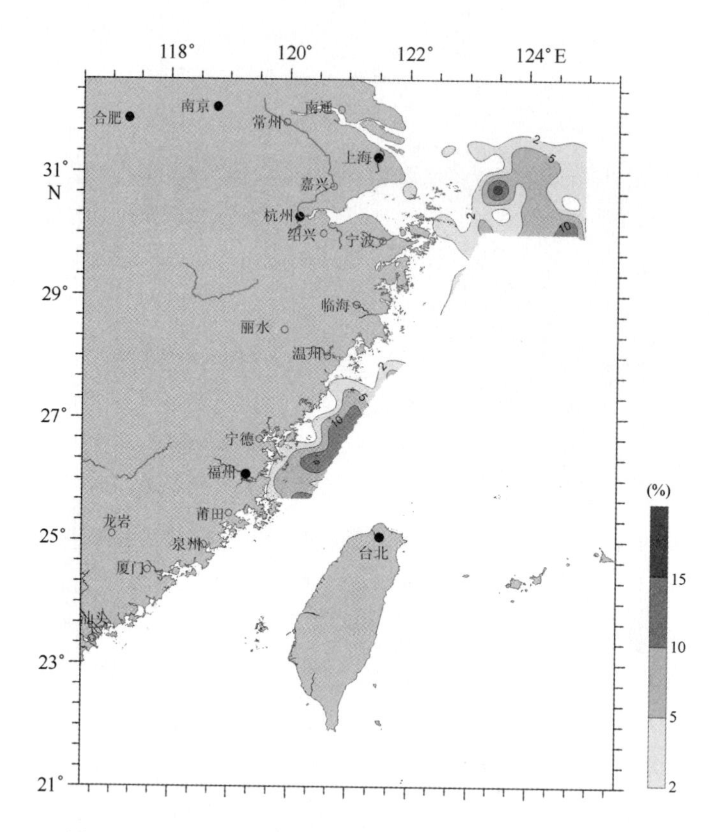

图 23.13　东海陆架表层沉积物中 *Hanzawaia nipponica* 分布

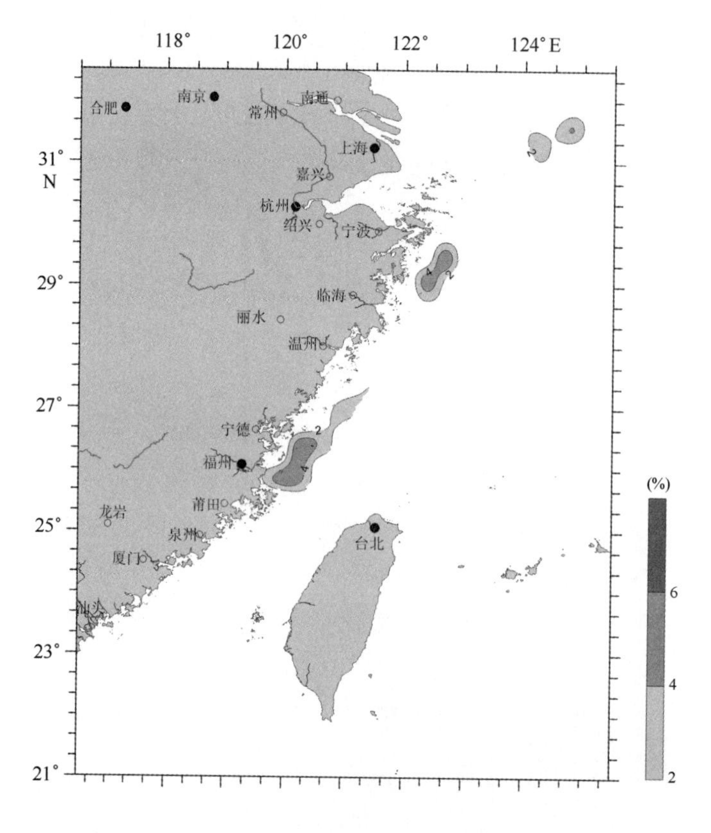

图 23.14　东海陆架表层沉积物中 *Sigmoilopsis asperula* 分布

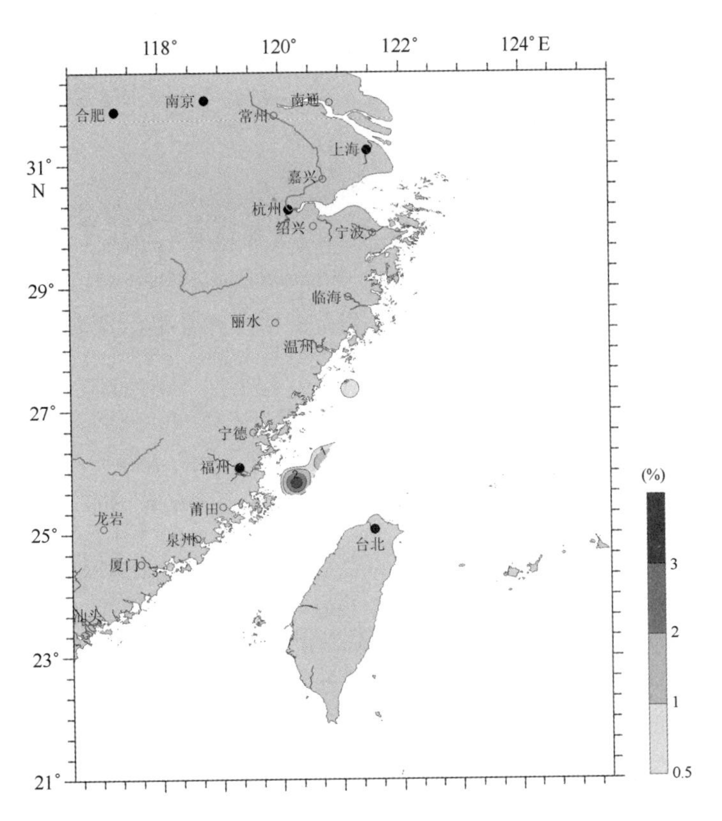

图 23.15　东海陆架表层沉积物中 *Bigenerina nodosaria* 分布

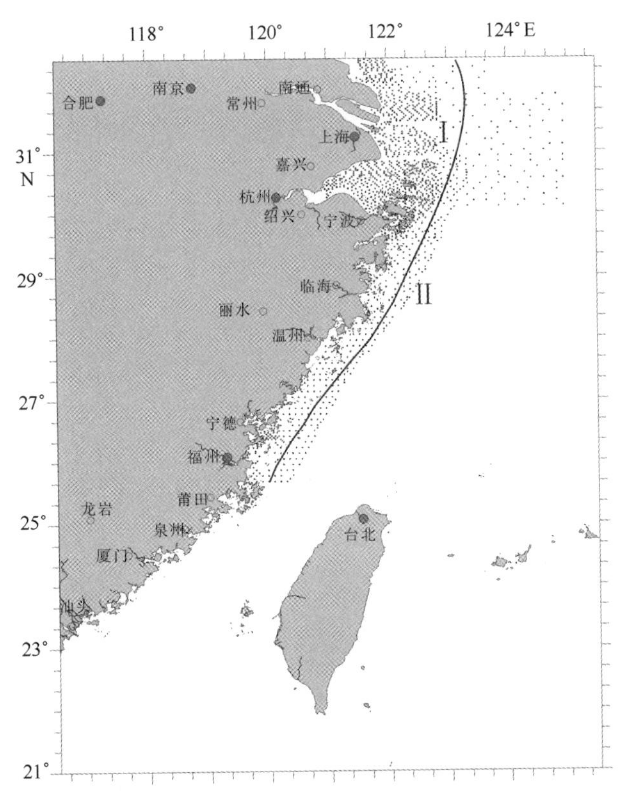

图 23.16　东海陆架表层沉积物底栖有孔虫组合分布

（I：内陆架组合；II：中陆架组合）

究区底栖有孔虫分布具有明显随水深变化而变化的分带性，如在近岸浅水区域*Ammonia beccarii* var. 等种属含量相对较高，而随着水深加大，*Ammonia compressiuscula* 和 *Bulimina marginata* 等属种显著增加。根据上述特征可以将研究区底栖有孔虫分布划分为两个组合，即受淡水影响的内陆架组合Ⅰ和受沿岸水影响较弱的中陆架组合Ⅱ。

内陆架组合中以广盐种 *Ammonia beccarii* var. 为主要代表，指示了盐度较低的浅水环境。另外，*Elphidium advenum*、*Ammonia maruhasii*、*Ammonia pauciloculata*、*Cribrononion vitreum* 等含量较高。该组合整体上显示出受长江冲淡水和闽浙沿岸水影响显著的滨岸浅水环境，显示了盐度对底栖有孔虫分布的控制作用。

中陆架组合以 *Ammonia compressiuscula*、*Bulimina marginata*、*Bolivina robusta*、*Hanzawaia nipponica*、*Sigmoilopsis asperula* 等为主，指示了较高盐度、较高水温等水团性质，尤其在南部闽浙沿岸外深水区，*Heterolepa dutemplei*、*Pseudonia indopacifica* 和 *Bigenerina nodosaria* 等暖水种含量明显增加，指示了台湾暖流对该区域的影响加强。

总之，底栖有孔虫的分布在东海陆架区表面上表现为受水深影响比较明显，但实质上控制其分布的主要因素却为水团的性质，如水团盐度和水温等。如前述，组合Ⅰ和组合Ⅱ的划分主要是反映了盐度对有孔虫的控制作用，而部分属种的分布特征则主要受到海水温度的影响，如在研究区东南部 *Heterolepa dutemplei*、*Pseudonia indopacifica* 和 *Bigenerina nodosaria* 等暖水种的出现指示了较高的水温，而在研究区北部冷水种 *Eggerella advena* 含量较高，该种在黄海沉积物中广泛分布，这说明了在东海研究区北部受到低温的黄海冷水团的影响。

第24章　东海陆架沉积作用和沉积环境

作为东亚大陆物质剥蚀的主要沉积汇，东海大陆架接受了周边多条河流输入的陆源物质。除长江外，年径流量在 $1\times10^9\ m^3$ 以上的河流还包括钱塘江、瓯江和闽江（Milliman & Meade，1983；Milliman & Syvitski，1992），而台湾岛上诸如浊水溪、淡水河等大中型山地型河流也向台湾海峡输入大量的陆源物质，尤其是在台风期间，台湾河流物质可以进行更远距离的输运。在以闽浙沿岸流和台湾暖流为主的流系格局控制下，大量的陆源物质在东海区域形成了不同的沉积体系。下面主要选取具有代表性的长江口沉积区、杭州湾沉积区和东海内陆架沉积区分别进行论述。

24.1　悬浮体空间分布特征

悬浮体系指悬浮在水体中、粒径大于0.45 μm 的一切颗粒物，包括泥沙颗粒、生物碎屑、各种絮凝体等。海洋悬浮体是海洋物质循环的重要载体，与物质来源，海洋环流、潮流、波浪等动力要素密切相关，了解悬浮体空间分布特征及其控制因素对于深入认识沉积作用和沉积环境具有重要意义（刘升发等，2011）。

24.1.1　长江口沉积区

长江口沉积区悬浮体调查站位如图24.1所示。长江携带巨量泥沙进入河口地区后，受潮流的顶托作用，粗粒级组分多沉积于河口地区，形成三角洲前缘，细颗粒组分多以悬浮体的

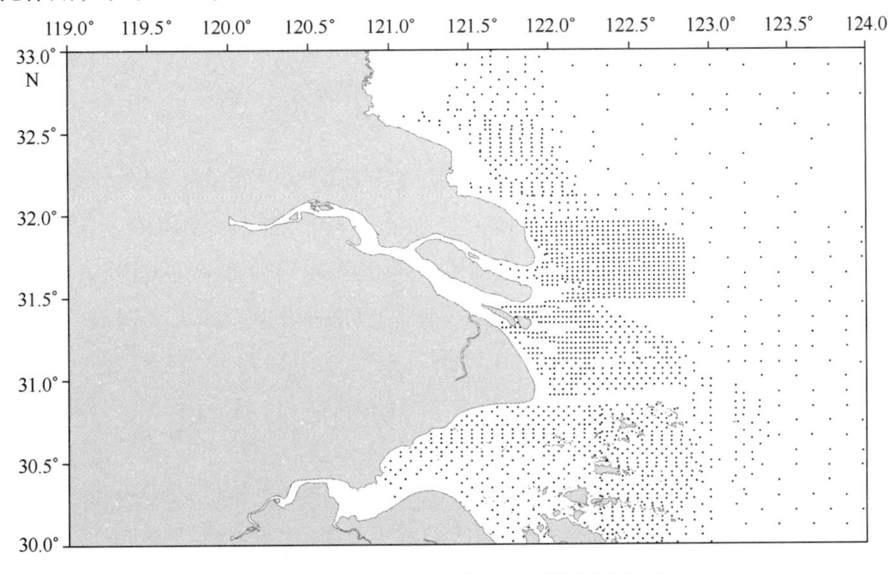

图24.1　长江三角洲区悬浮体调查站位

形式向外扩散至前三角洲及东海陆架。悬浮体向外的扩散趋势和分布范围多受东海流系中的台湾暖流和黄海沿岸流的共同控制，其浓度、粒度及有机组分呈现出明显的季节性变化。

24.1.1.1 悬浮体质量浓度分布特征

研究区内大部分站位的表层悬浮体浓度值在300 mg/L以内（图24.2）。总体上看，悬浮体表层浓度呈现西高东低的态势，在南、北支口外三角洲区域，表层悬浮体的质量浓度明显高于苏北浅滩、陆架残留砂区域，这一分布趋势与前人的结果基本吻合（邵秘华，1996；庞重光等，2003）。悬浮体表层质量浓度的高值区出现在南支口外水深10 m以浅的九段沙、铜沙浅滩区域，并向南延伸至杭州湾内（图24.2）。122.4°E以东海域的表层浓度值迅速降低至25 mg/L以下，区内东侧海域表层悬浮体浓度明显要比西侧区域低。冬季长江的入海物质主要向东南扩散，河口区的悬浮物高含量区也基本沿长兴岛、横沙岛一线向南展布。这主要是因为冬季长江口区域盛行的冬季风以东北风或偏北风为主，台湾暖流对长江口海域的影响减弱，南黄海沿岸流的强度得到加强，并在长江口区域与长江的入海径流相互作用，致使长江的入海物质偏向东南，随苏北沿岸流向南输运，扩散至杭州湾内。

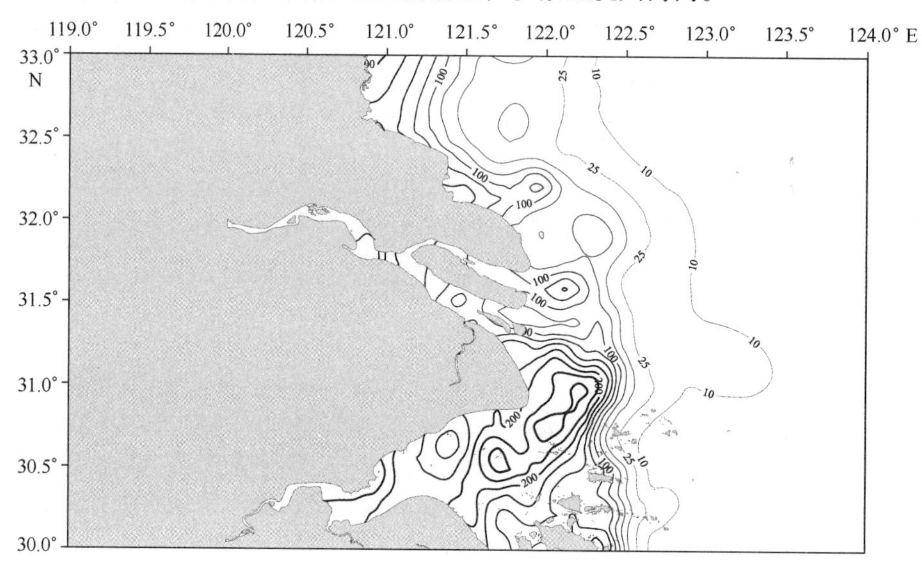

图24.2 长江三角洲表层悬浮体质量浓度等值线（mg/L）

区内底层悬浮体浓度值明显比表层高（图24.3），高值区分布的范围也比表层要广。大部分站位底层悬浮体的浓度值在500 mg/L以内。总体来看，底层悬浮体浓度值在西南侧高，东北侧低。在长江北支口外、横沙岛、南汇边滩、杭州湾内均分布有范围较大的高浓度区，少数站位浓度可高达1 000 mg/L以上。这些高值区对应的水深多为10 m以浅，根据底质沉积物的粒度分析结果，其平均粒径在80 μm以下。根据尤尔斯特隆图解，这一粒级的沉积物，其临界启动流速在0.6 m/s左右。而实测的潮流资料显示，长江口外东部垂线平均涨、落急流速在大潮时约为1.10 m/s，小潮时不足0.70 m/s；西部垂线平均涨、落急流速大潮约为1.40 m/s，小潮为1.10 m/s，西部实测最大落潮流速可超过2.40 m/s（沈涣庭等，2001）。尤其是在河口砂坝区，底层最大流速涨潮流为1.6 m/s，落潮流为1.1 m/s（潘定安等，1996）。潮流的作用足以使海底部分未固结的沉积物重新以悬浮状态进入水体，增加了底层水

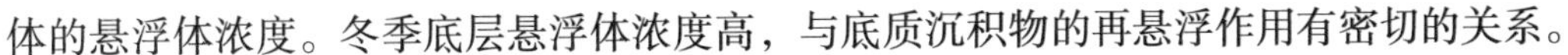

体的悬浮体浓度。冬季底层悬浮体浓度高，与底质沉积物的再悬浮作用有密切的关系。

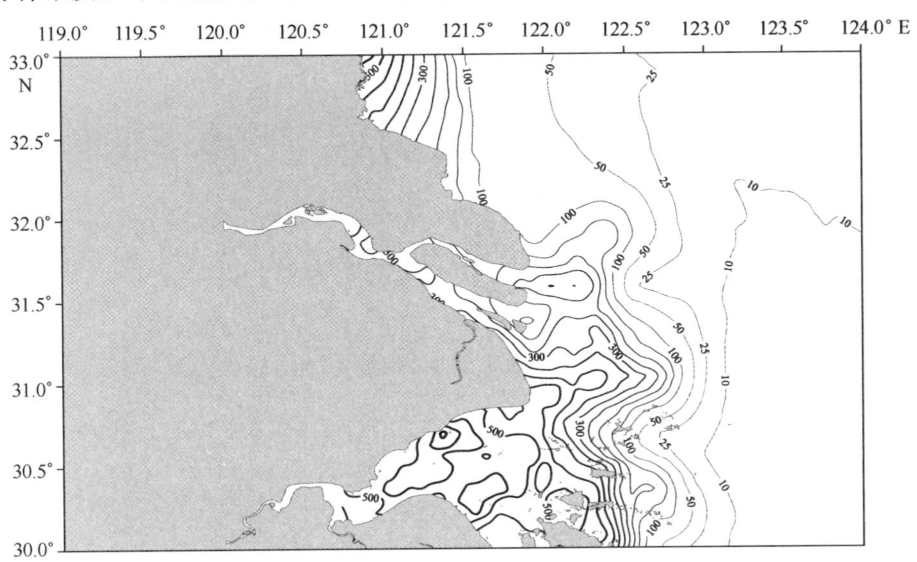

图 24.3　长江三角洲底层悬浮体质量浓度等值线（mg/L）

24.1.1.2　悬浮体现场粒度特征

在长江口沉积区选择了两条测线进行现场粒径特征的对比分析（图 24.4），每条测线上

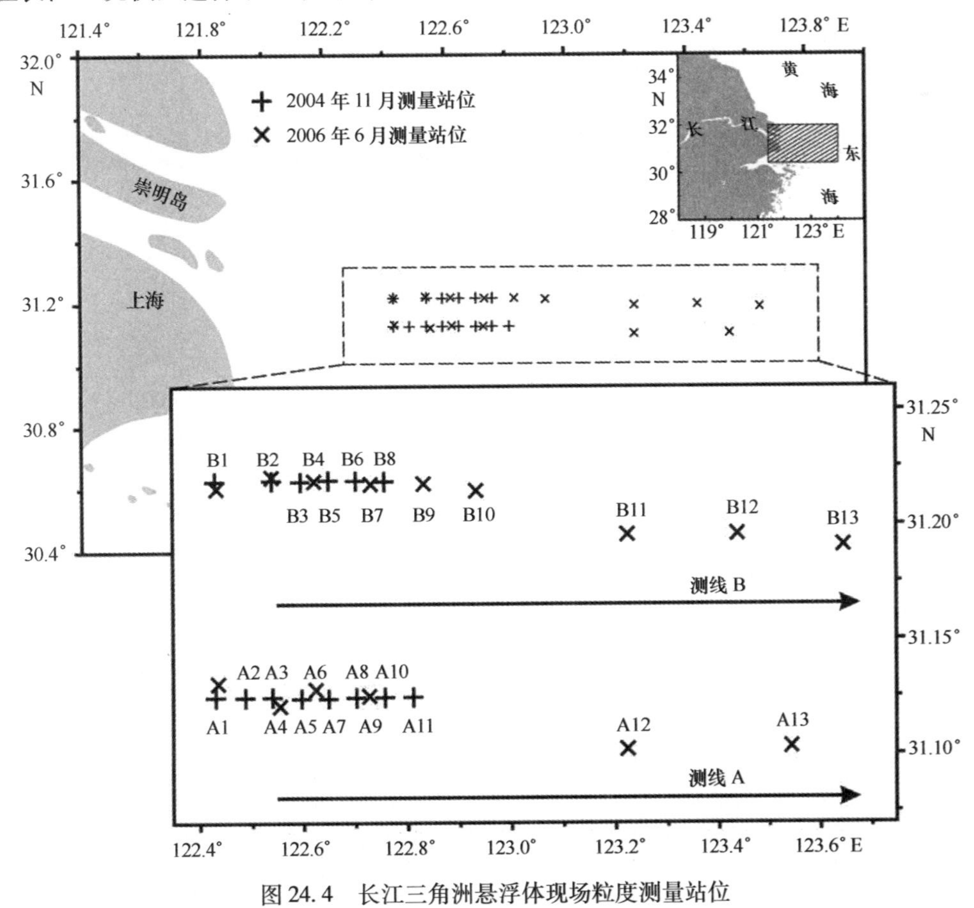

图 24.4　长江三角洲悬浮体现场粒度测量站位

各站位的测量均完成于同一天、同一潮周期内，其结果具有可比性。同时，为了探讨现场悬浮体特征在不同季节之间的变化趋势，对两条测线上的站位进行了重复测量。

1）现场体积浓度

总体来看，夏季（2006 年 6 月）各站位的悬浮体体积浓度值要比冬季各站位高。冬季（2004 年 11 月）两条测线上各站位的现场体积浓度变化趋势如图 24.5 所示。从其垂向上的变化趋势来看，大致可分为两种类型。第一种类型如站位 A1、A2、B1、B2 所示，体积浓度

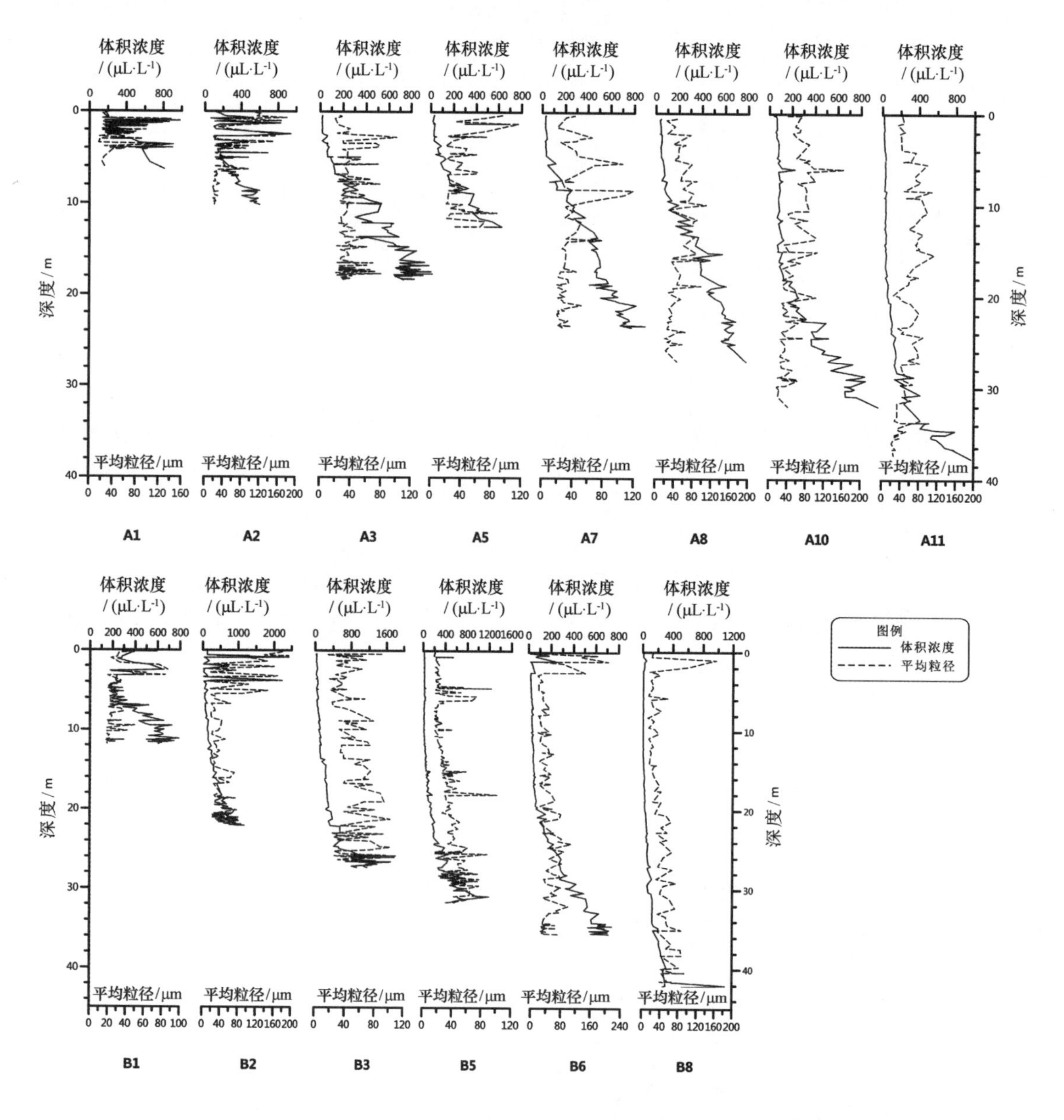

图 24.5　长江三角洲冬季悬浮体平均粒径和体积浓度剖面对比

的变化分为两段：在表层（0～5 m）体积浓度值整体上比较偏高且波动比较强烈，大致在2～3 m的深度处达到一个极值，通常为800 μL/L，最高可达2 000 μL/L以上；在5 m以深的水体中，体积浓度值变化比较稳定，有逐渐增高的趋势，最高值可达800 μL/L以上。第二类型如两条剖面中其他站位点所示，其变化趋势也可分为两段：中、上部水体悬浮体的体积浓度基本保持不变，稳定在50 μL/L左右；其后体积浓度值呈现明显的向下增高的趋势，在最底层基本可达到800 μL/L以上。从其平面分布来看，第一类型的站位基本位于122.5°E以西的区域，即位于靠近长江河口一侧，第二类型的站位位于122.5°E以东的区域，即靠近陆架的一侧（图24.6）。一般将盐度值30作为长江冲淡水划分的界线（陈吉余等，1986），从盐度等值线图（图24.6）可以看出，第一类型的站位对应的表层盐度值变化于28左右，指示着长江冲淡水的影响。长江冲淡水由于温度高、盐度低，常浮托于海水之上向外扩散，因此对表层水体的影响较大。从表层水体中悬浮体质量浓度表可以看出（表24.1），两条测线上的站位自西而东，表层质量浓度存在着明显的降低趋势。第一类型的站位点其表层悬浮体质量浓度在130 mg/L以上，最高可高达242 mg/L；第二类型的站位点表层悬浮体质量浓度则大大降低，基本都在20 mg/L以下。这也从另一个方面反映了长江冲淡水所携带的入海物质对表层悬浮体的显著影响。

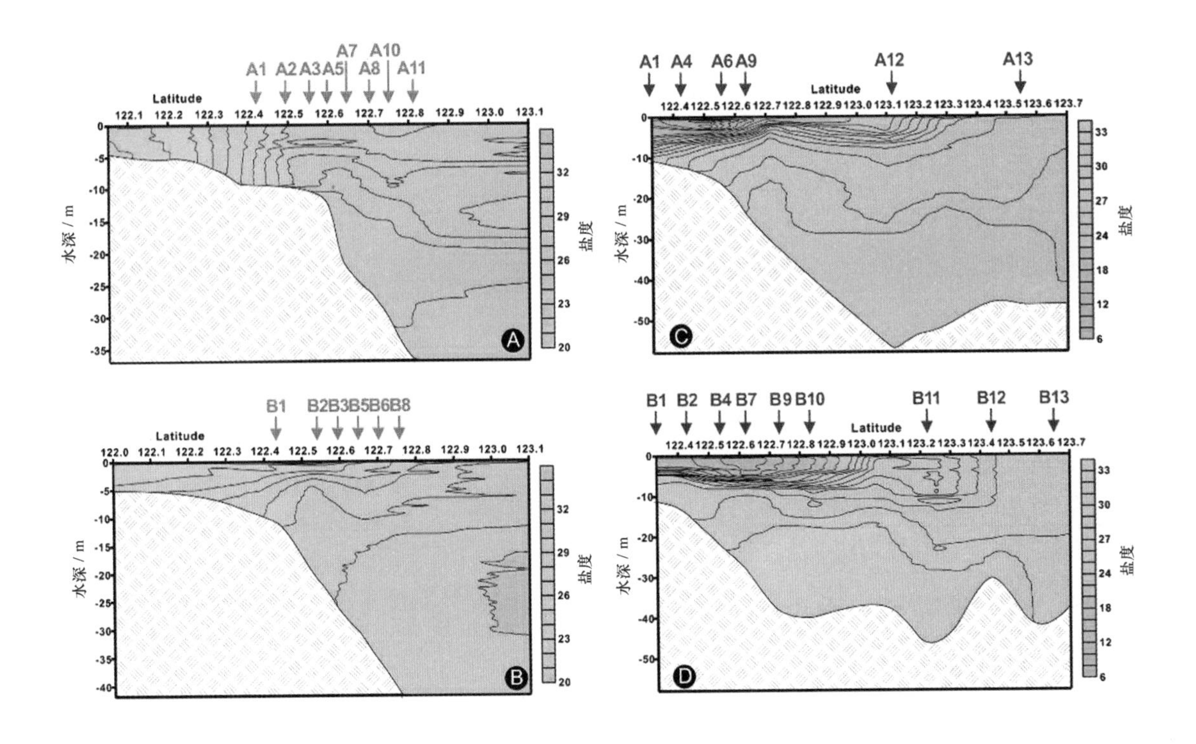

图24.6　长江三角洲冬、夏季盐度剖面

（A：冬季A剖面；B：冬季B剖面；C：夏季A剖面；D：夏季B剖面）

表 24.1 长江三角洲冬季悬浮体质量浓度

站号	质量浓度 /(mg·L^{-1})	样品深度 /m	站号	质量浓度 /(mg·L^{-1})	样品深度 /m	站号	质量浓度 /(mg·L^{-1})	样品深度 /m
A1	242.93	2	A10	18.61	2	B3	19.67	2
	253.11	5		22.44	5		35.50	5
A2	238.43	2		27.72	10		42.24	10
	274.94	5		110.58	20		85.03	20
A3	12.62	2		132.38	25		154.77	25
	27.53	5		194.58	30	B5	18.80	2
	25.41	10		212.23	31		17.05	5
	63.84	15	A11	13.04	2		18.93	10
A5	12.21	2		13.94	5		58.48	20
	35.91	5		14.19	10		125.90	29
	99.83	10		26.93	20	B6	13.66	2
A7	25.71	2		47.90	25		16.14	5
	20.07	5		63.71	30		21.41	10
	79.78	10		159.28	34		41.98	20
	192.23	20	B1	130.27	2		109.28	30
A8	20.91	2		107.07	5	B8	9.11	2
	21.60	5		186.13	10		9.38	5
	54.72	10	B2	16.30	2		9.41	10
	136.85	20		28.60	5		22.71	20
	178.35	25		83.10	10		39.68	30
	198.60	26		220.53	20		90.74	40

长江三角洲夏季现场体积浓度的变化趋势与冬季的变化趋势相似（图 24.7），也可以分为两种类型。第一类型也表现为表层体积浓度值整体比较高且有明显的波动，最高可达 8 000 μL/L 以上；中、下层体积浓度比较稳定，基本不变，保持在 100 μL/L 以下。第二类型表现为悬浮体体积浓度基本上保持不变，稳定在 80 μL/L 以下。这两种类型的平面分布也存着在明显的特征：以 123.2°为界，其西侧主要分布着第一种类型的站位，其东侧则主要分布着第二类型的站位。第一类型的站位其表层盐度基本在 28 以下，最西侧的部分站位可低至 10 左右（图 24.6），同样也反映了冲淡水对该区域表层水体的控制作用。这两类站位在悬浮体质量浓度的分布特征上也与冬季有相同的变化趋势（表 24.2）。

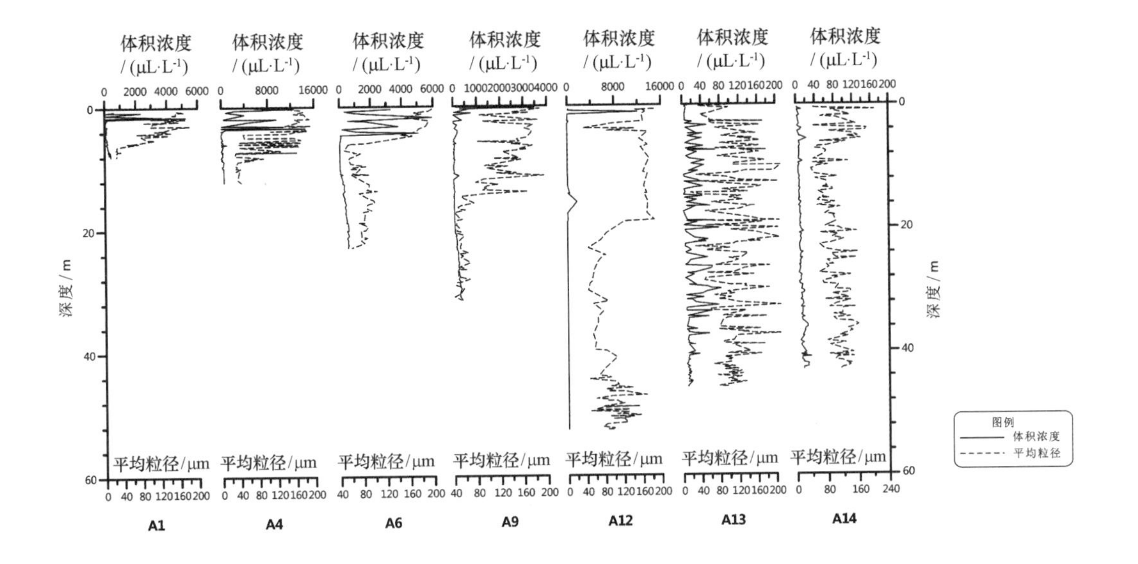

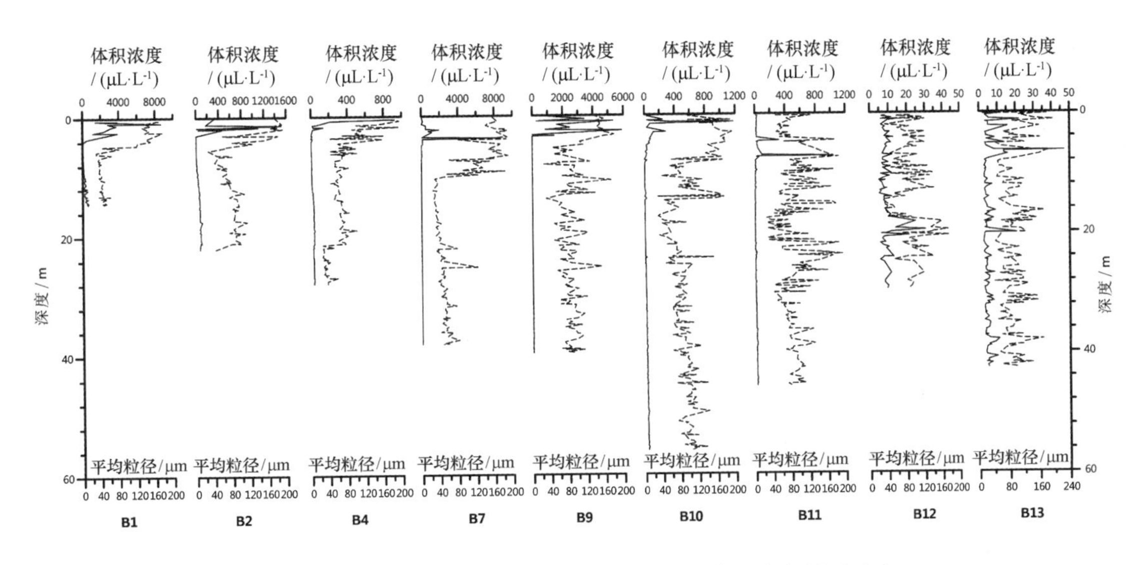

图 24.7　长江三角洲夏季悬浮体平均粒径和体积浓度剖面对比

表 24.2 长江三角洲夏季悬浮体质量浓度

站号	质量浓度 /(mg·L⁻¹)	样品深度 /m	站号	质量浓度 /(mg·L⁻¹)	样品深度 /m	站号	质量浓度 /(mg·L⁻¹)	样品深度 /m
A1	9.37	1	A13	4.32	40	B9	13.03	20
	101.86	5		11.03	45		31.97	30
	179.70	10	B1	5.66	1		6.81	36
A4	6.53	1		25.38	5	B10	22.34	1
	9.31	5		53.06	10		0.87	10
	39.38	10		50.63	13		11.32	20
	138.23	15	B2	7.83	1		5.21	30
A6	7.83	1		3.90	5		6.29	50
	10.34	5		42.18	10		6.17	54
	29.16	10		67.40	15	B11	14.54	1
	76.63	20		45.90	20		4.52	10
A9	5.53	1	B4	8.09	1		6.44	20
	3.45	5		7.97	5		3.93	30
	7.35	10		18.05	10	B12	1.22	1
	18.40	20		44.58	20		1.98	5
	55.65	30		31.78	27		8.08	10
A12	78.24	1	B7	9.22	1		9.76	20
	9.97	10		5.06	5		2.54	30
	10.40	20		16.31	10	B13	7.06	1
	8.36	30		12.20	20		1.40	5
	2.63	50		16.89	30		2.05	10
A13	5.05	1		18.96	36		14.23	20
	20.49	10	B9	3.05	1		2.94	30
	4.65	20		1.32	5		1.95	40
	13.39	30		17.50	10			

2）现场平均粒径

相对而言，夏季悬浮体的平均粒径值要比冬季大，且夏季悬浮体平均粒径的垂向变化规律也比冬季强。冬季悬浮体平均粒径基本在 120 μm 以下，其垂向变化规律大致可分为两种类型。第一类型的站位对应于前述第一种体积浓度变化类型的站位，平均粒径的变化规律表现为：表层（0～5 m）平均粒径值较大，介于 20～180 μm 之间，且波动比较明显，平均粒径值波动的层位与体积浓度变化的层位相一致；在 5 m 以下的层位，悬浮体平均粒径值明显降低，且随深度变化不明显，稳定在 40 μm 左右。第二类型的站位也与前述第二种体积浓度变化类型的站位相对应，平均粒径随深度的变化不大，大致波动于 20～80 μm 之间。从悬浮体粒度的频率曲线来看（图 24.8），第一类型站位的悬浮体粒度频率曲线基本表现为单峰，但表层样品的峰值对应的粒径值出现在 250 μm 左右，即为 LISST 的测量上限，中、下层样品的峰值位于20 μm左右；第二类型站位的悬浮体粒径频率曲线也基本上为单峰，峰值对应的粒径值变化于20～40 μm之间，自表层至底层，出现在10 μm左右，而由现场激光粒度仪测得的现场悬浮体粒径频率曲线峰值出现在20～40 μm之间，两者之间既有一定的可比性，也有一定的差异，这一差异是由于水体中的絮凝作用使得悬浮体颗粒粗化，造成原位测量的粒度值相对于由滤膜测量的结果要更大一些。"上升尾"的出现，也同样表明水体中有大颗粒的絮凝团存在。絮凝作用主要发生在咸、淡水交汇的地方，在水体盐度达到5时，悬浮物质即开始发生絮凝，当盐度在10～13之间时，絮凝作用最为强烈（陈邦林等，1988），而在盐度达到30以后，絮凝作用显著减弱。从本次研究的两条测线来看，表层水体的盐度明显低于中、下层水体，因而表层水体中的絮凝作用要强于中、下层水体。强烈的絮凝作用会造成悬浮物质主要以大颗粒的絮凝团出现，这一方面增加了悬浮体的体积浓度值（图24.5和图24.7）；另一方面，也使得悬浮体的粒度频率曲线峰向右移，而20～40 μm之间的峰明显减弱。中、下层水体中的悬浮物质由于受絮凝作用的影响相对要弱一些，故而表现在体积浓度、粒度频率曲线上均与表层水体的悬浮物有较明显的区别。

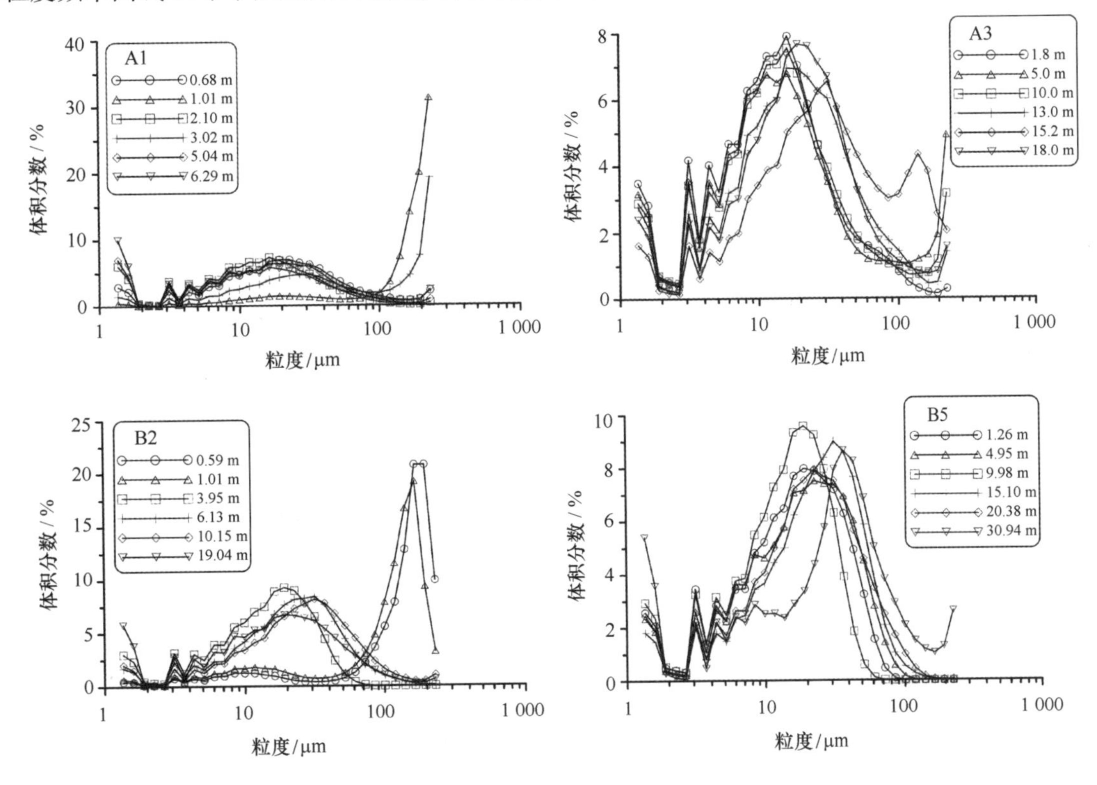

图24.8　长江三角洲冬季悬浮体粒度频率曲线

表24.3　底层悬浮体与底质沉积物平均粒径对比

单位：μm

站位号	A1	A2	A3	A5	A7	A8	A10	A11
悬浮体现场平均粒径	28.31	21.53	32.56	65.15	38.03	21.79	42.05	26.92
底质沉积物平均粒径	8.87	9.20	8.86	7.52	5.77	8.20	8.00	6.77
站位号	B1	B2	B3	B5	B6	B8		
悬浮体现场平均粒径	18.62	61.06	65.26	42.86	32.04	57.93		
底质沉积物平均粒径	8.02	14.37	12.81	8.37	9.53	6.80		

从图 24.5 还可以看出，在大部分站位，中、下部水体的体积浓度有明显的增加趋势，而平均粒径值却基本保持不变。这一体积浓度的增加显然不应该是由絮凝作用引起，因为一则该层位的盐度值相对偏高，絮凝作用通常不会比表层更强；二则絮凝作用的发生会显著改变悬浮体的粒度组成，这样会在平均粒径值上有所表现。对于这一现象的解释，需要考虑到底质沉积物的再悬浮作用。前已述及，区内冬季底层悬浮体质量浓度值明显高于表层，这在两条测线的所有站位均可以观察到（表 24.1）。以 A1 和 A8 站位为例。A1 站位为第一类型平均粒径变化站位点，其表层悬浮体质量浓度达到 242.93 mg/L，A8 站位为第二类型平均粒径变化站位点，其表层悬浮体质量浓度只有 20.91 mg/L。而 A1 站位底层悬浮体质量浓度为 253.11 mg/L，A8 站位为 198.60 mg/L，两者之间的差别没有表层质量浓度的差别大。在 A1 站位，表层水体含有长江入海泥沙，因而表、底层悬浮体质量浓度之间的差别不大。各站位点对应的底质沉积物平均粒径基本变化于 5.77 ~ 14.37 μm 之间，但比悬浮体的现场平均粒径要明显偏小，因此，底质沉积物经过再悬浮作用进入到底层水体后，并不会增大底层悬浮体的平均粒径，反而在部分站位（A7，A8，A10）可以观察到底层悬浮体平均粒径有减小的趋势。因此，表、底层悬浮体体积浓度值的变化实际上是受到不同因素的影响：表层悬浮体体积浓度的高值主要是长江入海物质的输入；底层悬浮体体积浓度的增高则主要是由于底质沉积物的再悬浮作用。

夏季悬浮体平均粒径值变化于 20 ~ 200 μm 之间，随深度的变化规律比较明显，也可分为两种类型。第一种类型表现为平均粒径随深度呈阶段性变化：在表层水体，平均粒径值基本在 80 μm 以上，平均值可达 120 μm 左右，最大值可达 200 μm；中、下层水体中悬浮体平均粒径值明显降低，主要介于 40 ~ 80 μm，且波动不大。第二种类型表现为平均粒径随深度不呈阶段性变化，虽然其值在 40 ~ 200 μm 之间波动，但平均值一般在 120 μm 左右。悬浮体的粒度频率曲线所显示的规律与冬季有一定的区别（图 24.9）：在表、中、底层水体中悬浮体

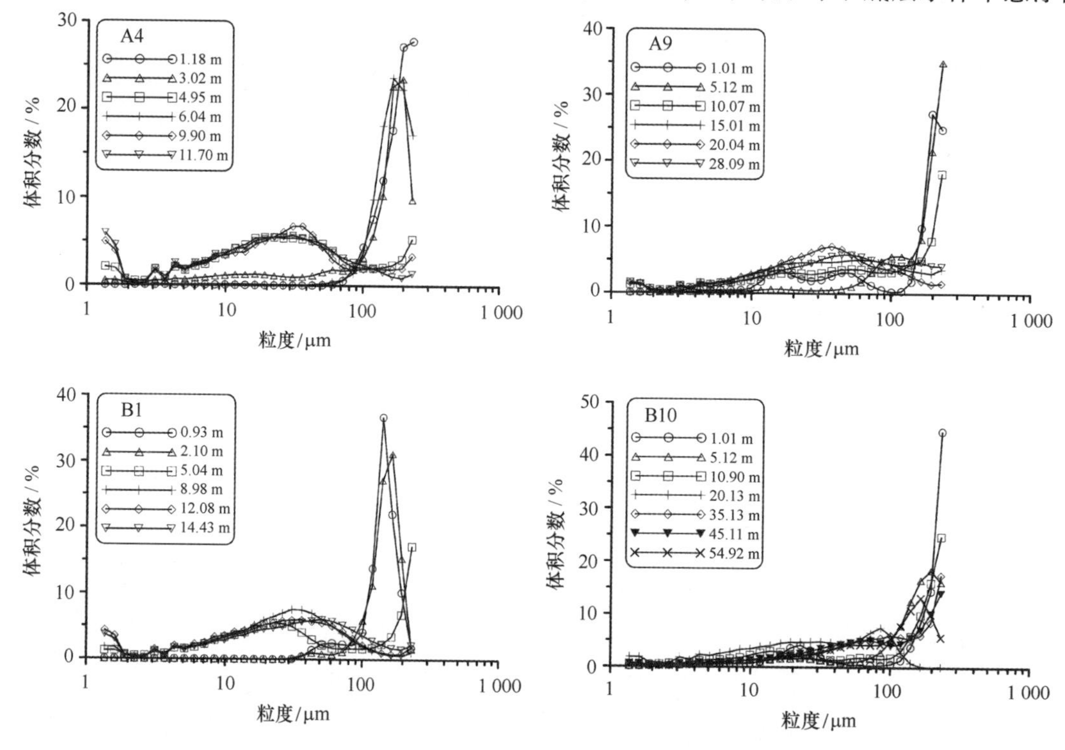

图 24.9　长江三角洲夏季悬浮体粒度频率曲线

的粒度频率曲线上“上升尾”的现象均比较明显，表明水体中250 μm以上的悬浮物絮凝团块的含量普遍比较高。部分层位的粒度频率曲线表现出双峰甚至三峰的形态（A9站位1.01 m处），显示了比较复杂的悬浮体粒度组成。

对比冬、夏两季的现场体积浓度、质量浓度可以看出，虽然夏季悬浮体的体积浓度比冬季要明显偏大，但其实测的质量浓度却明显的比冬季要偏低（表24.2），尤其是在表层水体中，悬浮体的质量浓度通常在10 mg/L以下。这主要是由于以下几个方面的原因：①2006年由于长江上游的持续干旱，长江流域内出现了百年不遇的枯水年，洪水季节入海的水、沙量均明显的小于往年，泥沙量的减少直接导致长江冲淡水中所含悬浮泥沙质量浓度的降低。②表层水体的初始生产力在夏季要强于冬季（徐兆礼和沈新强，2005），浮游动植物的繁盛一方面可以导致悬浮体体积浓度的增大；另一方面也使得生物成因的絮凝作用得到加强，絮凝团使悬浮体平均粒径值增大，但由于浮游动植物的密度一般要远小于矿物颗粒的密度，因此，悬浮体中浮游动植物含量的增高，却并不能使悬浮体质量浓度显著增高。

24.1.2　东海内陆架沉积区

24.1.2.1　悬浮体质量浓度的平面分布特征

图24.10显示了东海内陆架悬浮体浓度、温度和盐度平面分布特征。图24.10a表明东海内陆架表层悬浮体浓度较低，大多站位集中在5~30 mg/L之间，在闽江河口至瓯江河口近岸一带出现浓度的高值区，其中闽江口门外部分站位悬浮体浓度值接近35 mg/L，该高值区向北一直延伸到东海内陆架中部。总体上表层浓度近岸的站点明显高于远岸，且在122°30′E，29°30′N点与120°30′E，25°30′N点连线处悬浮体浓度急剧降低，这在瓯江口以南尤为显著。区内表层海水温度值和盐度值分布较为均匀，近岸多为中盐中温，主要为闽浙沿岸水，对应较高悬浮体浓度，远岸南部海水温度、盐度较高，可能是受台湾暖流的影响，其悬浮体浓度较低。

图24.10b为中层悬浮体浓度分布，其含量普遍高于表层，等值线基本上平行于海岸线，整个区北部的悬浮体浓度高于南部。其中，26°5′—29°N范围内近岸一带悬浮体浓度值较高，该范围内悬浮体浓度多高于30 mg/L，最高可达75 mg/L。区外边缘均出现平行于岸线的高温高盐水，反映了台湾暖流的影响。

从底层悬浮体浓度分布（图24.10c）可以看出：与表层和中层相比，底层悬浮体浓度最高。等值线分布与中层相似，也是平行于海岸线，28°—29N°范围内出现悬浮体浓度的高值区，最高可达145 mg/L。相对于中层水体，底层的高浓度区更加向北集中，也更加靠近岸边。底层海水温度和盐度分布与中层相近，只是高温高盐的台湾暖流离岸边更近，到达了研究区的中部。

总之，从杭州湾到闽江口，整个东海内陆架泥质区的表、中、底三层水体中悬浮体浓度差异较为显著，位于河口区的高值浓度可大于140 mg/L，而低值则小于3 mg/L。

24.1.2.2　悬浮体浓度的垂向分布特征

海水中悬浮体的垂向分布并非上下均匀，与海水的温度、盐度、密度等物理性质密切相关。图24.11为垂直于岸线的断面A、B和平行于岸线的断面C、D的悬浮体浓度垂向分

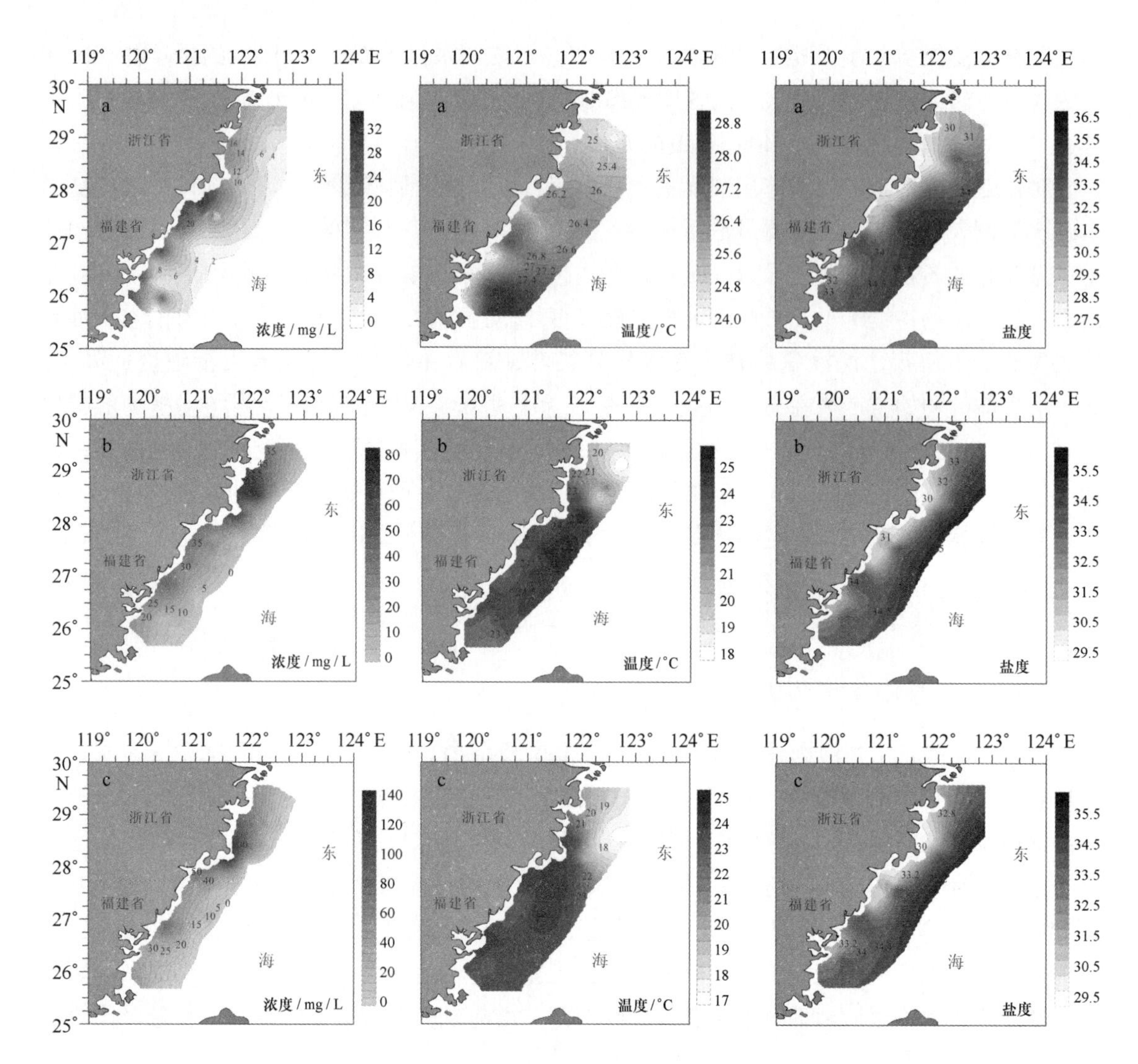

图 24.10 东海内陆架悬浮体浓度、温度和盐度平面分布

（a：表层；b：0.6 m；c：底层）

布图。

图 24.11a 为断面 A 的悬浮体浓度、温度和盐度的分布。根据悬浮体浓度变化可在 5 号站位附近将断面 A 分为两个部分，即西部悬浮体浓度高值区和东部悬浮体浓度低值区。在东部低值区，悬浮体含量的垂向分布在上、下水层基本相同，大多在 7 ~ 13 mg/L 范围内，层化现象不明显。水体温度为 25 ~ 26℃，盐度为 34.2 ~ 34.4，垂向分布较为均一，表明该水体受高温高盐的台湾暖流控制。西部高值区悬浮体浓度垂向层化现象明显，浓度随着深度增加逐渐增大，接近底部悬浮体浓度急剧增高，最高可达 60 mg/L。水体平均温度和平均盐度分别为 15.1℃和 32.3℃，均低于东部，且等值线近似水平分布，该区主要受闽浙沿岸流的影响。

断面 B 的悬浮体浓度分布规律（图 24.11b）与断面 A 相似，只是在台湾暖流与闽浙沿岸水的交界处地形较陡，致使台湾暖流沿海底坡面向上爬升，到表层可以影响到 11 号站位附近，而对底层影响较小，其悬浮体浓度较高，在坡顶附近可达 36 mg/L。

从断面 A 和断面 B 的分析可知，整个断面 C 的站点都属于台湾暖流控制范围，从图

24.11c 中看到在该断面大部分站位悬浮体浓度很低，分布较为均匀，只是在中间地势凸起的底部悬浮体浓度明显高于南北两侧，最大值达到 19 mg/L。从水体温、盐特征上看，这可能是台湾暖流水在向北移动过程中遇到地形的突然凸起，造成沿坡爬升，这种地势上的“屏蔽”作用导致南来水体携带的悬浮体迅速沉降，在地势最高点附近形成了浑浊带。

图 24.11d 为断面 D 的悬浮体浓度、温度和盐度的分布，该断面平行于断面 C，但更靠近海岸，其悬浮体浓度含量较高，多高于 30 mg/L。同断面 C 相似，该断面地形出现了二级台

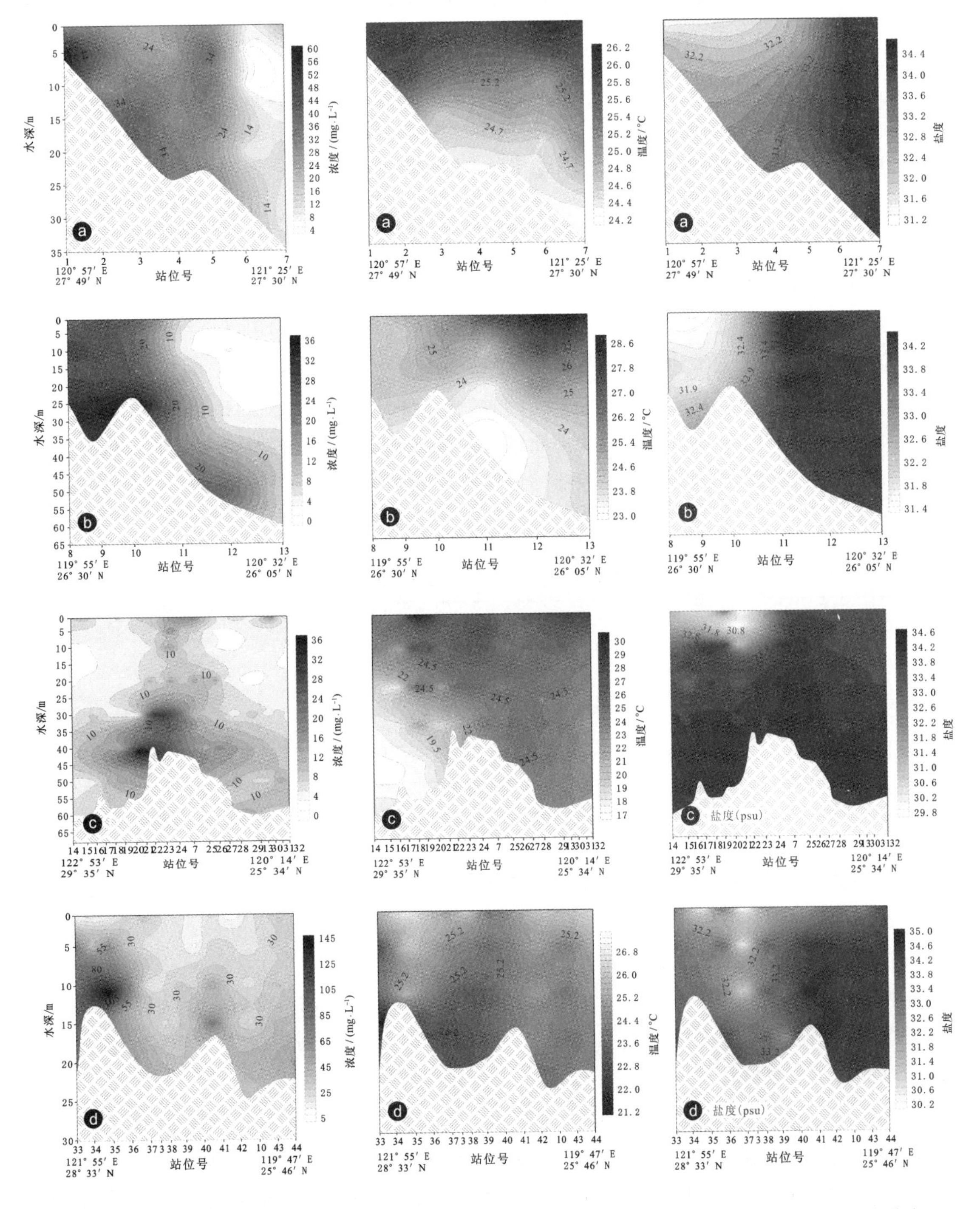

图 24.11　东海内陆架断面 A (a)、B (b)、C (c) 和 D (d) 悬浮体浓度、温度和盐度的垂向分布

阶，且两坡顶附近均为悬浮体的高值区，除了与C相同的地形阻挡原因外，南部闽江和北部瓯江的入海物质对底层悬浮体浓度的贡献也不容忽视。

综上所述，该区悬浮体南北方向上主要由平行于30 m等深线的温盐锋面分界成东西两部分，西部悬浮体含量高，层化现象明显，自上而下浓度逐渐增大；而东部则很低，层化现象不明显。

24.1.2.3 影响东海内陆架泥质区悬浮体分布的主要因素

影响东海内陆架泥质区悬浮体分布的主要因素包括悬浮体物质来源和东海近岸海域水团两方面。由前面悬浮体浓度分布特征可知，30 m等深线附近的温盐锋面以西为悬浮体含量高值区，该区悬浮体表层以26°N和28°N附近两个区域含量最高，而向周围逐渐降低；中层两高值区基本上汇合为一体，范围较为集中，但位置向东北方向偏移；而至底层，悬浮体的高浓度区可达到29°N附近。从地理位置上看，26°N和28°N恰好为闽江和瓯江河口入海处，闽江和瓯江为研究区最主要的两条入海河流，年平均径流量分别为5.40×10^{10} m^3和1.44×10^{10} m^3，随之输入东海的年均物质通量分别为743.5×10^4 t和232×10^4 t，且入海物质在夏季占更大的比重（表24.4）。而长江和钱塘江虽然也注入东海大量物质，但由于闽浙沿岸流典型的季节性特征，夏季由西南流向东北，故这两条河流物质无法运移到研究区。因此30 m等深线以西的区域可能主要受闽江和瓯江入海物质的影响，在河口区形成悬浮体高浓度区，而夏季在闽浙沿岸流的作用下，致使陆源物质不断向东北推进，由沉降作用所致随着水深的增大悬浮体高值区向东北运移。另外，水深较浅的近岸和海岛周围区域悬浮体浓度较高，这可能与高能的海浪、潮流等作用导致的表层沉积物再悬浮密切相关。

表24.4　东海主要入海河流的年径流量和输沙量

河流名称	多年平均径流量/（$\times 10^{10}$ m^3）	多年平均输沙量/（$\times 10^4$ t）
长江	92.72	46 800
钱塘江	3.12	608
闽江	5.40	743.5
瓯江	1.44	232

资料来源：金元欢，1988

30 m等深线附近的温盐锋面以东为悬浮体低值区，该区悬浮物质输送的主要动力为台湾暖流，其所携带悬浮体主要来源于北部长江入海物质扩散或台湾河流入海物质，由于径流量及输运距离的原因，该区悬浮体浓度相对较小。

东海环流大致以台湾岛北端和济州岛的连线为分界，分为东西两部分，东侧为黑潮主干及其分支，西侧为台湾暖流和沿岸流。黑潮终年往北，是东海的最强流，台湾暖流是次强流，大致沿闽浙海岸由南往北，两者是影响和控制整个东海环流的两大主要流系。

研究区海流的主干为台湾暖流，除冬季其表层可能受偏北风的影响，流向偏南外，其余各层流向变化不大，流向几乎终年一致地沿等深线流向东北，近底层更为明显。台湾暖流的流速一般为15～20 cm/s，当到达长江冲淡水远岸段时，逐渐减弱为10～20 cm/s。除此之外，近岸区域主要受闽浙沿岸流控制，夏季盛行西南风，故沿岸流向东北。夏季东海陆架流系见

图 24.12 所示。

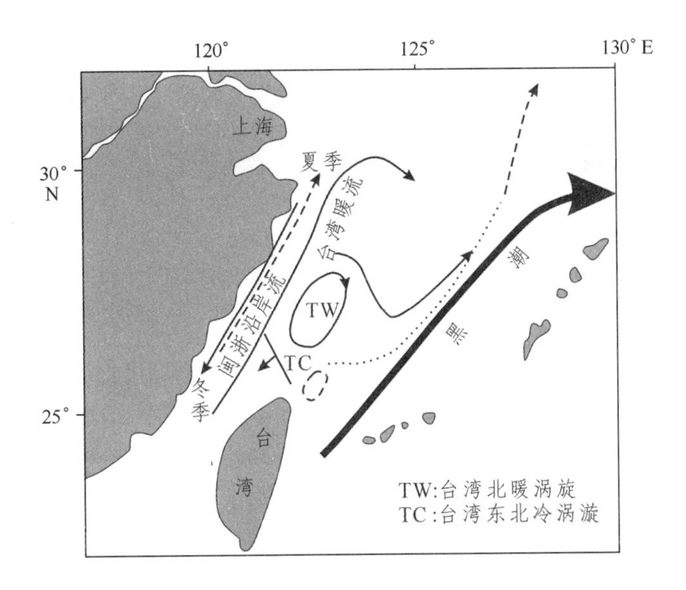

图 24.12　东海陆架夏季环流

资料来源：张怀静等，2007

从图 24.10 的温度和盐度图中可以看出，高温、高盐的台湾暖流水沿平行于 30 m 等深线从南向北一直贯穿整个研究区。台湾暖流为“洁净”水，在这种强大水动力和温度、盐度结构的阻隔作用下，河口及闽浙沿岸入海泥沙只分布在闽浙沿岸一带，无法向其邻近海域扩散，这与郭志刚等认为“海流对冬、夏季东海北部悬浮物输运有阻隔作用”相一致。同时，长江、钱塘江、闽江、瓯江等入海径流与海水混合形成的闽浙沿岸流在西南风的影响下不断北上，既携带南部河口入海物质向北推进，又阻隔了北部长江冲淡水携带泥沙向南运移。从图 24.10 三个层位的悬浮体含量可以看出，悬浮体高值区自上而下逐渐向北迁移，这正是闽浙沿岸流作用的结果。

另外，东海沿岸海区因其上升流现象突出而一直成为研究者所关心的热点海域，这一海区的上升流是台湾暖流与海底地形相互作用的结果，另外夏季盛行的偏南风，使海水离岸输送，也将加大该区沿岸上升流的流速。夏季闽浙沿岸近海岸区域有 3 个比较强的上升流中心，分别位于 25°20′N，120°00′E、26°40′N，120°15′E、27°20′N，120°45′E 附近，并且在对闽浙沿岸水文结构的模拟中，同样得出夏季沿岸的低温高盐区与计算出的 3 个较强的上升中心一致（潘玉萍等，2004）。

从图 24.11 中可以看出，在台湾暖流与闽浙沿岸流的交界处，受海底地形的诱导作用，高温高盐的台湾暖流水沿坡爬升形成上升流，这在 24 号和 36 号站位附近尤其明显，由于流向改变且流速减慢，能量减小，导致水体所携带悬浮物质大量沉积，在坡顶形成悬浮体浓度高值区。

24.2　东海表层沉积物运移趋势

沉积物粒径趋势分析方法经过几十年的发展和完善，已经成为研究沉积物运移方式比较成熟的方法，其核心是从沉积物粒度参数的空间分布变化规律中提取沉积物净输运方向的信息。该方法已经被应用于河口、海岸、三角洲和潮流沙脊等多种海洋环境，所得结果与流场观测、人工示踪砂实验和地貌沉积特征显示的物质输运格局较为吻合（Gao et al.，2001；王国庆等，2007b；刘升发等，2009）。本书选择目前比较成熟的Gao-Collins粒径趋势分析方法（Gao & Collins，1992）探讨沉积物的净输运模式。

24.2.1 长江口沉积区

考虑到不同的特征距离（Dcr）对分析结果有着显著的影响，以0.01°的间隔，取0.03°~0.12°之间的数值作为Dcr进行粒径趋势矢量的计算，并做对比分析。结果表明：当Dcr分别取0.03°、0.06°、0.09°、0.12°时，所计算的结果比较有代表性（王国庆等，2007b）。

从图24.13可以看出，当Dcr取0.03°，即约等于采样的间距时，对绝大部分样品而言，由于参与比较和矢量合成的相邻点太少，得出的粒径趋势矢量多沿E—W或S—N向排列，并在部分站位为“零值”。这表明Dcr取值太小，无法据此进行趋势矢量的分析。当Dcr取0.06°时，趋势矢量在局部区域呈现出一定的规律性，但从整体上讲，趋势矢量指向的规律性仍不是太明显。表明这一特征距离仍偏小，无法反映大部分站位的输运趋势。当Dcr取0.09°时，研究区内沉积物的输运显示出两个明显的趋势：由长江口向外，沉积物向SE方向由河口向陆架输运，大致在122.2°E左右，一部分沉积物转而向南输运，输运方向指向南汇边滩至杭州湾一线；另一部分沉积物向东输运，至122.5°E之后逐渐转向东北方向输运。

在研究区的东南角，沉积物有着由SE向NW方向，即由陆架向河口区的输运趋势，在122.6°E附近这一输运趋势也转化为向北和向西的两种输运趋势。在以122.4°E，31.5°N为中心的区域，受上述两种相反方向上输运趋势的影响，趋势矢量的指向较为混乱，大致有呈逆时针方向排列的规律。从整体上看，在这一特征距离下，研究区内沉积物呈现出两种截然相反的输运趋势，但从其分布的区域面积来看，仍以河口向陆架的输运趋势为主。当Dcr增加至0.12°时，上述输运趋势的规律性得到进一步增强，趋势矢量的分布异常明显且没有明显的噪点。

对于粒径趋势分析的结果，需要进行显著性检验来验证结果的有效性。根据Gao（1992）提出的显著性检验方法对以上结果进行分析计算，结果显示本样品的粒度参数经随机排列后计算出的特征矢量长度的统计分布接近于正态分布，略有负偏（图24.14）。L及与之对应的L_{99}均随着Dcr的增大而增加，但L增加的幅度显然要大于L_{99}增加的幅度。当Dcr取0.06°时，L仍远小于L_{99}，表明在此特征距离下，所计算出的趋势矢量不具有显著性，仍属于“噪音”的范畴。当Dcr取0.09°时，L才稍大于L_{99}，对应的趋势矢量开始具有显著性，趋势矢量的平面分布显示出一定的规律性。而在Dcr为0.12°时，L明显大于L_{99}，所对应的趋势矢量在空间上具有明显的规律性。这一检验方法证明在研究区内，Dcr取0.09°是合适的，所获取的沉积物输运趋势也是比较有效的。

前述粒径趋势分析在特征距离为0.09°时，计算结果指示出研究区内沉积物有两种不同的输运趋势。对于这一结果，可从研究区内的水动力机理来进行解释分析。

本次进行粒径趋势分析的区域涵盖的是长江南支口外三角洲前缘至前三角洲区域。这一区域的沉积水动力条件虽然比较复杂，但对底质沉积物的输运与沉积起着主导作用的是长江径流与潮汐。长江径流携带大量的泥沙出河口区后向东南方向下泄。在河口砂坝以内

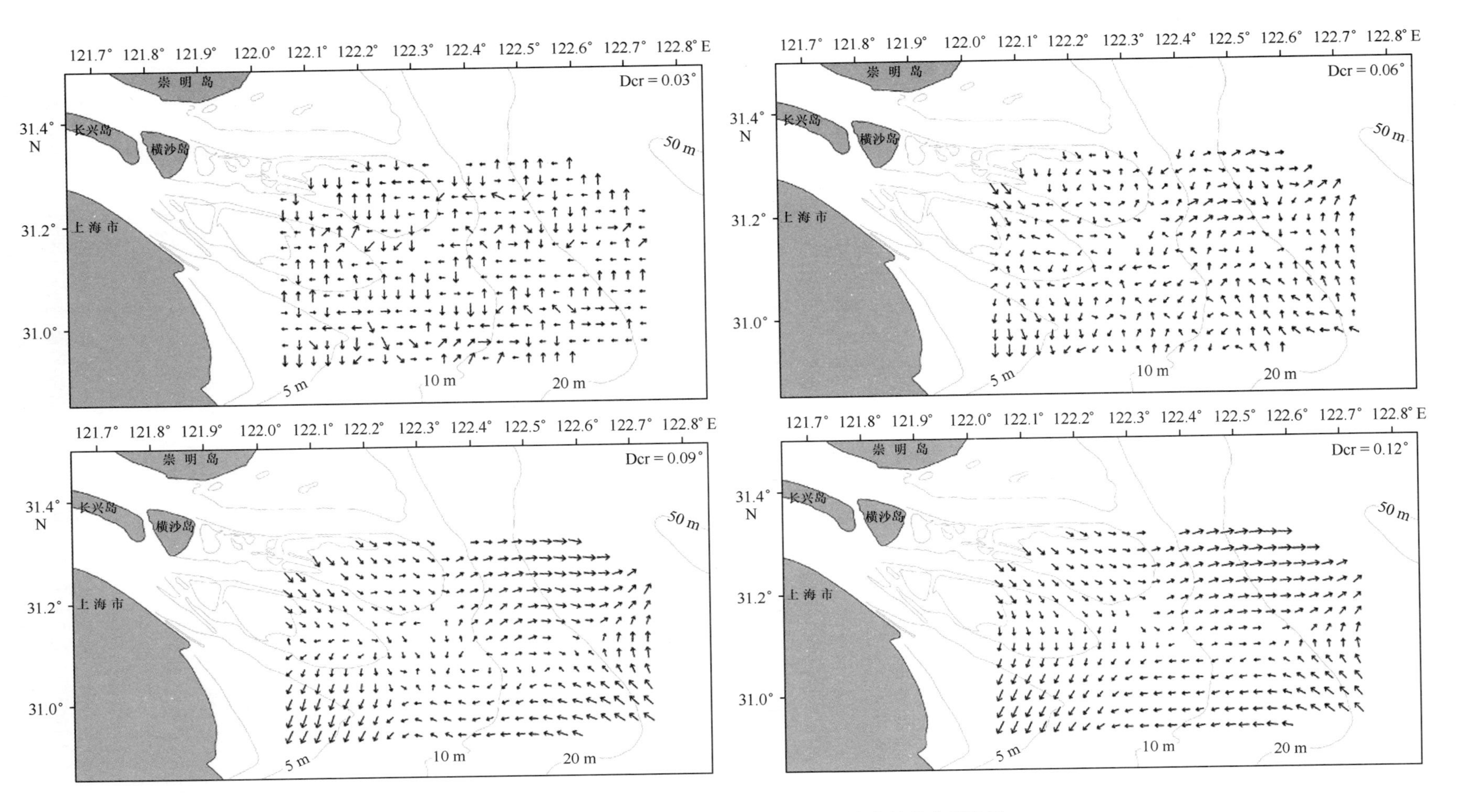

图 24.13　长江口不同特征距离 (Dcr) 下粒度趋势分析结果

资料来源：王国庆等，2007b

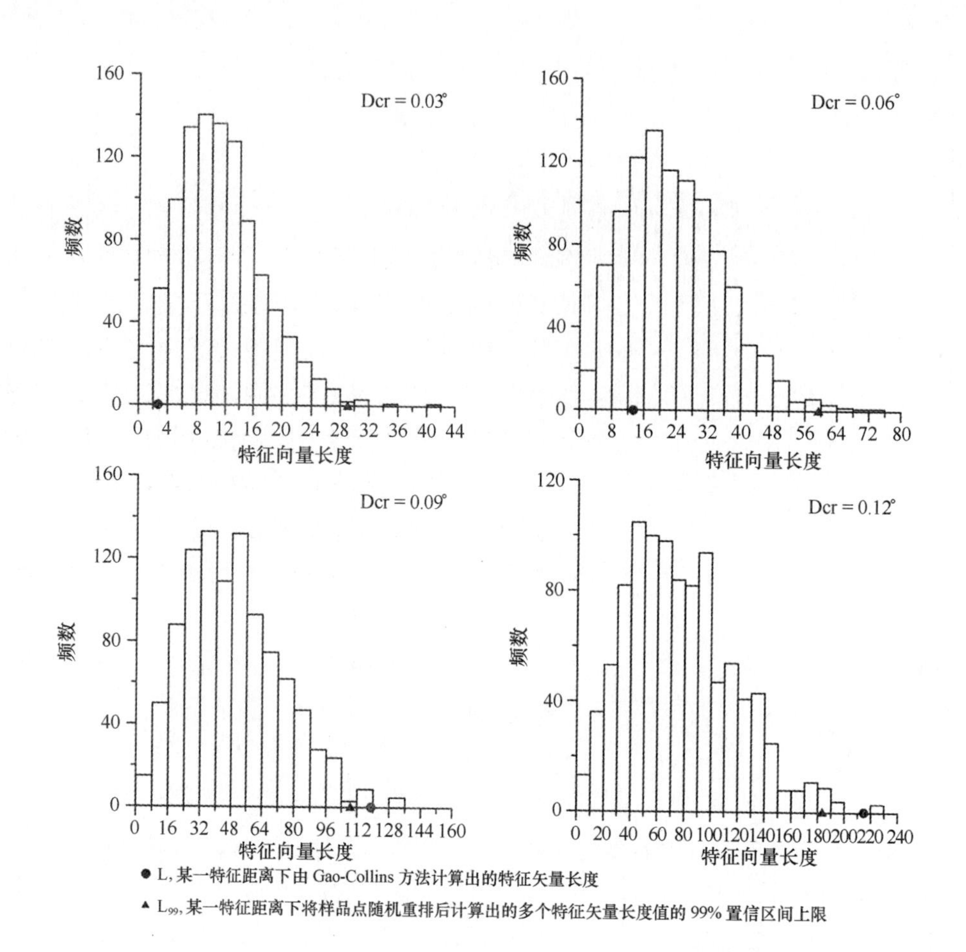

图 24.14　不同特征距离下特征矢量长度值的频率分析

的区域，大量径流的加入使得落潮流的作用明显强于涨潮流，落潮流的流速、历时、含沙量均要大于涨潮流，为该区域的优势流。因此，该区域内径流与潮流的作用均使沉积物由河口向陆架方向输运。河口砂坝是涨落潮优势流的转换带，由河口砂坝向外，涨潮流的作用逐渐强于落潮流而成为优势流（沈焕庭和潘定安，1988）。同时，长江径流在越过河口砂坝进入前三角洲区域后，因盐度的增加而逐渐转化为长江冲淡水，因密度较轻逐渐脱离底床而浮托于海水之上向外扩散，但中、下层水体仍受到潮流的控制作用（潘定安等，1988）。这样，在这一区域内，长江冲淡水与潮流显示出对沉积物的不同输运作用。表层长江冲淡水的作用使长江入海物质中的细颗粒组分以悬浮物的形式向陆架方向输运，而中、下层水体中涨潮流的作用使得沉积物呈现出由陆架向河口地区的输运趋势。从研究区及邻近区域输沙量的实测结果来看（左书华等，2006；茅志昌等，2001），在径流和落潮流占优势的区域，洪、枯季均是由河口地区向陆架净输沙；以涨潮流占优势的区域，枯季为陆架向河口地区净输入沙，而在夏季，随着远离河口区，逐渐由向陆架净输出沙转变为向河口净输入沙。在长江口外，径流下泄的方向以东南向为主，潮流总体的涨落及方向基本也是沿 NW—SE 向（沈焕庭和潘定安，1988），因此导致沉积物在研究区内主要沿 NW—SE 方向进行输运。

根据研究区内这一水动力分布特点分析，沉积物粒径趋势分析所得出的两种输运趋势反映了上述不同水动力条件造成的沉积物输运方向的差异。在以径流和落潮流为优势流的区域，粒径趋势矢量总体指向SE向，反映沉积物以由河口向陆架方向输运为主；在以涨潮流为优势流的区域，粒径趋势矢量总体指向NW向，反映沉积物以由陆架向河口方向输运为主。两者之间存在着一定的过渡区域，粒径趋势矢量的指向较为混乱。应该说这一粒径趋势分析的结果对于研究区内沉积物整体的输运格架是能有效揭示的。

根据长江口和杭州湾的余流数值模拟结果（朱首贤等，2000），冬季长江口的拉格朗日余流存在着顺时针的涡旋，有利于形成向北的余流和物质输运分支，而南汇边滩附近的拉格朗日余流存在着逆时针的涡旋，有利于长江口入海物质向杭州湾的扩散，这与粒径趋势分析所得到的河口砂坝以西的沉积物输运趋势是比较一致的。从理论上讲，拉格朗日余流的空间分布对于物质的输运有着比较明显的指示意义（冯士筰和鹿有余，1993）。这一方法得出的物质输运趋势与粒径趋势分析方法得出的沉积物输运趋势之间确有着一定的差异，这主要是由于以下两个原因。①研究时限的不一致。长江河口地区水动力作用通常较强，活动层偏厚，表层沉积物多经历了反复的再悬浮过程才最终沉积下来。从已有的研究结果来估算（Gao & Collins，1992），本章将粒径趋势分析的样品限定于表层0～5 cm的范围内，实际将样品控制在活动层的范围内。这一活动层内沉积物粒度的组成体现了不同季节的水动力条件综合作用的结果，实际上反映的是一个比较长时间尺度内的沉积物输运趋势。而现有的余流模拟结果只是根据冬季的资料进行的模拟，反映的是冬季长江口外余流及其对物质输运的作用，这与粒径趋势分析方法得出的结果不在一个时间尺度内。②两者的理论基础不同。拉格朗日余流的结果是基于表层质点跟踪的资料来进行计算的，这一方法实际上反映的是水动力对于沉积物的输运作用，而不涉及沉积物的沉积作用。而粒径趋势分析方法是根据沉积物的粒度特征来反演其输运过程，沉积物所经历的沉积作用过程对于分析的结果有着至关重要的作用。一般来说，沉积物在海洋环境中的输运过程除受到水动力条件的控制外，还普遍受到絮凝作用的影响。由絮凝作用引起的沉积物输运的变化在水动力条件的分布格局中得不到体现。同时，部分沉积物组分在输运过程中始终不与底质沉积物发生交换或沉积，而是以悬浮态形式进行搬运，它的粒度过程变化就不会反映在底质沉积物中。因此，底质沉积物粒度的空间分布格局并非严格体现了水动力条件的分布格局，这也会引起余流的模拟结果与粒径趋势分析结果并不完全一致。

通过以上讨论，我们可以看出，Gao-Collins方法在应用于水动力条件比较复杂的大型三角洲区域时，仍能对沉积物的输运趋势有很好的指示，进一步证明该方法的确是一种比较有效的沉积物粒度参数分析方法。由于这一方法所计算出的结果很大程度上依赖于对特征距离的选取，因此，必须慎重考虑所选择的特征距离的代表性。粒度参数的半变异函数分析无疑是特征距离选取过程中的有益参考。根据选定的特征距离所计算的沉积物输运趋势也必须要在通过显著性检验的前提下，才能探讨其蕴含的地质学意义，否则粒径趋势分析方法就沦为纯粹的数学游戏而不是一种真实有效的地质学分析方法了（王国庆等，2007b）。

综观目前沉积物粒径趋势在海洋地质学的应用现状可以发现，对于粒径趋势结果的解释多是根据观测资料来分析的。粒径趋势分析作为一种经验性的方法，虽然现在已经得到了比较好的应用，但要最终解决其理论和应用的问题，还必须要从物理学原理上说明粒径趋势与颗粒态物质运动的关系。这就需要从水槽实验和数学模型两方面入手，以实验和模拟的手段，来探讨不同水动力条件作用之后的底质粒度参数的时间和空间变化，进而建立粒径趋势与输运过程的关系。

同时，必须注意到的是粒径趋势分析主要是基于“选择性沉降”的假设，即粗颗粒沉积物比细颗粒沉积物沉降的可能性大，因此，比较适合应用于粗颗粒物质占主导的沉积环境中，但在许多海洋环境中细颗粒沉积物是优势组分，而细颗粒物质具有不同的动力学特征，如细粒沉积物和砂质物质对于选择性搬运可有不同的反应，细粒沉积物还受到絮凝作用的影响。并且，有些细颗粒组分可能在输运过程中不与底质沉积物发生交换或沉积，而是始终以悬浮态进行搬运，它的粒度过程变化就会在底质沉积物中得不到反映。这些情况说明，对于细颗粒沉积物应用粒径趋势分析方法的可靠性还需要进一步的观测和实验来加以证明。

24.2.2 东海内陆架沉积区

以0.02°为间隔，取0.04°~0.16°之间的数值进行粒径趋势分析计算，并作对比分析。结果表明，特征距离分别取0.04°，0.08°，0.12°和0.16°时所计算的结果比较有代表性。

东海内陆架沉积区沉积物净输运趋势格局如图24.15所示，特征距离取0.04°时，即接近于采样间距时，由于参加比较和合成矢量的点数过少且片面，不能够反应该点所代表的沉积物输运趋势的真实方向。特征距离取0.08°时，趋势矢量在局部区域呈现出一定的规律性，但从整个研究区来看，却并没有明显的规律性可循。特征距离取0.12°时，粒径趋势图可以反映出沉积物明显的运移趋势：整个研究区除南部闽江河口位置外，总体趋势是由NE向SW运移，但研究区的两侧又稍有不同，近岸边缘受海岸线曲折延伸的影响明显，大致表现出向岸边方向偏移的趋势，而离岸边缘则有向海方向偏移的趋势，至台湾海峡北部附近沉积物的运移趋势基本为NS—EW方向；闽江河口外区域沉积物运移模式的规律性不是很强，大致表现为由河口向周围呈散射状的趋势，而在马祖等比较大的岛屿周围，沉积物有绕岛运移的趋势。特征距离取0.16°时，上述输运趋势的规律性更加明显，趋势矢量的分布异常明显，而且没有明显的噪音点。

结合粒径趋势分析结果和研究区流系格局，可以发现研究区内侧闽浙沿岸流的控制范围内，沉积物主要由NE向SW运移（图24.15）。闽浙沿岸流明显受季风控制，冬季受偏北风的作用，使低温低盐的闽浙沿岸水贴近海岸南下，该流幅一般限于20 m以浅的近海海域，流速一般为30~40 cm/s，推动海底细颗粒沉积物沿海岸线向西南方向运移；夏季由于盛行西南风，使闽浙沿岸水流向NE方向，但其流速较小，一般不超过20 cm/s，且持续时间相对较短。因此，沉积物运移的主要动力为冬季沿岸流，在该流系的推动下沉积物基本上沿平行于海岸线的方向由NE向SW运移。但是，在靠近岸边的区域（主要为水深小于5.0 m以内区域），由于水深较浅，涨落潮流作用明显，在该区域涨潮流为优势流，这就导致近岸沉积物出现由海向陆方向运移的趋势（图24.15）；在研究区外侧，与内侧一样，沉积物运移主要受冬季沿岸流的影响，由NE向SW输运。研究区外边缘存在台湾暖流，其水体主要来自台湾海峡水和黑潮水的混合体，基本上沿着50 m等深线向NE运动，流幅较窄，但一直延伸到杭州湾外海。沉积物在台湾暖流的推动下使得其原来方向发生改变，另外该区地形为向外海楔形延伸，水深逐渐增大，在重力作用下，沉积物发生向地势降低的外海方向偏移的趋势。至台湾海峡北部，沉积物的运移趋势为NS—EW方向，可能表明现代长江入海物质并不能穿越陆架区而运移至南海海域（图24.15）。因此在冬、夏季闽浙沿岸流、涨落潮流以及海底地形的

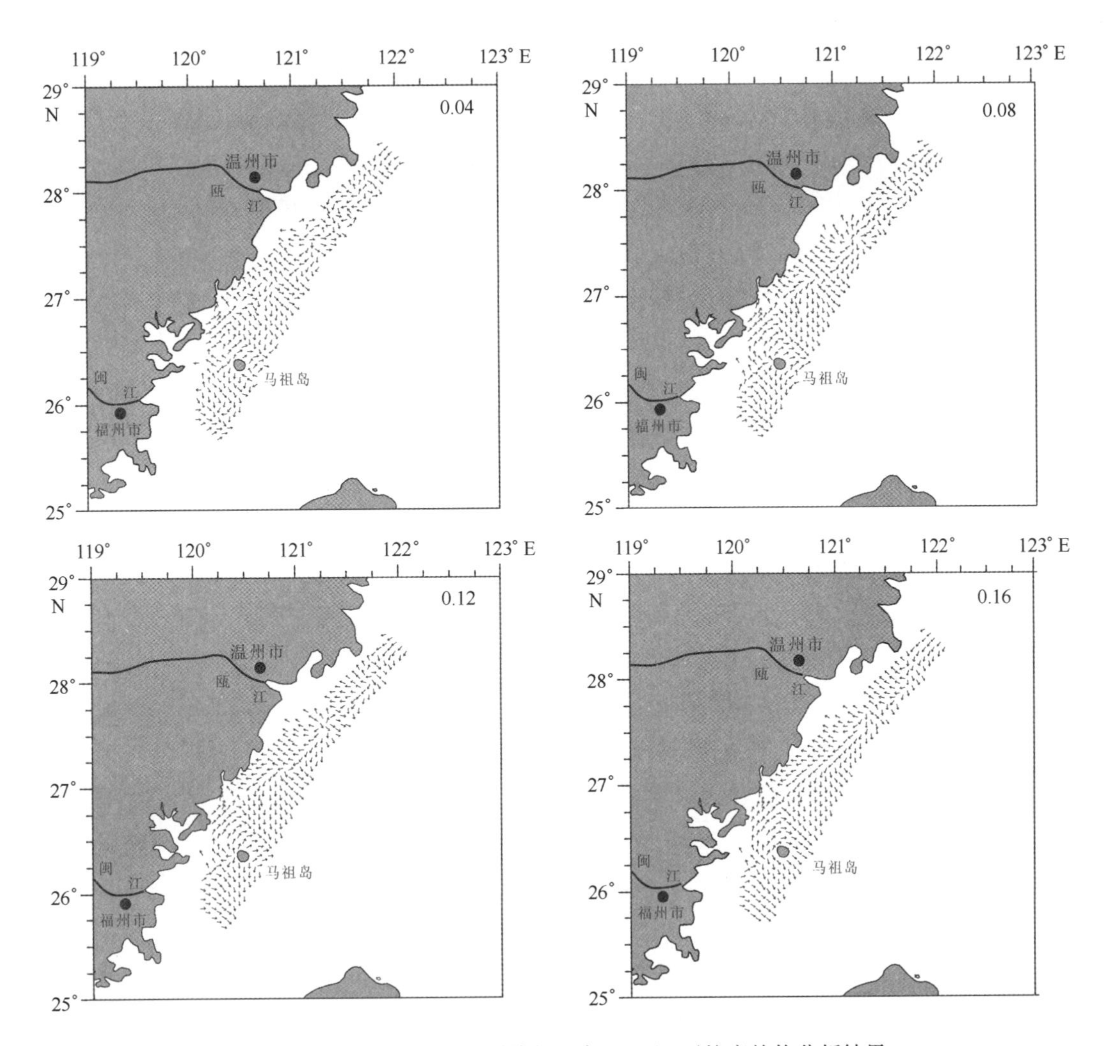

图 24.15　东海内陆架不同特征距离（D_{cr}）下粒度趋势分析结果

资料来源：刘升发等，2009

综合作用下，研究区沉积物主体部分表现为 NE—SW 向运移的趋势，只在研究区两边缘处有向两侧偏移的趋势。

在闽浙沿岸泥质区南部闽江河口位置，由于入海径流的影响，每年注入大量的陆源物质，增加了研究区沉积物的供应量，伴随着冲淡水呈辐射状向外流出，底层沉积物以河口为中心向外运移。另外，马祖、白犬和东引等障蔽岛屿的存在也会对沉积物的运移模式产生一定的影响，导致周围沉积物呈环岛屿方向搬运的趋势（图 24.15）。

24.3　沉积速率

24.3.1　长江口和杭州湾沉积区

本节基于“908 专项”在长江口和杭州湾地区获得的 17 个有效^{210}Pb 沉积速率数据，结合该区 72 个已发表的沉积速率数据（图 24.16 和表 24.5），对该地区沉积速率的空间分布情况进行了探讨。

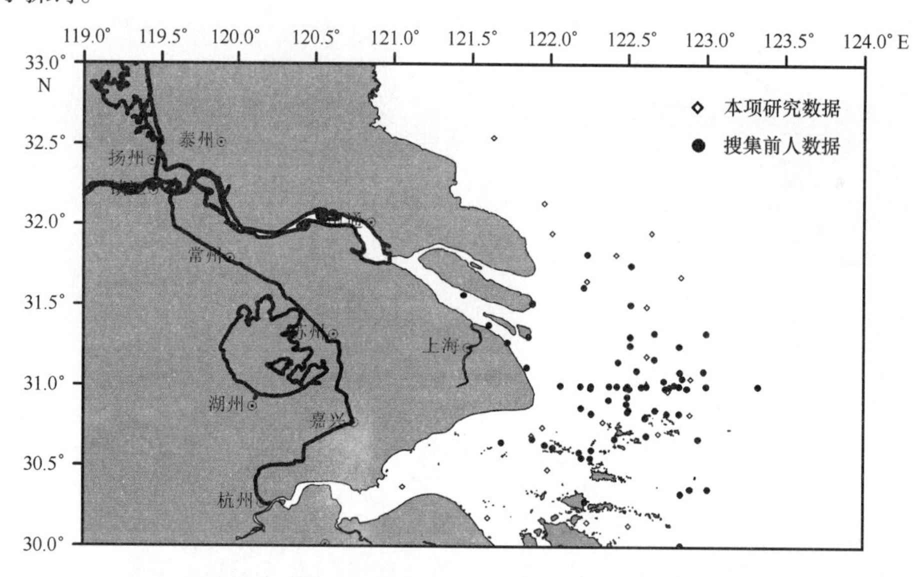

图 24.16 长江口和杭州湾沉积速率样品分析站位

表 24.5 长江口和杭州湾沉积区沉积速率数据

站位号	东经/（°）	北纬/（°）	沉积速率/（cm·a^{-1}）	数据来源
CJ08－645	122.343983	30.776200	1.23	“908专项”
CJ08－689	122.695533	30.703867	2.37	“908专项”
CJ08－1223	122.898650	30.824333	2.62	“908专项”
CJ09－1606A	121.064144	30.369611	0.92	“908专项”
CJ09－1412B	121.989467	30.477511	0.35	“908专项”
CJ09－960	121.9642063	32.1350210	0.5	“908专项”
CJ09－660	121.6369195	32.5442718	0.19	“908专项”
CJ9－1780A	121.606983	30.178383	1	“908专项”
CJ09－1800B	122.244564	30.152222	0.73	“908专项”
CJ10－1132	122.8403631	31.682375	1.35	“908专项”
CJ10－1213	122.2399406	31.653737	0.89	“908专项”
CJ10－619	122.4261044	31.817585	0.61	“908专项”
CJ10－106	122.0149597	31.949925	1.12	“908专项”
CJ10－126	122.6496308	31.952814	1.28	“908专项”
CJ10－1825	122.6204397	31.493683	1.95	“908专项”
CJ11－360	122.62173	31.1868	0.43	“908专项”
CJ11－630	122.75735	30.96799	1.9	“908专项”
CJ11－361	122.62173	31.18680	0.74	王国庆等，未发表

续表

站位号	东经/(°)	北纬/(°)	沉积速率/ $(cm \cdot a^{-1})$	数据来源
CJ11-631	122.75735	30.96799	1.95	王国庆等，未发表
H1	121.8928914	30.6679576	1.72	胡方西等，2002
H2	122.507313	30.851293	3.5	胡方西等，2002
H3	122.3809602	30.9157081	>2	胡方西等，2002
H4	122.2645173	30.9875557	>2	胡方西等，2002
H5	122.5890705	30.9974656	>2	胡方西等，2002
H6	122.5122681	30.9850783	5.4	胡方西等，2002
H7	122.7674511	30.9949882	3.09	胡方西等，2002
H8	122.8789389	30.9875557	0.45	胡方西等，2002
H9	122.5172229	31.2526489	1	胡方西等，2002
H10	122.5172229	31.3071538	0.5	胡方西等，2002
H11	122.2199223	31.6143646	0.2	胡方西等，2002
H12	122.2422198	31.8199975	0	胡方西等，2002
H13	122.522178	31.7506276	0	胡方西等，2002
H14	122.5197006	31.5053545	0	胡方西等，2002
CR14	122.8343436	31.0891333	0.34	庄克琳等，2005
CR16	122.9829939	31.0940884	0.28	庄克琳等，2005
C11	121.4482676	31.5634572	0.86	段凌云等，2005
C12	121.6094248	31.3772316	0.39	段凌云等，2005
C2	121.731188	31.2697936	0.23	段凌云等，2005
C3	121.73	31.27	0.17	段凌云等，2005
C4	121.8923448	31.5097384	0.75	段凌云等，2005
C5	121.89	31.51	0.76	段凌云等，2005
C6	121.8923448	31.515	0.51	段凌云等，2005
C7	121.867276	31.305606	1.03	段凌云等，2005
C8	121.856532	31.1157988	1.94	段凌云等，2005
Y5	122.4402788	31.1516116	2	段凌云等，2005
Y6	122.5584604	31.0978928	2.2	段凌云等，2005
Y7	122.7303612	31.03343	6.3	段凌云等，2005
Y8	122.7984052	31.0083608	0.8	段凌云等，2005
HN108	122.6738928	30.8519708	0.34	夏小明等，2004
LH80	122.6125644	30.8037844	0.31	夏小明等，2004

续表

站位号	东经/（°）	北纬/（°）	沉积速率/（$cm \cdot a^{-1}$）	数据来源
TX259	121.6926404	30.6460832	3.02	夏小明等，2004
YS1	121.971538	30.6314812	1.43	夏小明等，2004
YS2	122.0211848	30.6154188	1.01	夏小明等，2004
YS3	122.20809	30.5526304	0.29	夏小明等，2004
YS4	122.2635776	30.54971	0.35	夏小明等，2004
YS5	122.193488	30.5862152	1.58	夏小明等，2004
YS6	122.2708784	30.6008168	1.26	夏小明等，2004
FG17	122.2037096	30.8651124	3.11	夏小明等，2004
G8004	122.4928284	30.9906896	5.4	Demaster et al.，1985
G8005	122.741062	30.9863088	3.1	Demaster et al.，1985
G8000	122.4942888	30.891396	3.5	Demaster et al.，1985
ZM11	122.62	30.69	3.66	刘升发等，2009
chj01	122.75	30.83	2.8	杨作升，2007
E4	122.62	31	3.5	杨作升，2007
CJ43	122.85	31.05	0.22	冯旭文，2009
CJ56	124.82	31	0.2	冯旭文，2009
18	122.62	31.02	2.6	刘明，未发表
SC02	122.07	31.0025	1.36	张瑞，2009
SC04	122.2003	31	1.73	张瑞，2009
SC05	122.2673	31	3.89	张瑞，2009
SC07	122.3843317	31.001476	4.11	张瑞，2009
SC08	122.4336	31.0005908	2.42	张瑞，2009
SC09	122.5007822	31.0002077	3.43	张瑞，2009
SC10	122.4997338	30.934495	3.14	张瑞，2009
SC11	122.5017237	30.8410287	4.04	张瑞，2009
G1	122.83	31.25	1.55	Chen，2002

根据89个沉积速率数据，绘制了长江口和杭州湾沉积区沉积速率等值线图（图24.17）。由图24.17可以看出：沉积速率最高的区域分布在长江水下三角洲的泥质区，以122.5°E、31.0°N为中心，最北不超过31.2°N，向东不超过123°E，平均沉积速率在3～4 cm/a，最高值可达6.3 cm/a（段凌云等，2006）；次高值分布在紧邻南汇嘴的杭州湾北部，沉积速率为1～3 cm/a；另外，在泥质区的东北部，出现沉积速率较高的区域，约为1.34～2.58 cm/a；长江分流河道、苏北辐射沙洲和陆架区沉积速率较低，总体上在0.5 cm/a，较多区域沉积速

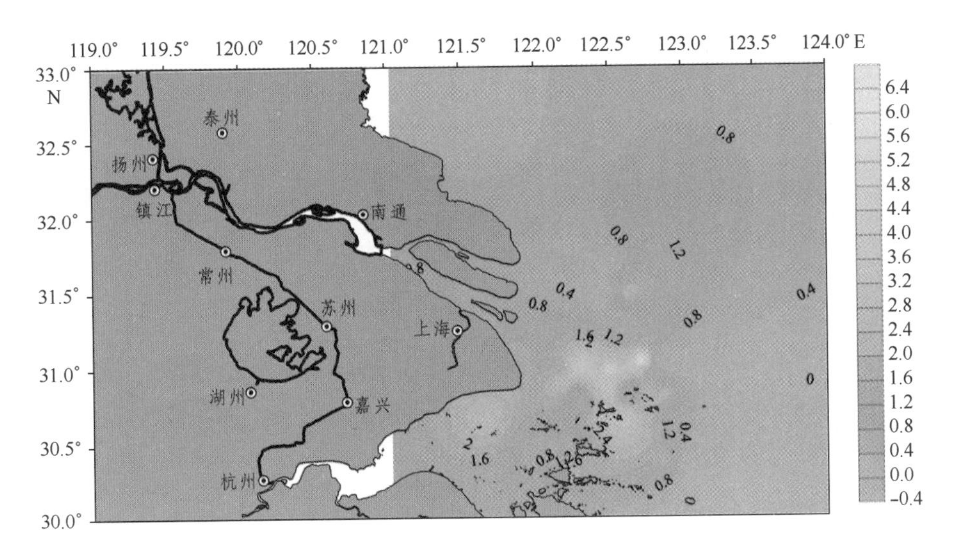

图 24.17 长江口和杭州湾^{210}Pb 沉积速率等值线分布

率为0，表明没有沉积过程发生。

据 Milliman 等（1985）研究揭示，长江悬沙平均每年有 4. 86 × 10^8 t 入河口后，约 30% 细颗粒物质在前三角洲堆积。本研究中的长江水下三角洲泥质区正位于这一泥质沉积中心。已有研究表明，122. 5°—123°E 是长江冲淡水和陆架海水交汇的锋面所在，絮凝作用强烈（潘定安，1988），长江悬浮物质向东扩散很少越过该界限。另外，从水下地形可以看到，长江水下三角洲呈舌状向海伸展，其东北侧有一个较大的 V 形古河口，西南侧也有一个较小的 V 形谷地（陈中原等，1986），每年夏季台湾暖流均可入侵这两个谷地，阻挡长江悬沙的继续外扩，同时加强了泥沙的絮凝沉降。从该沉积中心向海到东部陆架区，沉积速率又迅速降低，几乎为0（图 24.17），基本没有现代沉积作用发生，可能由于该区为锋面外缘，泥沙供应量急剧减少，堆积量极小，同时还受到东海陆架较强潮流的作用，水动力较强，沉积物不易堆积。悬沙浓度等值线也显示在 122°—123°E 之间水平梯度大，悬沙浓度向东迅速降低（沈焕庭等，2001）。已有研究表明，东海悬浮体具有“夏储冬输”的季节性输运格局（杨作升等，1992；孙效功等，2000），冬季受冬季风影响，长江物质在长江冲淡水和浙闽沿岸流的携带下向浙闽东海内陆架泥质区输运。长江口泥质区南部地区（31°N 以南，123°E 以西）刚好位于长江物质向南输运的必经之路上，悬浮泥沙首先在这部分区域沉降，导致该区沉积速率较高。春后，受偏南风作用，浙闽沿岸流北上，长江入海径流起初顺河口直下东南，至离岸稍远处发生气旋式偏转，由南开始向北偏，5 月份到达 30°N 附近；夏季，长江冲淡水一般流向东北，洪水期长江冲淡水水舌可延伸至济州岛西北 34°N 附近，之后经过济州海峡汇入到对马海峡中（王凯，2001）。夏季长江冲淡水影响几乎遍及东海西北部，还影响到南黄海的南部甚至中部，由此可见泥质区东北部小部分区域沉积速率较高主要反映了夏季长江冲淡水的影响。

紧邻南汇嘴的杭州湾北部浅滩，水深较浅（ < 10 m），沉积速率相对较大，可达 3 cm/a（夏小明等，2004），近百年来沉积环境较为稳定，长江物质在南输过程中受到涨潮流作用，有相当部分物质被带入杭州湾北部沉积。另有研究表明，杭州湾北部从 20 世纪 80 年代以来，淤积速度明显加快，表明更多的长江物质被带入杭州湾沉积（沈焕庭等，2001）。

苏北辐射沙洲区域沉积速率较低，通常低于0.5 cm/a，推测主要是因为缺乏持续而稳定的沉积物供应。全新世以来长江入海口不断南偏，使更多的长江物质向东或东南输送入海，长江口北支以北海域缺少稳定陆源物质输入。1855年黄河改道入渤海，加剧了这一趋势。另外，由于辐射沙洲区的水动力较强，沉积物在潮流作用下较难沉积。苏北向南到长江口北支附近海域的废长江三角洲附近沉积速率逐渐增大到1～1.2 cm/a（图24.17），可能指示了长江物质对该区的影响。

长江分流河道和杭州湾口的岛屿周围，水动力较强，沉积速率较低。沉积速率的数据集中在现代长江口附近小范围内，123°E以东陆架区、32°N以北区域以及杭州湾的沉积速率数据较少，虽然等值线图对这些区域沉积速率的反映可能不太准确，但总体上还是可以反映整个研究区沉积速率的空间分布。

24.3.2 东海内陆架沉积区

本节利用东海内陆架沉积区的7根沉积物柱样的^{210}Pb数据对该区百年来沉积速率进行探讨（图24.18）。

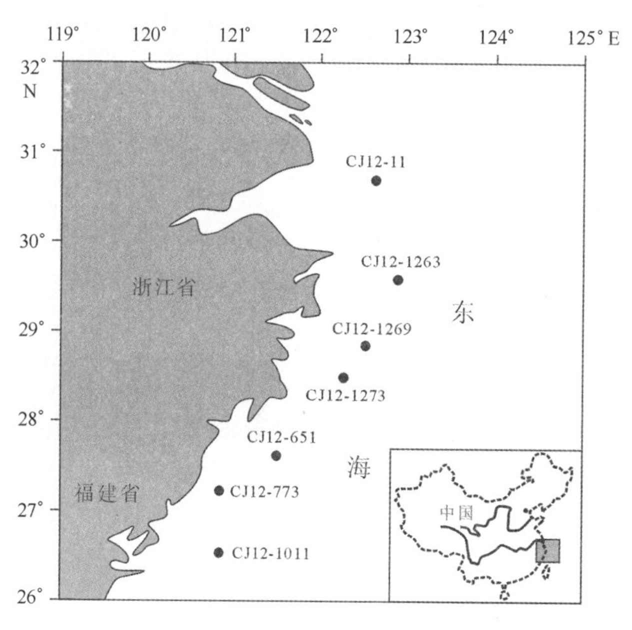

图24.18 东海内陆架^{210}Pb测试站位分布

（1）CJ12－1269号柱样

$^{210}Pb_{ex}$随深度的分布如图24.19a所示，$^{210}Pb_{ex}$为典型的三段式垂向分布，69 cm以浅层位，$^{210}Pb_{ex}$随深度有非常明显的指数衰减趋势，相关性系数（R^2）高达0.96；69～99 cm段$^{210}Pb_{ex}$稳定状态；99 cm以深层位$^{210}Pb_{ex}$又呈降低趋势。因此，依据69 cm以浅的12个样品计算沉积速率。根据线性拟合结果，1～69 cm间的平均沉积速率为1.66 cm/a。

（2）CJ12－1273号柱样

$^{210}Pb_{ex}$随深度的分布如图24.19b所示，$^{210}Pb_{ex}$在表层9 cm基本不变，表明扰动层发育，反映了强烈的混合作用；13～109 cm层位$^{210}Pb_{ex}$随深度有较明显的指数衰减趋势；119 cm处$^{210}Pb_{ex}$活度急剧减小，可能到达了其本底值。因此，依据13～109 cm层位$^{210}Pb_{ex}$值计算沉积

速率。根据线性拟合结果，13～109 cm 间的平均沉积速率为 2.34 cm/a。

（3）CJ12－1011 号柱样

$^{210}Pb_{ex}$随深度的分布如图 24.19c 所示，表层可能由于底栖生物扰动作用致使$^{210}Pb_{ex}$活度异常；5～39 cm 层位$^{210}Pb_{ex}$随深度有明显的指数衰减趋势；而 39 cm 以下层位，$^{210}Pb_{ex}$活度值分布规律性差。因此，选用 5～39 cm 层位的 8 个样品$^{210}Pb_{ex}$活度进行沉积速率计算，线性拟合结果表明，5～39 cm 层位的平均沉积速率为 0.79 cm/a。

（4）CJ12－651 号柱样

CJ12－651 柱样的$^{210}Pb_{ex}$活度值随深度的分布如图 24.19d 所示，表层可能由于底栖生物扰动作用致使$^{210}Pb_{ex}$活度异常；5～79 cm 层位$^{210}Pb_{ex}$随深度有明显的指数衰减趋势；而 79 cm 以下层位，$^{210}Pb_{ex}$活度值分布规律性差。因此，选用 5～79 cm 层位的样品$^{210}Pb_{ex}$活度值进行沉积速率计算，线性拟合结果表明，5～79 cm 层位的平均沉积速率为 2.41 cm/a。

（5）CJ12－773 号柱样

$^{210}Pb_{ex}$随深度的分布如图 24.19e 所示，1～79 cm 层位$^{210}Pb_{ex}$随深度有明显的指数衰减趋势；而 79 cm 以下层位，$^{210}Pb_{ex}$活度值基本趋于稳定。因此，选用 1～79 cm 层位的样品$^{210}Pb_{ex}$活度进行沉积速率计算，线性拟合结果表明，1～79 cm 层位的平均沉积速率为 3.34 cm/a。

（6）CJ12－11 号柱样

$^{210}Pb_{ex}$随深度的分布如图 24.19f 所示，表层可能由于扰动作用致使$^{210}Pb_{ex}$活度异常；5～119 cm 层位$^{210}Pb_{ex}$随深度有明显的指数衰减趋势；而 119 cm 以下层位，$^{210}Pb_{ex}$活度值分布规律性差。因此，选用 5～119 cm 层位的样品$^{210}Pb_{ex}$活度进行沉积速率计算，线性拟合结果表明，5～119 cm 层位的平均沉积速率为 3.66 cm/a。

（7）CJ12－1263 号柱样

$^{210}Pb_{ex}$随深度的分布如图 24.19g 所示，1～39 cm 层位$^{210}Pb_{ex}$随深度有明显的指数衰减趋势；而 39 cm 以下层位，$^{210}Pb_{ex}$活度值基本趋于稳定。因此，选用 1～39 cm 层位的样品$^{210}Pb_{ex}$活度进行沉积速率计算，线性拟合结果表明，1～39 cm 层位的平均沉积速率为 1.26 cm/a。

结果表明，不同取样点沉积速率相差较大。沉积速率最高值位于最北部的 CJ12－11 号站，其平均沉积速率为 3.66 cm/a（图 24.19），该站位距离长江口最近，接收陆源输入物质量高，因此其沉积速率明显高于其他柱样。闽浙沿岸泥质区其他 6 根柱样的沉积速率介于 0.793～3.34 cm/a 之间，平均值为 1.97 cm/a，总体空间分布上表现为中部沉积速率最高，向南北两端呈逐渐降低的趋势。CJ12－773、CJ12－651 和 CJ12－1273 三根柱样的沉积速率较高，均在 2.3 cm/a 以上，CJ12－773 最高可达 3.34 cm/a。闽浙沿岸泥质区泥层最厚处位于 121°20′E，27°25′N 处，上述三柱样位置与该沉积中心非常接近；向北方向的 CJ12－1269 和 CJ12－1263 柱样的沉积速率减小到 1.66 cm/a 和 1.26 cm/a，泥层厚度也相应逐渐减小；CJ12－1011 柱样位于楔形泥质沉积区的东南部边缘处，由于其离长江口距离最远，致使物质匮乏，另外该区域台湾暖流强度最大，在其顶托作用下 CJ12－1011 号柱状样速率极低，仅为 0.79 cm/a，其全新世以来泥质沉积厚度也仅为 3 m 左右。由此可见，闽浙沿岸泥质区沉积速率的空间分布特征基本上是物质来源和水动力条件两者综合作用的结果（刘升发等，2009）。

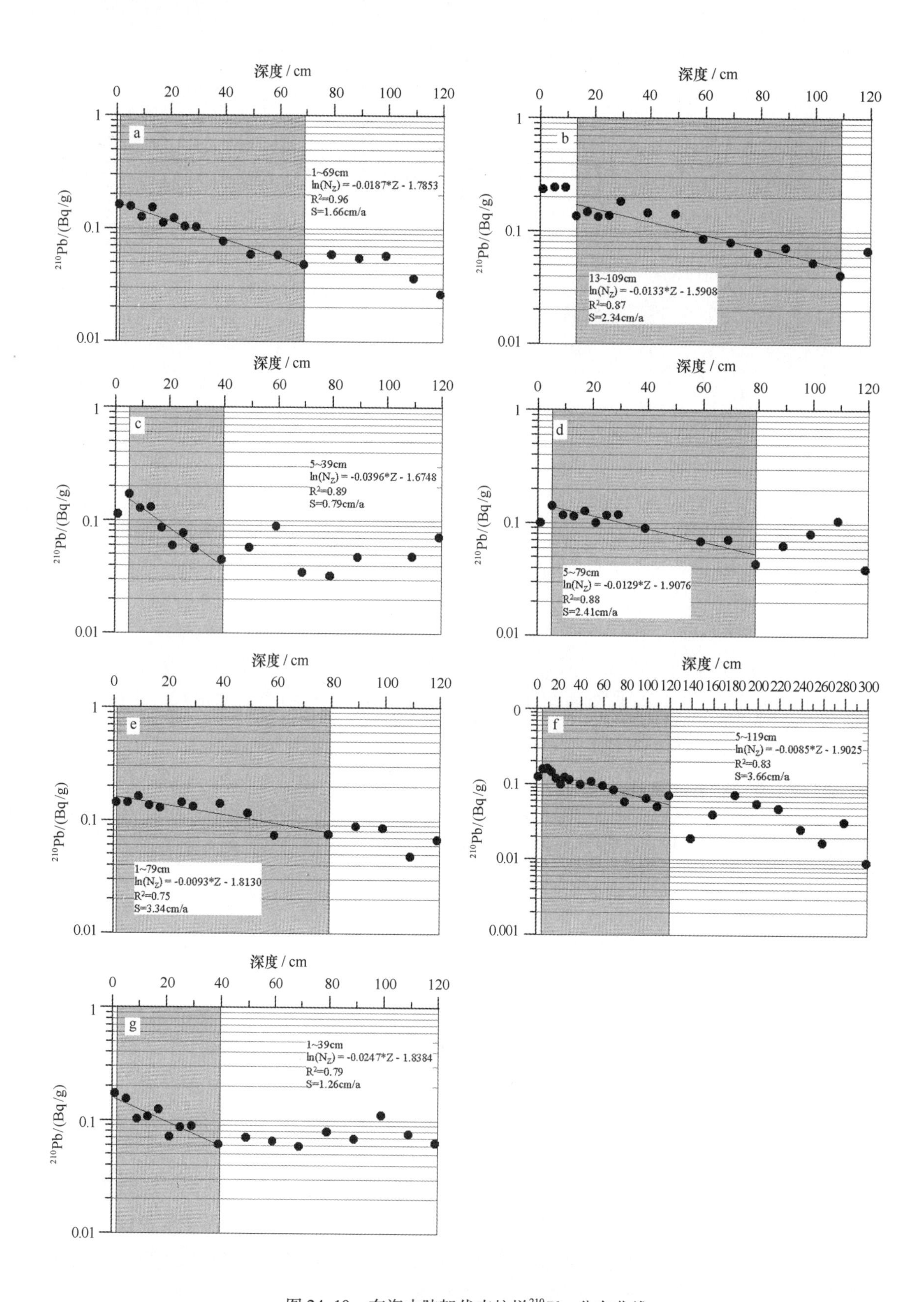

图 24.19 东海内陆架代表柱样$^{210}Pb_{ex}$分布曲线

第25章 东海海域浅地层层序

25.1 东海浅地层层序研究概况

东海陆架宽达600 km，是世界上最宽的陆架之一。东海陆架具有水深浅、坡度缓、沉积物供应丰富和具有复杂的海洋动力环境等特点，第四系厚度在100~400 m不等，长江河口地区全新世地层厚度可达60 m。长江是东海主要的入海河流，对东海陆架沉积输送了大量物质，根据目前观测资料统计分析，河流入海径流量以长江为最大，年径流总量9 793 $\times 10^8 m^3$，约占入东海径流总量的70%，长江的年输沙量为4.900 $\times 10^8$ t。此外，多数学者研究认为，黄河对东海陆架沉积也贡献了大量物质（秦蕴珊等，1987；杨作升等，1988；Katayama et al.，1995；郭志刚等，2000；范德江等，2002）。

东海陆架以其独特的大地构造位置和地质特征吸引了国内外许多海洋地质学家开展研究。自20世纪80年代至今，东海陆架已积累的数万千米浅地层剖面资料主要包括：①原地质矿产部上海海洋地质调查局20世纪80—90年代在长江三角洲海域获得了约3 000 km的浅地层剖面；②中国海洋大学1989年开展长江三角洲不稳定性研究，获得了1 000 km的浅地层剖面资料；③1996年中法合作在东海陆架开展晚第四纪沉积环境研究，获得了约4 000 km的浅地层剖面；④“九五”期间我国在中国东部陆架开展了地质地球物理补充调查，在东海陆架获得了约10 000 km的浅地层剖面；⑤“908专项”在东海陆架共获得了6个区块超过10 000 km的浅地层剖面。

对东海陆架早期的研究主要集中在底质类型和沉积环境，近年来则开始关注末次冰消期以来沉积体系和海平面变化的响应研究（李广雪等，2005）；Chen等（2000）利用浅地层剖面揭示了长江水下三角洲的结构、地层层序和末次冰消期以来的演化特征；夏东兴和刘振夏（2001）、李广雪等（2004）则探讨了东海陆架上长江古河道；Berne等（2002）、李西双（2003）、刘振夏等（2001）利用中法合作获得的高分辨率浅地层剖面资料揭示了晚第四纪以来东海陆架沉积构架；Liu等（2007）则讨论了长江入海物质在陆架的分配，认为浙闽近岸的泥质沉积主要物源是长江。此外韩国的学者（Yoo et al.，2002）还利用3.5 kHz剖面资料讨论了东海中部陆架的海侵体系域和高位体系域。

25.2 末次冰消期以来东海层序地层特征

已有的研究表明，约距今23 ka~19 ka B. P. 全球出现冰盛期，东海古海岸线大约位于-130 m以下（Wang，1999，朱永其等，1979；彭阜南，1984），几乎整个东海陆架出露成陆，海洋沉积发育在陆架边缘及向外的陆坡，主要为古滨岸、古河口和古海湾沉积，它们与最后一个层序的低位体系域相对应（李广雪等，2005）。随着海平面的快速上升发生海进，东海陆架区保存了较好的地层记录（Yoo et al.，2002；Liu et al.，2007）。在 7 ka ~ 0 ka B. P. 的高海面时期，尽管海面存在低振幅波动（杨子赓，1989），但海洋沉积环境与现代基本一致，现代陆架沉积基本由此时开始，现代长江三角洲也主要在此阶段形成。

我们将东海近岸海域划分为两个区对末次冰消期以来的沉积层序进行讨论，包括（I）长江口海域和（II）浙闽近岸海域，测线分布如图 25.1 所示。

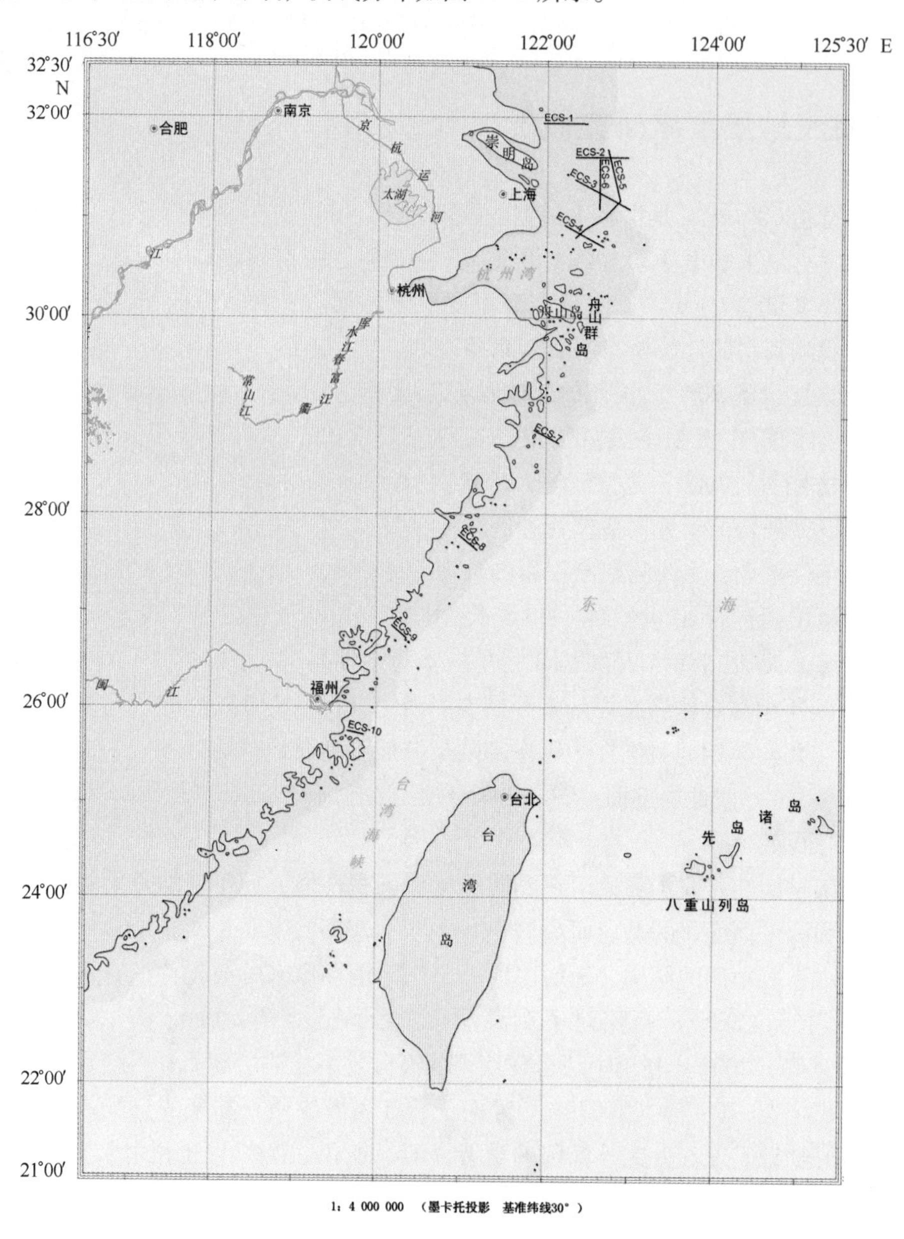

图 25.1 东海近岸海域浅地层剖面分布

25.2.1 长江口海域

已有的研究表明，现代长江三角洲是在以镇江为顶点的河口湾的基础上、冰后期最大海侵时（约 8 ka B. P.）开始形成的（图 25.2），其基底是全新世初期海平面快速上升形成的海相—河口湾相沉积。虽然在陆域钻孔中识别出三角洲沉积层之下较厚的（>10 m）浅海－前三角洲相沉积（李从先和汪品先，1998），但现代长江口外海域获得的钻孔资料却显示三角洲沉积之下只有较薄的海相沉积，以致在部分浅地层剖面上无法识别出快速海侵阶段形成的沉积（又称海侵体系域 TST），其原因可能是快速海侵形成了巨大的可容空间，但长江提供的沉积物质却非常少，主要的沉积物质迅速堆积于入河口处。

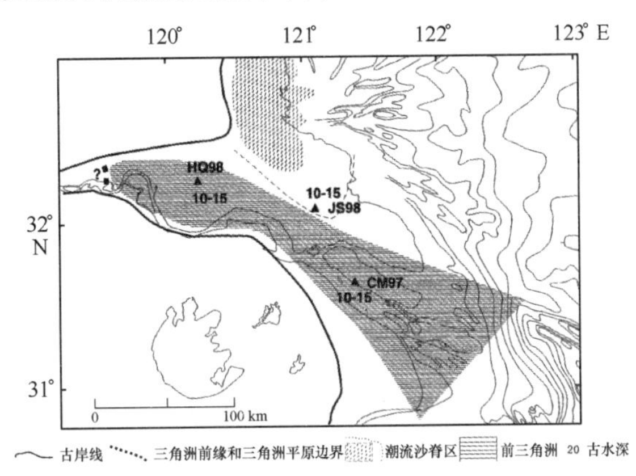

图 25.2 长江三角洲古地理（8 ka B. P. 左右）

资料来源：Hori et al.，2002

25.2.1.1 主要声学反射界面及其地质属性

“908 专项”调查获得的浅地层剖面资料基本揭示了长江三角洲区末次冰消期（LMG）以来的沉积地层，但大面积浅层气的存在在一定程度上影响了地震层序界面的追踪。通过对海域浅地层剖面中地震反射结构特征以及上超、下超、顶超、削截等反射终止类型进行分析，结合前人的研究成果，识别出 4 个主要反射界面，自上而下分别为 SB、S1、MFS 和 TS。其中，海底面为 SB，TS 为海侵面，MFS 为最大海泛面，S1 为长江三角洲全新世晚期进积阶段的底界。

各主要地震界面特征如下：

（1）SB 反射面：SB 为海底面。

（2）S1 反射面：该界面之上的地震相表现为低角度前积反射并与该界面呈下超接触关系，而该界面之下的地震相也表现为低角度前积反射，但呈削截接触关系。该界面微微向海倾向，通常终止于－25～－35 m 水深处并与海底（SB）合并。该界面与黄慧珍等（1996）提出的 R1 反射面相对应，对应于 CH1 孔岩心 10 m 处的分界面，时代约为 2.5～2 ka B. P. 左右。

（3）MFS 反射面：MFS 是全新世沉积内的最大海侵面，该界面之上为向海倾斜的低角度前积层，呈下超接触。但是，长江三角洲海域的 MFS 在多数区域和下部的 TS 面无法区分，只在局部地区可以识别。Liu 等（2007）的研究结果表明，长江三角洲以南的近岸海域更容易识别出 MFS。

（4）TS 反射面：TS 面为区域不整合面，在全区广泛分布。根据与海域钻孔剖面地层的对比，该面与全新世底界基本一致。在对应的钻孔底层剖面上，TS 面下通常存在黑色的泥炭层，^{14}C 年龄虽然有很大差异，但基本上都大于 10 ka B. P. 。TS 面通常具有低频、强振幅特征，其上为长江三角洲沉积，向东逐渐变薄并在 123°30′ E 左右尖灭，TS 面与海底面重合。在 TS 以上，长江三角洲海域多发育低角度前积反射层；个别剖面揭示了位于前积反射层之下、呈透明－半透明相的薄层沉积，这是海平面快速上升至最高海平面期间的海相沉积。

25. 2. 1. 2 层序地层划分及体系域分析

长江三角洲末次冰消期以来的沉积可以归为一个 6 级 I 型层序，我们将之命名为 A 层序，包括含 3 个体系域（表 25. 1）。

表 25. 1 长江三角洲海域层序地层划分

声学界面	体系域	层序	沉积相	发育时代
SB－－－	高位体系域	6 级 I 型层序－Sq1	三角洲	2 ka B. P. ～0
S1－－－			三角洲	7～2 ka B. P.
MFS－－－	海侵体系域		滨海－浅海	11. 5～8 ka B. P.
TS－－－	低位体系域		河流相，湖沼相	20～11. 5 ka B. P.

1）低位体系域

位于 TS 面之下，由于穿透深度有限，只能在部分剖面上识别出埋藏古河道/谷（BCF）和富含有机质的湖沼相（LMD），而其他陆相沉积基本上都表现为弱振幅的杂乱反射。

2）海侵体系域

形成于 11～7 ka B. P.，仅为为数不多的剖面所揭示，主要表现为平行或亚平行反射相，上超于 TS 面，与其他两个单元相比，其厚度要小得多，只在 122. 5°—123°E，31°—31. 5°N 范围内的部分剖面中能识别出来，其厚度不超过 3m，这与长江口海域钻孔所揭示的基本一致。但是有研究表明，在浙闽沿岸位于 TS 之上的海侵体系域分布广泛，但厚度也只有 2～3 m（Liu et al.，2007）。

3）高位体系域

位于 MFS 面以上，主要表现为三角洲沉积，内部又可以划分为两部分，下部为 7～2 ka B. P. 时期的三角洲沉积（D1），上部为 2 ka B. P. 以来的三角洲沉积（D2），以 S1 为分界面（图 25. 3）。

D1 位于 S1 和 MFS 或 TS 反射面之间，表现为低角度前积反射，但前积角度要大于 D2 单元，振幅较 D2 弱，内部反射连续性好，由于受到 S1 的削截和现代潮流的侵蚀，剖面上所看到的形态已不是 D1 形成时的原始形态。在长江口附近，D1 单元的厚度可能超过 20 m，向东也有逐渐减薄的趋势，在 122°30′E 以东则呈楔状覆盖于 MFS 或 TS 面之上。值得注意的是，D1 单元在南北两侧具有不同地震相。在长江水下三角洲的北部其内部结构表现为平行前积反射结构或叠瓦状前积反射结构（图 25. 4），振幅较弱，受现代水动力条件影响，其上发育沙

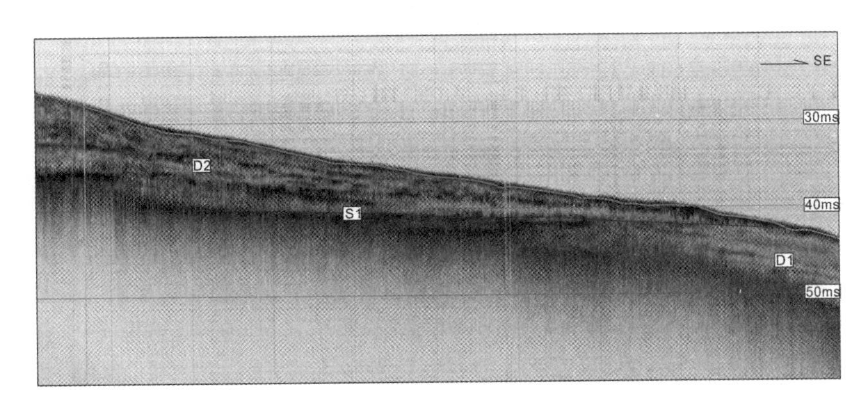

图25.3 全新世水下长江三角洲内部结构特征

波；在长江水下三角洲南部，D1单元表现为微微向海倾斜的前积反射结构，据黄慧珍等(1996)的资料，在近河口位置则表现为平行席状地震相。D1单元代表了8～2 ka B.P. 高海面时期的沉积，尽管海平面有微小的波动，但长江物质输送和可容空间基本保持了一个相对平衡状态。D1东侧边界在南部超过123°E，在北部约位于122°45′E附近，在东侧边界处由于受到长江口外近南北向的海流冲刷而逐渐尖灭。除边界外，厚度通常在10～20 m，由长江口向海方向逐渐减薄。

D2单元位于海底面和S1反射面之间。在浅地层剖面上，D2单元表现为低角度前积反射，强振幅特征，内部反射连续性好，外部呈楔形，整体上厚度由长江口向外向东逐渐变薄直至尖灭。D2单元代表了2 ka以来长江输送的大量泥沙在海域沉积的结果，由于沉积速率较大，造成可容空间变小，形成了由陆向海方向的进积结构。实际上，该单元是代表了长江三角洲前缘相－前三角洲相沉积。与D1分布相比，晚期高位体系域的东侧边界要向西偏了约数千米到20 km不等（图25.5），其厚度在河口区超过10 m，但向海逐渐减薄以致尖灭。

25.2.1.3 长江三角洲I型层序地层发育型式

沉积层序的发育受沉积物供应、气候、构造和海平面变化等因素的共同控制。在长江三角洲地区，上述因素中起主导作用的是沉积物供应和海平面变化。海平面上升或下降造成了可容空间的增大或减小，沉积物质的供应量则影响了层序内沉积的发育特征（图25.6）。

长江三角洲地区海侵体系域不发育。末次盛冰期以来东海海平面经历了快速上升期(15～7 ka B.P.)，这期间海平面上升速率约为1 cm/a（据Hori et al.，2001），海平面快速上升导致可容空间急剧增大，而长江沉积物质供应却相对不足，造成该地区沉积物处于严重缺乏状态，这正是海侵体系域不发育的原因。

在其后7～2 ka B.P. 的时期内，7～6 ka B.P. 期间东海海平面经历了缓慢的上升，随后经历了微小的波动；随着气候变暖，长江物质供应丰富，沉积速率高，海平面上升形成的可容空间被迅速充填，三角洲不断向海推进，形成了分布广泛、以各种形式的前积反射为主的高位体系域。

在2～0 ka B.P. 的这段时期，海平面基本处于稳定状态，可容空间不再增加，长江不断提供充足的物源，物源供应量与早期相比有明显增加，造成了海平面出现相对下降，与之相应的是2 ka B.P. 以来长江三角洲地区岸线是向海方向推进的（Hori et al.，2002）。长江三角

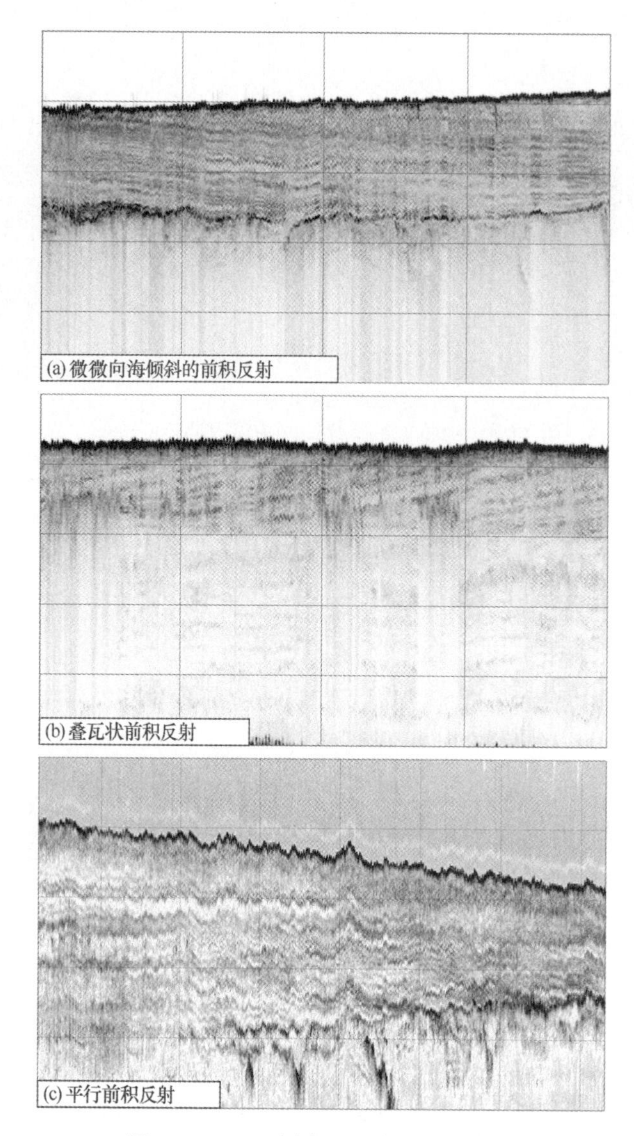

图 25.4　D1 不同类型的前积反射结构

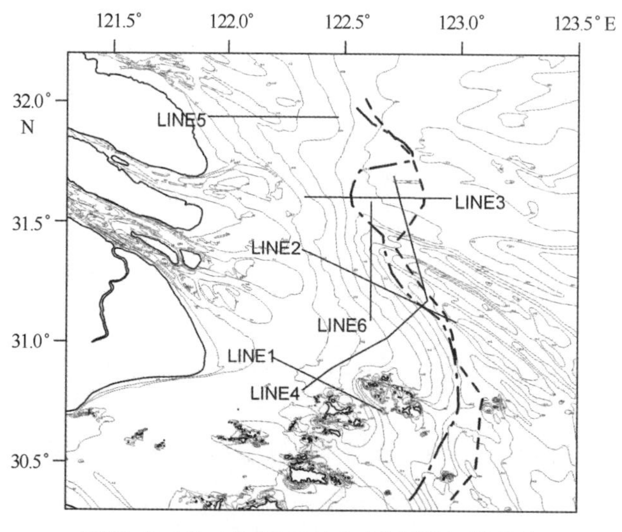

图 25.5　D2（虚线）和 D1（点画线）的分布

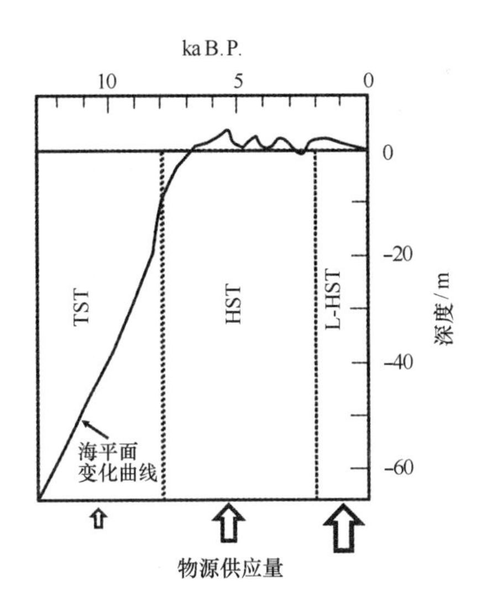

图 25.6　全新世长江三角洲发育模式

洲近 2 ka 来的快速堆积与向海推进被一些学者认为与人类活动导致长江输送物质的增加有关（Hori et al.，2002，Liu et al.，2007）。

25.2.1.4　典型剖面分析

下面将通过 6 条典型的剖面来了解长江三角洲海域末次冰消期以来的层序特征。

1）剖面 ECS－1（图 25.7）

位于长江入海口的北侧海域，与岸线基本垂直。由于受浅层气的影响，剖面上海底之下仅可识别出 S1。D2 为小角度的前积反射，视倾向为 E，D1 为高角度的前积反射，视倾向与 D2 内部反射相同。D2 的近岸区受到侵蚀作用。

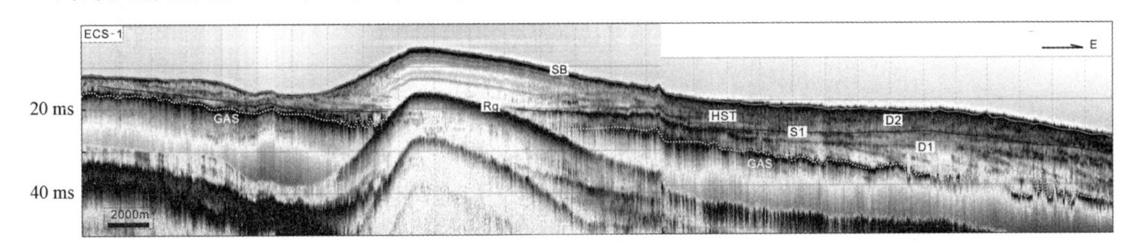

图 25.7　长江三角洲海域典型浅地层剖面（ECS－1）

2）剖面 ECS－2（图 25.8）

位于长江入海口南支外侧，与岸线基本垂直，剖面上可识别出 TS、S1 面，无法识别海侵体系域。TS 面之上的三角洲沉积厚度不超过 20 m，向外厚度基本上无变化，内部表现为低角度前积反射，D2 单元的厚度由岸向外逐渐减薄直至尖灭，其内部的前积反射倾向与 D1 单元内相反，D1 内为叠瓦状前积反射。TS 面之下地层不清晰。近岸处三角洲沉积有大面积浅层气存在。

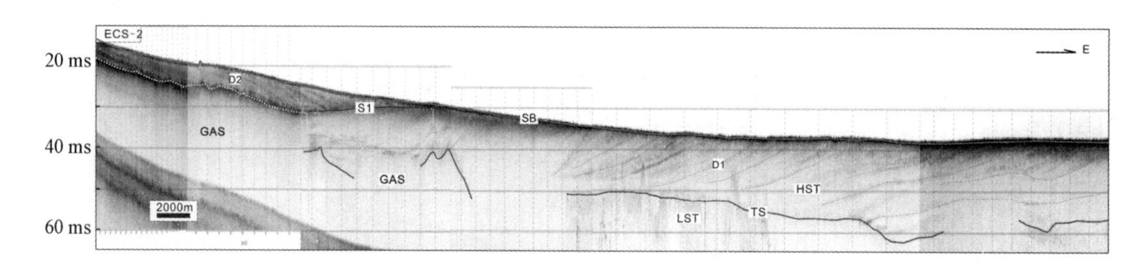

图 25.8 长江三角洲海域典型浅地层剖面（ECS－2）

3）剖面 ECS－3（图 25.9）

剖面在崇明岛外侧，与岸线基本垂直，剖面上可识别出 TS、MFS 和 S1 面。在外侧可见到薄薄的海侵沉积；TS 面之上的三角洲沉积厚度超过 20 m，向外逐渐减薄直至尖灭，内部表现为低角度前积反射，D2 单元内的前积反射倾向与 D1 单元内相反。TS 面之下主要为末次冰消期的呈杂乱反射的陆相沉积，可见侵蚀埋藏谷/河道。近岸处三角洲沉积有大面积浅层气存在。

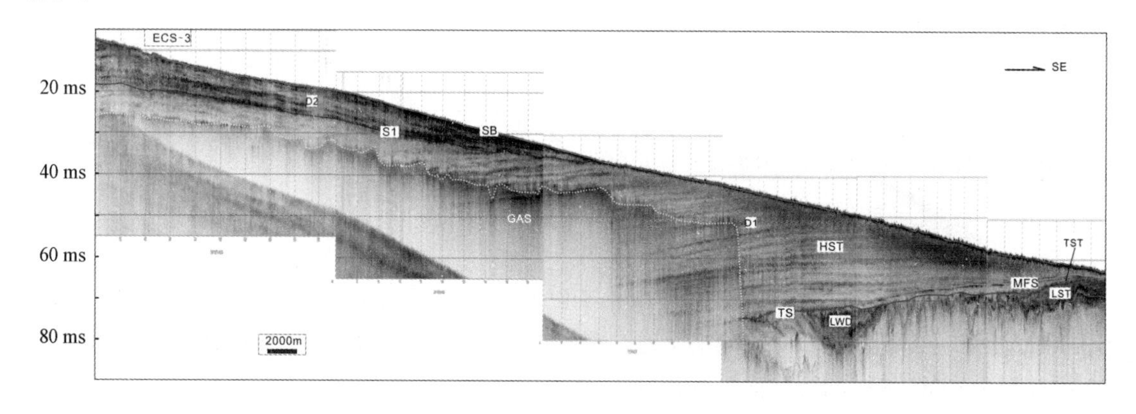

图 25.9 长江三角洲海域典型浅地层剖面（ECS－3）

4）剖面 ECS－4（图 25.10）

位于长江口南侧，与岸线基本垂直，剖面上可识别出 TS 和 S1 面，海侵体系域不发育。TS 面之上的三角洲沉积厚度约为 20 m，表现为低角度前积反射，D2 单元内的前积反射角度较 D1 单元内小。TS 面之下主要为末次冰消期的呈杂乱反射的陆相沉积，可见埋藏洼地或河道。近岸处三角洲沉积有浅层气存在，外端可见基岩出露海底。

5）剖面 ECS－5（图 25.11）

剖面位于长江入海口外侧，与岸线基本平行，剖面上可识别出 TS、S1 面，无法识别海侵体系域。在西南端，由于浅层气的影响，现代长江三角洲的厚度不详，向外逐渐尖灭，D2 单元内前积反射角度小于 D1 内部，三角洲外侧发育冲刷沟和残留脊；剖面的西北端仅见 D1 单元，内部呈高角度前积反射，TS 面不清楚，海底发育沙波，为著名的扬子浅滩（Liu et al.，1997）。TS 面之下仅在剖面中部可见残留脊以及埋藏谷/河道。

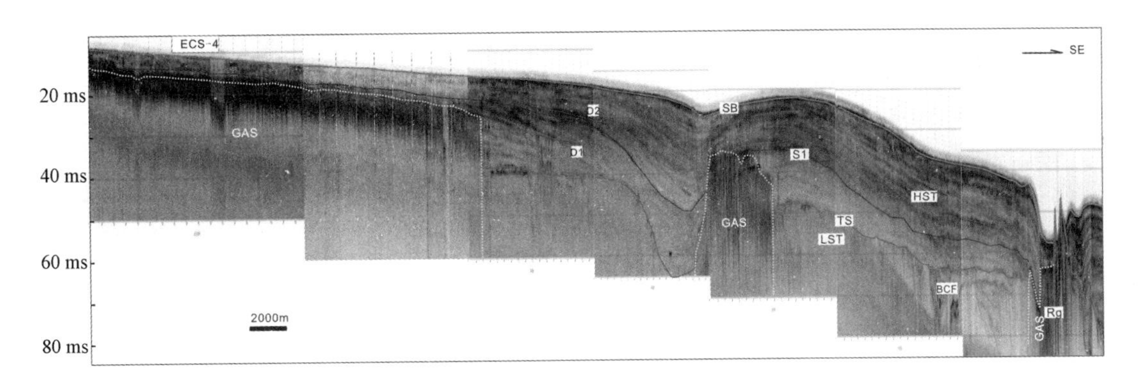

图25.10　长江三角洲海域典型浅地层剖面（ECS－4）

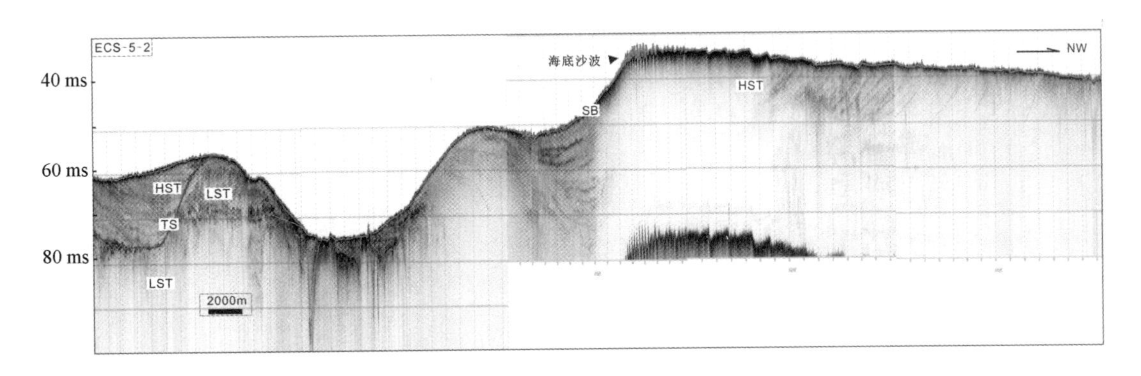

图25.11　长江三角洲海域典型浅地层剖面（ECS－5）

6）剖面ECS－6（图25.12）

剖面位于长江入海口外侧，与岸线基本平行，剖面上可识别出TS、S1面，无法识别海侵体系域。在南端，由于浅层气的影响，现代长江三角洲的厚度不详，仅可见部分D2，内部小角度前积反射；在中部（正对着崇明岛），D2尖灭，D1为高角度前积反射，TS面呈起伏状，可见残留脊，结合剖面ECS－5，我们认为残留脊可能是末次冰消期时的河口沙坝或者是两个分流河道之间的台地，内部结构不详；在北端，海底可见现代潮流形成的沙波，为扬子浅滩。

25.2.2　浙闽近岸海域

浙闽近岸海域的主要入海河流是钱塘江、瓯江和闽江，但上述3条河流的输沙量都比较小，对该区沉积物质起主要贡献的仍然是长江（Liu et al.，2007；石学法等，2010）。在浙闽岸外，存在冬季向南流动夏季向北流动的沿岸流；同时，长江冲淡水在海域的扩散也呈季节性的变化，冬季主要向南，夏季受台湾暖流的顶托，转向NE方向。上述流系对浙闽近岸的沉积有重要的影响。

25.2.2.1　主要声学反射界面及其地质属性

在本区的浅地层剖面上识别出5个主要界面，其中末次冰消期以来的4个主要反射界面，自上而下分别为SB、S1、MFS和TS。其中，海底面为SB，TS为海侵面，MFS为最大海泛

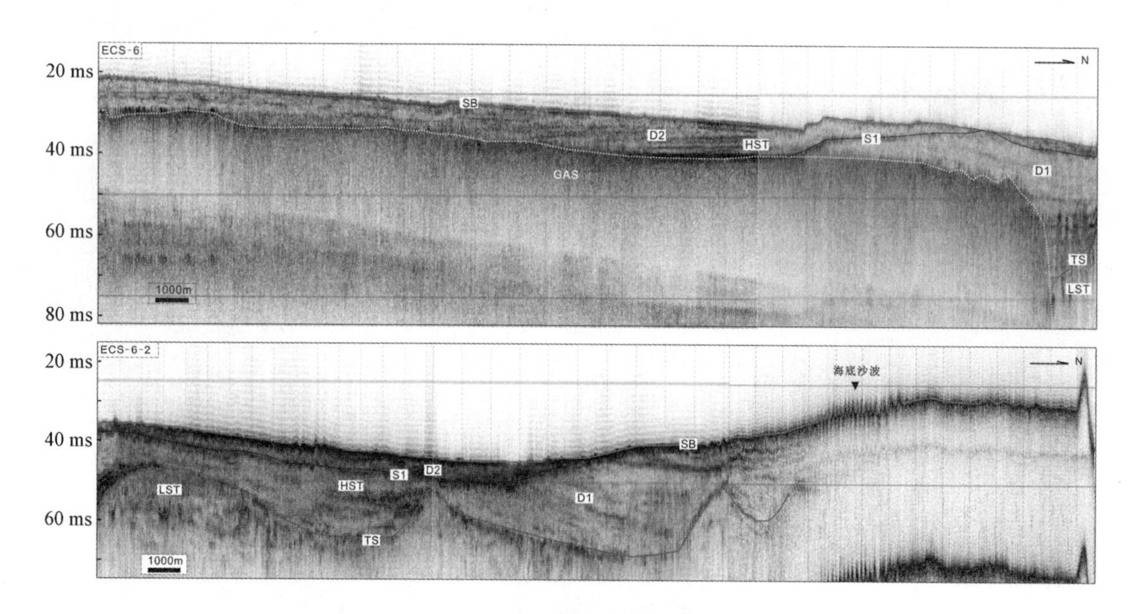

图 25.12　长江三角洲海域典型浅地层剖面（ECS－6）

面，S1 全新世晚期海平面波动面，推测与长江三角洲区 S1 面相对应。除上述界面外，Rg 面（基岩顶面）在本区也常见。

各主要地震界面特征如下：

（1）SB 反射面：SB 为海底面。

（2）S1 反射面：S1 界面多以强反射波为特征，显示在该界面的波阻抗能量很强，通常为物性差异较大的沉积间断面所致。S1 面之上，以平行—低角度前积反射结构为主，振幅相对较强，之下为前积反射，向外海前积角度明显增大（Liu et al.，2007）。该界面在调查区比较发育，有时亦见有下超现象。

（3）MFS 反射面：MFS 是全新世沉积内的最大海侵面，该界面之上为向海倾斜的低－高角度前积层，呈下超接触；界面之下为薄层海侵沉积，近岸反射振幅中等，向外海表现为透明层（Liu et al.，2007）。

（4）TS 反射面：该界面在本区分布广泛，全区均可对比，为区域性不整合面，它将反射结构与特征截然不同的两套地层分开。在 TS 面以上具有区域性的自海向陆的上超，该界面之下为削截；界面反射波振幅高，能量强，连续性好，在有的海区平直，有的海区起伏不平。S1 界面相当于全新世海相沉积与晚更新世末陆相沉积的分界面，根据该区钻孔测年资料（Liu et al.，2007），TS 面的时代在 11～9 ka B. P. 左右。

（5）Rg 反射面：为基岩顶面反射波，反射能量强，不整合，高低起伏大，常有明显的绕射现象。

25.2.2.2　层序地层划分及体系域分析

将浙闽近岸海域末次冰消期以来的沉积划分为一个 6 级 I 型层序，组成层序的体系域主要有低位体系域、海侵体系域和高位体系域（表 25.2）。

表 25.2　浙闽近岸末次冰消期以来的层序特征

声学界面	体系域	层序	沉积相	发育时代
SB - - -	高位体系域	6级Ⅰ型层序-Sq1	浅海相	2 ka B. P. ~0
S1 - - -			浅海相	7~2 ka B. P.
MFS - - -	海侵体系域		滨-浅海相	9~7 ka B. P.
TS - - -	低位体系域		河流相，冲积-洪积相	20~9 ka B. P.

1）低位体系域

位于 TS 面之下。浅地层剖面显示，总体上 TS 面的埋深约为-30 m，因此全新世初期海水到达该区的时间大致为 9 ka B. P.。低位体系域代表了末次冰消期以来海水进入本区的沉积，时间约为 20~9 ka B. P.。低位体系域内部沉积在剖面上表现为具有似水平、亚平行到似乱岗状反射结构，局部可见小型河道的斜交进积和乱岗状反射结构，较高的频率，振幅可变，时强时弱。连续性为一般到差，其反射以斜交方式向上终止于 TS 面，主要的沉积相包括河流相以及冲积-洪积相。

2）海侵体系域

海侵体系域位于 TS 面和 MFS 面之间，虽然形成的时间较为短暂（约为 9~7 ka B. P.），但分布较为广泛，主要由滨海—浅海相组成，总体上厚度变化较大，浅地层剖面上具水平状平行或亚平行反射结构，在低洼处呈发散充填型反射结构，振幅较弱，连续性较好，频率较高，向外海表现为透明-半透明反射相。

3）高位体系域

高位体系域位于 MFS 面之上，本区主要包含两个阶段的沉积（D1：7~2 ka B. P. 和 D2：2~0 ka B. P.）。浅地层剖面上主要表现为高频、低振幅的平行或前积反射相，连续性好。在近岸处，D2 和 D1 基本上为平行反射，而 D1 向海则逐渐变为高角度的前积反射。高位体系域主要包括滨海-浅海相沉积，沉积物可能主要来源于由沿岸流所携带的长江物质。Liu 等（2007）利用浅地层剖面绘制了自长江口—台湾海峡浙闽近海区内高位体系域（HST）的沉积厚度图（图 25.13），显示高位沉积呈与现代岸线基本平行的带状，最大厚度超过 40 m，位于 27.5°N 附近。

25.2.2.3　典型剖面分析

下面将通过 5 条典型的剖面来了解浙闽沿海近海海域末次冰消期以来的层序特征。

1）剖面 ECS-7（图 25.14）

剖面位于牛头山近海海域，可识别出 TS、MFS 和 S1 反射面。D2 的厚度约 8 m，较为稳定，表现为高频反射特征，具有中等~弱反射振幅；D1 的厚度由岸向海稍变大。上述二者构成了高位沉积。海侵沉积厚度较薄，最大厚度约 3 m，剖面上表现为扁扁的透镜状，具强振

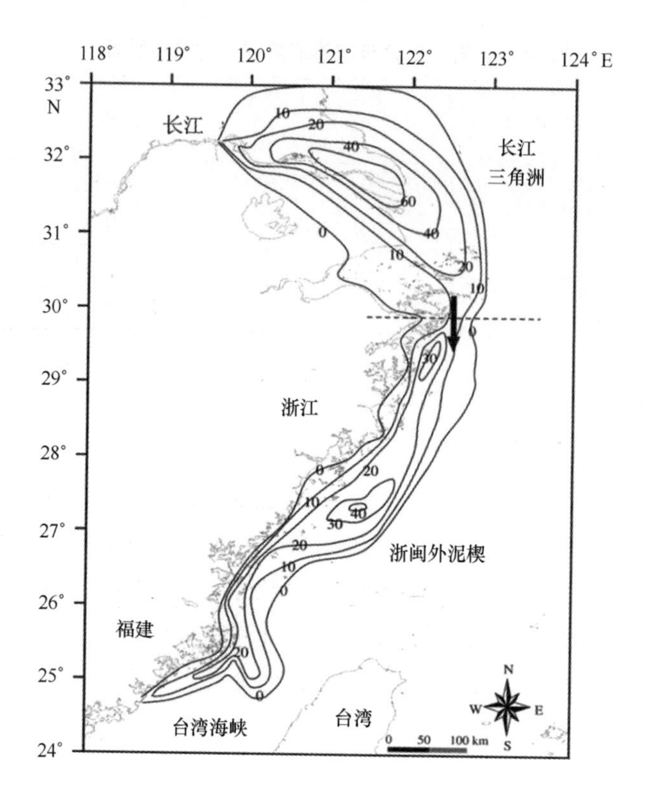

图 25.13　浙闽岸外 HST 的厚度图

资料来源：Liu et al.，2007

幅平行反射，推测为近岸砂体。TS 面之下的低位沉积主要表现为强振幅的杂乱反射，局部可见深切谷。剖面中部见浅层气，表现为气帘状反射特征。

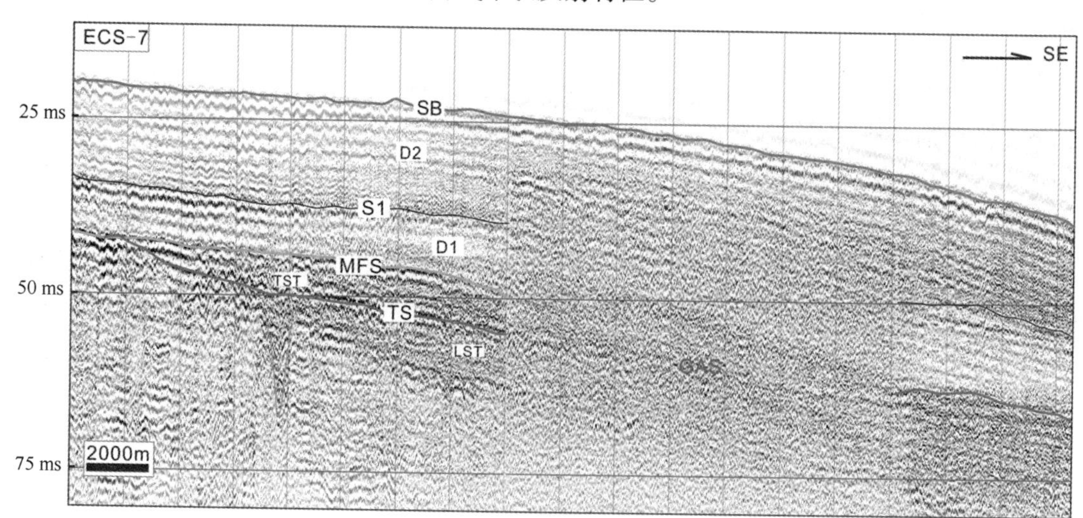

图 25.14　浙闽岸外海域典型浅地层剖面（ECS－7）

2）剖面 P5（图 25.15）

剖面位于台州列岛外侧海域（Liu et al.，2007），揭示了浙闽泥质带的外侧特征。剖面上可识别出 TS、MFS 和 S1 反射面。D2 表现为低角度前积反射，D1 表现为高角度前积反射，D1 的厚度远大于 D2，在水深 70 m 处迅速变小。海侵沉积表现为半透明状反射相，厚度约 3 m，较为稳定。向岸发育大面积浅层气。位于该剖面上的 PC－7 孔显示，D1 的岩性主要为粉质黏土，2.2 m 处的^{14}C 年龄为 6.6 ka B.P.；海侵沉积的岩性亦主要为粉质黏土，^{14}C 年龄为 7.7 ka B.P.；TS 面之下发育薄薄的泥炭层沉积。

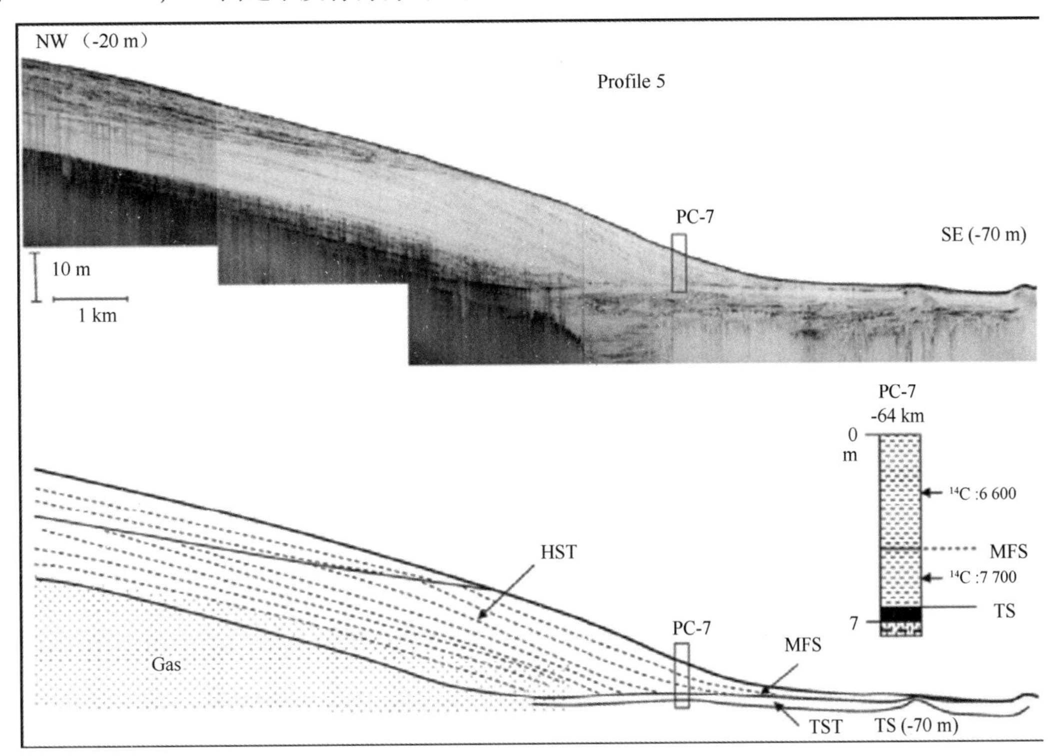

图 25.15　浙闽岸外海域典型浅地层剖面（P5）

资料来源：Liu et al.，2007

3）剖面 ECS－8（图 25.16）

剖面位于温州市外侧海域，可识别出 TS、MFS 和 S1 反射面。D2 的厚度约 5～8 m，向海方向略增大，表现为高频平行反射特征，具有中等～弱反射振幅；D1 的厚度约 8 m，自西向东变化不大，表现为平行反射。上述二者构成了高位沉积。海侵沉积厚度较薄，最大厚度约 3 m，从岸向海先减薄再变厚，为强振幅平行反射。TS 面之下的低位沉积主要表现为中等振幅平行反射，局部可见深切谷。近岸处见规模较小的 3 处浅层气，表现为气烟囱反射特征。

（4）剖面 ECS－9（图 25.17）

剖面位于霞浦市外侧海域，可识别出 TS、MFS 和 S1 反射面。D2 的厚度约 2～4 m，向海方向减小，表现为高频平行反射特征；D1 的厚度约 5～8 m，由岸向海略变厚，表现为平行反射。上述二者构成了高位沉积。海侵沉积厚度较薄，约 2～3 m，从岸向海略变薄，为强振幅平行反射。TS 面之下的低位沉积主要表现为中等～强振幅平行反射、杂乱反射，局部可见深切谷。中部发育大面积浅层气。

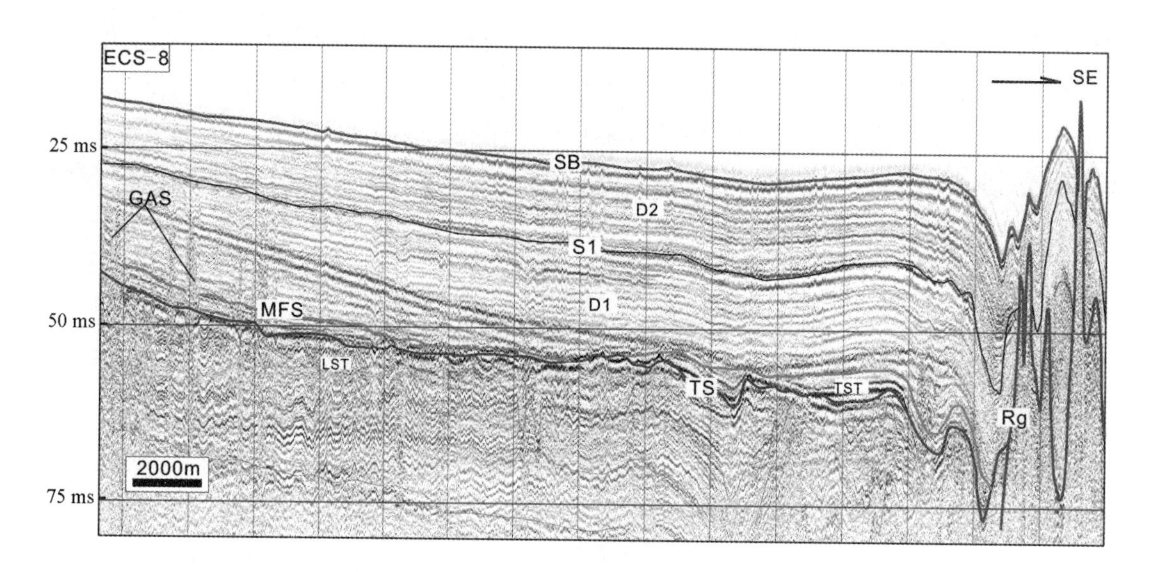

图 25.16　浙闽岸外海域典型浅地层剖面（ECS－8）

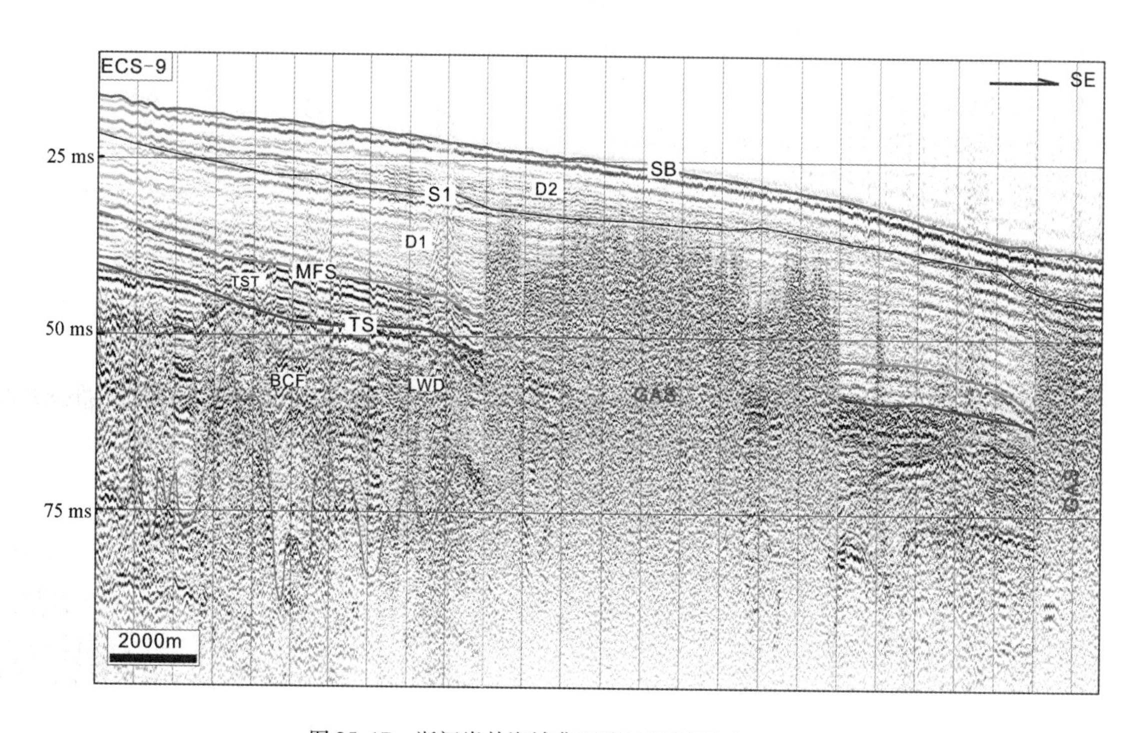

图 25.17　浙闽岸外海域典型浅地层剖面（ECS－9）

（5）剖面 ECS－10（图 25.18）

剖面位于福州市外侧海域，可识别出 TS 和海底面，无 MFS 反射面和海侵沉积。TS 面之上的海相沉积为高位沉积，总体表现为半透明相，厚度约 8～9 m，变化不大。TS 面之下的低位沉积主要表现为中等～强振幅杂乱反射，局部可见深切谷。

25.2.3 东海全新世海相沉积厚度分布

如图 25.19 所示，总体上东海近岸全新世海相沉积厚度在 0～40 m 范围内变化；长江口厚度较大，但向东超过122°30′E后厚度变小，与这里近NS向的较强的流冲刷有关；杭州湾海域全新世沉积在6 m左右；浙闽近岸海域总体上厚度较大，最大近40 m，自瓯江入海口以南平均厚度约25 m，等值线延伸无明显的规律，该区较厚的沉积物堆积与沿岸流带来的长江的大量物质有关。

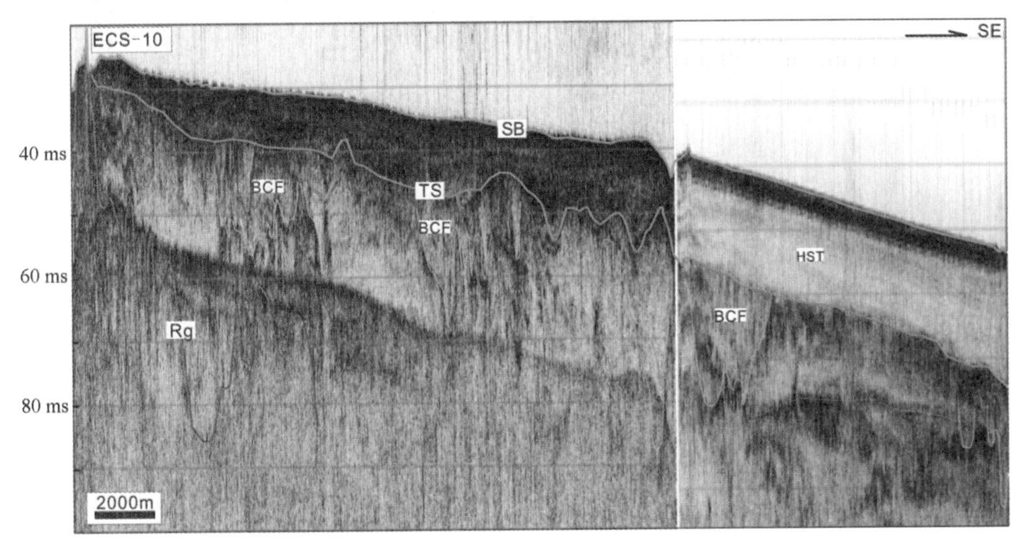

图25.18　浙闽岸外海域典型浅地层剖面（ECS－10）

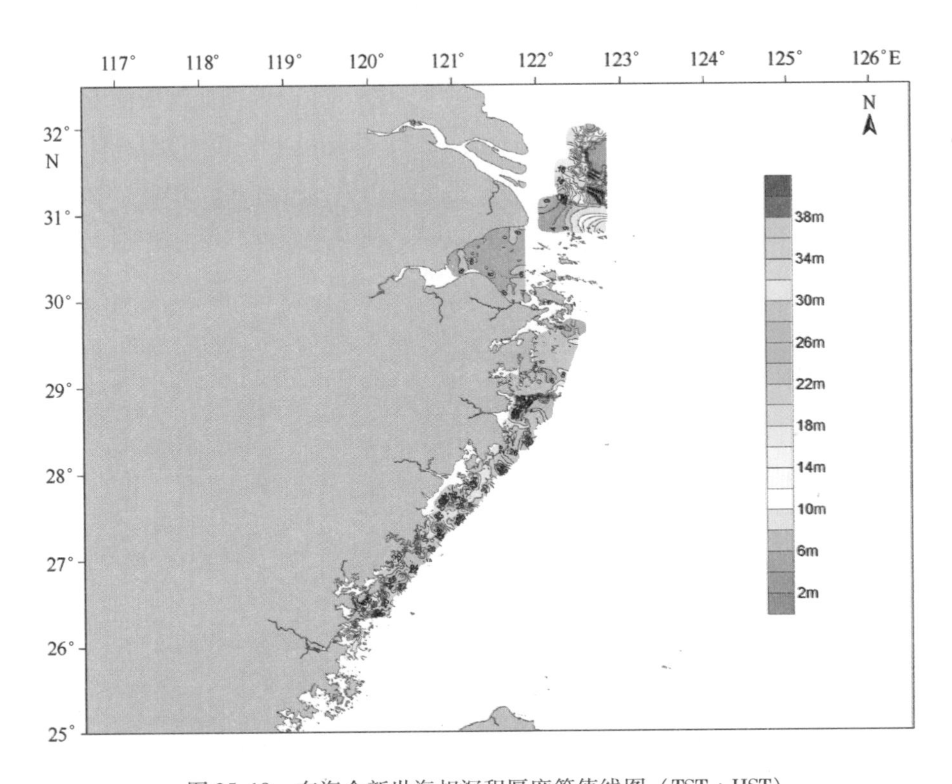

图25.19　东海全新世海相沉积厚度等值线图（TST＋HST）

第 26 章　东海陆架全新世古环境演化

东海陆架是世界上最宽阔的陆架之一，陆架坡度非常平缓，沉降速率大，且长江、黄河等河流每年输入巨量的泥沙（郭志刚等，1999，2003；肖尚斌等，2005a），因此由东海复杂的水动力条件所塑造的各种沉积体系大都得以保存。东海内陆架沉积物一方面记录了陆地入海河流流域的环境信息，另一方面很好地记录了古海洋环境信息，因而是研究全球变化区域响应的最佳区域之一。近 20 年来，许多研究者探讨了东海陆架末次冰期以来的古环境和古气候演化历史，如杨子赓等（1993）对中国东部陆架区冰消期以来的研究发现存在两期重要的短期突变气候事件，即新仙女木事件（YD）与 5000 a 高温期的突然降温事件；肖尚斌等（2005b）利用细粒级组成的平均粒径作为高分辨率替代性指标，揭示了东亚冬季风的变化周期，结果表明东亚季风的变化在百年尺度以 Gleissberg 周期和约 70a 的周期为主，且它们都是太阳辐射变化的结果；余华等（2005）通过综合分析东海陆架岩心的岩性、有孔虫丰度和一些特征的地球化学参数，探讨了研究区的古气候变化；熊应乾等（2006）运用元素地球化学并辅以古生物、矿物等指标探讨了东海中陆架北部的地层划分及物质来源。

“908 专项”在东海的底质调查范围主要集中在内陆架。东海内陆架泥质体发育在全新世，其规模大，沉积速率高，又有世界级河流长江的注入，是陆海相互作用的良好载体（肖尚斌等，2005；Xiao et al.，2006；张晓东等，2006；刘升发等，2010；Liu et al.，2011）。本章主要基于“908 专项”在东海内陆架泥质体获取的样品（图 26.1）探讨全新世古环境演化历史。

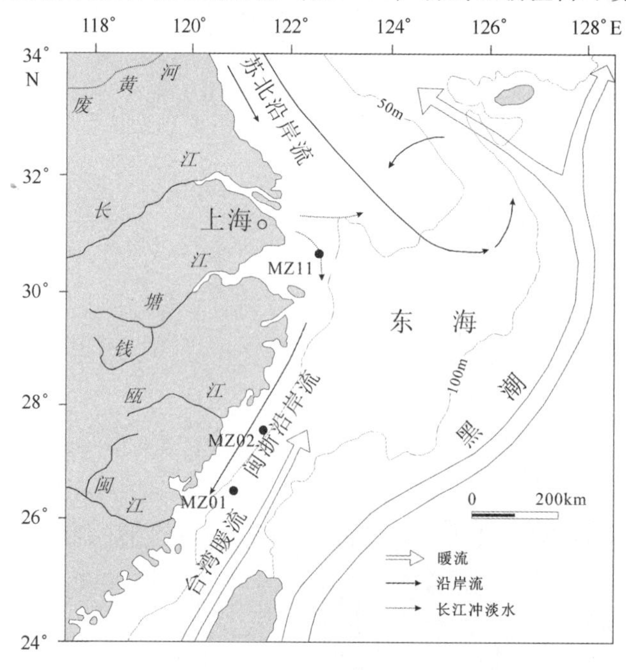

图 26.1　研究区流系及站位分布

26.1 中全新世以来东亚冬季风的高分辨率记录

26.1.1 数据来源

东海内陆架泥质体被认为主要是长江入海物质由冬季闽浙沿岸流向南输运沉积而成（Liu et al.，2007；肖尚斌等，2009），它不仅记录了长江等大河流域源区的环境信息，同时蕴含了丰富的古海洋环境信息。近年来对东海内陆架泥质区形成、演化过程进行了大量的研究工作（肖尚斌等，2005；Xiao et al.，2006；张晓东等，2006）。本节通过对东海陆架泥质区的重力柱状样MZ01孔（120°50.94′，26°32.82′，水深64.7 m，样长2.96 m，底界年龄为8 300 a B.P.）的粒度、常量元素、黏土矿物等方面的综合研究，并结合东海内陆架泥质区流系格局及河流源区气候状况，对东海内陆架泥质区沉积物中所蕴含的古环境信息进行了详细的探讨（Liu et al.，2010）。

26.1.2 替代性指标的选取

应用粒级－标准偏差法（孙有斌等，2003；Boulay et al.，2002），从MZ01孔沉积物的粒度组分中提取出陆源碎屑的敏感粒度组分。粒级－标准偏差变化曲线主要反映不同样品的粒度含量在各粒径范围内的差异性，高标准偏差值反映了不同样品的粒度含量在某一粒径范围内差异较大，低标准偏差值则反映了粒度含量在某一粒径范围内差异较小，据此可以反映出在一系列样品中粒度变化存在明显差异粒度组分的个数和范围，这些粒度组分与沉积动力环境的变化密切相关（向荣等，2006）。对MZ01孔148个沉积物粒度数据进行分析后得出标准偏差随粒级组分变化的曲线（图26.2），曲线呈现出典型的“双峰分布”特征，表示中全新世以来该孔沉积物有两个对环境敏感的粒度组分，分布范围分别在4.46～6.32 μm和29.96～42.36 μm，其峰值分别为5.30 μm和36.52 μm。两个敏感组分的分界线约为9.71 μm。粒径范围在4.46～6.32 μm的组分属于细粉砂粒级，而粒径范围在29.96～42.36 μm的组分属于粗粉砂粒级。已有研究表明东海泥质体沉积物细粒组分（<65.5 μm）主要是沿岸流携带的悬浮体沉降的结果（肖尚斌等，2004；肖尚斌等，2005；Xiao et al.，2006；张晓东等，2006），因此认为两个对环境敏感的粒度组分均由闽浙沿岸流搬运，而考虑到冬、夏季闽浙沿岸流强度和流向的季节性变化（胡敦欣等，2001；苏纪兰，2001），推测粒径范围在29.96～42.36 μm的组分主要由水动力条件较强的冬季闽浙沿岸流搬运，而粒径范围在4.46～6.32 μm的组分主要由水动力条件较弱的夏季闽浙沿岸流搬运。在此选取大于9.71 μm沉积物平均粒径作为替代性指标，探讨中全新世以来东亚冬季风的演化过程。

常量元素组成R型因子分析结果表明，该区主要以陆源碎屑沉积为主，海洋自生等其他沉积作用基本可以忽略不计（Honda et al.，1998）。对于陆源碎屑物质，一般认为主要是来自长江携带的入海物质（肖尚斌等，2005；Liu et al.，2007；肖尚斌等，2009），而闽浙沿岸的钱塘江、瓯江、闽江等短程入海河流，也向东海陆架输送较多的陆源物质（金元欢，1988），对泥质体的形成具有一定影响，另外也不能完全排除台湾暖流带来的物质。由于河流的物源区均属于东亚季风控制区，气候的冷暖波动必然会对沉积物中元素的含量及其组合特征产生同步影响，而沉积物的化学风化程度可以比较直观反映出元素含量对气候变化的响应。

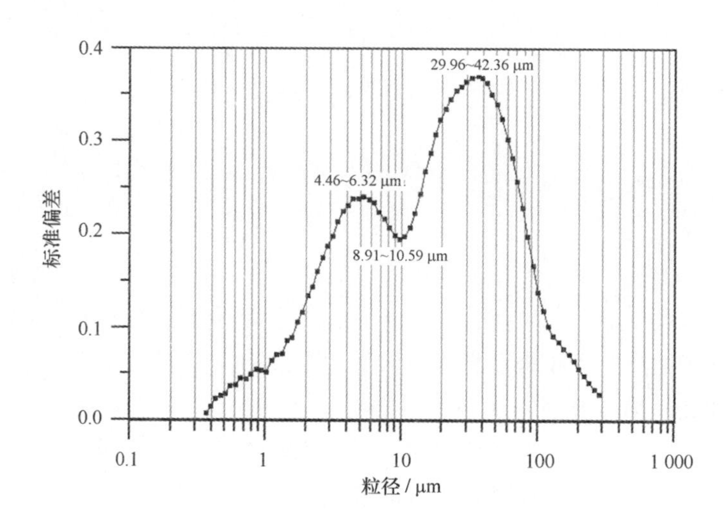

图 26.2　MZ01 孔粒级 - 标准偏差曲线

Nesbitt 等提出以化学蚀变指数（*CIA*）判别源区化学风化的强度，其值表示为：

$$CIA = Al_2O_3 / (Al_2O_3 + CaO^* + K_2O + Na_2O) \times 100,$$

式中，氧化物均为摩尔比；CaO^* 指硅酸盐中 CaO，参照 Honda 和 Shimizu（Nesbitt et al.，1982）提出的公式进行校正［$CaO^* = 0.35 \times 2\ (Na_2O\%)\ /62$］。*CIA* 值与风化强度成正比，*CIA* 值越大，风化强度越大（Petschick et al.，1996）。因此在此选取沉积物中的 *CIA* 值来反映沉积物源区气候波动情况，进而恢复东亚冬季风的演变过程。

MZ01 孔的黏土矿物主要由蒙皂石、伊利石、高岭石和绿泥石 4 类矿物组成，其中高岭石多发育于热带土壤中，指示暖湿气候条件下强烈的水解作用，高岭石含量越高，表明当时的气候越温暖湿润；而蒙皂石则相反，它形成于干冷的气候环境中，蒙皂石含量越高，说明当时的气候比较寒冷干燥（Liu et al.，2003；程捷等，2003；吴月英等，2005；施雅风等，1992）。MZ01 孔黏土矿物含量垂向分布波动较大，表明东海内陆架泥质区物质来源区（包括长江及其他小河流源区）中全新世存在着较为明显的气候波动。考虑到不同物源区和黏土矿物之间的稀释效应，一般不采用单个黏土矿物含量指示古气候变化，而使用几种矿物含量的比值（刘志飞等，2004）。我们采用蒙皂石/高岭石比值作为古气候的矿物学标志，蒙皂石/高岭石比值越大，指示气候越干旱、寒冷，反之亦然。

26.1.3　东亚冬季风在东海内陆架泥质沉积中的记录

MZ01 孔沉积物中大于 9.71 μm 粒级平均粒径、化学蚀变指数（*CIA*）、蒙皂石/高岭石比值变化曲线如图 26.3 所示，中全新世以来三者发生不同程度的波动。通过对比分析从曲线上至少可以识别出 10 个较为明显的峰值，分别为 8 100 a B. P.（C1）、7 200 a B. P.（C2）、6 350 a B. P.（C3）、3 650 a B. P.（C4）、2 800 a B. P.（C5）、2350 a B. P.（C6）、1950 a B. P.（C7）、1 050 a B. P.（C8）、550 a B. P.（C9）、250 a B. P.（C10），它们反映了中全新世以来东亚冬季风增强导致的 10 次降温事件。总体看来，MZ01 孔指示的中全新世以来东亚冬季风演化过程可以大致分为 4 个阶段：（I）8 300 ~ 6 300 a B. P. 期间冬季风较强且波动较大；（II）6 300 ~ 3 850 a B. P. 期间冬季风较弱且稳定；（III）3 850 ~ 1 400 a B. P. 为冬季风高波动期；（IV）1 400 a B. P. 以来进入冬季风稳定增强期。

（1）第Ⅰ阶段（8 300 ~ 6300 a B. P.）。8 300 ~ 6 300 a B. P. 期间东亚冬季风较强，> 9.71 μm粒级平均粒径、化学蚀变指数（*CIA*）、蒙皂石/高岭石比值共同记录了3次冬季风较强期，即8 100 a B. P.、7 200 a B. P. 和6 350 a B. P.，这在格陵兰冰心（Beget，1983）中均有相应的降温指示，而敦德冰心（Stuiver et al.，1995）虽然也有指示，但氧同位素峰值不是很显著（图26.3）。其中8 100 a B. P. 冬季风较强期与北半球普遍发生的降温事件时间一致，8 200 a B. P. 发生的这次降温事件早在1983年就已由Beget提出，随后在北半球各地相继发现了这次气候突变事件，如在格陵兰冰心（Beget，1983）、贵州董哥洞石笋（Bond et al.，1997）、北大西洋浮冰碎屑（Seppä et al.，2007）、北欧孢粉（Hong et al.，2003）、青藏高原红原泥炭纤维（杨怀仁，1987）等中均能找到相应记录。

7 200 a B. P. 冬季风较强期可能是对7.8 ka B. P. 发生的全球新冰期Ⅰ的响应（Gasse et al.，1991）。另外，如图26.3所示，7 600 ~ 7 200 a B. P. 期间格陵兰冰心氧同位素曲线发生了大幅度变化，指示了明显的降温事件。

在6 350 a B. P. 冬季风较强期，格陵兰冰心氧同位素含量较低（Beget，1983）。西藏松西湖沉积物有机质、贵州七星洞石笋（蔡演军等，2001）和红原泥炭（徐海等，2002）氧同位素在6 ka B. P. 左右也有一次明显下降（Sirocko et al.，1993）。世界范围内，阿拉伯海沉积物氧同位素（洪业汤等，1997）和北大西洋浮冰碎屑记录（Seppä et al.，2007）在6 ka B. P. 前后记录了相应的降温事件。

（2）第Ⅱ阶段（6 300 ~ 3 800 a B. P.）。6 300 ~ 3 800 a B. P. 期间，MZ01孔沉积物中大于9.71 μm粒级平均粒径、化学蚀变指数（CIA）、蒙皂石/高岭石比值稳定性较好，指示了该时期为全新世季风气候适宜期。只有化学蚀变指数（CIA）在5 050 a B. P. 出现低值，记录了1次冬季风强盛期，而另外两者均没有明显指示，5 050 a B. P. 冬季风强盛期大致与全球新冰期Ⅱ相对应（Gasse et al.，1991），这次降温事件在格陵兰冰心（Beget，1983）、敦德冰心（Stuiver et al.，1995）和金川泥炭（刘兴起等，2007）氧同位素中均有体现。另外，该时期青海茶卡盐湖沉积物中不同类型矿物及有机质含量也记录了一次明显的湖水淡化期，对应于低温期（葛全胜等，2006）。

（3）第Ⅲ阶段（3 800 ~ 1 400 a B. P.）。3 800 ~ 1 400 a B. P. 期间冬季风总体强度较低，但波动较为明显，表明了季风气候的不稳定性和剧烈变化的特征，该阶段记录了3 650 a B. P.、2 800 a B. P.、2 350 a B. P. 和1 950 a B. P. 等4次较为明显的冬季风强盛期。其中，3 650 a B. P. 降温事件可能与3.8 ka B. P. 的全球新冰期Ⅲ相对应（Gasse et al.，1991），反映了东海内陆架泥质区与全球气候变化的同步性，葛全胜等重建了过去5 000 a中国气温变化序列（葛全胜等，2006），最寒冷期也出现在3 800 a B. P. 左右。

2 800 a B. P. 冬季风强盛期与格陵兰冰心（Beget，1983）、敦德冰心（Stuiver et al.，1995）氧同位素曲线对应较好。我国冰川/冰缘活动和古土壤资料表明3.1 ~ 2.7 ka B. P. 冰川/冰缘事件集中出现，而古土壤基本不发育，指示气候寒冷（竺可桢，1973）。

2 350 a B. P. 的降温事件在中国其他一些区域并没有记录，金川泥炭和红原泥炭氧同位素指示该时期为温暖期，另外，格陵兰和敦德冰心对这次降温事件记录也不显著。这些记录表明气候变化具有明显的区域差异。

1 950 a B. P. 出现的冬季风强盛期在竺可桢建立的中国近5 000 a以来的温度变化序列中也有记录（王绍武等，1998），且与东海济州岛泥质沉积物中粒度序列突然变粗事件较为一

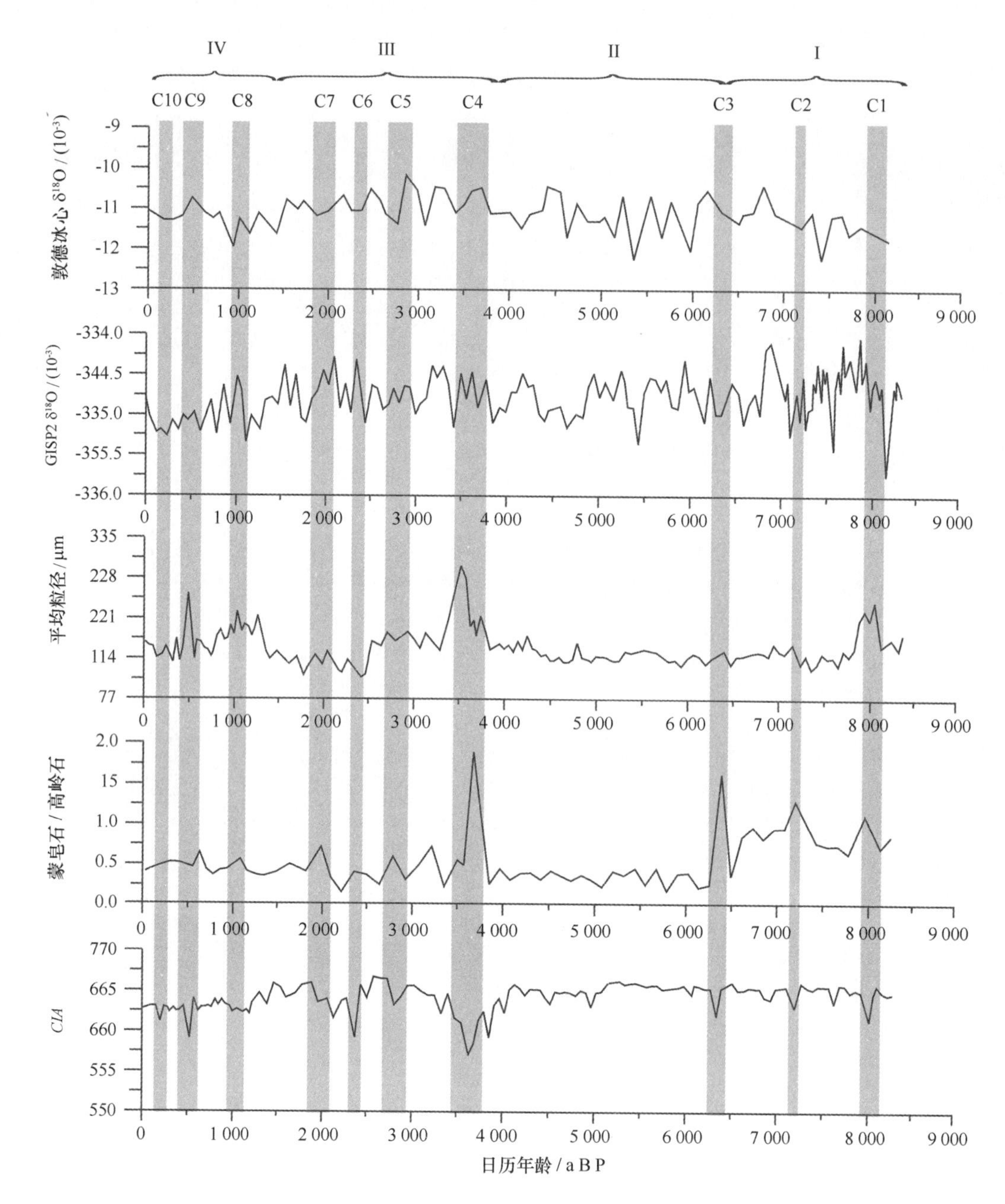

图 26.3 MZ01 孔沉积物中大于 9.71 μm 粒级平均粒径、化学蚀变指数（*CIA*）、蒙皂石/高岭石比值与敦德冰心（Stuiver et al.，1995）、格陵兰冰心（Beget，1983）氧同位素的对比

致（向荣等，2006）。

（4）第Ⅳ阶段（1 400 a B. P. 以来）。1 400 a B. P. 以来三种替代性指标发生数次较小幅度波动，其中记录的较为明显的 3 次冬季风强盛期分别发生在 1 050 a B. P. 、550 a B. P. 和 250 a B. P.，可能对应于小冰期，550 a B. P. 为小冰期最盛期，是中国 2 000 a B. P. 以来最寒冷期（向荣等，2006）。根据历史记载，冰心及树木年轮资料重建的近 1 000 a 来 10 年平均气温序列（王绍武等，1998）、古里雅和敦德冰心记录（施雅风等，1999；刘纯平等，1999；洪业汤等，1999）、金川泥炭植物纤维素氧同位素序列（金章东等，2002）以及内蒙古岱海

湖泊沉积物 Sr 同位素记录（张丕远等，1997）等均表明，我国大陆 1 000 a B. P. 以来普遍存在小冰期。海洋方面的证据有：东海济州岛泥质区沉积物（向荣等，2006）记录了 780～219 a B. P. 期间 3 次明显的冷事件，指示小冰期内气候波动剧烈。这些证据与上述 MZ01 孔记录的小冰期时间较为接近，表明东海内陆架泥质区对全球变化具有较好的区域响应。

另外，张丕远等汇总历史资料总结了 2 000 a 来我国旱涝气候演化过程，结果同样表明 1 230～280 a B. P. 期间气候发生数次突变和渐变（张丕远等，1997），可能也是小冰期作用的结果。

26.2 近 2 ka 以来高分辨率的生物硅记录及其古生产力意义

生物硅对古海洋古气候具有一定的指示意义。生物硅（BSi）指化学方法测定的无定形硅的含量，又称蛋白石，主要由硅藻、植物岩、放射虫、硅鞭毛虫和海绵骨针组成，沉积物中生物硅主要来源于上层水体中的硅质生物死亡后的碎屑沉积（刘素美等，2002；赵颖翡等，2005），其含量与表层水体中的生物繁盛程度密切相关，它的时空分布可用于反映古生产力的变化过程（Leinen et al., 1986；Mortlock et al., 1989；Lyle et al., 2000；叶曦雯等，2002；李建等，2004）。在古海洋学及全球生源要素的循环研究中，生物硅的测定也是必不可缺的部分（DeMaster，2002；叶曦雯等，2003；李学刚等，2005；赵颖翡等，2005；高磊等，2007）。根据沉积物中生物硅的含量可以计算出其堆积速率，而生物硅堆积速率与样品的古水深无相关性，且可以直接反映不同历史时期表层生产力的波动。由于生产力的高低与表层海水营养物质的供应变化密切相关，故而可以将生物硅沉积记录与导致环境变化的古气候和古海洋过程联系起来（Ragueneau et al., 2000；贾国东等，2000；王汝建等，2003）。

26.2.1 数据来源

本节通过对“908 专项”获得的 MZ02 孔（121°30.47′E，27°38.20′N，水深 37 m，底界年龄为 1 585 a BP，图 26.1）沉积物中生物硅含量和堆积速率的研究，对东海陆架近 2 ka 以来表层生产力的变化及其对古气候演化的响应进行了探讨（刘升发等，2011）。

26.2.2 生物硅含量及其控制因素

MZ02 孔沉积物中生物硅含量如图 26.4 所示，整个柱样生物硅含量分布在 0.62%～1.54%之间，平均值为 1.04%，与远洋硅质沉积的生物硅高达 50%以上相比，该区属于低含量海区。影响沉积物中生物硅含量的最主要的因素为硅质骨屑供给量和溶解作用（王琦等，1989）。生物生命活动从水体中萃取溶解态的 SiO_2 而形成硅质骨屑，生物循环对其有决定性的影响。研究区位于闽浙沿岸一带，其沉积物主要来自中国大陆及台湾岛的诸多入海河流运移的陆源物质（肖尚斌等，2005a，2009；Xu et al., 2009；石学法等，2010），而陆源碎屑沉积物提供的非晶质 SiO_2 含量极低（王琦等，1989），故其在水体中处于不饱和状态，从而导致研究区硅质骨屑的供给量也极低。影响沉积物中生物硅含量的另一重要因素是海水对硅质骨屑的溶解作用。生物生长从水体中萃取溶解态 SiO_2 使其在体内积累，而绝大部分硅质生物在死后立即溶解，尤其在表层水体中溶解作用更加明显，这两个过程控制着底层沉积物中生物硅的含量。估计生物生命活动每年从水体中摄取溶解态的 SiO_2 的量为 2.50×10^{10} t/a，其中有

97%的生物 SiO_2 在沉降过程中又溶解而发生再循环，只有3%的硅质骨屑能进入沉积物中（王琦等，1989）。另外，东海内陆架泥质区自全新世中晚期形成以来海平面波动很小（Liu et al.，2004），MZ02孔水深基本稳定在50 m以内，较浅的水深加大了硅质生物的溶解度，进一步导致沉积物中生物硅总体含量的降低。因此，受低硅质骨屑供给量和高溶解作用的综合影响，MZ02孔沉积物中生物硅含量较低。

在研究区及其周边海区，Lisitzin于1967年最早对东海生物硅进行了报道，含量近似为1%（Lisitzin，1967）；赵颖翡于2005年对黄海和东海沉积物中生物硅含量进行了研究，结果表明生物硅含量总体不高，基本上低于1%（赵颖翡等，2005）。相比之下，MZ02孔沉积物中生物硅含量略高，最大含量可达到1.54%，这种差异可能主要由岩心位置的不同所致。现代海洋学研究认为，MZ02孔与东海内陆架上升流中心较为接近（潘玉萍等，2004），另外该区夏季水体温盐及悬浮体浓度测试也表明该岩心周边具有明显的高温高盐及高悬浮体浓度水体抬升现象，可能主要由变性后的台湾暖流所致（刘升发等，2010）。各种营养元素随着上升流的运动而得到充分补充，生物量大，硅藻等硅质生物繁殖茂盛，导致该区生物硅含量及其堆积速率高于东海其他区域。

26.2.3 生物硅指示的古生产力演化过程

生物硅含量及其堆积速率的变化可以作为替代性指标直接反映过去表层水体初级生产力的变化（Ragueneau et al.，2000；黄永建等，2005）。MZ02孔生物硅含量及其堆积速率垂向分布发生不同程度的波动（图26.4），最高值可达最低值的3倍左右，指示了研究区近2 ka以来表层水体初级生产力发生明显的变化。由图26.4可知，表层生产力呈现数次高低旋回的演变过程，相对高值期分别发生在 -1 570 a BP、 -1 330 a BP、 -1 000 a BP、 -780 a BP、 -460 a BP、 -230 a BP和 -40 a BP。

气候波动是影响古生产力的重要因素（贾国东等，2000；王汝建等，2003；李建等，2004），将MZ02孔生物硅含量及其堆积速率与近2 ka以来温度波动曲线（葛全胜等，2002）比较（图26.4），可以发现两者有较多的相似性，生物硅含量及其堆积速率较高期多与温度高值期一致，反映了生物硅作为古生产力指标与古气候的对应性，温度的升高促进了硅藻、放射虫、硅鞭藻等硅质生物的繁殖、生长，生物量的增大导致表层水体初级生产力的增强，反之生产力减弱。

研究区气候属于东亚季风控制区（Tao et al.，2006），冬、夏季风的综合作用导致温度呈现不同程度的冷暖交替，温暖潮湿的夏季风使温度升高，而寒冷干旱的冬季风则使温度降低，因此，MZ02孔近2 ka以来生物硅含量及其堆积速率的变化可能反映了由于夏季风的加强而导致表层生产力的提高。夏季风的增强一方面为硅质生物的生命活动创造了适宜的温度条件；另一方面夏季风增强造成上升流强度增大，营养物质伴随之增多将促使表层生产力的升高，从而导致生物硅堆积速率升高。另外，在夏季风增强期，大量的季风降雨也会导致河流输入的营养物质增多，致使表层生产力上升。近2 ka以来该区古生产力大致可以分为两个阶段，700 a BP之前温度在较高时期持续时间较长，相应的古生产力总体强度较大；而700 a BP之后温度相对偏低，可能主要受小冰期的影响（王绍武等，1995），该段时期是近2 ka以来的相对寒冷期，相应的古生产力总体强度较小。

MZ02孔生物硅含量及其堆积速率曲线与格陵兰冰心（Stuiver et al.，1995）和红原泥炭

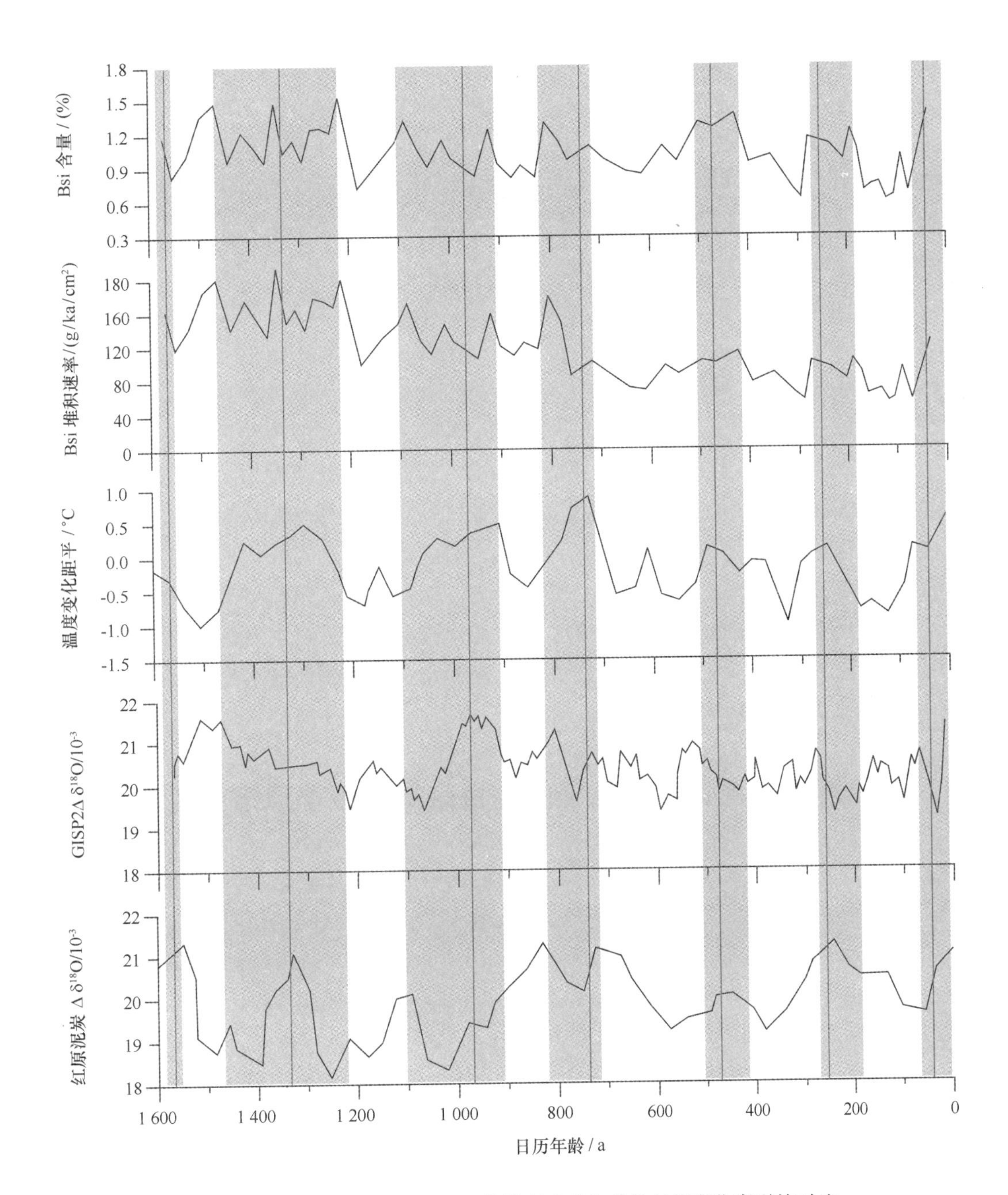

图 26.4　MZ02 孔生物硅含量及其堆积速率与其他气候变化序列的对比

（徐海等，2002）氧同位素对比发现（图 26.4），近 2 ka 以来的 7 次古生产力增强期基本与氧同位素高值期相对应，说明生物硅的富集与大尺度的气候变化过程具有较好的相关性，反映了全球变化的区域性响应。

上述结果表明生物硅含量及其堆积速率可以作为替代性指标有效地指示古生产力的演变过程，从而进一步指示古气候的变化。生物硅指示的生产力的这种气候效应在其他海域也有相关的报道，如贾国东等研究了南海南部 17962 柱状样 3 万余年来的生物硅堆积速率，结果表明，南沙海区古生产力的升高与一系列变冷事件，如冰期中的 Heinrich 事件、冰消期新仙女木事件、中晚全新世变冷事件等有良好的对应关系（贾国东等，2000）；王汝建将 ODP1143 站位第四纪以来的蛋白石含量及其堆积速率与底栖有孔虫氧同位素进行了对比，结果表明900 ka以来蛋白石含量及其堆积速率在间冰期明显增加，而冰期降低，反映了间冰期发育较高的表层生产力（王汝建等，2003）；李建等研究了南海北部ODP1144站蛋白石含量及其堆积速率，反映了第四纪以来冰期时表层生产力增加，间冰期时表层生产力降低（李建等，2004）；王文远等对我国雷州半岛湖光岩玛珥湖沉积物生物硅含量进行了分析，表明低纬度湖泊沉积生物硅是一个理想的古气候替代指标（王文远等，2000）。在世界其他地区，王汝建等对北太平洋亚极区的白令海沉积物自MIS5.3期以来生源组分指示的表层生产力进行了研究，反映了随着气候回暖，海冰和陆地冰川消融，融冰水注入，导致了表层生产力的升高（王汝建等，2005）；Colman等对贝加尔（Baikal）湖在过去5 Ma中，由于地球运行轨道阶段性变化，导致日射率的差异，从而引起硅藻生产力变化，认为生物硅在高纬度大陆湖泊区对古气候有较好的指示意义（Colman et al.，1995）；Xiao等研究了日本琵琶湖沉积生物硅通量的变化，揭示出高通量的生物硅指示了温暖湿润的气候条件，低通量指示了冷而干燥的气候条件，生物硅在温带中纬度湖泊也可以作为古气候的替代性指标（Xiao et al.，1997）。由此可见，生物硅含量、堆积速率及其反映的古生产力对所处海区的古气候变化具有潜在的指示意义，然而它与古气候的关系较为复杂。如上所述，同一海区古生产力与古气候的关系不尽相同，甚至出现相反的趋势，因此在应用其作为替代指标来追踪过去气候环境变化时必须考虑到多种影响因素，如大尺度季风环流，海平面的波动，陆源物质输入量的变化，流系格局的分布以及风暴潮等极端事件的发生等。

26.3 高分辨率颜色反射率指示的近百来的东亚季风演化过程

颜色是沉积物最明显的形态特征之一，不同矿物组成具有不同的反射光谱特征，通过测量沉积物的反射光谱曲线可以获取沉积物的物质组成变化，其空间分布对沉积物氧化还原的相对强度和物质来源变化的反映非常敏感（王昆山等，2006），利用颜色反射率与沉积物成分之间的对应关系可以迅速推知沉积物的组成、进而推断海底风化程度、气候波动以及海洋生产力变化等方面的信息（Barranco et al.，1989；Ji et al.，2001；黄维等，2003；刘连文等，2005；王昆山等，2006，2007；何柳等，2010），因此，沉积物光谱学特征以其较高的分辨率在古海洋学研究上具有良好的应用前景（Giosan et al.，2002；王昆山等，2007）。

26.3.1 数据来源

选取位于长江口泥质区的MZ11孔为研究对象，基于该孔沉积物高分辨率颜色反射率数据，并综合^{210}Pb测年、沉积物粒度等方面的资料，对近百年来东亚季风的演化过程进行了探讨（刘升发等，2012）。该孔位于长江口泥质区南部（122°37.24′E，30°41.69′N，样长3.08 m，水深25.0 m，底界年龄为123 a B.P.，图26.1）。

26.3.2 颜色反射率测试结果

沉积物的颜色变化可以用两种表色系统表达，分别为芒塞尔系统的色调、色度及色饱和度（Munsell，1905）以及CIELAB色系统的亮度、红度、黄度（Robertson，1977），也有研究者用灰度、白度和红度表征颜色变化特征（Porter，2000；Chen et al.，2002；Yang & Ding，2003）。根据获得的MZ11孔沉积物颜色反射率光谱强度，在此采取两种方法提取颜色反射光谱参数：①根据 L a* b* 色空间（CIELAB 色空间）模型获得颜色反射率参数，该色空间模型可以通过立体的球来表示，球的轴为亮度参数 L，从 0 – 100，a，b 为色度坐标，表示色方向：+ a* 为红色方向，– a* 为绿色方向，+ b* 为黄色方向，– b* 为蓝色方向；②借鉴 Deaton & Balsam（1991）的方法，采用主成分分析方法，根据各个样品在可见光（400 ~ 700 nm）范围的反射光谱值，采用 SPSS 软件进行因子分析，可以获得两个高于置信度的因子（因子 F1 和因子 F2），两者的变化贡献了所有光谱变化的99% 以上，其中 F1 的变化贡献了 92.59%，F2 贡献了 7.31%。这样，每个样品都可以获得两个因子的得分，分别反映了沉积物中最主要的两类物质的变化。

图 26.5 显示了 MZ 11 孔近 123a 以来沉积物亮度（L）、红度（a* 分量）、黄度（b* 分量）、F1、F2 的变化情况，主因子 F1 变化与亮度变化几乎完全一致，F1 值高的样品对应的亮度值大；而反射光谱 F2 的变化与 b* 分量的变化几乎完全一致（反相关），F2 值高的沉积物对应的 b* 分量值低。因子分析已表明 MZ 11 孔沉积物的反射率光谱变化可以用 F1 和 F2 两个主因子的变化来指示，而亮度曲线与 F1 和 b* 分量与 F2 的高度一致性说明，F1 和 F2 两个主因子所指示的物理意义是分别与亮度和 b* 分量相似的。

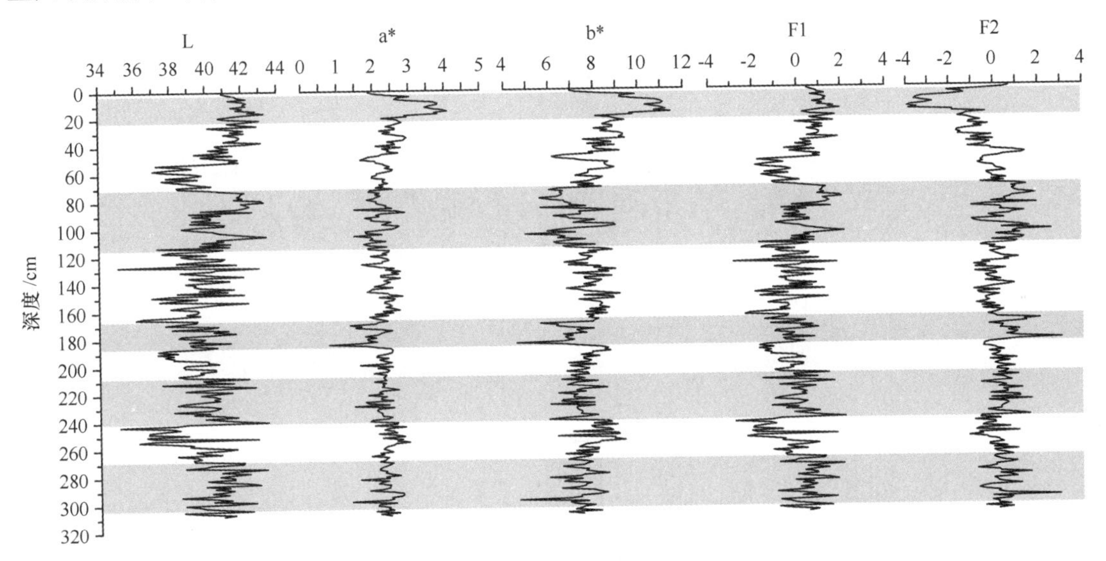

图 26.5　MZ 11 孔近百年来沉积物颜色反射率特征值垂向分布

26.3.3　颜色反射率指示的近百年来东亚季风变迁

通常情况下，在运用各种替代性指标进行沉积序列中的古环境分析时，通常需要把沉积序列中复杂的变量或参数按照物质来源、动力条件等因素进行分离，再详细研究不同组分所代表的地质环境意义，进而根据其在沉积序列中的变化推断气候环境的演化历史（向荣等，2005）。下面主要依据因子分析手段对 MZ11 孔颜色反射率数据进行了分离，根据主因子 F1、F2 与亮度和黄度（b* 分量）的对应关系探讨颜色反射率参数的环境指示意义。

已有研究表明，长江口泥质区是长江入海细颗粒物质的堆积中心（秦蕴珊等，1982；金翔龙等，1992），其沉积物主要来源于长江扩散物质，经过长江径流输运而来（Milliman & Meade，1983；胡敦欣和杨作升，2001）。东海悬浮体输运受沉积动力过程的季节性变化的控制作用表现出“夏储冬输”的输运格局（杨作升等，1992；孙效功等，2000），亦即夏季东海沿岸流系统弱化，能量降低，使得大量细颗粒沉积物得以在河流入口周边海域沉积、保存；而冬季沿岸流系统强化，能量强，促进了细颗粒沉积物向外海或远处搬运，是东海内陆架泥质区沉积作用的关键季节（对东南区域的沉积来说尤为重要）。因此，MZ11 孔所处的长江口泥质区沉积物形成、演化过程与东亚季风，尤其是夏季风的驱动有着必然的联系。为探讨该泥质区沉积物对东亚季风的响应过程，将 MZ11 孔沉积物颜色反射率指标与东亚季风强度指数对比（图 26.6）。从图 26.6 中可以发现，MZ11 孔沉积物亮度（L）与东亚夏季风有着较好的对应关系，夏季风增强期，沉积物亮度值增大，反之亦然。而夏季风的强度变化必然引起降雨量的变化，从图 26.6 中还可以发现，每一次夏季风的增强，直接导致降雨量的增大（王绍武，1998）。关于沉积物亮度（L）的指示意义，在深海沉积物中可以反映碳酸盐的含量，其变化与底栖氧同位素曲线吻合（黄维等，2003；刘连文等，2005），而由于陆架河口区域沉积物中碳酸盐相对匮乏，沉积物中陆源物质占主导地位，因此初步认为 MZ11 孔沉积物亮度（L）主要受陆源物质风化作用的控制。

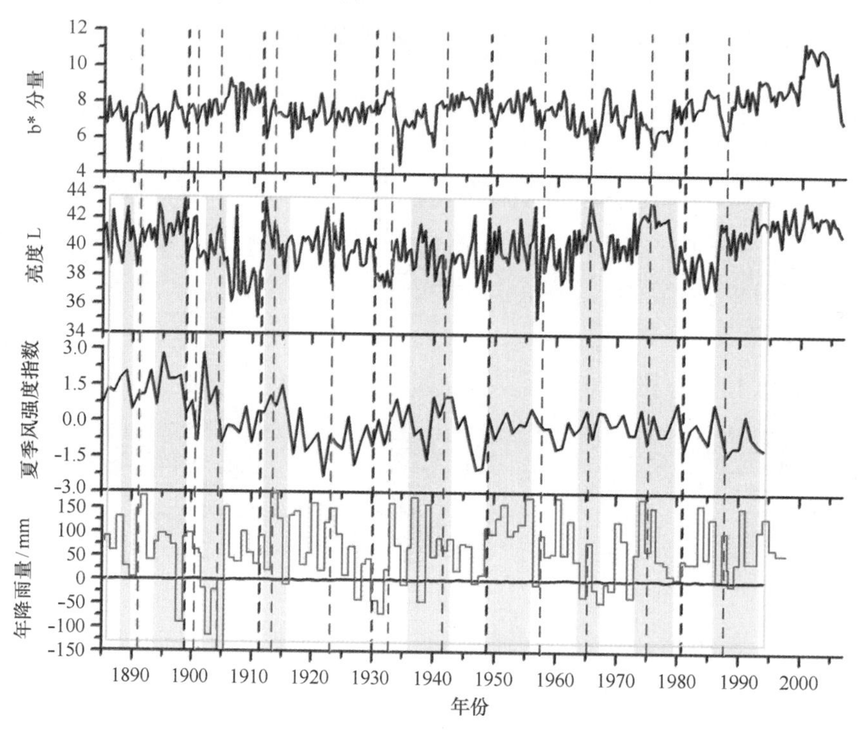

图 26.6　MZ11 孔沉积物颜色反射率指标与东亚季风强度对比

资料来源：刘升发等，2013

夏季风的增强以及降雨量的增大直接导致长江入海径流量的增大，甚至出现短期的洪水事件（展望等，2010）。结合 ^{210}Pb 沉积速率数据，颜色反射率指标指示的近百年来东亚夏季风出现的 11 次相对增强期大致出现在 1887 年、1897 年、1904 年、1915 年、1936 年、1945 年、1953 年、1965 年、1977 年、1987 年、1992 年。由表 26.1 可以看出，东亚夏季风增强期与历史记录的洪水事件出现时间较为接近（施雅风等，2004），个别洪水事件的剖面年龄与历史数据相差约 2 ~4 年，既可能与 ^{210}Pb 年龄测试的误差有关，也可能与河流沉积环境的不稳定性有关。显然，这也反映了自然地理状况下沉积动力环境的复杂性。

表 26.1　近百年来长江流域大洪水简表

本书记录年份	历史记录年份	区域	灾　情
1887 a	1889a	中下游大洪水	鄂、皖、苏、浙4省受灾严重，太湖流域大洪水。
1897	1896	上游大洪水	川东、三峡区域受灾严重，鄂、皖局部受灾，宜昌洪峰流量71 100 m^3/s
1904	1905	上游大洪水	金沙江中下游、长江上游大水，寸滩洪峰流量85 100 m^3/s，20多县受灾较重
1915 a	—	—	—
1936	1936	上游大洪水	岷、沱、嘉陵、渠江及长江干流上游大水，四川50余县特别是沱江中下游受灾严重
1945	1945	上游大洪水	岷、沱、嘉陵江和乌江，长江干流上游大水，寸滩洪峰流量73 800 m^3/s，40余县市严重水灾，死亡数千人
1953	1954	全流域大洪水	宜昌洪峰流量66 800 m^3/s，汉口洪峰流量76 100 m^3/s，大通92 600 m^3/s（第一位），灾情特重，死亡33 169人
1965	1969	中下游大洪水	大暴雨发生于鄂西清江流域，洪峰流量18 900 m^3/s，鄂东北山区6条小河洪峰流量26 840 m^3/s，汉口洪峰流量62 400 m^3/s，鄂、皖二省重灾，死亡3 239人
1977	1980	中下游大洪水	长江三峡、嘉陵江、清江与汉江大水，汉江洪峰流量60 100 m^3/s，鄂、赣、皖、湘4省死亡1 339人
1987	1983	汉江及长江中游大洪水	汉口洪峰流量65 000 m^3/s，湘、鄂、赣、皖部分地区重灾，汉江安康洪峰流量31 000 m^3/s，老城淹没，死亡870人
1992	1991	下游大洪水	洪峰流量汉口66 700 m^3/s，巢湖、滁河、太湖与淮河地区重灾，皖、苏二省死亡1 163人

注："—"表示没有相关记录.

资料来源：施雅风等，2004

在深海沉积物中，颜色反射率是反映季风变化的一个非常有用的指标（刘连文等，2005）。然而深海沉积物由于沉积速率相对较低，很难获取包括百年、十年际尺度的高分辨率季风变化记录。以上根据长江口泥质区沉积物的颜色反射率建立的东亚夏季风替代性指标，是否能够较好地反映短尺度东亚夏季风的变化呢？下面利用MZ11孔恢复的东亚夏季风记录与近几十年以来的实测温度资料进行比较，以此来检验替代性指标的可靠性。由图26.7可见近60年以来发生不同程度的波动，其中的高温期大致出现在1952年、1962年、1973年、1983年、1990年、1998年和2006年，其出现的时间点与利用MZ11孔恢复的相应时间段出现在1953年、1965年、1977年、1987年、1992年左右的5次东亚夏季风记录增强期较为吻合，总体变化趋势基本一致，绝对年龄最多相差不超过4年（宗海峰和杨莉，2010）。由此可见，经^{210}Pb年代数据控制的MZ11孔沉积物亮度值（L）所反映的东亚夏季风强盛期与实测相对高温期较为一致，说明陆架泥质体沉积物颜色反射率代用指标可以很好地恢复东亚夏季风的演化历史。

历史时期气候的波动具有显著的周期性（肖尚斌等，2006；刘禹等，2011）。研究全球不同区域（尤其是对气候变化反应敏感的区域）历史时期气温波动的周期性变化，不仅有助于人们理解气候系统的驱动要素及内部各要素之间的相互作用过程，而且也可以使人们能够

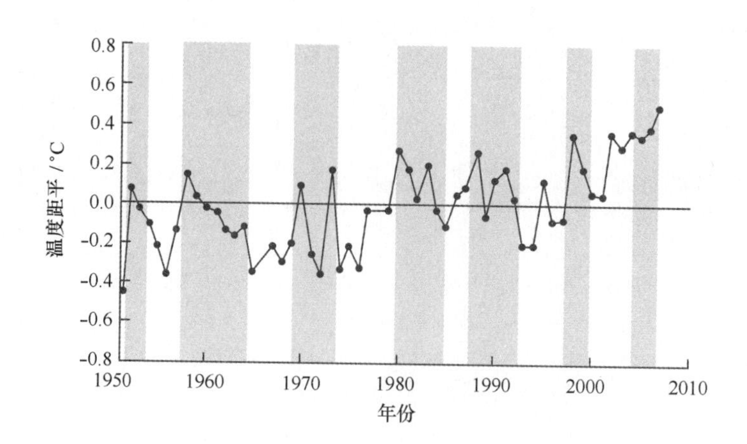

图 26.7 近 60 年来全球海表平均温度距平

资料来源：宗海峰和杨莉，2010

从历史角度正确认识目前的环境和气候状况，为预测未来气候发展趋势提供重要的理论依据（王宁练，2006）。

本节使用功率谱分析软件 REDFIT35，对 MZ11 孔沉积物亮度（L）进行分析，该软件专门为非等间距时间序列（unevenly spaced time series）功率谱分析设计。分析过程使用了如下参数：nsim = 1500；n50 = 4（WOSA segment：Welch-Overlap-Segment-Averaging procedure）；iWin = 2（取样窗函数：Welch spectrum window），其余参数均使用软件默认参数（各参数及其具体意义见 Schulz & Mudelsee，2002）。

MZ11 孔沉积物亮度（L）序列功率谱分析结果见图 26.8，可以识别出置信水平在 90% 以上的周期包括 28 a 和 2 a：

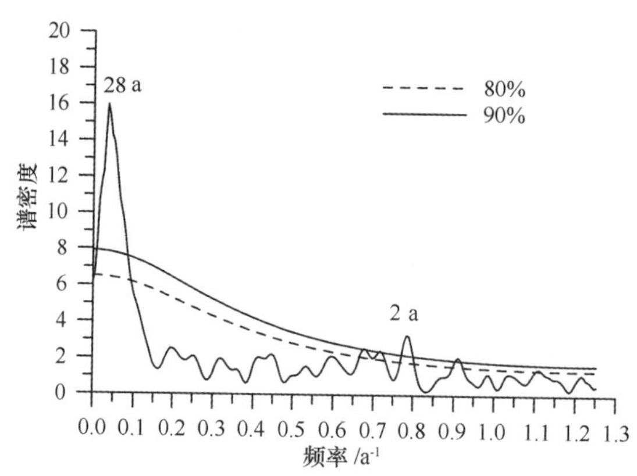

图 26.8 MZ11 孔亮度（L）序列功率谱分析结果

（1）28 a 周期：28 a 周期是 MZ11 孔沉积物亮度（L）序列功率谱所揭示的最显著的周期，该周期在近百年来的气温实测记录中也有相应记录。对我国 42 个测站长期的气温测试分析结果表明，近百年来我国年、季平均气温序列主成分方差谱分析结果表明显著的周期集中出现在 28.9 ~ 18.4 a，2 ~ 3 a 等波段，这些显著周期出现频数或方差谱的平均值达到了 $\alpha = 0.01$ 的显著标准，其中 28.9 ~ 18.4 a 波段的周期分量与太阳黑子数 11 a 周期双周的位相配合非常密切（屠其璞，1984）。青藏高原古里雅冰心记录的 28.6 a 周期，同样显示主要受太阳黑子活动的影响（王宁练等，2000）。近百年来，日本北海道地区实测气温波动存在明显的28 a变化周期（董满宇等，2009）。与之相应的是，近百年来降雨量的变化大致表现为以20~30 a为周期的干湿交替出现（王绍武，1998）。因此认为28 a周期广泛存在于东亚季风控制区，其驱动因素可能主要是太阳辐射量的周期性变化。

（2）2 a周期：2 a周期是目前高分辨率气候周期研究所揭示的最小周期，该周期广泛存在于不同区域的气候载体中（蔡秋芳等，2008）。对银川气象站48 a（1951—1998年）实测气温的功率谱分析表明，年平均气温存在3.75 a的准周期，6—8月平均气温存在2.4 a的准周期（钱维宏等，1998）；近百年来青藏高原东部树木年轮同样表现出明显的2 a周期（刘禹等，2011）；近200多年来，我国秦岭地区的初春气温也存在2.7 a左右的准周期（刘禹等，2001；刘洪滨和邵雪梅，2000）。对陕西中-北部树轮建立的温度序列进行功率谱分析，检测到3.51 a，2.63 a和2.5 a的准周期；无独有偶，马利民等研究发现中国秦岭地区树木年轮中也记载了ENSO事件（马利民等，2001）。

上述这些周期可归于2~3 a的周期特征，这一结果从另一个角度说明了MZ11孔资料重建结果的真实性和可靠性。这种周期特征广泛存在于中国北方地区的树轮研究中（刘禹等，2001；Liu et al.，2005），已有研究证实2 a左右的准周期同样在热带太平洋海温序列中存在（史历和倪允琪，2001）。这种与气候变化短期波动有关的特征与“准两年脉动（QBO）”十分接近，已有研究表明QBO的影响存在于较大的范围（钱维宏等，1998），初步推断2 a周期可能与ENSO的变化有关（Bradley et al.，1987；Allan et al.，1996），而导致其形成的深层次因素，还需要进一步的研究。

第 5 篇　南海北部沉积

第27章　南海概况

27.1　地理位置与海底地形

南海位于地球上最大的大陆——亚洲大陆与最大的大洋——太平洋之间，是西太平洋最大的边缘海之一。南海北起23°37′N，南迄3°00′N，南北跨越了20个纬度；西自99°10′E，东至122°10′E，平均水深约1 140 m。南海东邻台湾、菲律宾群岛，西界中南半岛，北靠华南大陆，南至加里曼丹，面积约350×10^4 km^2，约为渤海、黄海和东海总面积的3倍，经济和地理位置十分重要。南海周边被大陆和岛屿环抱，这些岛屿使南海与东海、太平洋及苏禄海、爪哇海和安达曼海等隔开，其间由十多个海峡相通，主要有台湾海峡、吕宋海峡、巴林塘海峡、民都洛海峡、巴拉巴克海峡、卡里马塔海峡、加斯帕海峡和马六甲海峡。南海北部宽阔的陆架区通过水深约50 m的台湾海峡与东海相连；中部通过水深约450 m的民都洛海峡和深度约100 m的巴拉巴克海峡与苏禄海沟通；东北部通过台湾岛和吕宋岛间的吕宋海峡与太平洋海水进行交换；南部和西南巽他陆架区域通过新加坡海峡和马六甲海峡与印度洋相连，同时还通过卡里马塔海峡和加斯帕海峡与爪哇海相通。地形上，南海西部和西北部陆地和岛屿主要以山地为主，陆架较窄，但是珠江、红河与湄公河三角洲地区除外。华南地区山峰高度可以达到1 000～1 300 m，而中南半岛山峰高度通常为1 600～2 000 m，南部婆罗洲的山峰高度最高峰为4 101 m，台湾地区山峰也达到3 997 m（Liu，1994）。南海西北部靠近大陆一侧与东南部靠近岛屿一侧存在着明显不同的地球动力学背景，这也使得南海这两个区域在海洋学与沉积学方面存在明显不同的特征。

南海的海底地形可以分为三个部分：大陆架、大陆坡和深海盆，这三部分各占南海总面积的47%、38%与15%。南海海底地形最大特色表现为中央深海盆呈扁菱形由东北向西南展布（图27.1）。中央深海盆平均水深约4 700 m，最深处位于海盆东侧可以达到5 559 m。中央深海盆被一系列的海山、海山链沿着15°N分割为两部分：相对较浅的东北海盆和相对较深的西南海盆（刘昭蜀等，2002）。

南海周缘按地理位置，对称分布着成因类型不同的两组大陆架。其中南、北陆架宽缓，属堆积型陆架，东、西陆架窄陡，属侵蚀－堆积型陆架。北部陆架呈NE向带状分布，等深线走向与华南岸线展布方向大致相同，并且在珠江和其他河流出海口发育一些水下三角洲，而在雷州半岛和海南岛周边存在一些暗礁。西南部的巽他陆架，宽度超过300 km，是世界上最宽的陆架之一。巽他陆架上有一系列的水下河谷，是末次冰盛期时巽他古陆上的古巽他河流所形成的。

南海陆坡水深范围在150～3 500 m之间，面积约126.1×10^4 km^2。南海陆坡除东部岛坡宽仅60～90 km、属狭窄型陆坡外，其余各坡宽广。北坡宽达250～300 km，南坡及西坡宽达

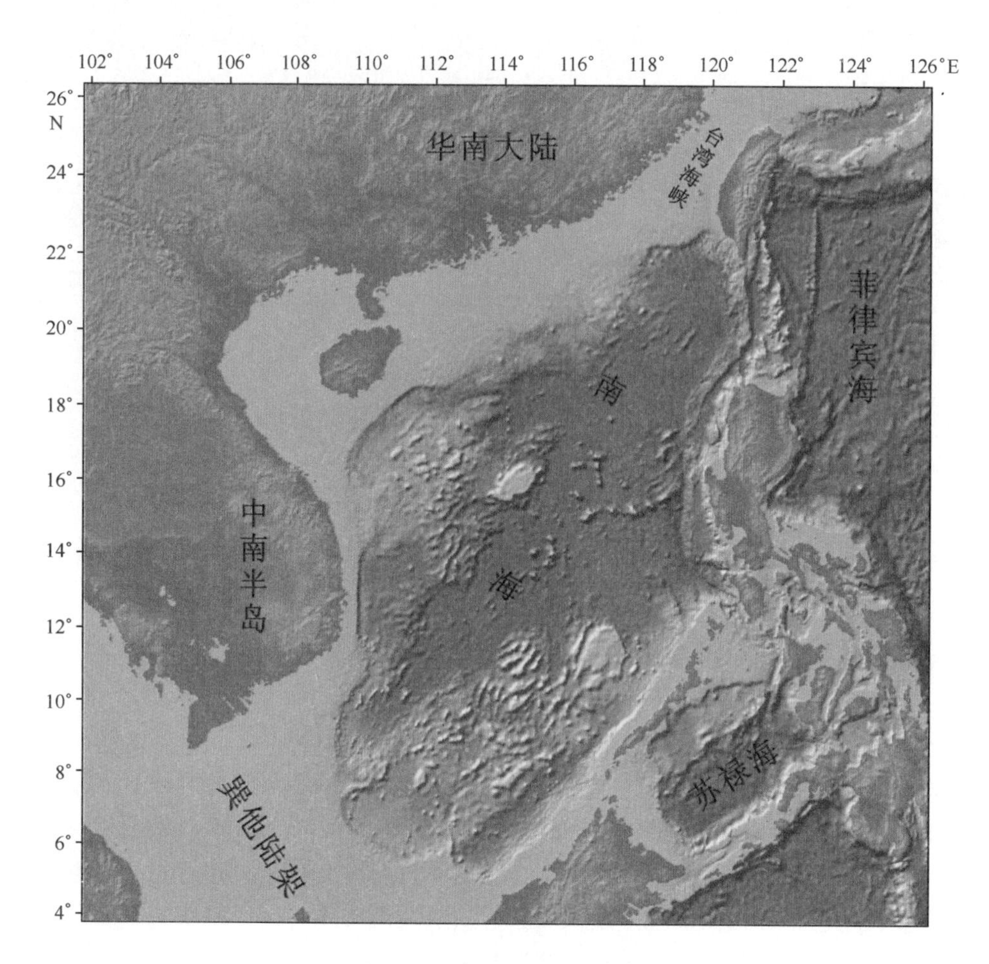

图 27.1　南海海底地形地貌

资料来源：http：//www. ngdc. noaa. gov/mgg/

52 km。南海陆坡是南海海底表面起伏高差最大的一个斜坡，按该斜坡的地形剖面形态特征可划分为上陆坡、中陆坡和下陆坡三部分。上陆坡范围包括陆架坡折线以外的陆坡缓坡带与陡坡带，即大陆坡内缘，下陆坡是指陆坡与深海盆交接处的另一陡坡带，亦即大陆坡外缘，宽度与上陆坡相近。上陆坡与下陆坡通常为陡崖地貌，处于上、下陆坡间的广阔中间地带，属中陆坡范围，宽度常达 100 ~ 300 km。常见有平缓的逐级下降的台阶地形和起伏幅度甚大的海底脊岭、海山与槽谷地貌，还有分布在深海盆外周缘的顶部为台阶面与深海盆底高差达 2 500 ~ 3 500 m 的海底高原。

南海中央深海盆亦为扁菱形（图 27.1），长轴沿 NE 向延伸 1 570 km，NW 向最宽处达 750 km。深海盆面积约 55.1×10^4 km^2。海盆在 15°N 线附近被近 EW 向的黄岩海山链划分为北海盆和南海盆两部分。盆底地势由西北微向东南倾斜，至马尼拉海沟一带倾没最深。整个深海盆西缘水深由北部的 3 200 ~ 3 500 m 开始往南增加至 4 200 m。中央深海盆平均水深约 4 000 m，北海盆比平均水深约浅 100 ~ 200 m；而南海盆则比平均水深约深 100 ~ 200 m。南海深海盆比西太平洋深约 5 500 ~ 6 000 m 的大洋盆底要浅 1 500 ~ 2 000 m。深海盆的主要地形形态有坦荡无际的深海平原。正向地形有宏伟的海山、海山链和起伏不大的海丘与海底丘陵带。负向地形有深邃的海沟、海槽和低陷的海盆洼地以及具 V 形截面的海谷（刘昭蜀等，2002）。

27.2　海洋水文特征

南海的流场对南海沉积物的搬运和沉积起着十分重要的作用，它控制着南海的沉积格局，而且对南海沉积模式的塑造影响也非常大。南海海域宽阔深邃，又处于典型的季风区，海底地形为菱形海盆，其纵轴与季风走向一致，有利于漂流的发展；海区南北两端及东侧均有海峡与其他海域相通，南海海流受季风、海底地形和外部海域流场的共同影响，形成其独特的流场状况。

南海表层海流主要由漂流、南海暖流、黑潮南海分支、沿岸流和不同尺度的水平环流所组成（图27.2）。表层海流受季风的影响非常大，冬、夏两季的季风漂流纵贯整个南海。冬季海面盛行东北风，流场整体上呈现为气旋型环流；夏季海面盛行西南风，流场则主要被反气旋型环流所控制。春、秋两季是季风转换时期，漂流减弱，出现较多的局部环流，流动较为紊乱。其中沿岸流主要分布于陆缘沿岸。广东沿岸流主要源于江河淡水，其强弱盛衰主要取决于大陆径流量及季风的强弱。除此之外，闽浙沿岸水在冬季可进入广东沿海，加强了冬季沿岸流的强度。沿岸流的流向、流速及流幅均随季节而变。

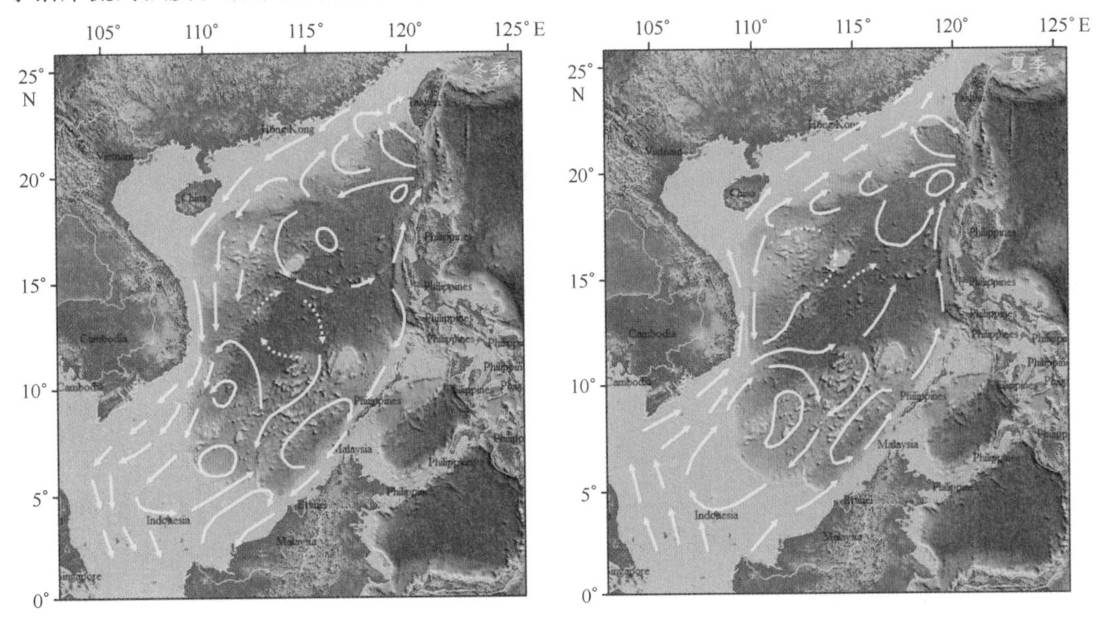

图27.2　南海现代表层流概况

修改自 Fang et al.，1998

南海深层流主要由南海暖流、黑潮南海分支、广东沿岸流、越南沿岸流和东部沿岸流，以及大小不等的水平密度环流所组成。深层南海暖流、黑潮南海分支和沿岸流的分布趋势与表层基本一致，但流速明显降低。深层水平环流与表层环流有着比较明显的差异，尤其是冬、夏两季。因为表层环流是在风应力和海水密度差共同作用下产生的，而深底层环流主要是由海水密度差引起的。

27.3 南海周边主要河流概况

亚洲南部和附近岛屿为现代世界大洋提供着70%的陆源沉积物（Milliman & Meade，1983），其中相当一部分沉积在南海。注入南海的现代河流中以源自青藏高原的湄公河年输沙量最多，可达1.6×10^8 t；其次为红河，年输沙量为1.3×10^8 t，珠江的年输沙量为0.7×10^8 t（表27.1）。这三条河流中以湄公河的集水盆地面积最大，其次是珠江，最小的是红河，都远远大于其他小型河流（表27.1）。河流对于海洋的输沙量，不仅取决于流域面积，而且取决于构造抬升作用造成的地形反差、降水量以及出露岩性的类型。源于台湾岛西南的三条河流（浊水溪、高屏溪和曾文溪），尽管流域面积不及珠江的1%，但是输沙量却远远超过珠江（表27.1）。据此推论，南海东南部强烈构造抬升的岛屿，如加里曼丹岛、吕宋岛等地也应有大量陆源碎屑物质输入南海。相比之下，南海北岸的小型河流则都属于少沙型河流，如韩江输沙量仅有珠江的十分之一，漠阳江和鉴江更是微不足道。

表27.1 注入南海若干河流的径流量与输沙量（据黄维，2004）

河流	流域面积 /（$\times10^3$ km²）	径流量 /（km³/a）	输沙量 /（$\times10^6$ t/a）	资料来源
湄公河	790	470	160	Milliman and Syvitski, 1992
红河	120	123	130	Milliman and Meade, 1983
珠江	450	348	83	中国自然地理，1981
湄南河	160		11	Milliman and Syvitski, 1992
韩江			7	冯文科等，1988
鉴江			1.9	
漠阳江			0.77	
南渡江		6.1	0.5	王颖，1996
浊水溪	3.155	9	63	Milliman and Syvitski, 1992
高屏溪	3.256		36	
曾文溪	1.177		31	
Agno 河			5	
总输沙量	~529×10^6 t/a			

27.4 南海北部构造特征

南海是西太平洋最大的边缘海，主体通过海底扩张形成于32~16 Ma之间。南海北部地处欧亚板块与太平洋板块的交汇处，周缘被不同时代、不同性质和不同方向的构造单元所环绕。作为华南地块的南缘，南海北部陆缘属于大西洋型被动大陆边缘，构造格局受控于断裂带，主要由加里东构造层、海西－印支构造层和燕山构造层组成（图27.3）。

南海北部断裂十分发育，从形成演化的角度来看，南海北部边缘的拉张，南部边缘的挤压，再加上变形体的物性、厚薄、作用力大小、方向及时间长短的不同，从而形成了不同方向、不同级别和不同类型的断裂构造。按断裂展布方向，南海北部主要有NE向、NW向和近

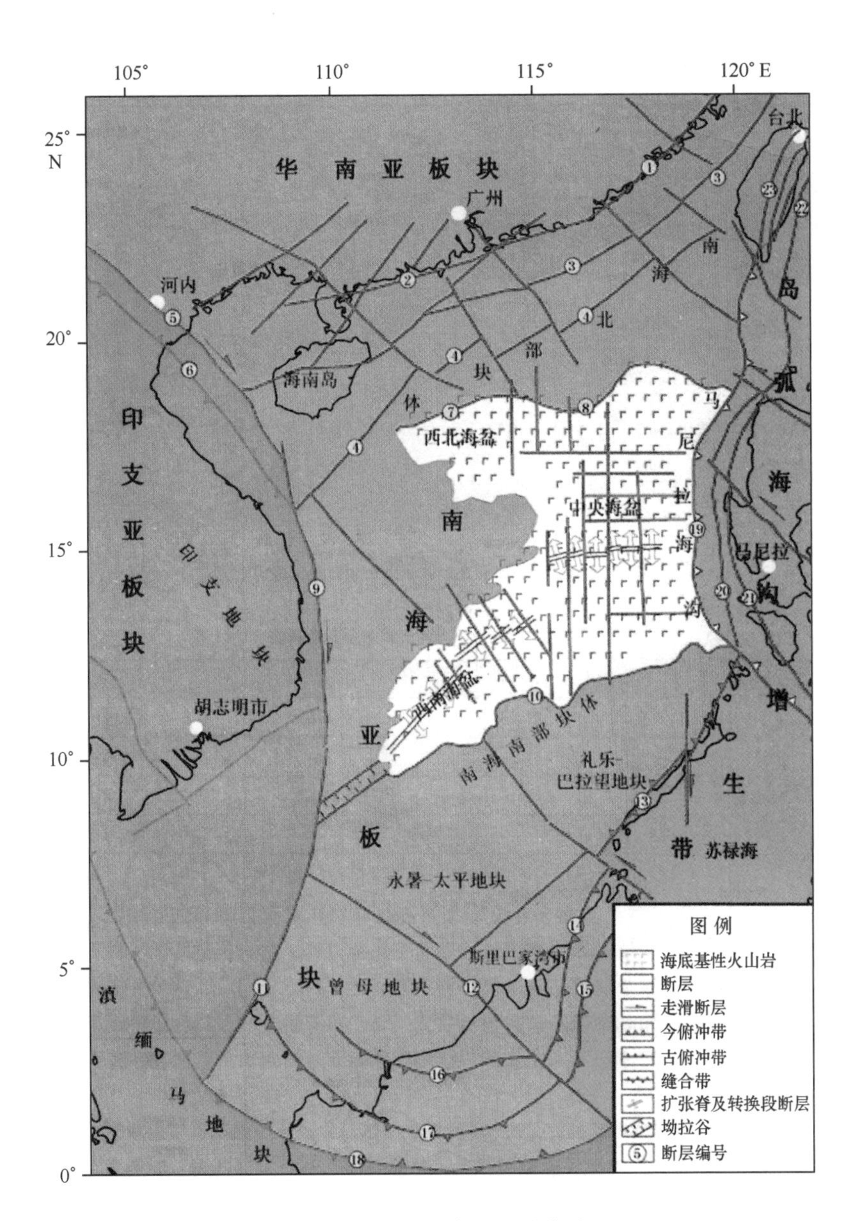

图 27.3 南海及邻区板块构造

(1. 南澳断裂；2. 华南滨海断裂；3. 珠外－台湾海峡断裂；4. 陆坡北缘断裂；5. 红河断裂；6. 马江－黑水河断裂；7. 西沙海槽北缘断裂；8. 中央海盆北缘断裂；9. 越东滨外断裂；10. 中央海盆南缘断裂；11. 万安东断裂；12. 延贾断裂；13. 巴拉望北线；14. 隆阿兰断裂；15. 3 号俯冲线；16. 武吉米辛线；17. 卢帕尔线；18. 东马－古晋缝合带；19. 马尼拉－内格罗斯－哥达巴托海沟俯冲带；20. 吕宋海槽西缘断裂带；21. 吕宋海槽东缘断裂带；22. 台湾滨海断裂；23. 阿里山断裂)

资料来源：王颖等，2012

EW 向三组断层通过（图 27.3）。

南海北部从震旦纪至第四纪有过多次火山活动，按地质时代可分为 4 个大的火山活动期，即加里东期、华力西－印支期、燕山期和喜马拉雅期，共有 24 个火山喷发旋回，每个喷发旋回往往包括若干个亚旋回，每个亚旋回又可划分为若干个喷发韵律。各时代火山岩呈一定方向的带状展布，其中以燕山期和喜马拉雅期火山岩呈带状分布最明显，主要受 NE 向断裂及其派生的 NW 向断裂带控制。

第 28 章　南海北部沉积物分布

南海北部的表层沉积物分布与东海有些相似，内侧为呈带状的细粒沉积，外侧为较粗粒度的砂质沉积。依据“908 专项”底质调查的成果，对南海沉积物粒度分布、沉积物类型以及分布特征等进行了详细研究。

28.1　数据来源

南海北部表层沉积物分布特征的研究采用了“908 专项”底质调查共计 6 880 个站位的沉积物粒度分析数据，具体采样位置见图 28.1。

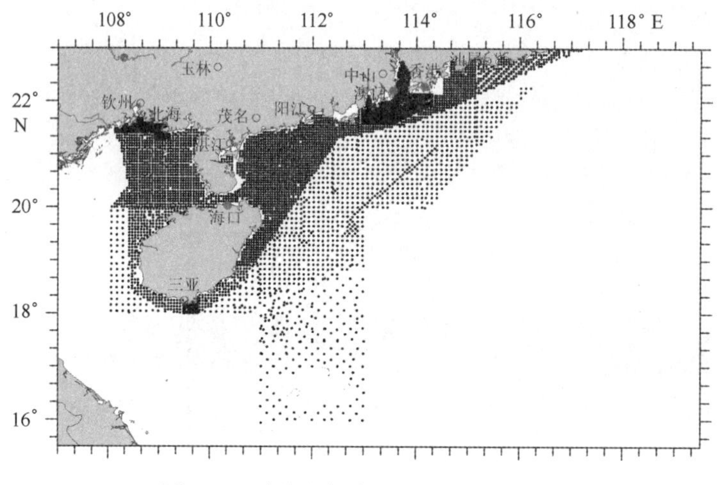

图 28.1　南海北部表层沉积物取样站位

28.2　表层沉积物不同粒级分布特征

南海北部表层沉积物颗粒按粒径大小主要可分为砂（ -1 ~ 4Φ，2 ~ 0.063 mm）、粉砂（4 ~ 8Φ，0.063 ~ 0.004 mm）和黏土（ >8Φ，≤0.004 mm）3 个粒级组分，三者相对百分比分别为 31.28%、53.56% 和 15.67%（图 28.2）。

28.2.1　砂粒级组分的分布特征

在南海北部，砂质沉积物以细砂（2 ~ 3Φ）含量最高，平均含量为 8.85% 左右；极细砂（3 ~ 4Φ）含量次之，平均含量为 7.86%；中砂（1 ~ 2Φ）含量与极细砂相似，平均含量为 7.35%；粗砂（0 ~ 1Φ）和极粗砂（ -1 ~ 0）含量较低，平均含量分别为 4.45% 和 1.64%（图 28.2）。南海北部表层沉积物中砂粒级组分在南海北部含量变化较大，从 0 到 100% 不等

(图 28.3)。根据砂含量分布特征（图 28.4）可以看出，琼州海峡及其东、西出口处砂组分含量较高，这是现代高能水动力条件下形成的以砂质为主的底质分布区，特别是海峡东侧海域，砂质含量可高达 90% 左右。据董志华等（2004）对广东沿岸及海南岛周边海底地形地貌的研究认为这一海区以潮流为主，而且流速大，往返运动的潮流在琼州海峡形成了强大的海流，将陆架上的残留砂和沿岸供给的物质不断地簸扬筛选，海峡的两端便成了喷射口，从而塑造了海峡东西出口处规模宏大的砂质沉积区。

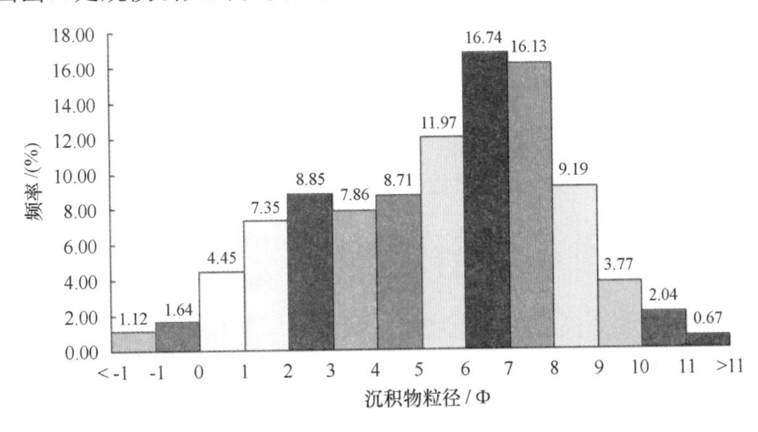

图 28.2　南海北部表层沉积物粒度分布直方图

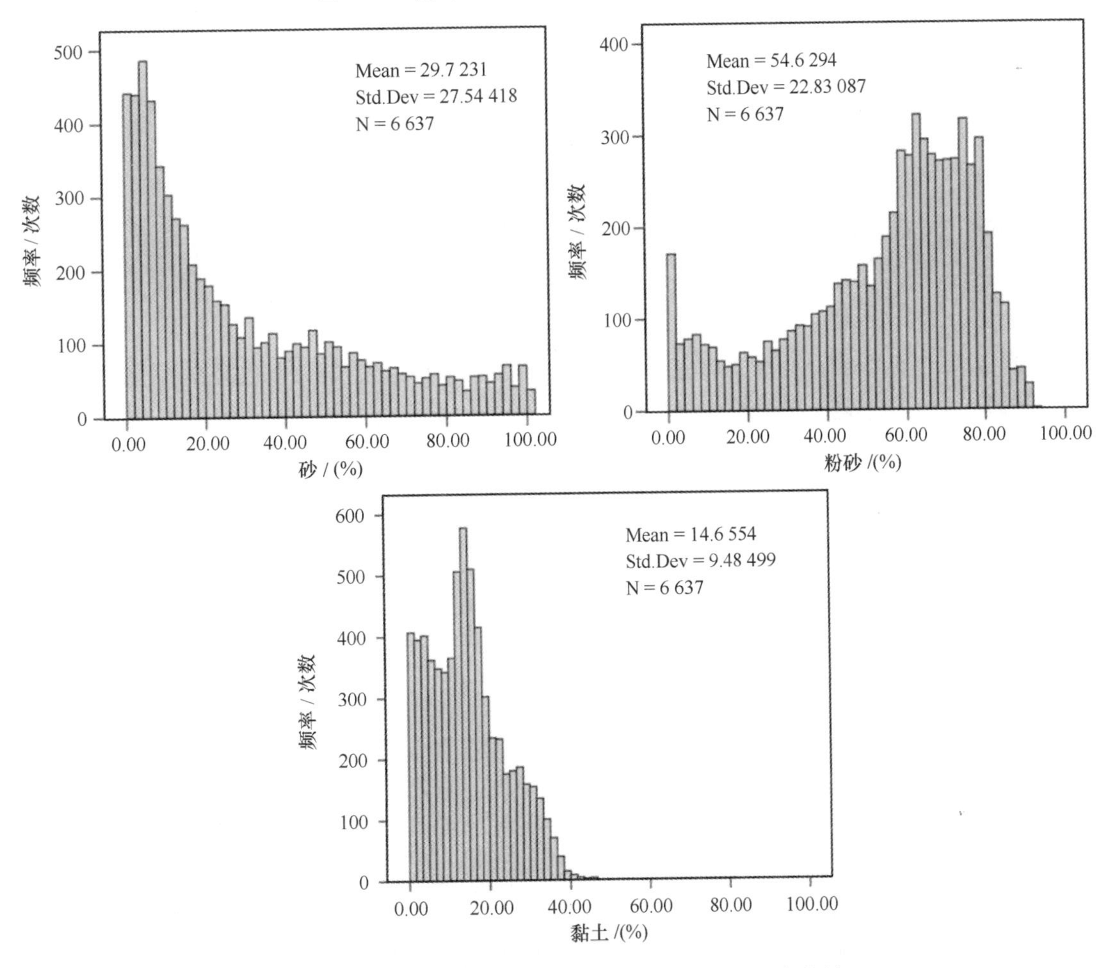

图 28.3　南海北部表层沉积物各粒级组分含量频率统计

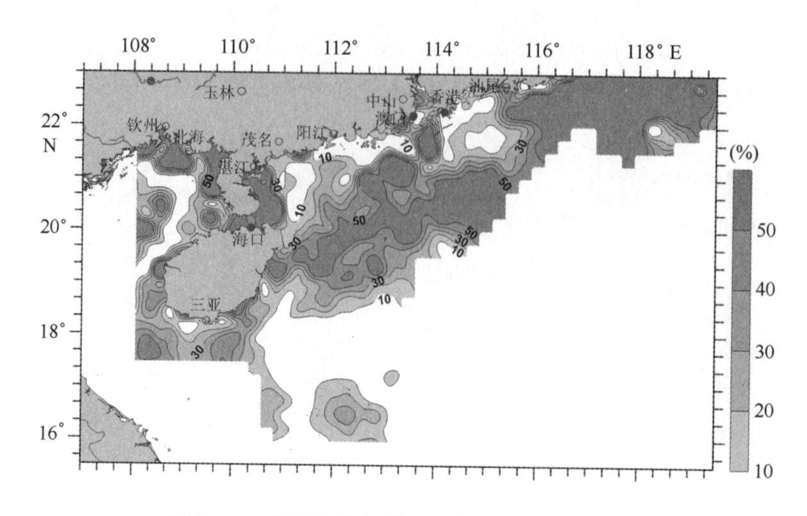

图 28.4　南海北部表层沉积物砂粒级组分分布

在 113°E 以东的外陆架前缘 200 m 水深附近沉积的一片砂，砂含量最高可达 85%，并且分选很好，可能是早期高能海滨地带的产物。由于这一地区目前已远离海岸，加之水深，基本上未受到现代沉积作用的叠加或改造。而分布在北部湾里的砂，则主要集中在一些短源河流的河口附近，在湾顶的河口砂呈舌状展布，而在北部湾中部的砂含量较低，最低含量在 10% 以下，是末次冰期时低海面的沉积，受到后期水动力的改造。

28.2.2　粉砂粒级组分的分布特征

在南海北部，粉砂粒级组分以细粉砂（6 ~ 7Φ）含量最高，平均含量为 16.74%，极细粉砂（7 ~ 8Φ）次之，平均含量为 16.13%，中粉砂和粗粉砂含量相对较低，平均含量分别为 11.97% 和 8.71%（图 28.2）。粉砂含量在南海北部变化于 0 ~ 92.79% 之间，但是大部分海区粉砂含量介于 40% ~ 90% 之间（图 28.3）。

从图 28.5 可以看出，南海北部表层沉积物中粉砂的分布基本上平行海岸展布，分布在 50 m 水深以浅的内陆架。通常粉砂含量为 50% ~ 60%，黏土含量为 40% ~ 50%；粗粒部分以极细砂为主，含量小于 10%。这些沉积物绝大部分是陆源碎屑，主要由广东沿海的河流供给，其中以珠江水系供给为主。珠江水系平均每年携带 8 336 × 10^4 t 悬移物质，其中 20% 沉积在三角洲内，其余 80% 入海。南海北部常年有 SW 向的沿岸流，影响范围 15 ~ 30 n mile 宽，水深达 50 m。这股沿岸流控制了毗邻海岸的沉积物形成。北部湾里粉砂沉积物的展布状态，主要受物源条件和海湾这种半封闭性浅海环境的制约。在西沙群岛以北的陆坡和半深海区，粉砂含量也较高，平均含量可达 70% 以上（图 28.5）。

28.2.3　黏土粒级组分的分布特征

在南海北部，黏土组分以粗黏土（8 ~ 10Φ）含量较高，平均含量为 12.96%，细黏土（> 10Φ）次之，含量在 2.71% 左右（图 28.2）。黏土含量在南海北部变化于 0 ~ 80% 之间，但绝大部分海区黏土含量介于 0 ~ 40% 之间（图 28.3）。

黏土的分布特征与粉砂相似，在广东沿岸呈现近岸区含量高而远岸区含量低的分布特征，尤其是珠江三角洲的黏土组分含量较高。另外在北部湾深水区和海南岛南部沿 100 m 等深线

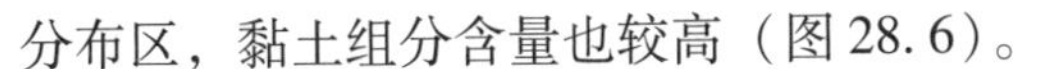
分布区，黏土组分含量也较高（图28.6）。

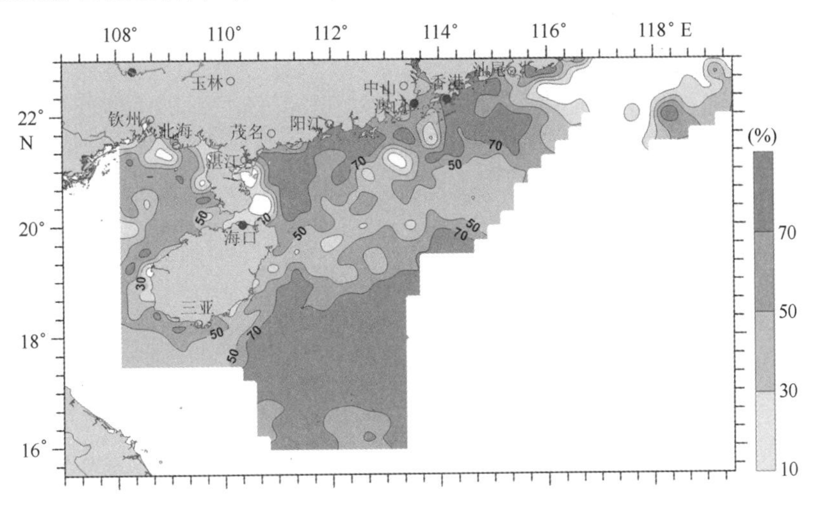

图28.5　南海北部表层沉积物粉砂粒级组分分布

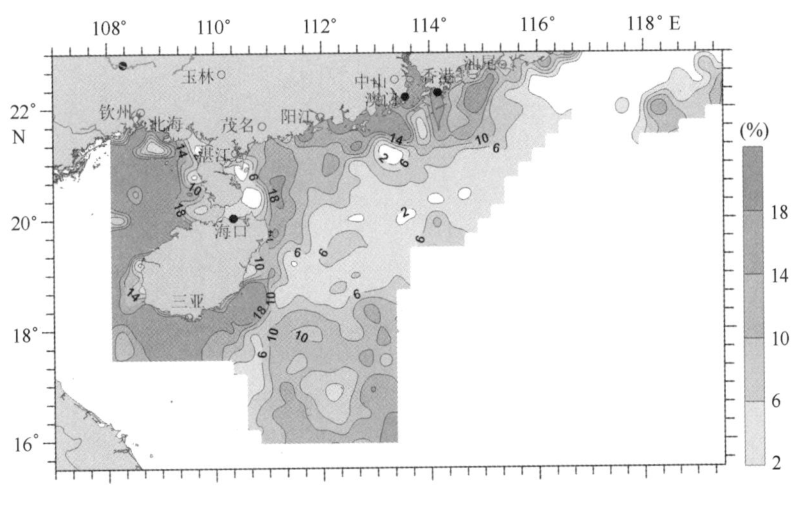

图28.6　南海北部表层沉积物黏土粒级组分分布

28.3　表层沉积物粒度参数分布特征

28.3.1　平均粒径（Mz）的分布特征

南海北部表层沉积物的平均粒径变化范围为 -1.99 ~ 9.62 Φ，平均值为5.39 Φ，以粗（4 ~ 5 Φ）、中（5 ~ 6 Φ）、细粉砂（6 ~ 7 Φ）质沉积物为主（图28.7）。从平均粒径的区域分布看（图28.8），平均粒径大于6Φ以上的细粒级沉积物主要分布在珠江三角洲及其两侧近岸海域，垂直于岸线向海方向逐渐过渡为以粗粒级沉积物为主。北部湾深水区海域也以细粒沉积物为主，平均粒径最细为7Φ左右，并且由远向近岸海域逐渐变粗到4Φ左右。在西沙群岛附近海域，表层沉积物也以细粒的粉砂和黏土沉积为主，平均粒径为6.5Φ左右，平均粒径在3Φ以下的砂质沉积物主要分布在琼州海峡以及调查区的东北角和邻近汕尾市东南部海域。

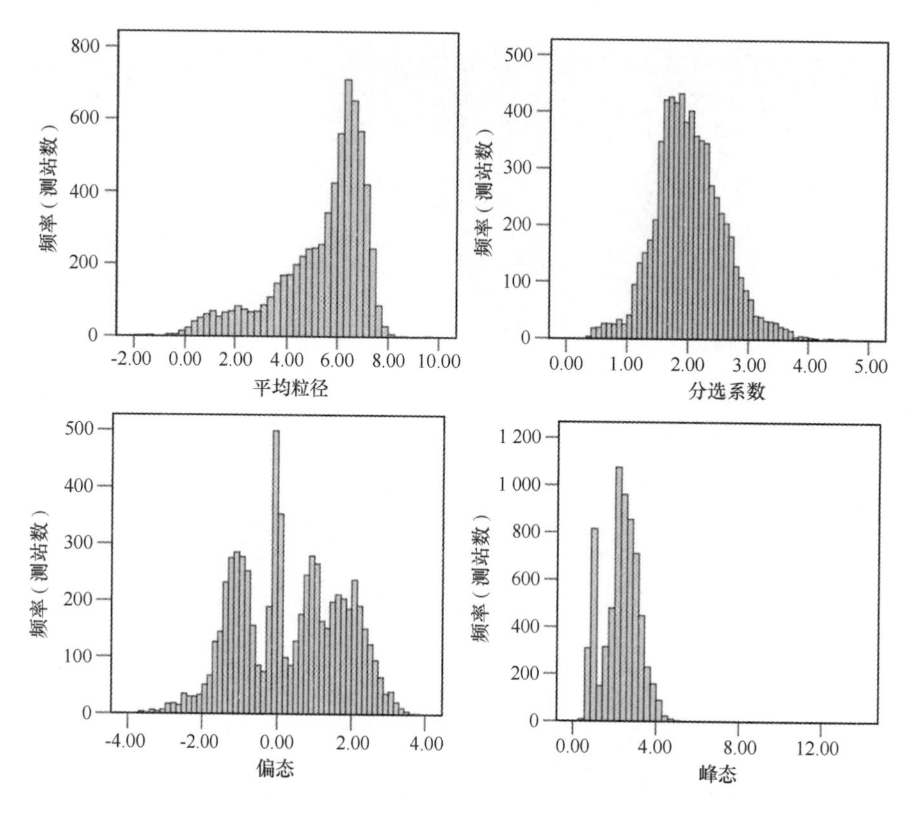

图 28.7　南海北部表层沉积物粒度参数分布统计

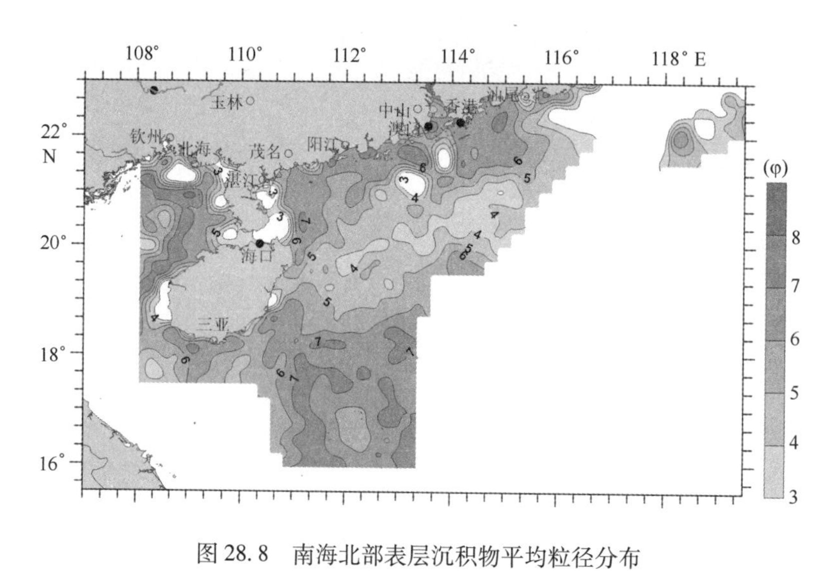

图 28.8　南海北部表层沉积物平均粒径分布

28.3.2　分选系数（σ）的分布特征

南海北部表层沉积物的分选系数变化范围为0.34～4.64，平均值为2.02，分选性大致为较差至差。分选系数与平均粒径的关系见图28.9，当平均粒径值大于4 Φ时，平均粒径值与分选系数为负相关，沉积物颗粒越细，则分选系数越小，分选性越好；当平均粒径值小于4 Φ 时，平均粒径值与分选系数呈正相关，即平均粒径越粗，分选系数越小，分选性越好。从分选系数分布特征来看（图28.10），南海北部大部分区域的表层沉积物分选较差。分选较好的表层沉积物主要有116°E以东的外陆架残留沉积区、珠江口西南沿岸部分海区以及西沙群岛北部海域；分选较差的海区包括雷州半岛西侧海域以及海南岛东北部外陆架区域等海域，另外北部湾西部海域分选也较差。

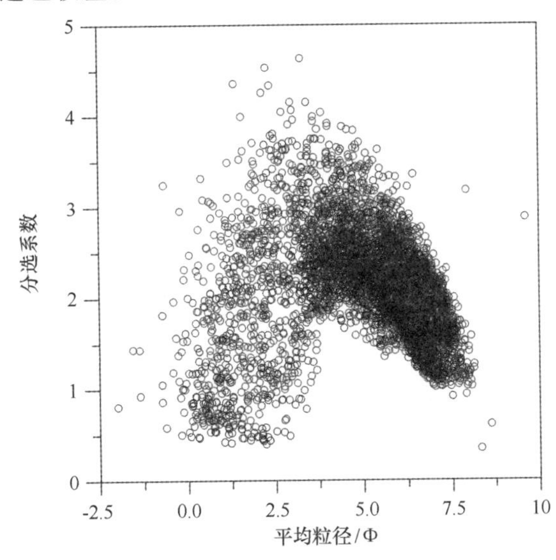

图28.9　南海北部表层沉积物平均粒径与分选系数相关散点图

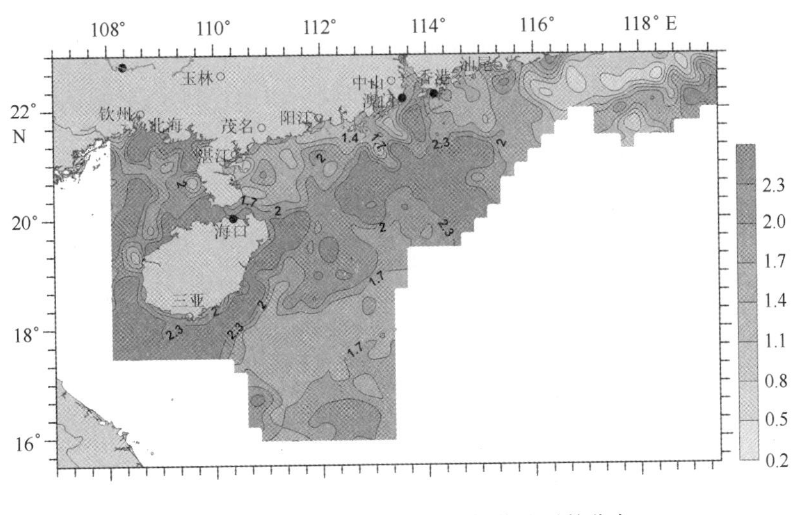

图28.10　南海北部表层沉积物分选系数分布

28.3.3　偏度（Sk）的分布特征

南海北部表层沉积物的偏度变化范围为 -3.69 ~ 3.76，平均值为0.35，大部分站位偏度值介于 -2 -3之间，正偏、负偏均有（图28.7）。从偏度区域分布特征看，大部分海区的沉积物为正偏，负偏度沉积物主要分布于广东阳江 - 湛江近岸海域、海南岛东北部海域以及雷州半岛西侧，表明这些海域沉积物粒度组成主要集中于细颗粒组分。在外陆架海域及琼州海峡里面，沉积物主要为正偏度，偏度最大值可以达到2.5。在北部湾深水区、珠江三角洲南部以及海南岛东南部海域，沉积物偏度值接近零，表明这些海区的表层沉积物粒度组成对称性较好（图28.11）。

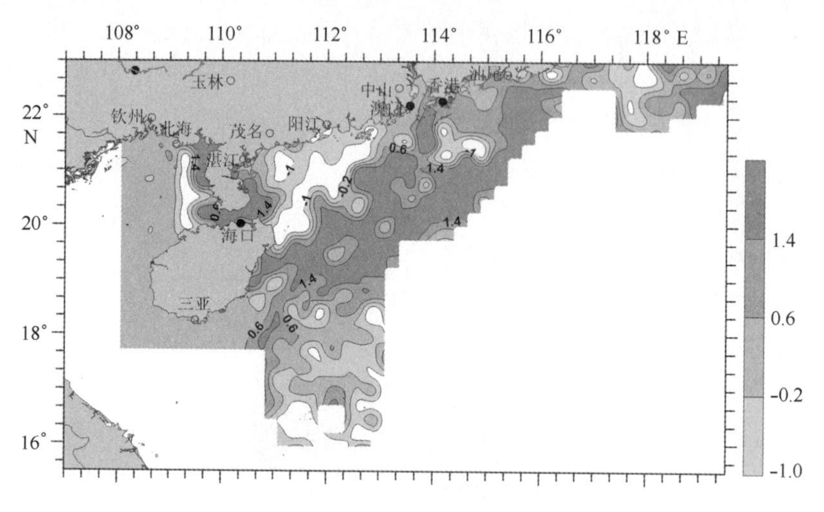

图28.11　南海北部表层沉积物偏度分布

28.3.4　峰态（Kg）的分布特征

南海北部表层沉积物峰态值变化于0.44～13.75之间，平均值为2.29，绝大部分海区表层沉积物的峰态值分布于0～4之间（图28.7），粒度频率曲线大致为宽和很宽的峰态。南海北部表层沉积物的峰态值分布特征分异性比较明显，珠江三角洲及其东西两侧海域深水区为宽，雷州半岛西侧近岸区为较宽（图28.12）。在北部湾东部、海南岛西部及南部海域，表层沉积物的峰态值较低，表明这些海区的沉积物未经改造就进入新环境，而新环境对其改造不明显，代表几个物质直接混合而成，其分布曲线呈宽峰、鞍状分布或呈多峰曲线。

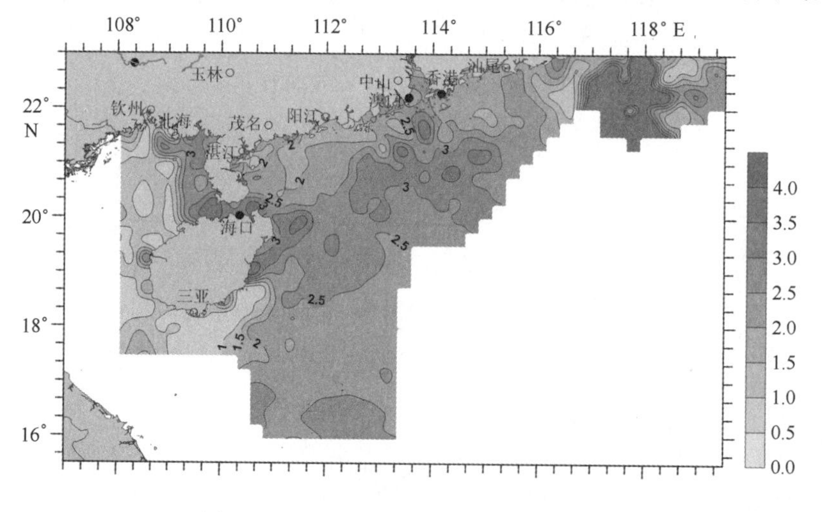

图28.12　南海北部表层沉积物峰态分布

28.4 南海北部表层沉积物类型及其分布规律

28.4.1 表层沉积物的类型

根据粒度分析结果，采用谢帕德分类方案，可将南海北部表层沉积物划分为：黏土（Y）、粉砂质黏土（TY）、黏土质粉砂（YT）、砂（S）、粉砂质砂（TS）、砂质粉砂（ST）、粉砂（T）和砂－粉砂－黏土（S－T－Y）、砂砾（SG）等9种主要沉积类型（图28.13）。其中以黏土质粉砂分布范围最广，其次为砂质粉砂、粉砂、粉砂质砂与砂，而砂－粉砂－黏土与粉砂质黏土分布很少（图28.14和图28.15）。另外，在中沙群岛以东的深海区还可以见到深海软泥（Py），西沙群岛以北的陆坡区有珊瑚泥（SHSG）等沉积（图28.14），

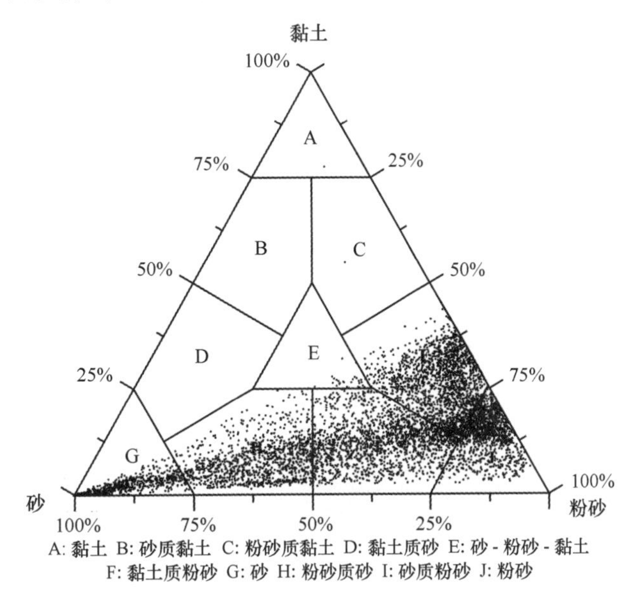

图28.13 南海北部表层沉积物分类命名散点图（谢帕德分类）

28.4.2 主要沉积物类型的特征

28.4.2.1 砂（S）

砂质沉积物包括粗砂（CS）、中砂（MS）和细砂（FS），主要以细砂为主。呈灰色－黄褐色和松散状，偶尔含贝壳及其碎片。主要分布在116°E以东，福建至广东汕头沿岸海域、高栏列岛外侧海域、雷州半岛两侧海域、北部湾北部沿海地区及海南岛周边沿岸海域（图28.14）。

整体来讲，砂粒级组分占绝对优势（表28.1），百分含量在75%以上（75.93%～100%），平均含量为88.57%；粉砂粒级组分含量较低，变化于0～23.25%，平均值为7.62%；黏土粒级组分含量不足9%，平均含量为1.75%。砂质沉积物平均粒径为－0.74～4.01 Φ，平均值为1.83 Φ，属中砂－细砂；分选系数为0.40～3.01，平均值为1.52，表明分

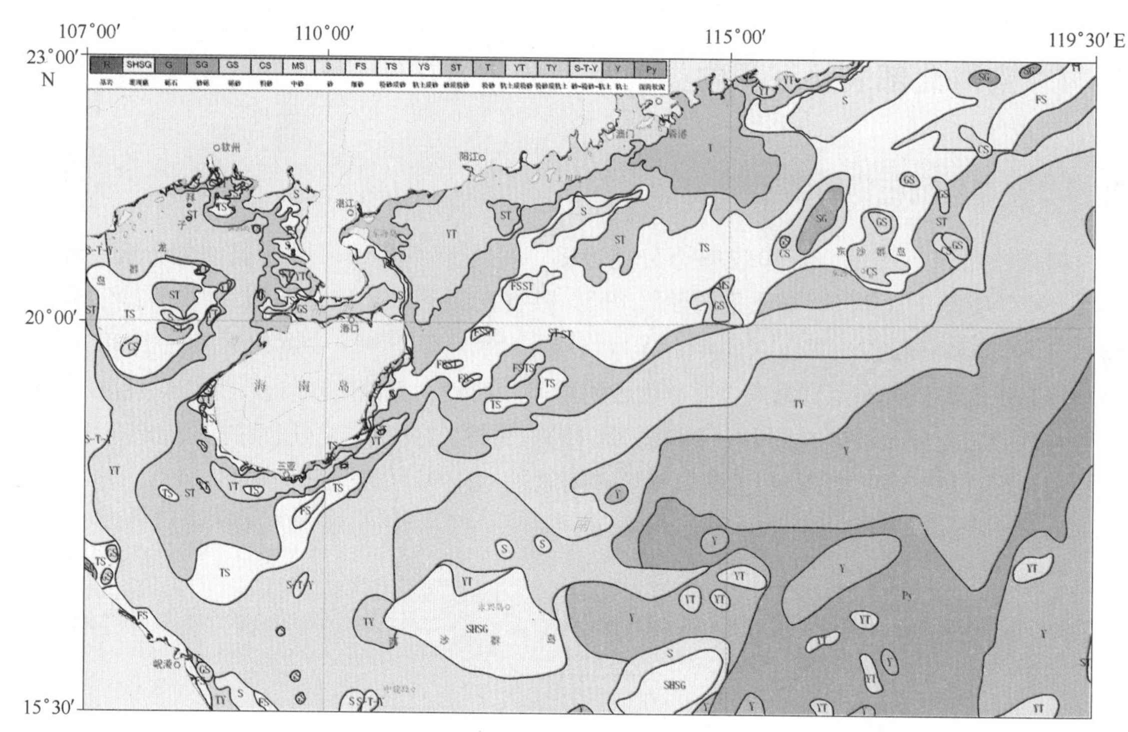

图 28.14 南海北部沉积物类型（谢帕德分类）

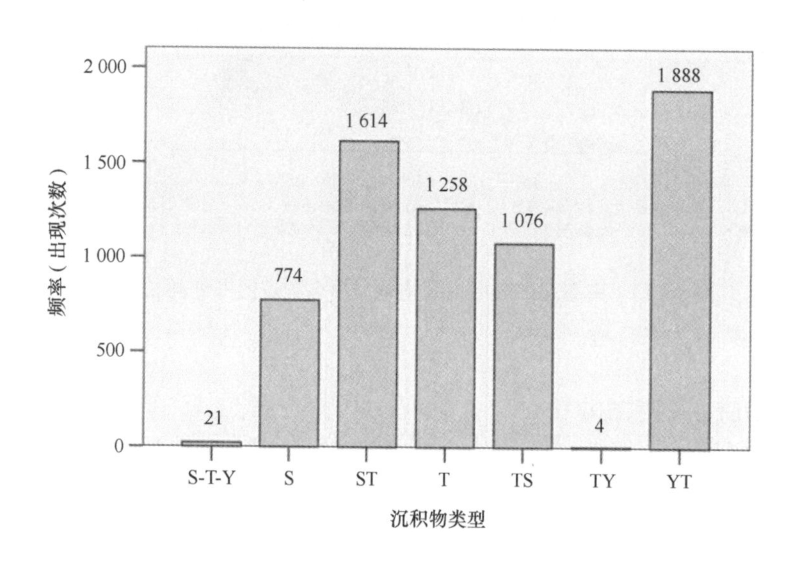

图 28.15 南海北部表层沉积物类型频率统计

选较好；偏态为 -1.50 ~ 3.36，平均值为 1.42，大多数站位属于正偏态；峰态为 0.51 ~ 13.75，平均值为 2.42，大致呈现为较窄峰态，表明此类沉积物粒度区间较为集中。

表 28.1　南海北部表层沉积物粒度特征统计

沉积物类型	样品数	特征值	砂/(%)	粉砂/(%)	黏土/(%)	Mz/(Φ)	σ_i/(Φ)	Sk	Kg
砂	774	最小值	75.00	0.00	0.00	-0.74	0.40	-1.50	0.51
		最大值	100	23.25	8.68	4.01	3.01	3.36	13.75
		平均值	88.57	7.62	1.75	1.83	1.52	1.42	2.42
		标准偏差	7.73	6.23	1.80	1.00	0.63	1.18	1.11
		分异系数	0.09	0.82	1.03	0.55	0.41	0.83	0.46
粉砂质砂	1 076	最小值	39.98	15.66	0.90	1.71	1.60	-2.11	0.58
		最大值	74.98	48.48	24.59	5.58	4.04	3.40	4.30
		平均值	57.27	34.31	7.84	4.06	2.57	1.88	2.83
		标准偏差	8.55	7.51	4.37	0.66	0.39	0.72	0.84
		分异系数	0.15	0.22	0.56	0.16	0.15	0.38	0.30
砂质粉砂	1 614	最小值	13.43	37.75	1.95	3.74	1.51	-3.41	0.61
		最大值	48.43	74.99	26.77	6.62	3.68	2.16	4.53
		平均值	28.88	58.35	12.44	5.49	2.28	-0.21	2.57
		标准偏差	8.71	8.53	4.90	0.50	0.40	1.41	0.72
		分异系数	0.30	0.15	0.39	0.09	0.17	-6.71	0.28
粉砂	1 258	最小值	0.00	75.01	0.01	5.09	0.92	-2.53	0.98
		最大值	21.87	92.79	24.67	7.55	2.26	1.81	3.45
		平均值	5.61	80.23	14.16	6.58	1.52	0.09	2.00
		标准偏差	4.04	3.88	4.52	0.40	0.20	0.99	0.30
		分异系数	0.72	0.05	0.32	0.06	0.13	10.84	0.15
黏土质粉砂	1 888	最小值	0.00	43.75	14.19	5.54	0.94	-3.62	0.74
		最大值	27.12	75.32	48.94	8.14	3.36	1.73	4.47
		平均值	9.26	64.90	25.81	6.77	1.94	-0.32	1.79
		标准偏差	5.76	6.66	6.51	0.45	0.34	0.84	0.73
		分异系数	0.62	0.10	0.25	0.07	0.17	-2.68	0.41
粉砂质黏土	4	最小值	0.00	13.98	54.84	7.93	0.34	-3.42	0.44
		最大值	15.49	29.67	80.62	9.62	3.18	0.68	4.21
		平均值	6.00	23.04	70.96	8.62	1.75	-1.33	2.39
		标准偏差	7.49	7.67	11.49	0.72	1.48	2.07	1.96
		分异系数	1.25	0.33	0.16	0.08	0.85	-1.56	0.82
砂-粉砂-黏土	21	最小值	15.37	36.59	21.38	5.22	2.32	-2.95	0.60
		最大值	38.37	56.28	32.09	6.20	3.47	0.02	4.11
		平均值	28.19	45.87	25.61	5.86	2.88	-0.79	1.58
		标准偏差	4.63	5.30	2.59	0.27	0.33	0.90	1.28
		分异系数	0.16	0.12	0.10	0.05	0.11	-1.14	0.81

广东汕头沿岸海域的细砂质沉积物中，主体部分砂的含量均大于90%，以细砂为主，其次为极细砂或中、粗砂。具有往东变粗，以中砂为主；往西变细，极细砂含量增加，并含有

较多粉砂和黏土的特点。分布在北部湾沿岸的砂，多在短源河流的河口附近，在北部湾湾顶的河口砂一般呈舌状分布，而出露在北部湾中部的砂则是末次冰期时低海面的沉积（刘昭蜀等，2002）。

28.4.2.2 *粉砂质砂*（TS）

粉砂质砂为粗、细沉积物间的一种过渡类型，以青灰－灰色为主。主要在珠江口向外沿深圳－汕尾呈EN向分布。在西北和东南与砂质粉砂（ST）沉积类型相邻，在东北部过渡为砂质沉积。另外，在珠江口外陆架、海南岛东南部陆架外缘以及北部湾西北部海域也分布有粉砂质砂沉积物。其中，珠江口外陆架分布范围较大，且连片分布（图28.14）。

该类型沉积物的粒度组分特征是：砂粒级组分含量介于39.98%～74.98%之间，平均值为57.27%；其次为粉砂粒级，一般为15.66%～48.48%，平均值为34.31%；黏土粒级组分含量低，变化于0.90%～24.59%，平均值为7.84%。平均粒径为1.71～5.58 Φ，平均值为4.06 Φ，属极细砂－粗粉砂；分选系数为1.60～4.04，平均值为2.57，分选性较砂质沉积物要差；偏态值为－2.11～3.40，平均值为1.88，说明比砂质沉积物更向正偏；峰态值为0.58～4.30，平均值为2.83，大致为较宽峰态，表明沉积物中主要成分的粒径跨度较砂质沉积物要大。粒度分布的频率曲线（图28.16）显示双峰特征，相对于砂质沉积物，其峰值对应的粒径值偏大，峰态偏宽。

28.4.2.3 *砂质粉砂*（ST）

该类型沉积物分布范围较广，与粉砂质砂基本平行，主要分布在珠江口外陆架，雷州半岛西部、海南岛西南部陆架以及陆架外缘斜坡和西沙群岛附近海域（图28.14）。

砂质粉砂的粒度组成以粉砂粒级组分为主，含量在37.75%～74.99%之间，平均值为58.35%。砂粒级组分含量次之，变化范围为13.43%～48.43%，平均值为28.88%；黏土粒级组分含量为1.95%～26.77%，平均值为12.44%。砂质粉砂的平均粒径为3.74～6.62 Φ，平均值为5.49Φ，多属粗粉砂的范畴；分选系数为1.51～3.68，平均值为2.28，分选性较差；偏态值为－3.41～2.16，平均值为－0.21，说明比砂质沉积物更向正偏，比粉砂质砂更负偏；峰态为0.61～4.53，平均值为2.57，与粉砂质砂相当，大致为较宽峰态，表明沉积物中主要成分的粒径跨度较大。粒度分布的频率曲线（图28.16）显示为双峰特征，相对于前两类沉积物，其峰值对应的粒径值更大，峰态更宽。

28.4.2.4 *粉砂*（T）

粉砂沉积物主要为青灰、浅灰或灰黄色，主要分布于珠江口东北部海域（图28.14）。粉砂的物质组成以粉砂粒级组分为主，含量为75%～92.79%，平均值高达80.23%。此外，黏土粒级组分含量也较高，变化范围为12.23%～24.67%，平均值为14.16%，而砂粒级组分含量则很低，大部分站位低于10%，平均值仅为5.61%，变化幅度为0.45%～21.87%。

粉砂的平均粒径为5.09～7.55 Φ，平均值为6.58Φ，属中－细粉砂；分选系数为0.92～2.26，平均值为1.52，分选性比粉砂质砂好，比砂质沉积物要差；偏态值为－2.53～1.81，平均值为0.09，比上述几种类型的沉积物均要更负偏；峰态为0.98～3.45，平均值为2.00，峰态比砂质沉积物稍宽。粒度分布的频率曲线多为单峰，但在细粒组分部分常有数个微弱的

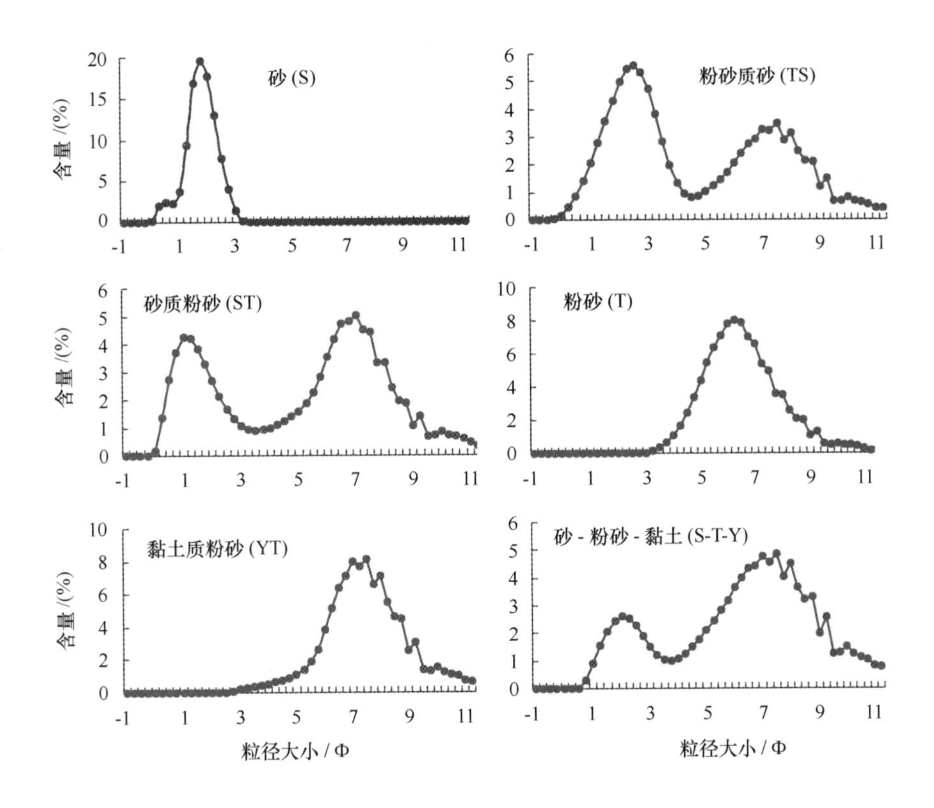

图 28.16　南海北部不同类型沉积物粒度频率曲线

次级峰，峰态偏宽，其峰值对应的粒径值相对于前 3 种沉积物类型来说都要大。

28.4.2.5　黏土质粉砂（YT）

黏土质粉砂为区域内分布范围最广的沉积物类型，也是粒度最细的一类沉积物。黏土质粉砂以粉砂粒级组分为主，含量为 43.75% ~75.32%，平均值为 64.90%。黏土粒级组分含量比砂质沉积物高，平均值达到 25.81%，而砂粒级组分含量则很低，含量变化于 0.01% ~27.12%，平均值只有 9.26%。

本类沉积基本上平行海岸展布，分布在 50 m 水深以浅的内陆架（图 28.14）。这些沉积物绝大部分是陆源碎屑，由广东沿海的河流供给，其中以珠江水系供给为主。珠江水系平均每年携带 8 336 × 10^4 t 悬移物质，其中 20% 沉积在三角洲内，其余 80% 入海（黄镇国等，1982）。南海北部常年有 SW 向的沿岸流，影响范围 15 ~30 n mile 宽，水深达 50 m。这股沿岸流控制了毗邻海岸的沉积物形成。北部湾里的黏土质粉砂展布状态，主要受物源条件和海湾这种半封闭性浅海环境的制约，分布在砂质粉砂沉积物外缘。另外，南海北部陆坡区也分布有黏土质粉砂沉积物。

28.4.2.6　砂 – 粉砂 – 黏土（S – T – Y）

这是一种混合沉积，是砂或粉砂质砂与黏土质粉砂或粉砂质黏土这两大类底质之间的过渡类型，在平面分布上也是与这两类底质相邻的（图 28.14）。该沉积物类型在南海的分布面积较小，在北部湾的西部海域呈 S—N 条带状分布，此外在西沙群岛的西部海域也可见零星分布。

28.4.2.7 砂砾（SG）

该类沉积物在南海北部区域分布面积较小，仅在东沙群岛的西北部及东北部海域有零星分布（图28.14），该沉积物类型的出现反映了物质来源有砾石存在及较强的水动力条件。

28.4.2.8 深海软泥（Py）

该类沉积物在南海北部分布面积较小，主要分布在南海北部深水盆地中，被黏土（Y）沉积物呈环状包围（图28.14）。在该类沉积物沉积区中可以见到零星分布的黏土（Y）沉积及黏土质粉砂（YT）沉积。

28.4.2.9 珊瑚泥（SHSG）

该沉积物类型在南海北部仅见于西沙群岛周边海域，与黏土质粉砂（YT）及粉砂质黏土（TY）相邻（图28.14）。在西沙群岛东南海域也可见珊瑚泥（SHSG）沉积，但分布范围较小。

第 29 章　南海北部矿物特征与组合

29.1　数据来源

南海北部表层沉积物中细砂含量较高，粗砂含量相对较低，故对表层沉积物碎屑矿物鉴定主要选择 0.125 ~ 0.063 mm 粒级，基本可以满足矿物的定性和定量鉴定，定量计算中统计的碎屑矿物颗粒数不少于 300 颗。矿物含量分布图依据“908 专项”调查的沉积物站位矿物数据编制而成，其中重矿物 542 站，轻矿物 1 596 站、黏土矿物 1 668 站。碎屑矿物站位分布见图 29.1。

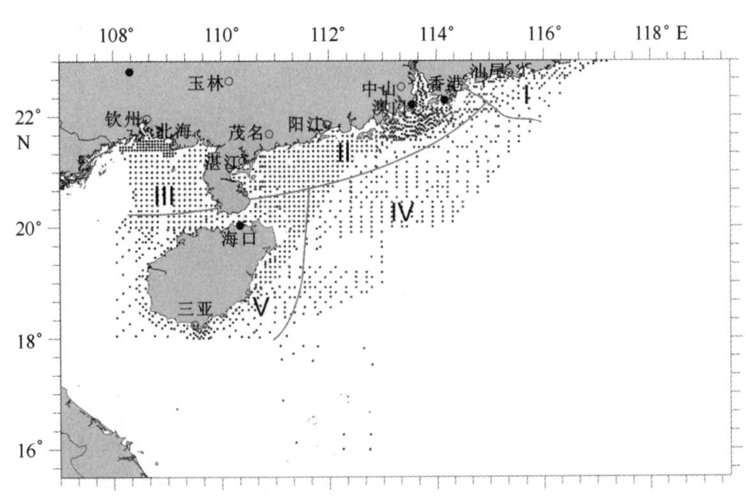

图 29.1　南海北部表层沉积物碎屑矿物分析站位及组合分区

（Ⅰ区：广东近海东部矿物区；Ⅱ区：珠江口—雷州半岛东部近海矿物区；Ⅲ区：广西近海矿物区；Ⅳ区：南海北部陆坡中部矿物区；Ⅴ区：海南岛周边海区矿物区）

29.2　碎屑矿物特征及组合

南海北部表层沉积物碎屑矿物特征变化主要体现了河流输入物质与岛屿侵蚀产物的影响，沉积物中的优势矿物与黄河源、长江源碎屑组成差异很大。南海北部沉积物中优势重矿物为钛铁矿、绿帘石和普通角闪石，金属矿物含量高，极稳定矿物锆石的含量在整个中国近海沉积物中含量非常高。优势矿物的变化与大陆和岛屿的岩石类型以及海区所处的气候带密切相关。

29.2.1 碎屑矿物组成及含量分布

在南海北部表层沉积物中共鉴定出重矿物61种，含量较高且分布普遍的矿物包括钛铁矿、绿帘石、普通角闪石；含量较低的矿物包括萤石、白钛石、电气石、锆石、普通辉石、绿泥石、褐铁矿、辉钼矿、磁铁矿、透闪石、黄铁矿、黑云母、锐钛矿、毒砂、水黑云母、斜黝帘石、白云母、金红石、赤铁矿、红柱石、自生黄铁矿、球霰石、石榴子石、磷灰石、榍石、矽线石、独居石、褐帘石、自生菱铁矿、胶磷矿、金云母、直闪石、蓝闪石、磷钇矿、十字石、黝帘石、蓝晶石、阳起石、尖晶石、蛇纹石、自生重晶石、红锆石、海绿石、棕闪石、菱铁矿、钍石、方铅矿、水锆石、透辉石、板钛矿、紫苏辉石、黄玉、重晶石、绢云母、符山石、铬铁矿、硅灰石，样品中含有少量或微量的风化碎屑、风化云母、岩屑、宇宙尘。鉴定出轻矿物11种，为石英、斜长石、绿泥石、钾长石、文石、白云母、白云石、黑云母、海绿石、石墨、绢云母，样品中还含有一定量的岩屑、生物壳、风化碎屑、贝壳、碳酸岩、有机质、风化云母、空心宇宙尘、锰结核和有机质黏结颗粒。各矿物颗粒百分含量基本统计见表29.1。下面对主要的矿物特征和分布进行描述。

表29.1　南海北部碎屑矿物颗粒百分含量基本统计　　单位:%

	非零数据	最小值	最大值	平均值	标准偏差	方差	偏度	峰度
金属矿物	1 502	0.2	80.4	27.4	15.5	239.3	0.4	-0.2
绿帘石	1 381	0	64.5	17.9	12.5	157.1	0.6	0
云母	1 094	0	99	17.3	24.7	611.9	1.7	1.6
钛铁矿	1 498	0	70.3	15.4	13.5	182.4	1	0.6
普通角闪石	1 203	0	62.2	11.7	12.6	159.1	1.5	1.5
极稳定矿物组合	1 437	0.1	75.1	11.2	8.9	79	1.2	2.5
赤、褐铁矿	1 542	0	75.5	9.9	11.3	127.2	1.9	4
锆石	1 013	0	45.1	4.7	5.9	35	1.8	4.5
石榴子石	1 120	0	37.5	4.6	5.2	26.6	2.1	5.7
磁铁矿	736	0	54.6	3.9	7.6	57.7	2.9	9.3
普通辉石	1 117	0	34	3.8	4.6	21.4	2.2	7.1
电气石	1 518	0	31.8	2.6	4.3	18.3	2.2	5.3
自生黄铁矿	438	0	78.2	2.4	6.8	46.2	6.5	51.6
变质矿物	415	0	47.6	2.1	4.7	22	5	33
榍石	943	0	63.2	1.7	2.5	6.1	16.6	401.6
紫苏辉石	1 132	0	7.7	0.2	0.6	0.4	5.3	39.8
极稳定矿物/普通角闪石	1 081	0.1	470	7.6	36	1295.5	9.6	99.1
普通角闪石/绿帘石	956	0	92.4	2.1	5.8	33.9	8.6	99.2
金属矿物/普通角闪石与绿帘石之和	1 436	0.1	1 320	5.1	41.2	1 698.5	26.3	779.8
云母/优势粒状矿物之和	626	0.1	89	0.9	3.7	13.6	22.1	525.7
氧化铁矿物/稳定铁矿物	1 303	0	158.5	3.7	12.7	160.5	7.5	67.4
石英	1 560	0.5	86.7	32.8	19.1	366.3	0.4	-0.6
长石	1 522	0.6	70	27.4	15.2	231.2	0.3	-0.9
碳酸盐矿物（生物）	1 533	0	100	14.3	23.6	558.2	2.3	4.1
绿泥石	1 376	0	47	10.8	8.4	70.9	0.4	-0.2
云母	1 003	0	27.7	1.9	2.6	6.8	3.7	20.2
海绿石	297	0.05	15.8	0.5	1.4	1.9	8.2	75.4
石英/长石	1 517	0.1	18.6	2	2.1	4.3	1.9	5.4

金属矿物。金属矿物包括氧化铁矿物和稳定铁矿物，其中氧化铁矿物包括赤铁矿和褐铁矿，平均值为9.9%，最大值为75.5%（表29.1）。稳定铁矿物包括钛铁矿和磁铁矿，多为粒状，不规则粒状等形态，亮黑色，强金属光泽，次棱角状居多，在海区多有磨蚀。钛铁矿平均含量为15.4%，最大值为70.3%。磁铁矿平均含量为3.9%，最大值为54.6%。金属矿物的平均含量为27.4%，最大值为80.4%。金属矿物的平均含量超过了重矿物的1/4，局部地区可能是铁矿物成矿的异常区或远景区，高含量主要出现在南海北部大部分海区，除在珠江口东南部出现低含量区外，其他海区都为高含量，特别是在东沙群岛西部海区和广西近岸，含量达到34%以上（图29.2）。稳定铁矿物的含量分布与金属矿物整体分布趋势相近（图29.3）

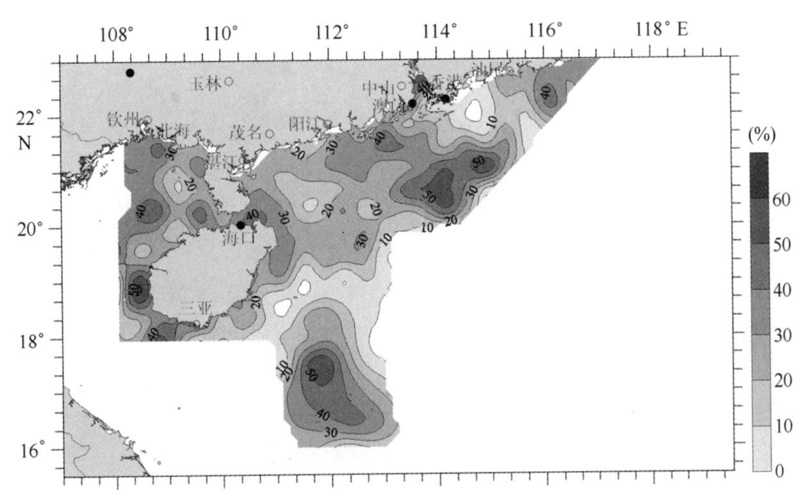

图29.2　南海北部表层沉积物金属矿物颗粒百分含量分布

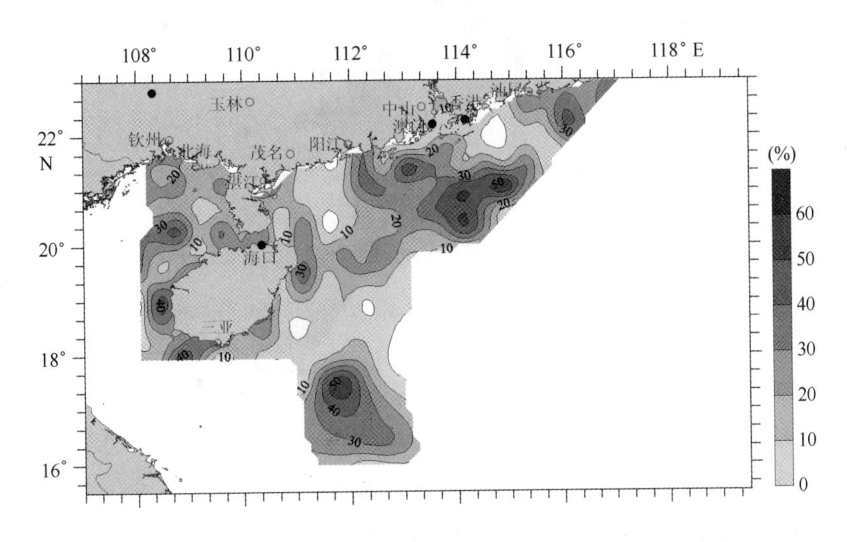

图29.3　南海北部表层沉积物稳定铁矿物颗粒百分含量分布

绿帘石。绿帘石多呈黄绿色、次棱角状，半透明，以颗粒为主，有风化，为重矿物中的优势矿物，平均含量为17.9%，最大值为64.5%（表29.1）。高含量出现在珠江口至雷州半岛东部近岸（图29.4），海南岛东部也分布有小面积的高含量区，整体上绿帘石靠近陆地含量高，向海含量低。

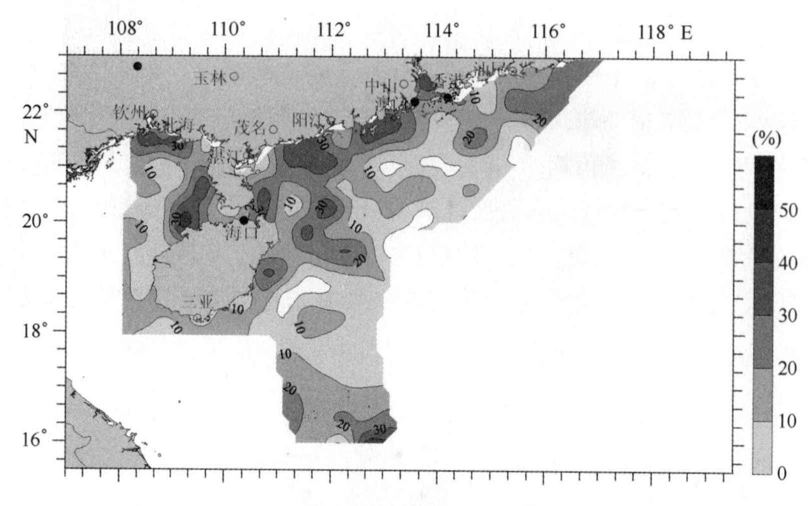

图 29.4　南海北部表层沉积物绿帘石颗粒百分含量分布

普通角闪石。普通角闪石平均含量为 11.7%，变化范围为 0 ~ 62.2%（表 29.1）。在局部海区为绿色表面有磨蚀，多为短柱状、长柱状。在南海北部海区沉积物中含量较低，较高的含量出现在珠江口东南部（图 29.5），雷州半岛以及海南岛周边沉积物中含量较低。

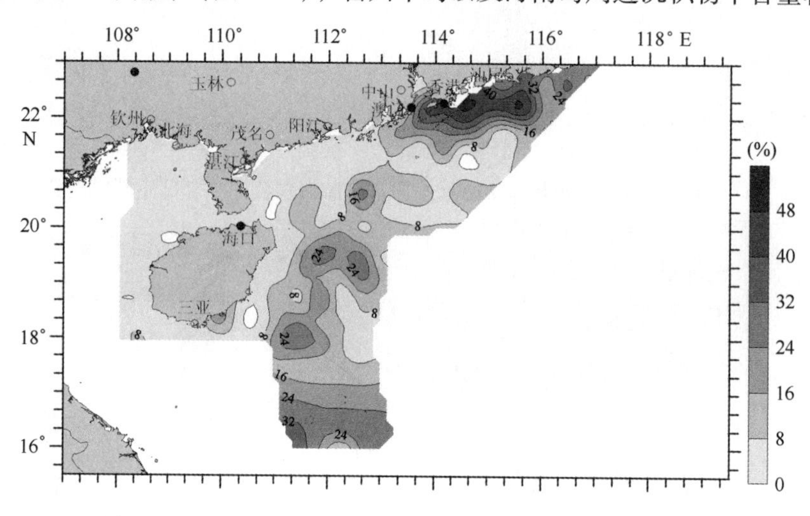

图 29.5　南海北部表层沉积物普通角闪石颗粒百分含量分布

云母类（重矿物）。包括黑云母、白云母和水黑云母。以黑云母和白云母为主，多为薄片状，有风化。云母分布广泛，平均含量为 17.3%，最大值为 99%。整体分布趋势是近岸含量高，特别是雷州半岛周边海区以及海南岛东部海区（图 29.6）。

极稳定矿物组合。极稳定矿物组合包括石榴子石、锆石、榍石、金红石和电气石，平均值为 11.2%，最大值为 75.1%，锆石、石榴子石控制了极稳定矿物组合的分布。整体分布趋势为近岸含量低，向海含量逐渐增加，但是在广西近岸极稳定矿物组合含量较高（图 29.7），与锆石的分布趋势极为相近（图 29.8），广西近岸锆石含量达到 5% 以上，而在南海北部陆坡中部含量高达 10% 以上，石榴子石的高含量主要分布在近岸区，特别是雷州半岛东部海区，向海方向含量逐渐减少（图 29.9）。

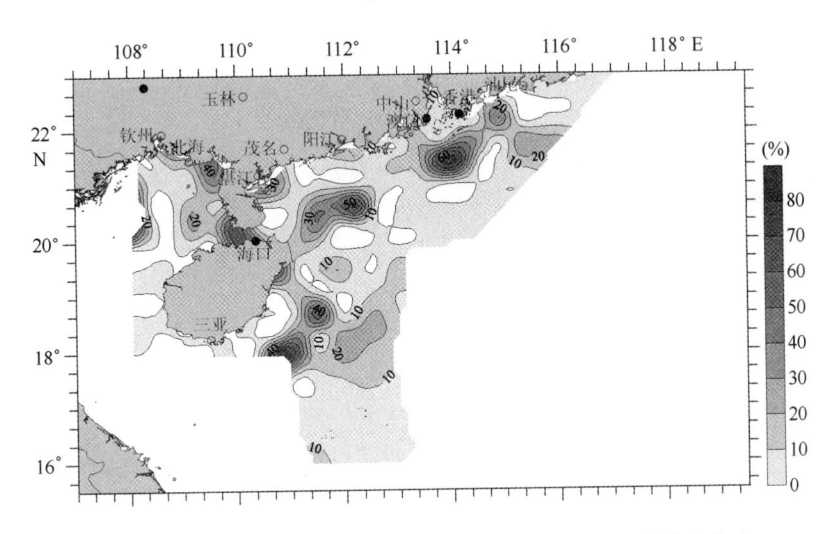

图 29.6　南海北部表层沉积物云母（重矿物）颗粒百分含量分布

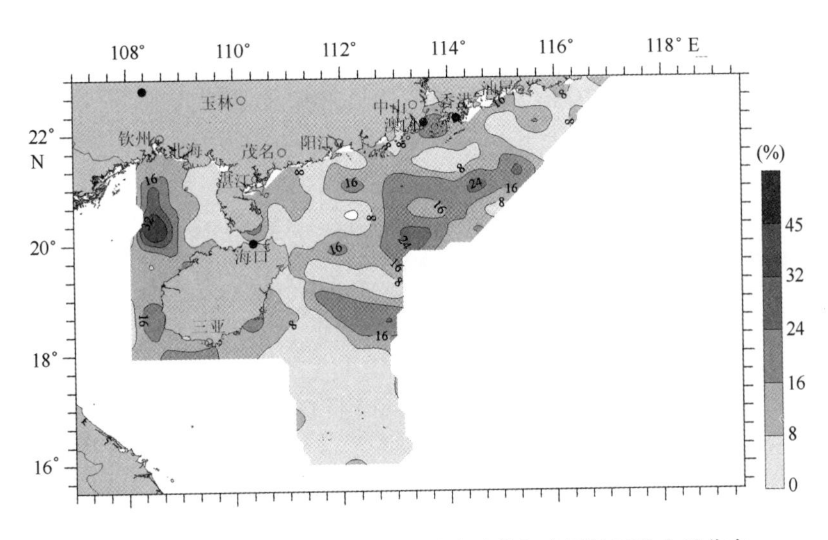

图 29.7　南海北部表层沉积物极稳定矿物组合颗粒百分含量分布

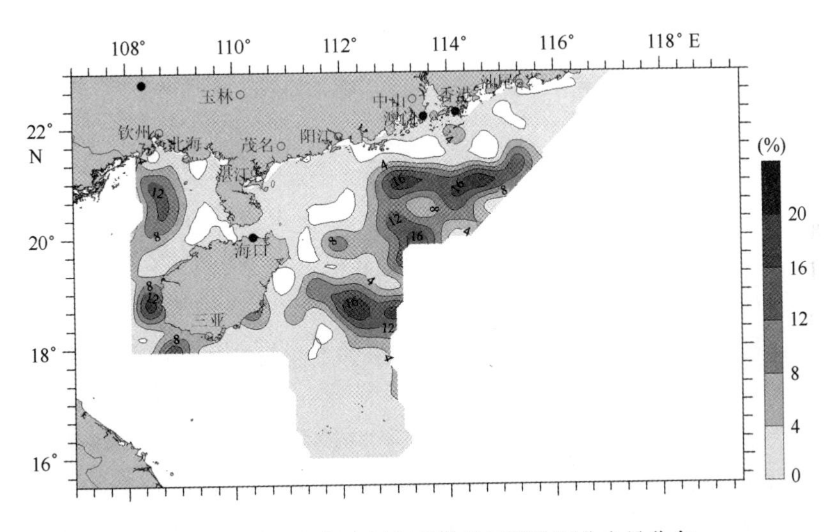

图 29.8　南海北部表层沉积物锆石颗粒百分含量分布

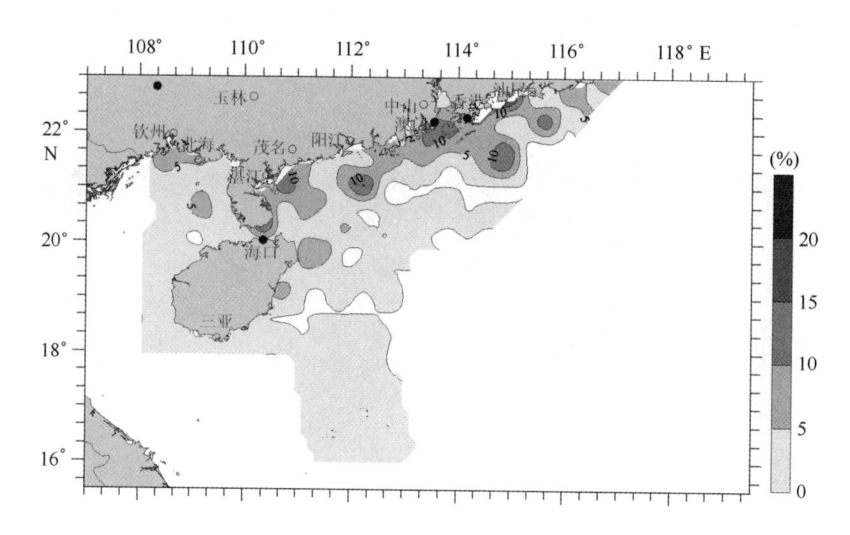

图 29.9　南海北部表层沉积物石榴子石颗粒百分含量分布

自生黄铁矿。自生黄铁矿平均含量为 2.4%，最大值为 78.2%（表 29.1），在海南岛东南部海区沉积物中，自生黄铁矿在南海北部表层沉积物中含量较低，可能与本区沉积环境为氧化环境有关（图 29.10）。

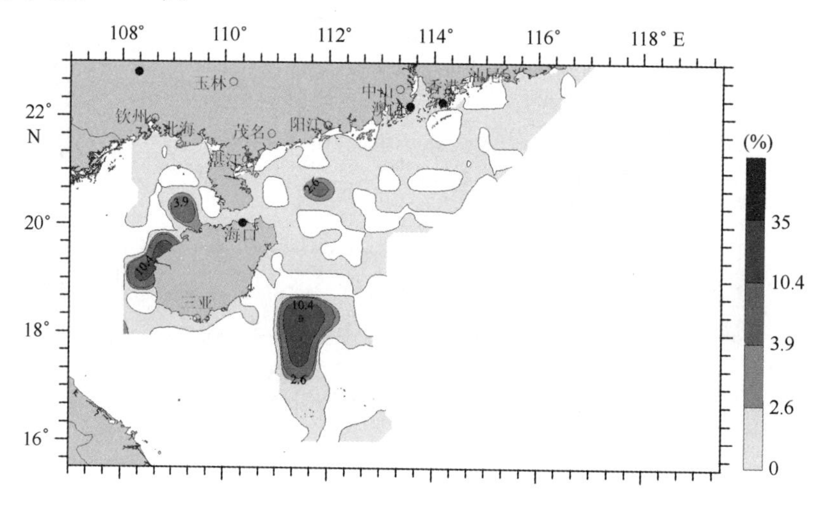

图 29.10　南海北部表层沉积物自生黄铁矿颗粒百分含量分布

普通辉石。普通辉石多为浅绿色颗粒状，颜色斑驳且表面多磨蚀。平均含量为 3.8%，最高为 34%。高含量主要出现在珠江口、海南岛南部和西部周边海区以及广西近岸沉积物中，雷州半岛东部海区、广东近海普通辉石的含量较低（图 29.11）。

石英。石英以粒状、次棱角、次圆状为主，有磨蚀。平均含量为 32.8%，变化范围在 0.5% ~86.7% 之间，平均含量高于长石。高含量主要出现在珠江口西部和广东东部近海，海南岛周边沉积物中含量较低（图 29.12）。

长石。长石包括钾长石和斜长石，分布广泛。平均含量为 27.4%，变化范围在 0.6% ~ 70% 之间。在南海沉积物中长石的平均含量较低，高含量只出现在珠江口，在海南岛东部近海、雷州半岛西部近海沉积物中长石的含量较高，其分布受物质来源影响明显（图 29.13）。

云母类（轻矿物）。该类矿物平均含量为 1.9%，最大值为 27.7%。近岸含量较低，高含

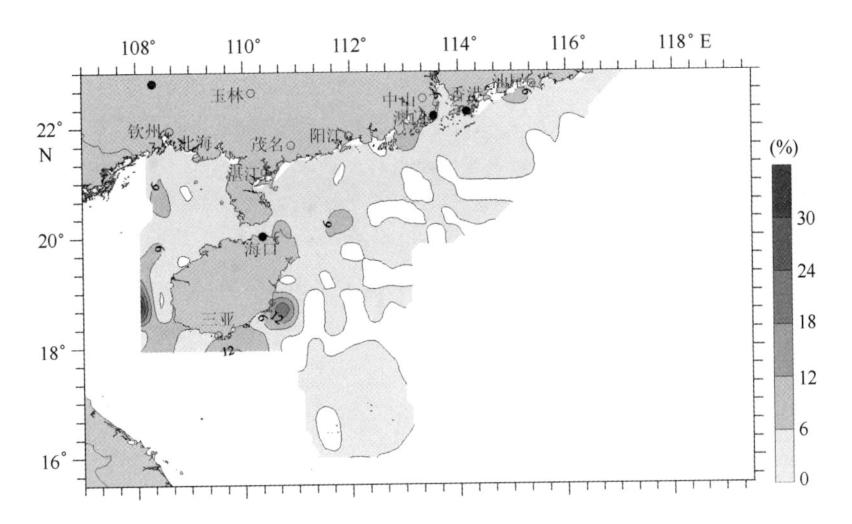

图 29.11　南海北部表层沉积物普通辉石颗粒百分含量分布

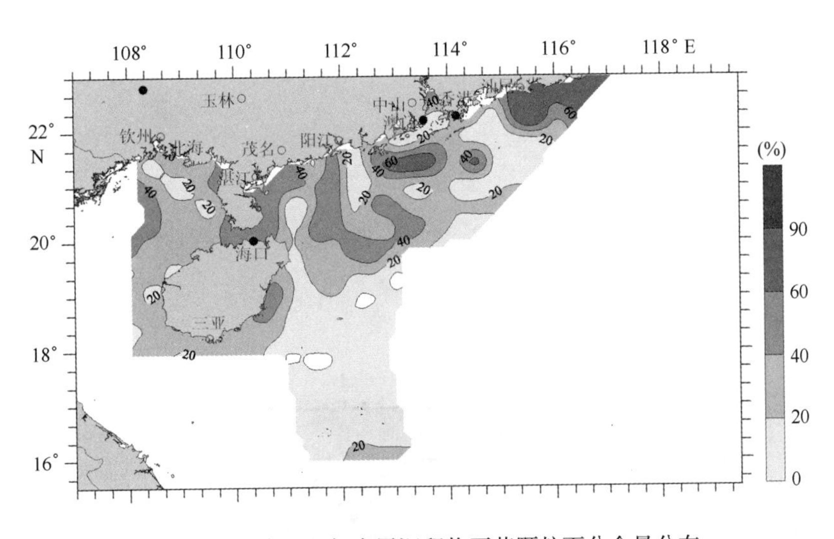

图 29.12　南海北部表层沉积物石英颗粒百分含量分布

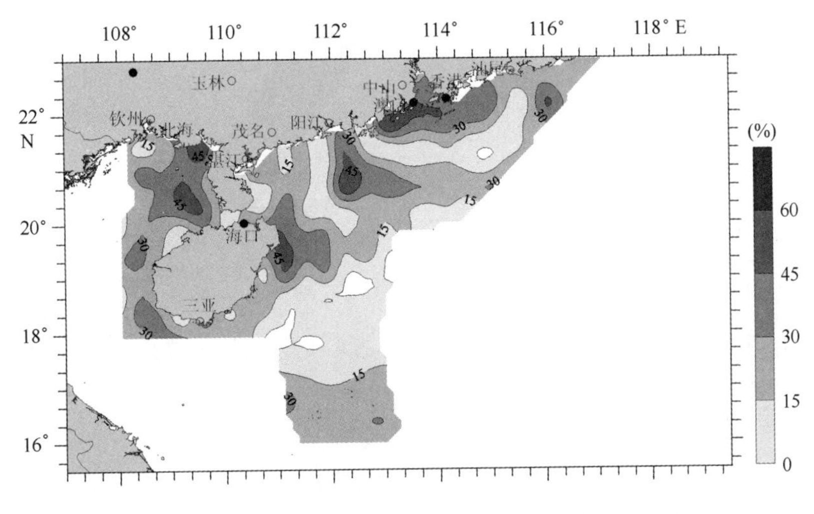

图 29.13　南海北部表层沉积物长石颗粒百分含量分布

量出现在广东东部海区（图 29.14）。

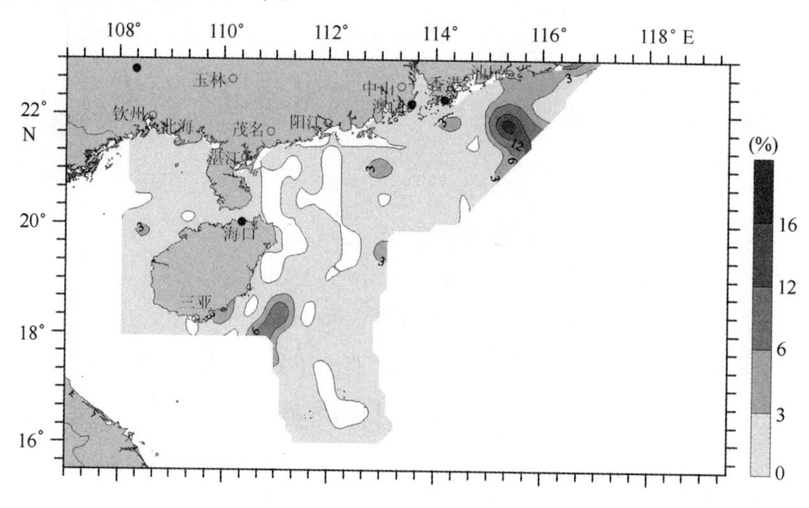

图 29.14　南海北部表层沉积物云母类（轻矿物）颗粒百分含量分布

29.2.2　碎屑矿物比值参数分布特征

金属矿物/（普通角闪石 + 绿帘石）比值。从图 29.15 来看，全区几乎都是金属矿物/（普通角闪石 + 绿帘石）高比值区，大体上，高比值分布在近海及岛屿周边，在广西近海金属矿物含量特别高，其比值分布表明物质来源主要有三处：珠江口、广西近岸沉积和海南岛冲蚀产物。

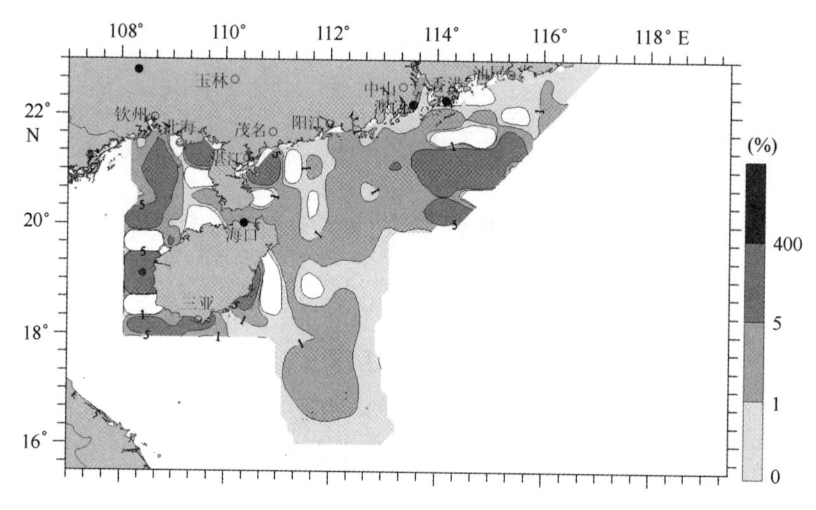

图 29.15　南海北部表层沉积物金属矿物/（普通角闪石 + 绿帘石）比值分布

极稳定矿物组合/普通角闪石比值。平均值为 7.6，最大值为 470。高比值几乎分布全区，表明沉积物中富含极稳定矿物，而且矿物成熟度也较高（图 29.16）。

云母/优势粒状矿物比值。高比值主要分布在雷州半岛周边海区、海南岛东南部以及东沙群岛西北部海区（图 29.17），表明本区沉积物可能具有多个物质来源区，高比值分布区为水动力较弱的区域。

石英/长石比值。该比值参数的平均值为 2，最大值为 18.6，其分布趋势与云母与优势粒

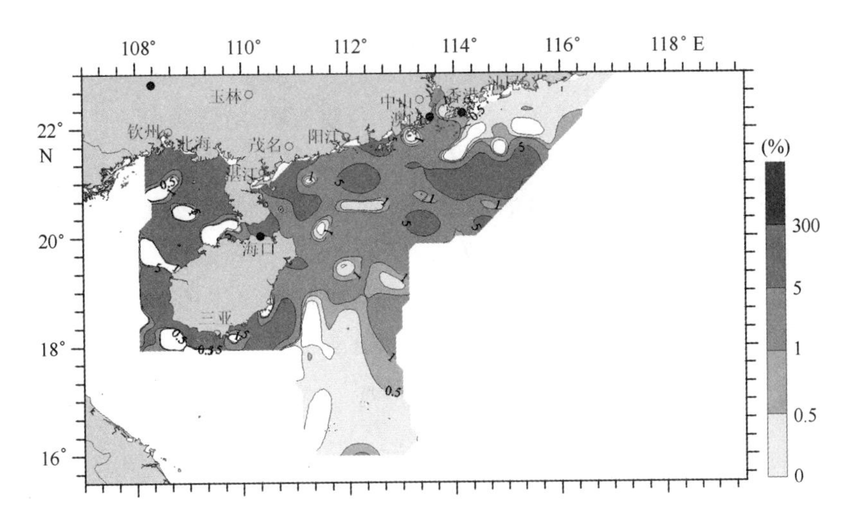

图 29.16　南海北部表层沉积物极稳定矿物组合/普通角闪石比值分布

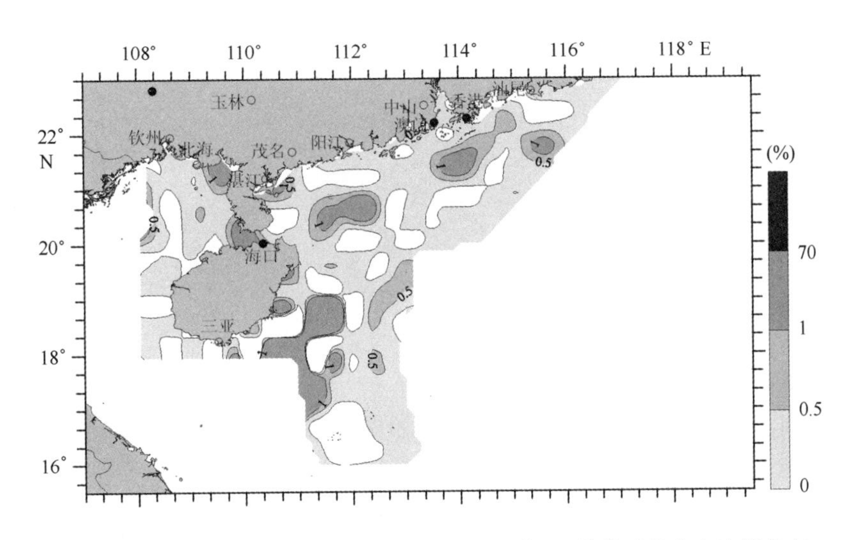

图 29.17　南海北部表层沉积物云母类（重矿物）/粒状矿物之和比值分布

状矿物的比值分布趋势相反，高比值出现在海南岛周边海区、广西近岸和雷州半岛东部海区，雷州半岛西部分布有低比值区（图 29.18）。

氧化铁矿物/稳定铁矿物比值。该比值参数平均为 3.7，最大值为 158.3（表 29.1），高比值主要分布在南海北部近海，特别是珠江口周边（图 29.19），东沙群岛西部及海南岛东部海区分布有低比值区。

29.2.3　碎屑矿物组合分区

结合碎屑矿物含量分布特征及矿物比值分布，在南海北部划分出 5 个碎屑矿物组合分区，每个矿物组合分区反映一定的物质来源和沉积环境。各组合分区矿物种类和含量变化明显，分区图见图 29.1。

Ⅰ区：广东近海东部矿物区。优势矿物为普通角闪石，为南海北部最大面积的普通角闪石高含量区，含量达到 37% 以上，向东南方向逐渐减少；特征矿物为石榴子石和锆石，含量较高。金属矿物的含量为全区最低，稳定铁矿物含量在 1.3% 以下，氧化铁矿物含量相对较

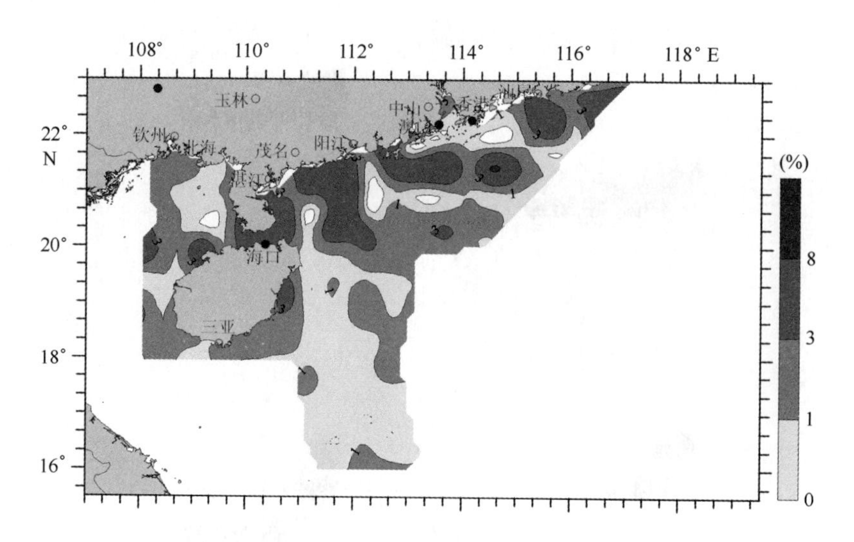

图 29.18　南海北部表层沉积物石英/长石比值分布

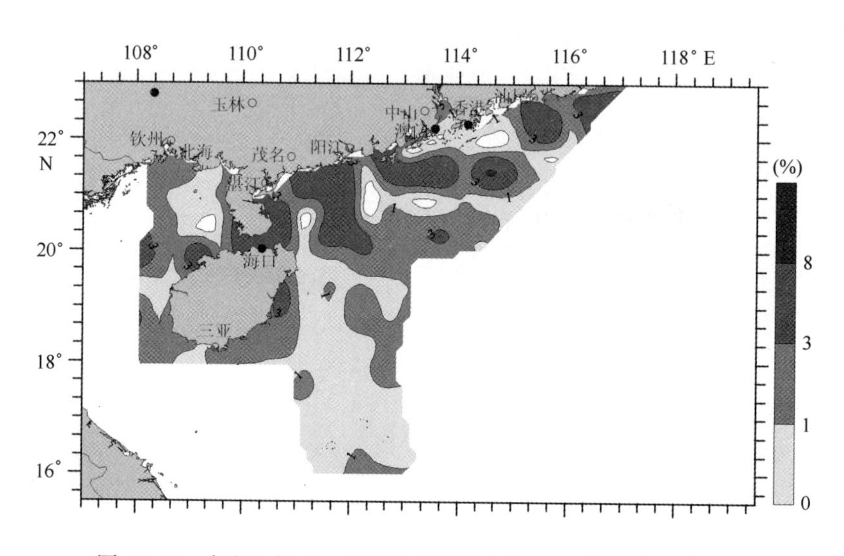

图 29.19　南海北部表层沉积物氧化铁矿物/稳定体矿物比值分布

高。近岸沉积物中偶见自生黄铁矿；轻矿物富含长石，石英/长石的比值较高。上述特征表明该区物质来源主要为珠江携带的沉积物。

Ⅱ区：珠江口—雷州半岛东部近海矿物区。近岸沉积富含绿帘石、氧化铁矿物，石榴子石和锆石含量高。轻矿物中石英含量呈西高东低变化，近岸物质输入量有变化。不同矿物比值分布表明本区沉积物成熟度较高。

Ⅲ区：广西近海矿物区。该区金属矿物、绿帘石为优势矿物，物质来源主要为近岸沉积。东部和西部矿物组成略有不同，东部靠近雷州半岛石榴子石含量高，西部锆石、普通辉石的含量高。本区石英含量较低，长石的含量在靠近雷州半岛含量较高。

Ⅳ区：南海北部陆坡中部矿物区。为珠江和近岸物质的扩散区，水动力较强，重矿物以钛铁矿和磁铁矿为主，极稳定矿物含量较高，但石榴子石和锆石含量低，总体上沉积物成熟度较高。轻矿物中石英、长石含量中等，碳酸盐生物含量高。

Ⅴ区：海南岛周边海区矿物区。以金属矿物为优势重矿物，岛屿北部海区靠近雷州半岛氧化铁矿物、石榴子石含量较高，海南岛东南部海区沉积物中云母、自生黄铁矿含量较高。

29.2.4　南海北部碎屑矿物来源

碎屑矿物分布及组合分区特征表现了南海北部沉积物碎屑矿物主要有三个来源：珠江物质输入、大陆近岸物质以及岛屿冲蚀产物。珠江输入物质主要影响了广东近海东部碎屑矿物组成，其特点是普通角闪石和长石含量较高。在珠江口至雷州半岛东部近岸海区沉积物多石榴子石、锆石，沉积物成熟度高；广西近岸沉积物中多含金属矿物和绿帘石，为近源沉积。海南岛冲蚀产物影响了其周边沉积物中的碎屑矿物组成，海南岛东北部氧化铁矿物含量较高。

29.3　黏土矿物特征及组合

根据南海北部1668个表层黏土沉积物的X射线衍射分析结果（站位分布见图29.20），对南海北部表层沉积物中的黏土矿物组成及分布特征进行了探讨。

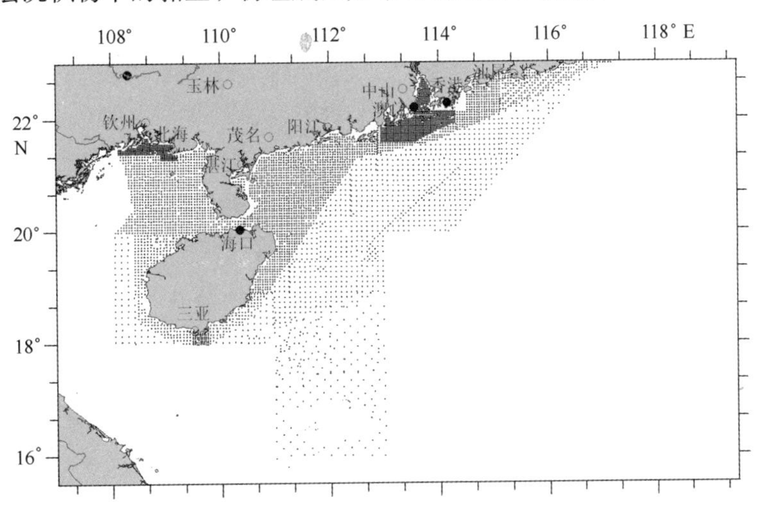

图29.20　南海北部表层沉积物黏土矿物测试站位分布

29.3.1　黏土矿物组成及分布

南海北部表层沉积物中黏土矿物组成以伊利石为优势矿物，平均含量达到47%；高岭石与绿泥石次之，平均含量分别为20%和18%；蒙皂石含量最低，平均含量为15%（表29.2和图29.21）。与渤海、黄海和东海相比，南海北部表层沉积物中的伊利石含量相对较低，而高岭石含量高于渤海、黄海和东海，这种黏土矿物组成特征主要与物质来源和流域盆地风化类型有关。珠江口及广东沿岸主要来源于珠江输入的河流沉积物，而珠江沉积物以较高含量的高岭石矿物为主要特征，因此珠江口及广东沿岸海区黏土矿物中高岭石含量明显高于渤海、黄海、东海，而伊利石含量则明显低于渤海、黄海、东海。另外，北部湾中高岭石矿物含量也较高，表现出明显的由岸至海逐渐降低的变化趋势，说明北部湾沉积物主要来源于广西沿岸风化物质的输入。因为华南地区气候湿热，基岩及土壤经过强烈的化学风化作用会产生较多的高岭石矿物，再由河流及雨水的冲刷携带进入海域并沉积下来，造成了北部湾表层沉积物中高岭石矿物含量较高的特点。北部湾表层沉积物中除了含有较高含量的高岭石矿物外，蒙皂石含量也是中国海最高的海区，这主要与北部湾沿岸出露众多的火山岩与火成岩有关。

表 29.2　南海北部表层沉积物黏土矿物含量统计

单位:%

项目	蒙皂石	伊利石	高岭石	绿泥石
最大值	41	71	53	40
最小值	0	19	3	7
平均值	15	47	20	18
标准偏差	7.20	7.78	7.37	3.13

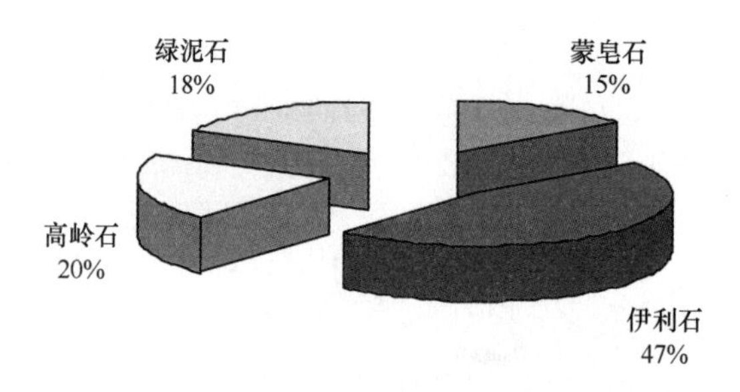

图 29.21　南海北部 4 种黏土矿物含量组成

29.3.1.1　蒙皂石

蒙皂石在 4 种黏土矿物中含量最低，平均含量为 15%，在北部湾含量较高，最高可以达到 20% 以上。南海北部表层沉积物中的蒙皂石含量分布如图 29.22 所示，整体分布显示出由岸至海逐渐增加的变化趋势，特别在琼东南海域及北部湾海域存在两个明显的蒙皂石高值区，最高含量可以达到 40% 左右。这主要与北部湾沿岸的岩石类型有关，这一地区出露众多的火山岩和火成岩，由于这些火山物质的风化而造成蒙皂石的含量增高。在珠江口海域以及广东沿岸蒙皂石含量较低，在个别海域蒙皂石含量为零。

29.3.1.2　伊利石

伊利石在 4 种黏土矿物中含量最高，平均含量为 47%。南海北部表层沉积物中伊利石矿物含量变化范围大，在 19% ~71% 之间，但主要集中于 40% ~60% 之间。由伊利石含量分布图（图 29.23）可以看出，在近岸区伊利石矿物含量较低，尤其是珠江口海域及广东沿岸一带，平均为 35% ~45% 之间，向外海方向增至 45% ~55%，往西沙群岛深水区方向进一步增加至 60% ~70%。另外，北部湾中伊利石含量也较低，且南部的含量高于北部，西北沿岸海域伊利石含量最低，呈向外海增加的趋势。与渤海、黄海、东海相比，南海北部表层沉积物中伊利石含量相对较低，这主要与物源区基岩类型及物理和化学风化强度有关，华南地区为热带、亚热带气候类型，表现为温暖、湿润、多雨的气候特征，陆地基岩及土壤经过较强的

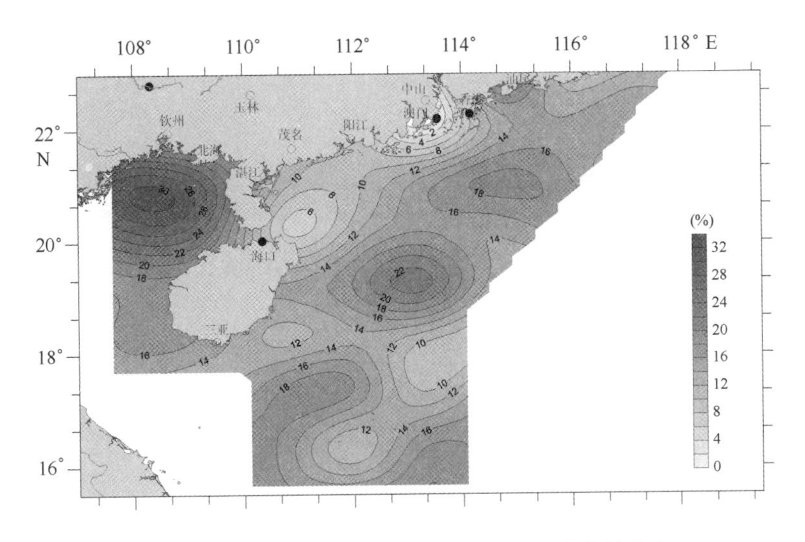

图 29. 22　南海北部表层沉积物蒙皂石百分含量分布

化学风化作用形成较多的高岭石矿物，相比北方地区，伊利石和绿泥石的含量则偏低。由伊利石的含量分布图（图 29. 23）上可以看到，伊利石矿物在南海北部呈现两个明显的低值区，其中一个在香港、澳门及其以北沿岸海域另外北部湾深水区中伊利石含量也较低；伊利石高值区主要分布在外陆架及陆坡区，分布也比较均匀。

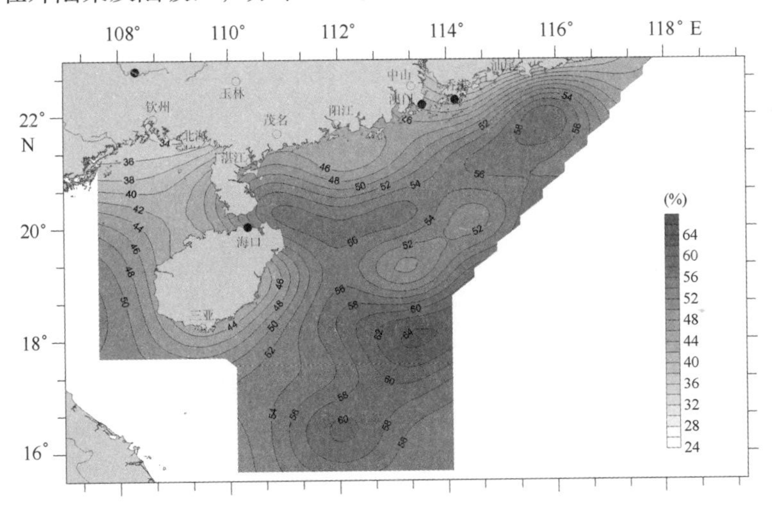

图 29. 23　南海北部表层沉积物伊利石百分含量分布

29. 3. 1. 3　高岭石

高岭石含量在南海北部表现出由岸向外海逐渐降低的变化趋势（图 29. 24）。珠江口外及以西沿岸高岭石含量可达 30% 以上，而向外海依次降为 20% →15% →10% 。在外陆架残留沉积区内，高岭石含量较低，且变化不大，都在 5% ~10% 之间（图 29. 24）。与东海大陆架相比，本海区沿岸高岭石供应充足，残留沉积区中的高岭石含量也比东海高，这主要与南海北部的地理位置有关。在 1 万余年前的低海面时，南海沿岸物质供应区应与现代长江、黄河流域的气候相当，高岭石供应不像当时东海沿岸那么贫乏，因而其残留沉积区中高岭石含量也就不像东海大陆架区那么低（陈丽蓉，2008）。与长江、黄河相比，珠江沉积物中黏土矿物典型特征是高岭石含量比较丰富，珠江河流入海物进入珠江口以后，在沿岸流的作用下沿广东沿岸向西南方向运移，因此这一海区表层沉积物中高岭石含量较高，而垂向海岸线向海方向，高岭石含量则逐步降低，表明受到珠江物质的影响逐渐减弱。北部湾中高岭石含量也较高，主要来源于北部湾沿岸基岩风化物质的输入。由于这一地区化学风化作用较强，岩石经过强烈的化学风化作用会形成较多的高岭石矿物，使得北部湾表层沉积物中高岭石含量也较高，并且表现出由岸至海逐渐降低的变化趋势。

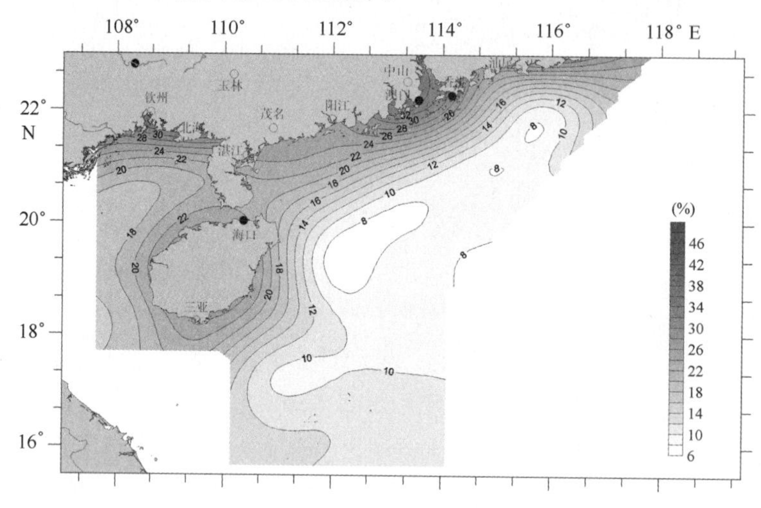

图 29.24　南海北部表层沉积物高岭石百分含量分布

29.3.1.4　绿泥石

在南海北部外陆架残留沉积区为绿泥石的高含量分布区，而北部湾含量最低，含量在15%以下。另外珠江口以南外陆架，也出现绿泥石较低的含量区，含量为15%～20%，由该区向外海方向出现增高趋势，到了外陆架粉砂质砂沉积区，绿泥石的含量重新增至25%以上，这种分布特点表明，珠江物质是沿岸向西转南向搬运。珠江物质直接向南搬运距离极短，影响范围较小，含20%以上的区域都属残留沉积物，说明这些区域陆源物质影响较小，残留沉积性质明显（图29.25）。绿泥石的分布特征与高岭石大致相反，也表明高岭石主要来源于珠江物质输入的影响，而绿泥石的高含量区主要分布在外陆架残留沉积区，受珠江物质影响的海区，黏土矿物组成受到珠江物质的影响，伊利石和绿泥石含量被稀释，从而出现相对较低的含量。

由这4种黏土矿物的分布规律可以看出，南海北部黏土矿物分布受到珠江来源物质的影响比较明显，由珠江口向西南沿岸一带黏土矿物表现出高岭石含量较高的分布特征，其他黏土矿物含量相对较低。在北部湾海域中，蒙皂石是中国各海区中含量最高的，而伊利石和绿泥石则是中国各海区中含量最低的，因为北部湾是一个半封闭性的海湾，地处亚热带，气候温暖、潮湿，化学风化作用强烈以及特有的物质来源，使得北部湾细粒沉积物中的黏土矿物各种性质具有其独特性。北部湾中高含量的蒙皂石与其沿岸出露众多的火山岩与火成岩相关，这些火山物质的风化促使了蒙皂石的含量增高。从分布趋势上来看，蒙皂石呈现沿岸低，向

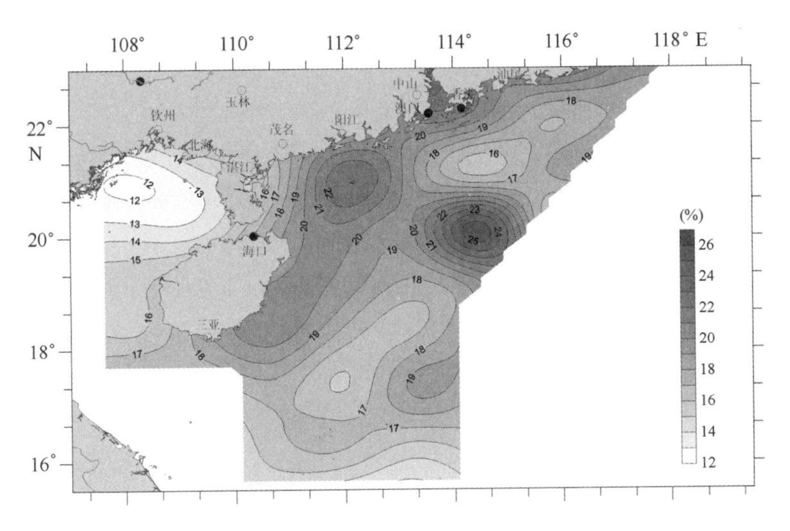

图 29.25 南海北部表层沉积物绿泥石百分含量分布

湾中央增高的趋势（图 29.22），这是由于蒙皂石矿物比较细小，在沿岸水动力条件较强的环境中不易沉积，而被海流搬运至湾中央水动力条件较弱的环境中沉积下来。北部湾也是中国海中高岭石含量最高的海区，这与北部湾的亚热带气候类型有关，由于气候温暖湿润，沿岸基岩经过强烈的化学风化作用后形成丰富的高岭石矿物。从分布上看，其含量也是沿岸高，湾中央低（图 29.24），说明其是陆源的。值得注意的是，与珠江相比，红河口外海域并没有出现像珠江口外那么高的高岭石含量区，这可能是由于红河中的细粒物质来源于上游多山的流域环境，这种环境并不如珠江流域温暖、潮湿，化学风化也不如珠江流域及北部湾东北沿岸强烈。湾中绿泥石的含量最低，反映了陆源区气候湿热，物理风化作用较弱的特点，并且绿泥石的分布特征也是沿岸高，湾中低（图 29.25），说明了绿泥石的陆源性质。

29.3.2 黏土矿物组合分区

南海北部表层沉积物由于受到珠江河流输入物质的明显影响，其黏土矿物组合特征表现为高岭石含量明显比渤海、黄海、东海偏高，而伊利石和绿泥石含量则偏低，但是伊利石矿物含量仍然是 4 种黏土矿物中最高的，因此伊利石含量的变化对其他 3 种矿物的含量变化起控制作用。以 4 种黏土矿物的含量为参数，采用 SPSS 软件进行 Q 型聚类分析，以研究南海北部表层沉积物中的黏土矿物组合特征及分布规律。结果表明（图 29.26），南海北部表层沉积物中的黏土矿物组成特征可以划分为 4 种类型（表 29.2），分别为珠江三角洲矿物区（I）、内陆架矿物区（II）、北部湾矿物区（III）和外陆架矿物区（IV）。其中，珠江三角洲矿物分区仅限于珠江三角洲，分布范围较小；内陆架矿物区主要受到珠江河流入海物的影响；北部湾矿物分区主要受到当地物质来源及沉积环境的影响；外陆架矿物区主要为水深 50 ~ 200 m 之间的外陆架区域以及西沙群岛附近的深水海域，也包括珠江古三角洲。

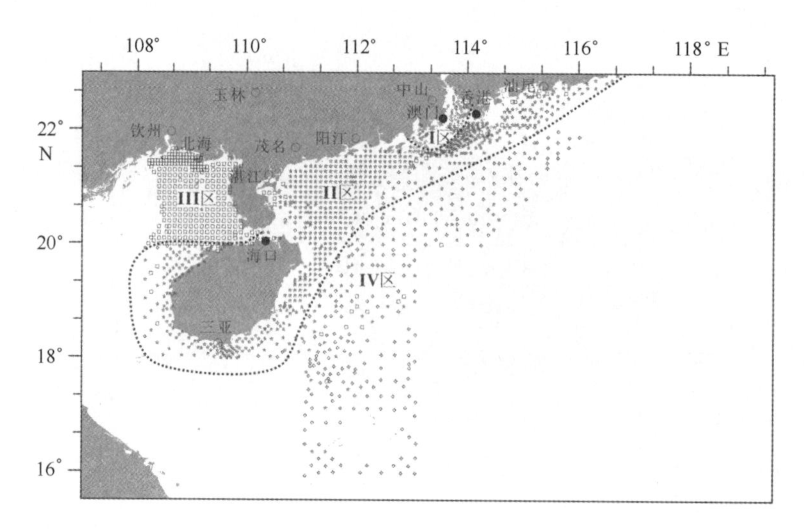

图 29.26 南海北部表层沉积物黏土矿物组合分区

（I：珠江三角洲矿物区，II：内陆架矿物区，III：北部湾矿物区，IV：外陆架矿物区）

表 29.2 南海北部表层沉积物黏土矿物分区百分含量统计

单位：%

矿物分区	样品个数	特征值	蒙皂石	伊利石	高岭石	绿泥石
珠江三角洲	106	最小值	0	34	25	15
		最大值	11	53	44	30
		平均值	1	46	33	20
内陆架	815	最小值	3	30	6	12
		最大值	25	58	31	40
		平均值	13	47	21	19
北部湾	365	最小值	9	19	3	7
		最大值	41	53	53	22
		平均值	24	37	24	15
外陆架	273	最小值	0	46	6	12
		最大值	31	71	21	22
		平均值	15	57	10	17

从表 29.2 中可以看出，珠江三角洲矿物区黏土矿物中高岭石的平均含量在南海北部最高，平均含量高达 33%，而蒙皂石的平均含量则在 4 种类型中含量最低，平均含量仅为 1%，这一类型的黏土矿物组合仅分布在现代珠江三角洲海域。内陆架黏土矿物区水深一般小于 50 m，沉积物以棕黄色与土黄色的软泥和粉砂质泥为主，4 种黏土矿物含量较为平均，其中伊利石和高岭石含量最高，平均含量分别为 47% 和 21%，绿泥石与蒙皂石含量相对较低，平均含量分别为 19% 和 13%。北部湾黏土矿物区主要位于北部湾内，其黏土矿物组合主要表现为蒙皂石和高岭石含量较高，是中国近海含量最高的海区，其平均含量均为 24%，伊利石和绿泥石含量是中国近海含量最低的海区，平均含量分别为 37% 和 15%。外陆架黏土矿物区中伊利石含量最高，平均含量为 57%，绿泥石、蒙皂石和高岭石的含量分别为 17%、15% 和 10%，与内陆架矿物区中黏土矿物含量明显不同，表明外陆架矿物区沉积物来源除受到广东

近岸河流输入物质的影响，可能还受到台湾河流物质和残留沉积的影响。

29.3.3　黏土矿物来源

对南海北部黏土矿物物源的研究，前人已经做了不少工作。何锦文和唐志礼（1985）对南海北部的表层黏土矿物进行了电子显微镜分析，发现主要的黏土矿物形态多呈浑圆的他形或半自形，显示了碎屑形态的特征，如高岭石颗粒大多数呈不完整的假六方形晶形薄片，伊利石呈等轴状的不规则薄片，未见有明显的结晶外形，可能是经过搬运的结果；蒙皂石多数为不规则的絮状集合体，边缘有明显的尖刺和漩涡，厚度不均匀。绿泥石虽然有时与伊利石难以区分，但其晶面和晶角发育良好，轮廓清晰，呈长板状，晶片较大，表明南海北部的黏土矿物主要是经过搬运入海的陆源碎屑颗粒。它们的分布受物源区母岩类型、海水的盐度、水动力作用和地形等物理－化学条件的控制。南海北部沉积物的主要潜在物源区有华南地区、台湾、吕宋岛、东海和中南半岛等（表29.3），而巽他陆架、印度尼西亚岛弧和婆罗洲由于离南海北部较远，故排除其对于该区的影响（Boulay et al.，2005）。

表29.3　南海北部入海河流概况

河流名称	流域面积/km^2	流量/（m/a）	年输沙量/（Mt/a）	数据来源
珠江（华南）	440，000	6.9	69.0	Milliman & Syvitski（1992）
红河（越南）	120，000	10.0	130.0	
大安溪（台湾）	633	1.6	7.1	Dadson et al.（2003）
乌溪（台湾）	1 981	1.9	9.8	
浊水溪（台湾）	2 989	1.2	54.1	
北港溪（台湾）	597	1.3	2.2	
八掌溪（台湾）	441	1.5	6.3	
曾文溪（台湾）	1 157	1.1	25.1	
二仁溪（台湾）	175	1.8	30.2	
高屏溪（台湾）	3 067	2.5	49.0	
林边溪（台湾）	310	2.5	3.3	
东港溪（台湾）	175	2.9	0.4	

华南地区最大的河流是珠江，与长江、黄河、淮河、海河、松花江和辽河并称中国七大江河。珠江是由西江、北江和东江组成，其干流西江发源于云南省东北部曲靖市沾益县的马雄山，流经云南、贵州、广西、广东、香港和澳门，全长2 400 km，年输沙量为69×10^6 t（Millman et al.，1992）。珠江流域广泛分布着各种类型的岩石，如岩浆岩、沉积岩和变质岩。由于珠江流域所处纬度较低，地势起伏较小，大大增加了化学风化的强度。这些岩石中的云母、长石等硅酸盐矿物在亚热带温湿的气候条件下容易进行化学风化作用，而化学风化作用中最常见的是水解作用，主要发生在中等pH值条件下岩石与水中少量离子发生的交换反应。随着水解作用的不断加强，活动性较强的离子首先从母岩中淋失，包括Na、K、Ca、Mg和Sr等，这个阶段的水解作用称为双硅铝土化作用，形成2:1型层状黏土矿物（如蒙皂石）；中等活动性元素（Mn、Ni、Cu、Co和Fe等）随后淋失，这个阶段称为单硅铝土化作用，形成1:1型层状黏土矿物（如高岭石）；最后阶段Si也完全淋失，剩下活动性最弱的Al，这个阶

段称为铝化作用，形成铝的氢氧化物（如三水铝石）。因此，珠江流域普遍发育单硅铝土化作用和铝化作用，形成以高岭石矿物和铁的氧化物为主的华南红土（Boulay et al.，2005），基本不发育单纯双硅铝化作用，这就造成了珠江表层沉积物中以高岭石为主，而基本不含蒙皂石的特点（表29.4）。这些黏土碎屑被珠江等河流搬运至河口。因为河口是淡水和海水汇合之处，沉积环境复杂，加上黏土矿物本身的差异凝聚，大量的高岭石以较快的速度沉积，形成了高岭石自近岸向远海方向含量减少，而伊利石含量由近岸向远海方向增加的变化规律。再之，本海区黏土矿物晶体的不完整性以及2M型伊利石（陈丽蓉，2008）的存在，都反映了它们是陆源碎屑的特征。在海南岛东部的内陆架区，蒙皂石含量较高，这与广泛发育于雷琼地区以及邻近海域中的火山岩和玄武岩有关。然而，外陆架区是更新世冰期低海面时期形成的残留沉积物，所以本区的黏土矿物主要是伊利石和绿泥石，而高岭石含量不多，绿泥石是极地型原岩矿物，伊利石-绿泥石组合表明了更新世玉木冰期的冰川活动对本区有影响。它与内陆架的现代沉积物明显不同，除了上述物质来源不同外，还有一部分绿泥石可能是由三水铝矿、高岭石等矿物在海洋环境中转化而成的（何锦文等，1989）。

表29.4　南海北部表层沉积物以及周边物源区黏土矿物组合　　单位:%

地区	伊利石	绿泥石	高岭石	蒙皂石	文献来源
珠江三角洲	46	20	33	1	本书
内陆架矿物区	47	19	21	13	
外陆架矿物区	57	17	10	15	
北部湾矿物区	37	15	24	24	
南海北部陆架*	44	21	28	7	刘志飞等，2003；万世明等，2007
南海北部陆坡*	69	16	7	8	
珠江*	40	20	39	1	刘志飞等，2007
红河*	62	17	19	3	Liu et al.，2007
高屏溪	75	23	2	0	李传顺等，2012
曾文溪	72	20	8	0	
浊水溪	75	24	1	0	
大安溪	81	18	1	0	
乌溪	69	24	7	0	
长江*	70	15	10	5	刘志飞等，2007；范德江等，2001
吕宋岛*	0	9	16	75	Liu et al.，2009

*注：表格中黏土矿物数据是根据文献中资料按照Biscaye（1965）方法校正后得到

已有学者（Liu et al.，2007）对珠江盆地到伶仃洋，南海北部陆架，最后到南海北部陆坡的表层黏土矿物进行了系统分析，发现从珠江流域到南海北部陆坡高岭石含量从50%线性递减至10%，而蒙皂石含量则从3%快速升高至20%。正如上文提到的一样，造成这一现象的主要原因是物源供给的变化，并非黏土矿物沉积分异造成的。假设南海北部的高岭石全部来自珠江流域，珠江对于南海北部陆架的黏土矿物贡献最多为72%，对北部陆坡的黏土矿物贡献最多为15%（Liu et al.，2007）。但是，珠江流域表层黏土矿物中并非不含其他成分，由于长期受到降水的影响，流水的机械作用直接冲刷暴露的岩石表层，形成伊利石和绿泥石这些原生黏土矿物，构成珠江表层沉积物中的次生黏土矿物成分。单从伊利石来看，平均含量从珠江流域至南海北部陆坡增幅达到了 20%。同时，伊利石化学指数递减，从代表强烈水解作用的富 Al 伊利石逐渐过渡到代表物理风化作用为主的富 Fe – Mg 伊利石。伊利石结晶度也呈现出增强的趋势，从珠江流域的 0.30°Δ2θ 增强到南海北部陆坡的 0.25°Δ2θ，伊利石指示的气候条件逐渐干冷，从而表明珠江流域并非南海北部陆坡伊利石的主要物源供给区。绿泥石含量在珠江和南海北部的分布基本上不存在明显的差异，因此，从矿物组合本身并不能区别其物源区的差异。而 Ge 等（2010）在南海北部陆坡沉积物 ZHS – 176 柱的黏土矿物分析过程中发现伊利石和绿泥石变化趋势相似，都指示物理风化较强的气候条件，类似的变化模式在 ODP1144 和 1145 站都有显示（Boulay et al.，2003，2005），因此，认为伊利石和绿泥石在南海北部是同源的。而珠江对于南海北部陆坡的伊利石和绿泥石含量的贡献最多仅为 4%（Liu et al.，2007）。因此，南海北部陆坡的伊利石和绿泥石的主要来源并非珠江。

来自台湾的黏土矿物组成与来自珠江、吕宋岛、长江以及南海北部陆架、陆坡的黏土矿物组成有明显的差异（图 29.27）。台湾来源的表层黏土矿物主要以伊利石（71%）和绿泥石（26%）为主，基本不含高岭石和蒙皂石（Li et al.，2012）。由于台湾地区受到地震和台风的影响，风化速度极快，因此，虽然地处东亚夏季风活动区域，但是化学风化较差。这样一个特点在伊利石化学指数和结晶度两个参数中有很好的体现，台湾来源的伊利石这两个参数普遍较小，显示主要为富 Fe – Mg 伊利石。对于所有黏土矿物来说，52% 的南海陆架表层细颗粒物质来自珠江，29% 来自台湾，而 31% 的南海陆坡表层细颗粒物质来自珠江，23% 来自台湾（Liu et al.，2008）。这与先前的研究（Boulay et al.，2005）有所出入，台湾对于南海北部的贡献明显增加。那么台湾的物质是如何被运送到南海北部的呢？台湾西南河流入海物可以通过高屏海底峡谷以底层输运的方式进入南海北部陆架及陆坡，而台湾东部河流入海物可能借助向西的北太平洋深层水（North Pacific Deep Water，NPDW）和黑潮的分支（Ldmann et al.，2005；邵磊等，2007；钟广法等，2007）进入南海北部海域。南向的 NPDW 有一条分支通过巴士海峡将台湾东部和南部重新悬浮的细颗粒物质带到南海北部，然后在东沙的东南陆坡沉积（Ldmann et al.，2005）。另外，北向的黑潮分支也可能将台湾重新悬浮的物质通过巴士海峡西向运送到南海北部（Caruso et al.，2006）。除了台湾来源的物质可为南海北部提供丰富的伊利石和绿泥石之外，长江来源的东海细颗粒物质也有可能被南向的沿岸流通过台湾海峡带到南海北部（Chen，1978）。长江的年输沙量达到了 480×10^6 t（Millman et al.，1992），而其中 30% 的悬浮沉积物沿海岸向南运输（Millman et al.，1985）。来自长江的黏土矿物主要是以伊利石（70%）为主，含有少量的绿泥石（15%）和高岭石（10%），基本不含蒙皂石（5%）（刘志飞等，2007；范德江等，2001），是南海北部伊利石的来源之一。虽然，湄公河和红河也是南海沉积物的主要来源，但是，由于湄公河远离南海北部，而红河沉积物又被海南岛阻挡，这两大河对于南海北部的影响有限，可以忽略（Ge et al.，2010）。由于台湾、珠江和长江都无法为南海北部陆坡提供高达 20% 的蒙皂石，因此，必须要有其他的蒙皂石来源。蒙皂石通常与火山活动联系在一起，火山源物质通过热液作用或者化学风化作用而形成蒙皂石（Chamley，1989）。吕宋岛位于菲律宾海板块和欧亚大陆板块的汇聚处，地震和火山频繁，分布着大量火山来源的玄武岩。而吕宋岛受到亚热带东亚季风的强烈影响，年降水量达到 1 900 ~ 2 100 mm，这些降水 85% ~ 90% 集中于 5—10 月，湿热的条件有利于蒙皂石的形成。而强烈的风化作用结合大量的降水冲刷使形成的蒙皂石快速离开岩石的表面，有效地阻止了蒙皂石继续风化形成高岭石（Liu et al.，2009），体现了强烈的原位风化。Liu 等（2009）对于吕宋岛上主要河流的表层黏土矿物进行分析，发现全岛范围内黏土矿物组合并没有存在明显的差异，主要以蒙皂石（86%）为主，含有少量的高岭石（9%）和绿泥石（5%），基本没有伊利石。这些来自吕宋岛的物质通过西向的黑潮分支运送到南海（Wan et al.，2007），这也是南海北部的蒙皂石主要来源（图 29.28）。

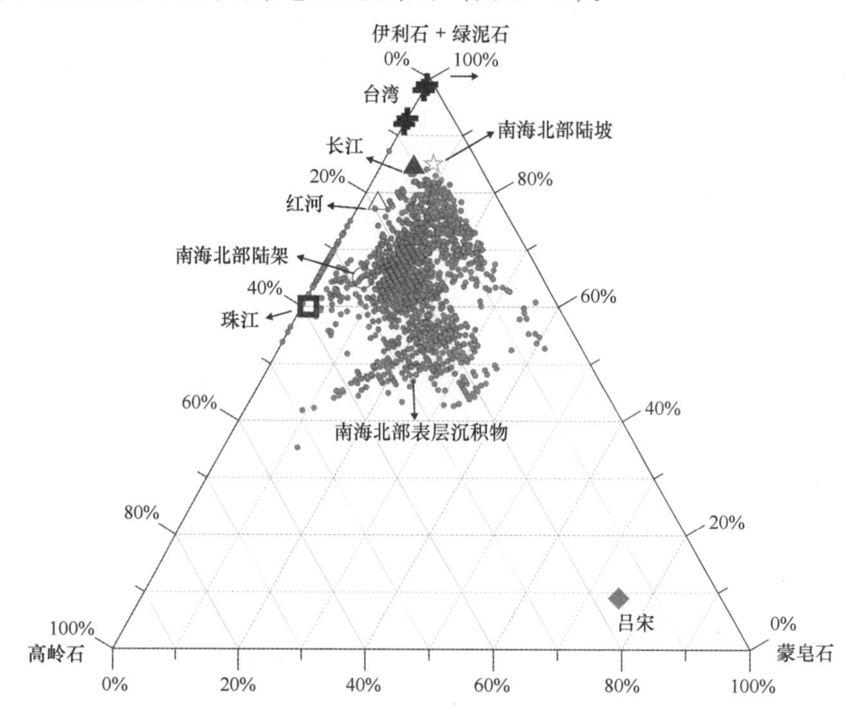

图 29.27　南海北部及周边物源区黏土矿物组成三角图解

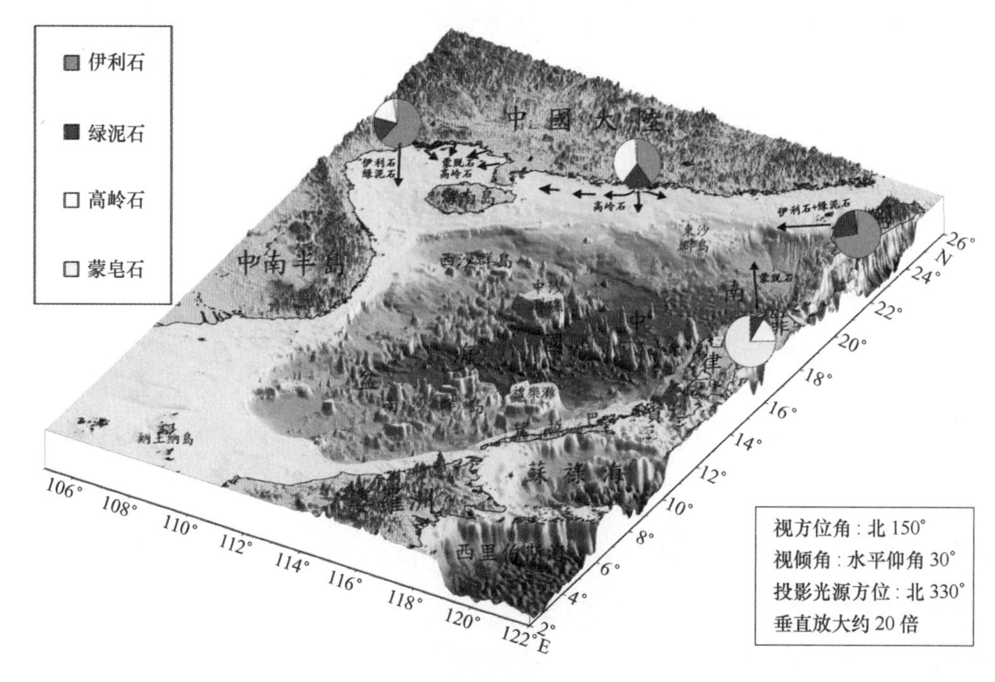

图 29.28　南海北部周边物源区的黏土矿物组成特征

第30章　南海北部沉积地球化学特征

南海沉积物提供了其自身演变及其与周围大陆、海洋之间物质和能量交换的多种信息（陈忠等，2002；季福武和林振宏，2004；刘昭蜀等，2002；杨群慧和林振宏，2002；张富元等，2005）。因此，研究南海沉积物中地球化学元素的丰度及其空间变化，不仅可以揭示南海与周围大陆、海洋之间的相互作用机制，为综合评价南海沉积环境提供依据，而且对揭示西太平洋沟－弧－盆体系的形成和发展也具有十分重要的意义。南海地理位置特殊，过去多年来虽然大部分的调查工作集中在南海北部和东北部海域，但是从没有像“908专项”调查获取数量如此之多，取样密度如此之大的表层沉积物样品。另外，在海洋沉积环境和物源示踪研究中，地球化学方法起着非常重要的作用，特别是元素地球化学指标的运用，已在物源分析方面获得比较好的成果（Dean et al.，1997；高爱国等，2004；金秉福，2003；高学民等，2003；赵一阳，1994；蓝先洪，1995；Yeong，1999；A. khalik，1997）。微量元素和稀土元素因其在表生作用过程中相对稳定的地球化学性质，也得到了越来越广泛的应用（Talor et al.，1985；Norman et al.，1990；McManus et al.，1998；杨守业等，1999；刘季花，1995；韦刚健等，2001）。本章将通过“908专项”在南海北部区所取得的表层沉积物样品进行系统的元素地球化学分析。对南海北部的元素地球化学特征进行分析，不仅可以阐明其分布特征、物质来源及其控制因素，而且对了解南海周边河流物质入海后的扩散规律及沉积环境也具有重要意义。

30.1　数据来源

对南海北部共1 835个站位的表层沉积物的常量及微量元素进行了测试分析（图30.1），在此基础上讨论了南海北部海域元素地球化学特征及指示的环境意义。

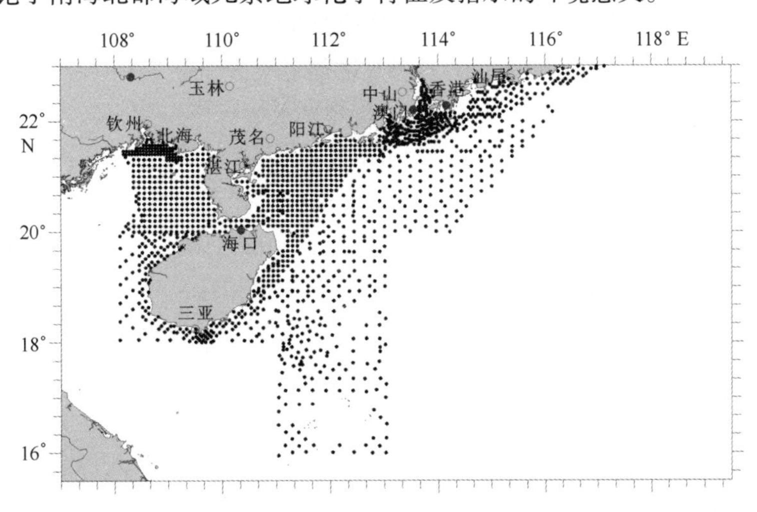

图30.1　南海北部表层沉积物化学元素分析站位

30.2 表层沉积物元素地球化学特征

30.2.1 常量元素分布特征

南海北部表层沉积物地球化学组分主要由 SiO_2、Al_2O_3、TFe_2O_3、MgO、CaO、Na_2O、K_2O、TiO_2、MnO、P_2O_5 等组成，前 8 种组分约占沉积物总量的 88.59%（平均值）。其中 SiO_2 和 Al_2O_3 的含量最高，这两者的平均含量分别为60.11%与11.89%，CaO、Fe_2O_3、K_2O、Na_2O、MgO 和 TiO_2 的含量平均值分别为5.90%、4.36、2.19%、1.77%、1.73%和0.64%，P_2O_5 和 MnO 含量最低，其平均值只有0.12%和0.10%（表30.1）。

表 30.1 南海北部表层沉积物常量元素统计　　单位:%

项目	SiO_2	Al_2O_3	TFe_2O_3	CaO	MgO	MnO	TiO_2	P_2O_5	K_2O	Na_2O	LOI
最大值	96.71	22.51	16.92	48.56	3.55	1.81	1.94	0.41	3.73	5.61	84.60
最小值	7.44	0.44	0.02	0.07	0.01	0.00	0.03	0.01	0.09	0.05	0.62
平均值	60.11	11.89	4.36	5.90	1.73	0.10	0.64	0.12	2.19	1.77	10.78
标准偏差	13.46	4.79	1.82	6.76	0.65	0.16	0.28	0.04	0.57	0.79	9.77
变异系数	0.22	0.40	0.42	1.15	0.37	1.55	0.43	0.33	0.26	0.45	0.91

变异系数（等于元素含量标准偏差与平均值的比率）是数据离散程度的直接反映。由表30.1中可知，大部分常量元素丰度变化范围较小，只有 CaO 与 MnO 的变异系数达到了1.0以上，而 SiO_2、Al_2O_3、TFe_2O_3、MgO、TiO_2、P_2O_5、K_2O、Na_2O 的变异系数均低于0.5，说明这些常量元素总体分布比较均匀。

南海北部常量元素的含量与沉积物类型及沉积物平均粒径有着密切的关系。区内砂质和粉砂质砂沉积物中常量元素组分平均值相近，但各元素的变化范围在砂和粉砂质砂中不同(表30.2)。将各类型沉积物的元素含量平均值［Mean（s）］与总的沉积物平均值［Mean（t）］相比，然后依元素变化作图，得到图30.2。由图30.2可以看出，相对于总沉积物平均值来说，砂质沉积物中仅有 SiO_2 相对富集，其他元素含量相对较低；粉砂质砂沉积物中的元素含量与砂质沉积物相类似，除了 SiO_2 以外，还相对富集 CaO，其他元素均比沉积物总平均值含量低；砂质粉砂沉积物中各元素含量与总的沉积物平均值比较接近，尤其是 SiO_2、Al_2O_3、TFe_2O_3、MgO、TiO_2、P_2O_5、K_2O、Na_2O 等几种元素含量几乎一致，但是砂质粉砂沉积物中贫 MnO，而 CaO 则相对富集；在粉砂类沉积物中除了 SiO_2 之外，其他元素均比较富集，尤其是 MnO 元素表现尤为突出，与总的沉积物平均值相比，MnO 在粉砂类沉积物中的含量增加了一倍，其他诸如 CaO、Na_2O 等元素的含量在粉砂粒级沉积物中的含量也明显偏高；在黏土质粉砂沉积物中，各元素含量与粉砂质沉积物相类似，不同的是黏土质粉砂中 CaO 含量较低，MnO 也不像粉砂中那么富集，而是与总的沉积物平均值一致。从图30.2中还可以看出，元素在不同类型沉积物中的分布大致有这么几种变化趋势：SiO_2 的含量依砂→粉砂质砂→砂质粉砂→粉砂→黏土质粉砂的次序依次降低，即随着沉积物颗粒粒径的减小，SiO_2 的含量呈逐渐降低的变化趋势；而 Al_2O_3、TFe_2O_3、MgO、MnO 则呈现相反的变化趋势，即随着沉积物颗粒粒径的减小，赋存在这些沉积物中的 Al_2O_3、TFe_2O_3、MgO、MnO 等元素的含量依次增加。CaO、Na_2O、TiO_2 和 P_2O_5 的变化趋势略有差别，CaO 在黏土质粉砂中的含量比较低，Na_2O 在细粒级的黏土质粉砂及粉砂沉积物中含量要高于其他类型沉积物，TiO_2 和 P_2O_5 总体上富集于细粒级的沉积物中，在以砂为主的粗粒级沉积物中含量较低。

表 30.2 南海北部表层沉积物常量元素统计* 单位:%

元素	沉积物平均		砂		粉砂质砂		砂质粉砂		粉砂		黏土质粉砂	
SiO_2	96.71	60.08	96.71	78.67	93.99	65.38	87.88	59.11	81.89	50.83	86.43	57.64
	2.31		32.95		21.72		8.00		9.09		2.31	
Al_2O_3	22.51	11.88	17.75	5.55	17.61	8.56	18.65	11.38	20.38	13.88	22.51	14.92
	0.03		0.44		0.96		1.84		2.45		0.03	
TFe_2O_3	16.92	4.35	7.98	2.28	9.32	3.48	7.81	4.17	7.56	5.03	9.05	5.13
	0.02		0.02		0.13		0.85		1.74		0.71	
CaO	70.47	5.95	22.56	3.45	30.37	6.69	48.56	7.22	45.77	8.14	70.47	4.12
	0.07		0.07		0.40		0.59		1.03		0.39	
MgO	3.55	1.73	2.63	0.89	3.50	1.41	2.94	1.76	2.86	1.88	3.55	2.10
	0.01		0.11		0.05		0.20		0.01		0.50	
MnO	1.81	0.10	0.39	0.07	0.44	0.06	0.45	0.07	1.81	0.18	1.80	0.10
	0.00		0.00		0.02		0.02		0.04		0.02	
TiO_2	1.94	0.64	1.94	0.31	1.68	0.49	1.55	0.64	1.11	0.72	1.67	0.80
	0.03		0.03		0.05		0.07		0.20		0.08	
P_2O_5	0.41	0.12	0.18	0.06	0.41	0.10	0.17	0.12	0.19	0.14	0.23	0.13
	0.00		0.01		0.02		0.03		0.05		0.00	
K_2O	3.73	2.19	3.73	1.69	3.26	1.89	3.36	2.17	3.11	2.36	3.32	2.45
	0.09		0.09		0.15		0.55		0.74		0.21	
Na_2O	5.61	1.77	3.11	0.99	3.27	1.41	4.41	1.65	5.61	2.39	4.12	1.93
	0.05		0.05		0.17		0.22		0.92		0.36	
LOI	84.60	10.80	77.58	6.02	84.60	11.81	73.47	11.27	76.02	15.24	65.97	9.91
	0.62		0.62		1.00		1.61		4.66		3.00	

* 每种元素氧化物左边一列上面一行为含量最小值，下面为最大值，右边一列为平均值.

为确定南海北部表层沉积物中常量元素氧化物的含量与沉积物类型的关系，将常量元素含量与沉积物平均粒径作散点图，SiO_2 与平均粒径（单位为 Φ）呈负相关，Al_2O_3、TFe_2O_3、MgO、TiO_2、P_2O_5、K_2O、Na_2O 与平均粒径呈明显正相关，CaO、MnO 及烧失量与平均粒径的关系不明显（图 30.3）。SiO_2 与 Al_2O_3 及 Fe_2O_3 分别呈现出中等及较强的负相关（图 30.4 和图 30.5）也表明表层沉积物中 SiO_2 含量存在潜在的粒度控制效应，因为富含石英的沉积物中 SiO_2 含量较高，也就是说 SiO_2 主要与粗颗粒沉积物有关，而 Al_2O_3、TFe_2O_3 等元素则主要赋存于细颗粒沉积物中，表明这些元素与黏土矿物及其他细粒级的碎屑矿物有着密切的关系。CaO 一般赋存在粗粒沉积物中，因为 CaO 与生物碳酸盐碎屑的沉积有关，而砂和砾等粗粒沉积物中常含贝壳等生物遗骸，造成其含有较高的 CaO。

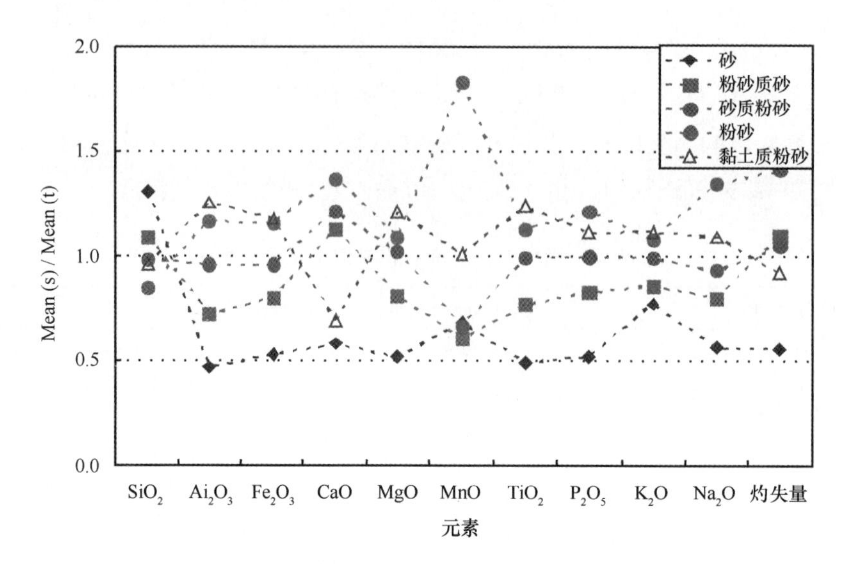

图 30.2　南海北部表层沉积物常量元素含量与沉积物类型关系

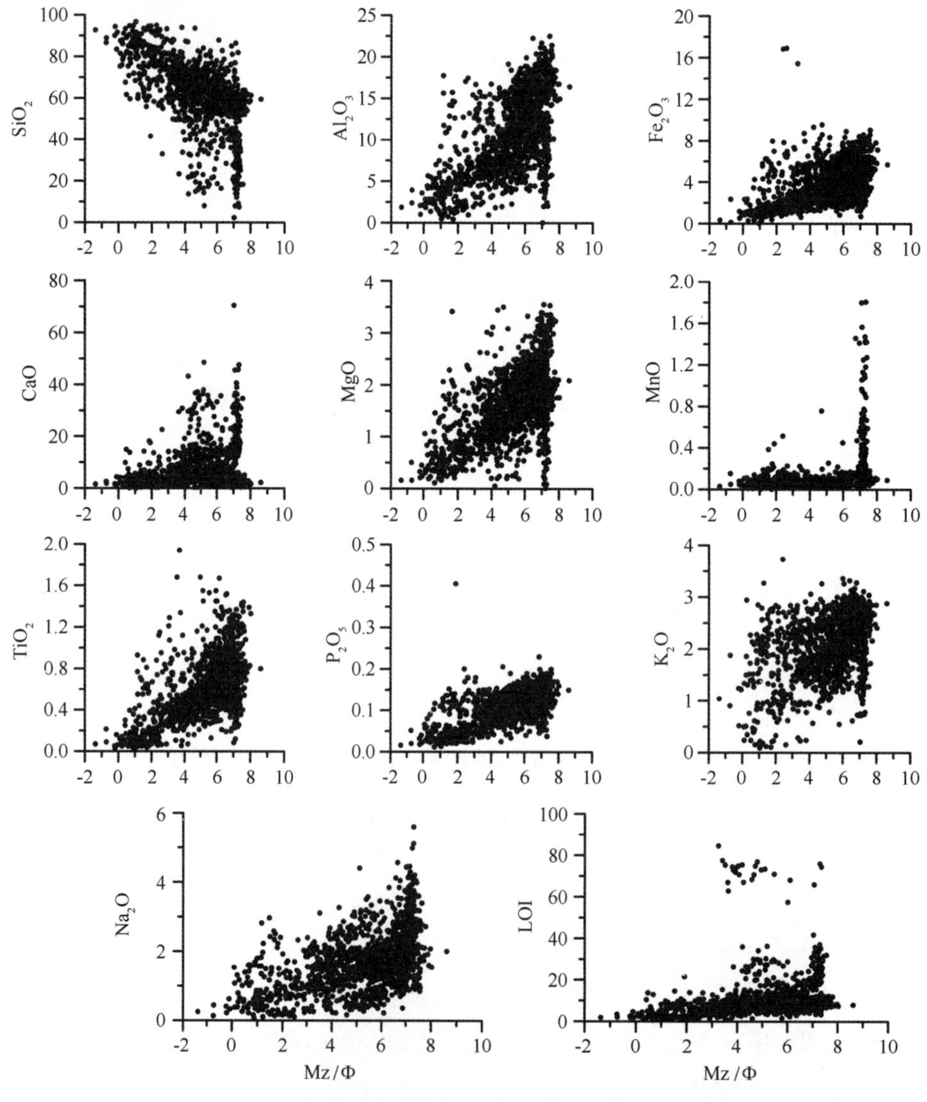

图 30.3　南海北部表层沉积物中常量元素与平均粒径相关图解

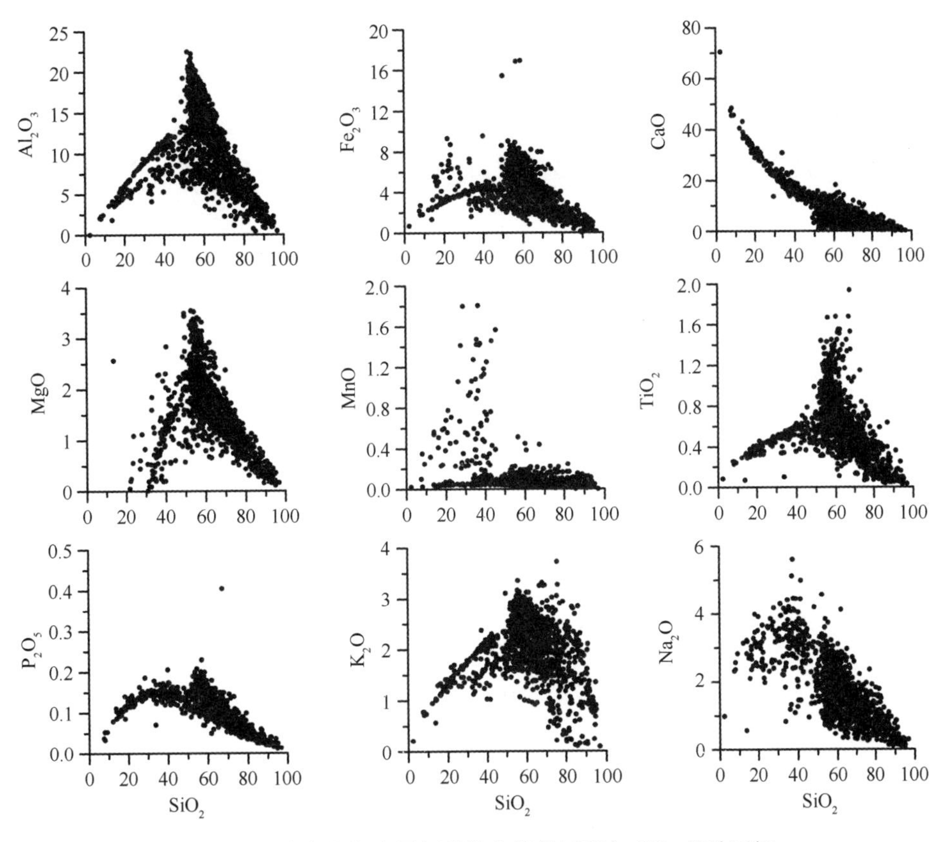

图 30.4　南海北部表层沉积物各常量元素与 SiO_2 相关图解

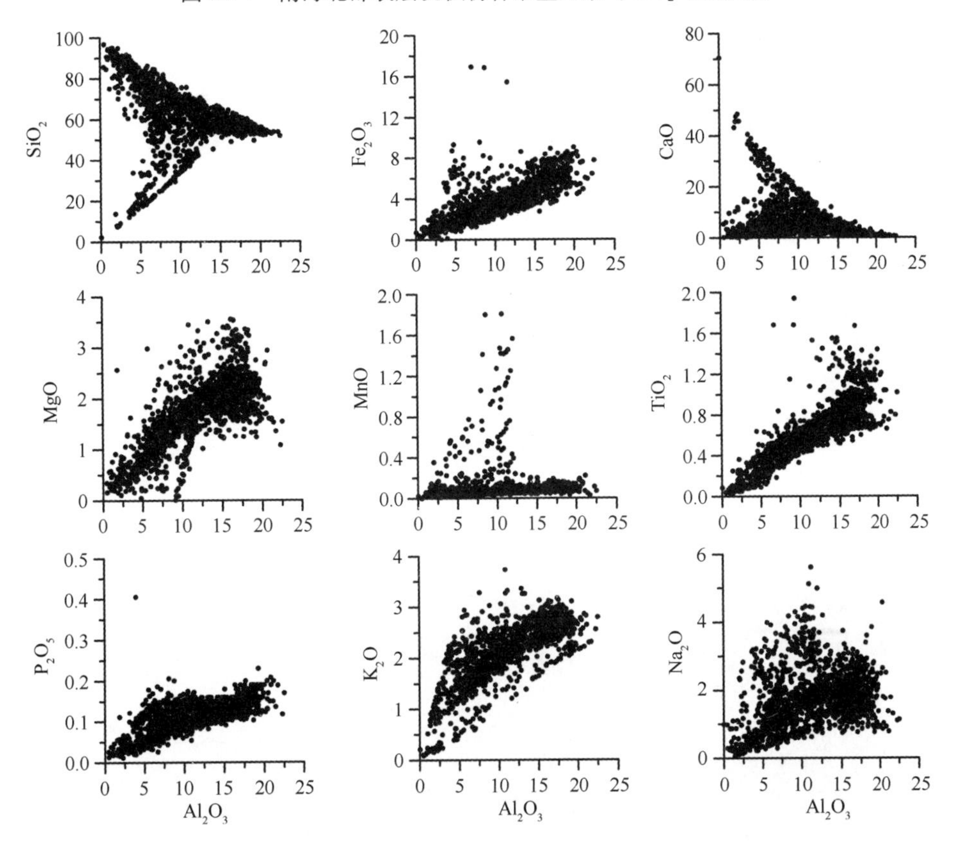

图 30.5　南海北部表层沉积物各常量元素与 Al_2O_3 相关图解

在各元素之间的相关关系中，SiO_2与大部分元素呈不同程度的负相关关系，与 MnO 相关关系不明显（图 30.4）；而 Al_2O_3 与大部分元素呈正相关关系，与 SiO_2和 CaO 呈负相关关系，与 MnO 相关关系不明显，再一次说明了以上各种元素与沉积物类型密切相关。

（1）SiO_2。SiO_2 为南海北部沉积物的主要化学成分，其含量变化于 7.44% ~96.71%，平均含量为 60.11%（图 30.6）。SiO_2 含量的变化范围较大，标准偏差为 13.4，这主要与表层沉积物的类型有关，以砂质组成为主的沉积物，SiO_2 含量相对较高。另外从 SiO_2 含量的整体分布上看（图 30.7），高值区主要集中在海口东北海域以及汕头外海，而在海南岛东南部海域则出现极低值，最低可至 20% 以下，在其他海域中 SiO_2 含量主要集中于 55% ~65%。在极个别的一些沉积物中，SiO_2 含量低于 10%，这些沉积物主要以生物碳酸盐沉积为主，化学

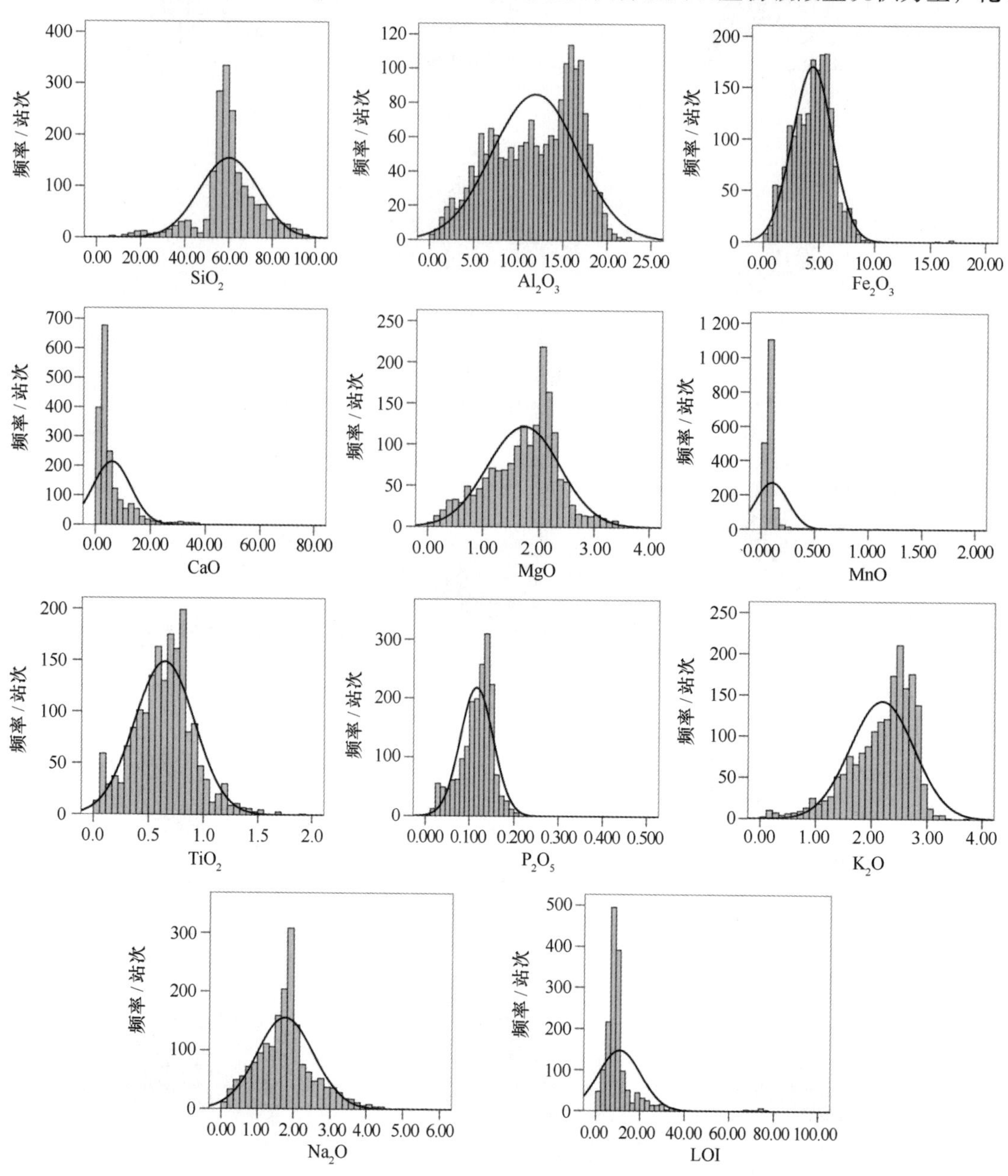

图 30.6　南海北部表层沉积物常量元素含量分布统计

分析结果显示，这些沉积物中 CaO 含量很高，最大可以超过70%，表明这些沉积物受到生物的影响比较显著，生物沉积对陆源物质进行了稀释，使得 SiO_2 等陆源组分含量明显较低。

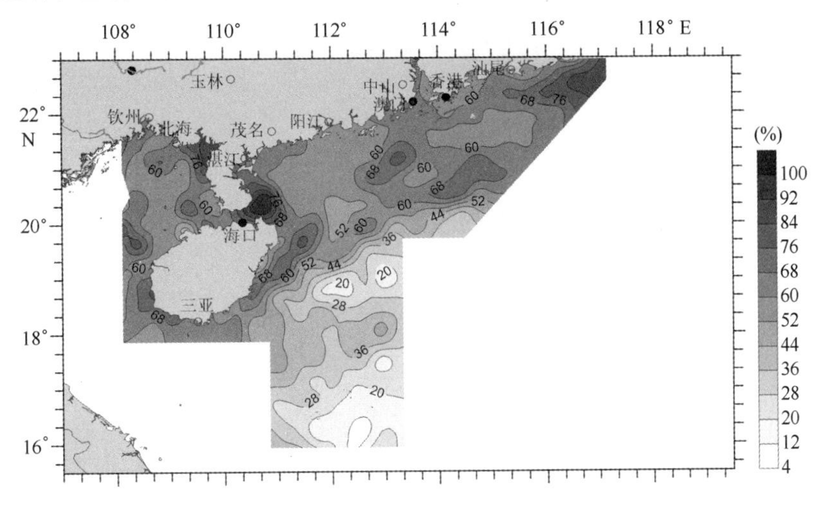

图 30.7　南海北部表层沉积物 SiO_2 分布

（2）Al_2O_3。Al_2O_3 为南海北部表层沉积物中仅次于 SiO_2 的化学成分，其含量变化于 0.44% ~22.51%，平均值为 11.89%。Al_2O_3 的含量分布特征表现为由岸向海依次降低的变化趋势（图 30.8），高含量区主要位于近岸海域，而随着离岸距离的增加，Al_2O_3 含量则逐渐降低。珠江三角洲及其河口两侧的沿岸区域中 Al_2O_3 含量较高，而在海南岛东西两侧其含量较低。沉积物中 SiO_2 与 Al_2O_3 的平面分布特征对于陆源碎屑沉积环境有较好的指示意义。

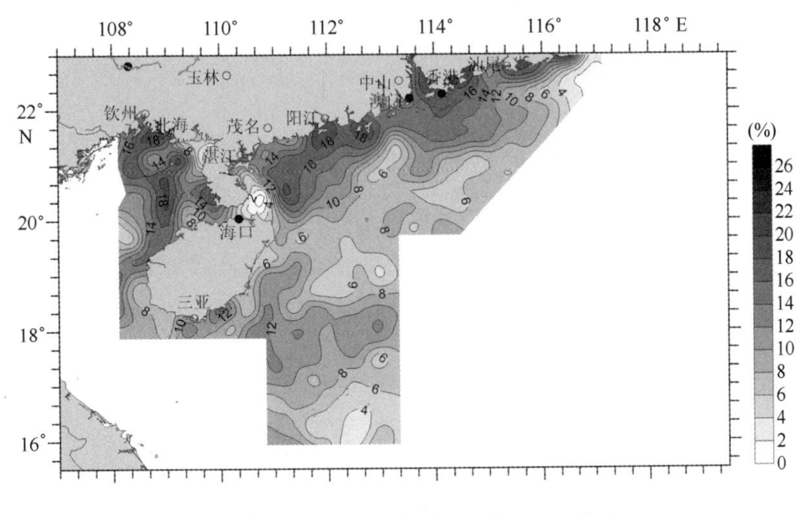

图 30.8　南海北部表层沉积物 Al_2O_3 分布

（3）TFe_2O_3。TFe_2O_3 的分布特征与 Al_2O_3 相似，也呈现出近岸区含量较高，而随着离岸距离的增加其含量呈逐渐降低的变化趋势（图 30.9）。TFe_2O_3 的整体含量变化范围为 0.02% ~16.92%，平均含量为 4.36%。珠江口海域及雷州半岛西侧其含量较高。

（4）CaO。南海北部表层沉积物中 CaO 的平面分布特征与 Al_2O_3 和 Fe_2O_3 相反，整体呈

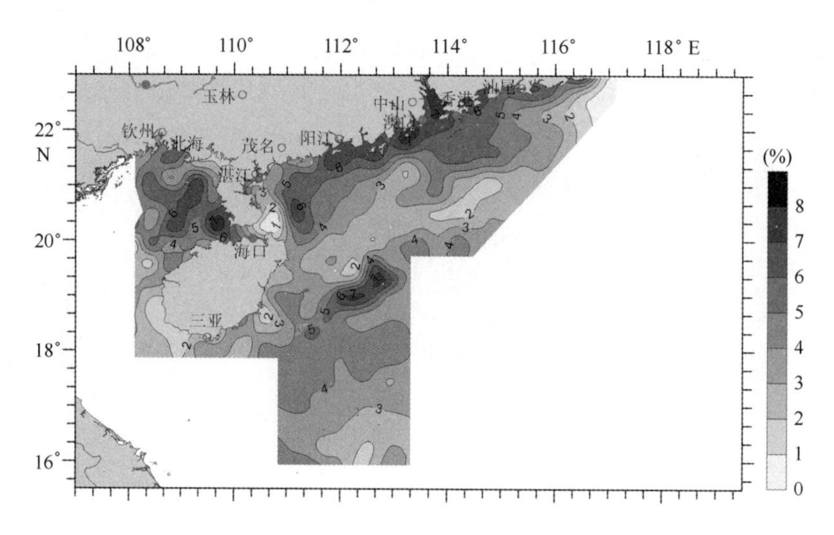

图 30.9　南海北部表层沉积物 TFe_2O_3 分布

现出近岸含量低，外海含量高的变化趋势。另外，CaO 的含量变化较为显著，最低含量接近为零，而最高含量区可以达到 48.56%，平均含量为 5.90%。从其平面分布图（图 30.10）可以看出，福建、广东、广西近岸海域中 CaO 含量较低，多在 4% 以下；而在海南岛东侧，随着离岸距离的增加，向东北及东南方向均呈现明显增加的变化趋势，特别是海南岛东南海域，CaO 含量明显比相邻海域高出许多，其最高值可以达到 48.56%，表明这一海区受到生物活动的影响比较明显，其陆源碎屑物质被生源物质稀释，从而表现出 SiO_2 含量极低，而 CaO 含量极高的分布特征。

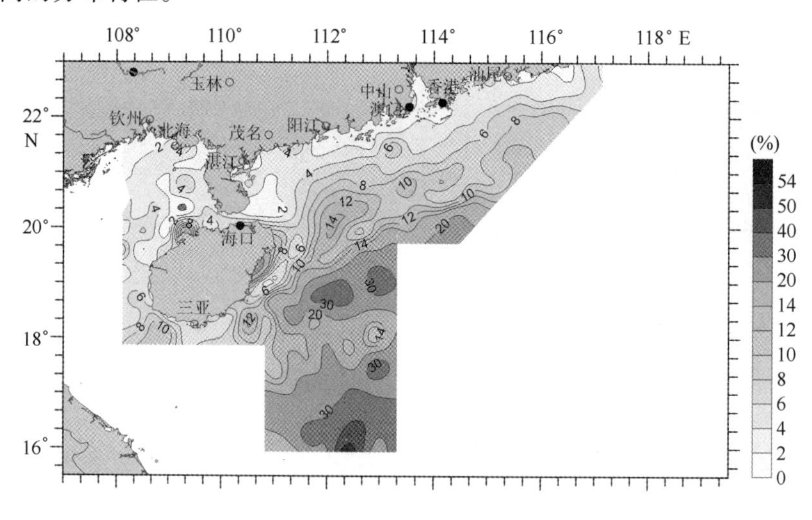

图 30.10　南海北部表层沉积物 CaO 分布

（5）MgO。南海北部表层沉积物中 MgO 的含量介于 0.01% ~ 3.55%，平均含量为 1.73%。其平面分布比较均匀，高含量区呈斑块状分布于区内，最高含量值位于北部湾深水区内，最高值可以达到 3% 以上（图 30.11）。

（6）MnO。南海北部 MnO 的含量较低，其含量介于 0 ~ 1.81%，平均值为 0.1%。其平面分布特征表现为近岸区含量相对较高，远岸区含量逐渐降低，但是在海南岛东南海域出现

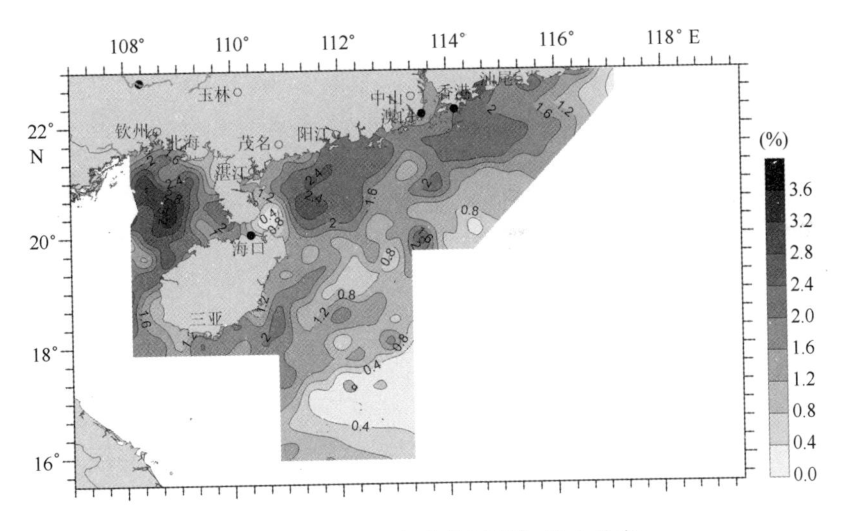

图 30.11　南海北部表层沉积物 MgO 分布

一个异常高值区，其含量最高可以达到 1% 以上（图 30.12）。表明这一海区可能含有较为丰富的火山物质或者火成岩比较发育，结合上面提到的此区域中 SiO_2 含量较低，而 CaO 含量极高的分布特征，海南岛东南海域物质来源复杂，不仅受到珠江、韩江等河流输入物质的影响，还应有其他物质来源，化学元素的分布特征表明，这一海域受到生物活动和火山活动的影响比较明显。

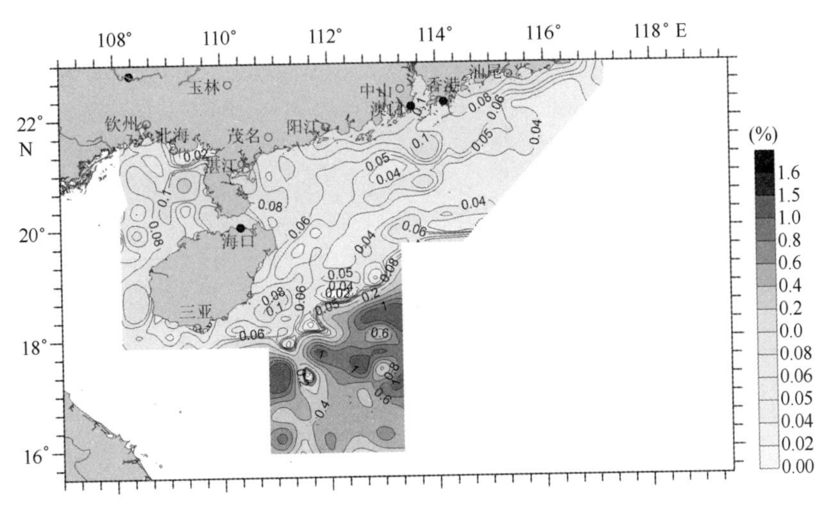

图 30.12　南海北部表层沉积物 MnO 分布

（7）TiO_2。南海北部 TiO_2 的含量介于 0.03% ~1.94%，平均含量为 0.64%。TiO_2 的平面分布比较均匀，高值区主要位于珠江口及相邻海域，随着离岸距离的增加，TiO_2 的含量呈现逐渐降低的变化趋势（图 30.13）。

（8）P_2O_5。南海北部 P_2O_5 的含量较低，其含量值介于 0.01% ~0.41%，平均值为 0.12%。其平面分布比较均匀，高含量区主要位于珠江口及附近海域。另外海南岛东南部海域及琼州海峡西侧其含量也相对较高，低值区主要位于汕头外海一带及海南岛周边近岸海域（图 30.14）。

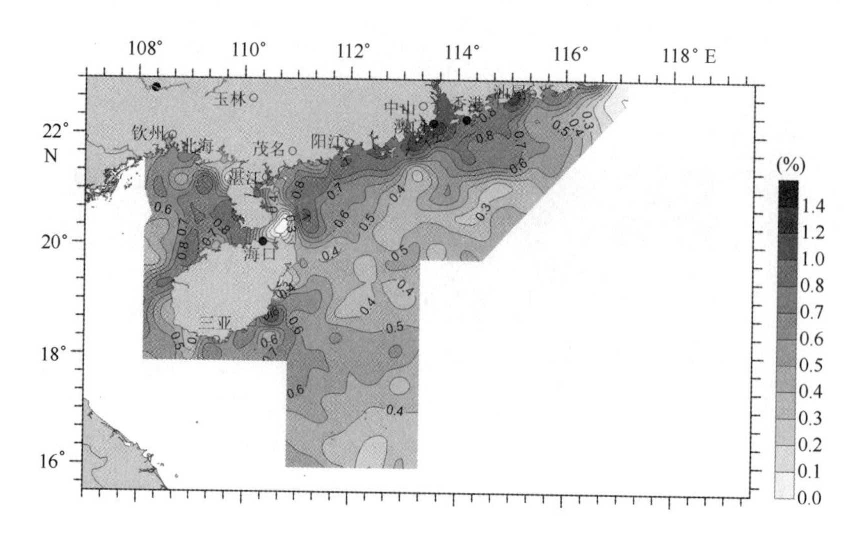

图 30.13　南海北部表层沉积物 TiO_2 分布

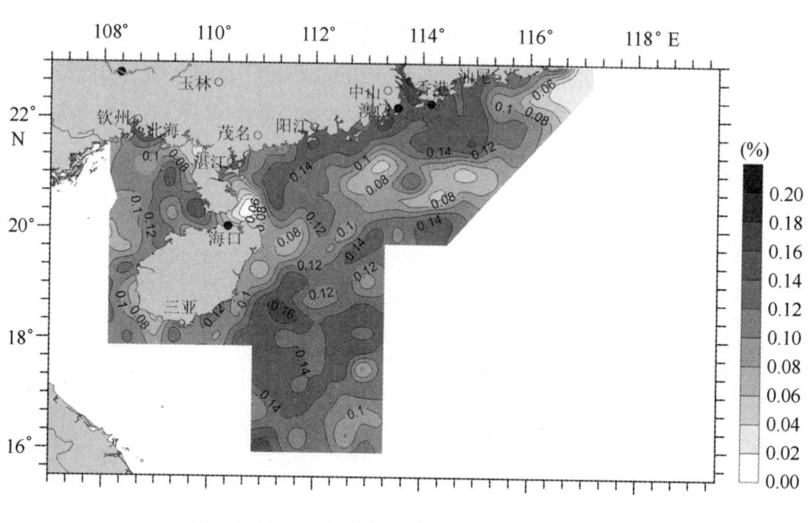

图 30.14　南海北部表层沉积物 P_2O_5 分布

（9）K_2O。南海北部表层沉积物中 K_2O 的含量变化于 0.09% ~ 3.73%，平均值为 2.19%。其平面分布比较均匀，整体表现为近岸区含量较高，由岸向海呈现逐渐降低的变化趋势（图 30.15）。

（10）Na_2O。南海北部表层沉积物中 Na_2O 的含量介于 0.05% ~ 5.61%，平均含量为 1.77%。其平面分布特征与 P_2O_5 相似（图 30.16）。

30.2.2　微量元素分布特征

前人利用微量元素的分布特征对南海沉积物的物源研究得出了许多有意义的结论。邵磊（2001）对南海东沙群岛东南侧高速堆积体的微量元素分析表明，陆源物质主要来自台湾方向的河流经澎湖水道搬运进入南海，揭示了南海北部深海沉积来源的复杂性。古森昌（2001）对南沙海槽表层沉积物的微量元素 Zn、Ni、Ba 与 Cu 进行了研究，发现 Ba 与 Zn 的关系密切，具有边缘海沉积的特点，表现为亲陆性。甘居利等（2003）对南海北部表层沉积

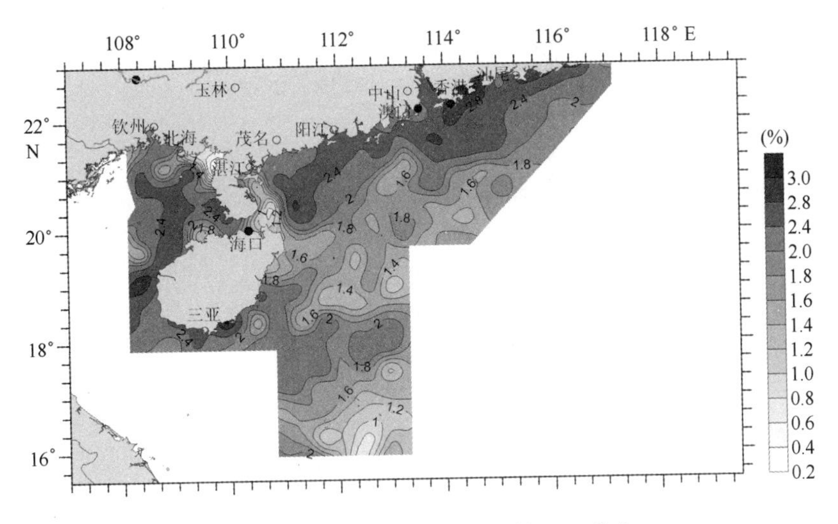

图30.15　南海北部表层沉积物 K_2O 分布

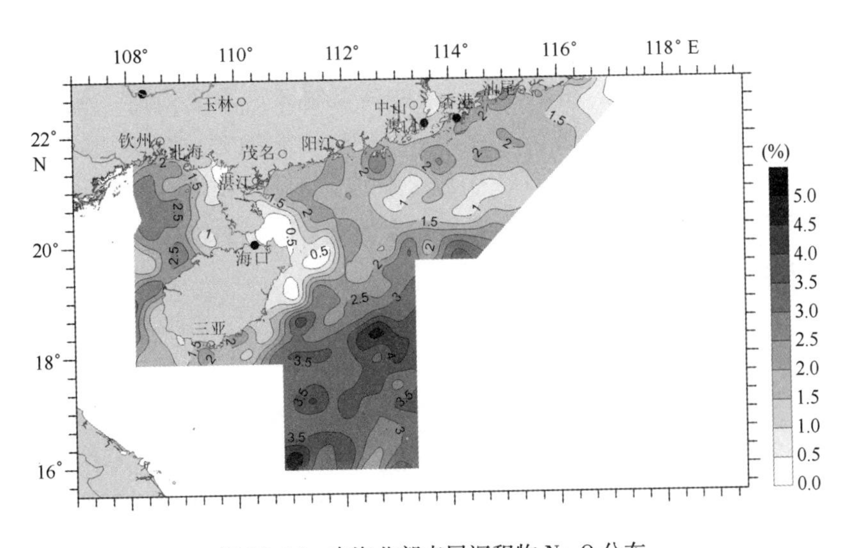

图30.16　南海北部表层沉积物 Na_2O 分布

物样品的研究表明，重金属含量较低，明显低于沿岸污染海域，站间重金属含量差异与沉积物类型有关，一般在海南岛东部海域含黏土的粉砂中较高，在台湾浅滩或粤东远岸海域粗砂中较低，在珠江口外海域的粉砂内居中，全部测站的 Cr 和 70% 测站的 Pb，其含量超过页岩中的平均含量。韦刚健（2003）对取自南海北部陆坡的 ODP1144 站沉积物中碎屑组分的研究发现，在间冰期，碎屑物质表现出较高的 Al/Ti、K/Ti、Mg/Ti 比值和较低的 Na/Ti、Ca/Ti 比值，而在冰期则正好相反，意味着在间冰期华南地区陆壳化学风化程度加强，反映了一种相对湿润的气候环境。陈忠（2002）对南沙海槽南部海区重金属元素分布特征进行研究，发现 Pb、Co、Zr 既存在于陆源碎屑矿物晶格中，又以吸附态被黏土吸附，还受碳酸盐沉积影响。Sr 主要受生物碳酸盐沉积作用影响。Cu、Zn、Ni、Cr、Ba 主要受黏土的吸附作用及铁锰氧化物的影响。

南海北部表层沉积物中微量元素的测试结果如表 30.3 所示，微量元素中 Ba、Sr、Zr 这 3 种元素含量最高，平均值分别为 326.60 μg/g、254.55 μg/g 和 221.41 μg/g，其次为 Zn、V、

Cr、Ni、Pb、Co 和 Cu，其平均值分别为 78.60 μg/g、73.50 μg/g、59.36 μg/g、32.15 μg/g、30.01 μg/g、18.81 μg/g 和 18.59 μg/g（表 30.4 和图 30.17）。

表 30.3　南海北部表层沉积物微量元素分析结果

单位：μg/g

项目	Ni	Cu	Zn	Pb	Cr	Sr	V	Co	Zr	Ba
最大值	241.40	129.20	431.00	139.00	137.80	4 058.90	280.80	253.60	5 345.30	867.80
最小值	0.90	1.17	1.10	3.90	4.00	11.55	0.00	0.95	5.40	18.50
平均值	32.15	18.59	78.60	30.01	59.36	254.55	73.50	18.81	221.41	326.60
标准偏差	24.59	13.83	40.91	13.31	22.16	285.17	33.85	28.26	254.70	130.73
变异系数	0.76	0.74	0.52	0.44	0.37	1.12	0.46	1.50	1.15	0.40
有效数据	1 604	1 604	1 604	1 604	1 604	1 604	1 604	1 323	1 088	1 088

海洋沉积物中元素的含量受粒度控制：不同粒级沉积物由于其矿物组成、结构和表面特征不同，导致元素在其中的含量各异。这一“粒度控制律”最先由赵一阳提出（赵一阳，1983），随后被越来越多的学者所证实（吴明清，1983；王金土，1989；业渝光等，1991）。赵一阳（1994）由此提出 3 种模式：①大多数元素的含量随沉积物粒度变细而升高；②一些元素的含量随沉积物粒度变细而降低；③个别元素的含量随沉积物粒度变细先升后降，在中等粒度的粉砂中出现极大值。

南海表层不同类型沉积物的元素含量变化见表 30.4。从表 30.4 中可以看出，Cu、Zn、Pb、Cr、V 这 5 种微量元素明显遵循“粒度控制律”的第一种模式：细粒级沉积物中元素的含量明显高于粗粒级沉积物，细粒级中的丰度比粗粒级高出两三倍。微量元素 Cu 在最细粒级黏土质粉砂沉积物中平均含量为 26.0 μg/g，在粉砂质沉积物中减少至 24.0 μg/g，在砂质粉砂沉积物中进一步降低为 14.5 μg/g，而在粉砂质砂与砂质沉积物中其平均含量分别为 11.3 μg/g 与 8.2 μg/g，Cu 在细粒级沉积物中的含量是粗粒级砂质沉积物中含量的 3 倍多。微量元素 Zn 也主要赋存在细粒级沉积物中，在黏土质粉砂中的平均含量为 100.8 μg/g，而在砂质沉积物中含量仅为 38.2 μg/g。微量元素 Pb、Cr、V 在细粒沉积物中的含量也明显高于粗粒沉积物，这是因为细粒级沉积物具有较高的比表面积，对微量元素有较强的表面吸附作用；而且细颗粒沉积物孔隙度小，易形成还原环境，使有机质不易氧化分解，故一般富含有机质，有机质对元素的富集有很大作用（Rubio et al.，2000）。而元素 Ni、Sr、Ba 这三种元素则在粉砂中含量最高，在粗粒的砂质沉积物和细粒的黏土质粉砂中含量都相对较低。Sr 作为亲生物元素，一般多在粗粒级的钙质生物贝壳碎屑中富集，并且 Sr 的标准偏差也较大，这是因为砂质沉积物中，有部分来自陆源的碎屑组分对生物组分产生“稀释”作用的影响所致。元素 Co 在粉砂质砂中含量最高，平均含量为 43.5 μg/g，元素 Zr 在砂质粉砂中含量最高。

表 30.4 南海北部表层沉积物微量元素统计表 单位：μg/g

元素	全部沉积物		砂		粉砂质砂		砂质粉砂		粉砂		黏土质粉砂	
Ni	241.4	32.1	112.8	13.4	241.4	38.5	201.8	29.1	152.1	41.6	100.2	32.9
	0.9		0.9		2.6		6.1		6.0		4.7	
Cu	129.2	18.6	67.1	8.2	90.5	11.3	61.8	14.5	111.8	24.0	129.2	26.0
	1.2		1.2		1.8		2.5		4.6		4.4	
Zn	431.0	78.6	250.0	38.2	238.0	52.5	196.0	70.0	274.0	97.7	431.0	100.8
	1.1		5.6		1.1		3.0		19.3		20.3	
Pb	139.0	30.0	66.8	22.0	70.5	22.7	63.8	27.0	78.1	32.4	139.0	36.9
	3.9		3.9		5.4		8.3		12.0		11.0	
Cr	137.8	59.4	137.8	28.7	124.0	45.5	120.9	57.8	105.1	68.4	128.0	72.6
	4.0		4.0		4.8		17.2		24.4		20.8	
Sr	4 058.9	254.6	923.0	172.9	921.7	257.5	2 902.9	279.5	2 832.4	341.5	4 058.9	208.1
	11.6		11.6		32.6		28.9		68.4		32.6	
V	280.8	73.5	149.3	32.0	156.0	52.2	159.0	69.3	143.5	86.9	194.0	92.8
	0.0		0.0		8.0		18.8		26.3		11.6	
Co	253.6	18.8	118.2	9.1	253.6	43.5	221.8	18.2	154.9	18.0	82.3	13.8
	0.9		0.9		1.0		2.9		3.4		3.3	
Zr	5 345	225.9	5 345.3	243.1	1 690.0	247.0	697.0	262.2	462.0	173.8	1 333.0	223.6
	5.4		23.3		61.9		38.8		38.3		5.4	
Ba	867.8	326.8	389.0	230.1	581.7	257.2	867.6	292.2	831.8	465.5	867.8	322.8
	18.5		18.5		24.3		60.7		123.0		82.3	

* 每种元素左边一列上面一行为含量最小值，下面为最大值，右边一列为平均值．

对各微量元素含量分布进行统计发现（图 30.17），南海北部 1 604 个表层沉积物站位中微量元素含量变化范围较大，各元素最低含量值接近于零，而最高含量均达到了 100 μg/g 以上，其中 Sr 与 Zr 的最高含量值分别达到 4 059 μg/g 和 5 345 μg/g，这主要是因为南海北部包括了河口三角洲地区、内陆架、外陆架、残留砂沉积区以及岛屿、海峡、潮道等多种沉积环境，沉积物类型复杂多样，由砾石至泥质沉积物均有分布，不同类型沉积物中微量元素分布差异很大，使得各微量元素的标准偏差和变异系数较大，但是各元素均有一个集中分布范围区间。比如微量元素 Ni 含量主要介于 1～50 μg/g，Cu 含量主要介于 1～40 μg/g，Zn 含量主要介于 1～110 μg/g，Pb 含量主要介于 10～50 μg/g，Cr 含量主要介于 10～100 μg/g，Sr 含量主要介于 0～1 000 μg/g，V 元素含量主要介于 0～150 μg/g。

同样，把各类型沉积物微量元素含量平均值与总沉积物平均值的比值［Mean（s）/Mean（t）］按元素作图，得到图 30.18。

从图 30.18 中可以看出，微量元素的分布同样也与沉积物类型有一定的关系。砂质沉积物、粉砂质砂和砂质粉砂中微量元素组分含量多低于平均值，但是粉砂质砂中 Ni 元素的含量高于平均值，砂质粉砂中 Sr 元素的含量也略高于平均值；粉砂和黏土质粉砂沉积物中各微量元素的含量值相对总沉积物平均值要富集，除了黏土质粉砂中的 Sr 元素之外，其他各种微量元素的含量均高于平均值。按砂、粉砂质砂→砂质粉砂→粉砂→黏土质粉砂的次序，Cu、

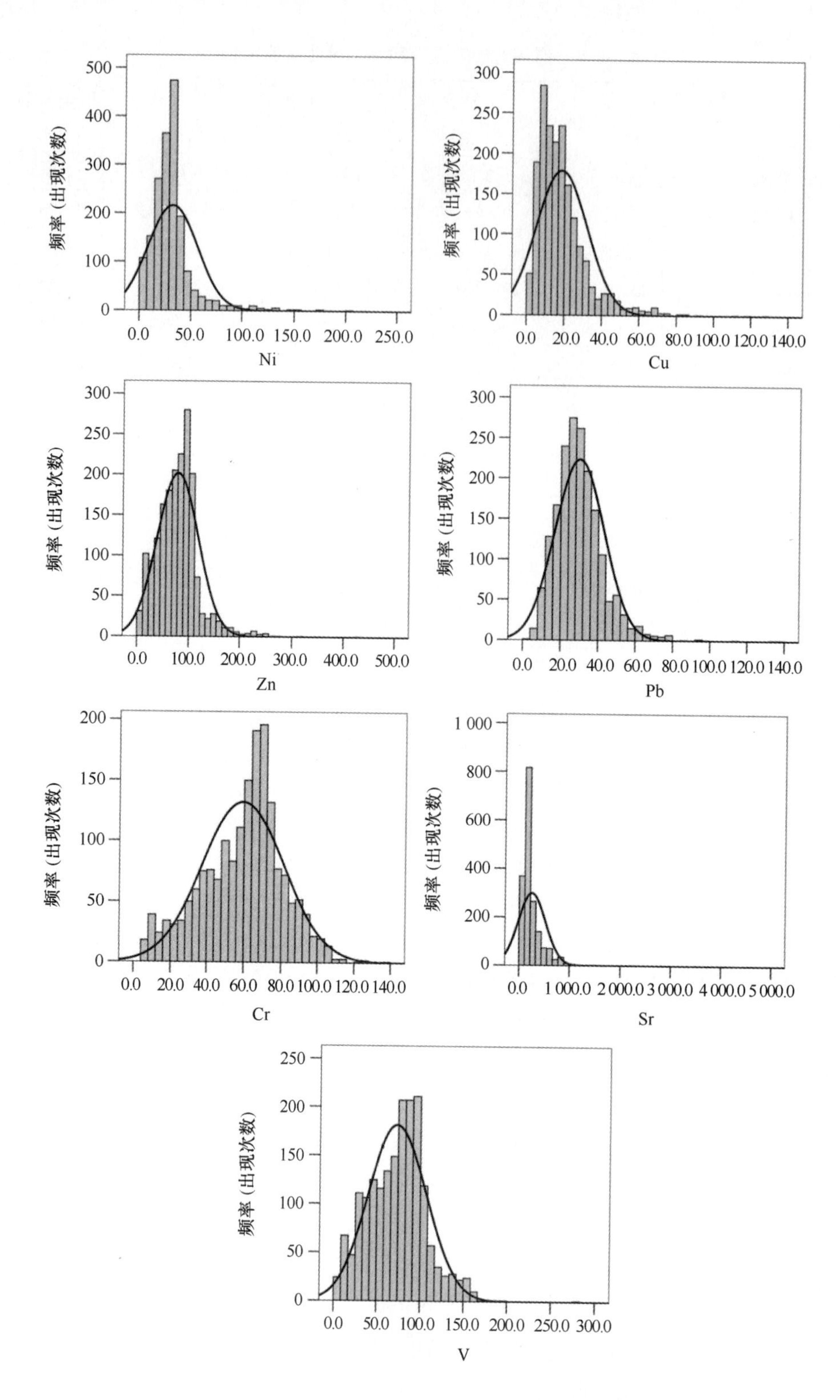

图 30.17　南海北部表层沉积物微量元素含量分布统计

Zn、Pb、Cr、V 这 5 种微量元素的含量依次降低，这一变化趋势同样反映的是微量元素与粒度之间的相关关系。

为了进一步确定南海北部表层沉积物中微量元素的含量与沉积物类型的关系，将所测试

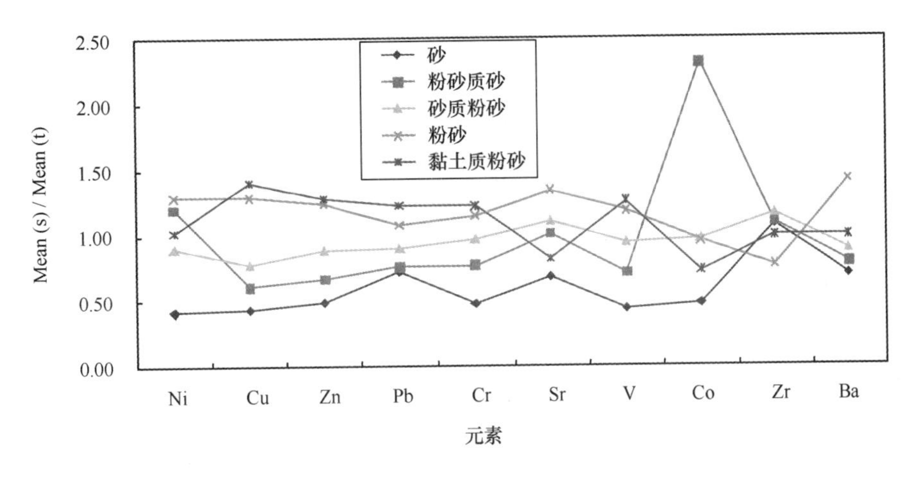

图 30.18　南海北部表层沉积物中微量元素含量随沉积物类型关系

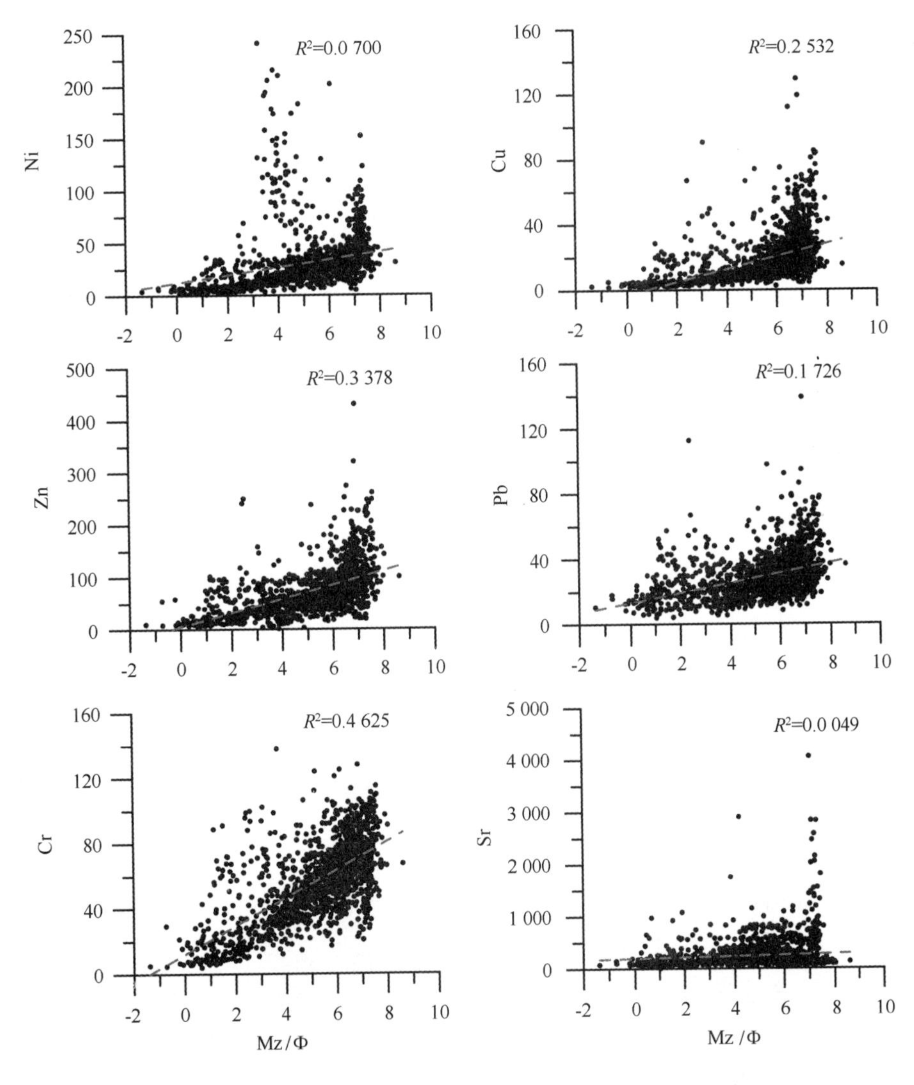

图 30.19　南海北部表层沉积物中微量元素与平均粒径相关图解

的7种微量元素的含量与沉积物平均粒径进行投点（图30.19），结果表明，除了Ni和Sr两种微量元素外，其他5种微量元素的含量均与沉积物平均粒径呈线性关系，随着沉积物粒径变大，元素含量降低；而在平均粒径相对较细的沉积物中，微量元素的含量则有所增加。而元素Sr的含量规律与其他微量元素则不同，在粗颗粒沉积物中较为富集，这是因为Sr作为亲生物元素，主要在粗粒级的钙质生物贝壳碎屑中富集的缘故。表30.3中Sr的标准偏差和变异系数均较大，是因为砂砾级粗粒沉积物中，有部分来自陆源的碎屑组分对生物组分产生稀释作用的影响所致。

根据南海北部表层沉积物中微量元素含量编制了南海北部表层沉积物Ni、Cu、Zn、Pb、Cr、Sr、V、Co、Zr、Ba这几类微量元素的区域分布等值线图。

（1）Ni。Ni的含量变化于1～241 μg/g，主要集中在0～50 μg/g，平均值为32 μg/g。Ni元素在福建、广东、广西沿岸一带分布比较均匀，并且含量较低，在海南岛东侧出现一个异常高值区，最高含量可以达到180 μg/g以上（图30.20）。

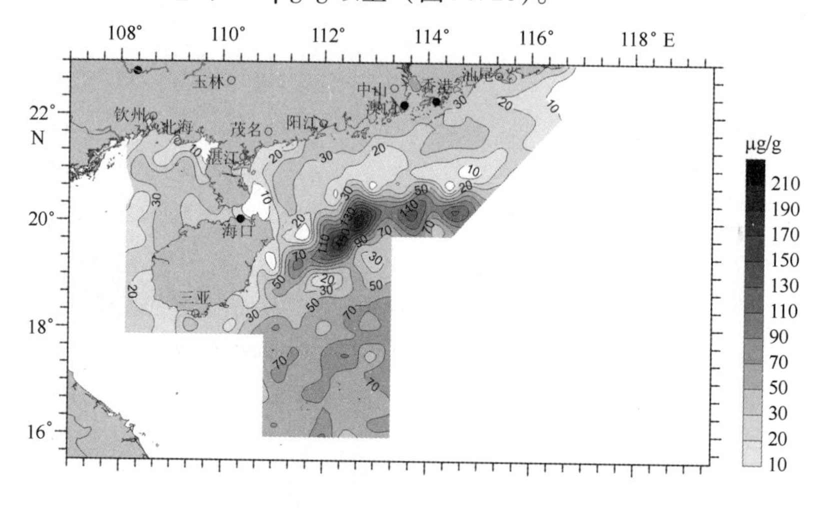

图30.20　南海北部表层沉积物Ni分布

（2）Cu。Cu元素在南海北部的含量介于1～129 μg/g，主要集中在5～40 μg/g，虽然其分布很不均匀，但是仍表现出一定的规律性，由图30.21可以看出，Cu元素在珠江口海域含量最高，而向外海方向其含量逐渐降低。

（3）Zn。Zn元素在南海北部的含量介于1～431 μg/g，平均含量为78.6 μg/g。Zn的分布特征与Cu元素相似，也表现出近岸高，远岸区低的分布特征，另外，在珠江口海域含量较高（图30.22）。

（4）Pb。Pb元素在南海北部的分布特征与Cu和Zn相类似，其含量介于4～139 μg/g，主要集中在10～50 μg/g，平均含量为30 μg/g。Pb元素的含量也是近岸区较高，远岸区较低（图30.23）。

（5）Cr。Cr的含量在南海北部内变化于4～138 μg/g，比较集中分布在20～90 μg/g，平均值为59 μg/g。珠江口海域及雷州半岛西侧海域为高含量区，而汕头外海及海南岛东侧海域为Cr的低含量区（图30.24）。

（6）Sr。Sr元素在南海北部的分布很不均匀，其含量介于12～4 059 μg/g，平均含量为255 μg/g。Sr的高值区域主要在海南岛东南海域，而在离岸较近的海域含量都比较低，Sr的

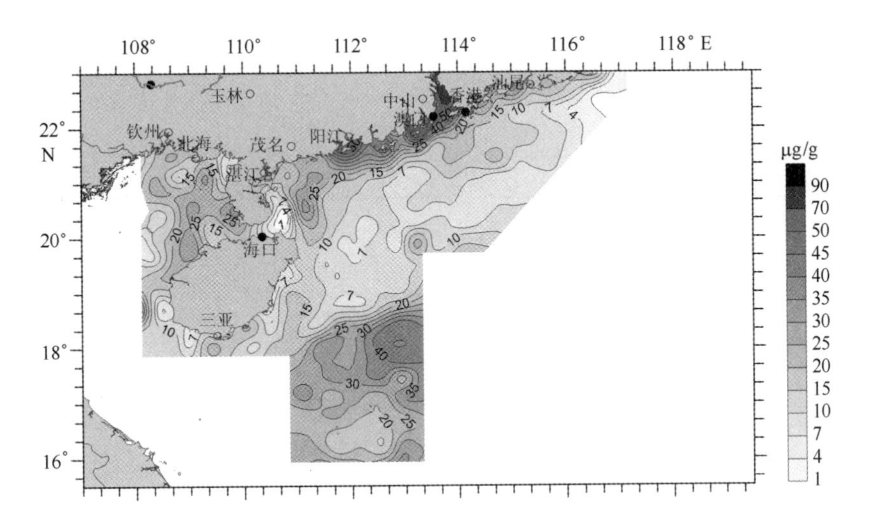

图 30.21　南海北部表层沉积物 Cu 分布

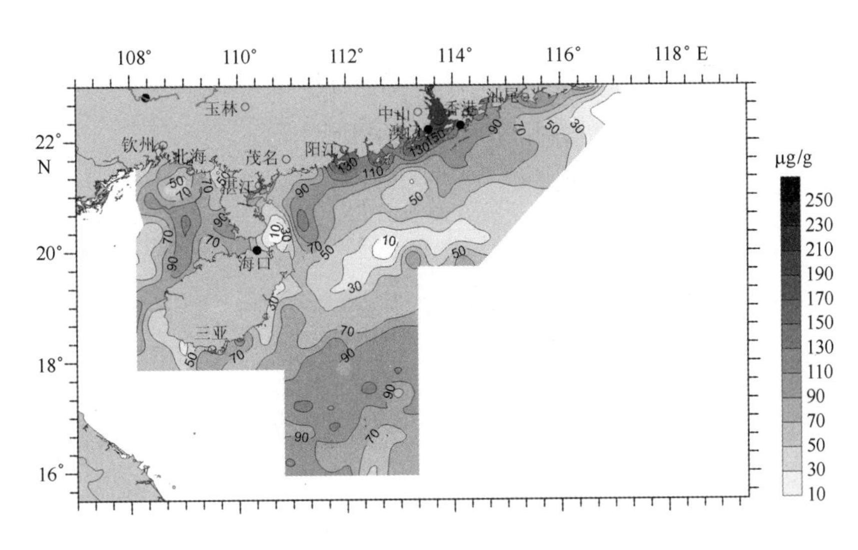

图 30.22　南海北部表层沉积物 Zn 分布

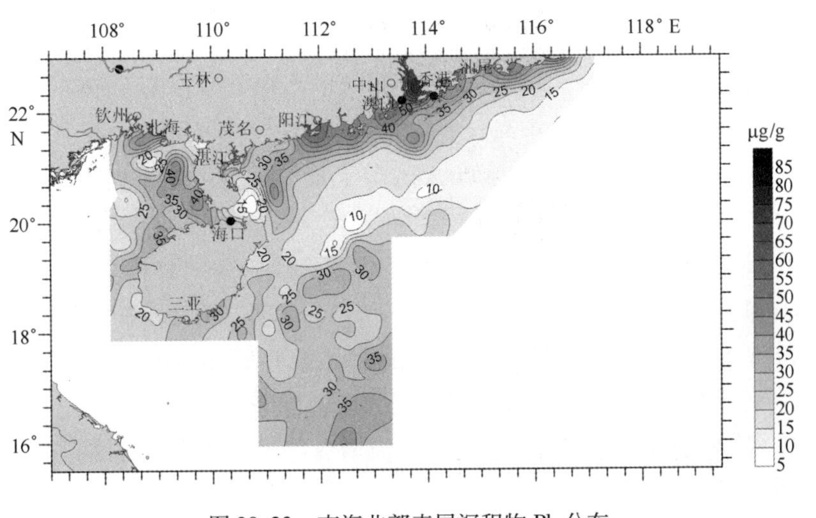

图 30.23　南海北部表层沉积物 Pb 分布

分布特征与常量元素 MnO（图 30.12）较为相似（图 30.25）。

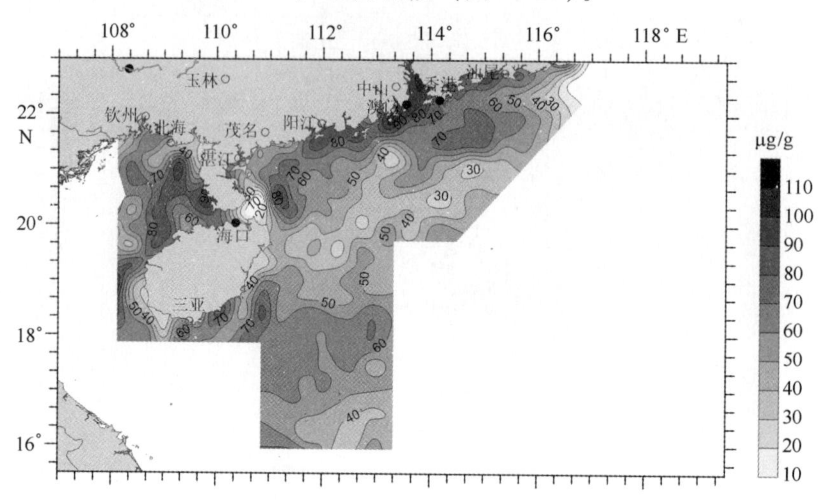

图 30.24　南海北部表层沉积物 Cr 分布

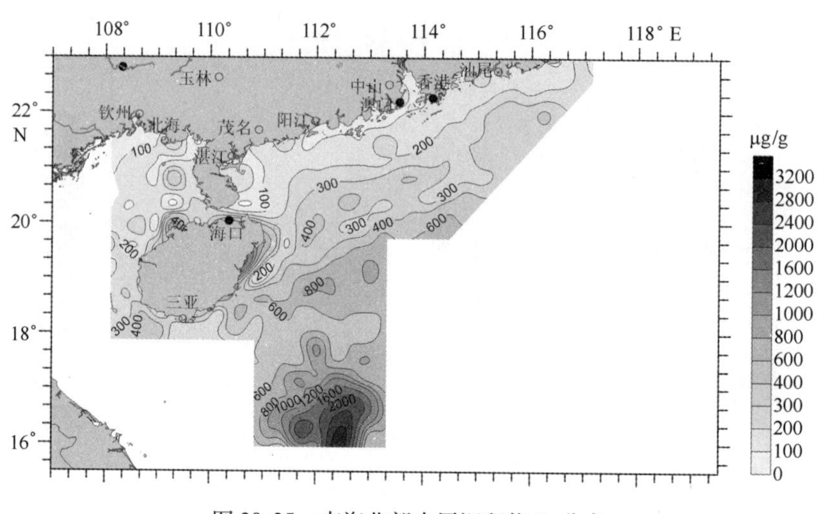

图 30.25　南海北部表层沉积物 Sr 分布

（7）V。V 元素在南海北部表层沉积物中的含量介于 0 ~ 280 μg/g，主要集中在 10 ~ 120 μg/g 之间，平均含量为 73.5 μg/g。V 元素的分布特征表现出随着离岸距离增加，其含量逐渐降低的变化趋势（图 30.26）。其中高含量区主要位于珠江口等沿岸区域，沿垂直海岸线的方向，V 含量明显降低，表明 V 同 Cu、Pb、Zn 等元素一样，可能主要来源于河流的输入，特别是珠江入海物对这些元素的分布起着明显的控制作用。

（8）Co。Co 元素在南海北部表层沉积物中的含量介于 0.9 ~ 253.6 μg/g，平均含量为 19 μg/g。Co 元素含量分布特征与 Ni 基本一致（图 30.27），表明这两种元素性质相似。

（9）Zr。Zr 元素在南海北部表层沉积物中的含量介于 5 ~ 5 345 μg/g，平均含量为 226 μg/g。Zr 元素平面分布特征显示，雷州半岛两侧为低含量分布区，而珠江三角洲东部及其东北部海域含量较高，向深水区逐渐降低；另外，海南岛南部海域含量较高，向西沙群岛方向逐渐降低（图 30.28）。

（10）Ba。Ba 元素在南海北部表层沉积物中的含量介于 18.5 ~ 868 μg/g，平均含量为

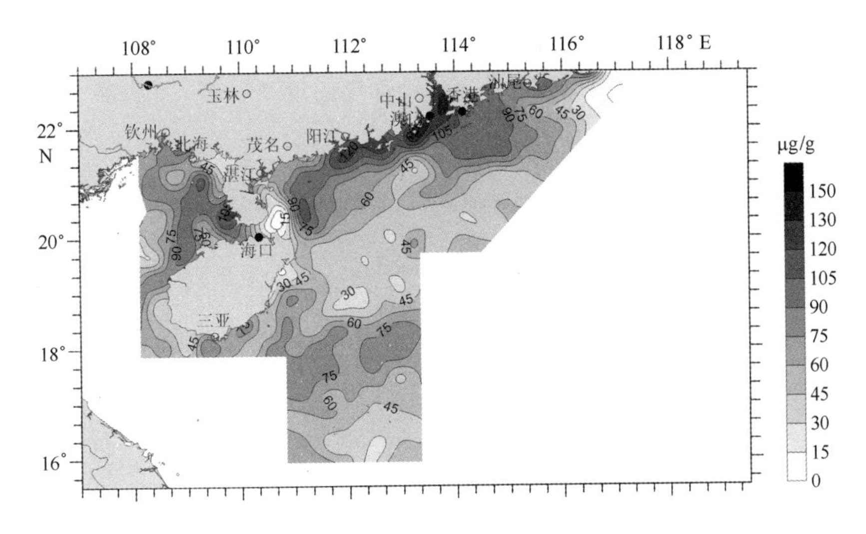

图 30.26　南海北部表层沉积物 V 分布

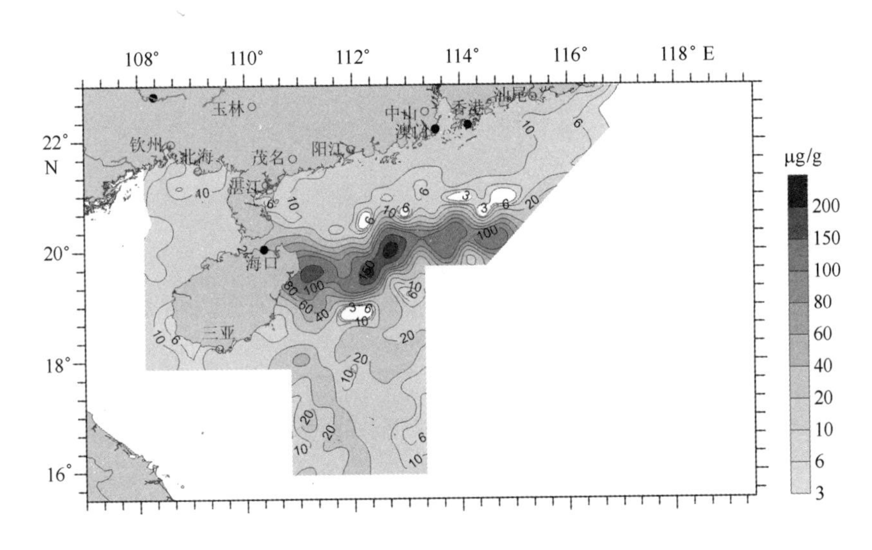

图 30.27　南海北部表层沉积物 Co 分布

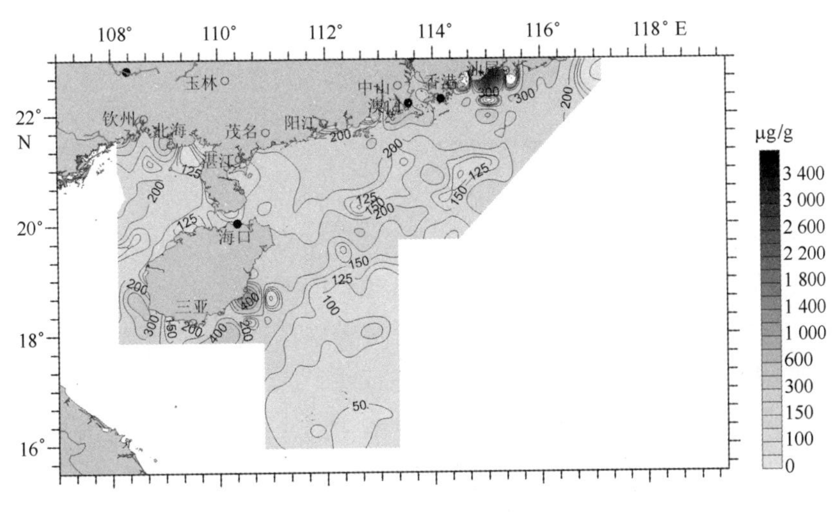

图 30.28　南海北部表层沉积物 Zr 分布

327 μg/g。Ba 元素的平面分布特征显示，西沙群岛附近海域为其高含量分布区，而雷州半岛两侧海域和海南岛东北部海域为其低含量分布区。珠江三角洲及其东北海域含量也较高（图 30.29）。

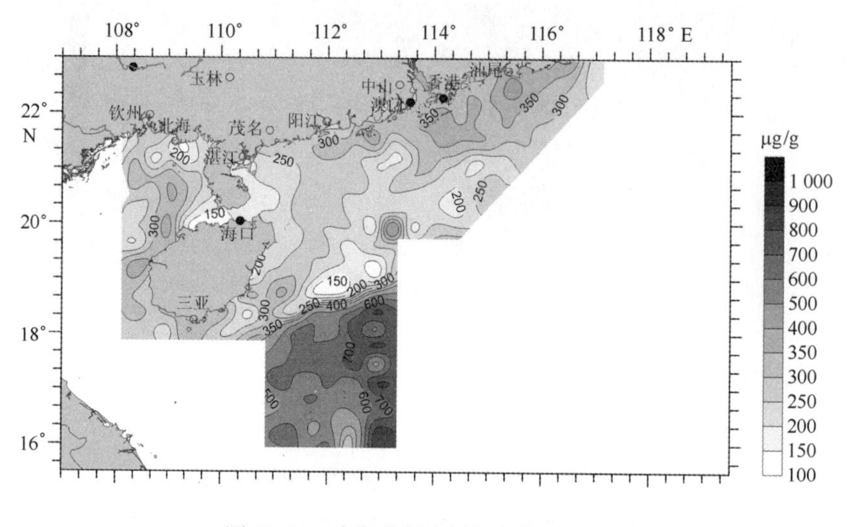

图 30.29　南海北部表层沉积物 Ba 分布

30.3　元素相关性及元素组合

30.3.1　元素相关性

南海北部表层沉积物中的元素，一部分是自生的，即从海洋中生成；另外一部分是陆源的，即来源自大陆碎屑矿物，且主要以陆源碎屑物质来源为主。本区域最主要的泥沙供应来自珠江、红河及台湾西南部河流的物质输入等。陆源碎屑物质中所含的许多元素在风化母岩中就常共生或伴生在一起，经风化、搬运、再共同沉积于研究区内，因此，表层沉积物中的某些元素势必保存了母岩的地球化学特性，存在着一定的相关关系。而以离子形式搬运的元素，在形成胶体沉淀时，往往会吸附与其具有相似地球化学行为的其他元素离子共同沉淀，这也会致使沉积物中某些元素的强相关性。

多元统计分析方法是进行地质数据处理的常用方法，其中因子分析、相关分析等方法可在各种复杂而近似零乱的数据中提取出种种规律，因而在地质数据处理与解释时运用很广。因子分析是最为常见的数据简化方法，用于考察多个定量变量之间的内在结构，其目的是分解原始变量，从中归纳出潜在的“类别”，相关性较强的指标归为一类，不同类变量间的相关性则较低，每一类代表了一个“共同因子”，即一种内在结构，因子分析就是要寻找该结构。相关分析用于描述变量间关系的紧密程度，它反映的是当控制了其中一个变量的取值后，另一个变量还有多大的变异程度。相关分析的一个显著特点是变量不分主次，被置于同等的地位。

因为沉积物中多数元素丰度呈线性正态分布，故一般采用简单线性相关分析方法。在本研究中对 10 种常量元素及 7 种微量元素间的相关性分析采用 Pearson 相关系数进行度量，所计算的结果经双尾显著性检验，其结果如表30.5所示，大多数元素之间存在正相关关系：①常量元素Al_2O_3、Fe_2O_3、MgO、TiO_2、P_2O_5、K_2O、Na_2O之间呈正相关，尤其是Al_2O_3与TiO_2之间呈显著正相关，相关系数达0.84。②微量元素Ni、Cu、Zn、Pb、Cr、V之间呈正相关。③微量元素与常量元素中的Al_2O_3、Fe_2O_3、MgO、TiO_2、P_2O_5、K_2O、Na_2O之间大多呈正相关。④多数元素都与黏土的特征元素Al（赵一阳等，1989）呈正相关；特别是微量元素Ni、Cu、Zn、Pb、Cr、V之间，不仅彼此显著相关，而且都与Al呈明显的相关关系，彼此相关系数较高，相关系数最大的为V和Al（相关系数为0.89）。⑤SiO_2、CaO、Sr与其他元素大多呈负相关，但是CaO与Sr之间则呈明显正相关，相关系数为0.90，它们均与生物组分相关，多赋存于碳酸盐生物介壳中。⑥MnO元素与其他元素之间的相关性不明显，它可能主要与自生作用有关。

总体来看，SiO_2是南海北部表层沉积物中占主导的地球化学组分，其含量的变化直接影响到其他元素的含量。从表30.5可以看出，SiO_2与绝大部分的常、微量元素均呈负相关，也即是所谓Si的“稀释剂”作用（赵一阳和鄢明才，1987）。Al_2O_3也是表层沉积物中的重要组分，与SiO_2的含量呈互为消长的关系。同时，SiO_2是砂的特征元素，其含量随粒度变细而降低；而Al是泥（黏土）的特征元素，其含量随粒度变细而升高，因此，两者必然存在着负相关关系（图30.4和30.5）。CaO的含量主要受到钙质贝壳碎片的明显影响。由图30.10中可以看出，CaO含量的平面分布特征整体呈现出近岸含量低，外海含量高的变化趋势。珠江口及其广东、广西近岸海域中CaO含量较低，多在4%以下；而在海南岛东侧，随着离岸距离的增加，向东北及东南方向均呈现明显增加的变化趋势，特别是西沙群岛附近海域，CaO含量明显比相邻海域高出许多，其最高含量值可以达到48.56%，表明这一海区受到生物活动的影响比较明显，其陆源碎屑物质被生源物质稀释，从而表现出SiO_2含量极低，而CaO含量极高的分布特征。微量元素Sr也主要与生物活动有关，其与CaO含量明显呈正相关，相关关系为0.90，其平面分布特征（图30.25）与CaO的平面分布特征基本一致，高含量分布区主要位于西沙群岛附近海域，而在珠江口及其近岸海域含量较低。

南海海区表层沉积物的元素分布及其含量的变化，明显地受陆源碎屑矿物、生物碳酸盐、黏土矿物的影响，在海流的长期作用下，陆源碎屑，尤其是黏土矿物的沉积，有着相当重要的地位，与其相关的元素，也受其控制，生物碳酸盐与生物有着成因上的关系，它们的分布无疑要受生物所控制。因此，沉积物中不同元素在区域上的分布有一定的规律性，元素之间也有一定的相关性。

30.3.2　元素的组合特征

从元素的相关性分析得知，沉积物中常、微量元素之间往往不同程度地存在着一定的内在联系，这些联系与元素的地球化学性质、物质来源、沉积环境等密切相关。表现在沉积物中元素含量的分布格局上，以不同的元素组合为特征。对南海北部表层沉积物样品的常、微量元素进行了因子分析和聚类分析。

采用方差极大正交旋转的R型因子分析方法，取特征值大于1的3个初始因子进行最大方差旋转，得到旋转后各因子的得分情况见表30.7，并依此计算出元素的相应组合。这3个因子的方差贡献分别为43.57%、21.83%和12.04%，累积贡献率为77.44%（表30.6），这3个因子可以提供原始数据的足够信息。

表 30.5　南海北部表层沉积物常微量元素相关性分析

元素	SiO_2	Al_2O_3	Fe_2O_3	CaO	MgO	MnO	TiO_2	P_2O_5	K_2O	Na_2O	LOI	Ni	Cu	Zn	Pb	Cr	Sr	V
SiO_2	1.00																	
Al_2O_3	-0.28	1.00																
Fe_2O_3	-0.40	0.78	1.00															
CaO	-0.72	-0.44	-0.21	1.00														
MgO	-0.42	0.77	0.60	-0.27	1.00													
MnO	-0.35	0.00	0.09	0.29	-0.08	1.00												
TiO_2	-0.27	0.84	0.80	-0.36	0.59	0.01	1.00											
P_2O_5	-0.62	0.73	0.77	0.03	0.53	0.22	0.77	1.00										
K_2O	-0.11	0.80	0.59	-0.45	0.62	-0.02	0.69	0.54	1.00									
Na_2O	-0.73	0.32	0.23	0.39	0.39	0.39	0.20	0.51	0.20	1.00								
LOI	-0.61	-0.12	0.01	0.63	-0.05	0.22	-0.08	0.23	-0.18	0.39	1.00							
Ni	-0.49	0.13	0.19	0.30	0.06	0.28	0.17	0.41	0.07	0.42	0.56	1.00						
Cu	-0.33	0.63	0.67	-0.16	0.29	0.28	0.73	0.65	0.45	0.23	0.03	0.28	1.00					
Zn	-0.35	0.76	0.77	-0.22	0.46	0.21	0.80	0.73	0.61	0.24	-0.01	0.21	0.86	1.00				
Pb	-0.27	0.65	0.70	-0.20	0.33	0.12	0.66	0.57	0.53	0.06	-0.02	0.08	0.73	0.81	1.00			
Cu	-0.43	0.85	0.85	-0.23	0.69	0.12	0.90	0.83	0.67	0.38	0.01	0.22	0.74	0.83	0.65	1.00		
Sr	-0.62	-0.39	-0.21	0.89	-0.21	0.30	0.01	-0.38	0.29	0.53	0.21	-0.12	-0.18	-0.14	-0.19	1.00		
V	-0.30	0.89	0.88	-0.36	0.62	0.09	0.93	0.79	0.72	0.23	-0.09	0.18	0.77	0.86	0.71	0.93	-0.30	1.00

表 30.6 因子信息提取表（$n=1836$，最大方差旋转）

因子	初始因子提取结果			旋转因子提取结果		
	特征值	方差/（%）	累积方差/（%）	特征值	方差/（%）	累积方差/（%）
F1	8.91	49.52	49.52	7.84	43.57	43.57
F2	3.78	21.00	70.52	3.93	21.83	65.39
F3	1.25	6.92	77.44	2.17	12.04	77.44

从表30.7可以看出，各因子中均有一些得分很高的元素出现，因子的代表意义比较明显。

表 30.7 旋转后的因子得分表（$n=1836$，最大方差旋转）

元素	因子		
	F1	F2	F3
SiO_2	-0.40	**-0.84**	-0.26
Al_2O_3	**0.80**	0.00	0.53
Fe_2O_3	**0.84**	0.10	0.27
CaO	-0.32	**0.87**	-0.20
MgO	0.43	0.02	**0.80**
MnO	0.29	**0.42**	-0.40
TiO_2	**0.87**	0.01	0.31
P_2O_5	**0.76**	0.46	0.26
K_2O	**0.64**	-0.06	0.51
Na_2O	0.19	**0.66**	0.43
LOI	-0.02	**0.75**	-0.03
Ni	0.25	**0.63**	0.05
Cu	**0.91**	0.10	-0.14
Zn	**0.94**	0.04	0.05
Pb	**0.86**	-0.10	-0.06
Cr	**0.86**	0.16	0.38
Sr	-0.28	**0.78**	-0.21
V	**0.92**	0.03	0.29

F1因子在初始因子中所占的方差贡献为49.52%，旋转后所占的方差贡献为43.57%，是影响南海北部沉积物元素变化的主要地质因素之一。F1因子全部为正载荷，元素组合为Al_2O_3、Fe_2O_3、TiO_2、P_2O_5、K_2O、Cu、Zn、Pb、Cr、V。从南海北部表层沉积物的粒度组成情况来看，一般在细粒沉积物中，上述元素比较富集，因此该元素组合代表的是与相对细颗粒的沉积物密切相关的元素组合。

F2因子在初始因子中所占的方差贡献为21%，旋转后所占的方差贡献为21.83%，是影响化学元素变化的第二主要因子。该因子的元素组合为 SiO_2、CaO、MnO、Na_2O、Ni 与 Sr。根据绝对值最大化原则，F2 因子代表了 3 种不同类别的元素组合：①亲陆源碎屑类元素主要是 SiO_2；②亲生物元素 CaO 与 Sr；③MnO 与 Na_2O，指示意义不明确，Na_2O 可能反映研究区受到火山沉积作用的影响，也可能反映海水对海底沉积物的影响。Na 在表生地球化学环境中活动性大。在沉积物形成过程中主要以溶解态形式迁移，极易被黏土矿物所吸附而在黏土矿物中富集。同时 Na 是海水的重要组成元素，沉积物中的 Na 部分来自于海水（赵一阳等，1994）。

F3 因子中仅有一种元素 MgO。从 MgO 在南海北部的分布特征可以看出（图 30.11），MgO 的分布比较均匀，仅在北部湾深水区含量较高，与红河入海物质中的 MgO 含量相似（童胜琪等，2006），表明其可能受到红河物质输入的影响。

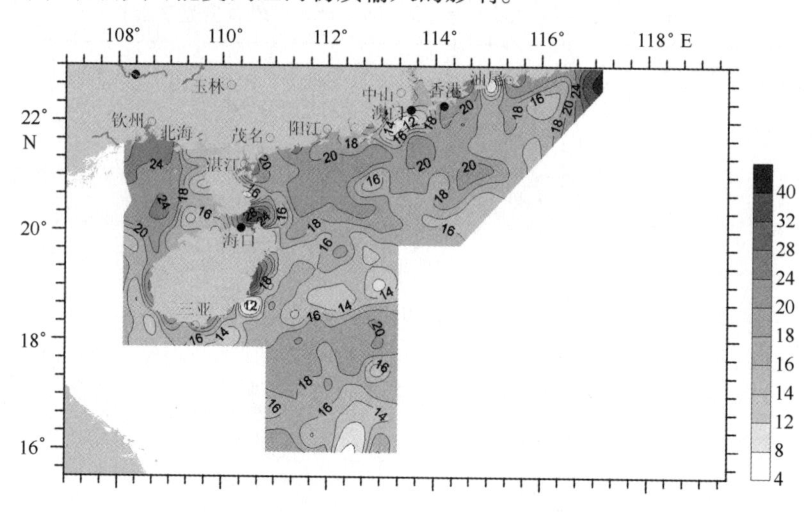

图 30.30　南海北部表层沉积物 Al_2O_3/TiO_2 比值分布特征

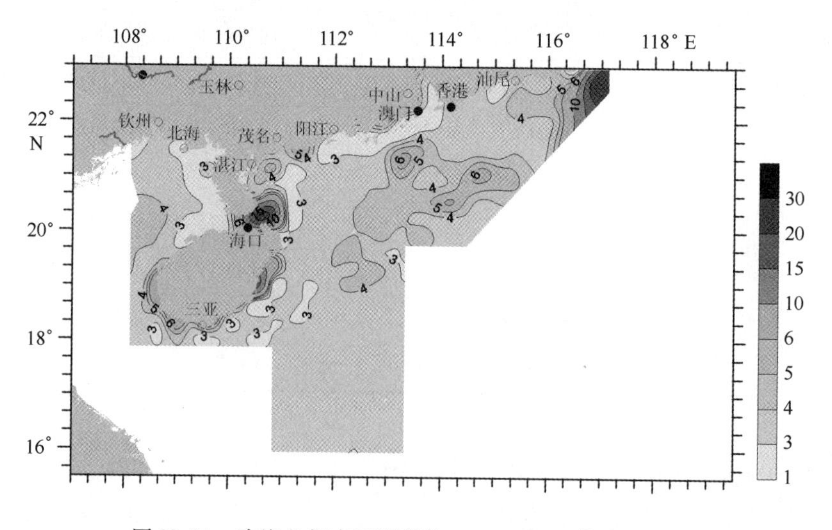

图 30.31　南海北部表层沉积物 K_2O/TiO_2 比值分布特征

30.4 元素比值特征

陆地化学风化的强度可以通过地球化学指示因子来估计（Yang et al.，2006）。Al、K、Na、Ti等元素和沉积物中的陆源组分有密切关系。由于海洋沉积物中的陆源物质来自大陆侵蚀产物（Windom，1976），所以，物源区化学侵蚀的变化会记录在海洋沉积物中。以前关于Al、Ti、K的研究表明：沉积物源区化学侵蚀变化和元素迁移过程中粒径类别可以解释相关的气候变化模式（Wei et al.，2003），化学侵蚀的变化与沉积物源区气候变化有关（Wei et al.，2003）。Al、K、Na、Fe等元素与Ti的比值与气候变化有着良好的相关模式，它们可以作为研究古气候变化的重要指示因子（Wei et al.，2004）。由于元素在不同的化学侵蚀强度下普遍有着明显不同的迁移速率，所以，沉积物中元素含量以及它们的比值变化广泛用于评价化学侵蚀强度（Yang et al.，2006）。Ti是海洋沉积物中陆源物质的最佳指示因子（Wei et al.，2003），在化学侵蚀过程中，Ti从基岩中释放出来，但在迁移之前就沉淀下来，不会发生化学迁移（Nesbitt et al.，1997）。在研究侵蚀剖面时，Ti通常被作为一种保守元素，它与其他元素的比值可以作为元素在化学侵蚀中行为的示踪因子（Wei et al.，2004；Nesbitt et al.，1997）。有研究表明，元素与Ti的比值排除了生物成因和自生成因对元素沉积记录的稀释所造成的影响，因此，Ti比值有助于鉴别这些元素在沉积物中是否有自生成因的富集。在化学侵蚀过程中，Al对淋滤有抵制作用，进而在侵蚀产物中富集（Nesbitt & Young，1982；Nesbitt et al.，1997）。因而，在来自较强的化学侵蚀源区的海洋沉积物中应有较高的Al/Ti比值。富集在成岩矿物中的碱金属和碱土金属在沉积环境中会发生化学迁移（Li et al.，2003）。Na在化学侵蚀过程中比Al、K活泼，更易于从母岩中迁移出来（Yang et al.，2004）。大陆上的化学侵蚀变化很大程度上受控于湿度和温度，湿热的气候可以增强化学侵蚀（Nesbitt & Young，1982）。化学侵蚀的加强可以导致侵蚀产物中Al、K含量增加（Wei et al.，2004）。因此，K/Na、K/Ti、A1/Na的高值体现强的化学侵蚀，其低值体现弱的化学侵蚀（Wei et al.，2004；Yang et al.，2006）。所以，这些元素比值可以进一步指示源区古气候环境的变化：相对高的Al_2O_3/TiO_2、K_2O/TiO_2、K_2O/Na_2O、Al_2O_3/Na_2O比值代表了较强的化学侵蚀以及更为湿热的气候。用元素比值作为古气候环境变化的指示因子，相对于直接用元素含量变化作为指示因子来说，克服了其他元素的稀释所造成的影响，具有更高的准确性。这里我们采用CIA（化学风化指数）来表示化学风化强度，公式（Nesbitt & Young，1982）为：

$$CIA = [Al_2O_3/(Al_2O_3 + CaO^* + Na_2O + K_2O)] \times 100$$

式中，主要元素均为摩尔比，CaO^*代表硅酸盐岩中的CaO含量。随着化学风化作用的进行，Na、K和Ca等碱性和碱土性元素不断淋失，CIA值逐渐增大。新鲜的玄武岩CIA值为30～45，花岗岩和花岗闪长岩为45～55，高岭石接近100，而上陆壳平均为46。一般来说，CIA值在45～55时表示无风化作用，小于60时表示弱的化学风化作用，60～80时代表中等化学风化作用，大于80时表示强烈化学风化作用。

南海北部表层沉积物中元素与Ti的比值变化主要受控于几个因素：①生物成因和自生成因物质的量的变化；②沉积物来源区域的变化；③沉积物源区化学侵蚀的变化；④沉积物迁

移过程中的粒径分类。南海北部表层沉积物中 Al_2O_3/TiO_2 平面分布特征见图 30.30，由图 30.30 中可以看出，Al_2O_3/TiO_2 比值较高的区域主要集中在北部湾和广东近岸地区，表明这些地区沉积物主要来源于化学风化作用较强的地区。北部湾沉积物主要来源于沿岸风化物质，而这一地区湿润多雨，化学风化作用较强，基岩及土壤经过较为彻底的化学风化作用后形成丰富的高岭石矿物，化学元素组成方面则表现出 Al_2O_3/TiO_2 比值较高，这些陆地风化物质进入海洋后被海流和波浪作用进一步向深海运移并沉积下来，因此海洋表层沉积物中的 Al_2O_3/TiO_2 比值相对邻近海区也表现出较高的比值特征。广东沿岸表层沉积物主要来自珠江等河流的输入，由于珠江流经地区也经受了强烈的化学风化作用，因此，珠江河流入海物也具有较高的 Al_2O_3/TiO_2 比值特征，因此受珠江河流物质影响比较明显的海区其表层沉积物中 Al_2O_3/TiO_2 比值也较高，垂直于岸线向海方向则逐渐减低。K_2O/TiO_2、K_2O/Na_2O、Al_2O_3/Na_2O 比值平面分布特征（图 30.31 至图 30.33）与 Al_2O_3/TiO_2 比值分布明显不同，说明南海北部沉积物来源复杂，除了受到陆源风化物质的输入以外，还受到生物活动和火山活动的影响。Al_2O_3/Na_2O 比值随着离岸距离的增加而呈现逐渐降低的变化趋势，这与表层沉积物类型有关，在近岸浅水区，沉积物多为细粒的泥质沉积物，物质主要来源于珠江及其他沿岸河流的输入，外陆架地区主要是粗粒的砂质沉积物，而 Al 元素主要赋存在细粒沉积物中，尤其是黏土矿物中，因此 Al_2O_3/Na_2O 比值表现出由岸至海逐渐降低的变化趋势（图 30.33）。K_2O/Na_2O 在西沙群岛附近海域呈现高值区，这一海区附近 Na 元素含量也较高（图 30.16），表明这一地区可能受到火山活动的影响。

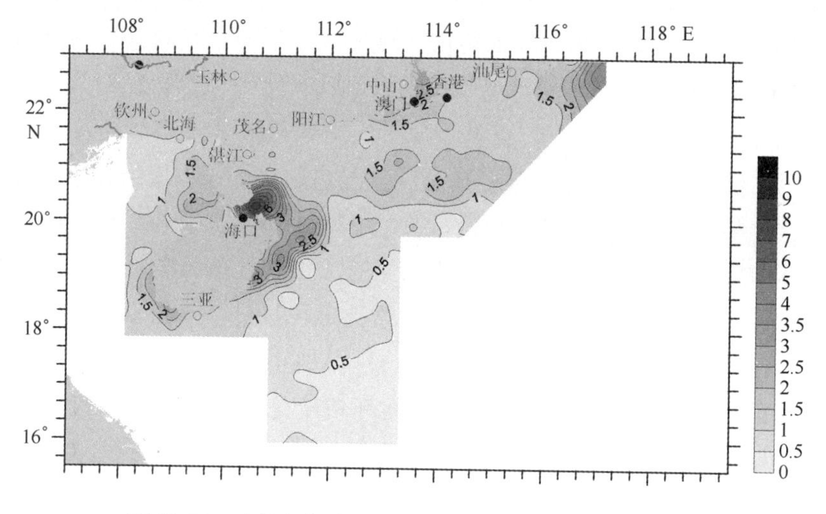

图 30.32　南海北部表层沉积物 K_2O/Na_2O 比值分布特征

南海北部表层沉积物中化学风化指数平均为 55，大多数站位介于 60 ~ 80 之间，代表中等强度的化学风化作用，其平面分布特征显示出由岸至海逐渐降低（图 30.34），这主要与物质来源有关。近岸区，特别是珠江三角洲及其西南沿岸海域，由于受到珠江河流入海物的影响比较明显，这一地区的 CIA 值较高，表明珠江河流入海物化学风化指数较高，珠江流域化学风化强度较强。在北部湾海域，化学风化指数也较高，表明北部湾沿岸化学风化程度也较高。在海南岛东部及西沙群岛附近海域，由于受到生物活动的影响明显，陆源碎屑物质受到生物沉积的稀释，使得 CIA 值明显较低。

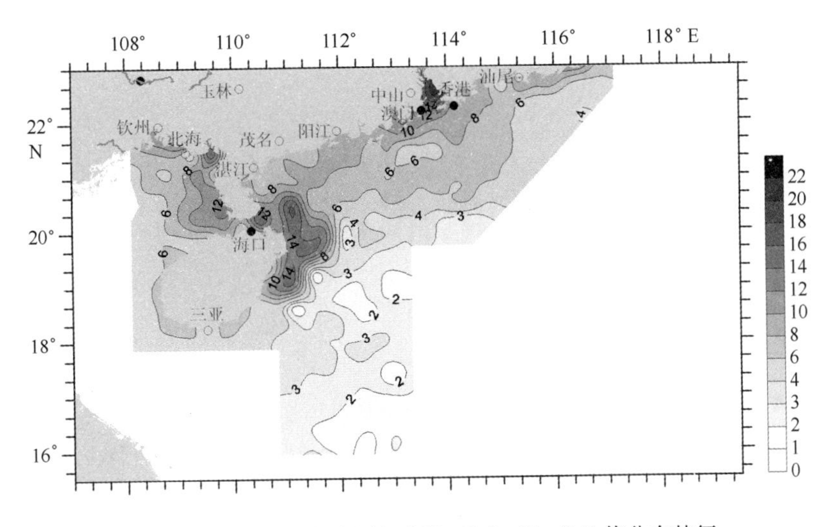

图 30.33 南海北部表层沉积物 Al_2O_3/Na_2O 比值分布特征

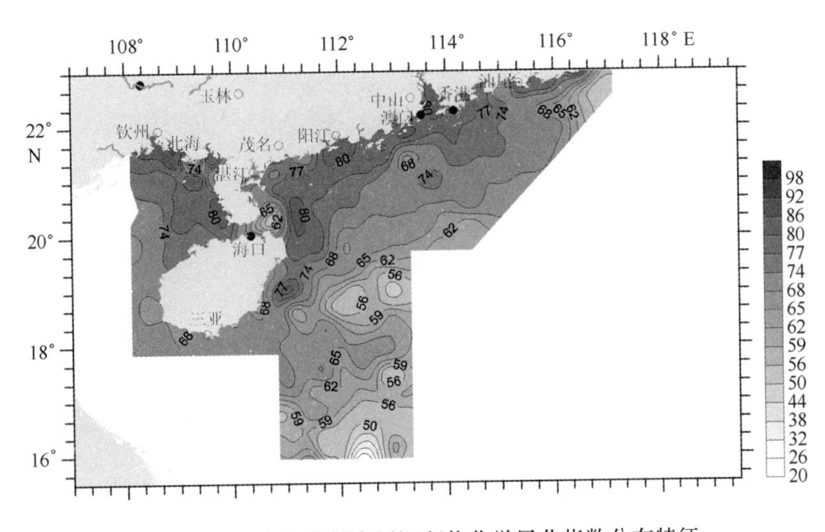

图 30.34 南海北部表层沉积物化学风化指数分布特征

第31章　南海北部微体古生物特征

31.1　数据来源

南海北部微体古生物分布特征通过对“908专项”调查所获得的表层沉积物样品进行有孔虫鉴定分析而得出。表层沉积物样品采集多数为海底5 cm或10 cm。共鉴定分析样品1 240个，并对612个样品中的浮游有孔虫进行了鉴定，具体采样位置见图31.1。

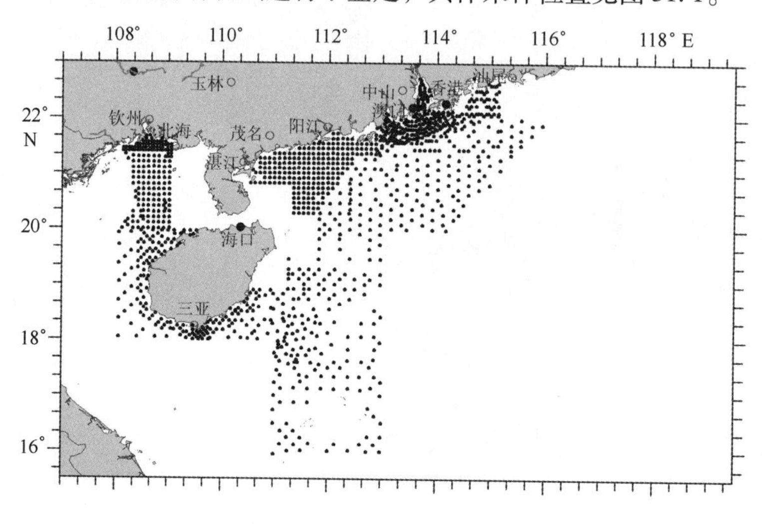

图31.1　南海北部表层沉积物有孔虫分析站位

31.2　底栖有孔虫分布特征

在南海北部表层沉积物中，共鉴定出底栖有孔虫134属307种。这些属种有 *Heterolepa dutemplei*（杜氏异麟虫），*Textuliaria pseudotrochus*（假塔串珠虫），*Ammobacculites formosensis*（台湾砂杆虫），*Ammobaculites agglutinans*（胶结砂杆虫），*Ammodiscus gullmarensis*，*Ammoni pauciloculata*（少室卷转虫），*Ammonia annectens*（同现卷转虫），*Ammonia beccarii* var.（毕克卷转虫变种），*Ammonia compressiuscula*（压扁卷转虫），*Ammonia convexdorsa*（凸背卷转虫），*Ammonia dominicana*（圆形卷转虫），*Ammonia globosa*（球室卷转虫），*Ammonia ketienziensis*（结缘寺卷转虫），*Ammonia maruhassi*，*Ammonia pauciloculata*，*Ammonia takanabensis*（高锅卷转虫），*Ammonia tepida*（暖水卷转虫），*Ammoscalaria agrestiformis*（田野形砂梯虫），*Ammotium subdirectum*，*Amphicoryna pauciloculata*（少室双棒虫），*Amphicoryna sublineata*（亚线纹双棒

虫)，*Amphistegina lessonii*，*Amphistegina radiata*（辐射双盖虫)，*Anomalinoides* spp.（拟异常虫)，*Arenoparella asiatica*，*Astrononion italicum*，*Astrononion tasmanensis*（塔斯曼星九字虫)，*Astrorotalia subtrispinosa*，*Bigenerina ammobaculitoidea* Chang，*Bigenerina nodosaria*（节房双串虫)，*Biloculinella* spp.（小两块虫)，*Bolivina bradyi*（布氏箭头虫)，*Bolivina robusta*（强壮箭头虫)，*Bolivina semiperforata*，*Bolivina subspinescens*（微刺箭头虫)，*Bolivina tortursa*（扭转箭头虫)，*Bolivinopis pseudobryrichi*，*Botuloides pauciloculus*（少室拟肠虫)，*Brizalina alata*（具翼判草虫)，*Brizalina plicatella*，*Brizalina punctatostriata*（点纹判草虫)，*Brizalina seminuda*，*Brizalina striata*（条纹判草虫)，*Brizalina subreticulata*（亚网格判草虫)，*Buccella frigida*（冷水面颊虫)，*Buccella tunicata*，*Buccella tunicata*（覆盖面颊虫)，*Bulimina aculeata*（棘刺小泡虫)，*Bulimina elongate*（伸长小泡虫)，*Bulimina marginata*（具缘小泡虫)，*Bulimina mexicana*，*Bulimina rostrata*（鸟嘴小泡虫)，*Bulimina subula*（锥子小泡虫)，*Bulimonoides milletti*（美丽拟泡虫)，*Cancris auriculus*（耳状脓泡虫)，*Cancris intermedius*（中间脓泡虫)，*Caribeanella* spp.，*Cassidulina carinata*（具棱小盔虫)，*Cassidulina laevitata*（光滑小盔虫)，*Cassidulina minuta*，*Cavarotalia annectens*，*Cellanthus chapman*，*Cellanthus craticulatum*（柳条花篮虫)，*Ceratobulimina pacifica*（太平洋角泡虫)，*Chilostomella oolina*（卵形唇口虫)，*Cibicides lobatus*（瓣状面包虫)，*Cibicides margaritiferus*（珍珠面包虫)，*Cibicides mundulus*，*Cibicides praecinctus*，*Cibicides pseudoungerianus* 假恩格面包虫，*Cibicidina* spp.（小面包虫)，*Cibicidoides barnetti*，*Cibicidoides bradyi*（布氏面包虫)，*Cibicidoides subhaidingarii*，*Cibicidoides wuellerstorfi*（伍氏面包虫)，*Criboroelphidium* spp.（筛希望虫)，*Cribrononion laevigatum*（光滑筛九字虫)，*Cribrononion porisuturalis*，*Cribrononion subincertum*（亚易变筛九字虫)，*Cyclammina compressa*（压扁环砂虫)，*Dentalina communis*（普通齿形虫)，*Dentalina filiformis*（线状齿形虫)，*Dentalina insecta*，*Discorbinella* spp.，*Discorbis candeiana*，*Discorbis latestoma*（隐口圆盘虫)，*Discorbis rugosus*（皱圆盘虫)，*Dyocibicides epicharis*（美丽双面包虫)，*Edentostomina* spp.，*Eggerella advena*（异地伊格尔虫)，*Ehrenbergina pacifica*，*Elphidium advenum*（异地希望虫)，*Elphidium asiaticum*，*Elphidium crispum*，*Elphidium discoldale* var. *asiatiam*（圆盘希望虫亚洲变种)，*Elphidium hispidulum*（茸毛希望虫)，*Elphidium jenseni*（扁肾希望虫)，*Elphidium magellanicum*（缝裂希望虫)，*Elphidium nakanokawaense*，*Epistomaria miurensis matsunaga*（三浦边口虫)，*Epistominella exigua*，*Epistominella naraensis*（奈良小上口虫)，*Epistominella pulchra*（丽小上口虫)，*Eponides berthelotianus*，*Eponides concamerata*（聚室上穹虫)，*Eponides procerus*，*Eponides repandus*（拱隆上穹虫)，*Fissurina kerimbatica*（基林巴缝口虫)，*Fissurina laevigata* Reuss（光滑缝口虫)，*Fissurina lucida*（光亮缝口虫)，*Fissurina orbignyana*（龙骨缝口虫)，*Fissurina staphylleraria*，*Fissurina subformosa*，*Fissurina unicospina*（单刺缝口虫)，*Fissurina wrightiahna*（宝石缝口虫)，*Florilus* cf. *atlanticus*（大西洋花朵虫比较种)，*Florilus decorus*（优美花朵虫)，*Florilus limbatostriatus*（嵌线花朵虫)，*Florilus scaphus*（船状花朵虫)，*Florius japonicus*，*Florius japonicus*，*Florius scaphus*，*Florius scaphus*，*Fursenkoina pauciloculata*（少室富尔先科虫)，*Fursenkoina schreibersiana*（不等富尔先科虫)，*Gaudryina* cf. *guanajayensis*（关那亚高德里虫相似种)，*Gavelinopsis praegeri*（秀丽脐塞虫)，*Geminospira simaensis*（岛双旋虫)，*Glandulina laeviata*（光滑橡果虫)，*Globobulimina pacifica*（太平洋球泡虫)，*Globobulimina pyrula*（形球泡虫)，*Globocassidulina* spp.（盔球虫未定种)，*Globocassidulina subglobosa*（亚球

形盔球虫），*Globulina*（球形虫），*Guembelitria vivans*（现生金伯尔虫），*Guttulina kishinouyi*（菱野小滴虫），*Guttulina pacifica*，*Gyroidina depressa*（压扁圆形虫），*Gyroidina lamarckiana*，*Gyroidina neosoldanii*，*Gyroidina nipponica*（日本圆形虫），*Gyroidina orbicularis*（正圆圆形虫），*Hanzawaia mantaensis*（曼顿半泽虫），*Hanzawaia nipponica*（日本半泽虫），*Haplophragmoides bradyi*（布氏拟单栏虫），*Haplophragmoides canariensis*（卡纳利拟单栏虫），*Haplophragmoides pervagatus*，*Helenina anderseni*（缝裂海伦虫），*Heterolepa dutemplei*（杜氏异鳞虫），*Heterolepa praecincta*（束带异麟虫），*Heterolepa subpraecinctus*（近束带异麟虫），*Hoeglundina elegans*（美丽缘缝虫），*Homosina* sp.，*Hopkinsina pacifica*，*Hyalinea balthica*，*Hyalinea balthica*（波罗地透明虫），*Karreriella bradyi*（布氏卡勒虫），*Lagena distoma*（双口瓶虫），*Lagena hispida*（绒刺瓶虫），*Lagena pliocenica*（上新瓶虫），*Lagena spicata*（尖底瓶虫），*Lagena striata*（线纹瓶虫），*Lagena substriata*（亚线纹瓶虫），*Lagenonodosaria pyrula*（梨形节瓶虫），*Lamarckina scabra*，*Laterostomella* spp.（侧口虫），*Laticarnina pauperata*，*Lenticulina calcar*（马刺透镜虫），*Lenticulina costata*（肋纹透镜虫），*Lenticulina expansus*（扩展透镜虫），*Marginulina hanzawai*（半泽边缘虫），*Marginulina obesa*（肥边缘虫），*Martinottiella bradyi*（布氏节鞭虫），*Massalina laevigata*，*Massilina milletti*（美莱特块心虫），*Melonis barleeanum*（巴利苹果虫），*Melonis pompilioides*，*Miliolinella chukchiensis*（丘凯小粟虫），*Miliolinella circularis*（圆形小粟虫），*Miliolinella oceanica*（大洋小粟虫），*Neoedentostomina* spp.（新无齿虫），*Neoeponides subornatus*（亚装饰新上穹虫），*Nodosaria koina*（科因节房虫），*Nodosaria vertebralis*，*Nonion akitaense*（秋田九字虫），*Nonion boueanum*，*Nonionella decora*（优美小九字虫），*Nonionella extensum*（扩展九字虫），*Nonionella jiacksonensis*（杰克逊小九字虫），*Nonionella magnalingula*（大舌小九字虫），*Nonionella stella*（星小九字虫），*Nonionellina* spp.（微九字虫），*Nummulites ammonoides*（拟日货币虫），*Oolina hexagona*（六角卵形虫），*Oolina laevigata*（光滑卵形虫），*Oolina melo*（瓜状卵形虫），*Oridorsalis tenera*（娇孔背虫），*Oridorsalis umbonatus*，*Pacinonion* spp.（管九字虫），*Parafissurina* spp.，*Pararotalia armata*，*Pararotalia nipponica*（日本仿轮虫），*Patellinella jugosa*（丘陵小碟虫），*Peneroplis pertusus*，*Planulina ariminensis*（典型平面虫），*Poroeponides cribrorepandus*（筛状孔上穹虫），*Poroeponides lateralis*（侧孔上穹虫），*Praeglobobulimina spinescens*（具刺先球泡虫），*Protelphidium turberculatum*（具瘤先希望虫），*Proteonina atlantica*（大西洋原始虫），*Pseudoeponides* spp.（假上穹虫），*Pseudorotalia indopacifica*（印度太平洋假轮虫），*Pseudorotalia schroeteriana*（施罗德假轮虫），*Psudoeponides japonica*，*Psudorotalia schroeteriana*，*Pullenia apertula*（五叶幼体虫），*Pullenia bulloides*（泡幼体虫），*Pulsiphonina elegans*（美丽管口虫），*Pyrgo murrhina*，*Pyrio denticulata*（小齿双玦虫），*Pyrio elongata*（伸长双玦虫），*Pyrio sarsi*（厚双玦虫），*Qinquelocuina bicostata*（双肋五玦虫），*Qinquelocuina bradyana*（隆缘五玦虫），*Qinquelocuina crassicarinata*（粗龙骨五玦虫），*Qinquelocuina impolita*（磨壁五玦虫），*Qinquelocuina larmarckiana*（拉马克五玦虫），*Qinquelocuina sabulosa*（多砂五玦虫），*Qinquelocuina seminula*（半缺五玦虫），*Qinquelocuina tubilocula*（管室五玦虫），*Quinquelocuina agglutinans*（胶结五玦虫），*Quinquelocuina akneriana rotunda*（短五玦虫圆形亚种），*Quinquelocuina carinatastriata*（肋纹五玦虫），*Quinquelocuina* cf. *tropicalis*（热带五玦虫相似种），*Quinqueloculina candeiana*，*Quinqueloculina carinatasiriata*，*Quinqueloculina conplanata*，*Quinqueloculina contorta*，*Quinqueloculina elongata*，*Quinqueloculina pentagona*，

Quinqueloculina pseudoreticulata，*Quinqueloculina sabulosa*（多砂五玦虫），*Quinqueloculina sagamiensis*，*Quinqueloculina venusa*，*Rectobolivina bifrons*，*Rectobolivina dimorpha*，*Rectobolivina raphana*（萝卜直箭头虫），*Reophax curtus*（短串球虫），*Reophax scorpisrus*，*Reussella pulchra*（丽三棱虫），*Reussella simplex*（简单罗斯虫），*Robertinoides* spp.（拟罗伯特虫），*Robulus* spp.（坚实虫），*Rosalina Bradyi*（布氏玫瑰虫），*Rosalina orientalis*（东方玫瑰虫），*Rosalina pacifica*（太平洋玫瑰虫），*Rosalina terquemi*（圆顶玫瑰虫），*Rosalina tuberocapitata*（瘤头玫瑰虫），*Rosalina vilardeboana*（清晰玫瑰虫），*Rotalia* spp.（轮虫），*Saracenaria italica*（意大利空帚虫），*Saracenaria schencki*，*Scutuloris* sp.，*Sigmomorphina basistriata*，*Sigmpilopsis asperula*（粗糙类曲形虫），*Siphonina bradyana*（布氏吸管虫），*Siphouvigerina* spp.（管葡萄虫），*Sphaeroidina bulloides*（泡球形虫），*Spirillina porisuturalis*（孔缝旋虫），*Spiroloculina angulata*（角抱环虫），*Spiroloculina communis*（普通抱环虫），*Spiroloculina jucunda*（美丽抱环虫），*Spiroloculina laevigata*（光滑抱环虫），*Spiroplectammina biformis*，*Spirosigmoilina* spp.（环曲房虫），*Stainforthia complanata*（扁形斯氏虫），*Textularia candeiana*，*Textularia conica*（圆锥串珠虫），*Textularia earlandi*，*Textularia foliacea*，*Textularia foliacea*（叶状串珠虫），*Textularia lata*（短宽串珠虫），*Textularia paragglutinans*，*Textularia pseudocarinata*（假棱串珠虫），*Textularia saggitula*（剑形串珠虫），*Textularia stricta*（条纹串珠虫），*Textularia truncata*（截串珠虫），*Tobolia* sp.，*Tretomphalus planus*（扁平脐管虫），*Trifarina angulosa*（角状三粉虫），*Trifarina bradyi*（布腊德三粉虫），*Triloculina tricarinata*（三棱三玦虫），*Triloculina trigonula*（三角三玦虫），*Trimosina* spp.（三尖虫），*Tritaxia orientalis*（东方三列虫），*Trochammina inflata*（胖砂轮虫），*Trochammina globigeriniformis*（抱球砂轮虫），*Trochammina squamata*（鳞片砂轮虫），*Uvigerina ampullacea*，*Uvigerina canariensis*（卡纳利葡萄虫），*Uvigerina dirupta*（间断葡萄虫），*Uvigerina hispida*（绒刺葡萄虫），*Uvigerina peregrina*（奇异葡萄虫），*Uvigerina porrecta*，*Uvigerina schencki*（申克葡萄虫），*Uvigerina schwageri*（具褶葡萄虫），*Virgulopsis orientalis*（东方拟嫩芽虫）。

31.2.1　底栖有孔虫丰度和分异度

南海北部表层沉积物中底栖有孔虫丰度分布见图 31.2，其中最小丰度值为 0，最大丰度值为 14 476 枚/g，出现在海南岛以东的海域，底栖有孔虫平均丰度为 567 枚/g。

南海北部表层沉积物中的底栖有孔虫简单分异度分布见图 31.3。简单分异度最小值为 0，最大值为 60。从图 31.3 中可以看出，简单分异度的高值位于海南岛的东部和珠江三角洲外海海域。

31.2.2　底栖有孔虫主要属种分布特征

在南海北部表层沉积物中鉴定出的 300 多种底栖有孔虫中，以 *Ammonia annectens*（同现卷转虫），*Ammonia beccarii* vars.（毕克卷转虫变种），*Ammonia compressiuscula*（压扁卷转虫），*Elphidum advenum*（异地希望虫），*Quinqueloculina lamarckiana*（拉马克五玦虫），*Quinqueloculina akneriana*（阿卡尼五玦虫），*Bolivina robusta*（强壮箭头虫），*Bulimina marginata*（具缘小泡虫），*Florius scaphus*（船状花朵虫）为主要优势种。在南海北部所鉴定的 1 240 个站位中，有 1 152 个站位底栖有孔虫总数大于或等于 50 枚，选取这些站位数据主

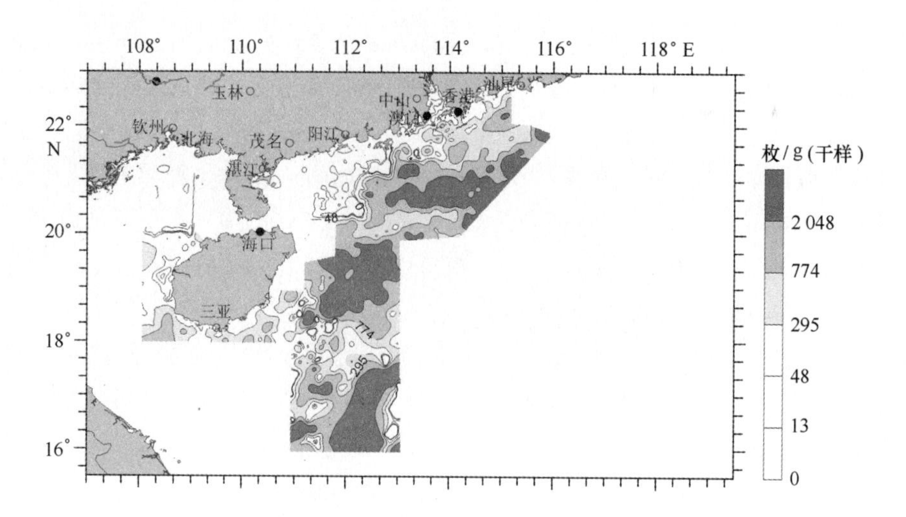

图 31.2　南海北部表层沉积物中底栖有孔虫丰度（枚/g）

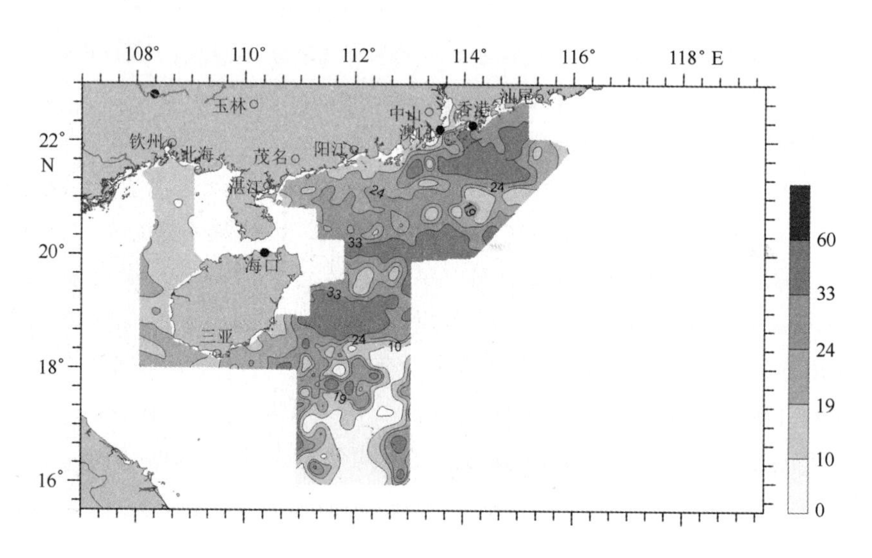

图 31.3　南海北部表层沉积物中底栖有孔虫简单分异度（S）

要优势种占有孔虫全群的百分含量成图（图 31.4 至图 31.12）。南海北部 1 152 个表层沉积物中平均百分含量大于 1% 的 9 个优势种有孔虫占全群百分含量的最小值、最大值及平均值见表 31.1。

表 31.1　九种优势种占底栖有孔虫全群的百分含量值　　单位：%

属种名称	最小值	最大值	平均值
Ammonia annectens	0	37.31	1.77
Ammonia beccarii	0	95.70	9.63
Ammonia compressiuscula	0	42.20	8.68
Elphidium advenum	0	43.29	6.75
Qinquelocuina lamarckiana	0	51.75	3.19
Qinquelocuina akneriana	0	24.62	1.76

续表

属种名称	最小值	最大值	平均值
Bulivina robusta	0	18.80	1.72
Bulimina marginata	0	21.18	1.64
Florilus scaphus	0	55.56	4.12

Ammonia annectens 的分布特征见图 31.4 所示，其占底栖有孔虫全群的百分含量最高达 37.31%，平均百分含量为 1.77%，其高值区分布在珠江三角洲外海近岸浅水区域。

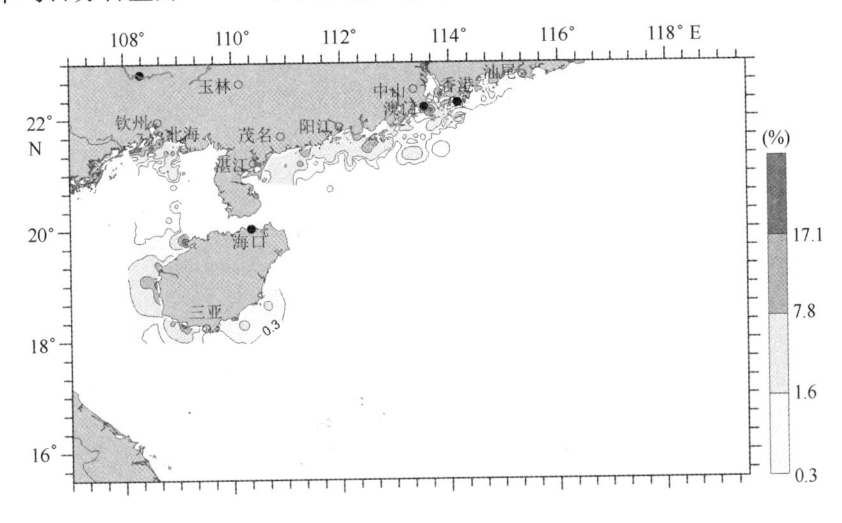

图 31.4　南海北部表层沉积物中 *Ammonia annectens* 分布

Ammonia beccarii vars. 为世界上分布最广的广盐滨岸种，是我国内陆架及其以浅的各种半咸水体中的优势成分，该种为典型的浅水型底栖有孔虫。其最低百分含量为 0，最高为 95.70%，平均含量为 9.63%。从图 31.5 中可以看出，高含量区基本上位于珠江三角洲外海近岸水域及海南岛周边海域，向深水区含量逐渐降低。

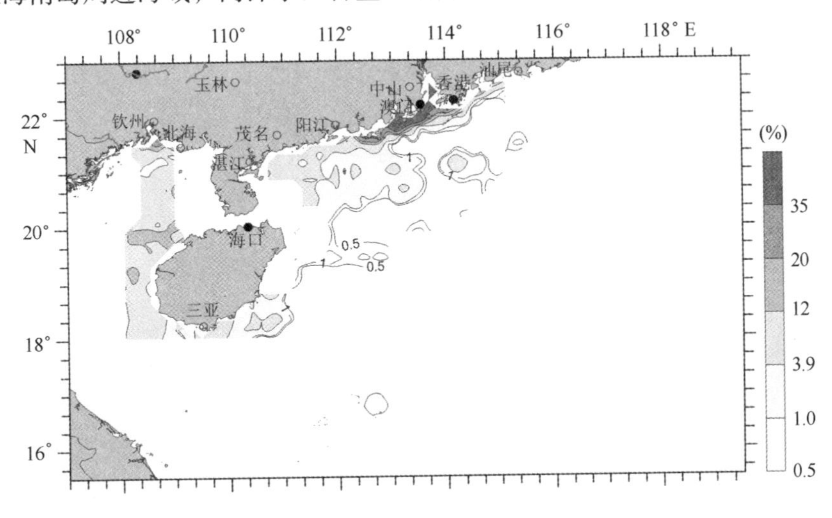

图 31.5　南海北部表层沉积物中 *Ammonia beccarri* vars. 分布

Ammonia compressiuscula 的分布特征见图 31.6，其占底栖有孔虫全群的百分含量最高值为 42.20%，平均值为 8.68%。

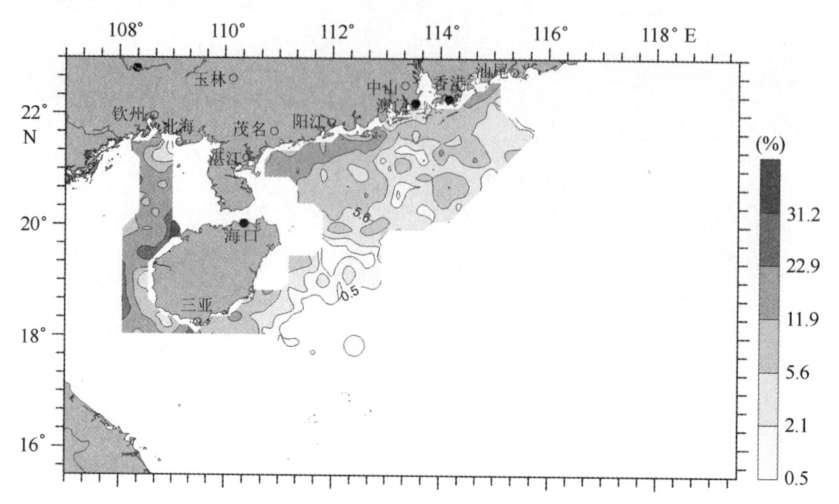

图 31.6　南海北部表层沉积物中 *Ammonia compressiuscula* 分布

Elphidium advenum 为典型的内陆架种，在表层沉积物中底栖有孔虫中的百分含量变化范围为 0～43.29%，平均含量为 6.75%，从图 31.7 可见，其高含量区分布在珠江三角洲外海水域及海南岛周边海域。

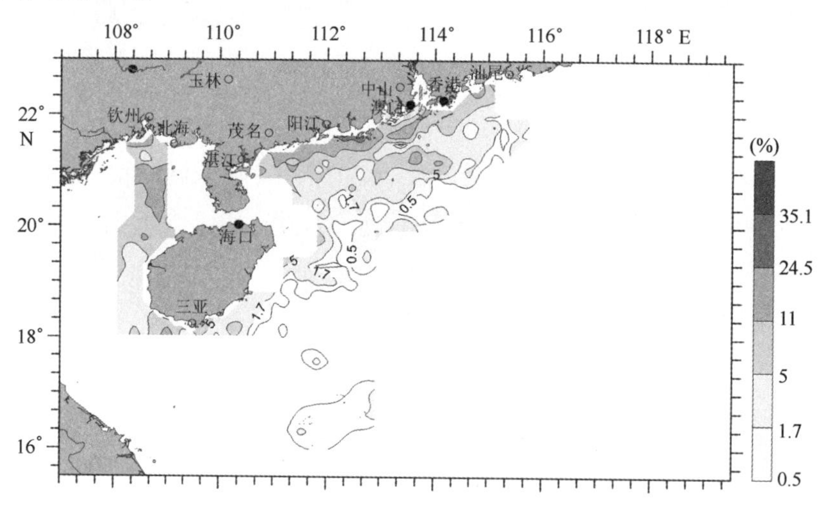

图 31.7　南海北部表层沉积物中 *Elphidium advenum* 分布

Quinqueloculina lamarckiana 在表层沉积物中底栖有孔虫全群的百分含量最低为 0，最高为 51.75%，平均百分含量为 3.19%，具体分布见图 31.8。

Quinqueloculina akneriana 在表层沉积物中占底栖有孔虫全群的百分含量最低为 0，最高为 24.62%，平均百分含量为 1.76%（图 31.9）。

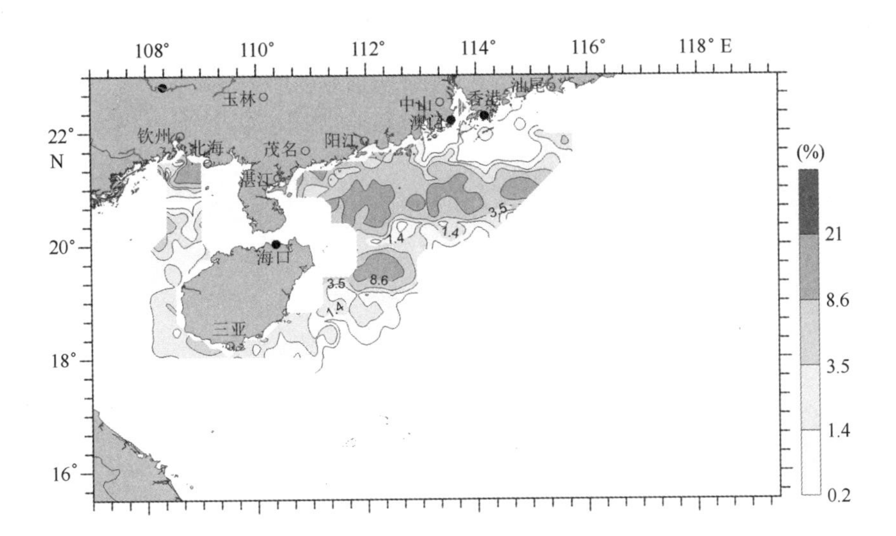

图 31.8 南海北部表层沉积物中 *Quinqueloculia lamarckiana* 分布

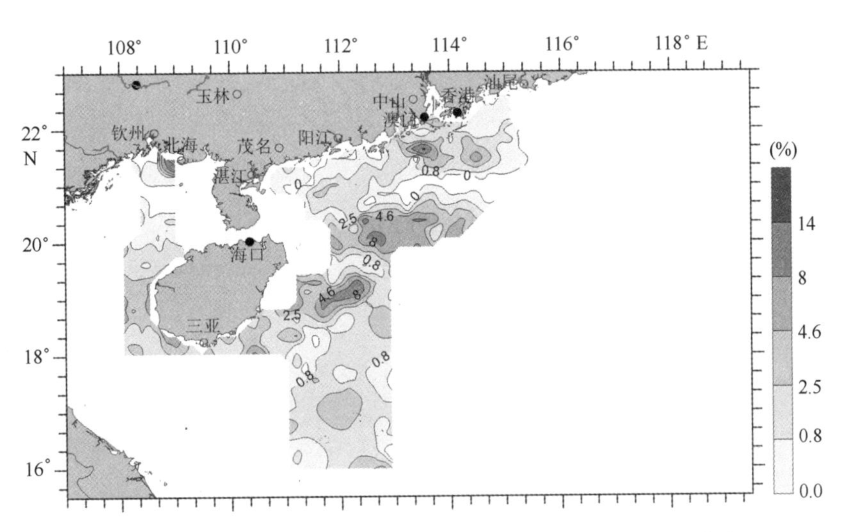

图 31.9 南海北部表层沉积物中 *Quinqueloculina akneriana* 分布

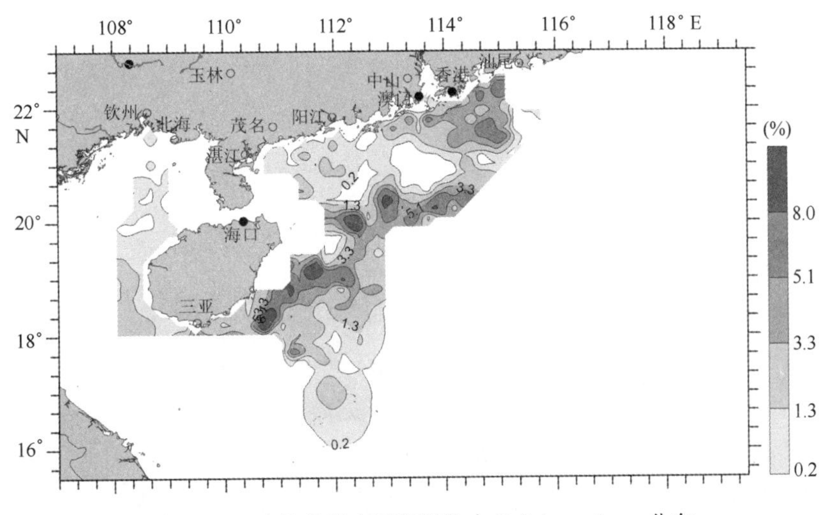

图 31.10 南海北部表层沉积物中 *Bolivina robusta* 分布

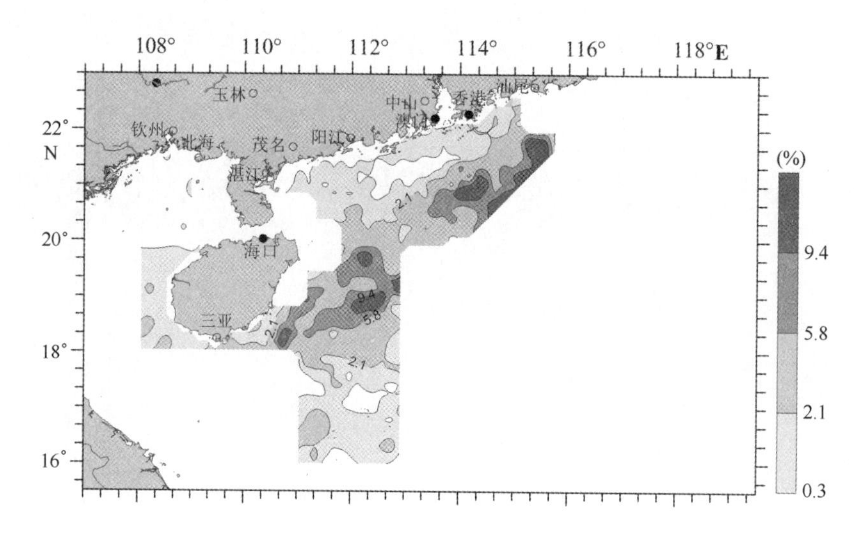

图 31.11 南海北部表层沉积物中 *Bulimina marginata* 分布

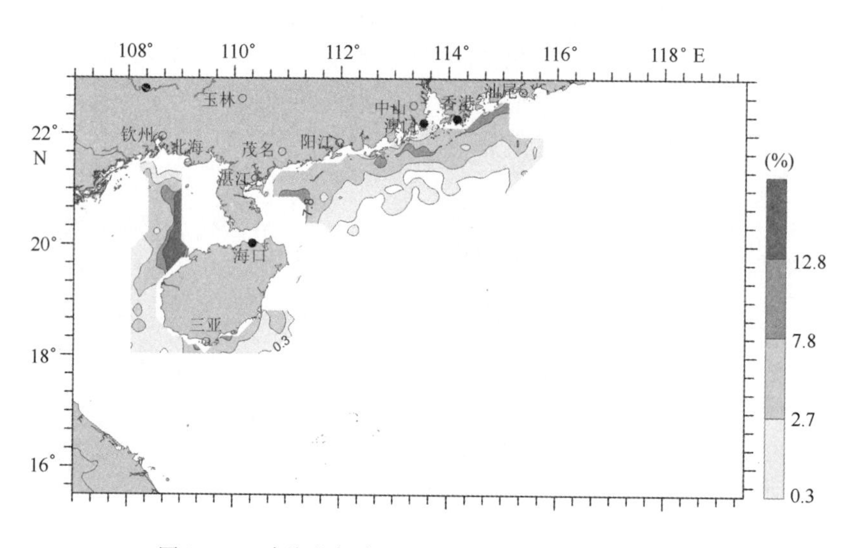

图 31.12 南海北部表层沉积物中 *Florius scaphus* 分布

31.3 浮游有孔虫分布特征

在南海北部鉴定的 1 240 个站位中，对 612 个站位的沉积物进行了浮游有孔虫鉴定。鉴定出浮游有孔虫 12 属 27 种，有 *Globigerina bulloides*, *Globigerina calida*, *Globigerina digitata*, *Globigerina falconensis*, *Globigerina quinqueloba*, *Globigerina ruberscens*, *Globigerinella aequilateralis*, *Globigerinoides conglobatus*, *Globigerinoides ruber*, *Globigerinoides sacculifer*, *Globigerinoides sacculifer*（有袋），*Globigerinoides tenellus*, *Globoquadrina conglomerata*, *Globorotalia hirsuta*, *Globorotalia inflata*, *Globorotalia menardii*, *Globorotalia scitula*, *Globorotalia truncatulinoides*（右旋），*Glogigerinita glutinata*, *Hastigerina digitata*, *Neogloboquadrina dutertrei*, *Neogloboquadrina hexagona*, *Neogloboquadrina parchyderma*（右旋），*Orbulina universa*, *Pulleniatina obliquiloculata*, *Sphaeroidinella dehiscens* 和 *Turborotalita humilis*。南海北部表层沉积物中浮游有孔虫丰度分

布见图 31. 13。从图 31. 13 中可以看出，浮游有孔虫的丰度值在远离海岸的深水区比较高，而海岛周边及珠江三角洲的近岸则比较低。

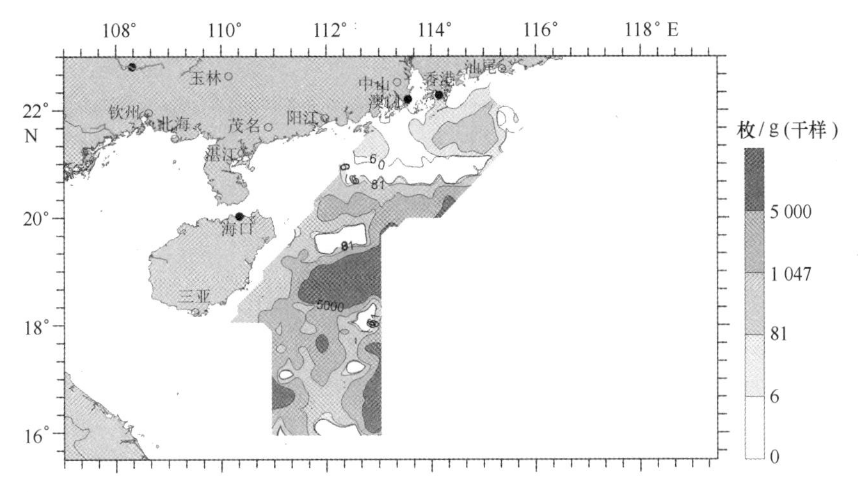

图 31. 13　南海北部表层沉积物中浮游有孔虫丰度（枚/g）

总体看来，南海北部陆架表层沉积物中的底栖有孔虫分布受水深、温度、盐度、沉积速率和底质类型等多个环境参数的综合影响，有孔虫分布有如下特征：

（1）南海北部陆架底质沉积物中有孔虫含量丰富，丰度值整体较高。在近岸、河流入海口和三角洲沉积区以浅水型底栖有孔虫占优势，浮游有孔虫较少，而在远离海岸的较深水沉积区则浮游有孔虫较为丰富。

（2）底栖有孔虫群落中，以玻璃质壳占绝对优势，瓷质壳次之，胶结壳含量最少。南海北部陆架沉积区的浮游有孔虫群落是以热带—亚热带种组合为特征，深水沉积区的底栖有孔虫群落组成也与近岸有所不同。

（3）在河流入海口受沉积速率等环境因素影响，有孔虫丰度和分异度较低，从河口向外海方向，有孔虫分异度和丰度都逐渐增大。在研究区的深水区，是有孔虫丰度和分异度的相对高值区。

第 32 章 南海北部沉积作用和沉积环境

南海是西太平洋最大的边缘海，对东亚季风气候有着重要的影响；同时，其南部位于西太平洋暖池区，对全球气候变化具有敏感的响应；青藏高原的物质通过河流输入到南海中，使其成为探讨河流“源－汇”过程和青藏高原隆升剥蚀过程的理想场所（汪品先等，1995；Wang，1999；Wei et al.，2003；刘志飞等，2003，2007）。近年来，针对南海沉积作用、南海古海洋演化、东亚季风演化和区域构造演化开展了大量的研究工作，获得了许多具有突破性的认识。然而，南海边缘海独特的地理位置（邻区由来源不同的多个岩石圈碎片拼合而成）和复杂的构造环境（处在欧亚板块、印度—澳大利亚板块和菲律宾海—太平洋板块相互作用的交接处），决定了南海的沉积特征具有鲜明的区域性特点，其沉积物质来源具有丰富性和多样性。既有陆源物质源源不断地通过河流被输入到海洋中，又有部分周缘火山及海底火山物质的贡献，也有大量的自生物质在海洋中生成。此外，南海位于亚洲东南部季风地带，常年受强大的东亚季风影响，造成其独特的海流流场，既有内部海流的互动与交换，也有来自周围海区洋流的输入与输出（苏纪兰，2005）。研究表明，南海沉积物源区的风化剥蚀明显受到亚洲季风的控制，尤其夏季风带来大量的降水，成为湄公河、红河、珠江等河流的主要水源，因此夏季风活动对南海沉积物源区的物质供应具有明显的控制作用。此外，南海与周围海域之间有诸多水道相连，如台湾海峡、巴士海峡等，它们带来的碎屑物质也可能对南海部分海域的沉积物堆积起到明显的控制作用；而冬季风带来的风尘物质对南海沉积物也有重要的贡献，尤其在冰期风尘物质的增加更明显（汪品先等，1995）。南海环流存在多时空尺度的环流特征，复杂的沿岸流、上升流会对入海碎屑物质二次迁移产生影响（苏纪兰，2005）。如南海表层环流明显受季风控制，夏季西南风盛行，其环流方向为顺时针，赤道暖流经巽他陆架进入南海，冬季则东北风盛行，北部陆源物质则经表层环流部分被搬运至南海南部（钱建兴，1999）。这些因素的叠加，使得利用南海沉积物组成所建立的环境替代指标和构造活动指示因子存在更多的不确定性。

因此，分析南海沉积物的物质来源、迁移途径及各端元的贡献，不仅可以深化对边缘海沉积作用过程和海洋物质的迁移、扩散特征的认识；同时，对于正确理解南海沉积物组成特征所记录的地质和古环境信息具有重要的意义，为重建南海古海洋演化、探索东亚季风演化、青藏高原的隆升剥蚀和认识全球气候变化的区域响应提供重要的依据。

32.1 南海总体沉积特征及分布规律

以往的研究发现，南海的沉积分布表现出明显的气候分带性、垂直分带性和环陆分带性（刘昭蜀等，2002）。其气候分带性表现在南海出现珊瑚沉积（不仅包括珊瑚礁，而且有其破碎产物－珊瑚卵砾、砂和珊瑚砂泥等）和热带有孔虫泥；在南海中央深水盆地发现红色深水黏土分布带，这也是热带水域的特点。南海沉积垂直分带性大致表现为粗的陆源沉积物随着海洋水深的增加而有规律地过渡到较细的深海沉积物，各种生物、化学沉积物（如碳酸盐以及红黏土）具有仅分布在特定水深的倾向性（刘昭蜀等，2002）。南海沉积物环陆分带性有十分鲜明的表现：南海沉积物在浅海陆架区，陆源碎屑占有较大成分，而在深水区，自海底到海底以下60 cm处，多属粉砂质黏土，且多由生物碎屑组成。此外，在南海北部，沉积物的环陆分带性甚是明显。在这里，自沿岸到水深50 m或60 m左右，主要是冰后期海面上升后在现代海洋水动力条件下形成的一个近岸侵蚀－堆积夷平面，这一地带，冰期遗留下来的陆面地形由于遭受现代海洋动力侵蚀堆积作用影响而被迅速改造，许多洼地和古河道等古陆面地形被由河流输入的现代陆源碎屑物所填平。此带沉积物多属粉砂质黏土－黏土质粉砂等有机质含量很高的细粒沉积物。而在南海北部外陆架，即自水深50 m或60 m到陆架外缘向陆坡转折处，是一条在更新世低海面时期滨岸海滩堆积的残留沉积带，未被现代沉积物所覆盖（刘昭蜀等，2002）。

在南海北部陆架，沉积物主要由两个不同时期的沉积物所组成，一是现代浅海沉积；二是更新世末期低海平面时期的物质组成的滨浅海沉积。现代浅海沉积的物源主要来自现代河流的输送和海岸侵蚀。南海北部内陆架水深在50 m以浅的黏土质粉砂、粉砂质黏土，主要是由广东沿岸河流供给的现代沉积。北部湾内主要河流入海口附近，也堆积了现代细粒沉积。现代近海粗粒沉积与强水动力条件密切相关，琼州海峡及其东、西口是强潮流沉积环境的代表，沉积物主要源自海岸侵蚀和海底侵蚀，海峡床底仅有少数蚀余粗碎屑物，出海峡有冲刷沟槽和槽间暗沙。沙滩主要堆积的是砂砾、砾砂，到水深30～40 m，沙滩发育，冲刷槽变浅，形成较明显的潮成三角洲，沉积物主要是中粗砂。琼西南是强波浪沉积环境的典型，沉积物以细砂、粉砂等粗颗粒为主，由海浪侵蚀海岸搬运而来，厚度一般为1.5～2.4 m，与下伏青灰色黏土质粉砂呈不整合接触（陈俊仁，1983）。

更新世末期低海平面时残留在大陆架上的沉积普遍经过改造，有的是经过再搬运与再沉积，和现今的水动力状况重新取得了平衡。有的经历沉积改造虽然不那么强烈，但是有较多的现代沉积物叠加。在南海北部，珠江口以东至台湾海峡南段的水动力条件活跃，使大陆架上的残留沉积重新被掀动起来，经过搬运之后，重新有序地排列下来（罗又郎等，1985）。珠江口以西以现代的细粒沉积（粉砂和黏土）的叠加作用为主。海底的地形以及微地貌直接影响到现代细粒沉积物的沉积，导致细粒沉积物的叠加多寡不一，而砂－粉砂－黏土这种混合沉积，则是上述叠加与改造的共同作用的产物（罗又郎等，1994）。珠江口以南大陆架上的古三角洲堆积，其之所以未被现代细粒沉积覆盖，一方面是由于广东沿岸流，使得来自珠江等的悬移质向西南迁移；另一方面是由于该地区存在一股上升流，海水因之产生强烈的涡动，阻止了悬移质的沉降。分布在113°E以东的外陆架前缘，200 m水深处的砂质沉积，是保留得较好的另一片残留沉积。由于它目前远离海岸，加之水深，因此基本上未遭受到后期的改造（罗又郎等，1994）。

32.2　南海沉积物输运特征

南海沉积物输运主要受到洋流循环系统的影响，前人通过对黏土矿物的研究发现，南海表层流可以将黏土矿物由陆架向深海运移，并且在间冰期时将会携带较多的蒙皂石矿物由南往北运移，而在冰期时则会携带较多的伊利石和绿泥石矿物由北往南运移（Liu et al.，2003）。另外，南海北部的表层洋流系统主要受到黑潮分支的影响（Caruso et al.，2006），黑潮的这一支流越过巴士海峡以后，将来自吕宋岛弧和西菲律宾海的蒙皂石向北部陆架运移，这也是蒙皂石自南往北运移最主要的传输动力（Wan et al.，2007；Liu et al.，2008，2010）；来自台湾的伊利石和绿泥石矿物主要通过底层输运的方式向南海北部传输；而来自珠江的高岭石矿物主要通过广东沿岸流向南海北部传输（图32.1，Liu et al.，2010）。稀土元素趋势分析表明，珠江口往外至海南岛南部海域中沉积物朝东南向陆坡输送；台西南至珠江口往外海域沉积物大多向南输运；吕宋岛西部海域包括黄岩岛附近海域的火山物质主要向西北方向输送，向西可达113°E、向北可至20°N附近（刘建国等，2010）。$^{87}Sr/^{86}Sr$值的分布规律说明亚洲大陆陆源物质对南海沉积物的贡献有西向东逐渐减小，在海山发育地区火山喷发活动带来的幔源型物质使区域内沉积物具有低$^{87}Sr/^{86}Sr$值。北部陆源碎屑向南一直扩散到17°N，西吕宋海槽是亚洲大陆物质特别是我国大陆物质向南海东部海域输运的主要通道（张富元等，2005）。

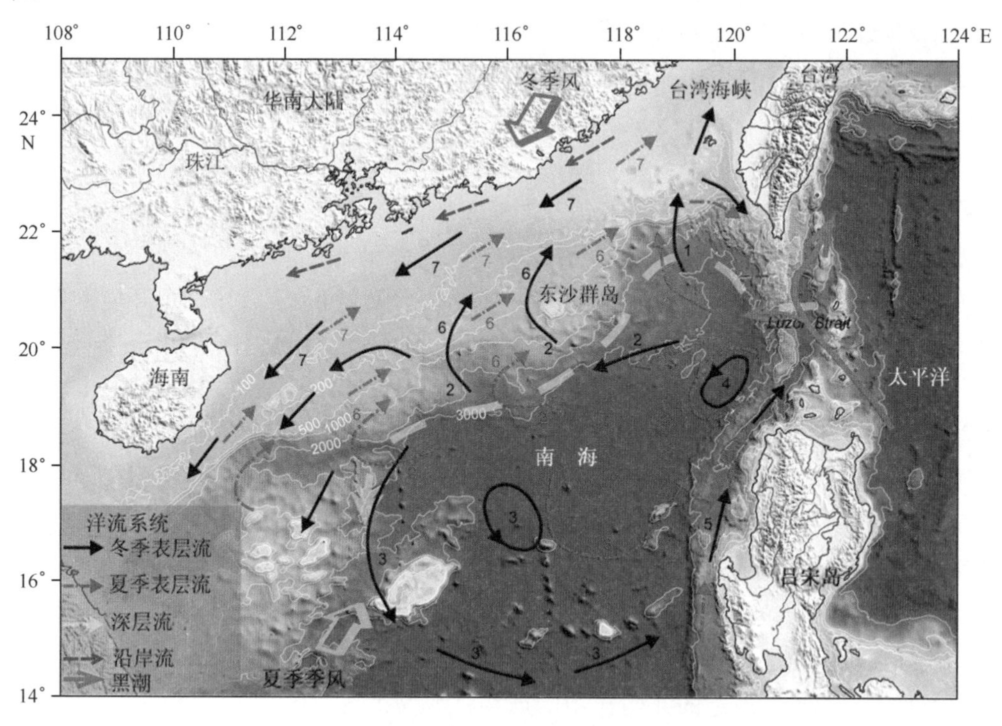

图32.1 南海北部流系及环流分布示意图

资料来源：Liu et al.，2010

除了受到表层洋流的影响以外，沉积物另一种重要的输运方式还包括底层输运，包括浊流和滑坡等。近年来的研究发现，位于珠江口盆地深水陆坡区的白云凹陷就存在一个深水扇沉积系统，由于珠江每年会携带大量的沉积物入海，充足的物质来源以及底层流的搬运作用形成了这样一个沉积扇系统（Pang et al.，2006）。

32.3 南海北部陆架沉积模式

一般来讲，沉积层序的发育主要受4个要素的控制，即构造沉降、海平面升降、沉积物供给和气候变化。构造沉降控制沉积物的可容空间、海平面升降控制地层和岩相型式，沉积物供给速率控制沉积物充填和古水深，气候控制沉积物类型。构造沉降、海平面升降和沉积物供给，它们之间又具有互为因果的关系（孙家振，2002）。在地震剖面上识别出的沉积层序即为“地震层序”。

晚更新世大约从130 ka B. P. 开始到12 ka B. P. 左右，包括里斯－玉木间冰期和玉木冰期。晚更新世早期（Q_3^1），距今130 ka B. P. 左右开始，进入里斯－玉木间冰期，全球气候转暖，气温上升，年平均气温高于现代2～5 ℃，海面升高，海平面高于现代5～7 m，发生了向陆方向的海侵，南海北部陆架区大部地区被海水淹没，形成了与海连通的浅海沉积环境，沉积了一套自滨海相到浅海相地层（杨子赓等，1996）。南海北部沿岸包括珠江三角洲地区，处于滨岸至滨海环境（冯伟文等，1990），降水充沛，植被良好，河流含沙量低但输沙量大；沉积物底部为青灰色、紫红色砂砾；上部为青灰色中砂，含砾中砂，夹薄层黏土，见牡蛎壳碎片及海绿石（龙云作等，1990）。

距今约75 ka B. P. 左右进入末次冰期早期（早玉木冰期），气候变冷，年平均气温低于现代约5℃，海水向海退出，海平面下降，包括南海北部陆架区在内的南海陆架大部地区成为陆相环境，降水量减少，呈半干燥气候；植被差，径流量减少，河床缩窄；海平面下降70～100 m。因侵蚀基准面下降，河流下切河床，同时在洪水作用下侧向侵蚀，河口向外延伸数百千米至外陆架入海，陆区以侵蚀作用为主。此时台湾海峡海面高度可能在现今海面下50 m处。在冰期中晚期，即大约60～42 ka B. P.，台湾海峡海面略有上升，在中部和南部水深约20 m区域，发育了海陆过渡相滨岸与近岸浅水环境下的砾砂或砂沉积，其上部有时可见呈盆状的充填沉积。

大约距今42～23 ka进入玉木亚间冰期，即末次冰期的亚间冰期，随着全球性气候转暖，本区气候温暖湿润，气温回升，海平面随之上升，高程稍低于现代海面；陆区河流径流量增大，近岸陆架沉积建造作用加强。此时台湾海峡水深有所增大，中部水深约30 m，形成浅海沉积。据蓝东兆等（1998）的资料，在福州近郊电子公司ZK11孔的测年结果，孔深33.20～34.30 m为棕灰色淤泥含薄层粉砂，含洛氏圆筛藻（M）、具槽直链藻等种属，其年龄为距今（32 770 ±1 705）a；孔深36.40～38.80 m为棕灰色淤泥，含琼氏圆筛藻（M）、辐射列圆筛藻（M）等硅藻，其年龄为（41 745 ±4 955）a B. P.。表明在玉木亚间冰期海相沉积层的存在。当时的海侵达到福州附近。闽江口琅岐公婆吴庄机砖厂CK7－1孔孔深29.16～46.33 m为泥质中细砂，^{14}C年龄为30 305 a B. P.。硅藻丰富，为细弱圆筛藻—柱状小环藻—具槽直链藻—颗粒菱形藻组合，此外，海水种库氏圆筛藻和卵形菱形藻、海水—半咸水种条纹小环藻、淡水种波缘曲壳藻和异极藻也较常见。属海水和淡水硅藻的混合埋藏群，反映水深约10 m上下的河口沉积环境（蓝东兆等，1998）。

此时雷州半岛西部海域沉积了一套潮间带—滨海相沉积层，生物化石为假轮虫（*Pseudorotalia gaimardii*）—条纹小环藻（*Cyclotella striata*）—侯德豆艳花介（*Leguminocythereis hodgii*）等滨海相热带气候环境组合（陈锡东等，1988）；而东侧近岸河口湾区为海侵型溺谷湾相沉积。下部为青灰色黏土及粉砂质黏土，中夹青灰色砾砂层，底部含有孔虫和介形类化石，半咸水硅藻及牡蛎壳，具波状层理及生物扰动构造。上部自上而下为青灰色黏土夹砂质透镜体，具微水平层理，夹少量牡蛎壳碎片；棕黄色中细砂夹黄褐色含砾中粗砂，含有孔虫（*Ammonia beccarii* var. 和 *Protelphidiwm gramesum*）、介形虫（*Sinocytheridea latiorata* 和 *Legumino－cytherei hadgii*）、半咸水硅藻（*Cycletella striate*）和牡蛎壳（*Ostrea* sp.），及自生海绿石黄铁矿等（龙云作等，1990）。内陆架浅海区为一套外浅海－内浅海的浅海相沉积，有孔虫自上而下可见五套组合（*Ammonia beccarii* var. －*Elphidium advenum* 组合；*Ammonia beccarii* var. －*Quinqueloculina* spp. 组合；*Ammonia compressiuscula*－*Hanzawaia nipponica* 组合；*Gavelinoosis*－*Hanzawaia praegeri nipponica*－*Globigerinita glutinata* 组合；*Hanzawaia nipponica*－*Cibicides lobatulus* 组合）。介形虫自上而下可见四套组合，（*Neomonoceratina delicata*－*Nipponocythere obesa* 组合；*Perissocytheridea japonica*－*Neomonoceratina delicate* 组合；*Semicytheru miurensis*－*Hemicytherura cuneata* 组合；*Xestoleberis hanaii*－*Hemicytherura cuneata*－*Semicytheru miurensis* 组合）。超微化石优势种为 *Gephyrocapsa oceanica* 和 *Emiliania huxleyi*，含有 *Gephyrocapsa caribbeanica*，*G. aperta Kamptener* 等种（杨子赓等 1996）。

距今约 23～11 ka 为末次冰期晚期（晚玉木冰期），气候再度变冷，世界平均温度比现今低 6℃，导致全球性海平面下降，当时海面在东海陆架达到现今海面下 130～160 m 处（黄慧珍等，1996）。其中 23～18 ka 是玉木冰期的鼎盛时期，海平面下降幅度最大，南海北部大陆架广泛海退暴露成陆，据陈泓君等（2005）研究，冰盛期海岸线退至陆架坡折之外，与现今的 500 m 水深线相当，冰后期（全新世早期）海岸线回升至 180 m 附近。南海广大区域末次盛冰期时为河、湖相陆域环境，雷州半岛西部地区沉积物是以褐色粉砂为主的陆相沉积层，未见海相微体生物，上部含有直径为 2 mm 的黏土团粒，下部含细砂团粒；沉积时代为 20～12 ka（陈锡东等，1988）。雷州半岛东部河口湾区为泛滥平原沉积环境，沉积物为杂色花斑黏土，含较多铁质条带及薄壳，具花斑构造，有较明显的侵蚀现象（龙云作等，1990）。内陆架浅海区未保留陆相地层，自下而上为一套滨海相－滨外浅海相沉积，以深灰色黏土质粉砂为主，中下部含较硬的浅黄色泥砾和少量砾石，顶部沉积物较硬；微体古生物化石有孔虫自下而上为 *Ammonia beccarii* var. －*Quinqueloculina* spp. 组合、*Ammonia beccarii* var. 组合、*Ammonia beccarii* var. －*Qanzawaia nipponica* 组合；介形虫自下而上 *Neomonoceratina delicata*－*Spinileberis fruyaensis* 组合、*Perissocytheridea japonica* 组合；超微化石仅见少量的 *Gephyrocapsa oceanica*（杨子赓等，1996）。

由上可见，末次冰盛期 15 ka 以前，整个南海大陆架全部出露成陆，遭受风化和侵蚀切割，沉积层局部保留，呈杂色花斑和铁质条带、褐色结核及氧化壳状等受大气风化特征。此时台湾海峡气候温凉略干，海峡陆缘地区发育了以松为主的针叶阔叶混交林及草原的植被景观。由于海峡地处沉降的断块，在此期间沉降幅度大大抵消了由冰川作用所导致的海面下降幅度，因此，当时的台湾海峡非但没有出露成陆，而且还是水深约在 50 m 以内的浅海环境，海面高度低于现今海面。在海峡北部接受了泥质粉砂与粉砂质砂等细粒沉积。据蓝东兆等（1998）的资料显示，在莆田三江口 CK9 孔剖面，孔深 24.20～29.74 m 段灰色黏土和细砂互层、褐黄色中粗砂、灰黄色砂砾、棕黄—黄色中细砂等沉积层中均为松—栗—里白组合，并有许多栎、木兰、苋科、水龙骨科等；在 24.30 m 处测得 ^{14}C 年龄为（11 523±600）a B. P.，属晚更新世晚期（Q_3^3）沉积。该段含两个有孔虫组合：24.20～25.45 m 为毕克卷转虫—茸毛希望虫—阿卡尼五玦虫组合；25.45～29.74 m为毕克卷转虫组合。反映前者属水深在20～30 m的浅海沉积，后者属于潮间带沉积。但台湾海峡在末次冰期期间是否出露成陆这一认识一直存在争议，尤其是在海峡内获得的大量古生物化石证据表明了这一时期出露成陆的可能性，目前都期待进一步的证据来解决这一难题。

15 ka年以后，进入冰消期，海水沿外陆架上升，河口水位抬高，河床比降变缓，泥沙回淤，产生溯源堆积，早期的侵蚀洼地、河道出现侧向充填沉积，又因洪泛作用影响，河道频繁侧向迁移加积，形成了一套以陆相及滨岸相（后期）为主的沉积层。在某些潟湖沼泽湿地形成泥炭沉积。现代陆架区在河床相基础上加积了一套滨海至滨外浅海相沉积地层。浅地层剖面常显示为充填状、均质无反射状、乱岗状和局部平行状底界面清晰的反射波层组。

距今12 ka左右，进入全新世，气候期为前北方期，气温进一步升高，海面不断上升，岸线向陆推进，海侵范围进一步扩大，形成冰后期全新世第一海侵层，沿海陆架河道及河口湾进入进一步溯源充填堆积，沉积物近岸区以粗碎屑为主，滨外浅海区稍细，多以黏土质粉砂为主，浅地层剖面显示的反射波呈中间发散两侧收敛的准平行状和碟状充填结构特征，反射波底界呈上超不整合现象。QT_1、QT_0^1、QT_0^2界面主要与冰后期古气候环境引起的海平面变化而所致的物性差异密切相关。据区域地质资料分析对比和区内外浅地层研究成果对照推测，QT_1反射界面为晚更新统（Q_3^3）与全新统（Q_4）的分界面，年代在距今12 ka左右。

全新世早期（Q_4^1），约在12 000～7 500 a B.P.（冯怀珍等，1986）间，气候期属前北方期－北方期，气候温暖湿润至温凉潮湿，上升海面趋缓，局部出现小海退；在近岸区形成局部侵蚀面；南海西部浅海相连续沉积区的地层中，微体古生物显示出浅水滨海环境组合（陈锡东等，1988）。形成了QT_0^2反射界面。沉积物相对较粗，远岸区为黏土质粉砂夹粉砂（徐方建，2009），近岸区为粉砂质细砂，有孔虫含量较低，每50 g干样为100～1 000余枚，个体较小；微体生物组合为河口海湾相。（蓝东兆等，1986；冯怀珍等，1986）。

至距今7.5 ka左右，进入全新世中期（Q_4^2），气候期属大西洋期，暖热湿润，平均气温比现今高2～3℃（黄慧珍等，1996），海面大规模上升，据张虎男等（1984）的研究，距今约6 200年前海平面到达现在位置，6 200～5 000年前海平面高于现今2～4 m，为全新世最大海侵。台湾海峡在距今6 000年左右的最高海面时的海岸线达到白沙（曾从盛，1991）。此时期沉积建造相对向陆退缩，以河口湾充填和三角洲沉积为主，在开放性浅海区，表现为滨海席状沉积。

自2.5 ka B.P.开始，进入晚全新世（Q_4^3），此时气候期为亚大西洋气候期，气温有所降低，变为温暖湿润，沉积建造向海推进，近岸河口全新世进积式三角洲发育，滨浅海区沉积物中微体古生物显示为正常滨浅海环境组合特征（龙云作等，1990；陈锡东等，1988），而台湾海峡在全新世全球性海面回升和台湾海峡区域性构造运动以及沉积作用的共同作用下，其海面高度与末次冰期大致相当或略有升高，维持在海进的海面高度，指示与现代环境一致的浅海沉积环境。

32.4　南海沉积物物质来源

南海北部海域因为临近华南大陆、印支大陆、台湾岛和海南岛，这些地区发育有众多河流，向南海北部输送了大量的碎屑物质。珠江和红河两大河流的年输沙量较大，普遍认为是南海北部物质输送的主要来源。红河输入的碎屑物质由于受到海南岛的阻隔，其带来的碎屑物质主要沉积于南海西北部的北部湾盆地、莺歌海盆地和琼东南盆地；而南海北部大部分陆架和陆坡的沉积物堆积则主要受到珠江的控制。例如，鄢全树等（2008）对取自南海北部中沙群岛附近海域114个表层沉积物样品的重矿物含量、分布特征和矿物组合进行研究，揭示出陆源云母类矿物主要来自华南大陆，陆源碎屑垂直等深线向深海搬运，影响区域限于17°N以北，其次自生矿物及火山碎屑矿物对深海区有较大影响。与此同时，有学者认为南海北部陆坡沉积物可能存在来自于东北方向的物质来源，其中台湾岛和长江源物质对南海东北部陆坡沉积物堆积具有重要的贡献（邵磊等，2001；Liu et al.，2004）。台湾岛位于欧亚板块交界处，属于构造上升区，其地层主要以第三纪以来的新生代沉积和变质岩层为主，质地松软易于风化，而且台湾地区地形陡峭，与美国“大陆边缘研究计划”（Margins）下的“Source to Sink”十年计划中选定的新西兰及巴布亚几内亚研究重点地区相比，也一样常常受地震、台风及暴雨等的侵袭，造成台湾有世界最高的土壤侵蚀速率，因此每年会有侵蚀作用产生的大量陆源沉积物，使得台湾河流每年可以携带约 $1.8\times10^8\sim3.8\times10^8$ t 沉积物进入周围海域，成为周围海域重要的物质来源（李传顺等，2012）。台湾西部河流如高屏溪、曾文溪、浊水溪等每年可以携带1亿余吨沉积物入海（表27.1），这些入海沉积物可以借助高屏峡谷等有利输运通道向南海北部陆架及陆坡运移，成为南海北部海域的重要物质来源。

南海独特的地理位置和复杂的洋流特征，以及该区域的气候特点，使得南海海域的沉积物来源研究充满了复杂性。南海北部，尤其是东北部，目前的研究揭示其沉积物存在多个物质来源，包括珠江源、长江源、台湾源和吕宋岛源物质。黏土矿物、元素地球化学和碎屑矿物组合分析等方法，仅能提供有关源区物质组成的部分信息，也存在许多不足。沉积物的矿物组成和元素化学组成受多种因素的影响，与沉积环境有密切的联系。如海洋沉积物中的绿泥石有来自陆源的风化产物，也有海底火山物质蚀变形成的绿泥石，而且绿泥石在沉积搬运过程中容易发生转变；海洋沉积物中的蒙皂石通常表现为海底火山物质蚀变的产物，随火山物质（如火山灰）增加，蒙皂石含量也增加（Chamley，1989；Vitalif et al.，1999）。另外，在矿物分析中，很少有研究从碎屑矿物的化学成分为切入点，进行碎屑物质来源分析；尤其稳定重矿物的化学组成具有很好的物源指示意义，在国外已取得了良好示踪效果。因此，需要在完善已有判别指标的同时，有必要寻找更为可靠的判别指标，进行多元判别指标的物源综合分析，才能获得有效沉积物来源信息。

第33章　南海北部海域浅地层层序

33.1　南海浅地层层序研究概况

自20世纪60年代开始，许多海洋、地质和其他科研部门根据不同需求，先后在南海海区（含台湾海峡）开展了较多与浅地层剖面相关的研究工作，如地质地貌、矿产资源、环境调查等。

1971—1978年，广州海洋地质调查局对南海北部内陆架进行了海洋地质－地球物理综合调查，发现并确定了珠江口、琼东南及台湾浅滩南部等盆地和凹陷。1976年，广州海洋地质调查局编写了《南海北部海洋地质初查报告》，对南海北部的区域地质构造、地层沉积特征及含油气远景作了全面论述。

1986—1992年，广州海洋地质调查局对南海北部海域进行了地质灾害及海底工程地质调查。冯志强、冯文科等根据调查资料于1996年编纂完成《南海北部地质灾害及海底工程地质条件评价》一书。

1996—2006年，广州海洋地质调查局相继完成了“广东大亚湾海洋地质环境综合评价项目”和“1: 100000大鹏湾近岸海洋地质环境与地质灾害调查”以及珠江三角洲近岸海洋地质环境与地质灾害调查项目。对大亚湾和大鹏湾、珠江口三角洲海底工程地质环境评价等多个方面进行了调查研究，查明潜在的地质灾害类型和分布，综合评价测区的海洋地质环境状况，并提出防灾减灾对策。

在台湾海峡也进行了一些相关工作，初步了解了该海域的海底浅层地质情况。开展的项目有：1975年的闽南台湾浅滩渔场调查，1984—1985年的台湾海峡西部海域综合调查，1984年的台湾海峡中北部调查，1986—1988年的台湾海峡西部海域石油地质地球物理调查，1996年编制的《中国海湾志》开展的补充调查，2001年开始的闽粤线海域勘界，90年代中后期开展的“大陆架精密勘探”专项，21世纪初的“西北太平洋海洋环境调查”专项等。

上述资料成果的取得，为了解南海北部近海海域末次冰消期以来的地层结构和环境演变奠定了基础。

33.2　末次冰消期以来南海北部层序地层特征

晚更新世大约从130 ka B. P. 开始到12 ka B. P. 左右结束。130 ka B. P. 左右开始，全球气候转暖，气温上升，海面升高，海平面高于现代5～7 m，发生了向陆方向的海侵，包括研究区在内的南海陆架大部地区被海水淹没，沉积了一套自滨海相到浅海相地层（冯伟文等，1990；杨子赓等，1996）。在大约60～42 ka B. P.，台湾海峡海面略有上升，在中部和南部水深约20 m，发育了海陆过渡相滨岸与近岸浅水环境下的砾砂或砂沉积，其上部有时可见呈盆状的充填沉积。在末次盛冰期，南海北部陆架广大区域为河、湖相陆域环境（杨子赓等，1996）。进入全新世，该区形成冰后期全新世第一海侵层，沿海陆架河道及河口湾进入进一步溯源充填堆积，沉积物近岸区以粗碎屑为主，滨外浅海区稍细，多以黏土质粉砂。

将南海近岸海域划分为3个区进行末次冰消期以来沉积层序的讨论，包括（I）台湾海峡海域；（II）珠江口及邻近海域；（III）北部湾海域。南海北部陆架区浅地层剖面位置见图33.1。

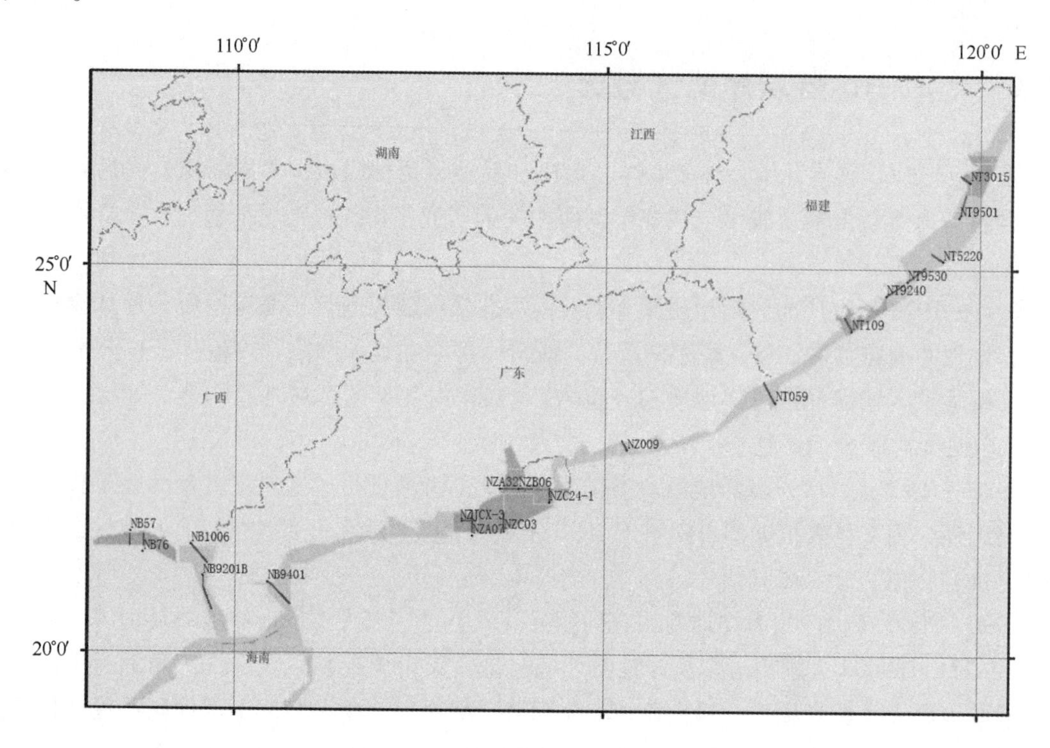

图33.1　南海北部陆架区浅地层剖面位置

33.2.1　台湾海峡海域

33.2.1.1　主要声学反射界面及其地质属性

通过对海域浅地层剖面中地震反射结构特征以及上超、下超、顶超、削截等反射终止类型进行分析，结合前人的研究成果，识别出4个主要反射界面（图33.2），自上而下分别为SB，S1、MFS和TS。其中，海底面为SB，TS为海侵面，MFS为最大海泛面，S1为山地河流三角洲全新世晚期进积阶段的底界，仅在局部分布。

各主要地震界面特征如下：

（1）SB反射面。SB为海底面。

（2）S1反射面。该界面之上的地震相表现为平行状或平缓的斜交前积反射结构，反射能量弱－中等，连续性良好。外部形态以席状披盖为主，层内局部可见河道充填沉积，反射波组呈向海收敛的下超特征。

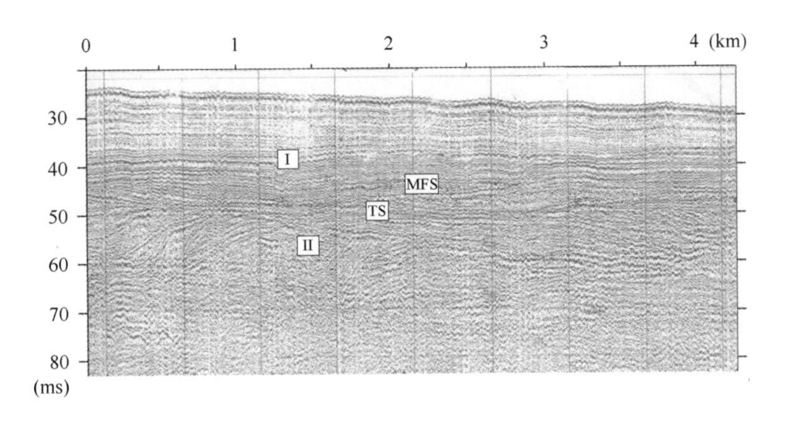

图33.2 闽江口邻近海域地层反射界面及地震层序特征

（3）MFS反射面。MFS是全新世沉积内的最大海侵面，呈席状或似层状延伸，其上具有向海倾斜的斜交前积反射结构，能量中等～高，频率高，连续性尚好。部分区域MFS和TS重合，较难区分。

（4）TS反射面。TS面为区域不整合面，在全区广泛分布。根据与海域钻孔剖面地层的对比，该面与全新世底界基本一致。反射波呈中等能量、高频率、连续性好，中下部以水平或近水平状反射结构为主，以上超方式与下伏反射层组呈不整合接触。上部呈平行或平缓的斜交反射结构，局部呈发散状斜交充填结构。

33.2.1.2 层序地层划分及体系域分析

末次冰消期以来的沉积可以归为一个6级I型层序，包含了3个体系域（表33.1）。

表33.1 台湾海峡海域层序地层划分

声学界面	体系域	层序	沉积相	发育时代
SB－－－ S1－－－	高位体系域	6级I型层序－Sq1	三角洲、浅海相	7ka BP～0
MFS－－－	海侵体系域		滨海－浅海	12～7ka BP
TS－－－	低位体系域		河流相，湖沼相	20～12 ka BP

（1）低位体系域。位于TS面之下，由于穿透深度有限，只能在部分剖面上识别出埋藏古河道/谷（BCF），而其他陆相沉积基本上都表现为弱振幅的杂乱反射。

（2）海侵体系域。形成于12～7 ka B.P.，仅为数不多的剖面所揭示，在近岸区形成局部侵蚀面；离岸稍远的滨海区域，沉积建造以向海进积为主，显示在充填沉积基础上的下超前积反射波特征。

（3）高位体系域。位于MFS面以上，主要表现为三角洲沉积，内部又可以划分为两部分，下部为7～3 ka B.P.时期的三角洲沉积（D1），上部为3 ka B.P.以来的海相沉积（D2）。

33.2.1.3 典型剖面分析

在本区选取了7条典型剖面来分析台湾海峡海域末次冰消期以来的层序特征。

1）NT3015测线地层剖面

NT3015测线位于闽江口北侧，自岸向海呈NW—SE向展布，长度约16 km。海底地形自北向南变深（图33.3）。

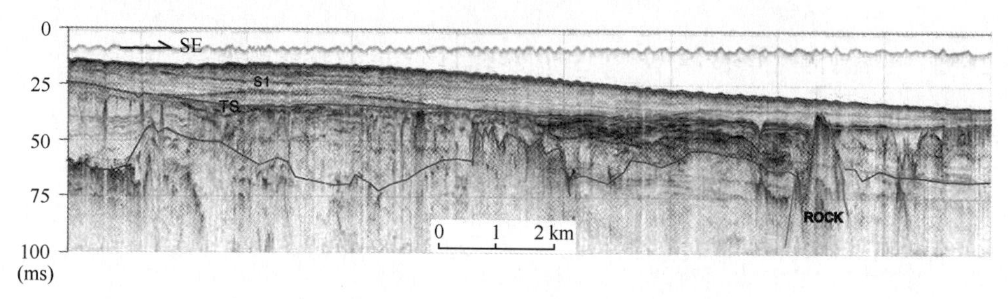

图33.3 NT3015典型测线浅地层剖面特征

TS反射界面埋深自西北向东南呈由浅变深再变浅的趋势，测线西北端埋深为12～14 m；向东逐渐加深，大于15 m埋深区段约占剖面总长度的2/3，其间TS反射界面埋深稍有起伏，埋深值多变化于15～19 m之间，最深点分布于测线8 km附近，埋深值为25 m左右。往东至13 km处可见基岩分布，基岩埋深最浅约为7 m。从基岩往东，TS反射界面埋深明显变浅，埋深值从12 m变浅为5 m左右。

TS反射界面之下反射界面呈起伏状，埋深变化较大，呈断续状分布，埋深值多在16～28 m之间。海底至TS反射界面之间多呈水平－平行状反射结构；剖面底部具前积充填状特征，反射波连续性好。

2）NT9501测线地层剖面

NT9501测线位于闽江口南部的长乐岸外海区，距海岸约12 km左右，呈NNE—SSW向，总长度约34 km，靠近平潭岛，地形变化较小（图33.4）。

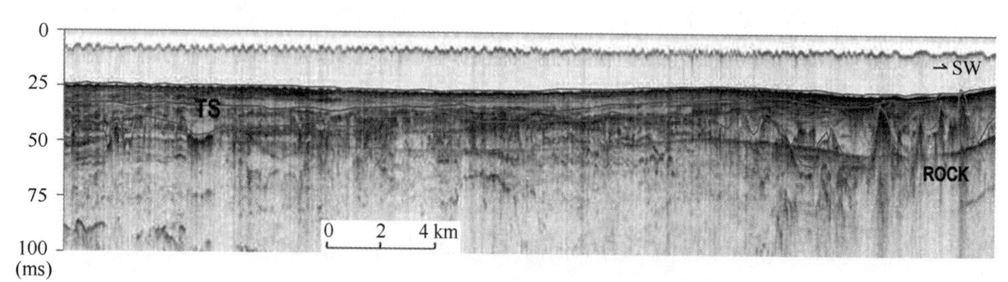

图33.4 NT9501典型测线浅地层剖面特征

剖面南端见有基岩分布，部分基岩出露海底。剖面TS反射界面埋深多在10 m左右，略有起伏，南段因基岩影响个别较浅点仅2 m左右。TS反射界面与下部反射层呈侵蚀削截接触。

TS 反射界面与海底间为水平－平行状、底部充填状反射结构，反射波能量强，连续性好。TS 反射界面下多呈侧向加积的斜交充填状和乱岗状反射结构，厚度为 0～10 m，局部古河道及古洼地厚度可达 20 m 以上。

3）NT5220 测线

测线位于福建南日岛之南，剖面方向为 NW—SE，剖面长约 19 km。该剖面往 SE 方向水深逐渐加大，地形向海倾斜（图 33.5）。

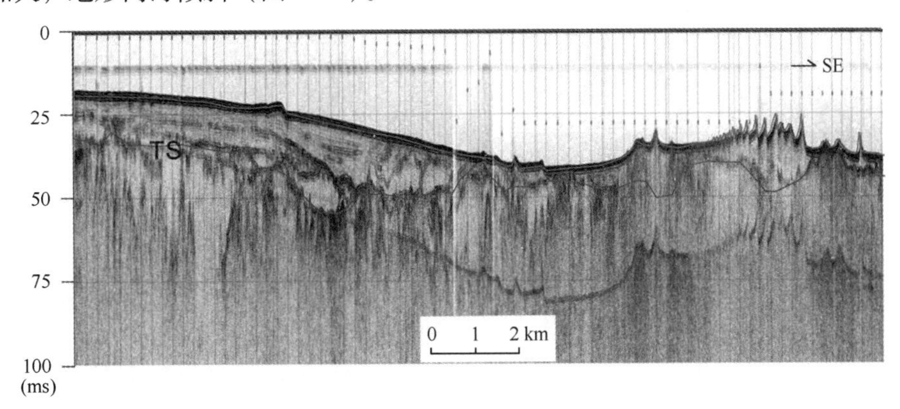

图 33.5　NT5220 典型测线浅地层剖面特征

TS 反射界面埋深中部大于两侧。断面两侧埋深均小于 4 m；最深处为离岸 6 km 处，可达 8 m。TS 与海底之间呈近水平波状反射结构，在离岸远端约 16 km 处发育有大型沙波，推测为全新世砂质沉积，其上沙波发育，波高 3～4 m，波长 70～250 m，砂体厚度较大，约 9～11 m，沙波坡向向岸侧缓离岸侧陡。沙波下部地层受二次和多次反射干扰，地层难以分辨。

TS 面之下以乱岗状反射结构为主，大多被 TS 界面削截。局部反射波组能量较弱或无，被周边具有高能量的界面包裹。近陆段厚度较大，未见底。

4）NT9530 线

NT9530 测线位于南日岛之南，剖面方向为 SW—NE，平行于湄洲湾口外，剖面长约 35 km。该剖面海底地形略有起伏，自 WS 往 NE 水深略有增大，TS 反射界面平直，埋深较大，变化较小，为 12～16 m（图 33.6）。

在 TS 反射界面之上具水平平行状反射结构，高能量，频率高，连续性好。在 TS 反射界面之下具乱岗状和似水平平行状反射结构，未见底。往 NE 方向见有多个埋藏古河谷，均埋藏于 TS 界面下。河谷底部宽度较大，为 2 000～5 000 m。

5）NT9240 测线浅地层剖面

NT9240 测线位于泉州湾口外，方向为 NE—SW，长约 32 km。地形自岸向海变深（图 33.7）。

TS 反射界面自 NE 往 SW 微微倾斜，略有起伏。其埋深为 10 m 左右，中部略深于东西两侧，最大埋深约为 14 m。

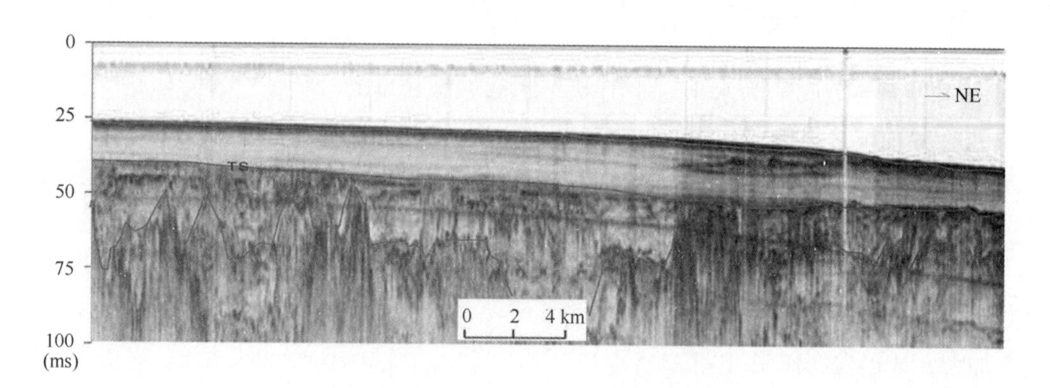

图 33.6 NT9530 典型测线浅地层剖面特征

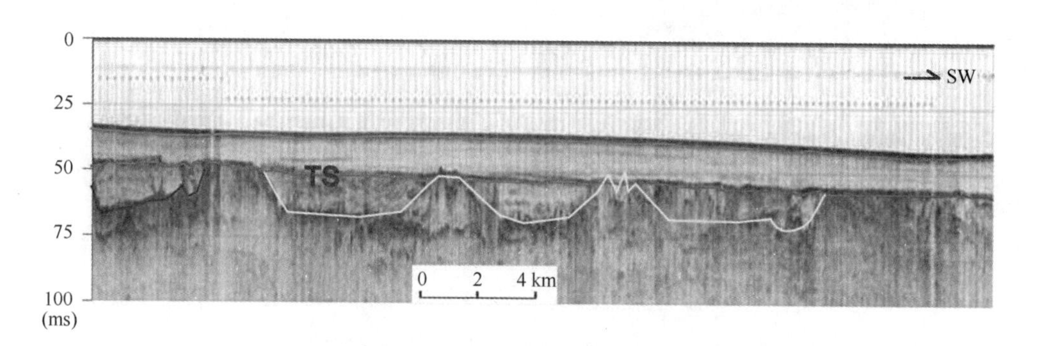

图 33.7 NT9240 典型测线浅地层剖面特征

TS 面之上呈水平平行状反射结构，能量中等，连续性中等，呈无反射或不连续的近水平波状反射结构。厚度为 10 ~ 14 m。与下伏地层呈角度不整合接触。

TS 面之下为充填状反射结构，能量强弱可变，连续性较差。覆盖于基岩之上，自东往西古河谷较为发育，其内部多充填且多为乱岗状结构。

6）NT109

NT109 剖面邻近厦金海域金门岛西南侧，剖面长约 23 km，走向为 NW—SE 向（图 33.8）。该剖面深入厦门港，受九龙江河流影响较大。剖面可见 SB 和 TS 两个反射界面，海底自西往东水深略有增加，在剖面东部发育有台状沙脊。TS 和 SB 之间沉积物厚度约为 3 ~ 7 m，呈水平平行状反射结构，连续性好，能量较强；TS 界面下反射亚层组多呈充填状、斜交状反射结构，连续性中等。剖面靠岸一侧为九龙江三角洲沉积物在该海域的延伸，其内呈碟状充填，表现出显著的三角洲沉积特征，内部有浅层气发育。往东可见多处埋藏古河道，位于 TS 界面之下，其内反射波组呈斜交状和水平波状充填，以下超方式覆盖于下部地层之上。

7）NT059

NT059 剖面紧邻南澳岛北部，剖面长约 26.1 km，走向为 NW—SE（图 33.9）。海底面以台阶状向海方向延伸，在剖面中部离岸约 13 km 处有礁石出露海底，且海底沙波在距岸约 15 km 处开始发育，往东沙波密度和波高增加，最高波高可达 14 m 左右，沙波向岸一侧缓而

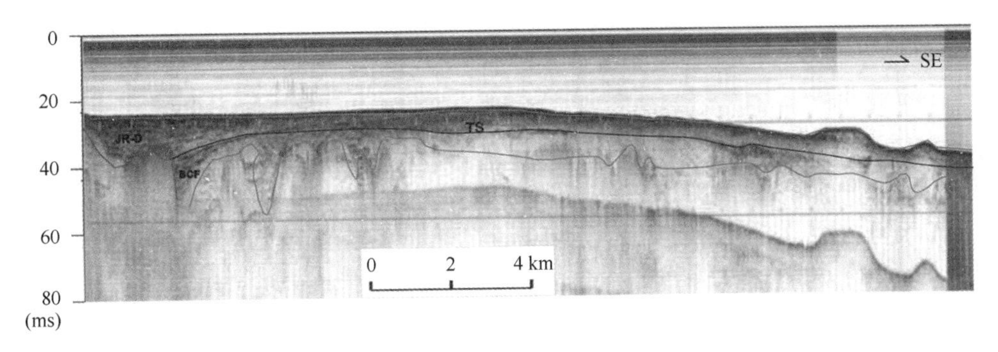

图 33.8　NT109 典型测线浅地层剖面特征

离岸一侧陡。本剖面全新世地层埋深较薄，最大埋深约为 7 m，埋深厚度从陆向海方向减薄为零。该层组表现为弱反射特征，连续性差 - 中等，在沙波区缺失。

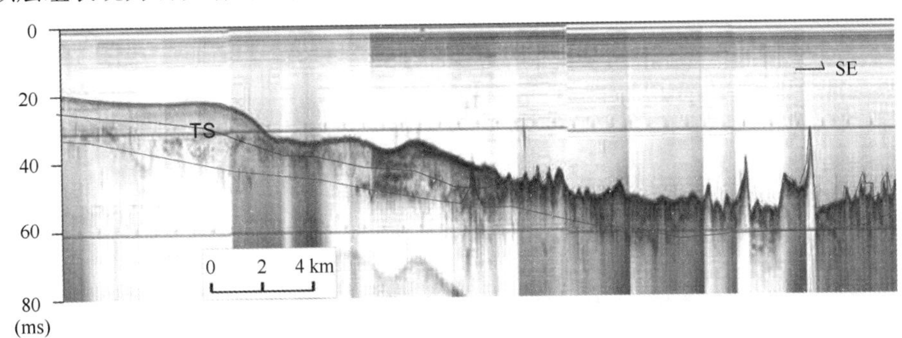

图 33.9　NT059 典型测线浅地层剖面特征

33.2.2　珠江口海域

珠江口海域的主要入海河流是珠江，对珠江口海域的沉积作用非常明显。珠江口全新世沉积厚度一般达到 10 m 以上，沉积厚度随离河口距离增加而减小，显示了珠江来沙对河口及粤东和粤西沿岸的影响。河口地区由于泥沙迅速堆积，有机质含量较高，容易形成浅层气，对层序的判读造成了较大干扰，离河口越远，沉积层序剖面反而越清晰。

33.2.2.1　主要声学反射界面及其地质属性

在本区的浅地层剖面上识别 5 个主要界面（图 33.10），其中末次冰消期以来的 4 个主要反射界面，自上而下分别为 SB、S1、MFS 和 TS。

各主要地震界面特征如下：

（1）SB 反射面。SB 为海底面。

（2）S1 反射面。为水平状或近水平状，反射能量弱到中等，连续性较好，内部物质较为均一，部分地区由于古河道切割侵蚀作用而存在起伏，形成轻微的剥蚀面。

（3）MFS 反射面。MFS 是全新世沉积内的最大海侵面，其上沉积建造以向海进积为主，显示在充填沉积基础上的下超前积反射波特征。部分区域 MFS 和 TS 重合较难区分。

（4）TS 反射面。该界面为区域性不整合面，其上、下沉积层具有不同的反射结构。在

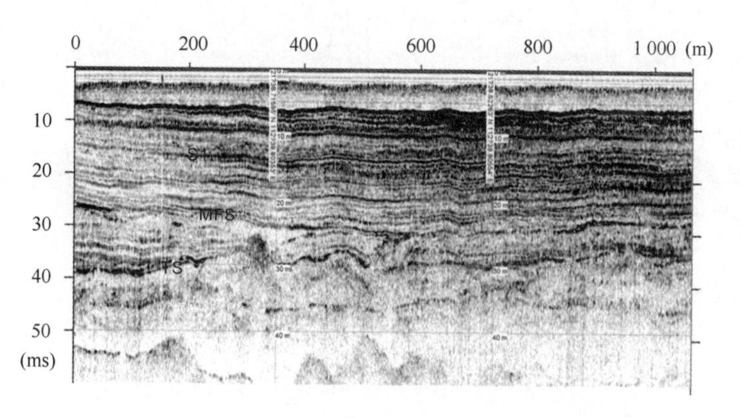

图 33.10　珠江口附近海域地层反射界面及地震层序特征

TS 面以上具有区域性的自海向陆的上超，与下伏地层呈削截关系；界面反射波振幅高，能量强，连续性好，在有的海区较为平直，有的海区起伏不平。TS 面的时代在 11 ka B. P. 左右。

33. 2. 2. 2　层序地层划分及体系域分析

将珠江口海域末次冰消期以来的沉积划分为一个 6 级 I 型层序，组成层序的体系域则主要由低位体系域、海侵体系域和高位体系域组成（表 33. 2）。

表 33. 2　浙闽近岸末次冰消期以来的层序特征

声学界面	体系域	层序	沉积相	发育时代
SB - - - S1 - - - MFS - - - TS - - -	高位体系域	6 级 I 型层序 - Sq1	浅海相	3 ka BP ~0
			浅海相	8 ~3 ka BP
	海侵体系域		滨 - 浅海相	11 ~8 ka BP
	低位体系域		河流相，冲积 - 洪积相	20 ~11ka BP

（1）低位体系域。位于 TS 面之下，低位体系域代表了末次冰消期以来海水进入本区的沉积，时间约为 20 ~11 ka B. P. 。该体系域以低角度的亚平行状、均质无反射状及似乱岗状反射结构为主。主要的沉积相包括河流相以及冲积 - 洪积相。

（2）海侵体系域。海侵体系域位于 TS 面和 MFS 面之间，虽然形成的时间较为短暂（约为 11 ~8 ka B. P. ），但在许多剖面可见，主要由滨海 - 浅海相组成，总体上厚度变化较大，能量较弱，连续性较好，频率较高。受到古河道、沟谷的切割侵蚀，与下伏地层呈上超关系，层内可见古河道发育。常见为充填式沉积，有的在低洼处呈发散充填型反射结构，充填沉积在末次冰期侵蚀切割的低洼谷地里。具水平状平行或亚平行反射结构，连续性一般，能量中等，部分区域可见斜交反射结构。

（3）高位体系域。具平行状或平缓的斜交前积反射结构，反射能量弱 - 中等，连续性良好。外部形态以席状披盖为主，层内局部可见河道充填沉积，反射波组呈向海收敛的下超特征。高位体系域位于 MFS 面之上，本区可进一步划分出两个阶段的沉积（D1：8 ~3 ka B. P. 和 D2：3 ~0 ka B. P. ）。高位体系域沉积局部可达 20 m。

33.2.2.3　典型剖面分析

在本区选取了 8 条典型剖面来分析台湾海峡海域末次冰消期以来的层序特征。

1）NZ009（图 33.11）

NZ009 剖面位于广东红海湾中部，剖面长约 22 km，可见 SB、MFS 和 TS 等地震反射界面。TS 界面埋深变化自岸向海略有增加，其上厚度变化为 8 ~ 15 m 左右，最深处处于埋藏河谷中。TS 界面以上具均一的反射结构，内部层理模糊，能量较弱，其下可见水平 - 近水平反射和充填状反射结构，连续性好 - 中等。

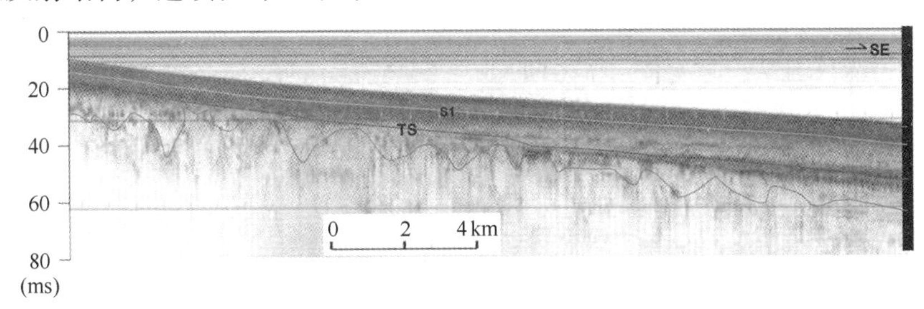

图 33.11　NZ009 典型测线浅地层剖面特征

2）NZA32

此剖面位于珠江口南部，桂山岛西侧，剖面走向为 WE 向，长度为 22 km（图 33.12）。

该剖面可见 SB、MFS 和 TS 三个地震反射界面，海底自西往东深度增加，在剖面中部约 12 km 处地形略有突起，再往东水深逐渐变大。TS 界面埋深约在 15 ~ 32 m 之间，极大值出现于古地形洼地和古河道充填沉积中。

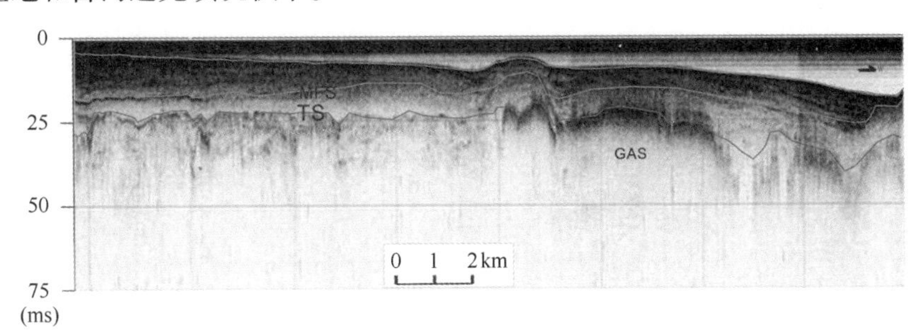

图 33.12　NZA32 典型测线浅地层剖面特征

海面至 MFS 界面之间的高位体系呈水平 - 平行状和斜交充填状反射结构，连续性好，能量较强。MFS 界面至 TS 界面的海侵体系多呈充填状、水平波状反射结构，连续性中等。其下发育古河道。

3）NZL24

此剖面位于珠江口北部海域的中南部，近 WE 向，总长度约 16 km（图 33.13）。海底自西往东深度增加，最深处位于剖面中部的伶仃航道，最大水深约 16 m。受航道中水流的冲刷作用，航道东侧地形略高于西侧。剖面上可见多个小型沙波，使海底高低不平。其形式可能与其周边较强的水动力环境有关。

剖面可见 SB、MFS 和 TS 三个地震反射界面，剖面自西侧始至 6 km 处有浅层气分布，受其影响，未能揭露地层，其余区域均有 MFS 和 TS 反射界面。MFS 反射界面分布较为平直，其上地层厚度约为 2 ~ 7 m。TS 界面起伏较大，揭露的地层厚度约为 7 ~ 24 m 之间，其底界与晚更新统地层呈不整合接触。MFS 界面将全新世地层分为两个亚层组，海面至 MFS 界面之间的高位体系呈水平状反射结构，连续性好，能量较强。MFS 反射波组在伶仃航道两侧受到航道地形削截而终止，MFS 界面至 TS 界面的海侵体系多呈充填状、斜交进积反射结构，连续性中等，在航道东侧发育有多处古河道沉积。

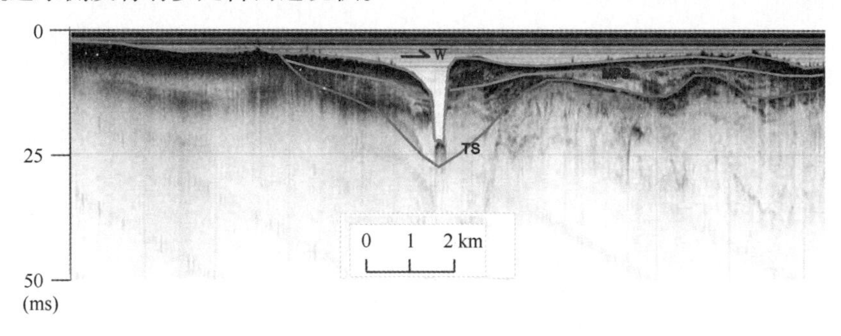

图 33.13 NZL24 典型测线浅地层剖面特征

4） NZB06

该剖面位于桂山岛以东、大屿山南面，剖面全长 19 km（图 33.14）。走向为 WE 向，自西往东水深逐渐加深，在岛礁附近地形向上隆起，在近桂山岛东侧与大小蜘蛛岛之间形成冲刷槽。

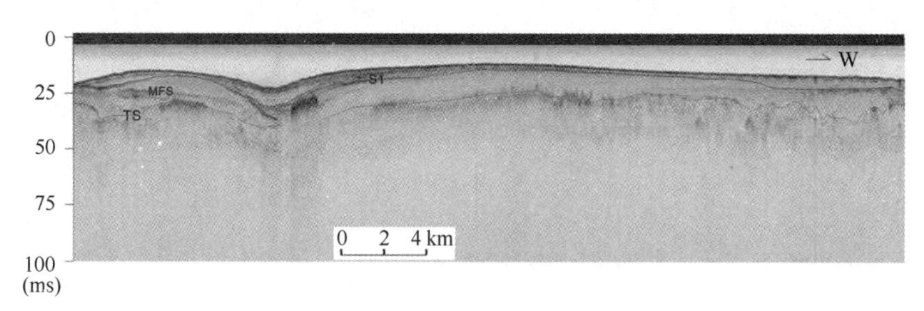

图 33.14 NZB06 典型测线浅地层剖面特征

该剖面可见 SB、MFS 和 TS 反射界面，MFS 反射界面断续分布，在剖面的东西两侧逐渐尖灭于海底面。MFS 反射界面埋深约为 0 ~ 15 m，最大埋深出现于冲刷槽底部。TS 反射界面连续分布，为一不整合面，界面上下地层呈不整合接触，常受基岩和浅层气屏蔽的影响而中断，界面随海底地形略有起伏，埋深约为 8 ~ 15 m。

海面至 MFS 界面之间以似水平和斜交充填反射结构为主，连续性中等。MFS 与 TS 界面之间呈斜交充填和水平波状反射结构，受浅层气屏蔽和基岩削截影响，反射波组在剖面上有时出现突然中止的现象。

5）NZC03－C03－1

该剖面均位于珠江口海区大、小万山岛的南部，呈 NS 向，长度约 26 km（图 33.15）。海底自北往南深度略有增加，地形变化相对较为平缓。

该剖面可见 SB、MFS 和 TS 三个反射界面，MFS 反射界面分布较为平直，TS 反射界面受到古河道和沟谷的切割侵蚀，起伏较大，其底界与晚更新统地层呈不整合接触。MFS 界面将全新世地层分为两个亚层组，海面至 MFS 界面之间能量较弱，层内波组不清晰，内部物质较为均一。MFS 界面至 TS 界面之间多呈水平－平行状、充填状、斜交前积反射结构，反射能量较强，连续性较好，可见多处古河道沉积。

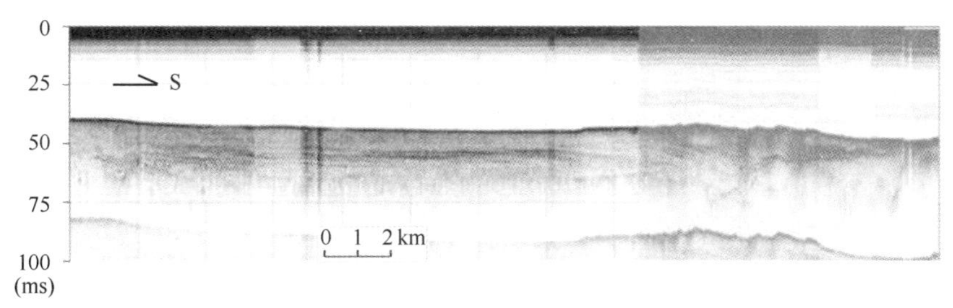

图 33.15　NZC03－C03－1 典型测线浅地层剖面特征

6）NZE07

此剖面位于珠江口海域附近，外伶仃岛以南，担杆列岛西侧，总长度约 12 km（图 33.16）。海底自北往南深度逐渐增加，地形变化相对较为平缓。

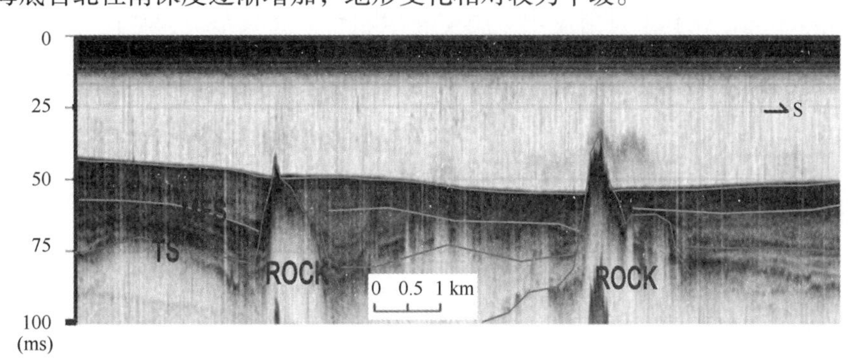

图 33.16　NZE07 典型测线浅地层剖面特征

该剖面可见 SB、MFS 和 TS 三个反射界面，并可见基岩出露海底。基岩出露处自北往南依次约为 3 km 和 7 km 处，其中南侧基岩出露海底面较高，约达 16 m。

MFS 反射界面呈水平分布，埋深为 8～15 m。TS 反射界面呈断续分布，为一不整合面，界面上下地层呈不整合接触，常受基岩和浅层气屏蔽的影响而中断，界面起伏较大，埋深约为 16－28 m。

海面至 MFS 界面之间沉积层表现为能量中等，连续性中等－好的反射。MFS 界面至 TS 界面的反射亚层组多呈斜交前积和平行状反射结构，连续性中等。受浅层气屏蔽影响，反射波组在剖面上有时出现突然中止的现象。

7）NZBJCX－3

该剖面位于下川岛北侧、上川岛以东，剖面走向为E—W向，全长约22 km（图33.17）。海底地形自东往西变深，在下川岛北侧由于靠近岛礁附近受水流冲刷而形成潮流冲刷槽，最大水深约10 m左右。地形在岛礁处抬高，往东加深后又逐渐变浅，一直到上川岛附近。

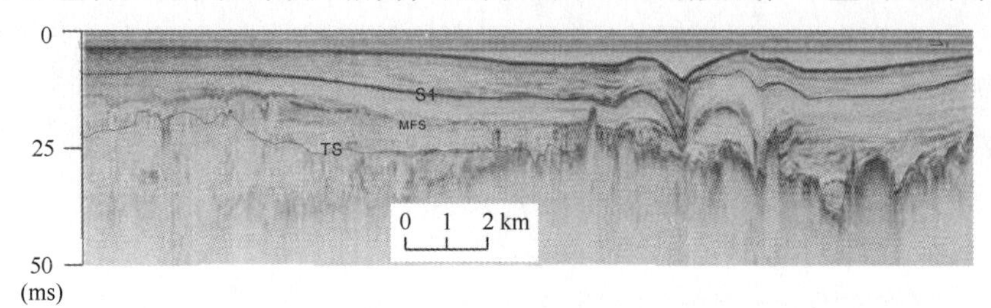

图33.17　NZBJCX－3典型测线浅地层剖面特征

该剖面可见SB、MFS和TS等反射界面，MFS界面位于海底与TS界面之间，为海底下最新的沉积层，该界面随海底地形变化，潮流槽西侧界面埋深一般大于5 m，最大埋深出现于槽底部，可达约13 m左右；潮流槽东侧，埋深从不足1 m逐渐增加，在中部达到极大值约5 m，至接近上川岛附近又逐渐变浅。TS界面起伏变化较大，局部被基岩削截。最大埋深可达约18 m。

本剖面的全新世地层可分为两个亚层组，海面至MFS界面之间的反射亚层组$Ⅰ_1$能量中等，上部反射能量较弱，连续性中等－好，以平行状和斜交充填状结构为主，局部受侵蚀切割作用影响而略有起伏。其下反射波组以斜交充填和水平波状结构为特征，界面起伏较大，局部有乱岗状堆积。

8）NZA07

该剖面位于高栏岛以南、荷包岛以东，剖面走向为NS向，剖面全长约31 km（图33.18）。海底地形自北往南逐渐变深。

该剖面可分为SB、MFS和TS反射界面，S_1界面位于海底与MFS界面之间，该界面随海底地形变化，界面埋深一般不足3 m，往南尖灭于TS界面之上。TS界面在北部厚度较大，可达8 m左右，往南逐渐变薄，一般不足3 m。

海面至MFS界面之间的反射为能量较强，连续性中等－好，反射波组以平行状结构为主，随着水深增大，MFS界面中止于TS反射界面，此时反射波组内部能量较弱，呈无反射和弱反射特征。TS界面之下自北往南发育多处古河道沉积，河谷以斜交状充填和水平波状充填结构为主。

33.2.3　北部湾海域

注入北部湾的小河流众多，主要包括南流江、大风江、钦江、茅岭江、防城河、北仑河等主要河流，这些河流年输沙量约173.46×10^4 t，输沙量均不大。输沙量季节变化明显，夏季较大，冬季较小。

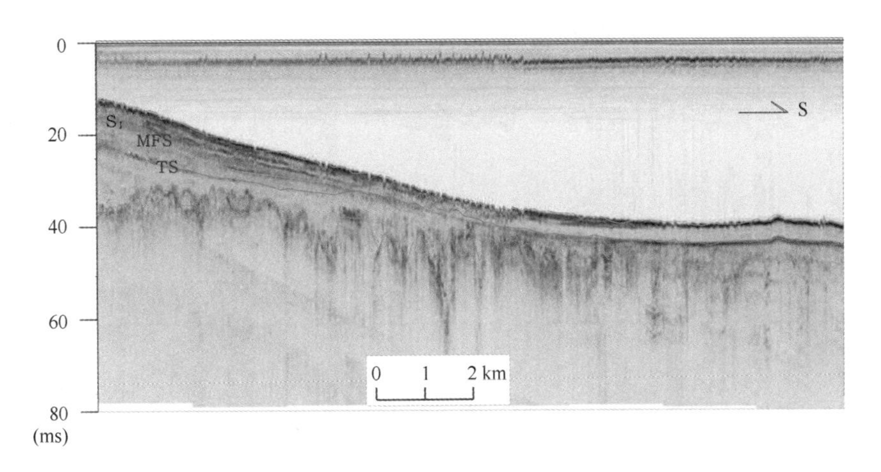

图 33.18　NZA07 典型测线浅地层剖面特征

33.2.3.1　主要声学反射界面及其地质属性

总的来说，北部湾海域浅地层剖面上可以识别出 3 个主要声学反射面（图 33.19），自上而下分别为 SB，TS 和 Rg。其中，SB 为海底面，TS 为区域性不整合面，在全区内比较明显且全区分布，Rg 界面在 TS 较薄的地方可见。

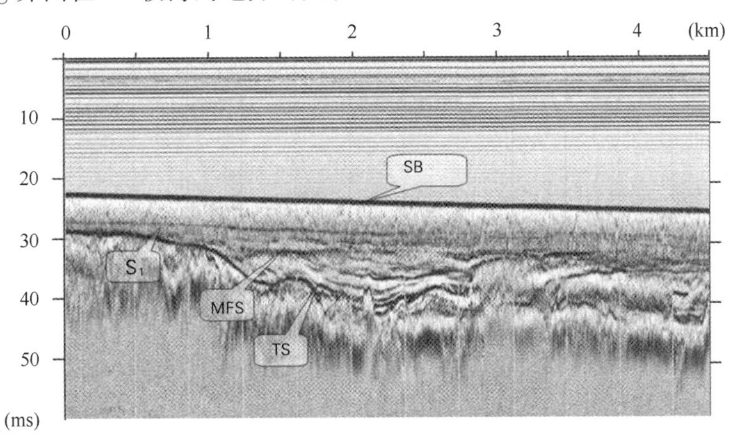

图 33.19　北部湾附近海域测线地层反射界面及层序分布

（1）SB 反射面。SB 面为海底面，由于海水和沉积物具有较大的物性差异，因此在剖面上非常容易识别。

（2）TS 反射面。该反射界面全区基本上可连续追踪，反射形态多样，起伏变化大。除琼州海峡中段地层受强烈侵蚀及部分区域受浅层气的屏蔽影响而缺失外，全区一般均可对比。该界面在浅地层剖面上反映十分明显，能量中等到较强，连续性中等 - 较好。该界面之上反射波具有区域性的自海向陆的上超特征，局部多表现为平行状和充填状；界面之下反射波常见削截现象，说明该界面上下的沉积环境截然不同，是一个不整合界面，具有划分地质时代的意义。

（3）Rg 反射面。界面以上反射波呈平行状或充填状，界面以下可见乱岗状和均质状反射结构。界面凹凸不平，与下伏界面呈明显的不整合接触，反射能量多变，连续性中—好，界面常呈起伏形态，局部可见丘状拱起。

33. 2. 3. 2　层序地层划分及体系域分析

北部湾海域末次冰消期以来的沉积层序中主要由低位体系域（LST）和高位体系域（HST）组成，海侵体系域（TST）仅在局部发育（表 33. 3）。

表 33. 3　北部湾海域层序地层划分

声学界面	体系域	层序	沉积相	发育时代
SB - - -	高位体系域	6 级 I 型层序 - Sq1	三角洲、浅海相	7ka B. P. ~0
MFS - - -	海侵体系域		滨海 - 浅海	12 ~ 7ka B. P.
TS - - -	低位体系域		河流相，湖沼相	20 ~ 12 ka B. P.

（1）低位体系域。低位体系域是在海水未进入北部湾近岸之前形成的，时间约为 20 ~ 11 ka B. P. 。低位体系域对应于 TS 面之下以杂乱反射为主的陆相沉积，其底界难以识别；杂乱反射中间局部发育古河道充填相（BCF），以“V”字形为主，内具斜向平行向或杂乱充填反射相，河道的宽度由数百米至数千米不等，向下侵蚀的深度也由数米到二三十米不等。低位体系域主要包含了河流相和湖沼相沉积，在近岸的丘陵或山区还可能发育了洪积相或冲积相。

（2）海侵体系域。海侵体系域位于 TS 面和 MFS 面之间，较少剖面可见，主要由滨海 - 浅海相组成，总体上厚度变化较大，能量较弱，往往分布于埋藏古河道和古冲沟中。常见为充填式沉积，具水平状平行或亚平行反射或斜交反射结构，连续性一般，能量中等。

（3）高位体系域。位于 TS 面之上。以上超方式与下伏反射层组呈不整合接触。具平行状或平缓的斜交前积反射结构，局部呈发散状斜交充填结构，反射能量弱 - 中等，连续性良好。外部形态以席状披盖为主，层内可见河道充填沉积，反射波组呈向海收敛的下超特征。底界面与下伏层一般呈整合或轻微的不整合接触。

33. 2. 3. 3　典型浅地层剖面分析

总体上，北部湾河流供给的沉积物较少，潮流是控制沉积的主要因素，全新世沉积厚度较小。全新统厚度除中部钦州湾附近埋深局部超过 10 m 外，大部分区域小于 5 m。在本区选取了 6 条典型剖面来分析北部湾海域末次冰消期以来的层序特征。

1）NB1006

NB1006 测线浅地层剖面位于雷州半岛西部、北部湾铁山港的南部（图 33. 20），呈 NW—SE 向，长度约 33 km。海底地形在两侧变化较小，中段由于受水流的影响，形成冲刷槽地形。

本剖面仅见 SB 和 TS 反射界面比较平缓，局部稍有起伏，埋深自西北向东南有变浅的趋势，测线在冲刷槽北段埋深多大于 5 m，极小值位于冲刷槽附近，最浅点为 1. 9 m；冲刷槽南段埋深略有增加，但埋深一般小于 5 m。

海底面和 TS 面间以平行状为主，底部有碟状充填反射结构；TS 面以下为均质状局部乱岗状反射结构。

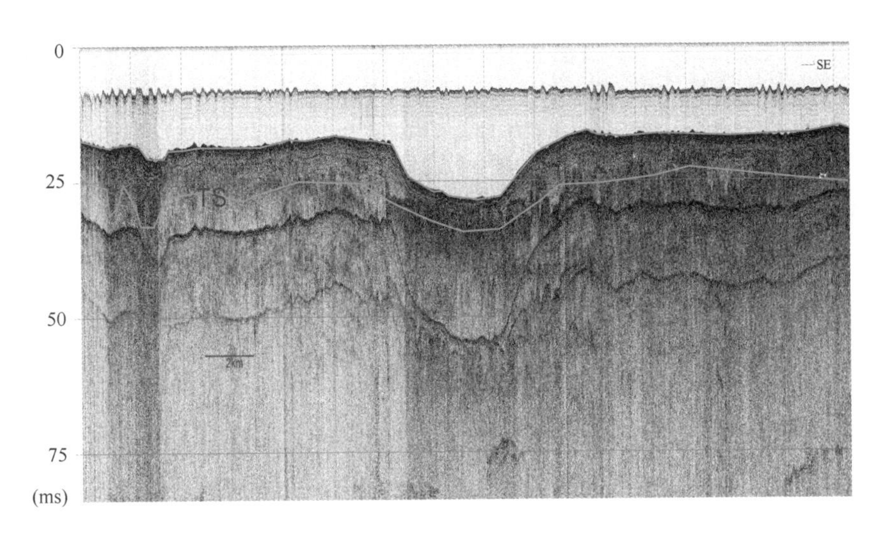

图 33.20 NB1006 典型测线浅地层剖面特征

2）NB6003

该剖面位于博贺港西南部，剖面呈 NE—SW 向，自岸向海剖面水深增加，地形起伏较小，长度约 20 km（图 33.21）。

剖面的 TS 反射界面总体埋深比较平缓，局部稍有起伏，界面埋深呈两端浅、中间深的特点，界面主体埋深在 5 m 左右，最大埋深可达 17 m。MFS 面之下的海侵体系域多为前积状反射结构；之上的高位体系域多为水平平行状反射结构，局部呈现波状前积特点。TS 面之下具乱岗状及均质状反射结构。

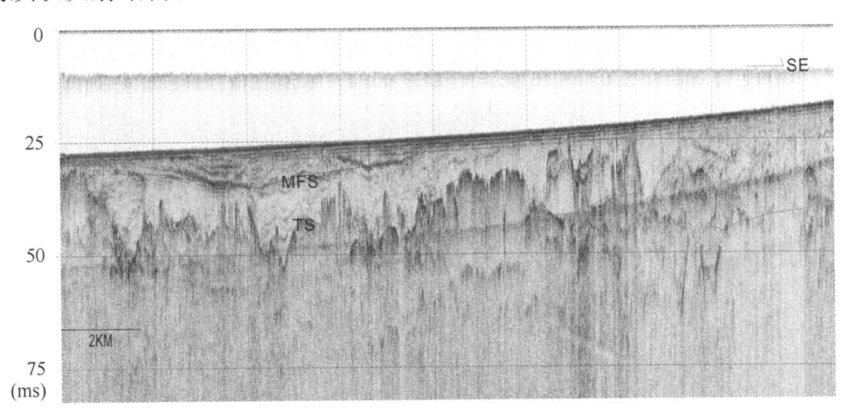

图 33.21 NB6003 典型测线浅地层剖面特征

3）NB9201B

NB 9201B 测线于雷州半岛西侧海域，测线呈 NW—SE 向分布，长度约为 80.5 km（图 33.22）。本剖面显示有 SB、TS 两个反射界面，其中 TS 反射界面总体比较平缓，局部见有起伏，埋深厚度自北向南增大，埋深变化在 0 ~ 8 m 之间，测线的北段全新统很薄，地层揭露为 0 m，洼凹地段最大厚度约 8 m。在北部，TS 受沙波影响而无法识别，界面起伏变化较大。TS

面之上呈现平行状反射结构，局部洼凹地段为充填状结构；缺失 MFS 面；TS 面之下的低位体系域多为乱岗状、均质块状结构，局部为充填式侧向加积状和倾斜前积状反射结构。

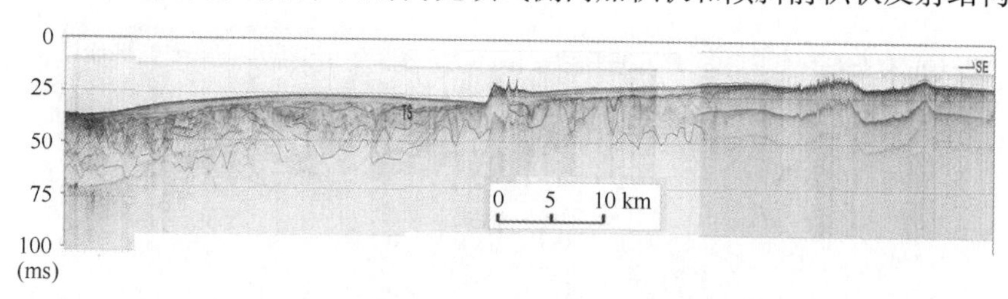

图 33.22 NB9201B 典型测线浅地层剖面特征

4）NB9401

NB9401 测线位于硇洲岛南侧的雷州湾区域（图 33.23），测线呈 NW—SE 向，长度约为 44 km。该测线海底起伏较大，局部有沙波分布，显示为较强的多次反射。同时，局部可见浅层气发育，使地震波组的反射波受到屏蔽干扰。本剖面可见 SB 和 TS 反射界面，其中 TS 反射界面比较平缓，埋深一般为 5 ~ 10 m，最大达 16 m 左右，见于硇洲岛南部，最小值为 0 m，见于硇洲岛西南部的冲刷水道，TS 面以上沉积以前积状反射结构和平行 - 准平行状反射结构为主。

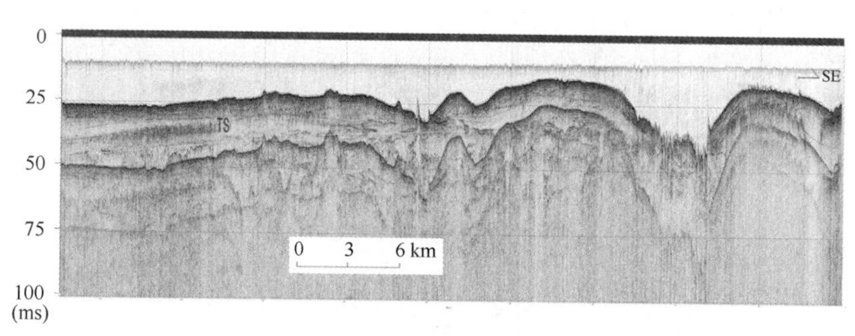

图 33.23 NB9401 典型测线浅地层剖面特征

5）NB57

该剖面位于钦州湾南部，剖面方向为自北往南，长约 15 km（图 33.24）。海底地形随离岸距离增加而变深，在向南剖面上可见由于浅层气的干扰而形成的海底绕射波。

剖面可见 SB 、MFS 、TS 反射界面，其中 S_1 反射界面比较平缓，埋深值一般为 1 ~ 3 m，随海底地形起伏变化，在南北两端尖灭于 SB 界面之上。TS 反射界面基本与海底面平行，埋深约为 4 ~ 6 m。其下反射界面受河道侵蚀切割，是一个侵蚀不整合界面，埋深为 6 ~ 20 m。

6）NB76

该剖面位于钦州湾南部东侧，剖面方向为自北往南，长约 16.4 km（图 33.25）。海底地形随离岸距离增加而变深。

剖面可见 SB 和 TS 两个反射界面，其中 TS 埋深一般为 0 ~ 10 m，之下反射不清晰，局部存在乱岗状堆积反射特征；之上呈水平波状和斜交前积结构特征，局部为半透明状反射。

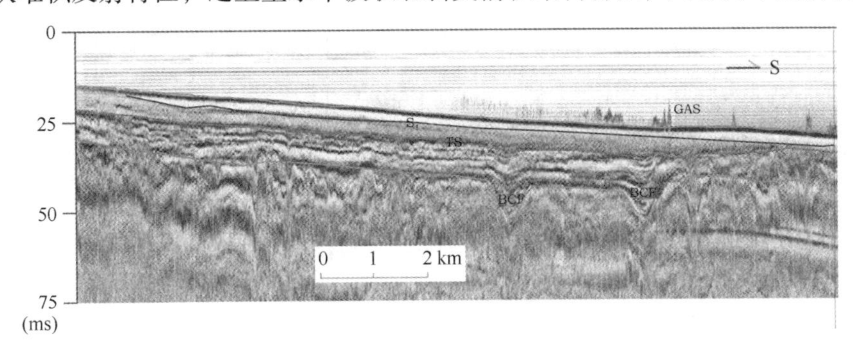

图 33. 24　NB57 典型测线浅地层剖面特征

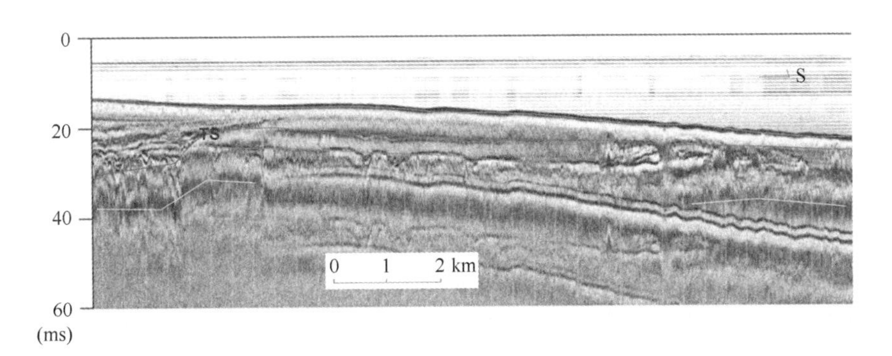

图 33. 25　NB76 典型测线浅地层剖面特征

第34章　南海北部陆架晚第四纪古环境演化

南海是西北太平洋最大的边缘海，被东亚大陆和印度尼西亚－菲律宾岛弧链包围，与西太平洋和东印度洋沟通有限，南海南北为宽阔的大陆架，周边有众多大河注入，其沉积物记录中蕴含了丰富的海陆环境信息。沉积物是古环境信息的载体，本章就以“908专项”调查在南海北部陆架获取的柱状样为研究对象，并结合前人的研究结果，阐述南海北部陆架的古环境演化。

34.1　南海北部陆架沉积速率

利用^{210}Pb测年方法测定百年时间尺度内南海北部陆架区的沉积速率和沉积通量，探讨了其沉积环境变化，为了解该区的现状、开发及保护其自然环境提供科学依据。

34.1.1　数据来源

本部分沉积速率主要依托国家海洋局第二海洋研究所及南海分局等单位对南海北部的底质沉积环境进行调查时取的6根柱状样，并对6根岩心进行^{210}Pb测年分析，站位分布如图34.1所示。

34.1.2　沉积物^{210}Pb沉积速率

在大陆架、湖泊等相对稳定的沉积环境中，沉积过程较为连续，各层沉积物组成较均一，^{210}Pb剖面往往呈正常类型分布。然而在波浪潮流作用频繁的海岸、河口地带泥沙运动频繁，沉积物往往经过悬移、沉积、再悬移、再沉积的复杂运动过程，沉积物结构复杂。Nittrouer等（1979）曾研究过沉积物颗粒的大小与^{210}Pb放射性强度的关系，沉积物中砂、粉砂、黏土的^{210}Pb放射性强度之比平均为15:25:60。因此，沉积物中的细颗粒（特别是黏土）和有机质含量的变化会使^{210}Pb剖面复杂化，甚至造成分段分布。所以，每一根柱样的^{210}Pb垂直分布特征与其粒度组成、沉积物来源、水动力条件等等都有密切的关系，要结合研究区具体的沉积环境来分析其沉积速率。

1）柱样B1047的沉积速率

琼州海峡位于雷州半岛和海南岛之间，东西走向，地质构造上位于雷琼断陷中部。海峡海底地貌分5部分：中央深槽、东、西潮流三角洲和南北岸边滩。海峡两岸以火山地貌为主，岬角和海湾相间分布。琼州海峡的泥沙主要来源为外海来沙、侵蚀海岸来沙以及海峡两岸河流供沙，但河流供沙量较少，对海峡影响不大。B1047站位于琼州海峡水道东部，靠近海南

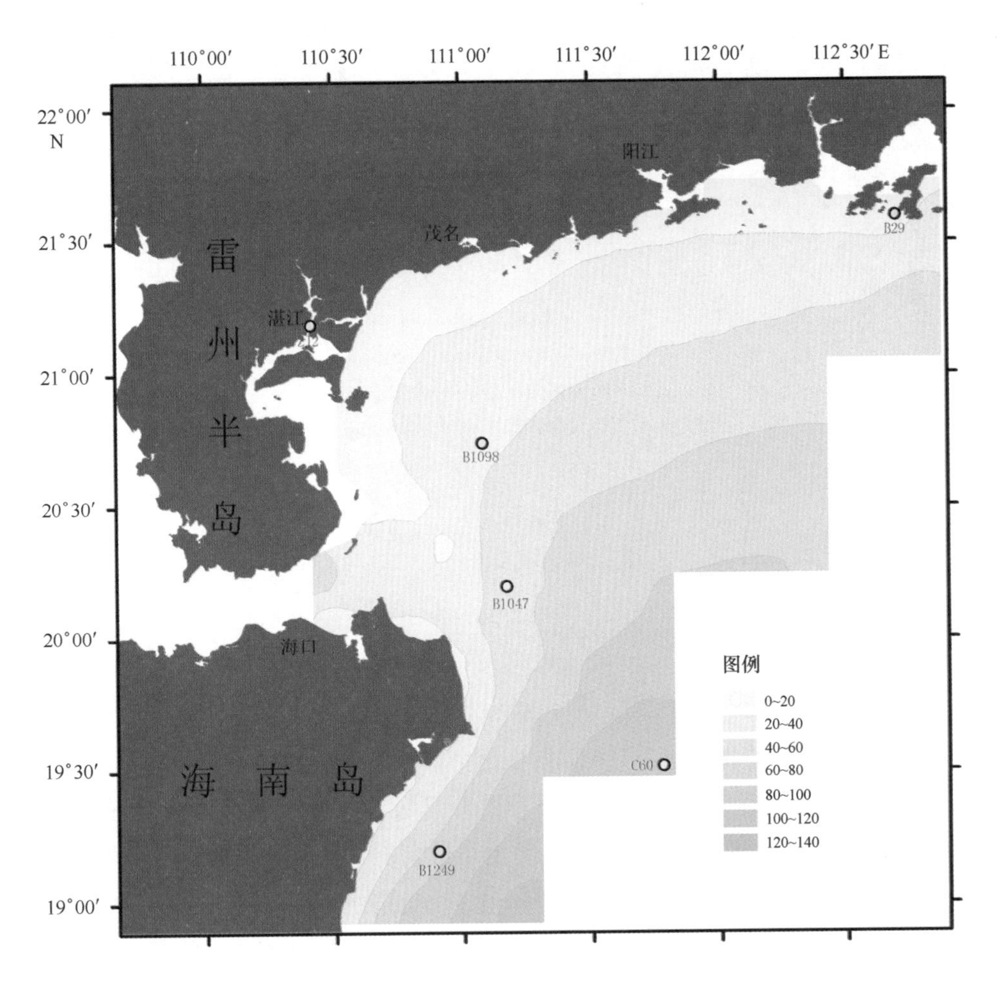

图 34.1　^{210}Pb 测年取样站位分布

岛。沉积物来源主要为南渡江的输沙及海岸侵蚀物。该站水深48 m，取样深度为1.53 m。该站沉积柱样自55 cm处往下，^{210}Pb比活度在1.0～1.3 dpm/g之间变化（图34.2），变化幅度较小，由此可认定为本底区域。因此可将55～151 cm处的^{210}Pb比活度的平均值作为本底（1.248 dpm/g），则0～55 cm层段的沉积速率为0.42 cm/a。

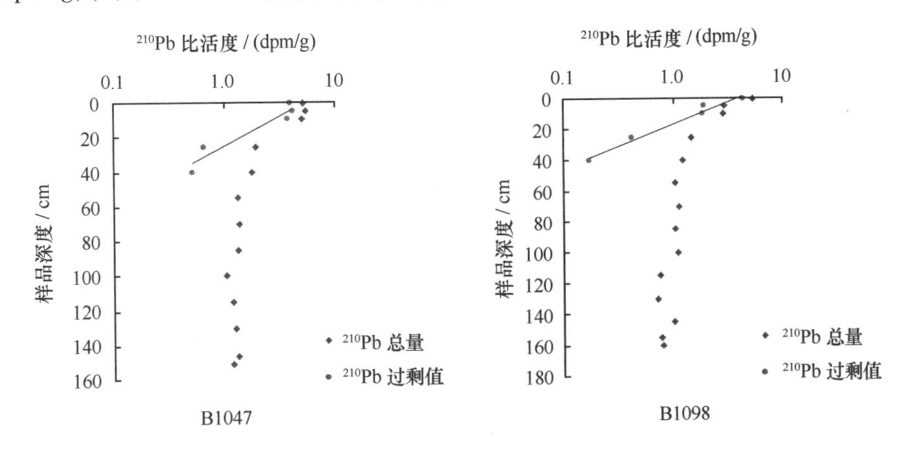

图 34.2　柱样B1047和B1098^{210}Pb比活度的垂直分布

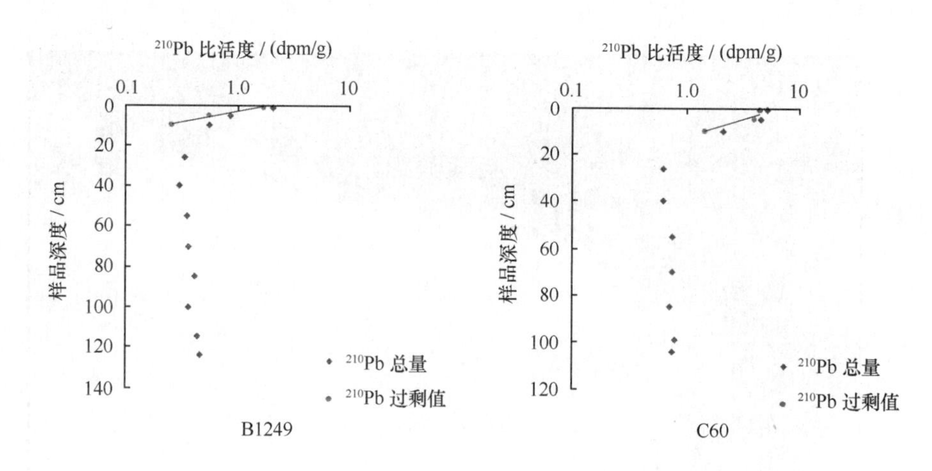

图 34.3　柱样 B1249 和 C60^{210}Pb 比活度的垂直分布

2）柱样 B1098 的沉积速率

B1098 站位于南海北部陆架区的中部，水深 34 m，取样深度为 1.66 m。该柱样表层至 40 cm 层段，随着样品深度的增加，^{210}Pb 放射性比活度值呈衰减趋势。40～100 cm 之间，^{210}Pb 比活度值在 0.99～1.041 dpm/g 范围内波动（图 34.2），可以将此段看做是本底区。100 cm 以下层段的^{210}Pb 比活度值明显降低，分析其粒度组成发现，该段沉积物粒度明显变粗，可能沉积物来源发生变化。将 40～100 cm 层的^{210}Pb 比活度的平均值作为本底值，则 0～40 cm 层段的沉积速率为 0.36 cm/a。

3）柱样 B1249 的沉积速率

B1249 位于海南岛东岸近海陆架区，水深 73 m。沉积物来源主要有海南岛东部河流的携沙、海岸侵蚀物以及南海北部季风携带来的沉积物。该站表层样的^{210}Pb 放射性比活度比较高（2.037 dpm/g），但随着深度的增加衰减很快（图 34.3），表明该站位于较慢的沉积区。该柱样 40 cm 以下层段的^{210}Pb 放射性比活度值在一定的范围内波动，可以看做是本底区。若以 40 cm 以下层段的^{210}Pb 放射性比活度的平均值作为本底值，则该站 40 cm 以上区域的平均沉积速率为 0.12 cm/a。

4）柱样 C60 的沉积速率

该站沉积柱样 26 cm 以上层段^{210}Pb 比活度值随着深度的增加呈衰减趋势（图 34.3）。自 26 cm 处往下，^{210}Pb 比活度在 0.6 dpm/g 左右变化，可认定为本底区域。将 26 cm 以下层段的^{210}Pb 比活度平均值作为本底值，则 0～26 cm 层段的沉积速率为 0.22 cm/a。

在海南岛东部近海海域，前人也做过沉积速率的研究。许冬等（2008）利用^{210}Pb 测年法对海南岛东部近海海域沉积速率进行了研究，该柱样位于万泉河东南方向，测得沉积速率为 0.29 cm/a。葛晨东（2003）在万泉河口分析的一根柱样，其沉积速率为 0.15 cm/a。由此可以推断，在海南岛东部海域由于沉积物来源有限，该区属于慢速沉积区。

5）柱样 B29 的沉积速率

B29 位于川山群岛附近，在上川岛和下川岛之间，水深 11 m。该站沉积柱样 91 ~ 131 cm 之间的^{210}Pb 比活度在 1.45 dpm/g 左右变化（图 34.4），变化幅度较小，由此可认定为本底区域。141 cm 以下层段的^{210}Pb 比活度波动较大，可能是因为沉积物来源发生了变化。因此可将 91 cm 至 131 cm 层的^{210}Pb 比活度的平均值作为本底（1.436 dpm/g），则 0 – 81 cm 层段的沉积速率为 0.78 cm/a，相关系数为 –0.95。从该站的^{210}Pb 比活度分布及沉积速率的相关系数看，该站位沉积环境比较稳定。由于该站位与岛屿距离较近，沉积物来源比较丰富，沉积速率相对偏高。

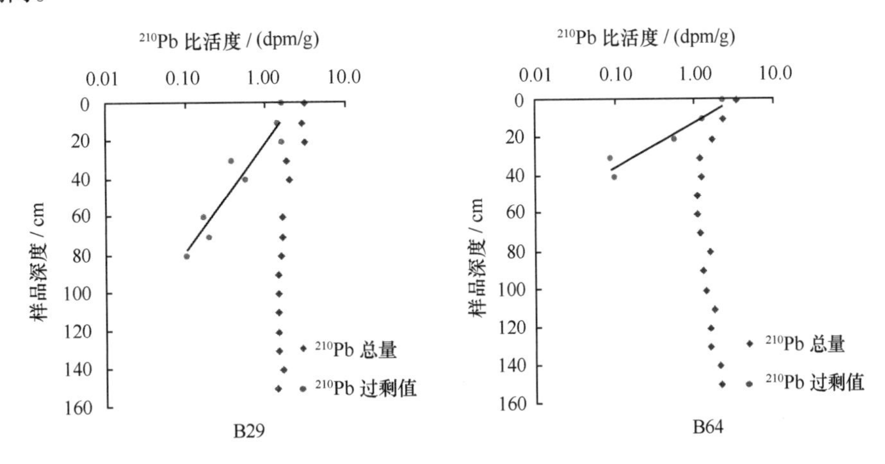

图 34.4　柱样 B29 和 B64^{210}Pb 比活度的垂直分布

6）柱样 B64 的沉积速率

B64 位于下川岛附近，水深 19 m。从该站的^{210}Pb 比活度分布特征来看，从表层至 41 cm 层，随着深度的增加，^{210}Pb 放射性比活度呈衰减趋势（图 34.4）。51 cm 至 71 cm 层的变化幅度较小，由此可认定为本底区域。71 cm 以下层的^{210}Pb 放射性比活度波动较大，总体来看，呈增加的趋势。究其原因，71 cm 以下层段的粒度组成变粗，可能是由于沉积物来源发生了变化。因此将 51 cm 至 71 cm 处的^{210}Pb 比活度的平均值作为本底（1.09 dpm/g），则 0 – 41 cm 层段的沉积速率为 0.32 cm/a，相关系数为 –0.96。

34.1.3　沉积物^{14}C 沉积速率

在南海北部也做了部分的^{14}C 测年，测定结果见表 34.1。前人（范德江，2000）研究发现，^{14}C 测定的年龄偏老，难以用作现代沉积速率的计算，仅有少数几个年龄小于 8 ka B. P.，认为可以用于沉积速率的计算。利用上层测定的年龄来计算沉积速率，计算结果见表 34.2。由表 34.2 分析发现，^{14}C 的沉积速率比^{210}Pb 的沉积速率小 1 ~2 个数量级。

表 34.1 ^{14}C 测年数据

站号	顶深/cm	底深/cm	测试样品	测试绝对年龄/ka	测试误差/a	测试方法
ZJ2	40	42	贝壳	2.68	30	AMS^{14}C
ZJ2	80	82	贝壳	2.01	30	AMS^{14}C
ZJ2	120	122	贝壳	2.44	40	AMS^{14}C
ZJ2	150	152	贝壳	2.53	55	AMS^{14}C
B64	40	42	贝壳	2.95	60	AMS^{14}C
B64	80	82	贝壳	5.27	95	AMS^{14}C
B64	120	122	贝壳	6.38	95	AMS^{14}C
B64	150	152	贝壳	6.79	60	AMS^{14}C
B600	40	42	贝壳	4.99	45	AMS^{14}C
B600	70	72	贝壳	8.9	50	AMS^{14}C
B188	40	42	贝壳	2.95	50	AMS^{14}C
B188	80	82	贝壳	4.72	65	AMS^{14}C
B188	130	132	贝壳	6.095	65	AMS^{14}C
B7	40	42	贝壳	5.23	55	AMS^{14}C
B7	80	82	贝壳	11.245	65	AMS^{14}C
B7	120	122	贝壳	12.8	70	AMS^{14}C
B638	40	42	贝壳	5.045	35	AMS^{14}C
B638	90	92	贝壳	6.54	50	AMS^{14}C
ZJ3	40	42	贝壳	1.895	30	AMS^{14}C
ZJ3	70	72	贝壳	2.115	35	AMS^{14}C

表 34.2 ^{14}C 测定沉积速率

站号	顶深/cm	底深/cm	测试绝对年龄/ka	测试误差/a	沉积速率/（cm/ka）
ZJ2	40	42	2.68	30	15.299
B64	40	42	2.95	60	13.898
B600	40	42	4.99	45	8.216
B188	40	42	2.95	50	13.898
B7	40	42	5.23	55	7.839
B638	40	42	5.045	35	8.127
ZJ3	40	42	1.895	30	21.636

34.2 南海北部陆架晚第四纪古环境演化

利用在珠江口外陆架采集到的沉积柱样 C069（113.83°E，21.25°N），柱样总长度为 210 cm，通过分析沉积物的粒度、黏土矿物和地球化学特征，结合^{14}C 测年，探讨了中全新世南海北部陆架的沉积物来源及 4.0 ka 前古环境的演化。

34.2.1 岩性特征

C069孔沉积物以粉砂、砂质粉砂为主，从下往上颜色由深灰色变为浅灰色，弱黏性，质软，分选差，含水量较高，零星见贝壳碎屑和有孔虫。在72～112 cm却含有大量贝壳碎屑，贝壳多破碎，不完整。

34.2.2 ^{14}C测年

C069孔AMS^{14}C实验测得22～24 cm层位^{14}C年龄为636 a B. P.、108～114 cm层位^{14}C年龄为4 433 a B. P.、而200～210 cm层位由于样品的有孔虫含量很少，而且破碎，很难挑选合适的有孔虫进行测试，因此无法测得^{14}C年龄。

34.2.3 粒度特征

根据沉积物类型和分选系数，以120 cm为分界线把柱状样分为上段（0～120 cm）和下段（120～210 cm）两部分。从粒度频率分布曲线上可以看出C069孔上、下段特征完全不同（图34.5），下段沉积物粒度为典型的双峰分布特征，高峰值粒度组分分布范围分别在200～300 μm（砂），低峰值的为8～16 μm（粉砂）；而上段沉积物粒度分布为单峰特征，主要为粉砂级，粒度相对较细，粒度值在16～63 μm占总量的5%以上。

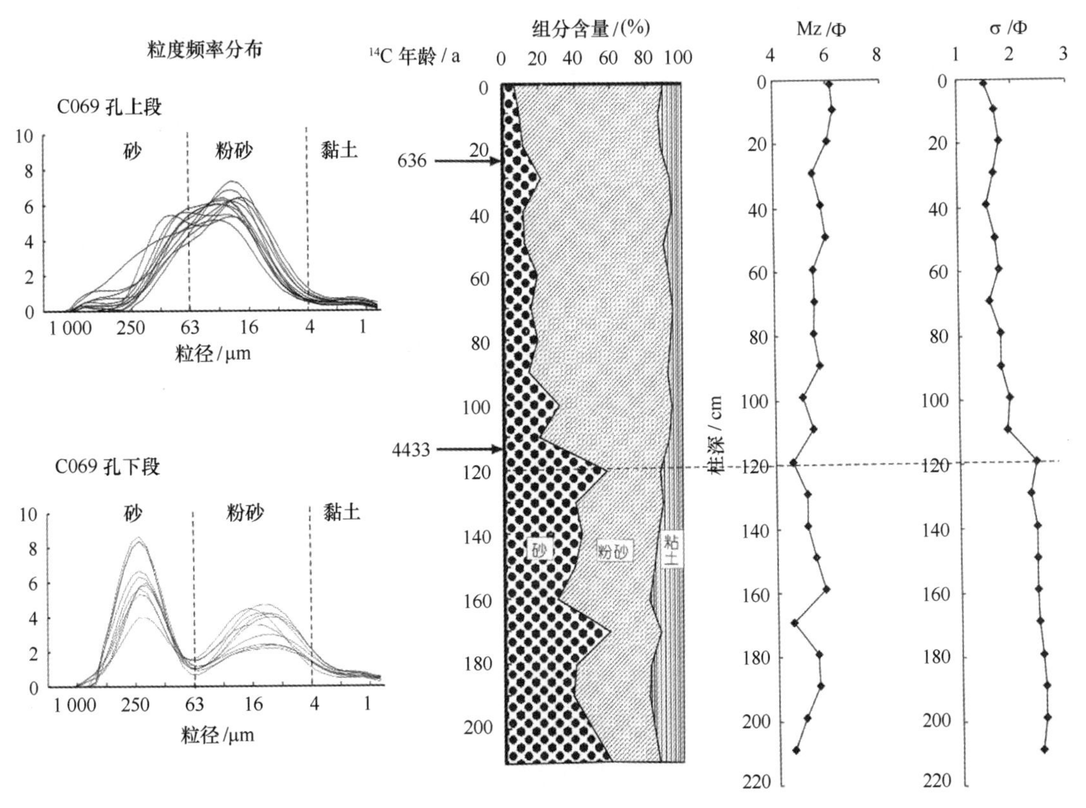

图34.5 C069孔粒度参数垂向分布（虚线分为上、下两段）

沉积物类型自下往上，砂的含量明显减少（60%→6%），粉砂含量则明显增加（27%→84%），黏土含量呈略有波动的减少。沉积物平均粒径分布范围为3.45～6.24 Φ，自下往上平均粒径有变大趋势；分选系数自下而上明显变小，下部分的分选系数介于2.30～2.54（平均2.44），属于分选很差；而上部分的分选系数介于1.51～1.92（平均1.71），属于分选差。

34.2.4 黏土矿物组成

C069孔的黏土矿物主要由伊利石、高岭石、绿泥石和蒙皂石4类矿物组成（图34.6），其中伊利石含量最高为45%～54%，其次是高岭石（15%～29%）和绿泥石（17%～25%），蒙皂石含量最少为6%～15%，垂向分布特征如图34.7所示。黏土矿物组成在120 cm上、下两部分也有明显的不同：①下段4种黏土矿物组分相对含量都较稳定，平均含量分别为：伊利石47%、高岭石27%、绿泥石19%和蒙皂石7%；②上段伊利石和绿泥石含量略有波动增加趋势，但上段高岭石的含量（平均为18%）明显比下段（平均为27%）低，蒙皂石在60－110 cm出现最大值为15%。

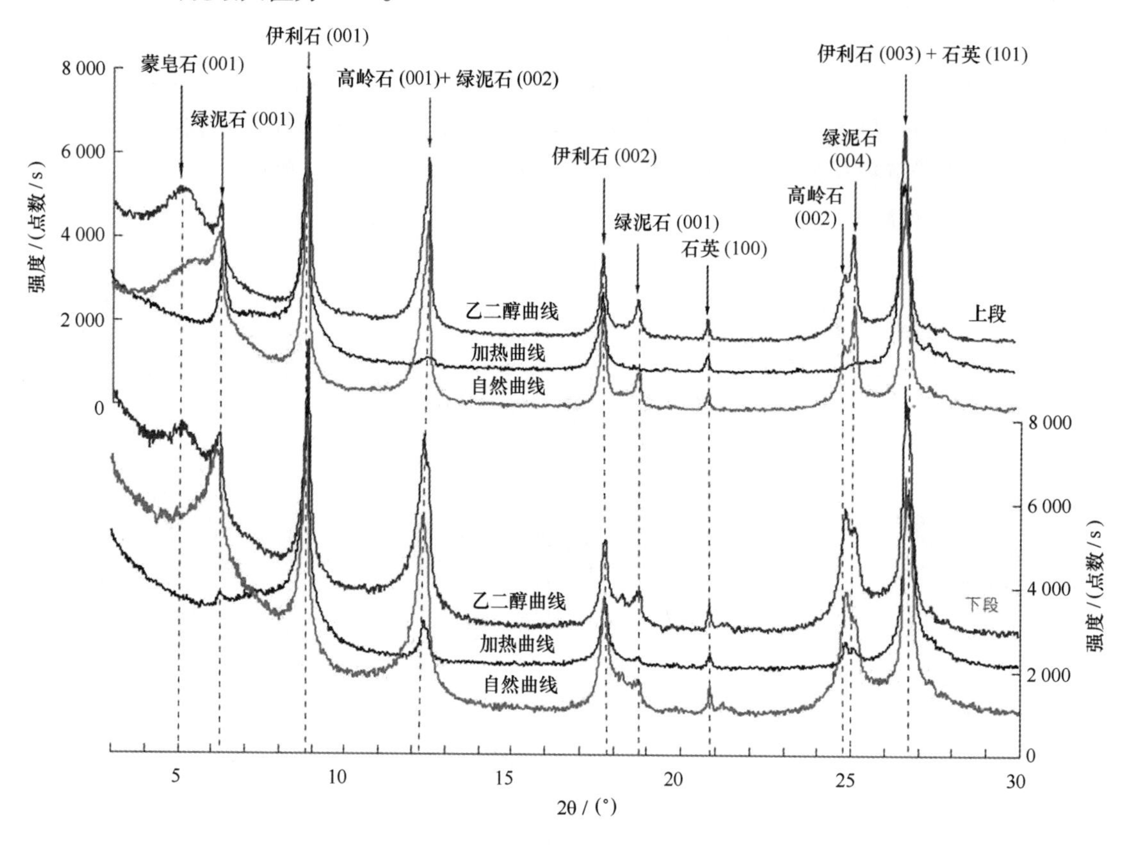

图34.6 C069孔样品X射线衍射叠加波谱

利用乙二醇曲线计算伊利石的化学指数，即5/10峰面积比，用伊利石10 A的半高宽FWHM表示伊利石的结晶度。C069孔的伊利石结晶度和化学指数在120 cm上、下两段也有明显的差别（图34.6和图34.7），下段伊利石结晶度为0.27°～0.29° Δ2θ（平均为0.28°），明显高于上段伊利石的结晶度为0.21°～0.26° Δ2θ（平均为0.23°）；伊利石化学指数下段（0.55～0.70）也明显高于上段（0.41～0.51）。

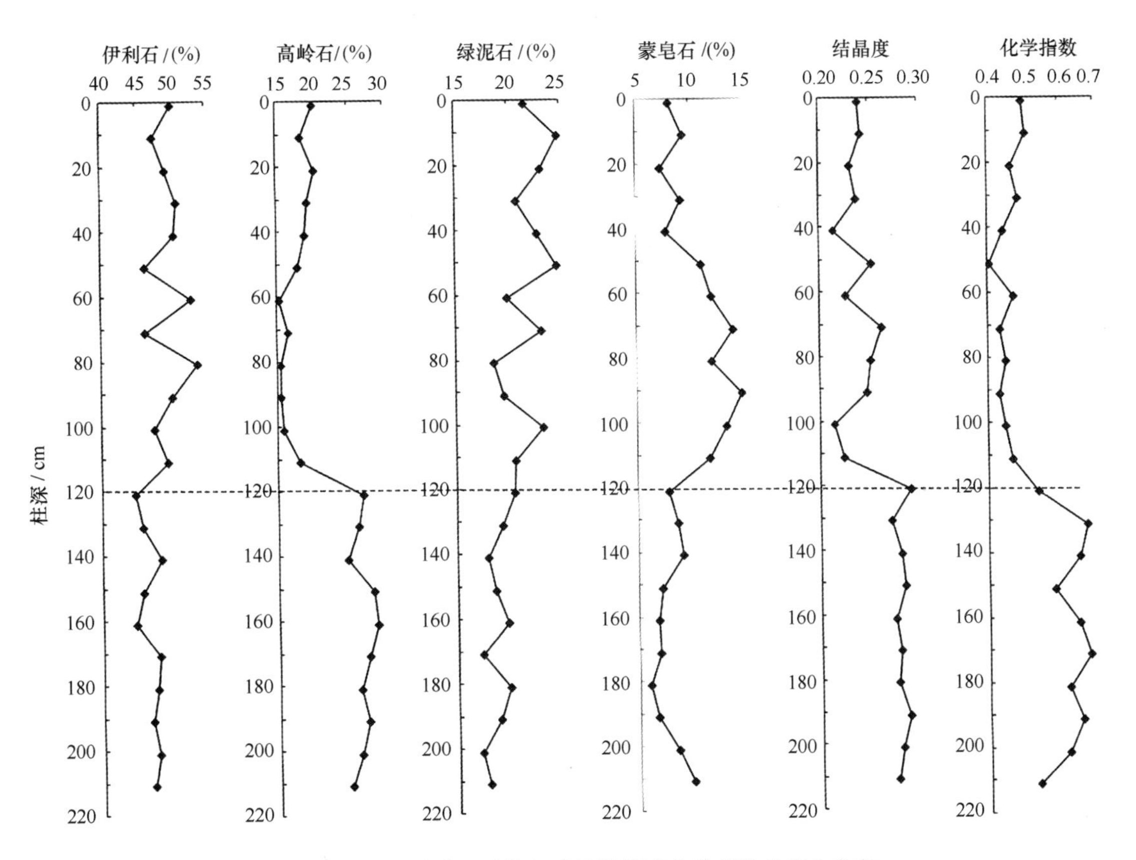

图 34.7 C069 孔黏土矿物组成及结晶度化学指数的垂向分布

34.2.5 地球化学特征

C069 孔沉积物地球化学特征在上、下两部分具有明显的差异。①上段（图 34.8）：SiO_2 含量为 57.34% ~65.36%；CaO 含量为 4.69% ~6.96%，平均值为 5.77%；Al_2O_3/（CaO + Na_2O）比值为 1.52；大离子亲石元素 Sr 含量为 206 ~259 μg/g，Sr/Ba 比值为 0.58 ~0.81。②下段：SiO_2 含量较高为 68.92% ~75.53%；CaO 含量明显低于上段，为 0.92% ~2.94%，平均值为 1.63%，其烧失量也相应地较小；Al_2O_3/（CaO + Na_2O）比值高于上段为 3.71；Sr 含量在 75 ~132 μg/g 之间，Sr/Ba 比值为 0.23 ~0.40。Ba 含量自下而上没有明显的变化为 314 ~374 μg/g。

34.2.6 中全新世以来南海北部陆架古环境意义

34.2.6.1 源区风化程度研究

输入海洋中的陆源碎屑物质主要是陆壳岩石的风化产物，而源区风化程度受到气候和构造活动的影响：气候越干燥，风化程度就越高。伊利石化学指数大小可以指示其风化程度，例如伊利石化学指数小于 0.5 代表富 Fe - Mg 伊利石，为物理风化；大于 0.5 为富 Al 伊利石，代表强烈的水解作用（Gingele et al. , 1998），从而可以用来指示物源和气候变化（Ehrmann, 1998；Liu et al. , 2003）。此外，伊利石结晶度为低值代表结晶度高，指示陆地物源区水解作

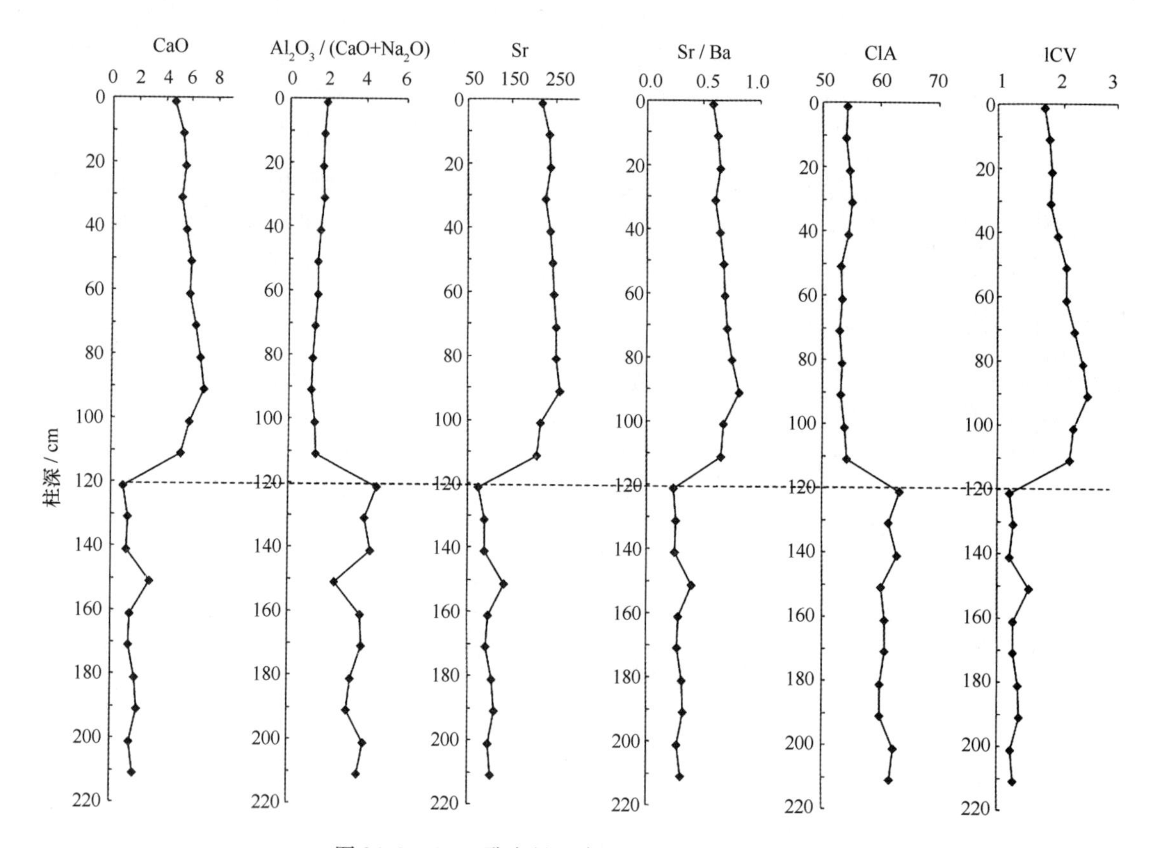

图 34.8　C069 孔主量元素和微量元素垂向分布

用弱，为干冷的气候条件（Ehrmann，1998），这个参数也可用于示踪物源区和搬运路径（Petschick et al.，1996）。

C069 孔上段伊利石的结晶度平均值为 0.23°；低于下段伊利石结晶度 0.28°，表明下段为相对湿润的气候。伊利石化学指数上段平均值为 0.47，小于 0.5 代表富 Fe－Mg 伊利石，表明以物理风化为主；下段伊利石化学指数平均值为 0.64，大于 0.5 为富 Al 伊利石，代表强烈的水解作用，为湿润的气候条件。

CIA（Chemical Index of Alteration）也能反映源区的风化程度（Nesbitt et al.，1982）。*CIA* 指数越大，说明物源区的风化程度越高。C069 孔上段 *CIA* 值为 53～55，平均值为 54；下段 *CIA* 值为 60～63，平均值为 61，说明 C069 孔下段的风化程度比上段高，也就是说下段的气候比上段的干冷，这与伊利石结晶度和化学指数的判断结果相反，这是由于伊利石受不同物质来源的影响导致其低的化学指数和结晶度。

34.2.6.2　物质来源

C069 孔位于南海北部的珠江水下古三角洲区域，沉积物主要以粗颗粒的砂质粉砂和粉砂质砂为主。C069 孔上段粒度分布为单峰，说明沉积物来源单一，主要来自珠江。而 C069 孔下段沉积物粒度却出现双峰分布特征，源区的来源相对较复杂。其中粗颗粒 200～300 μm 峰值区间与珠江口的粒度分布特征相似（彭晓彤等，2004），应为珠江来源，而 8～16 μm 可能是由沿岸流搬运而来。

南海北部细粒级（<2 μm）的黏土矿物具有多物源的特征（刘志飞等，2007）。珠江河

流含大量高岭石（46%），蒙皂石含量一般小于5%，表明珠江流域向南海北部贡献了大量高岭石矿物，基本上不提供蒙皂石。高岭石颗粒一般较大，自河流向海洋高岭石含量逐渐降低（Gibbs，1977）。因此，距离珠江口的远近直接影响黏土矿物中高岭石含量的高低（刘志飞等，2007）。C069孔上段高岭石的含量（18%）明显比下段高岭石（27%）低，反映了下段沉积物形成时与古珠江口的距离比较近。珠江河流和伶仃洋的高岭石含量分别为46%和40%（刘志飞等，2007），而C069孔上、下两段分别为18%和7%，显示了珠江对C069孔不同时期沉积物的贡献程度不同。假设C069孔的高岭石都是来自珠江流域，则珠江对C069孔下段黏土矿物的贡献最多为59%，而对C069孔上段黏土矿物的贡献最多为39%，反映了随着海平面上升，C069孔在上段沉积时期离古珠江口的相对距离变远。蒙皂石颗粒较小，往往出现自河流向海洋蒙皂石含量逐渐升高的现象（Gibbs，1977）。C069孔上段形成于较高的海平面时期，可以解释上段蒙皂石含量的增多。

从图34.9中可以看出，C069孔下段的黏土矿物组合位于珠江口的区域，表明下段的黏土矿物主要来自珠江，而上段的黏土矿物组合特征介于珠江口和台湾河流之间，说明上段高海平面时，受东亚冬季风的驱动，南海表层冬季盛行的逆时针方向洋流将来自台湾岛的伊利石搬运过来（刘志飞等，2003；Liu et al.，2008）。伊利石化学指数和结晶度也能反映物源区的变化（Petschick et al.，1996）。C069孔下段的伊利石化学指数和结晶度在珠江源区的区域（图34.10），反映主要源自珠江；而上段的伊利石化学指数和结晶度介于珠江和台湾源区之间，进一步说明上段伊利石有更多台湾流域的来源。台湾河流具有低的伊利石化学指数和结晶度（Liu et al.，2008），导致C069孔上段低的伊利石化学指数和结晶度。C069孔伊利石的化学指数和结晶度具有多源的特征，不具备珠江流域黏土矿物沉积时的气候特征，不能真实反映珠江流域的气候变化。因此，利用伊利石化学指数和结晶度反映气候变化时，应该考虑不同源区伊利石的影响。

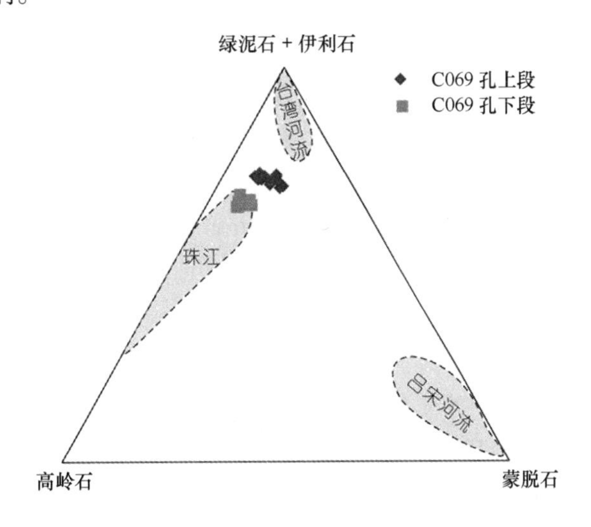

图34.9　C069孔沉积物黏土矿物组合与南海周边主要河流黏土矿物组合对比

珠江河流资数据引自文献（刘志飞等，2007），台湾河流数据引自据文献（Liu et al.，2008），吕宋河流资数据引自文献（Liu et al.，2010）

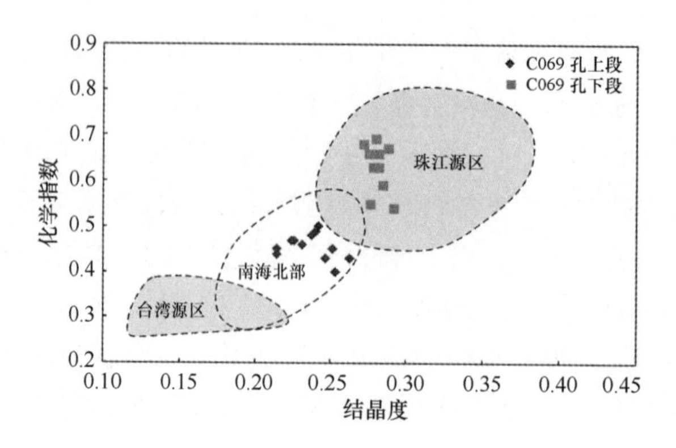

图 34.10 南海周边河流与 C069 孔黏土矿物的伊利石化学指数和结晶度对比

34.2.6.3 沉积环境

陆源碎屑物质组成是源岩从风化剥蚀、搬运到沉积整个过程的综合反映，因此，利用陆源碎屑物质的粒度和地球化学特征可以反演地质历史时期古环境的演化信息（Wang et al.，1999；Prins et al.，2000；陈国成等，2007）。

C069 孔下段沉积物粒度频率分布曲线为双峰分布特征，分选很差，反映下段沉积环境的水动力要比上段强。C069 孔下段 CaO 含量明显低于上段（图 34.8），并具有高的 Al_2O_3/（$CaO + Na_2O$）值，说明下段的碳酸盐含量较少，可能是在相对较低的海平面，受到陆源碎屑的稀释作用导致低的 CaO 含量。此外，珠江对 C069 孔下段至上段高岭石的贡献减少（27%→18%），也反映了 C069 孔上段的沉积物形成于相对海平面较高的环境。

Sr、Ba 含量及相应的比值可以判别沉积时水体的古盐度（Chen et al.，1997）。Sr、Ba 化学性质十分相似，它们均可形成可溶性碳酸盐、氧化物和硫酸盐进入水溶液中。与 Sr 相比，Ba 的化合物溶解度要低，河水中携带的 Ba^{2+} 在与富含 SO_4^{2-} 相遇时形成难溶的 $BaSO_4$，因此多数近岸沉积物中富 Ba，而 Sr 的迁移能力高于 Ba，可迁移到大洋深处（蓝先洪等，1987）。Chen 等（1997）通过研究，提出沉积物中 Sr > 160 μg/g，Sr/Ba > 0.35 为浅海相沉积；Sr < 90 μg/g，Sr/Ba < 0.2 为陆相沉积。C069 孔下段的 Sr 含量（75 ~ 132 μg/g）和 Sr/Ba 比值（0.23 ~ 0.40）明显低于上段的 Sr 含量（206 ~ 259 μg/g）和 Sr/Ba 比值（0.58 ~ 0.81）。下段低的 Sr 含量及 Sr/Ba 比值（图 34.8），反映当时海平面相对较低，受淡水影响大；而上段 Sr 含量和 Sr/Ba 比值的迅速增大，说明了水体介质古盐度的升高。

此外，下段底栖有孔虫的绝对优势种是 *Ammonia becarii* 和 *Ammonia dominicana*，反映 C069 孔上段所在区域应当是受到淡水强烈影响的半咸水环境（李建芬等，2010）；而上段绝对优势种变为更适合生活在盐度正常浅水环境的 *Cibicidoides subhaidingarii*、*Ammonia compressituta*，可见上段内的海洋环境应当是一种受到珠江陆源冲淡水影响较小的正常海相浅水环境。

综上所述，C069 孔下段沉积物形成于受淡水影响较大的半咸水环境，导致高的高岭石含量，低的 Sr 含量及 Sr/Ba 比值；随着海平面上升，上段沉积物在正常的浅海相环境形成，Sr 含量和 Sr/Ba 比值迅速增大。

34.2.6.4 中全新世晚期海平面变化

南海及其周缘地区在中全新世（7.0 ka 左右）出现高海平面（Korotky et al.，1995；聂宝符，1996；余克服等，2002；Yu et al.，2004），但中全新世晚期海平面出现波动变化。5.0～3.0 ka 为大暖期后期（Cui et al.，2009），但在4.0 ka前后存在一个多灾时期，气候一度恶化（施雅风等，1992）。虽然在4.2 ka BP左右存在大范围的寒冷事件，但在中国南部地区却主要为潮湿的气候，表现为“南涝北旱”（An et al.，2000）。李平日等（1991）也提出在4.5～3.4 ka 珠江三角洲为炎热潮湿的环境。C069 孔 *CIA* 值上段低于下段（图34.8），说明C069孔上段的风化程度比下段的低，反映了上段的气候相对湿热。气温升高及海平面上升，与4.0 ka前沿海地区的洪水事件有着较好的对应关系。

南海及其周缘地区出现一系列高海平面标志物，但部分学者认为该区并没有中全新世高海平面，其高海平面标志物的发育是由于构造抬升作用的结果（薛春汀，2002；Zong，2004）。孙桂华等（2009）认为构造作用和海平面本身的下降共同导致了古海平面遗迹高程的差异性。Zong（2004）研究我国南部全新世海岸构造升降特征，提出从南到北、从东到西都逐渐由隆起趋于稳定、三角洲地区均表现为下沉状态。其中珠江三角洲为轻微下沉，而广东东部为轻微抬升。

C069孔位于珠江口盆地，处于轻微的下沉区域。Cox等（1995）提出ICV（Index of Co-positional Variablility）可以指示碎屑岩的成熟度，ICV越高，反映构造活动相对比较活跃（Cox et al.，1995）。C069孔下段沉积物的ICV为1.20～1.53（平均值为1.29）；而上段沉积物的ICV为1.78～2.50（平均值为2.12）。C069孔的ICV值自下而上有所增加（图34.8），反映了构造活动变得相对活跃。因此，南海北部中全新世晚期（4.0 ka前）海平面的变化可能是气候变暖和地壳差异性垂直运动共同作用的结果。

34.2.6.5 中全新世南海北部陆架海侵事件

C069孔沉积物自下往上平均粒径变大，沉积物颗粒变细，分选程度变好；下段粒度分布为双峰分布特征，分选很差（2.44），反映水动力条件较强。上段粒度分布为单峰特征，反映物源变为相对单一。

C069孔黏土矿物中伊利石含量最高，其次是高岭石和绿泥石，蒙皂石含量最少。珠江是南海北部高岭石的主要来源，C069孔上段高岭石的含量（18%）明显比下段（27%）低，反映了上段沉积物形成时海平面较高，并伴有台湾或者长江流域伊利石的输入，导致上段的伊利石化学指数和结晶度较低。

C069孔上段Sr和Sr/Ba比值明显比下段高，反映了水体古盐度的升高，是海侵作用所致。上段CIA值（54）低于下段（61），说明上段的风化程度比下段低，反映上段的气候比下段相对湿热。南海北部中全新世4 000 a B.P.前发生一次较大规模的海侵事件，可能是气候变暖和地壳差异性垂直运动共同作用的结果。

34.3 珠江三角洲晚第四纪古环境演化

34.3.1 地层划分

1972 年起，中国科学院南海海洋研究所海洋地质研究室通过对取自珠江三角洲的岩心进行观察和广泛对比，研究了珠江河口区松散堆积物垂直层序，指出沉积层中夹有海相层和风化层。吴文中（1981）认为珠江三角洲是由两个叠置的三角洲体组成，并划出了礼乐组和桂州组，此后，根据^{14}C 测年资料，区分了晚更新统和全新统（赵焕庭，1982；黄镇国，1982）。至今，对珠江河口区第四纪地层以及海进 - 海退的划分仍有不同的意见（赵焕庭，1990）。

珠江河口区第四系的平均厚度由陆向海增加，陆上三角洲平均约为 30 m，至河口湾和口外海滨达 40 ~ 60 m。基底是起伏不平的埋葬基岩风化壳，风化壳厚度一般为 3 ~ 4 m，第四系的最大厚度从三水向东南呈条带状分布，经顺德勒流、中山民众、番禺万顷沙、伶仃洋、桂山岛至担杆岛的西侧。据对海进层的研究，珠江河口区至少已有 65 ka 的历史，经历了三次海侵、海退及相应的凉热气候交替。但距今 55 ~ 65 ka 的海侵对于珠江三角洲沿北江下游一线，以及西江磨刀门，这些厚度大于 30 m 的地区是否有踪迹，有待进一步研究。目前比较公认的观点认为，珠江三角洲地区普遍由距今 24 ~ 37 ka 和 8 ka 以来的两次海侵 - 海退构成的两个河口湾 - 三角洲沉积旋回，属晚更新世中期以来的产物。珠江河口区广泛存在晚更新世末期至全新世早期的风化壳和河流堆积物。在近河口段河谷平原，存在一级堆积阶地，为杂色冲积物。在河口段三角洲，吴文中等（1981）观察了新会礼乐和顺德桂州的岩心，见到三角洲的底部为砾石、砂砾层，一般厚度为 3 ~ 5 m，属古河床沉积；其上为粉砂质黏土，含已风化的牡蛎壳，此黏土层的上部往往呈现花斑状色调，黄、红、白、褐色相间。花斑状黏土层是埋藏风化壳，代表一个裸露于大气下的地质时期，称新会风化期。赵焕庭等（1982）根据区内^{14}C 地质年代资料，确定这一风化期包括晚更新世末期至全新世早期，并逐渐公认杂色黏土层是区内介于晚更新世和全新世之间的标志层。

本章利于“908 专项”调查在珠江三角洲附近获得的三支岩心 ZXZ2、NNZ1 和 NNZ2（图 34.11）为研究对象，讨论该区晚第四纪以来地层层序及环境演化。钻孔 ZXZ2 位于高栏岛右侧 10 m 水深处，岩心总长度为 32.7 m；钻孔 NNZ1 位于桂山岛西侧水深 10 m 处，岩心总长度为 38 m；钻孔 NNZ2 位于东澳岛西侧水深 15 m 外，岩心总长度为 34.7 m。

34.3.1.1 ZXZ2 孔地层划分

根据 ZXZ2 孔的^{14}C 年代数据，推测该孔主要为 30 ka 左右以来的晚更新世沉积。第 12 届第四纪地质会议建议全新世与晚更新世的界限为 10 ka B. P. 左右，是冰后期气候转暖的开始。在全新世之前有新仙女木事件，发生在 11 ~ 10.3 ka B. P. 之间。由于它是短时间突然发生，且已证明该事件为全球事件，因此，将新仙女木事件结束时间作为晚更新世与全新世的时间界面。根据钻孔资料，新仙女木事件发生在该孔 12.9 ~ 16.7 m 沉积阶段时期，综合该孔的^{14}C 年代数据，6.2 m 处为 5 660 a，认为该孔 13 m 以上为全新世沉积，13 m 以下为晚更新

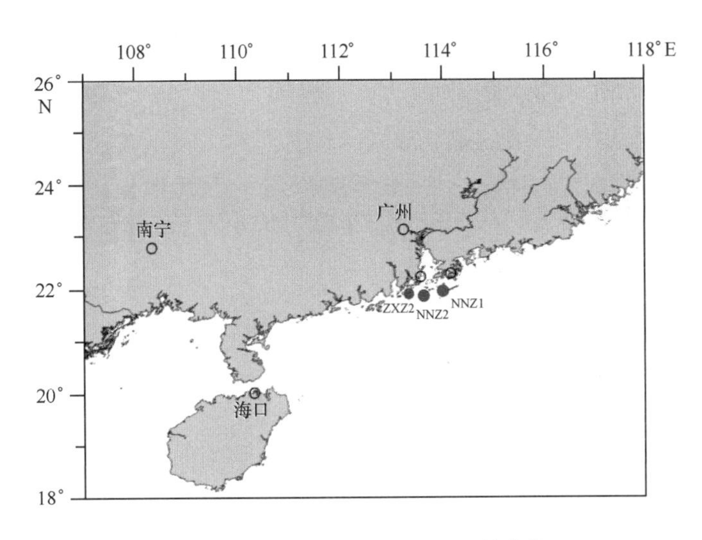

图 34.11　ZXZ2，NNZ1 和 NNZ2 钻孔位置

世沉积（图 34.12）。钻孔的松散沉积层堆积于基岩之上，根据^{14}C测年数据可知，该孔最下层 32.7 m 沉积物年代为 27 650 a B.P. 左右。因此，该区主要形成于晚更新世末次冰期以来。该孔不仅反映了珠江三角洲区域公认的两次海进即礼乐海进和桂州海进，而且还反映了全新世早期的一次短暂的海平面波动。

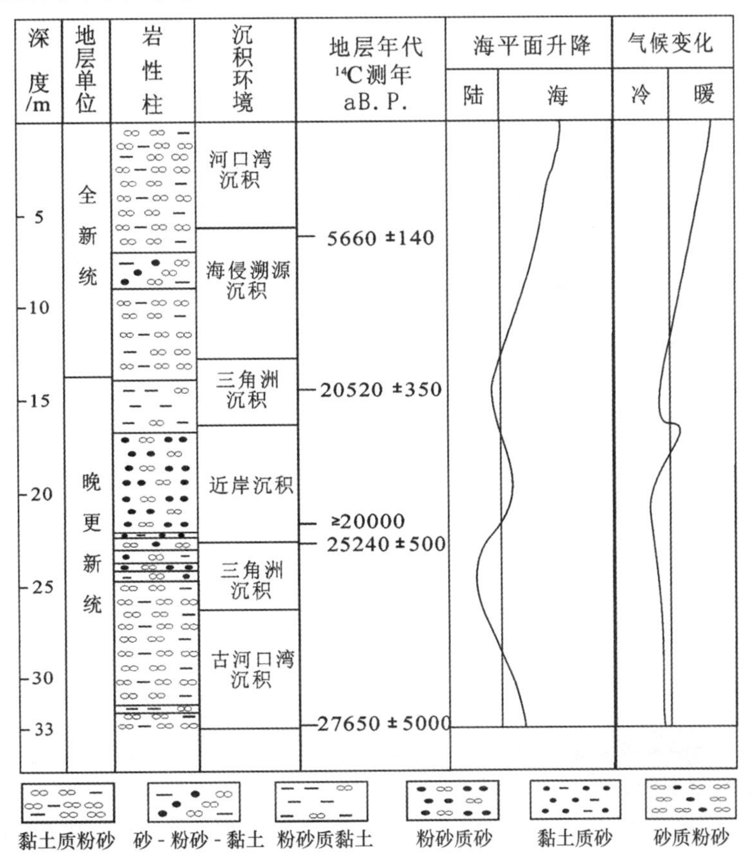

图 34.12　ZXZ2 孔钻孔综合剖面

26.3～32.7 m为末次冰期间冰阶高海平面期的沉积，对应氧同位素3期。该区处于古珠江河口湾区域。该段由较细的沉积物组成，自生黄铁矿、微量的海绿石以及硅藻组成均反映了该区受河流影响较强，海洋环境的影响较弱，偶有海水入侵。较高的自生黄铁矿含量表明环境的还原性特征。该区域受古珠江三角洲陆源输入影响较为明显，表现为石英、长石含量较高。由于末次冰期间冰阶海平面位于现在海平面以下25 m左右（龙云作，1997，李春初，2004），因此该阶段该区处于古河口湾环境。

21.9～26.3 m为海退陆相沉积。形成于末次冰期盛冰期的海退阶段，对应氧同位素2期。沉积物组成由细到粗急剧变化，极高的陆源碎屑重矿物反映了该区海平面持续下降过程中三角洲沉积作用的影响。海相微体古生物在该段罕见，表明海洋环境影响的持续减弱，因此该区为三角洲河口沉积。该期蕨类孢粉含量出现由大到小的变化特征，这正是末次冰期亚间冰期到盛冰期气候变冷的指示。

16.5～21.9 m为弱海相沉积，该期为海进期。重矿物以锆石和钛铁矿组合为特征，轻矿物中石英含量最多，反映了水动力较强，因此矿物的机械分异作用较好。有孔虫和硅藻分析显示为陆相沉积特征，同时该段有少量的海绿石，反映了较弱的海相环境。表明该孔可能正处于当时最大海侵面位置，因此波浪作用形成分选较好的砂和粉砂质沉积物。该阶段上部蕨类孢粉种类和含量增大则反映了气候由冷变暖的过程，对应了全球气候由末次冰期向冰后期的转变。

13.6～16.5 m为全新世与晚更新世之间过渡阶段在海退过程中形成的陆相沉积。该段主要为极细的粉砂质黏土物质，16～16.6 m处褐铁矿含量极高，16 m以上黄铁矿含量急剧升高，且黄铁矿同褐铁矿交替出现。该层堆积物同珠江三角洲地区普遍存在的新会风化层沉积年代相仿，因此该层沉积物与新会风化层为同期异相堆积。结合该期较弱的动力条件，表明该区为洼地。后期黄铁矿含量的急剧升高则主要是该区水体交换差，局部还原性很强，前期风化的氧化性铁质矿物被还原形成。该段蕨类孢粉和生物碎屑急剧减少都反映了气候的突变，即该期出现冰后期气候转暖过程中的气候变冷事件－YD事件，该孔的纪录也再一次证实YD事件在北半球低纬度地区的出现。

6～13.6 m为海侵早期溯源堆积。该期处于早全新世中期，YD事件后期，气候回暖，全球发生冰后期海侵即大西洋海侵，本区则开始发生大规模的桂州海侵。该时期本区动力条件增大，因而沉积稍粗的粉砂质沉积物。轻矿物中长石居多，重矿物种类多而含量少，该时期在前期海平面略有下降的基础上海平面逐渐升高，造成该区域侵蚀基准面升高，形成一套向陆方向溯源堆积的海进河床充填物。由于南海北部陆缘地震带位于“南海地块”与“华南地块”交汇处，沿此带海底断层断续分布，地震活动持续不断（张虎男，1980；黄玉坤，1982），因此该期个别层位发现的微量火山玻璃，反映了该时火山活动较为活跃。

0～6 m为全新世中期以来的现代三角洲沉积。该期处于大规模的桂州海进后期，海平面上升至现在海平面附近并保持基本稳定，河口三角洲开始大规模的向海淤进。该区由于三角洲的向海推进逐渐由水体交换较好的浅海环境过渡到现代的三角洲前缘沉积环境。下半段海绿石生物碎屑以及褐铁矿含量较高，反映了上升流、沿岸流以及径流等水体相混合、富氧的陆架浅海环境；上半段海绿石含量逐渐减少，云母、黄铁矿含量明显增加，且沉积物组成逐渐变细，反映了动力条件的减弱。该层从下到上蕨类植物孢粉含量持续增大是全新世中期以来冰后期气候持续变暖的证明。

34.3.1.2　NNZ2 孔地层划分

通过该孔地球化学、矿物、沉积物粒度分析，并结合该孔微体古生物资料，将 13.9 m 作为全新统与晚更新统地层的分界线，该孔晚更新世以来经历了 3 个沉积阶段（图 34.13）。

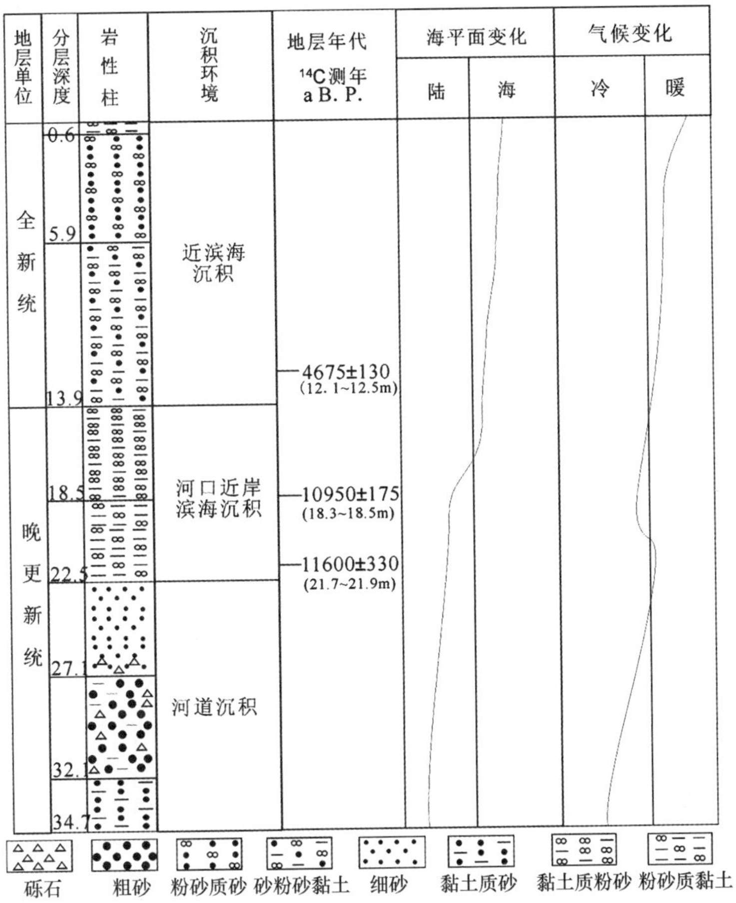

图 34.13　钻孔 NNZ2 综合剖面

22.5～34.7 m 为晚更新世沉积，形成于大约 15 000～12 000 a B. P.。该期处于末次冰期盛冰期后期阶段，世界洋面很低，孢粉组合显示为较冷的气候特征。据前人研究，15 000 a B. P. 左右珠江口外陆架最低海平面比现今海平面低 110～130 m（陈欣树等，1990，赵焕庭，1990），因此该区在晚更新世末低海平面时期为一个侵蚀－风化剥蚀台地。粒度分析结果表明，该段主要为粉砂、砂和砾石沉积，元素 Sr/Ba 比值较低，结合孔虫、硅藻分布特征，该期受海水影响微弱，因此该段主要为古河道沉积物。该段微量金属元素，尤其是在化学风化作用下性质较为稳定的 Co、Cu、Ni、Pb、Cr、Zn、Zr、Ga 等含量较低，且其波动变化同黏土和粉砂质沉积物含量变化基本一致，体现了细粒物质对该组物质的控制，也反映了该时期沉积环境并非稳定不变，而是经历了动力条件由弱到强然后减弱的过程。

13.9～22.5 m 沉积年代约 12 000～10 000 a B. P.，该期是末次冰期到冰后期的过渡阶段，全球海平面回升。该孔上段 14～18 m 蕨类孢粉含量的突然减少记录了末次冰期向全新世过渡过程中最后一次快速降温变冷，即新仙女木事件。该孔处于河口或近岸滨海环境，沉积了一套以黏土质粉砂、粉砂质黏土为主的河口－近岸滨海相沉积。Sr/Ba 比值在该段持续增大表明该时期海侵过程的进行，而长石和石英含量的波动变化结合有孔虫和硅藻的分布特征，均反映海平面并非持续增大而是存在一个升→降→升的波动过程，即在 15.5～18 m 阶段具有一个海平面的下降阶段，对应了新仙女木早期大约 11 000 a BP 左右，同 ZXZ2 孔 13.6～16.5 m 段基本一致，且根据该段自生黄铁矿和褐铁矿的分布特征，该时期该孔曾经一度出露于海平面之上，沉积物接受化学风化作用。

0～13.9 m 沉积年代为 10 ka B. P. 以来。全新世以来，全球发生冰后期海侵，珠江河口区则进入了大规模的桂州海进阶段。该孔在本期沉积了一套以粉砂质砂、砂—粉砂—黏土为主的海相沉积层，有孔虫和硅藻种属数量大增。Sr/Ba 比值在该段逐渐增大，海绿石开始出现并随着海进程度的增强、水深的增大以至海洋环境影响的增强含量逐渐增高。该孔 6 m 以上海绿石含量达到最大值，此时海侵海平面基本稳定，随后海绿石含量的减小指示了该区受珠江三角洲向海推进过程的影响，海洋环境减弱。

34.3.1.3 NNZ1 孔地层划分

根据测年资料，NNZ1 孔为晚更新世以来的松散沉积物，年代较新。根据对该孔岩心沉积物的研究，31.3 m 以上为全新世沉积，之下为晚更新世沉积，晚更新世地层较薄，该孔主要经历了 3 个沉积阶段（图 34.14）。

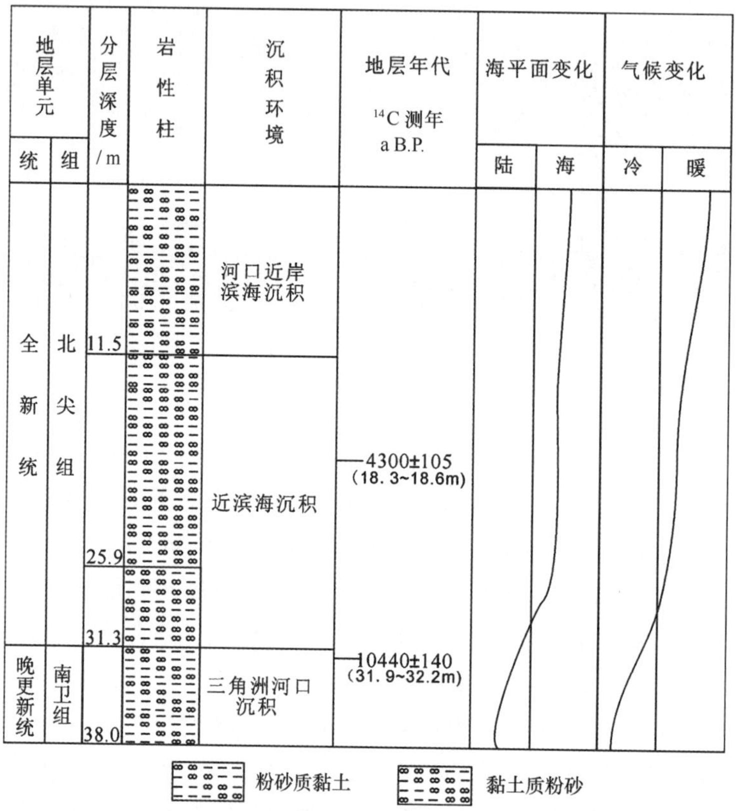

图 34.14　钻孔 NNZ1 综合剖面

31.3～38 m 为晚更新世沉积。根据孢粉资料，该期气候偏凉，因此该时期可以认为是晚更新世末的新仙女期，年代约为10.2～12 ka B.P. 之间。该期沉积青灰色和褐灰色粉砂质黏土，较高的褐铁矿含量反映了氧化特征，同礼乐海进和桂州海进间的海退期形成的花斑状黏土层相近。轻矿物以石英为主，反映了该期较高的重矿物成熟度，一定程度上反映了该区河口三角洲相沉积特征。较低的Sr/Ba比值同样是海平面较低的指示。

11.5～31.3 m为全新世早、中期沉积。该期处于冰后期，气候持续转暖，并伴随有大规模的海进。该区主要为灰色和青灰色黏土质粉砂，海水硅藻种类增多，钙质碎屑增多，元素Sr和Sr/Ba比值的升高都反映了在桂州海进期海平面升高影响下，该区处于以海陆交互作用为主的沉积环境。该段下层自生黄铁矿含量极大，这同上层较低的黄铁矿含量和较高的海绿石含量相对比，正表明该时期内环境的波动，即上部为水体交换较好的浅海环境，下部则处于水动力较弱的中－偏碱性的还原沉积环境中。微量元素Co、Cu、Ni、Pb、Cr、Zr、Ba和Ga在该段含量较低，尤其是由下到上存在高－低－高的变化，反映了前期桂州海进期和后期大量泥沙沉积和三角洲不断向海推进造成伶仃洋日趋淤浅，形成水下岸坡。

0～11.5 m为全新世中后期沉积，该时期气候温暖。该期沉积为灰色粉砂质黏土，有孔虫和硅藻组合表明此时该区为河口近岸滨海沉积，钛铁矿、锆石等稳定重矿物组成反映了重矿物的成熟性。云母含量较高，生物碎屑极少，黄铁矿有少量出现，反映了该段沉积环境的还原性特征，水体交换相对较弱。而微量元素尤其是Co、Cu、Ni、Pb、Cr、Zn和Zr含量在该段向上持续增大，一方面是水体水动力条件减弱，粒度控制作用的结果；另一方面人类活动的影响也不可忽视。

34.3.2 珠江三角洲地层与古环境对比

本章研究的三个钻孔位于现代珠江河口的不同区域，所揭示的沉积环境变化过程反映了珠江河口区域内古环境变化的巨大差异，因此也反映了河口湾的演化过程。

ZXZ2孔揭示的珠江河口的环境演变为古河口湾－三角洲沉积－三角洲河口－三角洲沉积－海侵溯源沉积－河口湾沉积环境；NNZ2孔缺少古河口湾沉积层，自下而上沉积了一套河流沉积－河口近岸滨海沉积－河口湾沉积，主要反映该区由陆到海、由河流到河口湾的演化过程；NNZ1孔存在三角洲河口、近滨海沉积和河口近岸滨海沉积，其沉积年代最新，沉积环境的变化同样反映了全新世海侵和现代珠江河口湾的形成过程（图34.15）。

综合3个钻孔所揭示的沉积环境，末次冰期之前现代珠江河口和近岸海域并非海洋环境，而主要是陆地环境，尤其是东侧岛屿区，当时应该是侵蚀剥蚀丘陵地带，随着海平面的上升，在末次冰期最高海平面时期，现代珠江三角洲以及珠江河口区统一为一个河口湾，该河口湾的东侧边界即为现在的岛群区；末次冰期盛冰期海平面下降时期，该区域大部分出露为陆地，仅西部低洼地或者河流溺谷区会受到海水入侵的影响。东侧丘陵地带由于多年的侵蚀剥蚀，其高度不断下降，并开始沉积河流冲积物；冰后期海平面不断上升导致大规模海侵，现在的整个珠江河口区域逐渐由陆变海，且随着海侵的进行海洋环境影响逐渐增强，该区受到陆架水体的影响明显，成为陆架浅海环境；在距今5 000年左右海平面基本稳定，海侵基本停止，正是现代珠江三角洲向海淤进的时期，三角洲的向海淤进造成海岸线向海推进，受河流冲淡水和三角洲的影响，高盐陆架水向海后退，形成现代珠江河口湾。

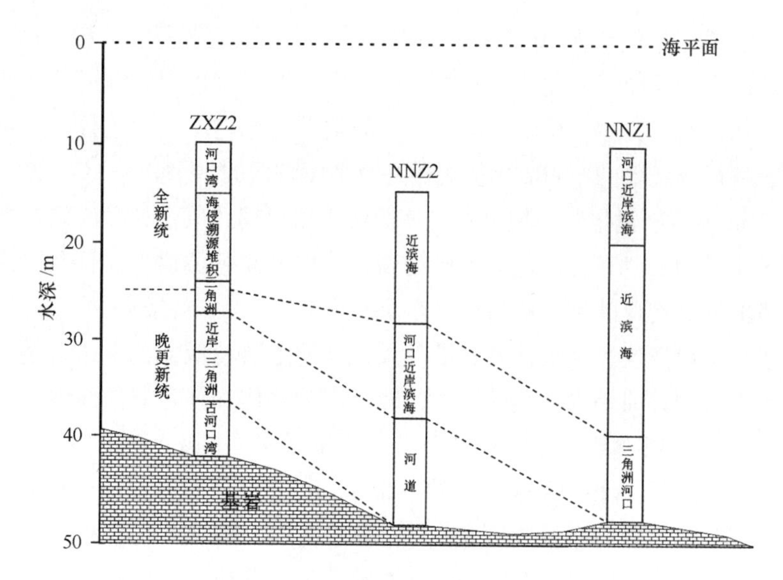

图 34.15 珠江三角洲地层层序

第 6 篇　结　论

第35章 中国近海沉积特征与变化规律

中国陆架浅海沉积物的物源主要来自中国大陆河流的输沙，以及海岸带大陆岩石的风化侵蚀物。它们包括黄河、长江和珠江以及其他一些规模较小的河流，这些河流输运的陆源物质是控制中国近海沉积物类型及其分布的基本因素之一，其变化可表现为结构（主要是粒度）、矿物组成、地球化学组成等方面的差异。沉积物的粒度是反映沉积物物质来源和沉积环境的重要指标，沉积物粒度参数不仅记录了沉积动力条件和沉积物运移方面的重要信息，其粒度分布状况也可反映沉积区的地形、水动力条件和沉积物的搬运过程。矿物是沉积物的基本组成成分，在不同海域由于物质来源不同，输运动力有别和搬运距离长短不等，矿物的组成、组合和分布特征存在明显差别，这些特征和差异为追踪和判断沉积物来源、沉积环境以及沉积过程提供了有效的线索和证据。沉积物中元素的含量变化一方面与元素固有的地球化学行为有关，另一方面又与沉积物化学成分复杂的多因素控制有关，沉积物来源和区域水动力条件是影响近海沉积物元素地球化学组成的最重要的因素。海洋沉积物中微体古生物的分布主要受海水盐度、水温、水深以及底质类型等因素的影响，因此沉积物中微体古生物分布及变化不仅可以记录环境变化，也记录了海流特征及其演化信息。

在本章中，我们基于前面章节的研究，将中国渤海、黄海、东海陆架和南海北部四大海区综合起来，通过对表层沉积物的粒度、矿物、地球化学及古生物的分布和变化特征进行综合分析，阐述中国近海沉积特征与变化规律，探讨物质来源、沉积动力、地形地貌及区域气候差异等对中国近海沉积的控制作用；同时还对中国近海浅地层特征进行了初步归纳和总结，对中国近海沉积记录的晚第四纪以来古环境与古气候演变历史进行了探讨。

35.1 中国近海沉积粒度变化特征

根据对我国近海海域28282站表层沉积物的粒度分析结果并结合部分前人资料统计得出，中国近海表层沉积物中砂粒级组分含量平均值为34%，粉砂粒级组分含量平均值为50%，黏土粒级组分含量平均值为16%（表35.1）。在这4个海区中，渤海、黄海和东海沉积物砂、粉砂和黏土粒级的平均含量基本相同，分别为35%～36%，48%和16%～17%，而南海北部沉积物粉砂粒级的平均含量增加（56%），砂粒级含量降低（29%）。下面我们从北向南（渤海－黄海－东海－南海北部）对沉积物三个主要粒级组分的分布特征和变化规律进行讨论。

35.1.1 砂粒级组分的分布特征

在渤海海域，砂粒级组分平均含量为36%（表35.1），集中分布在辽东湾、辽东浅滩和渤中浅滩，滦河口外邻近海域、黄河三角洲北部近岸区域、莱州湾南部和靠近三山岛附近的东部也有少量砂分布。北黄海东部靠近朝鲜半岛一侧和南黄海南部长江口外侧海域砂粒级含量可达到60%，局部的砂质区可达到90%。在海州湾中部和苏北浅滩外侧海域，也出现了砂粒级含量的高值区（图35.1）。

表35.1　中国4个海区表层沉积物主要粒级组分统计　　单位:%

海区	统计值	砂含量	粉砂	黏土
渤海	最大值	100	100	100
	最小值	0	0	0
	平均值	36	48	16
黄海	最大值	100	100	100
	最小值	0	0	0
	平均值	36	48	16
东海	最大值	100	92	78
	最小值	0	0	0
	平均值	35	48	17
南海北部	最大值	100	93	81
	最小值	0	0	0
	平均值	29	56	15
全海区	最大值	100	100	100
	最小值	0	0	0
	平均值	34	50	16

在东海大部分中、外陆架区和台湾海峡北部，砂粒级组分含量很高，是表层沉积物中的优势粒级（图35.1）。在杭州湾及其外侧、浙闽岸外沿岸流控制区，砂粒级组分含量普遍在10%以下，该区域向东方向，砂粒级组分含量急剧增加。在东海陆架中部和南部的广大区域，表层沉积物中砂含量普遍较高，该砂组分含量大致以30°N为界，南北存在较大差异：30°N以北砂含量相对较低，特别是在济州岛西南泥质沉积区，砂粒级含量很低；而在30°N以南砂含量较高，基本都在80%以上。在东海海域向东南方向，大约水深200 m以外的陆架坡折处，砂组分含量从70%~80%迅速下降到10%以下，这一地区是陆架与陆坡、海槽环境的过渡地带，由此向东是砂组分含量低的海槽区，砂含量基本都在10%以下。

在南海北部海域（图35.1），约116°E以东、水深50~200m的中外陆架上砂含量较高，主体部分砂质沉积物的含量均大于90%。砂质沉积物中以细砂为主，其次为极细砂和中、粗砂，具有向东变粗且由极细砂、粉砂和黏土过渡为中砂的特点（图35.1）。琼州海峡及其东、西出口形成的水下潮流三角洲，是现代高能水动力条件下形成的以砂质沉积物为主的底质分布区，其中夹杂了含砾的砂或砾质砂的沉积。

35.1.2　粉砂粒级组分的分布特征

从图35.2中可以看出，渤海粉砂粒级组分主要分布在砂粒级含量20%以下的区域，包括渤海湾、莱州湾靠近黄河三角洲海域、渤海湾西部呈条带状伸向辽东湾的大片海域，辽东湾北部、莱州湾北部和渤海海峡的南部，粉砂含量在50%以上；而在砂粒级组分含量比较高的辽东湾、辽东浅滩、渤中浅滩和滦河口外邻近海域，粉砂粒级组分含量较低。

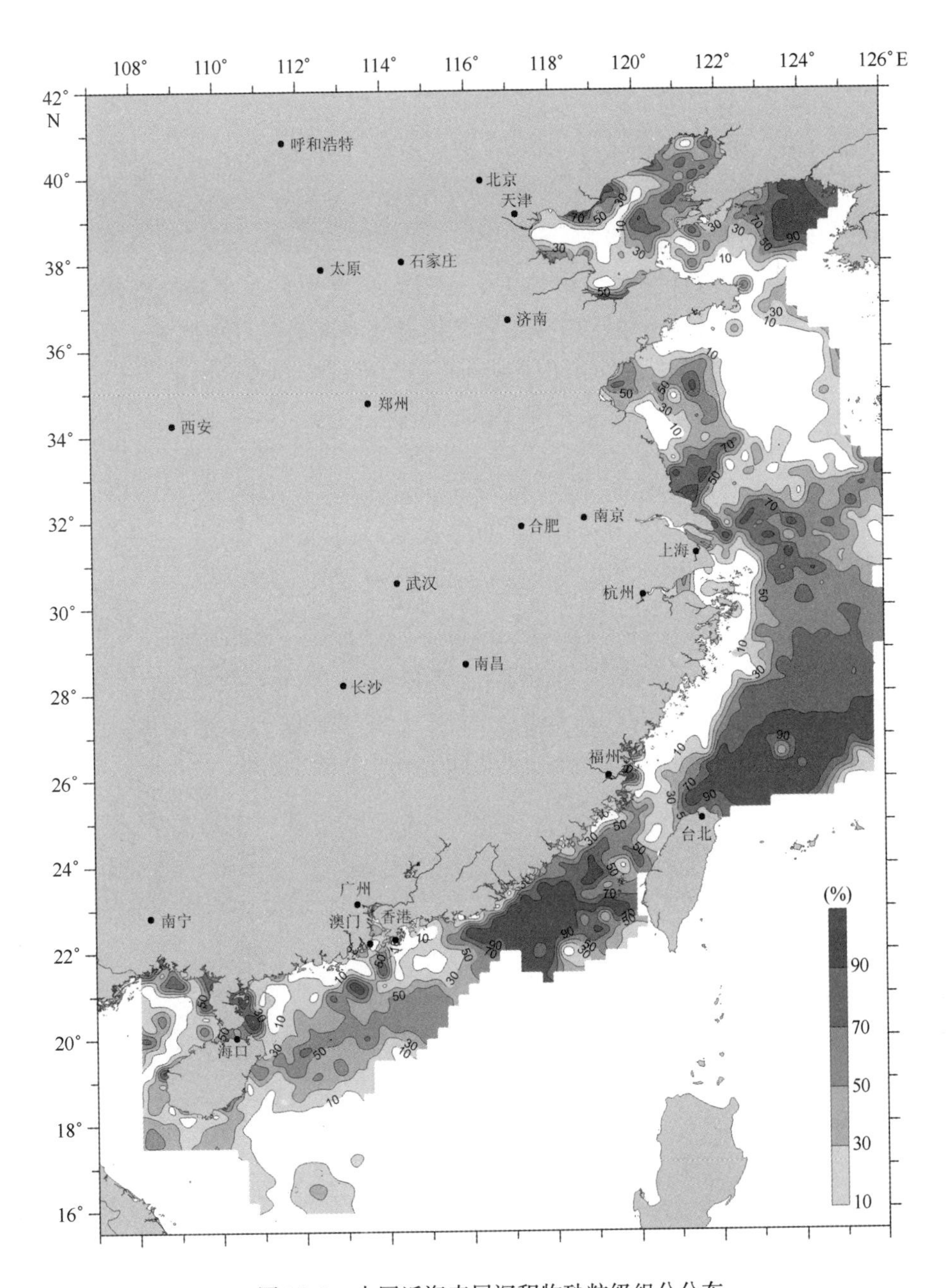

图 35.1 中国近海表层沉积物砂粒级组分分布

在黄海海域，粉砂粒级含量大于60%的区域主要位于山东半岛周边区域，可能指示了沿岸流对沉积物的输运特征；其次，粉砂粒级介于40% ~60%之间的沉积物主要分布在南黄海北部和中部的广大地区；而粉砂粒级小于20%的低值区则主要分布在北黄海的东部靠近韩国一侧、南黄海南部长江口外侧、海州湾中部和苏北浅滩外侧海区，正好与砂粒级含量高值区相对应。

在东海近岸内陆架区、冲绳海槽和陆坡区，粉砂粒级组分含量很高；而在外陆架，粉砂粒级组分在表层沉积物中的含量较低。东海表层沉积物中粉砂含量最高的区域是杭州湾及其外侧、浙闽岸外沿岸流控制区，这一地区粉砂组分含量基本都在35%以上。大约在123°E处开始向东直到陆架坡折处，即属于东海中、外陆架的部分，是粉砂含量低值区。该粉砂组分含量与砂组分含量特征相似，存在南北差异：大致以30°N为界，北部粉砂含量相对高，南部较低。

在南海北部海域，粉砂粒级组分以细粉砂含量最高，极细粉砂次之，中粉砂和粗粉砂含量相对较低。沉积物中粉砂的分布基本上平行海岸展布，分布在50 m水深以浅的内陆架（图35.2）。粗粒部分以极细砂为主，含量小于10%。这些沉积物绝大部分是陆源碎屑，由广东沿海的河流供给，其中以珠江水系供给为主。南海北部常年有西南向的沿岸流，影响范围15～30 n mile宽，水深达50 m，这支沿岸流控制了毗邻海岸的沉积物形成。北部湾里的粉砂沉积物的展布状态，主要受物源条件和海湾这种半封闭性浅海环境的制约。

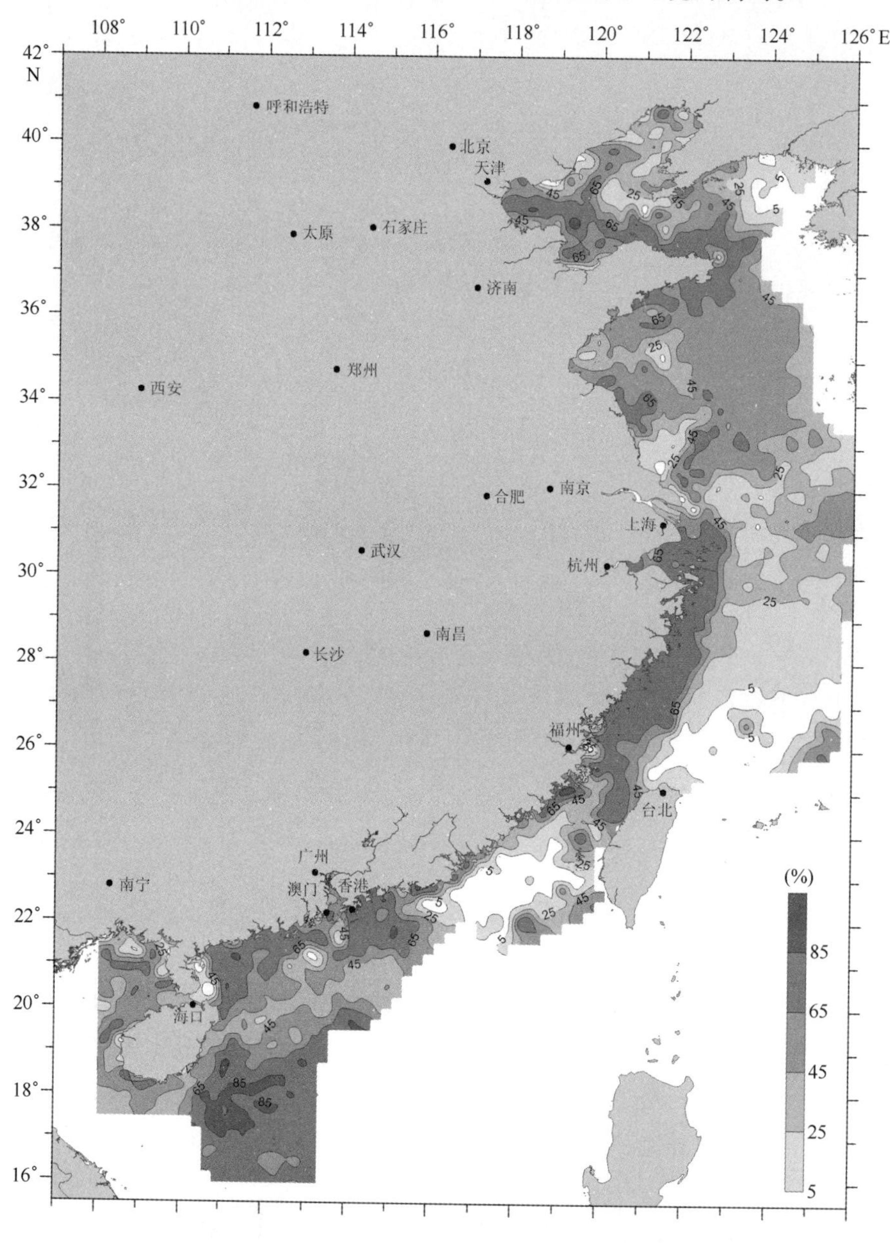

图35.2　中国近海表层沉积物粉砂粒级组分分布

35.1.3 黏土粒级组分的分布特征

在渤海海域黏土粒级组分主要分布在渤海湾西部，呈条带状伸向辽东湾的大片海域和黄河口邻近的莱州湾西部和北部部分海域，含量在20%以上；在辽东湾北部也有零星分布，大部分含量在15%以上；黄河三角洲北部、莱州湾东部和东南部、庙岛群岛附近、渤中浅滩、辽东浅滩、辽东湾和滦河口外等海域黏土含量较低，一般在15%以下（图35.3）。

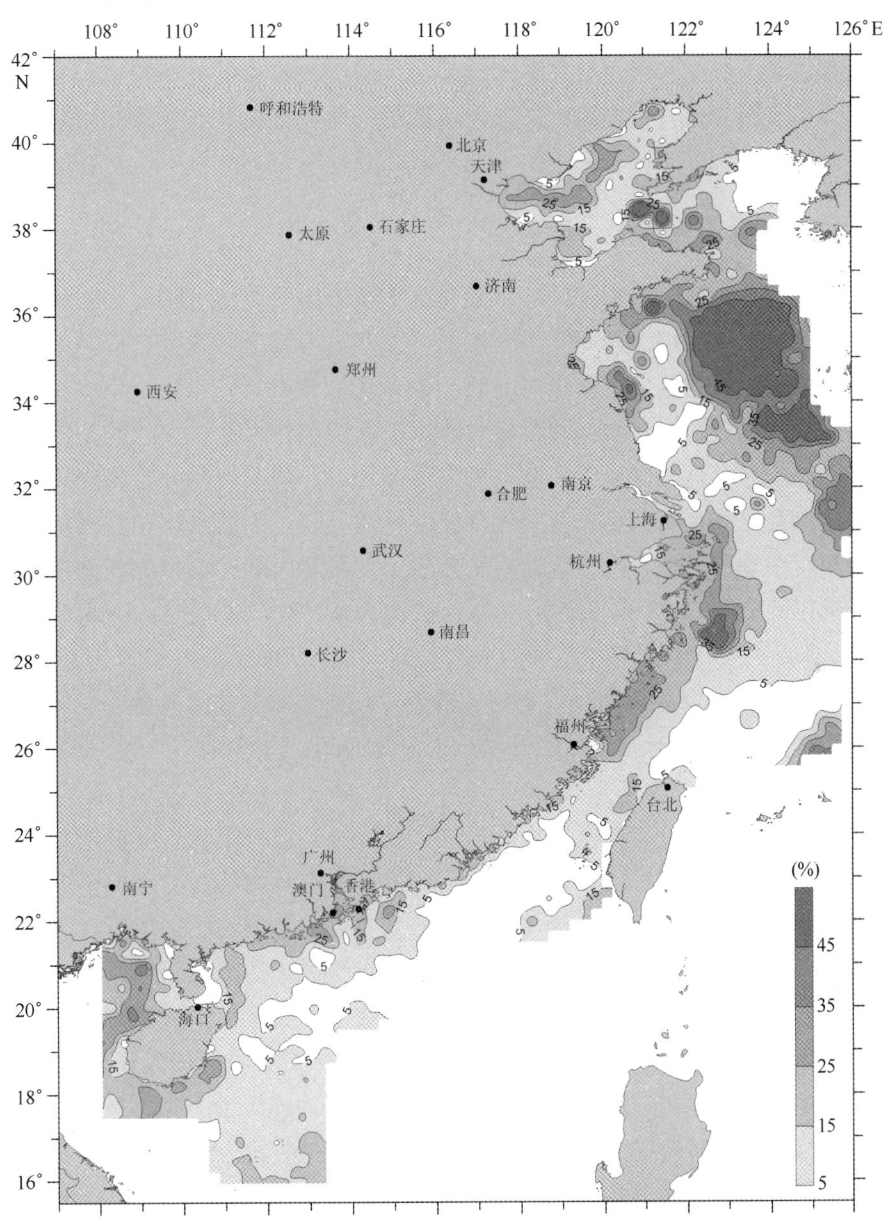

图35.3 中国近海表层沉积物黏土粒级组分分布

在黄海海域，黏土粒级的中高值区主要分布在南黄海中部泥质沉积区和东南部靠近济州岛的泥质沉积区，黏土粒级低值区则主要分布在黄海东部靠近朝鲜半岛一侧及南部长江口外侧，另外在海州湾中部和苏北浅滩外也相应出现了黏土含量的低值区（图35.3）。

与粉砂粒级组分分布规律相似，黏土粒级组分在东海内陆架以及冲绳海槽沉积物中的含量较高（图35.3），而在中、外陆架的含量很低。在杭州湾以南的近岸浅水区、济州岛西南以及黄海和东海交界处，表层沉积物中黏土粒级组分含量明显高于周边海区，以这些高值区为中心，黏土含量等值线向周边大体呈同心环状延展，含量逐渐减小。东海外陆架和台湾海峡为黏土含量低值区，特别是在28°N以南集中分布着一块黏土含量极低的区域，其含量多在5%以下。在冲绳海槽内，黏土组分含量的分布呈现南、北高中间低的特点，这可能与中部火山沉积作用强烈有关。

在南海北部海域，黏土粒级组分在北部陆架区表层沉积物中的分布特征与粉砂相似，在福建、广东沿岸呈现近岸区含量高而远岸区含量低的分布特征，尤其是珠江三角洲黏土组分含量较高。另外在北部湾深水区，黏土组分含量也较高（图35.3）。

35.1.4 中国近海沉积物类型分布特征

通过对中国近海四大海区沉积物砂、粉砂和黏土粒级组分变化分析可知，砂和粉砂的分布呈"反相关"关系：即砂含量低的区域，粉砂含量高。对黏土粒级而言，黏土高含量区主要集中在南黄海的泥质沉积区。沉积物粒度的变化除与物源有关外，主要受沉积动力的强弱控制。在渤海的辽东湾、渤海海峡，北黄海的海州湾水域和东海的中、外陆架区域沉积物中砂含量普遍较高，指示了这些区域沉积动力较为强盛；而其他区域粉砂含量较高指示了较弱的水动力条件。除此之外，沉积物粒度变化特征还可能反映了物质来源和成因的差异。对东海西南陆架表层沉积物样品的粒度分析资料研究显示，东海内陆架细粒沉积物和外陆架粗粒沉积物平行于海岸线分布，123°E左右是两类沉积物的分界线。通过对比不同站位的沉积物粒度累积曲线，判断两类沉积物属于不同的成因类型，内陆架的细粒沉积物是现代近岸沉积，外陆架的粗粒沉积物与现今的沉积环境不符，属于"残留沉积"（秦蕴珊等，1987，田珊珊等，2009）。区域沉积动力、地形地貌以及物质来源等方面的差异决定了中国近海沉积物类型的分布特征。

从中国近海沉积物类型分布图上可以看出（图35.4），粗粒级砂质沉积物从北向南主要分布在渤海海峡、渤中浅滩以及辽东湾沿岸，北黄海靠近海州湾的大片区域，苏北浅滩、东海内陆架的外侧区域；而细粒级的粉砂及黏土组分主要集中于渤海中部泥质区、南黄海泥质区、东海内陆架区、济州岛西南泥质区以及南海陆架北部的大部分区域（图35.4）。细粒的粉砂、黏土质粉砂、砂质粉砂主要分布在辽东湾、渤海湾以及呈条带状伸向辽东湾的大片海域、山东半岛沿岸海域、南黄海靠近海州湾的大片海域、东海内陆架及南海北部陆架区域（图35.4）。黏土沉积则主要分布在南海深水盆地周边以及冲绳海槽边缘。深海软泥主要位于南海深水盆地中央以及冲绳海槽的深水区域。除此之外，在中国近海海域还发现大量砾石及含砾沉积物，主要分布在渤海海峡、辽东湾近岸、南黄海青岛－日照沿岸及海州湾30 m水深海域、大黑山群岛的东南区域、台湾海峡、台湾周边及冲绳海槽东坡（图35.4）。

中国东部陆架底质沉积物类型分布的基本特征是在砂质沉积区的背景上分布着呈斑块状发育的泥质沉积（图35.4）。石学法等（2001）探讨了南黄海现代沉积环境与动力沉积体系之间的关系，认为南黄海泥质沉积主要受气旋型涡旋和反气旋型涡旋控制；杨旭辉等（2012）探讨了细颗粒沉积区分布格局与物源和环流体系的关系；刘升发等（2009）对东海内陆架海底沉积物进行了粒度趋势分析，探讨了东海内陆架海底表层沉积物的粒度分布特征

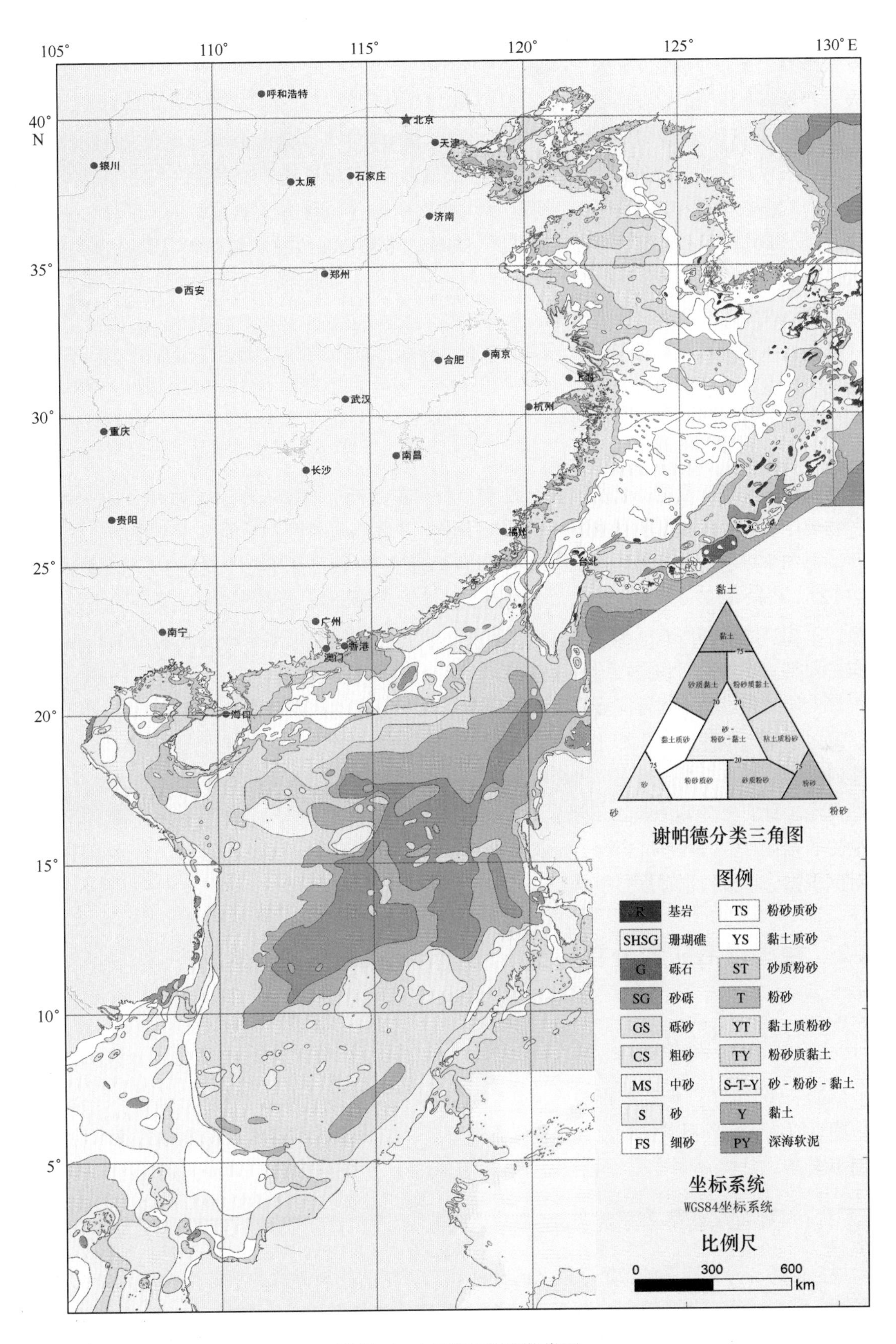

图 35.4 中国近海沉积物类型

和净输运趋势，结果表明，该区表层沉积物可以分为两类：细颗粒（>5Φ）和粗颗粒（<5Φ）；细颗粒分布于研究区的大部分区域，而粗颗粒主要分布在闽江、瓯江等入海河流口门以及马祖等海岛附近；粒径趋势分析显示东海内陆架表层沉积物的总体运移方向为NE-SW向，且在运移过程中出现向两侧偏移的现象，该运移趋势主要受闽浙沿岸流、台湾暖流、涨落潮流等流系以及海底地形的影响。张富元等（2003）对南海东部海域表层沉积物进行了粒度分析、粒度参数计算和因子分析，结果表明沉积物中粉砂和黏土含量总体上由北向南呈线性逐渐增加，平均粒径和峰态也有同样变化趋势，分选系数和偏态显示在17°N附近呈急剧下跌和上升，表明17°N是南北沉积物不同类型分界线。17°N以北海区陆源沉积物占优势。17°N以南海区，火山和生物沉积作用加强（张富元等，2003）。

除了对沉积物及其粒度参数特征进行空间上分析和研究之外，有的学者还对不同季节沉积物的粒度变化进行了探讨。张林和陈沈良（2012）基于苏北废黄河三角洲近岸冬夏两季的表层沉积物粒度参数分析结果，研究了沉积物的时空变化特征，结果表明，沉积物分布具有显著的时空变化特征：空间上由岸向海、由北侧至南侧，沉积物粒度呈变粗的趋势；时间上，沉积物粒径冬季粗于夏季。他们认为，受季节性风的影响，冬季沉积动力环境比夏季复杂，沉积物粒度参数变化幅度较夏季大，冬季样品粒度参数等值线梯度明显大于夏季，表明研究区在潮流和季风驱动的风浪作用下，沉积环境具有波-流联合作用的复杂特点（张林和陈沈良2012）。Chen和Zhu（2012）模拟了渤海、黄海和东海陆架末次冰盛期以来不同场景下的潮流、沉积物输运和底质沉积类型，结果表明在全新世海侵期中国东部陆架底质沉积类型的分布主要与潮流场密切相关（Chen & Zhu, 2012）。

综上所述，影响中国近海海底沉积物分布及粒度特征的因素很多，主要包括入海物源组成、海区水动力条件以及海底地形等。中国近海有包括黄河、长江、珠江等众多河流注入，这些河流的输沙量对中国近海沉积影响巨大，其中黄河、长江和珠江携带的泥沙含量达我国全部河流总量的97%以上。由于河流上游集水区气候、植被、地形条件等变化导致的河流输沙量的变化会对中国近海沉积物类型及粒度特征产生重要影响，而沉积区的水动力条件的变化对沉积物分布格局也有重要影响。

35.2 中国近海矿物分布特征

35.2.1 碎屑矿物特征

依据“908专项”调查获得的碎屑矿物数据以及部分历史数据资料共计7 168个站位，对中国近海沉积物碎屑矿物组合、分布特征进行了总结，探讨了碎屑矿物分布的基本规律和控制因素。

35.2.1.1 *碎屑矿物组合分区*

根据前述各海区碎屑矿物组合分区的特征和所反映的物质来源，对各矿物组合分区的优势矿物、特征矿物和物质来源、沉积环境以及沉积物成熟度等信息进行了综合（表35.2），碎屑矿物组合分区见图35.5。

从表35.2中可以看出，不同矿物分区中优势重矿物主要有云母、普通角闪石、绿帘石、

表 35.2 中国近海沉积物碎屑矿物及物质来源和沉积环境

矿物区序号及名称	重矿物		轻矿物		物质来源		沉积环境	物质扩散趋势
	优势矿物	特征矿物	优势矿物	特征矿物	主要	次要		
1. 辽东湾东部矿物区	普通角闪石 绿帘石	石榴子石	长石 石英		辽东半岛近岸物质、辽河物质		弱氧化	向南运移
2. 渤海西北部矿物区	绿帘石 普通角闪石	钛铁矿 磁铁矿	长石 石英		渤海西北部河流输入物质影响较大；大凌河、六股河以及滦河入海口处形成明显的矿物含量分带	黄河物质	弱氧化	向渤海中部扩散
3. 渤海湾西部矿物区	普通角闪石 绿帘石	石榴子石 榍石	长石 石英		海河、蓟运河物质	南部受黄河物质影响较大	弱氧化	海河、蓟运河物质影响范围有限，向外部扩散的趋势不明显
4. 渤海南部矿物区	云母 绿帘石 普通角闪石	氧化铁矿物	云母 石英 长石		黄河物质	莱州湾周边河流输入物质、周边岛屿风化剥蚀产物，绿帘石新鲜，物源近	氧化	向东部运移
5. 渤海中部矿物区	云母 普通角闪石 绿帘石	石榴子石 金属矿物	石英 长石		南部、西部和北部的物质输入		弱氧化，稳定，局部弱还原	物质来源稳定，并向外扩散
6. 山东半岛近岸沉积区	云母 普通角闪石 绿帘石	石榴子石 金属矿物（近辽东半岛）； 氧化铁矿物（南部沿岸）	长石 石英 云母		黄河物质		局部出现自生黄铁矿，沉积环境北部为弱氧化局部弱还原，南部为弱氧化环境	向东运移

续表

矿物区序号及名称	重矿物		轻矿物		物质来源		沉积环境	物质扩散趋势
	优势矿物	特征矿物	优势矿物	特征矿物	主要	次要		
7. 北黄海北部矿物区	普通角闪石 绿帘石 云母	普通辉石 自生黄铁矿	长石 石英		北部受辽东半岛南部近岸沉积影响较大;南部受黄河物质影响较大		弱氧化,局部弱还原	
8. 黄海中部矿物区	普通角闪石 金属矿物(北部); 普通角闪石 绿帘石(南部)	石榴子石(北部); 自生黄铁矿(南部)	石英 长石		黄河物质的扩散		弱氧化(北部); 弱还原(南部)	沉积物成熟度向外海逐渐增加;接受物质输入
9. 海州湾矿物区	普通角闪石 绿帘石 金属矿物	片状矿物	长石 石英		老黄河物质以及经山东半岛沿岸输送过来的黄河细粒物质		弱氧化	向南扩散
10. 苏北浅滩矿物区	普通角闪石 绿帘石	氧化铁矿物 片状矿物 锆石	石英 长石		黄河物质	南部(老)长江物质	氧化,局部为弱还原	沉积物成熟度高,
11. 南黄海南部矿物区	普通角闪 绿帘石	金属矿物	石英 长石		黄河物质(受改造)	长江冲淡水所携带的物质	弱氧化	沉积物成熟度逐渐增高,物质输送以细粒为主,云母扩散到本区
12. 东海外陆架区矿物区	普通角闪石 绿帘石	金属矿物 片状矿物	石英、长石		长江物质(受改造,残留沉积)		弱氧化	向外海输送
13. 长江口和杭州湾矿物区	普通角闪石 绿帘石 云母	锆石 石榴子石 氧化铁矿物		石英 长石	长江物质	岛屿冲刷剥蚀产物	弱氧化,局部弱还原	向外扩散

续表

矿物区序号及名称	重矿物		轻矿物		物质来源		沉积环境	物质扩散趋势
	优势矿物	特征矿物	优势矿物	特征矿物	主要	次要		
14. 台湾岛东北部海区矿物区	金属矿物 普通角闪石 绿帘石	锆石			台湾岛的冲刷剥蚀产物		弱还原	
15. 浙闽沿岸带泥质区矿物区	云母		石英		长江		弱氧化,局部倾向于还原环境	接受细粒沉积
16. 闽江口—广东近海沿岸矿物区	绿帘石 金属矿物(北部) 普通角闪石(南部)	石榴子石、稳定铁矿物(北部); 石榴子石和锆石(南部)	石英、云母(北部); 石英、长石(南部)		沿岸剥蚀物质(北部); 珠江(南部)		弱氧化	接受物质
17. 珠江口—雷州半岛东部近海矿物区	绿帘石 氧化铁矿物	石榴子石 锆石	石英		近岸物质		氧化	沉积物成熟度高
18. 广西近海矿物区	金属矿物 绿帘石	石榴子石(东部); 锆石、普通辉石(西部)	石英 长石		近岸沉积		弱氧化	沉积物成熟较高
19. 南海北部陆坡中部矿物区。	钛铁矿 磁铁矿		石英、长石	生物碳酸盐	珠江和近岸物质的扩散区			向外海扩散
20. 海南岛周边海区矿物区	金属矿物	氧化铁矿物、石榴子石(北部); 云母、自生黄铁矿(东南部)	石英 长石		岛屿冲蚀产物		氧化(北部); 弱还原(东南部)	接受沉积

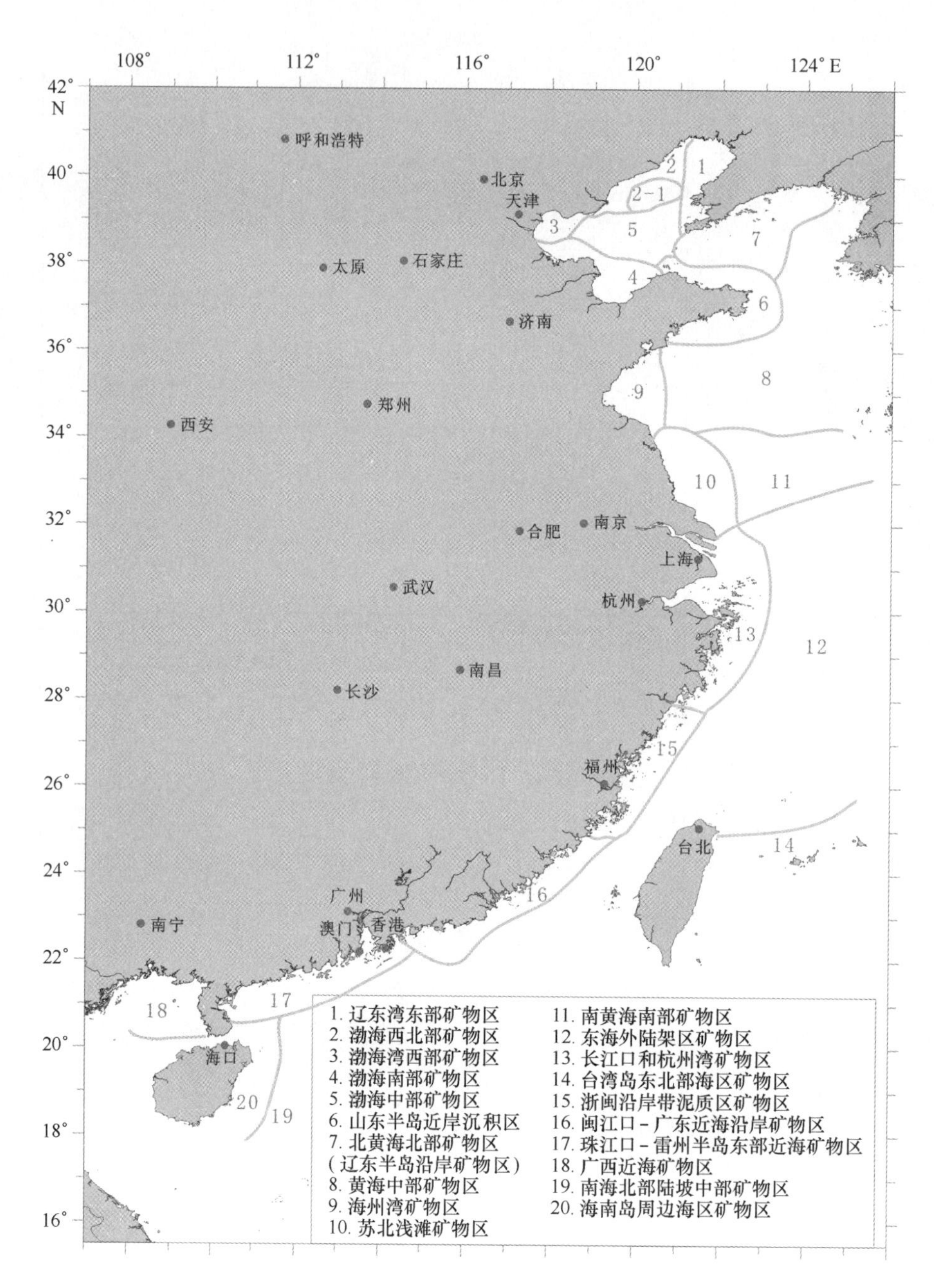

图 35.5　中国近海沉积物碎屑矿物组合分区

金属矿物（钛铁矿、磁铁矿、赤铁矿和褐铁矿），这是中国海碎屑沉积物中主要的常见矿物，其中普通角闪石和绿帘石是分布最为普遍的矿物，云母和金属矿物在不同的矿物组合区中可以作为特征矿物出现，其他特征矿物包括抗风化能力强稳定性高的矿物，如锆石和石榴子石。普通辉石和自生黄铁矿也属中国近海特征矿物，普通辉石抗风化能力弱，易蚀变，在陆架沉积物中富集程度较低，但在河口区以及冲绳海槽西部含量较高（包括紫苏辉石在内），具有一定的物源指示意义，自生黄铁矿的大量生成通常与局部的弱还原环境密切相关（主要指生物壳内生成或者壳体破碎后出现的金黄色未氧化颗粒）。

35.2.1.2 碎屑矿物与物质来源

普通角闪石。普通角闪石为渤海、黄海和东海陆架沉积物中广泛分布且含量较高的矿物。在渤海辽东半岛西部（辽东湾东部矿物区）、东海东北部局部海区沉积物中普通角闪石含量超过60%。普通角闪石高含量区主要出现在近岸河流输入和沿岸物质剥蚀影响区以及氧化沉积环境与沉积物受侵蚀的海区（图35.6）。河流输入的影响体现在渤海入海河流如海河、双台子河、大辽河等，东海的长江以及珠江等，河口区附近沉积物中普通角闪石出现高含量；而在山东半岛西部岛屿、辽东半岛南部、山东半岛南部等海区的岛屿或大陆剥蚀影响了沉积

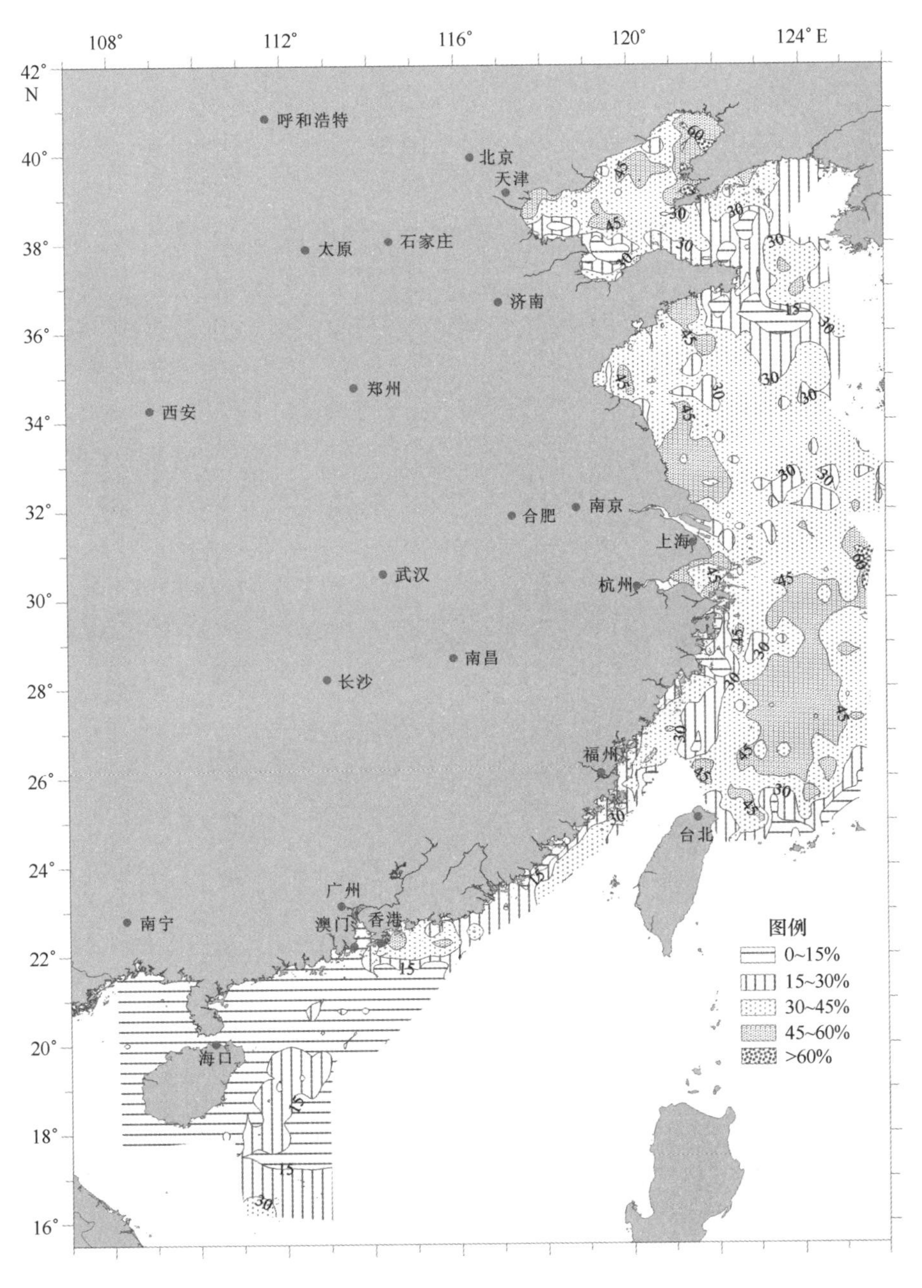

图35.6 中国近海沉积物普通角闪石颗粒百分含量分布

物中普通角闪石的含量变化；氧化的沉积环境与受侵蚀的海区则体现在苏北浅滩和东海陆架中部的残留沉积区，这两个海区水动力较强，沉积环境倾向于氧化，一些性质更不稳定的矿物发生蚀变或破碎，而片状矿物多被水流带走，这些不稳定矿物的减少，使普通角闪石的相对含量增加。

绿帘石。绿帘石为中国近海分布的第二种优势矿物，在沉积物中很少见到晶形完好的绿帘石矿物，多数为浅黄绿色的半透明颗粒，风化现象较明显。在中国近海中由岩石剥蚀而来的新鲜绿帘石颗粒主要见于山东半岛西部的三山岛附近海区的沉积物中（图 35.7），其他绿帘石高含量的出现往往与沉积区的强氧化环境密切相关。

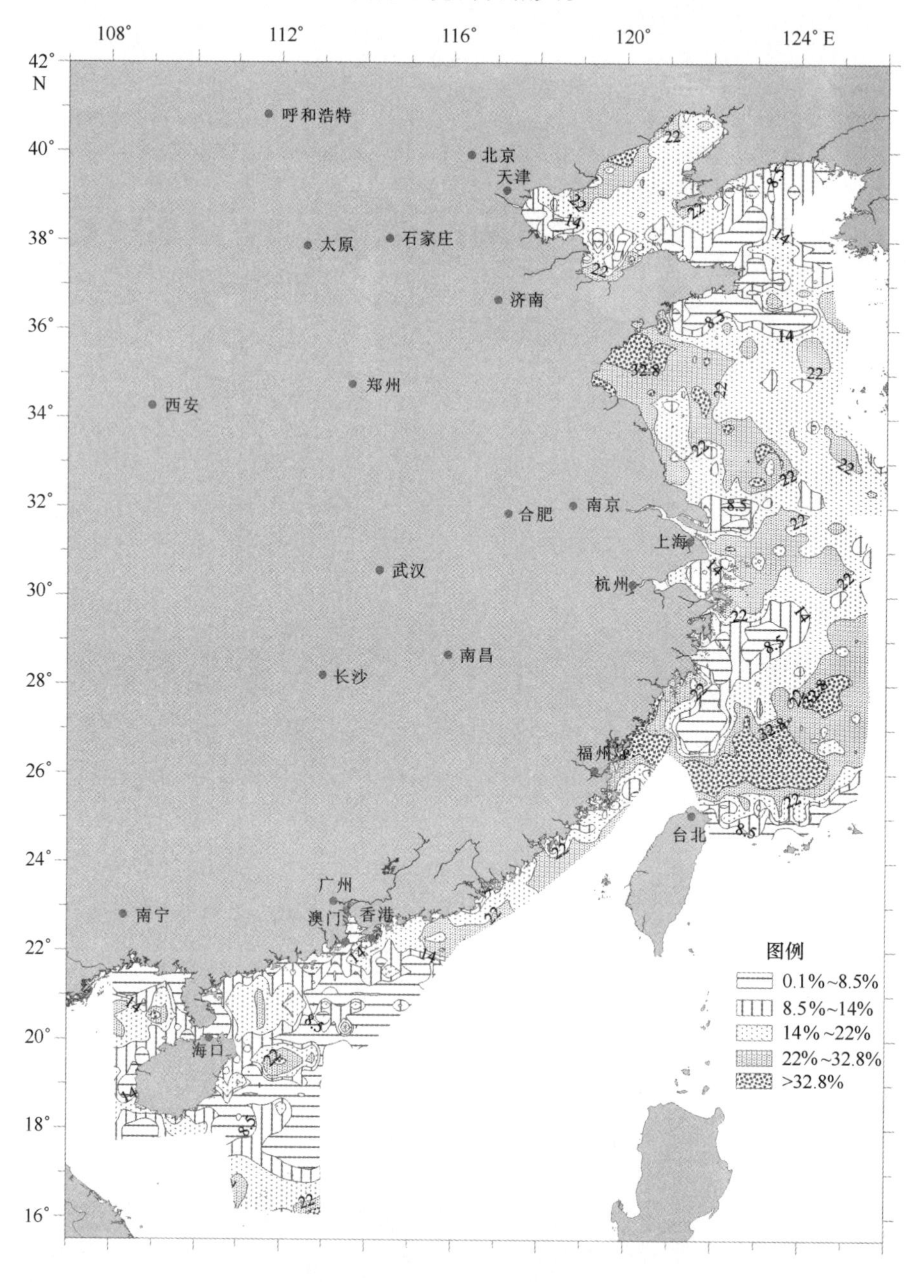

图 35.7　中国近海沉积物绿帘石颗粒百分含量分布

云母（片状矿物）。云母（片状矿物）的分布主要指示了物质来源和物质扩散两个方面的信息，尤其体现了黄河物质和长江物质的分布（图35.8），据此可以划分出输入物质的分布区域和扩散路径。南黄海废黄河口东部的废黄河水下三角洲也出现了云母含量渐变的现象，表明废黄河物质至今仍然对苏北浅滩和南黄海中部沉积物有贡献。闽江口以及珠江外部海区也出现了云母的高含量区，一定程度上表现出河流物质的扩散范围。

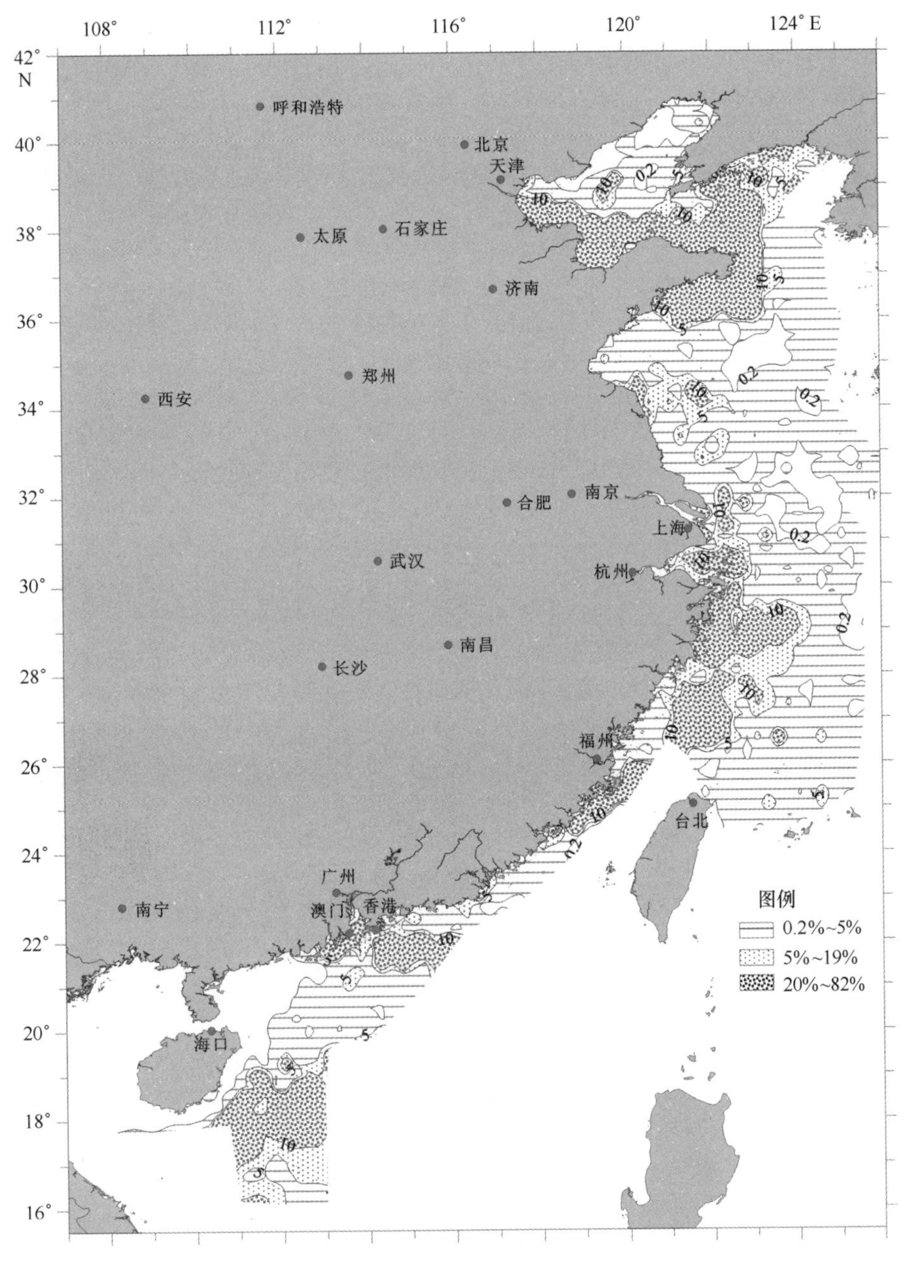

图35.8 中国近海沉积物云母（片状矿物）颗粒百分含量分布

金属矿物。金属矿物（钛铁矿、磁铁矿、赤铁矿和褐铁矿）为南海北部沉积物中的优势矿物，其高含量区几乎覆盖了南海北部的一半区域（图35.9）。金属矿物在其他海区分布广泛但含量一般较低，不是优势矿物，在台湾岛北部以东海域、东海长江口东部外陆架中部地区出现金属矿物局部较高，在南、北黄海分界线中部和辽东湾沿岸地区也有零星金属矿物高含量区出现。通过对比氧化铁矿物（褐铁矿 + 赤铁矿）与稳定铁矿物（钛铁矿 + 磁铁矿）的比值分布（图 35.10），可以判断海区沉积环境的氧化程度。南黄海泥质区氧化铁矿物/稳定铁矿物的高比值表明泥质区沉积物中稳定铁矿物的含量更低。南海北部沉积物中低比值的出现体现了物质来源对碎屑矿物组成的控制要大于海区沉积环境氧化程度的控制。

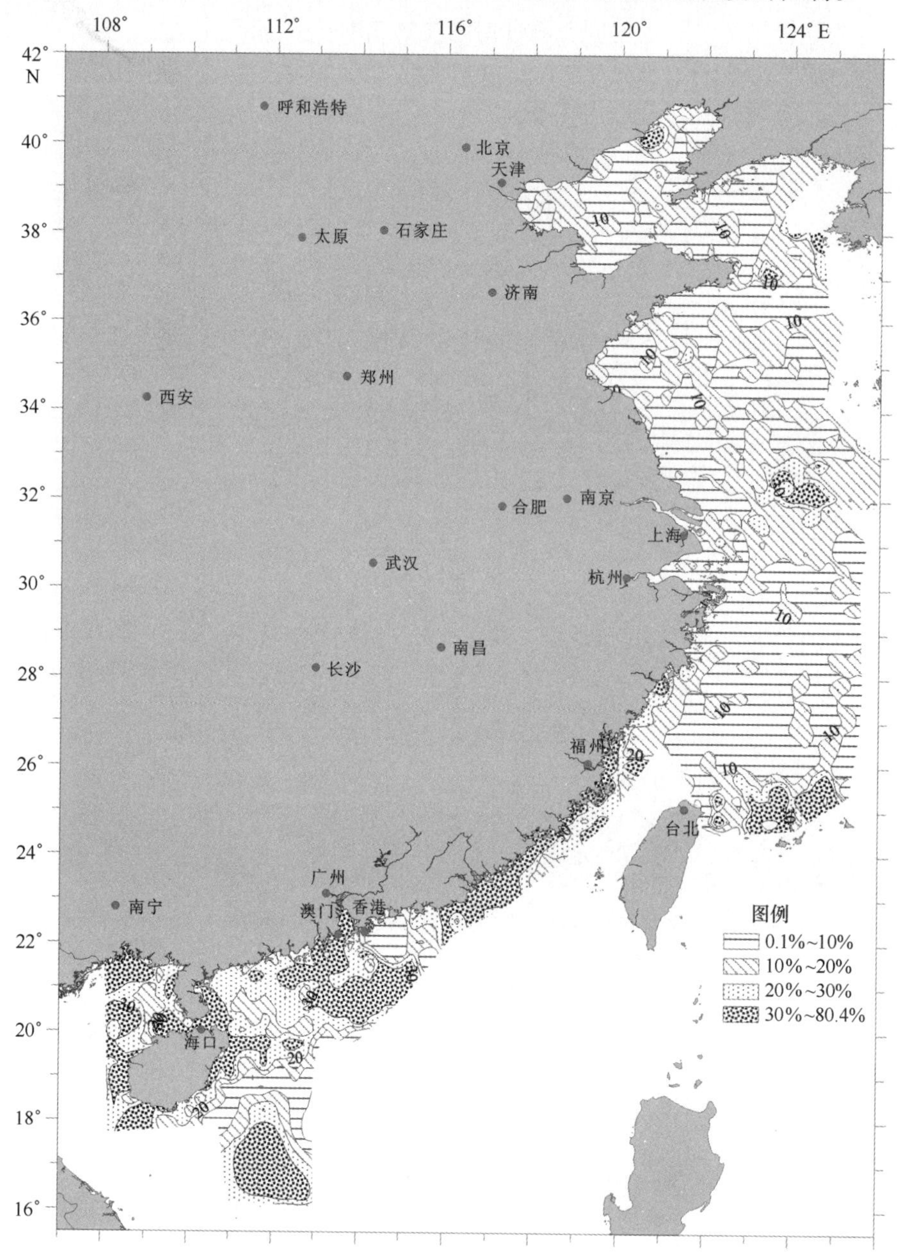

图 35.9　中国近海沉积物金属矿物颗粒百分含量分布

石榴子石。石榴子石的分布主要体现了渤海和北黄海沉积物矿物组成的特点（图 35.11）。由北向南，其含量逐渐减少，在东海沉积物中含量在 6% 以下，而在南海沉积物中石榴子石的含量很低。

锆石。锆石的分布体现了中国大陆南部河流以及海区原地岩石剥蚀产物对沉积物分布的控制作用（图 35.12）。锆石在南海北部沉积物中含量很高，大部分区域沉积物中的锆石含量

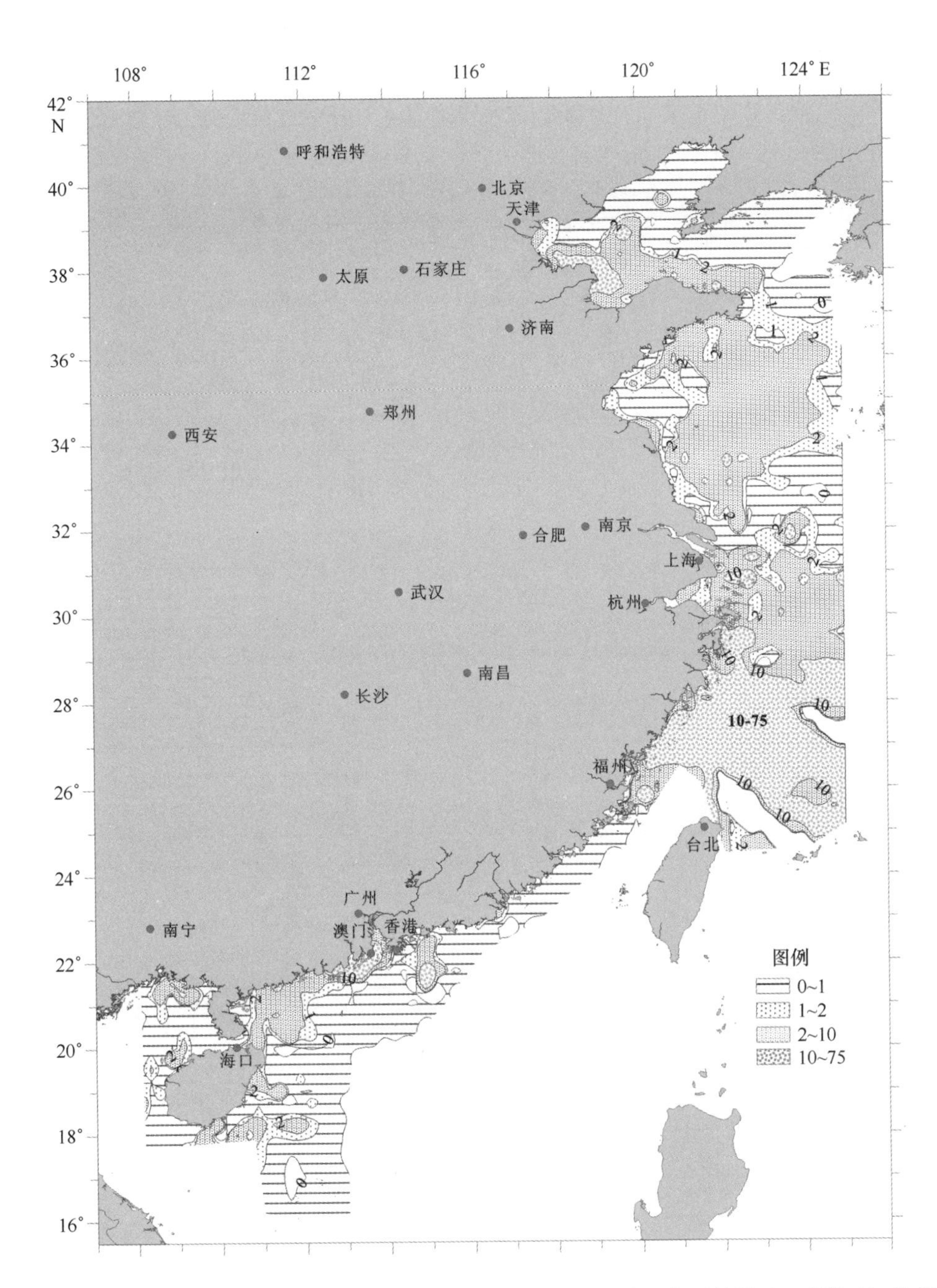

图 35.10 中国近海沉积物氧化铁矿物（褐铁矿＋赤铁矿）/稳定铁矿物（钛铁矿＋磁铁矿）比值分布

超过6%。

石榴子石和锆石的分布具有南北差异性，体现了物质来源的控制作用，这也说明沉积物成熟度中矿物种类选择的重要性，大的区域中由于物质来源的差异性，会出现数值一致但成熟度不一致的现象。故碎屑矿物成熟度参数的选择要考虑到物质来源的变化以及稳定矿物在沉积物中出现的广泛性和代表性。

自生黄铁矿。自生黄铁矿的分布体现了还原环境的控制作用。自生黄铁矿在中国近海主要出现四处高含量区：南黄海中部泥质区、浙闽沿岸带泥质区中部、台湾东南部海区以及海南岛东南部海区（图35.13），这4个海区都呈较强的还原环境，其中南黄海中部泥质区分布面积最大，浙闽沿岸带泥质区中分布的自生黄铁矿含量最高。在部分沉积环境氧化程度较高

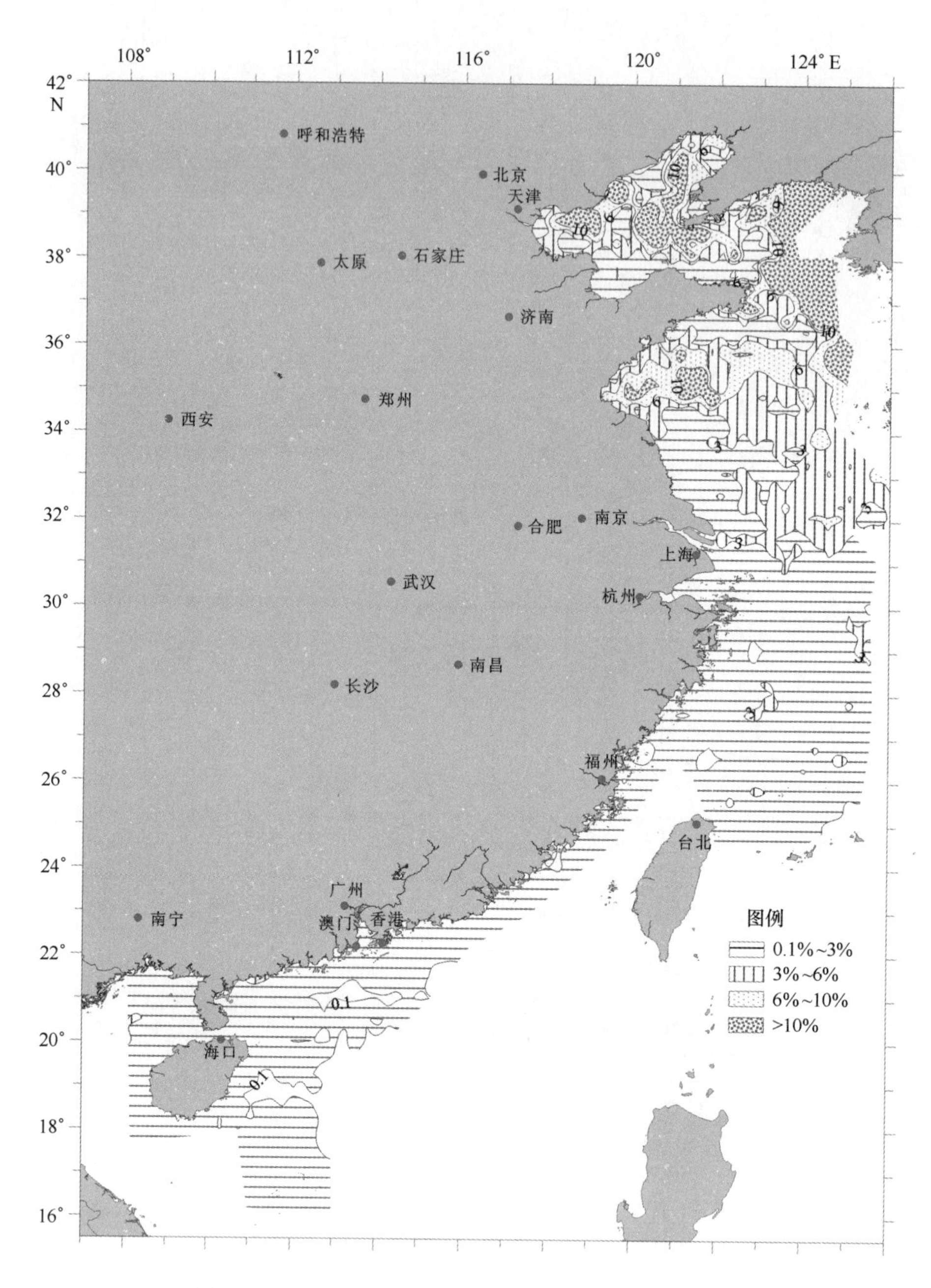

图 35.11　中国近海沉积物石榴子石颗粒百分含量分布

的海区局部也分布有高含量的自生黄铁矿，如在苏北浅滩区也存在高含量的站位，表现出沉积环境的复杂性。

石英。石英是中国近海碎屑矿物中分布最为广泛的轻矿物，即使在重矿物含量很低的泥质区，石英的相对含量也很高（图 35.14），如在杭州湾泥质区和南黄海中部泥质区。在中国近海，石英高含量主要分布在黄河口东部以及渤海中部海区、苏北浅滩、杭州湾和东海陆架中部残留沉积区，其分布可能主要体现了黄河、长江物质来源以及海区水动力条件的控制作用。长石与石英在渤海、黄海和东海具有较为强烈的负相关关系，在南海北部海区沉积物中二者负相关关系较弱（图 35.15），长石主要富集在渤海和海州湾区、浙闽沿岸泥质区和雷州

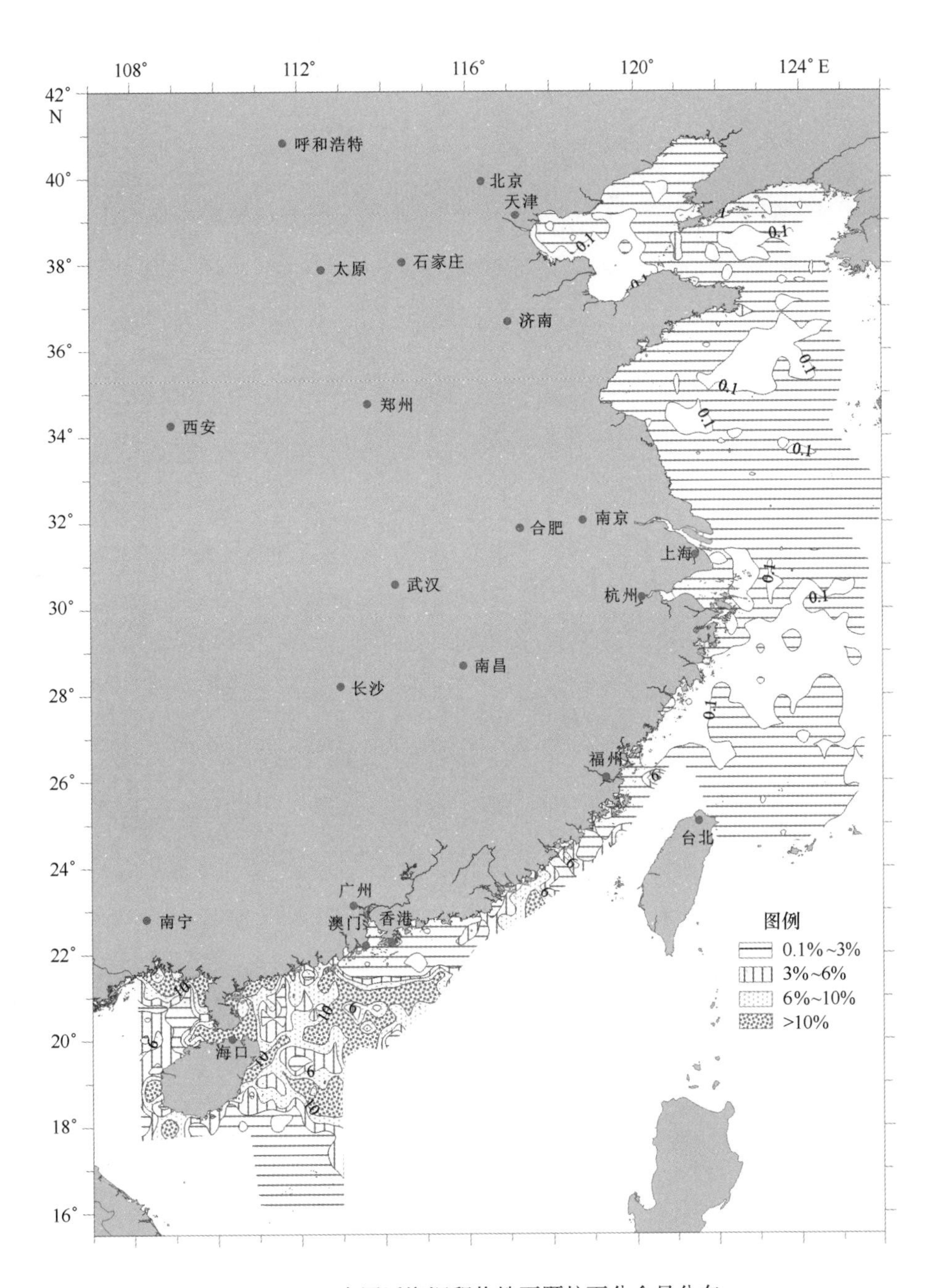

图 35.12 中国近海沉积物锆石颗粒百分含量分布

半岛西部海区的沉积物中，长石的分布可能体现了物质来源和气候的共同作用；近辽东半岛海区沉积物中富集钾长石，钾长石易于风化，其高含量指示了物质来源供应充足，风化作用不彻底，海区所处气候带气温较低。

35.2.1.3 沉积环境和沉积物扩散

中国近海沉积物碎屑矿物分布具有区域性，反映了不同因素的控制作用。利用金属矿物分布以及褐铁矿 + 赤铁矿与钛铁矿 + 磁铁矿的比值分布、自生黄铁矿、片状矿物的分布，并参考矿物定性分析中矿物颗粒形态描述等内容，绘制了中国近海典型氧化 - 还原环境分区图

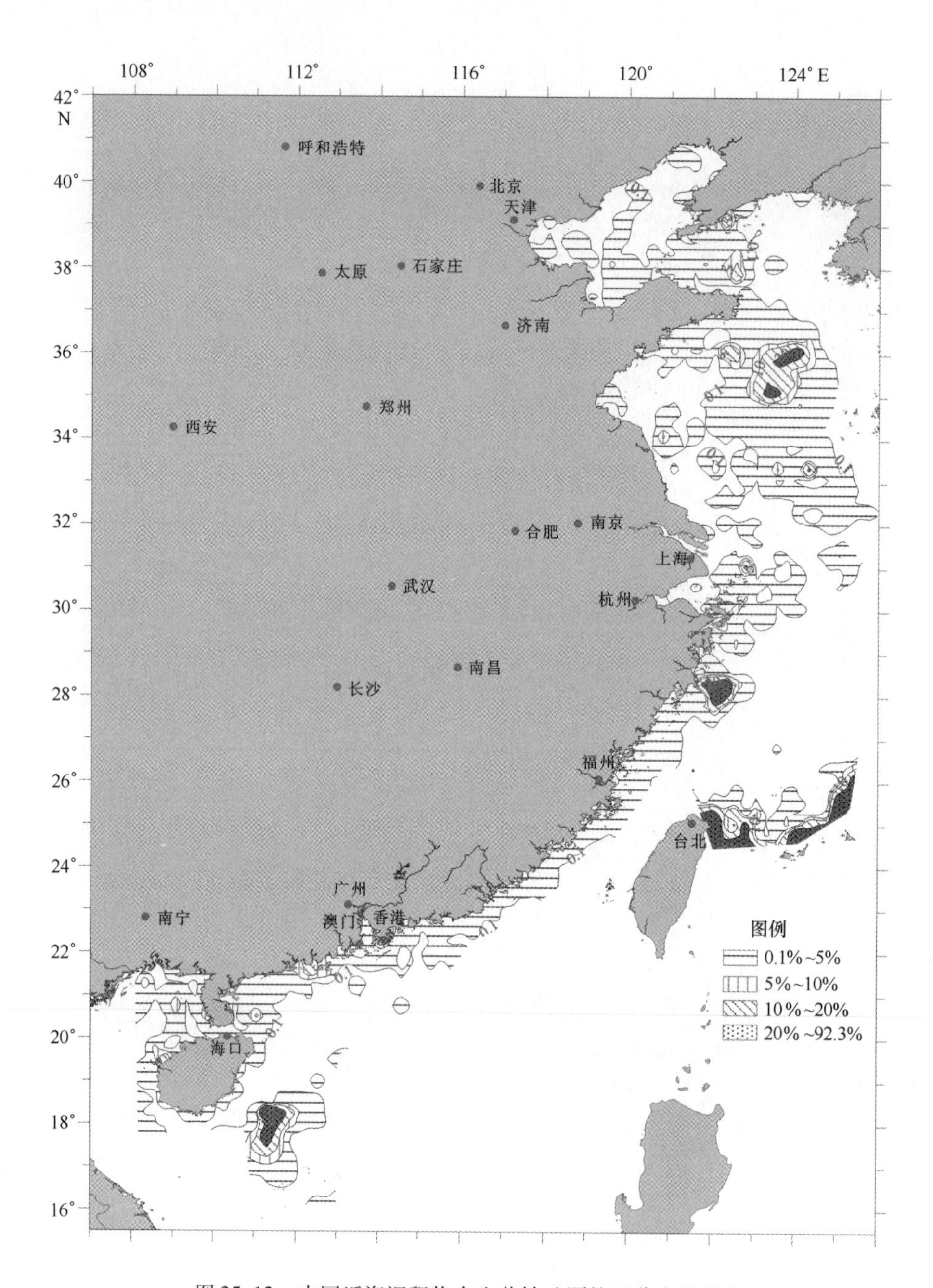

图 35.13　中国近海沉积物自生黄铁矿颗粒百分含量分布

(图 35.16)。对沉积物中褐铁矿＋赤铁矿含量高的区域定义为氧化环境沉积区，主要分布在渤海南部、山东半岛沿岸、南黄海南部、东海西部陆架、珠江口区域、南海北部近岸局部区域以及海南岛东南部。这些区域除山东半岛沿岸、南海区域外，沉积物中砂含量较高，特别是在南黄海和东海的残留砂质沉积区表现更为明显，在矿物形态上的特点是多数矿物表面铁染现象普遍，铁染石英含量较高。将新鲜的金黄色自生黄铁矿以及生物壳生成的自生黄铁矿分布普遍且含量较高的区域定义为还原环境沉积区，主要分布在北黄海西部、南黄海中部、浙闽沿岸带泥质区中部、台湾岛东北部、海南岛东南部以及东海的局部区域。这些区域的共同特点是粉砂和黏土的含量高，属于重矿物含量低的细粒沉积物分布区。

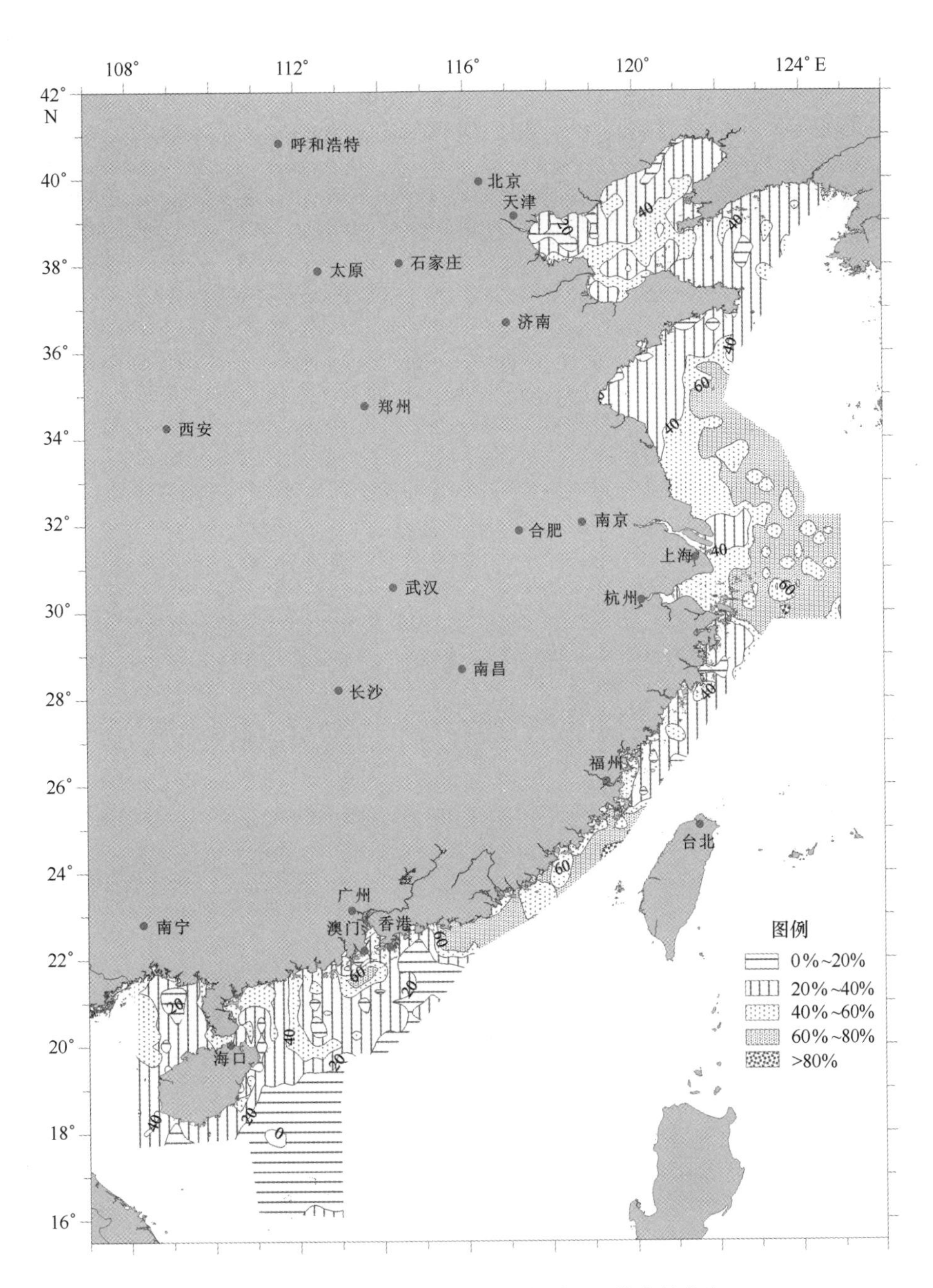

图 35.14 中国近海沉积物石英颗粒百分含量分布

中国三大河流入海输入的物质控制了中国近海陆架沉积物碎屑矿物的分布格局，对沉积物在陆架中的运移趋势反映最为明显的矿物为片状矿物，性质较为稳定、比重较大且分布较为广泛的矿物如锆石、石榴子石对沉积物来源判断也具有重要的指示意义。通过片状矿物、锆石、石榴子石等分布编绘了黄河、长江和珠江物质对中国近海沉积的影响范围及主要扩散方向示意图（图 35.17）。从图 3.17 中可以看出，现代黄河物质的主要扩散方向是通过渤海沿山东半岛近岸向东和南方向扩散，在山东半岛东部区域有向北扩散的现象，在苏北近岸区老黄河的物质向南扩散，影响范围仅分布在苏北浅滩一带。现代长江物质分布范围较大，向南并有向东扩散趋势。珠江输入物质主要分布在河口区域。

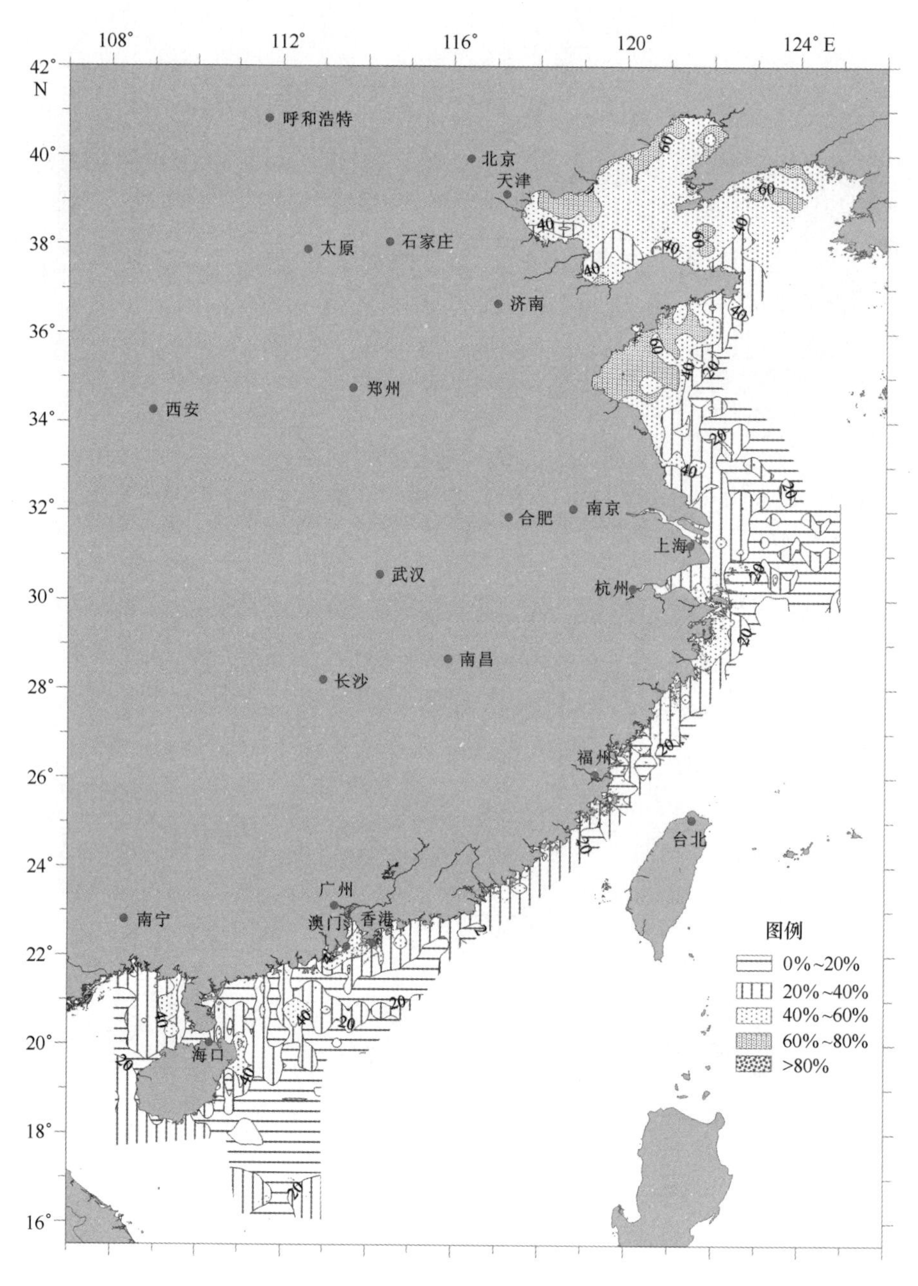

图 35.15　中国近海沉积物长石颗粒百分含量分布

35.2.1.4　碎屑矿物分布的控制因素

1）物质来源和沉积环境

从碎屑矿物分布上看，黄河、长江以及珠江是控制中国近海沉积物碎屑矿物组成的主要因素。黄河流经黄土高原，沉积物以细粒为主，含较多云母，金属矿物以赤铁矿、褐铁矿为主，钛铁矿和磁铁矿只有在靠近山东半岛以及渤海北部近岸等区域含量相对较高。黄河以及渤海周边其他河流输入的沉积物具有自西向东运移的趋势，特别是在渤海中部，细粒及片状矿物向此汇集及扩散，并通过渤海海峡靠近山东半岛一侧沉积物向东南运移。

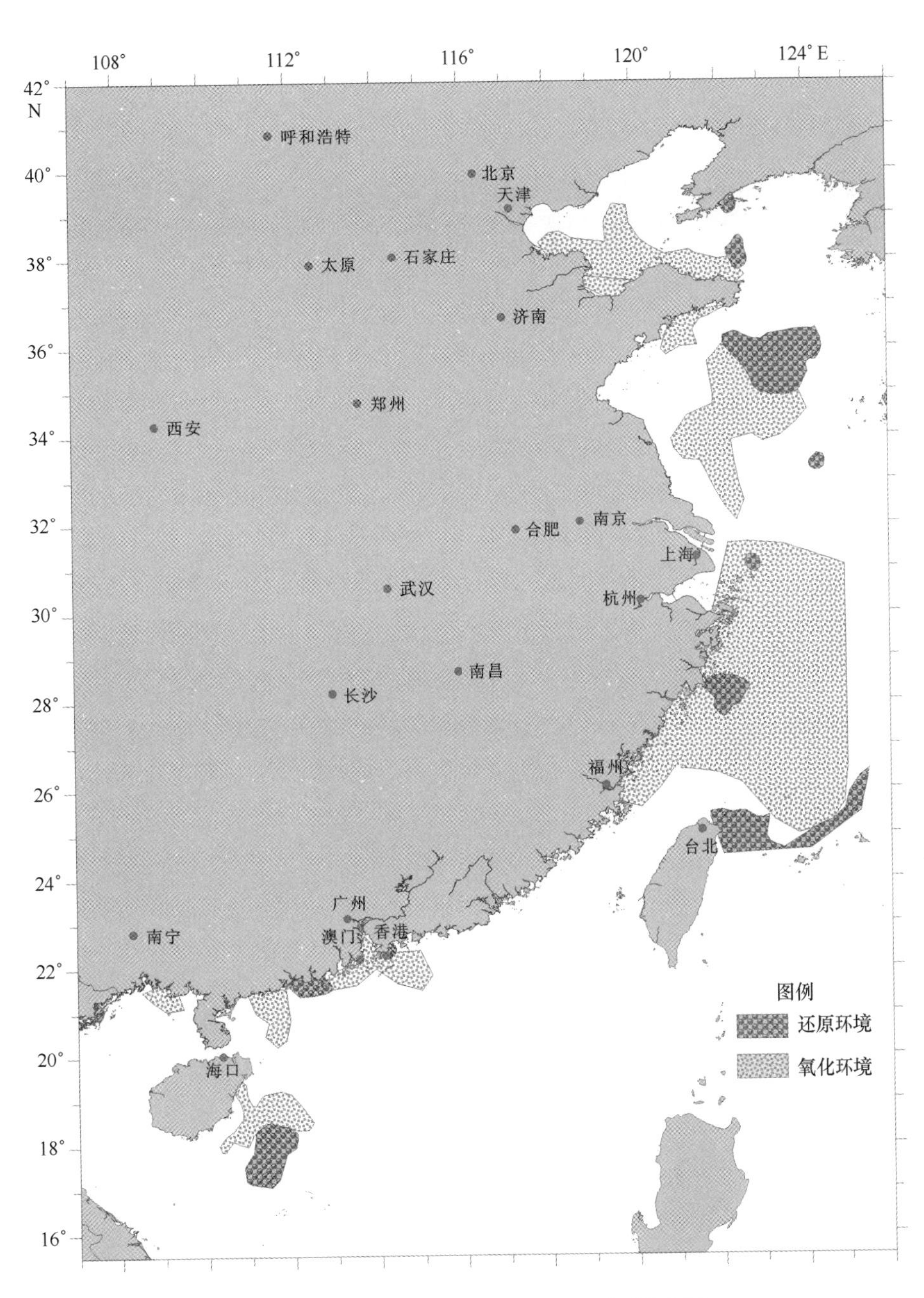

图35.16 中国近海典型氧化-还原环境分区

北黄海北部海区沉积物矿物组成受辽东半岛南部近岸沉积影响较大，南部海区受黄河物质影响较大。重矿物以普通角闪石、绿帘石、云母为优势矿物，特征矿物为普通辉石、自生黄铁矿。山东半岛近岸沉积区为黄河细粒物质通过渤海海峡向黄海输送物质的通道，主要特征为片状矿物含量高，且氧化铁矿物/稳定铁矿物比值高，自生黄铁矿的含量低，以黄河源为主，沉积环境呈弱氧化-氧化环境。南黄海中北部为较粗粒的沉积，以普通角闪石、金属矿物为优势矿物，稳定矿物石榴子石的含量高，沉积环境呈弱氧化；南黄海中部泥质沉积区中普通角闪石、绿帘石含量中等，粗粒物质输入较少，自生黄铁矿富集，沉积环境呈弱还原，主要为黄河物质的扩散，粗粒物质输入较少。南黄海海州湾沉积物主要为老黄河物质以及经山东半岛沿岸输送过来的细粒物质，表现为普通角闪石、绿帘石和金属矿物在近岸局部富集，

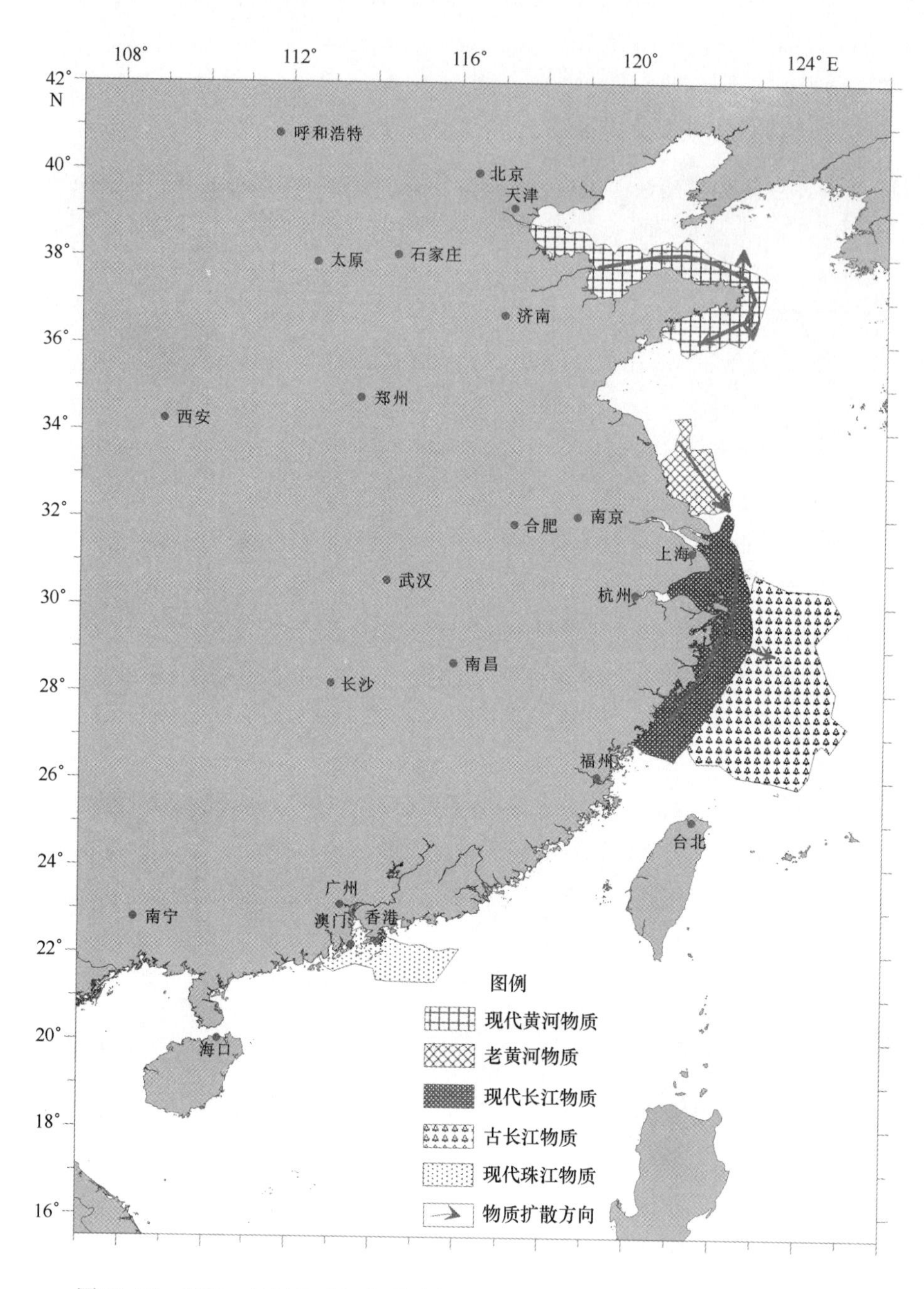

图 35. 17　黄河、长江和珠江物质对中国近海沉积的影响范围及主要扩散方向

（珠江物质分布趋势参考陈丽蓉等，2008）

片状矿物具有向南扩散的趋势，氧化铁与稳定铁矿物比值较高，为弱氧化沉积环境，长石含量较高，石英的含量向外海逐渐增加，沉积物成熟度较低。苏北浅滩沉积物中普通角闪石、氧化铁含量高，片状矿物含量高，表明沉积区处于侵蚀状态，且有物质输入，沉积物成熟度较高，主要为黄河来源物质。从矿物含量分布趋势上分析，南部有部分物质扩散到本区。南黄海南部沉积物金属矿物含量较高，赤铁矿和褐铁矿含量相对较低，片状矿物、石英、稳定矿物如石榴子石、锆石向外含量逐渐增加，沉积物成熟度逐渐增高，物质输送以细粒为主，从矿物含量分布趋势上分析，长江冲淡水所携带的物质对本区矿物组成具有一定的影响。

东海北部为黄河和长江物质相互混合的沉积区，碎屑矿物以普通角闪石、绿帘石为主，金属矿物、片状矿物含量较高，长江源物质占主导地位。长江口和杭州湾的碎屑矿物分布特征较为相近，特别是杭州湾北部受长江源物质影响明显，重矿物以普通角闪石、绿帘石、云母为优势矿物，锆石、石榴子石为特征矿物，氧化铁矿物含量较高，沉积物来源主要为长江物质，岛屿冲刷产物影响不明显。浙闽沿岸带泥质区重矿物含量很低，以云母类为主，为长江口及沿岸河流中比重较小的物质扩散区。闽江口以南沿岸重矿物以绿帘石、金属矿物为优势矿物，稳定铁矿物含量很高，氧化铁矿物含量相对较低，特征重矿物为石榴子石，碎屑矿物组成受沿岸物质的影响较大，且矿物成熟度较高，水动力较强。东海陆架区矿物组成与长江三角洲前缘矿物组成相近，证明东海陆架沉积物与长江口沉积物具有同源性。台湾岛东北部海区优势重矿物为金属矿物、普通角闪石、绿帘石，特征矿物为锆石，主要为台湾岛河流带来的风化产物，紫苏辉石含量较低。

南海东北部广东近海沉积物主要为珠江携带的沉积物，优势矿物为普通角闪石，为南海北部最大面积的普通角闪石高含量区，普通角闪石含量向东南方向逐渐减少，石榴子石和锆石含量较高，金属矿物的含量低。珠江口—雷州半岛东部近海沉积物富含绿帘石、氧化铁矿物，石榴子石、锆石含量高，氧化作用较强，呈侵蚀环境，沉积物成熟度较高。广西近海沉积物以金属矿物、绿帘石为优势矿物，物质来源主要为近岸沉积，东部和西部矿物组成略有不同，东部靠近雷州半岛石榴子石含量高，而西部锆石、普通辉石的含量高，总体上沉积物成熟度较高。南海北部陆坡为珠江和近岸物质的扩散区，水动力较强，重矿物以钛铁矿和磁铁矿为主，含量高，极稳定矿物含量较高，石榴子石和锆石含量低，沉积物成熟度较高。海南岛周边海区沉积物以金属矿物为优势重矿物，岛屿北部海区靠近雷州半岛氧化铁矿物和石榴子石含量较高。

2）气候分带

气候分带主要影响物源区和沉积区的氧化还原环境以及物理、化学风化强度。渤海和北黄海属于温带，南黄海为亚热带，东海大部分属于中亚热带，南海属于亚热带。气候分带造成了沉积区碎屑矿物组成的不同，由于造岩矿物的抗风化能力不同，在北黄海北部钾长石的含量较高，而在东海、南海其含量很低，甚至含量为零，造成这种现象的原因一部分是由于物源供应的差异；另一部分是由于气候分带造成的风化作用性质不同：在南海和东海化学风化作用远远强于物理风化作用。金属矿物的蚀变也说明气候分带是造成矿物含量变化的一个因素。自生黄铁矿多分布在南黄海和东海北部，在南海以及渤海北部很少出现，几乎不出现异常高含量。

3）沉积物类型

沉积物类型对碎屑矿物的分布具有控制作用。碎屑矿物主要富集在细砂粒级，部分优势矿物与砂质沉积物分布密切相关。碎屑矿物组合分区（图35.5）也表现出沉积物类型的影响。但是，对于受物质来源影响大的矿物如金属矿物、锆石、石榴子石等，沉积物类型分布的影响较小。

砂质沉积物的分布主要与普通角闪石和绿帘石的分布密切相关，这两种矿物为中国近海沉积物中的优势重矿物，也是河流输入沉积物中的优势矿物。在砂质沉积物分布广泛的区域，如渤海北部近岸、黄海北部和东海南部等区域，普通角闪石和绿帘石含量较高，而在南黄海泥质区和浙闽沿岸泥质区，普通角闪石和绿帘石含量较低。

粉砂沉积物的分布主要与片状矿物分布密切相关，片状矿物相对容易搬运，能较好地反映物质扩散趋势，特别是渤海、黄海和东海。在山东半岛近岸受水流影响较大、粉砂含量高的区域也是片状矿物含量较高的区域；此外，在浙闽沿岸泥质区（粉砂含量在65%以上）也分布有高含量的片状矿物。

黏土沉积物的分布主要与片状矿物、自生黄铁矿关系较为密切，但也需注意物质来源的影响不容忽视。黏土沉积较多的区域如渤海中部、浙闽沿岸带泥质区片状矿物含量较高，自生黄铁矿出现频率高。然而在南黄海泥质区，片状矿物含量低，自生黄铁矿含量高，说明物质来源是影响该矿物分布的主要因素。

一般来说，石英是碎屑矿物中的优势矿物，与沉积物类型分布相关性并不大，长石类矿物与沉积物类型的相关性也不大，轻矿物中的海绿石相对富集于砂质沉积物中，与沉积物类型分布较为密切。

沉积物类型与碎屑矿物组合分区在很大程度上表现出一定的相关性。辽东湾东部、渤海西北部、辽东半岛沿岸、海州湾、苏北浅滩、东海外陆架、闽江口－广东近海沿岸矿物区与砂质沉积物类型分布相关性较大；渤海湾西部、渤海南部、山东半岛近岸、黄海中部、海州湾、长江口和杭州湾、浙闽沿岸带泥质区等矿物分区与粉砂沉积物类型分布相关性较大；而黄海中部、长江口和杭州湾、浙闽沿岸带泥质区、广西近海矿物区则与黏土沉积物类型分布相关性较大。

35. 2. 2　黏土矿物特征

根据对我国近海海域5576站表层沉积物样品中黏土沉积物的X射线衍射分析结果（表35. 3），可知中国近海表层沉积物中黏土粒级的矿物主要由伊利石（19% ~90%，平均61%）、绿泥石（3% ~49%，平均16%）、高岭石（0% ~53%，平均14%）及蒙皂石（0% ~45%，平均10%）4种黏土矿物组成，还有少量混层矿物（蒙皂石－伊利石的不规则混层）及石英、长石、方解石等非黏土矿物碎屑组成。

表35. 3　中国近海表层沉积物黏土矿物含量

单位:%

海区	统计值	蒙皂石	伊利石	高岭石	绿泥石
渤海	平均值	9	70	10	12
	最小值	0	40	0	3
	最大值	21	90	36	49
黄海	平均值	14	62	9	15
	最小值	0	23	0	4
	最大值	45	81	44	58
东海陆架	平均值	6	63	13	18
	最小值	0	27	6	4
	最大值	25	78	46	29
南海北部	平均值	15	47	20	18
	最小值	0	19	3	7
	最大值	41	71	53	40
全海区	平均值	10	61	14	16
	最小值	0	19	0	3
	最大值	45	90	53	49
	标准偏差	6. 38	11. 85	6. 90	4. 54

35.2.2.1 伊利石

从图35.18可以看出，在渤海西北近岸海区、长江口、杭州湾南部以及台湾海峡东部为伊利石含量高值区，其平均含量大于65%。在南海北部陆架及其北部湾则属低值区，平均含量小于50%。总体来讲，伊利石在渤海、黄海、东海的含量明显高于南海，尤其是东海表层沉积物中伊利石平均含量最高（63%），并且在长江口、杭州湾南侧和台湾海峡东部海域分布有3个高值区，表明来自长江的沉积物与台湾的陆源风化物质中富含伊利石矿物。特别是近年来的研究表明，台湾河流在夏季台风季节输入大量的沉积物进入台湾海峡，而这些沉积物中的黏土矿物主要为物理风化作用形成的伊利石和绿泥石矿物，使得台湾海峡中伊利石含

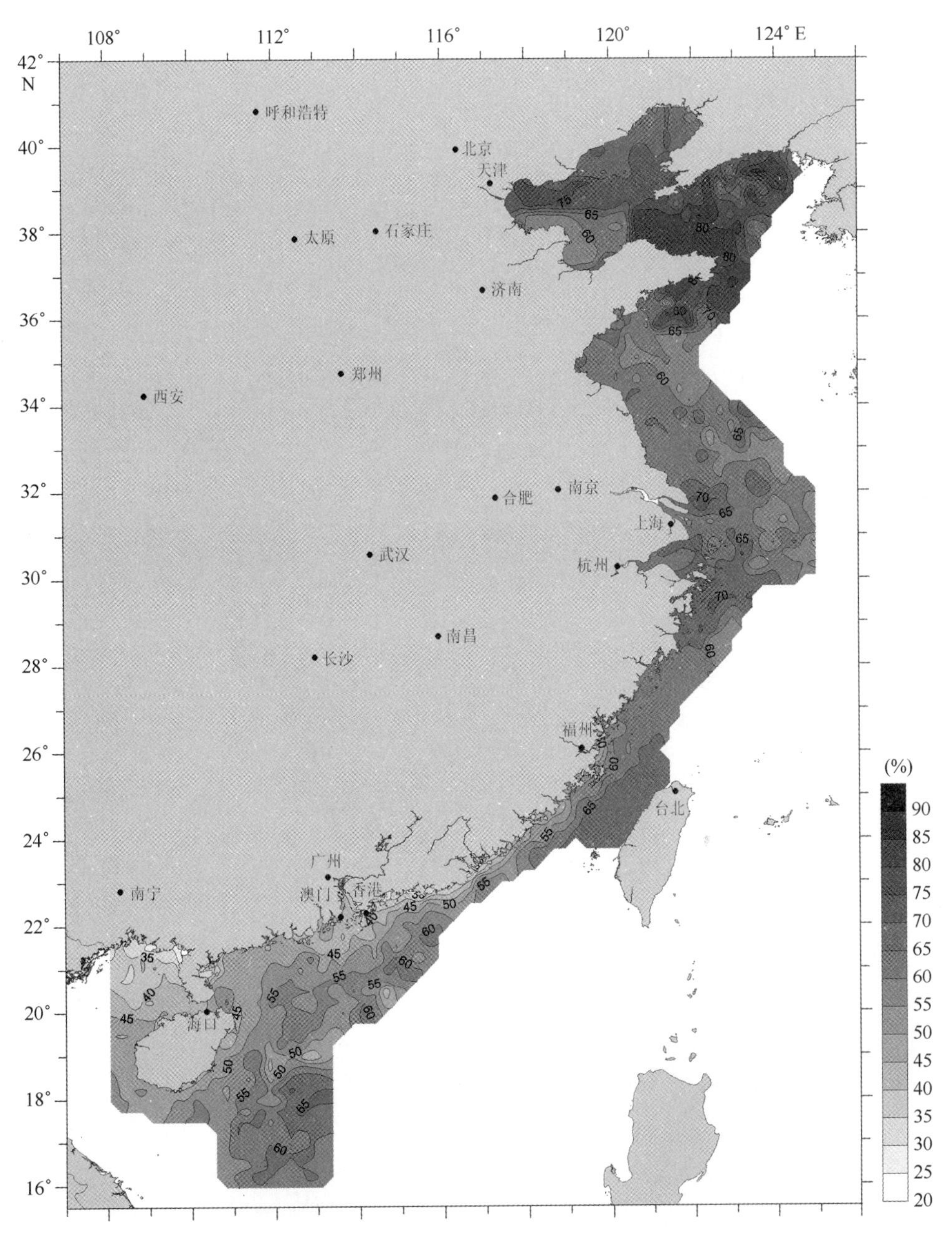

图35.18 中国近海表层沉积物伊利石百分含量分布

量较高。在黄河口以及两侧近岸海区、珠江口以及南海北部陆架区，伊利石含量均比较低，表明黄河与珠江河流沉积物中的伊利石含量相对较低。此外，北部湾为中国近海伊利石含量最低的海区，特别是在广西近岸海区，伊利石平均含量低于40%，这主要与广西沿岸的基岩类型和风化特征有关。

35.2.2.2　绿泥石

绿泥石矿物在中国近海海域表层沉积物中的分布没有明显的变化规律（图35.19），总体来讲，东海和南海北部陆架区中的绿泥石含量较高，平均含量大于20%，而渤海与黄海的绿泥石含量相对较低。一般来讲，绿泥石主要受物质来源影响，而在相近物质来源的情况下，绿泥石矿物可作为寒冷气候的指标，如在极地海洋中绿泥石含量最高，海洋中的绿泥石多是

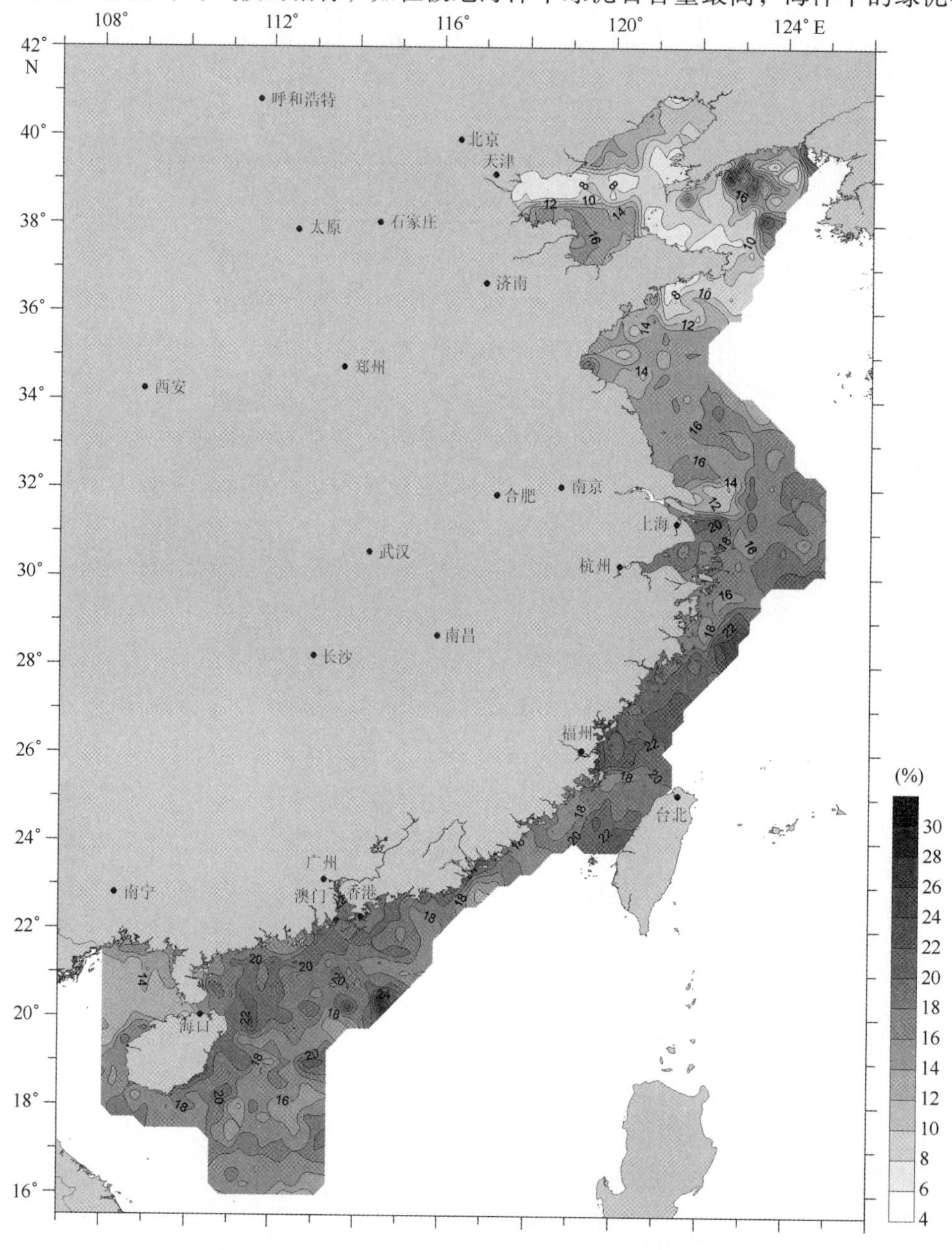

图35.19　中国近海表层沉积物绿泥石百分含量分布

陆源变质作用的产物，反映来源区干燥寒冷，化学风化很弱，以物理风化为主，但也有少量文献报道过火山物质在强烈的化学风化作用下，由三水铝石转变为绿泥石。中国近海表层沉积物中绿泥石矿物的分布特征主要受物质来源不同的影响，另外在个别海区受到岩石风化类型的影响比较明显，比如北部湾海域，物理风化作用较弱，而化学风化作用较强，使得广西沿岸海域绿泥石和伊利石相似，含量较低。

35.2.2.3 高岭石

中国近海表层沉积物中高岭石的含量分布图（图35.20）显示，珠江口及其南海北部陆架区和北部湾海区为高岭石最高含量区，含量超过20%，而北黄海及台湾海峡东部海域高岭石含量则较低。由于我国华南地区特别是珠江流域广泛分布着各种类型的岩浆岩、沉积岩和

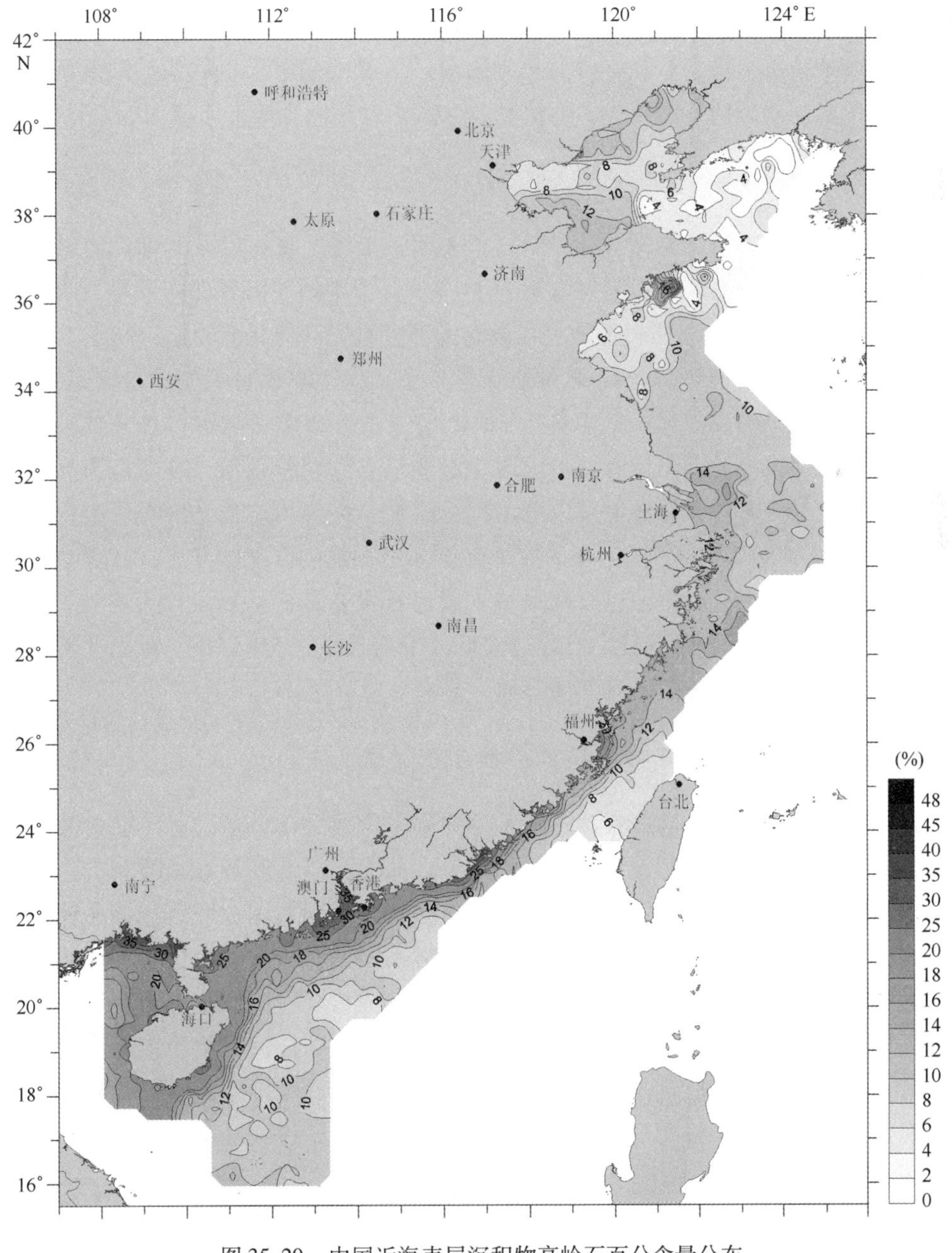

图35.20 中国近海表层沉积物高岭石百分含量分布

变质岩，且珠江流域纬度较低，地势起伏较小，大大增加了化学风化的强度。这些岩石中的云母、长石等硅酸盐矿物在亚热带温湿的气候条件下容易进行化学风化作用，而化学风化作用中最常见的是水解作用，主要是发生在中等 pH 值条件下岩石与水中少量离子发生的交换反应。随着水解作用的不断加强，活动性较强的离子首先从母岩中淋失，包括 Na、K、Ca、Mg 和 Sr 等，这个阶段的水解作用称为双硅铝土化作用，形成 2∶1 型层状黏土矿物（如蒙皂石）；中等活动性元素（Mn、Ni、Cu、Co 和 Fe 等）随后淋失，这个阶段称为单硅铝土化作用，形成 1∶1 型层状黏土矿物（如高岭石）；最后阶段 Si 也完全淋失，剩下活动性最弱的 Al，这个阶段称为铝化作用，形成铝的氢氧化物（如三水铝石）。因此，珠江流域普遍发育单硅铝土化作用和铝化作用，形成以高岭石矿物和铁的氧化物为主的华南红土（Boulay et al.，2005），基本不发育单纯双硅铝化作用，这就造成了珠江表层沉积物中以高岭石为主，而基本不含蒙皂石的特点。这些黏土碎屑被珠江等河流搬运至河口。因为河口是淡水和海水汇合之处，沉积环境复杂，加上黏土矿物本身的差异凝聚，大量的高岭石以较快的速度沉积，形成了高岭石自近岸向远海方向含量减少，而伊利石含量由近岸向远海方向增加的变化规律。

35.2.2.4 蒙皂石

中国近海蒙皂石的含量分布图（图 35.21）表明，渤海、黄海以及北部湾海域表层沉积物中蒙皂石含量较高。渤海蒙皂石平均含量为 14.7%，个别站位沉积物中蒙皂石含量甚至可达 46.2%，其含量分布特征总体表现为：在渤海南部含量较高而北部较低，高于 10% 的高含量区集中在黄河三角洲及邻近的莱州湾和渤海湾，并一直延伸到渤中浅滩和渤海海峡北部，在辽东湾也出现小范围的高值区；低于 8.7% 的低值区主要集中在滦河口外北部和辽东湾北部区域，尤其是滦河口外北部附近海域，出现渤海蒙皂石含量最低值。在黄海海域，蒙皂石含量也较高，并且其分布特征总体上可以分为两个区域：废黄河口以北海域，表层沉积物中蒙皂石含量都在 10.0% 以上，其中出现的数个高值区中心蒙皂石含量可达 20.0% 以上，尤其是在北黄海西部含量更高；废黄河口以南海域，蒙皂石含量较低且分布较为均匀，一般都在 5.0% 以下。东海表层沉积物中的蒙皂石含量较低，平均含量在 5% 以下。南海北部蒙皂石含量分布不均匀，高值区主要分布在北部湾海域，最高含量可达 25% 以上。

35.2.2.5 中国近海表层沉积物中黏土矿物分布规律

中国近海从北到南，即从渤海→黄海→东海陆架→南海北部陆架，黏土矿物分布的总体特征表现为：伊利石与蒙皂石的含量呈降低的趋势，而绿泥石与高岭石呈增高的态势。这主要与各海区的物质来源有关，也受到各海区气候的影响。因为中国近海沉积物主要来自大江大河的输入，而黄河、长江与珠江沉积物中具有明显不同的黏土矿物组成，使得我国近海海域受不同河流输入物影响的海区具有不同的黏土矿物组成特征。如珠江中伊利石和蒙皂石含量最低，而绿泥石与高岭石含量最高，因而形成了南海北部陆架沉积物中伊利石含量低于渤海、黄海和东海大陆架，蒙皂石含量低于黄海和渤海而与东海大陆架相近，而高岭石含量高于渤海、黄海和东海陆架，绿泥石含量也高于渤海、黄海和东海大陆架。这与前述碎屑矿物研究的结果也是相吻合的。

渤海黏土矿物以蒙皂石含量高为特点，这与渤海主要以黄河源物质有关。黄河黏土矿物以蒙皂石含量高为其特征，它比长江蒙皂石含量高，是珠江的 5 倍。黄河现在位于渤海南部，

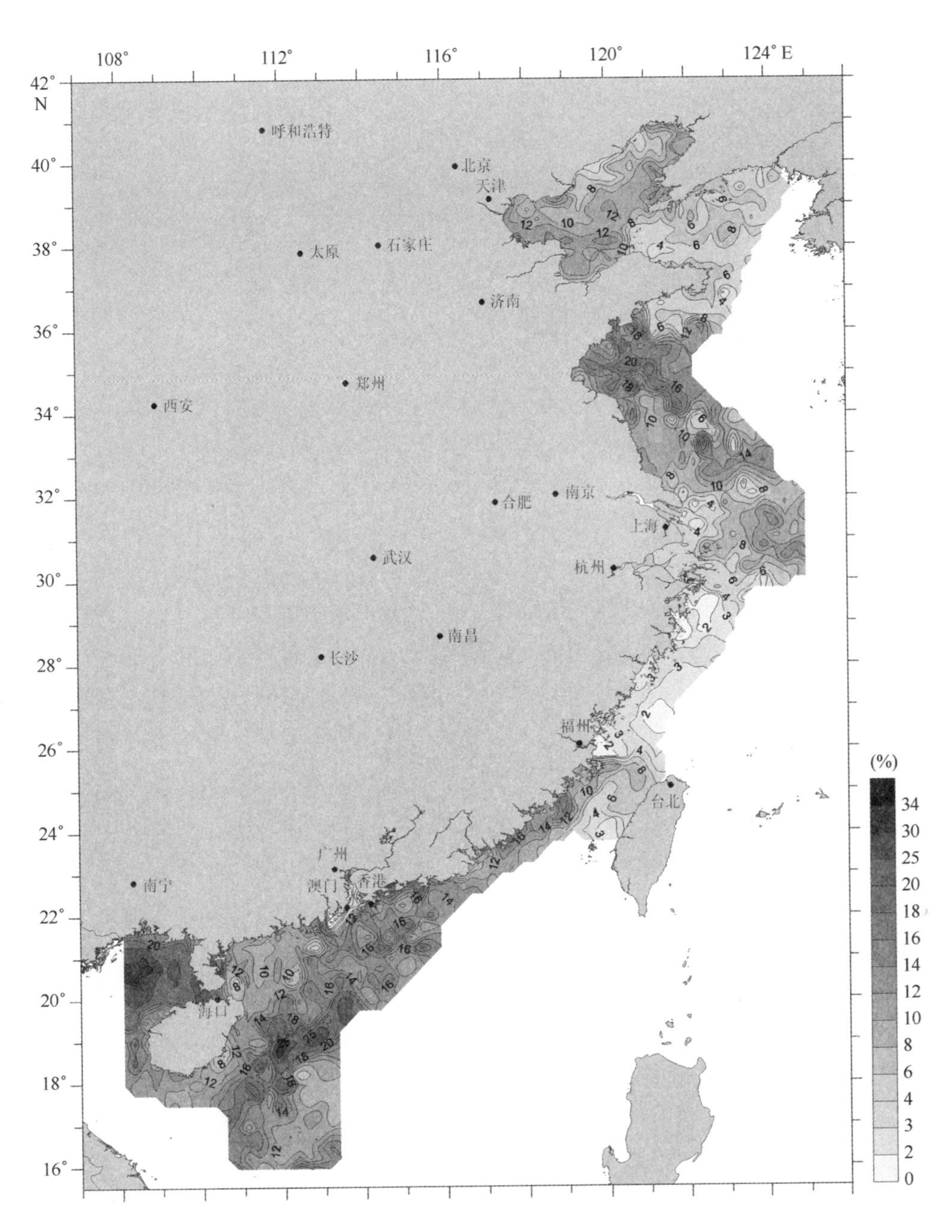

图 35.21　中国近海表层沉积物蒙皂石百分含量分布

是渤海南部物质的主要来源区，因而在渤海中出现了高含量的蒙皂石。由于蒙皂石是黏土矿物中较为细小的矿物，在河口水动力条件较强区不易沉积，而易随水流向外继续搬运到水动力较弱区再沉积下来，因而渤海的蒙皂石虽主要是黄河供给的，但黄河口附近的含量却比远离黄河口处要低。高岭石与绿泥石在渤海的分布模式特征相同，在黄河口及其邻近海区的含量高于渤海中央区，显示了其明显的陆源性质，它主要是由黄河及其他沿岸河流供给的。另外，黄河及其河口地区黏土中含较高含量的方解石矿物（杨作升，1988），此类方解石在扫描电镜下，显示出其为单纯的陆源矿物方解石特征（李国刚，1991），所以除蒙皂石以外，高含量的陆源矿物方解石也成了黄河物质的标型矿物之一。在黄河口陆源矿物方解石含量高达 15.5%，而远离河口区则逐步降低，根据它的扩散范围，说明现代黄河物质在渤海向北可至渤海中央区，向西可至渤海湾，向东则到莱州湾，与片状矿物的分布模式基本相似。

黄海黏土矿物中高岭石的高含量区在山东半岛的北部沿海部分与渤海南部黄河口近海区的高含量区相连，是现代黄河物质经渤海海峡南部进入黄海，绕过成山角，沿山东半岛南侧向西南方向扩散的通道。这一规律与用片状矿物含量所指示的黄河物质入海后运移的途径是一致的。绿泥石在山东半岛近岸区10%含量的等值线与高岭石的高含量区相似，也指示了现代黄河物质入海后的扩散范围。综上所述，现代黄河物质由渤海海峡南部进入黄海后主要沉积在山东半岛沿岸近海区。南黄海西部是老黄河的入海口，此处蒙皂石与陆源矿物方解石的含量均高于东部，其界线在122°E附近，表明老黄河的物质主要沉积在南黄海西部。南黄海东部黏土矿物中绿泥石含量高于南黄海西部，因为南黄海东部的黏土沉积物主要来源于朝鲜半岛上的一些小河流（锦江和英山江），这些河流中蒙皂石含量极低（$<0.1\%$），而绿泥石含量较高（16.8% ~ 19.3%），因而形成了南黄海东部特有的黏土矿物组合（魏建伟等，2001；陈丽蓉，2008）。

东海大陆架中高岭石的高值区分布于东海内陆架地区，是现代长江物质的沉积区。在东海外陆架的“残留沉积”区，是蒙皂石与高岭石含量较低的区域，却是绿泥石含量最高的区域。这一现象不符合现代沉积物中绿泥石与蒙皂石入海后的扩散规律，在正常状况下，绿泥石含量应是外海低于沿岸区，蒙皂石则应为外海高于沿岸区。这是由于在这一残留沉积区，长期缺少陆源物质的供给，致使蒙皂石的来源短缺，其含量逐步低于有丰富陆源物质供给的沿岸海域。残留沉积区又是冰期低海面时形成的，当时气候寒冷，有利于绿泥石的富集，因而高岭石的含量相对降低。

南海北部陆架的黏土矿物组合特征是高岭石含量高于黄海、渤海和东海陆架，而伊利石含量则是中国近海4个海区中最低的，这主要与该区的物源来自珠江有关。与黄河和长江相比，珠江黏土矿物以高岭石含量高，伊利石含量低为特征。地处亚热带的南海北部陆架与珠江流域，气候炎热多雨，化学风化作用较强，而高岭石正是这种作用的产物，因而在本区出现了高含量的高岭石，其分布特征也是沿岸区高于外海。绿泥石含量在残留沉积区却高于沿岸区，与东海陆架类似，这是由冰期低海面时气候寒冷所造成的。蒙皂石含量在南海北部陆架总体很低，一般低于10%，而在珠江口则低于5%，这是由珠江蒙皂石含量低而形成的，但蒙皂石的含量从珠江口向外海增加趋势仍很明显，南海北部蒙皂石含量高值区主要分布在北部湾海域，伊利石含量也有自河口向外海增高的趋势。

35.3 中国近海沉积地球化学特征

对我国近海海域6280站表层沉积物的地球化学进行测试分析，沉积物常、微量元素平均含量见表35.4。区内表层沉积物常量元素以SiO_2和Al_2O_3为主，平均值分别为60.43%和12.35%，TFe_2O_3、MgO、CaO、Na_2O、K_2O和TiO_2的平均含量分别为4.63%、2.08%、5.25%、2.12%、2.51%和0.62%，P_2O_5和MnO含量最低，其平均值只有0.14%和0.10%。

微量元素Ba，Sr，Zr含量较高，其平均值分别为445.79 μg/g、229.30 μg/g和204.18 μg/g，而其他7种微量元素含量均在100 μg/g以下。

表 35.4　中国近海常微量元素地球化学测试值统计

海区	统计值	SiO_2/(%)	Al_2O_3/(%)	TFe_2O_3/(%)	MgO/(%)	CaO/(%)	Na_2O/(%)	K_2O/(%)	TiO_2/(%)	P_2O_5/(%)	MnO/(%)	Ba/(μg/g)	Co/(μg/g)	Cr/(μg/g)	Cu/(μg/g)	Ni/(μg/g)	Pb/(μg/g)	Sr/(μg/g)	V/(μg/g)	Zn/(μg/g)	Zr/(μg/g)
渤海	最小值	34.77	4.69	0.50	0.23	0.44	0.87	1.28	0.06	0.03	0.02	55.40	1.00	4.30	0.40	3.30	6.82	98.80	3.09	8.80	50.40
	最大值	87.72	16.82	10.12	3.78	23.87	5.06	4.92	0.88	0.54	0.57	2182.32	39.40	93.56	53.80	53.96	60.20	693.20	140.7	261.00	844.00
	平均值	61.97	12.35	4.29	2.07	4.24	2.51	2.79	0.51	0.18	0.09	564.81	11.58	54.24	21.96	28.56	24.21	213.88	72.15	68.63	219.25
黄海	最小值	29.16	4.89	1.08	0.32	0.69	1.16	1.05	0.12	0.03	0.02	162.60	1.37	7.30	0.00	1.19	4.08	91.56	11.90	15.59	35.29
	最大值	79.50	17.57	11.34	3.47	26.22	5.22	4.51	3.05	0.29	8.60	2233.00	53.19	241.00	516.90	523.70	87.10	3955.36	203.0	1209.41	4079.14
	平均值	64.57	11.85	4.38	1.96	4.37	2.49	2.64	0.58	0.13	0.12	504.68	12.17	59.19	21.57	28.07	25.46	226.13	73.70	68.19	201.39
东海陆架	最小值	37.18	1.01	0.32	0.11	0.14	0.22	0.52	0.08	0.01	0.02	64.00	1.00	4.00	0.00	4.10	0	29.50	5.00	5.60	25.00
	最大值	94.78	22.27	15.44	3.48	20.48	4.03	3.28	64.00	0.31	2.87	570.00	52.74	241.00	72.10	61.96	164.00	913.70	280.8	431.00	2 359.46
	平均值	62.45	12.62	5.12	2.27	4.34	1.89	2.54	0.67	0.12	0.09	416.32	14.11	73.49	25.54	33.43	26.59	164.65	91.37	84.81	217.96
南海北部	最小值	7.44	0.44	0.02	0.01	0.07	0.05	0.09	0.03	0.01	0.00	18.50	0.95	4.00	1.17	0.90	3.90	11.55	0.00	1.10	5.40
	最大值	96.71	22.51	16.92	3.55	48.56	5.61	3.73	1.94	0.41	1.81	867.80	253.60	137.80	129.20	241.40	139.00	4 058.90	280.8	431.00	5 345.30
	平均值	60.11	11.89	4.36	1.73	5.90	1.77	2.19	0.64	0.12	0.10	326.60	18.81	59.36	18.59	32.15	30.01	254.55	73.50	78.60	221.41
全海区	最小值	96.71	0.03	0.02	0.01	0.07	0.05	0.09	0.03	0.01	0	18.50	0	0	0	0.9	0	11.55	0	1.10	1.00
	最大值	1.04	22.51	15.44	3.78	70.47	5.61	4.74	64.00	0.54	8.60	4 456.00	253.60	241.00	516.9	523.7	197.6	4 058.9	280.8	1 209.41	5 345.30
	平均值	60.43	12.35	4.63	2.08	5.25	2.12	2.51	0.62	0.14	0.10	445.79	14.42	64.34	21.77	32.26	27.22	229.30	80.91	79.55	204.18

35.3.1 元素组合及其环境指示意义

沉积物中元素含量的变化一方面与元素固有的地球化学行为有关；另一方面又与沉积物化学成分复杂的多因素控制有关。为了充分认识沉积物元素组成的控制因素，采用SPSS13.0软件包对中国近海表层沉积物的常微量元素进行了R型因子分析，分析前对数据进行了预处理，去除了异常值，数据标准化后选取极大方差旋转法作为因子分析主成分分析的旋转法，选取公因子载荷大于1.0的元素，可得6个主因子，其方差贡献累加值为73.669%（即代表了原始数据全部信息的73.669）（表35.5）。方差特征值在取6个因子时大于1，因此这6个因子完全可以提供原始数据的足够信息。

表35.5 中国近海表层沉积物常微量元素因子分析及特征值

公因子	主成分					
	F1	F2	F3	F4	F5	F6
SiO_2	-.532	-.475	.534	-.256	.091	.008
Al_2O_3	.771	-.397	-.103	.205	.117	-.092
Fe_2O_3	.863	-.125	-.235	.012	-.014	-.011
CaO	-.122	.777	-.447	.109	-.200	.089
MgO	.754	-.126	-.366	.097	-.047	-.273
MnO	.110	.190	-.224	.201	-.106	.526
TiO_2	.673	-.181	-.024	-.158	-.016	-.077
P_2O_5	.289	.113	-.339	.347	-.206	-.370
K_2O	.429	-.546	.143	.496	.263	.082
Na_2O	-.094	-.040	-.105	.754	.173	-.076
Co	.152	.469	-.096	-.207	.780	-.007
Ni	.516	.569	.199	-.039	.503	-.011
Cu	.626	.300	.583	.125	-.099	-.001
Zn	.682	.282	.539	.004	-.172	.088
Pb	.545	-.013	.107	-.124	-.180	.495
Cr	.820	.019	-.052	-.232	-.082	.000
Zr	.104	.166	.674	.147	-.146	-.384
Sr	-.173	.622	.274	.437	-.156	-.044
Ba	-.051	-.222	.177	.613	.125	.369
V	.844	-.030	.008	-.238	-.085	.107
方差贡献率/%	27.272	11.832	10.369	9.580	8.304	6.313
累计方差贡献率/%	27.272	39.104	49.472	59.052	67.356	73.669

从表35.5也可以看出各元素之间的组合关系。第一主因子F1的方差贡献为27.272%，对研究区表层沉积物化学组分有决定性的影响，其元素组合为SiO_2、Al_2O_3、Fe_2O_3、MgO、TiO_2、Ni、Cu、Zn、Pb、Cr和V，其中SiO_2为负载荷，其他几种元素均为正载荷，且相关性明显，F1组合的主要特点表现为表生环境下地球化学性质稳定的Al_2O_3、Fe_2O_3、MgO、TiO_2、

P_2O_5 和 MnO 等元素赋存于细颗粒陆源碎屑和黏土矿物中，而 SiO_2 表现为负载荷，其含量变化与其他元素含量变化呈消长关系，起稀释作用，主要因为 SiO_2 通常赋存在石英碎屑和其他硅酸盐碎屑等较粗粒的陆源碎屑进行搬运（赵一阳和鄢明才，1994；刘广虎等，2006），因此，可以认为 F1 因子代表了陆源碎屑沉积，其中正载荷代表了细颗粒的陆源碎屑沉积，而负载荷则代表了粗颗粒的陆源碎屑沉积，该因子是控制研究区沉积物化学成分的最主要因素。下面以 SiO_2 和 Al_2O_3 为代表，探讨陆源碎屑沉积物在中国近海沉积物中的沉积特征。SiO_2 是中国近海沉积物中含量最高的元素，其空间分布特征如图 35.22 所示，近岸海域 SiO_2 含量基本在 60% 以上，这其中又以长江口以北的南黄海辐射沙脊区和台湾海峡南部含量最高，基本都在 75% 以上，与粗颗粒沉积物分布范围较为一致，SiO_2 含量仅在东海 125°E 以东区域及南

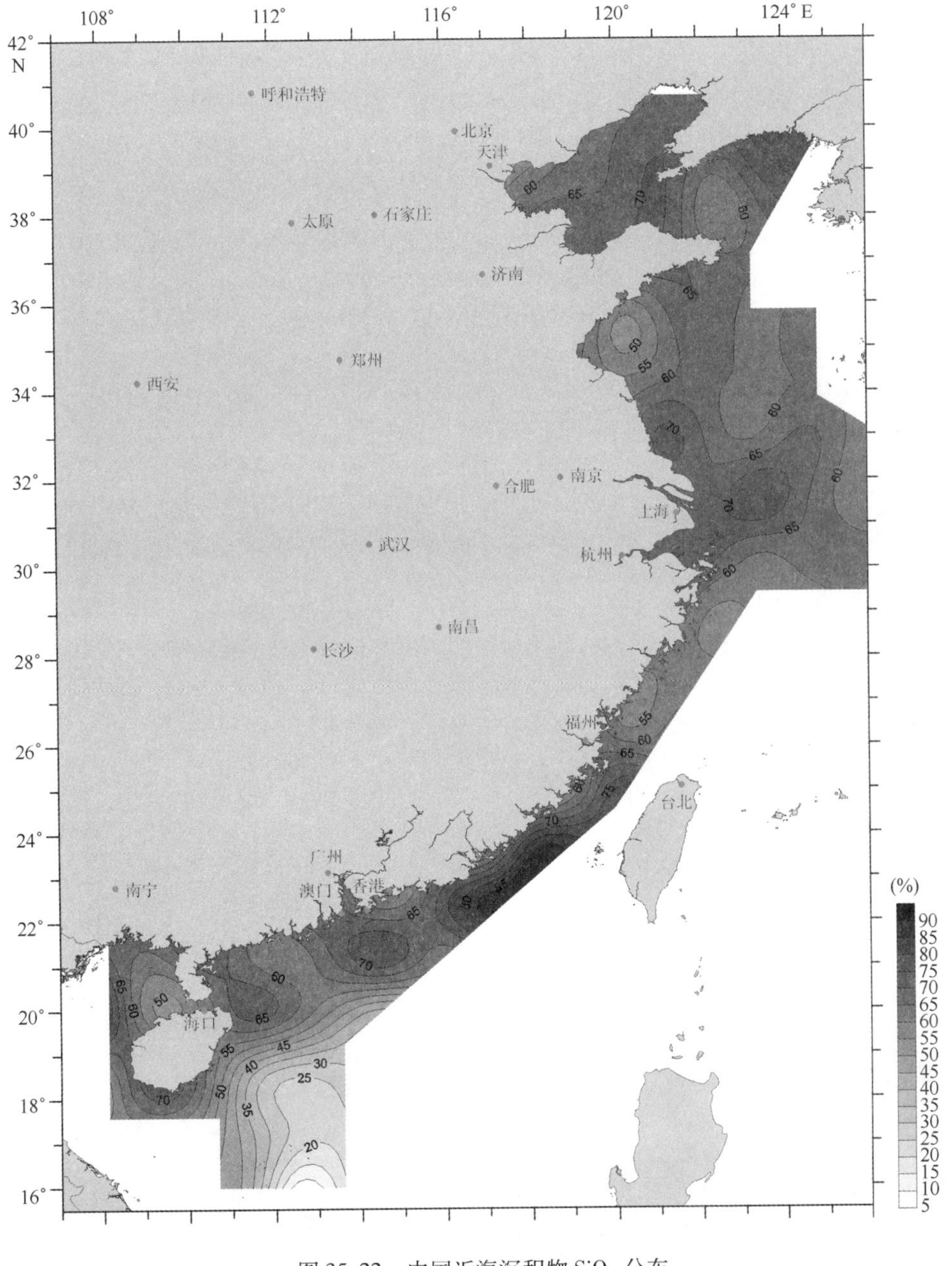

图 35.22 中国近海沉积物 SiO_2 分布

海 20°N 以南区域含量较低，一般低于 60%，因此，SiO_2 的这种空间分布特征大致反映了粗颗粒陆源碎屑物质在中国近海区域的大致分布范围。中国近海沉积物中 Al_2O_3 含量仅次于 SiO_2，其空间分布如图 35.23 所示，Al_2O_3 含量高值区出现在渤海东部—北黄海中部、南黄海中部、东海内陆架区以及南海北部陆架区，通过对比中国近海沉积物类型分布图（图 35.4）可以发现，Al_2O_3 的高值区基本位于泥质沉积区，沉积物组成以黏土质粉砂和粉砂等较细颗粒沉积物为主，因此，Al_2O_3 的这种空间分布特征大致反映了细颗粒陆源碎屑物质在中国近海区域的大致分布范围。

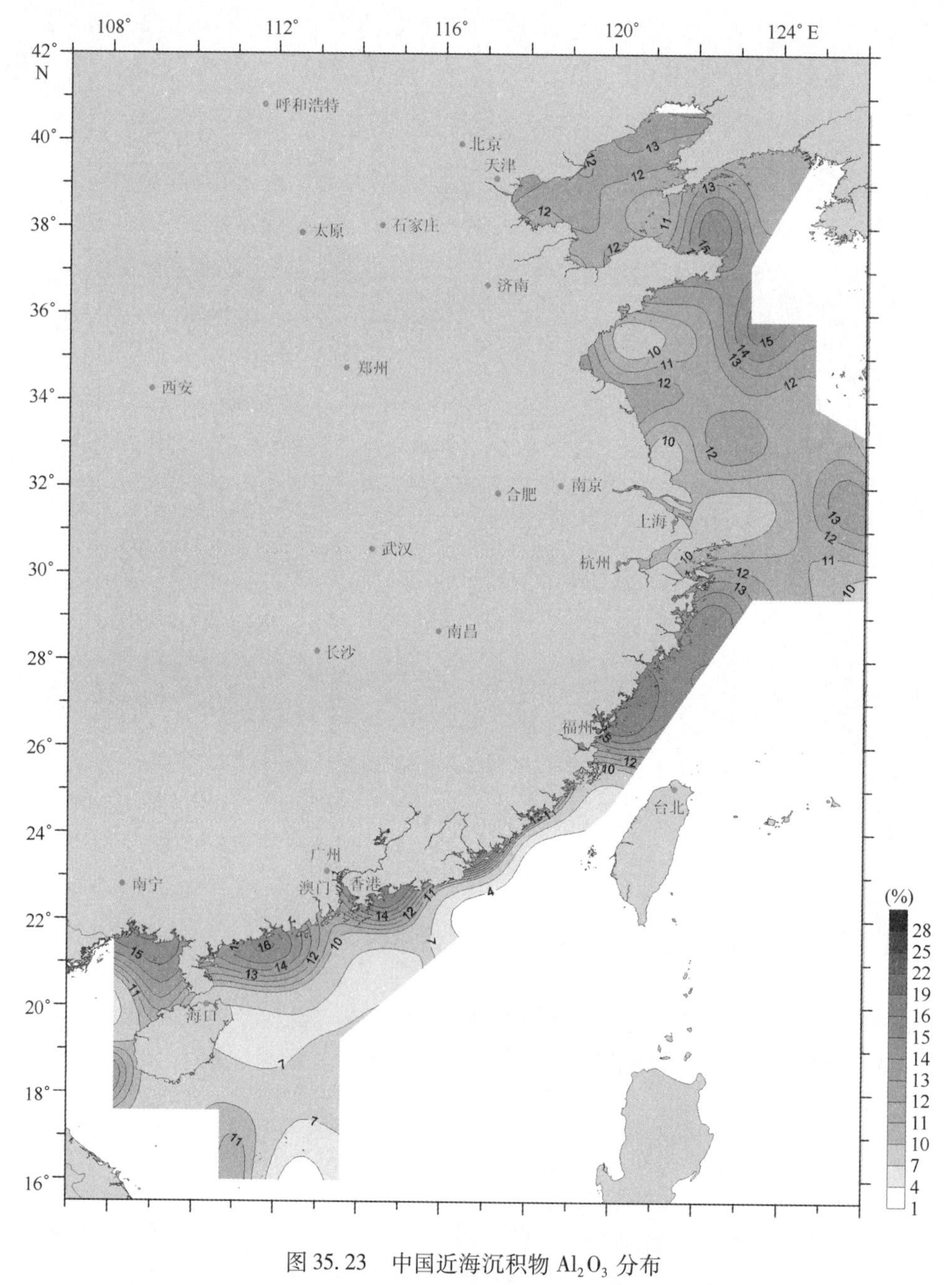

图 35.23　中国近海沉积物 Al_2O_3 分布

F2 的方差贡献为 11.832%，仅次于 F1 因子，元素组合为 CaO、K_2O 和 Sr，其中 CaO 和 Sr 为正载荷，而 K_2O 为负载荷，与前两者呈显著负相关。Sr 是亲生物元素，CaO 是生物沉积碳酸盐和碎屑碳酸盐的主要组分，且主要以粗颗粒碎屑形式存在，因此，F2因子主要代表了海洋生物沉积或陆源碳酸盐碎屑沉积。CaO含量空间分布如图35.24所示，中国近海区域CaO含量基本在5%以下，指示了相对较弱的生物沉积作用，仅在局部区域，如现代黄河口、废黄河口周边海域CaO含量相对较高，主要受控于黄河入海携带来的陆源碎屑碳酸盐物质。而生物沉积作用较强的区域，主要位于水深大于1000 m的海域，如南海18°N以南，显示了半深海-深海生物沉积作用显著的特征。

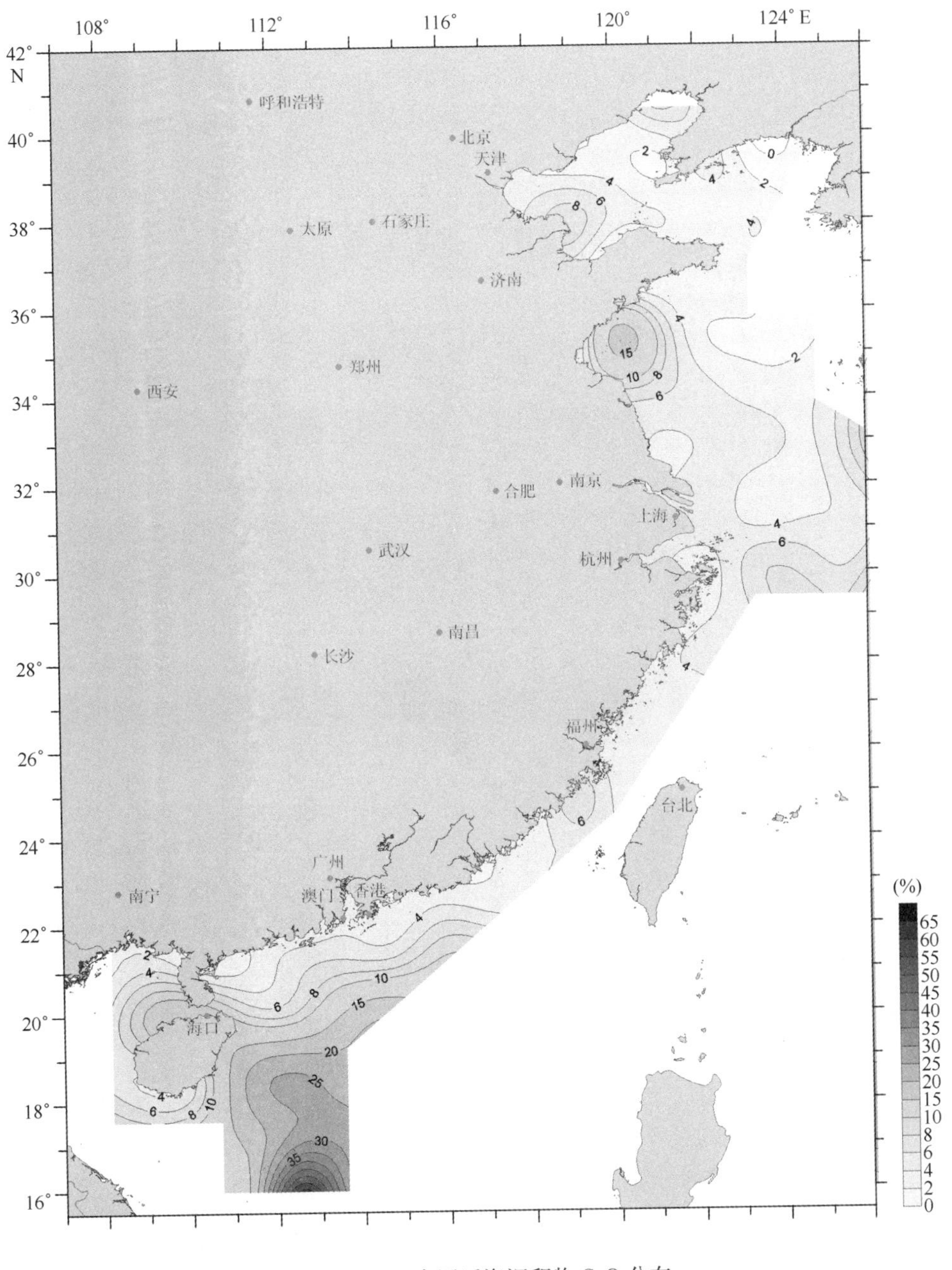

图35.24 中国近海沉积物CaO分布

F3的方差贡献为10.369%，元素包括Zr，沉积物中的Zr主要以锆石的形式存在，是在化学风化中非常稳定的一种元素，在化学风化过程中不易淋失，常形成砂矿（王姗姗等，

2010）。由图35.25可以看出，中国近海沉积物中Zr的含量与SiO_2空间分布较为相似，因此，F3因子不仅表明沉积物元素受矿物组成的影响，而且指示了沉积物粒度对元素组成的控制作用。

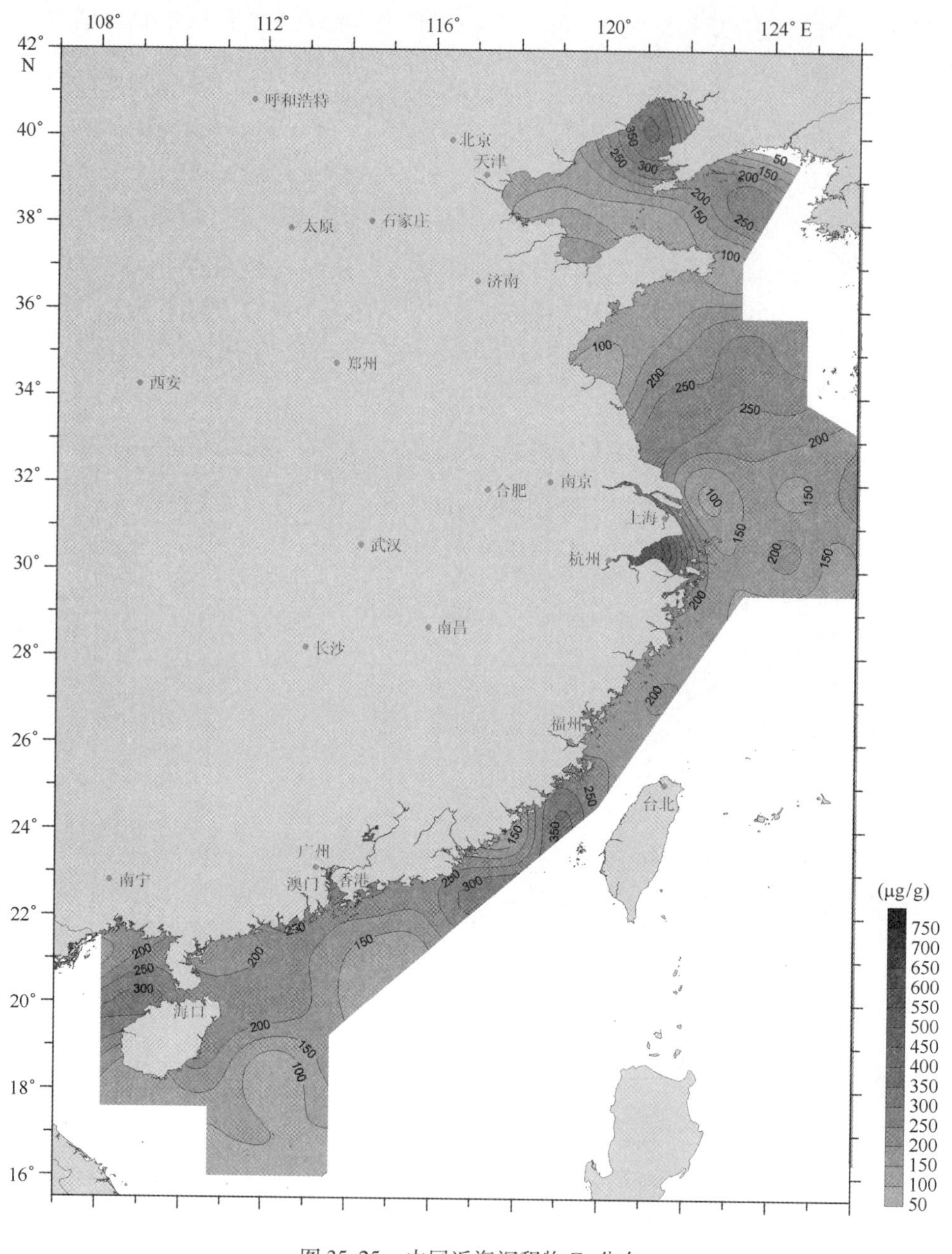

图35.25 中国近海沉积物Zr分布

F4的方差贡献为9.580%，元素包括Na_2O和Ba，由于海洋沉积物中Na_2O属于易迁移元素（范德江等，2001），海水中的Na元素常以吸附和阳离子交换的形式在海底细颗粒沉积物中富集（赵一阳和鄢明才，1994），且Na_2O与TiO_2等陆源物质没有明显的相关性，因此F4可能与研究区内的海洋自生作用有关。Na_2O的空间分布特征（图35.26）同样指示了水深的控制作用，在东海东部及南海南部，海洋化学沉积作用较强，而近岸一带则较弱。

F5的方差贡献为8.304%，元素包括Co，与Fe_2O_3密切相关；F6的方差贡献为6.313%，

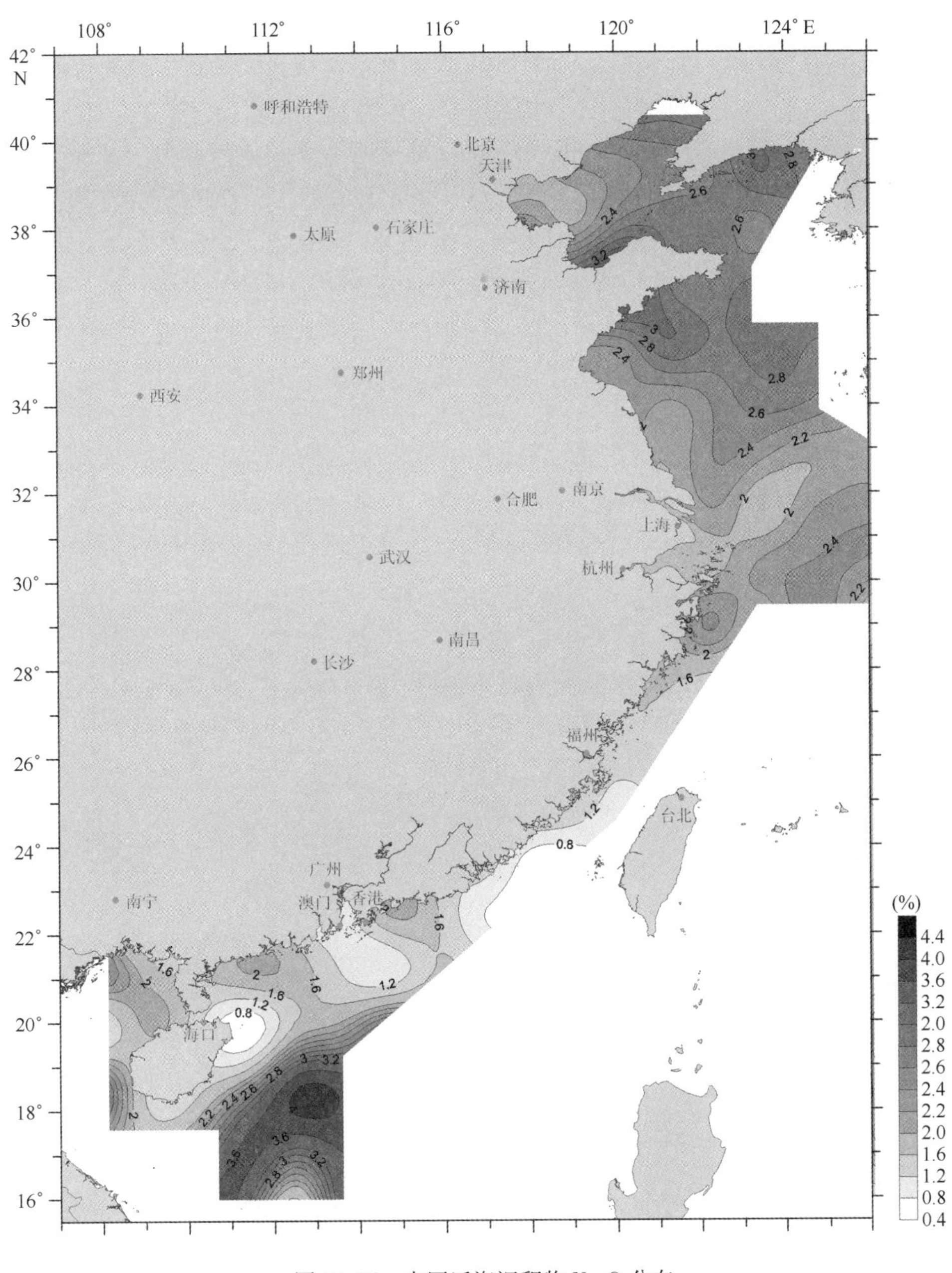

图 35.26 中国近海沉积物 Na_2O 分布

元素包括 MnO，可能与自生作用有关。这两个元素的具体指示意义尚需进一步研究。

35.3.2 元素地球化学控制因素分析

沉积物来源和区域水动力条件是影响近岸海域沉积物元素地球化学组成最重要的因素（孟宪伟等，2001；刘升发等，2010）。矿物学研究和元素因子分析结果表明，陆源碎屑沉积物是中国近海沉积物中最主要的物质来源，因此，作为海陆相互作用的主要桥梁，河流起到了决定性的作用，大量的陆源碎屑物质经过风化、剥蚀、输运进入海洋，得以在中国近岸堆积，从而导致海区沉积物中的元素组成继承了其源岩化学组成特征。例如：SiO_2 在长江口及珠江口周边海域出现高值区，主要受河流输运陆源粗颗粒物质高硅酸盐的影响，在冲淡水的输运下在河口得以沉积（刘升发等，2010）；而 Al_2O_3 的高值区分布于渤海东部、南黄海中部和杭州湾及其以南的闽浙沿岸一带的泥质沉积区，这几个区域虽然距离大型河口较远，但从水动力格局不难发现，受沿岸流的影响，均成为陆源细颗粒沉积物的“汇”，同时，Al_2O_3 的空间分布也可以大致反映水动力条件的强弱。为消除单个元素指标的局限，有效识别不同来源陆源碎屑物质在中国近海的分布格局，以化学风化指数（CIA）为替代指标，划分了黄河、长江和珠江三大河流入海物质的大致扩散范围（图 35.27）。渤海、黄海沉积物的 CIA 以小于 70 为主要特征，表明了现代黄河入海物质携带了大量从黄土区侵蚀下来的物质，在黄海沿岸流的输运下，粗颗粒物质主要堆积在河口区，而细颗粒物质则绕过成山角，输运至南黄海中部。需要指出的是，在南黄海区域，现代黄河入海物质和废黄河物质发生了一定程度的混合

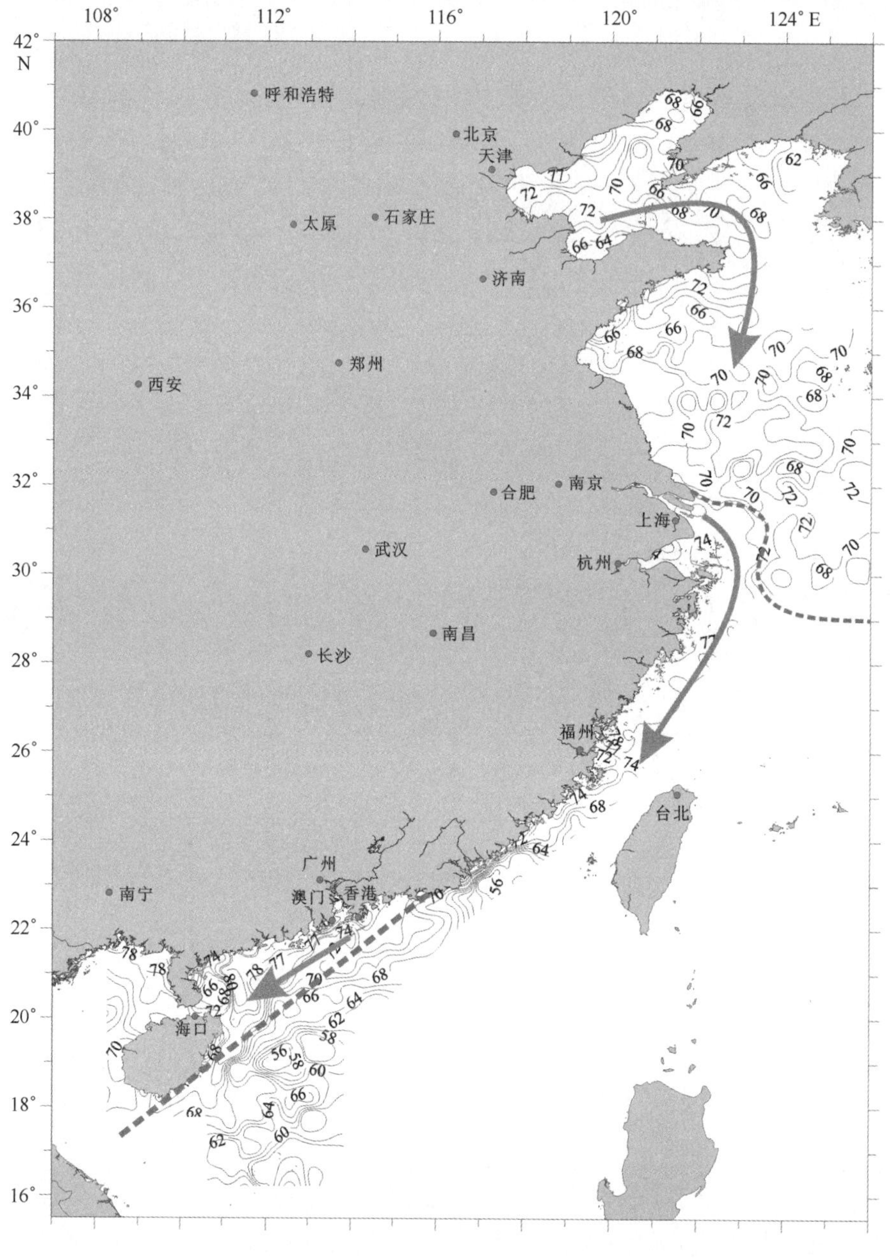

图 35.27　中国近海沉积物 CIA 分布

（箭头指示黄河、长江和珠江物质扩散方向；虚线为分区界线）

作用，导致整个黄海海域均表现出了黄河物质的特征。长江物质堆积区主要分布在长江北支以南至台湾海峡南部一带，沉积物中CIA以大于70为特征，最高可达78，这主要与长江入海物质化学风化作用强烈有关（范德江等，2001）。现代长江入海物质主要通过南支向海输运，大量的细颗粒物质在闽浙沿岸流的作用下堆积在内陆架近岸一带，形成楔形泥质沉积带。而至台湾海峡南部，在台湾暖流的顶托下，长江物质已经很难扩散到该处，CIA值逐渐降低到60以下。珠江作为中国南部最大的入海河流，其沉积物堆积范围主要分布于河口以西的近岸一带，CIA值一般在72以上，而水深大于100 m的海域则少见珠江入海物质。

另外，除陆源入海物质外，沉积物中Na_2O、MnO、Sr、Ba等在中外陆架的高值区可能指示了自生来源、火山来源及生物来源的控制作用。

粒度也是影响海洋沉积物的地球化学组成的重要因素（赵一阳等，2004；王国庆等，2007）。在南黄海辐射沙脊区、台湾海峡南部等粗颗粒沉积区，SiO_2、Zr、和Sr含量较高，这些区域主要由粗粒级沉积物组成，粒度测试结果表明沉积物以粗颗粒的粉砂质砂和砂为主。而在泥质沉积区，Al_2O_3、TFe_2O_3、MgO、K_2O、Ba、Cu、Ni、V、Cr和Pb含量较高。尤其是在东海内陆架泥质区，这些元素含量为研究区最高值区。由中国近海沉积物类型分布图可以看出（图35.4），该区域主要为细粒级沉积物，平均粒径小于11 μm。这表明该区表层沉积物中大部分元素含量还受沉积物粒度组成的影响，即该区域水动力条件的控制。前已述及，东海陆架区内的常、微量元素含量对沉积物粒度有着比较敏感的反映，Al、Fe、K、Cu、Ni等元素与黏土粒级组分有明显的正相关，而Si元素的高含量区则出现在粗粒的砂、粉砂质砂沉积区。通过对元素含量与砂、粉砂、黏土粒级组分的相关分析，发现常、微量元素与黏土粒级组分的相关性与其对平均粒径的相关性基本一致，可见黏土粒级组分对元素的含量有着决定性的影响，表明中国近海泥质沉积区元素的富集与细粒黏土沉积的吸附作用有较大的关系。

沉积物中的矿物是常、微量元素的直接载体，其种类及其组成比例直接影响到元素的含量。黏土矿物含量高的地区，如渤海东部区域、南黄海中部泥质区和东海内陆架泥质区，与黏土矿物相关的Al、K、Cu、Co、Cr等的含量就相对增高；在发现富Zr矿物锆石的站位，Zr的含量也相应增高；在轻矿物组成以石英为主时，SiO_2含量就相对增高，而以方解石为主时，则Ca与Sr的含量高。

对于亲生物成因的Ba与Sr元素而言，其富集受生物沉积作用的支配。在生物碳酸盐介壳相对富集的地区，如南海南部区域，Ba与Sr的含量就高。此外，物理化学条件及水深地形等因素亦在元素的富集、迁移等地球化学过程中都会产生不同程度的影响。

35.4 中国近海沉积微体古生物特征

对“908专项”采自中国近海6 000余个站位表层沉积物样品的底栖有孔虫进行了鉴定分析，探讨了底栖有孔虫组合分布对环境的指示意义。同时对南海研究区的浮游有孔虫也进行了鉴定统计。本次研究的有孔虫样品主要位于我国渤海、黄海、东海以及南海等海域的陆架浅水区域，其中南海研究区包括部分深水陆坡区。研究表明底栖有孔虫的分布主要受到海水盐度、温度以及海水深度等因素的影响，同时，沉积物类型等因素也起到一定的影响作用。

共鉴定出底栖有孔虫300多种，其中优势种有*Ammonia beccarii* var.、*Ammonia compressiuscula*、*Ammonia maruhasii*、*Ammonia pauciloculata*、*Cavarotalia annectens*、*Buccella frigida*、*Eggerella advena*、*Preteonina atlantica*、*Elphidium magellanicum*、*Florilus* cf. *atlanticus*、*Protelphidium tuberculatum*、*Ammobaculides formosensis*、*Textularia foliacea*、*Sigmoilopsis asperula*、*Epistominella naraensis*、*Lenticulina calcar*、*Hanzawaia nipponica*、*Elphidium advenum*、*Nonionella jacksonensis*、*Nonionella opima*、*Nonion akitaens*、*Florilus decorus*、*Quinqueloculina lamarckiana*、*Cribrononion subincertum*、*Cribrononion vitreum*、*Triloculina tricarinata*、*Triloculina trigonula*、*Spiroloculina communis*、*Quinqueloculina seminula*、*Lagena spicata*、*Bulimina marginata*、*Brizalina striatula*、*Bolivina robusta*、*Heterolepa dutemplei*、*Uvigerina schwageri*、*Pseudonia indopacifica*、*Cassidulina laevigata*、*Textularia paragglutinans*以及*Bigenerina nodosaria*等，将其分布特征概括如下：

（1）底栖有孔虫简单分异度S（图35.28）在渤海北部和北黄海最低，最低值为0。南黄海和东海S值最大值大于50，南海S最大值大于40。在同一海区，随着水深加深，S值相应增高。

（2）底栖有孔虫丰度（枚/g）（图35.29）整体上表现为由北向南逐渐增高的趋势，同一海区则随水深增大而增高。渤海和北黄海东北部底栖有孔虫丰度最低，整体上小于50枚/g，最低为0；北黄海中部最高丰度大于100枚/g；南黄海最高丰度大于500枚/g；东海最大丰度超过了1 000枚/g；南海最高丰度则超过了10 000枚/g。底栖有孔虫丰度由北向南逐渐增高的趋势可能反映了受水温的控制作用。另外，底栖有孔虫丰度在近岸浅水区及河口区比较低，随着水深的加大都显著增高，这种分布格局可能主要受控于海水盐度及沉积速率等因素。由于近岸处受到河流影响比较强烈，海水盐度较低，从而限制了部分窄盐属种的生存，有孔虫丰度变低；同时，由于河口区带来大量陆源物质，沉积速率高，稀释了有孔虫在沉积物中的含量。

（3）底栖有孔虫主要以玻璃质壳为主，胶结质壳和瓷质壳含量较低。玻璃质壳相对高含量区主要分布于近岸浅水区；胶结壳相对含量的变化除了受海水盐度、水温及水深的影响外，主要受到表层沉积物粒度的明显影响，在砂等较粗沉积物中相对含量较高，如在北黄海东北角西朝鲜湾的潮流沙脊区，底栖有孔虫以胶结壳*Eggerella advena*和*Preteonina atlantica*等为主，有孔虫简单分异度S很低，甚至有大量站位没有底栖有孔虫。

（4）研究区主要位于陆架浅海，广盐滨岸种*Ammonia beccarii* vars.等属种在全区从北到南均有分布，而其高值区主要位于近岸浅海和河口区，显示了该种对低盐滨岸浅水环境的指示。

（5）在渤海、黄海及东海北部，冷水种*Buccella frigida*、*Protelphidium tuberculatum*和*Eggerella advena*等含量相对较高，在其他海域则很低甚至消失。上述冷水种主要分布于受黄海冷水团及黄海沿岸流的影响范围之内，指示了较低的水体温度。

（6）东海底栖有孔虫在水深大于40 m的中陆架以*Ammonia compressiuscula*、*Bulimina marginata*、*Bolivina robusta*、*Hanzawaia nipponica*和*Sigmoilopsis asperula*等为主。

（7）*Heterolepa dutemplei*、*Pseudonia indopacifica*和*Bigenerina nodosaria*等暖水种在东海南部及南海的中陆架含量较高，反映了上述海域底层较高的水团温度。

（8）南海底栖有孔虫丰度在中－外陆架区和陆坡上部最高，在内陆架、陆坡下部较低。

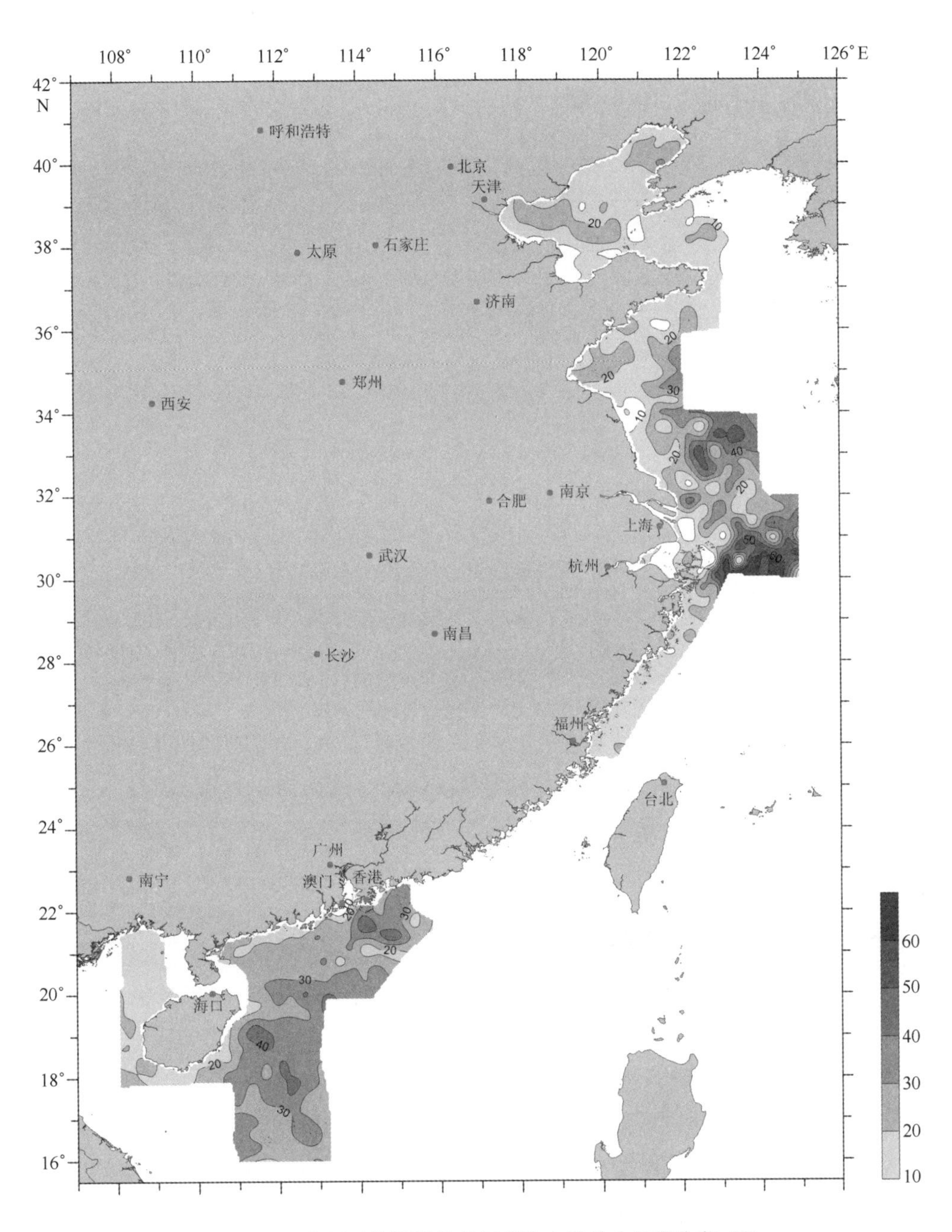

图 35.28 中国近海沉积物底栖有孔虫简单分异度分布（S）

河口近岸组合以 *Ammonia beccarii*、*Elphidium advenum* 等为主，外陆架深水组合有 *Bulimina marginata*、*Lenticulina calcar*、*Pseudorotalia indopacific* 和 *Uvigerina schwageri* 等。陆坡深水区底栖有孔虫种类稀少且丰度极低，主要有 *Bathysiphon rusticus*、*Cyclammina cancellata*、*Dentalina communis*、*Guttulina pacifica*、*Lagena distoma*、*Lagenonodosaria pyrula*、*Lenticulina calcar*、*Uvigerina schwageri* 和 *U. ampullacea* 等属种。

（9）南海北部区浮游有孔虫丰度显著高于其他海区，其中北部陆架区浮游有孔虫丰度在远离海岸的深水区比较高，而海岛周边及珠江三角洲的近岸则比较低。浮游有孔虫主要以热带—亚热带组合为特征，主要的优势种包括 *Globigerinoides ruber*、*Globigerinoides sacculifer*、

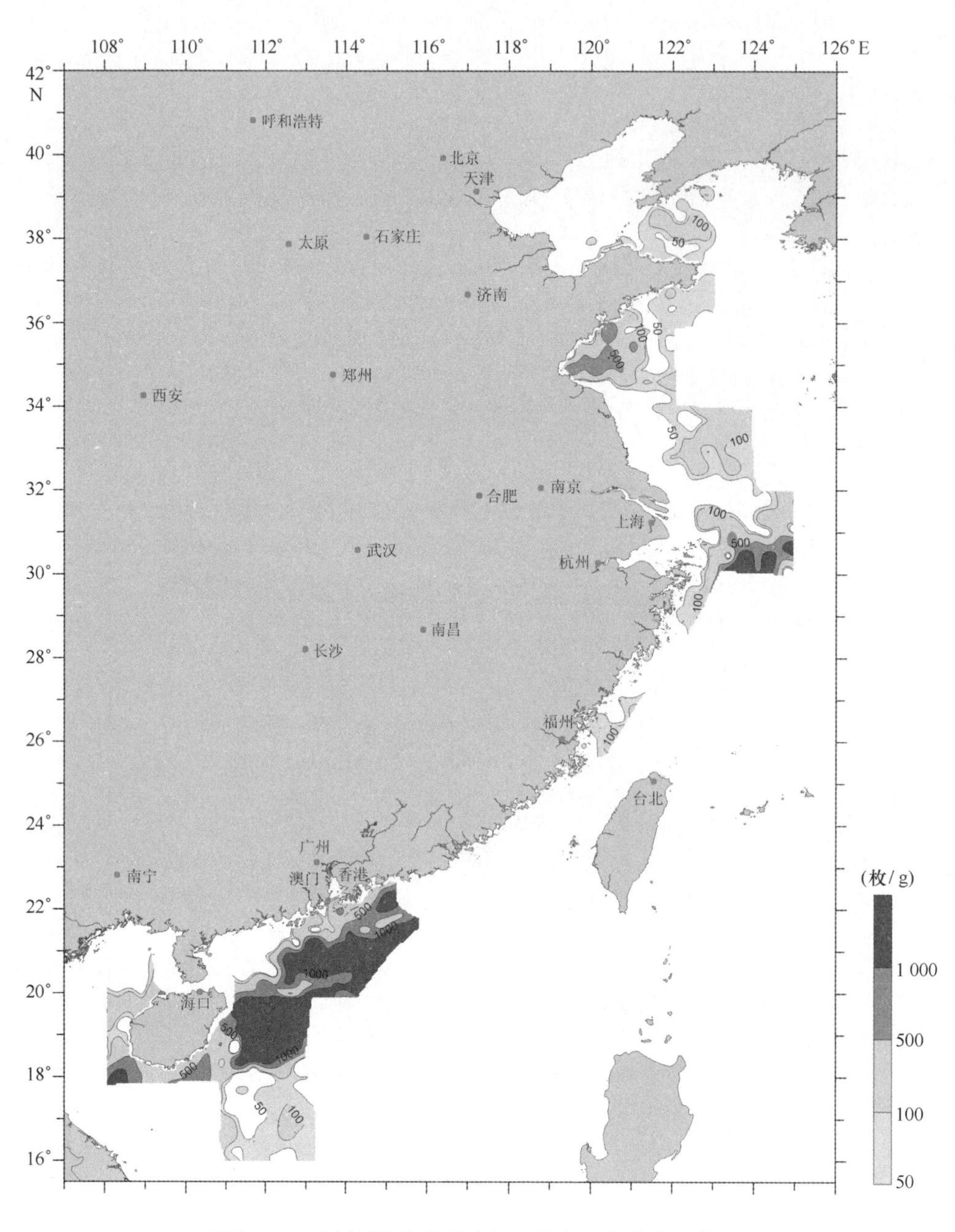

图 35.29　中国近海沉积物底栖有孔虫丰度分布（枚/g）

Globigerinoides sacculifer、*Globorotalia menardii* 和 *Neogloboquadrina dutertrei* 等。

35.5　中国近海浅地层层序特征

利用“908 专项”获得的 7 万多千米的浅地层剖面资料，采用层序地层学方法研究了末次冰期以来约 20 ka 中国近海地层发育特征以及与海平面变化的关系。距今约 23 ~ 19 ka B. P.，中国近海海平面下降到最低点，随后气候回暖，海平面开始逐渐上升，约 7 ka B. P. 中国东部陆架区进入高海面时期，现代环流基本形成，奠定了现代陆架沉积的基础。根据浅地层剖面揭示的地层特征以及海平面变化特征，将中国近海末次冰消期以来的沉积划分为一个6级I型层序。然而，由于各海区沉积环境、入海河流、海洋流系以及海平面上升过程中的差异，造成了不同区域层序的差异。

35.5.1 层序的组成及分布

总体来说，中国近海末次冰消期以来形成的6级层序主要包含了低位体系域（LST）、海侵体系域（TST）和高位体系域（HST）。其中，低位体系域和高位体系域在各海域普遍发育，而海侵体系域在个别海域未识别出。各海区层序的组成见表35.6。

表35.6 末次冰消期以来中国近海层序组成及分布

层序组成	渤海		黄海			东海		南海		
	辽东湾	渤海湾－黄河三角洲区	辽东半岛近海	山东半岛近海	江苏近海	长江口海域	浙闽近海	台湾海峡	珠江口海域	北部湾
高位体系域（HST）	发育	发育	发育	发育	发育	发育	发育	发育	发育	发育
海侵体系域（TST）	未识别出	发育	发育	发育	未识别出	发育	发育	发育	发育	未识别出
低位体系域（LST）	发育	发育	发育	发育	发育	发育	发育	发育	发育	发育

低位体系域在剖面上主要表现为振幅较弱的杂乱反射相以及典型的侵蚀充填相，结合海域钻孔及现代近岸陆相沉积特征，可以推断近海低位体系域主要由河流相、冲积－洪积相等组成，其厚度变化剧烈。而对于海侵体系域来说，由于海平面的快速上升，可容空间的迅速扩大造成了沉积物供应相对不足，因此，海侵体系域通常厚度较小，不易识别。剖面上海侵体系域主要表现为平行反射相，振幅为中－弱，根据海域钻孔可见主要由滨海－浅海相组成。根据浅地层剖面估算，近海海侵体系域的厚度通常不超过6 m，其中在现代黄河三角洲海域厚度为3～4 m，长江口海域为1～2 m，浙闽近海为5～6 m，北黄海为2～6 m。高位体系域的构成相对复杂，主要与现代沉积环境密切相关，因此其厚度变化较大。典型的沉积相包括：①三角洲相，如现代黄河水下三角洲、长江水下三角洲、珠江水下三角洲等；②现代潮流沉积，如辽东湾的潮沙脊和南黄海的潮沙脊；③浅海相沉积。

35.5.2 全新世沉积厚度

利用浅地层剖面资料绘制了中国近海全新世以来沉积（包括了海侵体系域和高位体系域）的厚度（图35.30）。中国近岸海域全新统的厚度在0～40 m范围内变化，其中，在渤海厚度小于16 m，黄海不超过35 m，东海最大厚度近40 m，而南海则最大不超过20 m，大部分区域厚度在5～10 m之间。在几个大河河口外侧海域，全新世沉积厚度明显高于相邻海域，如现代黄河口附近海域，厚度在10 m左右；长江口附近海域厚度约为10～20 m，珠江口附近海域厚度在10～15 m之间（图35.30）。这些数据表明，由这些河流带来的沉积物大部分堆积于河口附近海域，在这些区域，沉积厚度通常由河流入海口处向两侧或远端变薄。

除了上述大河河口附近海域外，还存在如下3个全新统厚度较大的区域，包括①渤中浅滩区域，厚度为10～16 m，等值线呈近椭圆形圈闭；②山东半岛外侧，最大厚度超过30 m（Liu et al.，2007）；③台湾海峡北部的浙闽近岸海域，厚度超过35 m。这些区域也是沉积中心，但与河口区不同的是，它们主要受现代海洋流系的控制。厚度等值线趋势（图35.30）

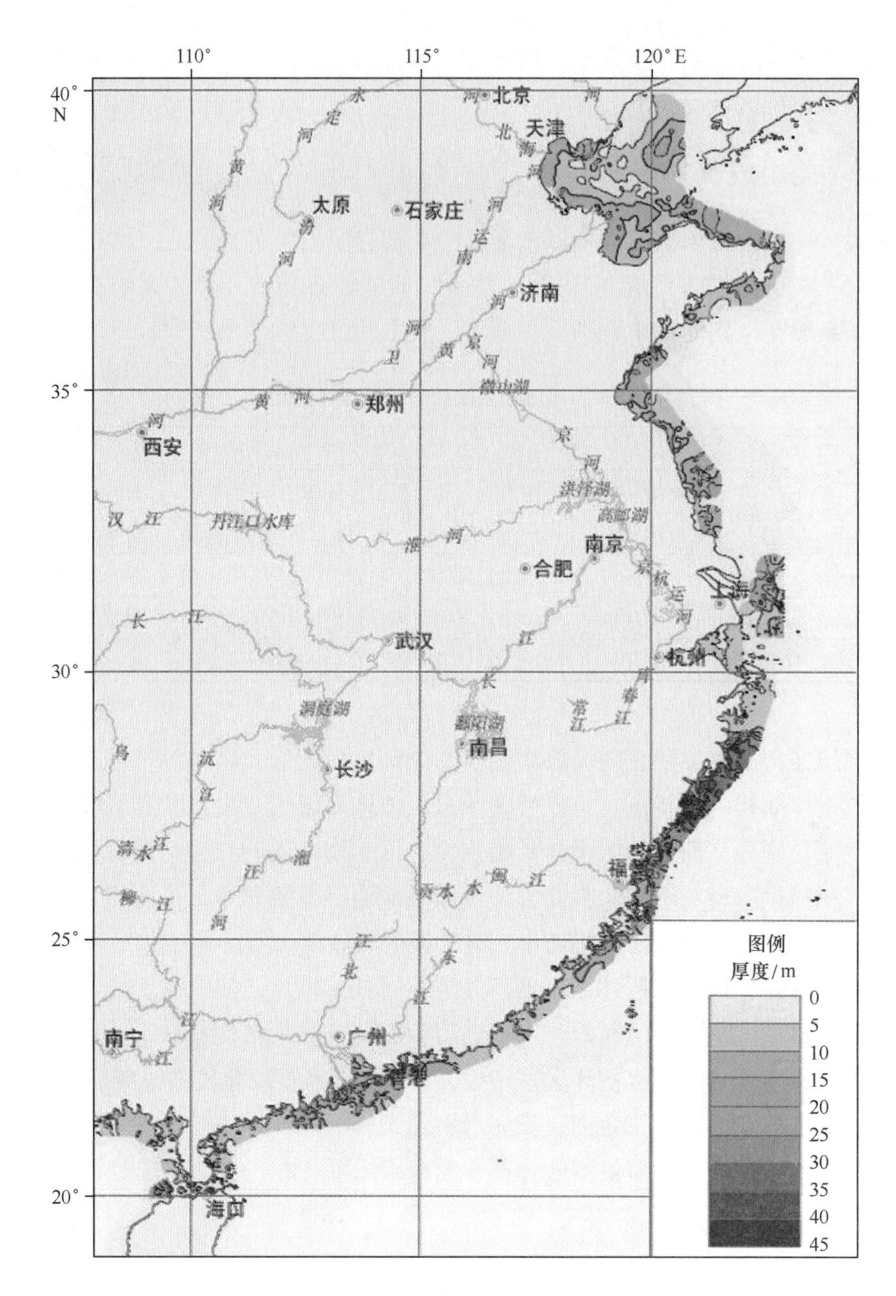

图 35.30　中国近海海域全新世海相沉积厚度分布

表明，渤中浅滩是一个近似椭圆状的潮流沉积体。在山东半岛东侧海域，存在一个所谓的“泥楔”或“水下三角洲”，平面上呈弯月形，其形成可能与沿山东半岛的沿岸流携带大量黄河物质快速沉积有关。而浙闽近海海域较厚的沉积则与常年自北向南的沿岸流携带的大量物质（主要是长江物质）的沉积有关。

35.5.3　控制层序发育的主要因素

对中国近海海域地层层序的分析表明，末次冰消期以来沉积层序的发育主要受海平面变化、入海河流以及海洋流系等因素的控制。其中，海平面变化控制层序的基本格架，入海河流为层序的发育提供了沉积物质，影响层序的内部组成，而海洋流系则影响层序内部沉积体系的发育。

根据我国近海末次盛冰期以来的海平面变化曲线，建立了层序中体系域与海平面变化、地质年代的对应关系（表35.7）。

表35.7 中国近海层序体系域与海平面的对应关系

层序	体系域	海平面	发育时间
6级I型	低位体系域（LST）	达-60 m，但未进入研究区	20~11 ka B. P.
	海侵体系域（TST）	快速上升	11~7 ka B. P.
	高位体系域（HST）	稳定的高海面	7~0 ka B. P.

河流携带了大量沉积物入海，在一定程度上影响着体系域的发育，其中受影响最大的是海侵体系域。海平面的快速上升形成巨大的可容空间，如果缺少河流沉积物的供给，海侵体系域可能缺失或形成很薄的沉积，在浅地层剖面上就很难识别出来；相反，在有河流沉积物供给的区域，充足的沉积物供给使得海侵体系域得以充分发育，这些区域包括渤海湾-黄河口海域、山东半岛近岸海域、长江口海域、珠江口海域以及浙闽近岸海域。此外，在现代河口区域高位体系域的厚度通常较大，这也显示了河流对层序的影响。

现代海洋流系是在高海面时期形成的，对层序中高位体系域的发育有明显的影响，主要表现在两个方面：①长期定向的海流对河流入海物质的再分配起到重要作用，如山东半岛外侧以及浙闽近岸的较厚的高位体系域分别与山东半岛沿岸流和浙闽沿岸流密切相关；②层序中高位体系域中的沙脊和泥质等沉积与现代潮流、流系密切相关。

35.6 中国近海晚第四纪以来古环境、古气候变化

深海底栖有孔虫$\delta^{18}O$显示，第四纪气候呈现冰期-间冰期的冷-暖交替，导致海平面波动（Mix et al.，1995；Shackleton et al.，1995）。海平面变化研究显示，第四纪以来冰期和间冰期的海面升降最大幅度可达100多米（Chappell，1987）。Clark和Mix（2002）通过地质记录、海平面变化记录、冰盖模拟和冰川均衡调整等综合分析，认为在末次冰期极盛期海平面下降幅度达120~135 m（Clark and Mix，2002）。我国陆架区水深较浅，地形较为平缓，大幅度海面变化势必会造成海岸线长距离进退，在陆架区形成海侵与海退沉积。已有研究显示，现今黄海及渤海区在末次盛冰期曾一度裸露成陆，形成平坦的黄、渤海大平原（徐家声等，1981；秦蕴珊等，1989），且可能发生过陆架沙漠化（秦蕴珊等，1989；赵松龄等，1992；赵松龄等，1996）。而在全新世暖期，海岸线向陆地方向推移，曾达到天津以西的广大地区（王强等，1986；汪品先和闵秋宝，1985；汪品先等，1981）。由于我国东部陆架是世界上最宽广、平坦的大陆架之一，并且在大陆边缘有众多河流入海并输入巨量的陆源物质，陆架沉积物记录了海陆变迁、海面变化、河流输入物质和气候变化等重要的环境信息。

35.6.1 陆架沉积记录的末次冰盛期以来古环境变化

控制陆架沉积的主要因素主要有水动力条件、沉积物补给和海平面变化（Nichols，1999）。浅海陆架区的水动力条件复杂多样，包括潮流、波浪、风暴、河流径流和洋流等，河

流径流的强度会影响陆源物质的供给和向海方向的输送范围，河流径流一般在入海处由于地形变化的影响而迅速减弱，发生沉积物堆积（Reading，1986）。沉积物补给主要指河流从内陆携带的大量沉积物，其产生及堆积过程受全球气候、区域构造活动等因素影响。由于陆架区通常水深较浅，地形较缓，受海平面变化影响强烈，因此海平面变化是控制陆架沉积的重要因素。反复的海平面升降变化及频繁的海进－海退对陆架沉积的改造有重要的影响。海面快速上升造成可容空间增加，发育以可容空间主导的陆架沉积体系。在海平面下降的海退期，可容空间减少，大量的陆源沉积物向海进积，发育以补给为主导的沉积体系（Nichols，1999；Komatsubara，2004）。

末次冰盛期时（18 000 a B. P.）全球气候寒冷，海平面普遍低于现今约 130 m（Clark and Mix，2002）。此时我国东部陆架大部分暴露，河流延伸至外陆坡入海。这一时期在我国陆架区，下切河谷较为发育。根据高分辨率浅地层剖面探测资料，发现在东海陆架平原区存在许多古河道充填沉积体，系末次盛冰期长江东流入海形成；进一步研究还发现在长江口外有 6 条大型古河道系统，是末次冰期长江在东海陆架平原上的主要流路，古河道分布与现在海底带状高地形有对应关系（李广雪等，2004）。除此之外，在陆架区域还广泛发育硬黏土层，硬黏土层中含有大量网纹状、斑点状铁锰质结核和钙质结核，常见植物根系和淡水生物化石，有时可见龟裂构造。在不同的气候带，硬黏土层的色调稍有差异：长江三角洲为潮湿的亚热带，硬黏土主要为暗绿色；黄河三角洲为湿润的暖温带，硬黏土层以棕黄色和深灰褐色为主；珠江三角洲为湿润的热带，硬黏土为黄、红、白花斑色（许世远和陈中原，1995）。此外，海面大幅下降导致中国东部陆架区大面积出露，使水温发生异常，并且由海洋向内陆输送的水汽供应量减小，因而造成内陆干旱化的加强（汪品先，1995）。前人依据我国东部海底浅地层剖面仪的测量记录，认为低海面时出露的陆架平原以风砂沉积为主，在强劲的冬季风的作用下，部分出露的海相地层发生解体发育成沙丘，出现沙漠化环境（秦蕴珊等，1989；赵松龄，1991；赵松龄等，1992，1996）。韩德亮和于洪军（2001）基于对大量钻孔及浅地层剖面研究认为，冰期最盛时期陆架出现了沙漠环境与黄土沉积，可能与冬季风活动加强有关。这些沉积不论其具体成因如何，均是在末次盛冰期海面下降幅度较大的背景下形成的。

末次盛冰期以来随着全球气候的转暖，海面逐渐上升。距今 10 ka 左右，海平面大约低于当今海平面 35 m，至 7 000 a B. P. 左右，中国东部地区均达到最大海侵。在这一海侵过程中，陆架区均发育有海侵沉积记录。此后海平面虽继续上升，但速度减慢，当河口区沉积速率超过海平面上升速率的时候，全新世三角洲开始发育。来自渤海的 BH－239 孔和 BH－24 孔的沉积记录（Qiao et al.，2011）显示，在 8 000～10 000 a B. P. 期间，渤海处于河流、湖泊或近岸沼泽沉积环境，从距今 8 500 a 左右以来，该区被海水淹没，从河流或者湖泊环境转变为近岸海洋环境（Qiao et al.，2011）。在距今约 6 000～7 000 a 海平面上升到最高值后，由于全球性海面上升速率降低，三角洲进积作用加强，形成现代黄河三角洲的基本格局。Liu 等（2009）通过对取自渤海钻孔的沉积学研究，结合该区浅地层剖面特征，提出渤海沉积环境主要受全球海面变化以及渤海海峡地形的影响（Liu et al.，2009）。来自南黄海的浅地层剖面和沉积柱样的研究显示，在冰消期海侵的初期，海水对南黄海东侧陆架早期沉积物的侵蚀和改造形成了滞留砂砾层、席状砂和潮流沙脊；随着海面的上升和海侵范围的扩大，黄海暖流形成并在南黄海东侧陆架南部发育涡旋而形成厚层泥质沉积，而在北部则形成潮坪－浅海沉积序列；中全新世后，强潮流作用在北部陆架形成潮流沙脊洲（李绍全等，1997）。东海内陆架 MD06－3040 沉积柱状研究结果揭示，该区全新世早期海面快速上升，沉积环境由滨岸内陆架（10.6～9.9 ka B.P.）、内陆架外缘（9.9～8.1 ka B.P.）转变至中陆架并达全新世最高海面（7.7～7.2 ka B.P.）（赵泉鸿等，2009）。对东海内陆架泥质区中部的 MZ02 沉积柱样研究表明，全新世以来东海内陆架泥质区的沉积环境经历了以下 4 个阶段的演化：10.8～10.8 ka B.P.，该区主要为滨岸沉积环境；从 10.5～8.3 ka B.P.，随着海面的快速上升，该区沉积环境由内陆架滨岸向中—内陆架过渡；从 8.3～5.2 ka B.P.，该区为受台湾暖流影响的中—内陆架沉积环境；5.2 ka B.P. 以来，该区为沿岸流较强的内陆架沉积环境（李小艳等，2012）。

35.6.2 陆架沉积记录的全新世东亚季风变化

东亚季风系统是全球气候系统的一个重要组成部分（Wang，2006）。我国东部广大地区处于东亚季风气候控制下，冬季风环流使得我国北方冬季非常干冷，而夏季风暖湿气流带来的降水则对我国生产和生活产生巨大影响。因此，理解季风气候变化的机制是我国应对未来气候变化的重要科学依据。全新世是与人类密切相关的重要时段，并且是经历末次冰盛期后的温暖时期，对该时期季风气候的研究有望为未来全球气候变暖背景下的气候变化研究提供"相似型"。对于全新世以来冬季风的研究，Yancheva 等（2007）依据湖光岩玛珥湖沉积物中 Ti 含量和磁学参数研究重建了冬季风演化历史，认为早全新世冬季风弱，晚全新世冬季风强。Wang 等（2012）通过研究湖光岩玛珥湖贫营养型硅藻和中营养型硅藻与冬季风引起的湖泊温度层、营养量的关系，建立了冬季风的替代指标，结果显示早全新世冬季风显著强于晚全新世。

陆架泥质沉积体主要是全新世中晚期高海面以来形成的，它沉积速率高、沉积体连续性好、记录的环境信息丰富，是研究全球变化的最佳区域之一。东海陆架表层沉积物分布的基本格局是在砂质沉积区的背景上发育两大斑块状泥质区，即济州岛西南泥质区和东海内陆架泥质区。济州岛西南泥质区位于济州岛西南部，是东海陆架北部的沉积中心；而东海内陆架泥质区分布在长江入海口以南、水深 90 m 以浅的闽浙沿岸一带，该泥质区呈 NE—SW 向条带状分布，被认为主要是长江入海物质由冬季闽浙沿岸流向南输运沉积而成。作为古环境、古气候演变的良好载体，东海内陆架泥质区不仅记录了长江等大河流域源区的环境信息，同时蕴含了丰富的古海洋环境信息。

对东海内陆架泥质区的形成、演化及其与东亚季风的联系进行了大量的研究工作，肖尚斌等（2005）利用敏感粒级恢复了泥质区近 8 ka 以来东亚冬季风的演化过程，张晓东等（2006）利用粒度端元模型提取了近百年来东海内陆架沉积气候信息；刘升发等（2010）对东海内陆架泥质区南部的 MZ01 沉积柱样进行了 AMS^{14}C 定年，粒度、常量元素和黏土矿物分析，以敏感粒级、黏土矿物组合、元素组合为替代性指标揭示了中全新世以来泥质区的古环境演变过程。研究结果表明，在东海内陆架泥质区 MZ01 沉积柱样中，>9.71 μm 粒级平均粒径、化学蚀变指数（CIA）和蒙皂石/高岭石比值可以作为东亚冬季风的替代指标，三者的变化趋势较为相似，可以识别出 10 次事件，主要由东亚冬季风的增强所引起，分别对应于中全新世以来的 10 次降温事件，与格陵兰冰心和敦德冰心氧同位素记录有较好的对应关系，且在其他区域不同的材料中也能找到相应的降温证据，揭示了全球气候变化的区域性响应。由这3种替代性指标进一步推测出中全新世以来东亚冬季风演化过程大致可以分为4个阶段：8 400～6 300 a B. P. 为较强烈的波动期，6 300～3 800 a B. P. 为较弱的稳定期，3 800～1 400 a B. P. 为高波动期，1 400 a B. P. 以来为稳定的增强期。研究也表明，不同历史时期的多次降温事件，能够在其他区域多种材料中找到相应证据，表明沉积学、地球化学和矿物学综合研究对于恢复海洋古环境的有效性，这在一定程度上弥补了单一指标的局限性。但不同替代性指标之间也存在一定的差异，这可能主要是由于它们与古环境、古气候之间的内在联系不尽相同，且存在较多干扰因素，如物源的变化、海平面的波动、地质事件导致的沉积间断等均可能影响沉积物中不同替代性指标对环境变化的响应。

徐涛玉等（2012）通过对来自MZ01沉积柱样上部沉积物颜色反射率的研究，建立了我国东部近2 ka以来高分辨率气候演化序列（图35.31），结果表明：900AD是我国东部2 ka以来气候演化的关键转折点，900AD之后气候明显变冷，冷暖波动频率高但幅度较小。近2 ka以来，我国东部气候演化大致经历了冷期（580AD以前）、暖期（580－900AD）、冷暖波动期（900－1 460AD）和冷期（1 460－1 880AD）4个阶段，每一阶段内部都存在次一级区域性或全球性的冷暖波动。

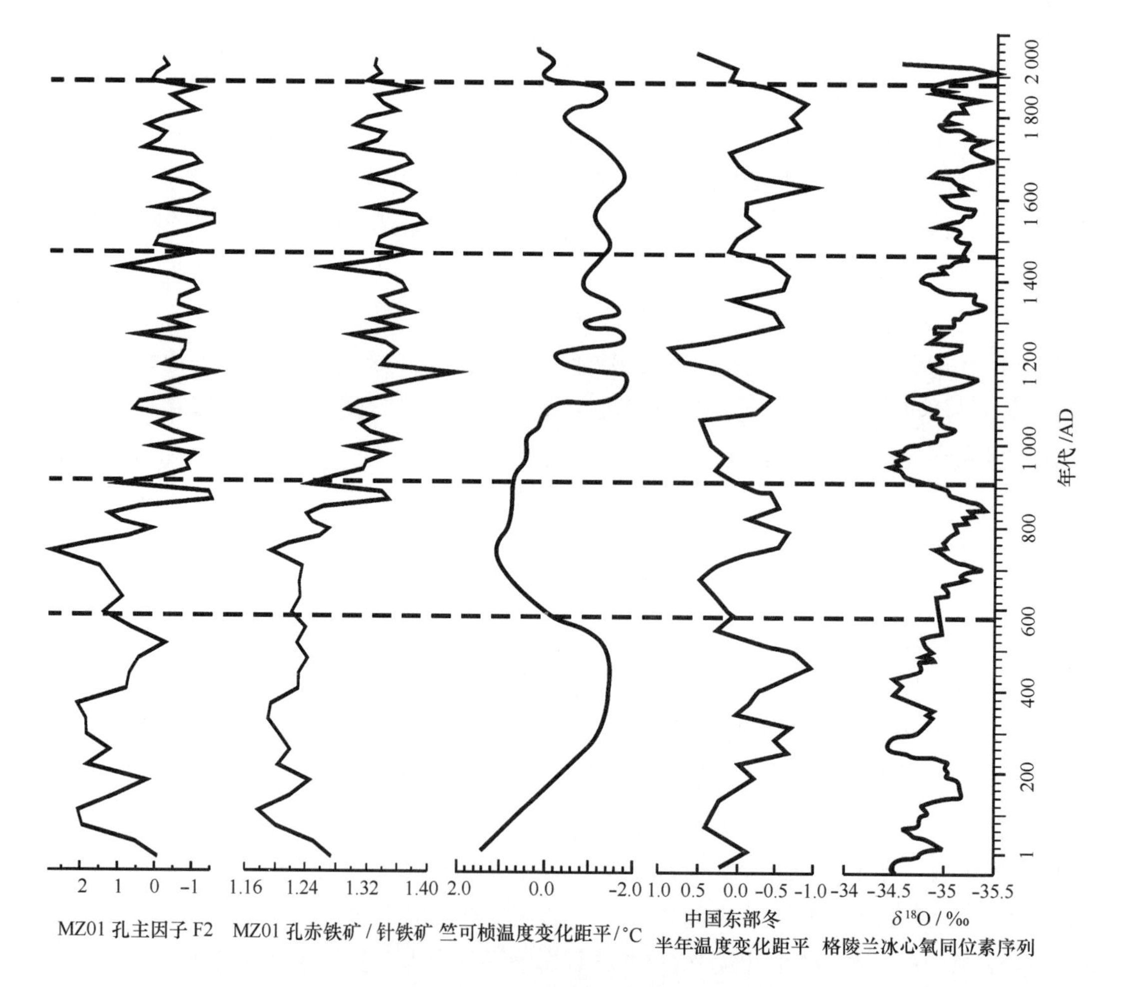

图35.31 东海内陆架MZ01孔颜色反射率与气候变化序列对比

资料来源：徐涛玉等，2012；竺可桢温度变化序列引自竺可桢，1973；中国东部冬半年温度变化序列引自葛全胜等，2002；格陵兰冰心氧同位素序列引自Stuiver et al.，2000

通过对位于东海内陆架泥质区中部的 MZ02 沉积柱样进行粒度、常量元素、AMS^{14}C 分析，识别出 1 600 a B. P. 以来共发生了 7 次降温事件（图 35. 32），分别发生在 ~1 480 a B. P.（C1），~1 200 a B. P.（C2），~1 020 a B. P.（C3），~780 a B. P.（C4），~580 a B. P.（C5），~330 a B. P.（C6），~120 a B. P.（C7）（刘升发等，2011），且在其他区域不同介质中也能找到相应的降温证据，揭示了气候变化的区域性及其与全球气候变化的联系。

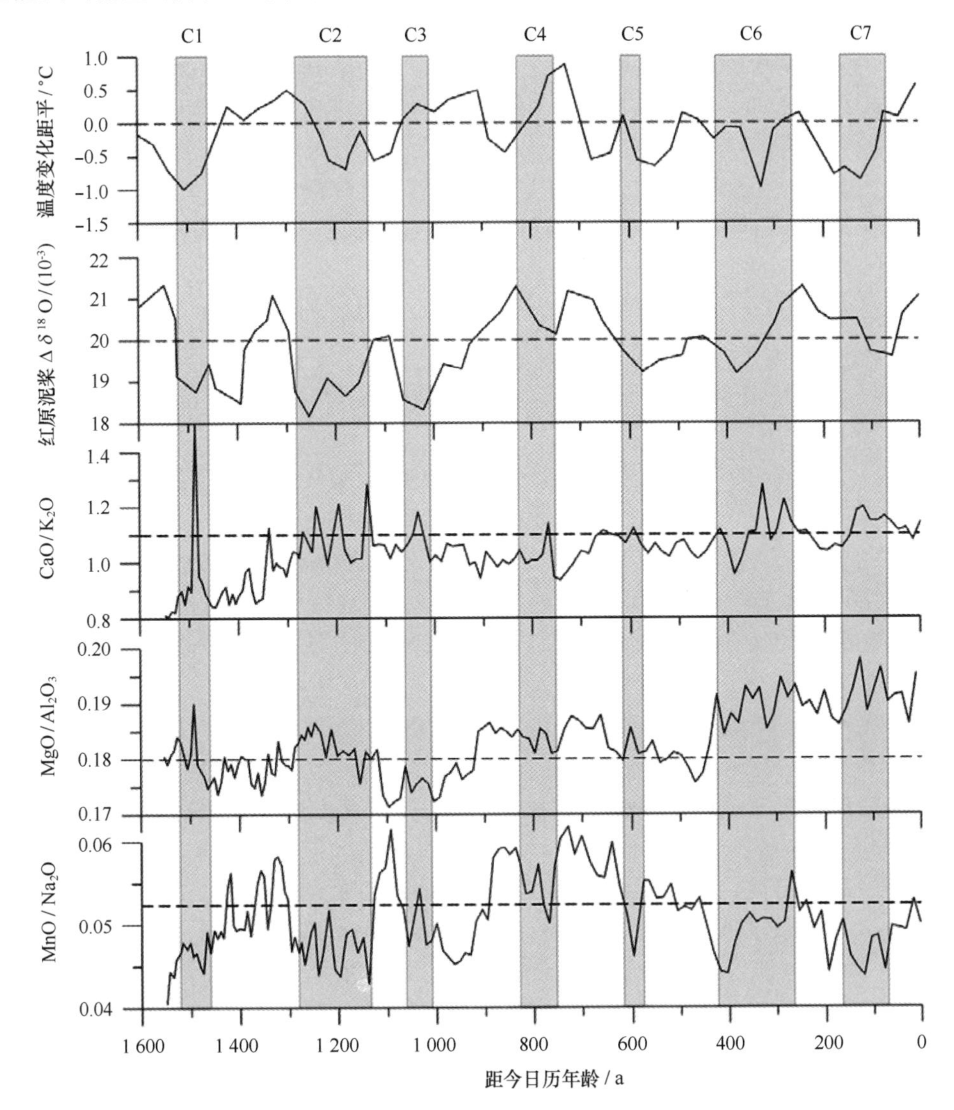

图 35. 32 东海内陆架 MZ02 孔地球化学指标与气候变化序列对比

资料来源：刘升发等，2011

综上所述，我国东部陆架沉积记录了晚第四纪以来沉积环境演化与海面变化的关系，揭示了海面变化是控制该区环境演化的主要因素。我们基于东海内陆架泥质沉积的粒度、地球化学、颜色等指标，阐述了东海全新世以来冬季风演化历史及其与全球气候变化的联系，进一步证实了应用陆架泥质沉积重建古环境和古气候演化的可行性。

参 考 文 献

白大鹏，赵铁虎，顾雪晴，等．2010. 冀东南堡近岸海域浅地层层序划分及灾害地质因素分析．海洋地质动态，26（10）：16－23.

鲍才旺．1997. 海底地形地貌海流与多金属结核分布的关系．武汉：中国地质大学出版社.

蔡德陵，石学法，周卫健，等．2001. 南黄海悬浮体和沉积物的物质来源和运移：来自碳稳定同位素组成的证据．科学通报，46（增刊）：16－23.

蔡乾忠．1995. 中国东部与朝鲜大地构造单元对应划分．海洋地质与第四纪地质，15（1）：7－24.

蔡秋芳，刘禹，宋慧明，等．2008. 树轮记录的陕西中－北部地区 1826 年以来 4—9 月温度变化．中国科学 D 辑：地球科学，38（8）：971－977.

蔡演军，彭子成，安芷生，等．2001. 贵州七星洞全新世石笋的氧同位素记录及其指示的季风气候变化．科学通报，46：1 398－1 401.

苍树溪，陈丽蓉，董太禄．1992. 北部湾 R1 钻孔岩心上新世以来沉积环境演变史研究．海洋地质与第四纪地质，12（4）：53－58.

陈报章，李从先，业治铮．1995. 冰后期长江三角洲北翼沉积及其环境演变．海洋学报（中文版），(1)：64－75.

陈国成，郑洪波，李建如，等．2007. 南海西部陆源沉积粒度组成的控制动力及其反映的东亚季风演化．科学通报，(23)：2 768－2 776.

陈泓君，李文成，陈弘，等．2005. 南海北部中更新世以来古海岸线变迁及其地质意义．南海地质研究，57－66.

陈建芳，郑连福，Wiesner M G，等．1998b. 基于沉积物捕获器的南海表层初级生产力及输出生产力估算．科学通报，43（6）：639－642.

陈建芳，郑连福，陈荣华，等．1998a. 南海颗粒物质的通量、组成及其与沉积物积累率的关系初探．沉积学报，16（3）：14－19.

陈江麟，刘文新，刘书臻，等．2004. 渤海表层沉积物重金属污染评价．海洋科学，28（12）：16－21.

陈俊仁．1988. 雷州半岛田洋火山湖盆磁性地层学的研究．海洋地质与第四纪地质，(1)：73－85.

陈丽蓉，范守志．1981. 渤海沉积物中矿物组合的统计分析．海洋与湖沼，(3)：235－239.

陈丽蓉，栾作峰，郑铁民，等．1980. 渤海沉积物中的矿物组合及其分布特征的研究．海洋与湖沼，11（1）：46－64.

陈丽蓉，申顺喜，徐文强，等．1986. 中国海的碎屑矿物组合及其分布模式的探讨．沉积学报，(3)：87－96.

陈丽蓉，申顺喜，徐文强，等．1985. 黄海微玻璃陨石的研究．科学通报，(21)：1 653－1 655.

陈丽蓉．1989. 渤海、黄海、东海沉积物中矿物组合的研究．海洋科学，(02)：1－8.

陈丽蓉．2008. 中国海沉积矿物学．北京：海洋出版社．

陈木宏，涂霞，郑范，等．2000. 南海南部近 20 万年来沉积序列与古气候变化关系．科学通报，45（5）：542－548.

陈木宏，郑范，陆钧，等．2005. 南海西南陆坡区沉积物粒级指标的物源特征及古环境意义．科学通报，(7)：684－690.

陈荣华，翦知湣，郑玉龙．1999. 冲绳海槽南部表层沉积中的浮游有孔虫及其地质意义．海洋学报，21（5）：78－86.

陈涛，王欢，张祖青 等．2003. 黏土矿物对古气候指示作用浅析．岩石矿物学杂志，(4)：416－420.

陈卫民，杨作升，曹立华，等 . 1998. 现代长江水下三角洲的浅地层结构及其沉积环境 . 海岸工程，17（2）：21 – 29.
陈锡东，范时清 . 1988. 海南岛西北面海区晚第四纪沉积与环境 . 热带海洋，(1)：39 – 47.
陈欣树，包砺彦，陈俊仁，等 . 1990. 珠江口外陆架晚第四纪最低海面的发现 . 热带海洋，(4)：73 – 77.
陈义兰，吴永亭，刘晓瑜，周兴华，雷宁，2013. 渤海海底地形特征。海洋科学进展，31：75 – 82.
陈跃泰，谭惠忠 . 1991. 珠江口伶仃洋表层沉积物的黏土矿物 . 热带地理，11（1）：39 – 44.
陈志华，石学法，王相芹 . 2000. 南黄海表层沉积物碳酸盐及 Ca、Sr、Ba 分布特征 . 海洋地质与第四纪地质，20（4）：9 – 16.
陈中原，周长振，杨文达，等 . 1986. 长江口外现代水下地貌与沉积 . 东海海洋，(2)：28 – 37.
陈忠，古森昌，颜文 等 . 2002. 南沙海槽南部海区表层沉积物的碳酸盐沉积特征 . 海洋学报，24（5）：141 – 146.
成国栋 . 1991. 黄河现代沉积作用及模式 . 北京：地质出版社.
程捷，唐德翔，张绪教，等 . 2003. 黏土矿物在黄河源区古气候研究中的应用 . 现代地质，17（1）： 47 – 50.
程鹏，高抒 . 2000. 北黄海西部海底沉积物的粒度特征和净输运趋势 . 海洋与湖沼，31： 604 – 615.
董礼先，苏纪兰，王康培 . 1989. 黄渤海潮流场及其与沉积物搬运的关系 . 海洋学报，11：102 – 114.
董满宇，吴正方，江源 . 2009. 近百年来中国东北与日本北海道地区气温变化对比 . 地理科学，29（5）：684 – 689.
董太禄，扬光复，徐善民 . 1995. 渤海南部现代沉积特征 . 海洋地质与第四纪地质，15：131 – 134.
董太禄 . 1996. 渤海现代沉积作用与模式的研究 . 海洋地质与第四纪地质，16（4）：43 – 53.
段凌云，王张华，李茂田，等 . 2005. 长江口沉积物 ^{210}Pb 分布及沉积环境解释 . 沉积学报，(3)：514 – 522.
范德江，杨作升，郭志刚 . 2000. 中国陆架 ^{210}Pb 测年应用现状与思考 . 地球科学进展，(3)：297 – 302.
范德江，杨作升，毛登，等 . 2001. 长江与黄河沉积物中黏土矿物及地化成分的组成 . 海洋地质与第四纪地质，21（4）：7 – 12.
范德江，杨作升，孙效功，等 . 2002. 东海陆架北部长江、黄河沉积物影响范围的定量估算 . 青岛海洋大学学报，32（5）：748 – 756.
方国洪，曹德明，黄企洲 . 1994. 南海潮汐潮流的数值模拟 . 海洋学报（中文版），(4)：1 – 12.
方习生，石学法，王国庆，等 . 2007. 长江水下三角洲表层沉积物黏土矿物分布及其影响因素 . 海洋科学进展，25（4）：419 – 427.
冯怀珍，王宗涛 . 1986. 全新世浙江的海岸变迁与海面变化 . 杭州大学学报，13（1）：100 – 107.
冯幕华，龙江平，喻龙，等 . 2003. 辽东湾东部浅水区沉积物中重金属潜在生态评价 . 海洋科学，27（3）：52 – 56.
冯士筰，张经，魏皓 等 . 2007. 渤海环境动力学导论 . 北京：科学出版社 .
冯士筰 . 1999. 海洋科学导论 . 北京：高等教育出版社 .
冯士筰，鹿有余 . 1993. 浅海 Lagrange 余流和长期输运过程的研究——一种三维空间弱非线性理论 . 自然科学进展，(2)：126 – 132.
冯伟文，范时清 . 1990. 琼州海峡西段第四纪沉积相与环境 . 热带海洋，9（2）：39 – 45.
冯文科，杨达源 . 1988. 南海北部大陆坡—深海平原晚更新世以来的沉积特征与环境变化 . 中国科学（B 辑），(11)：1 215 – 1 225.
冯旭文，金翔龙，章伟艳，等 . 2009. 长江口外缺氧区柱样沉积物元素的分布及其百年沉积环境效应 . 海洋地质与第四纪地质，(2)：25 – 32.
冯志强，冯文科，薛万俊，等 . 1996. 南海北部地质灾害及海底工程地质条件评价 . 南京：河海大学出版社.
符文侠，石厥民，李光天，等 . 1985. 辽西六股河口附近砂积体与全新世海水入侵趋势的探讨 . 海洋科学，

(6)：20－22.
甘居利，贾晓平，李纯厚，等．2003. 南海北部陆架区表层沉积物中重金属分布和污染状况．热带海洋学报，(1)：36－42.
高爱国，韩国忠．2004. 楚科奇海及其邻近海域表层沉积物的元素地球化学特征．海洋学报，26 (2)：132－139.
高建华，高到抒，董礼先，等．2003. 鸭绿江河口地区沉积物特征及悬沙输送．海洋通报，22：26－33.
高磊，李道季，余立华，等．2007. 长江口崇明东滩沉积物中生源硅的地球化学分布特征．海洋与湖沼，38 (5)：411－419.
高善明，李元芳，安凤桐，等．1989. 黄河三角洲形成和沉积环境．北京：科学出版社.
高抒．2009. 沉积物粒径趋势分析：原理与应用条件．沉积学报，(5)：826－836.
高水土，张德玉，陈荣华，等．2008. 南海北部表层沉积物中黏土和碎屑矿物组成及其地质意义．海洋学报（中文版），(1)：86－92.
葛晨东，Slaymaker O，Pedersen T F. 2003. 海南岛万泉河口沉积环境演变．科学通报，48 (19)：2079－2083.
葛全胜，方修琦，郑景云．2002. 中国过去3 ka冷暖千年周期变化的自然证据及其集成分析．地球科学进展，17：96－103.
葛全胜，王顺兵，郑景云．2006. 过去5000年中国气温变化序列重建．自然科学进展，16： 689－696.
葛全胜，郑景云，满志敏，等．2002 过去2000a中国东部冬半年温度变化序列重建及初步分析．地学前缘，9 (1)：169－181.
葛全胜，郑景云，满志敏，等．2002. 过去2000年中国东部冬半年温度变化序列重建及初步分析．地学前缘，9 (2)：169－181.
葛淑兰，石学法，吴永华，等．2008. 东海北部外陆架EY02－1磁性地层研究．海洋学报，30 (2)：51－61.
耿秀山，李善为，徐孝诗，等．1983. 渤海海底地貌类型及其区域组合特征．海洋与湖沼，(2)：128－137.
龚旭东，魏宏伟，亓发庆．2006. 辽东湾北部浅海区海洋工程地质特征．海岸工程，25 (2)：47－54.
古森昌，陈忠，颜文，等．2001. 南沙海槽区表层沉积物的地球化学特征．海洋地质与第四纪地质，(2)：43－47.
郭炳火，许建平．2005. 中国近海环流－见苏纪兰袁业立．中国近海水文．北京：海洋出版社，174－182.
郭丽芬，陈婉颜，陈丽虹．1993. 南沙群岛永暑礁区近百万年来的古气候变化－南永井的锰含量分析．热带海洋，12 (4)：39－46.
郭志刚，杨作升，范德江，等．2002. 东海陆架北部表层细粒级沉积物的级配及意义．青岛海洋大学学报，32 (5)：741－747.
郭志刚，杨作升，范德江，等．2003. 长江口泥质区的季节性沉积效应．地理学报，58 (4)：591－597.
郭志刚，杨作升，雷坤，等．1999. 东海陆架北部泥质区沉积动力过程的季节性变化．青岛海洋大学学报，29 (3)：507－513.
郭志刚，杨作升，曲艳慧，等．2000. 东海陆架现代泥质区沉积地球化学比较研究．沉积学报，18 (2)：284－289.
郭志刚，杨作升，王兆祥．1995. 黄东海海域水团发育对地质沉积物分布的影响．青岛海洋大学学报，25 (1)：64－75.
韩喜彬．2006. 末次冰消期以来古黄海的环境演变及YD事件研究．中国海洋大学．
何锦文，唐志礼．1985. 南海东北部表层沉积物的黏土矿物．热带海洋学报，4 (3)：45－51.
何良彪．1984. 渤海表层沉积物中的黏土矿物．海洋学报（中文版），(2)：272－276.
何柳，孙有斌，安芷生．2010. 中国黄土颜色变化的控制因素和古气候意义．地球化学，(5)：447－455.
何炎，胡兰英，王克良．1965. 江苏东部第四纪有孔虫．中国科学院地质古生物研究所集刊，(4)：51－162.

洪业汤，姜洪波，洪冰，等．1998. 近5000a的气候波动与太阳变化．中国科学D辑：地球科学，(6)：491－497.

洪业汤，姜洪波，陶发祥，等．1997. 近5ka温度的金川泥炭 $\delta^{18}O$ 记录．中国科学D辑：地球科学，27：525－530.

洪业汤，刘东升，姜洪波，等．1999. 太阳辐射驱动气候变化的泥炭氧同位素证据．中国科学D辑：地球科学，29：527－531.

胡敦欣，吕良洪，熊庆成，等．1980. 关于浙江沿岸上升流的研究．科学通报，(3)：131－133.

胡敦欣，杨作升．2001. 东海海洋通量关键过程．北京：海洋出版社．

胡宁静，石学法，黄朋，等．2010. 渤海辽东湾表层沉积物中金属元素分布特征．中国环境科学，30 (3)：25－34.

黄大吉，苏纪兰．2002. 黄河三角洲岸线变迁对莱州湾流场和对虾早期栖息地的影响．海洋学报（中文版），(6)：104－111.

黄海军，樊辉，2004. 黄河三角洲潮滩潮沟近期变化遥感监测。地理学报，59 (5)：723－730.

黄慧珍，沈邦培，胡强生．1985. 全新世长江水下三角洲浅层物探资料的地质意义．海洋地质与第四纪地质，5 (4)：82－94.

黄慧珍，唐保根，杨文达，等．1996. 长江三角洲沉积地质学．北京：地质出版社.

黄建冲，黄企洲．1985. 调查区的水团划分及其季节变化．见：中国科学院南海海洋研究所．南海海区综合调查研究报告（二）．北京：科学出版社，183－204.

黄维，翦知湣，CBühring. 2003. 南海北部ODP1144站颜色反射率揭示的千年尺度气候波动．海洋地质与第四纪地质，(3)：5－10.

黄维，汪品先．2006. 渐新世以来的南海沉积量及其分布．中国科学D辑：地球科学：地球科学，(9)：822－829.

黄永建，王成善，汪云亮．2005. 古海洋生产力指标研究进展．地学前缘，12 (2)：163－170.

黄镇国，李平日，张仲英，等．1982. 珠江三角洲地区晚更新世以来海平面变化及构造运动问题．热带地理，(1)：29－37.

黄镇国，宗永强．1982. 应用粒度参数区分沉积相－以珠江三角洲为例．热带地理，(2)：37－42.

季福武，林振宏．2004. 南海东部表层沉积物中轻矿物分布与来源．海洋科学，28 (2)．

季福武．2003. 东海外陆架Q43柱样沉积物稀土元素地球化学特征及其物源示踪意义．中国海洋大学

贾国东，翦知湣，彭平安，等．2000. 南海南部17962柱状样生物硅沉积记录及其古海洋意义．地球化学，29 (3)：293－296.

贾建军，程鹏，高抒．2004. 利用插值试验分析采样网格对粒度趋势分析的影响．海洋地质与第四纪地质，(3)：135－141.

贾建军，高抒，薛允传．2002. 图解法与矩法沉积物粒度参数的对比．海洋与湖沼，33 (6)：577－582.

蒋东辉．2001. 渤海海峡沉积物输运的数值模拟．中国科学院研究生院（海洋研究所）．

金秉福，林振宏．2003. 海洋沉积环境和物源的元素地球化学记录释读．海洋科学进展，21 (1)：99－106.

金波，鲍才旺，林吉胜．1982. 琼州海峡东、西口地貌特征及其成因初探．海洋地质研究．(4)：94－101.

金仙梅，刘健，董清水．2003. 黄东海及邻近陆架晚第四纪层序地层．海洋地质动态，(7)：28－30.

金仙梅．2004. 黄河三角洲滨浅海区晚第四纪沉积地层结构与海洋地质灾害研究．吉林大学.

金翔龙．1992. 东海海洋地质．北京：海洋出版社．

金元欢．1988. 我国入海河口的基本特点．东海海洋，6：1－11.

金元欢．1988. 我国入海河口的基本特点。东海海洋，6 (3)：1－11.

金章东，王苏民，沈吉，等．2002. 湖泊沉积物Sr同位素记录的小冰期．科学通报，47：1 512－1 516.

孔祥淮，刘健，李巍然．2006. 山东半岛东北部滨浅海区表层沉积物粒度及矿物成分．海洋地质与第四纪地质，26：21－29.
蓝东兆，陈承惠．1998. 晚玉木冰期台湾海峡的沉积环境．海洋学报，20（4）：83－90.
蓝东兆，于永芬，陈承惠，等．1986. 福州盆地晚更新世海侵及全新世海面波动的初步研究．海洋地质与第四纪地质，6（3）：103－111.
蓝先洪，马道修，徐明广，等．1987. 珠江三角洲若干地球化学标志及指相意义．海洋地质与第四纪地质，（1）：39－49.
蓝先洪，申顺喜．2000. 南黄海中部沉积岩心的地球化学特征．海洋地质与第四纪地质，20（2）：33－38.
蓝先洪，申顺喜．2002. 南黄海中部沉积岩心的稀土元素地球化学特征．海洋通报，21（5）：46－53.
蓝先洪，张训华，张志询．2005. 南黄海沉积物的物质来源及运移研究．海洋湖沼通报，（4）：53－59.
蓝先洪．1995. 晚更新世末期陆架古环境研究．海洋地质动态，（5）：6－8.
雷坤，孟伟，郑丙辉，等．2006．渤海湾西岸潮间带沉积物粒度分布特征．海洋通报，（1）：54－61.
李保华，王晓燕，龙江平．2008. 海南岛近岸沉积物中的有孔虫特征与分布．微体古生物学报，25（3）：225－234.
李传顺，石学法，高树基，等．2012. 台湾河流沉积物的黏土矿物组成特征与物质来源．科学通报，（2）：169－177.
李春初，何为．2004. 王世俊珠江河口陆海互动论．第八届全国海岸河口学术研讨会暨海岸河口理事会议论文摘要集．
李从先，汪品先．1998. 长江晚第四纪河口地层学研究．北京：科学出版社.
李凡，张秀荣，孟广兰，等．1998. 南黄海埋藏古三角洲．地理学报，53（3）：238－244.
李凡，张秀荣，唐宝玉．1998. 黄海埋藏古河道及灾害地质图集．济南：济南出版社.
李凤业，高抒，贾建军，等．2002. 黄渤海泥质沉积区现代沉积速率．海洋与湖沼，33（4）：364－369.
李广雪，刘勇，杨子赓，等．2004. 末次冰期东海陆架平原上的长江古河道．中国科学 D 辑：地球科学，35（3）：284－289.
李广雪，刘勇，杨子赓．2009. 中国东部陆架沉积环境对末次冰盛期以来海平面阶段性上升的影响．海洋地质与第四纪地质，29（4）：13－19.
李广雪，薛春汀．1993. 黄河水下三角洲沉积厚度、沉积速率及砂体形态．海洋地质与第四纪地质，（4）：35－44.
李广雪，杨子赓，刘勇．2005. 中国东部陆架海底沉积环境成因研究：《中国东部陆架海海底沉积物成因环境图》说明．北京：科学出版社．
李国刚．1990. 中国近海表层沉积物中黏土矿物的组成、分布及其地质意义．海洋学报，12（4）：470－479.
李家彪，等．2008. 东海区域地质．北京：海洋出版社．
李建，王汝建．2004. 南海北部一百万年以来的表层古生产力变化：来自 ODP1144 站的蛋白石记录．地质学报，78（2）：228－233.
李建芬．2010. 渤海湾西部现代有孔虫种群分布特征及对地质环境的记录．北京：中国地质大学．
李俊杰，李广雪，文世鹏，等．2007. 黄河三角洲埕岛海域浅地层剖面结构与灾害地质．海洋地质动态，23（12）：8－13.
李乃胜．1995. 黄海三大盆地的构造演化．海洋与湖沼，26（4）：355－362.
李培英，王永吉，刘振夏．1999. 冲绳海槽年代地层与沉积速率．中国科学 D 辑：地球科学，（1）：50－55.
李平日，方国祥，黄光庆．1991. 珠江三角洲全新世环境演变．第四纪研究，（2）：130－139.
李全兴，张金标，王玉衡，等．1990. 渤海、黄海、东海海洋图集．北京：海洋出版社．
李绍全，刘健，王圣洁，等．1997. 南黄海东侧陆架冰消期以来的海侵沉积特征．海洋地质与第四纪地质，

(4): 1 - 12.
李绍全, 刘健, 王圣洁, 等. 1998. 南黄海东侧冰消期以来的沉积层序与环境演化. 科学通报, 43 (8): 876 - 880.
李绍全, 张明书, 刘健. 1994. 华南沿海构造下沉或海面上升的探讨. 海洋地质动态: (7): 1 - 3.
李淑媛, 苗丰民, 刘国贤 等. 1995. 渤海底质重金属环境背景值初步研究. 海洋学报, 17: 78 - 85.
李思田, 林畅松, 张启明, 等. 1998. 南海北部大陆边缘盆地幕式裂陷的动力过程及10Ma以来的构造事件. 科学通报, 43 (8): 797 - 810.
李铁刚, 李绍全, 苍树溪, 等. 2000. YSDP102钻孔有孔虫动物群与南黄海东南部古水文重建. 海洋与湖沼, (6): 588 - 595.
李廷栋. 2002. 青藏高原地质科学研究的新进展. 地质通报, 21 (7): 370 - 376.
李西双, 刘保华, 赵月霞, 等. 2010. 渤海海域晚更新世 - 全新世的活动构造. 海洋学报, 32 (5): 1 - 8.
李西双, 赵月霞, 刘保华, 等. 2004. 冲绳海槽沉积演化的时空特征. 海洋科学进展, (4): 472 - 479.
李小艳, 石学法, 程振波, 等. 2010. 渤海莱州湾表层沉积物中底栖有孔虫分布特征及其环境意义. 微体古生物学报, 27 (1): 38 - 44.
李旭, 衡平. 1990. 黄海中部近岸浅海区第四纪孢粉及其古植被古气候意义. 海洋地质与第四纪地质, 10 (4): 35 - 41.
李学刚, 宋金明, 袁华茂, 等. 2005. 胶州湾沉积物中高生源硅含量的发现 - 胶州湾浮游植物生长硅限制的证据. 海洋与湖沼, 36 (6): 572 - 579.
李元芳, 黄云麟, 李拴科. 1991. 近代黄河三角洲海岸潮滩地貌及其沉积的初步分析. 海洋学报 (中文版), (5): 662 - 671.
李云海, 陈坚, 黄财宾, 等, 2010. 泉州湾沉积物重金属分布特征及环境质量评价. 环境科学, 31 (4): 931 - 938.
李珍, 付命佐, 徐小薇, 等. 2001. 南黄海B10孔的孢粉分析及其反映的气候变化特征. 科学通报, 46 (增刊): 39 - 44.
梁军. 2006. 辽东半岛热带气旋暴雨的研究. 兰州大学.
廖先贵. 1980. 试谈我国海洋环境质量的研究. 海洋科学, (3): 34 - 37.
林承坤. 1984. 古代长江中下游平原筑堤围垸与塘浦圩田对地理环境的影响. 环境科学学报, (2): 101 - 110.
林承坤. 1988. 长江口泥沙的数量与输移. 中国科学A辑, (1): 104 - 112.
林承坤. 1992. 黄海黏土沉积物的来源与分布. 地理研究, 11: 41 - 51.
林防, 王建中, 李建芬 等. 2005. 渤海莱州湾第四纪晚期以来微体化石组合特征和沉积环境演化. 地质通报, 24 (9): 879 - 884.
林晓彤, 李巍然, 时振波. 2003. 黄河物源碎屑沉积物的重矿物特征. 海洋地质与第四纪地质, (3): 17 - 21.
刘成, 王兆印, 何耘, 等. 2003. 环渤海湾诸河口水质现状的分析. 环境污染与防治, 25 (4): 222 - 224.
刘纯平, 姚檀栋, Thompson L G, 等. 1999. 敦德冰心中微粒含量与沙尘暴及气候的关系. 冰川冻土, 21: 9 - 14.
刘东生, 刘嘉麒, 吕厚远. 1998. 玛珥湖高分辨率古环境研究的新进展. 第四纪研究, (4): 289 - 296.
刘芳文, 颜文. 2002. 珠江口及其邻近水域的化学污染研究进展. 海洋科学, 26: 27 - 30.
刘福寿. 1993. 现代滦河三角洲发育特征. 海洋通报, (1): 54 - 60.
刘光鼎. 1992. 中国海区及邻域地质地球物理特征 (第一版). 北京: 科学出版社.
刘洪滨, 邵雪梅. 2000. 采用秦岭冷杉年轮宽度重建陕西镇安1755年以来的初春温度. 气象学报, 58 (2):

223－233.

刘季花．1995. 印度洋 Exmouth 海台森诺曼阶－土仑阶界线处远洋沉积物中的稀土元素．海洋地质动态，(7)：13－15.

刘建国，李安春，陈木宏，等．2007. 全新世渤海泥质沉积物地球化学特征．地球化学，36 (6)：559－568.

刘健，李绍全，王圣洁，等．1999. 末次冰消期以来黄海海平面变化与黄海暖流的形成．海洋地质与第四纪地质，19 (1)：13－24.

刘健，王红，李绍全，等．2004. 南黄海北部泥质沉积区病后期海侵沉积记录．海洋地质与第四纪地质，24 (3)：1－10.

刘健，朱日祥，李绍全，等．2003. 南黄海南部冰后期泥质沉积物中磁性矿物的成岩变化及其对环境变化的响应．中国科学 (D 辑)，33 (6)：583－592.

刘连文，郑洪波，翦知滑．2005. 南海沉积物漫反射光谱反映的 220ka 以来东亚夏季风变迁．地球科学 (中国地质大学学报)，30 (5)：543－549.

刘敏厚，吴世迎，王水吉．1987. 黄海晚第四纪地质．北京：海洋出版社．

刘升发，刘焱光，朱爱美，等．2009. 东海内陆架表层沉积物粒度及其净输运模式．海洋地质与第四纪地质，29 (1)：1－6.

刘升发，石学法，刘焱光，等．2010. 东海内陆架泥质区表层沉积物常量元素地球化学及其地质意义．海洋科学进展，1 (28)：80－86.

刘升发，石学法，刘焱光，等．2010. 东海内陆架泥质区夏季悬浮体的分布特征及影响因素分析．海洋科学进展，29 (1)：37－46.

刘升发，石学法，刘焱光，等．2010. 中全新世以来东亚冬季风的东海内陆架泥质沉积记录．科学通报，55：(14)：1 387－1 396.

刘升发，石学法，刘焱光，等．2011. 近 2ka 以来东海内陆架泥质区高分辨率的生物硅记录及其古生产力意义．沉积学报，29 (2)：20－27.

刘升发，庄振业，吕海青，等．2006. 埕岛及现代黄河三角洲海域晚第四纪地层与环境演变．海洋湖沼通报，4：32－37.

刘升发，石学法，刘焱光，等．2011. 东海内陆架泥质区夏季悬浮体的分布特征及影响因素分析．海洋科学进展，29 (1)：37－46.

刘升发，王昆山，刘焱光，等．2013. 长江口泥质区沉积物颜色反射率指示的近百年来东亚季风变迁．沉积学报，31 (2)：331－339.

刘素美，张经．1998. 沉积物中重金属的归一化问题－以 Al 为例．东海海洋，16 (3)：48－55.

刘素美，张经．2002. 沉积物中生物硅分析方法评述．海洋科学，26 (2)：23－26.

刘锡清．1987. 中国陆架的残留沉积．海洋地质与第四纪地质，7 (1)：1－14.

刘锡清．1990. 中国大陆架的沉积物分区．海洋地质与第四纪地质，(1)：13－24.

刘锡清．1996. 中国边缘海的沉积物分区．海洋地质与第四纪地质，16 (3)：1－11.

刘锡清．1997. 陆架沙沉积模式述评．海洋地质动态，(6)

刘兴起，王永波，沈吉，等．2007. 16000a 以来青海茶卡盐湖的演化过程及其对气候的响应．地质学报，81：843－849.

刘勇．2005. 中国东部陆架海底沉积环境与南黄海层序地层研究．中国海洋大学．

刘禹，蔡秋芳，宋慧明，等．2011. 青藏高原中东部 2485 年来温度变化幅度、速率、周期、原因及未来趋势．科学通报，56 (25)：2 042－2 051.

刘禹，马利民，蔡秋芳，等．2001. 依据陕西秦岭镇安树木年轮重建 3—4 月气温序列．自然科学进展，11 (2)：157－162.

刘昭蜀，赵焕庭，范时清，等．2002．南海地质．北京：科学出版社．
刘振夏，Berne S．1994．渤海东部全新世潮流沉积体系．中国科学：B 辑，24（12）：1331－1338．
刘振夏，印萍，Berné S，等．2001．第四纪东海的海进层序和海退层序．科学通报，46（增刊）：74－79．
刘振夏．1982．黄海表层沉积物的分布规律．海洋通报，（1）：43－51．
刘振夏．1989．现代滦河三角洲的影响因素和沉积物分区．黄渤海海洋，7（4）：55－64．
刘志飞，Colin C，黄维 等．2007．珠江流域盆地表层沉积物的黏土矿物及其对南海沉积物的贡献．科学通报，52：448－456．
刘志飞，Trentesaux A，Clemens S C，等．2003．南海北坡 ODP1146 站第四纪黏土矿物记录：洋流搬运与东亚季风演化．中国科学 D 辑：地球科学，33（3）：271－280．
刘志飞，赵玉龙，李建如 等．2007．南海西部越南岸外晚第四纪黏土矿物记录：物源分析与东亚季风演化．中国科学 D 辑，39：1 176－1 184．
刘忠臣，刘保华，黄振宗，等．2005．中国近海及邻近海域地形地貌．北京：海洋出版社．
龙云作，霍春兰．1990．珠江三角洲晚第四纪沉积特征．海洋科学，（4）：7－14．
龙云作等．1997．珠江三角洲沉积地质学．北京地质出版社．
吕炳全，王国忠，全松青．1983．海南岛沙老珊瑚岸礁的现代沉积相带．同济大学学报，（3）：57－66．
栾作峰．1985．南黄海北部沉积物的有机地球化学特征．海洋与湖沼，（1）：93－100．
罗又郎，冯伟文，林怀兆．1994．南海表层沉积类型与沉积作用若干特征．热带海洋，（1）：47－54．
罗又郎，劳焕年，王渌漪．1985．南海东北部表层沉积物类型与粒度特征的初步研究．热带海洋，4（1）：33－41．
罗钰如，曾呈奎．1985．当代中国的海洋事业．北京：中国社会科学出版社．
马利民，刘禹，安芷生．2001．秦岭树轮记录中的 ENSO 事件．海洋地质与第四纪地质，21（3）：93－98．
马醒华，孙知明，胡守云．1994．哥德堡事件在湖泊沉积物中的记录．第四纪研究，（2）：175－182．
茅志昌，潘定安，沈焕庭．2001．长江河口悬沙的运动方式与沉积形态特征分析．地理研究，（2）：170－177．
孟广兰，韩有松，王少青．1998．南黄海陆架区 15ka 以来古气候事件与环境演变．海洋与湖沼，29（3）：297－305．
孟伟，刘征涛，范薇．2004．渤海主要河口污染特征研究．环境科学研究，17（6）：66－69．
孟宪伟，杜德文，吴金龙．2000．成分数据的因子分析及其在地质样品分类中的应用．长春科技大学学报，（4）：367－370．
孟宪伟，杜德文，吴金龙．2001．冲绳海槽中段表层沉积物物质来源的定量分离：Sr－Nd 同位素方法．海洋与湖沼，3（32）：319－326．
孟诩，刘苍宇，程江．2003．长江口沉积物重金属元素地球化学特征及其底质环境评价．海洋地质与第四纪地质，23（3）：37－43．
闵育顺，祁士华，张干．2000．珠江广州河段重金属元素的高分辨沉积记录．科学通报，（S1）：2 802－2 805．
聂宝符．1996．五千年来南海海平面变化的研究．第四纪研究，（1）：80－87．
潘定安，胡方西，周月琴等．1988．长江口夏季的盐淡水混合//上海市城市污水排放背景文献汇编．上海：华东师大出版社，54－70．
潘定安．1996．长江口南港的水文泥沙环境及污染物输移．地理研究，（1）：39－46．
潘玉萍，沙文钰．2004．闽浙沿岸上升流的数值模拟．海洋预报，21（2）：86－95．
潘玉萍，沙文钰．2004．闽浙沿岸上升流的数值模拟．海洋预报，21（2）：86－95．
庞家珍，司书亨．1979．黄河河口变迁 Ⅰ：近代历史变迁．海洋与湖沼，10（2）：136－141．
庞雄，陈长民，施和生，等．2005．相对海平面变化与南海珠江深水扇系统的响应．地学前缘，（3）：167－177．

庞雄，申俊，袁立忠，等．2006. 南海珠江深水扇系统及其油气勘探前景．石油学报，27（3）：11－21.

庞重光，王凡，白学志，等．2003. 夏、冬两季长江口及邻近海域悬浮物的分布特征及其沉积量．海洋科学，（12）：31－35.

庞重光，王凡．2004. 东海悬浮体的分布特征及其演变．海洋科学集刊，46：22－31.

彭阜南．1984. 关于东海晚更新世最低海面的论据．中国科学 B 辑，（6）：555－563.

彭晓彤，周怀阳，叶瑛，等．2004. 珠江河口沉积物粒度特征及其对底层水动力环境的指示．沉积学报，（3）：487－493.

平仲良．1993. 用实测海水透明度数据和 NOAA 卫星数据计算黄海悬浮体含量．海洋与湖沼，24（1）：24－29.

齐君，李凤业，宋金明．2004. 北黄海沉积速率及其沉积通量．海洋地质与第四纪地质，24：9－14.

钱建兴．1999. 晚第四纪以来南海古海洋学研究．北京：科学出版社.

钱维宏，朱亚芬，叶谦．1998. 赤道东太平洋海温异常的年际和年代际变率．科学通报，43（11）：1 098－1 102.

乔培军，邵磊，杨守业．2006. 南海西南部晚更新世以来元素地球化学特征的古环境意义．海洋地质与第四纪地质：(4).

乔淑卿，方习生，石学法，等．2010a. 黄河口及邻近渤海海域表层沉积物中的 CaO 和蒙皂石分布特征及其对黄河入海物质运移的指示．海洋地质与第四纪地质，30（1）：17－23.

乔淑卿，石学法，王国庆，等．2010b. 渤海底质沉积物的粒度特征及输运趋势探讨．海洋学报，32（4）：1－9.

乔淑卿，石学法．2010. 黄河三角洲沉积特征和演化研究现状及展望．海洋科学进展，28（3）：408－415.

秦蕴珊，Milliman J，李凡，等．1989. 南黄海海水中悬浮体的研究．海洋与湖沼，20（2）：101－111.

秦蕴珊，李凡．1986. 黄河入海泥沙对渤海和黄海沉积作用的影响．海洋科学集刊，27：125－135.

秦蕴珊，廖先贵．1962. 渤海湾海底沉积作用的初步探讨．海洋与湖沼，4（3）：199－205.

秦蕴珊，赵松龄，赵一阳，等．1985. 渤海地质．北京：科学出版社.

秦蕴珊，赵松龄．1991. 中国陆架沉积模式研究的新进展．见：梁名胜，张吉林．中国海陆第四纪对比研究．北京：科学出版社，23－39.

秦蕴珊，赵松龄．1987. 中国陆架海的沉积模式与晚更新世以来的陆架海侵问题//国际地质对比计划第200号项目中国组－中国海平面变化．北京：海洋出版社，1－14.

秦蕴珊，赵一阳，陈丽蓉，等．1987. 东海地质．北京：科学出版社.

秦蕴珊，赵一阳，陈丽蓉，等．1989. 黄海地质．北京：海洋出版社.

秦蕴珊，赵一阳，陈丽蓉，等．1989. 南海地质．北京：科学出版社.

秦蕴珊，郑铁民．1982. 东海大陆架沉积物分布特征的初步探讨．北京：科学出版社.

秦蕴珊，郑铁民．1982. 黄东海地质．北京：科学出版社.

秦蕴珊．1963. 中国陆棚的海底地形及沉积物类型的初步研究．海洋与湖沼，5（1）：71－86.

全松青，王国忠，吕炳全．1988. 海南岛排浦珊瑚岸礁区现代浑水碳酸盐沉积相特征及沉积作用．海洋与湖沼，（2）：179－186.

任于灿，周永青．1994. 废弃的黄河三角洲的地貌特征及演化．海洋地质与第四纪地质，（2）：19－28.

商志文，田立柱，王宏，等．2010. 渤海湾西北部 CH19 孔全新统硅藻组合、年代学与古环境．地质通报，29（5）：675－681

邵磊，雷永昌，庞雄，等．2005. 珠江口盆地构造演化及对沉积环境的控制作用．同济大学学报（自然科学版），33（9），1177－1181.

邵磊，李献华，韦刚健，等．2001. 南海陆坡高速堆积体的物质来源．中国科学 D 辑：31（10）：828－833.

邵磊，李学杰，耿建华，等．2007．南海北部深水底流沉积作用．中国科学D辑：地球科学，(6)：771－777．
邵秘华，李炎，王正方，等．1996．长江口海域悬浮物的分布时空变化特征．海洋环境科学，(3)：36－40．
申顺喜，陈丽蓉，李安春，等．1995．黄、东海陆架砂岩砾石的地质意义．海洋与湖沼，26（增刊）：70－75．
申顺喜，陈丽蓉．1993．南黄海冷涡沉积和通道沉积的发现．海洋与湖沼，24（6）：563－570．
申顺喜，李安春，袁巍．1996．南黄海中部的低能沉积环境．海洋与湖沼，27（5）：518－523．
申顺喜，于洪军，张法高．2000．济州岛西北部的反气旋型涡旋沉积．海洋与湖沼，31（2）：215－220．
沈涣庭．2001．长江河口物质通量．北京：海洋出版社．
沈焕庭，潘定安．1988．长江河口潮流特性及其对河槽演变的影响．见：陈吉余主编，长江河口动力过程和地貌演变．上海：上海科学技术出版社，80－90．
盛菊江，范德江，杨东方，等．2008．长江口及其邻近海域沉积物重金属分布特征和环境质量评价．环境科学，(9)：2 405－2 412．
施建堂．1987．渤海湾西部的现代沉积．海洋通报，(1)：22－26．
施雅风，姜彤，苏布达，等．2004．1840年以来长江大洪水演变与气候变化关系初探．湖泊科学，(4)：289－297．
施雅风，孔昭宸，王苏民，等．1992．中国全新世大暖期的气候波动与重要事件．中国科学B辑：化学，22（12）：1 300－1 308．
施雅风，姚檀栋，杨保．1999．近2000a古里雅冰心10a尺度的气候变化及其与中国东部文献记录的比较．中国科学D辑：地球科学，29（S）：79－86．
石学法，陈春峰，刘焱光，等．2002．南黄海中部沉积物粒径趋势分析及搬运作用．科学通报，47（6）：452－456．
石学法，陈丽蓉．1995．西菲律宾海晚第四纪沉积地球化学特征．海洋与湖沼，26（2）：124－131．
石学法，申顺喜，Yi Hi－il，等．2001．南黄海中部沉积物粒径趋势分析及搬运作用．科学通报，46（增刊）：1－6．
石学法，刘升发，乔淑卿，等．2010．东海闽浙沿岸泥质区沉积特征与古环境记录．海洋地质与第四纪地质，30：19－30．
史历，倪允琪．2001．近百年来热带太平洋海温年际及年代际时间变率特征的诊断研究．气象学报．59（2）：220－225．
水利部黄河水利委员会．2000－2005．黄河水资源公报．
宋召军，张志珣，余继峰，等．2008．南黄海表层沉积物中黏土矿物分布及物源分析．山东科技大学学报，27（3）：1－4．
苏纪兰，黄大吉．1995．黄海冷水团的环流结构．海洋与湖沼，26（增刊）：1－7．
苏纪兰．2001．中国近海的环流动力机制研究．海洋学报，23：1－16．
苏纪兰和袁业立．2005．中国近海水文．北京：海洋出版社．
孙白云．1990．黄河、长江和珠江三角洲沉积物中碎屑矿物的组合特征．海洋地质与第四纪地质，(3)：23－34．
孙桂华，邱燕，朱本铎．2009．南海及其周缘地区全新世海平面遗迹的构造含义．海洋学报，(9)：58－68．
孙家振，李兰斌．2002．地震地质综合解释教程．武汉：中国地质大学出版社．
孙嘉诗，崔一录．1987．南黄海晚更新世钙质砂岩及其地质意义．海洋地质与第四纪地质，7（3）：6－31．
孙荣涛，李铁刚，常凤鸣．2009．北黄海表层沉积物中的底栖有孔虫分布与海洋环境．海洋地质与第四纪地质，29（4）：21－27．
孙荣涛，李铁刚，常凤鸣．2010．全新世北黄海泥质区环境演化的底栖有孔虫记录．海洋地质与第四纪地质，30（5）：85－89．

孙湘君，王琫瑜，宋长青．1996. 中国北方部分科属花粉－气候响应面分析．中国科学D辑：地球科学，(5)：431－436.

孙效功，方明，黄伟．2000. 黄东海陆架区悬浮体输运的时空变化规律．海洋与湖沼，31（6）：581－587.

孙效功，杨作升，陈彰榕．1993. 现行黄河口海域泥沙冲淤的定量计算及其规律探讨．海洋学报（中文版），(1)：129－136.

孙有斌，高抒，李军．2003. 边缘海陆源物质中环境敏感粒度组分的初步分析．科学通报，48：83－86.

覃建雄，杨作升，梁卫，等．1998. 东海陆架全新统高分辨率层序地层学研究．岩相古地理，(6)：11－26.

陶倩倩．2009. 南黄海西部陆架埋藏古三角洲研究．中国海洋大学.

童胜琪，刘志飞，Khanh PhonLe，等．2006. 红河盆地的化学风化作用：主要和微量元素地球化学记录．矿物岩石地球化学通报，(3)：218－225.

屠其璞．1984. 近百年来我国气温变化的趋势和周期．南京气象学院学报，(2)：151－162.

万世明，李安春，胥可辉，等．2007. 南海北部中新世以来黏土矿物特征及东亚古季风记录．地球科学（中国地质大学学报），19（1）：23－37.

万天丰，郝天珧．2009. 黄海新生代构造及油气勘探前景．现代地质，23（3）：385－393.

汪品先，闵秋宝，卞云华．1980b. 南黄海西北部底质中有孔虫、介形虫分布规律及其地质意义．海洋微体古生物论文集．北京：海洋出版社，61－83.

汪品先，闵秋宝，卞云华．1980. 黄海有孔虫、介形虫组合的初步研究．海洋微体古生物论文集．北京：海洋出版社，84－100.

汪品先，闵秋宝．1980a. 海洋微体古生物论文集．北京：海洋出版社.

汪品先，章纪军，赵泉鸿，等．1988. 东海底质中的有孔虫和介形虫．北京：海洋出版社.

汪品先．1995. 大洋钻探与青藏高原．地球科学进展，10（3）：254－257.

王保贵，侯红明，汤贤赞，等．1996. 东南极普里兹湾NP93－2柱样古地磁结果．南极研究，(1)：47－52.

王蓓，翟世奎，许淑梅．2008. 三峡工程一期蓄水后长江口及其邻近海域表层沉积物重金属污染及其潜在生态风险评价．海洋地质与第四纪地质，28（4）：19－26.

王飞飞，赵全民，丁旋，等．2009. 渤海东北海域有孔虫埋葬群特点与沉积环境的关系．海洋地质与第四纪地质，29（2）：9－14.

王奉瑜，孙湘君．1997. 内蒙古察素齐泥炭剖面全新世古环境变迁的初步研究．科学通报，42（5）：514－522.

王桂芝，高抒，李凤业．2003. 北黄海西部的全新世泥质沉积．海洋学报，25（4）：125－134.

王国庆，石学法，刘焱光，等．2007. 长江口南支沉积物元素地球化学分区与环境指示意义．海洋科学进展，4（25）：408－418.

王国庆，石学法，刘焱光，等．2007. 粒径趋势分析对长江南支口外沉积物输运的指示意义．海洋学报，29（6）：161－166.

王国忠，吕炳全，全松青．1987. 现代碳酸盐和陆源碎屑的混合沉积作用－涠洲岛珊瑚岸礁实例．石油与天然气地质，(1)：17－25.

王佳，1985. 南中国海定常环流的一种模型．山东海洋学院学报，15：25－35.

王金土．1989. 黄海沉积物硼、氟、铷、锶地球化学及地球化学分类．海洋与湖沼，(6)：517－527.

王开发，王宪曾．1983. 孢粉学概论．北京：北京大学出版社.

王开发，王永吉．1987. 黄海沉积孢粉藻类组合．北京：海洋出版社.

王开发，徐馨．1988. 第四纪孢粉学．贵州：贵州人民出版社.

王凯，冯士筰，施心慧．2001. 渤、黄、东海夏季环流的三维斜压模型．海洋与湖沼，(5)：551－560.

王昆山，石学法，蔡善武，等．2010. 黄河口及莱州湾表层沉积物中重矿物分布与来源．海洋地质与第四纪地质，(6)：1－8.
王昆山，石学法，程振波，等．2007. 南黄海陆架中部沉积物反射率光谱的影响因素分析．海洋科学进展，25 (1)：46－53.
王昆山，石学法，姜晓黎．2001. 南黄海沉积物的来源及分区：来自轻矿物的证据．科学通报，（S1）：24－29.
王昆山，石学法，林振宏．2003. 南黄海和东海北部陆架重矿物组合分区及来源．海洋科学进展，(1)：31－40.
王昆山，石学法，王国庆，等．2006. 南黄海陆架沉积物颜色反射率的初步研究．海洋科学进展，24 (1)：30－38.
王昆山，王国庆，蔡善武，等．2007. 长江水下三角洲沉积物的重矿物分布及组合．海洋地质与第四纪地质，27 (1)：7－12.
王立飞，郭丽华，聂鑫．2012. 北黄海盆地西部坳陷地质构造特征及演化．海洋地质与第四纪地质，32 (3)：55－62.
王利波，杨作升，赵晓辉，等．2009. 南黄海中部泥质区 YE－2 孔 8.4 ka BP 来的沉积特征．海洋地质与第四纪地质，29 (5)：1－11.
王嘹亮，吴能友，周祖翼，等．2002. 南海西南部北康盆地新生代沉积演化史．中国地质，29 (1)，96－102.
王宁练，Thompson L G，Cole-Dai J. 2000. 青藏高原古里雅冰心记录所揭示的 Maunder 极小期太阳活动特征．科学通报，45 (16)：1 697－1 704.
王宁练，姚檀栋，蒲建辰，等．2006. 青藏高原北部马兰冰心记录的近千年来气候环境变化．中国科学 D 辑：地球科学，36 (8)：723－732.
王琦，杨作升．1981. 黄海南部表层沉积中的自生黄铁矿．海洋与湖沼，(1)：25－32.
王琦，朱而勤．1988. 海洋自生矿物．北京：海洋出版社.
王琦，朱而勤．1989. 海洋沉积学．北京：科学出版社.
王汝建，李建．2003. 南海 ODP1143 站第四纪高分辨率的蛋白石记录及其古生产力意义．科学通报，48 (1)：74－77.
王汝建，李霞，肖文申，等．2005. 白令海北部陆坡 100 ka 来的古海洋学记录及海冰的扩张历史．地球科学：中国地质大学学报，30 (5)：550－558.
王绍武，叶瑾琳，龚道溢．1998. 中国小冰期的气候．第四纪研究，18：54－64.
王绍武．1995. 小冰期气候的研究．第四纪研究，(3)：202－212.
王绍武．1998. 近百年来中国气候变化的研究．中国科学基金，(3)：167－170.
王伟，李安春，徐方建，等．2009. 北黄海表层沉积物粒度分布特征及其沉积环境分析．海洋与湖沼，40 (5)：525－531.
王文远，刘嘉麒，彭平安．2000. 湖泊沉积物生物硅的测定与应用：以湖光岩玛珥湖为例．地球化学，9：327－330.
王颖，朱大奎，周旅复，等．1998. 南黄海辐射沙脊群沉积特点及其演变．中国科学 D 辑，28 (5)：386－393.
王颖．1964. 渤海湾西部贝壳堤与古海岸线问题南京大学学报，8 (3)：424－443.
王颖．1996. 中国海洋地理．北京：科学出版社.
王允菊，张志忠，黄文盛，等．1995. 长江口南槽水化学特性与悬沙黏土矿物．海洋通报，14 (3)：106－113.
王振宇．1982. 南黄海西部残留砂特征及成因的研究．海洋地质研究，(3)：63－70.
韦刚健，陈毓蔚，李献华，等．2001. NS93－5 钻孔沉积物不活泼微量元素记录与陆源输入变化探讨．地球化学，30 (3)：208－216.
韦刚健，刘颖，邵磊，等．2003. 南海碎屑沉积物化学组成的气候记录．海洋地质与第四纪地质，(3)：1－4.

魏建伟，石学法，辛春英，等．2002. 南黄海黏土矿物分布特征及其指示意义．科学通报，46（增刊）：30－33.

文启忠，刁桂仪，贾蓉芬，等．1996. 末次间冰期以来渭南黄土剖面地球化学指标所反映的古气候变化．地球化学，25（6），529－535.

吴明清．1983. 我国台湾浅滩海底沉积物稀土元素地球化学．地球化学，(3)：303－313.

吴永华，程振波，石学法，等．2007. 琉球群岛东部海区表层沉积物中浮游有孔虫分布及指示意义．海洋地质与第四纪地质，27（6）：1－7.

吴月英，陈中原，王张华．2005. 长江三角洲平原黏土矿物分布特征及其环境意义．华东师范大学学报（自然科学版），92－98.

吴征镒．1980. 中国植被．北京：科学出版社．

夏东兴，刘振夏．2001. 末次冰期盛期长江入海流路探讨．海洋学报，23（5）：87－94.

夏小明，杨辉，李炎，等．2004. 长江口－杭州湾毗连海区的现代沉积速率．沉积学报，(1)：130－135.

向荣，李铁刚，杨作升，等．2003. 冲绳海槽北部表层沉积物中底栖有孔虫分布及其与海洋环境的关系．海洋与湖沼，34（6）：671－682.

向荣，杨作升，Satio Y，等．2006. 济州岛西南泥质区近2300a来环境敏感粒度组分记录的东亚冬季风变化．中国科学D辑：地球科学，36：654－662.

向荣，杨作升，郭志刚，等．2005. 济州岛西南泥质区粒度组分变化的古环境应用．地球科学－中国地质大学学报，30（5）：582－588.

肖尚斌，李安春，陈木宏，等．2005. 近8 ka东亚冬季风变化的东海内陆架泥质沉积记录．地球科学（中国地质大学学报），30（5）：573－581.

肖尚斌，李安春，陈木宏，等．2006. 全新世东亚季风变化的百年尺度周期．科技导报，24（4）：40－43.

肖尚斌，李安春，蒋富清，等．2004. 近2 ka来东海内陆架的泥质沉积记录及其气候意义．科学通报，49（21）：2 232－2 237.

肖尚斌，李安春，蒋富清，等．2005. 近2ka闽浙沿岸泥质沉积物物源分析．沉积学报，23（2）：268－274.

肖尚斌，李安春，刘卫国，等．2009. 闽浙沿岸泥质沉积的物源分析．自然科学进展，19（2）：185－191.

邢焕政．2003. 海河口岸线演变及泥沙来源分析．海河水利，(2)：28－30.

熊应乾，刘振夏，杜德文，等．2006. 东海陆架EA01孔沉积物常微量元素变化及其意义．沉积学报，(03)：356－364.

徐方建，李安春，肖尚斌，等．2009. 末次冰消期以来东海内陆架古环境演化．沉积学报，27（1）：118－127.

徐海，洪业汤，林庆华，等．2002. 红原泥炭纤维素氧同位素指示的距今6 ka温度变化．科学通报，47（15）：1 181－1 186.

徐杰，马宗晋，邓起东 等．2004. 渤海中部渐新世以来强烈沉陷的区域构造条件．石油学报，(5)：11－16.

徐茂泉，黄奕普，施文远．1994. 南海东沙群岛附近海域表层沉积物中碎屑矿物的研究．厦门大学学报（自然科学版），33（3）：380－385.

徐兆礼，沈新强，马胜伟．2005. 春、夏季长江口邻近水域浮游动物优势种的生态特征．海洋科学，(12)：13－19.

许东禹，刘锡清，张训华，等．1997. 中国近海地质．北京：地质出版社．

许冬，龙江平，钱江初，等．2008. 海南岛近海海域7个沉积岩心的现代沉积速率及其分布特征．海洋学研究，(3)：9－17.

许炯心．2001. 论黄河下游河道两次历史性大转折及其意义．水利学报，(7)：1－7.

薛春汀，E Eisma，成国栋，等．1993. 黄河三角洲下三角洲平原沉积环境．海洋地质与第四纪地质，(1)：33－40.

薛春汀，程国栋．1989. 渤海西岸贝壳堤及全新世黄河三角洲体系．见：中国近海及沿海地区第四纪进程与事件．北京：海洋出版社，117－125.
薛春汀，李绍全，周永青．2008．西汉末－北宋黄河三角洲（公元 11—1099 年）的沉积记录．沉积学报，(5)：804－812.
薛春汀，叶思源，高茂生，等．2009. 现代黄河三角洲沉积物沉积年代的确定．海洋学报，31（1）：117－123
薛春汀，周永青，朱雄华．2004. 晚更新世末至公元前 7 世纪的黄河流向和黄河三角洲．海洋学报，26（1）：48－61.
薛春汀．1994. 现代黄河三角洲叶瓣的划分和识别．地理研究，13（2）：59－66.
薛春汀．2002. 对我国沿海全新世海面变化研究的讨论．海洋学报（中文版），(4)：58－67.
鄢全树，王昆山，石学法．2008. 中沙群岛近海表层沉积物重矿物组合分区及物质来源．海洋地质与第四纪地质，(1)：17－24.
闫义，夏斌，林舸 等．2005. 南海北缘新生代盆地沉积与构造演化及地球动力学背景．海洋地质与第四纪地质，25（2）：53－61.
阎军，何丽娟，薛胜吉．1991. 西太平洋边缘海区元素地层学研究及其古海洋学意义．海洋地质与第四纪地质，11（2）：57－68.
颜文，陈忠，王有强，等．2000. 南海 NS93－5 柱样的矿物学特征及矿物沉积序列．矿物学报，（2）：143－149.
颜文，古森昌，陈列忠，等．2002. 南海 97－37 柱样的主元素特征及其潜在的古环境指示作用．热带海洋学报，21（2）：75－83.
杨怀仁，王建．1990. 黄河三角洲地区第四纪海进与岸线变迁．海洋地质与第四纪地质，(3)：1－14.
杨怀仁．1987. 第四纪地质．北京：高等教育出版社．
杨群慧，林振宏．2002. 南海中东部表层沉积物矿物组合分区及其地质意义．海洋与湖沼，33（6）：591－599.
杨守业，Hoi-Soo J，李从先，等．2004. 黄河、长江与韩国 Keum、Yeongsan 江沉积物常量元素地球化学特征．地球化学，33（1）：99－105.
杨守业，李从先，Lee C B 等．2003. 黄海周边河流的稀土元素地球化学及沉积物物源示踪．科学通报，48（11)：1 233－1 236.
杨守业，李从先，张家强．1999. 苏北滨海平原全新世沉积物物源研究．沉积学报，17（3)：458－463.
杨守业，李从先．1999. 长江与黄河沉积物元素组成及地质背景．海洋地质与第四纪地质，19（2)：19－26.
杨文达，崔征科，张异彪，2010. 东海地质与矿产．北京：海洋出版社．
杨文达．1996. 全新世长江水下三角洲朵体及其发育特征．海洋地质与第四纪地质，16（3)：25－36.
杨子赓，林和茂，雷祥义，等．1996. 中国第四纪地层与国际对比．北京：地质出版社.
杨子赓，林和茂，王圣洁，等．1998. 对末次间冰期南黄海古冷水团沉积的探讨．海洋地质与第四纪地质，18（1)：47－58.
杨子赓，林和茂．1989. 中国近海及沿海地区第四纪进程与事件．北京：海洋出版社.
杨子赓，林和茂．1993. 中国与邻区第四纪地层对比（英文）．海洋地质与第四纪地质，(3)：1－14.
杨子赓，王圣洁，张光威，等．2001. 冰消期海侵进程中南黄海潮流沙脊的演化模式．海洋地质与第四纪地质，(3)：1－10.
杨子赓．1993. 南黄海第四纪轨道事件与非轨道事件的探讨．海洋地质与第四纪地质，(3)：25－34.
杨子赓．1993. Olduvai 亚时以来南黄海沉积层序及古地理变迁．地质学报，(4)：357－366.
杨子赓．1994. 晚松山时南黄海的古长江三角洲．第四纪研究，(1)：13－23.
杨子赓．2004. 海洋地质学．济南：山东教育出版社.

杨子赓 . 1985. 南黄海陆架晚更新世以来的沉积及环境 . 海洋地质与第四纪地质, (4): 1 – 19.
杨作升, J. D. 米利曼 . 1983. 长江入海沉积物的输送及其入海后的运移 . 山东海洋学院学报 . (3): 1 – 13.
杨作升, 陈晓辉 . 2007. 百年来长江口泥质区高分辨率沉积粒度变化及影响因素探讨 . 第四纪研究, 27 (5): 690 – 699.
杨作升, 戴慧敏, 王开荣 . 2005. 1950—2000 年黄河入海水沙的逐日变化及其影响因素 . 中国海洋大学学报 (自然科学版), (2): 237 – 244.
杨作升, 郭志刚, 王兆祥, 等 . 1992. 黄东海陆架悬浮体及其东部深海区输送的宏观格局 . 海洋学报 (中文版), (2): 81 – 90.
杨作升, 孙宝喜, 沈渭铨 . 1985. 黄河口毗邻海域细粒级沉积物特征及沉积物入海后的运移 . 山东海洋学院学报, 15 (2): 121 – 128.
杨作升 . 1988. 黄河、长江、珠江沉积物中黏土的矿物组合、化学特征及其与物源区气候环境的关系 . 海洋与湖沼, 19 (4): 336 – 346.
业渝光, 和杰, 刁少波, 等 . 1991. 南海全新世珊瑚礁 ESR 和铀系年龄的研究 . 地质论评, (2): 165 – 171.
叶青超 . 1982. 黄河三角洲的地貌结构及发育模式 . 地理学报, (4): 349 – 362.
叶青超 . 1986. 试论苏北废黄河三角洲的发育 . 地理学报, 41 (2): 112 – 122.
叶曦雯, 刘素美, 张经 . 2002. 黄海、渤海沉积物中生物硅的测定及存在问题的讨论 . 海洋学报, 24 (1): 129 – 134.
叶曦雯, 刘素美, 张经 . 2003. 生物硅的测定及其生物地球化学意义 . 地球科学进展, 18 (3): 420 – 426.
尹延鸿, 周永青, 丁东 . 2004. 现代黄河三角洲海岸演化研究 . 海洋通报, 23 (2): 32 – 40.
游仲华, 唐锦龙, 廖连招 . 1993. 台湾海峡西部柱状沉积物黏土矿物的分析 . 台湾海峡, 12 (1): 1 – 7.
余华, 李巍然, 刘振夏, 等 . 2005. 冲绳海槽晚更新世以来高分辨率古海洋学研究进展 . 海洋科学, (1): 54 – 58.
余克服, 钟晋梁, 赵建新, 等 . 2002 . 雷州半岛珊瑚礁生物地貌带与全新世多期相对高海平面 . 海洋地质与第四纪地质, (2): 27 – 33.
於崇文 . 1980. 数学地质的方法与应用 – 地质与化探工作中的多元分析 . 北京: 冶金工业出版社 .
岳保静, 栾锡武, 张亮, 等 . 2010. 近 20 年来渤海南部水深变化 . 海洋地质与第四纪地质, 30 (3): 15 – 21
臧启运, 李泽林, 周希林 . 1996. 一种新型简易自动采水浮标系统的研制和试用 . 黄渤海海洋, (1): 62 – 68.
曾从盛 . 1991. 福建沿海全新世海平面变化 . 台湾海峡, 10 (1): 74 – 84.
曾允孚, 夏文杰 . 1986. 沉积岩石学 . 北京: 地质出版社 .
展望, 杨守业, 刘晓理, 等 . 2010. 长江下游近代洪水事件重建的新证据 . 科学通报, 55 (19): 1 908 – 1 913.
张富元, 张霄宇, 杨群慧, 等 . 2005 . 南海东部海域的沉积作用和物质来源研究 . 海洋学报 (中文版), (2): 79 – 90.
张虎男, 赵希涛 . 1984. 雷琼地区新构造运动的特征 . 地质科学, (3): 277 – 287.
张虎男 . 1980. 断块型三角洲 . 地理学报, (1): 58 – 67.
张怀静, 翟世奎, 范德江, 等 . 2007. 三峡工程一期蓄水后长江口悬浮体形态及物质组成 . 海洋地质与第四纪地质, (2): 1 – 10.
张家强, 李从先, 丛友滋 . 1998. 苏北陆区古潮流沙体沉积动力环境及物质 . 海洋学报, 20 (3): 82 – 90.
张家强, 李从先, 丛友滋 . 1999. 苏北南黄海潮成沙体的发育条件及演变过程 . 海洋学报 (中文版), (2): 65 – 74.
张进 . 2004. 黄河口现代海洋沉积高分辨率地震地层学研究 . 青岛: 中国海洋大学学位论文.
张丕远, 葛全胜, 张时煌, 等 . 1997. 2000 年来我国旱涝气候演化的阶段性和突变 . 第四纪研究, 17: 12 – 20.
张忍顺 . 1984. 苏北黄河三角洲及滨海平原的成陆过程 . 地理学报, (2): 173 – 184.

张瑞，潘少明，汪亚平，等，2009. 长江河口水下三角洲^{210}Pb分布特征及其沉积速率．沉积学报，27（4）：704－713.

张霄宇，张富元，章伟艳．2003. 南海东部海域表层沉积物锶同位素物源示踪研究．海洋学报（中文版）.（4）：43－49.

张晓东，许淑梅，翟世奎，等．2006. 东海内陆架沉积气候信息的端元分析模型反演．海洋地质与第四纪地质，26：25－32.

张训华．2008. 中国海域构造地质学．北京：海洋出版社.

张义丰，李凤新．1983. 黄河、滦河三角洲的物质组成及其来源．海洋科学，7（3）：15－18.

张宗祜．1983. 目前国际第四纪研究概况及发展趋向．水文地质工程地质，(1)：58－60.

赵保仁，雷方辉．1995. 渤海的环流、潮余流及其对沉积物分布的影响．海洋与湖沼，26（5）：466－473.

赵保仁．1982. 局地风对黄海和东海近岸浅海海流影响的研究．海洋与湖沼，(6)：479－490.

赵宏樵，韩喜彬，陈荣华，等．2008. 南海北部191柱状沉积物主元素特征及其古环境意义．海洋学报，30（6）：85－93.

赵焕庭．1982. 珠江三角洲的形成和发展．海洋学报（中文版），(5)：595－607.

赵娟，范代读，李从先．2004. 苏北海岸带潮成辐射状沙脊群的形成及其古地理意义．古地理学报，6（1）：41－48.

赵全基．1987. 渤海表层沉积物中黏土矿物研究．黄渤海海洋，(1)：78－84.

赵松龄，张宏才．1981. 晚更新世末期的地磁短期反极性事件．海洋地质研究，(2)：61－67.

赵松龄，于洪军，刘敬圃．1996. 晚更新世末期陆架沙漠化环境演化模式的探讨．中国科学D辑：地球科学，(2)：142－146.

赵维霞，杨作升，冯秀丽．2006. 埕岛海区浅地层地质灾害因素分析．海洋科学，30（10）：20－25.

赵一阳，李凤业，秦朝阳，等．1991. 试论南黄海中部泥的物源及成因．地球化学，(2)：112－117.

赵一阳，鄢明才．1994. 中国浅海沉积物地球化学．北京：科学出版社．

赵一阳．1983. 中国海大陆架沉积物地球化学的若干模式．地质科学（4）：307－314.

赵颖翡，刘素美，叶曦雯，等．2005. 黄、东海柱状沉积物中生物硅含量的分析．中国海洋大学学报，35（3）：423－428.

赵月霞，刘保华，李西双，等．2003. 南黄海中西部晚更新世沉积地层结构及其意义．海洋科学进展，21（1）：21－30.

赵月霞．2003. 南黄海第四纪高分辨率地震地层学研究．青岛：中国海洋大学.

郑光膺．1989. 南黄海第四纪层型地层对比．北京：科学出版社．

郑光膺．1991. 黄海第四纪地质．北京：科学出版社．

郑守仪，谭智源．1979. 有孔虫和放射虫的研究．海洋科学，(S1)：74－75.

郑守仪，郑执中，王喜堂，等．1978. 山东打渔张灌区第四纪有孔虫及其沉积环境的初步探讨．海洋科学集刊，13：16－78.

郑执中，郑守仪．1960. 黄海和东海的浮游有孔虫．海洋与湖沼，(3)：125－152.

郑执中，郑守仪．1962. 黄海和东海浮游有孔虫生态的研究．海洋与湖沼，(Z1)：60－85.

中国海湾志编纂委员会．1991. 中国海湾志（3）．北京：海洋出版社．

中国海湾志编纂委员会．1998. 中国海湾志（14）．北京：海洋出版社．

钟广法，李前裕，郝沪军，等．2007. 深水沉积物波及其在南海研究之现状．地球科学进展，22（9）：907－913.

钟其英．1985. 调查区海水光学特征的分布和变化//中国科学院南海海洋研究所．南海海区综合调查研究报告（二）．北京：科学出版社，256－273.

周良勇，刘健，刘锡清，等．2004. 现代黄河三角洲滨浅海区的灾害地质．海洋地质与第四纪地质，24（3）：19 –27.

周墨清，葛宗诗．1990. 南黄海及相邻陆区松散沉积层磁性地层的研究．海洋地质与第四纪地质，(4)：21 –33.

周秀艳，王恩德，刘秀云，等．2004. 辽东湾河口底质重金属环境地球化学．地球化学，33（3）：286 –290.

朱建荣，肖成猷，沈焕庭．1998. 夏季长江冲淡水扩展的数值模拟．海洋学报（中文版），(5)：13 –22.

朱日祥，顾兆炎，黄宝春，等．1993. 北京地区 15 000 年以来地球磁场长期变化与气候变迁．中国科学 B 辑，(12)：1316 –1321.

朱日祥，赵希涛，魏新富，等．1992. 约 12 000 年前地球磁场极性漂移的一个证据．科学通报，(17)：1 596 –1 598.

朱首贤，丁平兴，史峰岩，等．2000. 杭州湾、长江口余流及其物质输运作用的模拟研究Ⅱ –冬季余流及其对物质的运输作用．海洋学报（中文版），(6)：1 –12.

朱耀华，方国洪．1994. 陆架和浅海环流的一个三维正压模式及其在渤、黄、东海的应用．海洋学报（中文版），(6)：11 –26.

朱永其，李承伊，曾成开，等．1979. 关于东海大陆架晚更新世最低海面．科学通报，(7)：317 –320.

竺可桢．1973. 中国近五千年来气候变迁的初步研究．中国科学 A 辑，16：168 –189.

竺可桢．1973. 中国近五千年来气候变迁的初步研究．中国科学，(2)：168 –189.

庄克琳，毕世普，刘振夏，等．2005. 长江水下三角洲的动力沉积．海洋地质与第四纪地质，(2)：1 –9.

庄振业，许卫东，刘东生，等．1999. 渤海南部 S3 孔晚第四纪海相地层的划分及环境演变．海洋地质与第四纪地质，19：27 –35.

宗海峰，杨莉．2010. 近 50 年来全球增暖的阶段性特征及其与中国东部夏季降水分布的关系．河北工业科技，27（2）：69 –75.

左书华．2006. 长江河口典型河段水动力、泥沙特征及影响因素分析．华东师范大学．

Akhalik H W, Zaharudin A. 1997. Geochemistry of sediments in Johor Strait between Malaysia and Singapore. Continental shelf research, 17 (10): 1 207 –1 228.

Alexander C R, DeMaster D J, Nittrouer C A. 1991. Sediment accumulation in a modern epicontinental-shelf setting: the Yellow Sea. Marine Geology, 98 (1): 1 –72.

Allan R J, Lindesay J, Parker D E. 1996. El Niño-Southern Oscillation and Climatic Variability. Melbourne: CSIRO Publishing.

An Z S, Porter S C, Kutzbach J E, et al. 2000. Asynchronous Holocene optimum of the East Asian monsoon. Quaternary Science Reviews, 19: 743 –762.

An Z S, Porter S C, Zhou W J, et al. 1993. Episode of strengthened summer monsoon climate of Younger Dryas age on the Loess Plateau of central China. Quaternary Research, 39: 45 –54.

Barber J, Sweetman A, Jones K. 2005. Hexachlorobenzene-sources, environmental fate and risk characterization. Science Dossier, EuroChlor, Belgium. www. eurochlor. org.

Barranco F T, Balsam W L, Deaton B C. 1989. Quantative reassessement of brick red lutites: Evidence from reflectance spectrophotometry. Marine Geology, 89: 299 –314.

Beget J E. 1983. Radiocarbon-dated evidence of worldwide early Holocene climate change . Geology, 11: 389 –393.

Berne´S, Vagner P, Guichard F, et al. 2002. Pleistocene forced regressions and tidal sand ridges in the East China Sea. Marine Geology, 188: 293 –315.

Bidleman T F, Jantunen L M M, Helm P A, et al. 2002. Chlordane Enantiomers and Temporal Trends of Chlordane Isomers in Arctic Air. Environmental Science & Technology, 36 (4): 539 –544.

Bigot M, Saliot A, Cui X et al. 1989. Organic geochemistry of surface sediments from the Huanghe estuary and adjacent Bohai Sea (China). Chemical Geology, 75 (4): 339 -350.

Biscaye P E. 1965. Mineralogy and sedimentation of recent deep-sea clay in the Atlantic Ocean and adjacent seas and oceans. Geological Society of America Bulletin, 76: 803 -832.

Bond G, Kromer B, Beer J, et al. 2001. Persistent solar influence on North Atlantic climate during the Holocene. Science, 294: 2130 -2136.

Bond G, Showers W, Cheseby M, et al. 1997. A pervasive millennial-scale cycle in north Atlantic Holocene and glacial climates. Science, 278: 1 257 -1 266.

Boulay S, Colin C, Trentesaux A, et al. 2003. Mineralogy and sedimentology of Pleistocene sediments on the South China Sea (ODP Site 1144) //Prell W L, Wang P, Blum P, Rea D K & Clemens S C (Eds), Proc ODP, Science Research, 184: 1 -21.

Boulay S, Colin C, Trentesaux A, et al. 2005. Sediment sources and East Asian monsoon intensity over the last 450 ky: Mineralogical and geochemical investigations on South China Sea sediments. Palaeogeography, Palaeoclimatology, Palaeoecology, 228: 260 -277.

Boyd R, Dalrymple R W, Zaitlin B A. 1992. Classification of coastal sedimentary environments. Sedimentary Geology, 80: 139 -150.

Bradley R S, Diaz H F, Kiladis G N, et al, 1987. ENSO signal in continental temperature and precipitation records. Nature, 327: 497 -501.

Calvert S E, Pedersen T F. 1993. Geochemistry of recent oxic and anoxic marine sediments: Implications for the geological record. Marine Geology, 113: 67 -88.

Caruso M J, Gawarkiewicz G G, Beardsley R C. 2006. Interannual variability of the Kuroshio intrusion in the South China Sea. Journal of Ocearnography, 62: 559 -575.

Chamley H. 1989. Clay Sedimentology. Springer, Berlin.

Chappell J, Shackleton N J. 1986. Oxygen isotopes and sea level. Nature, 324: 137 -140.

Chen C T, Lan H C, Lou J C, et a1. 2003. The dry Holocene Megathermal in Inner Mongolia. Palaeogeography, Palaeoclimatology, Palaeoecology, 193: 181 -200.

Chen J J, Ji W, Balsam Y, Chen, et a1. 2002. Characterization of the Chinese loess-paleosol stratigraphy by whiteness measurement. Palaeogeography, Palaeoclimatology, Palaeoecology, 183: 287 -297.

Chen J S, Wang F Y, Xia X H, et a1. 2002. Major element chemistry of the Changjiang (Yangtze River). Chemistry Geology, 187: 231 -255.

Chen P Y. 1978. Mineral in bottom sediments of the South China Sea. Geologica1 Society of America Bulletin, 89: 211 -222.

Chen S J, Luo X J, Mai B X, et al. 2006. Distribution and Mass Inventories of Polycyclic Aromatic Hydrocarbons and Organochlorine Pesticides in Sediments of the Pearl River Estuary and the Northern South China Sea. Environmental Science & Technology, 40 (3): 709 -714.

Chen Z L. 1996. The Geochemical Record of the Past 15000-Year Environmental Change Derived from the Sediments In Bo Sea and Huang Sea in China. Postdoctoral Research Report. East China Normal University, Shanghai, China.

Chen Z Y, Song B P, Wang Z H, et a1. 2000. Late Quaternary Evolution of the Sub Aqueous Yangtze River Delta, China: Sedimentation, Stratigtraphy, Palynology and Deformation. Marine Geology, 162: 423 -441.

Cho Y G, Lee C B, Choi M S. 1997. Geochemistry of the surface sediments off the southern and western coasts of Korea, Proceedings of the Korea-China International Seminar on Holocene and Late Pleistocene Environments in the Yellow Sea Basin, Nov 20 -22, Seoul: Seoul National University Press, 159 -181.

Chough S K, Kim J W, Lee S H, et al. 2002. High-resolution acoustic characteristics of epicontinental sea deposits, central-eastern Yellow Sea. Marine Geology, 188: 317 -331.

Chough S K. 1985. Further evidence of fine-grained sediment dispersal in the southeastern Yellow sea . Sediment Geology, 41: 159 -172.

Chu Z X, Sun X G, Zhai S K, et al. 2006. Changing pattern of accretion/erosion of the modern Yellow River (Huanghe) subaerial delta, China: based on remote sensing images. Marine Geology, 227 (1 -2): 13 -30.

Colman S M, Peck J A, Karabanov E B. 1995. Continental climate response to orbital forcing from biogenic silica records in lake Baikal. Nature, 378: 769 -771.

Cox R, Lowe D R, Cullers R L. 1995. The influence of sediment recycling and basement composition on evolution of mudrock chemistry in the southwestern United States. Geochimica et Cosmochimica Acta, 59: 919 -940.

Cui J X, Zhou S Z, Chang H. 2009. The Holocene warmhumid phases in the North China Plain as recorded by multiproxy records. Chinese Journal of Oceanology and Limnology, 27 (1): 147 -61.

Dadson S J, Hovius N, Chen H, et al. 2003. Links between erosion, runoff variability and seismicity in the Taiwan orogen. Nature, 426: 648 -651.

Dalrymple R W. 1992. Tidal depositional systems//Walker R G, James N P, eds. Facies Models, Response to Sea-Level Change: St. John's, Geological Association of Canada, p. 195 -218.

Dean W E, Gardner J V, Piter D Z. 1997. Inorganic geochemical indicators of glacial 2 interglacial changes in productivity and anoxia on the California continental margin. Geochimica et Cosmochimica Acta, 61 (21): 4 507 -4 518.

Deaton B C, Balsam W L. 1991. Visible spectroscopy—a rapid method for determining hematite and goethite concentration in geological materials. Sedimentary Petrology, 61: 628 - 632.

Delaney M L, Linn L J, Druffel R M. 1993. Seasonal cycles of manganese and cadrnium in coral from the Galapagos Islands. Geochimica et Cosmochimica Acta, 57: 347 -354.

DeMaster D J. 1981. The supply and accumulation of silica in the marine environment. Geochimica et Cosmochimica Acta, 45: 1 715 -1 732.

DeMaster D J. 2002. The accumulation and cycling of biogenic silica in the Southern Ocean: revisiting the marine silica budget. Deep-Sea Research Ⅱ, 49: 3 155 -3 167.

Driscoll N, Nittrouer C. 2002. Source to Sink Studies. Margins Newsletter, 5: 1 -24.

Dykoski, C A, Edwards R L, Cheng H, et al. 2005. A high-resolution, absolute-dated Holocene and deglacial Asian monsoon record from Dongge Cave, China. Earth and Planetary Science Letters, 233: 71 -86.

Ehrmann W. 1998. Implications of late Eocene to early Miocene clay mineral assemblages in McMurdo Sound (Ross Sea, Antarctica) on paleoclimate and ice dynamics. Palaeogeography, Palaeoclimatology, Palaeoecology, 139: 213 -231.

Elliott T. 1986. Deltas. //Reading H G (Ed.). Sedimentary Environments and Facies, Blackwell, Oxford.

Fagel N, Boski T, Likhoshway L, et al. 2003. Late quaternary clay mineral record in Central Lake Baikal (Academician Ridge, Siberia) . Palaeogeography, Palaeoclimatology, Palaeoecology, 193: 157 -179.

Feng S. 1999. Comprehensive analysis of Qinghai-Xizang (Tibet) Plateau climate fluctuations on decadal to millennial timescales. PhD dissertation, Lanzhou Institute of Plateau Atmospheric Physics, Chinese Academy of Sciences.

Fu J M, Mai B X, Sheng G Y, et al. 2003. Persistent organic pollutants in environment of the Pearl River Delta, China: an overview. Chemosphere, 52 (9): 1 411 -1 422.

Gao S , Collins M. 2001. The use of grain size t rends in marine sediment dynamics: a review. Chinese Journal of Oceanology and Limnology, 19 (3) : 265 -271

Gao S, Collins M, Lanckneus J, et al. 1994b. Grain size trends associated with net sediment transport patterns: an example from the Belgian continental shelf. Marine Geology, 171 – 185.

Gao S, Collins M. 1992. Net sediment transport patterns inferred from grain-size trends, based upon definition of "transport vectors" . Sedimentary Geology, 80: 47 – 60.

Gao S, Collins M. 1994a. Analysis of Grain Size trends, for defining sediment transport pathways in marine environments. Journal of Coastal Research, 10 (1): 70 – 78.

Gasse F, Arnold M, Fontes J C, et al. 1991. A 13000 year climate record from western Tibet. Nature, 353: 742 – 745.

Ge Q, Chu F, Xue Z, et al. 2010. Paleoenvironmental records from the northern South China Sea since the Last Glacial Maximum. Acta Oceanologica Sinica, 29 (3): 1 – 17

Gibbs R J. 1977. Clay mineral segregation in the marine environment. Sedimentary Petrology, 47: 237 – 243.

Gibbs R J. 1994. Metals in the sediments along the Hudson River estuary. Environment International, 20 (4): 507 – 516.

Gingele F X, De Deckker P, Hillenbrand C D. 2001. Clay mineral distribution in surface sediments between Indonesia and NW Australia-source and transport by ocean currents. Marine Geology, 179: 135 – 146.

Gingele F X, Muller P M, Schneider R R. 1998. Orbital forcing of freshwater input in the Zaire Fan area-clay mineral evidence from the last 200 kyr. Palaeogeography, Palaeoclimatology, Palaeoecology, 138 (1 – 4): 17 – 26.

Giosan L, Flood R D, Aller R C. 2002. Paleoceanographic significance of sediment color on western North Atlantic drifts: I. Origin of color. Marine Geology, 189: 25 – 41.

Hainbucher D, Wei H, Pohlmann T, et al. 2004. Variability of the Bohai Sea circulation based on model calculations. Journal of Marine Systems, 44: 153 – 174.

Hakanson L. 1980. An ecological risk index for aquatic pollution control: a sedimentological approach. Water Research, 14 (8): 975 – 1 001.

Haug G H, Hughen K A, Sigman D M, et al. 2001. Southward migration of the Intertropical Convergence Zone through the Holocene. Science, 293: 1 304 – 1 308.

Hernandez-Molina, F J, Somoza L, Rey J, et al. 1994. Late Pleistocene-Holocene sediments on the Spanish continental shelves: a model for very high-resolution sequence stratigraphy. Marine Geology, 120: 129 – 174.

Hitch R K, Day H R. 1992. Unusual persistence of DDT in some Western USA soils. Bulletin of Environmental Contamination and Toxicology, 48 (2): 259 – 264.

Hong S H, Yim U H, Shim W J, et al. 2008. Persistent organochlorine residues in estuarine and marine sediments from Ha Long Bay, Hai Phong Bay, and Ba Lat Estuary, Vietnam. Chemosphere, 72 (8): 1 193 – 1 202.

Hong Y T, Hong B, Lin Q H, et al. 2003. Correlation between Indian Ocean summer monsoon and North Atlantic climate during the Holocene. Earth and Planetary Science Leners, 211: 371 – 380.

Hori K, Saito Y, Zhao Q, et al. 2001. Sedimentary facies and Holocene progradation rates of the Changjiang (Yangtze) delta, China. Geomorphology, 41: 233 – 298.

Hori K, Saito Y, Zhao Q, et al. 2002. Architecture and evolution of the tide-dominated Changjiang (Yangtze) River delta, China. Sedimentary Geology, 146: 249 – 264.

Hu D X. 1984. Upwelling and sedimentation dynamics. Chinese Journal of Oceanology and Limnology, 2 (1): 12 – 19.

Hu D, Saito Y, Kempe S. 1998. Sediment and nutrient transport to the coastal zone. //Galloway J N, Mellilo J M (Eds). Asian Change in the Context of Global Climate Change: Impact of Natural and Anthropogenic Changes in Asia on Global Biogeochemical Cycles. IGBP Publ. Series, vol. 3. Cambridge University Press, Cambridge, 245 – 270.

Hu L M, Guo Z G, Feng J L, et al. 2009. Distributions and sources of bulk organic matter and aliphatic hydrocarbons in surface sediments of the Bohai Sea, China. Marine Chemistry, 113 (3 - 4): 197 - 211.

Huang L. 1997. Calcareous nannofossil biostratigraphy in the Pearl River Mouth Basin, South China Sea, and Neogene reticulofenestrid coccoliths size distribution pattern. Marine Micropaleontology, 32: 31 - 57.

Hung C C, Gong G C, Chen H Y, et al. 2007. Relationships between pesticides and organic carbon fractions in sediments of the Danshui River estuary and adjacent coastal areas of Taiwan. Environmental Pollution, 148 (2): 546 - 554.

Innocent C, Fagel N, Hillaire-Marcel C. 2000. Sm-Nd isotope systematics in deep-sea sediments: clay-size versus coarser fractions. Marine Geology, 168: 79 - 87.

Iwata H, Tanabe S, Sakai N, et al. 1994. Geographical distribution of persistent organochlorines in air, water and sediments from Asia and Oceania, and their implications for global redistribution from lower latitudes. Environmental Pollution, 85 (1): 15 - 33.

Jennerjahn T C, Liebezeit G, Kempe S, et al. 1992. Particle flux in the northern South China Sea//Jin X, Hudrass H R, Pautot G, eds. Marine Geology and Geophysics of the South China Sea.

Jesus C C, Stigter H C, Richter T O, et al. 2010. Trace metal enrichments in Portuguese submarine canyons and open slope: Anthropogenic impact and links to sedimentary dynamics. Marine Geology, 271 (1 - 2): 72 - 83.

Jha S K, Chavan S B, Pandit G G, et al. 2003. Geochronology of Pb and Hg pollution in a coastal marine environment using global fallout ^{137}Cs. Journal of Environmental Radioactivity, 69: 145 - 157.

Ji J F, Balsam W, Chen J. 2001. Mineralogic and climatic interpretations of the Luochuan loess section (China) based on diffuse reflectance spectrophotometry. Quaternary Research, 56: 23 - 30.

Jiang W, Mayer B. 1997. A study on the transportation of suspended partculate matter from Yellow River by using a 3D particle model. Journal of Ocean University of Qingdao, 27 (4): 439 - 445.

Jin J H, Chough S K, Ryang W H. 2002. Sequence aggradation and systems tracts partitioning in the mid-eastern Yellow Sea: roles of glacio-eustasy, subsidence and tidal dynamics. Marine Geology, 184: 249 - 271.

Jin J H, Chough S K. 1998. Partitioning of transgressive deposits in the southeastern Yellow Sea: a sequence stratigraphic interpretationv. Marine Geology, 149 (1 - 4): 79 - 92.

Jin J H, Chough S K. 2001. Erosional shelf ridges in the mid-eastern Yellow Sea. Geo-Marine Letters, 21: 219 - 225.

Jin Q. 1989. Geology and Oil-gas Resources of the South China Sea (Geological Publishing House).

Katayama H, Watanabe Y. 1995. Chemical and mineralogical study of settling particles in the East China Sea. Tsunogai S. Global Fluxes of Carbon and Its Related Substances in the Coastal Sea-Ocean-Atmosphere System. Yokohama: M & J International.

Korotky A M, Razjigaeva N G, Ganzey L A, et al. 1995. Late Pleistocene-Holocene coastal development of islands of Vietnam. Journal of South Asian Earth Sciences, 11 (4): 301 - 308.

Ky B H, Oh J K. 1993. Acoustic Facies in the Westerrn South Sea, Korea. The Journal of the Oceanological Society of Korea, 313 - 322.

Langereis C G, Dekkers M J, De Lange G J, et al. 1997. Magnetostratigraphy and astronomical calibration of the last 1. 1 Myr from an eastern Mediterranean piston core and dating of short events in the Brunhes, Geophysical Journal International, 129: 75 - 94.

Ldmann T, Wong H K, Berglar K. 2005. Upward flow of North Pacific Deep Water in the northern South China Sea as deduced from the occurrence of drift sediments. Geophysics Research Letters, 32: 605 - 614.

Lee H J, Chough S K. 1989. Sediment distribution, dispersal and budget in the Yellow Sea. Marine Geology, 87 (2 - 4): 195 - 205.

Lee K T, Tanabe S, Koh C H. 2001. Distribution of organochlorine pesticides in sediments from Kyeonggi Bay and nearby areas, Korea. Environmental Pollution, 114 (2): 207 - 213.

Leinen M, Cwienk D, Ross G R, et al. 1986. Distribution of biogenic silica and quartz in recent deep-sea sedimentary. Geology, 1: 199 - 203.

Li F Y. 1993. Modern sedimentation rates and sedimentation feature in the Huanghe River Estuary based on ^{210}Pb technique. Chinese Journal of Oceanology and Limnology, 11 (4): 333 - 342.

Li G X, Zhuang K L, Wei H L. 2000. Sedimentation in the Yellow River Delta: Part III. Seabed erosion and diapirism in the abandoned subaqueous delta lobe. Marine Geology, 168: 129 - 144.

Li X H, Wei G, Shao L, et al. 2003. Geochemical and Nd isotopic variations in sediments of the South China Sea: a response to Cenozoic tectonism in SE Asia. Earth and Planetary Science Letters, 211: 207 - 220.

Lisitzin A P. 1967. Basic relationships in distribution of modern siliceous sediments and their connection with climatic zonation. International Geology Review, (9): 631 - 652.

Liu J P, Milliman J D, Gao S, et al. 2004. Holocene development of the Yellow River's subaqueous delta, North Yellow Sea. Marine Geology, 209: 45 - 67.

Liu J P, Milliman J D, Gao S. 2002. The Shandong mud wedge and post-glacial sediment accumulation in the Yellow Sea. Geo-Marine Letters, 21 (4): 212 - 218.

Liu J P, Xu K H, Li A C, et al. 2007. Flux and fate of Yangtze River sediment delivered to the East China Sea. Geomorphology, 85: 208 - 224.

Liu J, Saito Y, Wang H. 2007. Sedimentary evolution of the Holocene subaqueous clinoform off the Shandong Peninsula in the Yellow Sea. Marine Geology, 236: 165 - 187.

Liu M, Cheng S, Ou D, et al. 2008. Organochlorine pesticides in surface sediments and suspended particulate matters from the Yangtze estuary, China. Environmental Pollution, 156 (1): 168 - 173.

Liu S F, Shi X F, Liu Y G, et al. 2011. Environmental record from the mud area in the inner continental shelf of the East China Sea since Holocene. Acta Oceanologica Sinica, 30 (4): 43 - 52.

Liu W X, Chen J L, Lin X M, et al. 2006. Distribution and characteristics of organic micropollutants in surface sediments from Bohai Sea. Environmental Pollution, 140 (1): 4 - 8.

Liu Y, Cai Q F, Shi J F. 2005. Seasonal precipitation in the south-central Helan Mountain region, China, reconstructed from tree-ring width for the past 224 years. Canadian Journal of Forest Research, 35 (10): 2 403 - 2 412.

Liu Z F, Colin C, Huang W, et al. 2007. Climatic and tectonic controls on weathering in South China and the Indochina Peninsula: Clay mineralogical and geochemical investigations from the Pearl, Red, and Mekong drainage basins. Geochemistry, Geophysics, Geosystems, 8: Q05005, doi: 10. 1029/2006 GC001490.

Liu Z F, Colin C, Trentesaux A, et al. 2004. Erosional history of the eastern Tibetan Plateau over the past 190 kyr: Clay mineralogical and geochemical investigations from the southwestern South China Sea. Marine Geology. 209: 1 - 18.

Liu Z F, Trentesaux A, Clemens S C, et al. 2003. Clay mineral assemblages in the northern South China Sea: implications for East Asian monsoon evolution over the past 2 million years. Marine Geology, 201: 133 - 146.

Liu Z F, Tuo S, Colin C, et al. 2008. Detrital fine-grained sediment contribution from Taiwan to the northern South China Sea and its relation to regional ocean circulation. Marine Geology, 255: 149 - 155.

Liu Z F, Zhao Y, Colin C, et al. 2009. Chemical weathering in Luzon, Philippines from clay mineralogy and major-element geochemistry of river sediments. Appllied Geochemistry, 24: 2 195 - 2 205.

Liu Z X, Xia D X, Berne S, et al. 1998. Tidal deposition systems of China' s continental shelf, with special reference to the eastern Bohai Sea. Marine Geology, 145: 225 - 253.

Liu Z X. 1997. Yangtze Shoal a modern tidal sand sheet in the northwestern part of the East China Sea. Marine Geology, 137: 321 - 330.

Long E R, Field L J, MacDonald D D. 1998. Predicting toxicity in marine sediments with numerial sediment quality guidelines. Environmental Toxicology and Chemistry, 17 (4): 714 - 727.

Long E R, MacDonald D D. 1995. Incidence of adverse biological effects within ranges of chemical concentration in marine and estuarine sediments. Environmental Management, 19: 81 - 97.

Lyle M, Murray D W, Finney B P, et al. 2000. The record of late pleistocene biogenic sedimentation in the Eastern Tropical Pacific Ocean. Paleoceanography, 3 (1): 39 - 59.

Manz M, Wenzel K D, Dietze U et al. 2001. Persistent organic pollutants in agricultural soils of central Germany. The Science of The Total Environment, 277 (1 - 3): 187 - 198.

Martin J M, Zhang J, Shi M C, et al. 1993. Actual flux of theHuanghe (Yellow River) sediment to the western Pacific ocean. Netherlands Journal of Sea Research, 31 (3): 243 - 254.

McManus J, Berelson W M, Klinkhammer G P, et al. 1998. Geochemistry of barium in marine sediments: Implications for its use as a paleo-proxy. Geochimica et Cosmochimica Acta, 62 (2122): 3 453 - 3 473.

McManus J. 1988. Grain size determination and interpretation. // Tucker M (ed). Techniques in Sedimentology. Backwell, Oxford, 63 - 85.

Milan C S, Swenson E M, Urner R E, et al. 1995. Assessment of the ^{137}Cs method for estimating sediment accumulation rates: Louisiana salt marshes. Journal of Coastal Research, 11 (2): 296 - 307.

Milliman J D, Beardsley R C, Yang Z S, et al. 1985. Modern Huanghe-derived muds on the outer shelf of the East China Sea: identification and potential transport mechanisms. Continental Shelf Research, 4 (1 - 2): 175 - 188.

Milliman J D, Li F, Zhao Y Y, et al. 1986. Suspended matter regime in the Yellow Sea. Progress in Oceanography, 17: 215 - 227.

Milliman J D, Shen H T, Yang Z S, et al. 1985. Transport and deposition of river sediment in the Changjiang estuary and adjacent continental shelf. Continental Shelf Research, (4): 37 - 45.

Milliman J D, Syvitski J P M. 1992. Geomorphic/tectonic control of sediment discharge to the ocean: the importance of small mountainous rivers. The Journal of Geology, 100: 525 - 544.

Milliman J D. 1983. World-wild delivery of river sediment to the oceans. The Journal of Geology, 91: 1 - 21.

Mishra U C, Lalit B Y, Sethi S K, et al. 1975. Some observations based on the measurements on fresh fallout from the recent Chinese and French nuclear explosion. Journal of Geophysical Research, 80 (36): 50 45 - 5 049.

Mix A C, Le J, Shackleton N J. 1995. Benthic foraminiferal stable isotope stratigraphy from Site 846: 0 - 1. 8 Ma, Proc. Ocean Drill. Program, Sci Results, 138: 839 - 847.

Morner N A, Lanser J P. 1974. Gothenburg magnetic "flip". Nature, 251: 408 - 409.

Mortlock R A, Froelich P N. 1989. A simple method for the rapid determination of biogenic opal in pelagic marine sediments. Deep-sea Research, 36 (9): 1 415 - 1 426.

Munsell A H. 1905. A Color Notation. Munsell Color, Boston.

Médard T. 2000. Palaeoclimatic interpretation of clay minerals in marine deposits: an outlook from the continental origin. Earth Science Reviews, 49 (1 - 4): 201 - 221.

Nemr A, Khaled A, Sikaily A. 2006. Distribution and Statistical Analysis of Leachable and Total Heavy Metals in the Sediments of the Suez Gulf. Environmental Monitoring and Assessment, 118 (1): 89 - 112.

Nesbitt H W, Fedo C M, Young G M. 1997. Quartz and feldspar stability, steady and non-steady state weathering and petrogenesis of siliciclastic sands and muds. The Journal of Geology, 105: 173 - 191.

Nesbitt H W, Yong G M. 1982. Early proterozoic climates and plate motions inferred from major element chemistry of lutites. Nature, 299: 715 -717.

Nesbitt H W, Young G M. 1996. Petrogenesis of sediments in the absence of chemical weatherin: effects of abrasion and sorting on bulk composition and mineralogy. Sedimentology, 43: 341 -358.

Nittrouer C A, Sternberg R W, Carpenter R, et al. 1979. The use of ^{210}Pb geochronology as a sedimentological tool: application to the Washington continental shelf. Marine Geology, 31: 297 -316.

Nobi E P, Dilipan E, Thangaradjou T, et al. 2010. Geochemical and geo-statistical assessment of heavy metal concentration in the sediments of different coastal ecosystems of Andaman Islands, India. Estuarine, Coastal and Shelf Science, 87 (2): 253 -264.

Norman M P, Deckker P D. 1990. Trace metals in lacustrine and marine sediments: A case study from the Gulf of Carpentarra, northern Australia. Chemical Geology, 82 (34): 299 -318.

Nyakairu G W A, Koeberl C. 2000. Mineralogical and chemical composition and distribution of rare earth elements in clay-rich sediments from central Uganda. Geochemical Journal, 35: 13 -28.

Osher L J, Leclerc L, Wiersma G B, et al. 2006. Heavy metal contamination from historic mining in upland soil and estuarine sediments of Egypt Bay, Maine, USA. Estuarine, Coastal and Shelf Science, 70 (1 -2): 169 -179.

Pang X, Shen J, Yuan L Z, et al. 2006. Petroleum prospect in deep-water fan system of the Pearl River in the South China Sea. Acta Petrolei Sinica, 27 (3): 11 -21.

Pedreros R, Howa H L, Michel D. 1996. Application of grain size trend analysis for the determination of sediment transport pathways in intertidal areas. Marine Geology, 135: 35 -49.

Peng X Z, Zhang G, Zheng L P, et al. 2005. The vertical variations of hydrocarbon pollutants and organochlorine pesticide residues in a sediment core in Lake Taihu, East China. Geochemistry: Exploration, Environment, Analysis, 5 (1): 99 -104.

Peter B. 1997. Physical properties handbook: A guide to the shipboard measurement of physical properties of deep-sea cores [J/OL] . Ocean Drilling Program, 7 -1 -10.

Petschick R, Kuhn G, Gingele F. 1996. Clay mineral distribution in surface sediments of the South Atlantic: sources, transport, and relation to oceanography. Marine Geology, 130: 203 -229.

Poizot E, Méar Y, Biscara L. 2008. Sediment Trend Analysis through the variation of granulometric parameters. A review of theories and applications: Earth-Science Reviews, 86: 15 -41.

Poizot E, Méar Y, Thomas M, et al. 2006. The application of geostatistics in defining the characteristic distance for grain size trend analysis. Computers & Geosciences, 32 (3): 360 -370.

Porter S C. 2000. High-resolution paleoclimatic information from Chinese eolian sediments based on grayscale intensity profiles. Quaternary Research, 53: 70 - 77.

Posamentier H W, Allen G P, James D P, et al. 1992. Forced regressions in a sequence stratigraphic framework: concepts, examples, and exploration significance. AAPG Bulletin, 76: 1 687 -1 709.

Prins M A, Postma G, Cleveringaa J, et al. 2000. Controls on terrigenous sediment supply to the Arabian Sea during the late Quaternary: The Indus Fan. Marine Geology, 169: 327 -349.

Qiao S Q, Shi X F, Zhu A et al. 2010. Distribution and transport of suspended sediments off the Yellow River (Huanghe) mouth and the nearby Bohai Sea. Estuarine, Coastal and Shelf Science, 86 (3): 337 -344.

Ragueneau O, Treguer P, Leynaert A, et al. 2000. A review of the Si cycle in the modern ocean: recent progress and missing gaps in cycle in the application of biogenic opal as a paleoproductivity proxy. Global and Planetary Change, 26: 317 -365.

Ren M E, Shi Y L. 1986. Sediment discharge of the Yellow River (China) and its effect on the sedimentation of the Bohai and the Yellow Sea. Continental Shelf Research, 6 (6): 785 -810.

Ren M, Zhu M. 1994. Anthropogenic influences on changes in the sediment load of the Yellow River, China, during the Holocene. Holocene, (4): 314 - 320.

Robertson A R. 1977. The CIE 1976 Color-Difference formulae. Color Research Applied, 2: 7 - 10.

Roussiez V, Ludwig W, Monaco A, et al. 2006. Sources and sinks of sediment-bound contaminants in the Gulf of Lions (NW Mediterranean Sea): A multi-tracer approach.. Continental Shelf Research, 26 (16): 1 843 - 1 857.

Ru K, Zhou D, Chen H. 1994. Basin evolution and hydrocarbon potential of the northern South China Sea//Zhou D, Liang Y, Zeng C (Eds.). Oceanology of China Seas: New York (Kluwer Press), (2): 361 - 372.

Rubio, Nombela M A, Vilas F. 2000. Geochemistry of major and trace elements in sediments of the Ria de Vigo (NW Spain): an assessment of metal pollution. Marine Pollution Bulletin, 40 (11): 968 - 980.

Saito Y, Katayama H, Ikehara K, et al. 1998. Transgressive and highstand systems tracts and post-glacial transgression, the East China Sea. Sedimentary Geology, 122: 217 - 232.

Saito Y, Wei H, Zhou Y, et al. 2000. Delta progradation and chenier formation in the Huanghe (Yellow River) Delta, China Journal of Asian Earth Sciences, 18: 489 - 497.

Saito Y, Yang Z S, Hori K. 2001. The Huanghe (Yellow River) and Changjiang (Yangtze River) deltas: a review on their characteristics, evolution and sediment discharge during the Holocene. Geomorphology, 41: 219 - 231.

Satpathy S N, Rath A K, Manta S R, et al. 1997. Effect of hexachlorocyclohexane on metel production and emission from flooded rice soil. Chemosphere, 34 (12): 2 663 - 2 671.

Schrader C. 1977. Trace metal geochemistry of a fluvial system in eastern Tennessee affected by coal mining. Journal Name: Southeast. Geology. (United States) Journal Volume, 18 (3): 157 - 172.

Schulz M, Mudelsee M. 2002. REDFIT: Estimating red - noise spectra directly from unevenly spaced paleoclimatic time series. Computers & Geosciences, 28, 421 - 426.

Seppä H, Blrks H J B, Glesecke T, et al. 2007. Spatial structure of the 8200 cal yr BP event in Northern Europe. Climate of the Past Discussions, 3: 165 - 195.

Shackleton N J. 1987. Oxygen isotopes, ice volume and sea level. Quaternary Science Review, 6: 183 - 190.

Shackleton N J. 1995. New data on the evolution of Pliocene climate variability. // E S Vrba, G H Denton, T C Partridge, et al. Paleoclimate and Evolution, with emphasis on human origins. New Haven: Yale University Press, 242 - 248.

Shen G T, Campbell R B, Dunbar R B, et al. 1991. Paleochemistry of manganese in corals from the Galapagos Islands. Coral Reefs, 10 (2): 91 - 100.

Shengfa Liu, Xuefa Shi, Yanguang Liu, et al. 2010. Records of the East Asian winter monsoon from mud area in the inner shelf of the East China Sea since the mid-Holocene. Chinese Science Bulletin, 55 (21): 2306 - 2314.

Sirocko F, Sarnthein P, Erlenkeuser H. 1993. Century scale enents in monsoonal climate over the past 24 000 years. Nature, 364: 322 - 324.

Stanley D J, Warne A G. 1994. Worldwide initiation of Holocene deltas by deceleration of sea-level rise. Science, 265: 228 - 231.

Steinhilber F, Beer J, Fröhlich C. 2009. Total solar irradiance during the Holocene. Geophysics Research Letter, 36: L19704.

Sternberg R W, Larsen L H, Miao Y T. 1985. Tidally driven sediment transport on the East China Sea continental shelf. Continental Shelf Research, (4): 105 - 129.

Strandberg B, van Bavel B, Bergqvist P A, et al. 1998. Occurrence, Sedimentation, and Spatial Variations of Organochlorine Contaminants in Settling Particulate Matter and Sediments in the Northern Part of the Baltic Sea. Environmental Science & Technology, 32 (12): 1 754 - 1 759.

Stuiver M, Grootes P M, Braziunas T F. 1995. The GISP2 $\delta^{18}O$ climate record of the past 16 500 years and the role of the sun, ocean and volcanoes. Quaternary Research, 44: 341 –354.

Stuiver M, Reimer P J, Bard E, et al. 1998. INTCAL98 Radiocarbon age calibration 24000 –0 cal a BP. Radiocarbon, 40: 1 041 –1 083.

Su G, Wang T. 1994. Basic characteristics of modern sedimentation in the South China Sea//Zhou D, Liang Y B, Zheng C K, eds. Oceanology of China Seas. Kluwer, New York, 407 –418.

Talor S R, McLennan S M. 1985. The Continental Crust: Its Composition and Evolution. Melbourne: Blackwell, 28 –29.

Tamburini F, Adatte T, Föllmi K, et al. 2003. Investigating the history of east Asian monsoon and climate during the last glacial-interglacial period (0 –140 000 years): Mineralogy and geochemistry of ODP Sites 1143 and 1144 South China Sea. Marine Geology, 201: 147 –168.

Tao J, Chen M T, Xu S Y. 2006. A Holocene environmental record from the southern Yangtze River delta, eastern China. Palaeogeography, Palaeoclimatology, Palaeoecology, 230: 204 –229.

Tao S, Li B G, He X C, et al. 2007. Spatial and temporal variations and possible sources of dichlorodiphenyltrichloroethane (DDT) and its metabolites in rivers in Tianjin, China. Chemosphere, 68 (1): 10 –16.

Tao S, Liu W, Li Y, et al. 2008. Organochlorine Pesticides Contaminated Surface Soil As Reemission Source in the Haihe Plain, China. Environmental Science & Technology, 42 (22): 8 395 –8 400.

Vail P R, Audemard F, Bowman S A, et al. 1991. The stratigraphic signatures of tectonics, eustacy and sedimentology –an overview. In: Einsele G, Ricken W, Seilacher, A. (Eds.), Cycles and Events in Stratigraphy. Springer-Verlag, Berlin, pp. 618 –659.

Verosub K L, Banejee S K. 1977. Geomagnetic excursionsand their paleomagnetic records. Reviews of Geophysics and Space Physics, 15: 145 –155.

Walker K, Vallero D A, Lewis R G. 1999. Factors influencing the distribution of lindane and other hexachlorocyclohexanes in the environment. Environmental Science & Technology, 33: 4 373 –4 378.

Wan S M, Li A C, Clift P D, et al. 2006. Development of the East Asian summer monsoon: Evidence from the sediment record in the South China Sea since 8.5 Ma. Palaeogeography.

Wan S, Li A, Clift P D, et al. 2007. Development of the East Asian monsoon: Mineralogical and sedimentologic records in the northern South China Sea since 20 Ma. Palaeogeography, Palaeoclimatology, Palaeoecology, 254: 561 –582.

Wan Y, Hu J, Liu J, et al. 2005. Fate of DDT-related compounds in Bohai Bay and its adjacent Haihe Basin, North China. Marine Pollution Bulletin, 50 (4): 439 –445.

Wang H, Yang Z, Saito Y, et al. 2006. Interannual and seasonal variation of the Huanghe (Yellow River) water discharge over the past 50 years: connections to impacts from ENSO events and dams. Global and Planetary Change, 50: 212 –225.

Wang P X. 1999. Resoponse of Western Pacic marginal seas to glacial cycles: paleoceangraphic and sedimentological features. Marine Geology, 156: 5 –39.

Wang Y J, Cheng H, Edwards R L, et al. 2005. The Holocene Asian Monsoon: links to solar changes and North Atlantic climate. Science, 308: 854 –857.

Wehausen R, Brumsack H J. 2002. Astronomical forcing of the East Asian monsoon mirrored by the composition of Pliocene South China Sea sediments. Earth and Planetary Science Letters, 201 (3 –4): 621 –636.

Wei G J, Liu Y, Li X H, et al. 2004. Major and trace element variations of the sediments at ODP Site 1144, South China Sea, during the last 230 ka and their paleoclimate implications. Palaeogeography, Palaeoclimatology, Palaeoecology, 212 (3 - 4): 331 - 342.

Wei H, Hainbucher D, Pohlmann T, et al. 2004. Tidal-induced Lagrangian and Eulerian mean circulation in the Bohai Sea. Journal of Marine Systems, 44: 141 - 151.

Wei K Y, Chiu T C, Chen Y G. 2003. Toward establishing a maritime proxy record of the East Asian summer monsoons for the late Quaternary. Marine Geology, 201: 67 - 79.

Wiesner M G, Zheng L, Wong H K, et al. 1996. Flux of particulate matter in the South China Sea//Ittikot V, Schäfer P, Honjo S, eds. Particle Flux in the Ocean: New York (Wiley), 293 - 312.

Willett K L, Ulrich E M, Hites R A. 1998. Differential Toxicity and Environmental Fates of Hexachlorocyclohexane Isomers. Environmental Science & Technology, 32 (15): 2 197 - 2 207.

Windom, H L. 1976. Lithogenous material in marine sediments. //J P Riley, R Chester, eds. Chemical Oceanography. New York: Academic Press, 5, 103 - 135.

Wisenam W, Fan Y, Bornhold B, et al. 1986. Suspended sediment advection by tidal currents off the Huanghe (Yellow River) delta. Geo-Marine Letters, (6): 107 - 113.

Wu Y, Zhang J, Zhou Q. 1999. Persistent organochlorine residues in sediments from Chinese river/estuary systems. Environmental Pollution, 105 (1): 143 - 150.

Wurl O, Obbard J P. 2005. Organochlorine pesticides, polychlorinated biphenyls and polybrominated diphenyl ethers in Singapore's coastal marine sediments. Chemosphere, 58 (7): 925 - 933.

Xiang H J, Wei S H, Whangbo M H. 2008. Origin of the Structural and Magnetic Anomalies of the Layered Compound $SrFeO_2$: A Density Functional Investigation. Physical Review Letters, 100: 167 - 207.

Xiang R, Yang Z S, Saito Y. 2008. Paleoenvironmental changes during the last 8 400 years in the southern Yellow Sea: Benthic foraminiferal and stable isotopic evidence. Marine Micropaleontology, (67): 104 - 119.

Xiao J, Yoshio I, Hisao K. 1997. Biogenic silica record in lake Biwa of central Japan over the past 145000 years. Quaternary Research, 47: 277 - 283.

Xiao S B, Li A C, Liu J P, et al. 2006. Coherence between solar activity and the East China Asian winter monsoon variability in the past 8 000 years from Yangtze River-derived mud in the East China Sea. Palaeogeography, Palaeoclimatology, Palaeoecology, 237: 293 - 304.

Xu D, Deng L, Chai Z, et al. 2004. Organohalogenated compounds in pine needles from Beijing city, China. Chemosphere, 57 (10): 1343 - 1353.

Xu K H, Milliman J D, Li A C, et al. 2009. Yangtze and Taiwan-derived sediments on the inner shelf of East China Sea. Continental Shelf Research, 29 (18): 2 240 - 2 256.

Xue C. 1993. Historical changes in the Yellow River delta, China. Marine Geology, 113: 321 - 329.

Yang R Q, Jiang G B, Zhou Q F, et al. 2005a. Occurrence and distribution of organochlorine pesticides (HCH and DDT) in sediments collected from East China Sea. Environment International, 31 (6): 799 - 804.

Yang R Q, Lv A H, Shi J B, et al. 2005b. The levels and distribution of organochlorine pesticides (OCPs) in sediments from the Haihe River, China. Chemosphere, 61 (3): 347 - 354.

Yang S L, Ding F, Ding Z L. 2006. Pleistocene chemical weathering history of Asian arid and semi-arid regions recorded in loess deposits of China and Tajikistan. Geochimica et Cosmochimica Acta, 70: 1 695 - 1 709.

Yang S L, Ding Z L. 2003. Color reflectance of Chinese loess and its implications for climate gradient changes during the last two glacialinterglacial cycles. Geophysical Research Letters, 30 (20): 20 - 58.

Yang S Y, Jung H S, Lim D I, et al. 2003. A review on the provenance discrimination of sediments in the Yellow Sea. Earth-Science Reviews, 63 - 93.

Yang S Y, Li C X, Yang D Y, et al. 2004. Chemical weathering of the loess deposits in the lower Changjiang Valley

China, and paleoclimatic implications. Quaternary International, 117: 27 –34.

Yang Z S, Liu J P. 2007. A unique Yellow River derived distal subaqueous delta in the Yellow Sea. Marine Geology, 240 (1 –4): 169 –176.

Yeong G C, Lee C B, Choi M S. 1999. Geochemist ry of surface sediment s off the southern and western coast s of Korea. Marine Geology, 159: 111 –129.

Yi S, Saito Y, Oshima H, et al. 2003. Holocene environmental history inferred from pollen assemblages in the Huanghe (Yellow River) delta, China: Climatic change and human impact. Quaternary Science Reviews, 2003 (22): 609 –628.

Yoo D G, Lee C W, Kim S P, et al. 2002. Late Quaternary transgressive and highstand systems tracts in the northern East China Sea mid-shelf. Marine Geology, 187: 313 –328.

Young G, Nesbitt H W. 2001. The chemical index of alteration as a palaeoclimatic proxy, new and refined proxies in palaeoceanography and palaeoclimatology. Abstracts for EUG XI, Theme CC: Climate Change. Cambridge Publications, the Conference Company, Cambridge, UK, 108.

Yu K F, Zhao J X, Collerson K D, et al. 2004. Storm cycles in the last millennium recorded in Yongshu Reef, southern South China Sea. Palaeogeography, Palaeoclimatology, Palaeoecology, 210 : 89 – 100.

Zhang G, Parker A, House A, et al. 2002. Sedimentary Records of DDT and HCH in the Pearl River Delta, South China. Environmental Science & Technology, 36 (17): 3 671 –3 677.

Zhang L, Liu J S, Hao T Y, et al. 2007. Seismic tomography of the crust and upper mantle in the Bohai Bay Basin and its adjacent regions. Science in China (Series D: Earth Sciences), (12): 1 810 –1 822.

Zhou D, Chen H Z, Luo Y L. 1990. The classification of morden sediments and sedimentary environments in Northern South China Sea by robust logratio methods. Proceedings of the First International Conference on Asia Marine Geology, 323 –333.

Zhou D, Ru K, Chen H Z. 1995. Kinematics of Cenozoic extension on the South China Sea continental margin and its implications for the tectonic evolution of the region. Tectonophysics , 251: 161 – 177.

Zhou W J, Yu X F, Jull A J, et al. 2004. High-resolution evidence from southern China of an early Holocene optimum and a mid-Holocene dry event during the past 18 000 years. Quaternary Research, 62: 39 –48.

Zhu Y, Chang R. 2000. Preliminary Study of the Dynamic Origin of the Distribution Pattern of Bottom Sediments on the Continental Shelves of the Bohai Sea, Yellow Sea and East China Sea. Estuarine, Coastal and Shelf Science, 51 (5): 663 –680.

Zong Y. 2004. Mid-Holocene sea-level highstand along the Southeast Coast of China. Quaternary International, 117: 55 –67.